AF877212

FACTORES DE CONVERSIÓN

De unidades estadounidenses usuales a unidades métricas

1 Blob (bl)	=	175.127	Kilogramos (kg)
1 Pulgada cúbica (in^3)	=	16.387	Centímetros cúbicos (cc)
1 Pie (ft)	=	0.3048	Metros (m)
1 Caballo de fuerza (hp)	=	745.699	Watts (W)
1 Pulgada (in)	=	0.0254	Metros (m)
1 Milla, terrestre U.S. (mi)	=	1 609.344	Metros (m)
1 Libra fuerza (lb)	=	4.4482	Newtons (N)
	=	444 822.2	Dinas
1 Libra masa (lbm)	=	0.4536	Kilogramos (kg)
1 Libra-pie (lb-ft)	=	1.3558	Newton-metros (N-m)
	=	1.3558	Joules (J)
1 Libra-pie-segundo (lb-ft/s)	=	1.3558	Watts (W)
1 Libra pulgada (lb-in)	=	0.1128	Newton-metros (N-m)
	=	0.1128	Joules (J)
1 Libra-pulgada-segundo (lb-in/s)	=	0.1128	Watts (W)
1 Libra/pie^2 (lb/ft^2)	=	47.8803	Pascales (Pa)
1 Libra/pulgada^2 (lb/in^2), (psi)	=	6 894.757	Pascales (Pa)
1 Revolución/minuto (rpm)	=	0.1047	Radianes/segundo (rad/s)
1 Slug (sl)	=	14.5939	Kilogramos (kg)
1 Tonelada, corta (2 000 lbm)	=	907.1847	Kilogramos (kg)

Entre unidades estadounidenses usuales

1 Blob (bl)	=	12	Slugs (sl)
1 Blob (bl)	=	386	Libras masa (lbm)
1 Pie (ft)	=	12	Pulgadas (in)
1 Caballo de fuerza (hp)	=	550	Libras-pies/segundo (lb-ft/s)
1 Nudo	=	1.1515	Millas/hora (mph)
1 Milla, terrestre U.S. (mi)	=	5 280	Pies (ft)
1 Milla/hora	=	1.4667	Pies/seg (ft/s)
1 Libra fuerza (lb)	=	16	Onzas (oz)
1 Libra masa (lbm)	=	0.0311	Slugs (sl)
1 Libra-pie (lb-ft)	=	12	Libras-pulgadas (lb-in)
1 Libra-pie-segundo (lb-ft/s)	=	0.001818	Caballo de fuerza (hp)
1 Libra-pulgada (lb-in)	=	0.0833	Libras-pies (lb-ft)
1 Libra-pulgada/segundo (lb-in/s)	=	0.0218	Caballos de fuerza (hp)
1 Libra/pulgada^2 (lb/in^2), (psi)	=	144	Libras/pie^2 (lb/ft^2)
1 Radián/segundo (rad/s)	=	9.549	Revoluciones/minuto (rpm)
1 Slug (sl)	=	32.174	Libras masa (lbm)
1 Tonelada, corta	=	2 000	Libras masa (lbm)

DISEÑO DE MAQUINARIA

REVISORES TÉCNICOS

MÉXICO

Ángel Hernández Fernández	*ESIME Zacatenco, Instituto Politécnico Nacional*
Sergio Saldaña Sánchez	*ESIME Zacatenco, Instituto Politécnico Nacional*
Edgar Ernesto Vera Cárdenas	*Universidad Politécnica de Pachuca*
Óscar Cervantes Cabello	*Universidad Panamericana*

ESPAÑA

Ángel Alcázar de Velasco Rico	*Universidad Politécnica de Madrid*
José Luis Viesca Rodríguez	*Universidad de Oviedo*

PERÚ

Antonio Arévalo Dueñas	*Universidad Nacional de Ingeniería, Lima*

DISEÑO DE MAQUINARIA

Síntesis y análisis de máquinas y mecanismos

Quinta edición

Robert L. Norton

Worcester Polytechnic Institute
Worcester, Massachusetts

Revisión técnica:

Miguel Ángel Ríos Sánchez
Instituto Tecnológico y de Estudios Superiores de Monterrey,
Campus Estado de México

Cuitláhuac Osornio Correa
Universidad Iberoamericana
Campus Ciudad de México

Mario Acevedo Alvarado
Universidad Panamericana

Mc Graw Hill Education

MÉXICO • BOGOTÁ • BUENOS AIRES • CARACAS • GUATEMALA • MADRID • NUEVA YORK
SAN JUAN • SANTIAGO • SAO PAULO • AUCKLAND • LONDRES • MILÁN • MONTREAL
NUEVA DELHI • SAN FRANCISCO • SINGAPUR • ST. LOUIS • SIDNEY • TORONTO

Director general México: Miguel Ángel Toledo Castellanos
Editor sponsor: Pablo E. Roig Vázquez
Coordinadora editorial: Marcela I. Rocha Martínez
Editor de desarrollo: Edmundo Carlos Zúñiga Gutiérrez
Supervisor de producción: Zeferino García García

Traductor: Jesús Elmer Murrieta Murrieta

DISEÑO DE MAQUINARIA
Síntesis y análisis de máquinas y mecanismos
Quinta edición

Mc Graw Hill Education

Prolongación Paseo de la Reforma 1015, Torre A,
Piso 17, Colonia Desarrollo Santa Fe,
Delegación Álvaro Obregón,
C.P. 01376, México, D.F.
Miembro de la Cámara Nacional de la Industria Editorial Mexicana, Reg. Núm. 736

ISBN: 978-607-15-0935-2
ISBN anterior: 978-970-10-6884-7

1234567890 2456789013

Impreso en México
Impreso por Edamsa Impresiones, S.A. de C.V.

Printed in Mexico
Printed by Edamsa Impresiones, S.A. de C.V.

ACERCA DEL AUTOR

Robert L. Norton obtuvo grados de licenciatura tanto en Ingeniería mecánica como en Tecnología industrial en la Northeastern University, y una maestría en Diseño de ingeniería en la Tufts University. Es ingeniero profesional registrado en Massachusetts. Tiene una amplia experiencia industrial en diseño y manufactura de ingeniería, y muchos años de experiencia docente en ingeniería mecánica, diseño de ingeniería, ciencia de la computación y materias relacionadas en la Northeastern University, Tufts University y Worcester Polytechnic Institute.

Durante 10 años diseñó cámaras en la Polaroid Corporation, mecanismos afines y maquinaria automatizada de alta velocidad. Trabajó tres años en Jet Spray Cooler Inc., en donde diseñó maquinaria y productos para el manejo de alimentos. Durante cinco años ayudó a desarrollar un corazón artificial y dispositivos de circulación inocua asistida (de contrapulsación) en el Tufts New England Medical Center y el Boston City Hospital. Desde que se retiró de la industria para dedicarse a la docencia, ha continuado desempeñándose como consultor independiente en proyectos de ingeniería que van desde productos médicos desechables hasta maquinaria de producción de alta velocidad. Posee trece patentes estadounidenses.

Norton ha formado parte del cuerpo de profesores del Worcester Polytechnic Institute desde 1981 y, en la actualidad, tiene la Distinción Milton Prince Higgins II como profesor en el Departamento de Ingeniería Mecánica, y es director del Gillette Project Center en WPI. Imparte cursos de licenciatura y posgrado en Ingeniería mecánica, especialmente en diseño, cinemática, vibraciones y dinámica de maquinaria.

Es autor de numerosos ensayos y artículos técnicos sobre cinemática, dinámica de maquinaria, diseño y fabricación de levas, computadoras en la educación y enseñanza de la ingeniería, y de los textos *Machine Design: An Integrated Approach*, 4a. ed., y *Cam Design and Manufacturing Handbook*, 2a. ed. Es miembro vitalicio y socio de la American Society of Mechanical Engineers y de la Society of Automotive Engineers. En 2007 fue elegido *Profesor del Año en Estados Unidos* para el estado de Massachusetts por el *Council for the Advancement and Support of Education (CASE)* y la *Carnegie Foundation for the Advancement of Teaching*, que en conjunto presentan los únicos premios nacionales por la excelencia en la enseñanza en Estados Unidos de América.

Este libro está dedicado a la memoria de mi padre,

Harry J. Norton, Sr.,

quien despertó el interés de un joven por la ingeniería;

a la memoria de mi madre,

Kathryn W. Norton,

quien hizo que todo fuera posible;

a mi esposa,

Nancy Norton,

por su incansable apoyo y paciencia;

y a mis hijos,

Robert, Mary y Thomas,

que hicieron que todo valiera la pena.

CONTENIDO

PREFACIO
de la quinta edición

¿Cuántas veces tienes que hacer este libro para que salga bien, Norton?
LOS EDITORES PREGUNTARON al reeditar la cuarta edición.

Yo apelé a la quinta.
EL AUTOR

La quinta edición es una mejora evolutiva sobre la cuarta edición y todas las anteriores. En el prefacio de la primera edición (página XIX) hay información más detallada sobre el propósito y la organización del libro. Los principales cambios en esta edición son:

- Se agregó un nuevo capítulo (16) sobre los mecanismos impulsados por leva y los servomecanismos con base en la experiencia reciente del autor en consultorías, la cual indica una mayor utilización de servomotores para impulsar los mecanismos de la maquinaria.
- Se agregaron más de 50 problemas de tarea nuevos. Todas las figuras de los problemas se incluyen como archivos PDF en el DVD, de modo que los alumnos impriman las que necesiten para trabajar las soluciones.
- Varios de los programas escritos por el autor que acompañan el libro se reescribieron por completo para mejorar su interfaz y facilitar su uso, por lo que ahora son compatibles con los sistemas operativos y computadoras más recientes. Los programas FOURBAR, FIVEBAR, SIXBAR y SLIDER se combinaron en un nuevo programa, LINKAGES, que hace todo lo que los programas anteriores hacían en forma colectiva, y se añadieron algunas características nuevas. El programa DYNACAM también se reescribió en su totalidad y está muy mejorado. Los programas MOTOR y MATRIX permanecieron sin cambios. Estos programas de computadora están sometidos a revisiones frecuentes para añadir funciones y mejoras. Los profesores que adopten el libro para impartir sus cursos pueden registrarse para descargar las últimas versiones para estudiante de estos programas en: http://www.designofmachinery.com/registered/professor.html.
- Si usted desea más información acerca del programa Working Model, le sugerimos visitar la página http://www.design-simulation.com
- Se aplicaron muchas pequeñas mejoras al análisis de diversos temas en diferentes capítulos, sobre todo a partir de comentarios de los usuarios; además, se corrigieron todos los errores detectados.

En la quinta edición se presenta también el extenso contenido del DVD de la cuarta. El DVD incluye:

- El Atlas completo de Hrones y Nelson de las curvas de acoplador, y el Atlas de Zhang de las curvas de acoplador de cinco barras, se proporcionan como archivos PDF en el DVD.
- En dieciocho videos instructivos se proporcionan varias clases/demostraciones tutoriales sobre temas como síntesis de posición, curvas de acoplador y cognados, condición de Grashof, etc. En otros se muestra maquinaria real que utiliza mecanismos, levas y engranajes para tareas como fabricación de resortes, impresión en botellas y mecanismos de tomar y colocar para montajes automatizados.
- Se incluye la simulación de mecanismos de Wang en un entorno multimedia con más de 100 archivos de Working Model (WM) con base en las figuras del libro, y 19 modelos Matlab® para análisis cinemático y animación.
- Se proporcionan videos de dos "laboratorios virtuales" que replican laboratorios creados por el autor en WPI. Incluyen demostraciones de las máquinas y archivos en hojas de cálculo con los datos de aceleración y fuerza tomados durante los experimentos. Se pretende que los estudiantes de otras escuelas puedan realizar estos ejercicios como laboratorios virtuales.

Reconocimientos Las fuentes de las fotografías y otros elementos de arte que no son originales se proporcionan en las leyendas de las figuras; el autor desea agradecer a todas las personas y compañías que generosamente pusieron a nuestra disposición estos elementos. De la misma manera, desea reconocer a los usuarios que amablemente le señalaron errores o sugirieron mejoras desde la primera edición. Éstos incluyen a los profesores *Chad O'Neal*, del Tecnológico de Louisiana, *Bram Demeulenaere*, de la Universidad Leuven, *Eben Cobb*, de WPI, *Diego Galuzzi*, de la Universidad de Buenos Aires, *John R. Hall*, de WPI, *Shafik Iskander*, de la Universidad de Tennessee, *Richard Jakubek*, de RPI, *Cheong Gill-Jeong*, de la Universidad Wonkwang, Corea, *Swami Karunamoorthy*, de la Universidad de San Luis, *Pierre Larochelle*, del Tecnológico de Florida, *Scott Openshaw*, de la Universidad Estatal de Iowa, *Francis H. Raven*, de Notre Dame, *Arnold E. Sikkema*, de Dordt College, y *Donald A. Smith*, de la Universidad de Wyoming.

Los profesores *M. R. Corley*, del Tecnológico de Louisiana, *R. Devashier*, de la Universidad de Evansville, *K. Gupta*, de la Universidad de Illinois-Chicago, *M. Keefe*, de la Universidad de Delaware, *J. Steffen*, de la Universidad de Valparaíso, *D. Walcerz*, del York College, y *L. Wells*, de la Universidad de Texas en Tyler, también proporcionaron sugerencias o correcciones útiles. Los profesores *Larry L. Howell*, de BYU y *G. K. Ananthasuresh*, de la Universidad de Pennsylvania, proporcionaron fotografías de mecanismos flexibles. El profesor *C. Furlong*, de WPI, amablemente lo hizo con fotos MEMS e información. El autor desea expresar un agradecimiento especial a *James Cormier* y *David Taranto*, del Centro Académico de Tecnología de WPI, por su ayuda en la creación de los videos en el DVD. Los revisores de esta edición fueron los profesores *J. Dave,* de la University of Cincinnati, *K. Fisher,* de Montana State, *S. Gellin,* del Buffalo State College, *D. Halsmer,* de la Oral Roberts University, *L. Howell,* de la Brigham Young University, *R. A. Lucas,* de la Lehigh University, *J. Mirth,* de la U. Wisconsin-Platteville, *C. Rubin,* de la Vanderbilt University, y *T. J. Thompson*, de la Cedarville University.

El autor desea expresar su agradecimiento al profesor *Sid Wang*, de NCAT, y a sus estudiantes, por sus esfuerzos en la creación de archivos de *Working Model* y *Matlab* en el DVD. El profesor emérito Thomas A. Cook, de la Universidad Mercer, proporcionó la mayoría de las nuevas series de problemas, así como sus soluciones mediante un impresionante y voluminoso manual de soluciones y los archivos de solución *Mathcad*®. Las valiosas contribuciones del doctor Cook merecen una mención especial.

Robert L. Norton
Mattapoisett, Mass.
Agosto de 2010

PREFACIO
de la primera edición

Cuando escucho, olvido.
Cuando veo, recuerdo.
Cuando hago, entiendo.
ANTIGUO PROVERBIO CHINO

Este texto comprende temas de cinemática y dinámica de maquinaria que a menudo se imparten como curso único, o en dos cursos sucesivos, en el tercer año de la mayoría de los programas de la carrera de ingeniería. Los requisitos son los primeros cursos de estática, dinámica y cálculo. Por lo general, el primer semestre, o una parte de él, se dedica a la cinemática, y el segundo a la dinámica de maquinaria. Estos cursos son vehículos ideales como introducción para el estudiante de ingeniería mecánica al proceso de diseño, puesto que los mecanismos tienden a ser intuitivos para que los visualice y elabore.

Si bien este texto pretende ser concienzudo y completo en los temas de análisis, también hace hincapié en la síntesis y los aspectos de diseño de los temas con un grado mayor que la mayoría de los otros textos sobre estos temas. Además, aborda el uso de ingeniería asistida por computadora como aproximación al diseño y análisis de esta clase de problemas con una provisión de software que puede mejorar el entendimiento de los estudiantes. No obstante que el nivel matemático está dirigido a estudiantes de segundo y tercer año de la carrera, se presenta y deberá ser comprensible también para los estudiantes de escuelas técnicas.

La parte I de este texto es adecuada para un curso de cinemática de un semestre o un año. La parte II lo es para un curso de dinámica de maquinaria de un semestre o un año. Por otra parte, ambos temas pueden cubrirse en un semestre si se hace menos hincapié en algunos de los temas que se tratan en el texto.

La redacción y el estilo de presentación se diseñaron para ser claros, informales y fáciles de leer. Se presentan muchos ejemplos y técnicas de solución, los cuales se explican de manera detallada, tanto por escrito como gráficamente. Todas las ilustraciones se hicieron con programas de dibujo para computadora. También se incluyen algunas imágenes fotográficas escaneadas. Todo el texto, incluidas las ecuaciones y el trabajo artístico, se imprimió directamente de la computadora del autor con impresora láser para obtener una máxima claridad y calidad. En la bibliografía se incluyen muchas lecturas sugeridas. Al final de los capítulos se proporciona una gran variedad de problemas breves, y en los casos en que se considera apropiado, muchas tareas de proyectos no estructurados de diseño, un poco más extensas. Estos proyectos permiten que los estudiantes *lo hagan y entiendan*.

La aproximación del autor a estos cursos y el texto mismo están basados en más de 40 años de experiencia en diseño de ingeniería mecánica, en la industria y como consultor. Ha impartido estas materias desde 1967 en escuelas nocturnas a ingenieros practicantes, y en escuelas diurnas a estudiantes más jóvenes. La forma de impartir su cátedra ha evolucionado mucho en ese tiempo, desde la forma tradicional, que hacía hincapié en el análisis gráfico de muchos problemas estructurados, o en métodos algebraicos cuando las computadoras estuvieron disponibles, hasta el método actual antes descrito.

La constante ha sido transmitir el proceso de diseño a los estudiantes para que puedan ahondar en problemas de ingeniería *reales* en la práctica. Por ello, el autor siempre ha promovido el diseño en sus cursos. Sin embargo, sólo hasta hace poco la tecnología ha proporcionado los medios para alcanzar con más eficacia esta meta por medio de gráficos de microcomputadora. Este texto intenta mejorar los actualmente disponibles al proporcionar métodos y técnicas actualizadas de análisis y síntesis que aprovechan estos gráficos para destacar tanto el diseño como el análisis. También incluye un tratamiento más completo, moderno y concienzudo del diseño de levas que el que hacen los textos existentes sobre la materia.

El autor escribió cuatro programas para computadora fáciles para los estudiantes, interactivos para el diseño y análisis de mecanismos y máquinas.* Estos programas están diseñados para mejorar

* Uno de estos cuatro programas reemplaza a cuatro de la serie original de siete programas de las ediciones anteriores del libro, FOURBAR, FIVEBAR, SIXBAR y SLIDER, los cuales se combinaron en el nuevo programa LINKAGES de la quinta edición.

la comprensión del estudiante de los conceptos básicos, al mismo tiempo que permiten la solución de problemas y la realización de proyectos más amplios y reales en el tiempo disponible que se pudieran haber hecho con técnicas de solución manuales, ya sean gráficas o algebraicas. Se asignan problemas de diseño no estructurados y reales, que tienen muchas soluciones válidas. Se hace hincapié en la síntesis y el diseño por igual. Los métodos de análisis que se presentan son actuales, puesto que utilizan ecuaciones vectoriales y técnicas de matriz siempre que sean aplicables. A los métodos de análisis gráficos manuales no se les da mucha importancia. Los gráficos de programas para computadora permiten que los estudiantes se percaten de los resultados de la variación de parámetros de inmediato y con precisión, lo que refuerza su aprendizaje.

Estos programas para computadora se incluyen en el DVD adjunto a este libro, el cual contiene instrucciones para su uso en cualquier PC compatible con IBM capaz de ejecutar con Windows NT/2000/XP/Vista/Windows 7. El programa LINKAGE analiza la cinemática y la dinámica de los eslabonamientos de cuatro, cinco y seis barras, así como cuatro barras de corredera. También sintetiza los eslabonamientos de cuatro barras para dos y tres posiciones. El DYNACAM permite el diseño y análisis dinámico de sistemas de seguidor de leva. El programa ENGINE analiza el eslabonamiento de manivela-corredera tal como se utiliza en el motor de combustión interna y proporciona un análisis dinámico completo de motores de un cilindro y varios cilindros en línea, en V y W, y permite el diseño dinámico de motores. El programa MATRIX resuelve ecuaciones lineales de uso general. Éstas son versiones para estudiante de programas profesionales escritos por el autor, los cuales utilizan empresas de todo el mundo.

Todos estos programas, excepto MATRIX, proporcionan animación dinámica y gráfica de los dispositivos diseñados. Se recomienda al lector que utilice estos programas para investigar los resultados de la variación de parámetros en estos dispositivos cinemáticos. Los programas están diseñados para mejorar y enriquecer el texto en lugar de sustituirlo. Lo inverso también es cierto. En el DVD se incluyen muchas soluciones de ejemplos y problemas del libro. La mayoría de estas soluciones se pueden animar en pantalla para una mejor demostración del concepto, lo que no siempre es posible en la página impresa. Se exhorta a los estudiantes y al instructor a que aprovechen los programas provistos. En el apéndice A se incluyen instrucciones para su uso.

La intención del autor es presentar primero los temas de síntesis para permitir que los estudiantes realicen algunas tareas de diseño sencillas al principio del curso, al mismo tiempo que profundizan en los temas de análisis. Aunque éste no es el método "tradicional" para la enseñanza del material, es superior a concentrarse inicialmente en el análisis detallado de mecanismos para los cuales el estudiante no tiene un concepto de origen o propósito.

Los capítulos 1 y 2 son introductorios. Quienes deseen impartir el análisis antes de la síntesis pueden posponer los capítulos 3 y 5 sobre síntesis de eslabonamientos para más adelante. Los capítulos 4, 6 y 7 sobre análisis de posición, velocidad y aceleración, son secuenciales y están basados uno en el otro. En realidad, algunas de las series de problemas son comunes entre estos tres capítulos, de modo que los estudiantes puedan utilizar sus soluciones de posición para determinar velocidades y utilizarlas más adelante para determinar aceleraciones en los mismos eslabonamientos. El capítulo 8 sobre levas es más extenso y completo que otros textos de cinemática y adopta el método de diseño. El capítulo 9 sobre trenes de engranes es introductorio. El tratamiento de fuerzas dinámicas en la parte II utiliza métodos matriciales para la solución de sistemas de ecuaciones simultáneas. No se presta atención al análisis gráfico de fuerzas. El capítulo 10 presenta una introducción al modelado de sistemas dinámicos. El capítulo 11 analiza las fuerzas de eslabonamientos. El balanceo de maquinaria y eslabonamientos rotatorios se trata en el capítulo 12. Los capítulos 13 y 14 utilizan el motor de combustión interna como ejemplo para reunir muchos conceptos dinámicos en el contexto de diseño. El capítulo 15 presenta una introducción al modelado de sistemas dinámicos y utiliza el sistema de seguidor de leva como ejemplo. Los capítulos 3, 8, 11, 13 y 14 proporcionan problemas de proyectos abiertos lo mismo que conjuntos de problemas estructurados. La asignación y ejecución de problemas de proyectos no estructurados pueden facilitar en gran medida la comprensión del estudiante de los conceptos como lo describe el proverbio en el epígrafe de este prefacio.

RECONOCIMIENTOS Las fuentes de las fotografías y otros elementos de arte que no son originales se proporcionan en las leyendas y al dorso de la página del título. El autor desea agradecer la cooperación de todas las personas y compañías que generosamente pusieron a nuestra disposición estos elementos. De la misma manera desea dar reconocimiento a aquellos que revisaron varias secciones de la primera edición del texto e hicieron muchas sugerencias útiles para su mejora. El señor John

Titus de la Universidad de Minnessota revisó el capítulo 5 sobre síntesis analítica y el señor Dennis Klipp, de Klipp Engineering, Waterville, Maine, revisó el capítulo 8 sobre diseño de levas; el profesor William J. Crochetiere y el señor Homer Eckhardt de la Universidad Tufts, Medford, Mass., el capítulo 15. El señor Eckhardt, y el profesor Crochetiere de Tufts y el profesor Charles Warren, de la Universidad de Alabama, impartieron y revisaron la parte I. El profesor Holly K. Ault, del Instituto Politécnico de Worcester, revisó a cabalidad el texto, al mismo tiempo que enseñaba con las versiones de prepublicación y pruebas del libro completo. El profesor Michael Keefe, de la Universidad de Delaware, hizo muchos comentarios útiles. Agradecimientos sinceros también para el gran número de estudiantes no graduados y asistentes de enseñanza de posgrado que descubrieron errores tipográficos en el texto y en los programas mientras utilizaban las versiones de prepublicación. Desde la primera impresión del libro, los profesores D. Cronin, K. Gupta, P. Jensen y el señor R. Jantz señalaron nuestros errores o hicieron sugerencias que han sido incorporadas, por las que se les agradece.

Robert L. Norton
Mattapoisett, Mass.
Agosto de 1991

Dedicarse a la cinemática le recompensará.
Es más fecunda que la geometría:
le da al espacio una cuarta dimensión.

CHEBYSCHEV A SYLVESTER, 1873

PARTE I

CINEMÁTICA DE MECANISMOS

[illegible]

[illegible]

[illegible]

Ciudad [illegible] Salvatierra, 18[illegible]

CAPÍTULO 1

INTRODUCCIÓN

La inspiración siempre surge
en aquellos que trabajan duro.
Anónimo

1.0 PROPÓSITO

En este texto se exploran la **cinemática** y la **dinámica de maquinaria** con respecto a la **síntesis de mecanismos** para lograr los movimientos o tareas requeridas, así como el **análisis de mecanismos** para determinar su comportamiento dinámico de cuerpo rígido. Estos temas son fundamentales en el tema más amplio de **diseño de máquinas**. Sobre la premisa de que no se puede analizar algo hasta que sea sintetizado dentro de su existencia, primero se explorará el tema de **síntesis de mecanismos**. Luego se investigarán técnicas de **análisis de mecanismos**. Todo ello con el propósito de desarrollar su habilidad de diseñar mecanismos viables de solución de problemas de ingeniería no estructurados mediante el **proceso de diseño**. Se comenzará con definiciones precisas de los términos utilizados en estos temas.

1.1 CINEMÁTICA Y CINÉTICA

Cinemática *Estudio del movimiento sin considerar las fuerzas.*

Cinética *Estudio de las fuerzas sobre sistemas en movimiento.*

Estos dos conceptos en realidad *no* se pueden separar. Los separamos de manera arbitraria por razones didácticas en la educación de ingeniería. En la práctica de diseño de ingeniería también es válido considerar primero los movimientos cinemáticos deseados y sus consecuencias, y subsecuentemente investigar las fuerzas cinéticas asociadas con esos movimientos. El estudiante debe considerar que la división entre **cinemática** y **cinética** es muy arbitraria, y en gran medida se hace por conveniencia. La mayoría de los sistemas mecánicos dinámicos no pueden diseñarse sin considerar a fondo ambos temas. Es lógico considerarlos en el orden en que aparecen puesto que, por la segunda ley de Newton, $\mathbf{F} = m\mathbf{a}$, en general se requiere conocer la **aceleración (a)** para calcular las **fuerzas** dinámicas **(F)** generadas por el movimiento de la **masa** (m) del sistema. También existen situaciones en las que se conocen las fuerzas aplicadas y se tienen que encontrar las aceleraciones resultantes.

Un objetivo fundamental de la **cinemática** es crear (diseñar) los movimientos deseados de las partes mecánicas y luego calcular matemáticamente las posiciones, velocidades y aceleraciones que los movimientos crearán en las partes. Como para la mayoría de los sistemas mecánicos ligados a la Tierra la masa en esencia permanece constante con el tiempo, la definición de aceleraciones como función del tiempo también define las fuerzas dinámicas como una función del tiempo. Los **esfuerzos**, a su vez, serán una función tanto de las fuerzas aplicadas como inerciales ($m\mathbf{a}$). Como el diseño de ingeniería implica crear sistemas libres de falla durante su vida de servicio esperada, el objetivo es mantener los esfuerzos dentro de límites aceptables para los materiales elegidos y las condiciones ambientales encontradas. Esto, obviamente, requiere que todas las fuerzas que actúan en el sistema sean definidas y se mantengan dentro de los límites deseados. En maquinaria que se mueve (la única interesante), con frecuencia las fuerzas más grandes encontradas son las generadas por la dinámica de la misma máquina. Estas fuerzas dinámicas son proporcionales a la aceleración, la cual lleva de nuevo a la cinemática, el fundamento del diseño mecánico. Las decisiones básicas y tempranas en el proceso de diseño que implican principios cinemáticos pueden ser cruciales para el éxito de cualquier diseño mecánico. Un diseño con cinemática deficiente resultará problemático y funcionará mal.

1.2 MECANISMOS Y MÁQUINAS

Un mecanismo

Una máquina

Un **mecanismo** es un dispositivo que transforma el movimiento en un patrón deseable, y por lo general desarrolla fuerzas muy bajas y transmite poca potencia. Hunt[13] define un mecanismo como un medio de *transmisión, control o restricción del movimiento relativo*. Una **máquina**, en general, contiene mecanismos que están diseñados para producir y transmitir fuerzas significativas.[1] Algunos ejemplos comunes de mecanismos pueden ser un sacapuntas, un obturador de cámara fotográfica, un reloj análogo, una silla plegable, una lámpara de escritorio ajustable y un paraguas. Algunos ejemplos de máquinas que poseen movimientos similares a los mecanismos antes mencionados son un procesador de alimentos, la puerta de la bóveda de un banco, la transmisión de un automóvil, una niveladora, un robot y un juego mecánico de un parque de diversiones. No existe una clara línea divisoria entre mecanismos y máquinas. Difieren en su grado y no en su clase. Si las fuerzas o niveles de energía en el dispositivo son significativos, se considerará como una máquina; si no es así, será considerado como un mecanismo. Una **definición** útil de trabajo de un **mecanismo** es *un sistema de elementos acomodados para transmitir* **movimiento** *de una forma predeterminada*. Ésta puede ser convertida en una definición de una **máquina** si se le agregan las palabras **y energía** después de la palabra **movimiento**.

Los mecanismos, si se cargan en exceso y funcionan a bajas velocidades, en ocasiones se pueden tratar de manera estricta como dispositivos cinemáticos; es decir, se pueden analizar cinemáticamente sin considerar las fuerzas. Las máquinas (y mecanismos que funcionan a altas velocidades), por otra parte, primero deben tratarse como mecanismos, sus velocidades y aceleraciones analizadas cinemáticamente y, posteriormente, como sistemas dinámicos en los que sus fuerzas estáticas y dinámicas producidas por esas aceleraciones son analizadas mediante principios de cinética. La **parte I** de este texto se ocupa de la **cinemática de mecanismos**, y la **parte II** de la **dinámica de maquinaria**. Las técnicas de síntesis de mecanismos presentadas en la parte I son aplicables al diseño tanto de mecanismos como de máquinas, puesto que en cada caso se debe crear algún conjunto de miembros móviles para generar y controlar los movimientos y la geometría deseados.

1.3 UNA BREVE HISTORIA DE LA CINEMÁTICA

Las máquinas y mecanismos fueron ideados desde el amanecer de la historia. Los antiguos egipcios idearon máquinas primitivas para la construcción de las pirámides y otros monumentos. Aunque los egipcios del Imperio antiguo no conocían la rueda y la polea (montadas en un eje), utilizaron la palanca, el plano inclinado (o cuña) y probablemente el rodador de troncos. La rueda y el eje definitivamente no eran conocidos. Su primera aparición quizás ocurrió en Mesopotamia alrededor de 3000 a 4000 a.C.

Desde los primeros tiempos se dedicaron grandes esfuerzos a resolver el problema de la medida o cómputo del tiempo, lo que dio como resultado relojes más complejos. Mucho del diseño primitivo de máquinas estuvo dirigido hacia aplicaciones militares (catapultas, aparatos para escalar muros, etc.). Más adelante fue acuñado el término **ingeniería civil** para diferenciar las aplicaciones civiles de las militares. La **ingeniería mecánica** tuvo sus principios en el diseño de máquinas, a medida que las invenciones de la Revolución Industrial requerían soluciones más complicadas en problemas de control de movimiento. **James Watt** (1736-1819) probablemente merece el título de primer cinematiciano por su síntesis de un eslabonamiento de línea recta (véase figura 3-29*a*, en la página 98) para guiar los pistones de carrera muy larga en las entonces nuevas máquinas de vapor. Puesto que aún no se inventaba el cepillo mecánico (1817), no había ningún medio para fabricar una guía larga y recta que funcionara como una cruceta en la máquina de vapor. Watt, ciertamente, fue el primero en reconocer el valor de los movimientos del eslabón acoplador en el eslabonamiento de cuatro barras. **Oliver Evans** (1755-1819), un inventor estadounidense, también diseñó un eslabonamiento en línea recta para un motor de vapor. **Euler** (1707-1783) fue contemporáneo de Watt, aun cuando aparentemente nunca se conocieron. Euler presentó un tratamiento analítico de mecanismos en su *Mechanica Sive*

Motus Scienta Analytice Exposita (1736-1742), en la que incluyó el concepto de que el movimiento plano consta de dos componentes independientes, a saber, la traslación de un punto y la rotación del cuerpo en torno a dicho punto. También sugirió la separación del problema de análisis dinámico en "geométrico" y "mecánico" para simplificar la determinación de la dinámica del sistema. Dos de sus contemporáneos, **d'Alembert** y **Kant**, también propusieron ideas similares. Éste es el origen de nuestra división del tema en cinemática y cinética, como se describió en la página 3.

A principios del siglo XIX, L'Ecole Polythecnic, en París, Francia, era la institución depositaria de los conocimientos de ingeniería. **Lagrange** y **Fourier** formaron parte de su cuerpo de profesores. Uno de sus fundadores fue **Gaspard Monge** (1746-1818), inventor de la geometría descriptiva (la cual fue mantenida como secreto militar por el gobierno francés durante 30 años por su valor en la planificación de fortificaciones). Monge creó un curso de elementos de máquinas y emprendió la tarea de clasificar ¡todos los mecanismos y máquinas conocidos por la humanidad! Su colega **Hachette** completó el trabajo en 1806 y lo publicó como lo que probablemente fue el primer texto sobre mecanismos en 1811. **Andre Marie Ampere** (1775-1836), también profesor en L'Ecole Polythecnic, emprendió la formidable tarea de clasificar "todo el conocimiento humano". En su *Essai sur la Philosophie des Sciences*, fue el primero en utilizar el término **cinematique**, derivado de la palabra griega para movimiento,* para describir el estudio del movimiento al omitir las fuerzas, y sugirió que "esta ciencia tiene que incluir todo lo que se puede decir con respecto al movimiento en sus diferentes clases, independientemente de las fuerzas mediante las cuales se produjo". Más adelante su término fue incluido en inglés como *kinematics* y en alemán como *kinematik*.

Robert Willis (1800-1875) escribió el texto *Principles of Mechanisms*, en 1841, mientras se desempeñaba como profesor de Filosofía Natural en la Universidad de Cambridge, Inglaterra. Intentó sistematizar la tarea de síntesis de mecanismos. Contó cinco formas de obtener movimiento relativo entre eslabones de entrada y salida: contacto rodante, contacto deslizante, eslabonamientos, conectores envolventes (bandas, cadenas) y polipastos (malacates de cuerda o cadena). **Franz Reuleaux** (1829-1905) publicó *Theoretische Kinematik* en 1875. Muchas de sus ideas todavía son actuales y útiles. **Alexander Kennedy** (1847-1928) tradujo a Reuleaux al inglés en 1876. ¡Este texto llegó a ser el fundamento de la cinemática moderna y se imprime actualmente! (Véase la bibliografía al final del capítulo.) Él proporcionó el concepto de un par cinemático (junta), cuya forma e interacción definen el tipo de movimiento transmitido entre los elementos del mecanismo. Reuleaux definió seis componentes mecánicos básicos: el eslabón, la rueda, la leva, el tornillo, el trinquete y la banda. También definió los pares "superiores" e "inferiores"; los superiores tienen un contacto lineal o puntual (como en un cojinete de rodillos o bolas) y los inferiores tienen un contacto superficial (como en las juntas de pasador). Reuleaux en general es considerado como el padre de la cinemática moderna, y es responsable de la notación simbólica de eslabonamientos esqueléticos genéricos utilizados en todos los textos de cinemática modernos.

En el siglo XX, antes de la Segunda Guerra Mundial, la mayor parte del trabajo teórico sobre cinemática se realizó en Europa, sobre todo en Alemania. Algunos resultados de esta investigación estuvieron disponibles en inglés. En Estados Unidos, la cinemática fue ampliamente ignorada hasta los años 40, cuando **A. E. R. de Jonge** escribió "What Is Wrong with 'Kinematics' and 'Mecanisms'",[2] lo que hizo que las instituciones de educación en ingeniería mecánica estadounidenses prestaran atención a los logros europeos en este campo. Desde entonces se ha realizado mucho trabajo nuevo, especialmente en síntesis cinemática, por ingenieros e investigadores estadounidenses y europeos, como **J. Denavit**, **A. Erdman**, **F. Freudenstein**, **A. S. Hall, R. Hartenberg**, **R. Kaufman, B. Roth**, **G. Sandor** y **A. Soni** (todos estadounidenses) y **K. Hain** (de Alemania). Desde la caída de la "Cortina de Hierro" mucho trabajo original realizado por cinematistas rusos ha llegado a estar disponible en Estados Unidos, como el realizado por **Artobolevsky**.[3] Muchos investigadores estadounidenses utilizaron la computadora para resolver problemas previamente intratables, tanto de síntesis como de análisis, e hicieron un uso práctico de muchas de las teorías de sus predecesores.[4] Este texto hará un uso extenso de las computadoras para analizar y sintetizar con más eficiencia soluciones a problemas de diseño de máquinas. Este libro incluye varios programas de computadora para su uso.

1.4 APLICACIONES DE LA CINEMÁTICA

Una de las primeras tareas al resolver cualquier problema de diseño de máquinas es determinar la configuración cinemática necesaria para producir los movimientos deseados. En general, los análisis de fuerzas y esfuerzos no pueden ser realizados hasta que los problemas cinemáticos hayan sido

* Ampere escribió "(La ciencia de los mecanismos), por consiguiente no debe definir una máquina, como en general lo ha hecho, como un instrumento mediante el cual se puede modificar la dirección e intensidad de una *fuerza* dada, sino como un instrumento mediante el cual se puede modificar la dirección y *velocidad* de un movimiento dado. A esta ciencia… le he dado el nombre de Cinemática, de μ —movimiento—", en Maunder, L. (1979). "Theory and Practice". *Proc. 5th. World Cong. on Theory of Mechanisms and Machines*, Montreal, p. 1.

resueltos. Este texto aborda el diseño de dispositivos cinemáticos tales como eslabonamientos, levas y engranes. Cada uno de estos términos será definido a cabalidad en capítulos subsiguientes, pero puede ser útil mostrar algunos ejemplos de aplicaciones cinemáticas en este capítulo introductorio. Probablemente el lector ha utilizado muchos de estos sistemas sin pensar en su cinemática.

Virtualmente cualquier máquina o dispositivo que se mueve contiene uno o más elementos cinemáticos, como eslabonamientos, levas, engranes, bandas, cadenas. La bicicleta puede ser un ejemplo simple de un sistema cinemático que contiene una transmisión de cadena para generar la multiplicación del par de torsión, y eslabonamientos operados por cables simples para el frenado. Un automóvil contiene muchos más dispositivos cinemáticos. Su sistema de dirección, la suspensión de las llantas y el motor de pistones contienen eslabonamientos; las válvulas del motor son abiertas por levas, y la transmisión tiene muchos engranes. Incluso los limpiaparabrisas son operados por eslabonamientos. La figura 1-1*a* muestra un eslabonamiento espacial utilizado para controlar el movimiento de la rueda trasera de un automóvil moderno al pasar sobre baches.

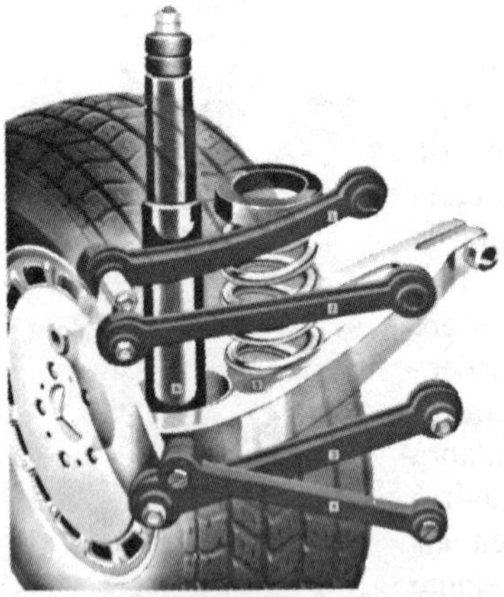

a) Suspensión trasera con eslabonamientos espaciales
Cortesía de Daimler Benz Co.

b) Útil tractor con retroexcavadora
Cortesía de John Deere Co.

c) Mecanismo ejercitador accionado por un eslabonamiento
Cortesía de ICON Health & Fitness, Inc.

Figura 1-1 Ejemplos de dispositivos cinemáticos de uso general

Equipos de construcción como tractores, grúas y retroexcavadoras utilizan extensamente eslabonamientos en su diseño. La figura 1-1*b* muestra una pequeña retroexcavadora cuyo eslabonamiento es propulsado por cilindros hidráulicos. Otra aplicación que utiliza eslabonamientos es la del equipo ejercitador como el mostrado en la figura 1-1*c*. Los ejemplos de la figura 1-1 son todos bienes de consumo que se pueden encontrar a diario. Muchos otros ejemplos cinemáticos se dan en el dominio de los elementos de producción, máquinas utilizadas para fabricar los diversos bienes de consumo. Es menos probable encontrarlos fuera del ambiente industrial. Una vez asimilados los términos y principios de la cinemática, el lector ya no podrá mirar cualquier máquina o producto sin distinguir sus aspectos cinemáticos.

1.5 EL PROCESO DE DISEÑO

Diseño, invención, creatividad

Éstos son términos conocidos pero tienen distintos significados para diferentes personas. Pueden englobar un sinnúmero de actividades: el diseño de la ropa más moderna, la creación de obras arquitectónicas impresionantes, o la ingeniería de una máquina para la fabricación de toallas faciales. El **diseño de ingeniería**, el que aquí concierne, comprende estas tres actividades y muchas otras. La palabra **diseño** se deriva del latín **designare**, que significa *"diseñar"* o *"marcar"*. El diccionario *Webster* proporciona varias definiciones, la más adecuada para el caso es *"bosquejar, graficar o planificar, como acción o trabajo… concebir, inventar-idear"*. El **diseño de ingeniería** se ha definido como "[…] *el proceso de aplicar las diversas técnicas y principios científicos con el propósito de definir un dispositivo, un proceso o un sistema con suficientes detalles que permitan su realización* […] *El diseño puede ser simple o muy complejo, fácil o difícil, matemático o no matemático; puede implicar un problema trivial o uno de gran importancia"*. El **diseño** es un constituyente universal de la práctica de ingeniería. No obstante, la complejidad de la materia por lo general requiere que el estudiante disponga de un conjunto de **problemas estructurados, paso a paso** ideados para esclarecer un concepto o conceptos particulares relacionados con el tema particular. Los problemas de los libros de texto en general adoptan la forma de *"dados A, B, C y D, encuentre E"*. Desafortunadamente, los problemas de ingeniería en la vida real casi nunca están estructurados de esa manera. Con frecuencia, en la realidad adoptan la forma de: *"Lo que se necesita es un artefacto para insertar este artificio en el orificio dentro del tiempo asignado para la transferencia de este otro cachivache."* El ingeniero novel buscará en vano en sus libros de texto una guía para resolver semejante problema. Este **problema no estructurado** por lo general conduce a lo que comúnmente se llama **"síndrome del papel en blanco"**. Con frecuencia los ingenieros se encuentran con el problema de la hoja del papel en blanco, cavilando sobre la manera de resolver un problema mal definido como ése.

Mucha de la educación de ingeniería se ocupa de temas de **análisis**, lo que significa *descomponer, desarmar, descomponer en sus partes constituyentes*. Esto es muy necesario. El ingeniero debe saber cómo analizar sistemas de varios tipos: mecánicos, eléctricos, térmicos o fluidos. El análisis requiere un completo conocimiento tanto de las técnicas matemáticas apropiadas como de la física fundamental de la función del sistema. Pero antes de que cualquier sistema pueda ser analizado, debe existir, y una hoja de papel en blanco proporciona poca sustancia para el análisis. Así, el primer paso en cualquier ejercicio de diseño de ingeniería es el de **síntesis**, que significa *conjuntar*.

Síndrome del papel en blanco

El ingeniero de diseño, en la práctica, sin importar la disciplina, continuamente enfrenta el reto de *estructurar problemas no estructurados*. De manera invariable, el problema tal como es planteado al ingeniero está mal definido e incompleto. Antes de que se intente *analizar la situación* primero se debe definir con cuidado el problema, mediante un método preliminar de ingeniería, para garantizar que cualquier solución propuesta resolverá correctamente el problema. Existen muchos ejemplos de excelentes soluciones de ingeniería que al final fueron rechazadas porque resolvían el problema de manera incorrecta, es decir, no resolvían el problema que el cliente realmente tenía.

Se ha investigado ampliamente la definición de varios "procesos de diseño", tratando de proporcionar los medios para estructurar un problema no estructurado y obtener una solución viable. Algunos de estos procesos presentan docenas de pasos, otros sólo unos cuantos. El presentado en la tabla 1-1 contiene 10 pasos y, por la experiencia del autor, ha demostrado que da buenos resultados en más de 40 años de práctica en el diseño de ingeniería.

TABLA 1-1
Un proceso de diseño

1 Identificación de la necesidad.
2 Investigación preliminar.
3 Planteamiento de objetivos.
4 Especificaciones de desempeño.
5 Ideación e invención.
6 Análisis.
7 Selección.
8 Diseño detallado.
9 Creación de prototipos y pruebas.
10 Producción.

Iteración Antes de discutir cada uno de estos pasos a detalle es necesario señalar que éste no es un proceso en el que se procede del paso uno al diez de un modo lineal. En su lugar, por su naturaleza, es un proceso iterativo en el cual se avanza de manera vacilante, dos pasos hacia delante y uno atrás. Es inherentemente *circular*. **Iterar** significa *repetir, regresar a un estado previo*. Si, por ejemplo, lo que parece ser gran idea, al analizarla, resulta que viola la segunda ley de la termodinámica, ¡se puede regresar al paso de ideación y buscar otra mejor! O, si es necesario, regresar a uno de los primeros pasos en el proceso, quizás a la investigación de fondo y aprender más sobre el problema. Con el entendimiento de que la ejecución real del proceso implica iteración, por simplicidad, ahora se analizará cada paso en el orden listado en la tabla 1-1.

Identificación de la necesidad

Este primer paso es realizado por alguien, jefe o cliente, al decir: "Lo que se necesita es…" Por lo general este enunciado será breve y sin detalles. Estará muy lejos de proporcionarle un planteamiento estructurado del problema. Por ejemplo, el enunciado del problema podría ser: "Se necesita una mejor podadora de pasto."

Investigación preliminar

Identificación de la necesidad

Ésta es la fase más importante del proceso, y desafortunadamente con mucha frecuencia la más ignorada. El término **investigación**, utilizado en este contexto, *no* debe conjurar visiones de científicos de bata blanca mezclando sustancias en probetas. Más bien es una investigación más mundana, que reúne información de fondo sobre la física, química u otros aspectos pertinentes del problema. Además, es pertinente indagar si éste, o un problema similar, ya ha sido resuelto con anterioridad. No tiene caso reinventar la rueda. Si tiene suerte suficiente de encontrar en el mercado una solución ya obtenida, sin duda será más económica de adquirir que crear una solución propia. Es muy probable que éste no será el caso, pero puede aprender mucho sobre el problema investigando el "arte" existente asociado con tecnologías y productos similares. Muchas compañías adquieren, desarman y analizan los productos de sus competidores, un proceso en ocasiones conocido como ***benchmarking***.

La literatura de **patentes** y las publicaciones técnicas en la materia son fuentes obvias de información y son vía accesible a la wide web. La U.S. Patent and Trademark Office mantiene un sitio web en www.uspto.gov donde se pueden encontrar patentes por palabra clave, inventor, título, número de patente u otros datos. Se puede imprimir una copia de la patente desde el mismo sitio. Un sitio comercial en www.delphion.com también proporciona copias de patentes existentes, incluidas las publicadas en países europeos. Se requiere la sección de "revelación" o "especificación" de una patente para describir la invención con tal detalle que cualquier "versado en la materia" puede hacer la invención. A cambio de esta revelación total el gobierno otorga al inventor un monopolio durante 20 años sobre la invención. Una vez que ese plazo expira, cualquiera puede usarla. Es claro que, si se encuentra que existe la solución y está amparada por una patente en vigor, se tienen sólo algunas opciones éticas: adquirir la solución existente con el dueño de la patente, diseñar algo que no cree un conflicto con la patente, o desechar el proyecto.

Reinvención de la rueda

Las publicaciones técnicas en ingeniería son numerosas y variadas, y son provistas por un gran número de organizaciones profesionales. Para el objeto de este texto, la *American Society of Mechanical Engineers* (ASME), la cual ofrece membresías económicas para estudiantes, y la *International Federation for the Theory of Machines and Mechanisms* (IFToMM) poseen publicaciones pertinentes: el ASME *Journal of Mechanical Design* y el *Mechanism and Machine Theory*, respectivamente. Las bibliotecas escolares pueden estar suscritas a éstos, y es posible adquirir copias de artículos desde sus sitios web en www.asme.org/pubs/journals/ y www.elsevier.com/inca/publications, respectivamente.

Cortadores de pasto

La red mundial es un recurso increíblemente útil para el ingeniero o estudiante en busca de información sobre cualquier tema. Los muchos motores de búsqueda disponibles proporcionan un caudal de información en respuesta a las palabras clave seleccionadas. En la web es fácil encontrar fuentes de partes adquiridas tales como engranes, cojinetes y motores para diseñar máquinas. Además, mucha información de diseño de máquinas está disponible en la web. Varios sitios web útiles están catalogados en la bibliografía de este capítulo.

Es muy importante dedicar tiempo y energía suficientes en esta fase de investigación y preparación del proceso para evitar la turbación de encontrar una gran solución al problema equivocado. La mayoría de los ingenieros no experimentados (y algunos experimentados) prestan poca atención a esta fase y pasan con demasiada rapidez a la etapa de ideación e invención del proceso. *¡Esto debe evitarse!* Hay que disciplinarse y *no* tratar de resolver el problema antes de estar perfectamente preparado para hacerlo.

Planteamiento de objetivos

Una vez que se entiende por completo el antecedente del problema como originalmente se planteó, se estará listo para replantearlo en forma de enunciado de objetivos más coherentes. Este nuevo enunciado del problema deberá tener tres características. Deberá ser conciso, general e incoloro en cuanto a expresiones que prediguen una solución. Deberá ser expresado en términos de **visualización funcional**, lo *que significa visualizar su función*, en lugar de cualquier incorporación particular. Por ejemplo, si el enunciado original de la necesidad fue "*Diseñar una mejor podadora de pasto*" después de que por años se han investigado mil formas de cortar el pasto, el ingeniero docto podría replantear el objetivo como **"Diseñar un medio de acortar el pasto"**. El enunciado original del problema contiene una trampa incorporada en la forma de las palabras *coloridas* "podadora de césped". Para la mayoría de las personas, esta frase les creará una visión de algo con aspas zumbantes y un motor ruidoso. Para que la fase de **generación de ideas** sea más exitosa, es necesario evitar tales imágenes y plantear el problema general de manera clara y concisa. Como un ejercicio, mencione 10 maneras de cortar el césped. La mayoría de ellas no se le ocurrirían en caso de que le pidieran 10 diseños mejores de podadora de césped. ¡Debe utilizar **visualización funcional** para evitar la limitación innecesaria de su creatividad!

TABLA 1-2
Especificaciones de desempeño

1 El dispositivo debe contar con suministro de energía independiente.
2 El dispositivo debe ser resistente a la corrosión.
3 El dispositivo debe costar menos de \$100.00.
4 El dispositivo debe emitir < 80 dB de intensidad de ruido a 10 m.
5 El dispositivo debe cortar 1/4 de acre de césped por hora.
6 Etc. ..., etc.

Especificaciones de desempeño*

Cuando se entiende el antecedente y se plantea el objetivo con claridad, se está listo para formular un conjunto de *especificaciones de desempeño* (también llamado *especificaciones de tareas*). Éstas no deberán ser especificaciones de diseño. La diferencia es que las **especificaciones de desempeño** definen **lo que** *el sistema debe hacer*, mientras que las **especificaciones de diseño** definen **cómo** *debe hacerse*. En esta etapa del proceso de diseño no es prudente intentar especificar *cómo* se tiene que lograr el objetivo. Esto se deja para la fase de **ideación**. El propósito de las especificaciones de desempeño es definir y limitar con cuidado el problema de modo que *pueda ser resuelto y se pueda mostrar lo que se resolvió* después del hecho. En la tabla 1-2 se presenta un conjunto muestra de especificaciones de desempeño de nuestra "podadora de césped".

Obsérvese que estas especificaciones limitan el diseño sin restringir demasiado la libertad de diseño del ingeniero. Será inapropiado requerir un motor de gasolina conforme a la especificación 1, porque existen otras posibilidades que proporcionarán la movilidad deseada. Asimismo, demandar acero inoxidable para todos los componentes en la especificación 2 no sería prudente, puesto que se puede obtener resistencia a la corrosión mediante otros materiales menos onerosos. En suma, las especificaciones de desempeño sirven para definir el problema de una manera tan completa y general

* Orson Welles, famoso autor y cineasta, una vez dijo: *El enemigo del arte es la ausencia de limitaciones*. Se puede parafrasear como *El enemigo del diseño es la ausencia de especificación.*

como sea posible, y como una definición contractual de lo que se tiene que lograr. El diseño acabado puede ser probado en cuanto cumpla con las especificaciones.

Generación de ideas e invención

Este paso está lleno tanto de diversión como de frustración. Esta fase es potencialmente la más satisfactoria para la mayoría de los diseñadores, pero también la más difícil. Se ha realizado una gran cantidad de investigación para explorar el fenómeno de **"creatividad"**. Ésta es, y la mayoría está de acuerdo, una cualidad humana. Ciertamente es una actividad exhibida en alto grado por todos los niños. La velocidad y grado de desarrollo que ocurre en el ser humano desde su nacimiento a lo largo de los primeros años de vida requiere algo de creatividad innata. Algunos han alegado que los métodos de la educación occidental tienden a asfixiar la creatividad natural de los niños al promover la conformidad y restringir la individualidad. Desde "colorear dentro de líneas" en el jardín de niños hasta imitar los patrones de escritura de libros de texto en grados posteriores, se suprime la individualidad a favor de una conformidad socializante. Esto quizá sea necesario para evitar la anarquía, pero tiene el efecto de reducir la habilidad del individuo para pensar de manera creativa. Algunos afirman que la creatividad puede ser enseñada, otros dicen que es heredada. No existen evidencias concretas de una u otra teoría. Probablemente es cierto que la creatividad que se pierde o suprime puede ser reavivada. Otros estudios sugieren que la mayoría subutiliza sus habilidades creativas potenciales. Se puede mejorar su creatividad mediante varias técnicas.

PROCESO CREATIVO Se han desarrollado muchas técnicas para mejorar o inspirar la solución creativa de problemas. De hecho, en tanto se han definido procesos de diseño, se muestra el *proceso creativo* en la tabla 1-3. Este proceso creativo se puede impartir como un subconjunto del proceso de diseño y existir dentro de él. El paso de ideación e invención, por lo tanto, se puede dividir en cuatro subpasos.

TABLA 1-3
Proceso creativo

5*a*	Generación de ideas
5*b*	Frustración
5*c*	Incubación
5*d*	¡Eureka!

GENERACIÓN DE IDEAS Es el más difícil de estos pasos. Incluso las personas muy creativas tienen dificultad para inventar "por pedido". Se han sugerido muchas técnicas para mejorar la producción de ideas. La técnica más importante es aquella de *juicio diferido*, lo que significa que su criticalidad deberá ser temporalmente suspendida. No trate de juzgar la calidad de sus ideas en esta etapa. Eso se hará más adelante, en la fase de **análisis**. El objetivo aquí es obtener una gran *cantidad* de diseños potenciales como sea posible. Incluso las sugerencias superficialmente ridículas deberán ser bienvenidas, ya que pueden generar ideas nuevas y sugerir otras soluciones más reales y prácticas.

LLUVIA DE IDEAS Es una técnica que algunos afirman es muy exitosa para generar soluciones creativas. Esta técnica requiere un grupo, de preferencia de 6 a 15 personas, e intenta superar la barrera más grande que enfrenta la creatividad: el *temor al ridículo*. La mayoría de las personas, cuando están en grupo, no expresarán sus pensamientos reales sobre una materia por el temor de que se rían de ellas. Las reglas de esta técnica requieren que nadie se burle o critique las ideas de cualquier persona, sin importar cuán ridículas sean. Un participante actúa como "escriba" y su deber es registrar todas las sugerencias, no importa cuán tontas parezcan ser. Cuando se realiza de manera apropiada, esta técnica puede ser divertida y en ocasiones dar por resultado una "frenética alimentación" de ideas que se vigorizan entre sí. Se puede generar una gran cantidad de ideas en poco tiempo. El juicio sobre su calidad se pospone.

Lluvia de ideas

Cuando se trabaja solo, se requieren otras técnicas. Las **analogías** e **inversiones** en ocasiones son útiles. Hay que intentar sacar analogías entre el problema en cuestión y otros contextos físicos. Si es un problema mecánico, convertirlo por analogía en un fluido o eléctrico. La inversión voltea el problema hacia fuera. Por ejemplo, considérese que lo que se desea mover permanezca inmóvil y viceversa. A menudo surgen las ideas. Otra ayuda útil para la creatividad es el uso de **sinónimos**. Definir el verbo de acción en el enunciado del problema y luego elaborar una lista con tantos sinónimos del verbo como sea posible. Por ejemplo:

Enunciado del problema: Mueva este objeto del punto A al punto B.

El verbo de acción es "mover". Algunos sinónimos son empujar, jalar, deslizar, lanzar, expulsar, saltar, derramar.

El objetivo en este paso de **ideación** es generar un gran número de ideas sin una consideración particular sobre la calidad. Pero, en cierto punto, el "pozo mental" se secará. Se habrá llegado al paso del proceso creativo llamado **frustración**. Es tiempo de olvidarse del problema y hacer algo más durante un tiempo. Mientras la mente consciente está ocupada en otros menesteres, la mente subconsciente seguirá trabajando en el problema. Éste es el paso llamado **incubación**. Súbitamente, en un momento y lugar inesperados, surgirá una idea, y parecerá ser la solución obvia y "correcta" al problema... **¡Eureka!** Muy probablemente, un análisis posterior descubrirá algunas fallas en esta solución. De ser así, ¡hay que retroceder e **iterar**! Puede que se requiera más ideación, investigación y quizás incluso una redefinición del problema.

Frustración

En *Unlocking Human Creativity*[5] Wallen describe tres requerimientos para las ideas creativas:

- Fascinación por el problema.
- Saturación con los hechos, ideas técnicas, datos y el antecedente del problema.
- Periodo de reorganización.

El primero de éstos proporciona la motivación para resolver el problema. El segundo es el paso de investigación de antecedentes ya descrito en la página 7. El periodo de reorganización se refiere a la fase de frustración cuando su subconsciente trabaja en el problema. Wallen[5] dice que los testimonios de personas creativas muestran que, en este periodo de reorganización, no tienen un interés consciente en el problema particular, y que el momento de generación de ideas aparece con frecuencia en medio de un periodo de relajación o sueño. Así que para mejorar la creatividad, hay que saturarse con el problema y material relacionado. ¡Luego relajarse y dejar que su subconsciente haga el trabajo duro!

¡Eureka!

Análisis

Una vez que en esta etapa se ha estructurado el problema, por lo menos temporalmente, ahora se pueden aplicar técnicas de análisis más complejas para examinar el desempeño del diseño en la **fase de análisis** del proceso de diseño. (Algunos de estos métodos de análisis se verán en detalle en los capítulos siguientes.) Se requerirá más iteración conforme el análisis ponga de manifiesto algunos problemas. Se deben repetir tantos pasos iniciales del proceso de diseño como sea necesario para garantizar su éxito.

Selección

Cuando el análisis técnico indica que se tienen algunos diseños potencialmente factibles, se debe **seleccionar** el mejor disponible para un **diseño detallado**, **creación de prototipo** y **pruebas**. El proceso de selección casi siempre implica un análisis comparativo de las soluciones de diseño disponibles. En ocasiones una **matriz de decisión** ayuda a identificar la mejor solución al forzarlo a considerar varios factores de manera sistemática. En la figura 1-2 se muestra una matriz de decisión para la propuesta de un mejor cortador de césped. Cada diseño ocupa una fila en la matriz. A las columnas se les asignan categorías en las que los diseños tienen que ser evaluados, tales como costo, facilidad de uso, eficiencia, desempeño, confiabilidad y cualquier otra que considere apropiada para el problema particular. Luego, a cada categoría se le asigna un **factor de ponderación**, el cual mide su importancia relativa. Por ejemplo, la confiabilidad puede ser un criterio más importante para el usuario que el costo, o viceversa. Como ingeniero de diseño, tiene que ejercer un juicio en cuanto a la selección y ponderación de estas categorías. Posteriormente, el cuerpo de la matriz se llena con números que clasifican cada diseño en una escala conveniente, como del 1 al 10, en cada una de las categorías. Hay que observar que es una *clasificación subjetiva*. Se deben examinar los diseños y decidir la calificación de cada uno. Luego, las calificaciones se multiplican por los factores de ponderación (los que en general son elegidos de modo que sumen a un número conveniente, como 1) y los productos sumados para cada diseño. Las calificaciones ponderadas reciben

	Costo	*Seguridad*	*Desempeño*	*Confiabilidad*	*RANGO*
Factor de ponderación	.35	.30	.15	.20	1.0
Diseño 1	3 / 1.05	6 / 1.80	4 / .60	9 / 1.80	5.3
Diseño 2	4 / 1.40	2 / .60	7 / 1.05	2 / .40	3.5
Diseño 3	1 / .35	9 / 2.70	4 / .60	5 / 1.00	4.7
Diseño 4	9 / 3.15	1 / .30	6 / .90	7 / 1.40	5.8
Diseño 5	7 / 2.45	4 / 1.20	2 / .30	6 / 1.20	5.2

FIGURA 1-2 Matriz de decisión

una clasificación de diseños. Hay que ser precavido al aplicar estos resultados y ¡tener presente el origen y subjetividad de las calificaciones y de los factores de ponderación! Casi siempre existe la tentación de tener más fe en estos resultados que la justificada. Después de todo, ¡se ven impresionantes! ¡Incluso pueden ocupar varios lugares decimales! (pero no deben). El valor real de una matriz de decisión es que descompone el problema en piezas más tratables y obliga a pensar en el valor relativo de cada diseño en muchas categorías. Luego puede tomar una decisión más informada en lo que se refiere al "mejor" diseño.

Diseño detallado

Este paso en general incluye la creación de un conjunto completo de dibujos de ensamble detallados, o archivos de **diseño asistido por computadora** (CAD), por *cada pieza* utilizada en el diseño. Cada dibujo detallado debe especificar todas las dimensiones y las especificaciones de material necesarias para fabricar la pieza. Con estos dibujos (o archivos CAD) se debe construir un modelo (o modelos) de prototipos para experimentos físicos. Es muy probable que las pruebas descubrirán más fallas que requieran más **iteración**.

Creación de prototipos y pruebas

MODELOS Por último, se puede verificar la corrección o factibilidad de cualquier diseño hasta que esté construido y probado. Esto por lo general implica la construcción de un modelo físico del prototipo. Un modelo matemático, si bien es muy útil, nunca puede ser una representación completa y precisa del sistema físico real como un modelo físico, por la necesidad de simplificar las suposiciones. Los prototipos a menudo son muy caros, pero pueden ser la forma más económica de probar un diseño sin tener que construir el dispositivo real de tamaño natural. Pueden adoptar muchas formas, desde modelos a escala de trabajo hasta representaciones de tamaño natural, pero simplificadas, del concepto. Los modelos a escala conllevan sus propias complicaciones con respecto a la representación a la escala apropiada de los parámetros físicos. Por ejemplo, el volumen del material varía con el cubo de las dimensiones lineales, pero la superficie varía con el cuadrado. La transferencia de calor al ambiente puede ser proporcional al área superficial, mientras que la generación de calor puede ser proporcional al volumen. Así pues, la representación a escala de un sistema, hacia arriba o hacia abajo, puede conducir a un comportamiento diferente de aquel del sistema a escala completa. Se debe tener cuidado al representar a escala modelos físicos. Cuando se comience a diseñar mecanismos articulados se verá que un **modelo de cartón simple** con eslabones de su elección, acoplados con mariposas como pivotes, puede decir mucho sobre la calidad y carácter de los mecanismos del movimiento. Deberá adquirir el hábito de elaborar modelos articulados simples en todos sus diseños de eslabonamiento.

LAS PRUEBAS del modelo o prototipo pueden variar desde simplemente accionarlo y observar su funcionamiento hasta fijar instrumentos suficientes para medir con precisión sus desplazamientos, velocidades, aceleraciones, fuerzas, temperaturas y otros parámetros. Puede que se requieran pruebas en condiciones ambientales controladas tales como alta o baja temperatura o humedad. La microcomputadora ha hecho posible medir muchos fenómenos con precisión y a más bajo costo de lo que se podía hacer antes.

Producción

Por último, con suficiente tiempo, dinero y perseverancia, el diseño estará listo para su producción. Ésta podría consistir en la manufactura de una versión final simple del diseño, pero muy probablemente significará hacer miles o incluso millones de piezas de ese artefacto. El peligro, gasto y preocupación de encontrar fallas en su diseño después de hacer grandes cantidades de dispositivos defectuosos deberán obligarlo a tener el mayor cuidado en los primeros pasos del proceso de diseño para garantizar que éste sea ejecutado apropiadamente.

El **proceso de diseño** se utiliza ampliamente en ingeniería. La ingeniería por lo general se define en función de lo que un ingeniero hace, pero también en función de *cómo* hace el ingeniero lo que hace. La **ingeniería** *es más un método, un enfoque, un proceso, un estado de la mente para la solución de un problema, que una actividad*. El enfoque de ingeniería es el de la minuciosidad, atención al detalle y consideración de todas las posibilidades. Si bien puede parecer una contradicción en función de enfatizar la "atención al detalle", mientras que la exaltación de las virtudes del pensamiento creativo, libre y abierto, no lo es. Las dos actividades no sólo son compatibles, además son simbióticas. Al final no sirve de nada tener ideas creativas y originales si no se ejecutan, o no pueden realizarse y "llevarse a la práctica". Para hacerlo, hay que disciplinarse y sufrir los detalles engorrosos, irritantes y fatigosos que son tan necesarios para la consumación de cualquier fase del proceso creativo. Por ejemplo, para realizar un trabajo apreciable en el diseño de algo, se debe definir *por completo* el problema. Si se omite algún detalle en la definición, se terminará resolviendo el problema de forma equivocada. Asimismo, se debe investigar *a cabalidad* la información de fondo. Se deben buscar *exhaustivamente* soluciones conceptuales potenciales. Luego, analizar *extensamente* la validez de estos conceptos, y, por último, *detallar* el diseño elegido hasta la última tuerca y tornillo para tener la confianza de que funcionará. Si se desea ser un buen diseñador o ingeniero, se debe disciplinar a hacer las cosas a conciencia, de una manera lógica y ordenada, incluso mientras se tienen grandes pensamientos creativos y se itera para llegar a una solución. Ambos atributos, la creatividad y la atención al detalle, son necesarios para tener éxito en el diseño de ingeniería.

1.6 OTROS ENFOQUES AL DISEÑO

En años recientes se han hecho grandes esfuerzos para entender mejor la metodología y el proceso de diseño. La metodología del diseño es el estudio del proceso de diseñar. Un objetivo de esta investigación es definir el proceso de diseño con suficientes detalles, de modo que pueda ser codificado en una forma adecuada para su ejecución en una computadora, mediante "inteligencia artificial" (AI, por sus siglas en inglés).

Dixon[6] define el diseño como un *estado de información*, el cual puede presentarse en varias formas:

> ...palabras, gráficos, datos electrónicos y/u otros. Puede ser parcial o completo. Va desde una pequeña cantidad de información altamente abstracta al inicio del proceso de diseño hasta una cantidad muy grande de información detallada más adelante, suficiente para llevar a cabo la manufactura. Puede incluir, pero no limitarse, a información sobre el tamaño y forma, función, materiales, comercialización, desempeño simulado, procesos de manufactura, tolerancias y más. De hecho, cualquier parte y toda la información pertinente a la vida física o económica de un objeto diseñado forma parte de su diseño.

Dixon continúa describiendo varios estados de información generalizados, como el estado de *requerimientos*, que es análogo a nuestras **especificaciones de diseño**. La información sobre el concepto físico se conoce como el estado *conceptual* de la información y es el equivalente a nuestra fase de **generación de ideas**. Sus estados de *parámetros* y de *configuración sobresaliente* son similares a nuestra fase de **diseño detallado**. Dixon define un proceso de diseño como:

> La serie de actividades mediante las cuales la información sobre el objeto diseñado se cambia de un estado de información a otro.

Diseño axiomático

N. P. Suh[7] sugiere una *aproximación axiomática* al diseño en la cual existen cuatro dominios: dominio del **cliente**, dominio **funcional**, dominio **físico** y dominio del **proceso**. Éstos representan un rango del "qué" al "cómo"; es decir, desde el estado de definir lo que el cliente desea, determinar las funciones requeridas y la personificación física necesaria, hasta cómo un proceso alcanzará el fin deseado. Define dos axiomas que deben ser satisfechos para lograr lo siguiente:

1. Mantener la independencia de los requerimientos funcionales.
2. Reducir el contenido de la información.

El primero de éstos se refiere a la necesidad de crear un conjunto completo y no dependiente de especificaciones de diseño. El segundo indica que la mejor solución de diseño tendrá el menor contenido de información (esto es, la mínima complejidad). Otros se han referido a esta segunda idea como *KISS* (por sus siglas en inglés), que significa, con algo de crudeza, *"mantenlo simple, estúpido"*.

La implementación de esa aproximación al diseño tanto de Dixon como de Suh es un tanto complicada. El lector interesado debe consultar la bibliografía de este capítulo para información más completa.

1.7 SOLUCIONES MÚLTIPLES

Observe que, por la naturaleza del proceso de diseño, **no** hay **una** respuesta o solución correcta a cualquier problema de diseño. A diferencia de los problemas estructurados de "libro de texto de ingeniería", a los que la mayoría de los estudiantes están acostumbrados, no existe una respuesta preestablecida "en el dorso del libro" para cualquier problema de diseño real.* Existen tantas soluciones potenciales como diseñadores que desean intentarlas. Algunas serán mejores que otras, pero muchas funcionarán. ¡Algunas no lo harán! No existe "una respuesta correcta" en la ingeniería de diseño, esto es lo que la hace interesante. La única manera de determinar los méritos relativos de varias soluciones potenciales de diseño es mediante un análisis profundo, el que por lo general incluirá pruebas físicas de prototipos. Como éste es un proceso muy caro, es conveniente hacer tantos análisis en papel, o en computadora, como sea posible antes de construir el dispositivo. Donde sea factible, se deberán crear modelos matemáticos del diseño o partes de éste. Pueden adoptar muchas formas, según el tipo de sistema físico implicado. En el diseño de mecanismos y máquinas casi siempre es posible escribir las ecuaciones para la dinámica de cuerpo rígido del sistema y resolverlas en "forma cerrada" con (o sin) computadora. Tener en cuenta las deformaciones elásticas de los miembros del mecanismo o máquina en general requiere métodos más complicados que utilizan técnicas de **diferencia finita** o el **método del elemento finito** (FEM, por sus siglas en inglés).

1.8 FACTORES HUMANOS EN LA INGENIERÍA

Haga que la máquina se adapte al humano

Con pocas excepciones, todas las máquinas se diseñan para ser usadas por humanos. Incluso los robots deben ser programados por humanos. La **ingeniería de factores humanos** es el estudio de la interacción hombre-máquina y se define como *una ciencia aplicada que coordina el diseño de dispositivos, sistemas, y condiciones de trabajo físicas con las capacidades y requerimientos del trabajador.* El diseñador de una máquina debe estar consciente de este tema y diseñar dispositivos que se "adapten al hombre" en lugar de esperar que el hombre se adapte a la máquina. El término **ergonómico** es sinónimo de *ingeniería de factores humanos*. A menudo se hace referencia a la buena o mala ergonomía del interior de un automóvil o de un aparato doméstico. Una máquina diseñada con ergonomía deficiente será incómoda y fatigosa, e incluso puede ser peligrosa. (¿Ha programado su VCR últimamente, o puesto a tiempo su reloj?)

Existe una abundancia de datos de factores humanos disponibles en la literatura. Se señalan algunas referencias en la bibliografía. El tipo de información que podría requerirse en un problema de diseño de máquina va desde las dimensiones del cuerpo humano y su distribución entre la población por edad y género, la habilidad del cuerpo humano de soportar aceleraciones en varias direcciones, hasta resistencias y fuerzas típicas que generan habilidad en varias posiciones. Obviamente, si se piensa diseñar un dispositivo que será controlado por un humano (tal vez un cortador de césped), se debe saber cuánta fuerza puede ejercer el usuario con sus manos mantenidas en varias posiciones, su alcance y cuánto ruido puede soportar sin sufrir daños. Si el dispositivo transportará al usuario, se necesitan datos sobre los límites de aceleración que el cuerpo puede tolerar. Existen datos sobre todos estos temas. Muchos de ellos fueron desarrollados por el gobierno, que con regularidad prueba la capacidad del personal militar de soportar condiciones ambientales extremas. Parte de la investigación de fondo de cualquier diseño de máquina deberá incluir algo de investigación de factores humanos.

1.9 EL REPORTE EN INGENIERÍA

La comunicación de las ideas y resultados es un aspecto muy importante de la ingeniería. Muchos estudiantes de ingeniería se ven ya en la práctica profesional ocupando la mayor parte de su tiempo en efectuar cálculos de una naturaleza similar a los que realizaron como estudiantes. Afortunadamente, es raro que esto ocurra, ya que sería muy aburrido. En realidad, los ingenieros ocupan mayormente su tiempo en comunicarse unos con otros, ya sea oralmente o por escrito. Redactan propuestas y reportes técnicos, llevan a cabo presentaciones e interactúan con los gerentes y el personal de apoyo. Cuando se realiza su diseño, en general es necesario presentar los resultados a su cliente, compañeros o empleador. La forma usual de presentación es un reporte formal de ingeniería. Por lo tanto, es muy importante que el estudiante de ingeniería desarrolle sus habilidades de comunicación. *Puede ser la persona más lista del mundo, pero nadie lo sabrá si no puede comunicar sus ideas con claridad*

* Un estudiante alguna vez comentó que *"la vida es un problema de número impar"*. Este autor (lento) tuvo que pedir una explicación, la cual fue: *"La respuesta no está en el dorso del libro."*

1

y brevedad. De hecho, si no puede explicar lo que ha realizado, probablemente ni usted mismo se entienda. Para obtener experiencia en esta importante habilidad, las tareas de proyectos de diseño en capítulos posteriores están pensadas para ser redactadas como reportes formales de ingeniería. Se puede encontrar información sobre la redacción de reportes de ingeniería en las lecturas sugeridas en la bibliografía al final de este capítulo.

1.10 UNIDADES

Existen varios sistemas de unidades en ingeniería. Los más comunes en Estados Unidos son el sistema **pie-libra-segundo (fps**, por sus siglas en inglés), el sistema **pulgada-libra-segundo (ips**, por sus siglas en inglés) y el **Sistema Internacional (SI**, por sus siglas en francés). Todos los sistemas se crearon con base en la selección de tres de las cantidades en la expresión general de la segunda ley de Newton

$$F = \frac{ml}{t^2} \tag{1.1a}$$

donde F es fuerza, m es masa, l es longitud y t es tiempo. Se pueden elegir las unidades de tres de estas variables, cualesquiera que sean, y luego se deriva la otra en función de las unidades elegidas. Las tres unidades elegidas se llaman *unidades básicas*, y la restante es, por lo tanto, una *unidad derivada*.

La mayoría de los errores respecto a la conversión de cálculos entre uno u otro de los sistemas estadounidenses y el sistema SI se debe a que el sistema SI utiliza un conjunto diferente de unidades básicas al que utilizan los sistemas estadounidenses. Ambos sistemas estadounidenses eligieron la ***fuerza***, *longitud* y *tiempo* como unidades básicas. La masa es entonces una unidad derivada en los sistemas estadounidenses, y se conocen como *sistemas gravitacionales* porque el valor de la masa depende de la constante gravitacional local. El sistema SI eligió ***masa***, *longitud* y *tiempo* como unidades básicas y la fuerza es la unidad derivada. Entonces el SI se conoce como *sistema absoluto* puesto que la masa es una unidad básica cuyo valor no depende de la gravedad local.

El sistema **pie-libra-segundo (fps)** requiere que todas las longitudes se midan en pies, las fuerzas en libras (lb) y el tiempo en segundos (s). Entonces la masa se deriva de la ley de Newton como

$$m = \frac{Ft^2}{l} \tag{1.1b}$$

y las unidades son:

Libras por segundo al cuadrado por **pie** (lb-s²/pie) = **slugs**

El sistema **pulgada-libra-segundo (ips)** requiere que todas las longitudes se midan en pulgadas (in), la fuerza en libras (lb) y el tiempo en segundos (s). La masa se deriva de la ecuación de la ley de Newton, ecuación 1.1*b*, pero las unidades ahora son:

Libras por segundos al cuadrado por **pulgada** (lb-s²/pulg) = **blobs**

¡Esta unidad de masa no es slugs! Equivale a doce slugs o a un blob.*

El peso se define como la fuerza ejercida en un objeto por la gravedad. Probablemente el error más común que los estudiantes cometen con las unidades es mezclar estos dos sistemas de unidades (**fps** e **ips**) cuando convierten unidades de peso (las cuales son libras fuerza) en unidades de masa. Hay que observar que la constante de la aceleración de la gravedad (g) en la tierra al nivel del mar es aproximadamente de 32.2 **pies** por segundo al cuadrado, lo que equivale a 386 **pulgadas** por segundo al cuadrado. La relación entre masa y peso es:

Masa = peso/aceleración de la gravedad

$$m = \frac{W}{g} \tag{1.2}$$

Debe ser obvio que, si miden todas las longitudes en **pulgadas** y luego se utiliza $g = 32.2$ **pies**/s² para calcular la masa, se tendrá un error de *factor de 12* en sus resultados. Éste es un error grave, lo bastante grande para que se estrelle un avión. Peor aún si el estudiante ignora convertir el peso en masa *en todos* sus cálculos. Habrá cometido un error de 32.2 o 386 en sus resultados. ¡Éste es suficiente para que un buque se hunda!†

* Es una lástima que la unidad de masa en el sistema **ips** no haya sido bautizada oficialmente como el término **slug** utilizado para masa en el sistema **fps**. El autor osadamente sugiere (con algo de reticencia) que la unidad de masa en el sistema **ips** se llame *blob* (bl) para distinguirla con más claridad del **slug** (sl) y para ayudar al estudiante a evitar algunos de los errores más comunes en las unidades antes listadas.

doce slugs = un blob

Blob no suena más burdo que slug, es fácil de recordar, implica masa y se abrevia (bl), la cual es un anagrama de lb (lb). Además, si alguien ha visto un "slug de jardín", sabe que se ve como un *"pequeño blob"*.

† Una sonda espacial de 125 millones de dólares se perdió porque la NASA no convirtió los datos dados en unidades *ips* por su contratista, Lockheed Aerospace, en las unidades métricas utilizadas en los programas de computadora de la NASA que controlaban la nave espacial. Se pretendía que orbitara el planeta Marte, pero en su lugar se consumió en la atmósfera marciana o se estrelló en el planeta a causa de este error en las unidades. Fuente: *The Boston Globe*, 1 de octubre de 1999, p. 1.

Para aumentar aún más la confusión del estudiante con respecto a las unidades, está el uso común de la unidad **libras masa** (lb_m). Esta unidad a menudo se utiliza en dinámica de fluidos y en termodinámica, y surge del uso de una forma ligeramente diferente de la ecuación de Newton:

$$F = \frac{ma}{g_c} \tag{1.3}$$

donde m = masa en lb_m, a = aceleración y g_c = constante gravitacional.

El valor de la **masa** de un objeto medido en **libras masa** (lb_m) es *numéricamente igual a su* **peso** en **libras fuerza** (lb_f). Sin embargo, el estudiante *debe recordar dividir* el valor de m en lb_m en g_c cuando se sustituye en esta forma de la ecuación de Newton. Por lo tanto, las lb_m se dividirán entre 32.2 o entre 386 cuando se calcula la fuerza dinámica. El resultado será el mismo que cuando la masa se expresa en slugs o blobs en la forma $F = ma$ de la ecuación. Recuerde que en números redondos al nivel de mar en tierra:

$$1\ lb_m = 1\ lb_f \qquad 1\ slug = 32.2\ lb_f \qquad 1\ blob = 386\ lb_f$$

El sistema **SI** requiere que las longitudes se midan en metros (m), la masa en kilogramos (kg) y el tiempo en segundos (s). Éste en ocasiones se conoce como sistema **mks**. La fuerza se deriva con la ecuación 1.1*b* de Newton y las unidades son:

$$\text{kilogramo-metros por segundo}^2 = (\text{kg-m/s}^2) = \text{newtons}$$

De este modo, en el sistema SI existen nombres distintos para masa y fuerza, lo que ayuda a aliviar la confusión. Cuando se convierte entre los sistemas SI y U.S., hay que estar alerta al hecho de que la masa se convierte de kilogramos (kg) a o slugs (sl) o blobs (bl), y la fuerza se convierte de newtons (N) a libras (lb). La constante gravitacional (g) en el sistema SI es aproximadamente de 9.81 m/s^2.

El sistema principal de unidades utilizado en este libro de texto será el sistema **ips** U.S. La mayoría del diseño de máquinas en Estados Unidos aún se realiza en este sistema. La tabla 1-4 muestra algunas variables utilizadas en este texto y sus unidades. La tapa frontal interna contiene una tabla de conversión de factores entre los sistemas U.S. y SI.

El estudiante debe tener la precaución de verificar siempre las unidades en cualquier ecuación escrita para la solución de un problema, ya sea en la escuela o en la práctica profesional después de

TABLA 1-4 Variables y unidades

Las unidades básicas se dan en negritas. Abreviaturas entre ( )

Variable	Símbolo	Unidad ips	Unidad fps	Unidad SI
Fuerza	F	**libras (lb)**	**libras (lb)**	newtons (N)
Longitud	l	**pulgadas (pulg)**	**pies (pies)**	**metros (m)**
Tiempo	t	**segundos (s)**	**segundos (s)**	**segundos (s)**
Masa	m	lb-s²/pulg (lb)	lb-s²/pies (sl)	**kilogramos (kg)**
Peso	W	libras (lb)	libras (lb)	newtons (N)
Velocidad	v	pulg/s	pies/s	m/s
Aceleración	a	$pulg/s^2$	$pies/s^2$	m/s^2
Sacudimiento	j	$pulg/s^3$	$pies/s^3$	m/s^3
Ángulo	θ	grados (°)	grados (°)	grados (°)
Ángulo	θ	radianes (rad)	radianes (rad)	radianes (rad)
Velocidad angular	ω	rad/s	rad/s	rad/s
Aceleración angular	α	rad/s^2	rad/s^2	rad/s^2
Sacudimiento angular	φ	rad/s^3	rad/s^3	rad/s^3
Par de torsión	T	lb-pulg	lb-pies	N-m
Momento de inercia de masa	I	$lb\text{-}pulg\text{-}s^2$	$lb\text{-}pulg\text{-}s^2$	$N\text{-}m\text{-}s^2$
Energía	E	pulg-lb	pies-lb	joules (J)
Potencia	P	pulg-lb/s	pies-lb/s	watts (W)
Volumen	V	$pulg^3$	$pies^3$	m^3
Densidad de peso	γ	$lb/pulg^3$	$lb/pies^3$	N/m^3
Densidad de masa	ρ	$bl/pulg^3$	$sl/pies^3$	kg/m^3

graduarse. Si se escribe apropiadamente, una ecuación debe eliminar todas las unidades a través del signo igual. Si no lo hace, entonces se puede estar *absolutamente seguro de que ésta es* ***incorrecta***. Desafortunadamente, un balance de unidades en una ecuación no garantiza que sea correcta, ya que puede haber muchos otros errores. Siempre verifique por partida doble sus resultados. Podría salvar una vida.

1.11 UN ESTUDIO DE CASO DE DISEÑO

De todo el conjunto de actividades que el ingeniero debe realizar en la práctica, el diseño es al mismo tiempo el más desafiante y potencialmente el más satisfactorio. La realización de cálculos para analizar un problema claramente definido y estructurado, sin que importe cuán complejo sea, puede ser difícil, pero el ejercicio de crear algo a partir de bosquejos para resolver un problema que a menudo está definido de manera deficiente es *muy* difícil. El simple placer y la alegría de concebir una solución viable para tal problema de diseño es una de las grandes satisfacciones en la vida de cualquier persona, sea ingeniero o no.

Hace algunos años, un ingeniero muy creativo y conocido por el autor, George A. Wood Jr., escuchó una presentación de otro ingeniero creativo y también conocido por el autor, Keivan Towfigh, acerca de uno de sus diseños. Años después, el mismo señor Wood escribió un artículo corto acerca del diseño de ingeniería creativa en el que reconstruyó el supuesto proceso creativo del señor Towfigh cuando diseñó el invento original. Tanto el señor Wood como el señor Towfigh han consentido amablemente la reproducción de ese artículo en este texto. En la opinión de este autor, sirve como un excelente ejemplo y modelo para ser considerado por el estudiante de diseño en ingeniería cuando deba ejercer su propia carrera de diseño.

Educación para la creatividad en ingeniería[9]

Por George A. Wood Jr.

Una faceta de la ingeniería, como se practica en la industria, es el proceso creativo. Definimos la creatividad como lo hace Rollo May en su libro The Courage to Create[10] *(*El valor de crear*). Es "el proceso de darle vida a algo nuevo". Una gran parte de la ingeniería no tiene nada que ver con la creatividad en su sentido más completo. Muchos ingenieros deciden no entrar en la empresa creativa, sino que prefieren el ámbito del análisis, las pruebas y el perfeccionamiento del producto o el proceso. Muchos otros encuentran satisfacción en roles de administración o negocios y por lo tanto se retiran de la creatividad en ingeniería, como se analizará a continuación.*

Desde un principio, deseo hacer notar que los esfuerzos menos creativos no son menos importantes o satisfactorios para muchos ingenieros de lo que es la experiencia creativa para aquellos que tenemos el deseo de crear. Sería una meta falsa para todas las escuelas de ingeniería suponer que su propósito es procurar sólo ingenieros creativos y que su éxito debe medirse por el "cociente de creatividad" de sus graduados.

Por otro lado, al estudiante que tiene una naturaleza creativa le espera una vida de grandes aventuras si puede insertarse en un entorno académico que reconozca sus necesidades, mejore sus capacidades y lo prepare para ocupar un lugar en la industria donde su potencial pueda realizarse.

En este artículo revisaré el proceso creativo como lo he conocido personalmente y como lo he observado en otras personas. Después intentaré indicar aquellos aspectos de mi capacitación que pudieron prepararme mejor para un papel creativo y cómo este conocimiento y estas actitudes hacia una carrera en ingeniería podrían reforzarse en las escuelas y universidades de la actualidad.

Durante una carrera de casi treinta años como diseñador de maquinaria, he visto y he sido parte de varios momentos creativos, los cuales representan los puntos más altos de mi vida laboral. Cuando he sido el creador, he sentido una gran alegría y una satisfacción inmensa. Cuando he estado con otros en sus momentos creativos, me he sentido alentado por su felicidad. Para mí, el momento creativo es la recompensa más grande que proporciona la profesión de ingeniero.

Relataré una experiencia de hace ocho años cuando escuché una plática impartida por un hombre creativo acerca de un momento inmensamente creativo. En la Primera Conferencia de Mecanismos Aplicados, que se llevó a cabo en Tulsa, Oklahoma, fui invitado a una plática titulada El eslabonamiento de cuatro barras como un mecanismo de ajuste.[11] Estuvo incrustada entre dos ponencias académicas del tipo "cómo hacerlo" con gráficas y ecuaciones interesantes para los ingenieros que se dedican al análisis de problemas relacionados con mecanismos. Esta plática incluía una sola ecuación muy elemental y cinco figuras ilustrativas sencillas; aun así, la recuerdo con mayor claridad que cualquier otra plática que haya escuchado en conferencias sobre mecanismos. El autor era Keivan Towfigh y en ella se describía la aplicación de las características geométricas del centro instantáneo del acoplador de un mecanismo de cuatro barras.

El problema era proporcionar un ajuste rotacional sencillo para el espejo oscilante de un galvanómetro óptico. Para lograr este objetivo, era necesario hacer rotar todo el ensamble del galvanómetro alrededor de un eje que pasa por el centro del espejo, perpendicular al eje pivote de éste. Era esencial una gran rigidez del sistema después del ajuste, cuyo espacio disponible era muy limitado. Además, era necesario realizar el trabajo a un bajo costo, puesto que se usaban hasta dieciséis de estos galvanómetros en el instrumento completo.

Su solución fue montar los elementos del galvanómetro sobre el eslabón acoplador de un mecanismo de plástico de cuatro barras, de una pieza, con articulaciones flexibles, diseñado así para que el centro del espejo estuviera en el centro instantáneo del eslabonamiento en el punto medio de su ajuste. (Vea la figura 4.) Alrededor de este punto geométrico particular (vea la figura 1) ocurre la rotación pura y, con la selección apropiada de las dimensiones del eslabonamiento, esta condición de rotación sin traslación podría satisfacer de manera suficientemente exacta los ángulos de ajuste que se requerían.*

Desafortunadamente, los jueces de la conferencia no dieron a esta plática el primer premio. Aun así, fue, de manera indirecta, una descripción de un momento notablemente creativo en la vida de un hombre creativo.

Revisaremos juntos esta conferencia y reconstruiremos los pasos probables a través de los cuales avanzó el autor hacia el logro de su meta. No he visto al señor Towfigh desde entonces, y por lo tanto deseo describir un proceso creativo generalizado que puede ser incorrecto en algunos detalles pero que, estoy seguro, está muy cerca de la historia real que él podría relatar.

El problema del galvanómetro fue presentado al señor Towfigh por su gerencia. Sin duda, fue planteado de una forma parecida a ésta: "Debemos mejorar la estabilidad del ajuste del equipo de nuestro nuevo modelo, pero mantener los costos bajos. El espacio es crítico y el peso bajo también lo es. El diseño global debe ser bien proporcionado porque a los clientes les gusta el equipo moderno y ligero, y perderemos ventas con la competencia si no nos mantenemos delante de ella en todos los puntos. Nuestro diseñador industrial nos presentó este bosquejo que nos ha gustado a todos en el departamento de ventas y usted debe hacer que el mecanismo se ajuste a él."

Luego siguió una lista de especificaciones que el mecanismo debería satisfacer, una fecha en la que el modelo nuevo debería estar en producción y, por supuesto, la solicitud de alguna nueva característica que pudiera ser una fortaleza competitiva en el mercado.

Quiero señalar que probablemente el ajuste del galvanómetro fue sólo una entre muchas solicitudes de mejora. El presupuesto y el tiempo disponibles fueron poco más de lo necesario para el rediseño convencional, puesto que este costo debería cubrirse con las ventas esperadas del instrumento resultante. Por cada mil dólares gastados en ingeniería, debería lograrse un aumento equivalente de las ventas o una reducción igual del costo de manufactura a un nivel más alto que si el dinero hubiera sido invertido en cualquier otra parte.

Para abordar este proyecto, el señor Towfigh debía tener un conocimiento profundo del equipo que debía diseñar. Debía realizar él mismo los primeros modelos. Debía visualizar la función de cada elemento del equipo en su forma más básica. (investigación)

En segundo lugar, debía preguntarse a sí mismo (como si él fuera el cliente) qué requisitos operativos y de mantenimiento lo frustrarían más. Debía determinar cuáles de éstos podrían determinarse dentro del tiempo de diseño disponible. Ante ello, se enfocó en el ajuste del espejo. Consideró el requisito de la rotación sin traslación. Determinó los ángulos máximos que serían necesarios y la traslación permisible que no afectaría la precisión práctica del equipo. Reconoció cuán deseable era un ajuste de tornillo. Pasó algunas horas pensando en todas las formas que conocía de hacer rotar un ensamble alrededor de un punto arbitrario. Rechazó cada solución considerada si sentía que había una mejor forma de resolver el problema. Sus ideas tenían demasiadas partes, pues incluían correderas, pivotes, demasiados tornillos, eran muy sensibles a la vibración o muy grandes. (generación de ideas) (frustración)

Pensó en el problema esa noche y otras veces mientras seguía con el diseño de otros aspectos de la máquina. Regresó al problema varias veces durante los siguientes días. Su tiempo de diseño seguía corriendo. Él era un especialista en mecanismos y visualizó una serie de manivelas y barras para mover los espejos. Un día, probablemente después de un periodo en el que puso su atención en cualquier otra parte, al volver a pensar en el dispositivo de ajuste, le llegó una imagen del sistema basado en una de las características elementales de un mecanismo de cuatro barras. (incubación) (¡Eureka!)

Estoy seguro de que fue una imagen visual, tan clara como un dibujo sobre papel. Probablemente no era completa pero involucraba dos inspiraciones. La primera provenía de las características del centro instantáneo.[†] *(Vea las figuras 1, 2, 3 en la página siguiente.) La segunda se refería al uso de articulaciones flexibles que implicaban el moldeado de una sola pieza. (Vea la figura 4.) Estoy seguro de que en este momento tuvo la sensación de que su solución era la correcta. Lo supo con certeza. Toda su experiencia en ingeniería se lo dijo. Estaba eufórico. Estaba lleno de alegría. Su placer no se debía a saber que sus superiores estarían impresionados o a que su seguridad en la compañía mejoraría. Se debía a la alegría de la victoria personal, a la conciencia de que había triunfado.*

El proceso creativo ha sido documentado anteriormente por muchas otras personas más calificadas que yo para analizar el trabajo de la mente humana. Aun así, me gustaría indicar, durante los minutos restantes,

* La teoría de los centros instantáneos se explicará por completo en el capítulo 6.

† Definidas en el capítulo 6.

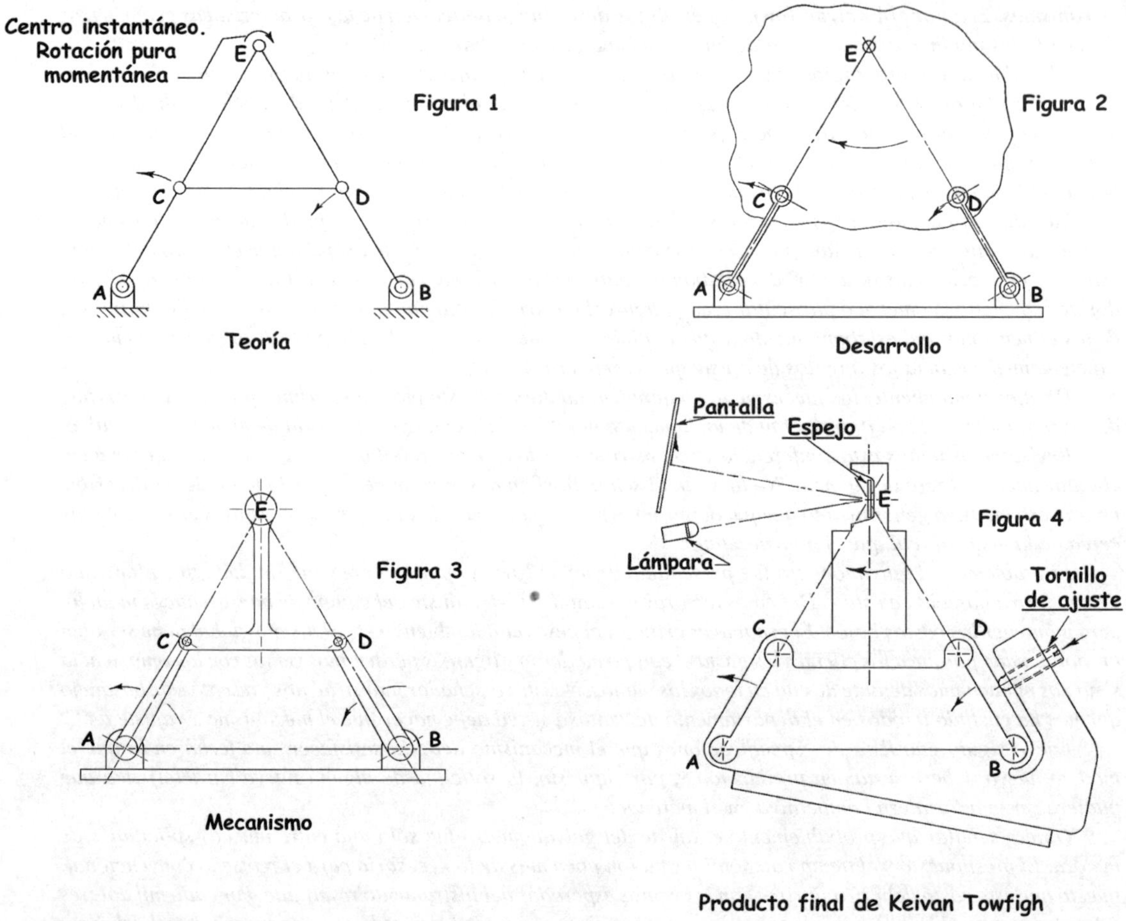

la forma en que la educación puede mejorar este proceso y ayudar a más ingenieros, diseñadores y dibujantes a extender su potencial creativo.

Los elementos clave de la creatividad que tienen más relación con la calidad resultante del esfuerzo creativo son la visualización y el conocimiento básico, los cuales le dan fortaleza a la sensación de que se ha logrado la solución correcta. No hay duda en mi mente de que los principios mecánicos fundamentales que se aplican en el área en la cual se realiza el esfuerzo creativo deben estar vívidos en la mente del creador. Las palabras que escuchó en la escuela deben describir elementos reales que tengan significado físico y visual. $F = ma$ debe traer a su mente una imagen tan vívida que pueda tocarse.

Si una persona decide ser diseñador, su capacitación debe proporcionarle una curiosidad continua por conocer cada máquina que vea funcionar. El diseñador debe observar sus elementos y mentalmente verlos funcionar en conjunto, aun cuando no se estén moviendo. Siento que este tipo de conocimiento sólido y básico se complementa con la experiencia física para construir incluso niveles más críticos en los cuales se acepta una solución tentativa como "correcta".

Es necesario reconocer que todos hemos tenido experiencias en las que la inspirada solución "correcta" ha probado ser errónea en el largo plazo. Que esto suceda no descalifica el proceso sino que indica que la creatividad se basa en el aprendizaje y que las fallas construyen una base de juicio más firme mientras el ingeniero madura. Estos periodos de falla sólo son negativos, en el desarrollo de un ingeniero joven, cuando tienen como resultado el temor de aceptar un nuevo desafío y tomar precauciones excesivas que limitan la repetición del proceso creativo.

¿Cuáles son los aspectos más significativos de un programa de estudios de ingeniería que ayudan al estudiante potencialmente creativo a convertirse en un ingeniero verdaderamente creativo?

El primero es un conocimiento básico sólido en física, matemáticas, química y las materias relacionadas con esta área de interés. Estos fundamentos deben tener significado físico para el estudiante y ser tan vívidos que le permitan explicar sus pensamientos a las personas no capacitadas. Con demasiada frecuencia se usan palabras técnicas para cubrir conceptos confusos. Éstas sirven para el ego de quien las usa en vez de ayudar a la educación de quien las escucha.

(análisis)

El segundo es el crecimiento de la capacidad del estudiante para visualizar. El diseñador creativo debe ser capaz de desarrollar una imagen mental de aquello que está inventando. El editor del libro Seeing with the Mind's Eye, [12] *de Samuels y Samuels, dice en el prefacio:*

> *"...La visualización es la forma en que pensamos. Antes que palabras, hubo imágenes. La visualización es el corazón de la biocomputadora. El cerebro humano programa y se autoprograma a través de imágenes. Montar una bicicleta, conducir un automóvil, aprender a leer, hornear un pastel, jugar golf son habilidades que se adquieren a través del proceso de formar imágenes. La visualización es la herramienta fundamental de la conciencia."*

Obviamente, el creador de máquinas o productos nuevos debe adquirir excelencia en esta área.

Para mí, un curso en geometría descriptiva es una parte de la capacitación de un ingeniero que mejora su capacidad de visualizar conceptos teóricos y reproduce el resultado en forma gráfica. Esta capacidad es esencial cuando alguien se prepara para diseñar una pieza de equipo nuevo. Primero, imagina una serie de máquinas completas con huecos en los puntos donde están los problemas o las incógnitas. Durante este tiempo, comienza a vislumbrar una serie de direcciones que podría tomar el desarrollo. Las mejores imágenes se registran en papel y después se revisan y comparan entre sí hasta que, finalmente, surge un concepto básico.

El tercer elemento es la construcción del conocimiento del estudiante con base en lo que puede hacerse o ha sido hecho por otros con un conocimiento especializado diferente al que él tiene. Ésta es un área en la que la experiencia le ayudará a través de su carrera mientras mantenga una curiosidad entusiasta. La ingeniería creativa es un proceso de construcción. Nadie puede desarrollar un principio nuevo que implique principios sobre los que no tiene conocimiento. El ingeniero creativo observa los problemas a la luz de lo que ha visto, aprendido y experimentado y busca nuevas formas de combinar estos conocimientos para satisfacer una nueva necesidad.

El cuarto elemento es el desarrollo de la capacidad del estudiante para comunicar su conocimiento a otros. Esta comunicación no sólo debe involucrar aptitudes relacionadas con las técnicas usadas por personas técnicas, sino que debe incluir la capacidad de compartir conceptos de ingeniería con trabajadores de taller no capacitados, gente de negocios y el público en general. Difícilmente, el ingeniero obtendrá la oportunidad de desarrollar un concepto si no puede transmitir a quienes le rodean su entusiasmo y confianza en la idea. Con frecuencia, se pierden ideas verdaderamente ingeniosas porque el creador no puede transferir su imagen vívida a aquellos que podrían financiarla o comercializarla.

El quinto elemento es el desarrollo del conocimiento de un estudiante acerca del resultado físico de la ingeniería. Entre más pueda ver máquinas reales haciendo trabajo real, más creativo podrá ser como diseñador. Al estudiante de ingeniería se le debe pedir que use herramientas, haga productos, ajuste maquinaria y visite fábricas. A través de este tipo de experiencia crece su juicio acerca de lo que hace buena a una máquina, cuándo una aproximación es suficiente y dónde debe detenerse la optimización.

Con frecuencia se dice que ha habido tanto desarrollo teórico en ingeniería en las últimas décadas que los colegios y universidades no tienen tiempo para las bases que mencioné anteriormente. Se sugiere que la industria debería completar las áreas de práctica para las cuales las universidades no tienen tiempo, de manera que el estudiante pueda tener contacto con la tecnología más reciente. Hasta cierto grado entiendo y simpatizo con esta idea, pero siento que hay un lado negativo que debe reconocerse. Si un ingeniero potencialmente creativo sale de la universidad sin los medios para lograr algún éxito creativo cuando ingresa a su primer trabajo, su entusiasmo por el esfuerzo creativo se frustra y su interés se agota antes de que la compañía más brillante pueda completar sus bases. Por lo tanto, un resultado del enfoque de "posponer las bases" es quitarle al estudiante de ingeniería dotado los medios para expresarse visual y físicamente. Entonces, las tareas del diseño de máquinas son absorbidas por los graduados de escuelas técnicas y comerciales, y se pierde la contribución creativa de muchos estudiantes universitarios a productos que podrían mejorar nuestras vidas.

Como dije al principio, no todos los estudiantes de ingeniería tienen el deseo, el impulso y el entusiasmo que son esenciales para el esfuerzo creativo. A pesar de ello, siento la profunda necesidad de mejorar el potencial de aquellos que sí los tienen. Ciertamente, la expansión de la tecnología dificulta las decisiones de cursos tanto para profesores como para estudiantes. La vanguardia del pensamiento académico tiene una atracción compulsiva tanto para quien enseña como para quien aprende. No obstante, siento que el desarrollo de un conocimiento básico fuerte, las capacidades de visualizar, comunicar, respetar lo que se ha hecho, ver y sentir maquinaria real no deben ser excluidas por la excitación de lo nuevo. Creo que puede lograrse un equilibrio en el programa de estudios que mejore la creatividad latente en todos los estudiantes de ingeniería y ciencias. Esto puede proporcionar una base firme para aquellos que intentan hacer una carrera de invención mecánica y al mismo tiempo incluir la emoción de la tecnología nueva.

Espero que este análisis pueda ayudar a la generación de pensamiento y que proporcione algunas sugerencias constructivas que conduzcan a más estudiantes de ingeniería a encontrar la inmensa satisfacción del momento creativo en el entorno industrial. Antes de escribir este artículo he pasado un tiempo considerable reflexionando sobre mis años en la ingeniería y deseo terminar con el pensamiento siguiente. Para aque-

llos de nosotros que hemos tenido esos momentos durante nuestras carreras, las culminaciones exitosas de los esfuerzos creativos permanecen entre nuestros instantes más felices.

La descripción del señor Wood de sus experiencias creativas en el diseño de ingeniería y los factores educativos que influyeron en ellas se asemejan mucho a las experiencias del autor. Se recomienda al estudiante que siga su prescripción para lograr una profundización completa en los conocimientos básicos de ingeniería y comunicación. De esto puede resultar una carrera más satisfactoria en el diseño de maquinaria.

1.12 LO QUE VIENE

En este texto se explorará el tema del **diseño de máquinas** con respecto a la **síntesis de mecanismos** para lograr los movimientos o tareas deseadas, y también con respecto al **análisis de estos mecanismos** para determinar su comportamiento dinámico de cuerpo rígido. Sobre la premisa de que no se puede analizar algo hasta que se ha sintetizado para que exista, primero se explorará el tema de síntesis de mecanismos. Acto seguido, se investiga el análisis de esos y otros mecanismos en cuanto a su comportamiento cinemático. Por último, en la parte II se aborda el **análisis dinámico** de las fuerzas y pares de torsión generados por estas máquinas móviles. Estos temas abarcan la esencia de las primeras etapas de un proyecto de diseño. Una vez que la cinemática y cinética se han determinado, se habrá completado la mayor parte del diseño conceptual. Lo que resta es el **diseño detallado**, el dimensionamiento de las partes contra fallas. El tema de *diseño detallado* se analiza en otros textos tales como la referencia.[8]

1.13 RECURSOS QUE ACOMPAÑAN EL TEXTO

En el DVD que acompaña a este texto hay una serie de recursos útiles que incluyen programas de computadora, archivos de muestra para esos programas, archivos PDF con todas las figuras de los problemas que pueden usarse para resolverlos, dos atlas de eslabonamientos (el atlas de cuatro barras Hrones y Nelson, y el atlas de cinco barras engranadas Zhang, Norton y Hammond), y videos digitales con información tutorial sobre varios temas del libro, uso de programas y vistas de máquinas reales en operación para mostrar aplicaciones de la teoría. En los apéndices hay un índice del contenido del DVD.

Programas

El programa comercial Working Model (WM) se incluye en una "edición para libro de texto" que tiene algunas limitaciones (para mayores detalles vea el prefacio). En él se pueden ejecutar todos los archivos WM de las figuras y los ejemplos que están en el DVD. Se proporcionan siete programas escritos por el autor para diseñar y analizar eslabonamientos y levas: MATRIX, FOURBAR, FIVEBAR, SIXBAR, SLIDER, DYNACAM y ENGINE. En el DVD se proporcionan manuales del usuario, archivos de muestra y videos tutoriales para algunos de estos programas, los cuales también son accesibles desde el interior de dichos programas.

Videos

Los videos que se proporcionan se dividen en cuatro categorías: tutoriales sobre temas del texto, tutoriales sobre el uso del programa, laboratorios virtuales, y representaciones de mecanismos y máquinas reales.

TUTORIALES DEL TEXTO Los tutoriales sobre temas del texto (por ejemplo, Síntesis de posición, del capítulo 3) casi siempre proporcionan mucha más información sobre el tema que la que puede presentarse en la página; además tiene la ventaja de que la información se dice y se muestra al mismo tiempo. Todos los tutoriales se mencionan en notas a pie de página en las secciones del texto donde se encuentran desarrollados los temas.

TUTORIALES DE PROGRAMA Este tipo de tutoriales sirven como una introducción a los programas. También se proporcionan videos cortos adicionales sobre temas específicos dentro de cada programa. Todos estos videos pueden verse desde el interior de los programas siempre y cuando la computadora tenga una conexión a internet.

Laboratorios virtuales Se proporcionan dos videos de laboratorio virtual, uno sobre eslabonamientos y otro sobre levas. Éstos muestran y describen máquinas de laboratorio usadas por el autor en WPI para introducir a los estudiantes a la medición y el análisis de parámetros cinemáticos y dinámicos en máquinas reales. Resulta instructivo ver las diferencias entre las predicciones teóricas del comportamiento de una máquina y los datos reales medidos. Todos los datos tomados en una sesión de laboratorio típica de estas máquinas se proporcionan en disco junto con las descripciones de la asignación, de manera que cualquier lector pueda hacer un ejercicio en laboratorio virtual similar al realizado en WPI.

Máquinas en acción Se incluyen desde videos producidos comercialmente sobre los productos o procesos de manufactura de una compañía hasta videos elaborados por estudiantes sobre algunos de sus proyectos que involucran mecanismos. La mayoría de los estudiantes no han tenido oportunidad de visitar una planta de manufactura o ver el funcionamiento interior de una maquinaria, por lo que se espera que estos videos proporcionen algún conocimiento acerca de las aplicaciones de las teorías que se presentan en el texto.

1.14 REFERENCIAS

1 **Rosenauer, N. y A. H. Willis** (1967). *Kinematics of Mechanisms.* Dover Publications: Nueva York, p. 275 y sig.

2 **de Jonge, A. E. R.** (1942). "What Is Wrong with 'Kinematics and Mechanisms'?" *Mechanical Engineering,* **64** (abril), pp. 273-278.

3 **Artobolevsky, I. I.** (1975). *Mechanisms in Modern Engineering Design.* N. Weinstein, trad., vols. 1-5. MIR Publishers: Moscú.

4 **Erdman, A. E.,** ed. (1993). *Modern Kinematics: Developments in the Last Forty Years.* Wiley Series in Design Engineering, John Wiley & Sons: Nueva York.

5 **Wallen, R. W.** (1957). "Unlocking Human Creativity." *Proc. of Fourth Conference on Mechanisms,* Purdue University, pp. 2-8.

6 **Dixon, J. R.** (1995). "Knowledge Based Systems for Design". *Journal of Mechanical Design,* **117b**(2), p. 11.

7 **Suh, N. P.** (1995). "Axiomatic Design of Mechanical Systems." *Journal of Mechanical Design,* **117b**(2), p. 2.

8 **Norton, R. L.** (2006). *Machine Design: An Integrated Approach.* 4a. ed., Prentice-Hall: Upper Saddle River, NJ.

9 **Wood, G. A. Jr.** (1977). "Educating for Creativity in Engineering". Presentado en la 85a. Conferencia Anual ASEE, Univ. of No. Dakota.

10 **May, R.** (1976). *The Courage to Create,* Bantam Books, Nueva York.

11 **Towfigh, K.** (1969). "The Four-Bar Linkage as an Adjustment Mechanism", 1a. Conferencia de Mecanismos Aplicados, Oklahoma State Univ., Tulsa, OK, pp. 27-1-27-4.

12 **Samuels, M.** (1975). *Seeing with the Mind's Eye: The History, Techniques and Uses of Visualization,* Random House, Nueva York.

13 **Hunt, K. H.** (1978). *Kinematic Geometry of Mechanisms,* Oxford University Press: Oxford, p. 1.

1.15 BIBLIOGRAFÍA

Para más información sobre la ***historia de la cinemática*** *se recomiendan las obras siguientes:*

Artobolevsky, I. I. (1976). "Past Present and Future of the Theory of Machines and Mechanisms." *Mechanism and Machine Theory,* **11**, pp. 353-361.

Brown, H. T. (1869). *Five Hundred and Seven Mechanical Movements.* Brown, Coombs & Co.: Nueva York, vuelta a publicar por USM Corporation, Beverly, MA., 1970.

de Jonge, A. E. R. (1942). "What Is Wrong with 'Kinematics' and 'Mechanisms'?" *Mechanical Engineering,* **64** (abril), pp. 273-278.

———— (1943). "A Brief Account of Modern Kinematics." *Transactions of the ASME,* pp. 663-683.

Erdman, A. E., ed. (1993). *Modern Kinematics: Developments in the Last Forty Years.* Wiley Series in Design Engineering, John Wiley & Sons: Nueva York.

Ferguson, E. S. (1962). "Kinematics of Mechanisms from the Time of Watt." *United States National Museum Bulletin,* **228** (27), pp. 185-230.

Freudenstein, F. (1959). "Trends in the Kinematics of Mechanisms." *Applied Mechanics Reviews,* **12**(9), septiembre, pp. 587-590.

1

Hartenberg, R. S. y J. Denavit (1964). *Kinematic Synthesis of Linkages.* McGraw-Hill: Nueva York, pp. 1-27.
Nolle, H. (1974). "Linkage Coupler Curve Synthesis: A Historical Review -I. Developments up to 1875." *Mechanism and Machine Theory*, 9, pp. 147-168.
——— (1974). "Linkage Coupler Curve Synthesis: A Historical Review -II. Developments after 1875." *Mechanism and Machine Theory*, 9, pp. 325-348.
——— (1975). "Linkage Coupler Curve Synthesis: A Historical Review -III. Spatial Synthesis and Optimization." *Mechanism and Machine Theory*, 10, pp. 41-55.
Reuleaux, F. (1963). *The Kinematics of Machinery*, A. B. W. Kennedy, traductor. Dover Publications: Nueva York, pp. 29-55.
Strandh, S. (1979). *A History of the Machine.* A&W Publishers: Nueva York.

Para información sobre ***creatividad y el proceso de diseño*** *se recomiendan las siguientes publicaciones:*

Alger, J. R. M. y C. V. Hays (1964). *Creative Synthesis in Design.* Prentice-Hall: Upper Saddle River, NJ.
Allen, M. S. (1962). *Morphological Creativity.* Prentice-Hall: Upper Saddle River, NJ.
Altschuller, G. (1984). *Creativity as an Exact Science.* Gordon and Breach: Nueva York.
Buhl, H. R. (1960). *Creative Engineering Design.* Iowa State University Press: Ames, IA.
Dixon, J. R. y C. Poli (1995). *Engineering Design and Design for Manufacturing—A Structured Approach.* Field Stone Publishers: Conway, MA.
Fey, V. *et al.* (1994). "Application of the Theory of Inventive Problem Solving to Design and Manufacturing Systems." *CIRP Annals*, **43**(1), pp. 107-110.
Fuller, R. B. (1975). *Synergetics: Explorations in the Geometry of Thinking.* Macmillan.
——— (1979). *Synergetics 2.* Macmillan.
Glegg, G. C. (1969). *The Design of Design.* Cambridge University Press: Cambridge, Reino Unido.
———, (2009). *The Science of Design.* Cambridge University Press: Cambridge, Reino Unido.
———, (2009). *The Selection of Design.* Cambridge University Press: Cambridge, Reino Unido.
Gordon, W. J. J. (1962). *Synectics.* Harper & Row: Nueva York.
Grillo, P. J. (1960). *Form Function and Design.* Dover Publications: Nueva York.
Haefele, W. J. (1962). *Creativity and Innovation.* Van Nostrand Reinhold: Nueva York.
Harrisberger, L. (1982). *Engineersmanship.* Brooks/Cole: Monterey, California.
Johnson, C. L. (1985). *Kelly: More than My Share of it All.* Smithsonian Institution Press: Washington, D.C.
Kim, S. (1981). *Inversions.* Byte Books, McGraw-Hill: Nueva York.
Moore, A. D. (1969). *Invention, Discovery, and Creativity.* Doubleday Anchor Books: Nueva York.
Norman, D. A. (1990). *The Design of Everyday Things.* Doubleday: Nueva York.
———, (1992). *Turn Signals are the Facial Expressions of Automobiles.* Addison Wesley: Reading, MA.
Osborn, A. F. (1963). *Applied Imagination.* Scribners: Nueva York.
Pleuthner, W. (1956). "Brainstorming." *Machine Design*, 12 de enero, 1956.
Suh, N. P. (1990). *The Principles of Design.* Oxford University Press: Nueva York.
Taylor, C. W. (1964). *Widening Horizons in Creativity.* John Wiley & Sons: Nueva York.
Anónimo (1980). *Ed Heinemann: Combat Aircraft Designer.* Naval Institute Press, 1980.
Von Fange, E. K. (1959). *Professional Creativity.* Prentice-Hall: Upper Saddle River, NJ.

Para información adicional sobre ***factores humanos*** *se recomiendan las siguientes publicaciones:*

Bailey, R. W. (1982). *Human Performance Engineering: A Guide for System Designers.* Prentice-Hall: Upper Saddle River, NJ.
Burgess, W. R. (1986). *Designing for Humans: The Human Factor in Engineering.* Petrocelli Books.
Clark, T. S. y E. N. Corlett (1984). *The Ergonomics of Workspaces and Machines.* Taylor and Francis.
Huchinson, R. D. (1981). *New Horizons for Human Factors in Design.* McGraw-Hill: Nueva York.
McCormick, D. J. (1964). *Human Factors Engineering.* McGraw-Hill: Nueva York.
Osborne, D. J. (1987). *Ergonomics at Work.* John Wiley & Sons: Nueva York.
Pheasant, S. (1986). *Bodyspace: Anthropometry, Ergonomics & Design.* Taylor and Francis.
Salvendy, G. (1987). *Handbook of Human Factors.* John Wiley & Sons: Nueva York.
Sanders, M. S. (1987). *Human Factors in Engineering and Design.* McGraw-Hill: Nueva York.
Woodson, W. E. (1981). *Human Factors Design Handbook.* McGraw-Hill: Nueva York.

Para información adicional sobre la redacción de ***reportes de ingeniería*** *se recomiendan las siguientes publicaciones:*

Barrass, R. (1978). *Scientists Must Write.* John Wiley & Sons: Nueva York.
Crouch, W. G. y R. L. Zetler (1964). A *Guide to Technical Writing.* The Ronald Press: Nueva York.
Davis, D. S. (1963). *Elements of Engineering Reports.* Chemical Publishing Co.: Nueva York.
Gray, D. E. (1963). *So You Have to Write a Technical Report.* Information Resources Press: Washington, D.C.

Michaelson, H. B. (1982). *How to Write and Publish Engineering Papers and Reports.* ISI Press: Filadelfia, PA.

Nelson, J. R. (1952). *Writing the Technical Report.* McGraw-Hill: Nueva York.

Algunos ***sitios web*** *útiles para información sobre diseño, productos y manufactura:*

http://www.machinedesing.com
Sitio de una revista de diseño de máquinas con artículos e información de referencia para diseño (con hipervínculos).

http://www.motionsystemdesign.com
Sitio de una revista de diseño de sistemas de movimiento con artículos e información de referencia para diseño y datos sobre motores, cojinetes, etc. (con hipervínculos).

http://www.thomasregister.com
Thomas Register es esencialmente un listado nacional de compañías por productos o servicios ofrecidos (con hipervínculos).

http://www.howstuffworks.com
Mucha información útil sobre una variedad de dispositivos de ingeniería (con hipervínculos).

http://www.manufacturing.net/dn/index.asp
Sitio de la revista *Design News* con artículos e información de diseño (con hipervínculos).

http://iel.ucdavis.edu/design/
Sitio del Laboratorio de Ingeniería de Integración Davis de la Universidad de California con "applets" que animan varios mecanismos.

http://kmoddl.library.cornell.edu/
Una colección de modelos mecánicos y recursos relacionados para la enseñanza de los principios de cinemática que incluye la Colección Reuleaux de Mecanismos y Máquinas, una colección importante de elementos de máquina del siglo XIX que posee la Cornell's Sibley School de Ingeniería Mecánica y Aeroespacial.

http://www.mech.uwa.edu.au/DANotes/design/home.html
Una buena descripción del proceso de diseño desde Australia.

Palabras clave *sugeridas para búsqueda de más información en la web:*

machine design (diseño de máquina), mechanism (mecanismo), linkages (eslabonamientos), linkage design (diseño de eslabonamiento), kinematics (cinemática), cam design (diseño de leva)

CAPÍTULO 2

FUNDAMENTOS DE CINEMÁTICA

La fortuna favorece a la mente preparada.

PASTEUR

2.0 INTRODUCCIÓN

En este capítulo se presentan definiciones de varios términos y conceptos fundamentales para la síntesis y análisis de mecanismos. También se presentan algunas herramientas de análisis muy simples pero muy eficaces que son útiles en la síntesis de mecanismos.

2.1 GRADOS DE LIBERTAD (*GDL*) O MOVILIDAD

La **movilidad** (*M*) de un sistema mecánico se puede clasificar de acuerdo con el número de **grados de libertad** (*GDL*) que posee. Los *GDL* del sistema son igual al *número de parámetros (mediciones) independientes que se requieren para definir de manera única su posición en el espacio en cualquier instante de tiempo.* Hay que observar que *GDL* se define con respecto a un marco de referencia seleccionado. La figura 2-1 muestra un lápiz colocado sobre un pedazo de papel plano junto con un sistema de coordenadas x, y. Si se restringe este lápiz a permanecer siempre en el plano del papel, se requieren tres parámetros (*GDL*) para definir por completo la posición del lápiz sobre el papel, dos coordendas lineales (x, y) para definir la posición de cualquier punto en el lápiz y una coordenada angular (θ) para definir el ángulo de éste con respecto a los ejes. Las mediciones mínimas requeridas para definir su posición se muestran en la figura como x, y y θ. Este sistema del lápiz en un plano tiene por tanto **tres** *GDL*. Hay que observar que los parámetros particulares elegidos para definir su posición no son únicos. Se podría utilizar un conjunto alterno de tres parámetros. Existe una infinidad de conjuntos de parámetros posibles, pero en este caso deben ser tres parámetros por conjunto, **tales como dos longitudes y un ángulo**, para definir la posición del sistema debido a que *un cuerpo rígido en movimiento plano tiene tres GDL.*

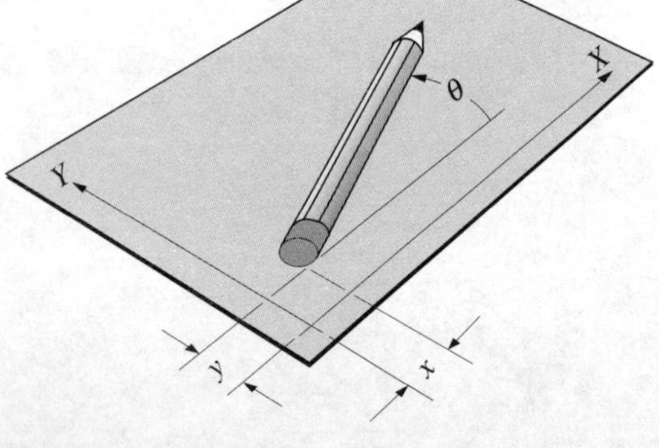

FIGURA 2-1 Un cuerpo rígido en un plano tiene tres *GDL*

Ahora permita que el lápiz exista en un mundo tridimensional. Sosténgalo sobre la cubierta de su escritorio y muévalo con respecto a él. Son necesarios seis parámetros para definir sus **seis** *GDL*. Un conjunto posible de parámetros que podría utilizarse es: **tres longitudes** (x, y, z) más **tres ángulos** (θ, φ, ρ). *Cualquier cuerpo rígido en el espacio tridimensional tiene seis grados de libertad.* Trate de identificar estos seis *GDL* al mover el lápiz o pluma con respecto a la cubierta del escritorio.

El lápiz en estos ejemplos representa un **cuerpo rígido** o **eslabón**, el cual para propósitos de análisis cinemático se supondrá que es incapaz de deformarse. Esto es meramente una ficción conveniente que permite definir con más facilidad los movimientos totales del cuerpo. Más adelante, se puede sobreponer cualquier deformación provocada por cargas externas o inerciales sobre los movimientos cinemáticos para obtener una imagen más completa y precisa del comportamiento del cuerpo. Pero hay que recordar, en general, que se enfrenta a una *hoja de papel en blanco* en la etapa inicial del proceso de diseño. No se pueden determinar las deformaciones de un cuerpo hasta definir su tamaño, forma, propiedades de los materiales y cargas. Por lo tanto, en esta etapa se supondrá, para propósitos de síntesis y análisis cinemáticos iniciales, que *los cuerpos cinemáticos son rígidos y sin masa*.

2.2 TIPOS DE MOVIMIENTO

Un cuerpo rígido libre de moverse dentro de un marco de referencia, en el caso general, tendrá **movimiento complejo**, el cual es una combinación simultánea de **rotación** y **traslación**. En el espacio tridimensional, puede haber rotación alrededor de un eje (cualquier eje oblicuo o uno de los tres ejes principales) y también traslación simultánea que se puede resolver en elementos a lo largo de tres ejes. En un plano, o espacio bidimensional, el movimiento complejo se vuelve una combinación de rotación simultánea alrededor de un eje (perpendicular al plano) así como traslación descompuesta en elementos a lo largo de dos ejes en el plano. Por simplicidad, se limitará el estudio a **sistemas cinemáticos en el plano (2-D)**. Para este propósito, se definirán estos términos para el movimiento plano como sigue:

Rotación pura

El cuerpo posee un punto (centro de rotación) que no tiene movimiento con respecto a un marco de referencia "estacionario". Todos los demás puntos del cuerpo describen arcos alrededor de ese centro. Una línea de referencia trazada en el cuerpo a través del centro cambia sólo su orientación angular.

Traslación pura

Todos los puntos del cuerpo describen trayectorias paralelas (curvilíneas o rectilíneas). Una línea de referencia trazada en el cuerpo cambia su posición lineal pero no su orientación angular.

Movimiento complejo

Una combinación simultánea de rotación y traslación. Cualquier línea de referencia trazada en el cuerpo cambiará tanto su posición lineal como su orientación angular. Los puntos en el cuerpo recorrerán trayectorias no paralelas, y habrá, en todo instante, un centro de rotación, el cual cambiará continuamente de ubicación.

La **traslación** y **rotación** representan movimientos independientes del cuerpo. Cada uno puede existir con independencia del otro. Si se define un sistema de coordenadas 2-D como se muestra en la figura 2-1 (p. 24), los términos en x y y representan componentes de movimiento de traslación, y el término θ la componente de rotación.

2.3 ESLABONES, JUNTAS Y CADENAS CINEMÁTICAS

La exploración de la cinemática de mecanismos iniciará con una investigación del tema de **diseño de eslabonamientos**. Los eslabonamientos son los bloques de construcción básicos de todos los mecanismos. En capítulos posteriores se muestra que todas las formas comunes de mecanismos (levas, engranes, bandas, cadenas) son de hecho variaciones del tema común de eslabonamientos. Los eslabonamientos se componen de eslabones y juntas.

Un **eslabón**, como se muestra en la figura 2-2, es un cuerpo rígido (supuesto) que posee por lo menos dos **nodos** que son *puntos de unión con otros eslabones*.

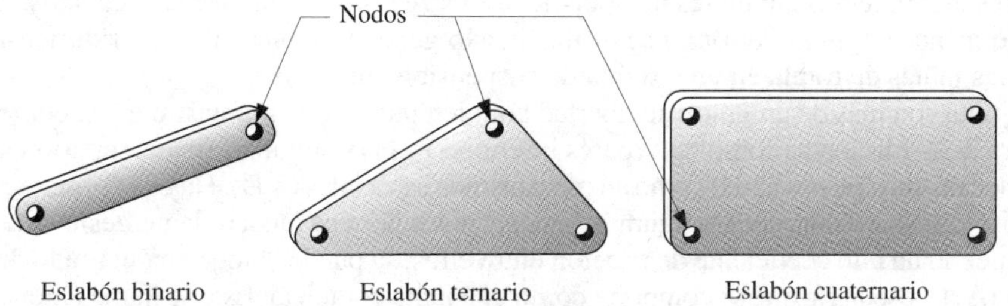

FIGURA 2-2 Eslabones de diferente orden

2

Eslabón binario *el que tiene dos nodos.*
Eslabón ternario *el que tiene tres nodos.*
Eslabón cuaternario *el que tiene cuatro nodos.*

Una **junta** es *una conexión entre dos o más eslabones (en sus nodos), la cual permite algún movimiento, o movimiento potencial, entre los eslabones conectados.* Las **juntas** (también llamadas **pares cinemáticos**) se pueden clasificar de varias maneras:

1 Por el tipo de contacto entre los elementos, de línea, de punto o de superficie.
2 Por el número de grados de libertad permitidos en la junta.
3 Por el tipo de cierre físico de la junta: cerrada por **fuerza** o por **forma**.
4 Por el número de eslabones unidos (orden de la junta).

Reuleaux[1] acuñó el término **par inferior** para describir juntas con contacto superficial (como con un pasador rodeado por un orificio) y el término **par superior** para describir juntas con contacto de punto o de línea. Sin embargo, si hay holgura entre el pasador y el orificio (como debe ser para que haya movimiento), el llamado contacto superficial en la junta de pasador en realidad se vuelve contacto de línea conforme el pasador hace contacto con sólo un "lado" del orificio. Asimismo, a escala microscópica, un bloque que se desliza sobre una superficie plana en realidad tiene contacto sólo en puntos discretos, los cuales son las partes superiores de las asperezas superficiales. La principal ventaja práctica de los pares inferiores sobre los superiores es su mejor capacidad de atrapar el lubricante entre sus superficies envolventes. Esto es especialmente cierto para la junta de pasador de rotación. El lubricante es expulsado con más facilidad por una junta de par superior no envolvente. Como resultado, se prefiere la junta de pasador por su bajo desgaste y larga vida, incluso sobre otro par inferior considerado su pariente cercano, la junta prismática o corredera.

La figura 2-3*a* (p. 27) muestra los seis pares inferiores posibles, sus grados de libertad y sus símbolos. Los pares de revolución (R) y los prismáticos (P) son los únicos pares inferiores útiles en un mecanismo plano. Los pares de helicoidal (H), cilíndrico (C), esférico (S) y los pares inferiores planos (F) son combinaciones de los pares de revolución y/o prismáticos, y se utilizan en los mecanismos espaciales (3-D). Los pares R y P son los elementos de construcción básicos de todos los demás pares que son combinaciones de los dos mostrados en la tabla 2-1.

TABLA 2-1
Los seis pares inferiores

Nombre (símbolo)	*GDL*	Contiene
Revoluta (R)	1	R
Prismática (P)	1	P
Helicoidal (H)	1	RP
Cilíndrica (C)	2	RP
Esférica (S)	3	RRR
Plana (F)	3	RPP

Una forma más útil de clasificar juntas (pares) es por el número de grados de libertad que permiten entre los dos elementos unidos. La figura 2-3 también muestra ejemplos de una y dos juntas libres, comúnmente encontradas en mecanismos planos. La figura 2-3*b* muestra dos formas de una junta (o par) plana de un **grado de libertad**, esto es, una junta de pasador rotatoria (de revolución) (R) y una junta de corredera (prismática) de traslación (P). Éstas también se conocen como **juntas completas** (es decir, completa = 1 *GDL*), y son **pares inferiores**. La junta de pasador permite un *GDL* rotacional, y la junta de corredera permite un *GDL* traslacional entre los eslabones conectados. Estas dos juntas están contenidas en una junta común de un grado de libertad, la de tornillo y tuerca (figura 2-3*a*). El movimiento de la tuerca o el tornillo con respecto al otro produce movimiento helicoidal. Si el ángulo de la hélice es cero, la tuerca gira sin avanzar y se convierte en una junta de pasador. Si el ángulo de hélice es de 90 grados, la tuerca se trasladará a lo largo del eje del tornillo y se transforma en una junta de corredera.

La figura 2-3*c* muestra ejemplos de juntas de dos grados de libertad (pares superiores) que de forma simultánea permiten dos movimientos relativos independientes, es decir, de traslación y rotación, entre los eslabones conectados. Paradójicamente, esta **junta de dos grados de libertad** en ocasiones se conoce como "**semijunta**", con sus dos grados de libertad colocados en el denominador. La **semijunta** también se llama **junta rodante-deslizante** porque permite tanto rodadura como deslizamiento. Una junta esférica o de rótula (figura 2-3*a*) es un ejemplo de una junta de tres grados de libertad, que permite tres movimientos angulares independientes entre los dos eslabones conectados. Este *joystick* (bastón de mando) o *junta de rótula* se utiliza por lo general en mecanismos tridimensionales, por ejemplo, las juntas de rótula en un sistema de suspensión automotriz.

Una junta con más de un grado de libertad también puede ser un **par superior**, como se muestra en la figura 2-3*c*. Las juntas completas (pares inferiores) y las semijuntas (pares superiores) se utilizan tanto en mecanismos planos (2-D) como en mecanismos espaciales (3-D). Hay que observar que si no se permite que los dos eslabones en la figura 2-3*c* conectados por una junta rodante-deslizante se deslicen, tal vez teniendo un alto coeficiente de fricción entre ellos, se puede "bloquear" el grado de libertad de traslación (Δx) y eso haría que se comporte como una junta completa. Ésta se llama entonces **junta de rodadura pura** y sólo tiene libertad rotacional ($\Delta\theta$). Un ejemplo común de este tipo de junta son los

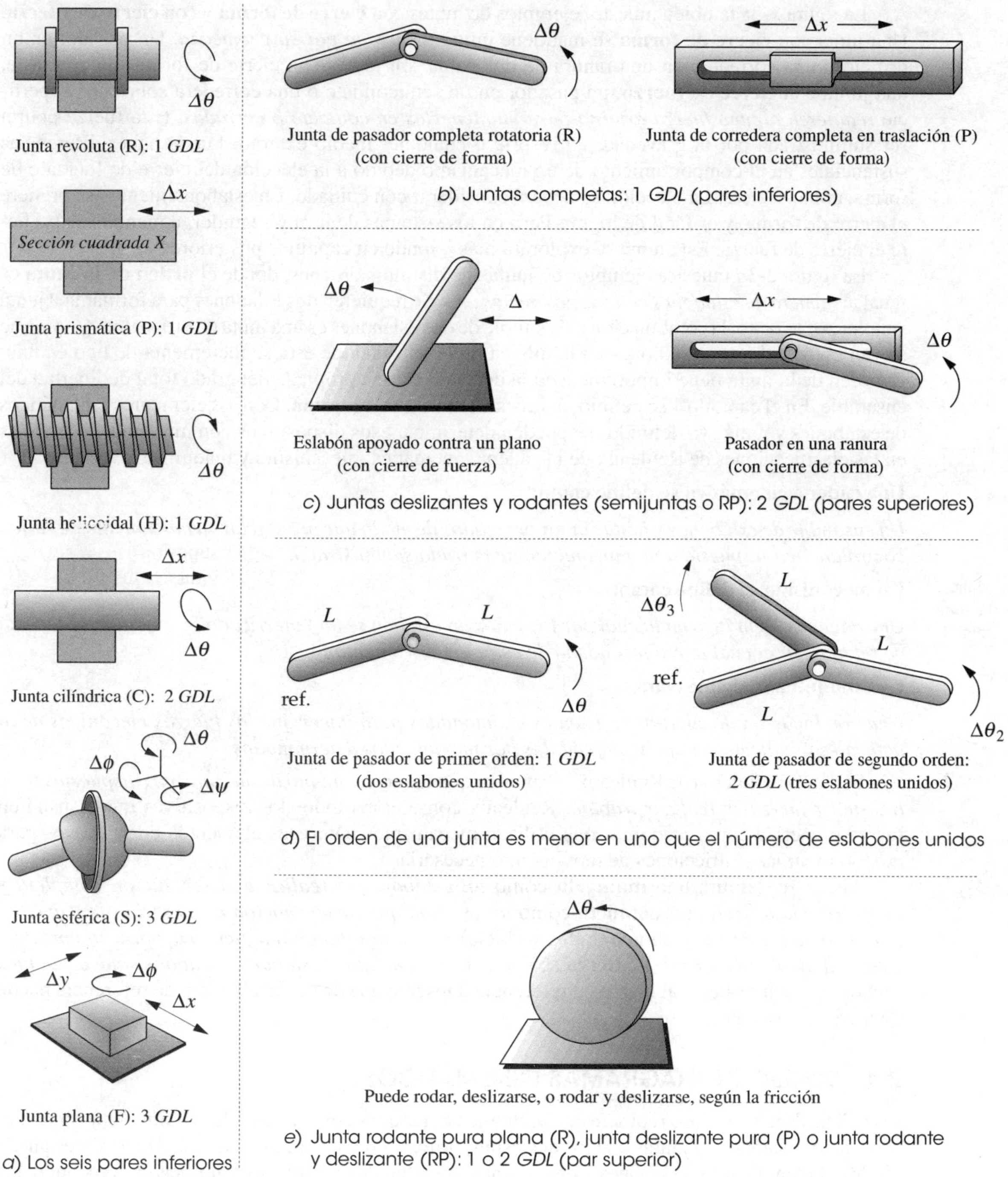

FIGURA 2-3 Juntas (pares) de varios tipos

neumáticos del automóvil que ruedan en contacto con el suelo, como se muestra en la figura 2-3*e*. En uso normal existe rodadura pura sin deslizamiento en esta junta, a menos, desde luego, que usted se tope con un camino congelado o que se entusiasme con la aceleración o con tomar las curvas a gran velocidad. Si se bloquean los frenos sobre el hielo, esta junta se convierte en deslizante pura, como la corredera deslizante de la figura 2-3*b*. La fricción determina el número real de movimientos libres en esta clase de junta. Puede ser **rodadura pura**, **deslizamiento puro** o **rodadura-deslizamiento**.

Para visualizar el grado de libertad de una junta en un mecanismo es útil "desconectar mentalmente" los dos eslabones que crean la junta del resto del mecanismo. De esta manera se puede ver con más facilidad cuántos movimientos relativos tienen los dos eslabones conectados uno con respecto al otro.

La figura 2-3*c* también muestra ejemplos de juntas con **cierre de forma** y con **cierre de fuerza**. Una junta con **cierre de forma** se mantiene unida o *cerrada por su geometría*. Un pasador en un orificio o una corredera en una ranura de dos caras son juntas con cierre de forma. En contraste, una junta con **cierre de fuerza**, un pasador en un semicojinete o una corredera sobre una superficie *requieren alguna fuerza externa para mantenerlas en contacto o cerradas*. Esta fuerza podría ser suministrada por la gravedad, un resorte o cualquier medio externo. Puede haber diferencias sustanciales en el comportamiento de un mecanismo debido a la elección del cierre de fuerza o de forma, como se verá. La elección se deberá considerar con cuidado. En eslabonamientos se prefiere el cierre de forma, y es fácil de lograr. Pero en los sistemas de leva y seguidor, a menudo se prefiere el cierre de fuerza. Este tema se explorará más a fondo en capítulos posteriores.

La figura 2-3*d* muestra ejemplos de juntas de distintos órdenes, donde el **orden de la junta** es igual al *número de eslabones conectados menos uno*. Se requieren dos eslabones para formar una junta simple; por lo tanto, la combinación más simple de dos eslabones es una junta de orden uno. Conforme se van colocando más eslabones en la misma junta, el orden de ésta se incrementa de uno en uno. El orden de la junta tiene importancia en la determinación apropiada del grado total de libertad del ensamble. En el capítulo 1 se definió un **mecanismo** y una **máquina**. Con los elementos cinemáticos de eslabones y juntas ya definidos se pueden determinar esos dispositivos con más cuidado basados en las clasificaciones de Reuleaux de la cadena cinemática, mecanismo y máquina.[1]

Una cadena cinemática se define como:

Un ensamble de eslabones y juntas interconectados de modo que produzcan un movimiento de salida controlado, en respuesta a un movimiento de entrada suministrado.

Un mecanismo se define como:

Una cadena cinemática en la cual por lo menos un eslabón se ha "aterrizado" o sujetado al sistema de referencia (el cual por sí mismo puede estar en movimiento).

Una máquina se define como:

Una combinación de cuerpos resistentes acomodados para hacer que las fuerzas mecánicas de la naturaleza realicen trabajo acompañadas por movimientos determinados.

Según la definición de Reuleaux,[1]* una máquina es *un conjunto de mecanismos dispuestos para transmitir fuerzas y realizar trabajo.* Reuleaux consideraba todos los dispositivos que transmiten fuerza o energía como máquinas que utilizan mecanismos como sus elementos constitutivos para proporcionar las restricciones de movimiento necesarias.

Ahora se definirá una **manivela** como *un eslabón que realiza una revolución completa y está pivotada a tierra*, un **balancín** como *un eslabón que tiene rotación oscilatoria (de vaivén) y está pivotado a tierra,* y un **acoplador** (o biela) *como un eslabón que tiene movimiento complejo y no está pivotado a tierra.* La **tierra** se define como *cualquier eslabón o eslabones que están fijos* (inmóviles) con respecto al marco de referencia. Observe que de hecho el marco de referencia puede estar en movimiento.

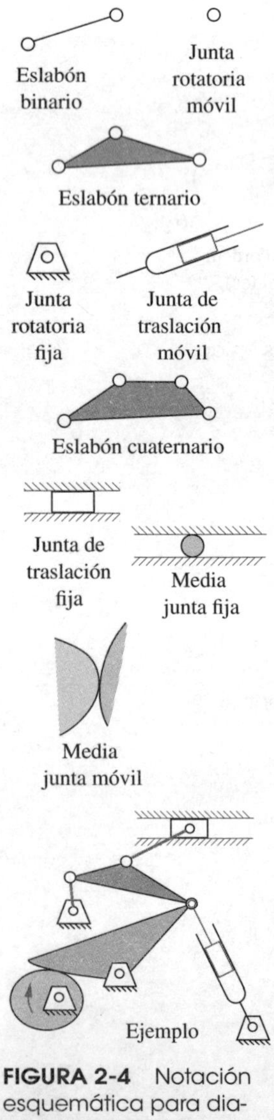

FIGURA 2-4 Notación esquemática para diagramas cinemáticos

2.4 DIBUJO DE DIAGRAMAS CINEMÁTICOS

El análisis de mecanismos requiere que se dibujen diagramas cinemáticos claros, simples y esquemáticos de los eslabones y juntas con los que están formados dichos mecanismos. Algunas veces puede ser difícil identificar los eslabones y juntas cinemáticas en un mecanismo complicado. A menudo, los alumnos principiantes en este tema tienen esta dificultad. En la presente sección se define un enfoque para elaborar diagramas cinemáticos simplificados.

Los eslabones reales pueden tener cualquier forma, pero un eslabón "cinemático", o borde de eslabón, se define como una línea entre juntas que permite el movimiento relativo entre eslabones adyacentes. Las juntas pueden permitir rotación, traslación o ambos movimientos entre los eslabones unidos. Los movimientos posibles de la junta deben ser claros y obvios en el diagrama cinemático. En la figura 2-4 se muestran las notaciones esquemáticas que se recomiendan para los eslabones binarios, ternarios y de orden superior, y para las juntas móviles y fijas con movimientos de rotación y traslación, además de

* En el siglo XIX, Reuleaux creó un conjunto de 220 modelos de mecanismos para demostrar los movimientos de las máquinas. La Universidad de Cornell adquirió la colección en 1892 y ahora ha colocado imágenes y descripciones de estos mecanismos en la red en: http://kmoddl.library.cornell.edu. Además, el mismo sitio cuenta con representaciones de otras tres colecciones de máquinas y trenes de engranes.

un ejemplo de su combinación. Son posibles muchas otras notaciones, pero independientemente de la que se utilice, es crucial que el diagrama indique cuáles eslabones o juntas están fijos y cuáles pueden moverse. En caso contrario, nadie será capaz de interpretar la cinemática del diseño. Se debe usar el sombreado o achurado para indicar que un eslabón es sólido.

En la figura 2-5*a* se muestra una fotografía de un mecanismo simple que se utiliza para entrenamiento físico llamado máquina de presión en piernas. Este mecanismo consta de seis eslabones unidos mediante pasadores, los cuales se indican como L_1 a L_6, y siete juntas de pasador. Los pivotes móviles se llaman *A*, *B*, *C* y *D*; O_2, O_4 y O_6 denotan los pivotes fijos asociados a sus eslabones respectivos mediante sus números. A pesar de que sus eslabones están en planos paralelos separados por cierta distancia en la dirección *z*, puede analizarse en forma cinemática como si todos los eslabones estuvieran en un plano común.

Para utilizar la máquina de presión en piernas, el usuario debe cargar cierto peso sobre el eslabón 6 en la parte superior derecha, colocarse en el asiento ubicado abajo a la derecha, poner ambos pies contra la superficie plana del eslabón 3 (un acoplador) y empujar con las piernas para levantar los pesos mediante el eslabonamiento. La geometría del eslabonamiento está diseñada para proporcionar una ventaja mecánica variable que se relaciona con la capacidad humana para proporcionar fuerza en el rango de movimiento de las piernas. En la figura 2-5*b* se muestra un diagrama cinemático de su mecanismo básico. Observe que aquí todos los eslabones se han llevado a un plano común. El eslabón 1 está fijo. Los eslabones 2, 4 y 6 son balancines. Los eslabones 3 y 5 son acopladores. La fuerza de entrada *F* se aplica al eslabón 3. La resistencia del peso *W* de "salida" actúa en el eslabón 6. Observe la diferencia entre los contornos real y cinemático de los eslabones 2 y 6.

En la siguiente sección se analizan las técnicas para determinar la movilidad de un mecanismo. Ese ejercicio depende de un conteo preciso del número de eslabones y juntas que tiene el mecanismo. Sin un diagrama cinemático adecuado, claro y completo del mecanismo, será imposible realizar el conteo correcto y, por ende, obtener la movilidad correcta.

2.5 DETERMINACIÓN DEL GRADO DE LIBERTAD O MOVILIDAD

El concepto de **grado de libertad** (*GDL*) es fundamental tanto para la síntesis como para el análisis de mecanismos. Es necesario ser capaz de determinar rápidamente los *GDL* de cualquier conjunto de eslabones o juntas que pueda ser sugerido como solución a un problema. Los grados de libertad (también llamado **movilidad** *M*) de un sistema se define como:

Grado de libertad

el número de entradas que se necesita proporcionar para crear una salida predecible;

también:

el número de coordenadas independientes requerido para definir su posición.

Al inicio del proceso de diseño, casi siempre se dispone de alguna definición general del movimiento de salida deseado. El número de entradas necesario para obtener esa salida puede o no ser especifica-

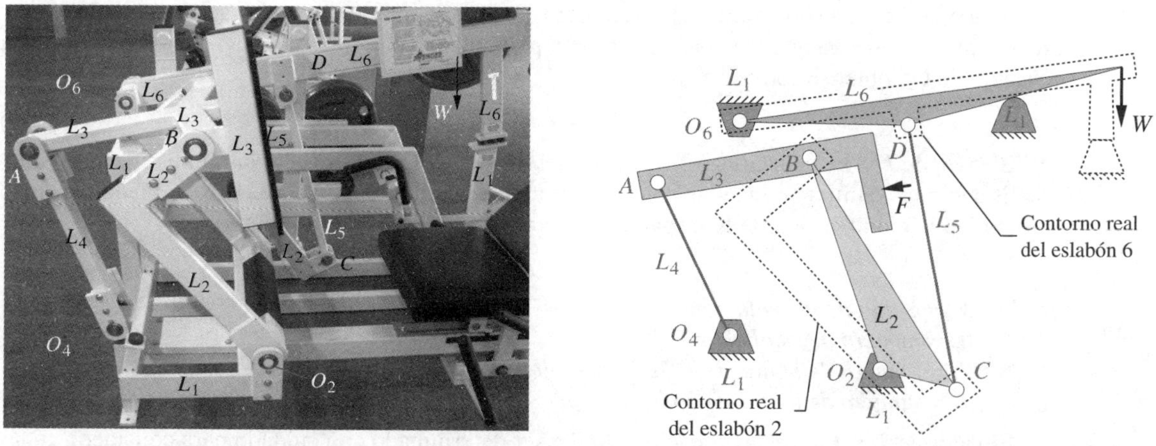

a) Mecanismo para entrenamiento físico

b) Diagrama cinemático

FIGURA 2-5 Un mecanismo y su diagrama cinemático

do. En este caso, el costo es la restricción principal. Cada entrada requerida necesitará algún tipo de accionador, ya sea un operador humano o un "esclavo" en la forma de un motor, solenoide, cilindro neumático u otro dispositivo convertidor de energía. (Estos dispositivos se analizan en la sección 2.19 en la p. 54.) Las acciones de estos dispositivos de entrada deberán ser coordinadas por un "controlador", el cual debe contar con algo de inteligencia. Ahora, con frecuencia este control es proporcionado por una computadora, pero también puede ser mecánicamente programado en el diseño del mecanismo. No existe un requerimiento de un mecanismo que tenga sólo un *GDL*, aunque ello es a menudo deseable por simplicidad. Algunas máquinas tienen muchos *GDL*. Por ejemplo, imagine el número de palancas de control o cilindros actuantes en una retroexcavadora o grúa. Véase la figura 1-1*b* (p. 6).

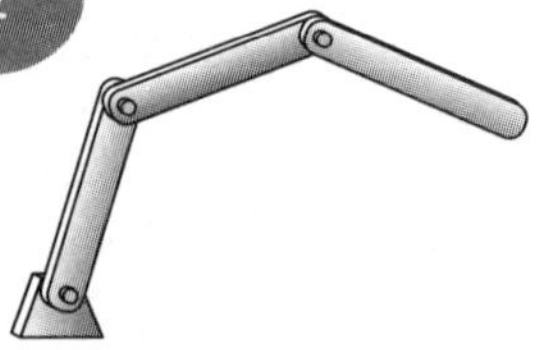

a) Mecanismo de cadena abierta

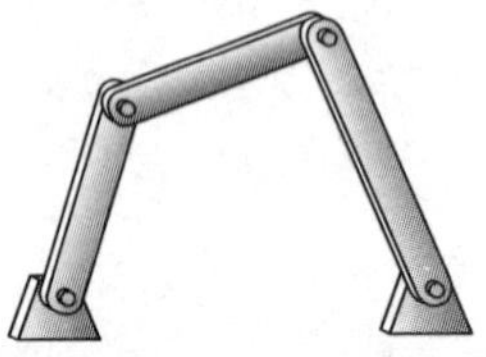

b) Mecanismo de cadena cerrada

FIGURA 2-6 Cadena de mecanismos

Las cadenas cinemáticas o mecanismos pueden ser **abiertos** o **cerrados**. La figura 2-6 muestra mecanismos tanto abiertos como cerrados. Un mecanismo cerrado no tendrá puntos de fijación o **nodos** abiertos, y puede tener uno o más grados de libertad. Un mecanismo abierto con más de un eslabón siempre tendrá más de un grado de libertad, por lo que requiere tantos actuadores (motores) como grados de libertad tenga. Un ejemplo común de un mecanismo abierto es un robot industrial. *Una cadena cinemática abierta de dos eslabones binarios y una junta* se llama **díada**. Los conjuntos de eslabones mostrados en la figura 2-3*b* y *c* (p. 27) son **díadas**.

Reuleaux limitó sus definiciones a cadenas cinemáticas cerradas y a mecanismos que tienen sólo un *GDL*, a los cuales llamó *restringidos*.[1] Las amplias definiciones anteriores tal vez son más adecuadas para aplicaciones actuales. Un mecanismo con varios *GDL*, tal como un robot, estará limitado en sus movimientos en tanto se suministre el número de entradas necesario para controlar todos sus *GDL*.

Grado de libertad (movilidad) en mecanismos planos

Para determinar el *GDL* global de cualquier mecanismo, se debe considerar el número de eslabones, así como las juntas y las interacciones entre ellos. El *GDL* de cualquier ensamble de eslabones se puede pronosticar con una investigación de la **condición de Gruebler**.[2] Cualquier eslabón en un plano tiene tres *GDL*. Por consiguiente, un sistema de L eslabones no conectados en el mismo plano tendrá $3L$ *GDL*, como se muestra en la figura 2-7*a*, donde los dos eslabones no conectados tienen un total de seis *GDL*. Cuando estos eslabones están conectados por una **junta completa** en la figura 2-7*b*, Δy_1 y Δy_2 se combinan como Δy, y Δx_1 y Δx_2 se combinan como Δx. Esto elimina dos *GDL* y deja cuatro. En la figura 2-7*c*, la semijunta elimina sólo un *GDL* del sistema (porque una semijunta tiene dos *GDL*) y deja el sistema de dos eslabones conectados por una semijunta con un total de cinco *GDL*. Además, cuando cualquier eslabón está conectado a tierra o unido al marco de referencia, se eliminarán sus tres *GDL*. Este razonamiento lleva a la **ecuación de Gruebler**:

$$M = 3L - 2J - 3G \tag{2.1a}$$

donde: M = *grado de libertad o movilidad*
L = *número de eslabones*
J = *número de juntas*
G = *número de eslabones conectados a tierra*

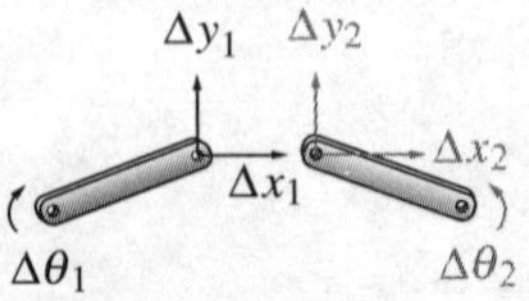

a) Dos eslabones desconectados *GDL* = 6

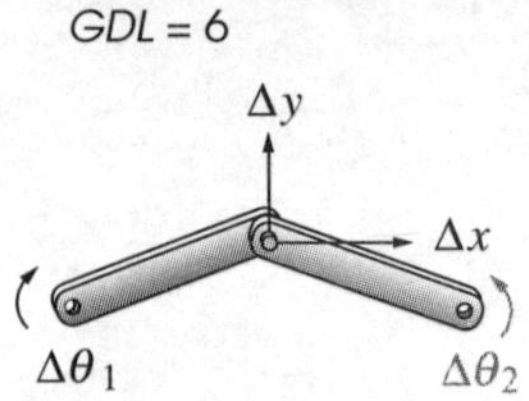

b) Conectados por una junta completa *GDL* = 4

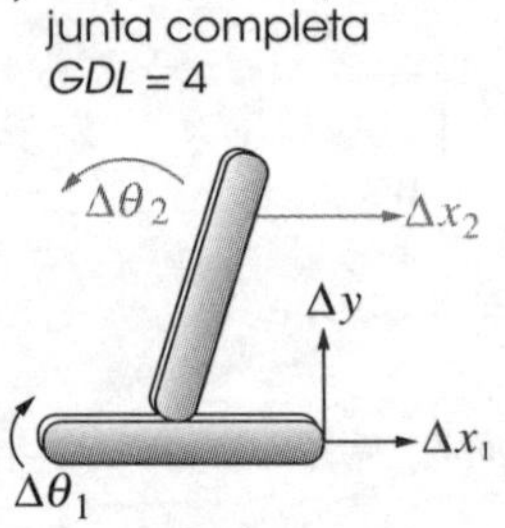

c) Conectados por una junta deslizante y rodante (semijunta) *GDL* = 5

FIGURA 2-7 Las juntas eliminan grados de libertad

Hay que observar que en cualquier mecanismo real, aun cuando más de un eslabón de la cadena cinemática esté conectado a tierra, el efecto neto será crear un eslabón conectado a tierra de mayor orden y más grande, ya que sólo puede haber un plano de tierra. Por lo tanto, G siempre es uno y la ecuación de Gruebler se convierte en:

$$M = 3(L-1) - 2J \tag{2.1b}$$

El valor de J en las ecuaciones 2.1*a* y 2.1*b* debe reflejar el valor de todas las juntas en el mecanismo. Es decir, las semijuntas cuentan como 1/2 porque sólo eliminan un *GDL*. Esto es menos confuso si se utiliza la modificación de **Kutzbach** de la ecuación de Gruebler en esta forma:

$$M = 3(L-1) - 2J_1 - J_2 \tag{2.1c}$$

donde: M = *grado de libertad o movilidad*
L = *número de eslabones*
J_1 = *número de juntas de 1 GDL (completas)*
J_2 = *número de juntas de 2 GDL (semi)*

El valor de J_1 y J_2 en estas ecuaciones debe ser determinado con cuidado para considerar todas las juntas completas, semijuntas y múltiples en cualquier eslabonamiento. Las juntas múltiples cuentan como uno menos que el número de eslabones unidos en dicha junta y se agregan a la categoría "completa" (J_1). El *GDL* de cualquier mecanismo se puede determinar rápidamente a partir de esta expresión antes de que se invierta tiempo en un diseño más detallado. Es interesante señalar que esta ecuación no contiene información sobre tamaños y formas de los eslabones, sino sólo de cantidad. La figura 2-8*a* muestra un mecanismo con un *GDL* y sólo juntas completas en él.

La figura 2-8*b* muestra una estructura con cero *GDL*, la cual contiene tanto semijuntas como juntas múltiples. Obsérvese la notación esquemática utilizada para mostrar el eslabón fijo o tierra. Éste no tiene que ser dibujado como contorno en tanto todas las juntas conectadas a tierra son identificadas. Hay que observar además las juntas rotuladas como **"múltiples"** y **"semijuntas"** en la figura 2-8*a* y *b*. Como ejercicio, calcule el *GDL* de estos ejemplos con la ecuación de **Kutzbach**.

Grado de libertad (movilidad) en mecanismos espaciales

El método utilizado para determinar la movilidad de un mecanismo plano se puede ampliar con facilidad a tres dimensiones. Cada eslabón no conectado en tres espacios tiene 6 *GDL*, y uno de los seis pares inferiores se puede utilizar para conectarlos, al igual que los pares superiores con más libertad. Una junta de un grado de libertad elimina 5 *GDL*, una de dos grados de libertad elimina 4 *GDL*, etc. La bancada elimina 6 *GDL*. Esto conduce a la ecuación de movilidad de Kutzbach para eslabonamientos espaciales:

$$M = 6(L-1) - 5J_1 - 4J_2 - 3J_3 - 2J_4 - J_5 \tag{2.2}$$

donde el subíndice se refiere al número de grados de libertad de la junta. En este texto se limitará el estudio a mecanismos en 2-D.

2.6 MECANISMOS Y ESTRUCTURAS

El grado de libertad de un ensamble de eslabones predice por completo su carácter. Existen sólo tres posibilidades. *Si el GDL es positivo, será un **mecanismo***, y los eslabones tendrán movimiento relativo. *Si el GDL es exactamente cero, entonces se tendrá una **estructura***, lo que significa que ningún movimiento es posible. *Si el GDL es negativo, entonces se tendrá una **estructura precargada***, lo que significa que no será posible ningún movimiento y que algunos esfuerzos también pueden estar presentes en el momento del ensamble. La figura 2-9 muestra ejemplos de estos tres casos. Un eslabón está fijo en cada caso.

La figura 2-9*a* muestra cuatro eslabones unidos por cuatro juntas completas, lo cual, según la ecuación de Gruebler, da un *GDL*. Se moverá, y sólo se requiere una entrada para producir los resultados predecibles.

La figura 2-9*b* muestra tres eslabones unidos por tres juntas completas. Tiene cero *GDL* y, por lo tanto, es una **estructura**. Hay que observar que si las longitudes de los eslabones permiten una conexión,* los tres pasadores se pueden insertar en sus pares de orificios de los eslabones respectivos

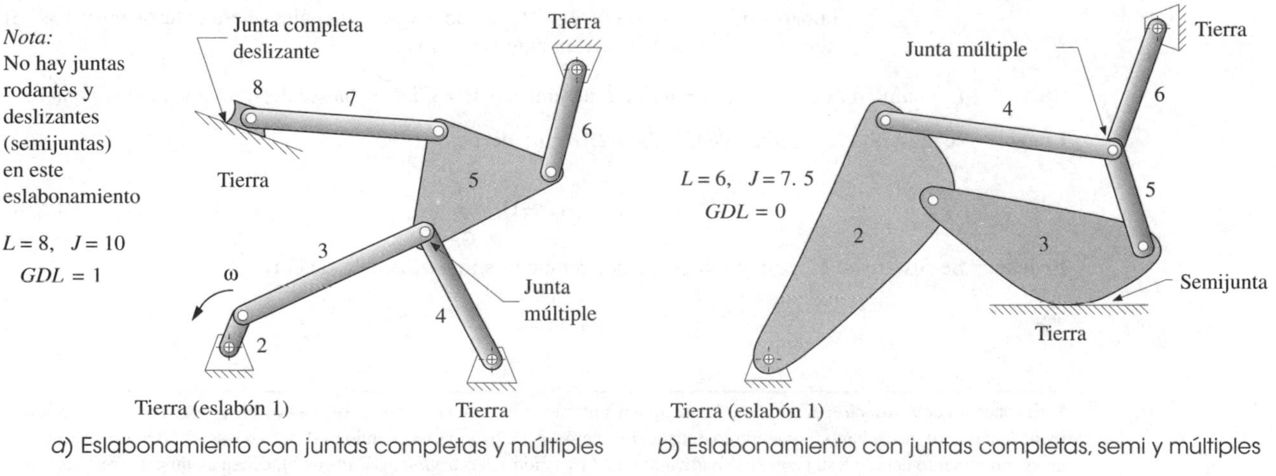

a) Eslabonamiento con juntas completas y múltiples *b*) Eslabonamiento con juntas completas, semi y múltiples

FIGURA 2-8 Eslabonamientos que contienen juntas de varios tipos

* Si la suma de las longitudes de dos eslabones cualesquiera es menor que la longitud del tercero, entonces su interconexión es imposible.

(nodos) sin esforzar a la estructura, ya que siempre se podrá encontrar una posición que permita el ensamble. Ésta se denomina *restricción exacta.**

La figura 2-9*c* muestra dos eslabones unidos por dos juntas completas. Tiene un *GDL* igual a menos uno, por lo que es una **estructura precargada**. Con el fin de insertar los dos pasadores sin esforzar a los eslabones, las distancias entre centros de los orificios en ambos eslabones deben ser exactamente las mismas. En la práctica, es imposible fabricar dos piezas exactamente iguales. Siempre habrá algún error de fabricación, aunque sea muy pequeño. Por lo tanto, quizá tenga que forzar el segundo pasador para insertarlo, lo que crea algún esfuerzo en los eslabones. Entonces la estructura estará precargada. Probablemente haya una situación similar en un curso de mecánica aplicada en la forma de una viga indeterminada, aquella que tiene demasiados apoyos o restricciones para las ecuaciones disponibles. Una viga indeterminada también tiene *GDL* negativo, mientras que una viga *simplemente apoyada* tiene *GDL igual a cero*.

En el campo de la ingeniería comúnmente se encuentran tanto las estructuras como las estructuras precargadas. De hecho, la estructura verdadera tiene *GDL* igual a cero y es rara en la práctica de ingeniería. La mayoría de los edificios, puentes y bastidores de máquina son estructuras precargadas, debido al uso de juntas soldadas y remachadas en lugar de juntas de pasador. Incluso estructuras simples como una silla a menudo están precargadas. Como lo que aquí interesa son los mecanismos, se concentrará en dispositivos sólo con *GDL* positivo.

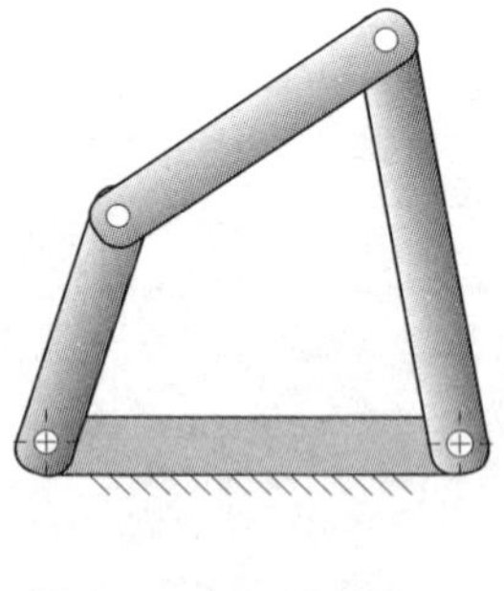

a) Mecanismo: *GDL* = +1

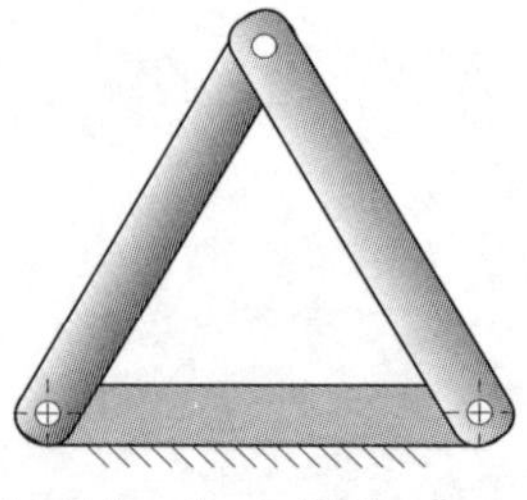

b) Estructura: *GDL* = 0

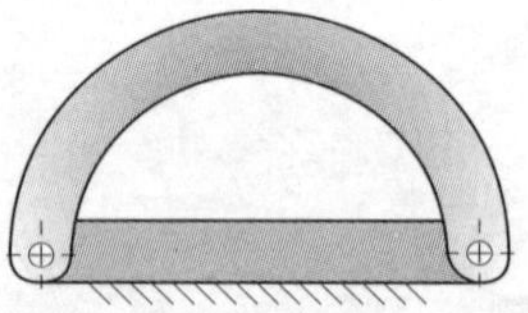

c) Estructura precargada: *GDL* = −1

FIGURA 2-9 Mecanismos, estructuras y estructuras precargadas

2.7 SÍNTESIS DE NÚMERO

El término **síntesis de número** significa *la determinación del número y el orden de eslabones y juntas necesarios para producir movimiento de un GDL en particular*. En este contexto **orden de eslabón** se refiere al número de nodos por eslabón,† es decir, **binario**, **ternario**, **cuaternario**, etc. El valor de síntesis de número permite la exhaustiva determinación de todas las posibles combinaciones de eslabones que producirán cualquier *GDL* elegido. Esto equipa entonces al diseñador con un catálogo definitivo de eslabonamientos potenciales para resolver una variedad de problemas de control de movimiento.

Como ejemplo se derivarán todas las posibles combinaciones de eslabones para un *GDL*, incluidos conjuntos de hasta ocho eslabones, y órdenes de eslabón que incluyen ocho eslabones hexagonales. Por simplicidad se supondrá que los eslabones se conectarán sólo con juntas de rotación completa, simples (es decir, un pasador que conecta dos eslabones). Más adelante se podrán introducir semijuntas, juntas múltiples y juntas deslizantes mediante una transformación del eslabonamiento. En primer lugar observe algunos atributos interesantes de los eslabonamientos como se definieron en la suposición anterior con respecto a juntas completas.

Hipótesis: Si todas las juntas son completas, un número impar de *GDL* requiere un número par de eslabones y viceversa.

Comprobación: **Dado:** Todos los enteros pares se pueden denotar por $2m$ o por $2n$, y todos los enteros impares por $2m - 1$ o por $2n - 1$, donde n y m son cualesquiera enteros positivos. El número de juntas debe ser un entero positivo.

Sea: L = número de eslabones, J = número de juntas y $M = GDL = 2m$ (es decir, todos números enteros)

Luego: se reescribe la ecuación de Gruebler 2.1*b* para despejar J,

$$J = \frac{3}{2}(L-1) - \frac{M}{2} \tag{2.3a}$$

Pruebe: Se sustituyen $M = 2m$ y $L = 2n$ (es decir, números impares cualesquiera):

$$J = 3n - m - \frac{3}{2} \tag{2.3b}$$

* El concepto de *restricción exacta* también se aplica a mecanismos con *GDL* positivos. Es posible proporcionar restricciones redundantes a un mecanismo (por ejemplo, igualando a cero sus *GDL* teóricos cuando es deseable tener 1 GDL) aun cuando tenga movimiento debido a su geometría particular (vea la sección 2.8 *Paradojas*). En general, deben evitarse las restricciones inexactas puesto que pueden conducir a un comportamiento mecánico inesperado. Para conocer un excelente análisis completo de este tema, vea Blanding, D. L., *Exact Constraint: Machine Design Using Kinematic Principles*, ASME Press, 1999.

† No confundirse con "orden de junta" como se definió con anterioridad, lo cual se refiere al número de *GDL* que una junta posee.

Ésta no puede dar por resultado que J sea un entero positivo como se requiere.

Pruebe: $M = 2m - 1$ y $L = 2n - 1$ (es decir, ambos números impares cualesquiera)

$$J = 3n - m - \frac{5}{2} \tag{2.3c}$$

Ésta tampoco puede resultar en que J sea un entero positivo como se requiere.

Pruebe: $M = 2m - 1$ y $L = 2n$ (es decir, impar-par):

$$J = 3n - m - 2 \tag{2.3d}$$

Éste es un entero positivo con $m \geq 1$ y $n \geq 2$.

Pruebe: $M = 2m$ y $L = 2n - 1$ (es decir, par-impar):

$$J = 3n - m - 3 \tag{2.3e}$$

Éste es un entero positivo con $m \geq 1$ y $n \geq 2$.

Así, en el ejemplo de mecanismos de un *GDL*, se puede considerar sólo combinaciones de 2, 4, 6, 8… eslabones. Si el orden de los eslabones se representa por:

B = *número de eslabones binarios*
T = *número de eslabones ternarios*
Q = *número de eslabones cuaternarios*
P = *número de pentagonales*
H = *número de hexagonales*

el número total de eslabones en cualquier mecanismo será:

$$L = B + T + Q + P + H + \cdots \tag{2.4a}$$

Puesto que se requieren *dos nodos de eslabón* para formar *una junta*:

$$J = \frac{nodos}{2} \tag{2.4b}$$

y *nodos = orden del eslabón × núm. de eslabones de ese grado* (2.4c)

luego
$$J = \frac{(2B + 3T + 4Q + 5P + 6H + \cdots)}{2} \tag{2.4d}$$

Se sustituyen las ecuaciones 2.4a y 2.4d en la ecuación de Gruebler (2.1b, en la p. 30)

$$\begin{aligned} M &= 3(B + T + Q + P + H - 1) - 2\left(\frac{2B + 3T + 4Q + 5P + 6H}{2}\right) \\ M &= B - Q - 2P - 3H - 3 \end{aligned} \tag{2.4e}$$

¡Hay que observar lo que falta de esta ecuación! Los eslabones ternarios han sido eliminados. El *GDL* es independiente del número de eslabones ternarios en el mecanismo. Pero como cada eslabón ternario tiene tres nodos, sólo puede crear o eliminar 3/2 juntas. Así que se deben agregar o restar eslabones ternarios en pares para mantener un número entero de juntas. *La adición o sustracción de eslabones ternarios en pares no afectará el GDL del mecanismo.*

Para determinar todas las posibles combinaciones de eslabones para un *GDL* particular, se deben combinar las ecuaciones 2.3a (p. 32) y 2.4d:*

$$\begin{aligned} \frac{3}{2}(L-1) - \frac{M}{2} &= \frac{(2B + 3T + 4Q + 5P + 6H)}{2} \\ 3L - 3 - M &= 2B + 3T + 4Q + 5P + 6H \end{aligned} \tag{2.5}$$

Ahora hay que combinar la ecuación 2.5 con la ecuación 2.4a para eliminar B:

$$L - 3 - M = T + 2Q + 3P + 4H \tag{2.6}$$

Ahora se resolverán simultáneamente las ecuaciones 2.4a y 2.6 (mediante sustitución progresiva) para determinar todas las combinaciones compatibles de eslabones para $GDL = 1$, hasta ocho esla-

* Karunamoorthy[17] define varias reglas útiles para determinar el número de combinaciones posibles de cualquier número de eslabones con un grado de libertad dado.

bones. La estrategia será comenzar con el menor número de eslabones y el eslabón de mayor orden posible con ese número, para eliminar todas las combinaciones imposibles.

(Nota: *L debe ser par para GDL impar.*)

CASO 1. $L = 2$

$$L - 4 = T + 2Q + 3P + 4H = -2 \tag{2.7a}$$

Ésta requiere un número de eslabones negativo, así que $L = 2$ es imposible.

CASO 2. $L = 4$

$$L - 4 = T + 2Q + 3P + 4H = 0; \qquad \text{por lo tanto: } T = Q = P = H = 0 \tag{2.7b}$$
$$L = B + 0 = 4; \qquad B = 4$$

El eslabonamiento de un *GDL* más simple tiene cuatro eslabones binarios: el **eslabonamiento de cuatro barras**.

CASO 3. $L = 6$

$$L - 4 = T + 2Q + 3P + 4H = 2; \qquad \text{así que: } P = H = 0 \tag{2.7c}$$

T sólo puede ser 0, 1 o 2: Q sólo puede ser 0 o 1

Si $Q = 0$ entonces T debe ser 2 y:

$$L = B + 2T + 0Q = 6; \qquad B = 4, \qquad T = 2 \tag{2.7d}$$

Si $Q = 1$, luego T debe ser 0 y:

$$L = B + 0T + 1Q = 6; \qquad B = 5, \qquad Q = 1 \tag{2.7e}$$

Existen entonces dos posibilidades para $L = 6$. Hay que observar que una de ellas es de hecho el eslabonamiento de cuatro barras más simple con dos eslabones ternarios agregados, como se predijo anteriormente.

CASO 4. $L = 8$

Se requiere un método tabular con este número grande de eslabones:

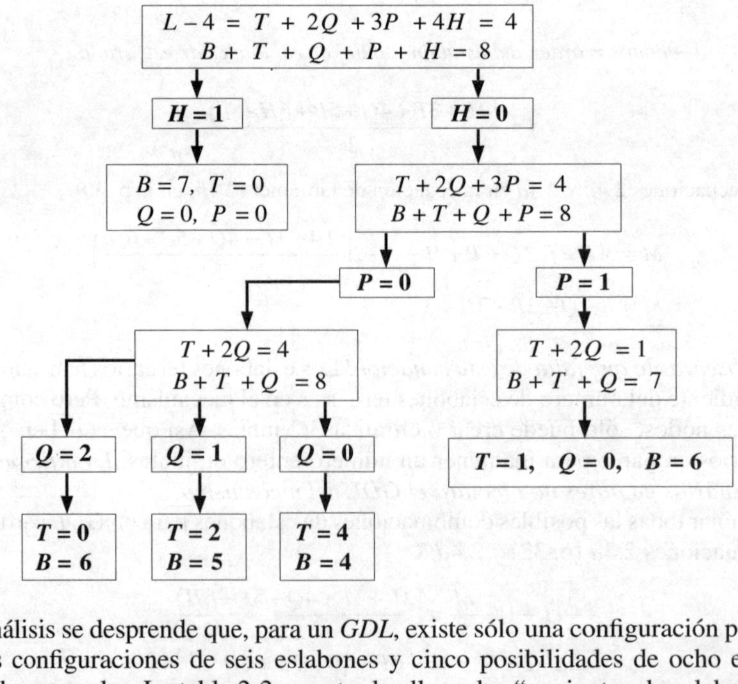

(2.7f)

De este análisis se desprende que, para un *GDL*, existe sólo una configuración posible de cuatro eslabones, dos configuraciones de seis eslabones y cinco posibilidades de ocho eslabones desde binarios hasta hexagonales. La tabla 2-2 muestra los llamados "conjuntos de eslabones" para todos los posibles eslabonamientos de un *GDL* hasta de ocho eslabones y orden hexagonal.

2.8 PARADOJAS

Como el criterio de Gruebler no presta atención a los tamaños y formas de los eslabones, *puede dar resultados equivocados* en el caso de configuraciones geométricas únicas. Por ejemplo, la figura 2-10*a* muestra una estructura (*GDL* = 0) con los eslabones ternarios de forma arbitraria. Este arreglo de eslabones en ocasiones se llama **"quinteto E"** por su parecido a la letra mayúscula **E** y al hecho de que tiene cinco eslabones, incluido el fijo.* Es el bloque de construcción **estructural** más simple después del **"triplete delta"**.

La figura 2-10*b* muestra el mismo quinteto E con eslabones ternarios rectos y paralelos, y con nodos equiespaciados. Los tres binarios también son iguales en longitud. Con esta peculiar configuración geométrica, se puede ver que se moverá a pesar de que la predicción de Gruebler diga lo contrario.

La figura 2-10*c* muestra un mecanismo muy común que no cumple el criterio de Gruebler. La junta entre dos ruedas puede ser prefijada para que no permita deslizamiento, siempre que se disponga de suficiente fricción. Si no ocurre deslizamiento, entonces ésta es una junta de un grado de libertad, o completa, que permite sólo movimiento angular relativo ($\Delta\theta$) entre las ruedas. Con esa suposición, existen tres eslabones y tres juntas completas, y de la ecuación de Gruebler se predice un *GDL* cero. Sin embargo, este eslabonamiento sí se mueve (*GDL* = 1), porque la distancia entre centros, o la longitud del eslabón 1, es exactamente igual a la suma de los radios de las dos ruedas.

Existen otros ejemplos de paradojas que no cumplen el criterio de Gruebler por su geometría única. El diseñador debe estar alerta a estas posibles inconsistencias. Gogu† ha demostrado que ninguna de las ecuaciones simples de movilidad descubiertas hasta ahora (Gruebler, Kutzbach, etc.) es capaz de resolver las muchas paradojas que existen. Para garantizar la movilidad, es necesario un análisis completo de los movimientos del eslabonamiento (como el que se describe en el capítulo 4).

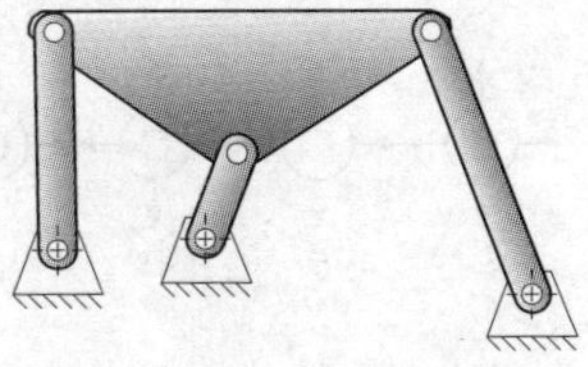

a) El quinteto E con *GDL* = 0 concuerda con la ecuación de Gruebler

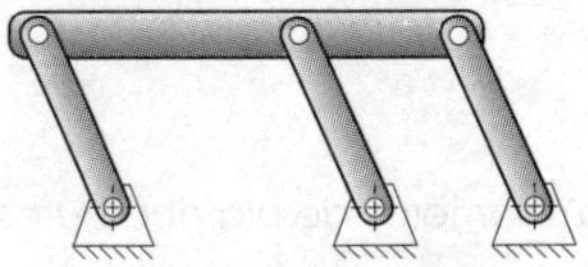

b) El quinteto E con *GDL* = 1 no concuerda con la ecuación de Gruebler por su geometría única

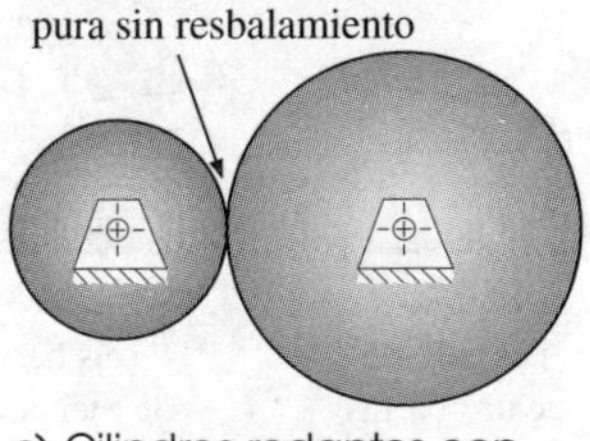

c) Cilindros rodantes con *GDL* = 1 no concuerdan con la ecuación de Gruebler, la cual predice *GDL* = 0

FIGURA 2-10 Paradojas de Gruebler: eslabonamientos que no se comportan como predice la ecuación de Gruebler

2.9 ISÓMEROS

La palabra **isómero** se deriva del griego y significa *de partes iguales*. Los isómeros en química son compuestos que tienen el mismo número y tipo de átomos, pero están interconectados de diferente manera y por lo tanto tienen diferentes propiedades físicas. La figura 2-11*a* muestra dos isómeros de hidrocarburos, *n*-butano e isobutano. Obsérvese que cada uno tiene el mismo número de átomos de carbono e hidrógeno (C_4H_{10}), pero conectados de diferente manera y tienen propiedades diferentes.

Los isómeros de eslabonamiento son análogos a estos compuestos químicos en que los **eslabones** (como los átomos) tienen varios **nodos** (electrones) disponibles para conectarse a otros nodos de eslabones. El eslabonamiento ensamblado es análogo al compuesto químico. Según las conexiones particulares de los eslabones disponibles, el ensamble tendrá diferentes propiedades de movimiento. El número de isómeros posible para un conjunto dado de eslabones (como en cualquier fila de la tabla 2-2) está lejos de ser obvio. De hecho, la predicción matemática del número de isómeros de todas las combinaciones de eslabones ha sido por mucho tiempo un problema sin solución. Muchos investigadores han dedicado mucho esfuerzo a este problema con algunos éxitos recientes. Véanse las referencias [3] a [7] para más información. Dhararipragada[6] presenta un buen resumen histórico de investigación de isómeros hasta 1994. La tabla 2-3 muestra el número de isómeros válidos encontrados para mecanismos de un *GDL* con pares de revoluta hasta de 12 eslabones.

TABLA 2-2 Mecanismos planos con 1 *GDL* y juntas revolutas hasta de ocho eslabones

Eslabones totales	Conjuntos de eslabones				
	Binario	Ternario	Cuaternario	Pentagonal	Hexagonal
4	4	0	0	0	0
6	4	2	0	0	0
6	5	0	1	0	0
8	7	0	0	0	1
8	4	4	0	0	0
8	5	2	1	0	0
8	6	0	2	0	0
8	6	1	0	1	0

TABLA 2-3 Número de isómeros válidos

Eslabones	Isómeros válidos
4	1
6	2
8	16
10	230
12	6 856

* También se llama cadena de Assur.

† Gogu, G. (2005), "Mobility of Mechanisms: A Critical Review". *Mechanism and Machine Theory (40)*, pp. 1068-1097.

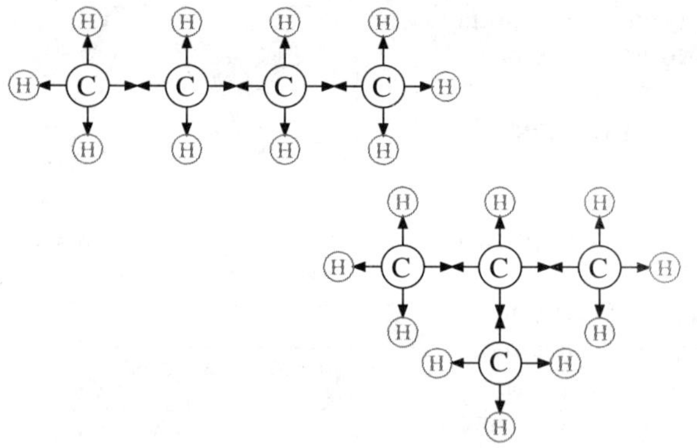

a) Isómeros de hidrocarburos *n*-butano e isobutano

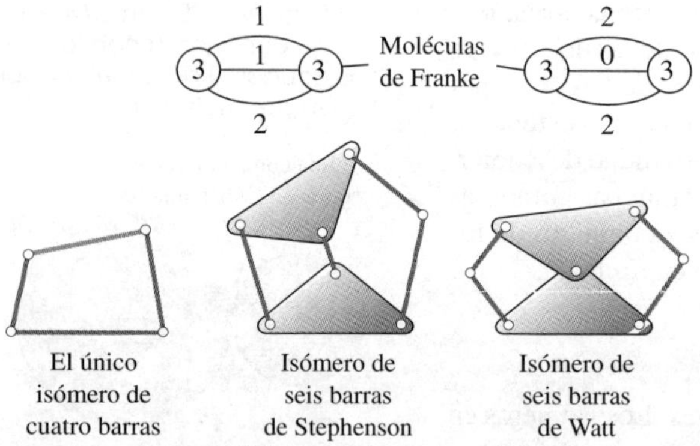

b) Todos los isómeros válidos de los eslabonamientos de cuatro y seis barras

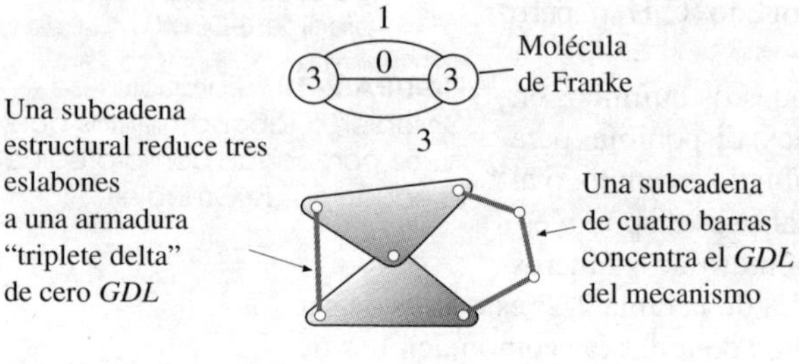

c) Isómero de seis barras inválido, el cual se reduce al mecanismo más simple de cuatro barras

FIGURA 2-11 Parte 1 Isómeros de cadenas cinemáticas

La figura 2-11*b* muestra todos los isómeros para los casos simples de un *GDL* con cuatro y seis eslabones. Obsérvese que existe sólo un isómero en el caso de cuatro eslabones. Un isómero es único sólo si las interconexiones entre sus tipos de eslabones son diferentes. Esto es, todos los eslabones binarios se consideran iguales, al igual que todos los átomos de hidrógeno son iguales en el análogo químico. Las longitudes y las formas de los eslabones no figuran en el criterio de Gruebler o en la condición de isomerismo. El caso de seis eslabones de dos binarios y tres ternarios tiene sólo dos isómeros válidos. Éstos se conocen como la **cadena de Watt** y la **cadena de Stephenson** en honor de sus descubridores. Obsérvense las diferentes interconexiones entre los ternarios y binarios en estos dos ejemplos. La cadena de Watt tiene los dos ternarios conectados, pero la de Stephenson no.

También existe un tercer isómero potencial para este caso de seis eslabones, como se muestra en la figura 2-11*c*, pero falla la prueba de **distribución de grados de libertad**, la cual requiere que el *GDL* global (1 en este caso) se distribuya uniformemente por todo el eslabonamiento y que no se concentre en una subcadena. Obsérvese que esta disposición (figura 2-11*c*) tiene una **subcadena estructural** de *GDL* = 0 en la formación triangular de los dos ternarios y el binario único que los conecta. Esto crea una armadura, o **triplete delta**. Los tres binarios restantes en serie forman una cadena de cuatro barras (*GDL* = 1) con la subcadena estructural de los dos ternarios y el binario único reducida a una estructura que actúa como eslabón único. Por lo tanto, este arreglo se redujo al caso más simple del eslabonamiento de cuatro barras a pesar de sus seis barras. Éste es un **isómero inválido** y es rechazado.

El método de Franke "Notación condensada para síntesis estructural" se puede utilizar para encontrar isómeros de cualquier conjunto de eslabones que incluya algunos eslabones de mayor orden que el binario. Cada eslabón de mayor orden se muestra como un círculo con su número de nodos (su valencia) escrito dentro de él como se muestra en la figura 2-11. Estos círculos están conectados con un número de líneas que emanan de cada uno igual a su valencia. Se coloca un número sobre cada línea para representar la cantidad de eslabones binarios en esa conexión. Esto da una representación "molecular" del eslabonamiento que permite la determinación exhaustiva de todas las interconexiones posibles de eslabones binarios entre los eslabones de mayor orden. Obsérvese la correspondencia en la figura 2-11*b* entre los eslabonamientos y sus respectivas moléculas de Franke. Las únicas combinaciones de tres enteros (incluido el cero) que se suman a 4 son (1, 1, 2), (2, 0, 2), (0, 1, 3) y (0, 0, 4). Las dos primeras son, respectivamente, los eslabonamientos de Stephenson y de Watt; la tercera es el isómero inválido de la figura 2-11*c*. La cuarta combinación también es inválida, ya que produce una cadena de 2 *GDL* de cinco binarios en serie con el quinto "binario" formado por los dos terciarios unidos por sus dos nodos en una estructura precargada con una subcadena con *GDL* de –1. En la figura 2-11*d* se muestran los 16 isómeros válidos del eslabonamiento de ocho barras con 1 *GDL*.

2.10 TRANSFORMACIÓN DE ESLABONAMIENTOS

El número de técnicas de síntesis descritas proporcionan al diseñador un conjunto de eslabonamientos básicos con *GDL* particular. Si ahora se relaja la restricción arbitraria que limitaba a sólo juntas revolutas, se pueden transformar estos eslabonamientos básicos en una variedad más amplia

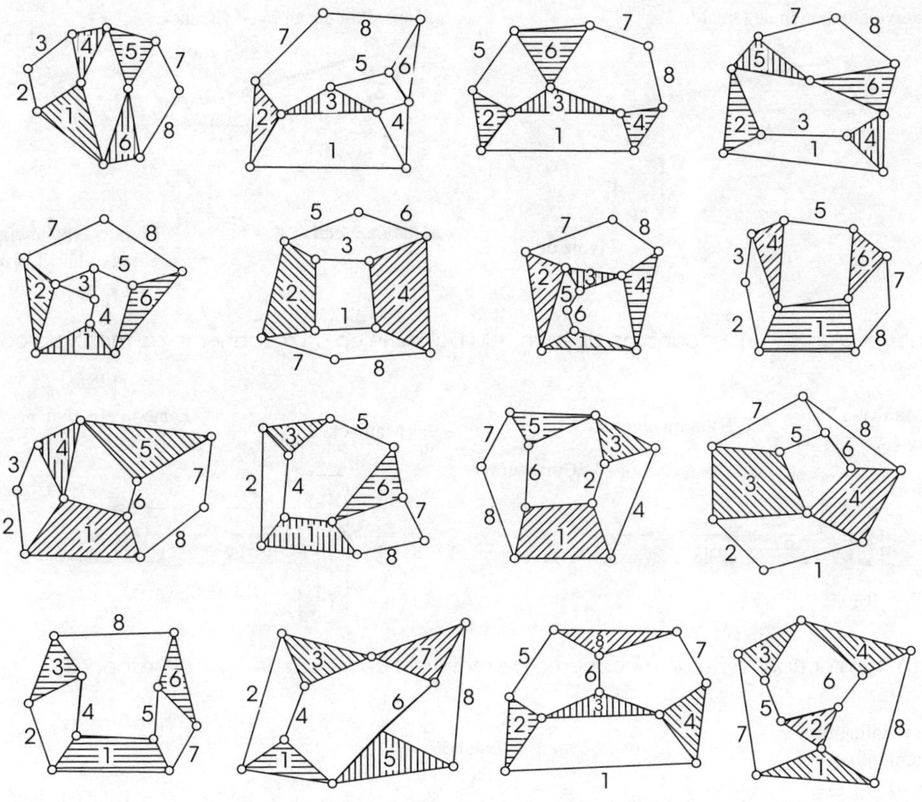

d) Todos los isómeros válidos de ocho barras con 1 *GDL*

FIGURA 2-11 Parte 2 Isómeros de cadenas cinemáticas *(Fuente: Klein, A. W., 1917. Kinematics of Machinery, McGraw-Hill, NY)*

de mecanismos con incluso mayor utilidad. Existen varias técnicas o reglas de transformación que pueden aplicarse a cadenas cinemáticas planas.

1 Las juntas revolutas en cualquier lazo se pueden reemplazar por juntas prismáticas sin cambiar el *GDL* del mecanismo, siempre que por lo menos dos juntas revolutas permanezcan en el lazo.*
2 Cualquier junta completa se puede reemplazar por una semijunta, pero esto incrementará el *GDL* en uno.
3 La eliminación de un eslabón reducirá el *GDL* en uno.
4 La combinación de las reglas 2 y 3 anteriores mantendrán el *GDL* original sin cambios.
5 Cualquier eslabón ternario o de mayor orden puede ser parcialmente "contraído" a un eslabón de menor orden mediante coalición de nodos. Esto creará una junta múltiple pero no cambiará el *GDL* del mecanismo.
6 La contracción completa de un eslabón de orden alto equivale a su eliminación. Se creará una junta múltiple y el *GDL* se reducirá.

La figura 2-12*a*† muestra un eslabonamiento de manivela-balancín de cuatro barras transformada en una manivela-corredera de cuatro barras mediante la aplicación de la regla número 1. Es aún un eslabonamiento de cuatro barras. El eslabón 4 se convirtió en una corredera. La ecuación de Gruebler no cambia a un *GDL* porque la corredera forma una junta completa contra el eslabón 1, como lo hizo la junta de pasador que reemplaza. Obsérvese que esta transformación de un eslabón

* Si todas las juntas revolutas en un eslabonamiento de cuatro barras son reemplazadas por juntas prismáticas, el resultado será un ensamble de *GDL* 2. Además, si tres juntas revolutas en un lazo de cuatro barras son reemplazadas con juntas prismáticas, la junta revoluta restante no será capaz de girar, bloqueando efectivamente dos eslabones conectados por pasador como si fuera uno. Esto reduce el ensamble a un eslabonamiento de tres barras, el cual deberá tener un *GDL* de cero. Pero un triplete delta con tres juntas prismáticas tiene un *GDL* de uno, otra paradoja de Gruebler.

† Esta figura incluye el archivo AVI y archivo de Working Model en el DVD. Su nombre de archivo es el mismo que el número de la figura.

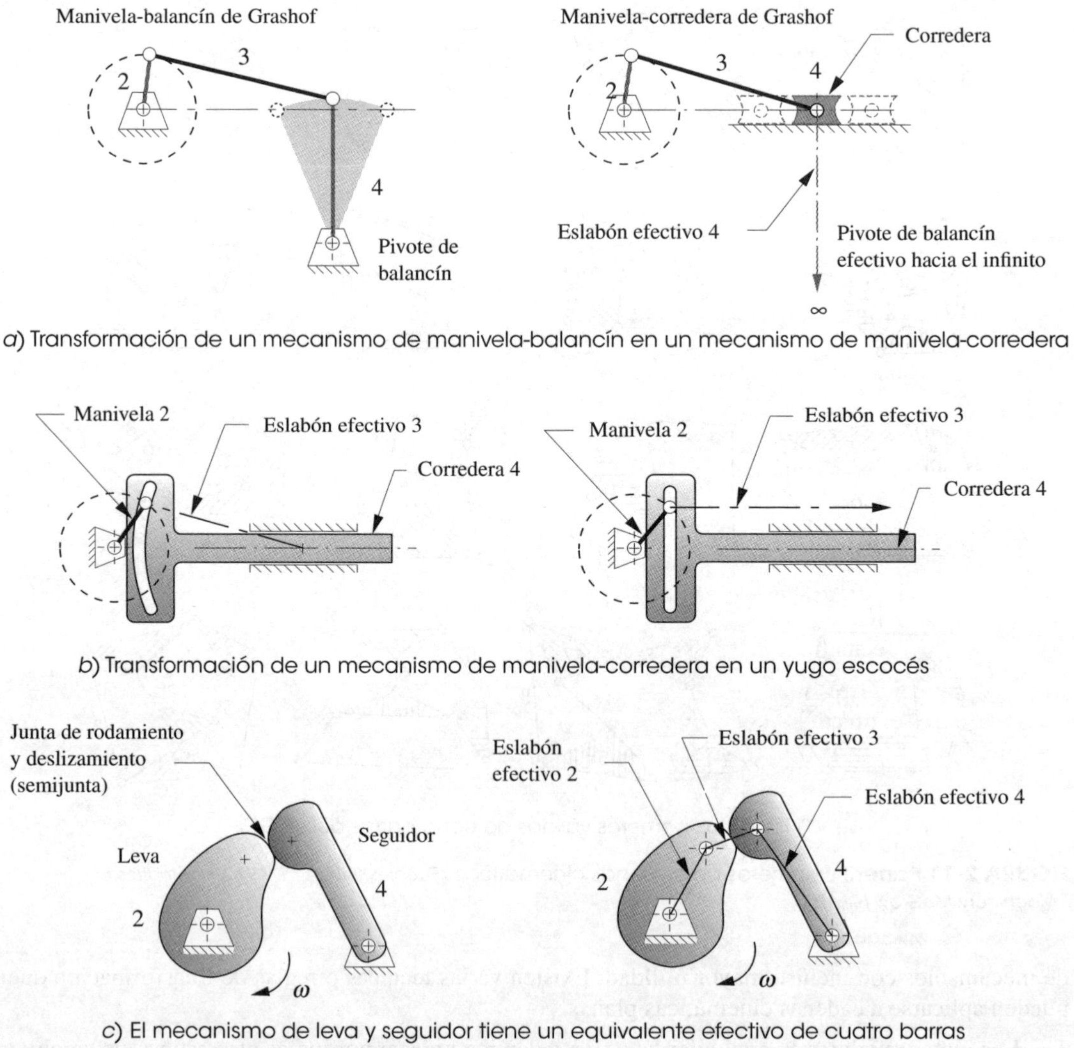

FIGURA 2-12 Transformación de un eslabonamiento

de salida oscilante a un eslabón de salida de corredera equivale a incrementar la longitud (radio) del eslabón oscilante 4 hasta que su movimiento de arco en la junta entre los eslabones 3 y 4 se vuelve una línea recta. Por lo tanto, la corredera equivale a un eslabón oscilante infinitamente largo el cual está pivotado en el infinito a lo largo de una línea perpendicular al eje de la corredera, como se muestra en la figura 2-12*a*.

La figura 2-12*b** muestra una manivela-corredera de cuatro barras transformada por la regla número 4 mediante la sustitución de una semijunta por el acoplador. La primera versión mostrada conserva el mismo movimiento de la corredera que el eslabonamiento original con el uso de una ranura curva en el eslabón 4. El acoplador efectivo siempre es perpendicular a la tangente de la ranura y queda sobre la línea del acoplador original. La segunda versión mostrada tiene la ranura recta y perpendicular al eje de la corredera. El acoplador efectivo ahora está "pivotado" en el infinito. Este mecanismo se llama **yugo escocés** y produce un *movimiento armónico simple* exacto de la corredera en respuesta a una entrada de velocidad constante para la manivela.

La figura 2-12*c* muestra un eslabonamiento de cuatro barras transformado en un eslabonamiento de **leva-seguidor** con la aplicación de la regla número 4. Se quitó el eslabón 3 y se sustituyó una semijunta con una junta completa entre los eslabones 2 y 4. Ésta aún tiene un *GDL*, y la leva-seguidor es, de hecho, un eslabonamiento de cuatro barras pero con otra apariencia, en la que el acoplador (eslabón 3) se ha convertido en un eslabón efectivo de *longitud variable*. Se investigará el eslabonamiento de cuatro barras y estas variantes con más detalle en capítulos posteriores.

* Esta figura incluye un archivo AVI y archivo de Working Model en el DVD. Su nombre de archivo es el mismo que el número de la figura.

La figura 2-13*a* muestra la **cadena de seis barras de Stephenson** tomada de la figura 2-11*b* (p. 36) transformada por la *contracción parcial* de un eslabón ternario (regla número 5) para crear una junta múltiple. Todavía es una cadena de seis barras de Stephenson con un *GDL*. La figura 2-13*b* muestra la **cadena de seis barras de Watt** conforme a la figura 2-11*b* con un eslabón ternario *completamente contraído* para crear una junta múltiple. Ahora es una estructura con *GDL* = 0. Las dos subcadenas triangulares son obvias. Así como la cadena de cuatro barras es el bloque de construcción básico de mecanismos con un *GDL*, este **triplete delta** triangular de tres barras es el *bloque de construcción básico* de estructuras con cero *GDL* (armaduras).

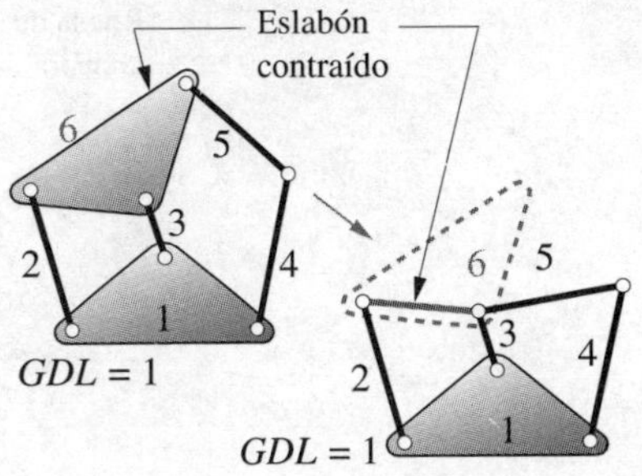

a) Contracción parcial de un eslabón superior que retiene su *GDL* original

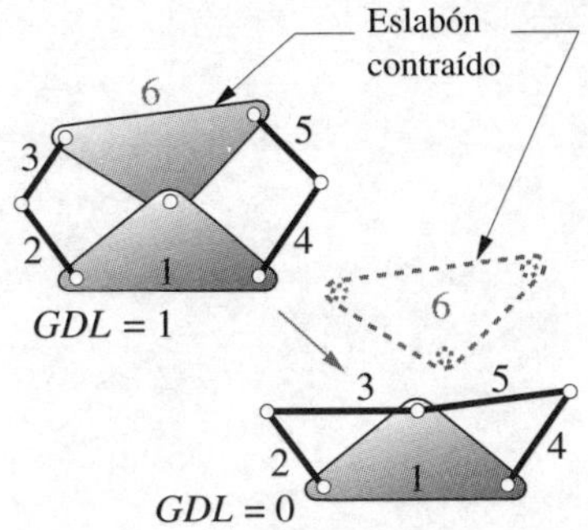

b) Contracción completa de un eslabón superior que reduce el *GDL* en uno

FIGURA 2-13 Contracción de un eslabón

2.11 MOVIMIENTO INTERMITENTE

El **movimiento intermitente** es una *secuencia de movimientos y detenciones*. Una **detención** es *un periodo en el cual el eslabón de salida permanece inmóvil mientras que el de entrada continúa moviéndose*. Existen muchas aplicaciones en maquinaria que requieren movimiento intermitente. La variación de **leva-seguidor** del eslabonamiento de cuatro barras como se muestra en la figura 2-12*c* a menudo se utiliza en estas situaciones. El diseño de ese dispositivo tanto para movimiento intermitente como continuo será abordado en detalle en el capítulo 8. En el capítulo 3 se analizan otros **mecanismos de detención** puros.

MECANISMO DE GINEBRA Una forma común de dispositivo de movimiento intermitente es el **mecanismo de Ginebra** mostrado en la figura 2-14*a* (p. 40).* Éste también se transforma en un eslabonamiento de cuatro barras en el que el acoplador se reemplazó por una semijunta. La manivela de entrada (eslabón 2) en general es impulsada por un motor a velocidad constante. La **rueda de Ginebra** dispone de por lo menos tres ranuras radiales equidistantes. La manivela tiene un pasador que entra en una ranura radial y hace que la rueda gire una parte de una revolución. Cuando el pasador sale de la ranura, la rueda permanece inmóvil hasta que el pasador entra en la siguiente ranura. El resultado es una rotación intermitente de la rueda de Ginebra.

La manivela también dispone de un segmento de arco, el cual engancha con un rebaje en la periferia de la rueda de Ginebra cuando el pasador está afuera de la ranura. Esto mantiene a la rueda de Ginebra inmóvil y en el lugar apropiado para la siguiente entrada del pasador. El número de ranuras determina el número de "paros" del mecanismo, donde *paro* es sinónimo de *detención*. Una rueda de Ginebra necesita un mínimo de tres paradas para trabajar. El número máximo de paradas está limitado sólo por el tamaño de la rueda.

RUEDA Y TRINQUETE La figura 2-14*b** muestra un mecanismo de rueda y trinquete. El **brazo de empuje** gira en torno al centro de la **rueda dentada** y se mueve hacia delante y hacia atrás para indexar la rueda. El **trinquete motriz** hace girar la rueda (o **rueda dentada**) en sentido contrario a las manecillas del reloj y no trabaja en el movimiento de retorno (en el sentido de las manecillas del reloj). El **trinquete trabante** evita que la rueda invierta su dirección mientras que el trinquete motriz regresa. Por lo general, ambos trinquetes se mantienen en contacto con la rueda por medio de resortes. Estos mecanismos se utilizan mucho en dispositivos tales como "llaves de tuercas", malacates, etcétera.

MECANISMO DE GINEBRA LINEAL También existe una variación del mecanismo de Ginebra que tiene salida traslacional lineal, como se muestra en la figura 2-14*c*.* Este mecanismo es análogo a un dispositivo de yugo escocés abierto con yugos múltiples. Se puede utilizar como mando de banda transportadora intermitente con las ranuras dispuestas a lo largo de la cadena o banda transportadora. También puede ser utilizado con un motor inversor para obtener oscilación inversa lineal de una corredera de salida de ranura simple.

2.12 INVERSIÓN

Ahora deberá ser evidente que existen muchos eslabonamientos posibles en cualquier situación. Incluso con las limitaciones impuestas en el ejemplo de síntesis de número (1 *GDL*, ocho eslabones,

* Esta figura incluye un archivo AVI y archivo de Working Model en el DVD. Su nombre de archivo es el mismo que el número de la figura.

2

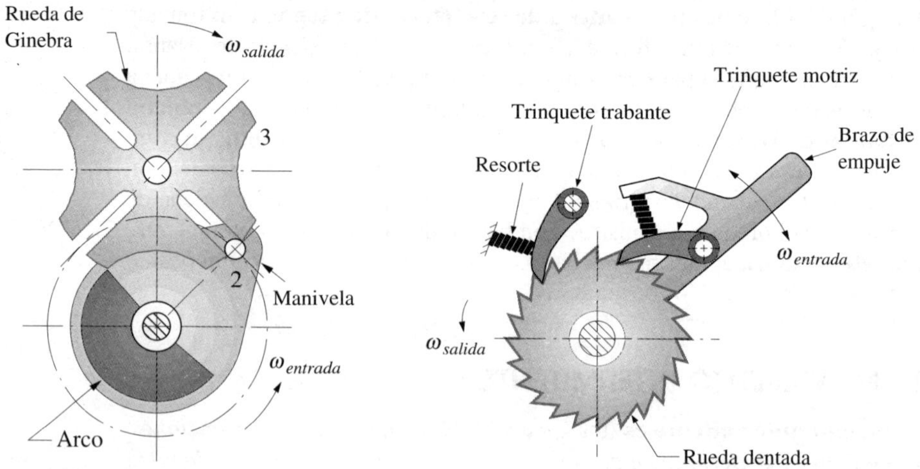

a) Mecanismo de Ginebra con cuatro detenimientos

b) Mecanismo de rueda y trinquete

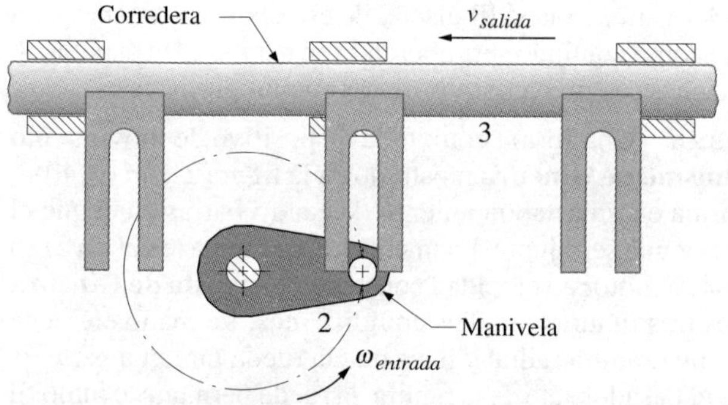

c) Mecanismo de Ginebra con movimiento intermitente lineal

Véanse también las figuras P3-7 (p. 112) y P4-6 (p. 153) para otros ejemplos de mecanismos de movimiento intermitente lineal

FIGURA 2-14 Mecanismos de movimiento intermitente rotatorio y lineal

hasta de orden hexagonal), existen ocho combinaciones de eslabonamientos mostrados en la tabla 2-2 (p. 35) y éstas generan 19 isómeros válidos en la tabla 2-3 (p. 35). Además, se puede introducir otro factor, o sea, una inversión de mecanismo. Una **inversión** es *creada por la conexión a tierra de un eslabón diferente en la cadena cinemática.* Por lo tanto, existen tantas inversiones de un eslabonamiento como los eslabones que tiene.

Los movimientos que resultan de cada inversión pueden ser muy diferentes, pero algunas inversiones de un eslabonamiento pueden producir movimientos similares a otras inversiones del mismo eslabonamiento. En estos casos, sólo algunas de las inversiones pueden tener movimientos enteramente diferentes. Se denotarán las *inversiones que tienen movimientos enteramente diferentes como* **inversiones distintas**.

La figura 2-15* muestra las cuatro inversiones del eslabonamiento de corredera-manivela de cuatro barras y todas tienen movimientos distintos. La inversión número 1, con el eslabón 1 como bancada y su corredera en traslación pura, es la más común y se utiliza en **motores de pistones** y en **bombas de pistón**. La inversión número 2 se obtiene al fijar el eslabón 2 y produce el mecanismo de retorno rápido **Whitworth** o **limadora de manivela**, en el que la corredera tiene movimiento complejo. (Los mecanismos de retorno rápido serán estudiados más a fondo en el capítulo 3.) La inversión número 3 se obtiene al fijar el eslabón 3 y da a la corredera rotación pura. La inversión número 4 se obtiene al fijar el eslabón 4 y se utiliza en mecanismos manuales de **bomba de pozo**, en los que la manija es el eslabón 2 (extendido) y el eslabón 1 baja hasta la tubería del pozo para montar un pistón en su extremo inferior. (En la figura está invertido.)

* Esta figura incluye un archivo AVI y archivo de Working Model en el DVD. Su nombre de archivo es el mismo que el número de la figura.

La **cadena de seis barras de Watt** tiene dos inversiones distintas y la de **seis barras de Stephenson** tiene tres inversiones distintas, como se muestra en la figura 2-16.* Las cuatro barras con juntas de pasador tienen cuatro inversiones distintas: la manivela-balancín, la doble manivela, el doble balancín y el balancín triple mostrados en las figuras 2-17 (p. 42) y 2-18 (p. 43).†

2.13 LA CONDICIÓN DE GRASHOF‡

Con anterioridad se demostró que el **eslabonamiento de cuatro barras** es el *mecanismo articulado más simple posible* para movimiento controlado con grado de libertad simple. También aparece con varias formas tales como la de **manivela-corredera** y la de **leva y seguidor**. De hecho, es el dispositivo más común y omnipresente utilizado en maquinaria. También es extremadamente variado en función de los tipos de movimiento que puede generar.

La sencillez es un signo de un buen diseño. La menor cantidad de partes que puede realizar el trabajo en general será la solución menos cara y más confiable. Por lo tanto, el **eslabonamiento de cuatro barras** deberá estar entre las primeras soluciones a problemas de control de movimiento a ser investigados. La **condición de Grashof**[8] es una relación muy simple que predice el *comportamiento de rotación* o **rotabilidad** de las inversiones de un eslabonamiento de cuatro barras basado sólo en las longitudes de los eslabones.

Sea: S = longitud del eslabón más corto
L = longitud del eslabón más largo
P = longitud de un eslabón restante
Q = longitud de otro eslabón restante

Luego, si:

$$S + L \le P + Q \tag{2.8}$$

el eslabonamiento es de **Grashof** y por lo menos un eslabón será capaz de realizar una revolución completa con respecto al plano fijo. Ésta se

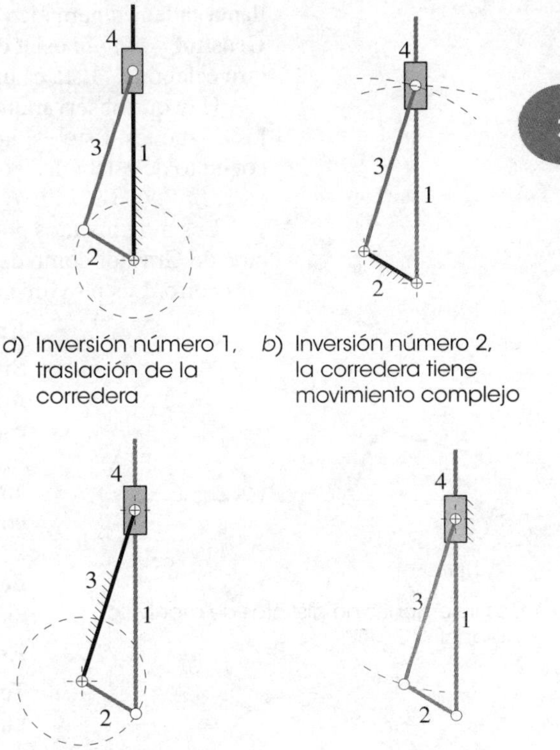

a) Inversión número 1, traslación de la corredera

b) Inversión número 2, la corredera tiene movimiento complejo

c) Inversión número 3, la corredera gira

d) Inversión número 4, la corredera es estacionaria

FIGURA 2-15 Cuatro inversiones distintas del mecanismo de manivela-corredera de cuatro barras (cada eslabón negro es estacionario; todos los eslabones en tono claro se mueven)

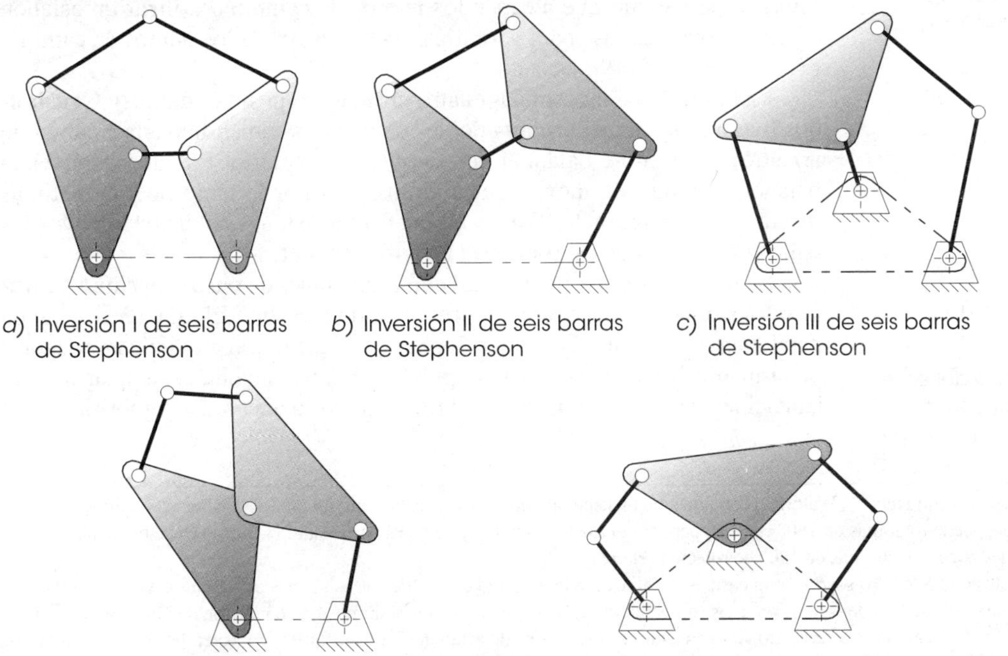

a) Inversión I de seis barras de Stephenson

b) Inversión II de seis barras de Stephenson

c) Inversión III de seis barras de Stephenson

d) Inversión I de seis barras de Watt

e) Inversión II de seis barras de Watt

FIGURA 2-16 Todas las distintas inversiones del eslabonamiento de seis barras

* Esta figura incluye un archivo AVI y archivo de Working Model en el DVD. Su nombre de archivo es el mismo que el número de la figura.

† El Watt I es el único mecanismo de seis barras que tiene un eslabón binario flotante separado del suelo mediante dos eslabones en cada nodo, por lo que resulta útil para aplicaciones de largo alcance y como generador de movimientos paralelos. El Watt II es adecuado para amplificar la fuerza o el movimiento, y es común en la generación de funciones. Con el Stephenson III se mejoran los ángulos de transmisión al conectar una díada conducida con su acoplador. También es estable en virtud de sus tres pivotes fijos (como el Watt II). Las otras dos inversiones Stephenson no son tan comunes.

‡ En el DVD del libro se incluye un video sobre *La condición de Grashof.*

llama cadena cinemática de **Clase I**. Si la desigualdad no es cierta, entonces el eslabonamiento **no es Grashof** y *ningún* eslabón será capaz de realizar una revolución completa con respecto a cualquier otro eslabón.*† Ésta es una cadena cinemática de **Clase II**.

Hay que observar que los enunciados anteriores se aplican sin importar el orden de ensamble de los eslabones. Esto es, la determinación de la condición de Grashof puede hacerse con base en un conjunto de eslabones no ensamblados. Ya sea que se ensamblen después en una cadena cinemática en S, L, P, Q o S, P, L, Q o en cualquier otro orden, *no* cambiará la condición de Grashof.

Los movimientos posibles de un eslabonamiento de cuatro barras dependerán tanto de la condición de Grashof como de la **inversión** elegida. Las inversiones se definirán con respecto al eslabón más corto. Los movimientos son:

En el caso de la clase I, $S + L < P + Q$:

Si se fija cualquier eslabón adyacente al más corto, se obtiene un mecanismo **manivela-balancín**, donde el eslabón más corto girará por completo y el otro eslabón oscilará pivotado a la bancada.

Si se fija el eslabón más corto, se obtendrá una **doble-manivela**, en la que ambos eslabones pivotados a la bancada realizan revoluciones completas, así como lo hace el acoplador.

Si se fija el eslabón opuesto al más corto, se obtendrá un **doble-balancín de Grashof**, en el que ambos eslabones pivotados a la bancada oscilan y sólo el acoplador realiza una revolución completa.

En el caso de la clase II, $S + L > P + Q$:

Todas las inversiones serán **balancines triples**,[9] en los que ningún eslabón puede girar por completo.

En el caso de la clase III, $S + L = P + Q$:

Conocida como **caso especial de Grashof** y también como cadena cinemática **Clase III**, todas las inversiones serán **dobles-manivelas** o **manivela-balancín**, pero tendrán **"puntos de cambio"** dos veces por revolución de la manivela de entrada cuando todos los eslabones se vuelven colineales. En estos puntos de cambio el comportamiento de salida se volverá indeterminado. Hunt[18] las denomina **"configuraciones de incertidumbre"**. En estas posiciones colineales el comportamiento del eslabonamiento es entonces impredecible ya que puede asumir cualquiera de dos configuraciones. Su movimiento debe ser limitado para evitar que alcance los puntos de cambio o utilizar un eslabón adicional fuera de fase para garantizar un "arrastre" de los puntos de cambio. (Véase la figura 2-19*c*.)

La figura 2-17‡ muestra las cuatro inversiones posibles del **caso Grashof**: dos manivelas-balancines, una doble-manivela (también llamada eslabón de arrastre) y un doble balancín con acoplador rotatorio. Las dos manivelas-balancines producen movimientos similares y por lo tanto no son distintas una de otra. La figura 2-18‡ muestra cuatro inversiones no distintas, todos los balancines triples de **eslabonamiento no Grashof**.

La figura 2-19*a* y *b* muestra las configuraciones de **paralelogramo** y **antiparelogramo** del eslabonamiento **especial de Grashof**. El eslabonamiento de paralelogramo es muy útil, ya que duplica con exactitud el movimiento rotatorio de la manivela impulsora en la impulsada. Un uso común es acoplar los dos balancines de salida de limpiaparabrisas a todo lo ancho del parabrisas de un

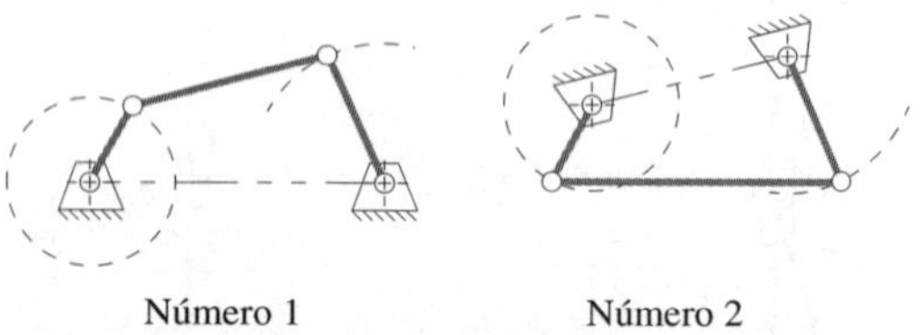

a) Dos inversiones no distintas de manivela-balancín (GCRR)

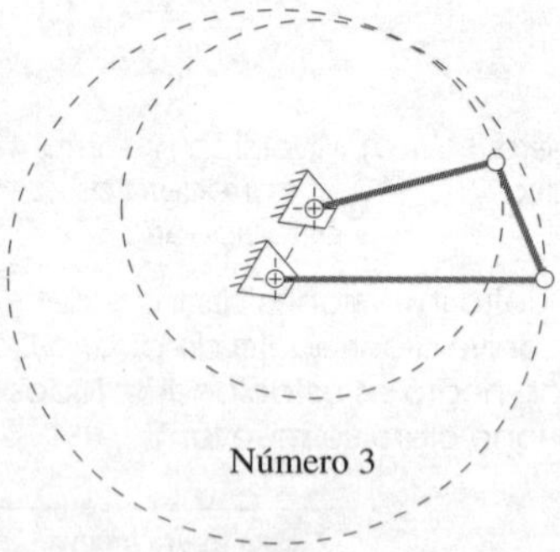

b) Inversión de doble-manivela (GCCC) (mecanismo de eslabón de arrastre)

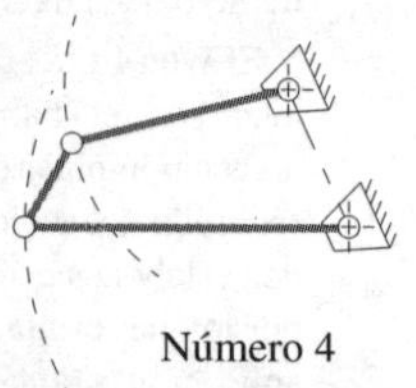

c) Inversión de balancín doble (GRCR) (el acoplador gira)

FIGURA 2-17 Todas las inversiones del eslabonamiento de Grashof de cuatro barras

* De acuerdo con Hunt[18], Waldron probó que, en un eslabonamiento de Grashof, ningún par de eslabones distintos a la manivela puede rotar más de 180° entre sí, pero en un eslabonamiento que no es de Grashof (y que no tiene manivela) los eslabones pueden tener más de 180° de rotación relativa.

† El deslizador de cuatro barras es un caso especial. Como la longitud de dos de sus eslabones es en realidad infinita (el deslizador y el eslabón del suelo efectivos son paralelos y "se encuentran" en el infinito), la condición de Grashof para un deslizador de cuatro barras será verdadera en tanto las longitudes de eslabón sean tales que se conecten físicamente. Si es así, $S + \infty$ siempre es $< = P + \infty$.

‡ Esta figura incluye un archivo AVI y archivo de Working Model en el DVD. Su nombre de archivo es el mismo que el número de la figura.

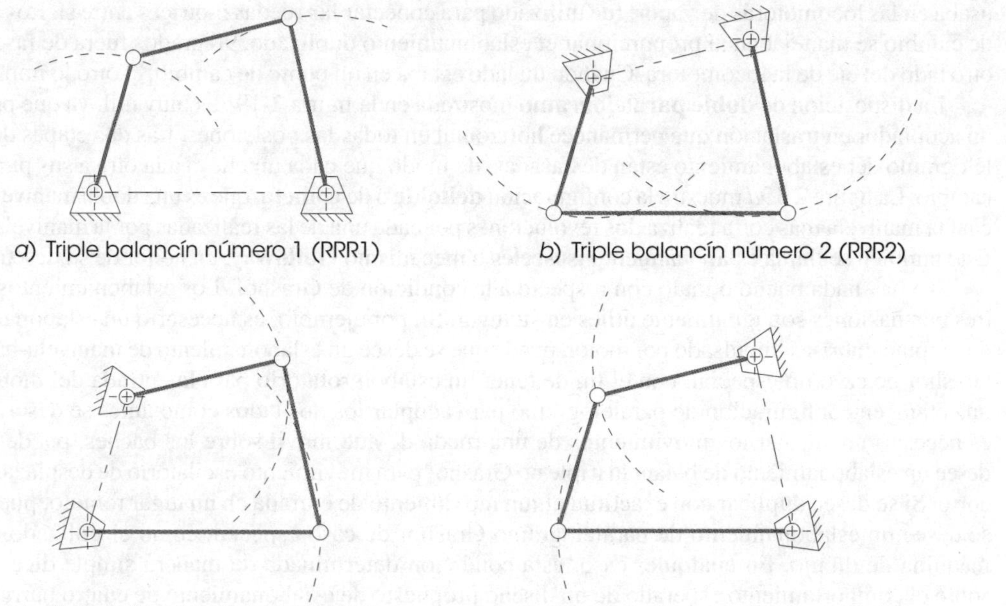

a) Triple balancín número 1 (RRR1)

b) Triple balancín número 2 (RRR2)

c) Triple balancín número 3 (RRR3)

d) Triple balancín número 4 (RRR4)

FIGURA 2-18 Todas las inversiones del eslabonamiento de cuatro barras de no Grashof son balancines triples

automóvil. El acoplador del eslabonamiento de paralelogramo está en traslación curvilínea, y permanece en el mismo ángulo mientras que todos los puntos en ella describen rutas circulares idénticas. A menudo se utiliza para este movimiento paralelo, como en la puerta trasera de un camión y en robots industriales.

El eslabonamiento en configuración de antiparelogramo (también llamado "mariposa" o "corbata de moño") también es una doble manivela, pero la manivela de salida tiene una velocidad angular diferente de la manivela de entrada. Obsérvese que los puntos de cambio permiten que el eslabonamiento cambie de manera impredecible entre las formas de paralelogramo y antiparalelogramo cada 180 grados a menos que se utilicen algunos eslabones más para sostener las posiciones. Esto se puede lograr agregando un eslabonamiento acompañante desfasado acoplado a la misma manivela, como se muestra en la figura 2-19*c*. Una aplicación común de este eslabonamiento de doble paralelogramo se

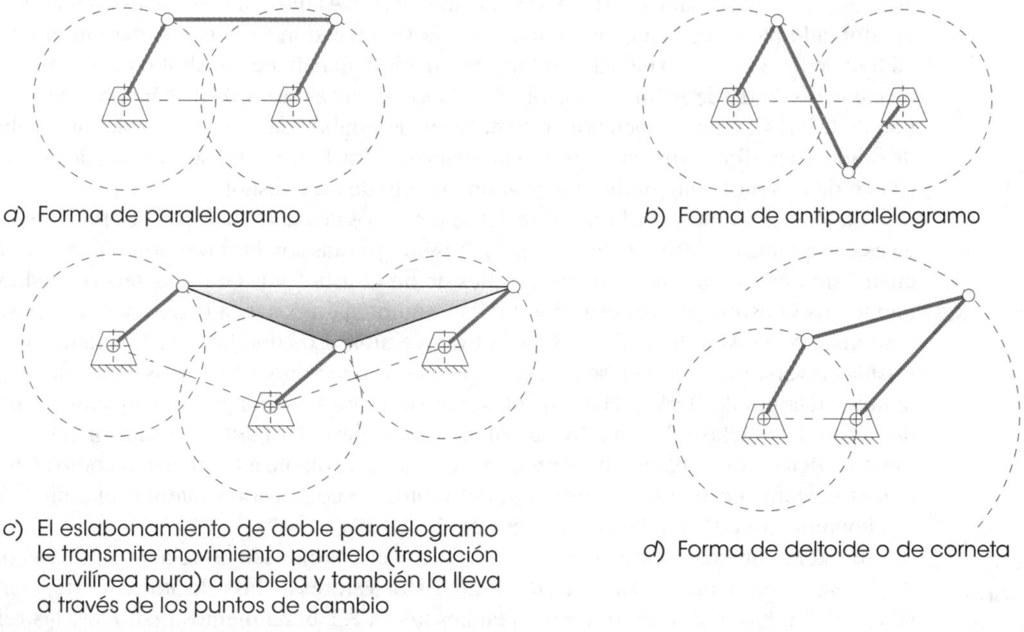

a) Forma de paralelogramo

b) Forma de antiparalelogramo

c) El eslabonamiento de doble paralelogramo le transmite movimiento paralelo (traslación curvilínea pura) a la biela y también la lleva a través de los puntos de cambio

d) Forma de deltoide o de corneta

FIGURA 2-19 Algunas formas del eslabonamiento de Grashof de caso especial usaba en las locomotoras de vapor; fue utilizado para conectar las ruedas motrices entre sí. Los puntos de cambio se manejaban al proporcionar el eslabonamiento duplicado, 90 grados fuera de fase, en el otro lado del eje de la locomotora. Cuando un lado estaba en un punto de cambio, el otro lo impulsaba.

La disposición de **doble paralelogramo** mostrada en la figura 2-19*c* es muy útil, ya que produce un acoplador en traslación que permanece horizontal en todas las posiciones. Las dos etapas de paralelogramo del eslabonamiento están desfasadas, de modo que cada una lleva a la otra a sus puntos de cambio. La figura 2-19*d* muestra la configuración **deltoide** o de **cometa**, que es una doble manivela en la cual la manivela más corta realiza dos revoluciones por cada una de las realizadas por la manivela larga. Éste también se llama eslabonamiento **isósceles** o mecanismo **Galloway**, en honor de su descubridor.

No hay nada bueno o malo con respecto a la condición de Grashof. Los eslabonamientos de las tres persuasiones son igualmente útiles en su lugar. Si, por ejemplo, es necesario un eslabonamiento de limpiaparabrisas impulsado por motor, puede que se desee un eslabonamiento de manivela-balancín Grashof de caso no especial, con el fin de tener un eslabón rotatorio para la entrada del motor más una etapa en configuración de paralelogramo para acoplar los dos lados como antes se describió. Si es necesario controlar los movimientos de una rueda de automóvil sobre los baches, puede que se desee un eslabonamiento de balancín triple no Grashof para movimiento oscilatorio de desplazamiento corto. Si se desea duplicar con exactitud algún movimiento de entrada en un lugar remoto, puede que se desee un eslabonamiento de paralelogramo Grashof de caso especial, como el utilizado en una máquina de dibujo. En cualquier caso, esta condición determinada de manera simple dice mucho sobre el comportamiento esperado de un diseño propuesto de eslabonamiento de cuatro barras antes de la construcción de modelos o prototipos.*

* Vea el video "La condición de Grashof" en el DVD del libro para una exposición más detallada y completa de este tema.

Clasificación del eslabonamiento de cuatro barras

Barker[10] desarrolló un esquema de clasificación que permite predecir el tipo de movimiento que se puede esperar de un eslabonamiento de cuatro barras con base en los valores de sus relaciones de eslabones. Las características de movimiento angular de un eslabonamiento son independientes de los valores absolutos de las longitudes de sus eslabones. Esto permite que las longitudes de los eslabones se normalicen al dividir tres de ellas entre la cuarta para crear tres relaciones adimensionales que definan su geometría.

Sean las longitudes de los eslabones designados r_1, r_2, r_3 y r_4 (todas positivas y no cero), donde el subíndice 1 indica el eslabón fijo, 2 el eslabón impulsor, 3 el acoplador y 4 el eslabón restante (de salida). Las relaciones de eslabón se forman entonces al dividir cada longitud de eslabón entre r_2 y se obtiene: $\lambda_1 = r_1/r_2$, $\lambda_3 = r_3/r_2$, $\lambda_4 = r_4/r_2$.

Cada eslabón se designará con una letra basada en su tipo de movimiento cuando se conecta a los demás eslabones. Si un eslabón puede realizar una revolución completa con respecto a los demás eslabones, se llama manivela (C), y si no, balancín (R). Al movimiento del eslabonamiento ensamblado basado en su condición de Grashof e inversión se le puede dar entonces un código de letra tal como GCRR para una manivela-balancín de Grashof o GCCC para un mecanismo de doble manivela Grashof (eslabón de arrastre). Los diseñadores de movimiento C y R siempre se mencionan en el orden de eslabón de entrada, acoplador, eslabón de salida. El prefijo G indica un eslabonamiento de Grashof, S un caso especial de Grashof (punto de cambio) y sin prefijo un eslabonamiento de no Grashof.

La tabla 2-4 muestra 14 tipos de eslabonamientos de cuatro barras de Barker basados en este esquema de designación. Las primeras cuatro filas son las inversiones Grashof, las cuatro siguientes son los balancines triples de no Grashof y las últimas seis son eslabonamientos Grashof de caso especial. Le dan nombres únicos a cada tipo basados en una combinación de su condición de Grashof e inversión. Los nombres tradicionales de las mismas inversiones también se muestran para comparación y son menos específicos que la nomenclatura de Barker. Hay que observar su diferenciación entre manivela-balancín de Grashof (subclase 2) y manivela-balancín (subclase 4). Para impulsar un eslabonamiento GRRC con el balancín, se requiere agregar un volante a la manivela como se hizo con el mecanismo manivela-corredera del motor de combustión interna (el cual es un eslabonamiento GPRC). Véase la figura 2-12*a* (p. 38).

Barker también define un *espacio de solución* cuyos ejes son las relaciones de eslabón λ_1, λ_3, λ_4, como se muestra en la figura 2-20. Estos valores de las relaciones teóricamente se extienden hasta el infinito, pero en cualesquiera eslabonamientos prácticos, las relaciones pueden limitarse a un valor razonable.

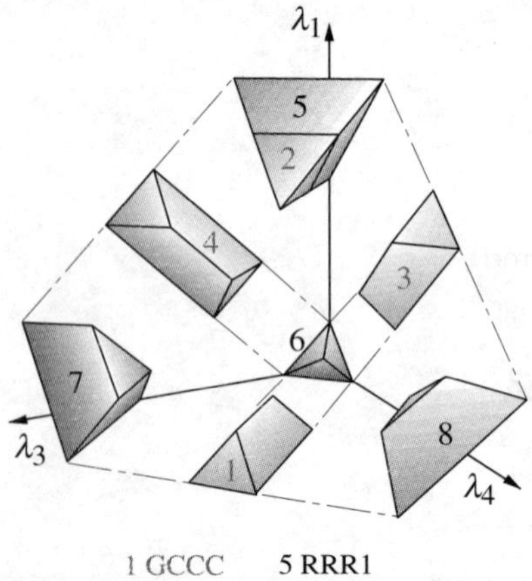

1 GCCC	5 RRR1
2 GCRR	6 RRR2
3 GRCR	7 RRR3
4 GRRC	8 RRR4

FIGURA 2-20 Espacio para la solución de Barker del eslabonamiento de cuatro barras *Adaptado de la referencia [10].*

Con el fin de que los cuatro eslabones se ensamblen, el más largo debe ser más corto que la suma de los otros tres,

$$L < (S + P + Q) \tag{2.9}$$

Si $L = (S + P + Q)$, entonces los eslabones pueden ser ensamblados pero no se moverán, así que esta condición proporciona un criterio para separar las regiones de no movilidad de las regiones que permiten movimiento dentro del espacio de solución. La aplicación de este criterio en función de las tres relaciones de eslabón define cuatro planos de movilidad cero que limitan el espacio de solución.

$$\begin{aligned} 1 &= \lambda_1 + \lambda_3 + \lambda_4 \\ \lambda_3 &= \lambda_1 + 1 + \lambda_4 \\ \lambda_4 &= \lambda_1 + 1 + \lambda_3 \\ \lambda_1 &= 1 + \lambda_3 + \lambda_4 \end{aligned} \tag{2.10}$$

La aplicación de la condición de Grashof $S + L = P + Q$ (en función de las relaciones de eslabón) define tres planos adicionales en los que quedan todos los mecanismos de punto de cambio.

$$\begin{aligned} 1 + \lambda_1 &= \lambda_3 + \lambda_4 \\ 1 + \lambda_3 &= \lambda_1 + \lambda_4 \\ 1 + \lambda_4 &= \lambda_1 + \lambda_3 \end{aligned} \tag{2.11}$$

El octante positivo de este espacio, limitado por los planos λ_1-λ_3, λ_1-λ_4, λ_3-λ_4 y los cuatro planos de movilidad cero (ecuación 2.10), contiene ocho volúmenes que están separados por los planos de punto de cambio (ecuación 2.11). Cada volumen contiene mecanismos únicos para una de las primeras ocho clasificaciones de la tabla 2-4. Estos ocho volúmenes están en contacto uno con el otro en el espacio de solución, pero para mostrar sus formas se "separaron en piezas" en la figura 2-20. Los seis mecanismos de punto de cambio restantes de la tabla 2-4 existen sólo en los planos de punto de cambio que son las caras de contacto entre los ocho volúmenes. Para más detalles sobre este espacio de solución y el sistema de clasificación de Barker de los que permite el espacio aquí, vea la referencia [10].

2.14 ESLABONAMIENTOS DE MÁS DE CUATRO BARRAS

Eslabonamientos de cinco barras engranados

Se ha visto que el eslabonamiento más simple con un *GDL* es el mecanismo de cuatro barras. Es un dispositivo extremadamente versátil y útil. Muchos problemas de control de movimiento bastante complejos se pueden resolver con sólo cuatro eslabones y cuatro pasadores. Así pues, por simplicidad, los diseñadores siempre, en primer lugar, deberán tratar de resolver sus problemas con un eslabonamiento de cuatro barras. Sin embargo, habrá casos en los que se requiere una solución más complicada. Si se agrega un eslabón y una junta para formar un eslabonamiento de cinco barras (figura 2-21*a*) se incrementará el *GDL* de uno a dos. Si se agrega un par de engranes para vincular los

TABLA 2-4 Clasificación completa de Barker de mecanismos planos de cuatro barras

Tomada de la ref. [10], s = eslabón más corto, l = eslabón más largo, Gxxx = Grashof, RRRx = no Grashof, Sxx = caso especial

Tipo	*s + l vs. p + q*	Inversión	Clase	Designación de Barker	Código	También conocido como
1	<	$L_1 = s$ = bancada	I-1	manivela-manivela-manivela de Grashof	GCCC	doble manivela
2	<	$L_2 = s$ = entrada	I-2	manivela-balancín-balancín de Grashof	GCRR	manivela-balancín
3	<	$L_3 = s$ = acoplador	I-3	balancín-manivela-balancín de Grashof	GRCR	doble balancín
4	<	$L_4 = s$ = salida	I-4	balancín-balancín-manivela de Grashof	GRRC	balancín-manivela
5	>	$L_1 = l$ = bancada	II-1	balancín-balancín-balancín clase 1	RRR1	triple balancín
6	>	$L_2 = l$ = entrada	II-2	balancín-balancín-balancín clase 2	RRR1	triple balancín
7	>	$L_3 = l$ = acoplador	II-3	balancín-balancín-balancín clase 3	RRR3	triple balancín
8	>	$L_4 = l$ = salida	II-4	balancín-balancín-balancín clase 4	RRR4	triple balancín
9	=	$L_1 = s$ = bancada	III-1	manivela-manivela-manivela con punto de cambio	SCCC	doble manivela SC*
10	=	$L_2 = s$ = entrada	III-2	manivela-balancín-balancín con punto de cambio	SCRR	manivela-balancín SC
11	=	$L_3 = s$ = acoplador	III-3	balancín-manivela-balancín con punto de cambio	SRCR	doble balancín SC
12	=	$L_4 = s$ = salida	III-4	balancín-balancín-manivela con punto de cambio	SRRC	balancín-manivela SC
13	=	dos pares iguales	III-5	punto de cambio doble	S2X	paralelogramo o deltoide
14	=	$L_1 = L_2 = L_3 = L_4$	III-6	punto de cambio triple	S3X	cuadrado

* SC = caso especial.

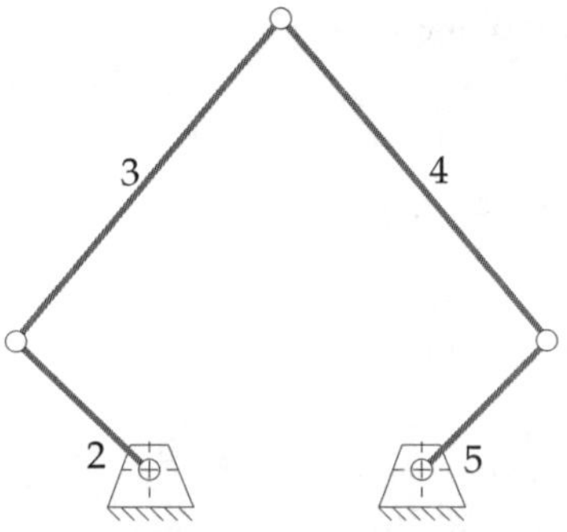

a) Eslabonamiento de cinco barras, 2 *GDL*

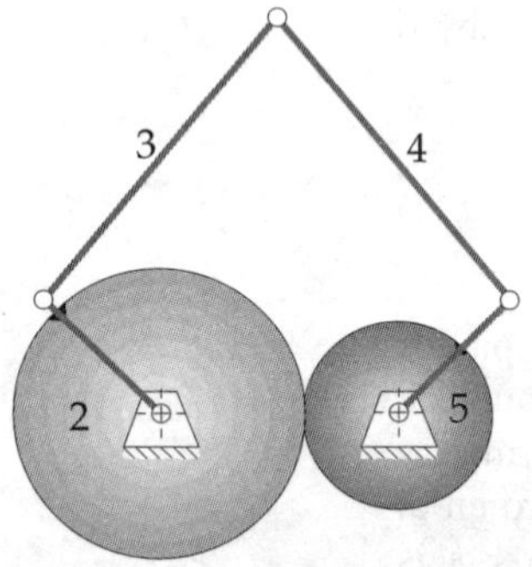

b) Eslabonamiento de cinco barras engranadas, 1 *GDL*

FIGURA 2-21 Dos formas del eslabonamiento de cinco barras

dos eslabones con una nueva semijunta, el *GDL* se reduce de nuevo a uno, y se crea el **mecanismo de cinco barras engranado (GFBM)** de la figura 2-21*b*.*

El mecanismo de cinco barras engranado produce movimientos más complejos que el mecanismo de cuatro barras a expensas del eslabón agregado y el juego de engranes, como se puede ver en el apéndice E. El lector también puede observar el comportamiento dinámico del eslabonamiento mostrado en la figura 2-21*b* si ejecuta el programa FIVEBAR adjunto con este texto y abre el archivo de datos F02-21b.5br. Véase el apéndice A para instrucciones sobre cómo ejecutar el programa. Acepte todos los valores predeterminados y anime el eslabonamiento.

Eslabonamientos de seis barras

Ya se han considerado los mecanismos de seis barras de Watt y Stephenson. Vea la figura 2-16 (p. 41). El mecanismo de **seis barras de Watt** se puede considerar como *dos eslabonamientos de cuatro barras en serie* y que comparten dos eslabones en común. El mecanismo de **seis barras de Stephenson** puede ser considerado como *dos eslabonamientos de cuatro barras conectadas en paralelo* y que comparten dos eslabones en común. Muchos eslabonamientos se pueden diseñar con la técnica de combinar múltiples cadenas de cuatro barras como *bloques de construcción básicos* en ensambles más complejos. Muchos problemas de diseño reales requerirán soluciones que consistan en más de cuatro barras. Algunos eslabonamientos de Watt y Stephenson se dan como ejemplos incorporados al programa SIXBAR adjunto con este texto. Puede ejecutarlo para observar estos eslabonamientos dinámicamente. Seleccione cualquier ejemplo del menú, acepte todas las respuestas predeterminadas y anime los eslabonamientos.

Criterios de rotatibilidad tipo Grashof para eslabonamientos de orden alto

Rotatibilidad Se define como *la capacidad de que por lo menos un eslabón de una cadena cinemática realice una revolución completa con respecto a los otros eslabones* y define la cadena como clase I, II o III.

Revolvabilidad Se refiere a *un eslabón específico en una cadena e indica que éste es uno de los eslabones que pueden girar.*

ROTATIBILIDAD DE ESLABONAMIENTOS DE CINCO BARRAS ENGRANADAS Ting[11] derivó una expresión para la rotatibilidad del eslabonamiento de cinco barras engranadas que es similar al criterio de Grashof del eslabonamiento de cuatro barras. Sean las longitudes de los eslabones designadas L_1 a L_5 para incrementar la longitud,

luego, si: $$L_1 + L_2 + L_5 < L_3 + L_4 \tag{2.12}$$

los dos eslabones más cortos pueden girar por completo con respecto a los otros y el eslabonamiento es designado como cadena cinemática de **Clase I**. Si esta desigualdad *no* es cierta, entonces es una cadena de **Clase II** y puede o no permitir que cualesquiera eslabones giren por completo según la relación de engranes y el ángulo de fase entre los engranes. Si la desigualdad de la ecuación 2.12 se reemplaza con un signo igual, el eslabonamiento será una cadena de **Clase III** en la cual los dos eslabones más cortos pueden girar por completo pero tendrán puntos de cambio como los eslabonamientos de caso especial de cuatro barras de Grashof.

La referencia [11] describe las condiciones bajo las cuales un eslabonamiento de cuatro barras engranadas de clase II será y no será rotatorio. En términos de diseño práctico, tiene sentido obedecer la ecuación 2.12 para garantizar una condición de Grashof. También tiene sentido evitar la condición de punto de cambio clase III. Hay que observar que si uno de los eslabones cortos (por ejemplo L_2) se hace cero, la ecuación 2.12 se reduce a la fórmula Grashof de la ecuación 2.8 (p. 41).

Además de la rotatibilidad del eslabonamiento, sería adecuado conocer las clases de movimientos que son posibles con cada una de las cinco inversiones de una cadena de cinco barras. Ting[11] las describe en detalle. Pero, si se desea aplicar un juego de engranes entre dos eslabones de la cadena de cinco barras (para reducir su *GDL* a 1), en realidad se necesita unir un eslabonamiento de doble manivela con los engranes fijos en las dos manivelas. Una cadena de cinco barras de clase I será un mecanismo de **doble manivela** si *los dos eslabones más cortos se encuentran entre el conjunto de tres eslabones que comprende el eslabón fijo del mecanismo y las dos manivelas pivotadas a la bancada.*[11]

* Esta figura incluye el archivo AVI y archivo de Working Model en el DVD. Su nombre de archivo es igual al número de la figura.

Rotatibilidad de eslabonamiento de N barras Ting y colaboradores[12], [13] ampliaron los criterios de rotatibilidad a todos los eslabonamientos de lazo simple de N barras conectadas con juntas revolutas y desarrollaron teoremas generales para la **rotatibilidad de eslabonamientos** y la **revolvabilidad** de eslabones individuales basados en las longitudes de los eslabones. Sean los eslabones de un eslabonamiento de N barras denotados por L_i ($i = 1, 2,\ldots N$), con $L_1 \le L_2 \le \cdots \le L_N$. Los eslabones no necesitan estar conectados en cualquier orden particular, ya que los criterios de rotatibilidad son independientes de ese factor.

Un eslabonamiento con pares de revolución y de lazo simple N eslabones tendrá un *GDL* de $(N-3)$. La condición necesaria y suficiente para el **ensamblaje** de un eslabonamiento de N barras es:

$$L_N \le \sum_{k=1}^{N-1} L_k \tag{2.13}$$

Un eslabón K será un eslabón *corto* si $\{K\}_{k=1}^{N-3}$ (2.14*a*)

y *largo* si $\{K\}_{k=N-2}^{N}$ (2.14*b*)

Habrá tres eslabones largos y $(N - 3)$ cortos en cada eslabonamiento de este tipo.

Una cadena cinemática de N barras de lazo simple que contiene sólo juntas revolutas de primer orden será un eslabonamiento de clase I, clase II o clase III, dependiendo de si la suma de las longitudes de su eslabón más largo y sus eslabones más cortos $(N - 3)$ es, respectivamente, menor que, mayor que, o igual a la suma de las longitudes de los dos eslabones largos restantes.

Clase I: $L_N + (L_1 + L_2 + \cdots + L_{N-3}) < L_{N-2} + L_{N-1}$

Clase II: $L_N + (L_1 + L_2 + \cdots + L_{N-3}) > L_{N-2} + L_{N-1}$ (2.15)

Clase III: $L_N + (L_1 + L_2 + \cdots + L_{N-3}) = L_{N-2} + L_{N-1}$

y, para un eslabonamiento de clase I, debe haber uno y sólo un eslabón largo entre dos ángulos no de entrada. Estas condiciones son necesarias y suficientes para definir la rotatibilidad.

La **revolvabilidad** de cualquier eslabón L_i se define como su capacidad de girar por completo con respecto a los demás eslabones de la cadena, y se puede determinar con:

$$L_i + L_N \le \sum_{k=1,\, k\ne i}^{N-1} L_k \tag{2.16}$$

Además, si L_i es un eslabón giratorio, cualquier eslabón que no sea más largo que L_i también será giratorio.

En las referencias [12] y [13] se pueden encontrar más teoremas y corolarios con respecto a límites en los movimientos de eslabones. El espacio no permite su completa exposición aquí. Obsérvese que las reglas con respecto al comportamiento de eslabonamientos de cinco y cuatro barras engranados (ley de Grashof) antes enunciadas son consistentes con, y están contenidas dentro de estos teoremas generales de rotatibilidad.

2.15 LOS RESORTES COMO ESLABONES

Hasta aquí se han abordado sólo los eslabones rígidos. En muchos mecanismos y máquinas es necesario equilibrar las cargas estáticas aplicadas al dispositivo. Un ejemplo común es el mecanismo de bisagra del cofre del automóvil. A menos que se trate del modelo (barato) con la varilla que se inserta en un orificio para sostener el cofre, probablemente se trate de un eslabonamiento de cuatro o seis barras que conecta el cofre a la carrocería en cada lado. El cofre puede ser el acoplador de un eslabonamiento de no Grashof cuyos dos balancines están pivotados en la carrocería. Un resorte instalado entre dos de los eslabones proporciona una fuerza para detener el cofre en la posición abierta. El resorte en este caso es un eslabón adicional de longitud variable. En tanto pueda proporcionar la cantidad correcta de fuerza, actúa para reducir el *GDL* del mecanismo a cero, y mantiene el sistema en equilibrio estático. Sin embargo, puede forzarse de nuevo a ser un sistema con un *GDL* al vencer la fuerza del resorte cuando jala el cofre para cerrarlo.

Otro ejemplo es la omnipresente lámpara de escritorio de brazo ajustable, mostrada en la figura 2-22.* Este dispositivo tiene dos resortes para contrabalancear el peso de los eslabones y el cabezal

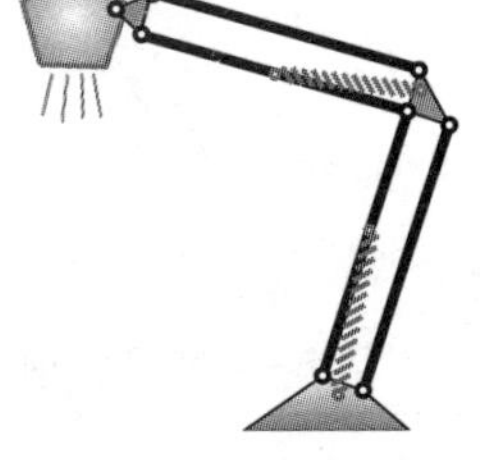

FIGURA 2-22 Mecanismo de eslabonamiento balanceado con resorte

* La figura incluye el archivo AVI y archivo de Working Model en el DVD. Su nombre de archivo es el mismo que el número de la figura.

de la lámpara. Si está bien diseñada y fabricada, permanecerá estable en un rango bastante amplio de posiciones a pesar de la variación del momento de volteo causado por el momento cambiante del brazo del cabezal de la lámpara. Esto se logra con un diseño cuidadoso de la geometría de las relaciones resorte-eslabón, de tal suerte que, a medida que cambia la fuerza del resorte con la longitud creciente, su brazo de momento también cambia de una manera que equilibra continuamente el momento cambiante del cabezal de la lámpara.

Un resorte lineal se puede caracterizar por su constante, $k = F/x$, donde F es fuerza y x desplazamiento del resorte. Al duplicar su deflexión, se duplicará la fuerza. La mayoría de los resortes helicoidales del tipo utilizado en estos ejemplos son lineales.

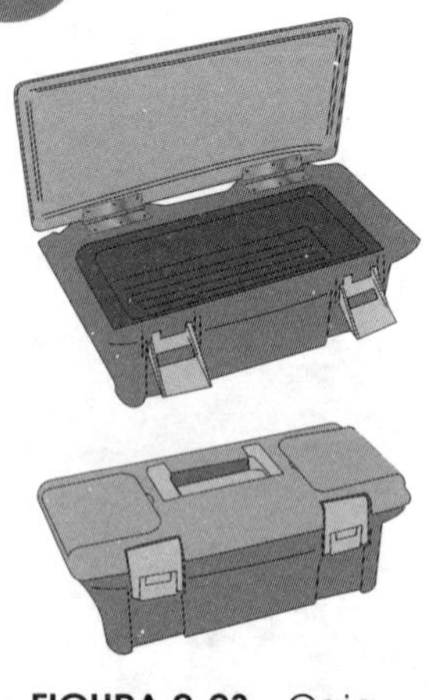

FIGURA 2-23 Caja de herramienta con "bisagra viva" *Cortesía de Penn Plastics Inc., Bridgeport, CT*

2.16 MECANISMOS FLEXIBLES

Hasta ahora todos los mecanismos descritos en este capítulo se componen de elementos discretos en la forma de eslabones rígidos o resortes conectados por juntas de varios tipos. Los mecanismos flexibles producen movimientos similares con pocas partes y pocas (incluso cero) juntas físicas. Flexibilidad es lo opuesto de rigidez. Un miembro o "eslabón" que es flexible es capaz de sufrir deflexiones significativas en respuesta a una carga. Un antiguo ejemplo de mecanismo flexible es el arco y la flecha, en el que la deflexión del arco en respuesta al jalón hacia atrás de la cuerda almacena energía de deformación elástica en el arco flexible, y esa energía lanza la flecha.

El arco y la cuerda comprenden dos partes, pero en su forma más pura el mecanismo flexible consiste en un eslabón único cuya forma es diseñada con cuidado para proporcionar áreas de flexibilidad que sirven como pseudojuntas. Probablemente el ejemplo más comúnmente disponible de un mecanismo flexible simple es la omnipresente caja de tachuelas de plástico o la caja de herramientas hecha con "bisagra viva", como se muestra en la figura 2-23. Ésta es una díada o un mecanismo de dos eslabones (caja y tapa) con una delgada sección de material que conecta las dos partes. Ciertos termoplásticos, como el prolipropileno, permiten que la sección delgada se flexione repetidamente sin falla. Cuando la parte se saca del molde, y aún está caliente, la bisagra debe flexionarse una vez para alinear las moléculas del material. Una vez que se enfría, puede soportar millones de ciclos de apertura-cierre sin falla. La figura 2-24 muestra un prototipo de un interruptor de volquete de eslabonamiento de cuatro barras hecho de una pieza de plástico como mecanismo flexible. Se mueve entre las posiciones activado y desactivado por flexión de las delgadas secciones de bisagra que sirven como pseudojuntas entre los "eslabones". El caso de estudio que se analizó en el capítulo 1 describe el diseño de un mecanismo flexible que también se muestra en la figura 6-13 (p. 206).

La figura 2-25*a* muestra un fórceps diseñado como mecanismo flexible de una pieza. En lugar de las dos piezas convencionales conectadas por una junta de pasador, este fórceps tiene secciones transversales pequeñas diseñadas para que funcionen como pseudojuntas. Es moldeado por inyección de termoplástico de polietileno con "bisagras vivas". Obsérvese que hay un eslabonamiento de cuatro barras 1, 2, 3, 4 en el centro cuyas "juntas" son las secciones flexibles de pequeña dimensión en A,

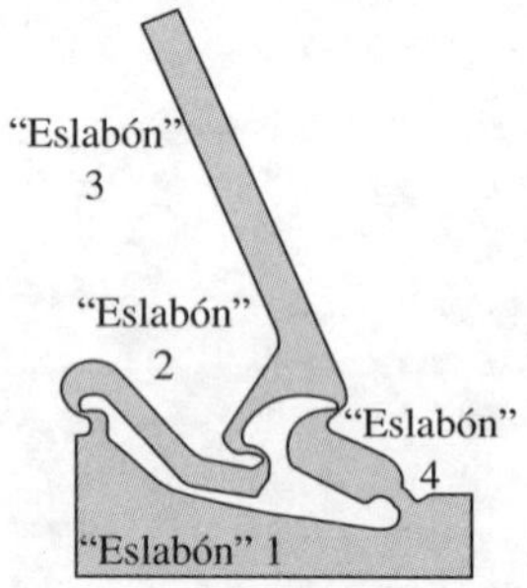

a) Interruptor activado

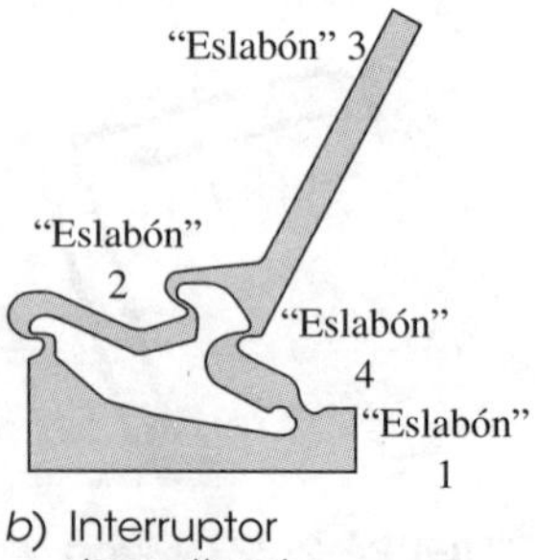

b) Interruptor desactivado

FIGURA 2-24 Interruptor flexible de una pieza *Cortesía del profesor Larry L. Howell, Brigham Young University*

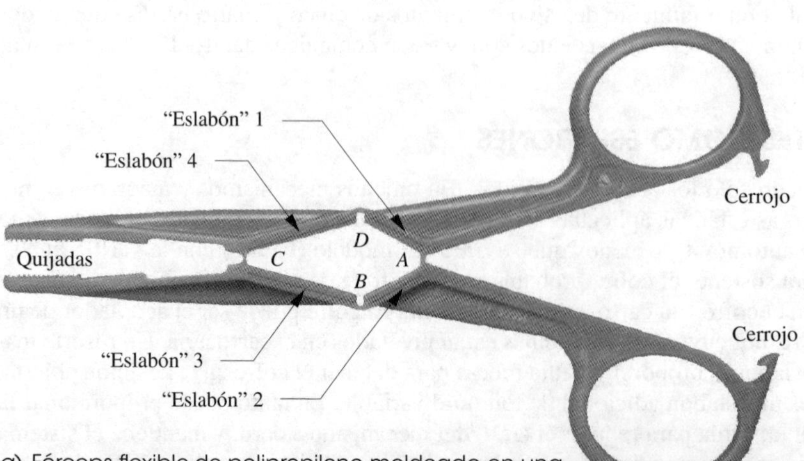

a) Fórceps flexible de polipropileno moldeado en una pieza *(Nalge Nunc International, Suecia)*

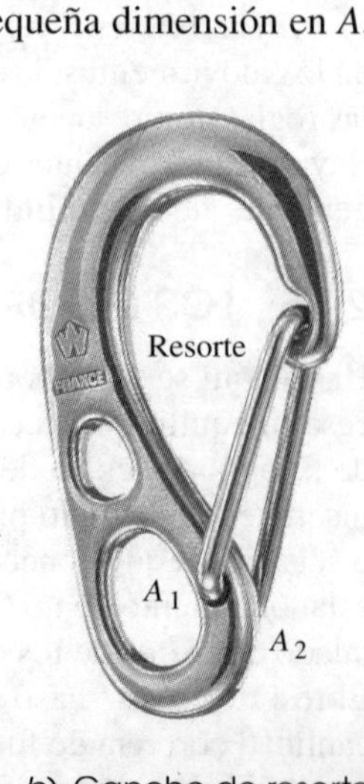

b) Gancho de resorte flexible™ *(Wichard USA, Portsmouth RI)*

FIGURA 2-25 Los mecanismos flexibles

B, *C* y *D*. La flexibilidad del material en estas pequeñas secciones proporciona un efecto de resorte integrado para mantenerlo abierto en la condición de reposo. Las demás partes del dispositivo tales como las manijas y quijadas están diseñadas con geometría más rígida para reducir al mínimo sus deflexiones. Cuando el usuario cierra las quijadas, los ganchos en las manijas se cierran, y sujetan el elemento. La figura 2-25*b* muestra un gancho de resorte de dos piezas que utiliza la flexibilidad del cierre de resorte que resulta de la oreja del resorte pivotada en diferentes lugares A_1 y A_2.

Estos ejemplos muestran algunas ventajas de los mecanismos flexibles sobre los convencionales. No se requiere ninguna operación de ensamble, ya que sólo hay una pieza. El efecto de resorte necesario se produce por el control de la geometría en áreas locales. La parte terminada está lista para usarse como sale del molde. Todas estas características reducen el costo.

Los mecanismos flexibles se han usado por mucho tiempo (p. ej., el arco y la flecha, el cortauñas, las grapas para papel), pero encontraron nuevas aplicaciones a finales del siglo XX debido en parte a la disponibilidad de materiales nuevos y procesos de manufactura modernos. Algunas de sus ventajas sobre los mecanismos convencionales son la reducción del número de partes, la eliminación de holguras en las juntas, la inherente carga de resorte y las potenciales reducciones del costo, el peso, el desgaste y el mantenimiento en comparación con los mecanismos convencionales. Son, sin embargo, más difíciles de diseñar y analizar a causa de sus relativamente grandes deflexiones que excluyen el uso de la teoría convencional de pequeñas deflexiones. Este texto considerará sólo el diseño y análisis de eslabones y mecanismos no flexibles (es decir, supuestos rígidos) con juntas físicas. Para información sobre el diseño y análisis de mecanismos flexibles consúltese la referencia [16].

2.17 SISTEMAS MICROELECTROMECÁNICOS (MEMS, POR SUS SIGLAS EN INGLÉS)*

Avances recientes en la manufactura de microcircuitos tales como "chips" de computadora han conducido a una nueva forma de mecanismo conocido como sistema microelectromecánico o MEMS. Estos dispositivos contienen elementos medidos en micrómetros y micromáquinas que varían en tamaño desde unos cuantos micrómetros hasta unos cuantos milímetros. Están hechos de las mismas obleas de silicio que se utilizan para circuitos integrados o microchips. La forma o configuración del dispositivo deseado (mecanismo, engrane, etc.) se genera por computadora a gran escala y luego fotográficamente se reduce y proyecta sobre la oblea. Un proceso de ataque químico elimina entonces el material de silicio donde la imagen alteró o no el recubrimiento fotosensible en el silicio (el proceso se puede preparar para que realice una u otra cosa). Lo que permanece es una diminuta reproducción de la configuración geométrica original en el silicio. La figura 2-26*a* muestra microengranes de silicio fabricados mediante este método. Son de sólo unos cuantos micrómetros de diámetro.

Los mecanismos flexibles se adaptan muy bien a esta técnica de manufactura. La figura 2-26*b* muestra un micromotor que utiliza los engranes de la figura 2-26*a* y su tamaño es de unos cuantos milímetros. El mecanismo motriz es una serie de eslabonamientos flexibles que oscilan por la acción de un campo electrostático para impulsar la manivela mostrada en la vista ampliada de la figura 2-26*b*. Dos de estos actuadores electrostáticos operan en la misma manivela a 90° fuera de fase para arrastrar las posiciones de punto muerto. Este motor es capaz de manejar velocidades continuas de 360 000 rpm y ráfagas cortas hasta de millones de rpm antes de que se sobrecaliente por la fricción causada por esas altas velocidades.

La figura 2-27 muestra "un mecanismo flexible biestable (conocido como mecanismo de Young) en sus dos posiciones estables. Actuadores térmicos amplifican la expansión térmica para hacer que el dispositivo oscile entre sus dos posiciones. Se puede utilizar como microinterruptor o microelevador. Por ser muy pequeño, puede ser actuado en unos cuantos microsegundos".†

Apenas empiezan las aplicaciones de estos microdispositivos. En la actualidad se utilizan microsensores hechos con esta tecnología en ensambles de bolsas de aire automotrices para detectar la desaceleración repentina y disparar el inflador de la bolsa de aire. Se han fabricado monitores MEMS de presión sanguínea que pueden ser colocados en los vasos sanguíneos. Los sensores MEMS de presión son instalados en las llantas de automóvil para supervisar continuamente su presión. Muchas otras aplicaciones que utilizarán esta tecnología en el futuro están siendo y serán desarrolladas.

* Profesor Larry L. Howell (2002), comunicación personal.

† Se puede encontrar más información sobre MEMS en http://www.sandia.gov/ y en http://www.memsnet.org/mems/

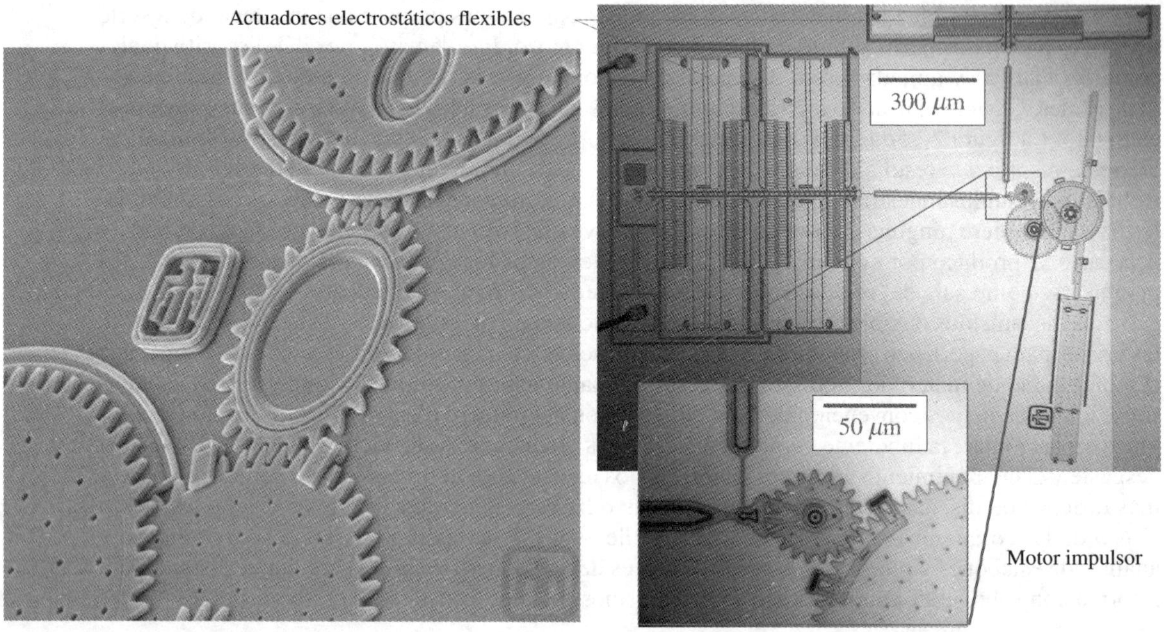

a) Microengranes *b*) Micromotor y tren de engranes

FIGURA 2-26 MEMS de silicio químicamente atacado: *a*) microengranes *Cortesía de Sandia National Laboratories;* *b*) micromotor de Sandia Labs *SEM fotografías cortesía del profesor Cosme Furlong, Worcester Polythecnic Institute*

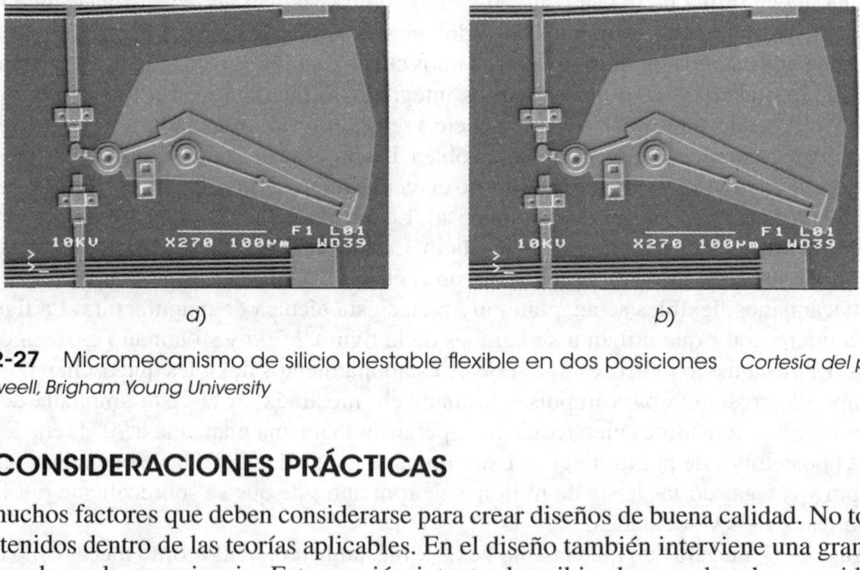

a) *b*)

FIGURA 2-27 Micromecanismo de silicio biestable flexible en dos posiciones *Cortesía del profesor Larry L. Howeell, Brigham Young University*

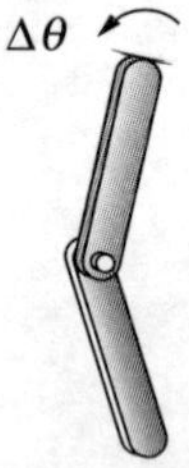

a) Junta de pasador

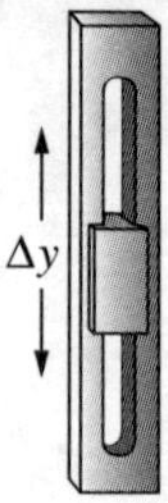

b) Junta deslizante

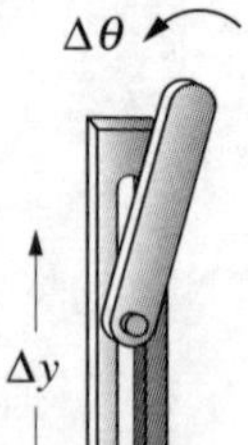

c) Semijunta

FIGURA 2-28 Juntas de tipos variables

2.18 CONSIDERACIONES PRÁCTICAS

Existen muchos factores que deben considerarse para crear diseños de buena calidad. No todos ellos están contenidos dentro de las teorías aplicables. En el diseño también interviene una gran cantidad de arte basado en la experiencia. Esta sección intenta describir algunas de tales consideraciones prácticas en el diseño de máquinas.

Juntas de pasador contra correderas y semijuntas

La selección del material apropiado y una buena lubricación son la clave para una larga vida en cualquier situación, tal como una junta, donde dos materiales se frotan entre sí. La superficie de contacto rozante se llama **cojinete de apoyo**. Si se supone que se eligen los materiales apropiados, la elección del tipo de junta puede tener un efecto significativo en la capacidad de proporcionar una buena y limpia lubricación durante el tiempo de vida de la máquina.

Juntas revolutas (pasador) La junta de pasador o revoluta simple (figura 2-28*a*) es la opción ideal aquí por varias razones. Es relativamente fácil y barato diseñar y construir una junta de pasador de buena calidad. En su forma pura, el llamado cojinete **de manguito** o **muñón**, la geometría del pasador en el orificio atrapa una película de lubricante dentro de su superficie de contacto anular por acción capilar y promueve una condición llamada *lubricación hidrodinámica*, en la cual las partes están separadas por una delgada película de lubricante, como se muestra en la figura 2-29. En los extremos del orificio es fácil instalar sellos, envueltos alrededor del pasador, para evitar la pérdida de lubricante. Se puede introducir lubricante de reemplazo a través de orificios radiales al interior de la superficie de contacto del cojinete, o de manera continua o periódica, sin desensamble.

Comercialmente se dispone de una forma conveniente de cojinete para eslabonamientos pivotados como **barra de extremo esférico**, semejante a las mostradas en la figura 2-30. Éste es un cojinete tipo manguito esférico que se *autoalinea* a una flecha que puede estar no paralela. Su cuerpo se enrosca en el eslabón, lo que permite que los eslabones se fabriquen con varillas redondas con extremos roscados que permiten ajustar la longitud del eslabón.

Cojinetes de bolas y **rodillos** relativamente baratos están disponibles en una gran variedad de tamaños para juntas revolutas, como se muestra en la figura 2-31. Algunos de estos cojinetes (principalmente el tipo de bolas) se pueden obtener prelubricados y con extremos sellados. Sus elementos rodantes proporcionan operación a baja fricción y un buen control dimensional. Obsérvese que los *cojinetes de elementos rodantes* en realidad contienen superficies de contacto de junta superior (semijuntas) en cada bola o rodillo, lo cual es potencialmente un problema, como se señala a continuación. Sin embargo, la capacidad de atrapar lubricante dentro de la caja de los rodillos (por los sellos extremos) combinada con velocidad de rodamiento relativamente alta de las bolas o rodillos promueve la lubricación hidrodinámica y una larga vida. Para más información detallada sobre cojinetes y lubricación, vea la referencia [15].

Para juntas revolutas pivotadas a la bancada, varios tipos de cojinetes comercialmente disponibles facilitan el empacamiento. Los **cojinetes de chumacera** y los de **montaje con brida** (figura 2-32) (p. 52) están disponibles con cojinetes de elementos rodantes (bolas, rodillos) o cojinetes de manguito tipo muñón. El cojinete de chumacera permite un montaje conveniente en una superficie al eje del pasador, y los cojinetes montados en bridas se fijan en superficies perpendiculares al eje del pasador.

JUNTAS PRISMÁTICAS (CORREDERAS) Requieren un cuidadoso maquinado y una ranura o barra recta (figura 2-28*b*). Los cojinetes a menudo se fabrican al gusto del cliente, aunque los de bolas lineales (figura 2-33) están comercialmente disponibles, se deben usar sobre ejes endurecidos y rectificados. La lubricación es difícil de mantener en cualquier junta de corredera. El lubricante no es geométricamente capturado, y se debe reponer al introducir la junta en un baño de aceite o mediante reengrase manual periódico. Una ranura abierta o eje tiende a acumular partículas de suciedad transportadas por el aire que pueden actuar como compuesto abrasivo cuando se quedan atrapadas en el lubricante. Esto acelerará el desgaste.

JUNTAS SUPERIORES (SEMIJUNTAS) Tales como un pasador redondo en una ranura (figura 2-28*c*, p. 50) o una junta de leva y seguidor (figura 2-12*c*, p. 38) sufren aún más por los problemas de lubricación de la corredera, porque por lo general tienen dos superficies curvas opuestas en contacto lineal, que tienden a expulsar el lubricante de la junta. Este tipo de junta necesita funcionar en un baño de aceite para una larga duración. Esto requiere que el ensamble sea alojado en una costosa caja hermética al aceite, con sellos en todos los ejes salientes.

Estos tipos de juntas se utilizan mucho en maquinaria con enorme éxito. En tanto se preste la debida *atención a los detalles de ingeniería*, el diseño puede ser exitoso. Algunos ejemplos comunes de los tres tipos de juntas se pueden encontrar en un automóvil. El mecanismo de limpiaparabrisas es

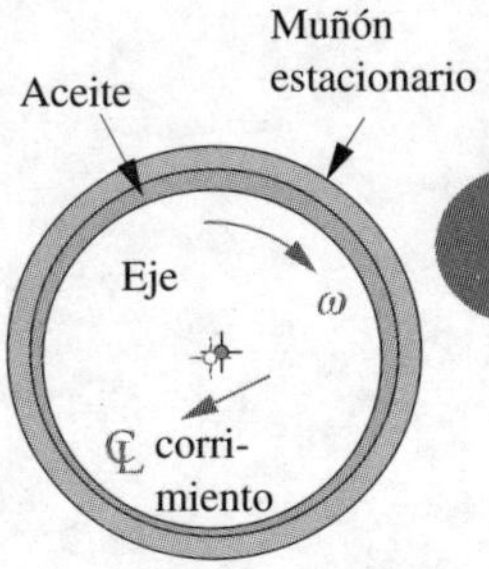

Eje girando con rapidez
- lubricación hidrodinámica
- contacto no metálico
- fluido bombeado por el eje
- flecha descentrada con respecto a la línea de centros del cojinete

FIGURA 2-29 Lubricación hidrodinámica en un cojinete de manguito-holguras y movimientos exagerados

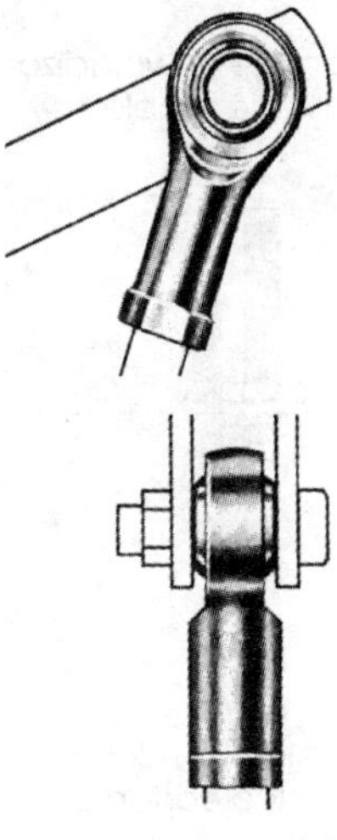

FIGURA 2-30 Extremo de barra esférico *Cortesía de Emerson Power Transmission, Ithaca, NY*

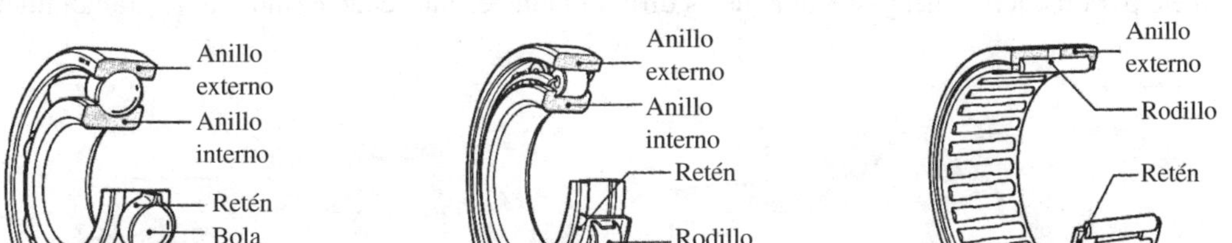

a) Cojinete de bolas *b*) Cojinete de rodillos *c*) Cojinete de agujas

FIGURA 2-31 Cojinetes de bolas, rodillos y agujas para juntas revolutas
Cortesía de NTM Corporation, Japón

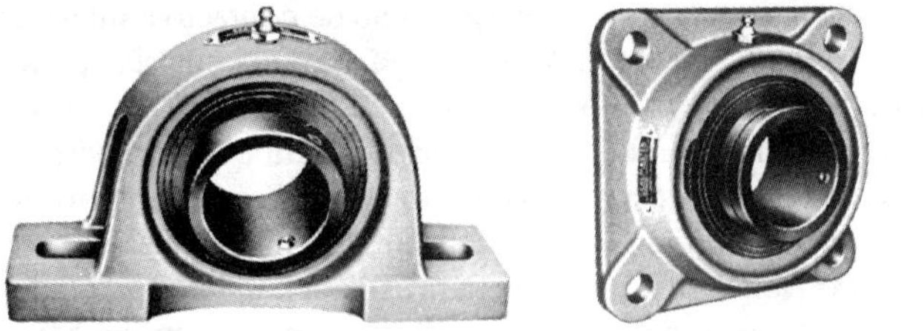

a) Cojinete con caja de chumacera

b) Cojinete con brida de montaje

FIGURA 2-32 Cojinetes con caja de chumacera y brida de montaje *Cortesía de Emerson Power Transmisión, Ithaca, NY*

FIGURA 2-33 Buje de bolas lineal *Cortesía de Thomson Industries, Port Washington, NY*

un eslabonamiento de pasador puro. Los pistones en los cilindros de motor son correderas reales y están bañados en el aceite del motor. Las válvulas en el motor se abren y cierran mediante juntas de leva y seguidor (semijuntas) que están sumergidas en el aceite del motor. Probablemente cambia el aceite de su motor con frecuencia. ¿Cuándo fue la última vez que lubricó el eslabonamiento de su limpiaparabrisas? ¿Alguna vez ha fallado este eslabonamiento (no el motor)?

¿En voladizo o en doble voladizo?

Cualquier junta se debe soportar contra las cargas en la junta. Son posibles dos métodos básicos, como se muestra en la figura 2-34. Una junta en voladizo tiene sólo el pasador (muñón) soportado, como una viga en voladizo. Esto en ocasiones es necesario como en una manivela que debe pasar sobre el acoplador y no puede tener nada en el otro lado de éste. Sin embargo, una viga en voladizo es inherentemente más débil (con la misma sección transversal y carga) que una viga en doble voladizo (simplemente apoyada). La viga en doble voladizo puede evitar la aplicación de un momento de flexión a los eslabones al mantener las fuerzas en el mismo plano. El pasador sentirá un momento de flexión en ambos casos, pero el pasador de la viga en voladizo está en cortante doble: dos secciones transversales comparten la carga. Un pasador en voladizo está en cortante simple. Es buena práctica utilizar juntas en doble voladizo (ya sean de revolución, prismáticas o superiores) siempre que sea posible. Si se debe utilizar un pasador en voladizo, entonces un tornillo de resalto comercial con vástago endurecido y rectificado, como se muestra en la figura 2-35, en algunas ocasiones puede servir como pasador pivote.

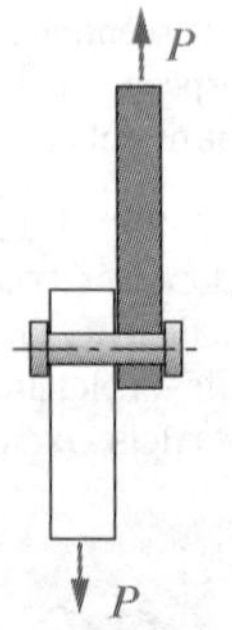

a) Montaje en voladizo-cortante simple

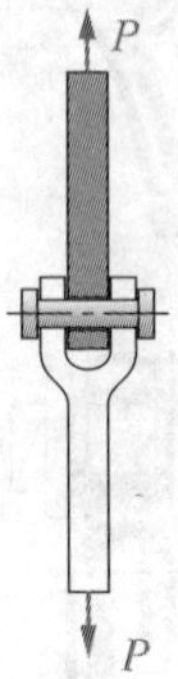

b) Montaje en doble voladizo-cortante doble

FIGURA 2-34 Juntas de pasador montadas en voladizo y en doble voladizo

Eslabones cortos

En ocasiones sucede que la longitud requerida de una manivela es tan corta que no es posible utilizar pasadores o cojinetes de tamaño apropiado en cada uno de sus pivotes. La solución es diseñar el eslabón como una **manivela excéntrica**, como se muestra en la figura 2-36. Un pasador pivote se agranda al punto en que, en realidad, contiene el eslabón. El diámetro externo de la manivela circular se convierte en el muñón del pivote móvil. El pivote fijo se coloca a una distancia e del centro de este círculo igual a la longitud requerida de la manivela. La distancia e es la excentricidad de la manivela (la longitud de la manivela). Este arreglo tiene la ventaja de una gran área de superficie dentro del cojinete para reducir el desgaste, aunque es difícil mantener lubricado el muñón de gran diámetro.

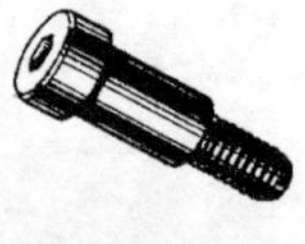

FIGURA 2-35 Tornillo de resalto *Cortesía de Cordova Bolt Inc., Buena Park, CA*

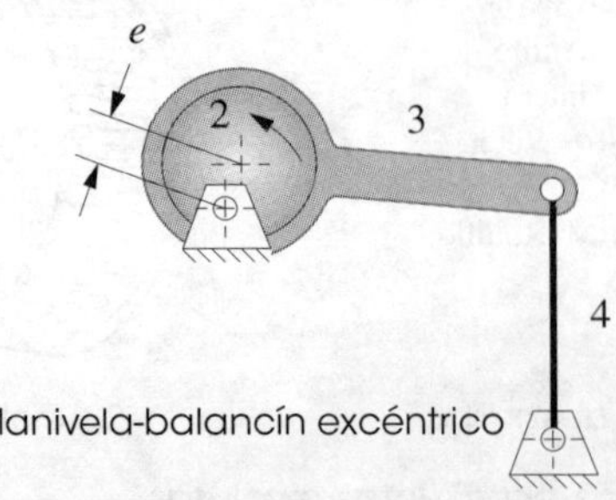

a) Manivela-balancín excéntrico

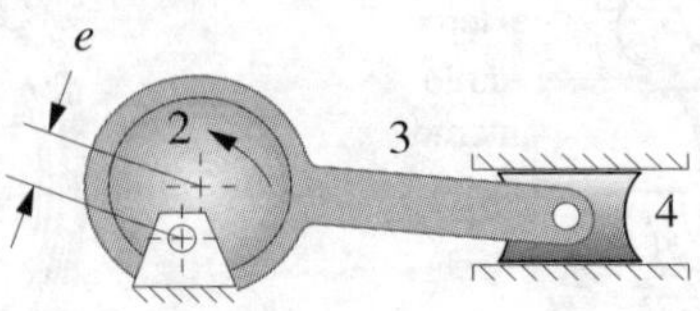

b) Manivela-corredera excéntrica

FIGURA 2-36 Manivelas excéntricas

Relación de apoyo

La necesidad de movimiento en línea recta en maquinaria requiere un uso extenso de juntas de corredera en traslación. Existe una relación geométrica básica llamada *relación de apoyo*, que si se ignora o viola, invariablemente conducirá a problemas.

La **relación de apoyo** (*BR*, por sus siglas en inglés) se define como *la longitud efectiva de la corredera sobre el diámetro efectivo del cojinete*: $BR = L/D$. Para una operación suave **esta relación deberá ser mayor que 1.5 y nunca menor que 1**. Mientras más grande sea, mejor. La **longitud efectiva** se define como *la distancia sobre la cual la corredera móvil está en contacto con la guía estacionaria*. No debe ser un contacto continuo sobre esa distancia. Esto es, dos collares cortos, espaciados a gran distancia, son efectivamente tan largos como su separación total, más sus propias longitudes, y son cinemáticamente equivalentes a un tubo largo. El **diámetro efectivo** es *la distancia más larga a través de las guías estacionarias* en cualquier plano perpendicular al movimiento deslizante.

Si la junta de corredera es sólo una barra en un buje, como se muestra en la figura 2-37*a*, el diámetro y longitud efectivos son idénticos al diámetro de la barra y la longitud del buje. Si la corredera es una plataforma que se desliza sobre dos barras y bujes múltiples, como se muestra en la figura 2-37*b*, entonces el diámetro y longitud efectivos son el ancho y longitud totales, respectivamente, del ensamble de plataforma. Este caso con frecuencia conduce a deficientes relaciones de apoyo.

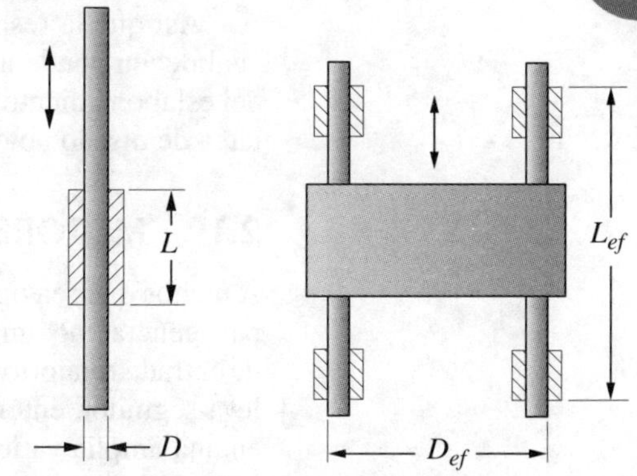

a) Barra simple en casquillo

b) Plataforma sobre dos barras

FIGURA 2-37 Relación de apoyo

Un ejemplo común de un dispositivo con una deficiente relación de apoyo es el cajón de un mueble barato. Si las únicas guías para el movimiento deslizante del cajón son sus costados que se mueven en contacto con el armazón, tendrá una relación de apoyo menor que 1, puesto que es más ancho que profundo. Probablemente haya experimentado el trabamiento que ocurre con un cajón como ése. Un mueble con cajones de mejor calidad tendrá una guía central con una gran relación *L*/*D* bajo el fondo del cajón y se deslizará con suavidad.

Correderas comerciales

Muchas compañías suministran correderas lineales estándar que se pueden utilizar como eslabonamientos de manivela-corredera, y sistemas de leva y seguidor con seguidores de traslación. Éstos están disponibles con cojinetes de bolas lineales que se deslizan sobre guías de acero endurecido a muy baja fricción. Algunos están precargados para eliminar el error por holgura o juego. Otros se encuentran disponibles con cojinetes ordinarios. La figura 2-38 muestra un ejemplo de una corredera lineal con cojinetes de bolas con dos carros montados sobre un riel simple. Se proporcionan orificios de montaje para fijar el riel en el plano de la bancada y en los carros para fijar los elementos que van a ser guiados.

FIGURA 2-38 Corredera lineal con cojinetes de bolas
Cortesía de THK America Inc., Schaumberg, IL

Eslabonamientos contra levas

Los eslabonamientos con pasadores tienen todas las ventajas de las juntas de revolución antes mencionadas. El mecanismo de leva y seguidor (figura 2-12*c*, p. 38) tiene todos los problemas asociados con la semijunta mencionada con anterioridad. Pero ambos mecanismos son muy utilizados en el diseño de máquinas, con frecuencia en la misma máquina y en combinación (levas que impulsan eslabonamientos). Así que, ¿por qué elegir uno sobre el otro?

El eslabonamiento de pasador "puro" con buenos cojinetes en las juntas es un diseño potencialmente superior, con todo lo demás igual, y deberá ser la primera posibilidad a explorar en cualquier problema de diseño de máquinas. Sin embargo, habrá muchos problemas donde se requiera un movimiento deslizante recto o las detenciones exactas de una leva y seguidor. En tal caso se deben analizar las limitaciones prácticas de las juntas de leva y correderas.

Los eslabonamientos tienen la desventaja de su tamaño relativamente grande en comparación con el desplazamiento de salida de la parte de trabajo; de este modo pueden ser un tanto difíciles de empacar. Las levas tienden a ser de tamaño compacto comparadas con el desplazamiento del seguidor. Los eslabonamientos son más o menos difíciles de sintetizar, y las levas son relativamente fáciles de diseñar (siempre y cuando se disponga de un programa de computadora como DYNACAM). Pero los eslabonamientos son mucho más fáciles y baratos de fabricar con una alta precisión que las levas. Las detenciones son fáciles de obtener con levas y difíciles con eslabonamientos. Estos últimos pueden sobrevivir en ambientes muy hostiles, con lubricación deficiente, mientras que las levas no, a menos que estén selladas para evitar la entrada de contaminantes ambientales. Los eslabonamientos tienen un mejor comportamiento dinámico a altas velocidades que las levas, son menos sensibles a errores de fabricación y pueden manejar cargas muy altas, pero las levas pueden adaptarse mejor a movimientos específicos.

Así que la respuesta está lejos de ser clara. Es otra *situación de intercambio de diseño* en la cual deben ponderarse todos los factores para hacer la mejor elección. Por las ventajas potenciales del eslabonamiento puro es importante considerar un diseño de eslabonamientos antes de elegir una tarea de diseño potencialmente más fácil, pero más cara.

2.19 MOTORES Y PROPULSORES

A menos que sea operado manualmente, un mecanismo requerirá algún tipo de dispositivo impulsor para generar movimiento y energía. Existen muchas posibilidades. Si el diseño requiere un movimiento de entrada rotatorio continuo, tal como un eslabonamiento de Grashof, una corredera-manivela o una leva-seguidor, entonces un motor o máquina* es la elección lógica. Los motores están disponibles en una amplia variedad de tipos. La fuente de energía más común para un motor es la electricidad, pero el aire comprimido y el fluido hidráulico presurizado también se utilizan para accionar motores neumáticos e hidráulicos. Los motores a diésel o gasolina son otra posibilidad. Si el movimiento de entrada es de traslación, como es común en equipo para movimiento en tierra, entonces en general se requiere un cilindro hidráulico o neumático.

Motores eléctricos

Los motores eléctricos se clasifican tanto por su función como por su configuración eléctrica. Algunas clasificaciones funcionales (descritas a continuación) son los **motores de engranes**, los **servomotores** y los **motores de pasos**. También hay disponibles muchas configuraciones eléctricas diferentes, como se muestra en la figura 2-39, independientes de sus clasificaciones funcionales. La división de configuración eléctrica principal se encuentra en motores de **CA** y **CD**, aunque un tipo, el **motor universal** está diseñado para funcionar tanto con CA como con CD.

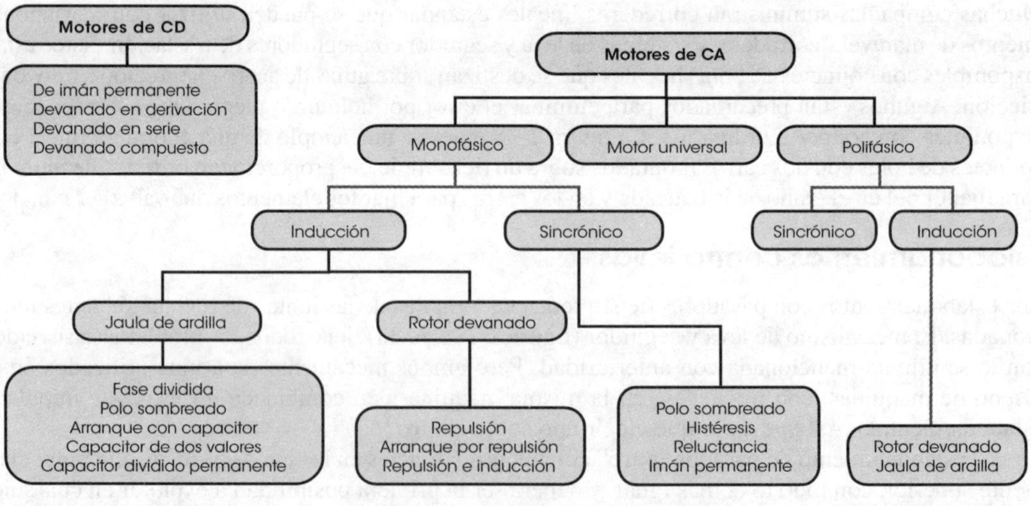

FIGURA 2-39 Tipos de motores eléctricos *Fuente: Referencia [14]*

* Los términos *motor* y *máquina* a menudo se usan de manera indistinta, pero no significan lo mismo. Su diferencia es en gran medida semántica, pero los "puristas" reservan el término *motor* para motores eléctricos hidráulicos y neumáticos y el término *máquina* para dispositivos termodinámicos tales como máquinas de combustión externa (vapor, stirling) y combustión interna (gasolina, diésel). Así, un automóvil convencional es accionado por una máquina de gasolina o diésel, pero sus limpiaparabrisas y elevadores de ventana son accionados por motores eléctricos. Los automóviles híbridos más modernos tienen uno o más motores eléctricos para guiar las llantas y una máquina para cargar la batería y proporcionar potencia auxiliar directamente a las llantas. Las locomotoras a diésel-eléctricas también son híbridas, pues utilizan motores eléctricos en las llantas para dirigirlas y máquinas a diésel que accionan generadores para proporcionar la electricidad. Los barcos comerciales modernos usan un arreglo similar con máquinas a diésel que impulsan generadores y motores eléctricos que hacen girar los propulsores.

CA y **CD** se refieren a *corriente alterna* y *corriente directa*, respectivamente. La corriente alterna en general es suministrada por compañías eléctricas, y en Estados Unidos será sinusoidalmente alterna a 60 hertz (Hz) a aproximadamente ±120, ±240 o ±480 volts (V) pico. Muchos otros países suministran corriente alterna a 50 Hz. Una sola fase de CA proporciona un sinusoide simple que varía con el tiempo, y la corriente alterna trifásica proporciona tres sinusoides con ángulos de fase de 120°. La corriente directa permanece constante con el tiempo, y es suministrada por generadores o baterías y es muy utilizada en vehículos, tales como buques, automóviles, aviones, etc. Las baterías se fabrican en múltiplos de 1.5 V; las de 6, 12 y 24 V son las más comunes. Los motores eléctricos también se clasifican por su potencia nominal, como se muestra en la tabla 2-5. Tanto los motores de CA como de CD están diseñados para proporcionar movimiento rotatorio continuo. Si bien pueden ser detenidos momentáneamente contra una carga, no pueden tolerar una detención a velocidad cero y plena corriente por más de algunos minutos sin sobrecalentarse.

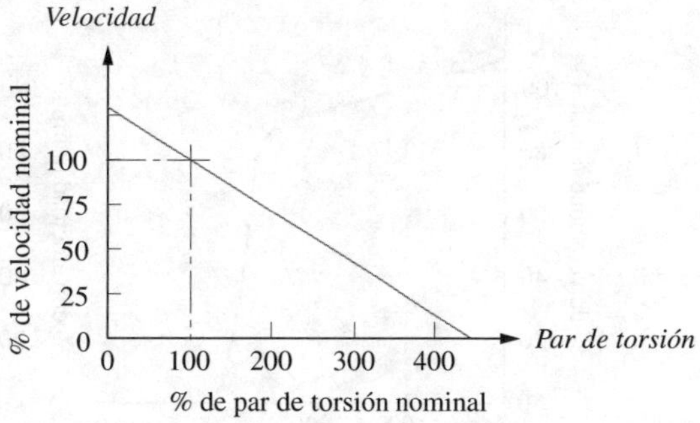

a) Característica velocidad-par de torsión de un motor eléctrico de imán permanente

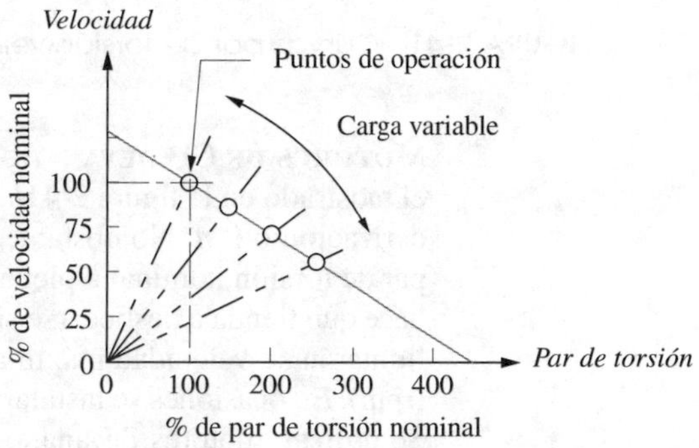

b) Líneas de carga sobrepuestas en la curva velocidad-par de torsión

FIGURA 2-40 Característica velocidad-par de torsión típica de motores eléctricos de imán permanente (PM) de CD

Motores de CD Se fabrican en diferentes configuraciones eléctricas, tales como de *imán permanente* (*PM*, por sus siglas en inglés), *devanados en derivación, devanados en serie y con devanado compuesto*. Los nombres se refieren a la manera en que las bobinas de la armadura rotatoria están eléctricamente conectadas a las bobinas del campo estacionario, en paralelo (derivación), serie, o en una combinación serie-paralelo (compuesto). Los imanes permanentes reemplazan a las bobinas de campo en un motor de imán permanente. Cada configuración proporciona diferentes características de *par de torsión-velocidad*. La curva de *par de torsión-velocidad* de un motor describe cómo responderá a una carga aplicada y es de gran interés para el diseñador mecánico, ya que predice cómo se comportará el sistema mecánico-eléctrico cuando la carga varía dinámicamente con el tiempo.

Motores de CD de imán permanente La figura 2-40*a* muestra una curva par de torsión-velocidad de un motor de imán permanente (PM). Observe que su par de torsión varía mucho con la velocidad, desde un par de torsión máximo (detención) a velocidad cero hasta un par de torsión cero a máxima velocidad (sin carga). Esta relación se deriva del hecho de que *potencia = par de torsión × velocidad angular*. Puesto que la potencia disponible del motor está limitada a un valor finito, un incremento del par de torsión requiere un decremento de la velocidad angular y viceversa. Su par de torsión es máximo cuando se detiene (velocidad cero), lo cual es típico en todos los motores eléctricos. Ésta es una ventaja cuando se ponen en movimiento cargas pesadas: p. ej., un vehículo de motor eléctrico no necesita embrague, a diferencia de uno de motor de combustión interna que no puede arrancar cuando está detenido bajo carga. El par de torsión de un motor se incrementa en lugar de disminuir con la velocidad angular creciente.

TABLA 2-5
Clases de potencia para motor

Clase	HP
Subfraccionaria	< 1/20
Fraccionaria	1/20 – 1
Integral	> 1

La figura 2-40*b* muestra una familia de **líneas de carga** superpuestas sobre la curva de *par de torsión-velocidad* de un motor PM. Estas líneas de carga representan una carga variable con el tiempo aplicada al mecanismo impulsado. El problema proviene del hecho de que *conforme se incrementa la carga requerida, el motor debe reducir su velocidad para suministrarlo*. Por lo tanto, la velocidad de entrada variará en respuesta a las variaciones de la carga en la mayoría de los motores, sin importar su diseño.* Si se requiere velocidad constante, esto puede ser inaceptable. Otros tipos de motores de CD tienen más o menos sensibilidad de velocidad a la carga que el motor PM. Un *motor por lo general se selecciona con base en su curva par de torsión-velocidad.*

Motores de CD devanados en derivación Tienen una curva de par de torsión-velocidad como la mostrada en la figura 2-41*a*. Obsérvese la pendiente más plana alrededor del punto de par de torsión nominal (al 100%) comparada con la figura 2-40. La velocidad del motor devanado en derivación es menos sensible a la variación de la carga en su rango de operación, pero se detiene muy rápido cuando la carga excede su capacidad de sobrecarga máxima de aproximadamente 250% del par de torsión nominal. En general, los motores devanados en derivación se utilizan en ventiladores y sopladores.

* El motor de CA sincrónico y el motor de CD controlado por velocidad son las excepciones.

2

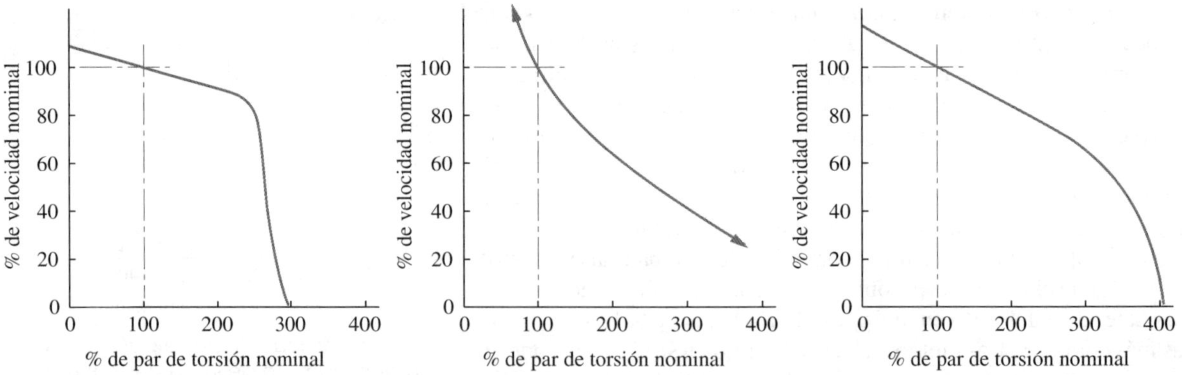

a) Devanado en derivación *b*) Devanado en serie *c*) Devanado compuesto

FIGURA 2-41 Curvas par de torsión-velocidad de tres tipos de motor de CD

Motores de CD devanados en serie Tienen un característico par de torsión-velocidad como el mostrado en la figura 2-41*b*. La velocidad de este tipo es más sensible que las configuraciones en derivación o PM. No obstante, su par de torsión de arranque puede ser tan alto como un 800% del par de torsión nominal a plena carga. No tiene ninguna velocidad teórica máxima sin carga, lo cual hace que tienda a desbocarse si se elimina la carga. En realidad, las pérdidas por fricción y devanado limitarán su velocidad máxima, la cual puede ser hasta de 20 000 a 30 000 revoluciones por minuto (rpm). En ocasiones se instalan detectores de exceso de velocidad para limitar su velocidad sin carga. Se utilizan motores devanados en serie en máquinas de coser y lijadoras portátiles, en las que su velocidad variable representa una ventaja, ya que puede ser controlada a un cierto grado, mediante la variación del voltaje. También se utilizan en aplicaciones de trabajo pesado tales como en la dirección de los vehículos de tracción, donde su alto par de torsión de arranque es una ventaja. Además, la sensibilidad de su velocidad (pendiente grande) es ventajosa en aplicaciones de cargas pesadas, ya que produce un "arranque suave" cuando mueve cargas de gran inercia. La tendencia del motor a reducir su velocidad cuando se aplica la carga amortigua el golpe que se sentiría si se aplicara de repente un par de torsión incrementado a los elementos mecánicos.

Motores de CD de devanado compuesto Sus bobinas de campo y armadura están conectadas en serie y en paralelo. Como consecuencia de su característico par de torsión-velocidad tienen aspectos de motores devanados tanto en derivación como en serie, como se muestra en la figura 2-41*c*. Su sensibilidad a la velocidad es mayor que la de un motor devanado en derivación, pero menor que la de un motor devanado en serie y no se desbocará cuando se descarga. Esta característica, más su par de torsión de arranque y su capacidad de arranque suave, lo hacen una buena elección para grúas y malacates que realizan altas cargas inerciales y pueden perder repentinamente la carga por una falla del cable, lo que crea un problema de desboque potencial si el motor no tiene una velocidad autolimitada sin carga.

Motores de CD controlados por velocidad Si se requiere un control de velocidad preciso, como a menudo es el caso en maquinaria de producción, otra solución es utilizar un motor de CD controlado por velocidad que es operado mediante un controlador que incrementa o disminuye la corriente suministrada al motor ante un cambio de carga para tratar de mantener la velocidad constante. Estos motores de CD (por lo general PM) de velocidad controlada funcionan con una fuente de CA, puesto que el controlador también convierte la corriente alterna en directa. Sin embargo, el costo de esta solución es elevado. Otra posible solución es utilizar un **volante** en la flecha de entrada, la cual almacenará energía cinética y ayudará a suavizar las variaciones de velocidad introducidas por las variaciones de carga. En el capítulo 11 se investigarán los volantes.

Motores de CA Son la forma menos costosa de obtener movimiento rotatorio continuo y se pueden obtener con una amplia variedad de curvas *par de torsión-velocidad* para adaptarse a varias aplicaciones de carga. Están limitados a unas cuantas velocidades estándar, que son una función de la frecuencia de línea de la corriente alterna (60 Hz en Estados Unidos, 50 Hz en otras partes del mundo). La velocidad del motor sincrónico n_S es una función de la frecuencia de línea f y el número de polos magnéticos p presentes en el rotor.

$$n_S = \frac{120f}{p} \tag{2.17}$$

Los motores sincrónicos "se acoplan" con la frecuencia de línea de corriente alterna y funcionan a velocidad sincrónica exacta. Estos motores se utilizan en relojes y temporizadores. Los motores de CA no sincrónicos tienen una pequeña cantidad de resbalamiento que los hace retrasarse con respecto a la frecuencia de línea en aproximadamente 3 a 10%.

La tabla 2-6 muestra las velocidades sincrónicas y no sincrónicas de varias configuraciones polo-motor de CA. Los motores más comunes de CA tienen cuatro polos, y producen *velocidades sin carga* no sincrónicas de aproximadamente 1 725 rpm, lo que refleja un resbalamiento en relación con la velocidad sincrónica de 1 800 rpm a 60 Hz.

La figura 2-42 muestra curvas típicas de par de torsión-velocidad de motores de CA monofásicos (1φ) y trifásicos (3φ) de varios diseños. Los diseños de capacitor dividido permanente y polo sombreado monofásicos tienen un par de torsión de arranque más bajo que su par de torsión a plena carga. Para reforzar el par de torsión de arranque, los diseños de arranque por capacitor y fase dividida emplean un circuito de arranque separado que se interrumpe por un interruptor centrífugo a medida que el motor se aproxima a su velocidad de operación. Las curvas quebradas indican que el motor ha cambiado de su circuito de arranque a su circuito de operación. Los diseños de motores trifásicos NEMA* B, C y D en la figura 2-42 difieren principalmente en su par de torsión de arranque y en la sensibilidad de su velocidad (pendiente) cerca del punto de plena carga.

Motores de engranes Si se requieren velocidades de salida únicas diferentes (en contraste con las variables) de las estándar de la tabla 2-6, se puede conectar un reductor de velocidad de caja de engranes a la flecha de salida del motor, o adquirir un motor reductor que tenga una caja de engranes integral. Los motores reductores de engranes están comercialmente disponibles en una gran variedad de velocidades de salida y clasificaciones de potencia. La cinemática del diseño de una caja de engranes se aborda en el capítulo 9.

Servomotores Estos motores son controlados por lazo cerrado de respuesta rápida capaces de proporcionar una función programada de aceleración o velocidad y un control de posición, y de mantener una posición fija contra una carga. **Lazo cerrado** significa que los *sensores (por lo general codificadores de flecha) en el motor o en el dispositivo de salida que es movido retroalimenta información sobre su posición y velocidad.* Los circuitos en el controlador del motor responden a la información retroalimentada al reducir o incrementar (o invertir) el flujo de corriente (y/o su frecuencia) hacia el motor. El posicionamiento preciso del dispositivo de salida es entonces posible, como lo es el control de la velocidad y forma de la respuesta del motor a los cambios de carga u órdenes de entrada. Éstos son dispositivos relativamente costosos† que por lo general se utilizan en aplicaciones tales como mover las superficies de control de vuelo en aviones y en misiles dirigidos, en centros de maquinado numéricamente controlados, en maquinaria automática de fabricación y en el control de robots, por ejemplo.

Los servomotores se fabrican tanto en configuraciones CA como CD, el tipo de CA en la actualidad es más popular. La velocidad de éstos es controlada por un controlador que genera una corriente de

TABLA 2-6
Velocidades de motor de CA

Polos	Sincrónica rpm	Asincrónica rpm
2	3600	3 450
4	1 800	1 725
6	1 200	1 140
8	900	850
10	720	690
12	600	575

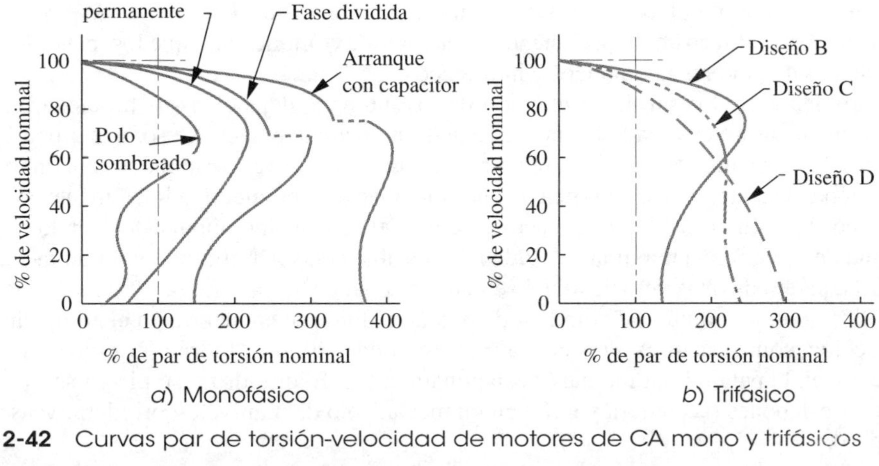

FIGURA 2-42 Curvas par de torsión-velocidad de motores de CA mono y trifásicos

* Asociación Nacional de Fabricantes Eléctricos (NEMA, por sus siglas en inglés).

† Los costos de todos los dispositivos electrónicos disminuyen conforme avanza la tecnología y los controladores de motor no son la excepción.

frecuencia variable con la cual sincroniza el motor de CA sincrónico. El controlador primero rectifica la corriente de línea CA en CD y luego la "recorta" a la frecuencia deseada; un método común es la modificación del ancho de pulso. Tienen capacidad de par de torsión elevado y una curva par de torsión-velocidad plana similar a la figura 2-41*a* (p. 56). Además, por lo general proporcionan hasta tres veces su par de torsión nominal continuo durante periodos cortos tales como bajo sobrecargas intermitentes. Otras ventajas de los servomotores incluyen su capacidad de realizar "arranques suaves" programados, mantener cualquier velocidad a tolerancias mínimas frente a una variación del par de torsión con carga y hacer un rápido paro de emergencia mediante el freno dinámico.

MOTORES DE PASOS Éstos son motores de tipo híbrido o de reluctancia variable, de imán permanente sin escobilla diseñados para posicionar un dispositivo de salida. A diferencia de los servomotores, por lo general funcionan en **lazo abierto**, lo que significa que *no reciben retroalimentación en cuanto a si el dispositivo de salida responde como se solicitó.* Por lo tanto, pueden desfasarse con el programa designado. No obstante, permanecerán satisfactoriamente energizados durante un periodo indefinido, y mantendrán la salida en una posición (aunque sí se calientan, 100-150°F). Su construcción interna consiste en varias tiras magnéticas dispuestas alrededor de la circunferencia tanto del rotor como del estator. Cuando se energiza, el rotor se mueve un paso, al siguiente imán, por cada pulso recibido. Por lo tanto, éstos son dispositivos de **movimiento intermitente** y no proporcionan movimiento rotatorio continuo como otros motores. El número de tiras magnéticas y el tipo de controlador determinan su resolución (por lo general, 200 pasos/rev, pero un mando de micropasos puede incrementarla a 2 000 o más pasos/rev). Son relativamente pequeños comparados con los motores CA/CD y tienen una baja capacidad de par de torsión, pero un elevado par de torsión de detención. Son moderadamente costosos y requieren controladores especiales.

Motores neumáticos e hidráulicos

Su aplicación es más limitada que la de los motores eléctricos, simplemente porque requieren aire comprimido o un fluido hidráulico. Estos dos dispositivos son menos eficientes en lo que se refiere a la energía que la conversión directa de la energía eléctrica a mecánica de los motores eléctricos, debido a las pérdidas asociadas con la conversión de la energía primero de química o eléctrica a presión de fluido y luego a forma mecánica. Cada conversión de energía implica algunas pérdidas. Los motores neumáticos encuentran una amplia aplicación en fábricas y talleres, donde se dispone de aire comprimido a alta presión para otros usos. Un ejemplo común es la llave de impacto neumática utilizada en talleres de reparación automotrices. Aunque los motores neumáticos individuales y los cilindros neumáticos son relativamente baratos, estos sistemas neumáticos son bastante costosos cuando se incluye el costo de todo el equipo auxiliar. Los motores hidráulicos se encuentran con más frecuencia en máquinas y sistemas tales como equipo de construcción (grúas), aviones y buques, donde el fluido hidráulico a alta presión es provisto para muchos propósitos. Los sistemas hidráulicos son muy costosos cuando se incluye el costo de todo el equipo auxiliar.

Cilindros neumáticos e hidráulicos

Éstos son actuadores lineales (pistón en un cilindro) que proporcionan una salida lineal de carrera limitada por medio de un flujo de fluido presurizado, aire comprimido o fluido hidráulico (usualmente aceite). Son el método de elección si necesita un movimiento lineal como entrada. Sin embargo, comparten el mismo alto costo, baja eficiencia y factores de complicación que los mencionados para sus equivalentes de motores neumáticos e hidráulicos.

Otro problema es el control. La mayoría de los motores, dejados a sus propios dispositivos, tenderán a funcionar a velocidad constante. Cuando un actuador lineal se somete a una fuente de fluido a presión constante, típico en la mayoría de los compresores, responderá con un poco más de aceleración constante, lo que significa que su velocidad se incrementará linealmente con el tiempo. Esto puede resultar en cargas de impacto severo en el mecanismo impulsado cuando el actuador llega al final de su carrera a máxima velocidad. Es posible controlar el flujo de fluido mediante una servoválvula, para reducir la velocidad del actuador al final de su carrera, pero es muy costoso.

La aplicación más común de cilindros de potencia fluida se encuentra en el equipo agrícola y de construcción, como tractores y retroexcavadoras, donde cilindros hidráulicos (no servo) de lazo abierto accionan la pala u hoja mediante eslabonamientos. El cilindro y su pistón se transforman en dos de los eslabones (corredera y guía) en un mecanismo de manivela-corredera. Véase la figura 1-1*b* (p. 6).

Solenoides

Éstos son actuadores lineales electromecánicos (CA o CD) que comparten algunas de las limitaciones de los cilindros neumáticos y poseen algunas más de su propiedad. Son *ineficientes en cuanto a energía*, están limitados a carreras muy cortas (cerca de 2 a 3 cm), desarrollan una fuerza que varía de manera exponencial a lo largo de la carrera y entregan cargas de alto impacto. Sin embargo, son baratos, confiables y sus tiempos de respuesta son muy rápidos. No pueden manejar mucha potencia, y por lo general se utilizan como dispositivos de control o conmutación en lugar de dispositivos para realizar grandes cantidades de trabajo en un sistema.

Una aplicación común de los solenoides se encuentra en los obturadores de cámaras fotográficas, en las que se utiliza un pequeño solenoide para tirar del cerrojo y disparar el obturador cuando se oprime el botón para tomar una fotografía. Su casi instantánea respuesta es un activo en esta aplicación y se realiza muy poco trabajo para accionar un cerrojo. Otra aplicación se da en puertas eléctricas o en las cerraduras de cajuela de automóvil, donde el clic de su impacto casi se puede escuchar cuando le da vuelta a la llave (o presiona el botón) para trabar o destrabar el mecanismo.

2.20 REFERENCIAS

1 **Reuleaux, F.** (1963). *The Kinematics of Machinery.* A. B. W. Kennedy, trad. Dover Publications: Nueva York, pp. 29-55.

2 **Gruebler, M.** (1917). *Getriebelehre.* Springer Verlag: Berlín.

3 **Fang, W. E. y F. Freudenstein** (1990). "The Stratified Representation of Mechanisms." *Journal of Mechanical Design.* **112**(4), p. 514.

4 **Kim, J. T. y B. M. Kwak** (1992). "An Algorithm of Topological Ordering for Unique Representation of Graphs." *Journal of Mechanical Design*, **114**(1), p. 103.

5 **Tang, C. S. y T. Liu** (1993). "The Degree Code—A New Mechanism Identifier." *Journal of Mechanical Design*, **115**(3), p. 627.

6 **Dhararipragada, V. R. *et al.*** (1994). "A More Direct Method for Structural Synthesis of Simple-Jointed Planar Kinematic Chains." *Proc. of 23rd Biennial Mechanisms Conference*, Minneapolis, MN, p. 507.

7 **Yadav, J. N. *et al.*** (1995). "Detection of Isomorphism Among Kinematic Chains Using the Distance Concept." *Journal of Mechanical Design*, **117**(4).

8 **Grashof, F.** (1883). *Theoretische Maschinenlehre.* Vol. 2. Voss: Hamburgo.

9 **Paul, B.** (1979). "A Reassessment of Grashof's Criterion." *Journal of Mechanical Design*, **101**(3), pp. 515-518.

10 **Barker, C.** (1985). "A Complete Classification of Planar Fourbar Linkages." *Mechanism and Machine Theory*, **20**(6), pp. 535-554.

11 **Ting, K. L.** (1993). "Fully Rotatable Geared Fivebar Linkages." *Proc. of 3rd Applied Mechanisms and Robotics Conference*, Cincinnati, pp. 67-71.

12 **Ting, K. L. y Y. W. Liu** (1991). "Rotatability Laws for N-Bar Kinematic Chains and Their Proof." *Journal of Mechanical Design*, **113**(1), pp. 32-39.

13 **Shyu, J. H. y K. L. Ting** (1994). "Invariant Link Rotatability of N-Bar Kinematic Chains." *Journal of Mechanical Design*, **116**(1), p. 343.

14 **Miller, W. S.** ed. *Machine Design Electrical and Electronics Reference Issue.* Penton Publishing: Cleveland, Ohio. (Véase también www.machinedesign.com)

15 **Norton, R. L.** (2006). *Machine Design: An Integrated Approach*, 3a. ed. Prentice-Hall: Upper Saddle River, NJ.

16 **Howell, L. H.** (2001). *Compliant Mechanisms.* John Wiley & Sons: Nueva York.

17 **Karunamoorthy, S.** (1998)."Rule Based Number Synthesis for Kinematic Linkage Mechanisms With Full Revolute Joints", *artículo de ASME DETC98-MECH-5818.*

18 **Hunt, K. H.** (1978). *Kinematic Geometry of Mechanisms.* Oxford University Press, pp. 18, 39, 84.

2.21 PROBLEMAS †

*2-1 Encuentre tres (u otro número asignado) de los siguientes dispositivos comunes. Trace cuidadosos diagramas cinemáticos y encuentre sus grados de libertad totales.

a) El mecanismo de bisagra de cofre de un automóvil.

b) El mecanismo elevador de la puerta trasera de un automóvil.

c) Un abrelatas eléctrico.

TABLA P2-0
Tema/matriz de problemas

2.1 Grados de libertad
2-2, 2-3, 2-4

2.2 Tipos de movimiento
2-6, 2-37

2.3 Eslabones, juntas y cadenas cinemáticas
2-5, 2-17, 2-38, 2-39, 2-40, 2-41, 2-53, 2-54, 2-55, 2-67

2.5 Movilidad
2-1, 2-7, 2-20, 2-21, 2-24, 2-25, 2-26, 2-28, 2-44, 2-48 a 2-53, 2-56 a 2-66

2.6 Mecanismos y estructuras
2-8, 2-27

2.7 Síntesis de número
2-11

2.9 Isómeros
2-12, 2-45, 2-46, 2.47

2.10 Transformación de eslabonamiento
2-9, 2-10, 2-13, 2-14, 2-30, 2-31, 2-34, 2-35, 2-36

2.12 Inversión
2-63, 2-68

2.13 Condición de Grashof
2-15, 2-22, 2-23, 2-29, 2-32, 2-42, 2-43

2.15 Resortes como eslabones
2-18, 2-19

2.19 Motores e impulsores
2-16, 2-20, 2-33

† Todas las figuras de los problemas se incluyen como archivos PDF, y algunas como archivos AVI y Working Model en el DVD. Los nombres de los archivos son los mismos que el número de la figura. Ejecute *Animations.html* para ver las animaciones.

* Respuestas en el apéndice F.

d) Un burro para planchar plegable.
e) Un mesa para jugar cartas plegable.
f) Una silla de playa plegable.
g) Un columpio para bebé.
h) Una mecedora para bebé.
i) Un sacacorchos como el mostrado en la figura P2-9 (p. 63).
j) Un mecanismo de limpiaparabrisas.
k) Un mecanismo de camión de volteo.
l) Un mecanismo de camión de la basura.
m) Un mecanismo de la puerta trasera de una camioneta de reparto.
n) Un gato de automóvil.
o) Una antena de radio automotriz extensible.

2-2 ¿Cuántos *GDL* tienen su muñeca y mano combinados? Descríbalos.

*2-3 ¿Cuántos *GDL* tienen las articulaciones siguientes?
a) Su rodilla.
b) Su tobillo.
c) Su hombro.
d) Su cadera.
e) Sus nudillos.

*2-4 ¿Cuántos *GDL* tienen los siguientes artefactos en su ambiente normal?
a) Un submarino sumergido.
b) Un satélite orbitando la Tierra.
c) Una embarcación de superficie.
d) Una motocicleta (en carretera).
e) Un ratón de dos botones.
f) Un joystick de computadora.

*2-5 ¿Son las juntas del problema 2-3 cerradas por fuerza o por su forma?

*2-6 Describa el movimiento de los siguientes dispositivos como rotación pura, traslación pura o movimiento planar complejo.
a) Un molino de viento.
b) Una bicicleta (en el plano vertical, no al dar vuelta).
c) Una ventana de "doble hoja" convencional.
d) Las teclas en un teclado de computadora.
e) La manecilla de un reloj.
f) Una ficha de hockey sobre hielo.
g) Una ventana "abatible".

*2-7 Calcule los *GDL* de los eslabonamientos asignados de la figura P2-1 partes 1 y 2.

*2-8 Identifique los elementos en la figura P2-1 como mecanismos, estructuras o estructuras precargadas.

2-9 Use la técnica de transformación de eslabonamiento de la figura P2-1*a* para convertirla en un mecanismo con 1 *GDL*.

2-10 Use la técnica de transformación de eslabonamientos de la figura P2-1*d* para convertirla en un mecanismo con 2 *GDL*.

2-11 Use la síntesis de número para hallar todas las combinaciones de eslabones posibles para 2 *GDL*, hasta 9 eslabones, al orden hexagonal, con sólo juntas de revolutas.

2-12 Encuentre los isómeros válidos de las combinaciones de eslabones con 1 *GDL* de ocho barras en la tabla 2-2 (p. 35) si se tienen:
a) Cuatro eslabones binarios y cuatro ternarios.
b) Cinco binarios, dos ternarios y uno cuaternario.
c) Seis binarios y dos cuaternarios.
d) Seis binarios, un ternario y un eslabón pentagonal.

2-13 Use la transformación de eslabonamientos para crear un mecanismo con 1 *GDL* con dos juntas completas deslizantes a partir del eslabonamiento de seis barras de Stephenson mostrado en la figura 2-16*a* (p. 41).

2-14 Use la transformación de eslabonamientos para crear un mecanismo con 1 *GDL* con una junta completa deslizante y una semijunta con el eslabonamiento de seis barras de Stephenson mostrado en la figura 2-16*b* (p. 41).

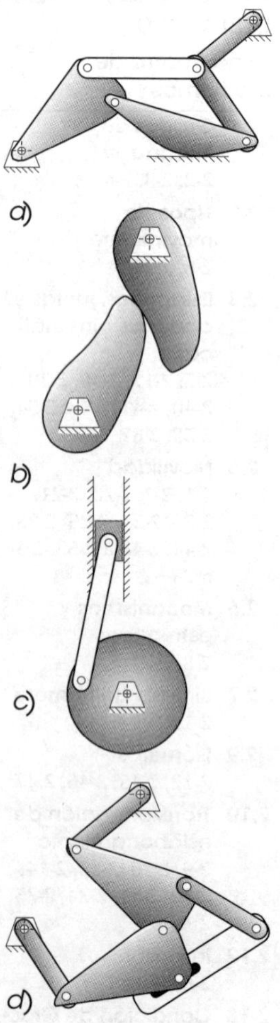

FIGURA P2-1 Parte 1
Eslabonamientos para los problemas 2-7 a 2-10

* Respuestas en el apéndice F.

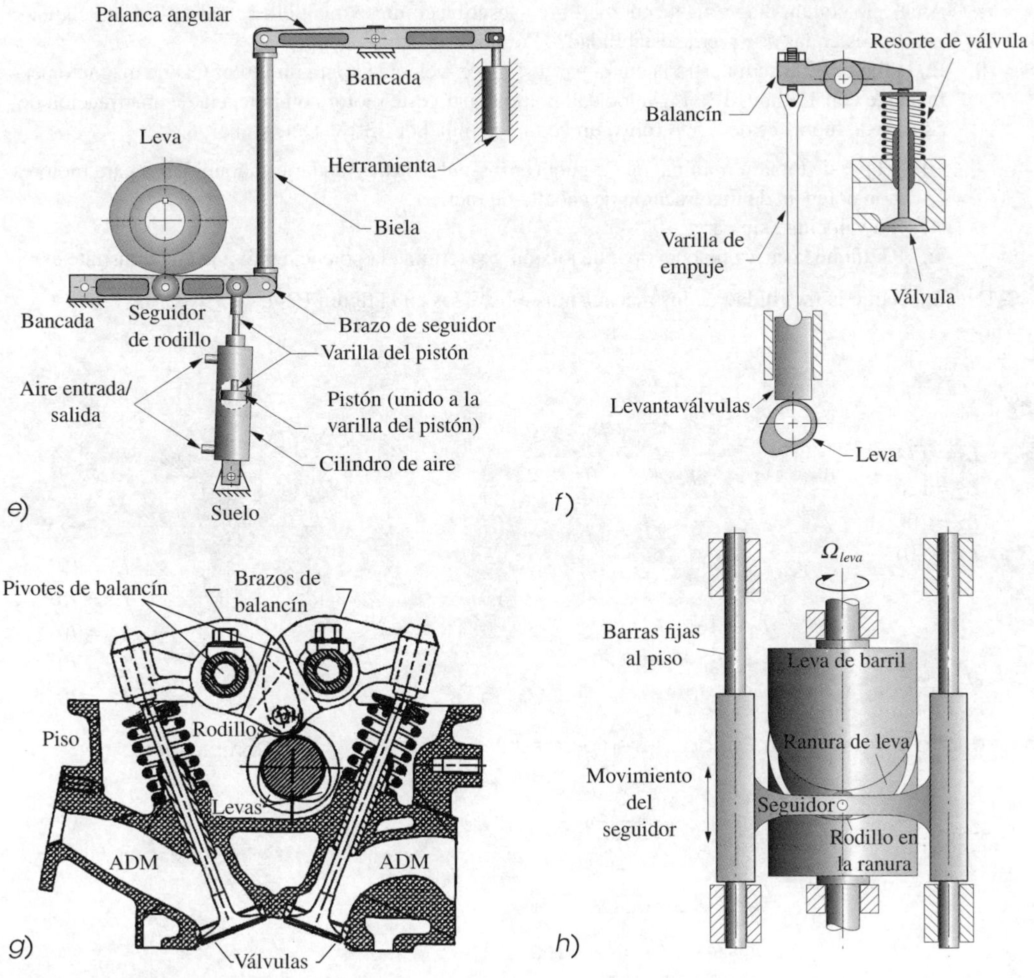

FIGURA P2-1 Parte 2 Eslabonamientos para los problemas 2-7 y 2-8

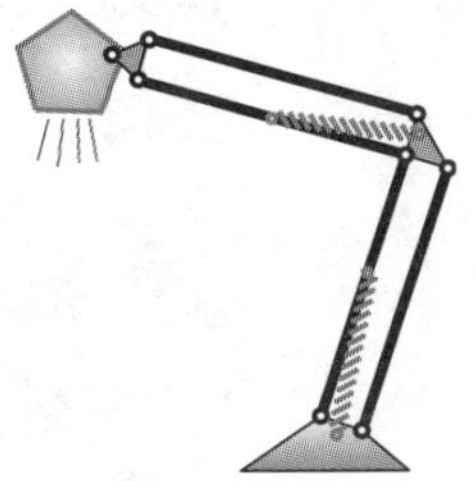

FIGURA P2-2 Problema 2-19

*2-15 Calcule la condición de Grashof de los mecanismos de cuatro barras antes definidos. Construya modelos de cartón de los eslabonamientos y describa los movimientos de cada inversión. Las longitudes de los eslabones están en pulgadas (duplíquese los números dados en centímetros).

a)	2	4.5	7	9
b)	2	3.5	7	9
c)	2	4.0	6	8

2-16 ¿Qué tipo(s) de motor eléctrico especificaría?

a) Para impulsar una carga con inercia grande.
b) Para reducir al mínimo la variación de la velocidad con la variación de la carga.
c) Para mantener una velocidad constante precisa sin tomar en cuenta las variaciones de la carga.

2-17 Describa la diferencia entre una junta de leva-seguidor (semijunta) y una junta de pasador.

2-18 Examine el mecanismo de bisagra del cofre de un automóvil del tipo descrito en la sección 2.15 (p. 47). Dibújelo con cuidado. Calcule su movilidad y condición de Grashof. Haga un modelo de cartón. Analícelo con un diagrama de cuerpo libre. Describa cómo mantiene el cofre levantado.

2-19 Encuentre una lámpara de escritorio con brazo ajustable del tipo mostrado en la figura P2-2 Mídala y dibújela a escala. Calcule su movilidad y condición de Grashof. Elabore un modelo de cartón.

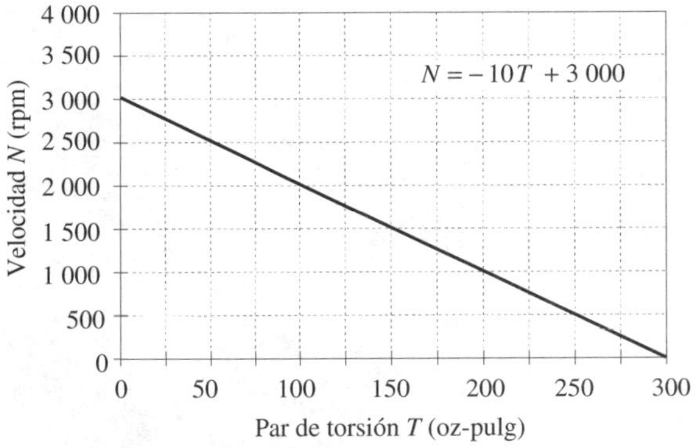

FIGURA P2-3 Curva característica par de torsión-velocidad de un motor CD MP de 1/8 hp y 2 500 rpm para el problema 2-20

* Respuestas en el apéndice F.

Analícelo con un diagrama de cuerpo libre. Describa cómo se mantiene estable. ¿Existen algunas posiciones en las que pierde estabilidad? ¿Por qué?

2-20 En la figura P2-3 se muestra la curva par de torsión-velocidad para un motor CD de magneto permanente con 1/8 hp (MP). La velocidad nominal para este motor con potencia de una fracción de caballo de fuerza es de 2 500 rpm a un voltaje nominal de 130 V. Determine:

a) El par de torsión nominal en oz-pulg (onzas-pulgadas, estándar estadounidense para motores con potencia de una fracción de caballo de fuerza).

b) La velocidad sin carga.

c) Grafique la curva potencia-par de torsión y determine la potencia máxima que transmite el motor.

*2-21 Encuentre la movilidad de los mecanismos mostrados en la figura P2-4.

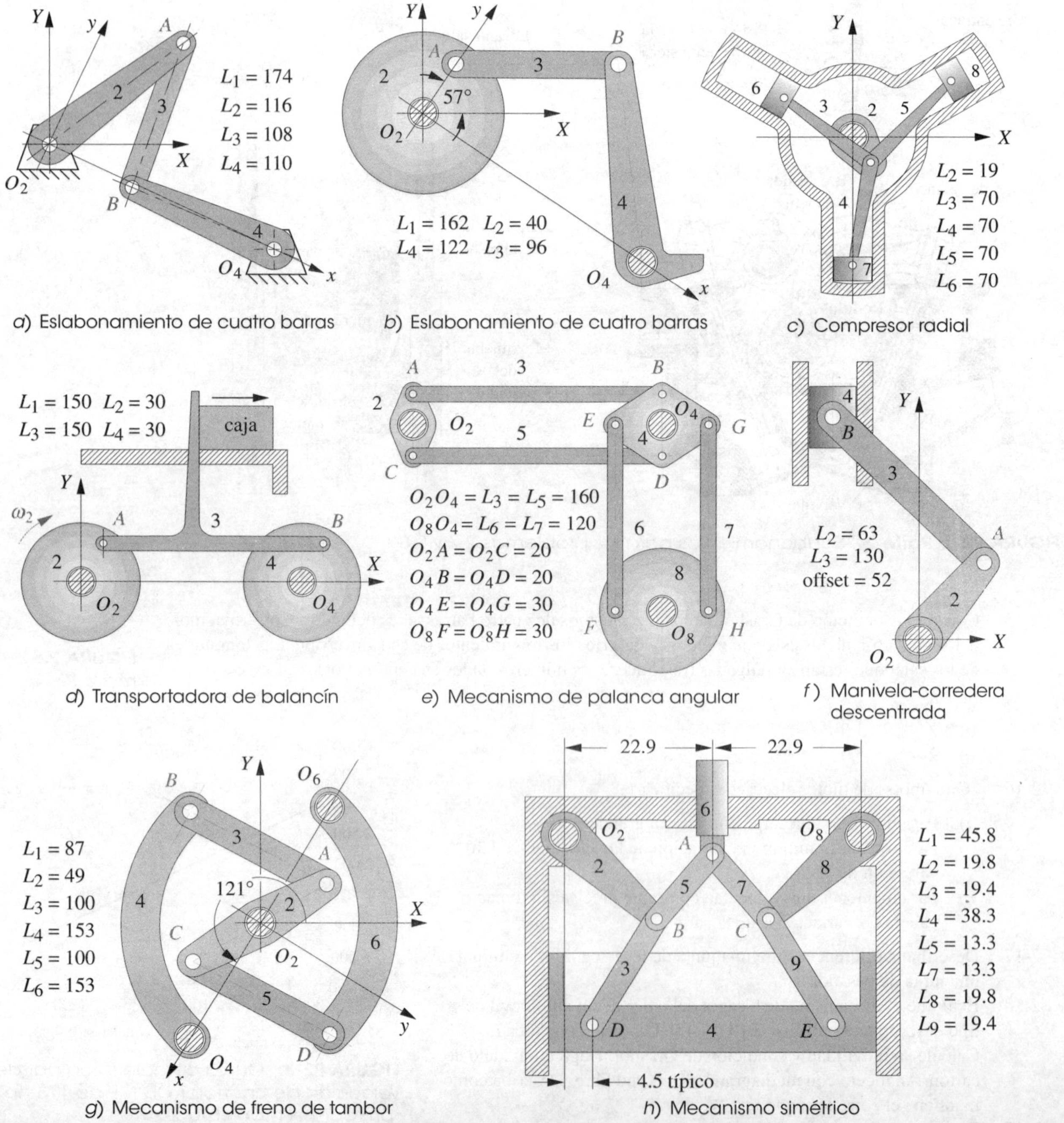

a) Eslabonamiento de cuatro barras *b*) Eslabonamiento de cuatro barras *c*) Compresor radial

d) Transportadora de balancín *e*) Mecanismo de palanca angular *f*) Manivela-corredera descentrada

g) Mecanismo de freno de tambor *h*) Mecanismo simétrico

Todas las dimensiones están en mm

FIGURA P2-4 Problemas 2-21 a 2-23 *Adaptado de P. Hill. y W.P. Rule (1960). Mechanisms: Analysis and Design, con autorización*

2-22 Encuentre la condición de Grashof y las clasificaciones de Barker de los mecanismos mostrados en la figura P2-4*a*, *b* y *d* (p. 62).

2-23 Determine la rotatibilidad de cada lazo de los mecanismos en la figura P2-4*e*, *f* y *g* (p. 62).

*2-24 Determine la movilidad de los mecanismos mostrados en la figura P2-5.

2-25 Determine la movilidad de las tenazas para hielo mostradas en la figura P2-6.

a) Cuando operan para sujetar el bloque de hielo.

b) Cuando sujetan el bloque de hielo pero antes de levantarlo (hielo en el suelo).

c) Cuando la persona transporta el bloque de hielo con las tenazas.

*2-26 Determine la movilidad del mecanismo de aceleración de automóvil mostrado en la figura P2-7.

*2-27 Trace un diagrama cinemático de gato de tijeras mostrado en la figura P2-8 y determine su movilidad. Describa cómo trabaja.

2-28 Determine la movilidad del sacacorchos mostrado en la figura P2-9.

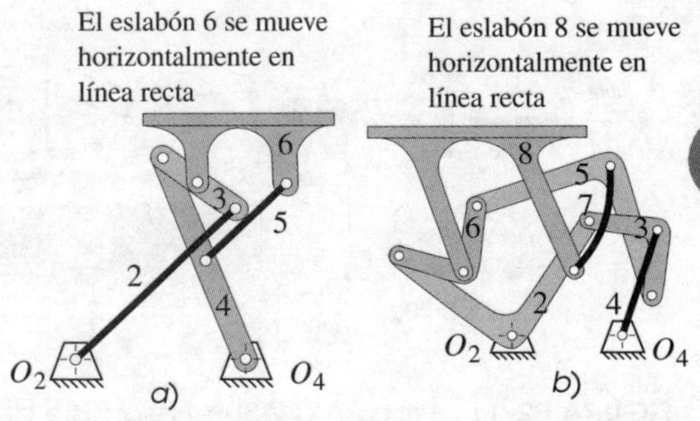

FIGURA P2-5 Problema 2-24 Chebyschev *a*) y Silvestre-Kempe *b*) mecanismo de movimiento en línea recta *Adaptado de Kempe, How to Draw a Straight Line,* MacMillan: Londres, *1877*

FIGURA P2-6 Problema 2-25

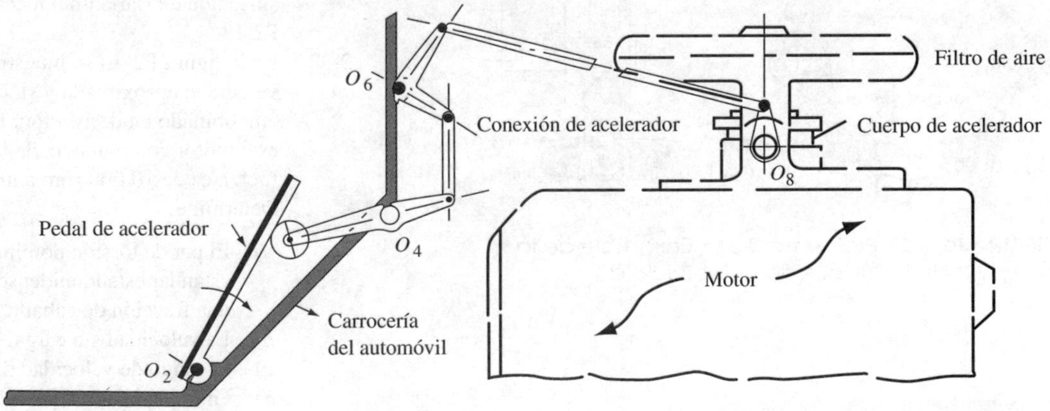

FIGURA P2-7 Problema 2-26 *Adaptado de P.H. Hill y W.P. Rule (1960). Mechanisms: Analysis and Design, con autorización*

2-29 La figura P2-10 muestra una transmisión de engrane sol de Watt que utilizó en su motor de vapor. La viga 2 es impulsada en oscilación por el pistón del motor. El engrane sol está rígidamente fijo en el eslabón 3 y su centro es guiado por el carril fijo 1. La rotación de salida se toma del engrane sol 4. Trace un diagrama cinemático de este

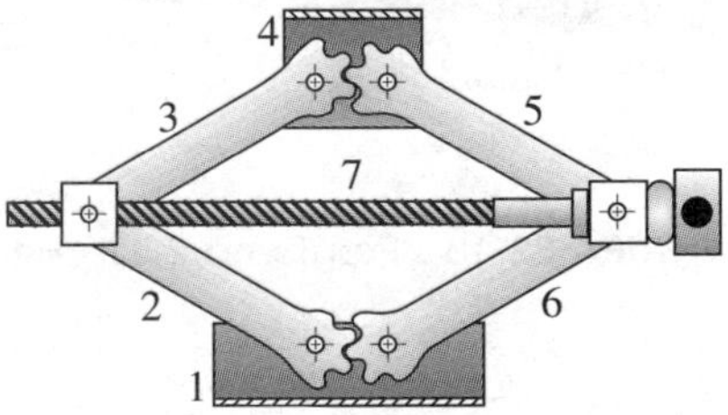

FIGURA P2-8 Problema 2-27

Respuestas en el apéndice F.

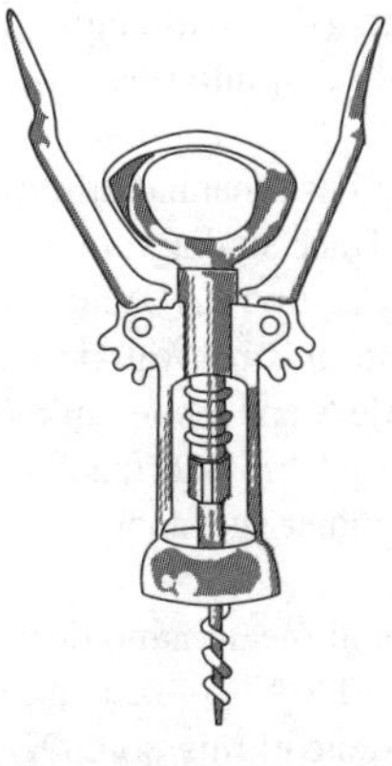

FIGURA P2-9 Problema 2-28

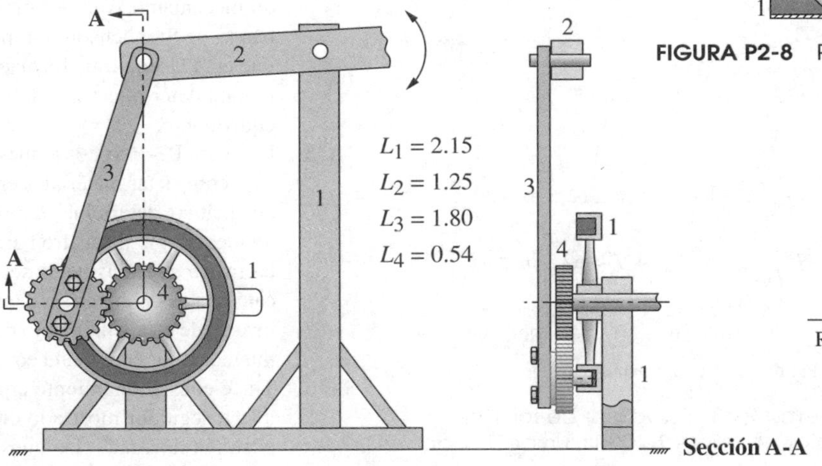

FIGURA P2-10 Problema 2-29 Transmisión de engrane sol de James Watt

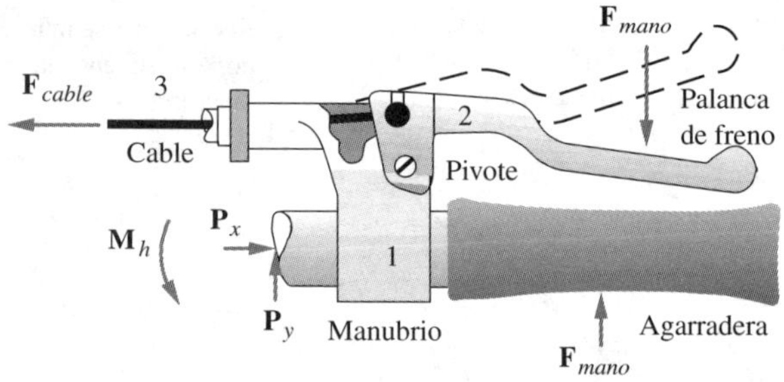

FIGURA P2-11 Problema 2-30 Ensamble de palanca de freno de mano de bicicleta

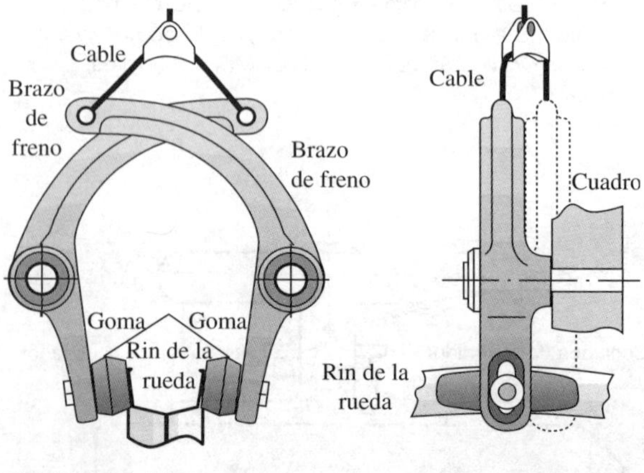

FIGURA P2-12 Problema 2-31 Ensamble de la horquilla de los frenos de una bicicleta

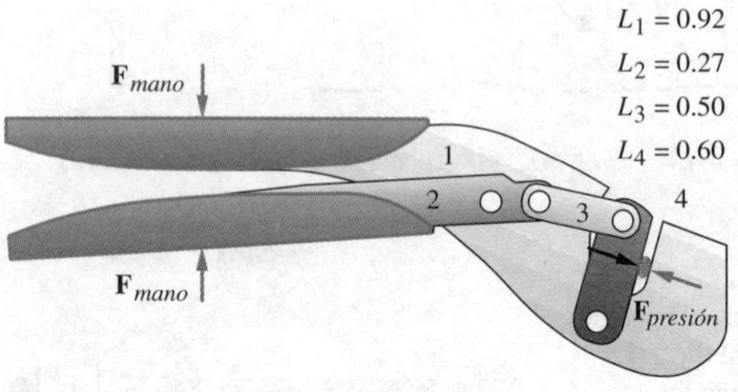

FIGURA P2-13 Problema 2-32 Herramienta de plegar

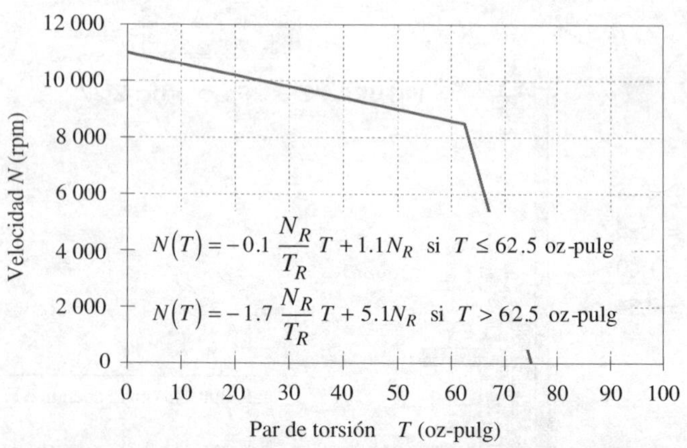

FIGURA P2-14 Problema 2-33 Curva par de torsión-velocidad de un motor de cd de 10 000 rpm de 1/4 hp

* Respuestas en el apéndice F.

mecanismo y determine su movilidad. ¿Se puede clasificar conforme al esquema de Barker? De ser así, ¿qué clase y subclase de Barker es?

2-30 La figura P2-11 muestra el ensamble de palanca de freno de mano de una bicicleta. Trace un diagrama cinemático de este dispositivo y dibuje su eslabonamiento equivalente. Determine su movilidad. (*Sugerencia:* Considere que el cable flexible es un eslabón.)

2-31 La figura P2-12 muestra el ensamble de tijera de freno de bicicleta. Trace un diagrama cinemático de este dispositivo y de su eslabonamiento equivalente. Determine su movilidad bajo dos condiciones.

a) Las gomas de freno no están en contacto con la rueda.

b) Las gomas de freno están en contacto con la rueda.

(*Sugerencia:* Considere que los cables flexibles son reemplazados por fuerzas en este caso.)

2-32 Determine la movilidad, la condición de Grashof y la clasificación de Barker del mecanismo mostrado en la figura P2-13.

2-33 En la figura P2-14 se muestra la curva par de torsión-velocidad aproximada y su ecuación para un motor CD embobinado en derivación. La velocidad nominal para este motor con potencia de una fracción de caballo de fuerza es de 10 000 rpm a un voltaje nominal de 130 V. Determine:

a) El par de torsión nominal en oz-pulg (onzas-pulgadas, estándar estadounidense para motores con potencia de una fracción de caballo de fuerza).

b) La velocidad sin carga.

c) El rango de velocidad de operación.

d) Grafique la curva potencia-par de torsión en el rango de operación y determine la potencia máxima que transmite el motor en ese rango.

2-34 La figura P2-15 (p. 65) muestra una sierra mecánica utilizada para cortar metal. El eslabón 5 pivotea en O_5 y su peso contacta la hoja con la pieza de trabajo, mientras que el eslabonamiento (eslabón 4) la mueve hacia delante y hacia atrás dentro del eslabón 5 para cortar la pieza. Trace su diagrama cinemático, determine su movilidad y su tipo (es decir, ¿es un mecanismo de cuatro barras, un mecanismo Watt de seis barras, un mecanismo de seis barras de Stephenson, un mecanismo de ocho barras, o qué es?) Use la transformación inversa de eslabonamiento para determinar su eslabonamiento de junta revoluta equivalente.

*2.35 La figura P2-16 (p. 65) muestra una prensa manual utilizada para compactar materiales en polvo. Trace su diagrama cinemático, determine su movilidad y su tipo (es decir, ¿es un mecanismo de cuatro barras, un mecanismo Watt de seis barras, un mecanismo de seis barras de Stephenson, un mecanismo de ocho barras, o qué es?) Use la transformación inversa de eslabonamiento para determinar su eslabonamiento de junta revoluta equivalente.

2-36 Trace el eslabonamiento equivalente al mecanismo de leva y seguidor mostrado en la figura P2-17 (p. 65) en la posición mostrada. Demuestre que tiene el mismo *GDL* que el mecanismo original.

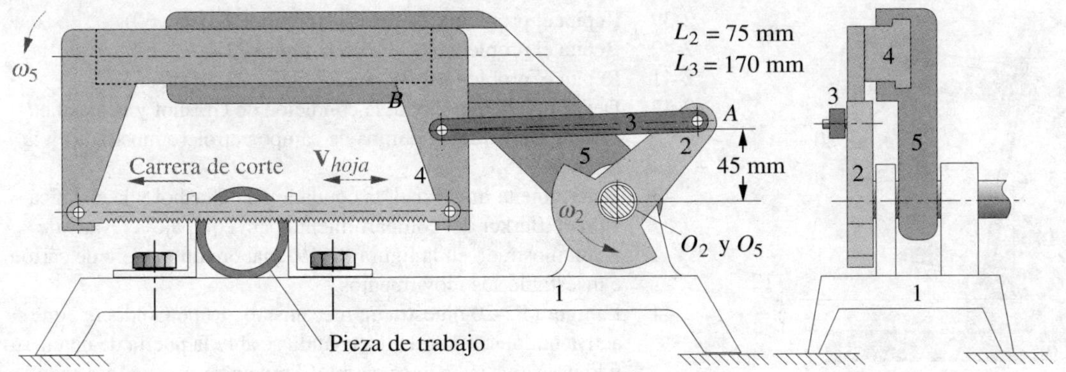

FIGURA P2-15 Problema 2-34 Sierra mecánica *Adaptado de P. H. Hill y W. P. Rule (1960). Mechanisms: Analysis and Design, con autorización.*

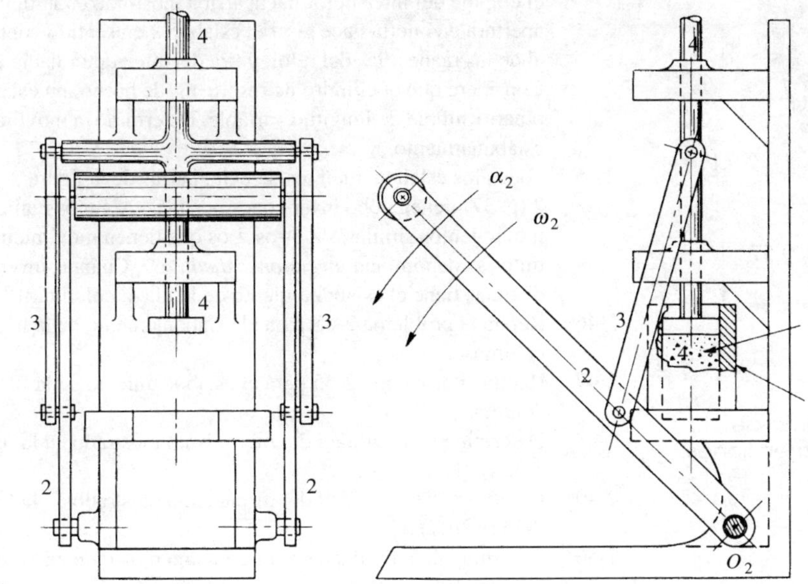

FIGURA P2-16 Problema 2-35 Prensa compactadora de polvos *Adaptado de P. H. Hill y W. P. Rule (1960). Mechanisms: Analysis and Design, con autorización*

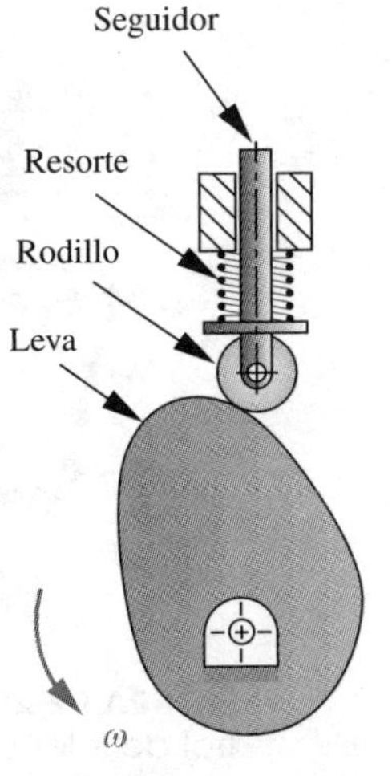

FIGURA P2-17 Problema 2-36

2-37 Trace el movimiento de los siguientes juegos mecánicos, comúnmente encontrados en un parque de diversiones, como rotación pura, traslación pura o movimiento plano complejo.

a) Una rueda de la fortuna.
b) Un carrito "chocón".
c) Un carro de arrancones.
d) Una montaña rusa cuya cimentación está dispuesta en línea recta.
e) Un paseo en bote a través de un laberinto.
f) Un péndulo.
g) Un paseo en tren.

2-38 La figura P2-1*a* (p. 60) es un ejemplo de un mecanismo. Numere los eslabones, comenzando con 1. (No olvide el eslabón de "bancada".) Rotule las juntas alfabéticamente, comenzando con el punto *A*.

a) Con sus números de eslabón, describa cada eslabón como binario, ternario, etcétera.
b) Con sus letras de junta, determine el orden de cada junta.
c) Con sus letras de junta, determine si cada una es una semijunta o una junta completa.

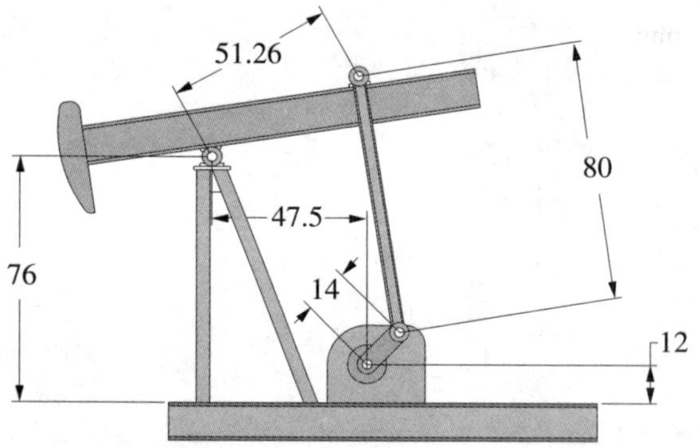

FIGURA P2-18 Problema 2-42 Bomba de pozo petrolero; dimensiones en pulgadas

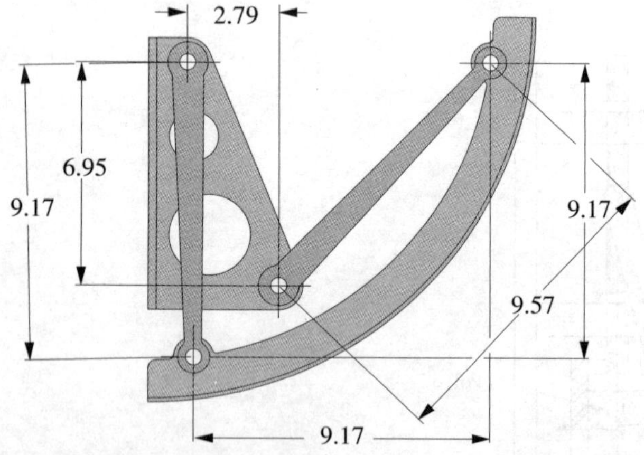

FIGURA P2-19 Problema 2-43 Mecanismo de arcón de equipaje elevado de avión; dimensiones en pulgadas

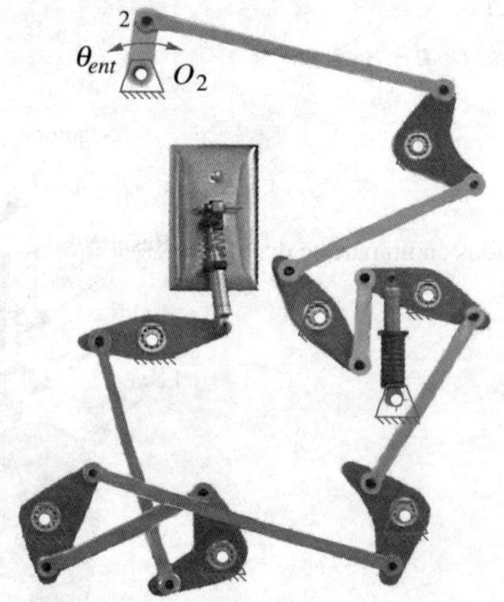

FIGURA P2-20 Mecanismo de control de interruptor de luz "Rube Goldberg" *Cortesía de Robert Taylor WPI*

2-39 Repita el problema 2-38 para la figura P2-1*b* (p. 60).

2-40 Repita el problema 2-38 para la figura P2-1*c* (p. 60).

2-41 Repita el problema 2-38 para la figura P2-1*d* (p. 60).

2-42 Determine la movilidad, la condición de Grashof y la clasificación de Barker de la bomba de campo petrolero mostrada en la figura P2-18.

2-43 Determine la movilidad, la condición de Grashof y la clasificación de Barker del compartimiento para equipajes elevado de avión mostrado en la figura P2-19. Elabore un modelo de cartón e investigue sus movimientos.

2-44 La figura P2-20 muestra un mecanismo "Rube Goldberg" que activa un interruptor de luz cuando se abre la puerta de un cuarto y lo desactiva cuando se cierra. El pivote en O_2 está insertado en la pared. Hay dos dispositivos de pistón en cilindro de resorte en el ensamble. Un arreglo de cuerdas y poleas en el interior del cuarto (no mostrado) transfiere la oscilación de la puerta y la convierte en rotación del eslabón 2. La apertura de la puerta hace girar el eslabón 2 en el sentido de las manecillas del reloj, el empuje del interruptor hacia arriba mostrado en la figura y la apertura de puerta hace girar el eslabón 2 en sentido contrario al de las manecillas del reloj, y tira del interruptor hacia abajo. Considere que el cilindro de resorte es, de hecho, un eslabón binario simple de longitud variable. Determine la movilidad del eslabonamiento.

2-45 Todos los eslabonamientos de ocho barras de la figura 2-11 parte 2 (p. 37) tienen ocho inversiones posibles. Algunos realizarán movimientos similares a otros. Los que tienen movimientos distintos se denominan *inversiones distintas*. ¿Cuántas inversiones distintas tiene el eslabonamiento de la fila 4, columna 1?

2-46 Repita el problema 2-45 para el eslabonamiento de la fila 4, columna 2.

2-47 Repita el problema 2-45 para el eslabonamiento de la fila 4, columna 3.

2-48 Determine la movilidad del mecanismo mostrado en la figura 3-33 (p. 106).

2-49 Determine la movilidad del mecanismo mostrado en la figura 3-34 (p. 107).

2-50 Determine la movilidad del mecanismo mostrado en la figura 3-35 (p. 108).

2-51 Determine la movilidad del mecanismo mostrado en la figura 3-36 (p. 108).

2-52 Determine la movilidad del mecanismo mostrado en la figura 3-37*b* (p. 108).

2-53 Repita el problema 2-38 para la figura P2-1*e* (p. 61).

2-54 Repita el problema 2-38 para la figura P2-1*f* (p. 61).

2-55 Repita el problema 2-38 para la figura P2-1*g* (p. 61).

2-56 En el caso del eslabonamiento de ejemplo que se muestra en la figura 2-4 (p. 28), determine el número de eslabones y sus respectivos órdenes de eslabón, el número de juntas y sus respectivos órdenes, y la movilidad del eslabonamiento.

2-57 Para el eslabonamiento que se muestra en la figura 2-5*b* (p. 29), determine el número de juntas, sus órdenes respectivos y la movilidad para:

a) La condición de una carga finita *W* en la dirección que se muestra y una carga cero *F*.

b) La condición de una carga finita *W* y una carga finita *F*, ambas en las direcciones que se muestran después de que el eslabón 6 pase el tope.

2-58 La figura P2-21*a* muestra un mecanismo de "tijeras de Nuremberg". Encuentre su movilidad.

2-59 La figura P2-21*b* muestra un mecanismo. Encuentre su movilidad y clasifique su tipo de isómero.

2-60 La figura P2-21*c* muestra una sierra circular montada sobre el acoplador de un eslabonamiento de cuatro barras. La línea central de la hoja de la sierra está en un punto del acoplador que se mueve aproximadamente en línea recta. Dibuje su diagrama cinemático y determine su movilidad.

*2-61 La figura P2-21*d* muestra un transportador de troncos. Dibuje un diagrama cinemático del mecanismo, especifique el número de eslabones y juntas, y luego determine su movilidad:

a) Considere que las ruedas del transportador están frenadas y no hay tronco en la mordaza.
b) Considere que las ruedas del transportador están frenadas y se está levantando un tronco.
c) Considere que el transportador está moviendo un tronco a un destino en línea recta.

*2.62 En la figura P2-21*e* se muestra un mecanismo de arado unido a un tractor. Dibuje su diagrama cinemático y determine su movilidad que incluya a la Tierra como un "eslabón".

a) Cuando el tractor está detenido y el tirante está fijo. (*Sugerencia:* Considere que el tractor y la rueda son uno con la Tierra.)
b) Cuando el tractor está detenido y el tirante se está ajustando. (Misma sugerencia.)
c) Cuando el tractor está en movimiento y el tirante está fijo. (*Sugerencia:* Sume los GDL del tractor en movimiento a los que se encontraron en el inciso *a*.)

2-63 La figura P2-22 muestra un eslabonamiento inversor de Hart de seis barras. *a*) ¿Es un eslabonamiento de Watt o Stephenson? *b*) Determine su inversión, es decir, ¿es de tipo I, II o III?

2-64 En la figura P2-23 se muestra la vista superior de las puertas parcialmente abiertas del gabinete de un centro de entretenimiento. Las puertas de madera están unidas entre sí mediante bisagras, al igual que una de las puertas con el gabinete. También hay un eslabón metálico triple unido al gabinete y a la puerta mediante juntas de pasador. Un dispositivo de pistón de cilindro cargado con un resorte se une al eslabón triple y al gabinete con juntas de pasador. Trace un diagrama cinemático del sistema de puertas y encuentre la movilidad de este mecanismo.

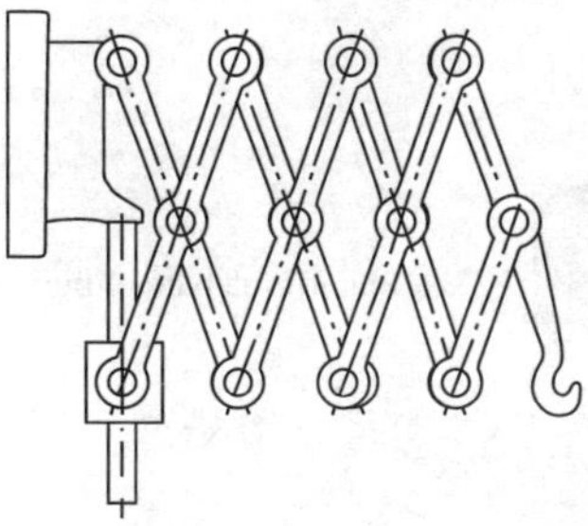

a) Eslabonamiento de Nuremberg

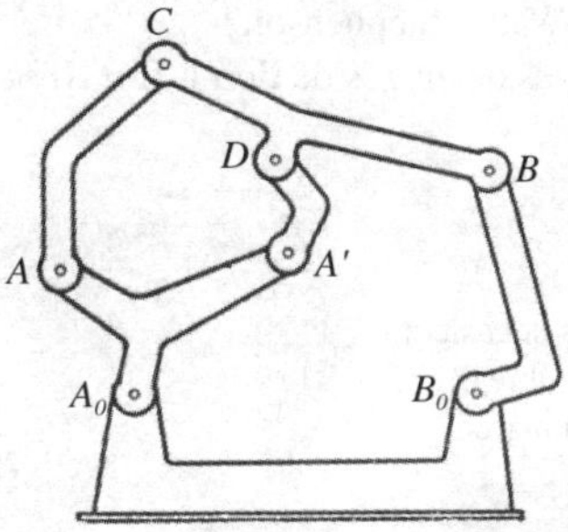

b) Mecanismo

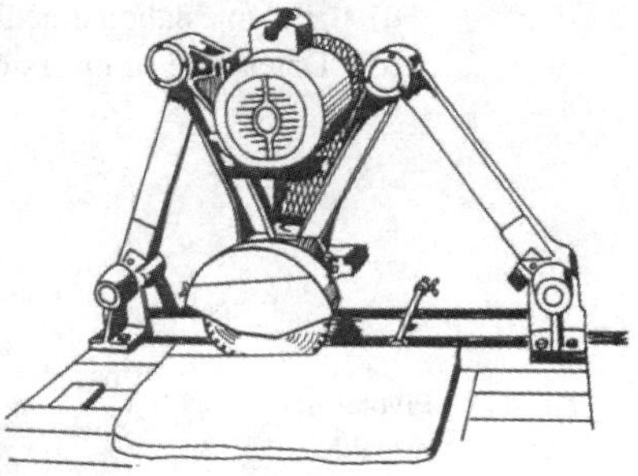

c) Sierra circular

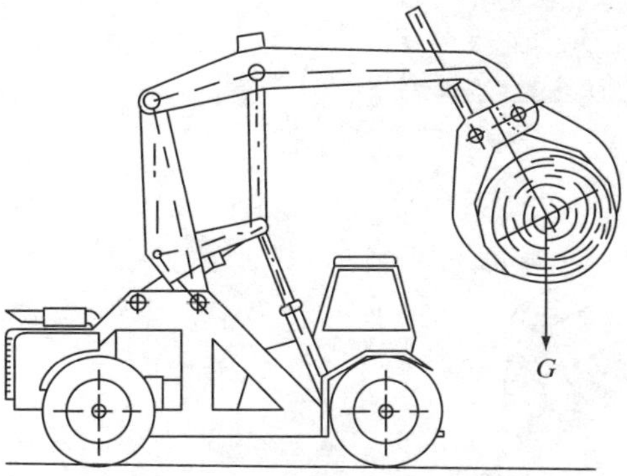

d) Transportador de troncos

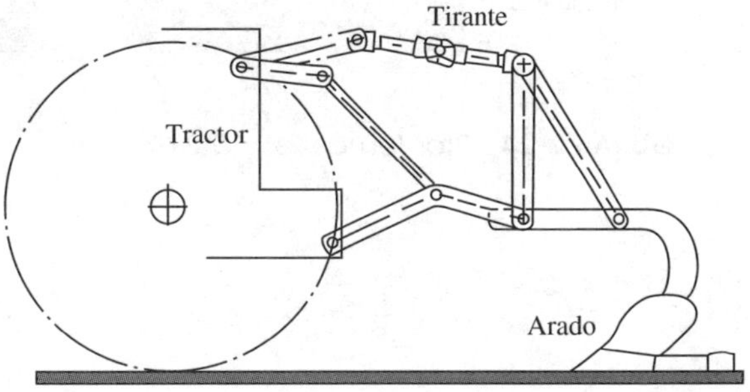

e) Mecanismo de arado montado en un tractor

FIGURA P2-21 Problemas 2-58 a 2-62 *(Algunas ilustraciones de Dijksman, E. A., Motion Geometry of Mechanisms, Cambridge Press, Londres, 1976)*

* Respuestas en el apéndice F.

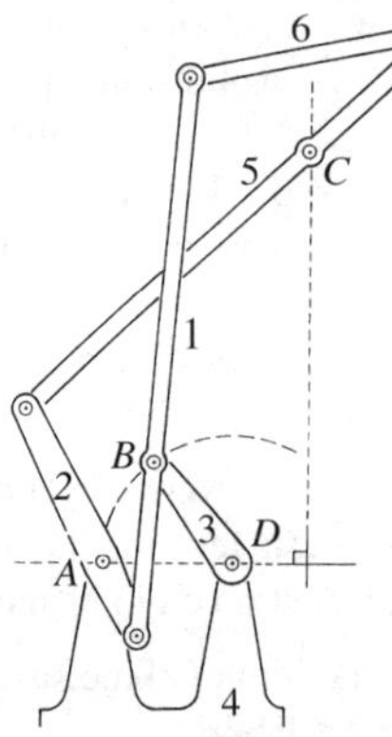

FIGURA P2-22 Problema 2-63 *de la ref. 18, p. 15*

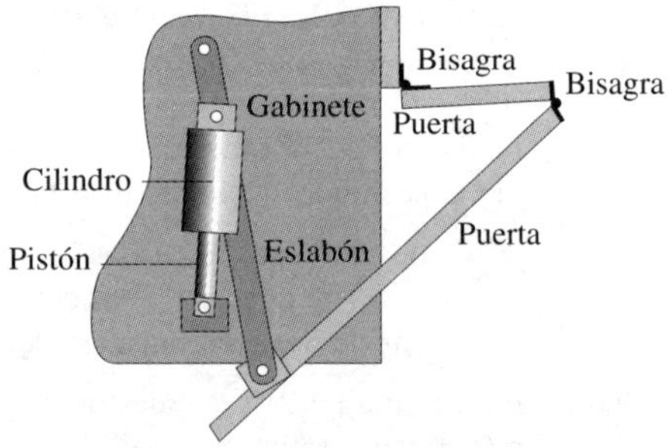

FIGURA P2-23 Problema 2-64

2-65 En la figura P2-24*a* se muestra el asiento y el respaldo de una silla reclinable con el eslabón que los conecta al marco de la silla. Trace su diagrama cinemático y determine su movilidad con respecto al marco de la silla.

2-66 En la figura P2-24*b* se muestra el mecanismo con que se extiende el soporte para pies de una silla reclinable. Trace su diagrama cinemático y determine su movilidad con respecto al marco de la silla.

2-67 En la figura P2-24*b* se muestra el mecanismo con que se extiende el soporte para pies de una silla reclinable. Numere los eslabones a partir de 1. (*Sugerencia:* No olvide el eslabón del "piso".) Asigne letras a las juntas de manera alfabética a partir de A.

a) Con los números de los eslabones, describa cada uno de ellos como binario, ternario, etcétera.
b) Con las letras asignadas a las juntas, determine el orden de cada una de ellas.
c) Con las letras asignadas a las juntas, determine si cada una de ellas es una junta media o completa.

2-68 En la figura P2-25 se muestra un eslabonamiento de seis barras.

a) ¿Es un eslabonamiento Watt o Stephenson?
b) Determine su inversión, es decir, ¿es de tipo I, II o III?

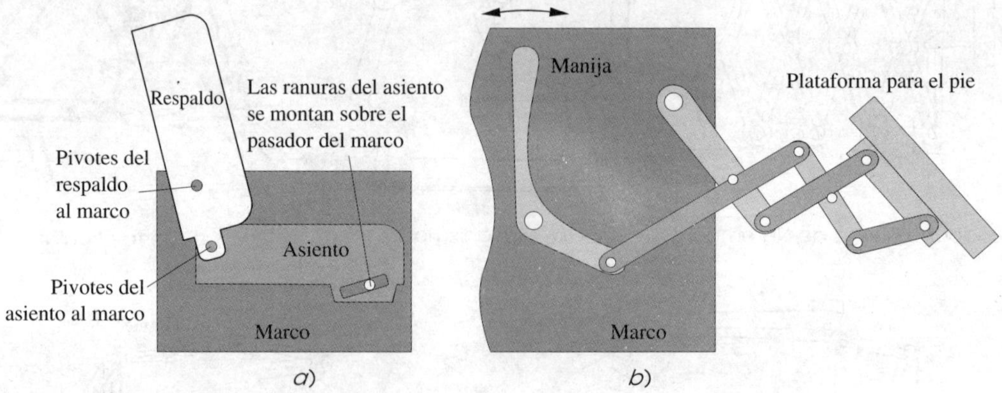

FIGURA P2-24 Problemas 2-65 a 2-67

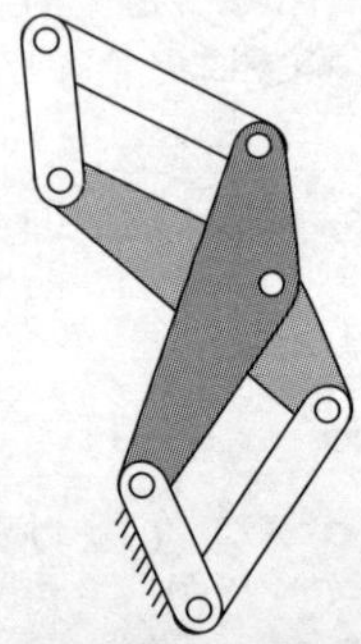

FIGURA P2-25 Problema 2-68

CAPÍTULO 3

SÍNTESIS GRÁFICA DE ESLABONAMIENTOS

El genio es 1% inspiración
y 99% transpiración.

THOMAS A. EDISON

3.0 INTRODUCCIÓN

La mayor parte del diseño en ingeniería implica una combinación de síntesis y análisis. La mayoría de los cursos de ingeniería se ocupan principalmente de técnicas de análisis en varias situaciones. Sin embargo, no se puede analizar algo hasta que haya sido sintetizado para que exista. Muchos problemas de diseño de máquinas requieren la creación de un dispositivo con características de movimiento particular. Tal vez se tenga que mover una herramienta de la posición *A* a la *B* en un intervalo particular. Tal vez se necesita tratar una trayectoria particular en el espacio para insertar una pieza en un ensamble. Las posibilidades son infinitas, pero a menudo un denominador común es la necesidad de un eslabonamiento para generar los movimientos deseados. Así, ahora se explorarán algunas técnicas de síntesis simples que permitan crear soluciones de diseño de eslabonamientos potenciales para algunas aplicaciones cinemáticas habituales.

3.1 SÍNTESIS

SÍNTESIS CUALITATIVA Significa *la creación de soluciones potenciales en ausencia de un algoritmo bien definido que configure o pronostique la solución*. Como la mayoría de los problemas de diseño reales tendrán muchas más variables desconocidas que ecuaciones para describir el comportamiento del sistema, no se puede simplemente resolver las ecuaciones para obtener una solución. No obstante, se debe trabajar en este vago contexto para crear una solución potencial y también para juzgar su **calidad**. Luego, se puede analizar la solución propuesta para determinar su viabilidad e iterar entre síntesis y análisis, como se describió en el **proceso de diseño**, hasta estar satisfecho con el resultado. Existen varias herramientas y técnicas de ayuda en este proceso. La herramienta tradicional es la mesa de dibujo, donde se esbozan a escala múltiples vistas ortográficas del diseño, y se investigan los movimientos dibujando arcos, mostrando múltiples posiciones y usando cubiertas transparentes removibles. Los sistemas de *dibujo asistido por computadora* (CAD) pueden acelerar este proceso hasta cierto punto, pero probablemente encontrará que la forma más rápida de tener una idea de la calidad del diseño de eslabonamiento es modelarlo, a escala, en cartón o en *Mylar*® de dibujo y observar los movimientos directamente.

Se encuentran disponibles otras herramientas en la forma de programas de computadora tales como LINKAGES, DYNACAM, ENGINE y MATRIX (todos incluidos en este texto), algunos de los cuales realizan síntesis, aunque éstos son principalmente herramientas de análisis. Pueden analizar una solución de prueba de un mecanismo tan rápido que su salida gráfica dinámica aporta una retroalimentación visual casi instantánea sobre la calidad del diseño. Algunos programas comercialmente disponibles, como *Solidworks*, *Pro-Engineer* y *Working Model*, también permiten el análisis rápido del diseño mecánico propuesto. El proceso se vuelve entonces un **diseño cualitativo mediante**

análisis sucesivo, el cual en realidad es *una iteración entre síntesis y análisis*. Se pueden examinar una gran cantidad de soluciones de prueba en muy poco tiempo por medio de herramientas de *ingeniería asistida por computadora* (CAE, por sus siglas en inglés). En capítulos subsiguientes se desarrollarán las soluciones matemáticas utilizadas en estos programas para establecer los fundamentos apropiados para comprender su operación. Pero si se desea probar estos programas para reforzar algunos de los conceptos en estos primeros capítulos, se puede hacer. El apéndice A describe estos programas, y el DVD contiene un manual para su uso. Se hace referencia a funciones de los programas relacionados con los temas en cada capítulo, conforme se presenten. También se proporcionan archivos de datos para estos programas en el disco y para la solución de los problemas de ejemplo y las figuras en estos capítulos. Los nombres de los archivos de datos se encuentran cerca de la figura o ejemplo. Los estudiantes deben introducir estos archivos de muestra en los programas para observar más ejemplos dinámicos que los proporcionados por una página impresa. Estos ejemplos se pueden ejecutar aceptando los valores predeterminados provistos en todas las entradas.

Síntesis de tipo Se refiere a *la definición del tipo apropiado de mecanismo más adecuado para el problema* y es una forma de síntesis cualitativa.* Ésta quizá es la tarea más difícil para el estudiante, ya que requiere algo de experiencia y conocimientos de los diversos tipos de mecanismos existentes y de su factibilidad desde un punto de vista de desempeño y manufactura. Como ejemplo, supóngase que la tarea es diseñar un dispositivo para seguir el movimiento lineal de una pieza sobre una banda transportadora y rociarla con un recubrimiento químico conforme pasa. Esto se debe realizar a una velocidad alta, constante, con buena precisión, repetibilidad y debe ser confiable. Además, la solución debe ser barata. A menos que haya tenido la oportunidad de ver una amplia variedad de equipo mecánico, podría no estar enterado de que esta tarea puede ser realizada de un modo conceptual por cualquiera de los siguientes dispositivos:

- *Un eslabonamiento rectilíneo*
- *Una leva y seguidor*
- *Un cilindro neumático*
- *Un cilindro hidráulico*
- *Un robot*
- *Un solenoide*

Cada una de estas soluciones, aunque posibles, pueden no ser óptimas o incluso prácticas. Se tendrán que conocer más detalles sobre el problema para realizar ese juicio, y los detalles surgirán de la fase de investigación del proceso de diseño. El eslabonamiento rectilíneo puede resultar demasiado grande o tener aceleraciones indeseables; el mecanismo de leva y seguidor será costoso, aunque preciso y repetible. El cilindro neumático es barato, pero ruidoso y poco confiable. El cilindro hidráulico es más caro, lo mismo que el robot. El solenoide, aunque es barato, produce velocidad y cargas de alto impacto. Así, la elección del tipo de dispositivo tiene un gran efecto en la calidad del diseño. Una elección deficiente en la etapa de síntesis de tipo puede crear problemas irresolubles más adelante. El diseño tendría que modificarse a un elevado costo después de haberse terminado. El **diseño es un ejercicio de transacciones**. Cada tipo de solución propuesto en este ejemplo tiene puntos positivos y negativos. Rara vez habrá una solución clara, obvia, de un problema real de ingeniería. El trabajo como ingeniero de diseño significa balancear estas características conflictivas y encontrar una solución que proporcione la mejor transacción de funcionalidad contra costo, confiabilidad y todos los demás factores de interés. Recuerde: *un ingeniero puede hacer con un dólar lo que cualquier tonto puede hacer con diez*. El costo siempre es una limitación importante en el diseño de ingeniería.

Síntesis cuantitativa o síntesis analítica Significa la generación de una o más soluciones de un tipo particular que se considera adecuado para el problema, y aún más importante, para las que no existe un algoritmo de síntesis definido. Como el nombre sugiere, este tipo de solución se puede cuantificar si existe un conjunto de ecuaciones que proporcionen una respuesta numérica. Si tal respuesta es buena o adecuada, esto se deja a juicio del diseñador, y requiere análisis e iteración para optimizar el diseño. Con frecuencia son menos las ecuaciones disponibles que el número de variables potenciales, en cuyo caso se deben suponer algunos valores razonables para un número suficiente de incógnitas y así reducir el conjunto de las incógnitas restantes al número de ecuaciones disponibles. Por lo tanto, en este caso también interviene algo de juicio cualitativo en la síntesis. Excepto en casos muy simples, se requiere una herramienta CAE para realizar análisis cuantitativos. Ejemplos de tales herramientas son los programas SyMech de J. Cook y colaboradores,† que resuelven el problema

* Un buen análisis de la síntesis de tipo y una extensa bibliografía sobre el tema pueden encontrarse en Olson, D.G., *et al.* (1985). "A Systematic Procedure for Type Synthesis of Mechanisms with Literature Review". *Mechanism and Machine Theory* **20**(4), pp. 285-295.

† SyMech Inc., 1207 Downey Place, Celebration, FL 34747 415-221-5111 http://www.symech.com

de síntesis de eslabonamientos de barras múltiples en tres posiciones, y LINCAGES,* de A. Erdman y colaboradores,[1] que resuelve el problema de síntesis de eslabonamientos de cuatro barras en cuatro posiciones. Los programas de computadora provistos con este texto también permiten realizar **síntesis analítica** en tres posiciones y **diseño mediante análisis sucesivo** de eslabonamientos generales. La rápida velocidad de cálculo de estos programas permite analizar el desempeño de muchos diseños de prueba de mecanismos, y en poco tiempo genera la iteración rápida para una mejor solución.

SÍNTESIS DIMENSIONAL Esta síntesis de un eslabonamiento *es la determinación de las proporciones (longitudes) de los eslabones necesarios para lograr los movimientos deseados* y puede ser una forma de síntesis cuantitativa si se define un algoritmo del problema particular, pero también puede ser una forma de síntesis cualitativa si existen más variables que ecuaciones. Esta situación es más común para eslabonamientos. (La síntesis dimensional de levas es cuantitativa.) La síntesis dimensional supone que, mediante *síntesis de tipo*, ya se ha determinado que un eslabonamiento (o una leva) es la solución más apropiada al problema. En este capítulo se analiza en detalle la **síntesis dimensional gráfica** de eslabonamientos. En el capítulo 5 se presentan los métodos de **síntesis analítica de eslabonamientos**, y en el capítulo 8, la **síntesis de levas**.

3.2 GENERACIÓN DE FUNCIÓN, TRAYECTORIA Y MOVIMIENTO

GENERACIÓN DE FUNCIÓN Se define como *la correlación de un movimiento de entrada con un movimiento de salida en un mecanismo*. Un generador de función es conceptualmente una "caja negra" que entrega alguna salida predecible en respuesta a una entrada conocida. Antes de que existieran las computadoras electrónicas, los generadores de función mecánicos encontraron una amplia aplicación en telémetros de artillería y sistemas para apuntar los cañones a bordo de un buque y en muchas otras tareas. De hecho, son **computadoras analógicas mecánicas**. El desarrollo de microcomputadoras electrónicas digitales baratas para sistemas de control, junto con la disponibilidad de servomotores y motores de paso compactos, redujo la demanda de estos eslabonamientos generadores de función mecánica. Muchas aplicaciones como ésas ahora se pueden realizar con más economía y eficiencia mediante dispositivos electromecánicos.† Por otra parte, el generador de función electromecánica controlado por computadora es programable, lo que permite cambiar con rapidez la función generada conforme cambian las demandas. Por esta razón, aun cuando se presentan algunos ejemplos simples en este capítulo y un método general de diseño analítico en el capítulo 5, no se hace mención especial de los generadores de eslabonamiento mecánicos en este texto. Obsérvese, sin embargo, que el sistema de leva y seguidor, analizado extensamente en el capítulo 8, es de hecho una forma de generador de función mecánica y en general es capaz de proporcionar niveles de fuerza y potencia más altos por dólar que los sistemas electromecánicos.

GENERACIÓN DE TRAYECTORIA Se define como *el control de un **punto** en el plano de tal suerte que siga una trayectoria prescrita*. Esto en general se logra con por lo menos cuatro barras, donde un punto del acoplador traza la trayectoria deseada. En la siguiente sección se presentan ejemplos específicos de curvas de acoplador. Hay que observar que en la generación de trayectoria no se hace ningún intento por controlar la orientación del eslabón que contiene el punto de interés. Sin embargo, es común que se defina la temporización de arribo del punto hacia lugares particulares a lo largo de la trayectoria. Este caso se llama *generación de trayectoria con temporización prescrita* y es análogo a la generación de función en que se especifica una función de salida particular. En el capítulo 5 se abordará la generación de función y trayectoria analítica.

GENERACIÓN DE MOVIMIENTO Se define como *el control de una **línea** en el plano de modo que asuma un conjunto prescrito de posiciones secuenciales*. En este caso, la orientación del eslabón es importante. Éste es un problema más amplio que la generación de trayectoria, y, de hecho, la generación de trayectoria es un subconjunto de la generación de movimiento. Un ejemplo de un problema de generación de movimiento es el control del "cucharón" de una retroexcavadora. El cucharón debe asumir un conjunto de posiciones para cavar, recoger y vaciar la tierra excavada. Conceptualmente, se debe hacer que el movimiento de una línea pintada en un costado del cucharón asuma las posiciones deseadas. Un eslabonamiento es la solución usual.

MECANISMOS PLANOS CONTRA MECANISMOS ESPACIALES La discusión anterior de movimiento controlado supuso que los movimientos deseados son planos (2-D). No obstante, se vive en un mundo tridimensional, y los mecanismos deben funcionar en ese mundo. Los **mecanismos espaciales**

* Disponible con el profesor A. Erdman, U. Minn., 111 Church St. SE, Minneapolis, MN 55455 612-625-8580.

† Vale la pena señalar que hace mucho pasó el día en que un ingeniero mecánico podía prescindir de la electrónica y la electromecánica. Virtualmente todas las máquinas modernas son controladas por dispositivos electrónicos. Los ingenieros mecánicos deben entender su funcionamiento.

son dispositivos tridimensionales. Su diseño y análisis son mucho más complejos que los de **mecanismos planos**, los cuales *son dispositivos bidimensionales*. El estudio de mecanismos espaciales queda fuera del ámbito de este texto introductorio. Algunas referencias para su estudio más amplio se encuentran en la bibliografía de este capítulo. Sin embargo, el estudio de mecanismos planos no está limitado en la práctica como puede parecer, ya que muchos dispositivos en tres dimensiones se construyen de múltiples conjuntos de dispositivos bidimensionales acoplados. Un ejemplo es cualquier silla plegable. Tendrá alguna clase de eslabonamiento en el plano lateral izquierdo que permita plegarla. Habrá un eslabonamiento idéntico en el lado derecho de la silla. Estos dos eslabonamientos planos *XY* estarán conectados por medio de alguna estructura en la dirección *Z*, la que sujeta a los dos eslabonamientos planos en un ensamble tridimensional. Muchos mecanismos reales están acomodados de esta manera, como **eslabonamientos planos duplicados**, desplazados en la dirección *Z* en planos paralelos y rígidamente conectados. Cuando se abre el cofre de un automóvil se observa su mecanismo de bisagra en cada lado del automóvil. El cofre y la carrocería sujetan los dos eslabonamientos planos en un ensamble tridimensional. Se pueden encontrar muchos ejemplos como ése de ensambles de eslabonamientos planos en configuraciones tridimensionales. De este modo se demostrará también que las técnicas bidimensional de síntesis y análisis aquí presentadas son de valor práctico al diseñar en tres dimensiones.

3.3 CONDICIONES LÍMITE

Las técnicas de síntesis manual, gráfica y dimensional presentadas en este capítulo, y las de síntesis analítica computarizadas presentadas en el capítulo 5, son medios razonablemente rápidos de obtener una solución de prueba a un problema de control de movimiento. Una vez que se encuentre una solución potencial, se debe evaluar su calidad. Existen muchos criterios que se pueden aplicar. En capítulos posteriores se explorará a detalle el análisis de estos mecanismos. Sin embargo, no se empleará mucho tiempo en analizar con gran detalle un diseño que puede resultar inadecuado según algunas evaluaciones simples y rápidas.

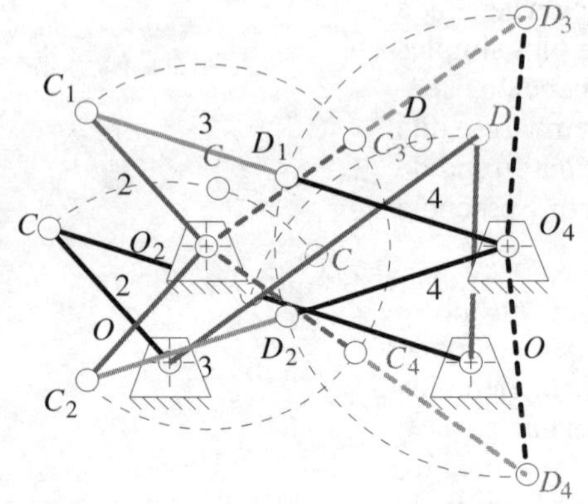

a) Posiciones de agarrotamiento de un triple balancín que no es de Grashof

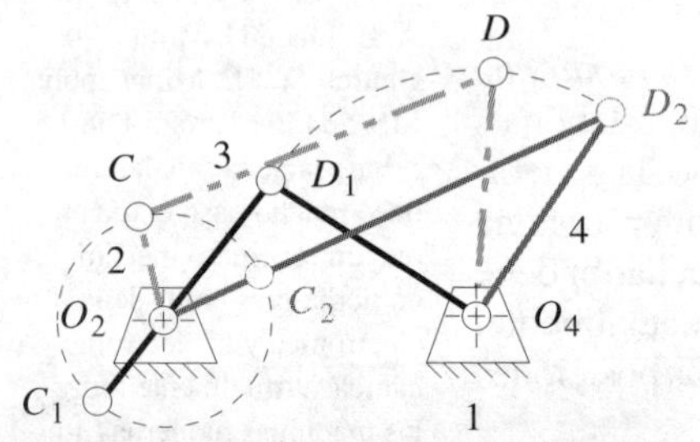

b) Configuraciones estacionarias de una manivela-balancín de Grashof

FIGURA 3-1 Eslabonamientos en posiciones límite

POSICIONES DE AGARROTAMIENTO Una prueba importante se puede aplicar dentro de los procedimientos de síntesis descritos a continuación. Es necesario verificar que el eslabonamiento en realidad puede alcanzar todas las posiciones de diseño especificadas sin que encuentre una posición límite. Los procedimientos de síntesis de eslabonamientos a menudo sólo permiten obtener las posiciones particulares especificadas. No indican nada acerca del comportamiento del eslabonamiento entre esas posiciones. La figura 3-1*a* muestra un eslabonamiento de cuatro barras de no Grashof en sus límites de movimiento llamado **posiciones de agarrotamiento**. *Las posiciones de agarrotamiento se determinan por la* ***colinealidad*** *de dos de los eslabones móviles.* C_1D_1 y C_2D_2 (líneas sólidas) son las posiciones de agarrotamiento que se alcanzan desde el eslabón 2. C_3D_3 y C_4D_4 (líneas punteadas) son las posiciones de agarrotamiento que se alcanzan desde el eslabón 4. Un mecanismo de triple balancín y cuatro barras tendrá cuatro, y un Grashof de doble balancín dos de estas posiciones de agarrotamiento en las que el eslabonamiento asume una configuración triangular. En una posición triangular (de agarrotamiento), no será posible otro movimiento en ninguna dirección desde uno de estos eslabones de balancín (ya sea del eslabón 2 desde las posiciones C_1D_1 y C_2D_2 o el eslabón 4 desde las posiciones C_3D_3 y C_4D_4). Entonces será necesario impulsar un eslabón diferente para salir del agarrotamiento.

POSICIONES ESTACIONARIAS Un eslabonamiento de manivela-balancín de cuatro barras de Grashof también asumirá dos posiciones de agarrotamiento, como se muestra en la figura 3-1*b*, cuando el eslabón más corto (manivela O_2C) sea colineal con el acoplador *CD* (eslabón 3), *colineal extendido* ($O_2C_2D_2$) o *colineal traslapante* ($O_2C_1D_1$). No puede ser *impulsado hacia atrás desde* el balancín O_4D (eslabón 4) a través de estas posiciones colineales (las cuales actúan como agarrotamientos), pero cuando se impulsa la manivela O_2C (eslabón 2), ésta pasará por ambas posiciones estacionarias porque es de Grashof. Hay que observar que estas posiciones de agarrotamiento también definen los límites de movimiento del balancín impulsado (eslabón 4), en los cuales su velocidad angular pasará por cero. Se debe emplear el programa LINKAGES para leer los archivos de datos F03-01A.4br y F03-1b.4br, y animar estos ejemplos.

Después de sintetizar una solución de **doble o triple balancín** para un problema de múltiples posiciones (generación de movimiento), **debe** revisarse para ver si existen posiciones de agarrotamiento *entre* sus posiciones de diseño. *Una manera sencilla de hacerlo es mediante un modelo del eslabonamiento*. Una herramienta CAE tal como LINKAGES o *Working Model* también sirve para este problema. Es importante comprender que una condición de agarrotamiento sólo es indeseable si evita que el eslabonamiento pase de una posición deseada a otra. En otras circunstancias, el agarrotamiento es muy útil. Puede crear una función autotrabante cuando el eslabonamiento se mueve ligeramente más allá de la posición de agarrotamiento contra un tope fijo. Cualquier intento de invertir el movimiento del eslabonamiento provoca entonces que sólo se trabe más contra el tope. Habrá que tirar manualmente de él "sobre el centro" para sacarlo del agarrotamiento, antes de que el eslabonamiento se mueva. Seguramente se pueden hallar muchos ejemplos de esta aplicación, como en los eslabonamientos de una mesa para jugar cartas, en las patas de un burro de planchar y también en los eslabonamientos de la puerta trasera de un camión de reparto o de una vagoneta. Un ejemplo de un eslabonamiento agarrotado se muestra en la figura 3-2. Sucede que es un caso especial del eslabonamiento de Grashof en la configuración deltoide (véase también la figura 2-17*d*, p. 42), el cual proporciona una posición de agarrotamiento de bloqueo cuando está abierto, y se pliega sobre sí mismo cuando está cerrado, para ahorrar espacio. La condición de agarrotamiento se analizará con más detalle en un capítulo posterior.

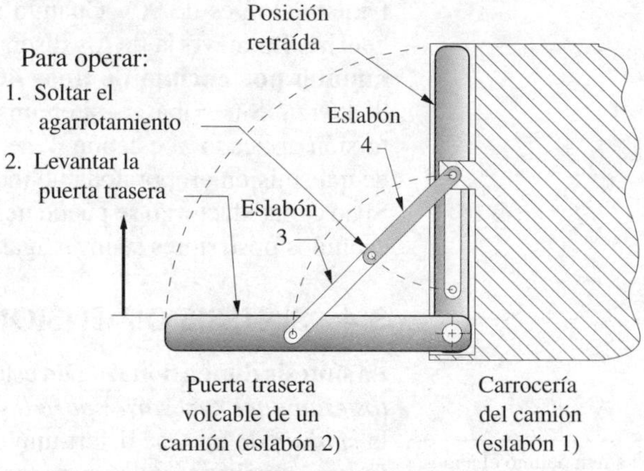

FIGURA 3-2 Eslabonamientos deltoide con agarrotamiento utilizado para controlar el movimiento de la puerta trasera de un camión

ÁNGULO DE TRANSMISIÓN Otra prueba útil que puede aplicarse rápidamente a un diseño de eslabonamiento para valorar su calidad es la medición de su ángulo de transmisión. Esto se puede realizar analítica o gráficamente en la mesa de dibujo, o en un modelo para una aproximación preliminar. (Extienda los eslabones más allá del pivote para medir el ángulo.) El **ángulo de transmisión** μ se muestra en la figura 3-3*a* y se define como *el ángulo entre el eslabón de salida y el acoplador*.* En general, se considera como el *valor absoluto del ángulo agudo del par de ángulos formado en la intersección de dos eslabones*, y *varía continuamente de un valor mínimo a un valor máximo conforme el eslabonamiento pasa por su intervalo en movimiento*. Es una medida de la calidad de transmisión de fuerza y velocidad en la junta. Obsérvese en la figura 3-2 que el eslabonamiento no puede moverse de la posición abierta mostrada por cualquier fuerza aplicada a la puerta trasera, eslabón 2, puesto que el ángulo de transmisión se forma entonces entre los eslabones 3 y 4 y es cero en esa posición. Pero una fuerza aplicada al eslabón 4 como eslabón de entrada lo moverá. El ángulo de transmisión ahora se encuentra entre los eslabones 3 y 2, y es de 45 grados.

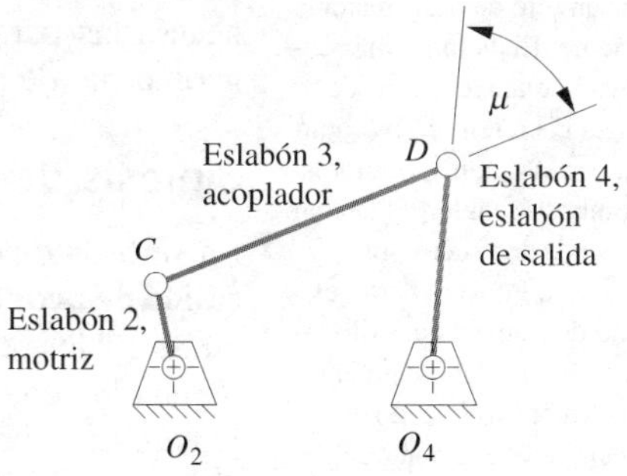

a) Ángulo de transmisión μ de un eslabonamiento

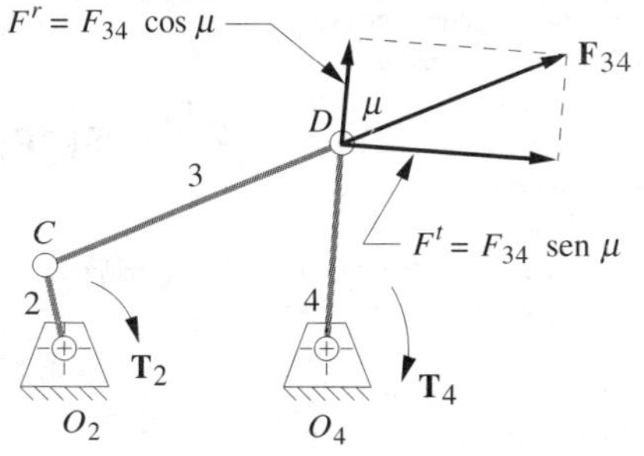

b) Fuerzas estáticas en una junta de eslabonamiento

FIGURA 3-3 Ángulo de transmisión en el eslabonamiento de cuatro barras

La figura 3-3*b* muestra un par de torsión $\mathbf{T}_2$ aplicado al eslabón 2. Incluso antes de que ocurra cualquier movimiento, esto provoca una fuerza colineal estática $\mathbf{F}_3$ a ser aplicada por el eslabón 3 al 4 en el punto *D*. Sus componentes radiales y tangenciales F_{34}^r y F_{34}^t se descomponen en forma paralela y perpendicular al eslabón 4, respectivamente. En el caso ideal, sería conveniente que toda la fuerza $\mathbf{F}_3$ fuera empleada para producir el par de torsión de salida $\mathbf{T}_4$ en el eslabón 4. Sin embargo, sólo la componente tangencial crea un par de torsión en el eslabón 4. La componente radial F_{34}^r sólo produce tensión o compresión en el eslabón 4. Esta componente radial sólo incrementa la fricción en el pivote y no contribuye al par de torsión de salida. Por consiguiente, el valor óptimo del **ángulo de**

* El ángulo de transmisión como lo define Alt[2] tiene una aplicación limitada. Sólo predice la calidad de la transmisión de fuerza o par de torsión si los eslabones de entrada y salida están pivotados a la bancada. Si se considera que la fuerza de salida proviene de un eslabón flotante (acoplador), entonces el ángulo de transmisión no tiene valor. Un indicador de mérito diferente llamado índice de fuerza de junta (JFI, por sus siglas en inglés) se presenta en el capítulo 11, el cual discute un análisis de fuerzas en el eslabonamiento. (Véase la sección 11-12 en la p. 423.) El JFI es útil en situaciones en las que el eslabón de salida también es flotante o para proporcionar la misma clase de información cuando se considera que la salida proviene de un eslabón que gira en torno de la bancada. Sin embargo, requiere un análisis completo de la fuerza del eslabonamiento, mientras que el ángulo de transmisión se determina sólo por la geometría de éste.

3

transmisión es de 90°. Cuando μ es menor que 45°, la componente radial será mayor que la tangencial. La mayoría de los diseñadores de máquinas tratan de mantener el **ángulo de transmisión mínimo por encima de unos 40**° para promover un movimiento suave y una buena transmisión de fuerza. Sin embargo, si en un diseño particular hay muy poca o ninguna fuerza externa o par de torsión aplicado al eslabón 4, se puede tener éxito con valores de μ incluso más bajos.* El ángulo de transmisión proporciona un medio para juzgar la calidad de un eslabonamiento recién sintetizado. Si no es satisfactoria, se puede iterar a través del procedimiento de síntesis para mejorar el diseño. En capítulos posteriores se investigará el ángulo de transmisión con más detalle.

3.4 SÍNTESIS DIMENSIONAL

La **síntesis dimensional** de un eslabonamiento es *la determinación de las dimensiones (longitudes) de los eslabones necesarios para lograr los movimientos deseados.* Esta sección supone que, mediante la *síntesis de tipo*, se determinó que un eslabonamiento es la solución más apropiada al problema. Existen muchas técnicas para realizar esta tarea de **síntesis dimensional de un eslabonamiento de cuatro barras**. Los métodos más simples y rápidos son gráficos. Éstos funcionan bien hasta para tres posiciones de diseño. Más allá de este número, por lo general se requiere un método de síntesis analítica numérica mediante el uso de una computadora, como se describe en el capítulo 5.

Hay que observar que los principios utilizados en estas técnicas de síntesis gráfica son simplemente los de la **geometría euclideana**. Las reglas de bisección de líneas y ángulos, las propiedades de las líneas paralelas y perpendiculares y las definiciones de arcos, etc., son todas las que se necesitan para generar estos eslabonamientos. El **compás**, el **transportador** y la **regla** son las únicas herramientas necesarias para la síntesis gráfica de eslabonamientos. Consulte cualquier texto introductorio de geometría (de bachillerato) si los teoremas geométricos no son claros.

Síntesis de dos posiciones

La **síntesis de dos posiciones** se subdivide en dos categorías: **salida de balancín** (rotación pura) y **salida de acoplador** (movimiento complejo). La salida de balancín es más adecuada para situaciones en las cuales se desea una manivela-balancín de Grashof y, de hecho, es un caso trivial de *generación de función* en el cual la función de salida se define como dos posiciones angulares discretas del balancín. La salida de acoplador es más general y es un caso simple de *generación de movimiento* en el que dos posiciones de una línea se definen como la salida. Esta solución con frecuencia conducirá a un balancín triple. Sin embargo, el balancín triple de cuatro barras puede impulsarse por un motor mediante la adición de una **díada** (cadena de dos barras); el resultado final es un mecanismo de **seis barras de Watt** que contiene una **subcadena de cuatro barras de Grashof.** A continuación se explora la síntesis de cada uno de estos tipos de solución al problema de dos posiciones.†

EJEMPLO 3-1 Salida de balancín. Dos posiciones con desplazamiento angular. (Generación de función.)

Problema: Diseñe una manivela-balancín de Grashof de cuatro barras que produzca una rotación de 45° del balancín con el mismo tiempo hacia delante y hacia atrás, con una entrada de motor de velocidad constante.

Solución: (Véase la figura 3-4,‡ p. 75.)

1 Dibuje el eslabón de salida O_4B en ambas posiciones extremas, B_1 y B_2, en cualquier lugar conveniente, de modo que el ángulo de movimiento deseado θ_4 quede subtendido.
2 Dibuje la cuerda B_1B_2 y extiéndala en ambas direcciones.
3 Seleccione un punto conveniente O_2 sobre la línea B_1B_2 extendida.
4 Biseque el segmento de línea B_1B_2 y trace un círculo con ese radio alrededor de O_2.
5 Marque las dos intersecciones del círculo y B_1B_2 extendido, como A_1 y A_2.
6 Mida la longitud del acoplador como A_1 a B_1 o A_2 a B_2.
7 Mida la longitud de la bancada 1, la manivela 2 y del balancín 4.
8 Encuentre la condición de Grashof. Si no es de Grashof, repita los pasos 3 a 8 con O_2 más alejado de O_4.
9 Elabore un modelo de cartón del mecanismo y ármelo para verificar su funcionamiento y sus ángulos de transmisión.
10 Se puede introducir el archivo F03-04.4br al programa LINKAGES para ver cómo se mueve este ejemplo.

* Alt,[2] quien definió el ángulo de transmisión, recomendó mantenerlo $\mu_{mín} > 40°$. Pero se puede argumentar que a altas velocidades, la cantidad de movimiento de los elementos móviles y/o la adición de un volante llevará a un mecanismo a través de lugares de ángulo de transmisión deficiente. El ejemplo más común es la manivela-corredera impulsada en retroceso (como las que se utilizan en motores de combustión interna) la cual tiene $\mu = 0$ dos veces por revolución. Por otra parte, el ángulo de transmisión sólo es crítico en un eslabonamiento de cuatro barras cuando el balancín es el eslabón de salida contra el cual choca la carga de trabajo. Si la carga de trabajo es soportada por el acoplador y no por el balancín, entonces pueden ser viables ángulos de transmisión mínimos menores de 40°. Una forma más definitiva de calificar la función dinámica de un mecanismo es calcular la variación de su par de torsión motriz requerido. Los pares de torsión motrices y volantes se abordan en el capítulo 11. También se puede calcular un índice o indicador de fuerza de junta (JFI). (Véase la nota al pie en la página anterior.)

† En el DVD anexo se incluye un video sobre "Síntesis de posición" (*Position Synthesis*) en el que se muestra cómo sintetizar mecanismos para dos y tres posiciones.

‡ Esta figura se incluye como archivos animados AVI y Working Model en el DVD. Su nombre de archivo es el mismo que el número de la figura.

Hay que observar varias cosas sobre este proceso de síntesis. Se inició con el extremo de salida del sistema, ya que fue el único aspecto definido en el enunciado del problema. Se tuvieron que tomar muchas decisiones e hipótesis bastante arbitrarias para proseguir, porque había muchas más variables que "ecuaciones" disponibles. Con frecuencia se necesitan realizar "elecciones libres" de "un ángulo o longitud conveniente". Estas elecciones libres son en realidad definiciones de parámetros de diseño. Una elección deficiente conducirá a un diseño defectuoso. Por lo tanto, éstos son métodos de **síntesis cualitativa** y requieren un proceso iterativo, incluso para este ejemplo simple. La primera solución que se obtenga probablemente no será satisfactoria y se requerirán varios intentos (iteraciones). Conforme se adquiera más experiencia en el diseño de soluciones cinemáticas, se podrán realizar mejores elecciones de estos parámetros de diseño con pocas iteraciones. **¡El valor de elaborar un modelo simple de un diseño no se puede sobreestimar!** Se tendrá *una mejor idea* de la calidad del diseño con *menos esfuerzo* al elaborar, articular y estudiar el modelo. Estas observaciones generales serán válidas para la mayoría de los ejemplos de síntesis de eslabonamientos presentados.

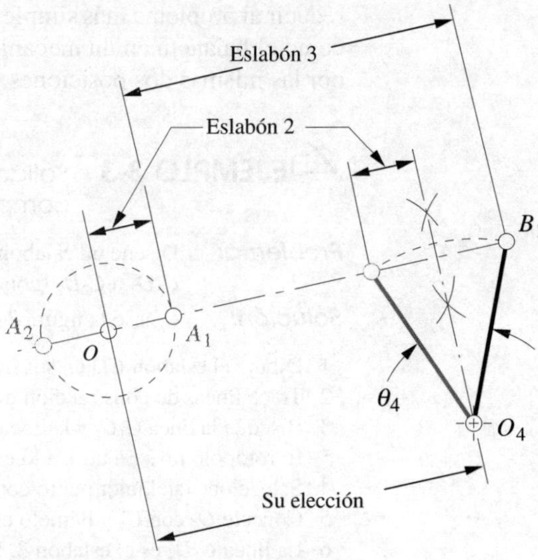

a) Método de construcción

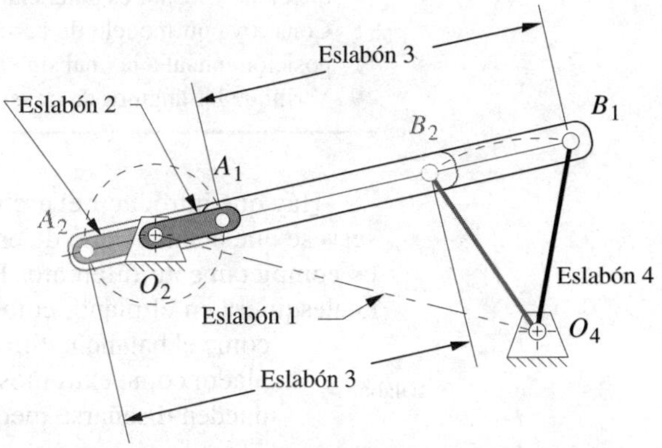

b) Eslabonamiento terminado

FIGURA 3-4 Síntesis de función de dos posiciones con salida de balancín (de no retorno rápido)

EJEMPLO 3-2 Salida de balancín. Dos posiciones con desplazamiento complejo. (Generación de movimiento.)

Problema: Diseñe un eslabonamiento de cuatro barras para mover el eslabón *CD* de la posición C_1D_1 a C_2D_2.

Solución: (Véase la figura 3-5.)*

1 Dibuje el eslabón *CD* en sus posiciones deseadas C_1D_1 y C_2D_2 como se muestra en el plano.
2 Trace líneas de construcciones del punto C_1 a C_2 y del punto D_1 a D_2.
3 Biseque la línea C_1C_2 y la línea D_1D_2 y extienda sus bisectrices perpendiculares hasta intersectar a O_4. Su intersección es el **rotopolo**.
4 Seleccione un radio conveniente y trace un arco alrededor del rotopolo para cortar ambas líneas O_4C_1 y O_4C_2. Marque las intersecciones como B_1 y B_2.
5 Realice los pasos del 2 al 8 del ejemplo 3-1 (p. 74) para completar el mecanismo.
6 Elabore un modelo del mecanismo y ármelo para comprobar su funcionamiento y sus ángulos de transmisión.

* Esta figura se incluye como archivos animados AVI y Working Model en el DVD. Su nombre de archivo es el mismo que el número de la figura.

Observe que el ejemplo 3-2 se reduce al método del ejemplo 3-1 (p. 74) una vez que se localiza el **rotopolo**. Por lo tanto, un eslabón representado por una línea en movimiento complejo se puede

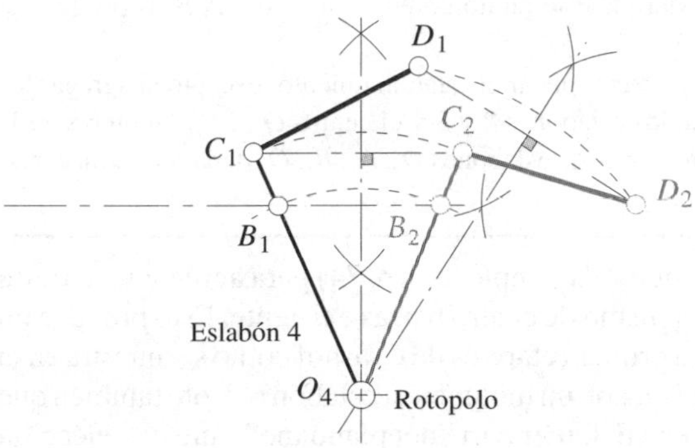

a) Localización del rotopolo en el ejemplo 3-2

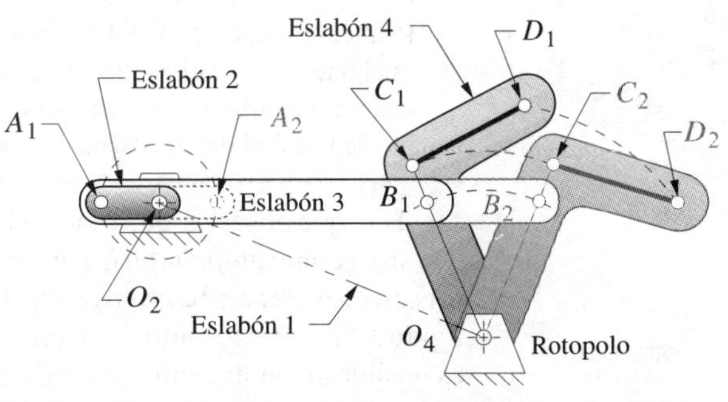

b) Construcción del mecanismo mediante el método del ejemplo 3-1

FIGURA 3-5 Síntesis de movimiento en dos posiciones con salida de balancín (de no retorno rápido) reducir al problema más simple de rotación pura y moverse a dos posiciones cualesquiera en el plano, como el balancín en un mecanismo de cuatro barras. El siguiente ejemplo mueve el mismo eslabón por las mismas dos posiciones, como el acoplador de un mecanismo de cuatro barras.

EJEMPLO 3-3 Salida de acoplador. Dos posiciones con desplazamiento complejo. (Generación de movimiento.)

Problema: Diseñe un eslabonamiento de cuatro barras para mover el eslabón *CD* mostrado de la posición C_1D_1 a C_2D_2 (con pivotes móviles en *C* y *D*).

Solución: (Véase la figura 3-6.)

1. Dibuje el eslabón *CD* en sus dos posiciones deseadas, C_1D_1 y C_2D_2 como se muestra en el plano.
2. Trace líneas de construcción del punto C_1 a C_2 y del punto D_1 a D_2.
3. Biseque la línea C_1C_2 y la línea D_1D_2 y extienda las bisectrices perpendiculares en direcciones convenientes. El rotopolo **no** será utilizado en esta solución.
4. Seleccione cualquier punto conveniente en cada bisectriz como pivotes fijos O_2 y O_4, respectivamente.
5. Conecte O_2 con C_1 y llámelo eslabón 2. Conecte O_4 con D_1 y llámelo eslabón 4.
6. La línea C_1D_1 es el eslabón 3, la línea O_2O_4 es el eslabón 1.
7. Verifique la condición de Grashof, y repita los pasos 4 a 7 si no está satisfecho. Observe que cualquier condición de Grashof es potencialmente aceptable en este caso.
8. Construya un modelo de cartón y verifique su funcionamiento para asegurarse de que puede pasar de la posición inicial a la final sin encontrar posiciones límite (agarrotamiento).
9. Verifique los ángulos de transmisión.

Hay que introducir el archivo F03-06.4br al programa LINKAGES para ver el ejemplo 3-3. Obsérvese que el enunciado de este ejemplo es casi igual al del ejemplo 3-2 (p. 75), pero la solución es completamente diferente. Por lo tanto, un eslabón también puede moverse a dos posiciones cualesquiera en el plano, como el acoplador de un eslabonamiento de cuatro barras, en lugar de como el balancín. Sin embargo, para limitar sus movimientos a esas dos posiciones de acoplador como extremos, se requieren dos eslabones adicionales. Estos eslabones adicionales pueden diseñarse mediante el método mostrado en el ejemplo 3-4 y la figura 3-7 (p. 77).

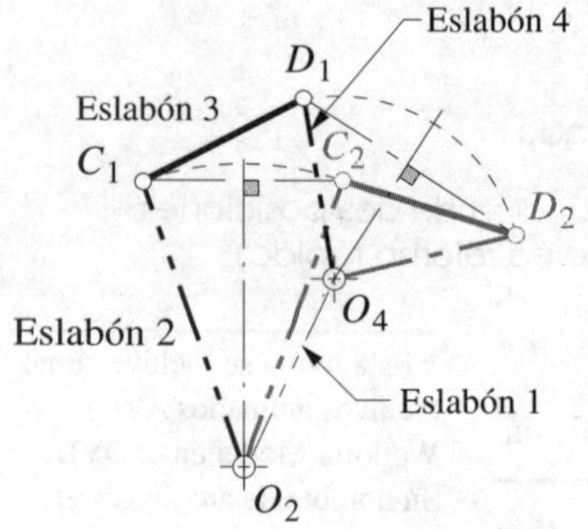

a) Síntesis de dos posiciones

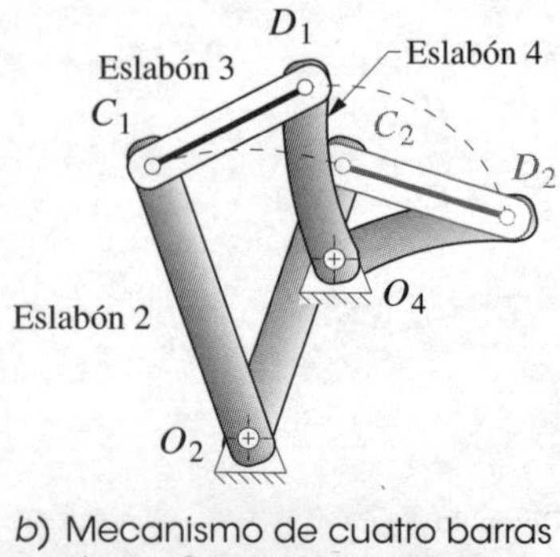

b) Mecanismo de cuatro barras de no Grashof terminado

FIGURA 3-6 Síntesis de movimiento de dos posiciones con salida de acoplador

EJEMPLO 3-4 Adición de una díada (cadena de dos barras) para controlar el movimiento en el ejemplo 3-3 (p. 69).

Problema: Diseñe una **díada** para controlar y limitar los extremos de movimiento del mecanismo del ejemplo 3-3 a sus dos posiciones de diseño.

Solución: (Véase la figura 3-7*a*.)

1. Seleccione un punto conveniente en el eslabón 2 del eslabonamiento diseñado en el ejemplo 3-3. Observe que no necesita estar en la recta O_2C_1. Marque ese punto como B_1.
2. Trace un arco alrededor del centro O_2 a través de B_1 para intersectar la línea correspondiente O_2B_2 en la segunda posición del eslabón 2. Marque este punto como B_2. La cuerda B_1B_2 produce el mismo problema del ejemplo 3-1 (p. 74).
3. Realice los pasos 2 a 9 del ejemplo 3-1 para completar el eslabonamiento, excepto al agregar los eslabones 5 y 6 y el centro O_6 en vez de los eslabones 2 y 3 y el centro O_2. El eslabón 6 será la manivela motriz. La subcadena de cuatro barras de eslabones O_6, A_1, B_1, O_2 debe ser un mecanismo de Grashof del tipo manivela-balancín.

Hay que observar que se usó el enfoque del ejemplo 3-1 (p. 74) para agregar una **díada** que sirva como *etapa motriz* para el mecanismo de cuatro barras existente. Esto produce un **mecanismo de seis barras de Watt** cuya primera etapa es de Grashof como se muestra en la figura 3-7*b*.* Por lo tanto, se puede impulsar con un motor en el eslabón 6. Note también que es posible situar el centro del motor O_6 en cualquier parte del plano mediante una elección

* Esta figura se incluye como archivos animados AVI y Working Model en el DVD. Su nombre de archivo es el mismo que el número de la figura.

sensata del punto B_1 en el eslabón 2. Si se hubiera puesto B_1 abajo del centro O_2, el motor estaría a la derecha de los eslabones 2, 3 y 4 como se muestra en la figura 3-7*c*. Existen *una infinidad de díadas motrices* posibles que impulsarán cualquier ensamblaje de eslabones de doble balancín. Hay que introducir los archivos F03-07b.6br y F03-07c.6br al programa LINKAGES para ver el ejemplo 3-4 (p. 76) en movimiento con estas dos soluciones.

Síntesis de tres posiciones con pivotes móviles especificados

La **síntesis de tres posiciones** permite definir las tres posiciones de una línea en el plano y creará una configuración de eslabonamiento de cuatro barras para moverlo a cada una de esas posiciones. Éste es un problema de **generación de movimiento**. La técnica de síntesis es una extensión lógica del método utilizado en el ejemplo 3-3 (p. 69) para síntesis de dos posiciones con salida de acoplador. El eslabonamiento resultante puede ser de cualquier condición de Grashof y, en general, requerirá la adición de una díada para controlar y limitar su movimiento a las posiciones de interés. El compás, el transportador y la regla son las únicas herramientas necesarias en este método gráfico.

✍ EJEMPLO 3-5 Salida de acoplador. Tres posiciones con desplazamiento complejo. (Generación de movimiento.)

Problema: Diseñe un mecanismo de cuatro barras para mover el eslabón *CD* mostrado de la posición C_1D_1 hasta la C_2D_2 y luego a la posición C_3D_3. Los pivotes móviles están en *C* y *D*. Localice los lugares del pivote fijo.

Solución: (Véase la figura 3-8, p. 78.)

1 Dibuje el eslabón *CD* en sus tres posiciones C_1D_1, C_2D_2, C_3D_3 como se muestra en el plano.
2 Trace líneas de construcción del punto C_1 a C_2 y del punto C_2 a C_3.
3 Biseque las líneas C_1C_2 y C_2C_3 y prolongue sus bisectrices perpendiculares hasta que se corten. Marque su intersección como O_2.
4 Repita los pasos 2 y 3 para las líneas D_1D_2 y D_2D_3. Marque la intersección como O_4.
5 Conecte O_2 con C_1 y llámelo eslabón 2. Conecte O_4 con D_1 y llámelo eslabón 4.
6 La línea C_1D_1 es el eslabón 3. La línea O_2O_4 es el eslabón 1.
7 Compruebe la condición de Grashof. Observe que cualquier condición de Grashof es potencialmente aceptable en este caso.
8 Construya un modelo de cartón y compruebe su funcionamiento para asegurarse de que puede pasar de la posición inicial a la final sin encontrar posiciones límite (agarrotamiento).
9 Construya una díada motriz de acuerdo con el método del ejemplo 3-4 (p. 76) mediante una extensión del eslabón 3 para enlazar la díada.

Hay que observar que aun cuando usualmente se obtiene una solución en este caso, es posible que no pueda mover el mecanismo de manera continua desde una posición hasta la siguiente sin desarmar los eslabones y reensamblarlos para que se muevan más allá de la posición límite. Eso obviamente será insatisfactorio. En la solución particular presentada en la figura 3-8, obsérvese que los eslabones 3 y 4 están en una posición de agarrotamiento, y los

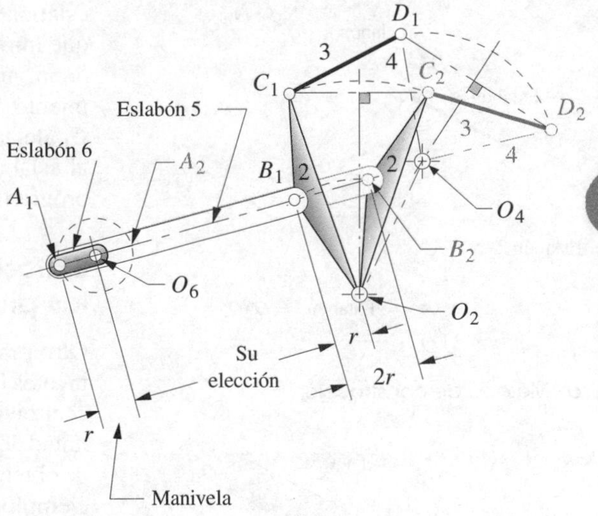

a) Adición de una díada motriz a la cadena de cuatro barras

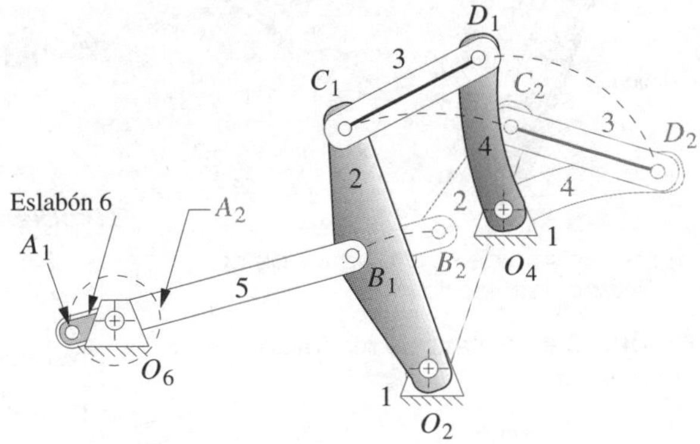

b) Eslabonamiento completo de seis barras de Watt con motor en O_6

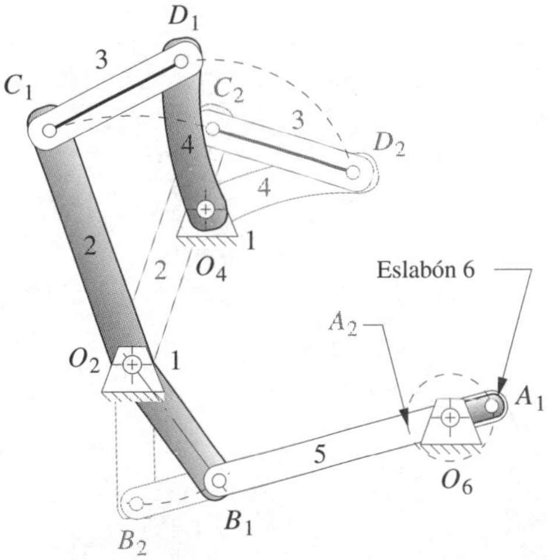

c) Una ubicación alterna de la díada motriz con motor en O_6

FIGURA 3-7 Impulsión de un eslabonamiento de no Grashof con una díada (de no retorno rápido)

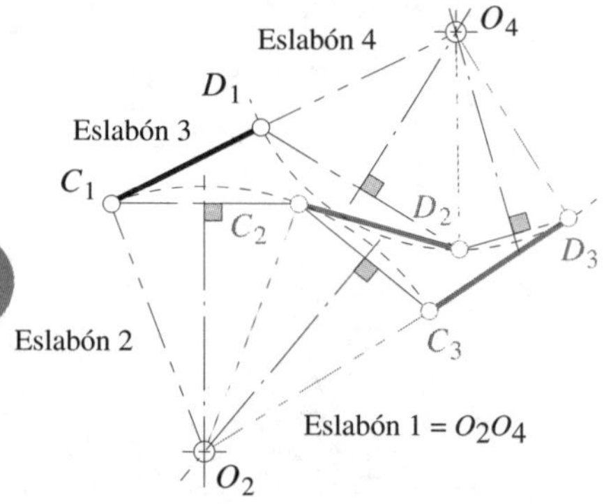

a) Método de construcción

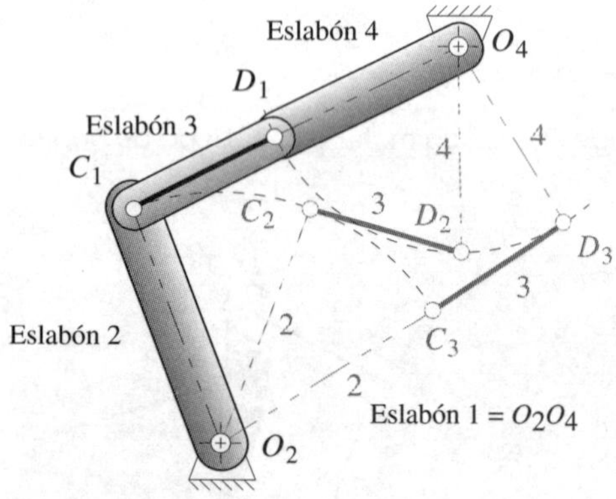

b) Mecanismo de cuatro barras de no Grashof terminado

FIGURA 3-8 Síntesis de movimiento en tres posiciones

eslabones 2 y 3 están agarrotados en la posición tres. En este caso se tendrá que impulsar el eslabón 3 con una díada motriz, puesto que cualquier intento de impulsar el eslabón 2 o el eslabón 4 fallará en las posiciones de agarrotamiento. Ninguna cantidad de par de torsión aplicado al eslabón 2 en la posición C_1 alejará al eslabón 4 de la posición D_1, y el eslabón impulsado 4 no alejará al eslabón 2 de la posición C_3. Hay que introducir el archivo F03-08.4br al programa LINKAGES para ver el ejemplo 3-5 (p. 77).

Síntesis de tres posiciones con los pivotes móviles alternos

Otro problema potencial es la posibilidad de una ubicación indeseable de los pivotes fijos O_2 y O_4 con respecto a sus restricciones de empaque. Por ejemplo, si el pivote fijo de un diseño de mecanismo de limpiaparabrisas termina a la mitad del parabrisas, sería mejor rediseñarlo. El ejemplo 3-6 muestra una forma de obtener una configuración alterna para el movimiento de tres posiciones del ejemplo 3-5 (p. 77). Y el método mostrado en el ejemplo 3-8 (más adelante en la p. 81) le permite especificar el lugar de los pivotes fijos con anticipación y luego localizar los lugares de los pivotes móviles en el eslabón 3, que son compatibles con los pivotes fijos.

EJEMPLO 3-6 Salida de acoplador. Tres posiciones con desplazamiento complejo-puntos de unión alternos para los pivotes móviles. (Generación de movimiento.)

Problema: Diseñe un mecanismo de cuatro barras para mover el eslabón *CD* mostrado de la posición C_1D_1 a C_2D_2 y luego a la posición C_3D_3. Use diferentes pivotes móviles en lugar de *CD*. Localice las ubicaciones de pivote fijo.

Solución: (Véase la figura 3-9*)

1 Dibuje el eslabón *CD* en sus tres posiciones deseadas C_1D_1, C_2D_2, C_3D_3 en el plano, como se realizó en el ejemplo 3-5 (p. 77).

---

* Esta figura se incluye como archivos animados AVI y Working Model en el DVD. Su nombre es el mismo que el número de la figura.

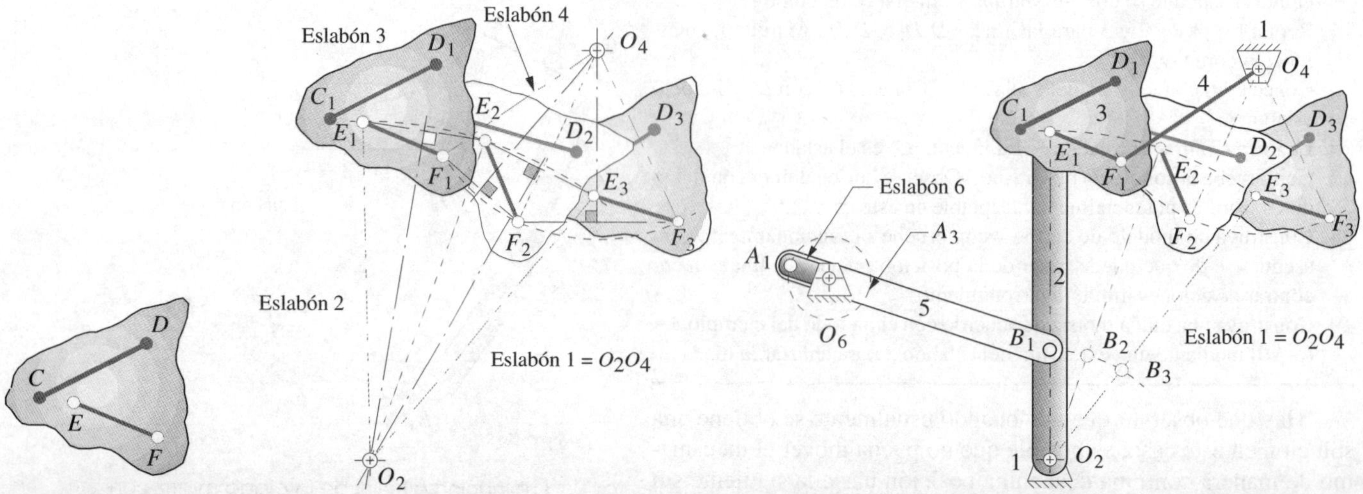

a) Puntos de unión alternos *b*) Síntesis de tres posiciones *c*) Mecanismo completo de seis barras de Watt con motor en O_6

FIGURA 3-9 Síntesis en tres posiciones con pivotes móviles alternos

2 Defina nuevos puntos de unión E_1 y F_1 que tengan una relación fija entre C_1D_1 y E_1F_1 dentro del eslabón. Ahora use E_1F_1 para definir las tres posiciones del eslabón.
3 Trace líneas de construcción del punto E_1 al punto E_2 y del punto E_2 al punto E_3.
4 Biseque la línea E_1E_2 y la línea E_2E_3 y prolongue las bisectrices perpendiculares hasta que se corten. Marque la intersección como O_2.
5 Repita los pasos 2 y 3 para las líneas F_1F_2 y F_2F_3. Marque la intersección como O_4.
6 Conecte O_2 con E_1 y llámelo eslabón 2. Conecte O_4 con F_1 y llámelo eslabón 4.
7 La línea E_1F_1 es el eslabón 3. La línea O_2O_4 es el eslabón 1.
8 Compruebe la condición de Grashof. Observe que cualquier condición de Grashof es potencialmente aceptable en este caso.
9 Construya un modelo y verifique su funcionamiento para asegurarse de que pueda ir de la posición inicial a la final sin encontrar ninguna posición límite (de agarrotamiento). Si no es así, cambie las ubicaciones de los puntos E y F y repita los pasos 3 a 9.
10 Construya una díada motriz que actúe en el eslabón 2 de acuerdo con el método del ejemplo 3-4 (p. 76).

Hay que observar que el cambio de los puntos de unión en el eslabón 3 de CD a EF también cambió las ubicaciones de los pivotes fijos O_2 y O_4. Por lo tanto, ahora pueden estar en ubicaciones más favorables que las obtenidas en el ejemplo 3-5 (p. 77). Es importante comprender que dos puntos cualesquiera en el eslabón 3, tales como E y F, pueden servir para definir completamente ese eslabón como un cuerpo rígido, y que existe una infinidad de puntos de dónde escoger. Aun cuando los puntos C y D tienen una ubicación particular en el plano definido por el funcionamiento del mecanismo, los puntos E y F pueden estar en cualquier parte del eslabón 3; por consiguiente, se crea una infinidad de soluciones para este problema.

La solución en la figura 3-9 (p. 78) es diferente de la de la figura 3-8 en varios aspectos. Evita las posiciones de agarrotamiento y, por lo tanto, puede impulsarse por una díada que actúa en uno de los balancines, como se muestra en la figura 3-9*c*, y los ángulos de transmisión son mejores. Sin embargo, las posiciones de agarrotamiento de la figura 3-8 en realidad podrían ser valiosas si se deseara un elemento autobloqueante. *Reconozca que estas dos soluciones son del mismo problema*, y que la solución de la figura 3-8 (p. 78) es justamente un caso especial del de la figura 3-9. Ambas soluciones pueden ser útiles. La línea CD se mueve por las mismas tres posiciones con ambos diseños. Existe una infinidad de otras soluciones para este problema que también esperan ser encontradas. Se debe cargar el archivo F03-09c.6br en el programa LINKAGES para ver el ejemplo 3-6 (p. 78).

Síntesis de tres posiciones con pivotes fijos especificados

Aun cuando probablemente se puede encontrar una solución aceptable al problema de tres posiciones mediante los métodos descritos en los dos ejemplos anteriores, se puede observar que el diseñador tendrá poco control directo sobre la localización de los pivotes fijos, ya que éstos son uno de los resultados del proceso de síntesis. Los pivotes fijos deben localizarse en sitios donde exista un plano de bancada y éste sea accesible. Sería preferible si se pudieran definir las ubicaciones de los pivotes fijos, así como también las tres posiciones del eslabón móvil, y luego sintetizar los puntos de fijación apropiados, E y F, con respecto al eslabón móvil para satisfacer estas restricciones más reales. El principio de **inversión** se puede aplicar a este problema. Los ejemplos 3-5 (p. 77) y 3-6 (p. 78) demostraron cómo encontrar los pivotes fijos requeridos para las tres posiciones elegidas de los pivotes móviles. La inversión de este problema permite especificar las ubicaciones de los pivotes fijos y determinar los pivotes móviles requeridos para esas posiciones. El primer paso es encontrar las tres posiciones del plano de bancada que corresponden a las tres posiciones del acoplador deseadas. Esto se hace al **invertir el eslabonamiento*** como se muestra en la figura 3-10 y el ejemplo 3-7.

EJEMPLO 3-7 Síntesis de tres posiciones con pivotes fijos especificados. Inversión del problema de síntesis de movimiento de tres posiciones.

Problema: Invierta un mecanismo de cuatro barras que mueve el eslabón CD mostrado de la posición C_1D_1 a C_2D_2 y luego a la posición C_3D_3. Use los pivotes fijos especificados O_2 y O_4.

Solución: Primero encuentre las posiciones invertidas del eslabón de bancada correspondiente a las tres posiciones del acoplador especificadas. (Véase la figura 3-10, p. 80.)

* El método y el ejemplo fueron proporcionados por el señor Homer D. Eckhardt, ingeniero consultor, Lincoln, MA.

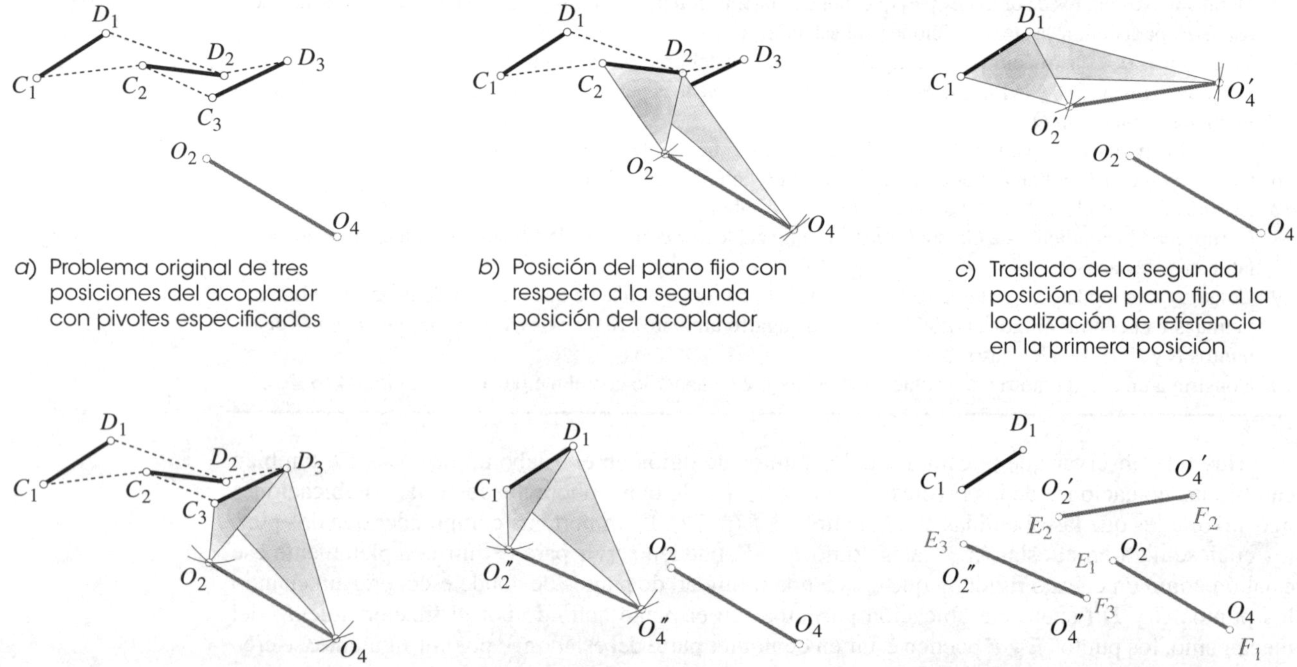

a) Problema original de tres posiciones del acoplador con pivotes especificados

b) Posición del plano fijo con respecto a la segunda posición del acoplador

c) Traslado de la segunda posición del plano fijo a la localización de referencia en la primera posición

d) Posición del plano fijo con respecto a la tercera posición del acoplador

e) Traslado de la tercera posición del plano fijo a la localización de referencia en la primera posición

f) Las tres posiciones invertidas del plano fijo correspondientes a la posición original del acoplador

FIGURA 3-10 Inversión del problema de síntesis de movimiento en tres posiciones

1. Dibuje el eslabón *CD* en sus tres posiciones deseadas C_1D_1, C_2D_2, C_3D_3 en el plano, como se realizó en el ejemplo 3-5 (p. 77) y como se muestra en la figura 3-10*a*.
2. Dibuje la bancada O_2O_4 en su posición deseada en el plano con respecto a la primera posición del acoplador C_1D_1 como se muestra en la figura 3-10*a*.
3. Trace los arcos de construcción del punto C_2 a O_2 y del punto D_2 a O_2 cuyos radios definen los lados del triángulo $C_2O_2D_2$. Éste define la relación del pivote fijo O_2 con respecto a la línea del acoplador *CD* en la segunda posición de éste, como se muestra en la figura 3-10*b*.
4. Trace los arcos de construcción del punto C_2 a O_4 y del punto D_2 a O_4 cuyos radios definen los lados del triángulo $C_2O_4D_2$. Éste define la relación del pivote fijo O_4 con respecto a la línea del acoplador *CD* en la segunda posición de éste, como se muestra en la figura 3-10*b*.
5. Ahora transfiera esta relación de regreso a la primera posición del acoplador C_1D_1 de modo que la posición del plano de bancada $O'_2O'_4$ guarde la misma relación con C_1D_1 que O_2O_4 guardó con la segunda posición del acoplador C_2D_2. En efecto, usted está deslizando C_2 a lo largo de la línea punteada C_2-C_1 y D_2 a lo largo de la línea punteada D_2-D_1. Con esto se pretende que el plano de la bancada se mueva de O_2O_4 a $O'_2O'_4$ en vez de que el acoplador se mueva de C_1D_1 a C_2D_2. Es decir, se *invierte* el problema.
6. Repita el proceso para la tercera posición del acoplador, como se muestra en la figura 3-10*d* y transfiera la tercera posición relativa de la bancada a la primera posición o referencia mostrada en la figura 3-10*e*.
7. Las tres posiciones invertidas del plano de bancada que corresponden a las tres posiciones del acoplador están marcadas como O_2O_4, $O'_2O'_4$ y $O''_2O''_4$ y también se han renombrado como E_1F_1, E_2F_2 y E_3F_3, como se muestra en la figura 3-10*f*. Éstas corresponden a las tres posiciones del acoplador mostradas en la figura 3-10*a*. Observe que las tres líneas originales C_1D_1, C_2D_2 y C_3D_3 ya no se necesitan para la síntesis del mecanismo.

Se pueden utilizar estas tres nuevas líneas E_1F_1, E_2F_2 y E_3F_3 para encontrar los puntos de unión *GH* (pivotes móviles) en el eslabón 3, lo que permitirá utilizar los pivotes fijos deseados O_2 y O_4 para las tres posiciones de salida especificadas. De hecho, ahora se considerará que la bancada O_2O_4 es un acoplador que se mueve a través del inverso de las tres posiciones originales, se encontrarán los "pivotes fijos" *GH* necesarios para el movimiento invertido y se colocarán en el acoplador real. El proceso de inversión realizado en el ejemplo 3-7 y la figura 3-10 han intercambiado las funciones de acoplador y plano de bancada. La tarea restante es idéntica a la realizada en el ejemplo 3-5 (p. 77) y la figura 3-8 (p. 78). El resultado de la síntesis entonces debe reinvertirse para obtener la solución.

EJEMPLO 3-8 Localización de los pivotes móviles para tres posiciones y pivotes fijos especificados.

Problema: Diseñe un mecanismo de cuatro barras para mover el eslabón CD mostrado de la posición C_1D_1 a C_2D_2 y luego a la posición C_3D_3. Use los pivotes fijos especificados O_2 y O_4. Encuentre las ubicaciones de los pivotes móviles requeridas en el acoplador mediante la inversión.

Solución: Con las posiciones de los eslabones de tierra invertidas E_1F_1, E_2F_2 y E_3F_3 encontradas en el ejemplo 3-7 (p. 79), encuentre los pivotes fijos para el movimiento invertido, y luego reinvierta el mecanismo resultante para crear los pivotes móviles para las tres posiciones del acoplador CD que utilizan los pivotes fijos seleccionados O_2 y O_4, como se muestra en la figura 3-10*a* (véase también la figura 3-11*).

1. Comience con las tres posiciones invertidas en el plano, como se muestra en las figuras 3-10*f* y 3-11*a*. Las líneas E_1F_1, E_2F_2 y E_3F_3 definen las tres posiciones del eslabón invertido a ser movido.
2. Trace líneas de construcción del punto E_1 a E_2 y del punto E_2 a E_3.
3. Biseque la línea E_1E_2 y la línea E_2E_3 y prolongue las bisectrices hasta que se intersequen. Marque la intersección como G.
4. Repita los pasos 2 y 3 para las línea F_1F_2, F_2F_3. Marque la intersección como H.
5. Conecte G con E_1 y nómbrelo como eslabón 2. Conecte H con F_1 y nómbrelo como eslabón 4. Véase la figura 3-11*b*.
6. En este mecanismo invertido, la línea E_1F_1 es el acoplador, eslabón 3. La línea GH es el eslabón bancada 1.
7. Ahora se debe reinvertir el mecanismo para regresar a la configuración original. La línea E_1F_1 en realidad es la bancada O_2O_4 y GH en realidad es el acoplador. La figura 3-11*c* muestra la reinversión del mecanismo en la cual los puntos G y H ahora son los pivotes móviles en el acoplador, y E_1F_1 ha recobrado su identidad como eslabón de bancada O_2O_4. (Véase la figura 3-10*e*.)

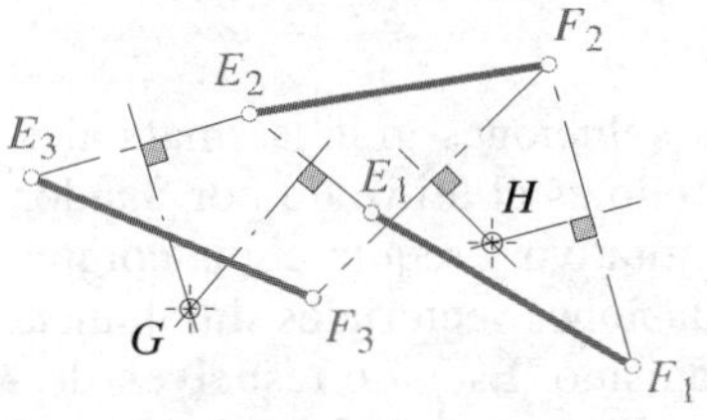

a) Construcción para encontrar los pivotes "fijos" *G* y *H*

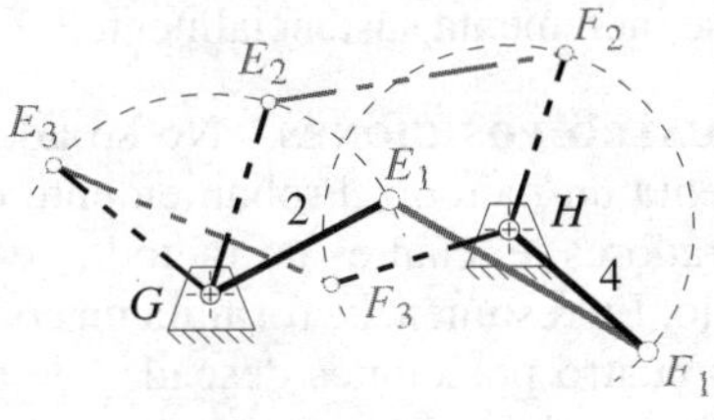

b) Inversión correcta del eslabonamiento deseado

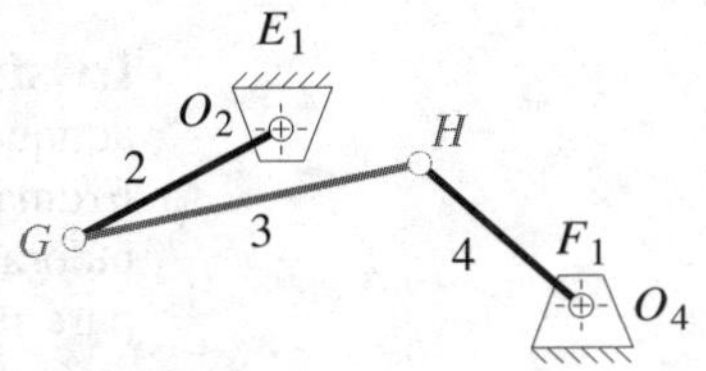

c) Reinversión para obtener el resultado

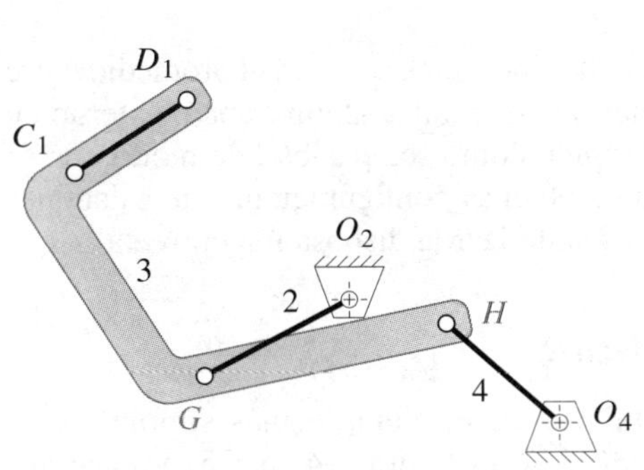

d) Recolocación de la línea *CD* en el eslabón

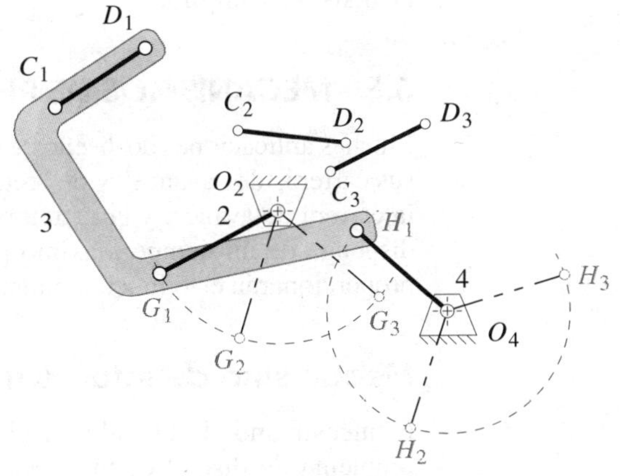

e) Las tres posiciones (el eslabón 4 impulsado en sentido contrario al de las manecillas del reloj)

FIGURA 3-11 Construcción del eslabonamiento para tres posiciones con pivotes fijos especificados por inversión

* Esta figura se incluye como archivos animados AVI y Working Model en el DVD. El nombre del archivo es el mismo que el número de la figura.

8 La figura 3-11*d* reintroduce la línea original C_1D_1 en su relación correcta con la línea O_2O_4 en la posición inicial como se muestra en el planteamiento del problema original en la figura 3-10*a*. Esto constituye el plano del acoplador requerido y define una forma mínima del eslabón 3.

9 Los movimientos angulares requeridos para alcanzar la segunda y tercera posiciones de la línea *CD* mostradas en la figura 3-11*e* son las mismas que las definidas en la figura 3-11*b* para la inversión del mecanismo. El ángulo F_1HF_2 en la figura 3-11*b* es el mismo ángulo que $H_1O_4H_2$ de la figura 3-11*e*, y F_2HF_3 es igual al ángulo $H_2O_4H_3$. Las excursiones angulares del eslabón 2 conservan la misma relación entre la figura 3-11*b* y *e*. Los movimientos angulares de los eslabones 2 y 4 son iguales con ambas inversiones ya que sus excursiones son relativas entre sí.

10 Verifique la condición de Grashof. Observe que cualquier condición de Grashof es potencialmente aceptable es este caso, siempre que el mecanismo tenga movilidad entre las tres posiciones. Esta solución es un mecanismo de no Grashof.

11 Construya un modelo de cartón y compruebe su funcionamiento para asegurarse de que se puede pasar de la posición inicial a la final sin encontrar posiciones límite (agarrotamiento). En este caso los eslabones 3 y 4 alcanzan una posición de agarrotamiento entre los puntos H_1 y H_2. Esto significa que este mecanismo no puede impulsarse desde el eslabón 2, ya que permanecerá en esa posición de agarrotamiento. Debe impulsarse desde el eslabón 4.

Con la inversión del problema original, éste se redujo a una forma más manejable que permite una solución directa mediante el método general de síntesis de tres posiciones con los ejemplos 3-5 (p. 77) y 3-6 (p. 78).

Síntesis de posición para más de tres posiciones

Deberá ser obvio que mientras más restricciones se imponen en estos problemas de síntesis, más complicado es encontrar una solución. Cuando se definen más de tres posiciones del eslabón de salida, la dificultad se incrementa sustancialmente.

La síntesis de cuatro posiciones No se adopta para las soluciones gráficas manuales, aunque Hall[3] presenta un método. Probablemente el mejor método es el utilizado por Sandor, Erdman[4] y colaboradores, el cual es un método de síntesis cuantitativo y requiere una computadora para ejecutarlo. En resumen, se formula un conjunto de ecuaciones vectoriales simultáneas para representar las cuatro posiciones deseadas de todo el mecanismo. Éstas se resuelven después de que el diseñador elige algunos valores para las variables. El programa de computadora Linkages[1] de Erdman y colaboradores, y el programa Kinsyn[5] de Kaufman, proporcionan un medio basado en gráficos de computadora conveniente y fácil de utilizar para hacer las elecciones de diseño necesarias para resolver el problema de cuatro posiciones. Véase el capítulo 5 para un análisis más amplio.

3.5 MECANISMOS DE RETORNO RÁPIDO

Muchas aplicaciones de diseño de máquinas requieren una diferencia en la velocidad promedio entre sus carreras de "avance" y de "retorno". En general, el mecanismo realiza algún trabajo externo en la carrera de avance, y la de retorno debe efectuarse tan rápido como sea posible, de modo que se disponga de un tiempo máximo para la carrera de trabajo. Muchas configuraciones de eslabones proporcionarán este funcionamiento. ¡El único problema es sintetizar la disposición correcta!

Mecanismo de retorno rápido de cuatro barras

El mecanismo sintetizado en el ejemplo 3-1 (p. 74) tal vez es el ejemplo más simple de un problema de diseño de un mecanismo de cuatro barras (véase la figura 3-4, p. 75) y el archivo F03-04.4br del programa Linkages). Es un mecanismo de manivela-balancín que produce dos posiciones del balancín con tiempos iguales para las carreras de avance y de retorno. Éste se llama *mecanismo de no retorno rápido* y es un caso especial del caso general de **retorno rápido**. La razón para su estado de no retorno rápido es el posicionamiento del centro de la manivela O_2 en la cuerda B_1B_2 extendida. Esto hace que la manivela describa ángulos iguales de 180° cuando impulsa el balancín de un extremo (posición de agarrotamiento) al otro. Si la manivela gira con velocidad angular constante, como lo hace cuando es impulsada por un motor, entonces cada giro de

180°, hacia adelante y hacia atrás, tomará el mismo tiempo. Pruebe esto con el modelo del ejemplo 3-1 al girar la manivela a velocidad uniforme y observe el movimiento y velocidad del balancín.

Si el centro de la manivela O_2 se encuentra fuera de la cuerda B_1B_2 prolongada, como se muestra en la figura 3-1*b* (p. 72) y la figura 3-12, entonces la manivela describirá ángulos desiguales entre las posiciones de agarrotamiento (definidas como colinealidad de la manivela y el acoplador). Ángulos desiguales darán tiempos desiguales, cuando la manivela gira a velocidad constante. Estos ángulos están designados como α y β en la figura 3-12. Su relación α/β se llama **relación de tiempo** (T_R) y define el grado de retorno rápido del mecanismo. Hay que observar que el término **retorno rápido** se utiliza de manera arbitraria para describir esta clase de mecanismo. Si la manivela gira en la dirección opuesta, será un mecanismo de **avance rápido**. Dado un mecanismo completo, es una tarea trivial estimar la relación de tiempo al medir o calcular los ángulos α y β. Es más difícil diseñar el mecanismo para una relación de tiempo seleccionada. Hall[6] proporciona un método gráfico para sintetizar un mecanismo de cuatro barras de retorno rápido de Grashof. Para esto se necesitan calcular los valores de α y β que den la relación de tiempo especificada. Se pueden formular dos ecuaciones que impliquen α y β y resolverlas simultáneamente.

$$T_R = \frac{\alpha}{\beta} \qquad \alpha + \beta = 360 \qquad \therefore \quad T_R = \frac{\alpha}{360 - \alpha} \tag{3.1}$$

También se debe definir un ángulo de construcción,

$$\delta = |180 - \alpha| = |180 - \beta| \tag{3.2}$$

el cual será utilizado para sintetizar el mecanismo.

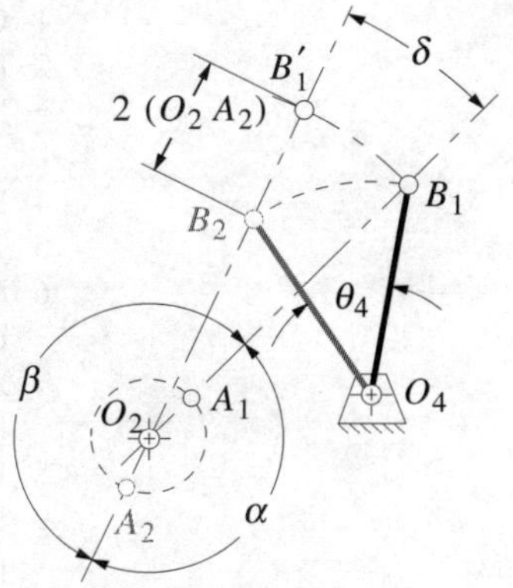

a) Construcción de un mecanismo balancín-manivela de Grashof de retorno rápido

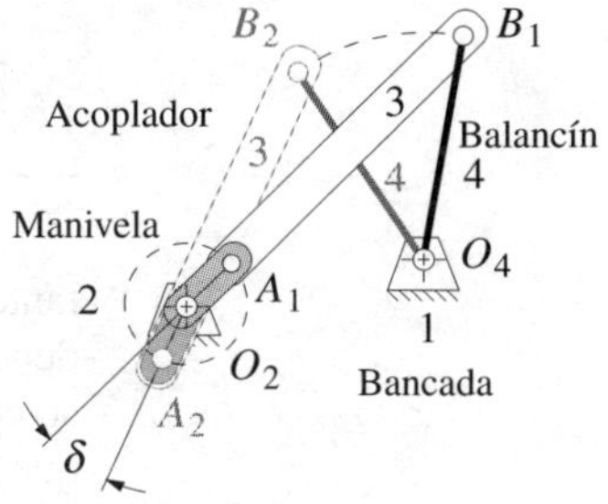

b) Mecanismo articulado terminado en sus dos posiciones de agarrotamiento

FIGURA 3-12 Mecanismo manivela-balancín de cuatro barras de Grashof y de retorno rápido

EJEMPLO 3-9 Mecanismo de cuatro barras de retorno rápido de manivela-balancín para una relación de tiempo especificada.*

Problema: Rediseñe el ejemplo 3-1 (p. 74) para proporcionar una relación de tiempo de 1:1.25 con 45° de movimiento del balancín.

Solución: (Véase la figura 3-12.)†

1 Dibuje el eslabón de salida O_4B en ambas posiciones extremas, en un lugar conveniente, de modo que el ángulo de movimiento deseado, θ_4, sea subtendido.
2 Calcule α, β y δ con las ecuaciones 3.1 y 3.2. Para este ejemplo, $\alpha = 160°$, $\beta = 200°$, $\delta = 20°$.
3 Trace una línea de construcción a través del punto B_1 a cualquier ángulo conveniente.
4 Trace una línea de construcción a través del punto B_2 a un ángulo δ con la primera línea.
5 Marque la intersección de las dos líneas de construcción como O_2.
6 La línea O_2O_4 ahora define el eslabón de bancada.
7 Calcule las longitudes de la manivela y el acoplador al medir O_2B_1 y O_2B_2 y resuélvalas simultáneamente.

$$\text{Acoplador} + \text{manivela} = O_2B_1$$
$$\text{Acoplador} - \text{manivela} = O_2B_2$$

o puede construir la longitud de la manivela haciendo oscilar un arco con centro en O_2 desde B_1 para cortar la línea O_2B_2 prolongada. Marque la intersección como B'_1. La línea $B_2B'_1$ es el doble de la longitud de la manivela. Biseque este segmento de línea para medir la longitud de la manivela O_2A_1.
8 Calcule la condición de Grashof. Si es de no Grashof, repita los pasos 3 a 8 con O_2 adelante de O_4.
9 Elabore un modelo de cartón del mecanismo y ármelo para verificar su funcionamiento.
10 Verifique los ángulos de transmisión.

Este método funciona bien para relaciones de tiempo de aproximadamente 1:1.5. Más allá de este valor, los ángulos de transmisión serán deficientes y se necesitará un mecanismo más complejo. Cargue el archivo F03-12.4br en el programa LINKAGES para ver el ejemplo 3-9.

Mecanismo de retorno rápido de seis barras

Se pueden obtener relaciones mayores de 1:2 diseñando un mecanismo de seis barras. La estrategia en este caso es diseñar primero un mecanismo de eslabón de arrastre de cuatro barras que tenga la relación de tiempo deseada entre su manivela motriz y su eslabón impulsado o "arrastrado", y luego agregar una etapa de salida (dos barras) díada, impulsada por la manivela arrastrada. Esta díada puede

* En el DVD del libro se incluye un video sobre "Mecanismos de retorno rápido" que muestra cómo sintetizar eslabonamientos de retorno rápido de 4 y 6 barras.

† Esta figura se incluye como archivos animados AVI y Working Model en el DVD. Su nombre es el mismo que el número de la figura.

disponerse para tener un balancín o una corredera trasladante como eslabón de salida. Primero se sintetizará el mecanismo de cuatro barras con eslabón de arrastre; luego se agregará la díada.

EJEMPLO 3-10 Mecanismo de retorno rápido de seis barras con eslabón de arrastre y relación de tiempo especificada.

Problema: Proporcionar una relación de tiempo de 1:1.4 con movimiento del balancín de 90°.

Solución: (Véase la figura 3-13.)

1. Calcule α y β con las ecuaciones 3.1. En este ejemplo $\alpha = 150°$ y $\beta = 210°$.
2. Dibuje una línea de centros *XX* en cualquier lugar conveniente.
3. Elija un lugar para el pivote de manivela O_2 en la línea *XX* y trace un eje *YY* perpendicular a *XX* a través de O_2.
4. Dibuje un círculo de radio conveniente O_2A con centro en O_2.
5. Trace el ángulo α con vértice en O_2 simétrico con respecto al cuadrante uno.
6. Marque los puntos A_1 y A_2 en las intersecciones de las líneas que subtienden el ángulo α y el círculo de radio O_2A.
7. Ajuste el compás a un radio conveniente *AC* suficientemente largo para cortar *XX* en dos lugares a ambos lados de O_2 cuando oscile a partir tanto de A_1 como de A_2. Designe C_1 y C_2 a las intersecciones.
8. La línea O_2A_1 es la manivela motriz, eslabón 2 y la línea A_1C_1 es el acoplador, eslabón 3.
9. La distancia C_1C_2 es dos veces la longitud de la manivela impulsada (arrastrada). Biséquela para localizar el pivote fijo O_4.
10. La línea O_2O_4 ahora define el eslabón de bancada. La línea O_4C_1 es la manivela impulsada, eslabón 4.
11. Calcule la condición de Grashof. Si no es de Grashof, repita los pasos 7 a 11 con un radio más corto en el paso 7.
12. Invierta el método del ejemplo 3-1 (p. 74) para crear la díada de salida con *XX* como la cuerda y O_4C_1 como manivela motriz. Los puntos B_1 y B_2 quedarán sobre la línea *XX* separadas una distancia $2O_4C_1$. El pivote O_6 quedará sobre la bisectriz perpendicular de B_1B_2 a una distancia de la línea *XX* que subtienda el ángulo del balancín de salida especificado.
13. Verifique los ángulos de transmisión.

Este mecanismo proporciona un retorno rápido cuando se conecta un motor de velocidad constante al eslabón 2. Éste recorrerá el ángulo α mientras el eslabón 4 (el cual arrastra con él a la díada de salida) recorre los primeros 180°, de la posición C_1 a C_2. Luego, mientras el eslabón 2 completa su ciclo de β grados, la etapa de salida completará otros 180° de C_2 a C_1. Como el ángulo β es mayor que α, la carrera de avance durará más tiempo. Observe que la carrera cordal de la díada de salida es el doble de la longitud de la manivela O_4C_1. Ésta es independiente del desplazamiento angular del eslabón de salida el cual puede ajustarse al acercar el pivote O_6 o alejarlo de la línea *XX*.

El ángulo de transmisión en la junta entre el eslabón 5 y el eslabón 6 se optimizará si el pivote fijo O_6 se coloca en la bisectriz perpendicular de la cuerda B_1B_2, como se muestra en la figura 3-13*a*.* Si se desea una salida trasladante, la corredera (eslabón 6) se colocará en la línea *XX* y oscilará entre B_1 y B_2, como se muestra en la figura 3-13*b*. El tamaño arbitrariamente elegido de éste o cualquier otro mecanismo puede incrementarse o disminuir simplemente con multiplicar todas las longitudes de los eslabones por el mismo factor de escala. Por lo tanto, un diseño elaborado a un tamaño arbitrario puede ajustarse a cualquier paquete. Cárguese el archivo F03-13a.6br en el programa LINKAGES para ver el ejemplo 3-10 en acción.

MANIVELA-CORREDERA DE RETORNO RÁPIDO Un mecanismo comúnmente utilizado, capaz de grandes relaciones de tiempo, se muestra en la figura 3-14.* A menudo se utiliza en máquinas conformadoras de metal para proporcionar una carrera de corte lenta y una carrera de retorno rápida cuando la herramienta no realiza trabajo. En la figura 2-13*b* (p. 39) se muestra la inversión número 2 del mecanismo de manivela-corredera. Este mecanismo es muy fácil de sintetizar simplemente al mover el pivote del balancín O_4 a lo largo de la línea de centros vertical O_2O_4 mientras se conservan las dos posiciones extremas del eslabón 4 tangentes al círculo de la manivela, hasta que se alcanza la relación de tiempo deseada (α/β). Hay que observar que el desplazamiento angular del eslabón 4 también queda definido. El eslabón 2 es la entrada y el eslabón 6 la salida.

Según sean las longitudes relativas de los eslabones de estos mecanismos se conoce como mecanismo **Whitworth** o mecanismo **limador de manivela**. Si el eslabón de bancada es el más

* Esta figura se incluye como archivos animados AVI y Working Model en el DVD. Su nombre es el mismo que el número de la figura.

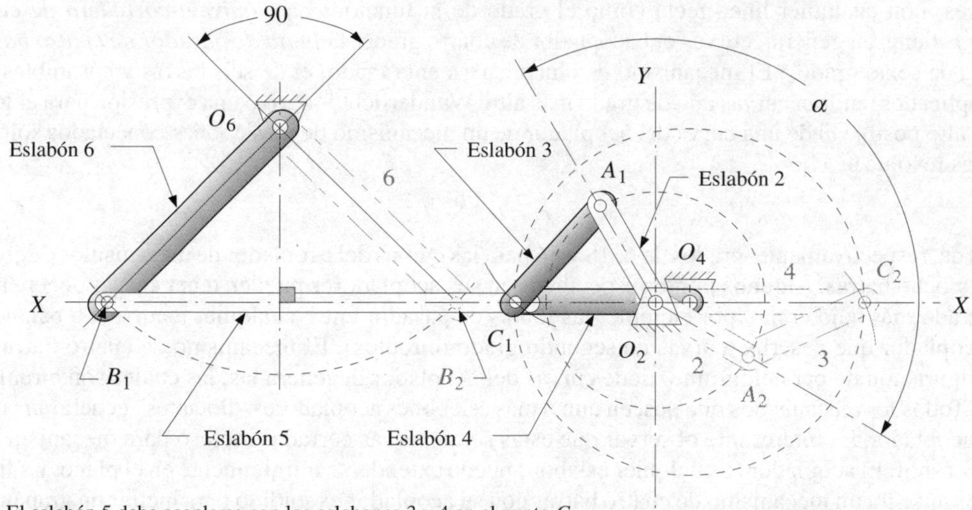

Nota: El eslabón 5 debe acoplarse con los eslabones 3 y 4 en el punto C

a) Mecanismo de seis barras de retorno rápido, eslabón de arrastre y salida de balancín

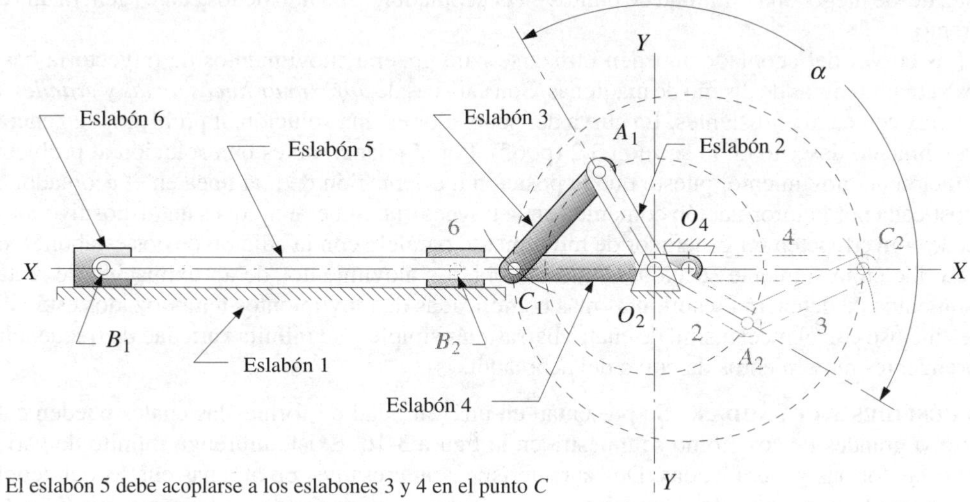

Nota: El eslabón 5 debe acoplarse a los eslabones 3 y 4 en el punto C

b) Mecanismo de seis barras de retorno rápido, eslabón de arrastre y salida de corredera

FIGURA 3-13 Síntesis de un mecanismo de seis barras con eslabón de arrastre y retorno rápido

corto, entonces se comportará como mecanismo de doble manivela o *mecanismo Whitworth*, con ambos eslabones pivotados realizando revoluciones completas, como se muestra en la figura 2-13*b* (p. 39). Si la manivela motriz es el eslabón más corto, entonces se comportará como mecanismo de manivela-balancín o *mecanismo de manivela de cepilladura*, como se muestra en la figura 3-14. Son la misma inversión, ya que la corredera realiza movimiento complejo en cada caso.

3.6 CURVAS DEL ACOPLADOR

Un **acoplador** es el eslabón más interesante en cualquier mecanismo. Realiza movimiento complejo y, por lo tanto, los puntos en él pueden tener movimientos de trayectoria de alto grado.* En general, mientras más eslabones haya, más alto será el grado de la curva generada, donde el grado en este caso significa *la potencia más alta de cualquier término en su ecuación*. Una curva (función) puede tener *tantas* intersecciones

* En 1876, Kempe[7a] demostró su teoría de que un mecanismo con sólo juntas revolutas (pasador) y prismáticas (corredera) trazaría cualquier curva algebraica de cualquier grado y complejidad. Pero el mecanismo para cierta curva particular puede ser excesivamente complejo e incapaz de recorrer la curva sin encontrar posiciones límite (de agarrotamiento), e incluso puede ser necesario desarmarlo y ensamblarlo para que alcance todos los puntos en la curva. Véase el análisis de circuitos y defectos ramales en la sección 4.12 (p. 143). No obstante, esta teoría señala el potencial de movimientos interesantes de la curva del acoplador.

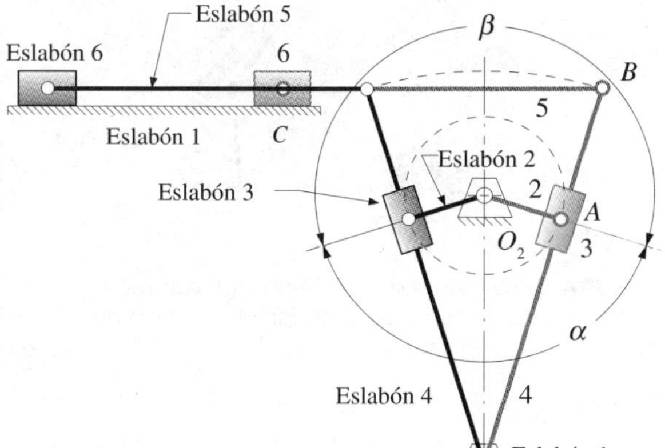

FIGURA 3-14 Mecanismo de retroceso rápido, del tipo de manivela de cepilladora

3

(raíces) con cualquier línea recta como el grado de la función. La *manivela-corredera de cuatro barras* tiene, en general, curvas del acoplador de cuarto grado; la *junta de pasador de cuatro barras*, hasta de sexto grado.* El mecanismo de cinco barras engranado, el de seis barras y ensambles más complicados tendrán curvas aún de grado más alto. Wunderlich[7b] derivó una expresión para el grado más alto posible m de una curva del acoplador de un mecanismo de n eslabones conectados sólo con juntas revolutas.

$$m = 2 \cdot 3^{(n/2-1)} \tag{3.3}$$

Ésta da, respectivamente, grados de 6, 18 y 54 para las curvas del acoplador de mecanismos de cuatro, seis y ocho barras. Algunos puntos específicos en sus acopladores pueden tener curvas degeneradas de grado más bajo como, por ejemplo, las juntas de pasador entre cualquier manivela o balancín y el acoplador que describe curvas de segundo grado (círculos). El mecanismo de cuatro barras, en configuración de paralelogramo, tiene curvas del acoplador degeneradas, las cuales son círculos.

Todos los mecanismos que poseen uno o más eslabones acopladores "flotantes" generarán curvas del acoplador. Es interesante observar que éstas serán curvas cerradas incluso para mecanismos de no Grashof. El acoplador (o cualquier eslabón) puede extenderse infinitamente en el plano. La figura 3-15† muestra un mecanismo de cuatro barras con su acoplador extendido para incluir un gran número de puntos, cada uno de los cuales describe una curva del acoplador diferente. Hay que observar que estos puntos pueden estar en cualquier parte en el acoplador, incluso a lo largo de la línea *AB*. Existe, desde luego, una infinidad de puntos en el acoplador, cada uno de los cuales genera una curva diferente.

Las curvas del acoplador pueden utilizarse para generar movimientos de trayectoria bastante útiles para problemas de diseño de máquinas. Son capaces de *aproximar líneas rectas* y *grandes arcos circulares* con centros distantes. La curva del acoplador es una solución al problema de generación de movimiento descrito en la sección 3.2 (p. 65). Por sí misma, no es una solución al problema de generación de movimiento, puesto que la posición u orientación de una línea en el acoplador no es pronosticada por la información contenida en la trayectoria. Sin embargo, es un dispositivo muy útil y puede convertirse en un generador de movimiento paralelo con la adición de dos eslabones, como se describe en la siguiente sección. Como se verá, los movimientos de aproximación de recta, los movimientos de detención y sinfonías más complicadas de movimientos temporizados están disponibles incluso con el mecanismo de cuatro barras más simple y su infinita variedad de frecuencia con sorprendentes movimientos de curva del acoplador.

Las cúspides y crúnodas Se presentan en una variedad de formas las cuales pueden categorizarse, a grandes rasgos, como se muestra en la figura 3-16. Existe un rango infinito de variación entre estas formas generalizadas. Dos características interesantes de algunas curvas del acoplador son la **cúspide** y la **crúnoda**. Una **cúspide** *es una forma puntiaguda en la curva que tiene la útil propiedad de la velocidad instantánea cero*. Observe que *la aceleración en la cúspide no es cero*. El ejemplo más simple de una curva con cúspide es la curva cicloide, la cual se genera por medio de un punto en el borde de una rueda que gira sobre una superficie plana. Cuando el punto toca la superficie, tiene la misma velocidad (cero) que todos los puntos en la superficie inmóvil, siempre que exista rodamiento puro y no haya deslizamiento entre los elementos. Cualquier cosa unida a un punto de cúspide se detendrá con suavidad a lo largo de una trayectoria y luego se acelerará de manera uniforme alejándose de ese punto en una trayectoria diferente. La característica de la cúspide de velocidad cero tiene valor en aplicaciones tales como en procesos de transporte, estampado y alimentación. Una **crúnoda** *es un punto doble que se presenta donde la curva del acoplador se cruza a sí misma creando lazos múltiples*. Las dos pendientes (tangentes) en una crúnoda dan al punto dos propiedades diferentes, ninguna de las cuales es cero en contraste con la cúspide. En general, una curva del

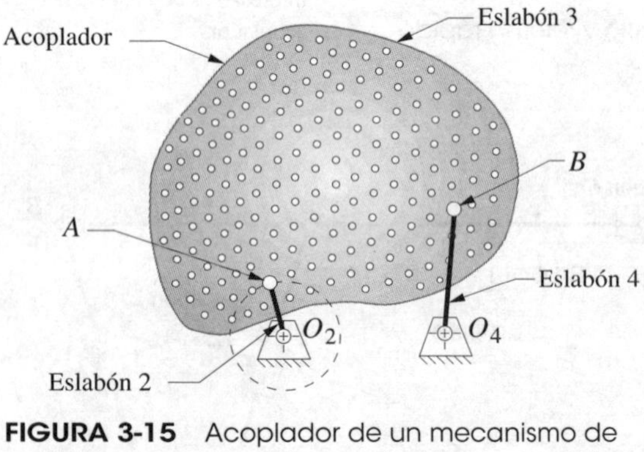

FIGURA 3-15 Acoplador de un mecanismo de cuatro barras extendido para incluir un gran número de puntos del acoplador

* En ocasiones, la ecuación algebraica de la curva del acoplador se conoce como "séxtica tricircular" refiriéndose, respectivamente, a su circularidad de 3 (puede contener tres ciclos) y su grado de 6. Vea su ecuación en el capítulo 5.

† Esta figura se incluye como archivos animados AVI y Working Model en el DVD. Su nombre es el mismo que el número de la figura.

acoplador de cuatro barras puede tener hasta tres puntos dobles reales,* los cuales pueden ser una combinación de cúspides y crúnodas, como se puede apreciar en la figura 3-16.

El atlas de *Hrones y Nelson* (H&N) de curvas de acoplador de cuatro barras[8a] es una referencia útil, la cual puede proporcionar al diseñador un punto de inicio para el análisis y diseño adicionales. Contiene unas 7 000 curvas del acoplador y define la geometría de cada uno de sus mecanismos de Grashof de manivela-balancín. La figura 3-17*a*† reproduce una página de este libro y el atlas completo se reproduce en forma de archivos PDF en el DVD del libro. El atlas de H&N está dispuesto de manera lógica, con todos los mecanismos definidos por sus relaciones de eslabón basadas en una manivela de longitud unitaria. El acoplador se muestra como una matriz de cincuenta puntos del acoplador para cada geometría del mecanismo y en cada página aparecen diez. Por lo tanto, cada geometría del mecanismo ocupa cinco páginas. Cada página contiene una "clave" esquemática en la esquina superior derecha, la cual define las relaciones de eslabón.

La figura 3-17*b*† muestra un mecanismo "disecado" dibujado en la parte superior de la página del atlas H&N para ilustrar su relación con la información de éste. Los círculos dobles en la figura 3-17*a* definen los pivotes fijos. La manivela siempre es de longitud unitaria. Las relaciones de las demás

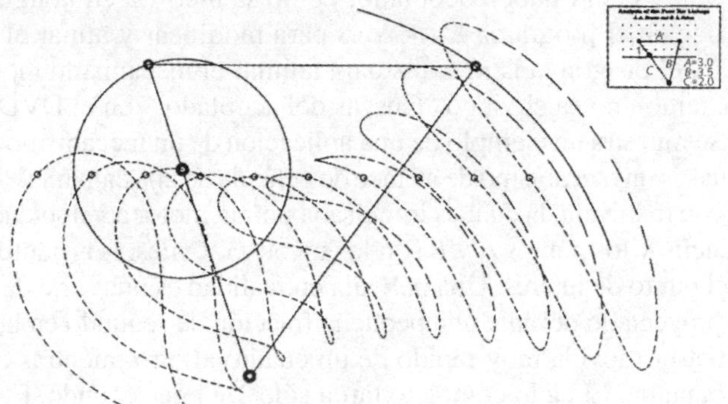

a) Una página del atlas de Hrones y Nelson de curvas del acoplador de cuatro barras*
Hrones, J. A. y G. L. Nelson (1951). Analysis of the Fourbar Linkage. MIT Technology Press, Cambridge, MA. Reproducido con autorización.

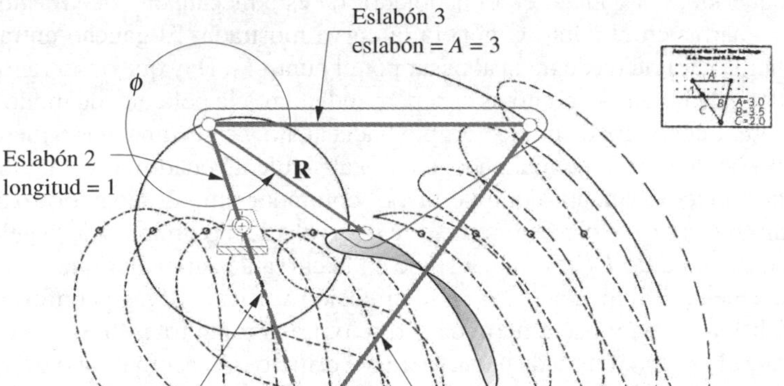

b) Creación del eslabonamiento con la información del atlas

FIGURA 3-17 Selección de una curva del acoplador y construcción del eslabonamiento a partir del atlas de Hrones y Nelson

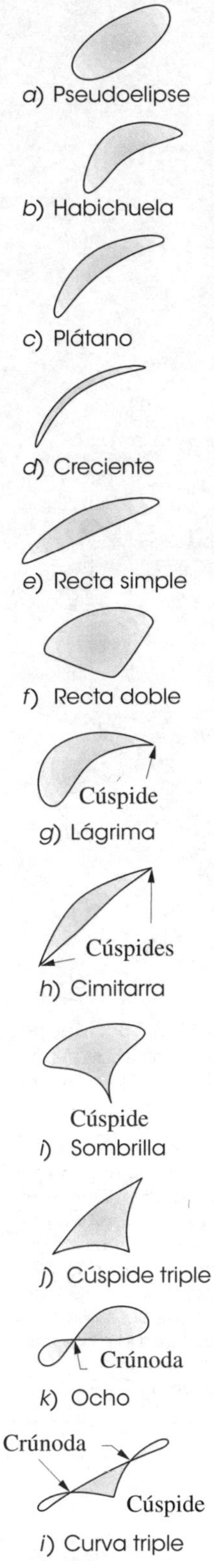

FIGURA 3-16
"Catálogo resumido" de formas de curva del acoplador

* En realidad, la curva del acoplador de cuatro barras tiene 9 puntos dobles, de los cuales 6 realmente son comúnmente imaginarios. Sin embargo, Fichter y Hunt[8b] señalan que algunas configuraciones únicas del mecanismo de cuatro barras (es decir, rombos y paralelogramos y los que se aproximan a esta configuración) pueden tener hasta 6 puntos dobles reales, los que ellos denotan como 3 "propios" y 3 "impropios" puntos dobles reales. Para mecanismos de cuatro barras Grashof de caso especial con ángulos de transmisión mínimos adecuados para aplicaciones de ingeniería, sólo aparecerán 3 puntos dobles "propios".

† Esta figura se incluye como archivos animados AVI y Working Model en el DVD. Su nombre es el mismo que el número de la figura.

longitudes de eslabón con la manivela se dan en cada página. Las longitudes de los eslabones pueden incrementarse o disminuir para adaptarlas a las restricciones del paquete y esto afectará el tamaño, mas no la forma de la curva del acoplador. Cualquiera de los diez puntos del acoplador puede utilizarse al incorporarlo a un eslabón acoplador triangular. La ubicación del punto del acoplador elegido puede tomarse a escala del atlas y queda definida en el acoplador por la posición del vector **R**, cuyo ángulo constante φ se mide con respecto a la línea de centros del acoplador. Las curvas del acoplador H&N se muestran con líneas punteadas. Cada ciclo a rayas representa **cinco grados** de rotación de la manivela. Así, para una velocidad de la manivela constante supuesta, la separación de las rayas es proporcional a la velocidad de la trayectoria. Los cambios de velocidad y la naturaleza de retorno rápido del movimiento de la curva del acoplador pueden verse con claridad por la separación de las rayas.

Se pueden repasar los recursos de este atlas de mecanismos en el DVD del libro y encontrar una solución aproximada a virtualmente cualquier problema de generación de trayectoria. Entonces, se puede tomar la solución tentativa del atlas y utilizarse en un recurso CAE, tal como el programa LINKAGES para refinar aún más el diseño, con base en el análisis completo de posiciones, velocidades y aceleraciones realizado por el programa. Los únicos datos necesarios para el programa LINKAGES son las cuatro longitudes de eslabón y la ubicación del punto seleccionado para el acoplador con respecto a la línea de centros del eslabón acoplador como se muestra en la figura 3-17. Estos parámetros pueden cambiarse en el programa LINKAGES para modificar y afinar el diseño. Cárguese el archivo F03-17b.4br con el programa LINKAGES para animar el mecanismo mostrado en esa figura. Para más información, también vea el video "Curvas del acoplador" en el DVD.

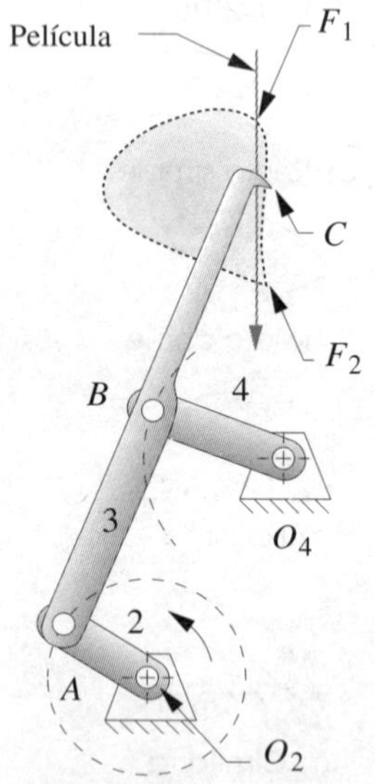

FIGURA 3-18 Mecanismo para el avance de película de cámara de cine

Tomada de Die Wissenschaftliche und Angenwandte Photografie, Michel Kurt, (ed.). (1955), Vol. 3, Harold Weise, Die Kinematographische Kamera, pág. 202, Springer Verlag, OHG, Viena. (Ábrase el archivo F03-18.4br en el programa LINKAGES para animar el mecanismo.)

En la figura 3-18* se muestra un ejemplo de una aplicación de un mecanismo de cuatro barras a un problema práctico, el cual es un mecanismo de avance de película de una cámara de cine (o proyector). El pivote O_2 es el pivote de la manivela, la cual es impulsada por un motor a velocidad constante. El punto O_4 es el pivote del balancín, y los puntos *A* y *B* son los pivotes móviles. Los puntos *A*, *B* y *C* definen al acoplador donde *C* es el punto de interés. Una película en realidad es una serie de imágenes fijas, cada "cuadro" de la cual es proyectado durante una pequeña fracción de segundo en la pantalla. Entre cada imagen, la película debe ser movida muy rápido de un cuadro al otro mientras que el obturador está cerrado para borrar la pantalla. El ciclo completo tarda sólo 1/24 de segundo. El tiempo de respuesta del ojo humano es demasiado lento para notar el pestañeo asociado con esta corriente discontinua de imágenes fijas, por lo que parece un flujo continuo de imágenes cambiantes.

El mecanismo mostrado en la figura 3-18† está inteligentemente diseñado para proporcionar el movimiento requerido. Un gancho en el acoplador de este mecanismo de Grashof de manivela-balancín de cuatro barras en el punto *C* genera la curva mostrada. El gancho entra en uno de los orificios de la película para rueda dentada al pasar por el punto F_1. Hay que observar que la dirección del movimiento del gancho en ese punto es casi perpendicular a la película, de modo que entra en el orificio limpiamente. Luego gira de modo abrupto hacia abajo y sigue una más o menos aproximada línea recta al jalar con rapidez la película hacia abajo al siguiente cuadro. La película es guiada por separado por un carril recto llamado "compuerta". El obturador (impulsado por otro mecanismo con la misma flecha motriz en O_2) se cierra durante este intervalo de movimiento de la película, y deja en blanco la pantalla. En el punto F_2 hay una cúspide en la curva de acoplador que hace que el gancho se desacelere suavemente a velocidad cero en la dirección vertical, y luego conforme se acelera de manera uniforme hacia arriba y hacia fuera del orificio. La abrupta transición de la dirección en la cúspide permite que el gancho retroceda hacia fuera del orificio sin hacer vibrar o trepidar la película, lo cual haría que la imagen saltara en la pantalla cuando se abre el obturador. El resto del movimiento

* Esta figura se incluye como archivos animados AVI y Working Model en el DVD. Su nombre es el mismo que el número de la figura.

† Hace mucho que el atlas de Hrones y Nelson no se imprime pero se incluye una reproducción en forma de archivos PDF en el DVD de este libro. También se proporciona un video "Curvas del acoplador" en el DVD, el cual describe las propiedades de las curvas y muestra cómo extraer la información del atlas y utilizarla para diseñar un mecanismo práctico. Además, un volumen similar al libro H&N llamado *Atlas of Linkage Design and Analysis Vol 1: The Four Bar Linkage* está disponible en Saltire Software, 9725 SW Gemini Drive, Beaverton, OR 97005, (800) 659-1874.

También hay un sitio web en http://www.cedarville.edu/dept/eg/kinematics/ccapdf/fccca.htm creado por el profesor Thomas J. Thompson de Cedarville College, el cual proporciona un atlas interactivo de curvas del acoplador que permite cambiar las dimensiones de los eslabones y generar curvas del acoplador en pantalla.[21]

El programa LINKAGES, adjunto con este texto, también permite una rápida investigación de formas de curva del acoplador. Para cualquier geometría definida del mecanismo, el programa dibuja la curva. Al hacer clic con el ratón en el punto del acoplador y arrastrarlo, verá la forma de la curva del acoplador, instantáneamente actualizada por cada nueva ubicación del punto del acoplador. Cuando suelte el botón del ratón, se conserva la nueva geometría del mecanismo con esa curva.

de la curva de acoplador es, en esencia, un "tiempo desperdiciado" ya que prosigue hacia la parte de atrás para estar listo a entrar en la película de nuevo y repetir el proceso. Hay que cargar el archivo F03-18.4br con el programa LINKAGES para animar el mecanismo mostrado en esa figura.

Algunas ventajas al utilizar este tipo de dispositivo en esta aplicación son: sencillez y bajo costo (sólo cuatro eslabones, uno de los cuales es el armazón de la cámara), es en extremo confiable, tiene baja fricción si se utilizan buenos cojinetes en los pivotes, y puede confiablemente sincronizarse con los demás elementos en el mecanismo global de la cámara mediante una flecha común impulsada por un solo motor. Existen miles de ejemplos de curvas del acoplador utilizadas en máquinas y mecanismos de todas clases.

Otro ejemplo de una aplicación muy diferente es el de la suspensión automotriz (figura 3-19). Por lo general, los movimientos hacia arriba y hacia abajo de las ruedas del carro son controlados por alguna combinación de mecanismos de cuatro barras planos, dispuestos por duplicado para proporcionar control tridimensional, como se describió en la sección 3-2 (p. 71). Sólo unos cuantos fabricantes en la actualidad utilizan un mecanismo espacial verdadero en el cual los eslabones no están dispuestos en planos paralelos. En todos los casos, el ensamble de rueda está unido a un acoplador del ensamble del eslabonamiento y su movimiento es a lo largo de un conjunto de curvas del acoplador. La orientación de la rueda también es de interés en este caso, de modo que éste no es estrictamente un problema de generación de trayectoria. Al diseñar el mecanismo para controlar las trayectorias de varios puntos en la rueda (parche de contacto de la llanta, centro de la rueda, etc., los cuales son puntos en el mismo eslabón acoplador extendido), la generación de movimiento se logra ya que el acoplador tiene movimiento complejo. La figura 3-19*a** y *b** muestra mecanismos de cuatro barras planos de los cuales penden las ruedas. La curva del acoplador del centro de la rueda es casi una línea recta a lo largo del pequeño desplazamiento vertical requerido. Esto es deseable, ya que la idea es mantener la llanta perpendicular al suelo para una mejor tracción en todos los virajes y cambios en el comportamiento de la carrocería del auto. Ésta es una aplicación en la cual un mecanismo de no Grashof es perfectamente aceptable, porque la rotación completa de la rueda en este plano podría tener algunos resultados y sorpresas indeseables para el conductor. Desde luego, se utilizan topes limitadores para evitar tal comportamiento, así que incluso se podría utilizar un mecanismo de Grashof. Los resortes soportan el peso del vehículo y actúan como un quinto "eslabón de fuerza" de longitud variable que estabiliza el mecanismo como se describió en la sección 2-15 (p. 47). La función del mecanismo de cuatro barras es únicamente guiar y controlar los movimientos de la rueda. La figura 3-19*c* muestra un verdadero mecanismo espacial de siete eslabones (incluido el chasis y la rueda) y nueve juntas (algunas de las cuales son de rótula) utilizado para controlar el movimiento de la rueda trasera. Estos eslabones no se mueven en planos paralelos, sin embargo, controlan el movimiento tridimensional del acoplador que soporta el ensamble de la rueda.

CURVAS DEL ACOPLADOR DE CUATRO BARRAS SIMÉTRICAS Cuando la geometría de un mecanismo de cuatro barras es tal que el acoplador y balancín son de la misma longitud de pasador a pasador, todos los puntos del acoplador que quedan en un círculo centrado en la junta acoplador-balancín, con radio igual a la longitud del acoplador, generará curvas simétricas. La figura 3-20 (p. 90) muestra un mecanismo como ése, su curva de acoplador simétrica y el lugar geométrico de todos los puntos que producirán curvas simétricas. Si se utiliza la notación de esa figura, el criterio para la simetría de curva de acoplador puede establecerse como:

$$AB = O_4B = BP \tag{3.4}$$

Un mecanismo para el cual la ecuación 3.4 es verdadera se conoce como **mecanismo de cuatro barras simétrico**. El eje de simetría de la curva del acoplador es la línea O_4P trazada cuando la manivela O_2A y el eslabón de tierra O_2O_4 están colineales y extendidos (es decir, $\theta_2 = 180°$). Las curvas del acoplador simétricas

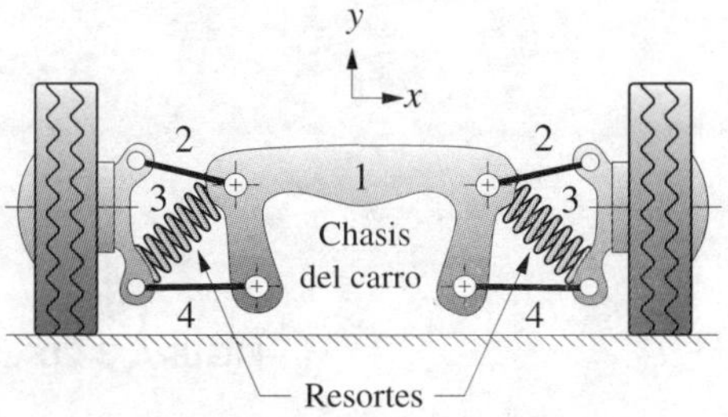

a) Eslabonamientos planos de cuatro barras duplicados en planos paralelos, desplazados en la dirección *z*, detrás de los eslabones mostrados

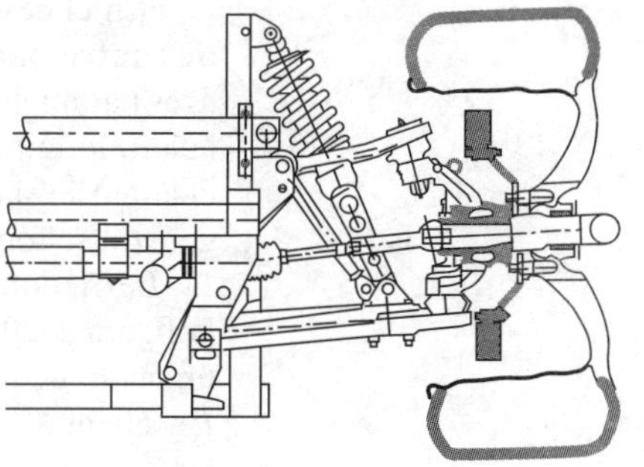

b) Eslabonamiento plano paralelo utilizado para controlar el movimiento de rueda Viper *Cortesía de Chrysler Corporation*

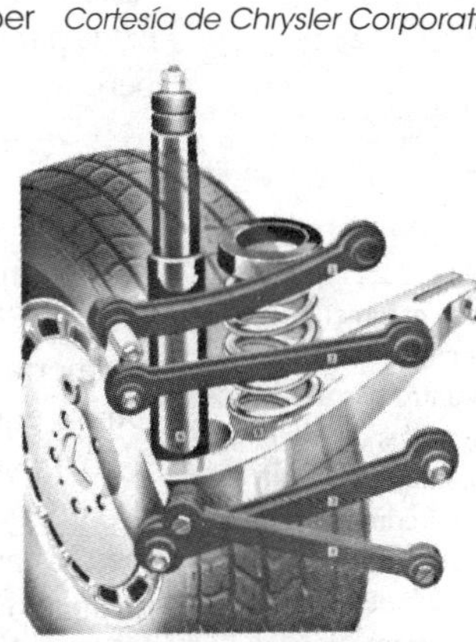

c) Eslabonamiento espacial verdadero con eslabones múltiples utilizado para controlar el movimiento de rueda trasera *Cortesía de Mercedes Benz of North America, Inc.*

FIGURA 3-19 Eslabonamientos utilizados en suspensiones de chasis automotriz

* Esta figura se incluye como archivos animados AVI y Working Model en el DVD. Su nombre es el mismo que el número de la figura.

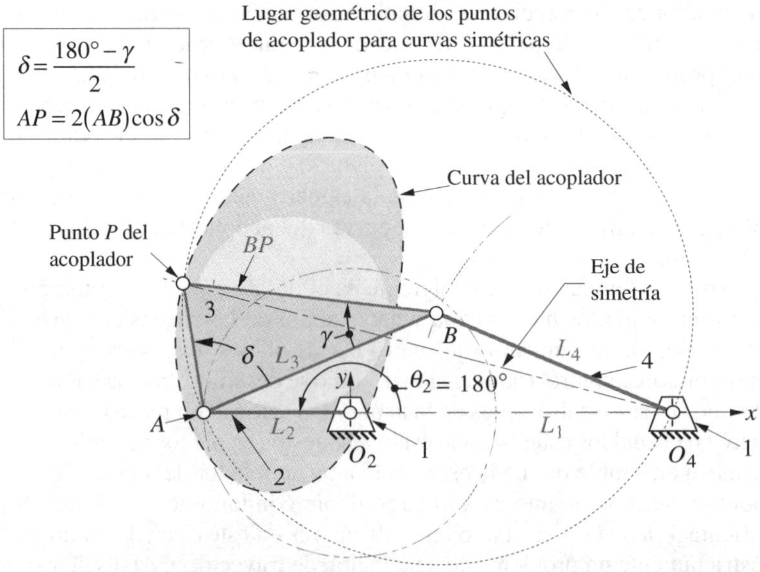

FIGURA 3-20 Eslabonamiento de cuatro barras con curva del acoplador simétrica

han demostrado que son muy útiles, como se verá en varias de las siguientes secciones. Algunas son una buena aproximación de arcos circulares y otras son muy buenas aproximaciones de líneas rectas (en una parte de la curva del acoplador).

En el caso general, se requieren nueve parámetros para definir la geometría de un **mecanismo de cuatro barras no simétrico** con un punto de acoplador.* Se pueden reducir a cinco como sigue. Tres parámetros pueden eliminarse si se fija la ubicación y orientación del eslabón de bancada. Las cuatro longitudes de eslabón pueden reducirse a tres parámetros normalizando tres longitudes a la cuarta. El eslabón más corto (la manivela, si es un mecanismo de Grashof de manivela-balancín) en general se toma como eslabón de referencia y se forman tres relaciones de eslabón como L_1/L_2, L_3/L_2, L_4/L_2, donde L_1 = bancada, L_2 = manivela, L_3 = acoplador y L_4 = balancín, como se muestra en la figura 3-20. Se requieren dos parámetros para localizar el punto en el acoplador: la distancia de un punto de referencia conveniente en el acoplador (*B* o *A* en la figura 3-20) al punto del acoplador *P* y el ángulo que la línea *BP* (o *AP*) forma con la línea de centros del acoplador *AB* (δ o γ). Por lo tanto, con un eslabón de bancada definido, cinco parámetros que definirán la geometría como un mecanismo de cuatro barras no simétrico (mediante el punto *B* como referencia en el eslabón 3 y los rótulos de la figura 3-20) son: L_1/L_2, L_3/L_2, L_4/L_2, BP/L_2 y γ. Hay que observar que si se multiplican estos parámetros por un factor de escala cambiará el tamaño del mecanismo y su curva de acoplador, pero no cambiará la forma de ésta.

Un **mecanismo de cuatro barras simétrico** con un eslabón de bancada definido necesita sólo *tres parámetros* para definir su geometría porque tres de los cinco parámetros no simétricos ahora son iguales según la ecuación 3.4: $L_3/L_2 = L_4/L_2 = BP/L_2$. Tres posibles parámetros para definir la geometría de un mecanismo de cuatro barras simétrico en combinación con la ecuación 3.4 son entonces L_1/L_2, L_3/L_2 y γ. Con sólo tres parámetros en lugar de cinco, se simplifica en gran medida el análisis del comportamiento de la forma de la curva de acoplador cuando se cambia la geometría del mecanismo. Otras relaciones para el acoplador en configuración de triángulo isósceles se muestran en la figura 3-20. La longitud *AP* y el ángulo δ se requieren como datos de entrada de la geometría del mecanismo en el programa LINKAGES.

Kota[9] realizó un extenso estudio de las características de curvas del acoplador de mecanismos de cuatro barras simétricos y proyectó la forma de la curva de acoplador como una función de los tres parámetros de mecanismo antes definidos. Definió un espacio de diseño tridimensional para proyectar la forma de la curva de acoplador. La figura 3-21 (p. 91) muestra dos secciones de plano ortogonal tomadas a través de este espacio de diseño con valores particulares de relaciones de eslabón,† y la figura 3-22 muestra un esquema del espacio de diseño. Aun cuando las dos secciones transversales de la figura 3-21 muestran sólo una pequeña fracción de la información contenida en el espacio de diseño 3-D de la figura 3-22, muestran una idea de la forma en que la variación de los tres parámetros de

* Los nueve parámetros independientes de un mecanismo de cuatro barras son: cuatro longitudes de eslabón, dos coordenadas del punto del acoplador con respecto al eslabón acoplador, y tres parámetros que definen la ubicación y orientación del eslabón fijo en el sistema de coordenadas global.

† Adaptada de materiales provistos por el profesor Sridhar Kota, Universidad de Michigan.

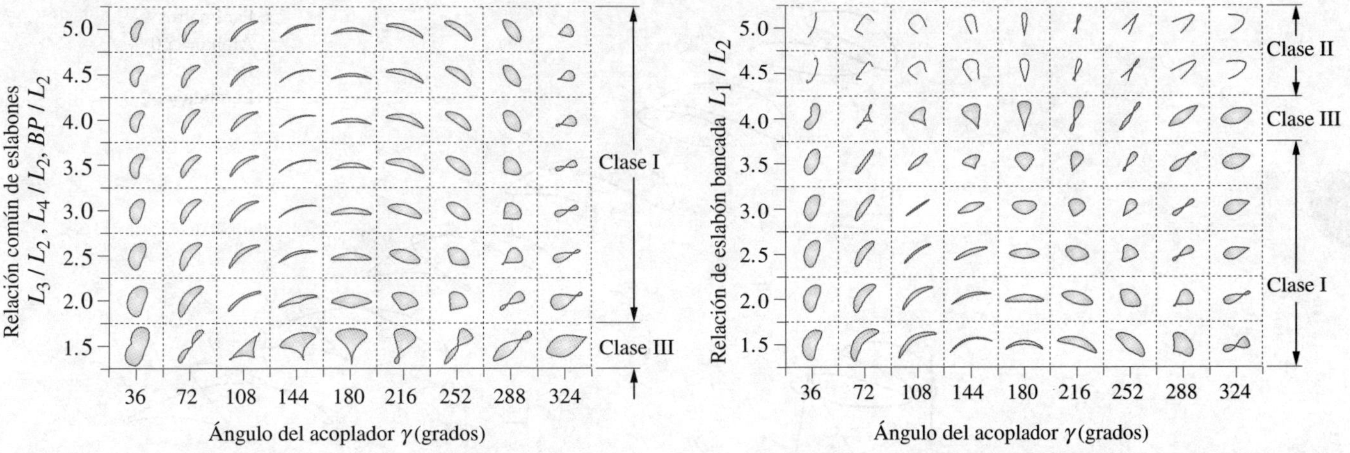

a) Variación de la forma de curva del acoplador con una relación común de eslabones y ángulo del acoplador para una relación de eslabón bancada $L_1/L_2 = 2.0$

b) Variación de la forma de curva del acoplador con una relación de eslabón bancada y ángulo del acoplador para una relación común de eslabones $L_3/L_2 = L_4/L_2 = BP/L_2 = 2.5$

FIGURA 3-21 Formas de curvas de acoplador de eslabonamientos simétricos de cuatro barras *Adaptada de la referencia [9]*

mecanismo afecta la forma de la curva del acoplador. Utilizada en combinación con una herramienta de diseño de mecanismos tal como el programa LINKAGES, estas gráficas de diseño pueden servir de guía para el diseñador en la selección de valores apropiados de los parámetros del mecanismo para lograr un movimiento de trayectoria deseada.

LAS CURVAS DEL ACOPLADOR DE CINCO BARRAS ENGRANADO (Figura 3-23) son más complejas que la variedad de cuatro barras. Debido a que hay tres variables de diseño independientes adicionales en un mecanismo de cinco barras engranado en comparación con el de cuatro barras (una relación de eslabón adicional, la relación de engranes y el ángulo de fase entre los engranes), las curvas del acoplador pueden ser de grado más alto que las del mecanismo de cuatro barras. Esto significa que las curvas pueden convolucionarse, con más cúspides y crúnodas (lazos). De hecho, si la relación de engranes utilizada no es entera, el eslabón de entrada tendrá que hacer un número de revoluciones igual al factor necesario para lograr que la relación sea un entero antes de que el patrón de la curva del acoplador se repita. El *Atlas de Mecanismos de Cinco Barras Engranadas* (GFBM, por sus si-

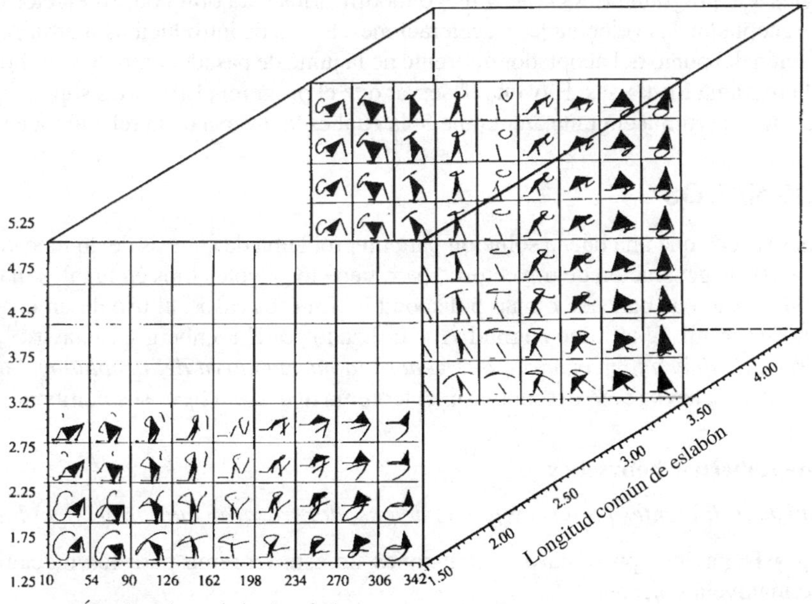

FIGURA 3-22 Mapa tridimensional de formas de curva del acoplador de eslabonamientos simétricos de cuatro barras[9]

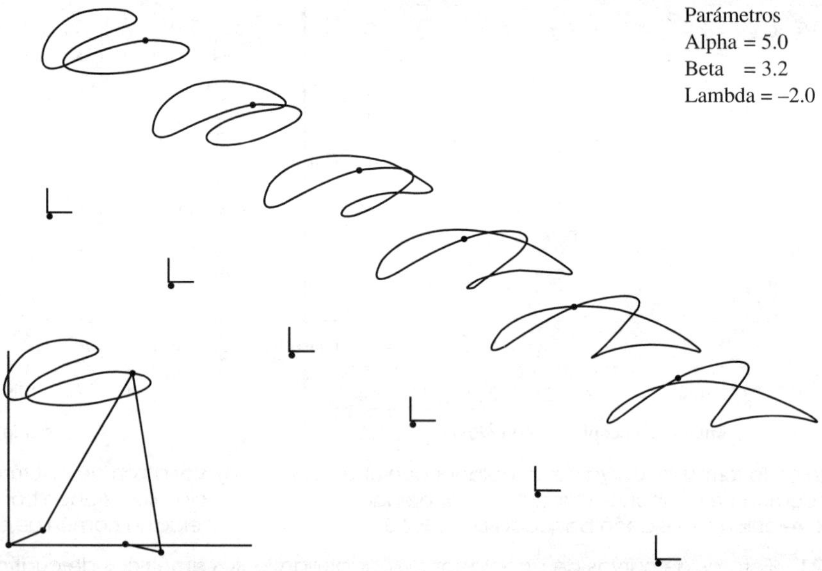

FIGURA 3-23 Una página del atlas de Zhang-Norton-Hammond de curvas del acoplador para mecanismos de cinco barras engranadas[10]

glas en inglés) de Zhang, Norton, Hammond (ZNH)[10] muestra curvas del acoplador típicas de estos mecanismos limitados a geometría simétrica (p. ej., eslabón 2 = eslabón 5 y eslabón 3 = eslabón 4) y relaciones de engranes de ±1 y ±2. En la figura 3-23, se reproduce una página del atlas ZNH. En el apéndice E hay páginas adicionales y en el DVD del libro se incluye todo el atlas. Cada página muestra la familia de curvas del acoplador obtenidas mediante la variación del ángulo de fase con un conjunto particular de relaciones de eslabón y relación de engranes. Una clave en la esquina superior derecha de cada página define las relaciones: α = eslabón 3/eslabón 2, β = eslabón 1/eslabón 2, λ = engrane 5/engrane 2. La simetría define los eslabones 4 y 5 como ya se señaló. El ángulo de fase φ se anota en los ejes trazados en cada curva del acoplador y se ve que tiene un efecto significativo en la forma de la curva de acoplador resultante.

Esta referencia está pensada para utilizarse como punto de inicio en el diseño de un mecanismo de cinco barras engranadas. Las relaciones de eslabón, la relación de engranes y el ángulo de fase se pueden ingresar al programa LINKAGES y luego modificarlos para observar los efectos en la forma de la curva del acoplador, las velocidades y aceleraciones. Se puede introducir asimetría de los eslabones y una ubicación del punto del acoplador diferente de la junta de pasador entre los eslabones 3 y 4 definidos en el programa LINKAGES. Hay que observar que el programa LINKAGES supone que la relación de engranes tiene la forma engrane 2/engrane 5, la cual es la inversa de la relación λ en el atlas ZNH.

3.7 COGNADOS*

En ocasiones sucede que una buena solución para un problema de síntesis de un mecanismo satisfará las restricciones de generación de trayectoria, pero tiene los pivotes fijos en lugares inapropiados para la fijación al plano de bancada o marco disponible. En esos casos, el uso de un **cognado** del mecanismo puede ser útil. El término **cognado** fue utilizado por Hartenberg y Denavit[11] para describir un *mecanismo, de diferente geometría, que genera la misma curva del acoplador*. Samuel Roberts (1875)[23] y Chebyschev (1878) descubrieron el teorema que ahora lleva sus nombres:

Teorema de Roberts-Chebyschev

Tres mecanismos diferentes planos de juntas de pasador trazarán curvas del acoplador idénticas.

Hartenberg y Denavit[11] presentaron extensiones de este teorema para los mecanismos de seis barras y de manivela-corredera:

Dos mecanismos planos de corredera-manivela diferentes trazarán curvas del acoplador idénticas.†

* En el DVD del libro se proporciona el video "Cognados", que muestra cómo encontrar los cognados de un mecanismo de cuatro barras.

† Dijksman y Smals[25] establecen que un mecanismo de manivela-corredera invertido no posee ningún cognado.

La curva del punto del acoplador de un mecanismo plano de cuatro barras también es descrita por la junta de una díada de un mecanismo de seis barras apropiado.

La figura 3-24*a* muestra un mecanismo de cuatro barras para el cual se desea encontrar los dos cognados. El primer paso es liberar los pivotes fijos O_A y O_B. Mientras se mantiene el acoplador inmóvil, hay que girar los eslabones 2 y 4 hasta que queden colineales con la línea de centros (A_1B_1) del eslabón 3, como se muestra en la figura 3-24*b*. Ahora se pueden construir líneas paralelas a todos los lados de los eslabones en el mecanismo original para crear el **diagrama de Cayley**[24] en la figura 3-24*c*. Este arreglo esquemático define las longitudes y formas de los eslabones 5 a 10 a los cuales pertenecen los cognados. Los tres mecanismos de cuatro barras comparten el punto del acoplador original *P* y, por lo tanto, generarán el mismo movimiento de trayectoria en sus curvas del acoplador.

Para localizar la ubicación correcta del pivote fijo O_C con el diagrama de Cayley, los extremos de los eslabones 2 y 4 son regresados a las ubicaciones originales de los pivotes fijos O_A y O_B, como se muestra en la figura 3-25*a*. Los demás eslabones seguirán este movimiento y se mantendrán las relaciones de paralelogramo entre los eslabones, y el pivote fijo O_C estará entonces en su ubicación apropiada en el plano de bancada. Esta configuración se llama **diagrama de Roberts**, tres cognados de mecanismo de cuatro barras que comparten la misma curva del acoplador.

El diagrama de Roberts puede dibujarse directamente con el mecanismo original sin recurrir al diagrama de Cayley al observar que los paralelogramos que forman los demás cognados también están presentes en el diagrama de Roberts y los tres acopladores son triángulos similares. También es posible localizar el pivote fijo O_C de manera directa con el mecanismo original, como se muestra en la figura 3-25*a*. Se construye un triángulo similar al del acoplador, colocando su base (*AB*) entre O_A y O_B. Su vértice estará en O_C.

La configuración de Roberts de diez eslabones (nueve de Cayley más la tierra) ahora puede ser articulada hasta cualesquiera posiciones de agarrotamiento y el punto *P* describirá la trayectoria original del acoplador, la cual es la misma para los tres cognados. El punto O_C no se moverá si el mecanismo de Roberts es articulado, considerando que el pivote es tierra. Los cognados pueden ser separados como muestra la figura 3-25*b* (p. 94) y cualquiera de los tres mecanismos se usa para generar la misma curva del acoplador. Los eslabones correspondientes en los cognados tendrán la misma velocidad angular que el mecanismo original, como se define en la figura 3-25.

Nolle[12] reporta el trabajo de Luck[13] (en alemán) que define el carácter de todos los cognados de cuatro barras y sus ángulos de transmisión. Si el mecanismo original es un manivela-balancín de Grashof, entonces un cognado también lo será, y los demás serán un doble balancín de Grashof. El ángulo mínimo de transmisión del cognado de manivela-balancín será el mismo que el mecanismo original de manivela y balancín. Si el mecanismo original es un Grashof de doble manivela (eslabón de arrastre), entonces ambos cognados también lo serán y sus ángulos de transmisión mínimos serán los mismos en pares que son impulsados desde el mismo pivote fijo. Si el mecanismo original es un no Grashof de triple balancín, entonces ambos cognados también serán balancines triples.

Estos hallazgos indican que los cognados de los mecanismos de Grashof no ofrecen ángulos de transmisión mejorados sobre el mecanismo original. Sus ventajas principales son la diferente ubicación del pivote fijo, y las diferentes velocidades y aceleraciones de los demás puntos en

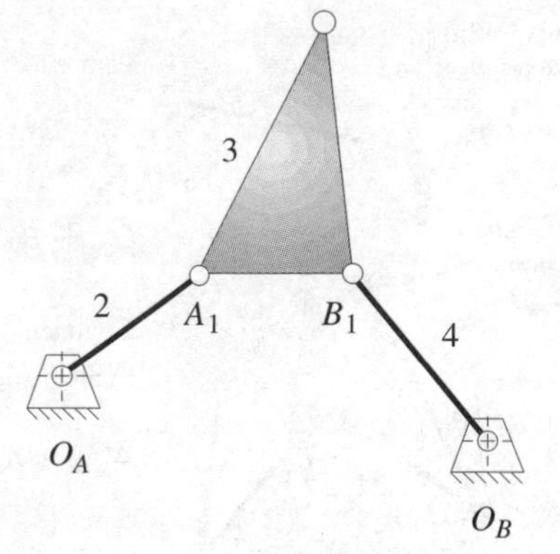

a) Mecanismo de cuatro barras original (cognado número 1)

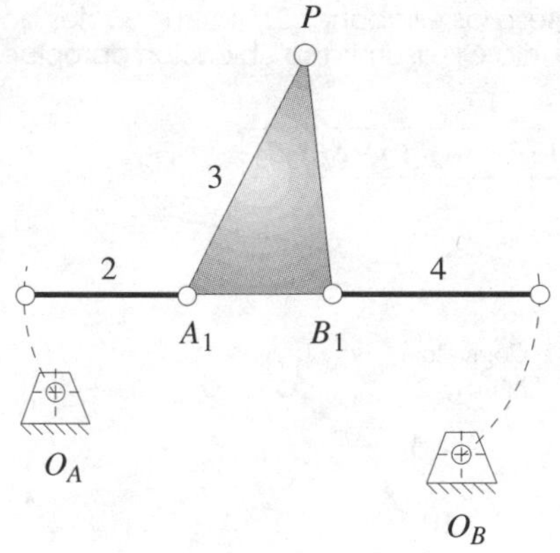

b) Alinee los eslabones 2 y 4 con el acoplador

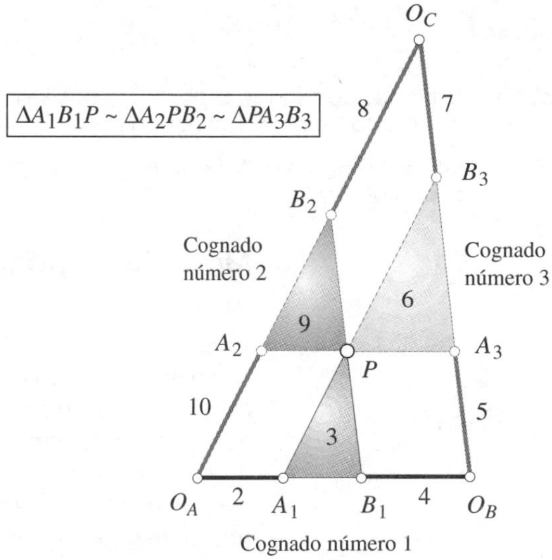

c) Trace líneas paralelas a todos los lados del mecanismo de cuatro barras original para crear cognados

FIGURA 3-24 Diagrama de Cayley para encontrar cognados de un mecanismo de cuatro barras

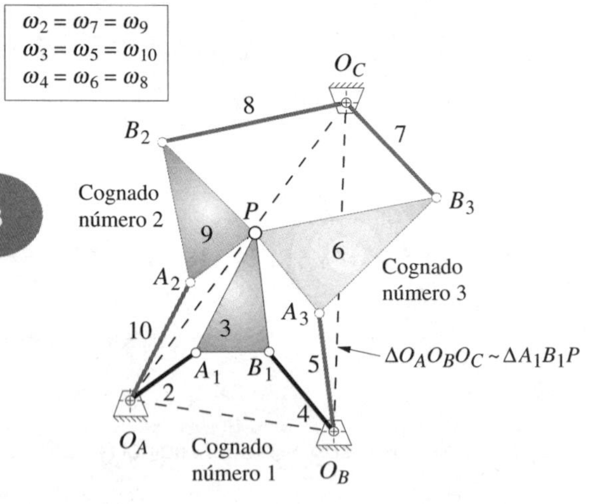

a) Regrese los eslabones 2 y 4 a sus pivotes fijos O_A y O_B. El punto O_C asumirá su ubicación apropiada

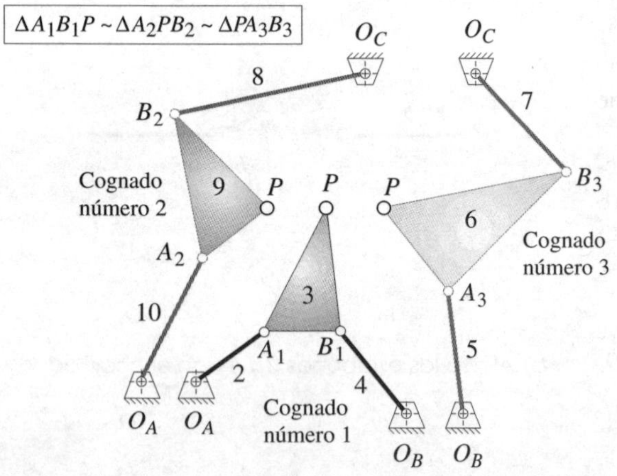

b) Separe los tres cognados. El punto *P* recorre la misma trayectoria en cada cognado

FIGURA 3-25 Diagrama de Roberts de tres cognados de cuatro barras

el mecanismo. Aun cuando la trayectoria del acoplador es la misma para todos los cognados, sus velocidades y aceleraciones en general no serán las mismas, puesto que la geometría de cada cognado es diferente.

Cuando el punto del acoplador queda en la línea de centros del eslabón 3, el diagrama de Cayley degenera en un grupo de líneas colineales. Se requiere un método diferente para determinar la geometría de los cognados. Hartenberg y Denavit[11] sugieren los siguientes pasos para encontrar los cognados en este caso. La notación se refiere a la figura 3-26 (p. 95).

1 El pivote fijo O_C queda en la línea de centros O_AO_B extendida y la divide con la misma relación que el punto *P* divide a *AB* (es decir, $O_C/O_A = PA/AB$).
2 La línea O_AA_2 es paralela a A_1P y A_2P es paralela a O_AA_1, localizando A_2.
3 La línea O_BA_3 es paralela a B_1P y A_3P es paralela a O_BB_1, localizando A_3.
4 La junta B_2 divide la línea A_2P con la misma relación que el punto *P* divide a *AB*. Esto define el primer cognado $O_AA_2B_2O_C$.
5 La junta B_3 divide la línea A_3P con la misma relación que el punto *P* divide a *AB*. Esto define el segundo cognado $O_BA_3B_3O_C$.

Los tres eslabonamientos entonces pueden separarse y cada uno de manera independiente generará la misma curva de acoplador. El ejemplo elegido para la figura 3-26 (p. 95) es inusual en que los dos cognados del mecanismo son gemelos, de imagen de espejo idéntica. Éstos son mecanismos especiales y serán analizados a fondo en la siguiente sección.

El programa LINKAGES calculará de manera automática los dos cognados de cualquier configuración que se introduzcan en él. Las velocidades y aceleraciones de cada cognado entonces pueden calcularse y compararse. El programa también dibuja el diagrama de Cayley para el conjunto de cognados. Cárguese el archivo F03-24.4br con el programa LINKAGES para ver en pantalla el diagrama de Cayley de la figura 3-24 (p. 93). Cárguense los archivos COGNATE1.4br, COGNATE2.4br y COGNATE3.4br para animar y ver el movimiento de cada cognado mostrado en la figura 3-25. Sus curvas del acoplador (por lo menos las partes que cada cognado puede alcanzar) se verán idénticas.

Movimiento paralelo*

Es muy común desear que el eslabón de salida de un mecanismo siga una trayectoria particular sin ninguna rotación del eslabón a medida que se mueve a lo largo de la trayectoria. Una vez que el movimiento por la trayectoria apropiada en la forma de un acoplador y su mecanismo de cuatro barras hayan sido encontrados, un cognado de ese mecanismo proporciona un medio conveniente de replicar el movimiento por la trayectoria del acoplador y proporcionar traslación curvilínea (es decir, sin rotación) de un eslabón nuevo de salida que siga la trayectoria del acoplador. Esto se conoce como **movimiento paralelo**. Su diseño se describe mejor con un ejemplo, el resultado del cual será un mecanismo de seis barras de Watt† que incorpora el mecanismo de cuatro barras originales y partes de su cognado. El método mostrado es como se describe en Soni.[14]

EJEMPLO 3-11 Movimiento paralelo de una curva del acoplador del mecanismo de cuatro barras.

Problema: Diseñe un mecanismo de seis barras para movimiento paralelo a lo largo de la trayectoria de un acoplador de mecanismo de cuatro barras.

* En el DVD del libro se proporciona el video sobre mecanismos de construcción "Movimiento paralelo".

Solución: (Véase la figura 3-27, p. 96.)

1 La figura 3-27*a* muestra el mecanismo de Grashof de cuatro barras de manivela-balancín seleccionado y su curva del acoplador. El primer paso es crear el diagrama de Roberts y encontrar sus cognados como se muestra en la figura 3-27*b*. El mecanismo de Roberts puede encontrarse de manera directa, sin recurrir al diagrama de Cayley, como se describe en la p. 85. El centro fijo O_C se encuentra dibujando un triángulo similar al triángulo del acoplador A_1B_1P cuya base es O_AO_B.

2 Uno de los cognados de un mecanismo manivela-balancín también será un mecanismo de manivela-balancín (aquí el cognado número 3) y el otro es un mecanismo de Grashof de doble balancín (aquí el cognado número 2). Deseche el mecanismo de doble balancín y conserve los eslabones numerados 2, 3, 4, 5, 6 y 7 en la figura 3-27*b* (p. 96). Hay que observar que los eslabones 2 y 7 son las dos manivelas y ambos tienen la misma velocidad angular. La estrategia es unir estas dos manivelas en un centro común (O_A) y luego combinarlas en un solo eslabón.

3 Trace la línea *qq* paralela a la línea O_AO_C y a través del punto O_B como se muestra en la figura 3-27*c*.

4 Sin permitir que los eslabones 5, 6 y 7 giren, deslícelos como un ensamble a lo largo de las líneas O_AO_C y *qq* hasta que el extremo libre del eslabón 7 quede en el punto O_A. El extremo libre del eslabón 5 quedará entonces en el punto O'_B y el punto *P* en el eslabón 6 quedará en *P′*.

5 Agregue un nuevo eslabón de longitud O_AO_C entre *P* y *P′*. Éste es el *nuevo eslabón de salida* 8 y todos los puntos en él describirán la curva del acoplador original como se ilustra en los puntos *P*, *P′* y *P″* en la figura 3-27*c*.

6 El mecanismo en la figura 3-27*c* tiene ocho eslabones, 10 juntas revolutas y un *GDL*. Cuando son impulsados tanto por las manivelas 2 como por la 7, todos los puntos en el eslabón 8 duplicarán la curva del acoplador del punto *P*.

7 Éste es un *mecanismo sobrecerrado* con eslabones redundantes. Debido a que los eslabones 2 y 7 tienen la misma velocidad angular, pueden unirse para formar un eslabón, como se muestra en la figura 3-27*d*. En tal caso, el eslabón 5 puede eliminarse y el eslabón 6 reducirse a un eslabón binario soportado y restringido como una parte del lazo 2, 6, 8, 3. El mecanismo resultante es un mecanismo Watt del tipo I de seis barras (véase la figura 2-14, p. 40) con los eslabones numerados 1, 2, 3, 4, 6 y 8. El eslabón 8 está en *traslación curvilínea* y sigue la trayectoria del acoplador del punto original *P*.*

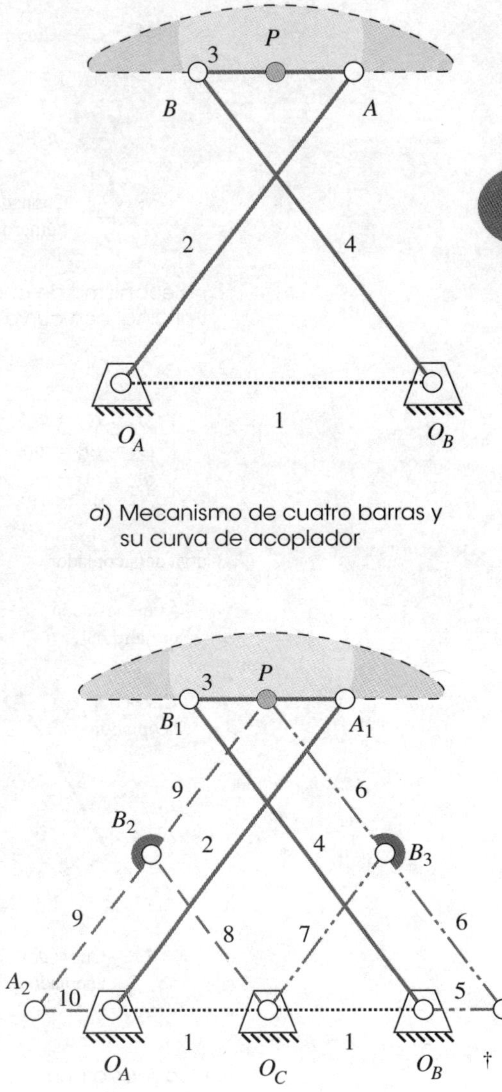

a) Mecanismo de cuatro barras y su curva de acoplador

b) Cognados del mecanismo de cuatro barras

FIGURA 3-26 Localización de cognados de un mecanismo de cuatro barras cuando su punto acoplador está en la línea de centros del acoplador

Cognados de cinco barras engranados del mecanismo de cuatro barras

Chebyschev también descubrió que cualquier curva del acoplador del mecanismo de cuatro barras puede duplicarse con un **mecanismo de cinco barras engranado cuya relación de engranes sea más uno**, lo que significa que los engranes giran con la misma velocidad y dirección. Las longitudes de los eslabones del mecanismo engranado de cinco barras serán diferentes de las del mecanismo de cuatro barras, pero pueden determinarse directamente con éste. La figura 3-28*a* muestra el método de construcción, como lo describe Hall[15], para obtener el mecanismo de cinco barras engranado que producirá la misma curva del acoplador que el de cuatro barras. El mecanismo de cuatro barras original es $O_AA_1B_1O_B$ (eslabones 1, 2, 3, 4). El de cinco barras es $O_AA_2PB_2O_B$ (eslabones 1, 5, 6, 7, 8). Los dos mecanismos comparten sólo el punto del acoplador *P* y los pivotes fijos O_A y O_B. El mecanismo de cinco barras se construye simplemente con dibujar el eslabón 6 paralelo al eslabón 2, el eslabón 7 paralelo al eslabón 4, el eslabón 5 paralelo al A_1P y el eslabón 8 paralelo al B_1P.

* Otro ejemplo de mecanismo de seis barras de movimiento paralelo es el mecanismo Chebyschev de línea recta de la figura P2-5*a*, en la p. 63. Es una combinación de dos de los cognados mostrados en la figura 3-26 ensamblados mediante el método descrito en el ejemplo 3-11 y mostrados en la figura 3-27 (p. 96).

† Otro método común utilizado para obtener movimiento paralelo es duplicar el mismo mecanismo (es decir, el cognado idéntico), conectarlos con un lazo en configuración de paralelogramo y eliminar dos eslabones redundantes. Esto da por resultado un mecanismo de ocho eslabones. Véase la figura P3-7 en la p. 112 para un ejemplo de un mecanismo como ése. El método mostrado aquí produce un mecanismo más simple, pero uno u otro método alcanzará la meta deseada.

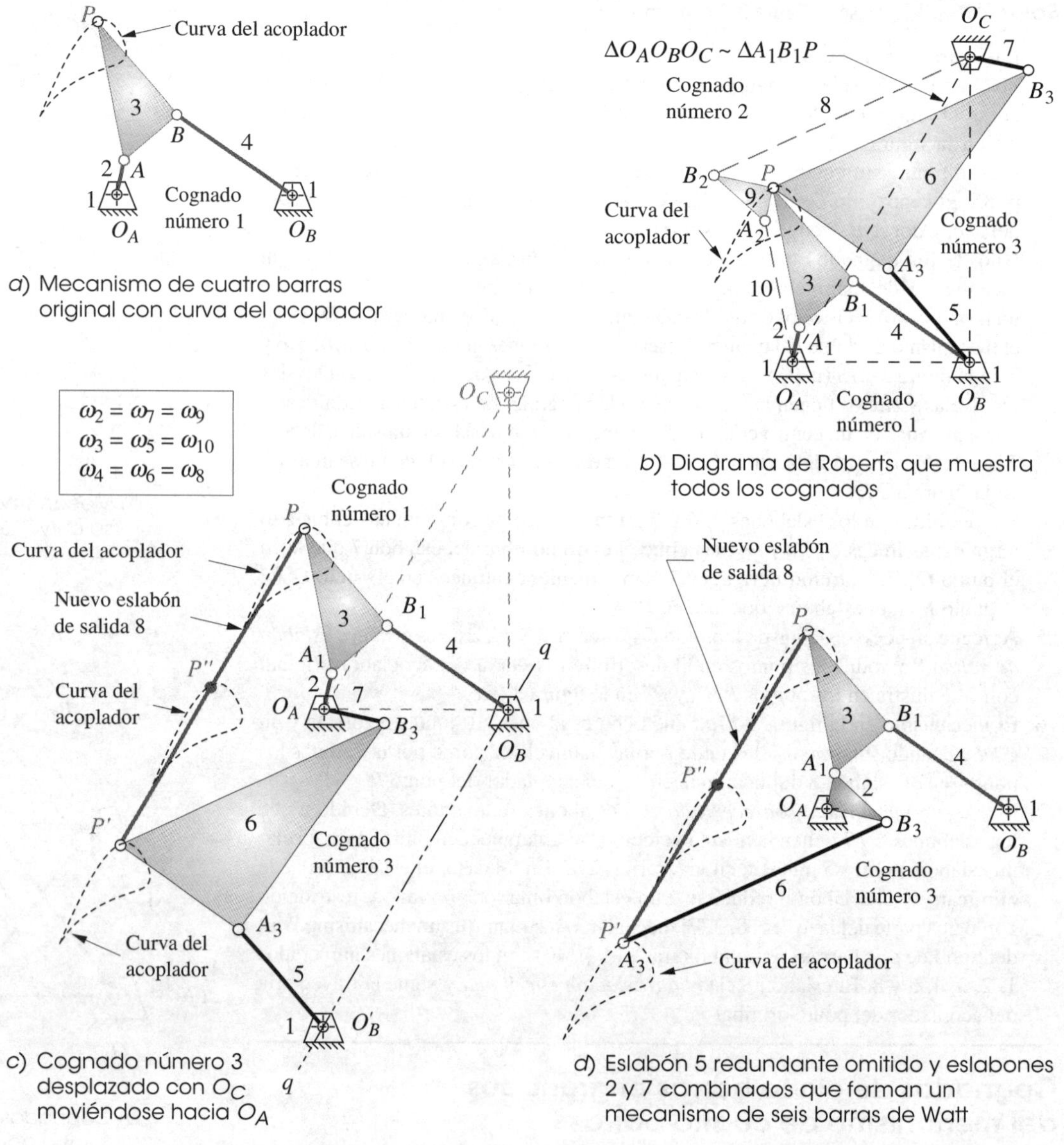

FIGURA 3-27 Método de construcción de un mecanismo de seis barras de Watt que replica una trayectoria del acoplador con traslación curvilínea (movimiento paralelo)[14]

Se requiere un sistema de tres engranes para acoplar los eslabones 5 y 8 con una relación de más 1 (el engrane 5 y el engrane 8 son del mismo diámetro y giran en la misma dirección, debido al engrane loco), como se muestra en la figura 3-28*b*. El eslabón 5 se une al engrane 5, como el eslabón 8 al engrane 8. Esta técnica de construcción puede aplicarse a cada uno de los tres cognados de cuatro barras, y produce tres mecanismos de cinco barras engranados (los cuales pueden o no ser de Grashof). Los tres cognados de cinco barras en realidad pueden verse en el diagrama de Roberts. Hay que observar que en el ejemplo mostrado, un mecanismo de no Grashof de cuatro barras de triple balancín produce un mecanismo de Grashof de cinco barras, el cual puede impulsarse por un motor. Esta conversión a un mecanismo GFBM sería una ventaja cuando se ha encontrado la curva del acoplador "correcta" en un mecanismo no Grashof de cuatro barras, pero se requiere una salida continua a través de las posiciones de agarrotamiento del mecanismo de cuatro barras. Por lo tanto, se puede observar que hay por lo menos siete mecanismos que generarán la misma curva del acoplador, tres de cuatro barras, tres GFBM y uno o más de seis barras.

El programa LINKAGES calcula la configuración de cinco barras engranada equivalente de cualquier mecanismo de cuatro barras y despliega el resultado. El archivo F03-28a.4br puede abrirse en LINKAGES para animar el mecanismo mostrado en la figura 3-28*a*. Entonces también abra el archivo

F03-28b.5br en el programa LINKAGES para ver el movimiento del mecanismo de cinco barras engranado equivalente. Hay que observar que el mecanismo original de cuatro barras es un triple balancín, de modo que no puede alcanzar todas las partes de la curva del acoplador cuando se impulsa por un balancín. Pero, el mecanismo equivalente de cinco barras engranado puede realizar una revolución completa y recorrer toda la trayectoria del acoplador. El programa LINKAGES creará el GFBM equivalente de cualquier eslabonamiento de cuatro barras.

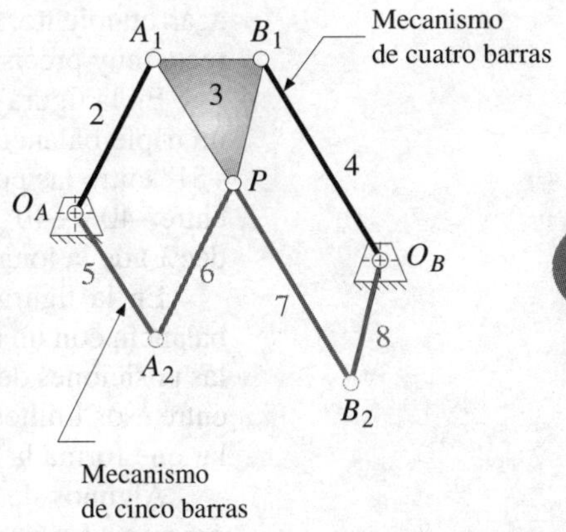

a) Construcción de un mecanismo de cinco barras equivalente

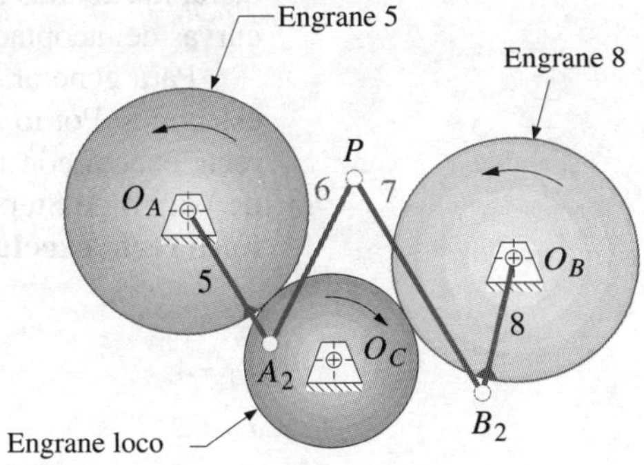

b) Mecanismo resultante de cinco barras engranado

FIGURA 3-28 Cognado de un mecanismo de cinco barras engranado de un mecanismo de cuatro barras

3.8 MECANISMOS DE LÍNEA RECTA

Una aplicación muy común de las curvas del acoplador es la generación de líneas rectas aproximadas. Los mecanismos de línea recta se conocen y utilizan desde la época de James Watt en el siglo XVIII. Muchos cinemáticos tales como Watt, Chebyschev, Peaucellier, Kempe, Evans y Hoeken (y otros) a lo largo del siglo pasado desarrollaron y descubrieron mecanismos en línea aproximados o exactos, y sus nombres están asociados con esos dispositivos hasta este día. La figura 3-29 (p. 98) muestra un conjunto de los mecanismos más conocidos, la mayoría de los cuales también vienen como archivos animados en el DVD.

La primera aplicación registrada de una curva del acoplador a un problema de movimiento es el de **mecanismo de línea recta de Watt**, patentado en 1784 y mostrado en la figura 3-29*a*. Watt ideó varios mecanismos de línea recta para guiar el pistón de carrera larga de su motor de vapor en una época en que la maquinaria de corte de metal que podía crear una guía larga recta aún no existía.* La figura 3-29*b* muestra el mecanismo que Watt usaba para guiar el pistón de su motor de vapor.† Este mecanismo de triple balancín aún se utiliza en sistemas de suspensión automotrices para guiar el eje trasero hacia arriba y hacia abajo en línea recta así como también en muchas otras aplicaciones.

Richard Roberts (1789-1864) (quien no debe confundirse con Samuel Roberts de los cognados) descubrió el **mecanismo de línea recta de Roberts** mostrado en la figura 3-29*c*. Éste es un triple balancín. Hay otros valores posibles de *AP* y *BP*, pero los que se muestran proporcionan la línea recta más exacta con una desviación de sólo 0.04% (0.0004 dec%) de la longitud del eslabón 2 sobre el rango de $49° < \theta_2 < 69°$.

Chebyschev (1821-1894) también inventó muchos **mecanismos de línea recta**, y un doble balancín de Grashof, mostrado en la figura 3-29*d*.

El **mecanismo de Hoeken**[16] en la figura 3-29*e* (p. 98) es un mecanismo de Grashof de manivela-balancín, el cual es una significativa ventaja práctica. Además, el mecanismo Hoeken tiene la característica de *velocidad casi constante a lo largo de la parte central de su movimiento en línea recta*. Es interesante observar que los mecanismos de **Hoeken** y **Chebyschev** son cognados uno del otro.‡ Los cognados mostrados en la figura 3-26 (p. 95) son los mecanismos de Chebyschev y Hoeken.

La figura 3-29*f* muestra un **mecanismo de línea recta de Evans**. Es un triple balancín con un rango de movimiento del eslabón de entrada de aproximadamente 27 a 333° entre las posiciones de

* En la época de Watt, el movimiento en línea recta era apodado "movimiento paralelo" aun cuando en la actualidad se utiliza el término de una manera un tanto diferente. Se dice que James Watt le dijo a su hijo *Aun cuando no ansío la fama, me siento más orgulloso del movimiento paralelo que de cualquier otra de mis invenciones mecánicas.* Citado en Muirhead, J.P. (1854), *The Origin and Progress of the Mechanical Inventions of James Watt,* vol. 3, Londres, p. 89.

† Hay que observar también en la figura 3-29*b* (y en la figura P2-10 en la p. 63) que la díada impulsada (eslabones 7 y 8 en la figura 3-29*b* o 3 y 4 en la figura P2-10, p. 63) son un arreglo complicado de engranes sol y planetarios con el eje planetario en una vía circular. Éstos tienen el mismo efecto que la manivela y biela más simples. Watt se vio obligado a inventar la transmisión de engranes sol y planetarios para evadir la patente de 1780 de James Pickard del cigüeñal y biela.

‡ Hain[17] (1967) cita la referencia Hoeken[16] (1926) de este mecanismo. Nolle[18] (1974) muestra el mecanismo Hoeken, pero lo cita como un Chebyschev de manivela-balancín sin advertir su relación cognada con el Chebyschev de doble balancín, que también muestra. Es ciertamente concebible que Chebyschev, como uno de los creadores del teorema de los mecanismos cognados, habría descubierto el cognado "Hoeken" de su propio doble balancín. Sin embargo, este autor no ha podido encontrar ninguna mención de su génesis en la literatura inglesa aparte de las aquí citadas.

agarrotamiento. La parte de la curva del acoplador mostrada está entre 150 y 210°, y tiene una línea recta muy precisa con una desviación de sólo 0.25% (0.0025 dec%) de la longitud de la manivela.

En la figura 3-29*g* se muestra un segundo **mecanismo en línea recta de Evans**, que también es un triple balancín con un rango de movimiento del eslabón de entrada de aproximadamente –81 a +81° entre las posiciones de agarrotamiento. La parte de la curva del acoplador que se muestra está entre –40 y +40°, y tiene una línea recta larga pero menos precisa con una desviación de 1.5% (0.015 dec%) de la longitud de la manivela.

En la figura 3-29*h* se muestra un tercer **mecanismo en línea recta de Evans**. Es un triple balancín con un rango de movimiento del eslabón de entrada de aproximadamente –75 a +75° entre las posiciones de agarrotamiento. La parte de la curva del acoplador que se muestra es la alcanzable entre esos límites y tiene dos partes rectas. El resto de la curva del acoplador es una imagen especular que forma la figura de un ocho.

Algunos de estos mecanismos en línea recta se proporcionan como ejemplos incorporados al programa LINKAGES. También pueden encontrarse archivos AVI y Working Model, muchos de ellos en el DVD. Artobolevsky[20] presenta siete mecanismos en línea recta de Watt, siete de Chebyschev, cinco de Roberts y dieciséis de Evans en su volumen I, el cual incluye los que se muestran aquí. Una mirada rápida al atlas Hrones y Nelson de curvas del acoplador (en el DVD) revelará un gran número de curvas del acoplador con segmentos **en línea recta aproximada**. Son muy comunes.

Para generar una **línea recta exacta** con sólo juntas de pasador son necesarios más de cuatro eslabones. Por lo menos se requieren seis eslabones y siete juntas de pasador para generar una línea recta exacta con un mecanismo de juntas revolutas puras, es decir, un mecanismo de seis barras de Watt o de Stephenson. En la figura 3.29*i* se muestra el **mecanismo inversor de seis barras en línea recta exacta de Hart**. Un mecanismo de cinco barras engranado simétrico (figura 2-21, p. 46)

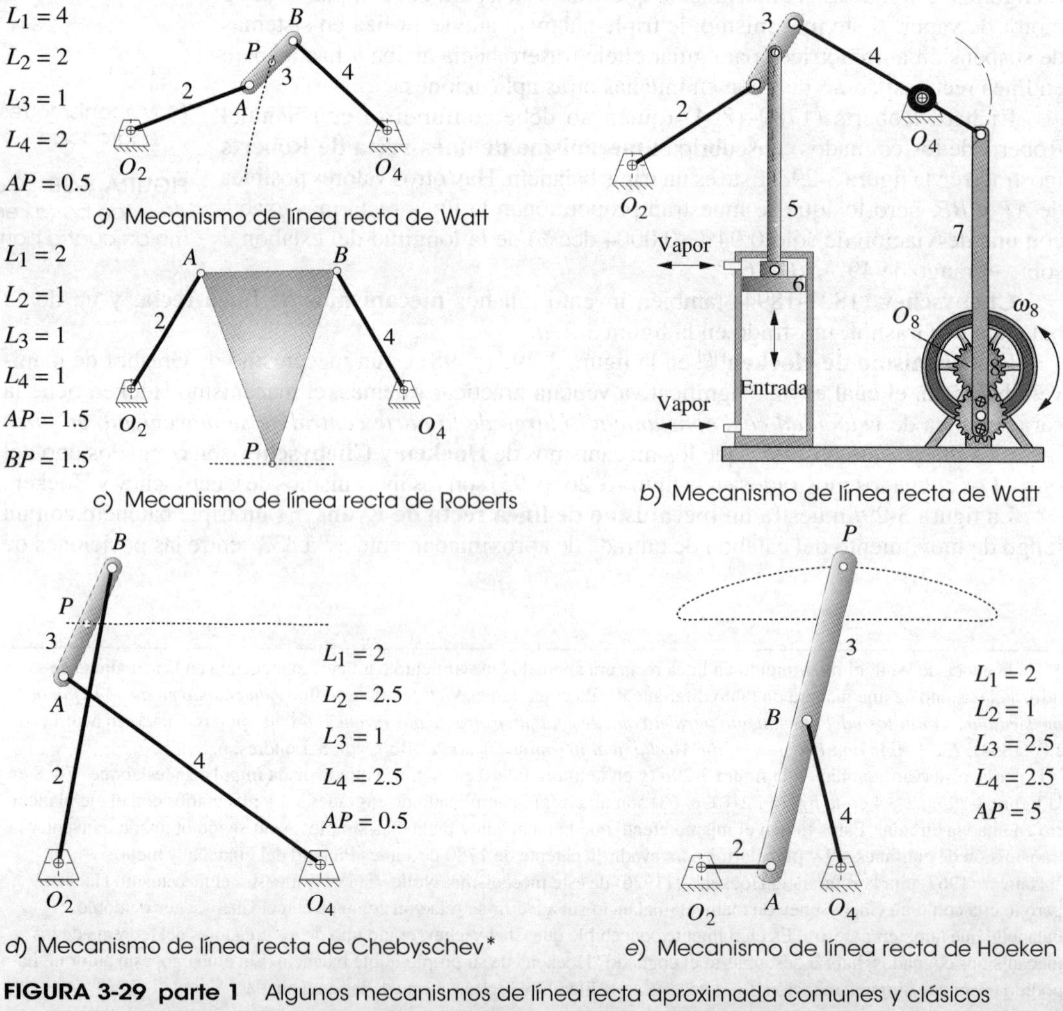

FIGURA 3-29 parte 1 Algunos mecanismos de línea recta aproximada comunes y clásicos

* Las relaciones de eslabones del mecanismo de línea recta de Chebyschev mostrados se han reportado de manera diferente por varios autores. Las relaciones utilizadas aquí son las reportadas por primera vez (en inglés) por Kempe (1877). Pero Kennedy (1893) describe el mismo mecanismo, "como Chebyschev lo demostró en la exhibición de Viena de 1893" con las relaciones de eslabones 1, 3.25, 2.5, 3.25. Se supondrá que la referencia de Kempe es correcta como se indica en la figura. Ambas pueden ser correctas ya que Chebyschev registró varios diseños de mecanismos de línea recta.[20]

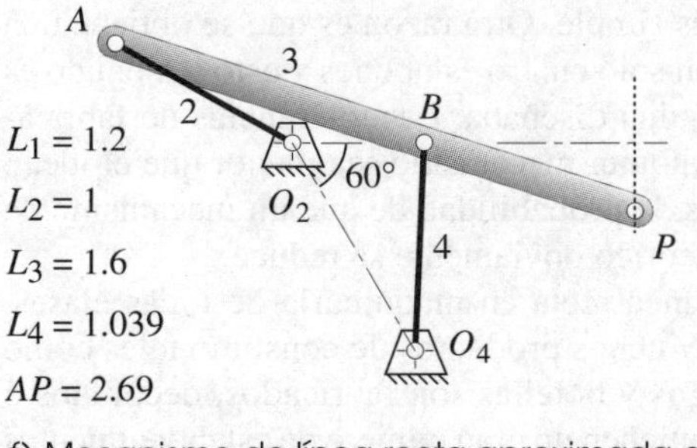

f) Mecanismo de línea recta aproximada de Evans número 1

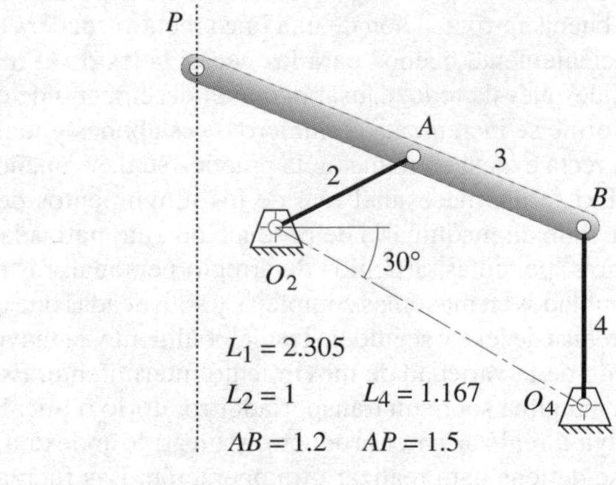

g) Mecanismo de línea recta aproximada de Evans número 2

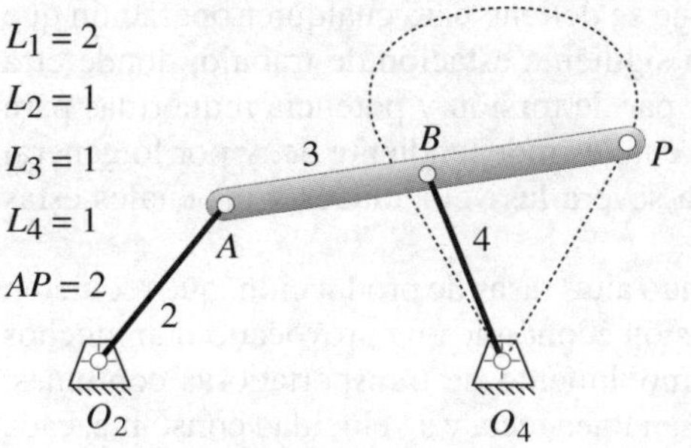

h) Mecanismo de línea recta aproximada de Evans número 3

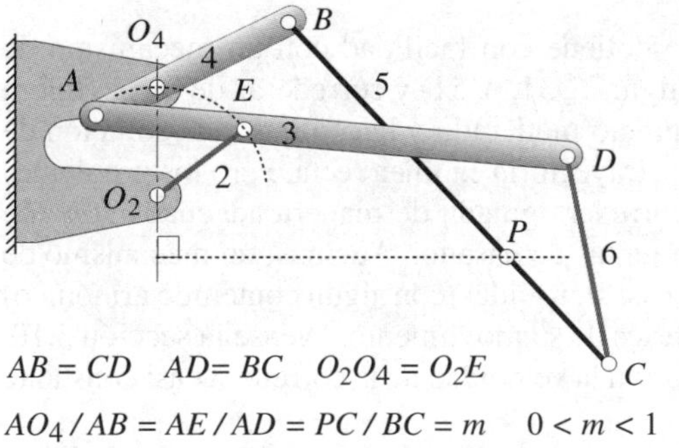

i) Mecanismo de línea recta exacta de Hart

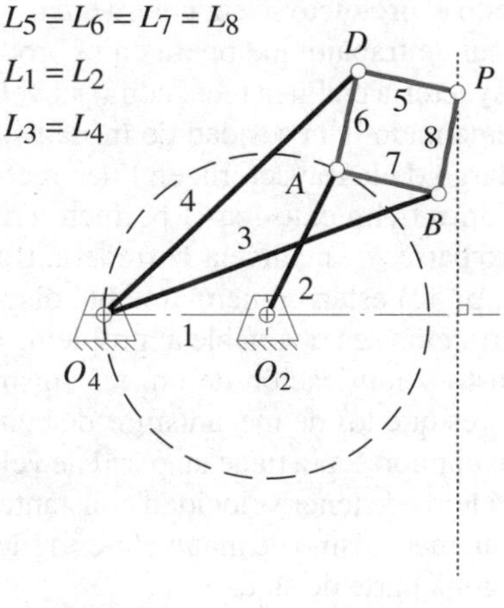

j) Mecanismo de línea recta exacta de Peaucellier

FIGURA 3-29 Parte 2 Mecanismos de línea recta aproximada y exacta

con una relación de engranes de –1 y un ángulo de fase de π radianes generará una línea recta exacta en la junta entre los eslabones 3 y 4. Pero este mecanismo es meramente un mecanismo de seis barras de Watt transformado obtenido al reemplazar un eslabón binario con una junta de grado más alto en la forma de un par de engranes. Este movimiento en línea recta de cinco barras engranadas puede verse si se abre el archivo STRAIGHT.5BR en el programa LINKAGES y se anima el mecanismo.

Peaucellier* (1864) descubrió un mecanismo **de línea recta exacta** de ocho barras y seis pasadores, mostrado en la figura 3-29*j*.† Los eslabones 5, 6, 7 y 8 forman un rombo de tamaño conveniente. Los eslabones 3 y 4 pueden ser de cualquier longitud pero iguales. Cuando O_2O_4 es exactamente igual a O_2A, el punto *PC* genera un *arco de radio infinito*, es decir, **una línea recta exacta**. Si se mueve el pivote O_2 a la izquierda o la derecha de la posición mostrada y se cambia sólo la longitud del eslabón 1, este mecanismo *generará arcos de círculo verdaderos con radios mucho mayores que las longitudes de los eslabones*. También existen otros mecanismos en línea recta exacta. Véase Artobolevsky.[20]

Diseño óptimo de mecanismos de cuatro barras de línea recta

Dado el hecho de que una línea recta exacta puede generarse con seis o más eslabones usando sólo juntas revolutas, ¿por qué utilizar entonces un mecanismo en línea recta aproximada de cuatro barras?

* Peaucellier fue un capitán de la armada francesa e ingeniero militar que por primera vez propuso su "compass compose" o *compás compuesto* en 1864, pero no recibió ningún reconocimiento inmediato por eso. (Posteriormente recibió el "Premio Montyon", del Instituto de Francia.) El matemático británico-estadounidense, James Silvester, escribió sobre él al *Atheneum Club* en Londres en 1874. Él observó que *el movimiento paralelo perfecto luce tan simple y se mueve con tanta facilidad que las personas que lo ven se asombran de que haya pasado tanto tiempo para descubrirlo*. Un modelo del mecanismo de Peaucellier fue pasado alrededor de la mesa. El famoso físico Sir William Thomson (posteriormente lord Kelvin) se rehusó a abandonarlo y declaró: *No, no he tenido suficiente de él, es la cosa más hermosa que jamás haya visto en mi vida*. Fuente: Strandh, S. (1979), *A History of the Machine*. A&W Publishers: Nueva York, p. 67. Un "applet Java" que anima una celda de Peaucellier puede encontrarse en http://math2.math.nthu.edu.tw/jcchuan/java-sketchpad/peau.htm.

† Esta figura se incluye como archivos animados AVI y Working Model en el DVD. Su nombre es el mismo que el número de la figura.

Una razón es el deseo de simplicidad en el diseño de la máquina. El mecanismo de cuatro barras con juntas de pasador es el mecanismo de 1 *GDL* posible más simple. Otra razón es que se obtiene una muy buena aproximación de una línea recta verdadera con sólo cuatro eslabones y esto a menudo es "suficientemente bueno" para las necesidades de la máquina diseñada. Las tolerancias de fabricación, después de todo, causarán que el desempeño de cualquier mecanismo sea menor que el ideal. Conforme se incrementa el número de eslabones y juntas, la probabilidad de que un mecanismo de línea recta exacta entregue en la práctica su desempeño teórico obviamente se reduce.

Existe una necesidad real de los movimientos de línea recta en maquinaria de todas clases, sobre todo en maquinaria de producción automatizada. Muchos productos de consumo tales como cámaras, películas, artículos de arreglo personal, rastrillos y botellas son fabricados, decorados o ensamblados en máquinas complejas y sofisticadas que contienen un gran número de eslabonamientos y sistemas de leva y seguidor. Tradicionalmente, la mayor parte de esta clase de equipo de producción ha sido de la variedad de movimiento intermitente. Esto significa que el producto se lleva a través de la máquina sobre un transportador rotatorio o lineal que se detiene para cualquier operación que se vaya a realizar en el producto, y luego lo indexa a la siguiente estación de trabajo, donde otra vez se detiene para realizar otra operación. Las fuerzas, par de torsión y potencia requeridas para acelerar y desacelerar la gran masa del transportador (la cual es independiente de, y por lo general más grande que la masa del producto) limita de manera severa las velocidades a las cuales estas máquinas pueden funcionar.

Las consideraciones económicas demandan de continuo altas tasas de producción, que requieren altas velocidades o máquinas adicionales caras. Esta presión económica ha provocado que muchos fabricantes rediseñen sus equipos de ensamble para el movimiento de transportadoras continuas. Cuando el producto se encuentra en movimiento continuo en línea recta y a velocidad constante, cada cabezal de trabajo que opera en el producto debe articularse para seguir al producto e igualar tanto su trayectoria en línea recta como su velocidad constante mientras realiza la tarea. Estos factores han incrementado la necesidad de mecanismos en línea recta, incluidos los de velocidad casi constante a lo largo de la trayectoria en línea recta.

Un movimiento (casi) perfecto en línea recta se obtiene con facilidad con un mecanismo de cuatro barras de manivela-corredera. Bujes de bolas (figura 2-31, p. 51) y correderas de bolas (figura 2-36, p. 52) están comercialmente disponibles a un precio moderado y hacen que esta solución de baja fricción sea razonable al problema de guía por una trayectoria en línea recta. Pero los problemas de costo y lubricación de un mecanismo manivela-corredera guiada de manera adecuada son aún mayores que los de mecanismos de cuatro barras con juntas de pasador. Además, un mecanismo de manivela-corredera tiene un perfil de velocidad que es casi sinusoidal (con algún contenido armónico) y está lejos de tener velocidad constante en algunas partes de su movimiento. (Véase la sección 3.10, para un mecanismo de manivela-corredera modificado con la velocidad de la corredera casi constante en alguna parte de su carrera.)

El mecanismo de tipo Hoeken ofrece una combinación óptima de rectitud y velocidad casi constante y es un mecanismo de manivela y balancín, de modo que puede impulsarse por un motor. Su geometría, dimensiones y trayectoria del acoplador se muestran en la figura 3-30. Éste es un mecanismo simétrico de cuatro barras. Puesto que se especifica el ángulo γ de la línea BP y $L_3 = L_4 = BP$, se requieren sólo dos relaciones de eslabones para definir su geometría, por ejemplo, L_1/L_2 y L_3/L_2. Si la manivela L_2 se impulsa a velocidad angular constante ω_2, la velocidad lineal V_x a lo largo de la parte recta Δx de la trayectoria del acoplador estará muy próxima a ser constante en una parte significativa de la rotación de la manivela $\Delta\beta$.

Se realizó un estudio para determinar los errores de rectitud y velocidad constante del mecanismo de tipo Hoeken en varias fracciones $\Delta\beta$ del ciclo de la manivela como función de las relaciones de eslabones.[19] El error estructural de posición (es decir, rectitud) ε_S y el error estructural de la velocidad ε_V se definen con la notación de la figura 3-30 como:

$$\varepsilon_S = \frac{MAX_{i=1}^{n}\left(C_{y_i}\right) - MIN_{i=1}^{n}\left(C_{y_i}\right)}{\Delta x}$$

$$\varepsilon_V = \frac{MAX_{i=1}^{n}\left(V_{x_i}\right) - MIN_{i=1}^{n}\left(V_{x_i}\right)}{\overline{V}_x} \qquad (3.5)^*$$

Los errores estructurales se calcularon por separado para cada uno de los rangos de ángulo de la manivela $\Delta\beta$ de 20° a 180°. La tabla 3-1 muestra las relaciones de eslabones que dan el error estructural más pequeño posible, ya sea de posición o velocidad con valores de $\Delta\beta$ de 20° a 180°. Hay que

* Véase la referencia [19] para la derivación de las ecuaciones 3.5.

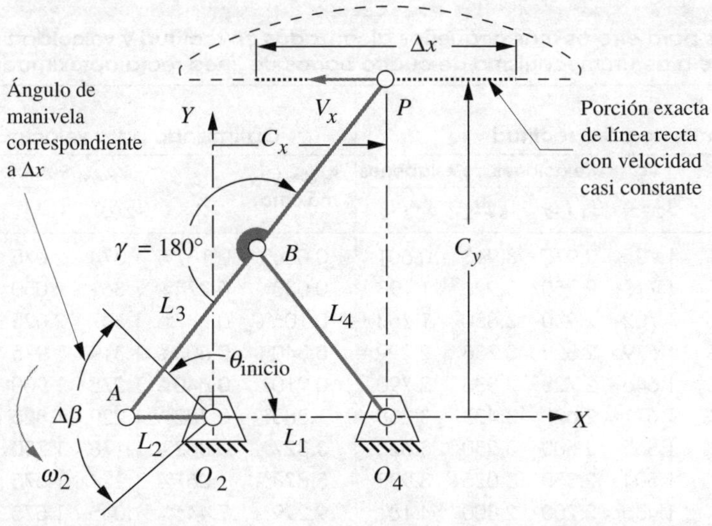

FIGURA 3-30 Geometría del mecanismo de Hoeken. Mecanismo mostrado con *P* en la parte central de la línea recta de la trayectoria

observar que no es posible obtener una rectitud óptima y un error de velocidad mínimo en el mismo mecanismo. Sin embargo, se puede llegar a compromisos razonables entre los dos criterios, en especial para rangos pequeños del ángulo de manivela. Los errores tanto de rectitud como de velocidad se incrementan cuando se utilizan partes más largas de la curva (mayores a $\Delta\beta$). El uso de la tabla 3-1 para diseñar un mecanismo de línea recta se demostrará con un ejemplo.

EJEMPLO 3-12 Diseño de un mecanismo de línea recta de tipo Hoeken.

Problema: Se requiere movimiento de línea recta de 100 mm de largo en 1/3 del ciclo total (120° de rotación de la manivela). Determine las dimensiones del mecanismo de tipo Hoeken que

a) Proporcionará una desviación mínima a línea recta. Determine su desviación máxima a velocidad constante.

b) Proporcionará una desviación mínima a velocidad constante. Determine su desviación máxima en línea recta.

Solución: (Véase la figura 3-30 y la tabla 3-1.)

1 El inciso *a*) requiere la línea recta más exacta. Busque en la 6a. fila de la tabla 3-1 la cual es para una duración del ángulo de manivela $\Delta\beta$ de los 120° requeridos. La 4a. columna muestra que la desviación mínima posible de la línea recta es de 0.01% de la longitud de la porción de línea recta empleada. Para una longitud de 100 mm, la desviación absoluta será entonces de 0.01 mm (0.0004 in). La 5a. columna muestra que su error de velocidad será de 14.68% de la velocidad promedio sobre la longitud de 100 mm. El valor absoluto de este error de velocidad depende, por supuesto, de la velocidad de la manivela.

2 Las dimensiones del mecanismo del inciso *a*) se encuentran con las relaciones en las columnas 7, 8 y 9. La longitud de la manivela requerida para obtener 100 mm de línea recta Δx es:

de la tabla 3-1: $$\frac{\Delta x}{L_2} = 3.238$$

$$L_2 = \frac{\Delta x}{3.238} = \frac{100 \text{ mm}}{3.23} = 30.88 \text{ mm} \qquad (a)$$

Las otras longitudes de los eslabones son entonces:

de la tabla 3-1: $$\frac{L_1}{L_2} = 2.625$$

$$L_1 = 2.625L_2 = 2.625(30.88 \text{ mm}) = 81.07 \text{ mm} \qquad (b)$$

de la tabla 3-1: $$\frac{L_3}{L_2} = 3.438$$

$$L_3 = 3.438L_2 = 3.438(30.88 \text{ mm}) = 106.18 \text{ mm} \qquad (c)$$

TABLA 3-1 Relaciones de eslabones para errores más pequeños alcanzados en rectitud y velocidad con varios rangos de ángulo de manivela de un mecanismo de cuatro barras de línea recta aproximada de Hoeken[19]

Rango de movimiento			Optimizado para rectitud						Optimizado para velocidad constante					
$\Delta\beta$ (°)	θ_{inicio} (°)	% de ciclo	% de ΔC_y máximo	ΔV %	$V_x / (L_2 \omega_2)$	Relaciones de eslabones L_1/L_2	L_3/L_2	$\Delta x/L_2$	% de ΔV_x máximo	ΔC_y %	$V_x / (L_2 \omega_2)$	Relaciones de eslabones L_1/L_2	L_3/L_2	$\Delta x/L_2$
20	170	5.6%	0.00001%	0.38%	1.725	2.975	3.963	0.601	0.006%	0.137%	1.374	2.075	2.613	0.480
40	160	11.1%	0.00004%	1.53%	1.717	2.950	3.925	1.193	0.038%	0.274%	1.361	2.050	2.575	0.950
60	150	16.7%	0.00027%	3.48%	1.702	2.900	3.850	1.763	0.106%	0.387%	1.347	2.025	2.538	1.411
80	140	22.2%	0.001%	6.27%	1.679	2.825	3.738	2.299	0.340%	0.503%	1.319	1.975	2.463	1.845
100	130	27.8%	0.004%	9.90%	1.646	2.725	3.588	2.790	0.910%	0.640%	1.275	1.900	2.350	2.237
120	120	33.3%	0.010%	14.68%	1.611	2.625	3.438	3.238	1.885%	0.752%	1.229	1.825	2.238	2.600
140	110	38.9%	0.023%	20.48%	1.565	2.500	3.250	3.623	3.327%	0.888%	1.178	1.750	2.125	2.932
160	100	44.4%	0.047%	27.15%	1.504	2.350	3.025	3.933	5.878%	1.067%	1.124	1.675	2.013	3.232
180	90	50.0%	0.096%	35.31%	1.436	2.200	2.800	4.181	9.299%	1.446%	1.045	1.575	1.863	3.456

El mecanismo completo es entonces: $L_1 = 81.07$, $L_2 = 30.88$, $L_3 = L_4 = BP = 106.18$ mm. La velocidad nominal V_x del punto del acoplador en el centro de la línea recta ($\theta_2 = 180°$) puede determinarse con el factor de la 6a. columna, el cual debe multiplicarse por la longitud de la manivela L_2 y su velocidad angular ω_2 en radianes por segundo (rad/s).

3 El inciso *b*) requiere la velocidad más precisa. De nuevo la 6a. fila de la tabla 3-1 indica la duración del ángulo de manivela $\Delta\beta$ a los 120° requeridos. La 10a. columna muestra que la posible desviación mínima de la velocidad constante es de 1.885% de la velocidad promedio V_x sobre la porción recta empleada. La 11a. columna muestra que la desviación de la condición de rectitud es de 0.752% de la longitud de la porción recta empleada. Para una longitud de 100 mm de la desviación absoluta de la condición de rectitud en este mecanismo de velocidad constante óptima será entonces de 0.75 mm (0.030 pulg).

4 Las longitudes de los eslabones para este mecanismo se determinan de la misma manera que en el paso 2, excepto que se utilizan las relaciones de eslabones 1.825, 2.238 y 2.600 de las columnas 13, 14 y 15. El resultado es: $L_1 = 70.19$, $L_2 = 38.46$, $L_3 = L_4 = BP = 86.08$ mm. La velocidad nominal V_x del punto del acoplador en el centro de la línea recta ($\theta_2 = 180°$) se determina con el factor de la 12a. columna, el cual debe multiplicarse por la longitud de la manivela L_2 y por su velocidad angular ω_2 en rad/s .

5 La primera solución (paso 2) resulta en una línea recta muy exacta sobre una parte significativa del ciclo, pero la desviación del 15% de su velocidad probablemente sería inaceptable si el factor fuera considerado importante. La segunda solución (paso 3) da una desviación de menos de 2% de la velocidad constante, la cual puede ser viable en una aplicación de diseño. Su desviación de 3/4% de la condición de rectitud, aun cuando es mucho mayor que el primer diseño, puede aceptarse en algunas situaciones.

3.9 MECANISMOS CON DETENIMIENTO*

Un requisito común en los problemas de diseño de máquinas es la necesidad de un detenimiento del movimiento de salida. Un **detenimiento** es un *movimiento de salida nulo para algún movimiento de entrada no nulo*. En otras palabras, el motor continúa funcionando, pero el eslabón de salida se detiene. Muchas máquinas de producción realizan una serie de operaciones que implican introducir una pieza o herramienta a un espacio de trabajo y luego mantenerla allí (en detenimiento) mientras se realiza algún trabajo. Después, la pieza debe retirarse del espacio de trabajo y tal vez detenerse por segunda vez mientras el resto de la máquina "se pone al corriente" realizando algunos otros trabajos. Con frecuencia, se utilizan levas y seguidores (capítulo 8) para estos trabajos porque es trivialmente fácil crear un detenimiento con una leva. Pero siempre existe un intercambio en el diseño de ingeniería, y las levas tienen sus problemas de alto costo y desgaste, como se describió en la sección 2.17 (p. 49).

También es posible obtener detenimiento con mecanismos "puros" constituidos sólo por eslabones y juntas de pasador, los cuales tienen la ventaja sobre las levas de su bajo costo y alta confiabilidad. Los mecanismos de detenimiento son más difíciles de diseñar que las levas con detenimiento. Los eslabonamientos, por lo general, producen sólo un detenimiento aproximado, pero son mucho más baratos de construir y mantener que las levas. Por lo tanto, valen el esfuerzo.

* En el DVD del libro se proporciona un video sobre el diseño de "mecanismos con detenimiento".

Mecanismos con detenimiento simple

Existen dos métodos usuales para diseñar mecanismos con detenimiento simple. Ambos resultan en **mecanismos de seis barras** y requieren encontrar primero un mecanismo de cuatro barras con una curva del acoplador adecuada. Luego se agrega una **díada** para proporcionar un eslabón de salida con la característica de detenimiento deseado. El primer método requiere, para su estudio, el diseño o definición de un mecanismo de cuatro barras con una curva de acoplador que contenga una porción de arco de círculo aproximado, en la cual el "arco" ocupa la parte deseada del ciclo del eslabón de entrada (manivela) diseñada con el detenimiento. Un atlas de las curvas de acoplador es invaluable en esta parte del trabajo. Las curvas de acoplador simétricas son también muy adecuadas para este trabajo y se puede utilizar la información en la figura 3-21 (p. 91) para determinarlas.

✍ EJEMPLO 3-13 Mecanismo con detenimiento simple con sólo juntas de revolutas.

Problema: Diseñe un mecanismo de seis barras con un movimiento de balancín de 90° a lo largo de 300 grados de rotación de la manivela con detención para los 60° restantes.

Solución: [Véase la figura 3-31.]

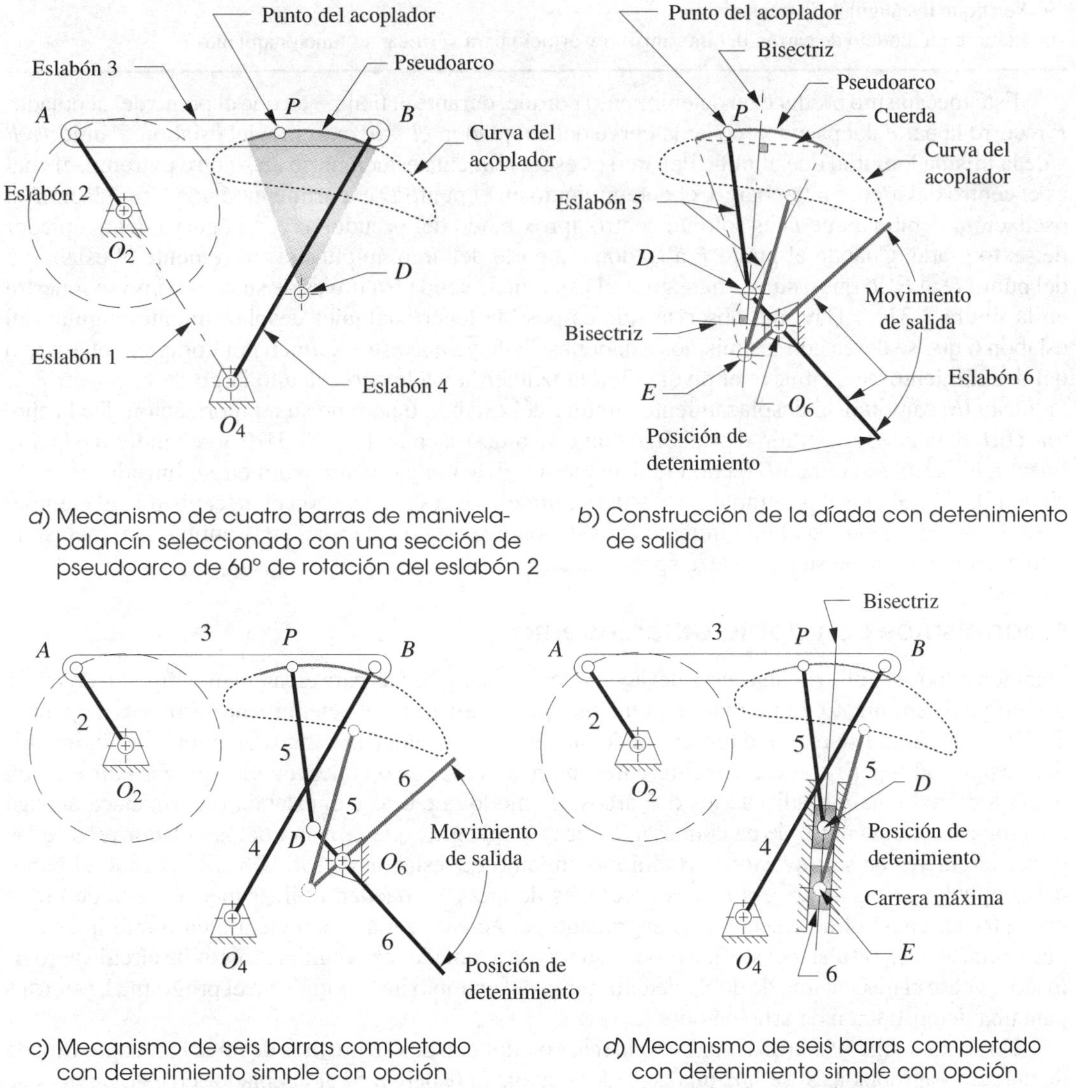

a) Mecanismo de cuatro barras de manivela-balancín seleccionado con una sección de pseudoarco de 60° de rotación del eslabón 2

b) Construcción de la díada con detenimiento de salida

c) Mecanismo de seis barras completado con detenimiento simple con opción de salida de balancín

d) Mecanismo de seis barras completado con detenimiento simple con opción de salida de corredera

FIGURA 3-31 Diseño de un mecanismo de seis barras con detenimiento simple con salida de balancín o corredera, que utiliza una curva del acoplador de pseudoarco

1 Examine el atlas de H&N para un mecanismo de cuatro barras con una curva de acoplador que tenga una porción de arco de círculo (pseudo) aproximado que ocupe 60° de movimiento de la manivela (12 rayas). El mecanismo de cuatro barras elegido se muestra en la figura 3-31*a*.

2 Trace este mecanismo a escala, incluida la curva del acoplador, y localice el centro aproximado del pseudoarco de la curva del acoplador elegido mediante técnicas geométricas gráficas. Para ello, dibuje la cuerda del arco y construya su bisectriz perpendicular como se muestra en la figura 3-31*b*. El centro quedará en esta bisectriz. Localícelo al trazar arcos con la punta de su compás sobre la bisectriz mientras ajusta el radio para obtener el mejor ajuste a la curva del acoplador. Designe al arco del centro como D.

3 Su compás ahora debe estar ajustado al radio aproximado del arco del acoplador. Éste será la longitud del eslabón 5, el cual debe unirse al punto del acoplador P.

4 Trace la curva del acoplador con la punta del compás mientras mantiene la mina de lápiz del compás sobre la bisectriz perpendicular, y localice la ubicación extrema a lo largo de la bisectriz a donde alcance la punta del compás. Designe a este punto como E.

5 El segmento de línea DE representa el desplazamiento máximo que un eslabón de longitud PD, unido en P, alcanzará a lo largo de la bisectriz.

6 Trace una bisectriz perpendicular al segmento de línea DE y prolónguela en una dirección conveniente.

7 Localice el pivote fijo O_6 en la bisectriz de DE de modo que las líneas O_6D y O_6E subtiendan el ángulo de salida deseado, 90° en este ejemplo.

8 Dibuje el eslabón 6 a partir de D (o E) a través de O_6 y extiéndalo a cualquier longitud conveniente. Éste es el eslabón de salida que se detendrá la parte especificada del ciclo de la manivela.

9 Verifique los ángulos de transmisión.

10 Elabore un modelo de cartón del mecanismo y ármelo para verificar su funcionamiento.

Este mecanismo produce un detenimiento porque, durante el tiempo en que el punto del acoplador P recorre la parte del pseudoarco de la curva del acoplador, el otro extremo del eslabón 5, unido a P y de la misma longitud que el radio del arco es esencialmente estacionario en su otro extremo, el cual es el centro del arco. Sin embargo, el detenimiento en el punto D experimentará una "trepidación" u oscilación, debido a que D es sólo un centro aproximado del pseudoarco en la curva del acoplador de sexto grado. Cuando el punto P abandona la parte del arco, impulsará suavemente al eslabón 5 del punto D al E, lo que a su vez hará girar el eslabón de salida 6 a través de su arco como se muestra en la figura 3-31*c*.* Hay que observar que es posible tener cualquier desplazamiento angular del eslabón 6 que se desee con los mismos eslabones 2 a 5, ya que éstos definen por completo el aspecto del detenimiento. Si se mueve el pivote O_6 a la izquierda y a la derecha a lo largo de la bisectriz de la línea DE, cambiará el desplazamiento angular del eslabón 6 pero no su temporización. De hecho, una corredera puede sustituir al eslabón 6 como se muestra en la figura 3-31*d** y se tendrá traslación lineal a lo largo de la línea DE con la misma temporización y detenimiento en D. Introduzca el archivo F03.31c.6br en el programa LINKAGES y anímelo para ver en acción el mecanismo del ejemplo 3-13. El detenimiento en el movimiento del eslabón 6 se ve con claridad en la animación, incluso la trepidación a causa de su naturaleza aproximada.

Mecanismos con doble detenimiento

También es posible utilizar una curva del acoplador de cuatro barras para crear un movimiento de salida con doble detenimiento. El método es el mismo que se utilizó en el detenimiento simple del ejemplo 3-11 (p. 81). Ahora se requiere una curva del acoplador que tenga *dos* arcos de círculo aproximados del mismo radio pero con centros diferentes, ambos convexos o cóncavos. Se agregará un eslabón 5 con longitud igual al radio de los dos arcos, de modo que éste y el eslabón 6 permanecerán casi estacionarios en el centro de cada uno de los arcos, mientras que la punta del acoplador recorre las partes circulares de su trayectoria. Habrá movimiento del eslabón de salida 6 sólo cuando el punto del acoplador se encuentre entre esas porciones de arco. Se pueden utilizar mecanismos de orden más alto, tal como el de cinco barras engranado para crear salidas con detenimiento múltiples mediante una técnica similar, puesto que poseen curvas de acoplador con múltiples arcos de círculo aproximados. Véase el mecanismo de doble detenimiento del ejemplo incorporado en el programa LINKAGES para una demostración de este método.

Un segundo método utiliza una curva del acoplador con dos segmentos de línea recta aproximada de duración apropiada. Si se une una corredera pivotada (eslabón 5) al acoplador en este punto y se permite que el eslabón 6 se deslice en el eslabón 5, sólo resta elegir un pivote O_6 en la intersección de los segmentos de línea recta prolongados. El resultado se muestra en la figura 3-32 (p. 105). Mientras la corredera 5 recorre los segmentos de "línea recta" de la curva, no impartirá ningún movimiento an-

* Esta figura se incluye como archivos animados AVI y Working Model en el DVD. Su nombre es el mismo que el número de la figura.

gular al eslabón 6. La naturaleza aproximada de la línea recta del mecanismo de cuatro barras provoca también una trepidación en estos detenimientos.

EJEMPLO 3-14 Mecanismo con doble detenimiento.

Problema: Diseñe un mecanismo de seis barras para un movimiento de salida de balancín de 80° a lo largo de 20 grados de rotación de la manivela con detenimiento de 160°, movimiento de retorno de 140° y segundo detenimiento de 40°.

Solución: [Véase la figura 3-32.]

1 Examine en el atlas de H&N un mecanismo con una curva de acoplador que tenga dos porciones de línea recta aproximada. Uno deberá ocupar 160° de movimiento de manivela (32 rayas) y la otra 40° de movimiento de la manivela (8 rayas). Ésta es una curva con forma de cuña como se muestra en la figura 3-32*a*.
2 Trace este mecanismo a escala incluida la curva de acoplador y localice la intersección de dos líneas tangentes colineales con los segmentos rectos. Designe este punto como O_6.
3 Diseñe el eslabón 6 para que permanezca a lo largo de estas tangentes rectas, con pivote en O_6. Considere una ranura en el eslabón 6 para acomodar la corredera 5 como se muestra en la figura 3-32*b*.
4 Conecte la corredera 5 al punto del acoplador *P* en el eslabón 3 con una junta de pasador. En la figura 3-32*c* se muestra el mecanismo de seis barras terminado.
5 Verifique los ángulos de transmisión.

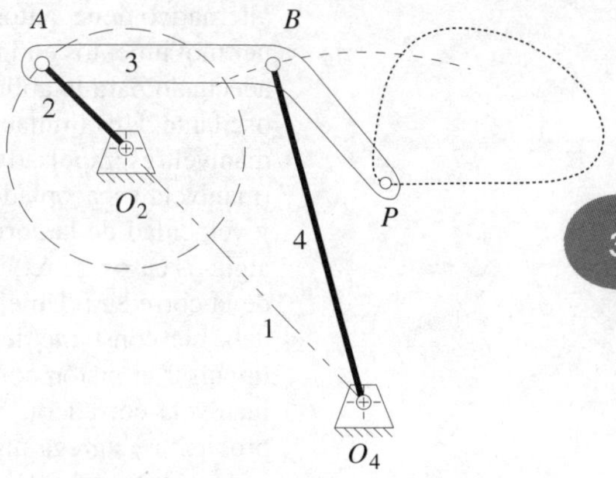

a) Curva del acoplador de un mecanismo de cuatro barras con dos segmentos "rectos"

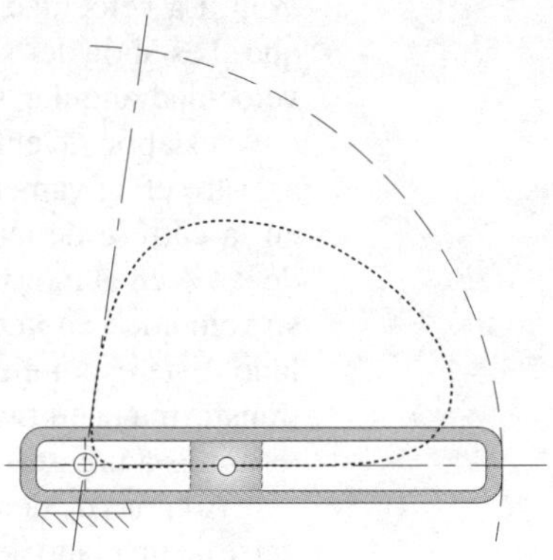

b) Díada de corredera para detenimiento doble

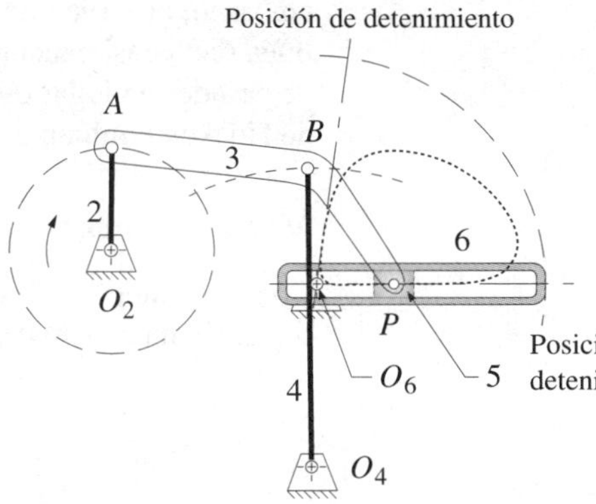

c) Mecanismo de seis barras completo con doble detenimiento

FIGURA 3-32 Mecanismo de seis barras con doble detención

Es evidente que estos mecanismos con detenimiento tienen algunas desventajas. Además de ser difíciles de sintetizar, producen sólo detenimientos aproximados con algunas trepidaciones en ellas. Además, tienden a ser grandes para los movimientos de salida obtenidos, de modo que no se empacan bien. La aceleración del eslabón de salida también puede ser muy alta como en la figura 3-32, cuando la corredera 5 está cerca del pivote O_6. (Obsérvese el gran desplazamiento angular del eslabón 6 como consecuencia de un pequeño movimiento del eslabón 5.) Sin embargo, en algunas situaciones pueden ser valiosos, en aquellas que no se requiere un detenimiento completo y el bajo costo y alta confiabilidad de un mecanismo son factores importantes. El programa LINKAGES incluye ejemplos tanto de mecanismos con detenimiento simple como doble.

3-10 OTROS MECANISMOS ÚTILES*

Existen muchos problemas prácticos de diseño de máquinas que pueden resolverse con el diseño de eslabonamientos. Una de las mejores referencias para estos mecanismos es de Hain.[22] Otro catálogo usual de eslabonamientos es el volumen cinco de Artobolevsky.[20] Se presentan algunos ejemplos de estos eslabonamientos usuales de encontrar. Unos son eslabonamientos de cuatro barras, otros son mecanismos de seis barras de Watt o de Stephenson, o eslabonamientos de ocho barras. Artobolevsky provee relaciones de eslabones, pero Hain no lo hace. Hain describe su construcción gráfica tal que las dimensiones de los eslabonamientos mostrados aquí son aproximados, y obtenidos a escala de sus dibujos.

Movimientos del pistón de velocidad constante

El mecanismo de cuatro barras de manivela-corredera probablemente es el mecanismo utilizado con más frecuencia en maquinaria. Todo motor de combustión interna (CI) y compresor de movimiento

* Varios mecanismos interesantes contiene el sitio web: http://www.mfdabbs. pwp.blueyonder.co.uk/MathsPages/SketchPadFiles/Mechanical_Linkages/Mechanical_Linkages.html, donde se encontrarán dibujos de mecanismos y sus acopladores, además de vínculos hacia applets Java descargables que animan los movimientos de mecanismos en http://math2.math.nthu.edu.tw/jcchuan/java-sketchpad/jsp.html

alternativo tiene tantos de ellos como cilindros. La maquinaria de manufactura los utiliza para obtener movimientos en línea recta. En la mayoría de los casos, este mecanismo simple es por completo adecuado para la aplicación, ya que convierte la entrada rotatoria continua en salida de línea recta oscilante. Una limitación es la falta de control sobre el perfil de velocidad de la corredera cuando la manivela es impulsada con velocidad angular constante. La modificación de las relaciones de eslabón (manivela *vs.* acoplador) tiene un efecto de segundo orden en la forma de las curvas de aceleración y velocidad de la corredera,* pero siempre será fundamentalmente un movimiento sinusoidal. En algunos casos, se requiere una velocidad constante o casi constante en la carrera de avance o retorno de la corredera. Un ejemplo es una bomba de pistón para dosificar fluidos cuya velocidad de flujo debe ser constante durante la carrera de suministro. Una solución directa es utilizar una leva para impulsar el pistón con un movimiento a velocidad constante en lugar de utilizar un mecanismo de manivela-corredera. Sin embargo, Hain[22] proporciona una solución de mecanismo puro a este problema y agrega una etapa de cuatro barras con eslabón de arrastre a la manivela-corredera con la geometría del eslabón de arrastre elegida para modular el movimiento deslizante sinusoidal para que sea de manera aproximada de velocidad constante.

La figura 3-33 muestra el resultado, el que efectivamente es un mecanismo de seis barras de Watt. La velocidad angular constante es la entrada del eslabón 2 del eslabón de arrastre. Esto hace que el eslabón de "salida" 4 tenga una velocidad angular no constante que se repite en cada ciclo. Esta velocidad angular variable se convierte en la "entrada" para la etapa de manivela-corredera 4-5-6, cuyo eslabón de entrada es ahora el eslabón 4. De este modo, la velocidad oscilatoria del eslabón de arrastre efectivamente "corrige" o modula la velocidad de la corredera para que sea casi constante en la carrera de avance como se ilustra en la figura. La desviación de la velocidad constante es de $< 1\%$ en el intervalo $240° < \theta_2 < 270°$ y $< = 4\%$ en el intervalo $190° < \theta_2 < 316°$. Por consiguiente, su velocidad en la carrera de retorno debe variar a un mayor grado que en el mecanismo no modulado. Éste es un ejemplo del efecto de mecanismos en cascada. Cada función de la etapa de salida transforma la entrada al resultado siguiente y final en su combinación matemática, análoga a agregar términos a una serie. Véase el archivo de *TKSolver* Dragslider.tkw

Además de dosificar fluidos, este mecanismo se utiliza en situaciones donde una parte debe recogerse de un plano de la bancada y transferirse a una transportadora que se mueve a velocidad constante. La corredera tiene puntos de velocidad cero en cada extremo de movimiento, movimiento en línea recta exacto en ambas direcciones y una larga región de velocidad aproximadamente constante. Sin embargo, observe que el mecanismo de línea recta de Hoeken de la sección 3.8 (p. 97) produce una línea recta casi exacta con velocidad casi constante mediante sólo cuatro eslabones y cuatro juntas de pasador en lugar de los seis eslabones y guía de corredera requeridos en este caso. El mecanismo de Hoeken también es útil para la aplicación de recoger y colocar a velocidad constante.

Movimiento de balancín con excursión angular grande†

Con frecuencia, se desea obtener un movimiento oscilante de gran ángulo con entrada rotatoria continua. Un mecanismo de cuatro barras manivela-balancín de Grashof está limitado aproximadamente

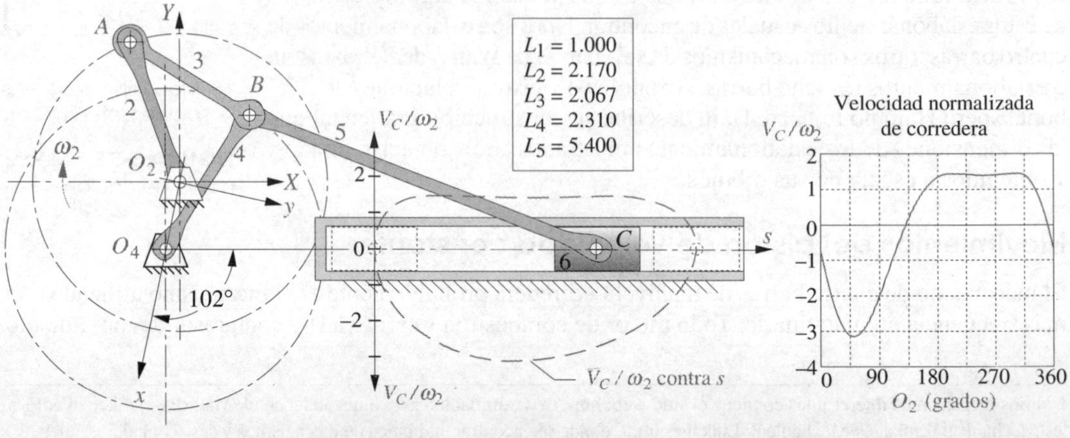

FIGURA 3-33 Mecanismo de seis barras con manivela-corredera impulsada por eslabón de arrastre de velocidad constante aproximada(22)

* Este tema será abordado a fondo en el capítulo 13.

† Los mecanismos mostrados en las figuras 3-34 y 3-35 se pueden animar en el programa LINKAGES abriendo los archivos F03-34.6br y F03-35.6br, respectivamente.

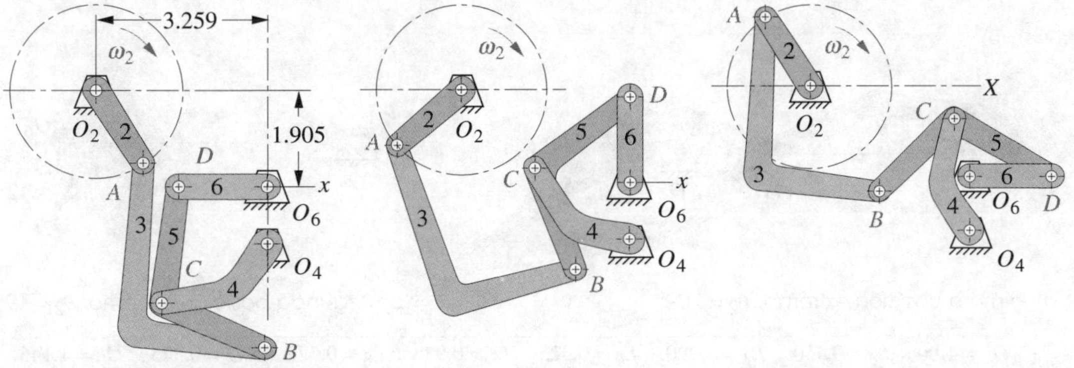

a) Posición extrema en sentido contrario al de las manecillas del reloj del eslabón 6

b) Posición intermedia del eslabón 6

c) Posición extrema en sentido de las manecillas del reloj del eslabón 6

$O_4O_6 = 1.00$	$L_3 = AB = 4.248$	$L_6 = 1.542$	$DB = 3.274$
$L_2 = 1.556$	$L_4 = 2.125$	$CD = 2.158$	$\angle CDB = 36°$

FIGURA 3-34 Mecanismo de Stephenson clase III con oscilación de 180° del eslabón 6 cuando la manivela 2 gira por completo *Fuente: Hain,*[22] *pp. 448-450*

a 120° de oscilación del balancín si los ángulos de transmisión se mantienen por encima de 30°. Una oscilación del balancín de 180° obviamente haría que el ángulo de transmisión fuera cero y también crearía un mecanismo Barker clase III con puntos de cambio, una solución inaceptable. Para obtener una oscilación mayor de 120° con buenos ángulos de transmisión se requieren seis eslabones. Hain[20] diseñó un mecanismo como ése (figura 3-34), como el mecanismo clase III de seis barras de Stephenson que produce 180° de movimiento del balancín con rotación continua de la manivela de entrada. Es un mecanismo de no retorno rápido en el cual 180° de rotación de la manivela de entrada corresponden a la oscilación completa del balancín de salida.

Se obtiene una salida de balancín incluso de más de 212° con el mecanismo de seis barras de Watt clase II mostrado en la figura 3-35. Este mecanismo se utiliza para oscilar el agitador en algunas máquinas de lavadoras. El motor impulsa la manivela dentada 2 por medio de un piñón *P*. La manivela 2 hace que el balancín 4 oscile 102° mediante el acoplador 3. El balancín 4 sirve como la entrada para el balancín 6 mediante el acoplador 5. El balancín 6 está conectado al agitador en la tina de lavado. Los ángulos de transmisión mínimos son de 36° en la etapa 1 (eslabones 2-3-4) y de 23° en la etapa 2 (eslabones 4-5-6).

¡Hain[22] también creó un notable mecanismo de ocho barras que produce ±360° de movimiento oscilatorio de balancín con rotación unidireccional continua del eslabón de entrada! Este mecanismo, mostrado en la figura 3-36, tiene un ángulo de transmisión mínimo de 30°. Cambios leves en la geometría del mecanismo producirán ±360° de oscilación de la manivela de salida.

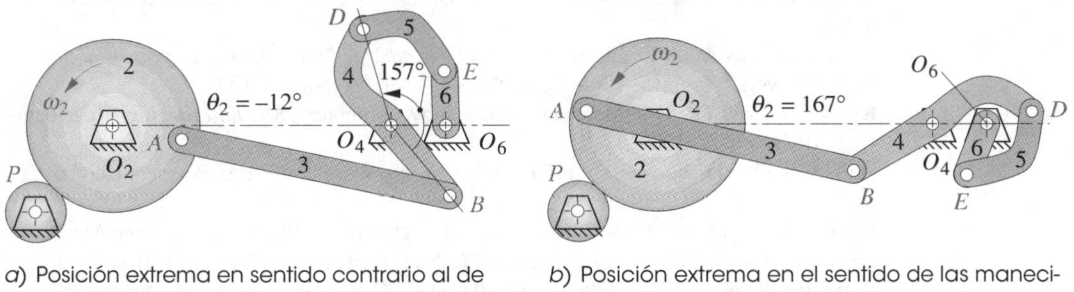

a) Posición extrema en sentido contrario al de las manecillas del reloj del eslabón 6 = +96.4°

b) Posición extrema en el sentido de las manecillas del reloj del eslabón 6 = –116.2°

$L_2 = 1.000$	$L_3 = 3.800$	$L_5 = 1.286$	$L_6 = 0.771$	$O_4B = 1.286$	$O_4D = 1.429$	$O_2O_4 = 3.857$	$O_2O_6 = 4.643$

El eslabón 6 gira 212.8° de ida y vuelta con cada revolución del eslabón 2

FIGURA 3-35 Mecanismo agitador de una lavadora. El motor de velocidad constante impulsa el eslabón 2 y el eslabón 6 en O_6 oscila el agitador

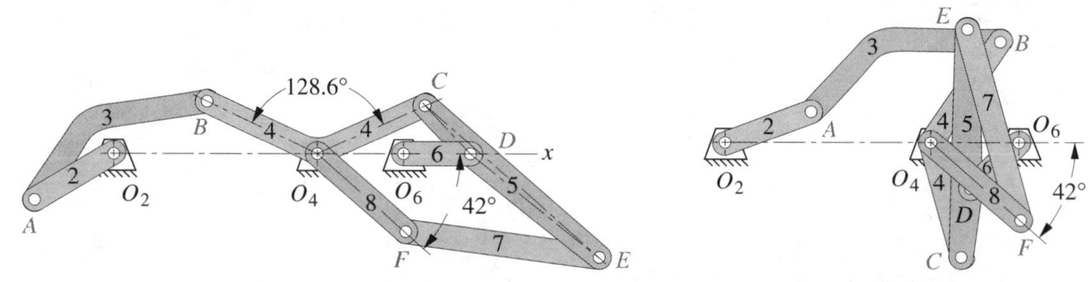

a) Primera posición extrema, $\theta_2 = 209°$

b) Segunda posición extrema, $\theta_2 = 19°$

$O_2O_4 = 1.00$	$L_2 = 0.450$	$L_3 = 0.990$	$L_6 = 0.325$	$L_7 = 0.938$	$L_8 = 0.572$	$CD = 0.325$	$CE = 1.145$
$DE = 0.823$	$O_4O_6 = 0.419$	$O_4B = O_4C = 0.590$	$\angle CDE = 173°$				

FIGURA 3-36 Mecanismo de ocho barras con rotación oscilatoria de ±360° del eslabón 8 cuando la manivela 2 gira por completo *Fuente: Hain,*[22] *pp. 368-370*

$AB = BP = BO_4 = 1.0$
$AO_2 = 0.136$
$O_2O_4 = 1.414$

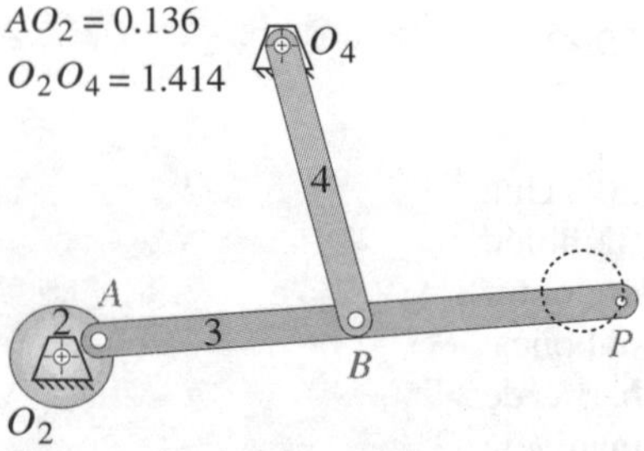

a) Mecanismo de cuatro barras de Chebyschev aproximado trazador de círculos

$AB = BC = CD = DP = BO_4 = DO_4 = 1.0$
$O_2O_4 = 0.75$
$O_4O_P = 0.75$
$AO_2 = 0.5$

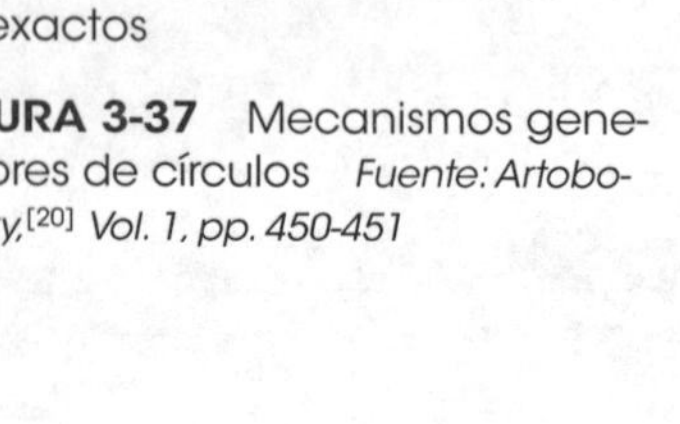

b) Mecanismo de seis barras de Delone trazador de círculos exactos

FIGURA 3-37 Mecanismos generadores de círculos *Fuente: Artobolevsky,*[20] *Vol. 1, pp. 450-451*

Movimiento circular con centro remoto

Cuando se requiere un movimiento rotatorio pero el centro de esa rotación no está disponible para montar el pivote de una manivela, se puede utilizar un mecanismo para describir un movimiento circular aproximado o exacto "en el aire" alejado de los pivotes fijos o móviles del mecanismo. Artobolevsky [20] muestra diez mecanismos como ésos, dos de los cuales están reproducidos en la figura 3-37. La figura 3-37*a* muestra un mecanismo Chebyschev de cuatro barras trazador de círculos aproximados. Cuando la manivela gira en el sentido contrario al de las manecillas del reloj, el punto *P* traza un círculo del mismo diámetro en el sentido de las manecillas del reloj. La figura 3-37*b* muestra un mecanismo Delone, de seis barras, trazador de círculos exactos que contiene un pantógrafo (B-C-D-O_4), lo cual causa que el punto *P* imite el movimiento del punto *A* y produzca una réplica 1:1 exacta del movimiento circular de *A* en torno a O_4, pero en la dirección opuesta. Si se agregara un eslabón entre O_P y *P*, giraría a la misma velocidad, pero en dirección opuesta al eslabón 2. Por lo tanto, este mecanismo podría sustituirse por un par de engranes externos (conjunto de engranes) con una relación 1:1 (véase el capítulo 9 para información sobre engranes).

3.11 REFERENCIAS

1 **Erdman, A. G. y J. E. Gustafson** (1977), "LINCAGES: Linkage INteractive Computer Analysis and Graphically Enhanced Synthesis". ASME Paper: 77-DTC-5.

2 **Alt, H.** (1932), "Der Übertragungswinkel und seine Bedeutung für das Konstruieren periodischer Getriebe (El ángulo de transmisión y su importancia en el diseño de mecanismos de precisión)". *Werkstattstechnik,* **26**, pp. 61-64.

3 **Hall, A. S.** (1961), *Kinematics and Linkage Design.* Waveland Press: Prospect Heights, IL, p. 146.

4 **Sandor, G. N. y A. G. Erdman.** (1984), *Advanced Mechanism Design: Analysis and Synthesis,* vol. 2. Prentice-Hall: Upper Saddle River, NJ, pp. 177-187.

5 **Kaufman, R. E.** (1978), "Mechanism Design by Computer", *Machine Design,* 26 de octubre de 1978, pp. 94-100.

6 **Hall, A. S.** (1961), *Kinematics and Linkage Design,* Waveland Press: Prospect Heights, IL, pp. 33-34.

7a **Kempe, A. B.** (1876), "On a General Method of Describing Plane Curves of the *N*th Degree by Linkwork". *Proceedings London Mathematical Society,* **7**, pp. 213-216.

7b **Wunderlich, W.** (1963), "Höhere Koppelkurven". *Österreichisches Ingenieur Archiv,* **XVII**(3), pp. 162-165.

8a **Hrones, J. A. y G. L. Nelson** (1951), *Analysis of the Fourbar Linkage.* MIT Technology Press: Cambridge, MA.

8b **Fichter, E. F. y K. H. Hunt** (1979). "The Variety, Cognate Relationships, Class, and Degeneration of the Coupler Curves of the Planar 4R Linkage", *Proc. of 5th World Congress on Theory of Machines and Mechanisms,* Montreal, pp. 1028-1031.

9 **Kota, S.** (1992), "Automatic Selection of Mechanism Designs from a Three Dimensional Design Map", *Journal of Mechanical Design,* **114**(3), pp. 359-367.
10 **Zhang, C., R. L. Norton y T. Hammond** (1984), "Optimization of Parameters for Specified Path Generation Using an Atlas of Coupler Curves of Geared Five-Bar Linkages", *Mechanism and Machine Theory,* **19**(6), pp. 459-466.
11 **Hartenberg, R. S. y J. Denavit** (1959), "Cognate Linkages", *Machine Design,* abril 16 de 1959, pp. 149-152.
12 **Nolle, H.** (1974), "Linkage Coupler Curve Synthesis: A Historical Review-II. Developments after 1875", *Mechanism and Machine Theory,* **9**, 1974, pp. 325-348.
13 **Luck, K.** (1959), "Zur Erzeugung von Koppelkurven viergliedriger Getriebe", *Maschinenbautechnik (Getriebetechnik),* **8**(2), pp. 97-104.
14 **Soni, A. H.** (1974), *Mechanism Synthesis and Analysis,* Scripta, McGraw-Hill: Nueva York, pp. 381-382.
15 **Hall, A. S.** (1961), *Kinematics and Linkage Design,* Waveland Press: Prospect Heights, IL., p. 51.
16 **Hoeken, K.** (1926), "Steigerung der Wirtschaftlichkeit durch zweckmäßige". *Anwendung der Getriebelehre Werkstattstechnik.*
17 **Hain, K.** (1967), *Applied Kinematics.* D. P. Adams, traductor. McGraw-Hill: Nueva York, pp. 308-309.
18 **Nolle, H.** (1974), "Linkage Coupler Curve Synthesis: A Historical Review -I. Developments up to 1875". *Mechanism and Machine Theory,* **9**, pp. 147-168.
19 **Norton, R. L.** (1999), "In Search of the 'Perfect' Straight Line and Constant Velocity Too". *Proc. 6th Applied Mechanisms and Robotics Conference,* Cincinnati, OH.
20 **Artobolevsky, I. I.** (1975), *Mechanisms in Modern Engineering Design.* N. Weinstein, traductor, vol. I a IV, MIR Publishers: Moscú. pp. 431-447.
21 **Thompson, T. J.** (2000), "A Web-Based Atlas of Coupler Curves and Centrodes of Fourbar Mechanisms", *Proc. of SCSI Conf. on Simulation and Multimedia in Eng. Education,* San Diego, pp. 209-213.
22 **Hain, K.** (1967). *Applied Kinematies.* D. P. Adams, traductor. McGraw-Hill: Nueva York.
23 **Roberts, S.** (1875) "Three-bar Motion in Plane Space". *Proc. Lond. Math. Soc.*, **7**, pp. 14-23.
24 **Cayley, A.** (1876). "On Three-bar Motion". *Proc. Lond. Math. Soc.*, **7**, pp. 136-166.
25 **Dijksman, E. A. y T. J. M. Smals** (2000). "How to Exchange Centric Inverted Slider Cranks With λ-formed Fourbar Linkages". *Mechanism and Machine Theory*, **35**, pp. 305-327.

3.12 BIBLIOGRAFÍA

Para más información sobre ***síntesis de tipo****, se recomiendan las siguientes referencias:*

Artobolevsky, I. I. (1975), *Mechanisms in Modern Engineering Design.* N. Weinstein, traductor, vol. I a IV. MIR Publishers: Moscú.

Chironis, N. P., ed. (1965), *Mechanisms, Linkages, and Mechanical Controls.* McGraw-Hill: Nueva York.

Chironis, N. P., ed. (1966), *Machine Devices and Instrumentation.* McGraw-Hill: Nueva York.

Chironis, N. P. y N. Sclater, ed. (1996), *Mechanisms and Mechanical Devices Sourcebook.* McGraw-Hill: Nueva York.

Jensen, P. W. (1991), *Classical and Modern Mechanisms Engineers and Inventors.* Marcel Dekker: Nueva York.

Jones, F., H. Horton y J. Newell (1967), *Ingenious Mechanisms for Engineers.* vol. I a IV. Industrial Press: Nueva York.

Olson, D. G. y colaboradores (1985), "A Systematic Procedure for Type Synthesis of Mechanisms with Literature Review". *Mechanism and Machine Theory*, **20**(4), pp. 285-295.

Tuttle, S. B. (1967), *Mechanisms for Engineering Design.* John Wiley & Sons: Nueva York.

Para más información sobre ***síntesis dimensional de mecanismos****, se recomiendan las siguientes referencias.*

Djiksman, E. A. (1976), *Motion Geometry of Mechanisms.* Cambridge University Press: Londres.

Hain, K. (1967), *Applied Kinematics*. D.P. Adams, traductor. McGraw-Hill: Nueva York, p. 399.

Hall, A. S. (1961), *Kinematics and Linkage Design.* Waveland Press: Prospect Heights, IL.

Hartenberg, R. S. y J. Denavit (1964), *Kinematic Synthesis of Linkages.* McGraw-Hill: Nueva York.

McCarthy, J. M. (2000), *Geometric Design of Linkages.* Springer-Verlag: Nueva York, 320 pp.

Molian, S. (1982), *Mechanism Design: An Introductory Text.* Cambridge University Press: Cambridge.

3

Sandor, G. N. y A. G. Erdman (1984), *Advanced Mechanism Design: Analysis and Synthesis*, vol. 2. Prentice-Hall: Upper Saddle River, NJ.

Tao, D. C. (1964), *Applied Linkage Synthesis.* Addison Wesley: Reading, MA.

Para más información sobre ***mecanismos espaciales****, se recomiendan las siguientes referencias:*

Haug, E. J. (1989), *Computer Aided Kinematics and Dynamics of Mechanical Systems*. Allyn and Bacon: Boston.

Nikravesh, P. E. (1988), *Computer Aided Analysis of Mechanical Systems*. Prentice-Hall: Upper Saddle River, NJ.

Suh, C. H. y C.W. Radcliffe (1978). *Kinematics and Mechanism Design.* John Wiley & Sons: Nueva York.

3.13 PROBLEMAS†

*3-1 Defina los siguientes ejemplos como casos de generación de trayectoria, movimiento o función.

- *a*) Un mecanismo apuntador de telescopio (rastreador de estrellas).
- *b*) Mecanismo de control de cucharón de una retroexcavadora.
- *c*) Un mecanismo de ajuste de un termostato.
- *d*) Un mecanismo de mando de cabeza de una impresora de computadora.
- *e*) Un mecanismo de control de una pluma de graficador XY.

3-2 Diseñe un mecanismo manivela-balancín de Grashof de cuatro barras, para 90° de movimiento de balancín de salida, sin retorno rápido. (Véase el ejemplo 3-1, p. 74.) Construya un modelo y determine las posiciones de agarrotamiento y el ángulo de transmisión mínimo con el modelo.

*3-3 Diseñe un mecanismo de cuatro barras que proporcione las dos posiciones mostradas en la figura P3-1 de movimiento de balancín de salida sin retorno rápido. (Véase el ejemplo 3-2, p. 75.) Construya un modelo y determine las posiciones de agarrotamiento y el ángulo de transmisión mínimo con el modelo.

3-4 Diseñe un mecanismo de cuatro barras que proporcione las dos posiciones mostradas en la figura P3-1 de movimiento del acoplador. (Véase el ejemplo 3-3, p. 76.) Construya un modelo y determine las posiciones de agarrotamiento y el ángulo de transmisión mínimo. Agregue una díada motriz. (Véase el ejemplo 3-4, p. 76.)

*3-5 Diseñe un mecanismo de cuatro barras que proporcione las tres posiciones de movimiento del acoplador sin retorno rápido mos-

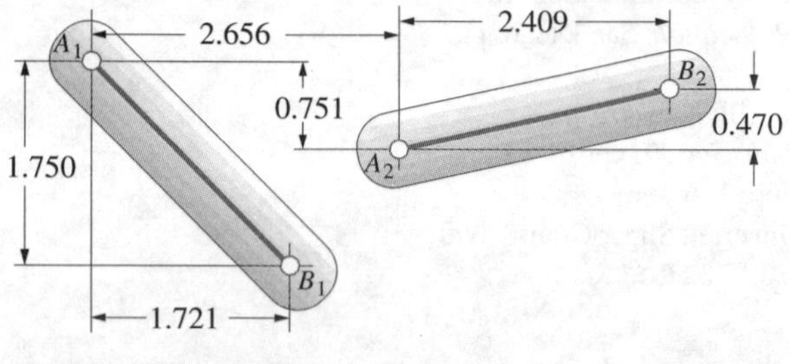

FIGURA P3-1 Problemas 3-3 a 3-4

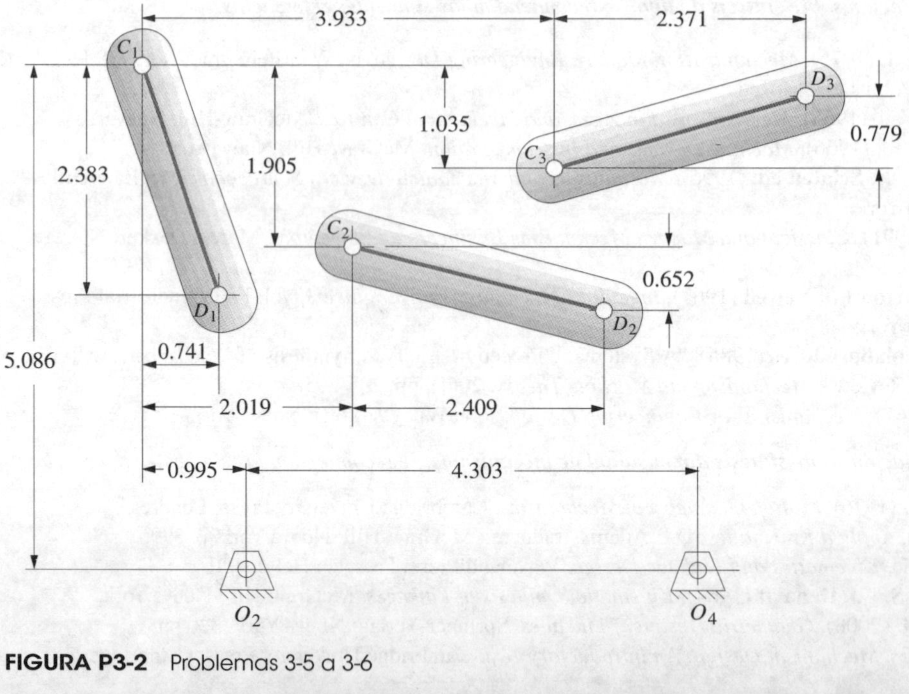

FIGURA P3-2 Problemas 3-5 a 3-6

* Respuestas en el apéndice F.

† Todas las figuras de los problemas se incluyen como archivos animados AVI y Working Model en el DVD. Los nombres de los archivos PDF son los mismos que el número de las figuras. Ejecute el programa *Animations.html* para tener acceso y ejecutar las animaciones.

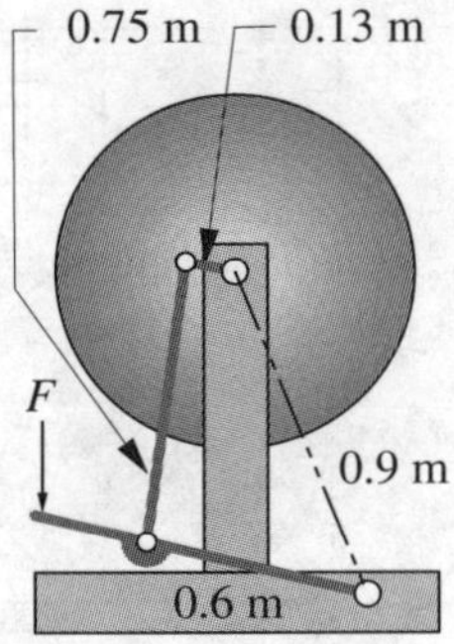

FIGURA P3-3 Problema 3-14. Rueda rectificadora operada por un pedal

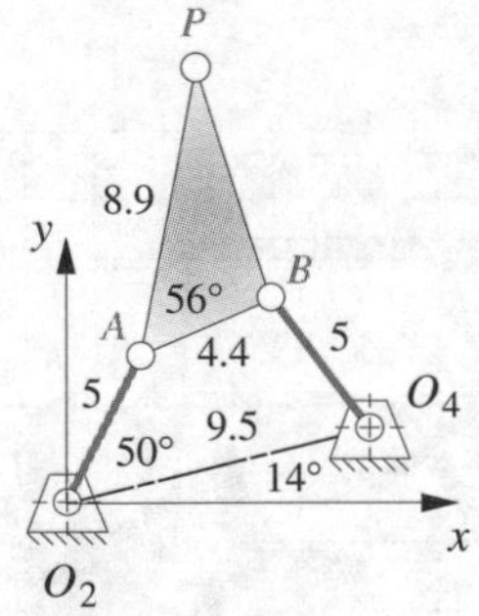

FIGURA P3-4 Problemas 3-15 a 3-18

tradas en la figura P3-2. (Véase también el ejemplo 3-5, p. 77.) Ignore los puntos O_2 y O_4 mostrados. Construya un modelo de cartón y determine las posiciones de agarrotamiento y el ángulo de transmisión mínima con el modelo. Agregue una díada motriz. (Véase el ejemplo 3-4, p. 76.)

*3-6 Diseñe un mecanismo de cuatro barras que proporcione las tres posiciones mostradas en la figura P3-2 con los pivotes fijos O_2 y O_4 mostrados. Construya un modelo y determine las posiciones de agarrotamiento y el ángulo de transmisión mínimo con el modelo. Agregue una díada motriz.

3-7 Repita el problema 3-2 con una relación de tiempo de retorno rápido de 1:1.4. (Véase el ejemplo 3-9, p. 83.)

*3-8 Diseñe un mecanismo de seis barras de retorno rápido con eslabón de arrastre para una relación de tiempo de 1:2 y movimiento de balancín de salida de 60°.

3-9 Diseñe un mecanismo de retorno rápido y manivela de cepilladora con una relación de tiempo de 1:3 (figura 3-14, p. 85).

*3-10 Encuentre los dos cognados del mecanismo mostrado en la figura 3-17 (p. 87). Dibuje los diagramas de Cayley y Roberts. Verifique sus resultados con el programa LINKAGES.

3-11 Encuentre los tres mecanismos de cinco barras engranado equivalentes para los tres cognados de cuatro barras mostrados en la figura 3-25*a* (p. 94). Verifique sus resultados comparando las curvas del acoplador con el programa LINKAGES.

3-12 Diseñe un mecanismo de seis barras con detenimiento simple para un detenimiento de 90° de movimiento de manivela, con un movimiento de balancín de salida de 45°.

3-13 Diseñe un mecanismo de seis barras con detenimiento doble para un detenimiento de 90° de movimiento de manivela, con un movimiento de balancín de salida de 60°, seguido por un segundo detenimiento de aproximadamente 60° de movimiento de manivela.

3-14 La figura P3-3 muestra una rueda de afilar operada por pedal impulsada por un mecanismo de cuatro barras. Construya un modelo del mecanismo a una escala conveniente. Determine sus ángulos de transmisión mínimos con el modelo. Comente sobre su funcionamiento. ¿Funcionará? Si es así, explique cómo lo hace.

3-15 La figura P3-4 muestra un mecanismo de cuatro barras de no Grashof impulsado por el eslabón O_2A. Todas las dimensiones están en centímetros (cm).

a) Encuentre el ángulo de transmisión en la posición mostrada.
b) Encuentre las posiciones de agarrotamiento en función del ángulo AO_2O_4.
c) Encuentre los ángulos de transmisión máximo y mínimo sobre su rango de movimiento mediante técnicas gráficas.
d) Trace la curva de acoplador del punto *P* sobre su rango de movimiento.

3-16 Dibuje el diagrama de Roberts del mecanismo mostrado en la figura P3-4 y encuentre sus dos cognados. ¿Son o no son de Grashof?

3-17 Diseñe un mecanismo de seis barras de Watt, clase I, para proporcionar movimiento paralelo a la trayectoria del acoplador que sigue el punto *P* del mecanismo mostrado en la figura P3-4.

3-18 Agregue una díada motriz a la solución del problema 3-17 para impulsar el mecanismo a lo largo de su posible rango de movimiento sin retorno rápido. (El resultado será un mecanismo de ocho barras.)

3-19 Diseñe un mecanismo de juntas de pasador el cual guiará hacia arriba y hacia abajo las horquillas del montacargas de la figura P3-5 en una línea recta aproximada sobre el rango de movimiento mostrado. Disponga de los pivotes fijos de manera que se encuentren cerca de cierta parte del armazón o cuerpo existente del montacargas.

TABLA P3-0
Tema/matriz de problemas

3.2 Tipo de movimiento
3-1

3.3 Condiciones limitantes
3-14, 3-15, 3-22, 3-23, 3-36, 3-39, 3-42

3.4 Síntesis dimensional
Dos posiciones
3-2, 3-3, 3-4, 3-20, 3-46, 3-47, 3-49, 3-50, 3-52, 3-53, 3-55, 3-56, 3-59, 3-60, 3-63, 3-64, 3-76, 3-77
Tres posiciones con pivotes móviles especificados
3-5, 3-48, 3-51, 3-54, 3-57, 3-61, 3-65
Tres posiciones con pivotes fijos especificados
3-6, 3-58, 3-62, 3-66

3.5 Mecanismos de retorno rápido
Cuatro barras
3-7, 3-67, 3-68, 3-69
Seis barras
3-8, 3-9, 3-70, 3-71

3.6 Curvas del acoplador
3-15, 3-33, 3-34, 3-35, 3-78 a 3-83

3.7 Cognados
3-10, 3-16, 3-29, 3-30, 3-37, 3-40, 3-43
Movimiento paralelo
3-17, 3-18, 3-21, 3-28
Cognados de cinco barras engranados del mecanismo de cuatro barras
3-11, 3-25, 3-38, 3-41, 3-44

3.8 Mecanismos de línea recta
3-19, 3-31, 3-32, 3-76, 3-77

3.9 Mecanismos con detenimiento
Detenimiento simple
3-12, 3-72, 3-73, 3-74
Detenimiento doble
3-13, 3-26, 3-27

3

* Respuestas en el apéndice F.

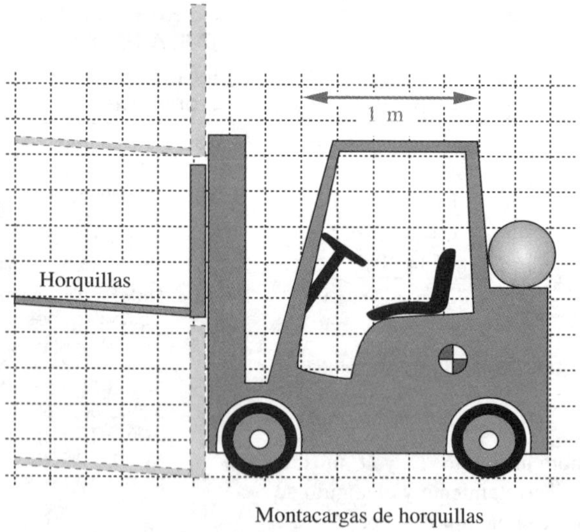

FIGURA P3-5 Problema 3-19

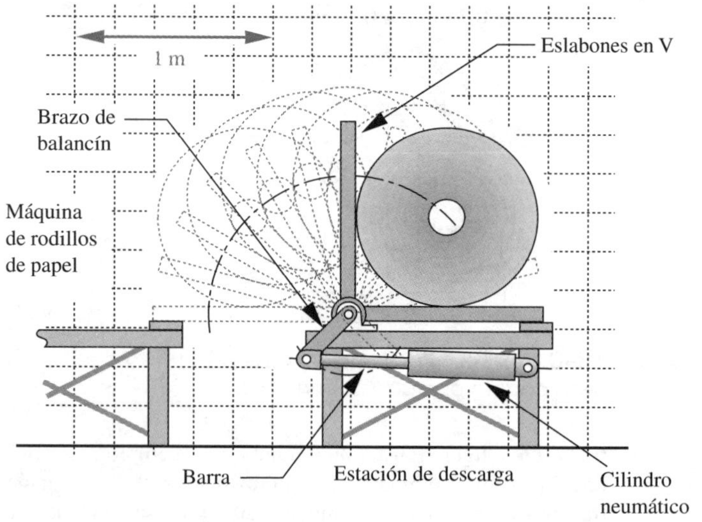

FIGURA P3-6 Problema 3-20

3-20 La figura P3-6 muestra un mecanismo de descarga de "eslabón en V" de una transportadora de rodillos de papel. Diseñe un mecanismo de juntas de pasador para reemplazar el cilindro neumático motriz que hace girar el brazo de balancín y el eslabón en V a través de los 90° mostrados. Mantenga los pivotes fijos tan cerca de la estructura existente como sea posible. Su mecanismo de cuatro barras deberá ser de Grashof y estar agarrotado en cada posición extrema del brazo de balancín.

3-21 La figura P3-7 muestra un mecanismo transportador de viga viajera, el cual emplea una curva del acoplador de cuatro barras, reproducido con mecanismo de paralelogramo para movimiento paralelo. Observe que la manivela y el acoplador duplicados mostrados como imágenes fantasmas en la mitad derecha del mecanismo son redundantes y deben eliminarse del mecanismo de cuatro barras duplicado. Mediante la misma etapa motriz de cuatro barras (eslabones L_1, L_2, L_3, L_4 con un punto de acoplador P), diseñe un mecanismo de seis barras de Watt, de clase I, que impulse el eslabón 8 con el mismo movimiento paralelo mediante dos eslabones menos.

*3-22 Encuentre los ángulos de transmisión máximo y mínimo del impulsor de cuatro barras (eslabones L_1, L_2, L_3, L_4) en la figura P3-7 con precisión gráfica.

*3-23 La figura P3-8 muestra un mecanismo de cuatro barras usado en un telar mecánico para lanzar una lengüeta en forma de peine contra el hilo, para "entretejerlo" en la tela. Determine la condición de Grashof y sus ángulos de transmisión mínimo y máximo con precisión gráfica.

3-24 Dibuje el diagrama de Roberts y encuentre los cognados del mecanismo mostrado en la figura P3-9.

3-25 Encuentre el mecanismo cognado de cinco barras engranado equivalente del mecanismo mostrado en la figura P3-9.

3-26 Use el mecanismo de la figura P3-9 para diseñar un mecanismo de ocho barras con doble detenimiento que tenga un balancín de salida a 45°.

3-27 Use el mecanismo de la figura P3-9 para diseñar un mecanismo de ocho barras con doble detenimiento que tiene una carrera de la corredora de salida de 5 unidades de manivela.

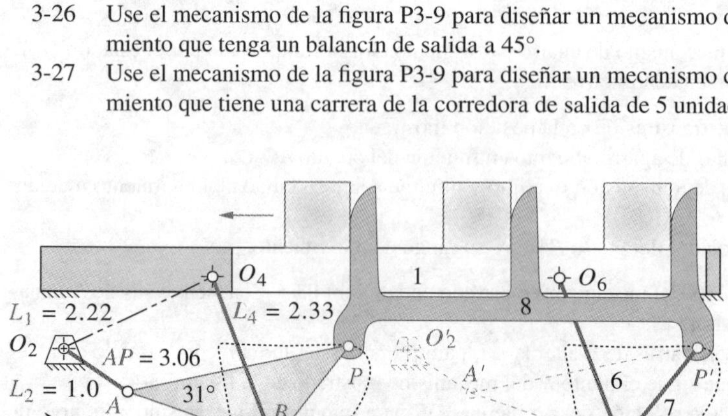

FIGURA P3-7 Problemas 3-21 a 3-22. Mecanismo de transporte de ocho barras de viga viajera en línea recta

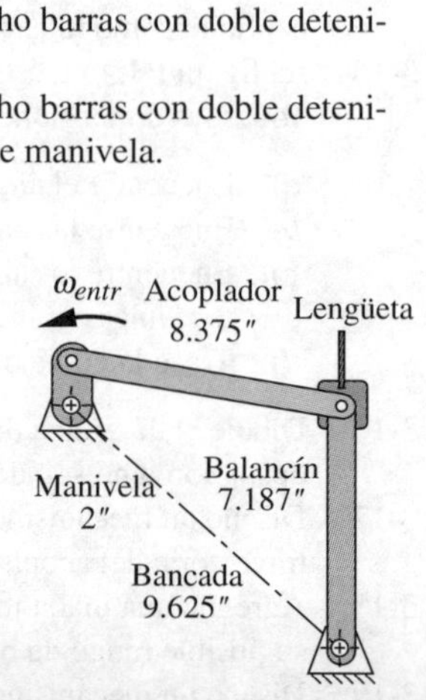

FIGURA P3-8 Problema 3-23 Transmisión de una tejedora de barras descubiertas

* Respuestas en el apéndice F.

3-28 Use dos de los cognados mostrados en la figura 3-26*b* (p. 95) para diseñar un mecanismo de seis barras de Watt, tipo I, con movimiento paralelo que lleve un eslabón a través de la misma curva del acoplador en todos los puntos. Comente sobre sus similitudes con el diagrama de Roberts original.

3-29 Encuentre los cognados del mecanismo de línea recta de Watt mostrado en la figura 3-29*a* (p. 98).

3-30 Encuentre los cognados del mecanismo de línea recta de Roberts mostrado en la figura 3-29*b* (p. 98).

*3-31 Diseñe un mecanismo de línea recta de Hoeken que produzca un error mínimo de velocidad en más de 22% del ciclo para un movimiento en línea recta de 15 cm de largo. Especifique todos los parámetros del mecanismo.

3-32 Diseñe un mecanismo de línea recta de Hoeken que produzca un error mínimo de rectitud en más del 39% del ciclo para un movimiento en línea recta de 20 cm de largo. Especifique todos los parámetros del mecanismo.

3-33 Diseñe un mecanismo que produzca una curva del acoplador simétrica en forma de "habichuela" como se muestra en la figura 3-16 (p. 87). Use los datos de la figura 3-21 (p. 91) para determinar las relaciones de eslabón requeridas y genere la curva del acoplador con el programa LINKAGES.

3-34 Repita el problema 3-33 para una curva del acoplador en "doble recta".

3-35 Repita el problema 3-33 para una curva de acoplador en forma de "cimitarra" con dos cúspides distintas. Demuestre que existen (o no) cúspides verdaderas en la curva con el programa LINKAGES. (*Sugerencia:* Piense en la definición de una cúspide y en cómo puede utilizar los datos del programa para mostrarla.)

*3-36 Encuentre la condición de Grashof, la inversión, las posiciones límite y los valores extremos del ángulo de transmisión (con precisión gráfica) del mecanismo mostrado en la figura P3-10.

3-37 Dibuje el diagrama de Roberts y encuentre los cognados del mecanismo mostrado en la figura P3-10.

3-38 Encuentre los tres cognados de cinco barras engranados del mecanismo mostrado en la figura P3-10.

*3-39 Encuentre la condición de Grashof, las posiciones límite y los valores extremos del ángulo de transmisión (con precisión gráfica) del mecanismo mostrado en la figura P3-11.

3-40 Dibuje el diagrama de Roberts y encuentre los cognados del mecanismo mostrado en la figura P3-11.

3-41 Encuentre los tres cognados de cinco barras engranados del mecanismo mostrado en la figura P3-11.

*3-42 Encuentre la condición de Grashof, las posiciones límite y los valores extremos del ángulo de transmisión (con precisión gráfica) del mecanismo de la figura P3-12 .

3-43 Dibuje el diagrama de Roberts y encuentre los cognados del mecanismo mostrado en la figura P3-12.

3-44 Encuentre los tres cognados de cinco barras engranados del mecanismo mostrado en la figura P3-12.

3-45 Demuestre que las relaciones entre las velocidades angulares de varios eslabones en el diagrama de Roberts mostrado en la figura 3-25 (p. 94) son verdaderas.

3-46 Diseñe un mecanismo de cuatro barras para mover el objeto mostrado en la figura P3-13 de la posición 1 a la 2, y utilice los puntos *A* y *B* para fijación. Agregue una díada motriz para limitar su movimiento al rango de posiciones diseñado para convertirlo en un mecanismo de seis barras. Todos los pivotes fijos deberán estar en la base.

3-47 Diseñe un mecanismo de cuatro barras para mover el objeto mostrado en la figura P3-13 de la posición 2 a la 3, y utilice los puntos *A* y *B* para fijación. Agregue una díada motriz para limitar su movimiento al rango de posiciones diseñado para convertirlo en un mecanismo de seis barras. Todos los pivotes fijos deberán estar en la base.

3-48 Diseñe un mecanismo de cuatro barras para mover el objeto mostrado en la figura P3-13 a través de las tres posiciones mostradas, con los puntos *A* y *B* para fijación. Agregue una díada motriz para

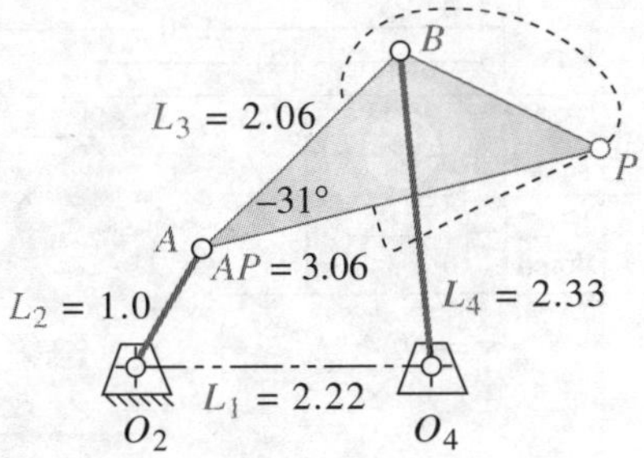

FIGURA P3-9 Problemas 3-24 a 3-27

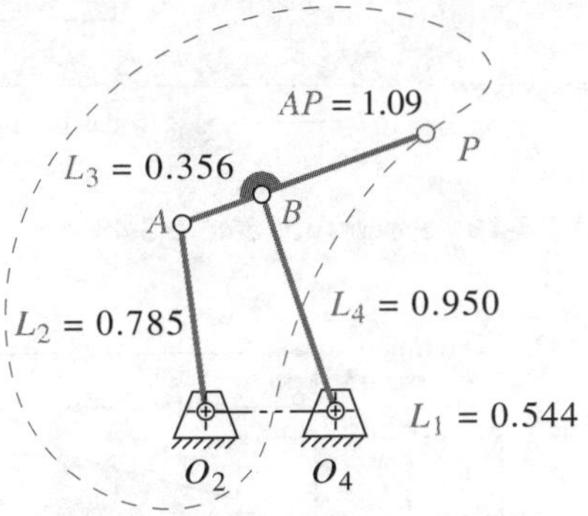

FIGURA P3-10 Problemas 3-36 a 3-38

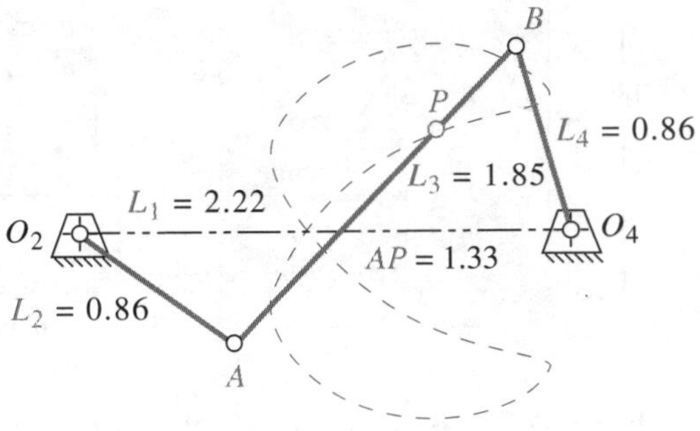

FIGURA P3-11 Problemas 3-39 a 3-41

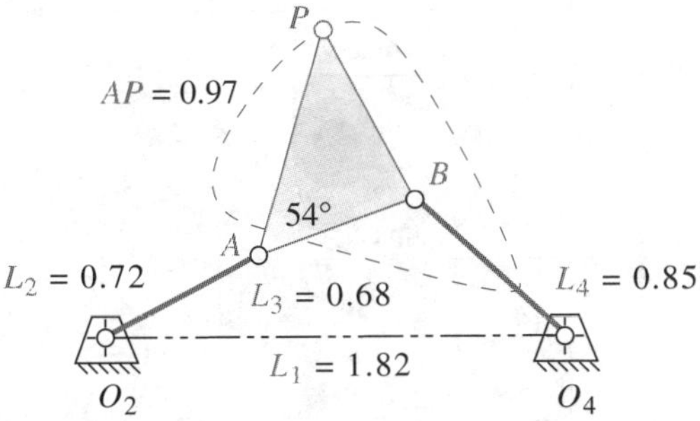

FIGURA P3-12 Problemas 3-42 a 3-44

* Respuestas en el apéndice F.

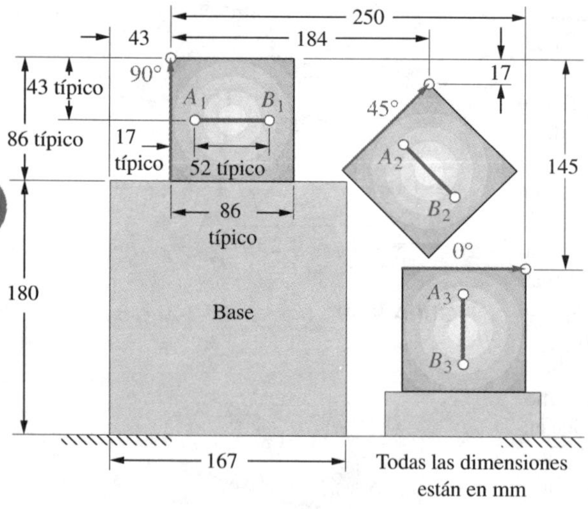

FIGURA P3-13 Problemas 3-46 a 3-48

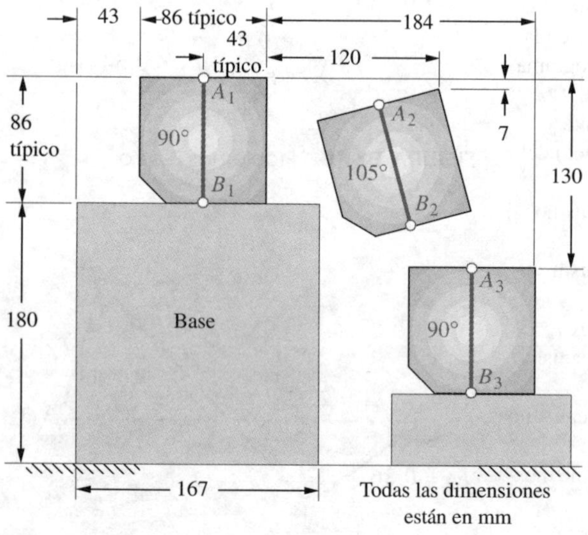

FIGURA P3-14 Problemas 3-49 a 3-51

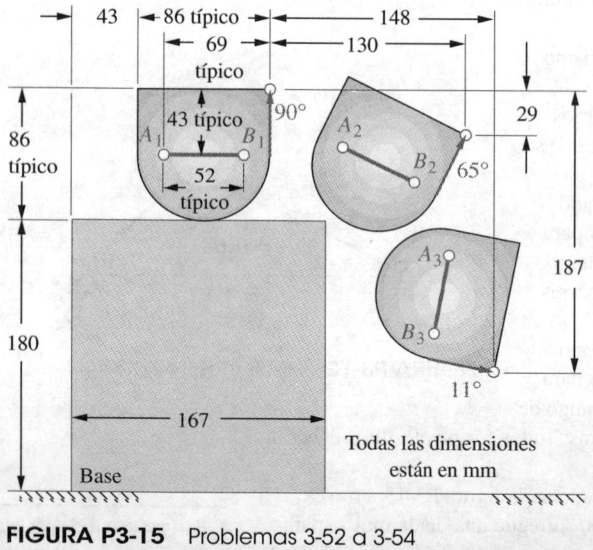

FIGURA P3-15 Problemas 3-52 a 3-54

limitar su movimiento al rango de posiciones diseñado para convertirlo en un mecanismo de seis barras. Todos los pivotes fijos deberán estar en la base.

3-49 Diseñe un mecanismo de cuatro barras para mover el objeto mostrado en la figura P3-14 de la posición 1 a la 2, y utilice los puntos *A* y *B* para fijación. Agregue una díada motriz para limitar su movimiento al rango de posiciones diseñado para convertirlo en un mecanismo de seis barras. Todos los pivotes fijos deberán estar en la base.

3-50 Diseñe un mecanismo de cuatro barras para mover el objeto mostrado en la figura P3-14 de la posición 2 a la 3, y utilice los puntos *A* y *B* para fijación. Agregue una díada motriz para limitar su movimiento al rango de posiciones diseñado para convertirlo en un mecanismo de seis barras. Todos los pivotes fijos deberán estar en la base.

3-51 Diseñe un mecanismo de cuatro barras para mover el objeto mostrado en la figura P3-14 a través de las tres posiciones mostradas, y utilice los puntos *A* y *B* para fijación. Agregue una díada motriz para limitar su movimiento al rango de posiciones diseñado para convertirlo en un mecanismo de seis barras. Todos los pivotes fijos deberán estar en la base.

3-52 Diseñe un mecanismo de cuatro barras para mover el objeto mostrado en la figura P3-15 de la posición 1 a la 2, y utilice los puntos *A* y *B* para fijación. Agregue una díada motriz para limitar su movimiento al rango de posiciones diseñado para convertirlo en un mecanismo de seis barras. Todos los pivotes fijos deberán estar en la base.

3-53 Diseñe un mecanismo de cuatro barras para mover el objeto mostrado en la figura P3-15 de la posición 2 a la 3, y utilice los puntos *A* y *B* para fijación. Agregue una díada motriz para limitar su movimiento al rango de posiciones diseñado para convertirlo en un mecanismo de seis barras. Todos los pivotes fijos deberán estar en la base.

3-54 Diseñe un mecanismo de cuatro barras para mover el objeto mostrado en la figura P3-15 a través de las tres posiciones mostradas, con los puntos *A* y *B* para fijación. Agregue una díada motriz para limitar su movimiento al rango de posiciones diseñado para convertirlo en un mecanismo de seis barras. Todos los pivotes fijos deberán estar en la base.

3-55 Diseñe un mecanismo de cuatro barras para mover el objeto mostrado en la figura P3-16 de la posición 1 a la 2. Ignore la tercera posición y los pivotes fijos O_2 y O_4 mostrados. Construya un modelo y agregue una díada motriz para limitar su movimiento al rango de posiciones diseñado para convertirlo en un mecanismo de seis barras.

3-56 Diseñe un mecanismo de cuatro barras para mover el objeto mostrado en la figura P3-16 de la posición 2 a la 3. Ignore la primera posición y los pivotes fijos O_2 y O_4 mostrados. Construya un modelo y agregue una díada motriz para limitar su movimiento al rango de posiciones diseñado para convertirlo en un mecanismo de seis barras.

3-57 Diseñe un mecanismo de cuatro barras para producir las tres posiciones mostradas en la figura P3-16. Ignore los pivotes fijos O_2 y O_4 mostrados. Construya un modelo y agregue una díada motriz para limitar su movimiento al rango de posiciones diseñado para convertirlo en un mecanismo de seis barras.

3-58 Diseñe un mecanismo de cuatro barras para producir las tres posiciones mostradas en la figura P3-16 y utilice los pivotes fijos O_2 y O_4 mostrados. (Véase el ejemplo 3-7, p. 79.)

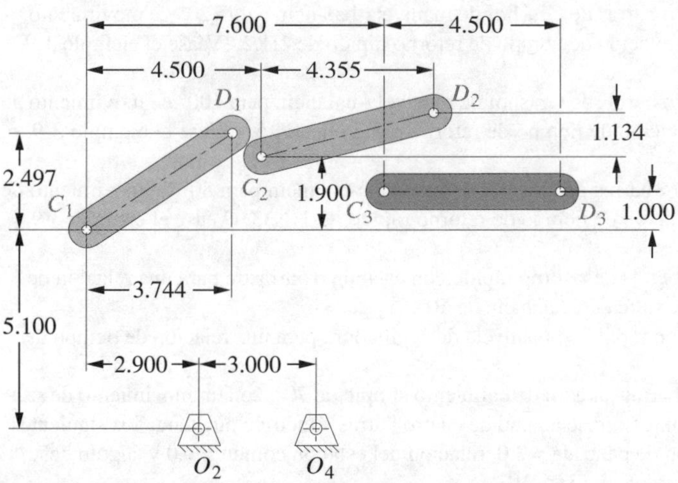

FIGURA P3-16 Problemas 3-55 a 3-58

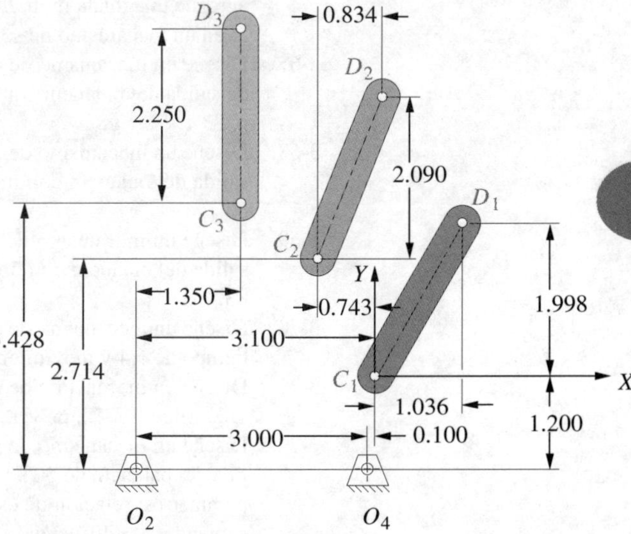

FIGURA P3-17 Problemas 3-59 a 3-62

Construya un modelo y agregue una díada motriz para limitar su movimiento al rango de posiciones mostrado para convertirlo en un mecanismo de seis barras.

3-59 Diseñe un mecanismo de cuatro barras para mover el eslabón mostrado en la figura P3-17 de la posición 1 a la 2. Ignore la tercera posición y los pivotes fijos O_2 y O_4 mostrados. Construya un modelo y agregue una díada motriz para limitar su movimiento al rango de posiciones mostrado para convertirlo en un mecanismo de seis barras.

3-60 Diseñe un mecanismo de cuatro barras para mover el eslabón mostrado en la figura P3-17 de la posición 2 a la 3. Ignore la primera posición y los pivotes fijos O_2 y O_4 mostrados. Construya un modelo y agregue una díada motriz para limitar su movimiento al rango de posiciones diseñado para convertirlo en un mecanismo de seis barras.

3-61 Diseñe un mecanismo de cuatro barras para obtener las tres posiciones mostradas en la figura P3-17. Ignore los pivotes fijos O_2 y O_4 mostrados. Construya un modelo y agregue una díada motriz para limitar su movimiento al rango de posiciones diseñado para convertirlo en un mecanismo de seis barras.

3-62 Diseñe un mecanismo de cuatro barras para obtener las tres posiciones mostradas en la figura P3-17 y utilice los pivotes fijos O_2 y O_4 mostrados. (Véase el ejemplo 3-7, p. 79.) Construya un modelo y agregue una díada motriz para limitar su movimiento al rango de posiciones diseñado para convertirlo en un mecanismo de seis barras.

3-63 Diseñe un mecanismo de cuatro barras para mover el eslabón mostrado en la figura P3-18 de la posición 1 a la 2. Ignore la tercera posición y los pivotes fijos O_2 y O_4 mostrados. Construya un modelo y agregue una díada motriz para limitar su movimiento al rango de posiciones diseñado para convertirlo en un mecanismo de seis barras.

3-64 Diseñe un mecanismo de cuatro barras para mover el eslabón mostrado en la figura P3-18 de la posición 2 a la 3. Ignore la primera posición y los pivotes fijos O_2 y O_4 mostrados. Construya un modelo y agregue una díada motriz para limitar su movimiento al rango de posiciones diseñado para convertirlo en un mecanismo de seis barras.

3-65 Diseñe un mecanismo de cuatro barras para obtener las tres posiciones mostradas en la figura P3-18. Ignore los pivotes fijos O_2 y O_4 mostrados. Construya un modelo y agregue una díada motriz para limitar su movimiento al rango de posiciones diseñado para convertirlo en un mecanismo de seis barras.

3-66 Diseñe un mecanismo de cuatro barras para obtener las tres posiciones mostradas en la figura P3-18 y utilice los pivotes fijos O_2 y O_4 mostrados. (Véase el ejemplo 3-7, p. 79.) Construya un modelo y

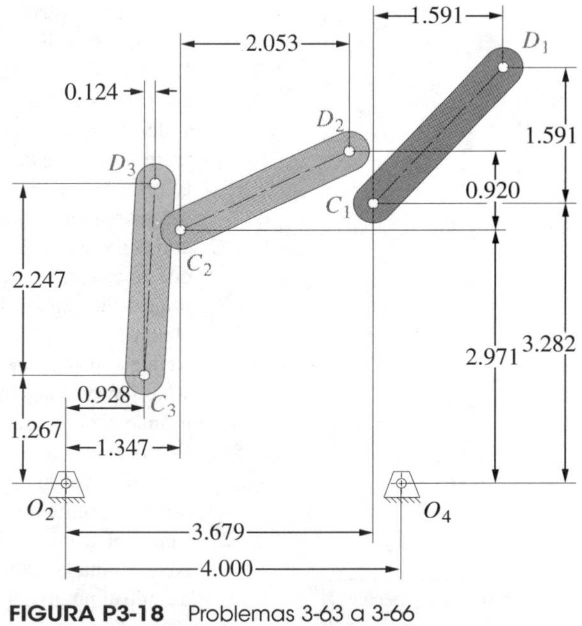

FIGURA P3-18 Problemas 3-63 a 3-66

agregue una díada motriz para limitar su movimiento al rango de posiciones diseñado para convertirlo en un mecanismo de seis barras.

3-67 Diseñe un mecanismo de cuatro barras de Grashof de manivela-balancín para 120° de movimiento de salida del balancín con una relación de tiempo de retorno rápido de 1:1.2. (Véase el ejemplo 3-9, p. 83.)

3-68 Diseñe un mecanismo de cuatro barras de Grashof de manivela-balancín para 100° de movimiento de salida del balancín con una relación de tiempo de retorno rápido de 1:1.5. (Véase el ejemplo 3-9, p. 83.)

3-69 Diseñe un mecanismo de cuatro barras de Grashof de manivela-balancín para 80° de movimiento de salida del balancín con una relación de tiempo de retorno rápido de 1:1.33. (Véase el ejemplo 3-9, p. 83.)

3-70 Diseñe un mecanismo de seis barras de retorno rápido con eslabón de arrastre para una relación de tiempo de 1:4 y movimiento de salida del balancín de 50°.

3-71 Diseñe un mecanismo de retorno rápido de manivela de cepilladora para una relación de tiempo de 1:2.5 (figura 3-14, p. 85).

3-72 Diseñe un mecanismo de seis barras para un detenimiento simple de 70°, con un movimiento de salida del balancín de 30°, mediante un mecanismo de cuatro barras simétrico que tenga los siguientes parámetros: relación de eslabón de bancada = 2.0, relación del eslabón común = 2.0 y ángulo del acoplador $\gamma = 40°$. (Véase el ejemplo 3-13, p. 103.)

3-73 Diseñe un mecanismo de seis barras para un detenimiento simple de 100°, con un movimiento de salida del balancín de 50°, mediante un mecanismo de cuatro barras simétrico que tenga los siguientes parámetros: relación de eslabón de bancada = 2.0, relación del eslabón común = 2.5 y ángulo del acoplador $\gamma = 60°$. (Véase el ejemplo 3-13, p. 103.)

3-74 Diseñe un mecanismo de seis barras para un detenimiento simple de 80°, con un movimiento de salida del balancín de 45°, mediante un mecanismo de cuatro barras simétrico que tenga los siguientes parámetros: relación de eslabón de bancada = 2.0, relación del eslabón común = 1.75 y ángulo del acoplador $\gamma = 70°$. (Véase el ejemplo 3-13, p. 103.)

3-75 Con el método del ejemplo 3-11 (p. 95), demuestre que el mecanismo de seis barras de línea recta de Chebyschev de la figura P2-5 (p. 63) es una combinación del mecanismo de cuatro barras de línea recta de Chebyschev de la figura 3-29*d* y su cognado de Hoeken de la figura 3-29*e* (p. 98). Véase también la figura 3-26 (p. 95) para información adicional útil para esta solución. Construya gráficamente el mecanismo de seis barras de Chebyschev de movimiento paralelo de la figura P2-5*a* (p. 63) a partir de sus dos mecanismos de cuatro barras constituyentes y construya un modelo físico o de computadora del resultado.

3-76 Diseñe una díada para impulsar el eslabón 2 del mecanismo en línea recta de Evans de la figura 3-29*f* (p. 99) de 150° a 210°. Dibuje un modelo del mecanismo de seis barras resultante y trace la curva del acoplador.

3-77 Diseñe una díada para impulsar el eslabón 2 del mecanismo en línea recta de Evans de la figura 3-29*g* (p. 91) de –40° a 40°. Dibuje un modelo del mecanismo de seis barras resultante y trace la curva del acoplador.

3-78 La figura 6 de la página *ix* del atlas Hrones y Nelson de curvas del acoplador de cuatro barras (en el DVD del libro) muestra un acoplador de 50 puntos que fue usado para generar las curvas del atlas. Utilizando la definición del vector **R** dado en la figura 3-17*b* (p. 87) del texto, determine los 10 posibles pares de valores de φ y R del primer renglón de puntos sobre el eje horizontal si el espaciado entre los puntos de la malla es de la mitad de la manivela unitaria.

*3-79 El primer conjunto de 10 curvas del acoplador de la página 1 del atlas Hrones y Nelson de curvas del acoplador de cuatro barras (en el DVD del libro) tiene $A = B = C = 1.5$. Modele este mecanismo con el programa LINKAGES usando el punto del acoplador más lejano a la izquierda del renglón que se muestra en la página 1 y grafique la curva del acoplador resultante. Observe que tendrá que orientar el eslabón 1 con el ángulo apropiado en LINKAGES para obtener la curva que se muestra en el atlas.

3-80 Repita el problema 3-79 para el conjunto de curvas del acoplador de la página 17 del atlas Hrones y Nelson (vea la página 32 del archivo PDF en el DVD del libro) que tiene $A = 1.5$, $B = C = 3.0$, usando el punto del acoplador más lejano a la derecha del renglón que se muestra.

3-81 Repita el problema 3-79 para el conjunto de curvas del acoplador de la página 21 del atlas Hrones y Nelson (vea la página 36 del archivo PDF en el DVD del libro) que tiene $A = 1.5$, $B = C = 3.5$, usando el segundo punto del acoplador a partir del extremo derecho del renglón que se muestra.

3-82 Repita el problema 3-79 para el conjunto de curvas del acoplador de la página 34 del atlas Hrones y Nelson (vea la página 49 del archivo PDF en el DVD del libro) que tiene $A = 2.0$, $B = 1.5$, $C = 2.0$, usando el punto del acoplador más lejano a la derecha del renglón que se muestra.

* Respuestas en el apéndice F.

3-83 Repita el problema 3-79 para el conjunto de curvas del acoplador de la página 115 del atlas Hrones y Nelson (vea la página 130 del archivo PDF en el DVD del libro) que tiene $A = 2.5$, $B = 1.5$, $C = 2.5$, usando el quinto punto del acoplador a partir del extremo izquierdo del renglón que se muestra.

3-84 Diseñe un mecanismo de cuatro barras para mover el eslabón que se muestra en la figura P3-19 de la posición 1 a la posición 2. No tome en cuenta la tercera posición ni los pivotes fijos O_2 y O_4 mostrados. Con un modelo de cartón, demuestre el movimiento requerido.

3-85 Diseñe un mecanismo de cuatro barras para mover el eslabón que se muestra en la figura P3-19 de la posición 2 a la posición 3. No tome en cuenta la primera posición ni los pivotes fijos O_2 y O_4 mostrados. Con un modelo de cartón, demuestre el movimiento requerido.

3-86 Diseñe un mecanismo de cuatro barras para obtener las tres posiciones que se muestran en la figura P3-19. No tome en cuenta los puntos O_2 y O_4 mostrados. Construya un modelo de cartón que tenga topes para limitar su movimiento al rango de posiciones designadas.

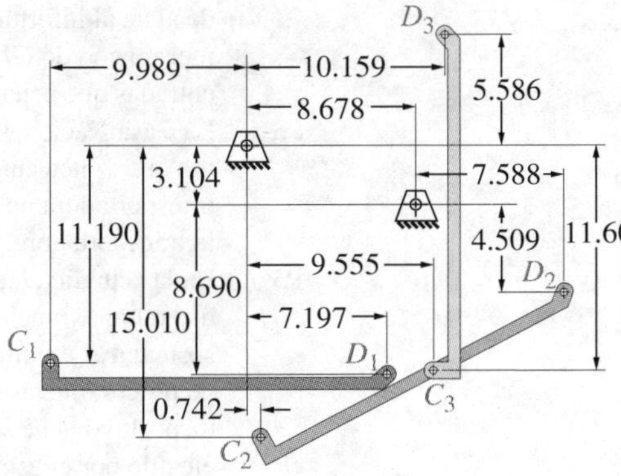

FIGURA P3-19 Problemas 3-84 a 3-87

3-87 Diseñe un mecanismo de cuatro barras para obtener las tres posiciones que se muestran en la figura P3-19 con los pivotes fijos O_2 y O_4 mostrados. Vea el ejemplo 3-7 (p. 79). Construya un modelo de cartón que tenga topes para limitar su movimiento al rango de posiciones designadas.

3.14 PROYECTOS

Estos enunciados de proyectos a gran escala carecen de manera deliberada de detalles y estructura y están definidos sin mucha precisión. Por lo tanto, son similares a la clase del planteamiento de problema de "identificación de necesidad" encontrado en la práctica de ingeniería. Se deja al estudiante que estructure el problema mediante investigación preliminar y cree un establecimiento claro de metas y un conjunto de especificaciones de desempeño antes de diseñar una solución. Este proceso de diseño se describió en el capítulo 1 y deberá seguirse en todos estos ejemplos. Estos proyectos pueden realizarse y analizarse cabalmente mediante los métodos presentados en capítulos posteriores. Todos los resultados deberán documentarse en un reporte profesional de ingeniería.

P3-1 El entrenador de tenis necesita un mejor servidor de pelotas de tenis para prácticas. Este dispositivo debe disparar una serie de pelotas de tenis estándar desde un lado de una cancha de tenis hasta la red, de manera que caigan y reboten dentro de cada una de las tres áreas de la cancha definidas por las líneas blancas de la cancha. El orden y frecuencia de las caídas de las pelotas en una de las tres áreas de la cancha deben ser aleatorias. El sistema debe funcionar automáticamente y sin vigilancia. Deberá servir 50 pelotas entre recargas. La temporización de los servicios de pelotas deberán variar. Por simplicidad, se prefiere un diseño de mecanismo de juntas de pasador impulsado por motor.

P3-2 Una paciente parapléjica perdió todo el movimiento de su cuerpo, excepto el de su cabeza. Ella sólo puede mover una pequeña "varilla bucal" para cerrar un interruptor. Era una ávida lectora antes de su lesión, y le gustaría leer de nuevo libros de pasta dura estándar sin la necesidad de que una persona dé vuelta a las páginas por ella. Por lo tanto, se requiere un cambiador de páginas automático barato, simple y confiable. El libro puede colocarse en el dispositivo por un ayudante. Deberá acomodar la máxima variedad de tamaños de libro posibles. Se debe evitar el daño a los libros, y la seguridad del usuario es de primordial importancia.

P3-3 ¡La abuela no está en su mecedora otra vez! Su nieto menor corre hacia ella a la sala de Bingo para abrazarla, pero se debe hacer algo por su mecedora antes de que regrese. Ella se ha quejado de que su artritis hace que sea doloroso empujar la mecedora. Así que, para su cumpleaños 100 dentro de 2 semanas, se le dará una sorpresa con una mecedora nueva, motorizada, automática. Las únicas restricciones son que el dispositivo debe ser seguro y proporcionar movimientos interesantes y placenteros, similares a los de su mecedora *Boston* actual, a todas las partes del cuerpo del ocupante. Como la simplicidad es la marca de un buen diseño, se prefiere un mecanismo con sólo juntas de pasador completas.

P3-4 El parque de diversiones local sufre a consecuencia de la proliferación de salas de juegos de computadora. Necesita un juego nuevo y más emocionante que atraiga a clientes nuevos. Las únicas restricciones son que debe ser seguro, emocionante y que no someta a los usuarios a aceleraciones o velocidades excesivas. Además, debe ser tan compacto como sea posible, puesto que el espacio es limitado. Se prefieren juntas de pasador completas y una entrada rotatoria continua.

P3-5 La sección estudiantil de ASME está patrocinando un concurso de primavera en el campus. Necesitan un mecanismo para su cabina "Refresque a su profesor", el cual sumergirá y sacará de la tina de agua al infortunado voluntario (a fuerza). Los contendientes proporcionarán las entradas para un mecanismo de *GDL* múltiples. Si conocen su cinemática, pueden proporcionar una combinación de entradas que echarán al agua a la víctima.

P3-6 La Casa Nacional de los Panqués desea automatizar su producción de panqués. Necesita un mecanismo que voltee automáticamente los panqués "al vuelo" cuando viajen a través de la tortera sobre una transportadora de movimiento continuo. Este mecanismo debe ajustarse a la velocidad constante de la transportadora, recoger un panqué, voltearlo y colocarlo de nuevo sobre la transportadora.

P3-7 En la actualidad, existen muchas variedades y formas de monitores de video de computadora. Su uso durante mucho tiempo causa fatiga de los ojos y del cuerpo. Se requiere un soporte ajustable que sostenga al monitor y al teclado en cualquier posición que el usuario considere cómoda. La unidad de procesamiento central (CPU) de la computadora puede colocarse en una posición remota. Este dispositivo debe ser autónomo, de modo que se pueda utilizar con una silla, sillón o sofá cómodo elegido por el usuario. No deberá requerir que asuma una postura de "sentado frente a un escritorio" convencional para utilizar la computadora. Debe ser estable en todas las posiciones y soportar con seguridad el peso del equipo.

P3-8 La mayoría de los remolques de botes pequeños deben sumergirse en el agua cuando meten o sacan el bote. Esto reduce en gran medida su vida útil, sobre todo en agua salada. Se requiere un remolque que permanezca en tierra firme mientras meten o sacan el bote. Ninguna parte del remolque debe humedecerse. La seguridad del usuario es de gran importancia, lo mismo que la protección contra daños al bote.

P3-9 La fundación "Salven al Pichón" solicita el diseño de un lanzador de pichones más humano. Aunque no se ha logrado aprobar la legislación para evitar la matanza indiscriminada de éstos, les preocupan los aspectos inhumanos de las grandes aceleraciones impartidas al pichón cuando es lanzado al cielo para que el tirador le dispare. Se requiere un lanzador de pichones que acelere suavemente al pichón de arcilla hacia la trayectoria deseada.

P3-10 Las máquinas de monedas "mecedoras de niños" que se encuentran afuera de los supermercados, en general, proporcionan movimientos de balanceo poco imaginativo al usuario. Se requiere una "mecedora" superior que produzca movimientos más interesantes y sea segura para los niños pequeños.

P3-11 Cabalgar es un pasatiempo o deporte muy costoso. Se requiere un simulador de paseo ecuestre para entrenar a quienes son prospectos de jinetes. Este dispositivo deberá proporcionar movimientos similares al ocupante a los que sentiría en la silla con varios tipos de galope como caminata, medio galope o galope. Una versión más avanzada también podría presentar movimientos de salto. La seguridad del usuario es muy importante.

P3-12 La nación se encuentra en la locura por el ejercicio físico. Se han ideado muchas máquinas ejercitadoras. Aún existe espacio para mejorar estos dispositivos. Por lo general, están diseñados para los atletas jóvenes y fuertes. También existe la necesidad de una máquina ejercitadora, ergonómicamente óptima, para las personas mayores que necesitan ejercicios más suaves.

P3-13 Un paciente parapléjico necesita un dispositivo para pararse de su silla de ruedas y meterse en el jacuzzi sin ayuda. Tiene fuerza suficiente en la parte superior de su cuerpo y brazos. La seguridad es primordial.

P3-14 La armada solicitó una caminadora mecánica para probar la durabilidad de sus botas. Debe imitar el modo de caminar de una persona y generar fuerzas similares al pie de un soldado promedio.

P3-15 La NASA desea una máquina de gravedad cero para el entrenamiento de astronautas. Debe soportar a una persona y producir aceleración de 1-g negativa durante el mayor tiempo posible.

P3-16 La Amusement Machine Co. Inc. desea un juego de "látigo" móvil que proporcione a dos o cuatro pasajeros un paseo emocionante pero seguro y el cual pueda jalarse con una camioneta pick-up.

P3-17 La Fuerza Aérea solicitó un simulador para el entrenamiento de pilotos que los exponga a fuerzas g similares a las que experimentarían en maniobras de combate aéreo.

P3-18 Cheers necesita un mejor simulador de "toro mecánico" para su bar "yuppie" en Boston. Debe simular un "jineteo de toro salvaje" pero seguro.

P3-19 A pesar de la mejora del acceso para discapacitados, muchas banquetas bloquean el acceso de sillas de ruedas a lugares públicos. Diseñe un accesorio para sillas de ruedas convencionales que le permita brincar las banquetas.

P3-20 Un carpintero necesita un accesorio de volteo para su camión de reparto de modo que pueda descargar materiales de construcción. No puede darse el lujo de comprar un camión de volteo.

P3-21 El carpintero del proyecto P3-20 desea un montacargas económico que pueda usar en su camión de reparto para subir y bajar cargas pesadas sobre la caja del camión.

P3-22 El carpintero del proyecto P3-20 es muy exigente (y perezoso). Desea un dispositivo para levantar lajas y paneles de madera hasta el techo o paredes y detenerlos mientras los clava.

P3-23 Click y Clack, los hermanos colocadores, necesitan un mejor gato de transmisiones para su taller Good News. Este dispositivo debe colocar la transmisión debajo del carro (sobre un elevador) y permitir maniobrarla para colocarla en su lugar con seguridad y rapidez.

P3-24 Un parapléjico que era un ávido golfista antes de lesionarse desea un mecanismo que le permita ponerse de pie en su silla de ruedas para jugar golf una vez más. No debe interferir con el uso normal de la silla de ruedas, aunque podría desmontarse de la silla cuando no juegue golf.

P3-25 Se requiere un elevador para levantar una silla de ruedas y una persona a 3 pies del piso del garaje, hasta el primer piso de la casa. La seguridad, la confiabilidad y el costo son lo más importante.

P3-26 Un parapléjico necesita un mecanismo que pueda instalarse en un camión de reparto de 3 puertas que levante su silla de ruedas detrás del asiento del conductor. Esta persona tiene una excelente resistencia en la parte superior de su cuerpo y, con la ayuda de manijas especialmente instaladas en el camión, puede entrar a la cabina desde la silla. El camión puede modificarse como se requiera para que pueda realizar esta tarea. Por ejemplo, se pueden agregar puntos de fijación a su estructura y el asiento posterior del camión puede removerse si es necesario.

P3-27 Existe demanda por un mejor *dispositivo de transportadoras de bebés*. Muchos dispositivos como ésos se pueden encontrar en el mercado. Algunos son carreolas, otros andaderas. Algunos son convertibles de usos múltiples. Los datos de investigación de mercadeo hasta ahora indican que los clientes desean portatibilidad (es decir, plegabilidad), peso ligero, operación con una mano y ruedas grandes. Algunas de estas características están presentes en algunos dispositivos existentes. El dispositivo debe ser estable, efectivo y seguro para el bebé y el operador. Se prefieren juntas completas a las semijuntas, y la simplicidad es la marca de un buen diseño. Se desea un mecanismo de operación manual.

P3-28 El propietario de un bote ha pedido que se diseñe un mecanismo elevador para mover de manera automática un bote de 1 000 lb y 15 pies desde la base sobre el suelo hacia el agua. Una barda protege el embarcadero del propietario, y la base del bote descansa sobre la barda. La variación de la marea es de 4 pies y la barda se encuentra a 3 pies sobre la marca de marea alta. Su mecanismo entrará en contacto con el suelo y moverá el bote desde su posición de almacenamiento sobre la base hasta el agua y lo regresará a su lugar. El dispositivo debe ser seguro y fácil de utilizar, y no demasiado costoso.

P3-29 ¡Los contenedores de basura están llenos! ¡Estamos a punto de ahogarnos en la basura! El mundo necesita un mejor compactador de basura. Deberá ser simple, económico, silencioso, compacto y seguro. Puede ser manual o motorizado, pero se prefiere la operación manual para mantener bajo el costo. El dispositivo debe ser estable, eficaz y seguro para el operador.

P3-30 Un pequeño contratista necesita un miniaditamento de volteo para su camión. Ha fabricado varios recipientes de basura de 4 pies × 4 pies × 3.5 pies de altura. El recipiente vacío pesa 150 lb. Necesita un mecanismo que sujete las escuadras de sus camiones estándar (Chevrolet, Ford o Dodge). Este mecanismo deberá levantar el recipiente lleno de basura del suelo, elevarlo sobre la puerta trasera cerrada del camión, vaciar su contenido en el camión y luego regresarlo vacío al suelo. De preferencia, el camión no se volcará en el proceso. El mecanismo deberá guardarse permanentemente en el camión, de modo que permita el uso normal de éste en todo momento. Puede especificar una forma de unir su mecanismo al contenedor y al camión.

P3-31 A medida que se aproxima un día de fiesta, se presenta la tarea de insertar las hojas extensibles en la mesa del comedor. Por lo general, se guardan en algún lugar olvidado, y cuando se encuentran deben llevarse a la mesa y colocarse de manera manual. ¿No sería mejor si las hojas se guardaran en la misma mesa y pudieran insertarse de manera automática en su lugar cuando se abriera? Las únicas restricciones impuestas al problema son que el dispositivo debe ser fácil de usar, de preferencia mediante la acción de abrir las mitades de la mesa como movimiento actuador. Es decir, cuando se jale la mesa para abrirla, la hoja deberá arrastrarse por el mecanismo de su diseño a su lugar apropiado para ampliar la superficie. Por lo tanto, se desea un mecanismo manual y se prefieren juntas completas a las semijuntas, aunque pueden utilizarse unas u otras.

P3-32 Los botes de vela pequeños a menudo no se desaguan de manera automática, lo que significa que acumulan el agua de lluvia y pueden hundirse cuando están atracados si no se "achican" (vaciar el agua) manualmente después de una tormenta. Estos botes, por lo general, no cuentan con una fuente de energía tal como una batería a bordo. Diseñe un mecanismo que pueda montarse y desmontarse con rapidez y guardarse en el bote de 20 pies de largo y utilice la acción del oleaje (balanceo del bote) para accionar una bomba de carena para desaguar el bote automáticamente y mantenerlo a flote cuando esté atracado.

P3-33 Una máquina utiliza varios servomotores de 200 kg atornillados debajo de la placa de base de la máquina, la cual está a 0.75 m sobre el piso. El armazón de la máquina tiene una abertura frontal cuadrada de 400 mm a través de la cual se inserta el motor. Debe extenderse 0.5 m horizontalmente hasta su ubicación instalada. Diseñe un mecanismo para transportar el motor desde el almacén hasta la máquina, insertarlo debajo de la máquina y subirlo 200 mm a su posición. Su mecanismo también deberá ser capaz de quitar el motor de la máquina.

P3-34 Un cliente parapléjico solicitó el diseño de un mecanismo que se conecte a su silla de ruedas para guardar su mochila en la parte trasera del respaldo. Este mecanismo también debe hacer que la mochila gire al frente de la silla para permitir el acceso a su contenido. El cliente puede usar hasta cierto grado la parte superior de su cuerpo, por lo que es posible que active el mecanismo para que se mueva. El mecanismo debe autobloquearse de manera segura cuando esté en su sito detrás del respaldo de la silla. No debe afectar la estabilidad de la silla ni limitar su movilidad.

P3-35 En un esfuerzo por reducir las lesiones crónicas de espalda entre el personal de limpieza, nuestro cliente, Ready Refuse, nos solicitó que diseñemos un mecanismo para levantar de manera segura un contenedor de basura o material reciclable rectangular de tamaño estándar para oficina y vaciarlo en un gran depósito de basura con ruedas. El mecanismo requiere estar motorizado para vaciar el pequeño contenedor de manera automática. Para operar el sistema, el usuario debe rodar el depósito grande de basura hasta el contenedor rectangular, el cual estará colocado sobre el piso, y presionar un botón para que el mecanismo haga el movimiento requerido y vacíe el contenido del recipiente pequeño en el depósito grande. Otro equipo en Widgets Perfected Inc. diseña el engarce entre su mecanismo y la tapa superior del contenedor rectangular de basura; suponga que sí funciona. Su tarea consiste en diseñar el mecanismo motorizado que vacíe el contenedor sin derramar el contenido fuera del depósito grande de basura.*

* Problema cortesía del profesor James Van de Ven, WPI.

CAPÍTULO 4

ANÁLISIS DE POSICIÓN

La teoría es la esencia destilada de la práctica.

RANKINE

4.0 INTRODUCCIÓN

Una vez que el diseño tentativo de un mecanismo ha sido **sintetizado**, debe entonces ser **analizado**. Un objetivo fundamental del análisis cinemático es determinar las aceleraciones de todas las partes móviles del ensamble. Las **fuerzas dinámicas** son proporcionales a la aceleración, según la segunda ley de Newton. Es necesario conocer las fuerzas dinámicas para calcular los **esfuerzos** en los componentes. El ingeniero de diseño debe garantizar que el mecanismo o máquina propuesta no fallará en condiciones de operación. Por lo tanto, los esfuerzos en los materiales deben mantenerse por debajo de los niveles permisibles. Para calcular los esfuerzos, es necesario conocer las fuerzas estáticas y dinámicas sobre las partes. Para calcular las fuerzas dinámicas se necesita conocer las **aceleraciones**; y para esto primero se deben resolver las **posiciones** de todos los eslabones o elementos en el mecanismo por cada incremento del movimiento de entrada, luego diferenciar las ecuaciones de posición con respecto al tiempo para hallar las **velocidades** y después diferenciar otra vez para obtener expresiones para la aceleración. Por ejemplo, en un mecanismo simple de Grashof de cuatro barras es probable que se desee calcular las posiciones, velocidades y aceleraciones de los eslabones de entrada (acoplador y balancín) quizá para cada dos grados (180 posiciones) de la posición de la manivela de entrada durante una revolución de ésta.

Esto se puede hacer mediante varios métodos. Se puede utilizar un **método gráfico** para determinar la posición, velocidad y aceleración de los eslabones de salida para todas las 180 posiciones de interés, o **derivar las ecuaciones generales** de movimiento para cualquier posición, diferenciarlas para obtener velocidad y aceleración, y luego resolver estas **expresiones analíticas** para las 180 (o más) posiciones de la manivela. Una computadora hará esta última tarea mucho más fácil. Si se decide utilizar el método gráfico de análisis, se tiene que obtener una solución gráfica independiente para cada una de las posiciones de interés. Nada de la información obtenida gráficamente para la primera posición será aplicable a la segunda o cualesquiera otras. Por el contrario, una vez que se obtiene la solución analítica para un mecanismo particular, se puede resolver con rapidez (mediante una computadora) para todas las posiciones. Si se desea información para más de 180 posiciones, sólo significa que habrá que esperar más tiempo para que la computadora genere los datos. Las ecuaciones obtenidas son las mismas. Así que, ¡puede disfrutar otra taza de café mientras la computadora se encarga de los números! En este capítulo se presentan y obtienen soluciones analíticas al problema de análisis de posiciones para varios mecanismos planos. También se analizan soluciones gráficas, las cuales son útiles para verificar los resultados analíticos. En los capítulos 6 y 7 se hace lo mismo para el análisis de velocidad y aceleración de mecanismos planos.

Es interesante señalar que el **análisis gráfico de posiciones** de mecanismos es un ejercicio verdaderamente trivial, mientras que el método algebraico de análisis de posiciones es mucho más complicado. Si puede dibujar el mecanismo a escala, entonces ha resuelto el problema de análisis de posiciones gráficamente. Sólo resta medir los ángulos de los eslabones en el dibujo a escala con precisión de transportador. Sin embargo, lo contrario ocurre en el análisis de velocidad y en especial en el de aceleración. Las soluciones analíticas de éstas son menos complicadas de obtener que la

¡Caray, Joe, debí haber tomado ese curso de programación!

solución analítica de posiciones. No obstante, el análisis gráfico de la velocidad y aceleración llega a ser algunas veces complejo y difícil. Además, los diagramas vectoriales gráficos deben ser dibujados *de novo* (que significa literalmente *de nuevo*) para cada una de las posiciones de interés del mecanismo. Éste es un ejercicio muy tedioso pero fue el único método práctico disponible en los días *antes de la computadora*, lo cual fue no hace mucho tiempo. La proliferación de microcomputadoras económicas en años recientes realmente ha revolucionado la práctica de ingeniería. Como ingeniero graduado, nunca estará lejos de una computadora de suficiente potencia para resolver este tipo de problemas e incluso puede llevar una en el bolsillo. Por lo tanto, en este texto se tratarán principalmente las soluciones analíticas, las cuales son fáciles de resolver con una microcomputadora. Los programas de computadora adjuntos con este texto utilizan las mismas técnicas analíticas derivadas en el texto.

4.1 SISTEMAS DE COORDENADAS

Los sistemas de coordenadas y los marcos de referencia existen para la conveniencia del ingeniero que los define. En los siguientes capítulos se propondrán sistemas con tantos sistemas de coordenadas como sea necesario, para ayudar a entender y resolver el problema. Se denota a uno de éstos como sistema de coordenadas *global* o *absoluto*, y los demás serán sistemas de coordenadas *locales* dentro del sistema global. El sistema global a menudo se considera como unido a la Madre Tierra, aunque muy bien podría estar unido a otro plano fijo arbitrario, tal como el armazón de un automóvil. Si la meta fuera analizar el movimiento de la pluma de un limpiaparabrisas, posiblemente no se incluiría el movimiento total del automóvil en el análisis. En ese caso, el sistema de coordenadas global (GCS, denotado X,Y) unido al carro sería útil, y se podría considerar como sistema de coordenadas **absoluto**. Incluso si se utiliza a la Tierra como marco de referencia absoluto, se debe considerar que ésta tampoco está inmóvil, y por ello no es muy útil como marco de referencia para una sonda espacial. Aunque se hable de posiciones, velocidades y aceleraciones absolutas, tenga en cuenta que, finalmente, hasta que se descubra algún punto inmóvil en el universo, todos los movimientos en realidad son relativos. El término **marco de referencia inercial** se utiliza para denotar *un sistema que por sí mismo no tiene aceleración*. Todos los ángulos en este texto se medirán mediante la *regla de la mano derecha*. Es decir, **ángulos en sentido contrario al de las manecillas del reloj**, las velocidades y aceleraciones angulares *son de signo positivo*.

Los sistemas de coordenadas locales por lo general se unen a un eslabón en algún punto de interés. Éste podría ser una junta de pasador, un centro de gravedad o una línea de centros de un eslabón. Estos sistemas de coordenadas locales pueden ser rotatorios o no rotatorios, según como se desee. Si se quiere medir el ángulo de un eslabón cuando éste rota en el sistema global, probablemente se desee unir un sistema de coordenadas no rotatorio local (LNCS, denotado como x, y) a algún punto del eslabón (por ejemplo, una junta de pasador). Este sistema no rotatorio se moverá junto con su origen en el eslabón pero siempre permanecerá paralelo con el sistema global. Si se desea medir algunos parámetros en un eslabón, independientes de su rotación, entonces se construye un sistema de coordenadas rotatorio local (LRCS, denotado como x', y') a lo largo de alguna línea en el eslabón. Este sistema se moverá y girará junto con el eslabón en el sistema global. Muy a menudo se tendrán ambos tipos de sistemas de coordenadas locales (LNCS y LRCS) en los eslabones móviles para realizar un análisis completo. Obviamente, se deben definir los ángulos o posiciones de estos sistemas de coordenadas locales móviles en el sistema global en todas las posiciones de interés.

4.2 POSICIÓN Y DESPLAZAMIENTO

Posición

La **posición** de un punto en el plano puede definirse por medio de un **vector de posición**, como se muestra en la figura 4-1. La elección de **ejes de referencia** es arbitraria y se elige de conformidad con el observador. La figura 4-1*a* muestra un punto en el plano definido en un sistema de coordenadas global, y la figura 4-1*b* muestra el mismo punto definido en un sistema de coordenadas local con su origen coincidente con el sistema global. Un vector bidimensional tiene dos atributos, los cuales pueden expresarse en coordenadas *polares* o *cartesianas*. La **forma polar** proporciona la magnitud y el ángulo del vector. La **forma cartesiana** proporciona las componentes X y Y del vector. Cada forma es directamente convertible en la otra mediante:*

el teorema de Pitágoras: $R_A = \sqrt{R_X^2 + R_Y^2}$

y trigonometría: $\theta = \arctan\left[\dfrac{R_Y}{R_X}\right]$ (4.0*a*)

Las ecuaciones 4.0*a* están expresadas en coordenadas globales, pero también podrían estarlo en coordenadas locales.

Transformación de coordenadas

Con frecuencia se requiere transformar las coordenadas de un punto definido en un sistema en coordenadas de otro sistema. Si los orígenes de los sistemas coinciden como se muestra en la figura 4-1*b* y la transformación requerida es una rotación, se puede expresar en función de las coordenadas originales y el ángulo δ entre los sistemas de coordenadas. Si la posición del punto A en la figura 4-1*b* se expresa en el sistema local xy como R_x, R_y y se desea transformar sus coordenadas a R_X, R_Y en el sistema global XY, las ecuaciones son

$$\begin{aligned} R_X &= R_x \cos\delta - R_y \operatorname{sen}\delta \\ R_Y &= R_x \operatorname{sen}\delta + R_y \cos\delta \end{aligned} \qquad (4.0b)$$

Desplazamiento

El **desplazamiento** de un punto es el cambio en su posición y se define como *la distancia en línea recta entre la posición inicial y final de un punto que se ha movido en el marco de referencia.* Observe que el desplazamiento no es necesariamente el mismo que la longitud de la trayectoria que el punto pueda haber recorrido de su posición inicial a la final. La figura 4-2*a* (p. 124) muestra un punto en dos posiciones, A y B. La línea curva ilustra la trayectoria a lo largo de la cual viajó el punto. El vector de posición $\mathbf{R}_{BA}$ define el desplazamiento del punto B con respecto al punto A. La figura 4-2*b* define esta situación con más rigor y con respecto a un marco de referencia XY. Se utilizará la notación $\mathbf{R}$ para denotar un vector de posición. Los vectores $\mathbf{R}_A$ y $\mathbf{R}_B$ definen, respectivamente, las posiciones absolutas de los puntos A y B con respecto a este marco de referencia *global XY*. El vector $\mathbf{R}_{BA}$ denota la diferencia de posición, o el *desplazamiento*, entre A y B. Éste se puede expresar como la *ecuación de diferencia de posición*:

$$\mathbf{R}_{BA} = \mathbf{R}_B - \mathbf{R}_A \qquad (4.1a)$$

* Observe que se debe utilizar una función arcotangente de dos argumentos para obtener ángulos en los cuatro cuadrantes. La función arcotangente de un solo argumento que se encuentra en la mayoría de las calculadoras y lenguajes de programación de computadora proporciona valores de ángulo sólo en el primero y cuarto cuadrantes. Puede calcular con facilidad su propia función arcotangente de dos argumentos probando el signo de la componente x del argumento y, si x es negativa, agregue π radianes o 180° al resultado obtenido con la función arcotangente de dos argumentos disponible.

Por ejemplo (en Fortran):

```
FUNCTION Atan2 (x, y)
IF x <> 0 THEN Q = y/x
Temp = ATAN(Q)
IF x < 0 THEN
   Atan2 = Temp + 3.14159
ELSE
   Atan2 = Temp
END IF
RETURN
END
```

El código anterior supone que el lenguaje utilizado tiene una función arcotangente de un solo argumento incorporada llamada ATAN(x), la cual proporciona un ángulo entre $\pm\pi/2$ radianes cuando se le da un argumento que representa el valor de la tangente del ángulo.

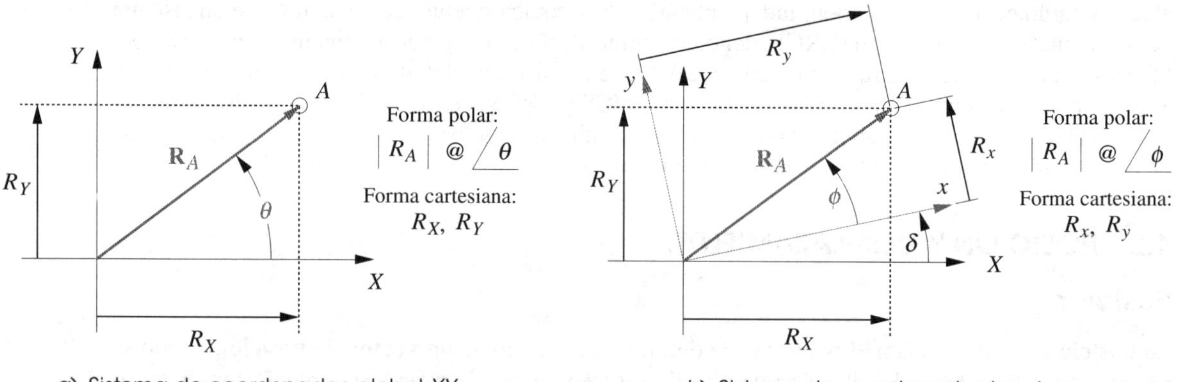

a) Sistema de coordenadas global *XY* — *b)* Sistema de coordenadas local *xy*

FIGURA 4-1 Vector de posición en el plano, expresado en coordenadas tanto globales como locales

Esta expresión se lee: *La posición de B con respecto a A es igual a la posición (absoluta) de B menos la posición (absoluta) de A*, donde *absoluta* significa con respecto al origen del marco de referencia *global*. Esta expresión también se podría escribir como:

$$\mathbf{R}_{BA} = \mathbf{R}_{BO} - \mathbf{R}_{AO} \tag{4.1b}$$

donde el segundo subíndice *O* denota el origen del marco de referencia *XY*. Cuando un vector de posición se asocia al origen del marco de referencia, se acostumbra omitir el segundo subíndice. Se entiende, en su ausencia, que es el origen. Por otra parte, un vector referido al origen, tal como $\mathbf{R}_A$, a menudo se llama vector absoluto. Esto significa que se toma con respecto a un marco de referencia el cual se supone está inmóvil (es decir, *la tierra*). Sin embargo, es importante tener en cuenta que la tierra también está en movimiento con respecto a un marco de referencia más grande. La figura 4-2*c* muestra una solución gráfica de la ecuación 4.1.

En el ejemplo de la figura 4-2, tácitamente se ha supuesto que este punto, el cual primero se localizaba en *A* y posteriormente en *B* es, de hecho, la misma partícula, que se mueve dentro del marco de referencia. Podría ser, por ejemplo, un automóvil desplazándose a lo largo de la carretera desde *A* a *B*. Con esa suposición, es convencional referirse al vector $\mathbf{R}_{BA}$ como **diferencia de posición**. Existe, sin embargo, otra situación que conduce al mismo diagrama y ecuación, pero requiere otro nombre. Supóngase ahora que los puntos *A* y *B* en la figura 4-2*b* representan no la misma partícula sino dos partículas independientes que se mueven en el mismo marco de referencia, tal vez como dos automóviles que viajan por la misma carretera. Las ecuaciones vectoriales 4.1 y el diagrama en la figura 4-2*b* son todavía válidas, pero ahora se hace referencia al $\mathbf{R}_{BA}$ como **posición relativa** o **posición aparente**. Aquí se utiliza el término *posición relativa*. Una manera más formal de distinguir entre estos dos casos es como sigue:

CASO 1: *Un cuerpo en dos posiciones sucesivas => **diferencia de posición***

CASO 2: *Dos cuerpos simultáneamente en dos posiciones distintas => **posición relativa***

Esto puede parecer un punto un tanto fino de distinguir, pero la distinción demostrará ser útil y las razones de ello más claras cuando se analicen las velocidades y aceleraciones, en especial cuando se presentan situaciones (caso 2) en las cuales dos cuerpos ocupan la misma posición al mismo tiempo, pero con movimientos diferentes.

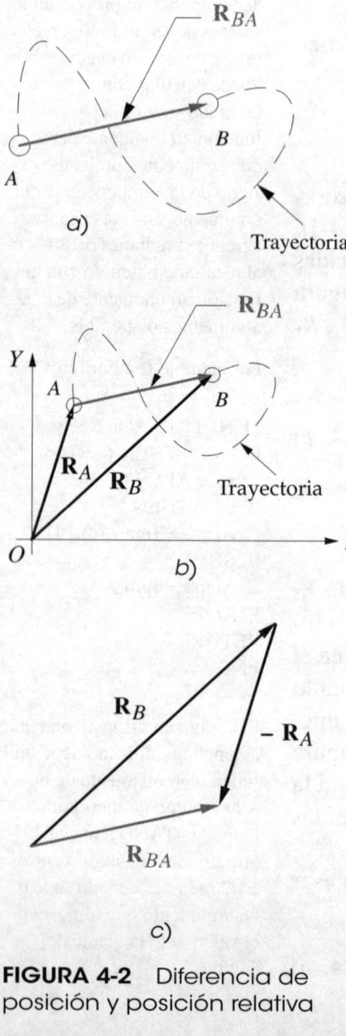

FIGURA 4-2 Diferencia de posición y posición relativa

4.3 TRASLACIÓN, ROTACIÓN Y MOVIMIENTO COMPLEJO

Hasta ahora se ha estudiado una partícula, o punto, en movimiento plano. Sin embargo, es más interesante considerar el movimiento de un **cuerpo rígido** o eslabón, que implica tanto la posición de un punto como la orientación de una línea sobre el eslabón, algunas veces llamada la **POSTURA (POSE)** *del eslabón*. La figura 4-3*a* (p. 125) muestra un eslabón *AB* denotado por un vector de posición $\mathbf{R}_{BA}$. Se colocó un sistema de ejes en la base del vector, en el punto *A*, por conveniencia.

Traslación

La figura 4-3*b* muestra el eslabón *AB* movido a una nueva posición *A′B′* por traslación gracias al desplazamiento *AA′* o *BB′* los cuales son iguales, es decir, $\mathbf{R}_{A'A} = \mathbf{R}_{B'B}$.

Una definición de *traslación* es:

Todos los puntos en el cuerpo tienen el mismo desplazamiento.

Por consiguiente, el eslabón conserva su orientación angular. Obsérvese que la traslación no debe necesariamente efectuarse a lo largo de una trayectoria recta. Las líneas curvas de *A* a *A′* y *B* a *B′* son la **traslación curvilínea** del eslabón. El eslabón no rota si estas trayectorias son paralelas. Si la trayectoria es recta, entonces será el caso especial de **traslación rectilínea**, y la trayectoria y el desplazamiento serán los mismos.

Rotación

La figura 4-3*c* muestra el mismo eslabón *AB* movido de su posición inicial en el origen por una rotación con un cierto ángulo. El punto *A* permanece en el inicial, pero *B* se mueve a través del vector de diferencia de posición $\mathbf{R}_{B'B} = \mathbf{R}_{B'A} - \mathbf{R}_{BA}$.

Una definición de *rotación* es:

Puntos diferentes del cuerpo sufren desplazamientos diferentes, y por lo tanto existe una diferencia de desplazamiento entre dos puntos cualesquiera elegidos.

El eslabón ahora cambia su orientación angular con respecto al marco de referencia, y todos los puntos tienen desplazamientos diferentes.

Movimiento complejo

El caso general de **movimiento complejo** es la suma de las componentes de traslación y rotación. La figura 4-3*d* muestra el mismo eslabón movido tanto por traslación como por rotación. Observe que el orden en el cual estas dos componentes se agregan no es importante. El desplazamiento resultante complejo será el mismo, ya sea si primero se hace girar y luego trasladar o viceversa. Esto se debe a que los dos factores son independientes. El desplazamiento total complejo del punto *B* se define mediante la siguiente expresión:

Desplazamiento total = componente de traslación + componente de rotación

$$\mathbf{R}_{B''B} = \mathbf{R}_{B'B} + \mathbf{R}_{B''B'} \tag{4.1c}$$

La nueva posición absoluta del punto *B* referida al origen en *A* es:

$$\mathbf{R}_{B''A} = \mathbf{R}_{A'A} + \mathbf{R}_{B''A'} \tag{4.1d}$$

Obsérvese que las dos fórmulas anteriores son meramente aplicaciones de la ecuación de diferencia de posición 4.1*a* (p. 123). Véase también la sección 2.2 (p. 25) para definiciones y discusión de *rotación*, *traslación* y *movimiento complejo*. Estos estados de movimiento pueden expresarse según los teoremas siguientes.

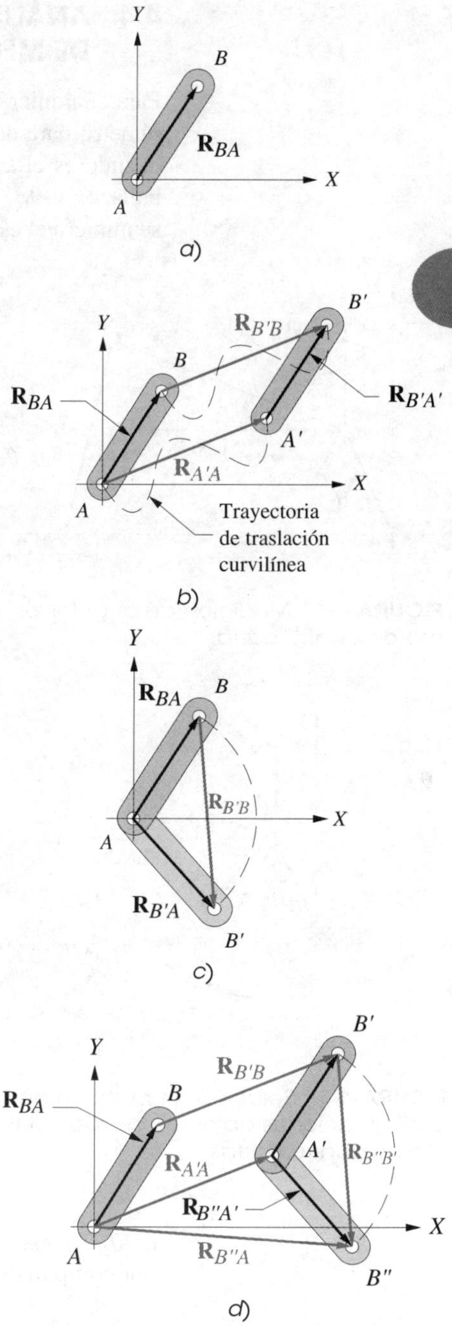

FIGURA 4-3 Traslación, rotación y movimiento complejo

Teoremas

Teorema de Euler:

El desplazamiento general de un cuerpo rígido con un punto fijo es rotación alrededor de un eje.

Esto se aplica a rotación pura como se definió con anterioridad en la sección 2.2 (p. 25). Chasles (1793-1880) proporcionó un corolario al teorema de Euler ahora conocido como:

Teorema de Chasles:[6]*

Cualquier desplazamiento de un cuerpo rígido equivale a la suma de una traslación de cualquier punto en él y una rotación alrededor de un eje que pasa por ese punto.

Esto describe el movimiento complejo, como se definió con anterioridad en la sección 2.2 (p. 25). Obsérvese que la ecuación 4.1*c* es una expresión del teorema de Chasles.

* Ceccarelli[7] señala que el teorema de Chasles (París, 1830) fue publicado con anterioridad (Nápoles, 1763) por Mozzi,[8] pero este trabajo al parecer fue desconocido o ignorado en el resto de Europa y el teorema se asoció con el nombre de Chasles.

4.4 ANÁLISIS GRÁFICO DE LA POSICIÓN DE MECANISMOS ARTICULADOS

Para cualquier eslabonamiento con un *GDL*, tal como uno de cuatro barras, se requiere sólo un parámetro para definir por completo las posiciones de todos los eslabones. El parámetro usualmente elegido es el ángulo de eslabón de entrada. Éste se muestra como θ_2 en la figura 4-4. Se quieren hallar θ_3 y θ_4, y se conocen las longitudes de los eslabones. Observe que en estos ejemplos siempre se numera el eslabón fijo como 1 y el motriz como 2.

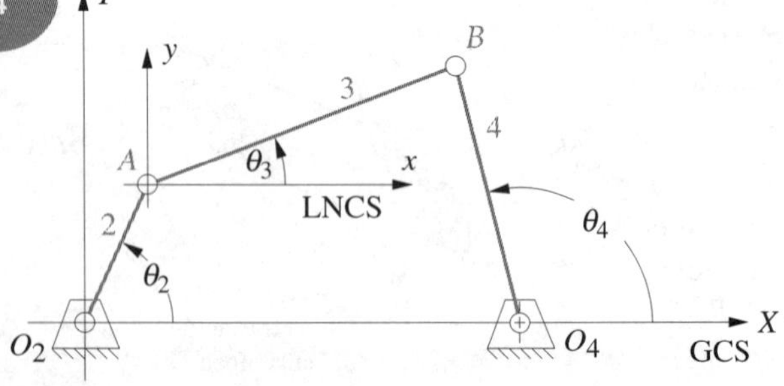

FIGURA 4-4 Medición de ángulos en el mecanismo de cuatro barras

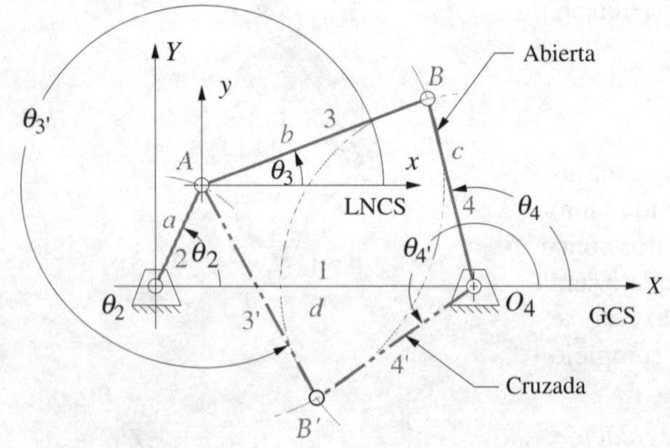

FIGURA 4-5 Solución de posición gráfica de las configuraciones abierta y cruzada del mecanismo de cuatro barras

El análisis gráfico de este problema es trivial y puede realizarse sólo con geometría de bachillerato. Si se dibuja el mecanismo de manera cuidadosa a escala, con una regla, compás y transportador en una posición particular (dado θ_2), entonces sólo es necesario medir los ángulos de los eslabones 3 y 4 con el transportador. Obsérvese que todos los ángulos de los eslabones se miden con respecto a un eje *X* positivo. En la figura 4-4 se creó una sistema de ejes *xy local*, paralelo al sistema *XY global*, en el punto *A* para medir θ_3. La precisión de esta solución gráfica se verá limitada por el cuidado y habilidad para dibujar, y por las limitaciones del transportador. No obstante, se puede hallar una solución aproximada muy rápida para cualquier posición.

La figura 4-5 muestra la construcción de la solución gráfica de posición. Se dan las cuatro longitudes de los eslabones *a*, *b*, *c*, *d* y el ángulo θ_2 del eslabón de entrada. Primero se dibuja el eslabón fijo (1) y el eslabón de entrada (2) a una escala conveniente, de modo que se corten en el origen O_2 del sistema de coordenadas *XY* global con el eslabón 2 colocado en el ángulo de entrada θ_2. Por conveniencia, el eslabón 1 se dibuja a lo largo del eje *X*. El compás se abre a la longitud a escala del eslabón 3 y se traza un arco de ese radio en torno al extremo del eslabón 2 (punto *A*). Luego se abre el compás a la longitud a escala del eslabón 4 y se traza un segundo arco en torno al extremo del eslabón 1 (punto O_4). Estos dos arcos tendrán dos intersecciones en *B* y *B′* que definen las dos soluciones al problema de posición de un mecanismo de cuatro barras, el cual puede ensamblarse en dos configuraciones llamadas circuitos, designados como abierto y cruzado en la figura 4-5. Los circuitos en mecanismos serán analizados en una sección posterior.

Los ángulos de los eslabones 3 y 4 se miden con un transportador. Un circuito tiene los ángulos θ_3 y θ_4, el otro $\theta_{3'}$ y $\theta_{4'}$. Una solución gráfica sólo es válida para el valor particular del ángulo de entrada utilizado. Para cada análisis de posición adicional habrá que volver a dibujar por completo. Esto puede llegar a ser tedioso si se requiere un análisis completo con cada incremento de 1 o 2 grados de θ_2. En ese caso convendrá derivar una solución analítica para θ_3 y θ_4, la cual puede resolverse por computadora.

4.5 ANÁLISIS ALGEBRAICO DE POSICIÓN DE MECANISMOS

El mismo procedimiento utilizado en la figura 4-5 para resolver geométricamente las intersecciones *B* y *B′* y los ángulos de los eslabones 3 y 4 puede codificarse en un algoritmo algebraico. Las coordenadas del punto *A* se encuentran con

$$A_x = a\cos\theta_2$$
$$A_y = a\,\mathrm{sen}\,\theta_2 \tag{4.2a}$$

Las coordenadas del punto *B* se encuentran con las ecuaciones de los círculos en torno a *A* y O_4.

$$b^2 = (B_x - A_x)^2 + (B_y - A_y)^2 \tag{4.2b}$$

$$c^2 = (B_x - d)^2 + B_y^2 \tag{4.2c}$$

las cuales constituyen un par de ecuaciones simultáneas en B_x y B_y.

Si se resta la ecuación 4.2*c* de la 4.2*b* se obtiene una expresión para B_x.

$$B_x = \frac{a^2 - b^2 + c^2 - d^2}{2(A_x - d)} - \frac{2A_y B_y}{2(A_x - d)} = S - \frac{2A_y B_y}{2(A_x - d)} \tag{4.2d}$$

Si se sustituye la ecuación 4.2*d* en la 4.2*c*, se obtiene una ecuación cuadrática en B_y, la cual tiene dos soluciones correspondientes a las de la figura 4-5.

$$B_y^2 + \left(S - \frac{A_y B_y}{A_x - d} - d \right)^2 - c^2 = 0 \tag{4.2e}$$

Ésta se resuelve con la expresión conocida para las raíces de una expresión cuadrática.

$$B_y = \frac{-Q \pm \sqrt{Q^2 - 4PR}}{2P} \tag{4.2f}$$

donde:

$$P = \frac{A_y^2}{(A_x - d)^2} + 1 \qquad Q = \frac{2A_y(d - S)}{A_x - d}$$

$$R = (d - S)^2 - c^2 \qquad S = \frac{a^2 - b^2 + c^2 - d^2}{2(A_x - d)}$$

Observe que las soluciones de esta ecuación pueden ser reales o imaginarias. Si resultan imaginarias, ello indica que los eslabones no se pueden conectar con el ángulo de entrada dado o no se pueden conectar del todo. Una vez que se encuentran los dos valores de B_y (si son reales), pueden sustituirse en la ecuación 4.2*d* para encontrar su componentes *x* correspondientes. Los ángulos de los eslabones para esta posición se determinan entonces con

$$\theta_3 = \tan^{-1}\left(\frac{B_y - A_y}{B_x - A_x} \right)$$

$$\theta_4 = \tan^{-1}\left(\frac{B_y}{B_x - d} \right) \tag{4.2g}$$

Se debe utilizar una función de arcotangente de dos argumentos para resolver las ecuaciones 4.2*g* puesto que los ángulos pueden estar en cualquier cuadrante. Las ecuaciones 4.2 pueden codificarse en cualquier lenguaje de computadora o resolvedor de ecuaciones, y el valor de θ_2 puede variar dentro del rango utilizable del mecanismo para encontrar todos los valores correspondientes de los otros dos ángulos de eslabón.

Representación de los eslabonamientos como un lazo vectorial

Un método alterno al análisis de posición de eslabonamientos consiste en crear un lazo vectorial (o lazos) alrededor del eslabonamiento, como lo propuso Raven[9] por primera vez. Este método ofrece algunas ventajas en la síntesis de mecanismos que serán abordados en el capítulo 5. Los eslabones se representan como **vectores de posición**. La figura 4-6 muestra el mismo mecanismo de cuatro barras de la figura 4-4 (p. 126), pero los eslabones ahora no están dibujados como vectores de posición que forman un lazo vectorial. Este lazo se cierra sobre sí mismo y hace que la suma de los vectores alrededor de él sea cero. Las longitudes de los vectores son las longitudes de los eslabones ya conocidas. La posición actual del mecanismo queda definida por el ángulo de entrada θ_2, ya que es un mecanismo de un *GDL*. Se requiere encontrar los ángulos θ_3 y θ_4. Para hacerlo se necesita una notación conveniente para representar los vectores.

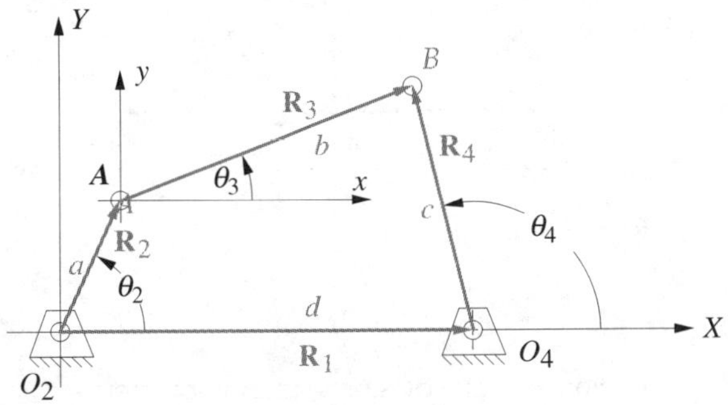

FIGURA 4-6 Lazo vectorial de posición de un mecanismo de cuatro barras

Números complejos como vectores

Existen muchas maneras de representar vectores. Pueden definirse en **coordenadas polares** por su *magnitud* y *ángulo*, o en **coordenadas cartesianas** como componentes *x* y *y*. Estas formas desde luego son

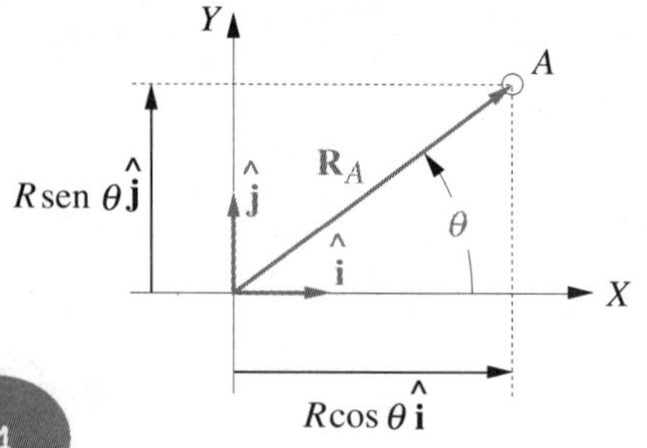

Forma polar:

$|\mathbf{R}_A| \;@\; \angle\,\theta$

Forma cartesiana:

$R\cos\,\theta\,\hat{\mathbf{i}}\,,\;R\text{sen}\,\,\theta\,\hat{\mathbf{j}}$

FIGURA 4-7 Notación vectorial unitaria para vectores de posición

Forma polar:	$Re^{j\theta}$
Forma cartesiana:	$R\cos\,\theta + jR\text{sen}\,\theta$
	$R = \lvert\mathbf{R}_A\rvert$

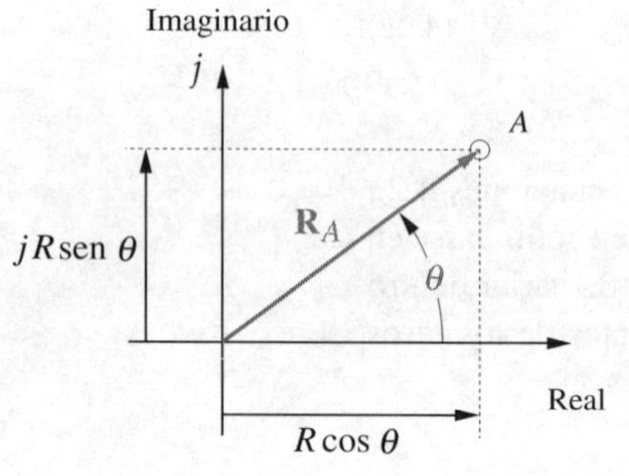

a) Representación de un número complejo de un vector de posición

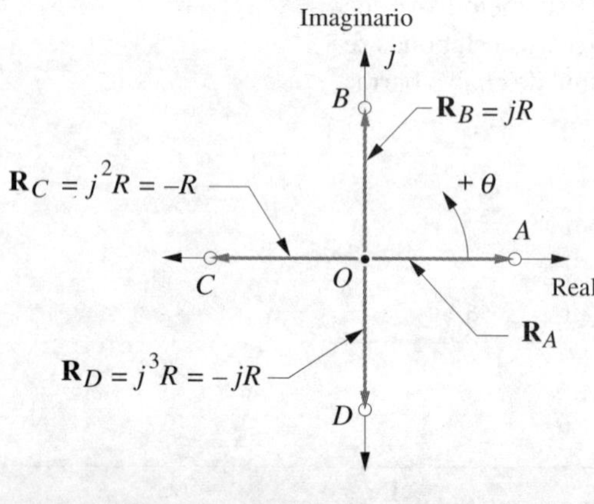

b) Rotaciones vectoriales en el plano complejo

FIGURA 4-8 Representación de un número complejo de vectores en el plano

fáciles de convertir unas en otras con las ecuaciones 4.0*a*. Los vectores de posición en la figura 4-6 pueden representarse como cualquiera de estas expresiones:

Forma polar	Forma cartesiana	
$R\,@\,\angle\theta$	$r\cos\theta\hat{\mathbf{i}} + r\,\text{sen}\,\theta\hat{\mathbf{j}}$	(4.3*a*)
$re^{j\theta}$	$r\cos\theta + j\,r\,\text{sen}\,\theta$	(4.3*b*)

La ecuación 4.3*a* utiliza **vectores unitarios** para representar las direcciones de los componentes vectoriales *x* y *y* en la forma cartesiana. La figura 4-7 muestra la notación de vector unitario para un vector de posición. La ecuación 4.3*b* utiliza **notación de número complejo**, donde el componente en la dirección *X* se llama *parte real* y el componente en la dirección *Y* se llama *parte imaginaria*. Este desafortunado término *imaginario* surge del uso de la notación *j* para representar la raíz cuadrada de menos uno, la que, por supuesto, no puede evaluarse numéricamente. Sin embargo, este número *imaginario* se utiliza en un **número complejo** como **operador**, *no como valor*. La figura 4-8*a* muestra el **plano complejo** en el cual el eje *real* representa la componente en la dirección *X* del vector en el plano, y el eje *imaginario*, la componente en la dirección *Y* del mismo vector. De manera que cualquier término en un número complejo que no tenga el operador *j* es una componente *x* y *j* indica una componente *y*.

Observe en la figura 4-8*b* que cada multiplicación del operador $\mathbf{R}_A$ por el operador *j* produce una *rotación en sentido contrario al de las manecillas del reloj* del vector a través de 90 grados. El vector $\mathbf{R_B} = j\mathbf{R}_A$ está dirigido a lo largo del eje *imaginario positivo* o *j*. El vector $\mathbf{R}_C = j^2\mathbf{R}_A$ está dirigido a lo largo del eje *real negativo* porque $j^2 = -1$, por lo tanto, $\mathbf{R}_C = -\mathbf{R}_A$. Del mismo modo, $\mathbf{R}_D = j^3\mathbf{R}_A = -j\mathbf{R}_A$, y esta componente está dirigida a lo largo del *eje j negativo*.

Una ventaja de utilizar esta notación de número complejo para representar vectores planos se deriva de la **identidad de Euler**:

$$e^{\pm j\theta} = \cos\theta \pm j\,\text{sen}\,\theta \qquad (4.4a)$$

Cualquier vector bidimensional puede representarse por medio de la notación polar compacta en el lado izquierdo de la ecuación 4.4*a*. No hay ninguna función más fácil de diferenciar o integrar, puesto que es su propia derivada:

$$\frac{de^{j\theta}}{d\theta} = je^{j\theta} \qquad (4.4b)$$

Se utilizará esta **notación de números complejos** para vectores para desarrollar y derivar las ecuaciones de posición, velocidad y aceleración de mecanismos.

Ecuación de lazo vectorial para un eslabonamiento de cuatro barras

Las direcciones de los vectores de posición en la figura 4-6 se eligen de modo que definan sus ángulos donde se desea medirlos. Por definición, *el ángulo de un vector siempre se mide en su raíz*, ***no en su cabeza***. Se quiere medir el ángulo θ_4 en el pivote fijo O_4, de modo que el vector $\mathbf{R}_4$ se acomoda para que su raíz quede en ese punto. Se desea medir el ángulo θ_3 en el punto donde los eslabones 2 y 3 se unen, de modo que el vector $\mathbf{R}_3$ tenga su raíz allí. Una lógica similar dicta el arreglo de los vectores $\mathbf{R}_1$ y $\mathbf{R}_2$. Observe que el eje *X* (*real*) se elige por conveniencia a lo largo del eslabón 1 y el origen del sistema de coordenadas global en el punto O_2, la raíz del vector del eslabón de entrada, $\mathbf{R}_2$. Estas elecciones de las direcciones y sentidos de los vectores, indicados por sus puntas de flecha, conducen a esta ecuación de lazo vectorial:

$$\mathbf{R}_2 + \mathbf{R}_3 - \mathbf{R}_4 - \mathbf{R}_1 = 0 \qquad (4.5a)$$

Una **notación alterna** para estos vectores de posición es utilizar los rótulos de los puntos en las **puntas** y **raíces** (*en ese orden*) como subíndices.

El segundo subíndice se omite por convención si es el origen del sistema de coordenadas global (punto O_2):

$$\mathbf{R}_A + \mathbf{R}_{BA} - \mathbf{R}_{BO_4} - \mathbf{R}_{O_4} = 0 \tag{4.5b}$$

A continuación, se sustituye la notación de número complejo para cada vector de posición. Para simplificar la notación y reducir al mínimo el uso de subíndices, se denotan las longitudes escalares de los cuatro eslabones como *a*, *b*, *c* y *d*. Éstos están rotulados así en la figura 4-6 (p. 127). La ecuación se transforma entonces en:

$$a e^{j\theta_2} + b e^{j\theta_3} - c e^{j\theta_4} - d e^{j\theta_1} = 0 \tag{4.5c}$$

Éstas son tres formas de la misma ecuación vectorial, y como tales pueden resolverse para dos incógnitas. Hay cuatro variables en esta ecuación, es decir, los cuatro ángulos de los eslabones. Las longitudes de los eslabones son constantes en este mecanismo particular. Además, el valor del ángulo del eslabón 1 es fijo (cero) puesto que es el eslabón fijo. La *variable independiente* es θ_2, la cual se controlará con un motor u otro dispositivo motriz. Esto deja a los ángulos de los eslabones 3 y 4 por ser encontrados. Se necesitan expresiones algebraicas que definan θ_3 y θ_4 como funciones sólo de las longitudes constantes de los eslabones y del ángulo de entrada, θ_2. Estas expresiones serán de la forma:

$$\begin{aligned} \theta_3 &= f\{a, b, c, d, \theta_2\} \\ \theta_4 &= g\{a, b, c, d, \theta_2\} \end{aligned} \tag{4.5d}$$

Para resolver la forma polar de la ecuación vectorial 4.5*c*, se deben sustituir las *equivalentes de Euler* (ecuación 4.4*a*, p. 128) para los términos $e^{j\theta}$, y luego dividir la forma cartesiana de la ecuación vectorial en dos ecuaciones escalares, las cuales se resuelven, de manera simultánea, para θ_3 y θ_4. Al sustituir la ecuación 4.4*a* en la ecuación 4.5*c*:

$$a(\cos\theta_2 + j \operatorname{sen} \theta_2) + b(\cos\theta_3 + j \operatorname{sen} \theta_3) - c(\cos\theta_4 + j \operatorname{sen} \theta_4) - d(\cos\theta_1 + j \operatorname{sen} \theta_1) = 0 \tag{4.5e}$$

Esta ecuación ahora puede dividirse en sus partes real e imaginaria y cada una se iguala a cero.

parte real (componente *x*):

$$a\cos\theta_2 + b\cos\theta_3 - c\cos\theta_4 - d\cos\theta_1 = 0$$

pero: $\theta_1 = 0$, así que: (4.6*a*)

$$a\cos\theta_2 + b\cos\theta_3 - c\cos\theta_4 - d = 0$$

parte imaginaria (componente *y*):

$$ja \operatorname{sen} \theta_2 + jb \operatorname{sen} \theta_3 - jc \operatorname{sen} \theta_4 - jd \operatorname{sen} \theta_1 = 0$$

pero: $\theta_1 = 0$, y las j se eliminan, por lo tanto: (4.6*b*)

$$a \operatorname{sen} \theta_2 + b \operatorname{sen} \theta_3 - c \operatorname{sen} \theta_4 = 0$$

Las ecuaciones escalares 4.6*a* y 4.6*b* se resuelven de manera simultánea para θ_3 y θ_4. Resolver este sistema de dos ecuaciones trigonométricas simultáneas es simple pero tedioso. Alguna sustitución de identidades trigonométricas simplificará las expresiones. El primer paso es volver a escribir las ecuaciones 4.6*a* y 4.6*b* para aislar una de las dos incógnitas en el lado izquierdo. En este ejemplo se aísla θ_3 y se resuelve para θ_4.

$$b\cos\theta_3 = -a\cos\theta_2 + c\cos\theta_4 + d \tag{4.6c}$$

$$b \operatorname{sen} \theta_3 = -a \operatorname{sen} \theta_2 + c \operatorname{sen} \theta_4 \tag{4.6d}$$

Ahora se elevan al cuadrado ambos lados de las ecuaciones 4.6*c* y 4.6*d* y se suman:

$$b^2\left(\operatorname{sen}^2\theta_3 + \cos^2\theta_3\right) = \left(-a \operatorname{sen} \theta_2 + c \operatorname{sen} \theta_4\right)^2 + \left(-a\cos\theta_2 + c\cos\theta_4 + d\right)^2 \tag{4.7a}$$

Observe que la cantidad entre paréntesis del primer miembro es igual a 1, al eliminar θ_3 de la ecuación y sólo quedar θ_4, y la ecuación ahora puede resolverse para:

$$b^2 = \left(-a \operatorname{sen} \theta_2 + c \operatorname{sen} \theta_4\right)^2 + \left(-a\cos\theta_2 + c\cos\theta_4 + d\right)^2 \tag{4.7b}$$

Expanda esta expresión y reúna los términos similares.

$$b^2 = a^2 + c^2 + d^2 - 2ad\cos\theta_2 + 2cd\cos\theta_4 - 2ac\left(\operatorname{sen}\theta_2 \operatorname{sen} \theta_4 + \cos\theta_2 \cos\theta_4\right) \tag{4.7c}$$

Divida entre $2ac$ y reordene para obtener

$$\frac{d}{a}\cos\theta_4 - \frac{d}{c}\cos\theta_2 + \frac{a^2 - b^2 + c^2 + d^2}{2ac} = \operatorname{sen}\theta_2 \operatorname{sen}\theta_4 + \cos\theta_2\cos\theta_4 \tag{4.7d}$$

Para simplificar aún más esta expresión, las constantes K_1, K_2 y K_3 se definen en función de las longitudes constantes de los eslabones en la ecuación 4.7*d*:

$$K_1 = \frac{d}{a} \qquad K_2 = \frac{d}{c} \qquad K_3 = \frac{a^2 - b^2 + c^2 + d^2}{2ac} \tag{4.8a}$$

y

$$K_1\cos\theta_4 - K_2\cos\theta_2 + K_3 = \cos\theta_2\cos\theta_4 + \operatorname{sen}\theta_2\operatorname{sen}\theta_4 \tag{4.8b}$$

4

Si se sustituye la identidad $\cos(\theta_2 - \theta_4) = \cos\theta_2\cos\theta_4 + \operatorname{sen}\theta_2\operatorname{sen}\theta_4$, se obtiene la forma conocida como ecuación de Freudenstein.

$$K_1\cos\theta_4 - K_2\cos\theta_2 + K_3 = \cos(\theta_2 - \theta_4) \tag{4.8c}$$

Para simplificar la ecuación 4.8*b* para su solución, será útil sustituir *las identidades semiangulares* que convertirán los términos sen θ_4 y cos θ_4 en términos tan θ_4:

$$\operatorname{sen}\theta_4 = \frac{2\tan\left(\frac{\theta_4}{2}\right)}{1+\tan^2\left(\frac{\theta_4}{2}\right)}; \qquad \cos\theta_4 = \frac{1-\tan^2\left(\frac{\theta_4}{2}\right)}{1+\tan^2\left(\frac{\theta_4}{2}\right)} \tag{4.9}$$

De este modo se obtiene la siguiente forma simplificada, donde los términos de las longitudes de los eslabones y el valor de entrada (θ_2) conocidos se reunieron como constantes *A*, *B* y *C*.

$$\mathrm{A}\tan^2\left(\frac{\theta_4}{2}\right) + \mathrm{B}\tan\left(\frac{\theta_4}{2}\right) + \mathrm{C} = 0 \tag{4.10a}$$

donde:

$$A = \cos\theta_2 - K_1 - K_2\cos\theta_2 + K_3$$
$$B = -2\operatorname{sen}\theta_2$$
$$C = K_1 - (K_2 + 1)\cos\theta_2 + K_3$$

Observe que la ecuación 4.10*a* es cuadrática y la solución es:

$$\tan\left(\frac{\theta_4}{2}\right) = \frac{-B \pm \sqrt{B^2 - 4AC}}{2A}$$
$$\theta_{4_{1,2}} = 2\arctan\left(\frac{-B \pm \sqrt{B^2 - 4AC}}{2A}\right) \tag{4.10b}$$

La ecuación 4.10*b* tiene dos soluciones, obtenidas a partir de las condiciones ± en el radical. Estas dos soluciones, como con cualquier ecuación cuadrática, pueden ser de tres tipos: *reales e iguales*, *reales y desiguales*, y *complejas conjugadas*. Si el discriminante bajo el radical es negativo, en tal caso la solución es compleja conjugada, lo cual simplemente significa que las longitudes de los eslabones elegidas no son capaces de conectarse con el valor elegido del ángulo de entrada θ_2. Esto puede ocurrir cuando las longitudes de los eslabones son completamente incapaces de establecer una conexión en cualquier posición o, en un mecanismo de no Grashof, cuando el ángulo de entrada queda más allá de la posición límite estacionaria. No existe entonces ninguna solución real con ese valor del ángulo de entrada θ_2. Salvo en esta situación, la solución por lo general será real y desigual, lo cual significa que existen dos valores de θ_4 que corresponden a cualquier valor de θ_2. Éstas se conocen como las configuraciones **cruzada** y **abierta** del mecanismo, y también como los dos **circuitos** del mecanismo.* En el mecanismo de cuatro barras, la solución negativa da θ_4 para la configuración abierta, y la positiva da θ_4 para la configuración cruzada.

La figura 4-5 (p. 126) muestra tanto las configuraciones cruzadas como las abiertas para un mecanismo de Grashof manivela-balancín. Los términos cruzado y abierto están basados en la suposición de que el eslabón de entrada 2, para el cual θ_2 está definido, se encuentra en el primer cuadrante (es decir, $0 < \theta_2 < \pi/2$). Un mecanismo de Grashof se define entonces como **cruzado** si los dos eslabones adyacentes al eslabón más corto se cruzan entre sí, y como **abierto** si no lo hacen en esta posición. Observe que la configuración del mecanismo, cruzada o abierta, depende sólo de la forma en que los eslabones están ensamblados. No se puede predecir sólo con las longitudes de los eslabones cuál de las soluciones será la deseada. En otras palabras, se puede obtener una solución con el mismo mecanismo simplemente con quitar el perno que conecta los eslabones 3 y 4 en la figura 4-5 (p. 126), y moviendo los eslabones a las únicas posiciones en las que el perno los conectará otra vez. Al hacer esto, se cambiará de una solución de posición, o **circuito**, a la otra.

* En la sección 4-13 (p. 144) hay un análisis más completo de los circuitos y ramas en mecanismos.

La solución para el ángulo θ_3 es, en esencia, similar a la que se da para θ_4. Al volver a las ecuaciones 4.6, es posible reacomodarlas para aislar θ_4 del primer miembro.

$$c\cos\theta_4 = a\cos\theta_2 + b\cos\theta_3 - d \tag{4.6e}$$

$$c \text{ sen } \theta_4 = a \text{ sen } \theta_2 + b \text{ sen } \theta_3 \tag{4.6f}$$

Si se elevan al cuadrado y suman estas ecuaciones, se eliminará θ_4. La ecuación resultante puede resolverse para θ_3 como se hizo anteriormente para θ_4, con lo que se obtiene esta expresión:

$$K_1\cos\theta_3 + K_4\cos\theta_2 + K_5 = \cos\theta_2\cos\theta_3 + \text{sen}\,\theta_2 \text{ sen } \theta_3 \tag{4.11a}$$

La constante K_1 es la misma definida en la ecuación 4.8*b*. K_4 y K_5 son:

$$K_4 = \frac{d}{b}; \qquad K_5 = \frac{c^2 - d^2 - a^2 - b^2}{2ab} \tag{4.11b}$$

Ésta también se reduce a una forma cuadrática:

$$D\tan^2\left(\frac{\theta_3}{2}\right) + E\tan\left(\frac{\theta_3}{2}\right) + F = 0 \tag{4.12}$$

donde:

$$D = \cos\theta_2 - K_1 + K_4\cos\theta_2 + K_5$$
$$E = -2 \text{ sen } \theta_2$$
$$F = K_1 + (K_4 - 1)\cos\theta_2 + K_5$$

y la solución es:

$$\theta_{3_{1,2}} = 2\arctan\left(\frac{-E \pm \sqrt{E^2 - 4DF}}{2D}\right) \tag{4.13}$$

Como con el ángulo θ_4, ésta también tiene dos soluciones, correspondientes a los circuitos cruzado y abierto del mecanismo, como se muestra en la figura 4-5 (p. 126).

✍ EJEMPLO 4-1 Análisis de posición de un eslabonamiento de cuatro barras mediante el método del lazo vectorial.

Problema: Dado un eslabonamiento de cuatro barras con las longitudes de eslabón $L_1 = d = 100$ mm, $L_2 = a = 40$ mm, $L_3 = b = 120$ mm y $L_4 = c = 80$ mm encuentre, con $\theta_2 = 40°$, todos los valores posibles de θ_3 y θ_4.

Solución: Vea la figura 4-6 (p. 127) para determinar la nomenclatura.

1 Con la ecuación 4.8*a*, calcule las razones de eslabón K_1, K_2 y K_3.

$$K_1 = \frac{d}{a} = \frac{100}{40} = 2.5$$

$$K_2 = \frac{d}{c} = \frac{100}{80} = 1.25 \tag{a}$$

$$K_3 = \frac{a^2 - b^2 + c^2 + d^2}{2ac} = \frac{40^2 - 120^2 + 80^2 + 100^2}{2(40)(80)} = 0.562$$

2 Con estas razones de eslabón encuentre los parámetros intermedios *A*, *B* y *C* a partir de la ecuación 4.10*a*.

$$A = \cos\theta_2 - K_1 - K_2\cos\theta_2 + K_3 = \cos(40°) - 2.5 - 1.25\cos(40°) + 0.562 = -2.129$$

$$B = -2\,\text{sen}\,\theta_2 = -2 \text{ sen}(40°) = -1.286 \tag{b}$$

$$C = K_1 - (K_2 + 1)\cos\theta_2 + K_3 = 2.5 - (1.25 + 1)\cos(40°) + 0.562 = 1.339$$

3 Con la ecuación 4.10*b* encuentre θ_4 en las configuraciones abierta y cruzada.

$$\theta_{4_{abierta}} = 2\arctan\left(\frac{-B - \sqrt{B^2 - 4AC}}{2A}\right) = 2\arctan\left(\frac{1.286 - \sqrt{-1.286^2 - 4(-2.129)(1.339)}}{2(-2.129)}\right)$$
$$= 57.33° \tag{c}$$

$$\theta_{4_{cruzada}} = 2\arctan\left(\frac{-B + \sqrt{B^2 - 4AC}}{2A}\right) = 2\arctan\left(\frac{1.286 + \sqrt{-1.286^2 - 4(-2.129)(1.339)}}{2(-2.129)}\right)$$
$$= -98.01°$$

4 Con la ecuación 4.11b encuentre las relaciones K_4 y K_5.

$$K_4 = \frac{d}{b} = \frac{100}{120} = 0.833$$
$$K_5 = \frac{c^2 - d^2 - a^2 - b^2}{2ab} = \frac{80^2 - 100^2 - 40^2 - 120^2}{2(40)(120)} = -2.042 \qquad (d)$$

5 Con la ecuación 4.12 encuentre los parámetros intermedios D, E y F.

$$D = \cos\theta_2 - K_1 + K_4\cos\theta_2 + K_5 = \cos(40°) - 2.5 + 0.833(40°) - 2.042 = -3.137$$
$$E = -2\,\text{sen}\,\theta_2 = -2\,\text{sen}(40°) = -1.286 \qquad (e)$$
$$F = K_1 + (K_4 - 1)\cos\theta_2 + K_5 = 2.5 + (0.833 - 1)\cos(40°) - 2.042 = 0.331$$

6 Con la ecuación 4.13 encuentre θ_3 en las configuraciones abierta y cruzada.

$$\theta_{3_{abierta}} = 2\arctan\left(\frac{-E - \sqrt{E^2 - 4DF}}{2D}\right) = 2\arctan\left(\frac{1.286 - \sqrt{-1.286^2 - 4(-3.137)(0.331)}}{2(-3.137)}\right)$$
$$= 20.30° \qquad (f)$$
$$\theta_{3_{cruzada}} = 2\arctan\left(\frac{-E + \sqrt{E^2 - 4DF}}{2D}\right) = 2\arctan\left(\frac{1.286 + \sqrt{-1.286^2 - 4(-3.137)(0.331)}}{2(-3.137)}\right)$$
$$= -60.98°$$

7 La solución se muestra en la figura 4-9.

4.6 SOLUCIÓN DE POSICIÓN DE UN MECANISMO DE CUATRO BARRAS DE MANIVELA-CORREDERA

El mismo método de lazo vectorial utilizado para el mecanismo de cuatro barras con juntas de pasador puras puede aplicarse a mecanismos que contienen correderas. La figura 4-10 muestra un mecanismo manivela-corredera de cuatro barras descentrado, inversión número 1. El término **descentrado** significa que *el eje de la corredera extendido no pasa por el pivote de la manivela*. Éste es el caso general. (Los mecanismos manivela-corredera no descentrados mostrados en la figura 2-13 (p. 39) son los casos especiales.) Este mecanismo podría representarse por sólo tres vectores de posición, $\mathbf{R}_2$, $\mathbf{R}_3$ y $\mathbf{R}_s$, pero uno de ellos ($\mathbf{R}_s$) será un vector de magnitud y ángulo variables. Será más fácil

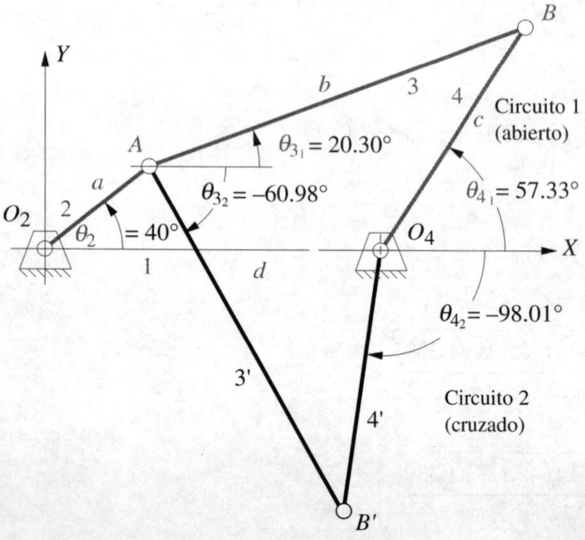

FIGURA 4-9 Solución al ejemplo 4-1

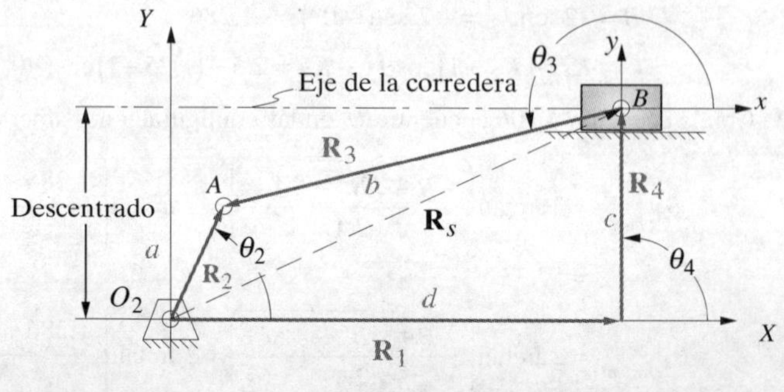

FIGURA 4-10 Lazo vectorial de posición para un mecanismo manivela-corredera o corredera-manivela

utilizar cuatro vectores, $\mathbf{R}_1$, $\mathbf{R}_2$, $\mathbf{R}_3$ y $\mathbf{R}_4$ con $\mathbf{R}_1$ dispuesto paralelamente al eje del deslizamiento y $\mathbf{R}_4$ perpendicular. En realidad, el par de vectores $\mathbf{R}_1$ y $\mathbf{R}_4$ son componentes ortogonales del vector de posición $\mathbf{R}_S$ del origen hasta la corredera.

El análisis se simplifica si se coloca un eje de coordenadas paralelo al eje de deslizamiento. El vector de dirección constante y longitud variable $\mathbf{R}_1$ representa entonces la posición de la corredera con magnitud *d*. El vector $\mathbf{R}_4$ es ortogonal a $\mathbf{R}_1$ y define el **descentrado** de magnitud constante del mecanismo. Observe que en el caso especial, versión no descentrada, el vector $\mathbf{R}_4$ será cero y $\mathbf{R}_1 = \mathbf{R}_S$. Los vectores $\mathbf{R}_2$ y $\mathbf{R}_3$ completan el lazo vectorial. El vector de posición $\mathbf{R}_3$ del acoplador se coloca con su raíz en la corredera, la cual define entonces su ángulo θ_3 en el punto *B*. Este arreglo particular de vectores de posición conduce entonces a una ecuación de lazo vectorial similar a la del ejemplo de mecanismo de cuatro barras con juntas de pasador:

4

$$\mathbf{R}_2 - \mathbf{R}_3 - \mathbf{R}_4 - \mathbf{R}_1 = 0 \tag{4.14a}$$

Al comparar la ecuación 4.14*a* con la ecuación 4.5*a* (p. 128), se observa que la única diferencia es el signo de $\mathbf{R}_3$. Esto se debe tan sólo a la elección, un tanto arbitraria, del sentido del vector de posición $\mathbf{R}_3$ en cada caso. El ángulo θ_3 siempre debe medirse en la raíz del vector $\mathbf{R}_3$ y, en este ejemplo, convendrá tener el ángulo θ_3 en la junta *B*. Una vez que se hacen estas elecciones arbitrarias es crucial que los signos algebraicos resultantes se observen con cuidado en las ecuaciones, o los resultados serán completamente erróneos. Si las magnitudes vectoriales (longitudes de los eslabones) se representan por *a*, *b*, *c*, *d* como se muestra, se pueden sustituir los equivalentes en números complejos por los vectores de posición.

$$a e^{j\theta_2} + b e^{j\theta_3} - c e^{j\theta_4} - d e^{j\theta_1} = 0 \tag{4.14b}$$

Se sustituyen los equivalentes de Euler:

$$\begin{aligned} &a(\cos\theta_2 + j \operatorname{sen}\theta_2) - b(\cos\theta_3 + j \operatorname{sen}\theta_3) \\ &\quad - c(\cos\theta_4 + j \operatorname{sen}\theta_4) - d(\cos\theta_1 + j \operatorname{sen}\theta_1) = 0 \end{aligned} \tag{4.14c}$$

Se separan las componentes real e imaginario:

parte real (componente *x*):

$$a\cos\theta_2 - b\cos\theta_3 - c\cos\theta_4 - d\cos\theta_1 = 0$$

pero: $\theta_1 = 0$, por lo tanto: (4.15*a*)

$$a\cos\theta_2 - b\cos\theta_3 - c\cos\theta_4 - d = 0$$

parte imaginaria (componente *y*):

$$ja \operatorname{sen}\theta_2 - jb \operatorname{sen}\theta_3 - jc \operatorname{sen}\theta_4 - jd \operatorname{sen}\theta_1 = 0$$

pero: $\theta_1 = 0$, y las j se eliminan, por lo tanto: (4.15*b*)

$$a \operatorname{sen}\theta_2 - b \operatorname{sen}\theta_3 - c \operatorname{sen}\theta_4 = 0$$

Las ecuaciones 4.15 se resuelven simultáneamente para las dos incógnitas, la longitud del eslabón *d* y el ángulo del eslabón θ_3. La variable independiente es el ángulo de la manivela θ_2. Las longitudes de los eslabones *a* y *b*, el descentrado *c* y el ángulo θ_4, se conocen. Pero observe que como se dispuso el sistema de coordenadas paralelo y perpendicular al eje del bloque deslizante, el ángulo θ_1 es cero y θ_4 es de 90°. La ecuación 4.15*b* se resuelve para θ_3 y se sustituye el resultado en la ecuación 4.15*a* para resolverla para *d*. La solución es:

$$\theta_{3_1} = \operatorname{arcsen}\left(\frac{a \operatorname{sen}\theta_2 - c}{b}\right) \tag{4.16a}$$

$$d = a\cos\theta_2 - b\cos\theta_3 \tag{4.16b}$$

Obsérvese que de nuevo existen dos soluciones válidas correspondientes a los dos circuitos del mecanismo. La función arcoseno es de valores múltiples. Su evaluación dará un valor entre ±90°, que representa sólo un circuito del mecanismo. El valor de *d* depende del valor calculado de θ_3. El valor de θ_3 para el segundo circuito del mecanismo se calcula con:

$$\theta_{3_2} = \operatorname{arcsen}\left(-\frac{a \operatorname{sen}\theta_2 - c}{b}\right) + \pi \tag{4.17}$$

4

EJEMPLO 4-2 Análisis de posición de un eslabonamiento de cuatro barras manivela-corredera mediante el método del lazo vectorial.

Problema: Dado un eslabonamiento de cuatro barras de manivela-corredera con las longitudes de eslabón $L_2 = a = 40$ mm, $L_3 = b = 120$ mm y *desviación* $= c = -20$ mm encuentre, con $\theta_2 = 60°$, todos los valores posibles de θ_3 y la posición d de la corredera.

Solución: (Vea la figura 4-10 para determinar la nomenclatura.)

1 Con la ecuación 4.16*a*, calcule el ángulo de acoplador θ_3 del eslabón para la configuración abierta.

$$\theta_{3_{abierta}} = \arcsin\left(\frac{a\operatorname{sen}\theta_2 - c}{b}\right) = \arcsin\left(\frac{40\operatorname{sen}(60°)-(-20)}{120}\right) = 152.91° \qquad (a)$$

2 Con la ecuación 4.16*b* y el resultado del paso 1, calcule la posición d de la corredera para el eslabonamiento abierto.

$$d = a\cos\theta_2 - b\cos\theta_3 = 40\cos(60°) - 120\cos(152.91°) = 126.84 \text{ mm} \qquad (b)$$

3 A partir de la ecuación 4.17, calcule el ángulo de acoplador θ_3 del eslabón para la configuración cruzada.

$$\theta_{3_{cruzada}} = \arcsin\left(-\frac{a\operatorname{sen}\theta_2 - c}{b}\right) + \pi = \arcsin\left(-\frac{40\operatorname{sen}(60°)-(-20)}{120}\right) + \pi = 27.09° \qquad (c)$$

4 Con la ecuación 4.16*b* y el resultado del paso 3, calcule la posición d de la corredera para el eslabonamiento cruzado.

$$d = a\cos\theta_2 - b\cos\theta_3 = 40\cos(60°) - 120\cos(27.09°) = -86.84 \text{ mm} \qquad (d)$$

5 Observe que θ_3 se mide en el extremo de la corredera del acoplador, como se muestra en la figura 4-11.

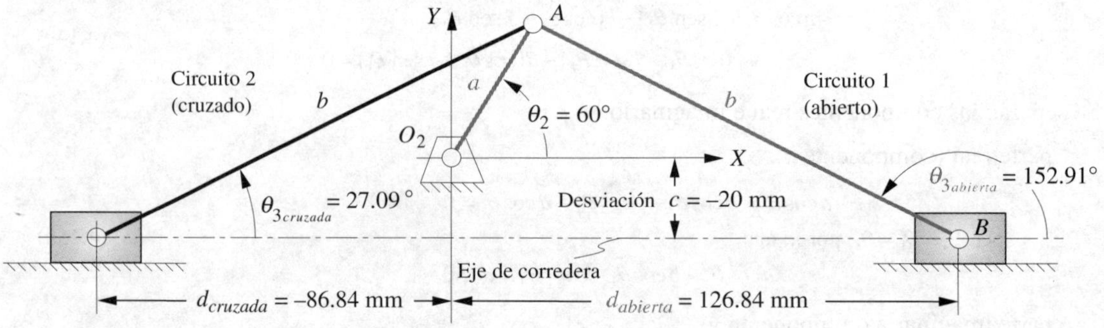

FIGURA 4-11 Solución al ejemplo 4-2

4.7 SOLUCIÓN DE POSICIÓN DE UN ESLABONAMIENTO DE CUATRO BARRAS CORREDERA-MANIVELA

El *eslabonamiento de cuatro barras* ***corredera-manivela*** tiene la misma geometría que el *eslabonamiento de cuatro barras* ***manivela-corredera*** que se analizó en la sección previa. El cambio de nombre indica que se impulsa con la corredera como entrada y la manivela como salida. Este mecanismo se denomina en ocasiones manivela-corredera "con impulso inverso". Aquí usaremos el término **corredera-manivela** para definir un mecanismo impulsado desde la corredera. Se trata de una configuración de eslabonamiento muy común. Cada pistón en un motor de combustión interna tiene un mecanismo de este tipo por cada cilindro. El lazo vectorial es como se muestra en la figura 4.10 (p. 123), y la ecuación del lazo vectorial es idéntica a la ecuación 4.14*a*. Pero ahora debe despejarse θ_2 en esta ecuación en función de la posición d de la corredera.

Inicie con la ecuación 4.14*a*, haga las sustituciones de la ecuación 4.14*b* y las simplificaciones de las ecuaciones 4.15 para obtener el mismo conjunto de ecuaciones simultáneas:

$$a\cos\theta_2 - b\cos\theta_3 - c\cos\theta_4 - d = 0 \qquad (4.15a)$$

$$a\operatorname{sen}\theta_2 - b\operatorname{sen}\theta_3 - c\operatorname{sen}\theta_4 = 0 \qquad (4.15b)$$

pero $\theta_4 = 90° \therefore \operatorname{sen}\theta_4 = 1, \; \cos\theta_4 = 0$

entonces
$$a\cos\theta_2 - b\cos\theta_3 - d = 0 \tag{4.18a}$$
$$a\operatorname{sen}\theta_2 - b\operatorname{sen}\theta_3 - c = 0 \tag{4.18b}$$

Como se hizo en la solución del eslabonamiento de cuatro barras, aísle los términos con θ_3 en un lado, eleve al cuadrado ambas ecuaciones y súmelas para eliminar θ_3.

$$b\cos\theta_3 = a\cos\theta_2 - d$$
$$b\operatorname{sen}\theta_3 = a\operatorname{sen}\theta_2 - c$$

eleve al cuadrado:
$$b^2\cos^2\theta_3 = (a\cos\theta_2 - d)^2$$
$$b^2\operatorname{sen}^2\theta_3 = (a\operatorname{sen}\theta - c_2)^2$$

sume:
$$b^2\left(\operatorname{sen}^2\theta_3 + \cos^2\theta_3\right) = (a\cos\theta_2 - d)^2 + (a\operatorname{sen}\theta_2 - c)^2$$
$$b^2 = (a\cos\theta_2 - d)^2 + (a\operatorname{sen}\theta_2 - c)^2$$
$$b^2 = a^2\cos^2\theta_2 - 2ad\cos\theta_2 + d^2 + a^2\operatorname{sen}^2\theta_2 - 2ac\operatorname{sen}\theta_2 + c^2$$
$$b^2 = a^2\left(\operatorname{sen}^2\theta_2 + \cos^2\theta_2\right) - 2ad\cos\theta_2 - 2ac\operatorname{sen}\theta_2 + c^2 + d^2$$
$$a^2 - b^2 + c^2 + d^2 - 2ac\operatorname{sen}\theta_2 - 2ad\cos\theta_2 = 0 \tag{4.19}$$

Para simplificar, cree algunos parámetros constantes:

sea
$$K_1 = a^2 - b^2 + c^2 + d^2, \quad K_2 = -2ac, \quad K_3 = -2ad$$

entonces
$$K_1 + K_2\operatorname{sen}\theta_2 + K_3\cos\theta_2 = 0 \tag{4.20}$$

Como se hizo con el eslabonamiento de cuatro barras, sustituya las identidades tangenciales de ángulo medio (ecuación 4.9) por sen θ_2 y cos θ_2 para obtener la ecuación en términos de una función trigonométrica.

$$K_1 + K_2\left(\frac{2\tan\frac{\theta_2}{2}}{1+\tan^2\frac{\theta_2}{2}}\right) + K_3\left(\frac{1-\tan^2\frac{\theta_2}{2}}{1+\tan^2\frac{\theta_2}{2}}\right) = 0$$

simplifique
$$(K_1 - K_3)\tan^2\frac{\theta_2}{2} + 2K_2\tan\frac{\theta_2}{2} + (K_1 + K_3) = 0$$

sea
$$A = K_1 - K_3, \quad B = 2K_2, \quad C = K_1 + K_3$$

entonces
$$A\tan^2\frac{\theta_2}{2} + B\tan\frac{\theta_2}{2} + C = 0$$

y
$$\theta_{2_{1,2}} = 2\arctan\left(\frac{-B \pm \sqrt{B^2 - 4AC}}{2A}\right) \tag{4.21}$$

Una vez que se conoce θ_2 para un valor dado de d, es posible determinar θ_3 a partir de las ecuaciones 4.18*a* o 4.18*b*.

Observe que existen dos soluciones para la ecuación 4.21 que representan las dos ramas del mecanismo en el circuito, para el cual aplica el valor dado de la posición d de la corredera.* La ecuación fallará cuando la corredera-manivela impulsada en forma inversa esté en el centro muerto superior (TDC) o bien cuando se encuentre en el centro muerto inferior (BDC). Éstos son puntos de cambio indeterminados entre las ramas, en los cuales las matemáticas no pueden predecir a cuál rama irá el mecanismo en seguida. Un mecanismo de corredera-manivela sólo puede completar una revolución de la manivela si hay cierta energía almacenada en la manivela para conducirla a través de los centros muertos dos veces por cada revolución. Por esta razón es necesario girar un motor de pistones

* Los mecanismos de manivela-corredera y corredera-manivela tienen dos circuitos o configuraciones en los que pueden ensamblarse de manera independiente, en ocasiones denominados abiertos y cruzados. Como el eslabón 4 siempre está perpendicular al eje de la corredera, es paralelo a sí mismo en ambos circuitos. Esto resulta en dos circuitos que se reflejan entre sí como en un espejo con respecto a una línea que pasa a través del pivote de la manivela y que es perpendicular al eje de la corredera. Por tanto, la elección del valor d de la posición de la corredera en el cálculo del mecanismo corredera-manivela determina cuál de los circuitos se va a analizar. Sin embargo, en vista de los puntos de cambio TDC y BDC, la corredera-manivela tiene dos ramas en cada circuito, y las dos ecuaciones obtenidas de la ecuación 4.21 representan las dos ramas del circuito en análisis. En cambio, la manivela-corredera tiene sólo una rama por circuito porque, cuando la manivela recibe el impulso, realiza una revolución completa y no hay puntos de cambio que separen las ramas. En la sección 4.13 (p. 144) hay un análisis más completo de los circuitos y ramas en los eslabonamientos.

para iniciarlo y por lo que suele tener un volante de inercia unido al cigüeñal a fin de proporcionar el momento angular necesario para pasar a través del TDC y el BDC.

EJEMPLO 4-3 Análisis de posición de un eslabonamiento de cuatro barras corredera-manivela con el método del lazo vectorial

Problema: Dado un eslabonamiento de cuatro barras de corredera-manivela con las longitudes de eslabón $L_2 = a = 40$ mm, $L_3 = b = 120$ mm, y *desviación* $= c = -20$ mm, encuentre, con $d = 100$ mm, todos los valores posibles de θ_2 y θ_3 sobre el circuito definido por el valor proporcionado para d.

Solución: Vea la figura 4-9 (p. 132) para determinar la nomenclatura.

1 Encuentre las posiciones TDC y BDC del mecanismo.

$$d_{BDC} = b - a = 120 - 40 = 80 \text{ mm}$$
$$d_{TDC} = b + a = 120 + 40 = 160 \text{ mm} \qquad (a)$$

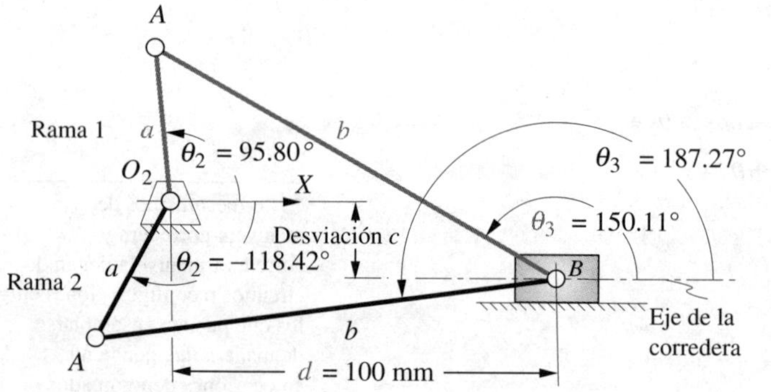

FIGURA 4-12 Solución al ejemplo 4-3

La posición requerida $d = 100$ mm está dentro del rango de movimiento del eslabonamiento de corredera-manivela y no es TDC ni BDC, por lo que se aplican las ecuaciones 4.20 y 4.21.

2 Encuentre los parámetros intermedios necesarios a partir de las ecuaciones 4.20 y 4.21.

$$K_1 = a^2 - b^2 + c^2 + d^2 = 40^2 - 120^2 + (-20)^2 + 100^2 = -2\,400$$
$$K_2 = -2ac = -2(40)(-20) = 1\,600$$
$$K_3 = -2ad = -2(40)(100) = -8\,000$$
$$A = K_1 - K_3 = -2\,400 - (-8\,000) = 5\,600 \qquad (b)$$
$$B = 2K_2 = 2(1\,600) = 3200$$
$$C = K_1 + K_3 = -2400 + (-8\,000) = -10\,400$$

3 Encuentre los dos valores de θ_2 a partir de la ecuación 4.21.

$$\theta_{2_1} = 2\tan^{-1}\left(\frac{-B + \sqrt{B^2 - 4AC}}{2A}\right) = 2\tan^{-1}\left(\frac{-3\,200 + \sqrt{3\,200^2 - 4(5\,600)(-10\,400)}}{2(5\,600)}\right) = 95.798°$$
$$(c)$$
$$\theta_{2_2} = 2\tan^{-1}\left(\frac{-B - \sqrt{B^2 - 4AC}}{2A}\right) = 2\tan^{-1}\left(\frac{-3\,200 + \sqrt{3\,200^2 - 4(5\,600)(-10\,400)}}{2(5\,600)}\right) = -118.418°$$

4 Encuentre los tres valores de θ_3 a partir de la ecuación 4.16*a* o 4.17. Calcule θ_3 con ambas ecuaciones para un valor de θ_2 y después, con la ecuación 4.16*b* y ese resultado, determine cuál de las dos ecuaciones da el valor correcto de d que se ajusta al circuito de este eslabonamiento. Luego use esa ecuación con cada uno de los valores de θ_2 a fin de obtener los valores correctos de θ_3 para cada rama del circuito. En este ejemplo se requiere la ecuación 4.17 para su circuito.

$$\theta_{3_1} = \operatorname{sen}^{-1}\left(-\frac{a\operatorname{sen}\theta_{2_1} - c}{b}\right) + \pi = \operatorname{sen}^{-1}\left(-\frac{40\operatorname{sen}(95.798°) - (-20)}{120}\right) + \pi = 150.113°$$
$$(d)$$
$$\theta_{3_2} = \cos^{-1}\left(\frac{a\operatorname{sen}\theta_{2_2} - c}{b}\right) + \pi = \cos^{-1}\left(\frac{40\operatorname{sen}(-118.418°) - (-20)}{120}\right) + \pi = 187.267°$$

5 La solución se muestra en la figura 4-12.

4.8 SOLUCIÓN DE POSICIÓN DE UN MECANISMO DE MANIVELA-CORREDERA INVERTIDO

La figura 4-13*a** (p. 137) muestra la inversión número 3 del mecanismo de cuatro barras manivela-corredera común, en el cual la junta deslizante se encuentra entre los eslabones 3 y 4 en el punto *B*. Éste se muestra como un mecanismo de manivela-corredera **descentrado**. La corredera tiene rotación

* Esta figura viene como archivos animados AVI y Working Model en el DVD. Su nombre es el mismo que el número de la figura.

pura con su centro descentrado del eje de deslizamiento. (La figura 2-15*c*, p. 41, muestra la versión no descentrada de este mecanismo en la cual el vector $\mathbf{R}_4$ es cero.)

El sistema de coordenadas global se considera de nuevo con su origen en el pivote O_2 de la manivela de entrada y el eje positivo X a lo largo del eslabón 1, el eslabón fijo. Se colocó un sistema local de ejes en el punto B para definir θ_3. Observe que existe un ángulo fijo γ en el eslabón 4 que define el ángulo de la ranura con respecto a ese eslabón.

En la figura 4-13*b* los eslabones están representados como vectores de posición con sentidos compatibles con los sistemas de coordenadas seleccionados por conveniencia cuando se definieron los ángulos de los eslabones. Esta disposición particular de los vectores de posición conduce a la misma ecuación de lazo vectorial que la del ejemplo previo de manivela-corredera.

Las ecuaciones 4.14 y 4.15 (p. 133) también se aplican a esta inversión. Observe que la posición absoluta del punto B está definida por el vector $\mathbf{R}_B$, el cual varía tanto su magnitud como su dirección conforme se mueve el mecanismo. Se ha elegido representar el $\mathbf{R}_B$ como el vector de diferencia $\mathbf{R}_2 - \mathbf{R}_3$ para utilizar los eslabones existentes como los vectores de posición en la ecuación del lazo.

Todos los mecanismos de corredera tendrán por lo menos un eslabón cuya longitud efectiva entre las juntas variará a medida que se mueve el mecanismo. En este ejemplo la longitud del eslabón 3 entre los puntos A y B, designada como b, cambiará cuando pasa por el bloque deslizante del eslabón 4. Por lo tanto, el valor de b será una de las variables a resolver en esta inversión. Otra variable será θ_4, el ángulo del eslabón 4. Observe, sin embargo, que también existe una incógnita en θ_3, el ángulo del eslabón 3. Esto da un total de tres incógnitas. Las ecuaciones 4.15 (p. 133) sólo se pueden resolver para dos incógnitas. Por lo tanto, se requiere otra ecuación para resolver el sistema. Existe una relación fija entre los ángulos θ_3 y θ_4, mostrada como γ en la figura 4-10 (p. 132), la cual da la ecuación:

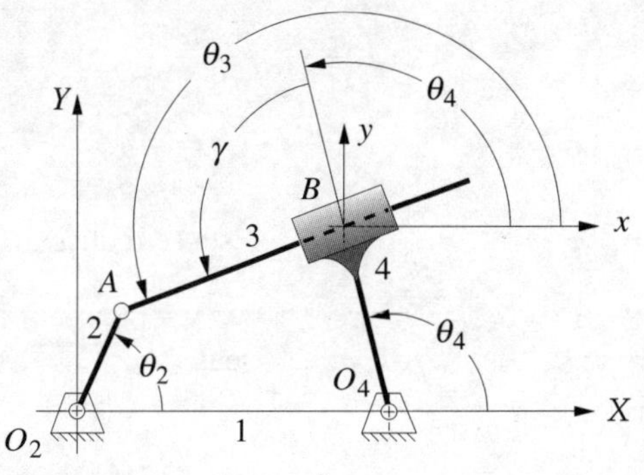

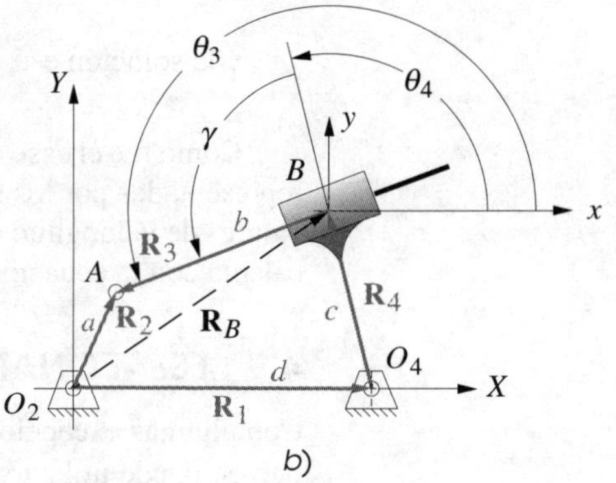

FIGURA 4-13 Inversión número 3 del mecanismo de cuatro barras corredera-manivela

$$\theta_3 = \theta_4 + \gamma \tag{4.22}$$

Al repetir las ecuaciones 4.15 y numerarlas de nuevo a conveniencia del lector:

$$a\cos\theta_2 - b\cos\theta_3 - c\cos\theta_4 - d = 0 \tag{4.23a}$$

$$a \operatorname{sen} \theta_2 - b \operatorname{sen} \theta_3 - c \operatorname{sen} \theta_4 = 0 \tag{4.23b}$$

Éstas tienen sólo dos incógnitas y se resuelven de manera simultánea para θ_4 y b. La ecuación 4.23*b* resuelve la longitud del eslabón b y es sustituida en la ecuación 4.23*a*.

$$b = \frac{a \operatorname{sen} \theta_2 - c \operatorname{sen} \theta_4}{\operatorname{sen} \theta_3} \tag{4.24a}$$

$$a\cos\theta_2 - \frac{a \operatorname{sen} \theta_2 - c \operatorname{sen} \theta_4}{\operatorname{sen} \theta_3}\cos\theta_3 - c\cos\theta_4 - d = 0 \tag{4.24b}$$

Al sustituir la ecuación 4.22 y después de realizar una manipulación algebraica, la ecuación 4.24 se reduce a:

$$P \operatorname{sen} \theta_4 + Q\cos\theta_4 + R = 0 \tag{4.25}$$

donde:

$$P = a \operatorname{sen} \theta_2 \operatorname{sen} \gamma + (a\cos\theta_2 - d)\cos\gamma$$

$$Q = -a \operatorname{sen} \theta_2 \cos\gamma + (a\cos\theta_2 - d) \operatorname{sen} \gamma$$

$$R = -c \operatorname{sen} \gamma$$

Observe que los factores P, Q, R son constantes con cualquier valor de entrada de θ_2. Para resolver esta ecuación para θ_4, conviene sustituir las identidades tangentes semiangulares (ecuación 4.9, p. 130) por los términos sen θ_4 y cos θ_4. De este modo, se tendrá una ecuación cuadrática en función de tan ($\theta_4/2$), la cual puede resolverse para los dos valores de θ_4.

$$P\frac{2\tan\left(\frac{\theta_4}{2}\right)}{1+\tan^2\left(\frac{\theta_4}{2}\right)}+Q\frac{1-\tan^2\left(\frac{\theta_4}{2}\right)}{1+\tan^2\left(\frac{\theta_4}{2}\right)}+R=0 \tag{4.26a}$$

Ésta se reduce a: $$(R-Q)\tan^2\left(\frac{\theta_4}{2}\right)+2P\tan\left(\frac{\theta_4}{2}\right)+(Q+R)=0$$

sea: $$S=R-Q; \quad T=2P; \quad U=Q+R$$

entonces: $$S\tan^2\left(\frac{\theta_4}{2}\right)+T\tan\left(\frac{\theta_4}{2}\right)+U=0 \tag{4.26b}$$

y la solución es: $$\theta_{4_{1,2}}=2\arctan\left(\frac{-T\pm\sqrt{T^2-4SU}}{2S}\right) \tag{4.26c}$$

Como fue el caso con los ejemplos previos, éste también tiene una solución cruzada y una abierta representadas por los signos más y menos en el radical. Observe que también se deben calcular los valores de la longitud del eslabón b por cada θ_4 con la ecuación 4.24*a*. El ángulo θ_3 del acoplador se calcula con la ecuación 4.22 (p. 137).

4.9 ESLABONAMIENTOS DE MÁS DE CUATRO BARRAS

Con algunas excepciones,* el mismo método, como el mostrado aquí para mecanismos de cuatro barras, puede utilizarse para cualquier número de eslabones en una configuración de lazo cerrado. Los mecanismos más complicados pueden tener lazos múltiples que conducen a más ecuaciones que deben resolverse de manera simultánea y que pueden requerir una solución iterativa. Por otra parte, Wampler[10] presenta un método nuevo, general, no iterativo para el análisis de mecanismos planos que contienen cualquier número de eslabones rígidos conectados por juntas rotacionales o traslacionales.

* Waldron y Sreenivasan[1] reportan que los métodos de solución comunes para análisis de posición no son generales, es decir, no son aplicables a mecanismos de *n* eslabones. Los métodos de análisis de posición convencionales, tales como los aquí utilizados, dependen de la presencia de un lazo de cuatro barras en el mecanismo que debe ser resuelto primero, seguido por una descomposición de los eslabones restantes en una serie de díadas. No todos los mecanismos contienen lazos de cuatro barras. (Un mecanismo de 1 *GDL* de ocho barras no contiene lazos de cuatro barras; vea el isómero número 16, abajo a la derecha de la figura 2-11*d*, en la p. 37.) Incluso si los tuvieran, los pivotes de los lazos de cuatro barras puede ser que estén conectados al eslabón fijo, lo cual requiere que el mecanismo se invierta para iniciar la solución. Por otra parte, si la junta motriz no está en el lazo de cuatro barras, entonces se requiere interpolación para resolver las posiciones de los eslabones.

Eslabonamiento de cinco barras engranado

Otro ejemplo, que puede reducirse a dos ecuaciones con dos incógnitas, es el **eslabonamiento de cinco barras engranado**, el cual se abordó en la sección 2.14 (p. 45) y se muestra en la figura 4-14*a* y el archivo F04-11.5br del programa LINKAGES. El lazo vectorial para este mecanismo se muestra en la figura 4-14*b*. Obviamente, tiene un vector más que el de cuatro barras. Su ecuación de lazo vectorial es:

$$\mathbf{R}_2+\mathbf{R}_3-\mathbf{R}_4-\mathbf{R}_5-\mathbf{R}_1=0 \tag{4.27a}$$

Observe que los sentidos de los vectores de nuevo se eligen de conformidad con los deseos del analista para tener los ángulos de los vectores definidos en un extremo conveniente del eslabón respectivo. La ecuación 4.27*b* sustituye la notación polar compleja de los vectores de posición en la ecuación 4.27*a*, con *a*, *b*, *c*, *d*, *f* para representar las longitudes escalares de los eslabones como se muestra en la figura 4-14.

$$ae^{j\theta_2}+be^{j\theta_3}-ce^{j\theta_4}-de^{j\theta_5}-fe^{j\theta_1}=0 \tag{4.27b}$$

Observe también que esta ecuación de lazo vectorial tiene tres variables desconocidas en ella, es decir, los ángulos de los eslabones 3, 4 y 5. (El ángulo del eslabón 2 es la variable de entrada o independiente, y el eslabón 1 es fijo con ángulo constante.) Puesto que una ecuación vectorial bidimensional sólo puede resolverse para dos incógnitas, es necesaria otra ecuación para resolver este sistema. Como éste es un mecanismo de cinco barras engranado, existe una relación entre los dos eslabones engranados, los eslabones 2 y 5 en este caso. Dos factores determinan el comportamiento del eslabón 5 con respecto al eslabón 2, es decir, la **relación de engranes** λ y el **ángulo de fase** ϕ. La relación es:

$$\theta_5=\lambda\theta_2+\phi \tag{4.27c}$$

Ésta permite expresar θ_5 en función de θ_2 en la ecuación 4.27*b* y reducir el número de incógnitas a dos al sustituir la ecuación 4.27*c* en la ecuación 4.27*b*.

$$ae^{j\theta_2}+be^{j\theta_3}-ce^{j\theta_4}-de^{j(\lambda\theta_2+\phi)}-fe^{j\theta_1}=0 \tag{4.28a}$$

Observe que la relación λ es la relación de los diámetros de los engranes que conectan los dos eslabones ($\lambda = diám_2/diám_5$), y el ángulo de fase ϕ es el *ángulo inicial* del eslabón 5 con respecto al eslabón 2. Cuando el eslabón 2 está a cero grados, el eslabón 5 se encuentra en el **ángulo de fase** ϕ. La ecuación 4.27*c* define la relación entre θ_2 y θ_5. Tanto λ como ϕ son parámetros seleccionados por el ingeniero de diseño junto con las longitudes de los eslabones. Con estos parámetros definidos, las únicas incógnitas que quedan en la ecuación 4.28 son θ_3 y θ_4.

El comportamiento del mecanismo de cinco barras engranado puede modificarse al cambiar las longitudes de los eslabones, la relación de engranes o el ángulo de fase. El ángulo de fase puede cambiarse simplemente con desengranar los engranes, girar uno con respecto al otro y volverlos a engranar. Como los eslabones 2 y 5 están rígidamente en contacto con los engranes 2 y 5, respectivamente, sus rotaciones angulares relativas también cambiarán. Por ello se producen diferentes posiciones de los eslabones 3 y 4 con cualquier cambio del ángulo de fase. Las formas de la curva del acoplador también cambiarán con la variación de cualquiera de estos parámetros como se puede ver en la figura 3-23 (p. 92) y en el apéndice E.

El procedimiento de solución de esta ecuación de lazo vectorial es el mismo que se utilizó para el mecanismo de cuatro barras:

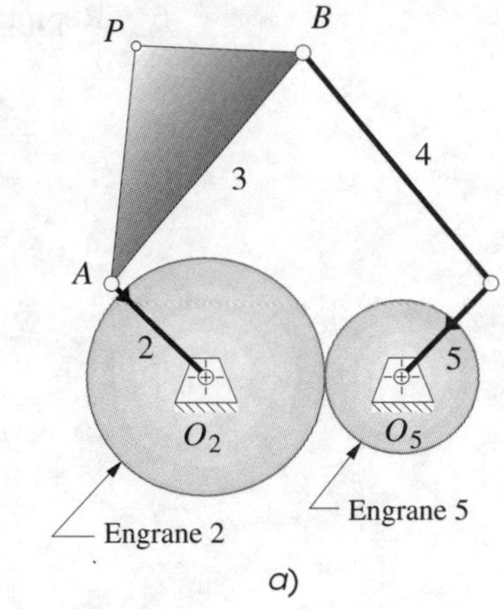

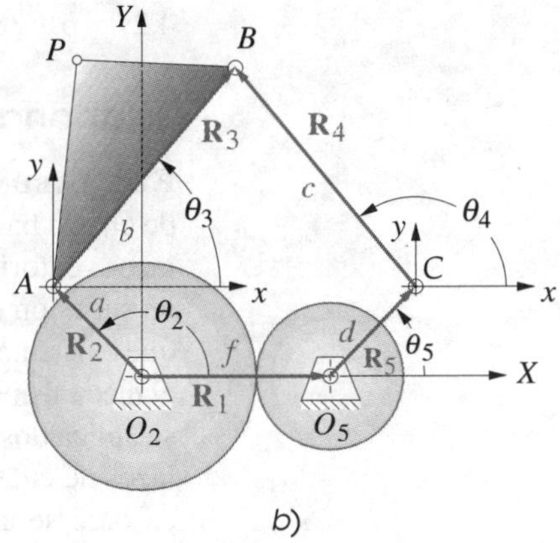

FIGURA 4-14 Mecanismo de cinco barras engranado y su lazo vectorial

1 Sustituya el equivalente de Euler (ecuación 4.4*a*, p. 128) en cada término de la ecuación de lazo vectorial 4.28*a*.

$$a(\cos\theta_2 + j \operatorname{sen}\theta_2) + b(\cos\theta_3 + j \operatorname{sen}\theta_3) - c(\cos\theta_4 + j \operatorname{sen}\theta_4)$$
$$-d\left[\cos(\lambda\theta_2 + \phi) + j \operatorname{sen}(\lambda\theta_2 + \phi)\right] - f(\cos\theta_1 + j \operatorname{sen}\theta_1) = 0 \qquad (4.28b)$$

2 Separe las partes real e imaginaria de la forma cartesiana de la ecuación de lazo vectorial.

$$a\cos\theta_2 + b\cos\theta_3 - c\cos\theta_4 - d\cos(\lambda\theta_2 + \phi) - f\cos\theta_1 = 0 \qquad (4.28c)$$

$$a \operatorname{sen}\theta_2 + b \operatorname{sen}\theta_3 - c \operatorname{sen}\theta_4 - d \operatorname{sen}(\lambda\theta_2 + \phi) - f \operatorname{sen}\theta_1 = 0 \qquad (4.24d)$$

3 Reacomódelas para aislar una incógnita (θ_3 o θ_4) en cada ecuación escalar. Observe que θ_1 es cero.

$$b\cos\theta_3 = -a\cos\theta_2 + c\cos\theta_4 + d\cos(\lambda\theta_2 + \phi) + f \qquad (4.28e)$$

$$b \operatorname{sen}\theta_3 = -a \operatorname{sen}\theta_2 + c \operatorname{sen}\theta_4 + d \operatorname{sen}(\lambda\theta_2 + \phi) \qquad (4.28f)$$

4 Eleve al cuadrado ambas ecuaciones y súmelas para eliminar una incógnita, por ejemplo, θ_3.

$$\begin{aligned} b^2 = {} & 2c\left[d\cos(\lambda\theta_2 + \phi) - a\cos\theta_2 + f\right]\cos\theta_4 \\ & + 2c\left[d \operatorname{sen}(\lambda\theta_2 + \phi) - a \operatorname{sen}\theta_2\right]\operatorname{sen}\theta_4 \\ & + a^2 + c^2 + d^2 + f^2 - 2af\cos\theta_2 \\ & - 2d(a\cos\theta_2 - f)\cos(\lambda\theta_2 + \phi) \\ & - 2ad \operatorname{sen}\theta_2 \operatorname{sen}(\lambda\theta_2 + \phi) \end{aligned} \qquad (4.28g)$$

5 Sustituya las identidades semiangulares tangentes (ecuación 4.9, p. 130) en lugar de los términos seno y coseno y manipule la ecuación resultante del mismo modo que para el mecanismo de cuatro barras para resolverla para θ_4.

$$A = 2c\left[d\cos(\lambda\theta_2 + \phi) - a\cos\theta_2 + f\right]$$
$$B = 2c\left[d \operatorname{sen}(\lambda\theta_2 + \phi) - a \operatorname{sen}\theta_2\right]$$
$$\begin{aligned} C = {} & a^2 - b^2 + c^2 + d^2 + f^2 - 2af\cos\theta_2 \\ & - 2d(a\cos\theta_2 - f)\cos(\lambda\theta_2 + \phi) \\ & - 2ad \operatorname{sen}\theta_2 \operatorname{sen}(\lambda\theta_2 + \phi) \end{aligned}$$
$$D = C - A; \qquad E = 2B; \qquad F = A + C$$

$$\theta_{4_{1,2}} = 2\arctan\left(\frac{-E \pm \sqrt{E^2 - 4DF}}{2D}\right) \qquad (4.28h)$$

6 Repita los pasos 3 y 5 para el otro ángulo desconocido θ_3.

$$G = 2b\left[a\cos\theta_2 - d\cos(\lambda\theta_2 + \phi) - f\right]$$
$$H = 2b\left[a\,\mathrm{sen}\,\theta_2 - d\,\mathrm{sen}(\lambda\theta_2 + \phi)\right]$$
$$K = a^2 + b^2 - c^2 + d^2 + f^2 - 2af\cos\theta_2 - 2d(a\cos\theta_2 - f)\cos(\lambda\theta_2 + \phi) - 2ad\,\mathrm{sen}\,\theta_2\,\mathrm{sen}(\lambda\theta_2 + \phi)$$
$$L = K - G; \quad M = 2H; \quad N = G + K$$

$$\theta_{3_{1,2}} = 2\arctan\left(\frac{-M \pm \sqrt{M^2 - 4LN}}{2L}\right) \tag{4.28i}$$

Observe que estos pasos de derivación son en esencia idénticos a aquellos para el mecanismo de cuatro barras con juntas de pasador una vez que θ_2 se sustituye en lugar de θ_5 con la ecuación 4.27*c* (p. 138).

Eslabonamientos de seis barras

EL ESLABONAMIENTO DE SEIS BARRAS DE WATT se compone esencialmente de dos mecanismos de cuatro barras, como se muestra en la figura 4-15*a* y pueden analizarse como tales. Se dibujan dos lazos vectoriales, como se muestra en la figura 4-15*b*. Estas ecuaciones de lazo vectorial se resuelven en sucesión con los resultados del primer lazo aplicados como datos para el segundo lazo. Observe que existe una relación angular constante entre los vectores $\mathbf{R}_4$ y $\mathbf{R}_5$ en el eslabón 4. La solución para el mecanismo de cuatro barras (ecuaciones 4.10 y 4.13, pp. 130 y 131, respectivamente) simplemente se aplica dos veces en este caso. Según la inversión del mecanismo Watts analizado, puede haber dos lazos de cuatro eslabones o uno de cuatro y uno de cinco. (Véase la figura 2-14, p. 37.) En cualquier caso, si se analiza primero el lazo de cuatro eslabones, no habrá más de dos ángulos de eslabón desconocidos a ser encontrados de una vez.

EL ESLABONAMIENTO DE SEIS BARRAS DE STEPHENSON es un mecanismo más complicado de analizar. Se pueden dibujar dos lazos vectoriales, pero según la inversión que se esté analizando, cualquiera o ambos lazos tendrán cinco eslabones* y, por lo tanto, tres ángulos desconocidos, como se muestra en la figura 4-13*a* y *b* (p. 137). Sin embargo, los dos lazos tendrán por lo menos un eslabón no de bancada en común, por lo tanto, se puede encontrar una solución. En los demás casos, se debe utilizar una solución iterativa tal como el método de Newton-Raphson (véase la sección 4.14, p. 145) para encontrar las raíces de las ecuaciones. El programa LINKAGES está limitado a las inversiones que permiten una solución de forma cerrada, una de las cuales se muestra en la figura 4-16 y no realiza la solución iterativa.

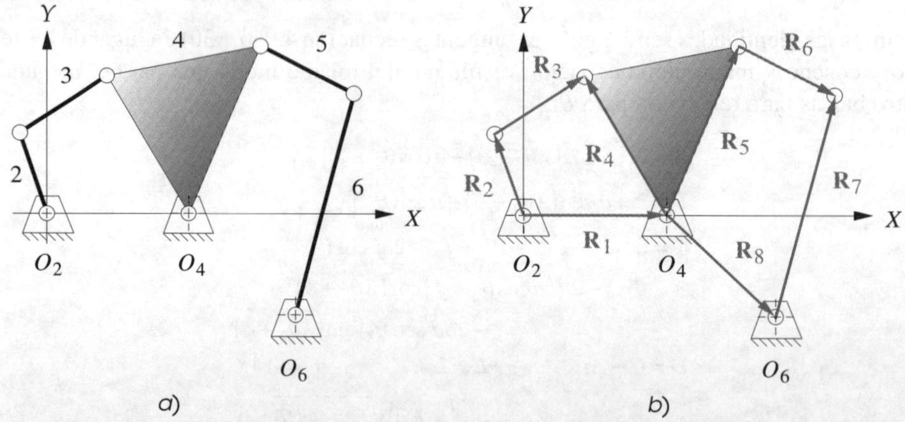

FIGURA 4-15 Mecanismo de seis barras de Watt y lazo vectorial

* Véase la nota al pie de la p. 130.

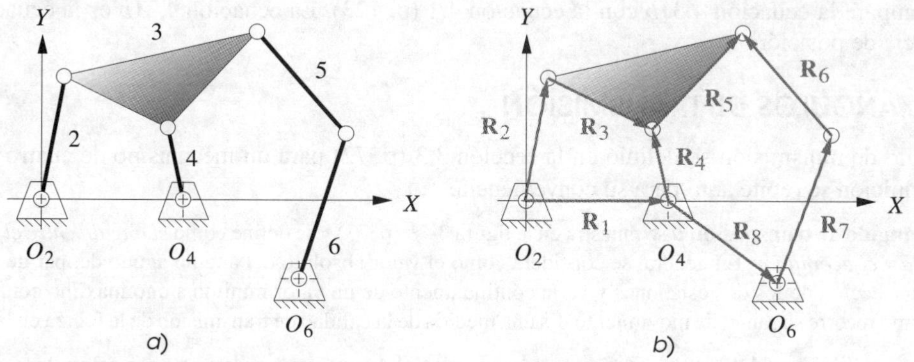

FIGURA 4-16 Mecanismo de seis barras de Stephenson y lazo vectorial

4.10 POSICIÓN DE CUALQUIER PUNTO EN UN ESLABONAMIENTO

Una vez que se encuentran los ángulos de todos los eslabones, es simple definir y calcular la posición de cualquier punto en cualquier eslabón para cualquier posición de entrada del mecanismo. La figura 4-17 muestra un mecanismo de cuatro barras cuyo acoplador, el eslabón 3, está agrandado para contener un punto de acoplador P. La manivela y balancín también se agrandaron para mostrar los puntos S y U, los cuales podrían representar los centros de gravedad de los eslabones. Se desea desarrollar expresiones algebraicas para las posiciones de estos (o cualesquiera) puntos en los eslabones.

Para determinar la posición del punto S, se dibuja un vector de posición del pivote fijo O_2 al punto S. Este vector $\mathbf{R}_{SO_2}$ forma un ángulo δ_2 con el vector $\mathbf{R}_{AO_2}$. Este ángulo δ_2 es definido por completo por la geometría del eslabón 2 y es constante. El vector de posición para el punto S es entonces:

$$\mathbf{R}_{SO_2} = \mathbf{R}_S = se^{j(\theta_2+\delta_2)} = s\left[\cos(\theta_2+\delta_2) + j\,\mathrm{sen}(\theta_2+\delta_2)\right] \tag{4.29}$$

La posición del punto U en el eslabón 4 se encuentra del mismo modo mediante el ángulo δ_4, el cual es un descentrado angular constante en el eslabón. La expresión es:

$$\mathbf{R}_{UO_4} = ue^{j(\theta_4+\delta_4)} = u\left[\cos(\theta_4+\delta_4) + j\,\mathrm{sen}(\theta_4+\delta_4)\right] \tag{4.30}$$

La posición del punto P en el eslabón 3 se encuentra con la adición de dos vectores de posición $\mathbf{R}_A$ y $\mathbf{R}_{PA}$. El vector $\mathbf{R}_A$ ya se definió con el análisis de los ángulos de eslabón en la ecuación 4.5 (p. 120). El vector $\mathbf{R}_{PA}$ es la posición relativa del punto P con respecto al punto A. El vector $\mathbf{R}_{PA}$ se define de la misma manera que $\mathbf{R}_S$ o $\mathbf{R}_U$, con el ángulo de descentrado δ_3 del eslabón interno y el ángulo de posición del eslabón 3, θ_3.

$$\mathbf{R}_{PA} = pe^{j(\theta_3+\delta_3)} = p\left[\cos(\theta_3+\delta_3) + j\,\mathrm{sen}(\theta_3+\delta_3)\right] \tag{4.31a}$$

$$\mathbf{R}_P = \mathbf{R}_A + \mathbf{R}_{PA} \tag{4.31b}$$

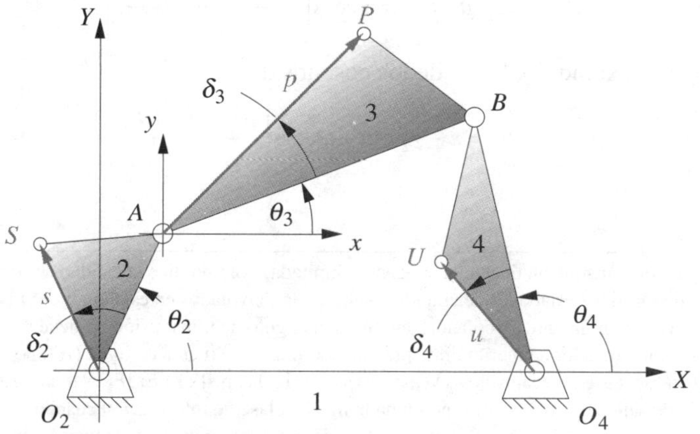

FIGURA 4-17 Posiciones de puntos en los eslabones

Compare la ecuación 4.31*b* con la ecuación 4.1 (p. 123). La ecuación 4.31*b* es la ecuación de diferencia de posición.

4.11 ÁNGULOS DE TRANSMISIÓN

El ángulo de transmisión se definió en la sección 3.3 (p. 72) para un mecanismo de cuatro barras. Esa definición se repite aquí para su conveniencia.

El **ángulo de transmisión** μ se muestra en la figura 3-3*a* (p. 73) y se define como *el ángulo entre el eslabón de salida y el acoplador*. En general se considera como el valor absoluto del ángulo agudo del par de ángulos en la intersección de los dos eslabones y varía continuamente de un valor mínimo a uno máximo conforme el mecanismo recorre su rango de movimiento. Es una medida de la calidad de transmisión de la fuerza en la junta.*

Se ampliará esa definición aquí para representar el ángulo entre dos eslabones cualesquiera de un mecanismo, ya que un mecanismo puede tener muchos ángulos de transmisión. El ángulo entre cualquier eslabón de salida y el acoplador que lo impulsa es un ángulo de transmisión. Ahora que se han desarrollado las expresiones analíticas para los ángulos de todos los eslabones de un mecanismo, es fácil definir el ángulo de transmisión de manera algebraica. Es la diferencia entre los ángulos de los dos eslabones unidos a través de los cuales se desea pasar una fuerza o velocidad. Para el ejemplo del mecanismo de cuatro barras será la diferencia entre θ_3 y θ_4. Por convención, se considerará que el valor absoluto de la diferencia y la fuerza es un ángulo agudo.

$$\theta_{trans} = \left|\theta_3 - \theta_4\right|$$

$$\text{si} \quad \theta_{trans} > \frac{\pi}{2} \quad \text{entonces} \quad \mu = \pi - \theta_{trans} \quad \text{otro} \quad \mu = \theta_{trans} \tag{4.32}$$

Este cálculo puede realizarse para cualquier junta de un mecanismo mediante el uso de ángulos apropiados.

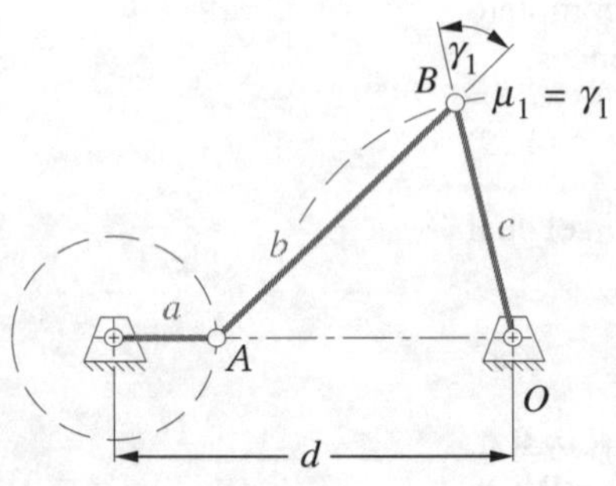

a) Traslapados

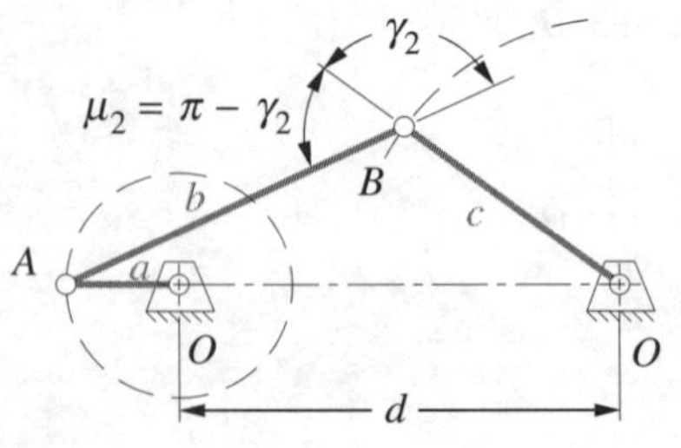

b) Extendidos

FIGURA 4-18 El ángulo de transmisión mínimo en el mecanismo de cuatro barras manivela-balancín de Grashof ocurre en una de dos posiciones

Valores extremos del ángulo de transmisión

Para un mecanismo de cuatro barras de Grashof manivela-balancín, el valor mínimo del ángulo de transmisión ocurrirá cuando la manivela es colineal con la bancada, como se muestra en la figura 4-18. Los valores del ángulo de transmisión en estas posiciones son fáciles de calcular con la ley de cosenos, puesto que en ese caso la configuración del mecanismo es triangular. Los lados de los dos triángulos son el eslabón 3, el eslabón 4 y la suma o diferencia de los eslabones 1 y 2. Según la geometría del mecanismo, el valor mínimo del ángulo de transmisión $\mu_{mín}$ ocurrirá cuando los eslabones 1 y 2 se encuentran *colineales y traslapados*, como se muestra en la figura 4-18*a* o cuando los eslabones 1 y 2 son *colineales y no traslapados*, como se muestra en la figura 4-18*b*. Con la notación compatible de la sección 4.5 (p. 126) y la figura 4-7 (p. 128) se designaron los eslabones como sigue:

a = eslabón 2; b = eslabón 3; c = eslabón 4; d = eslabón 1

Para el caso de traslape (figura 4-18a) la ley de cosenos da

$$\mu_1 = \gamma_1 = \arccos\left[\frac{b^2 + c^2 - (d-a)^2}{2bc}\right] \tag{4.33a}$$

y en el caso extendido, la ley de los cosenos da

$$\mu_2 = \pi - \gamma_2 = \pi - \arccos\left[\frac{b^2 + c^2 - (d+a)^2}{2bc}\right] \tag{4.33b}$$

* El ángulo de transmisión tiene una aplicación limitada. Sólo predice la calidad de transmisión de la fuerza o par de torsión si los eslabones de entrada y salida están pivotados en eslabón fijo. Si la fuerza de salida se toma de un eslabón flotante (acoplador), entonces el ángulo de transmisión no tiene valor. En el capítulo 11 se presenta un indicador de mérito diferente llamado índice de fuerza en junta (JFI, por sus siglas en inglés) que analiza fuerzas en mecanismos. (Véase la sección 11.12. p. 423.) El JFI es útil en situaciones en las cuales el eslabón de salida es flotante y proporciona la misma clase de información cuando la salida se toma de un eslabón que gira contra la tierra. Sin embargo, el JFI requiere un análisis de fuerza completo del mecanismo mientras que el ángulo de transmisión se determina sólo con su geometría.

El ángulo de transmisión mínimo $\mu_{mín}$ en un mecanismo de Grashof de manivela-balancín es entonces el más pequeño de μ_1 y μ_2.

En un mecanismo de **Grashof de doble balancín** el ángulo de transmisión puede variar de 0 a 90 grados porque el acoplador puede hacer una revolución completa con respecto a los demás eslabones. En un mecanismo de **Grashof de triple balancín** el ángulo de transmisión será de cero grados en las posiciones de agarrotamiento que ocurren cuando el balancín de salida c y el acoplador b están colineales, como se muestra en la figura 4-19*a*. En las demás posiciones de agarrotamiento, cuando el balancín de entrada a y el acoplador b están colineales (figura 4-19*b*), el ángulo de transmisión se calcula con la ley de cosenos como:

cuando $\nu = 0$,

$$\mu = \arccos\left[\frac{(a+b)^2 + c^2 - d^2}{2c(a+b)}\right] \tag{4.34}$$

Éste no es el valor más pequeño que el ángulo de transmisión puede tener en un triple balancín, que obviamente será cero. Desde luego, cuando se analiza cualquier mecanismo, los ángulos de transmisión son fáciles de calcular y graficar para todas las posiciones con la ecuación 4.32. El programa LINKAGES hace esto. El estudiante deberá investigar la variación del ángulo de transmisión de los mecanismos ejemplo en este programa. El archivo F04-15.4br puede ser abierto en el programa LINKAGES para observar el mecanismo en movimiento.

4.12 POSICIONES LÍMITE DE CAMBIO

Los ángulos de los eslabones de entrada que corresponden a las posiciones límite (configuraciones estacionarias) del mecanismo **de triple balancín de no Grashof** se calculan con el siguiente método mediante trigonometría. La figura 4-20 muestra un mecanismo de cuatro barras de no Grashof en una posición general. Se trazó una línea de construcción h entre los puntos A y O_4. Ésta divide el lazo cuadrilateral en dos triángulos, O_2AO_4 y ABO_4. La ecuación 4.35 utiliza la ley de cosenos para expresar el ángulo de transmisión μ en función de las longitudes de los eslabones y los ángulos del eslabón de entrada θ_2.

$$h^2 = a^2 + d^2 - 2\,ad\cos\theta_2$$

también: $$h^2 = b^2 + c^2 - 2bc\cos\mu$$

por lo tanto: $$a^2 + d^2 = 2\,ad\cos\theta_2 = b^2 + c^2 - 2bc\cos\mu$$

y $$\cos\mu = \frac{b^2 + c^2 - a^2 - d^2}{2bc} + \frac{ad}{bc}\cos\theta_2 \tag{4.35}$$

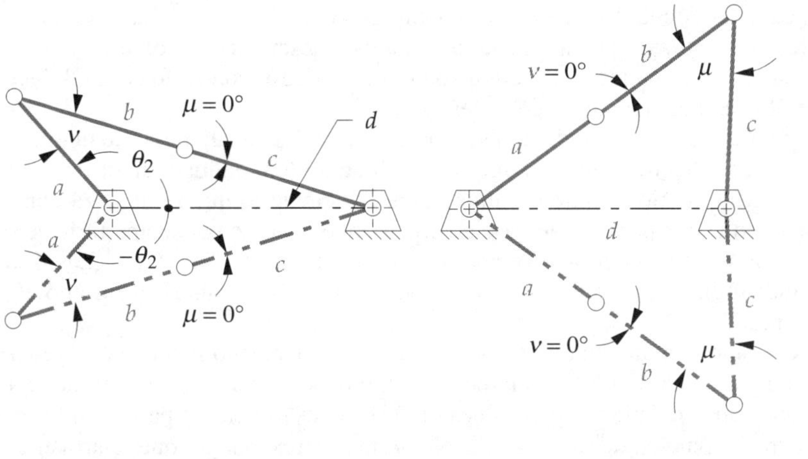

a) Posiciones de límite de cambio de los eslabones *b* y *c*

b) Posiciones de límite de cambio de los eslabones *a* y *b*

FIGURA 4-19 Mecanismos de no Grashof de triple balancín en posiciones límite de cambio

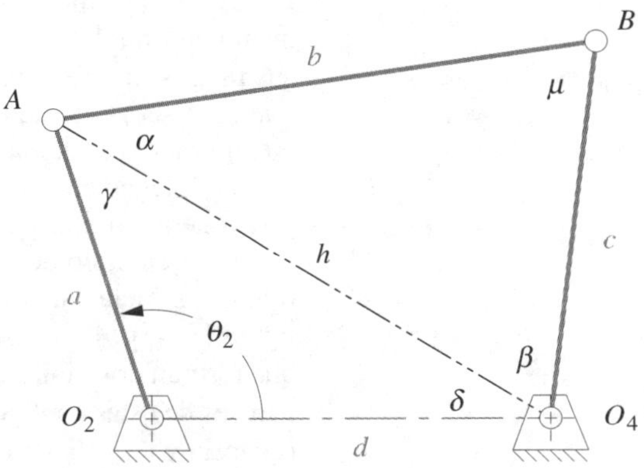

FIGURA 4-20 Determinación del ángulo correspondiente a las posiciones límite de cambio

Para encontrar los valores del ángulo de entrada θ_2 máximo y mínimo, se puede diferenciar la ecuación 4.35, al derivar θ_2 con respecto a μ e igualar a cero.

$$\frac{d\theta_2}{d\mu}=\frac{bc}{ad}\frac{\operatorname{sen}\mu}{\operatorname{sen}\theta_2}=0 \tag{4.36}$$

Las longitudes de los eslabones a, b, c, d nunca son cero, de modo que esta expresión sólo puede ser cero cuando sen μ es cero. Esto será cierto cuando el ángulo μ en la figura 4-20 es cero o 180°. Esto es compatible con la definición de límite de cambio dada en la sección 3.3 (p. 72). Si μ es cero o 180°, entonces cos μ será ±1. Al sustituir estos dos valores de cos μ en la ecuación 4.35 se obtendrá un valor de θ_2 entre cero y 180°, el cual corresponde a la posición límite de cambio de un mecanismo de triple balancín cuando es impulsado por un balancín.

$$\cos\mu=\frac{b^2+c^2-a^2-d^2}{2bc}+\frac{ad}{bc}\cos\theta_2=\pm 1$$

o

$$\cos\theta_2=\frac{a^2+d^2-b^2-c^2}{2ad}\pm\frac{bc}{ad} \tag{4.37}$$

y

$$\theta_{2_{agarrotamiento}}=\arccos\left(\frac{a^2+d^2-b^2-c^2}{2ad}\pm\frac{bc}{ad}\right); \qquad 0\le\theta_{2_{agarrotamiento}}\le\pi$$

Uno de estos casos ± producirá un argumento para la función arcoseno localizada entre ± 1. El ángulo que corresponde a una posición límite de cambio, el cual está en el primero y segundo cuadrantes, se calcula con este valor. El otro ángulo correspondiente a una posición límite será entonces el negativo del encontrado, debido a la simetría de espejo de las dos posiciones límite en torno a la bancada, como se muestra en la figura 4-19 (p. 143). El programa LINKAGES calcula los valores de estos ángulos en las posiciones límite para cualquier mecanismo de no Grashof.

4.13 CIRCUITOS Y RAMAS EN MECANISMOS

En la sección 4.5 (p. 126) se señaló que el problema de posición del mecanismo de cuatro barras tiene dos soluciones que corresponden a los dos circuitos del mecanismo. Esta sección explorará con más detalle los temas de circuitos y ramas en mecanismos.

Chase y Mirth[2] definen un circuito en un mecanismo como "*todas las orientaciones posibles de los eslabones que pueden ser obtenidas sin desconectar ninguna de las juntas*", y una **rama** como "*una serie continua de posiciones del mecanismo en un circuito entre dos configuraciones estacionarias... Las configuraciones estacionarias dividen un circuito en una serie de ramas*". Un mecanismo puede tener uno o más circuitos, cada uno de los cuales puede contener una o más ramas. El número de circuitos corresponde al número de soluciones posibles obtenidas con las ecuaciones de posición del mecanismo.

Los defectos de circuito son fatales para el funcionamiento del mecanismo, pero los de rama no. Un mecanismo que debe cambiar circuitos para moverse de una posición deseada a la otra (conocido como **defecto de circuito**) no es útil, ya que no puede funcionar sin desarmarlo y volverlo a armar. Un mecanismo que cambia de rama cuando se mueve de un circuito a otro (conocido como **defecto de rama**) puede o no ser útil según la intención del diseñador.

El mecanismo de la puerta trasera mostrado en la figura 3-2 (p. 73) es un ejemplo de un mecanismo con un defecto de rama deliberado en su rango de movimiento (en realidad, en el límite de sus rangos de movimiento). La posición límite (configuración estacionaria) que se alcanza con la puerta trasera totalmente abierta sirve para mantenerla abierta. Pero el usuario puede apartarla de su configuración estacionaria girando uno de los eslabones para sacarla de su posición límite. Las sillas y mesas plegadizas a menudo utilizan un esquema similar al de los asientos plegables en automóviles y vagonetas (frenos de disparo).

Otro ejemplo de mecanismo común con defecto de rama es el mecanismo manivela-corredera (cigüeñal, biela e impulso de corredera) utilizado en todos los motores de pistones y mostrado en la figura 13-3 (p. 467). Este mecanismo tiene dos posiciones límite (puntos muertos superior e inferior) que forman dos ramas en una revolución de su manivela. No obstante, funciona porque es arrastrado a través de estas configuraciones estacionarias por la cantidad de movimiento angular de la manivela rotatoria y su volante unido. Un inconveniente es que el motor debe ser girado para arrancarlo con el objeto de acumular suficiente cantidad de movimiento para arrastrarlo a través de estas posiciones límite de cambio o estacionarios.

El mecanismo de seis barras de Watt puede tener cuatro circuitos, y el de seis barras de Stephenson, cuatro o seis circuitos, dependiendo de qué eslabón sea el motriz. Los mecanismos de ocho barras pueden tener hasta 16 o 18 circuitos, sin embargo, ninguno puede ser real.[2]

El número de circuitos y ramas en el mecanismo de cuatro barras depende de su condición de Grashof y de la inversión utilizada. Un mecanismo de cuatro barras de no Grashof y triple balancín tiene sólo un circuito, pero dos ramas. Todos los mecanismos de cuatro barras de Grashof tienen dos circuitos, pero el número de ramas por circuito difiere con la inversión. El mecanismo manivela-balancín y el de doble manivela tienen sólo una rama en cada circuito. El mecanismo de doble balancín y el manivela-balancín tienen dos ramas en cada circuito. La tabla 4-1 resume estas relaciones.[2] La tabla 4-2 muestra los circuitos y ramas para las dos configuraciones del eslabonamiento de cuatro barras de corredera. En la figura 4-21 se presentan los circuitos para el eslabonamiento de cuatro barras de Grashof y la corredera de cuatro barras.

Cualquier solución de la posición de un mecanismo debe tener en cuenta el número de circuitos posibles que contiene. Una solución de forma cerrada, si está disponible, contendrá todos los circuitos. Una solución iterativa, tal como se describe en la siguiente sección, sólo dará los datos de posición de un circuito y puede que no sea el que se esperaba.

TABLA 4-1
Circuitos y ramas
en el mecanismo de cuatro barras

Tipo de mecanismo de cuatro barras	Número de circuitos	Rama por circuito
Triple balancín de no Grashof	1	2
Manivela-balancín de Grashof*	2	1
Doble manivela de Grashof*	2	1
Doble balancín de Grashof*	2	2
Manivela-balancín de Grashof*	2	2

* Válido sólo para mecanismos de Grashof de caso no especial

4.14 MÉTODO DE SOLUCIÓN DE NEWTON-RAPHSON

Los métodos de solución para análisis de posición mostrados hasta ahora en este capítulo son de "forma cerrada" lo que significa que proporcionan la solución con un método directo no iterativo.* En algunas situaciones, en particular con mecanismos de lazos múltiples, una solución de forma cerrada puede no ser factible. En tal caso, se requiere un método iterativo y el método de Newton-Raphson (en ocasiones llamado sólo método de Newton) es uno que puede resolver conjuntos de ecuaciones simultáneas no lineales. Cualquier método de solución iterativo requiere uno o más valores supuestos para iniciar el cálculo. Luego los utiliza para obtener una solución nueva que puede aproximarse a la correcta. Este proceso se repite hasta que converge en una solución suficientemente próxima a

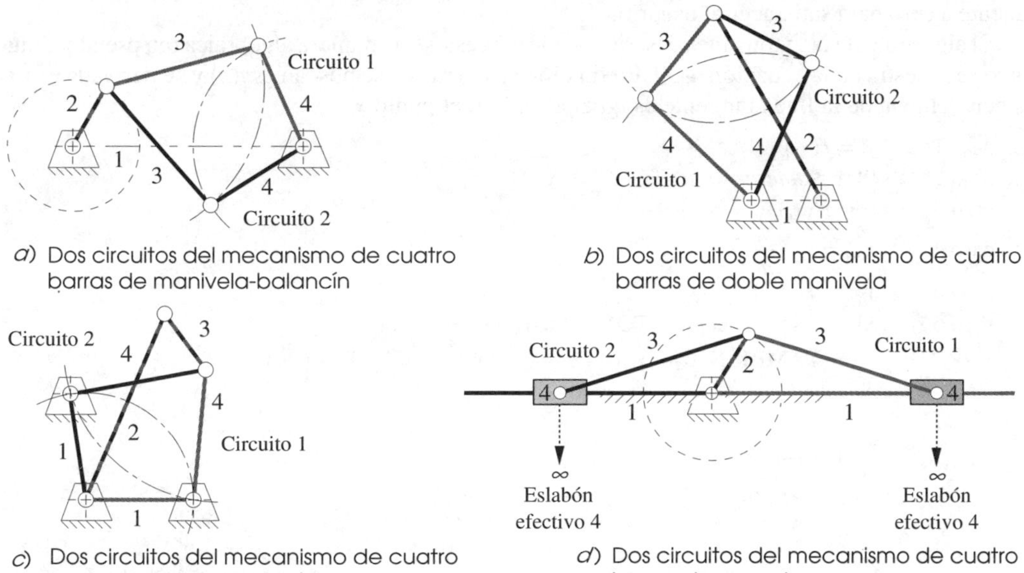

a) Dos circuitos del mecanismo de cuatro barras de manivela-balancín

b) Dos circuitos del mecanismo de cuatro barras de doble manivela

c) Dos circuitos del mecanismo de cuatro barras de doble balancín

d) Dos circuitos del mecanismo de cuatro barras de corredera

FIGURA 4-21 Circuitos del eslabonamiento de cuatro barras

TABLA 4-2
Circuitos y ramas
En la corredera de cuatro barras

Tipo de corredora de cuatro barras	Cantidad de circuitos	Ramas por circuito
Manivela-corredera	2	1
Corredera-manivela	2	2

* Kramer[3] afirma que: "En teoría, cualquier sistema algebraico no lineal de ecuaciones puede manipularse como si fuera un polinomio simple con una incógnita. Las raíces de este polinomio entonces pueden utilizarse para determinar las incógnitas del sistema. Sin embargo, si el grado del polinomio derivado es de más de cuatro, se requiere factorización o alguna forma de iteración para obtener las raíces. En general, los sistemas con polinomios con grado mayor de cuatro, asociados con la eliminación de todas excepto una variable, deben resolverse por iteración. Sin embargo, si la factorización del polinomio en términos de cuarto grado o menos es posible, todas las raíces pueden encontrarse sin iteración. Por consiguiente, las únicas soluciones verdaderamente simbólicas son aquellas que pueden factorizarse en términos de cuarto grado o menos. Ésta es la definición formal de una solución de forma cerrada."

la correcta para propósitos prácticos. Sin embargo, no existe garantía de que un método iterativo convergirá. Puede divergir y dar soluciones sucesivas que se alejan de la correcta, en especial si la suposición inicial no se aproxima lo suficiente a la solución real.

Aun cuando será necesario utilizar la versión multidimensional (versión de Newton-Raphson) del método de Newton en estos problemas de eslabonamientos, es más fácil entender cómo funciona el algoritmo si primero se analiza el método unidimensional de Newton encontrando las raíces de una función no lineal única en una variable independiente. En seguida, se analizará el método multidimensional de Newton-Raphson.

4

Determinación de una raíz unidimensional (método de Newton)

Una función no lineal tiene múltiples raíces, donde una raíz se define como la intersección de la función con cualquier línea recta. Por lo general, el eje cero de la variable independiente es la línea recta de la cual se desean las raíces. Considere, por ejemplo, un polinomio cúbico, el cual tendrá tres raíces, con una cualquiera o todas reales.

$$y = f(x) = -x^3 - 2x^2 + 50x + 60 \tag{4.38}$$

Existe una solución de forma cerrada para las raíces de una función cúbica* que permite calcular por anticipado que las raíces de esta función cúbica particular son reales y son $x = -7.562, -1.177$ y 6.740.

La figura 4-22 muestra esta función graficada en un rango de x. En la figura 4-22a se escoge un valor inicial de $x_1 = 1.8$. El algoritmo de Newton evalúa la función con este valor supuesto y se determina y_1. El valor de y_1 se compara con la tolerancia seleccionada por el usuario (por ejemplo, 0.001) para comprobar si se aproxima lo suficiente a cero y llamar a x_1 la raíz. Si no, entonces la pendiente (m) de la función en x_1, y_1 se calcula con una expresión analítica para la derivada de la función, o con una diferenciación numérica (menos deseable). Luego se evalúa la ecuación de la línea tangente para determinar su intersección en x_2, la cual se utiliza como un nuevo valor supuesto. El proceso anterior se repite y se determina y_2, el cual se prueba contra la tolerancia seleccionada por el usuario; y, si es demasiado grande, se calcula otra línea tangente o una intersección x es usada como nuevo valor supuesto. El proceso se repite hasta que el valor de la función y_i con la última x_i se aproxima suficientemente a cero para satisfacer al usuario.

El algoritmo de Newton antes descrito puede expresarse de manera algebraica (en pseudocódigo), como se muestra en la ecuación 4-39. La función cuyas raíces se buscan es $f(x)$ y su derivada es $f'(x)$. La pendiente m de la línea tangente es igual a $f'(x)$ en el punto x_i, y_i.

paso 1 $\quad y_i = f(x_i)$
paso 2 $\quad$ SI $y_i \le$ *tolerancia* ENTONCES ALTO
paso 3 $\quad m = f'(x_i)$
paso 4 $\quad x_{i+1} = x_i - \dfrac{y_i}{m}$
paso 5 $\quad y_{i+1} = f(x_{i+1})$
paso 6 $\quad$ SI $y_{i+1} \le$ *tolerancia* ENTONCES ALTO
TAMBIÉN $x_i = x_{i+1}$: $y_i = y_{i+1}$: IR A paso 1 (4.39)

* Método de Viete tomado de "De Emendatione", de Francois Viete (1615), como se describe en la referencia [4].

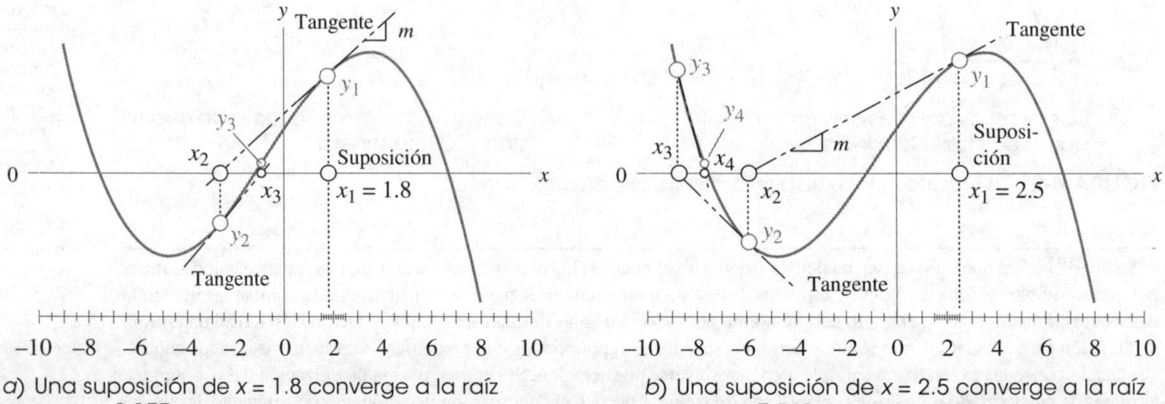

a) Una suposición de $x = 1.8$ converge a la raíz en $x = -1.177$

b) Una suposición de $x = 2.5$ converge a la raíz en $x = -7.562$

FIGURA 4-22 Método de solución de Newton-Raphson para raíces de funciones no lineales

Si el valor supuesto inicial se aproxima a la raíz, este algoritmo convergerá con rapidez en la solución. Sin embargo, es bastante sensible al valor supuesto inicial. La figura 4-22*b* muestra el resultado de un leve cambio de la suposición inicial $x_1 = 1.8$ a $x_1 = 2.5$. Con esta suposición ligeramente diferente converge en otra raíz. Observe también que si se elige un valor inicial de $x_1 = 3.579$, que corresponde a un máximo local de esta función, la línea tangente será horizontal y no intersecará el eje x. El método falla en esta situación. ¿Se puede sugerir un valor de x_1 que causaría convergencia en la raíz en $x = 6.74$?

Así que este método tiene sus desventajas. Puede que no converja. Puede comportarse caóticamente.* Es sensible al valor supuesto. También es incapaz de distinguir entre múltiples circuitos en un mecanismo. La solución del circuito que se determina depende del valor supuesto inicial. Requiere que la función sea diferenciable y la derivada también, ya que la función debe evaluarse en cada paso. No obstante, es el método elegido para funciones cuyas derivadas puedan evaluarse con eficiencia y que sean continuas en la región de la raíz. Además, es casi la única opción para sistemas de ecuaciones no lineales.

4

Determinación de raíces multidimensionales (método de Newton-Raphson)

El método de Newton unidimensional es fácil de ampliar a conjuntos de ecuaciones no lineales, múltiples y simultáneas, por ello se denomina método de Newton-Raphson. En primer lugar, se generaliza la expresión desarrollada para el caso unidimensional en el paso 4 de la ecuación 4-39. Véase la figura 4-22 (p. 146).

$$x_{i+1} = x_i - \frac{y_i}{m} \qquad \text{o} \qquad m\left(x_{i+1} - x_i\right) = -y_i$$

pero: $\quad y_i = f(x_i) \qquad m = f'(x_i) \qquad x_{i+1} - x_i = \Delta x$

al sustituir: $$f'(x_i)\cdot\Delta x = -f(x_i) \tag{4.40}$$

En este caso, se introduce el término Δx, el cual se aproximará a cero a medida que converge hacia la solución. El término Δx en lugar de y_i será probado contra una tolerancia seleccionada en este caso. Observe que esta forma de la ecuación evita la operación de división, la cual es aceptable en una ecuación escalar, pero imposible con una ecuación matricial.

Un problema multidimensional tendrá un conjunto de ecuaciones de la forma

$$\begin{bmatrix} f_1(x_1, x_2, x_3, \ldots, x_n) \\ f_2(x_1, x_2, x_3, \ldots, x_n) \\ \vdots \qquad\qquad \vdots \\ f_n(x_1, x_2, x_3, \ldots, x_n) \end{bmatrix} = \mathbf{B} \tag{4.41}$$

donde el conjunto de ecuaciones constituye un vector, llamado **B**.

Se requieren derivadas parciales para obtener los términos de pendiente

$$\begin{bmatrix} \dfrac{\partial f_1}{\partial x_1} & \dfrac{\partial f_1}{\partial x_2} & \cdots & \dfrac{\partial f_1}{\partial x_n} \\ \vdots & \vdots & & \vdots \\ \dfrac{\partial f_n}{\partial x_1} & \dfrac{\partial f_n}{\partial x_2} & \cdots & \dfrac{\partial f_n}{\partial x_n} \end{bmatrix} = \mathbf{A} \tag{4.42}$$

los cuales forman la *matriz jacobiana* del sistema, llamada **A**.

Los términos de error también son un vector, llamado **X**.

$$\begin{bmatrix} \Delta x_1 \\ \Delta x_2 \\ \vdots \\ \Delta x_n \end{bmatrix} = \mathbf{X} \tag{4.43}$$

La ecuación 4.40 se convierte entonces en una ecuación matricial en el caso multidimensional.

$$\mathbf{A\,X} = -\mathbf{B} \tag{4.44}$$

* Kramer[3] señala que "el algoritmo de Newton-Raphson puede exhibir un comportamiento caótico cuando existen múltiples soluciones a ecuaciones de restricción cinemática… Newton Raphson no dispone de un mecanismo para distinguir entre las dos soluciones" (circuitos). Realiza un experimento con sólo dos eslabones, exactamente análogos para determinar los ángulos del acoplador y balancín en el problema de posición de un mecanismo de cuatro barras, y encuentra que los valores supuestos iniciales tienen que aproximarse bastante a la solución deseada (uno de los dos circuitos posibles) para evitar la divergencia u oscilación caótica entre las dos soluciones.

La ecuación 4.44 puede resolverse para **X** con una inversión de matriz o con una eliminación gaussiana. Los valores de los elementos de **A** y **B** se calculan para cualquier valor supuesto de las variables. Se puede considerar un criterio de convergencia como la suma de vector de error **X** en cada iteración, donde la suma se aproxima a cero en una raíz.

Se prepara esta solución de Newton-Raphson para el mecanismo de cuatro barras.

Solución de Newton-Raphson para el mecanismo de cuatro barras

La ecuación de lazo vectorial del mecanismo de cuatro barras, separada en sus partes real e imaginaria (ecuaciones 4.6*a* y 4.6*b*, p. 129), proporciona el conjunto de ecuaciones que definen los dos ángulos de eslabón desconocidos, θ_3 y θ_4. Se usan las longitudes de eslabón a, b, c, d y el ángulo de entrada θ_2.

$$\begin{aligned} f_1 &= a\cos\theta_2 + b\cos\theta_3 - c\cos\theta_4 - d = 0 \\ f_2 &= a\,\text{sen}\,\theta_2 + b\,\text{sen}\,\theta_3 - c\,\text{sen}\,\theta_4 = 0 \end{aligned} \tag{4.45a}$$

$$\mathbf{B} = \begin{bmatrix} a\cos\theta_2 + b\cos\theta_3 - c\cos\theta_4 - d \\ a\,\text{sen}\,\theta_2 + b\,\text{sen}\,\theta_3 - c\,\text{sen}\,\theta_4 \end{bmatrix} \tag{4.45b}$$

El vector de error es:

$$\mathbf{X} = \begin{bmatrix} \Delta\theta_3 \\ \Delta\theta_4 \end{bmatrix} \tag{4.46}$$

$$\mathbf{A} = \begin{bmatrix} \dfrac{\partial f_1}{\partial\theta_3} & \dfrac{\partial f_1}{\partial\theta_4} \\ \dfrac{\partial f_2}{\partial\theta_3} & \dfrac{\partial f_2}{\partial\theta_4} \end{bmatrix} = \begin{bmatrix} -b\,\text{sen}\,\theta_3 & c\,\text{sen}\,\theta_4 \\ b\cos\theta_3 & -c\cos\theta_4 \end{bmatrix} \tag{4.47}$$

Esta matriz se conoce como la **matriz jacobiana del sistema**; además de su utilidad en este método de solución, también indica algo sobre la resolución del sistema. El sistema de ecuaciones de posición, velocidad y aceleración (en las cuales aparece la matriz jacobiana) sólo puede resolverse si el valor del determinante de la matriz jacobiana no es cero.

Al sustituir las ecuaciones 4.45*b*, 4.46 y 4.47 en la ecuación 4.44 se obtiene:

$$\begin{bmatrix} -b\,\text{sen}\,\theta_3 & c\,\text{sen}\,\theta_4 \\ b\cos\theta_3 & -c\cos\theta_4 \end{bmatrix} \begin{bmatrix} \Delta\theta_3 \\ \Delta\theta_4 \end{bmatrix} = -\begin{bmatrix} a\cos\theta_2 + b\cos\theta_3 - c\cos\theta_4 - d \\ a\,\text{sen}\,\theta_2 + b\,\text{sen}\,\theta_3 - c\,\text{sen}\,\theta_4 \end{bmatrix} \tag{4.48}$$

Para resolver esta ecuación matricial se tendrán que suponer valores para θ_3 y θ_4, y las dos ecuaciones se resolverán de manera simultánea para $\Delta\theta_3$ y $\Delta\theta_4$. Para un sistema más grande de ecuaciones, se tendrá que utilizar un algoritmo de reducción de matriz. Para este sistema simple de dos incógnitas, la dos ecuaciones pueden resolverse por combinación y reducción. La prueba antes descrita que compara la suma de los valores $\Delta\theta_3$ y $\Delta\theta_4$ con una tolerancia seleccionada debe aplicarse después de cada iteración para determinar si una raíz ha sido encontrada.

Herramientas para la solución de ecuaciones

Algunos paquetes de sofware para resolver ecuaciones disponibles comercialmente incluyen la capacidad de realizar una solución iterativa de Newton-Raphson en conjuntos de ecuaciones simultáneas no lineales. *TKSolver** y *Mathcad*† son ejemplos. *TKSolver* invoca automáticamente a Newton-Raphson cuando no puede resolver directamente el conjunto de ecuaciones presentado, siempre que se supongan suficientes valores para las incógnitas. Estas herramientas para resolver ecuaciones son bastante convenientes porque el usuario sólo debe suministrar las ecuaciones en su forma "natural", tal como la ecuación 4.45*a*. No es necesario acomodarlas en la forma de algoritmo de Newton-Raphson, como se muestra en la sección anterior. Si no se cuenta con un resolvedor de ecuaciones como los mencionados, se tendrá que escribir un propio código de computadora para programar la solución como se describió con anterioridad. La referencia [5] es una ayuda útil a este respecto. El DVD adjunto con este texto contiene archivos *TKSolver* de ejemplo para la solución de este problema de posición de mecanismo de cuatro barras, así como también de otros.

* Universal Technical Systems, 1220 Rock St. Rockford, IL 61101, USA. (800) 435-7887

† PTC Inc. 140 Kendrick St. Needham, MA 02494 (781) 370-5000

4.15 REFERENCIAS

1 **Waldron, K. J. y S. V. Sreenivasan** (1996). "A Study of the Solvability of the Position Problem for Multi-Circuit Mechanisms by Way of Example of the Double Butterfly Linkage". *Jornual of Mechanical Design,* **118**(3), p. 390.

2 **Chase, T. R. y J. A. Mirth** (1993). "Circuits and Branches of Single-Degree-of-Freedom Planar Linkages". *Journal of Mechanical Design*, **115**, p. 223.

3 **Kramer, G.** (1992). *Solving Geometric Constraint Systems: A Case Study in Kinematics.* MIT Press: Cambridge, pp. 155-158.

4 **Press, W. H. *et al.*** (1986). *Numerical Recipes*: *The Art of Scientific Computing.* Cambridge University Press: Cambridge, pp. 145-146.

5 *Ibid.*, pp. 254-273.

6 **Chasles, M.** (1830). "Note Sur les Proprietes Generales du Systeme de Deux Corps Semblables entr'eux (Nota sobre las propiedades generales de un sistema de dos cuerpos similares combinados)". *Bullettin de Sciences Mathematiques, Astronomiques Physiques et Chimiques, Baron de Ferussac,* París, pp. 321-326.

7 **Ceccareili, M.** (2000). "Screw Axis Defined by Giulio Mozzi in 1763 and Early Studies on Helicoidal Motion." *Mechanism and Machine Theory,* **35**, pp. 761-770.

8 **Mozzi, G.** (1763). *Discorso matematico sopra il rotamento momentaneo dei corpi (Tratado matemático sobre el giramiento momentáneo de los cuerpos).*

9 **Raven, F. H.** (1958). "Velocity and Acceleration Analysis of Plane and Space Mechanisms by Means of Independent-Position Equations." *Trans ASME,*25, pp. 1-6.

10 **Wampler, C. W.** (1999). "Solving the Kinematics of Planar Mechanisms". *Journal of Mechanical Design*, **121**(3), pp. 387-391.

4.16 PROBLEMAS*

4-1 Se define un vector de posición con su longitud igual a su altura en pulgadas (o centímetros). La tangente de su ángulo se define como su peso en libras (o kilogramos) dividida entre su edad en años. Calcule los datos para este vector y:

a) Dibuje el vector de posición a escala en ejes cartesianos.
b) Escriba una expresión para el vector de posición con notación vectorial unitaria.
c) Escriba una expresión para el vector de posición con notación de números complejos, tanto en forma polar como en cartesiana.

4-2 Una partícula viaja a lo largo de un arco de 6.5 pulgadas de radio. El centro del arco está en el origen de un sistema de coordenadas. Cuando la partícula está en la posición *A*, su vector de posición forma un ángulo de 45° con el eje *X*. En la posición *B*, su vector forma un ángulo de 75° con el eje *X*. Dibuje este sistema a una escala conveniente y:

a) Escriba una expresión para el vector de posición de la partícula en la posición *A* mediante notación de números complejos, tanto en forma polar como cartesiana.
b) Escriba una expresión para el vector de posición de la partícula en la posición *B* mediante notación de números complejos, tanto en forma polar como cartesiana.
c) Escriba un ecuación vectorial para la diferencia de posición entre los puntos *A* y *B*. Sustituya la notación de números complejos para los vectores en esta ecuación y resuélvala para la diferencia de posición numéricamente.
d) Revise el resultado del inciso *c*) con un método gráfico.

4-3 Repita el problema 4-2 si considera que los puntos *A* y *B* representan partículas distintas, y encuentre su posición relativa.

4-4 Repita el problema 4-2 con la trayectoria de la partícula definida a lo largo de la línea $y = -2x + 10$.

4-5 Repita el problema 4-3 con la trayectoria de la partícula definida a lo largo de la línea $y = -2x^2 - 2x + 10$.

*4-6 Las longitudes de los eslabones y el valor de θ_2 para algunos mecanismos de cuatro barras se definen en la tabla P4-1. La configuración y terminología del mecanismo se muestran en la figura

* Las figuras de estos problemas vienen como archivos PDF y algunos también como archivos animados AVI y Working Model, todos incluidos en el DVD. Los nombres de los archivos PDF son los mismos que el número de la figura. Ejecute el archivo *Animations.html* para acceder y ejecutar las animaciones.

TABLA P4-0
Tema/Matriz de problema

4.2 Posición y desplazamiento
4-53, 4-57

4.5 Análisis de posición de un mecanismo de cuatro barras
4-1, 4-2, 4-3, 4-4, 4-5
Cuatro barras gráfico 4-6
Analítico
4-7, 4-8, 4-18d, 4-24, 4-36, 4-39, 4-42, 4-45, 4-48, 4-51, 4-58, 4-59

4.6 Solución de posición de un mecanismo de cuatro barras de manivela-corredera
Gráfico
4-9
Análitico
4-10, 4-18c, 4-18f, 4-18h, 4-20

4.7 Solución de posición de un mecanismo de cuatro barras de corredera-manivela
Gráfico
4-60
Análitico
4-61

4.8 Solución de posición de un mecanismo de manivela-corredera invertido
Gráfico
4-11
Analítico
4-12, 4-48

4.9 Mecanismos de más de cuatro barras
Gráfico GFBM
4-16
Análitico GFBM
4-17
Seis barras
4-34, 4-36, 4-37, 4-39, 4-40, 4-42, 4-49, 4-51
Ocho barras
4-43, 4-45

4.10 Posición de cualquier punto en un mecanismo
4-19, 4-22, 4-23, 4-46

4.11 Ángulos de transmisión
4-13, 4-14, 4-18b, 4-18e, 4-35, 4-38, 4-41, 4-44, 4-47, 4-50, 4-54

4.12 Posiciones de agarrotamiento
4-15, 4-18a, 4-18g, 4-21, 4-25, 4-26, 4-27, 4-28, 4-29, 4-30, 4-52, 4-55, 4-56

4.14 Método de solución de Newton-Raphson
4-31, 4-32, 4-33

TABLA P4-1 Datos para los problemas 4-6, 4-7 y 4-13 a 4-15

Fila	Eslabón 1	Eslabón 2	Eslabón 3	Eslabón 4	θ_2
a	6	2	7	9	30
b	7	9	3	8	85
c	3	10	6	8	45
d	8	5	7	6	25
e	8	5	8	6	75
f	5	8	8	9	15
g	6	8	8	9	25
h	20	10	10	10	50
i	4	5	2	5	80
j	20	10	5	10	33
k	4	6	10	7	88
l	9	7	10	7	60
m	9	7	11	8	50
n	9	7	11	6	120

P4-1. Para las filas asignadas, dibuje el mecanismo a escala y encuentre gráficamente todas las soluciones posibles (tanto abiertas como cerradas) para los ángulos θ_3 y θ_4. Determine la condición de Grashof.

*†4-7 Repita el problema 4-6, pero resuélvalo mediante el método de lazo vectorial.

4-8 Expanda la ecuación 4.7*b* y demuestre que se reduce a la ecuación 4-7*c* (p. 129).

*4-9 Las longitudes de eslabón y el valor de θ_2 y descentrado de algunos mecanismos de cuatro barras manivela-corredera se proporcionan en la tabla P4-2. La configuración y terminología de los mecanismos se muestran en la figura P4-2. Para las filas asignadas, dibuje el mecanismo a escala y encuentre gráficamente todas las posibles soluciones (tanto abiertas como cerradas) para el ángulo θ_3 y la posición *d* de la corredera.

*†4-10 Repita el problema 4-9, pero resuélvalo mediante el método de lazo vectorial.

*4-11 Las longitudes de eslabón y el valor de θ_2 y γ de algunos mecanismos de cuatro barras manivela-corredera se dan en la tabla P4-3 (p. 151). La configuración y terminología de los mecanismos se muestran en la figura P4-3 (p. 151). Para las filas asignadas, dibuje el mecanismo a escala y encuentre gráficamente tanto las soluciones abiertas como cerradas para los ángulos θ_3 y θ_4 y el vector $\mathbf{R}_B$.

*†4-12 Repita el problema 4-11 y resuélvalo mediante el método del lazo vectorial.

*†4-13 Encuentre los ángulos de transmisión de los mecanismos en las filas asignadas en la tabla P4-1.

*†4-14 Encuentre los valores mínimo y máximo del ángulo de transmisión de todos los mecanismos de Grashof de manivela-balancín en la tabla P4-1.

*†4-15 Encuentre los ángulos de entrada correspondientes a las posiciones de inmovilidad de los mecanismos no Grashof en la tabla P4-1. (Para este problema, ignore los valores de θ_2 dados en la tabla.)

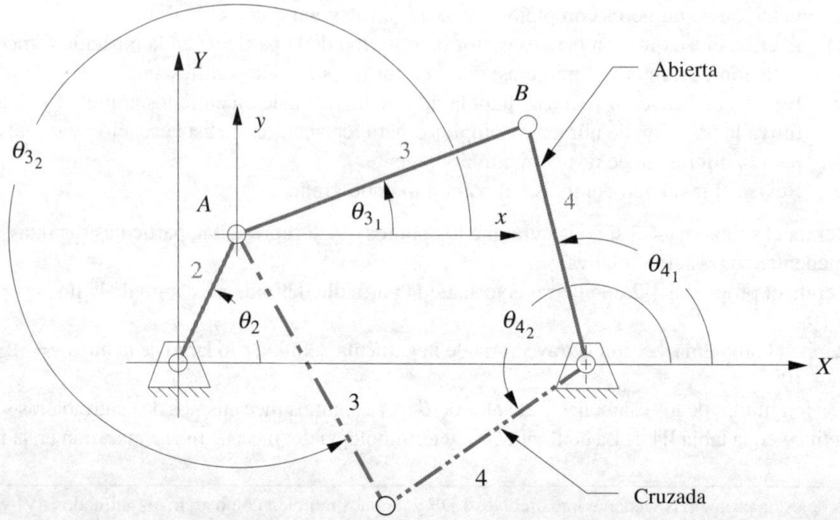

FIGURA P4-1* Problemas 4-6 a 4-7. Configuración general y terminología de mecanismos de cuatro barras

* Las figuras de estos problemas vienen como archivos PDF y algunos también como archivos animados AVI y Working Model, todos incluidos en el DVD. Los nombres de los archivos PDF son los mismos que el número de la figura. Ejecute el archivo *Animations.html* para acceder y ejecutar las animaciones.

TABLA P4-2 Datos para los problemas 4-9 a 4-10

Fila	Eslabón 2	Eslabón 3	Descentrado	θ_2
a	1.4	4	1	45
b	2	6	-3	60
c	3	8	2	-30
d	3.5	10	1	120
e	5	20	-5	225
f	3	13	0	100
g	7	25	10	330

TABLA P4-3 Datos para los problemas 4-11 a 4-12

Fila	Eslabón 1	Eslabón 2	Eslabón 4	γ	θ_2
a	6	2	4	90	30
b	7	9	3	75	85
c	3	10	6	45	45
d	8	5	3	60	25
e	8	4	2	30	75
f	5	8	8	90	150

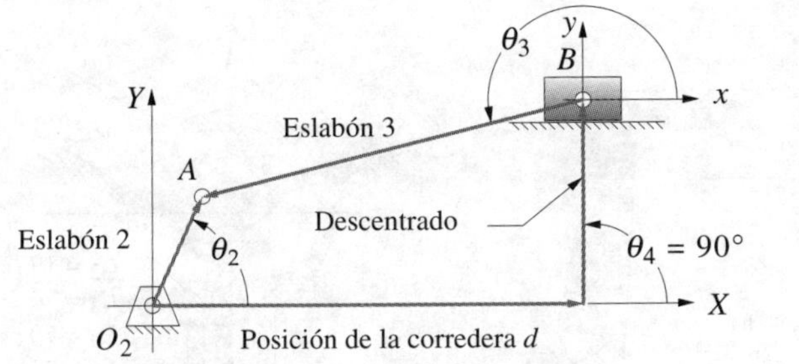

FIGURA P4-2 Problemas 4-9, 4-10, 4-60, 4-61 Configuración abierta y terminología de un mecanismo de cuatro barras manivela-corredera

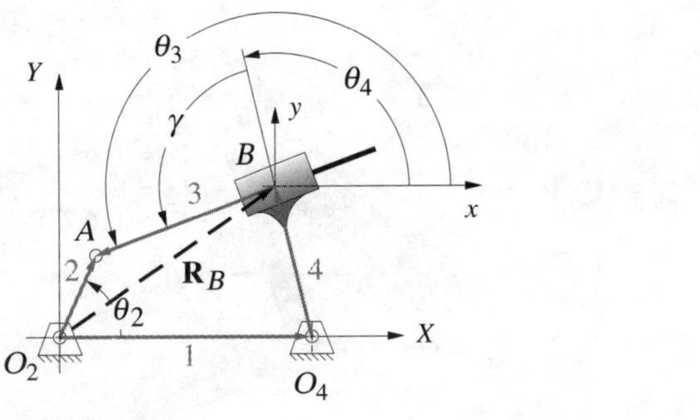

FIGURA P4-3 Problemas 4-11 a 4-12 Terminología de la inversión número 3 del mecanismo de cuatro barras manivela-corredera

*4-16 Las longitudes de eslabón, la relación de engranes (λ), el ángulo de fase (ϕ) y el valor de θ_2 de algunos mecanismos de cinco barras engranados se dan en la tabla P4-4. La configuración y terminología de los mecanismos se muestran en la figura P4-4. Para las filas asignadas, dibuje el mecanismo a escala y encuentre gráficamente todas las soluciones posibles para los ángulos θ_3 y θ_4.

*†4-17 Repita el problema 4-16, pero resuélvalo con el método de lazo vectorial.

4-18 La figura P4-5 (p. 152) muestra los mecanismos de los siguientes problemas, cada uno de los cuales se refiere a la parte de la figura que tiene la misma letra. Refiera todos los ángulos calculados a los ejes *XY* globales.

a) El ángulo entre los ejes *X* y *x* es de 25°. Encuentre el desplazamiento angular del eslabón 4 cuando el eslabón 2 gira en el sentido de las manecillas del reloj de la posición mostrada (+37°) a la horizontal (0°). ¿Cómo varía el ángulo de transmisión y cuál es su valor máximo entre las dos posiciones? Encuentre las posiciones de agarrotamiento de este mecanismo en función del ángulo del eslabón 2.

* Respuestas en el apéndice F.

† Estos problemas pueden resolverse con el programa *Mathcad*, *Matlab* o *TKSolver*. En la mayoría de los casos su solución puede verificarse con el programa LINKAGES.

TABLA P4-4 Datos para los problemas 4-16 a 4-17

Fila	Eslabón 1	Eslabón 2	Eslabón 3	Eslabón 4	Eslabón 5	λ	ϕ	θ_2
a	6	1	7	9	4	2	30	60
b	6	5	7	8	4	-2.5	60	30
c	3	5	7	8	4	-0.5	0	45
d	4	5	7	8	4	-1	120	75
e	5	9	11	8	8	3.2	-50	-39
f	10	2	7	5	3	1.5	30	120
g	15	7	9	11	4	2.5	-90	75
h	12	8	7	9	4	-2.5	60	55
i	9	7	8	9	4	-4	120	100

Relación de engranes $\lambda = \pm \dfrac{r_2}{r_5}$

Ángulo de fase $\phi = \theta_5 - \lambda\theta_2$

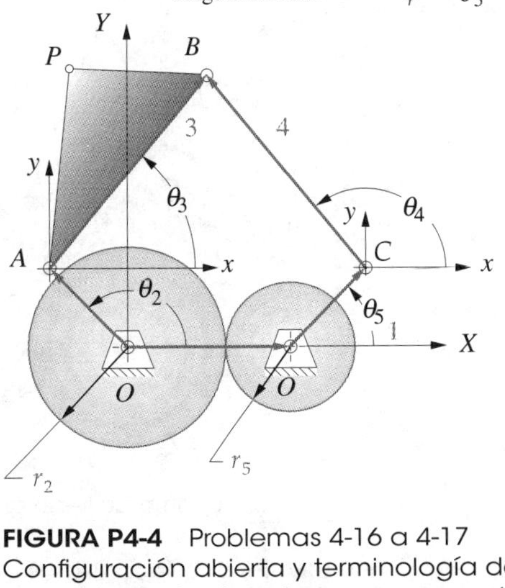

FIGURA P4-4 Problemas 4-16 a 4-17 Configuración abierta y terminología del mecanismo de cinco barras engranado *b*) Encuentre y grafique las posiciones angulares de los eslabones 3 y 4, y el ángulo de transmisión en función del ángulo del eslabón 2 cuando éste gira una revolución.

c) Encuentre y grafique la posición de cualquier pistón en función del ángulo del eslabón 2 conforme gira una revolución. Una vez que se define el movimiento del pistón, encuentre los movimientos de los otros dos pistones y su relación de fase con el primero.

d) Encuentre el desplazamiento angular total del eslabón 3 y la carrera total del cubo cuando el eslabón 2 realiza una revolución completa.

e) Determine la relación de desplazamiento angular entre los eslabones 8 y 2 en función del desplazamiento angular de la manivela de entrada 2. Grafique el ángulo de transmisión en el punto *B* para una revolución de la manivela 2. Comente sobre el comportamiento de este mecanismo. ¿Puede realizar una revolución completa como se muestra?

f) Encuentre y grafique el desplazamiento del pistón 4 y el desplazamiento angular del eslabón 3 en función del desplazamiento angular de la manivela 2.

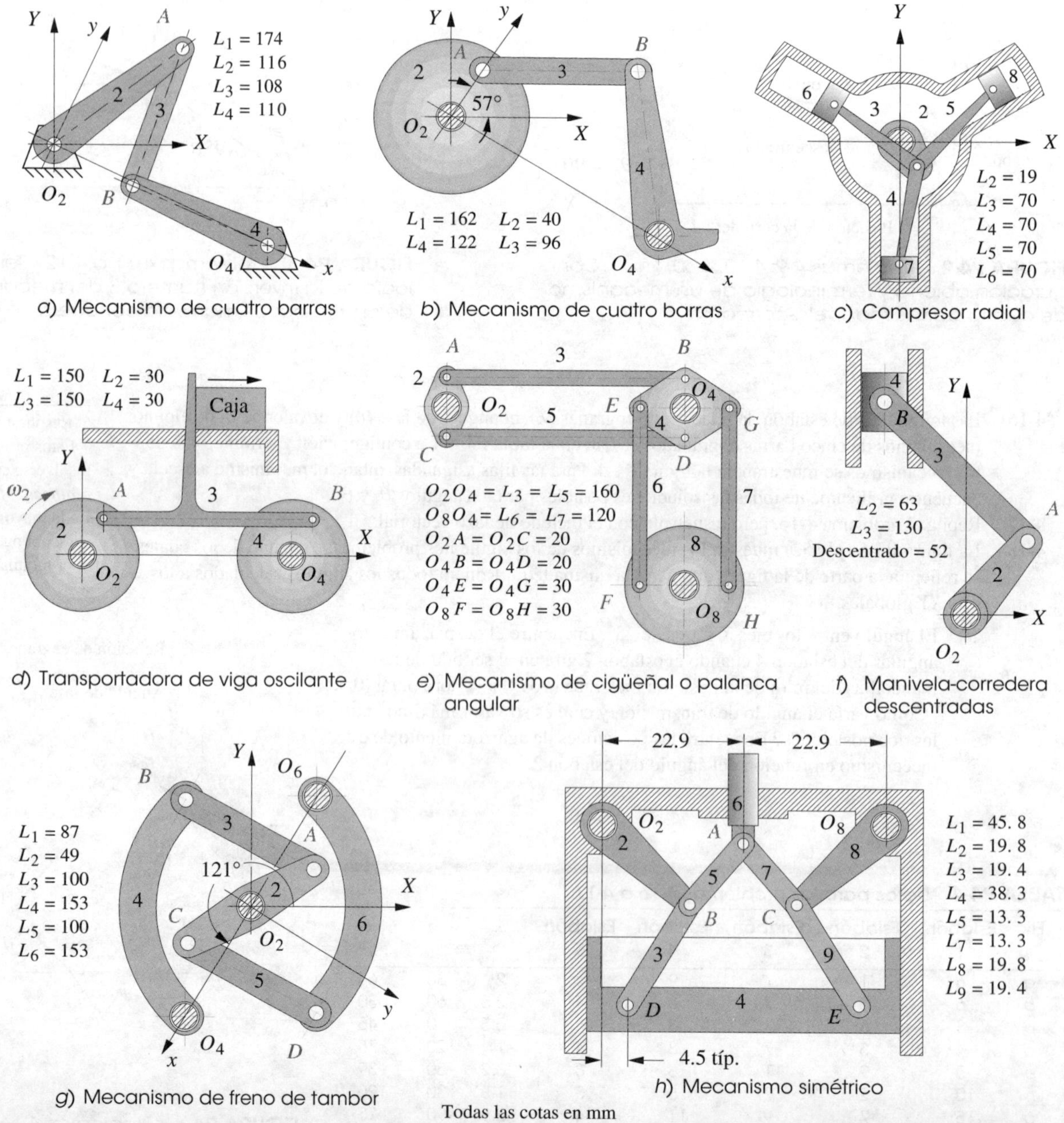

a) Mecanismo de cuatro barras
b) Mecanismo de cuatro barras
c) Compresor radial
d) Transportadora de viga oscilante
e) Mecanismo de cigüeñal o palanca angular
f) Manivela-corredera descentradas
g) Mecanismo de freno de tambor
h) Mecanismo simétrico

Todas las cotas en mm

FIGURA P4-5 Mecanismos del problema 4-18 *Adaptado de P. H. Hill y W. P. Rule (1960). Mechanisms: Analysis and Design, con permiso*

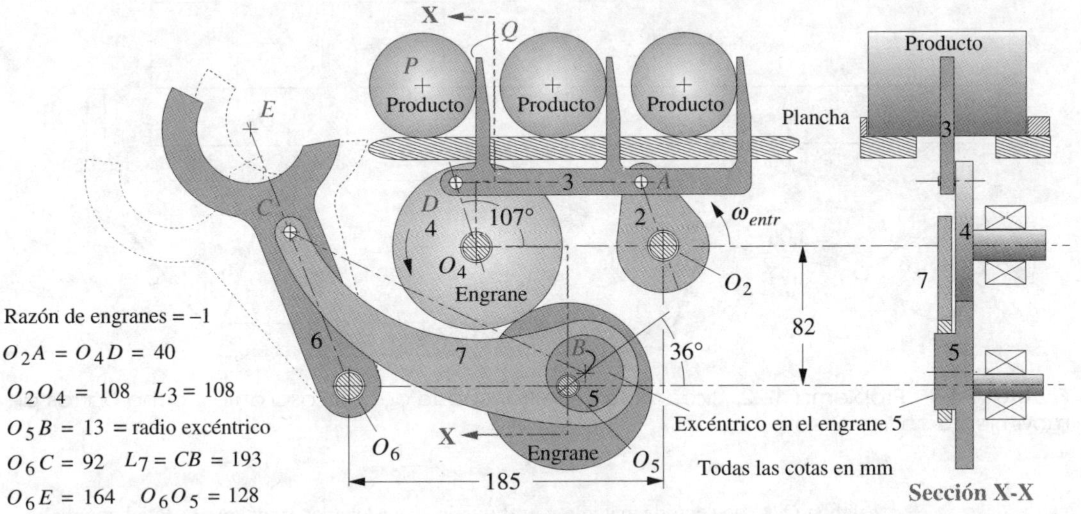

FIGURA P4-6 Problema 4-19 Indexador de viga oscilante con mecanismo para recoger y colocar *Adaptado de P. H. Hill y W. P. Rule (1960). Mechanisms: Analysis and Design,* con autorización

g) Encuentre y grafique el desplazamiento angular del eslabón 6 contra el ángulo del eslabón de entrada 2 cuando gira de la posición mostrada (+30°) a la posición vertical (+90°). Encuentre las posiciones de agarrotamiento de este mecanismo en función del ángulo del eslabón 2.

h) Encuentre el desplazamiento máximo del eslabón 4 verticalmente hacia abajo de la posición mostrada. ¿Cuál será el ángulo del eslabón de entrada 2 en esa posición?

†4-19 Para una revolución del eslabón motriz 2 del mecanismo de recoger y colocar indexador de viga oscilante en la figura P4-6, encuentre la carrera horizontal del eslabón 3 para la parte de su movimiento, donde sus puntas quedan arriba de la parte superior de la plancha. Exprese la carrera como un porcentaje de la longitud de la manivela O_2A. ¿A qué parte de una revolución del eslabón 2 corresponde esta carrera? Encuentre además el desplazamiento angular total del eslabón 6 con una revolución del eslabón 2. La distancia vertical de la línea *AD* a la parte superior de la plancha es de 64 mm. La distancia vertical de la línea *AD* a la esquina superior izquierda *Q* del dedo que empuja que está más a la izquierda es de 73 mm. La distancia horizontal del punto *A* a *Q* es de 95 mm.

†4-20 La figura P4-7 muestra una sierra mecánica, utilizada para cortar metal. El eslabón 5 gira en O_5 y su peso hace que la hoja de la sierra se ponga en contacto con la pieza de trabajo mientras que el eslabonamiento hace que la hoja (eslabón 4) se mueva hacia delante y hacia atrás sobre el eslabón 5 para cortar la pieza. Es un mecanismo de manivela-corredera descentrado. Las dimensiones se muestran en la figura. Para una revolución del eslabón motriz 2 de la sierra en la carrera de corte, encuentre y grafique la carrera horizontal de la hoja de la sierra en función del ángulo del eslabón 2.

*†4-21 Para el mecanismo mostrado en la figura P4-8, encuentre sus posiciones límite (estacionaria) en función del ángulo del eslabón O_2A referido a la línea de centros O_2O_4 cuando es impulsado por el

† Estos problemas pueden resolverse con el programa *Mathcad*, *Matlab* o *TKSolver*. En la mayoría de los casos su solución puede verificarse con el programa LINKAGES.

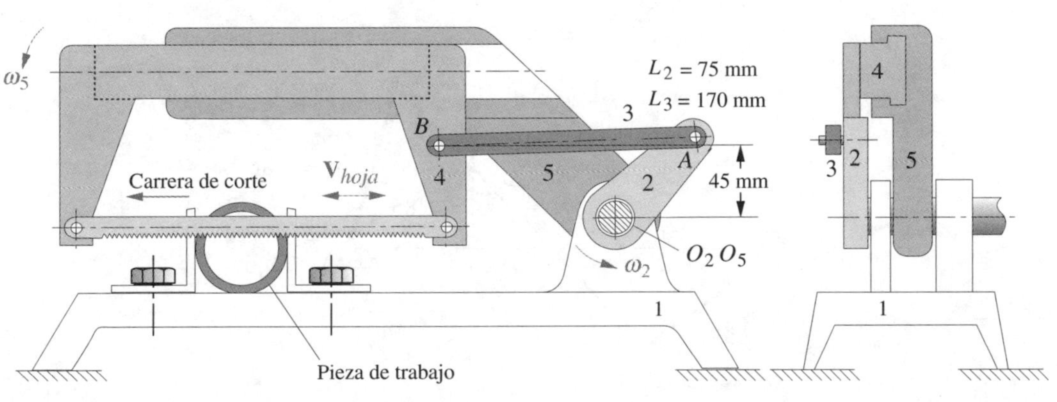

FIGURA P4-7 Problema 4-20 Sierra mecánica *Adaptado de P. H. Hill y W. P. Rule (1960). Mechanisms: Analysis and Design,* con permiso

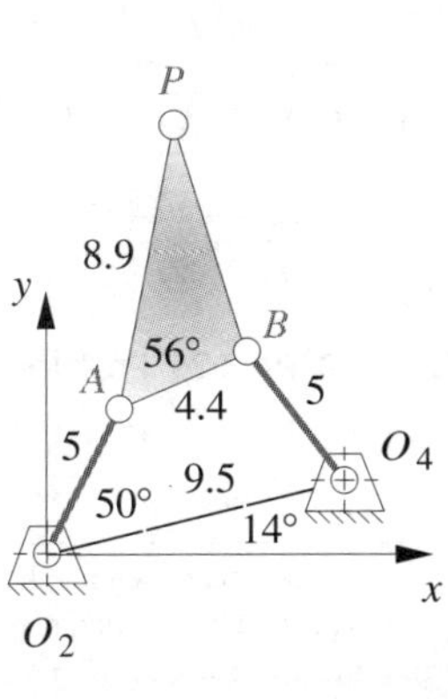

FIGURA P4-8 Problema 4-21

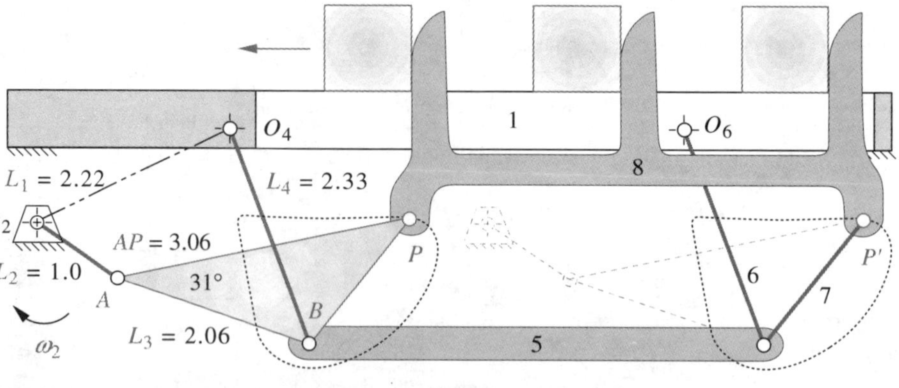

FIGURA P4-9 Problema 4-22 Mecanismo de transporte de viga oscilante y ocho barras de movimiento en línea recta

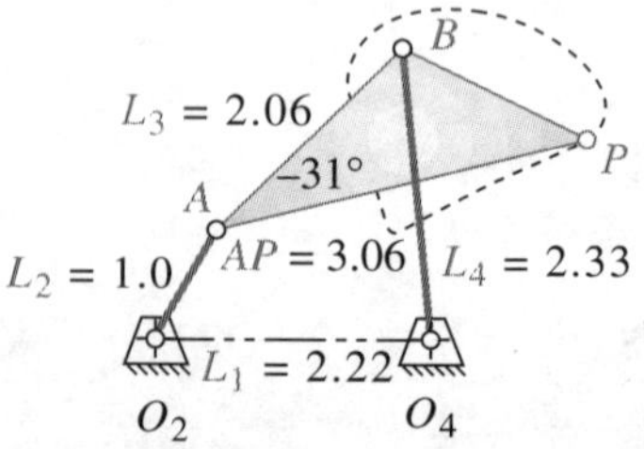

FIGURA P4-10 Problema 4-23

eslabón O_2A. En seguida, calcule y grafique las coordenadas xy del punto P del acoplador entre esos límites, con respecto a la línea de centros O_2O_4.

†4-22 Para el mecanismo de viga oscilante de la figura P4-9, calcule y grafique las componentes x y y de la posición del punto P del acoplador para una revolución completa de la manivela O_2A. *Sugerencia:* Calcule primero con respecto a la bancada O_2O_4 y luego transfórmelas en el sistema de coordenadas global XY (es decir, horizontal y vertical en la figura). Ponga a escala la figura para cualquier información adicional requerida.

*†4-23 Para el mecanismo mostrado en la figura P4-10, calcule y grafique el desplazamiento angular de los eslabones 3 y 4 y las coordenadas de la trayectoria del punto P con respecto al ángulo de la manivela de entrada O_2A para una revolución.

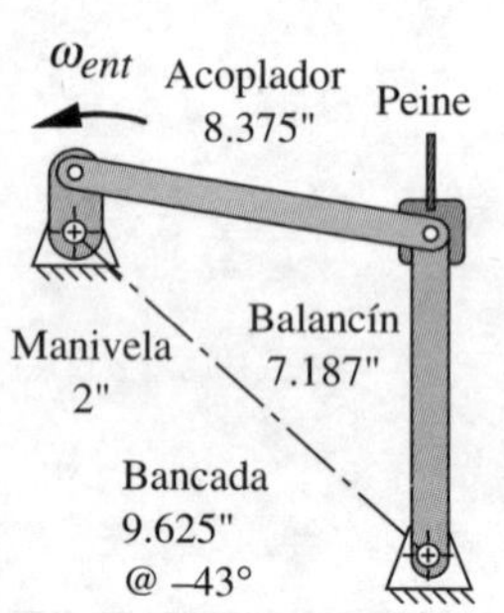

FIGURA P4-11 Problema 4-24

†4-24 Para el mecanismo de la figura P4-11, calcule y grafique el desplazamiento angular de los eslabones 3 y 4 con respecto al ángulo de la manivela de entrada O_2A para una revolución.

*†4-25 Para el mecanismo de la figura P4-12, encuentre sus posiciones límite (agarrotamiento) en función del ángulo del eslabón O_2A con respecto a la línea de centros O_2O_4 cuando es impulsado por el eslabón O_2A. En seguida, calcule y grafique el desplazamiento angular de los eslabones 3 y 4 y las coordenadas de la trayectoria del punto P con respecto al ángulo de la manivela de entrada O_2A a lo largo de su posible rango de movimiento con respecto a la línea de centros O_2O_4.

*†4-26 Para el mecanismo de la figura P4-13, encuentre sus posiciones límite (estacionarias) en función del ángulo del eslabón O_2A con respecto a la línea de centros O_2O_4 cuando es impulsado por el eslabón O_2A. En seguida, calcule y grafique el desplazamiento angular de los eslabones 3 y 4 y las coordenadas de la trayectoria del punto P entre esos límites, con respecto al ángulo de la manivela de entrada O_2A, a lo largo de su posible rango de movimiento con respecto a la línea de centros O_2O_4.

†4-27 Para el mecanismo de la figura P4-13, encuentre sus posiciones límite (estacionarias) en función del ángulo del eslabón O_4B con respecto a la línea de centros O_4O_2 cuando es impulsado por el eslabón O_4B. En seguida, calcule y grafique el desplazamiento angular de los eslabones 2 y 3 y las coordenadas de la trayectoria del punto P entre esos límites, con respecto al ángulo de la manivela de entrada O_4B a lo largo de su posible rango de movimiento con respecto a la línea de centros O_4O_2.

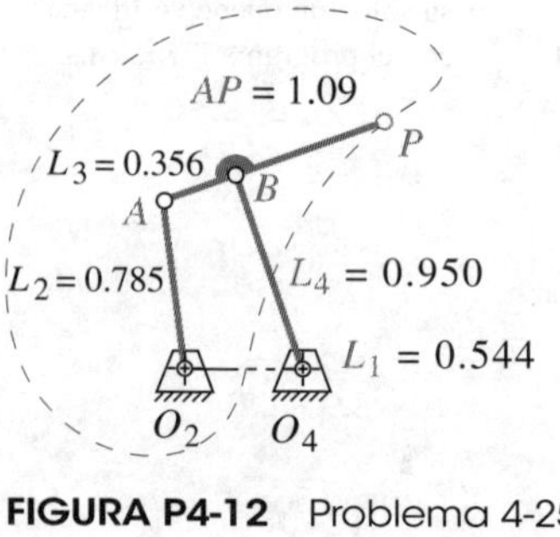

FIGURA P4-12 Problema 4-25

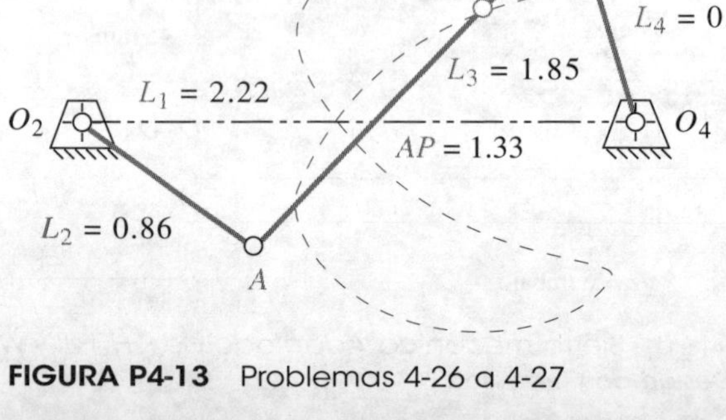

FIGURA P4-13 Problemas 4-26 a 4-27

* Respuestas en el apéndice F.

† Estos problemas pueden resolverse con el programa *Mathcad*, *Matlab* o *TKSolver*. En la mayoría de los casos su solución puede verificarse con el programa LINKAGES.

[†]4-28 Para el mecanismo de balancín y manivela mostrado en la figura P4-14, encuentre el desplazamiento angular máximo posible para el eslabón del pedal (al cual se aplica la fuerza F). Determine las posiciones límite. ¿Cómo funciona? Explique por qué la rueda rectificadora es capaz de girar por completo a pesar de las posiciones de agarrotamiento cuando es impulsada por el pedal. ¿Cómo haría que se moviera si estuviera en una posición de agarrotamiento?

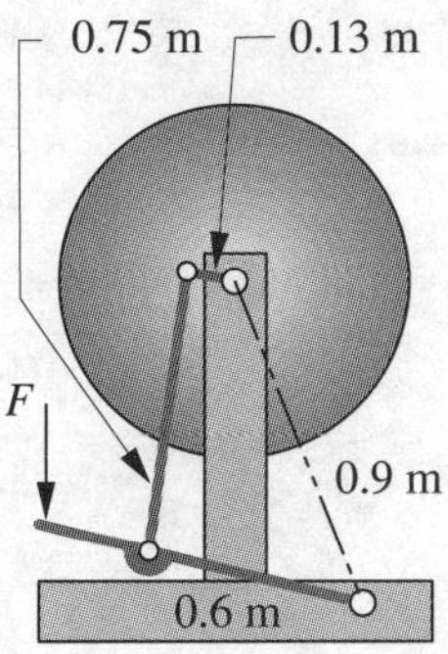

FIGURA P4-14 Problema 4-28

[*†]4-29 Para el mecanismo mostrado en la figura P4-15, encuentre sus posiciones límite (estacionarias) en función del ángulo del eslabón O_2A con respecto a la línea de centros O_2O_4 cuando es impulsado por el eslabón O_2A. En seguida, calcule y grafique el desplazamiento angular de los eslabones 3 y 4 y las coordenadas de la trayectoria del punto P entre esos límites, con respecto al ángulo de la manivela de entrada O_2A a lo largo de su posible rango de movimiento con respecto a la línea de centros O_2O_4.

[*†]4-30 Para el mecanismo mostrado en la figura P4-15, encuentre sus posiciones límite (estacionarias) en función del ángulo del eslabón O_4B con respecto a la línea de centros O_4O_2 cuando es impulsado por el eslabón O_4B. En seguida, calcule y grafique el desplazamiento angular de los eslabones 2 y 3 y las coordenadas de la trayectoria del punto P entre esos límites, con respecto al ángulo de la manivela de entrada O_4B a lo largo de su posible rango de movimiento con respecto a la línea de centros O_4O_2.

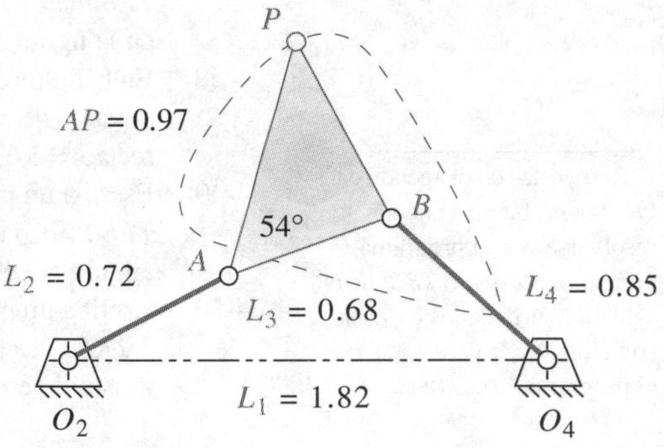

FIGURA P4-15 Problemas 4-29 a 4-30

[*†]4-31 Escriba un programa de computadora (o utilice una calculadora de ecuaciones como *Mathcad*, *Matlab* o *TKSolver*) para encontrar las raíces de $y = 9x^2 + 50x - 40$. (*Sugerencia:* Grafique la función para determinar buenos valores supuestos.)

[†]4-32 Escriba un programa de computadora (o use una calculadora de ecuaciones como *Mathcad*, *Matlab* o *TKSolver*) para encontrar las raíces de $y = -x^3 - 4x^2 + 80x - 40$. (*Sugerencia:* Grafique la función para determinar buenos valores supuestos.)

[†]4-33 La figura 4-18 (p. 157) muestra una gráfica de la función cúbica de la ecuación 4.38. Escriba un programa de computadora (o use una calculadora de ecuaciones como *Mathcad*, *Matlab* o *TKSolver* para resolver la ecuación matricial) para investigar el comportamiento del algoritmo de Newton-Raphson conforme varía el valor inicial supuesto de $x = 1.8$ a 2.5 en incrementos de 0.1. Determine el valor supuesto con el cual la convergencia cambia raíces. Explique estos fenómenos de cambio de raíces con base en observaciones de este ejercicio.

[†]4-34 Escriba un programa de computadora o utilice una calculadora de ecuaciones como *Mathcad*, *Matlab* o *TKSolver* para calcular y graficar la posición angular del eslabón 4 y la posición de la corredera 6 en la figura 3-33 (p. 106) en función del ángulo del eslabón de entrada 2.

[†]4-35 Escriba un programa de computadora o utilice una calculadora de ecuaciones como *Mathcad*, *Matlab* o *TKSolver* para calcular y graficar los ángulos de transmisión en los puntos B y C del mecanismo mostrado en la figura 3-33 (p. 106) en función del ángulo del eslabón de entrada 2.

[†]4-36 Escriba un programa de computadora o utilice un solucionador de ecuaciones como *Mathcad*, *Mathlab* o *TKSolver* para calcular y graficar la trayectoria del punto de acoplador del mecanismo en línea recta que se muestra en la figura 3-29*f* (p. 99). (Utilice LINKAGES para verificar su resultado.)

[†]4-37 Escriba un programa de computadora o utilice una calculadora de ecuaciones como *Mathcad*, *Matlab* o *TKSolver* para calcular y graficar la posición angular del eslabón 6 mostrado en la figura 3-34 (p. 107) en función del ángulo del eslabón de entrada 2.

[†]4-38 Escriba un programa de computadora o use una calculadora de ecuaciones como *Mathcad*, *Matlab* o *TKSolver* para calcular y graficar los ángulos de transmisión de los puntos B, C y D del mecanismo mostrado en la figura 3-34 (p. 107) en función del ángulo del eslabón de entrada 2.

[†]4-39 Escriba un programa de computadora o utilice un solucionador de ecuaciones como *Mathcad*, *Mathlab* o *TKSolver* para calcular y graficar la trayectoria del punto de acoplador del mecanismo en línea recta que se muestra en la figura 3-29*g* (p. 99). (Utilice LINKAGES para verificar su resultado.)

[†]4-40 Escriba un programa de computadora o use una calculadora de ecuaciones como *Mathcad*, *Matlab* o *TKSolver* para calcular y graficar la posición angular del eslabón 6 mostrado en la figura 3-35 (p. 107) en función del ángulo del eslabón de entrada 2.

[†]4-41 Escriba un programa de computadora o use una calculadora de ecuaciones como *Mathcad*, *Matlab* o *TKSolver* para calcular y graficar los ángulos de transmisión en los puntos B, C y D del mecanismo mostrado en la figura 3-35 (p. 107) en función del ángulo del eslabón de entrada 2.

4-42 Escriba un programa de computadora o utilice un solucionador de ecuaciones como *Mathcad*, *Mathlab* o *TKSolver* para calcular y graficar la trayectoria del punto del acoplador del mecanismo en línea recta que se muestra en la figura 3-29*h* (p. 99). (Utilice LINKAGES para verificar su resultado.)

* Respuestas en el apéndice F.

† Estos problemas pueden resolverse con el programa *Mathcad*, *Matlab* o *TKSolver*. En la mayoría de los casos su solución puede verificarse con el programa LINKAGES.

*4-43 Escriba un programa de computadora o use una calculadora de ecuaciones como *Mathcad*, *Matlab* o *TKSolver* para calcular y graficar la posición angular del eslabón 8 mostrado en la figura 3-36 (p. 108) en función del ángulo del eslabón de entrada 2.

*4-44 Escriba un programa de computadora o use una calculadora de ecuaciones como *Mathcad*, *Matlab* o *TKSolver* para calcular y graficar los ángulos de transmisión en los puntos *B*, *C*, *D*, *E* y *F* del mecanismo mostrado en la figura 3-36 (p. 108) en función del ángulo del eslabón de entrada 2.

†4-45 Modele el mecanismo que se muestra en la figura 3-37*a* (p. 108) en LINKAGES. Exporte las coordenadas de la curva del acoplador a EXCEL y calcule la función de error contra un círculo verdadero.

†4-46 Escriba un programa de computadora o use una calculadora de ecuaciones como *Mathcad*, *Matlab* o *TKSolver* para calcular y graficar la trayectoria del punto *P* mostrado en la figura 3-37*a* (p. 108) en función del ángulo del eslabón de entrada 2. También grafique la variación (error) de la trayectoria del punto *P* contra la del punto *A*, es decir, ¿qué tanto se aproxima a un círculo perfecto la trayectoria del punto *P*?

†4-47 Escriba un programa de computadora o use una calculadora de ecuaciones como *Mathcad*, *Matlab* o *TKSolver* para calcular y graficar los ángulos de transmisión en el punto *B* del mecanismo mostrado en la figura 3-37*a* (p. 108) en función del ángulo del eslabón de entrada 2.

†4-48 En la figura 3-29*f* (p. 99) se muestra el mecanismo de Evans en línea recta aproximada #1. Determine el rango de movimiento del eslabón 2 para el cual el punto *P* no varía más de 0.0025 desde la línea recta $x = 1.690$ en un sistema de coordenadas con origen en O_2 y su eje *x* rotado 60° desde O_2O_4.

†4-49 Escriba un programa de computadora o use una calculadora de ecuaciones como *Mathcad*, *Matlab* o *TKSolver* para calcular y graficar la trayectoria del punto *P* en la figura 3-37*b* (p. 108) en función del ángulo del eslabón de entrada 2.

†4-50 Escriba un programa de computadora o use una calculadora de ecuaciones como *Mathcad*, *Matlab* o *TKSolver* para calcular y graficar los ángulos de transmisión en los puntos *B*, *C* y *D* del mecanismo mostrado en la figura 3-37*b* (p. 100) en función del ángulo del eslabón de entrada 2.

* Respuestas en el apéndice F.
† Estos problemas pueden resolverse con el programa *Mathcad*, *Matlab* o *TKSolver*. En la mayoría de los casos su solución puede verificarse con el programa LINKAGES.

†4-51 En la figura 3-29*g* (p. 99) se muestra el mecanismo de Evans en línea recta aproximada #2. Determine el rango de movimiento del eslabón 2 para el cual el punto *P* no varía más de 0.005 desde la línea recta $x = -0.500$ en un sistema de coordenadas con origen en O_2 y su eje *x* rotado 30° desde O_2O_4.

4-52 En el mecanismo mostrado en la figura P4-16, ¿cuáles son los ángulos que el eslabón 2 forma con el eje *X* positivo cuando los eslabones 2 y 3 están en las posiciones de agarrotamiento?

4-53 Las coordenadas del punto P_1 en el eslabón 4 en la figura P4-16 son (114.68, 33.19) con respecto al sistema de coordenadas *xy* cuando el eslabón 2 está en la posición mostrada. Cuando el eslabón 2 está en otra posición las coordenadas del punto P_2 con respecto al sistema *xy* son (100.41, 43.78). Calcule las coordenadas del punto P_1 y P_2 en el sistema *XY* para las dos posiciones del eslabón 2. ¿Cuál es la característica sobresaliente de las coordenadas de P_1 y P_2 en el sistema *XY*?

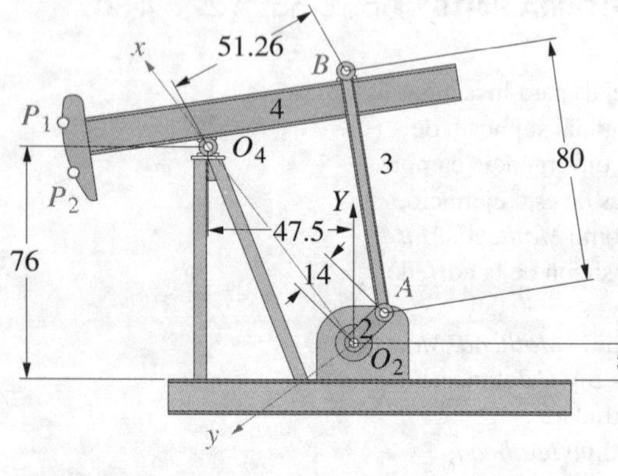

FIGURA P4-16 Problemas 4-52 a 4-54 Bomba de campo petrolero, cotas en pulgadas

†4-54 Escriba un programa de computadora o use una calculadora de ecuaciones como *Mathcad*, *Matlab* o *TKSolver* para calcular y graficar la posición angular del eslabón 4 con respecto al sistema de coordenadas *XY* y el ángulo de transmisión en el punto *B* del mecanismo mostrado en la figura P4-16 en función del ángulo del eslabón 2 con respecto al sistema *XY*.

4-55 Para el mecanismo de la figura P4-17, calcule la rotación máxima en el sentido de las manecillas del reloj del eslabón 2 a partir de la posición mostrada, la cual está a –26° con respecto al sistema de coordenadas *xy* local. ¿Qué ángulos giran los eslabones 3 y 4 con la excursión del eslabón 2?

†4-56 Escriba un programa de computadora o use una calculadora de ecuaciones como *Mathcad*, *Matlab* o *TKSolver* para calcular y graficar la posición del punto *P* del acoplador del mecanismo mostrado en la figura P4-17 con respecto al sistema de coordenadas *XY* en función del ángulo del eslabón 2 con respecto al sistema *XY*. La posición del punto *P* del acoplador en el eslabón 3 con respecto al punto *A* es: $p = 15.00$, $\delta_3 = 0°$.

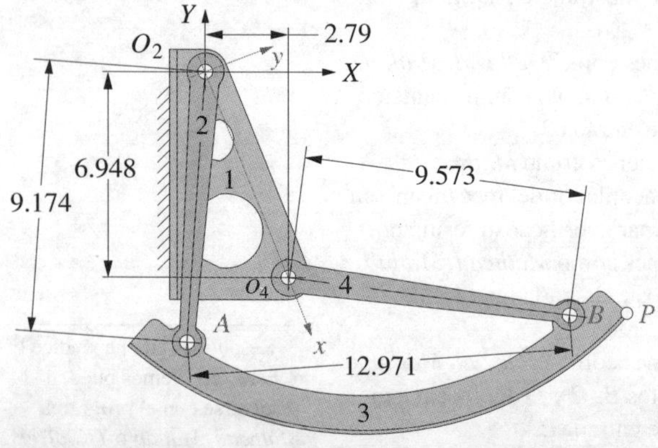

FIGURA P4-17 Problemas 4-55 a 4-57 Mecanismo de compartimiento de equipaje de cabina de avión, cotas en pulgadas

4-57 Para el mecanismo mostrado en la figura P4-17, calcule las coordenadas del punto P en el sistema de coordenadas XY si sus coordenadas en el sistema xy son (12.816, 10.234).

†4-58 El compás de barra elíptico mostrado en la figura P4-18 debe ser impulsado al hacer girar el eslabón 3 una circunferencia completa. Derive expresiones analíticas para las posiciones de los puntos A, B y el punto C en el eslabón 3 a medio camino entre A y B en función de θ_3 y la longitud AB del eslabón 3. Use una ecuación de lazo vectorial. (*Sugerencia:* Coloque el origen global fuera del mecanismo, de preferencia abajo y a la izquierda y use un total de 5 vectores.) Codifique su solución en una calculadora de ecuaciones como *Mathcad*, *Matlab* o *TKSolver* para calcular y graficar la trayectoria del punto C con una revolución del eslabón 3.

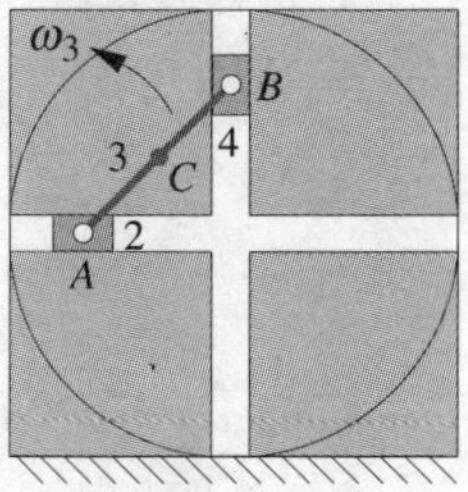

FIGURA P4-18 Compás de barra elíptico, problema 4-58

†4-59 En la figura P4-19 se muestra un mecanismo que comúnmente se utiliza como bisagra para puertas de gabinete. Escriba un programa de computadora o utilice un solucionador de ecuaciones como *Mathcad*, *Mathlab* o *TKSolver* para calcular y graficar la posición angular del eslabón 6 en la figura P4-19 como una función del ángulo de entrada del eslabón 2. $O_2O_4 = AB = BC = DE = 1$. $O_2A = O_4B = BE = CD = 1.75$. $O_4C = AE = 2.60$. (*Sugerencia:* Debido a que la geometría del mecanismo es sencilla y simétrica, el análisis puede realizarse con trigonometría simple.)

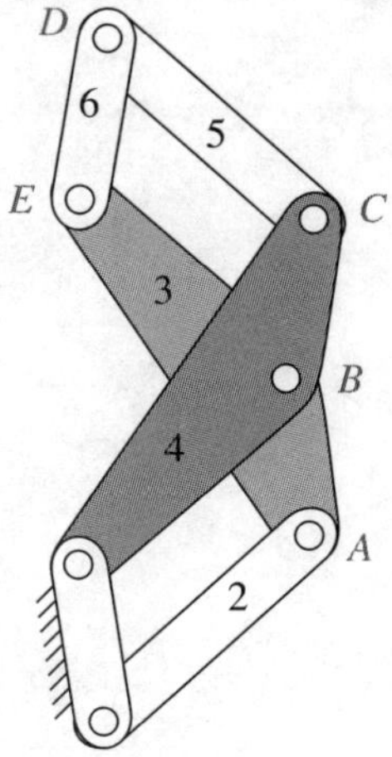

FIGURA P4-19 Problema 4-59

4-60 En la tabla P4-5 se definen las longitudes de eslabón y el valor de d para algunos eslabonamientos de cuatro barras de corredera-manivela. En la figura 4-2 (p. 124) se muestran la configuración y terminología del eslabonamiento. Para las filas asignadas, dibuje el eslabonamiento a escala y encuentre gráficamente todas las soluciones posibles (tanto abiertas como cruzadas) para los ángulos θ_2 y θ_3.

TABLA P4-5 Datos para los problemas 4-60 a 4-61

Fila	Eslabón 2	Eslabón 3	Desviación	*d*
a	1.4	4	1	2.5
b	2	6	–3	5
c	3	8	2	8
d	3.5	10	1	–8
e	5	20	–5	15
f	3	13	0	–12
g	7	25	10	25

4-61 Repita el problema 4-60, pero resuélvalo con el método del lazo vectorial.

† Observe que éstos pueden ser problemas largos de resolver y puede que sean más apropiados para una asignación de proyecto que para un problema de un día para otro. En la mayoría de los casos su solución puede verificarse con el programa LINKAGES.

CAPÍTULO 5

SÍNTESIS ANALÍTICA DE MECANISMOS

La imaginación es más importante que el conocimiento.

ALBERT EINSTEIN

5.0 INTRODUCCIÓN

Con los fundamentos del análisis de posición establecidos, ahora se pueden utilizar estas técnicas para **sintetizar mecanismos de manera analítica** para posiciones de salida especificadas. Las técnicas de síntesis presentadas en el capítulo 3 fueron estrictamente gráficas y un tanto intuitivas. El procedimiento de **síntesis analítica** es algebraico, en lugar de gráfico, y es menos intuitivo. Sin embargo, su naturaleza algebraica lo hace bastante adecuado para computarización. Estos métodos de síntesis analítica fueron originados por Sandor[1] y desarrollados aún más por sus estudiantes Erdman,[2] Kaufman[3] y Loerch *et al.*[4,5]

5.1 TIPOS DE SÍNTESIS CINEMÁTICA

Erdman y Sandor[6] definen tres tipos de síntesis cinemática, **generación de función**, **trayectoria** y **movimiento**, los cuales fueron analizados en la sección 3.2 (p. 71). Aquí se repiten definiciones breves para su conveniencia.

GENERACIÓN DE FUNCIÓN Se define como la *correlación de una **función de entrada** con una **función de salida** en un mecanismo*. El resultado, por lo general, es un mecanismo de doble balancín o un mecanismo manivela-balancín, con entrada y salida de rotación pura. Un mecanismo manivela-corredera también puede ser un generador de función impulsado por ambos extremos, es decir, rotación de entrada y traslación de salida o viceversa.

GENERACIÓN DE TRAYECTORIA Se define como *el control de un **punto** en el plano de modo que siga alguna trayectoria prescrita*. Esto por lo general se logra con un mecanismo de cuatro barras manivela-balancín o uno de doble balancín, en donde un punto en el acoplador traza la trayectoria de salida deseada. En la generación de trayectoria no se hace ningún intento de controlar la orientación del eslabón que contiene el punto de interés. La curva del acoplador se hace pasar por una serie de puntos de salida deseados. Sin embargo, es común que se defina la temporización del arribo del punto del acoplador hacia las locaciones particulares definidas a través del recorrido. Este caso es llamado *generación del recorrido con temporización prescrita* y es análoga a la generación de función en esta salida de función específica.

GENERACIÓN DE MOVIMIENTO Se define como *el control de una **línea** en el plano cuando ésta asume algún conjunto de posiciones prescritas*. Esta orientación del eslabón a la línea es importante. Éste se acompaña con un mecanismo de cuatro barras manivela-balancín o uno de doble balancín, en donde el punto del acoplador traza la trayectoria de salida deseada y el mecanismo también controla el ángulo del eslabón acoplador que contiene la línea de salida de interés.

5.2 SÍNTESIS DE DOS POSICIONES PARA SALIDA DE BALANCÍN

En el ejemplo 3-1 (p. 74) se mostró una técnica gráfica sencilla de la síntesis de un mecanismo de cuatro barras de Grashof y sin retorno rápido para impulsar un balancín a través de un ángulo. Esta técnica se empleó en ejemplos posteriores (como el 3-2, 3-4 y 3-6) para construir una díada impulsora que mueve un mecanismo sintetizado de cuatro barras a través de su rango de movimiento deseado, con lo que se crea un mecanismo de Watt de seis barras. En teoría, la excursión del balancín no puede exceder 180°, pero en la práctica debe estar limitada a 120° aproximadamente, lo que proporcionará ángulos de transmisión mínimos de 30°. El mismo procedimiento de síntesis de díada puede hacerse analíticamente y probar que tiene valor en combinación con las otras técnicas de síntesis que se presentan en este capítulo.

En la figura 5-0 se muestra el mismo problema que el de la figura 3-4 (p. 75) con notación genérica factible para determinar analíticamente las longitudes de eslabón de la díada impulsora. El eslabón 4 (que podría representar el eslabón de entrada a la siguiente etapa del mecanismo Watt de seis barras resultante) es aquí el eslabón de salida que será impulsado por una díada consistente en los eslabones 2 y 3, cuyas longitudes deben determinarse junto con las del eslabón 1 y la ubicación O_2 de su pivote. Se proporcionan la ubicación O_4 del pivote (definida en cualquier sistema de coordenadas conveniente XY), el ángulo inicial θ_4 y el ángulo de excursión β. El procedimiento es como se describe a continuación:*

Primero elija una ubicación factible en el eslabón 4 para unir el eslabón 3, que se etiqueta B_1 y B_2 en sus posiciones extremas. Esto define R_4, la longitud del eslabón 4. Estos puntos pueden definirse en el sistema de coordenadas elegido como:

$$B_{1_x} = O_{4_x} + R_4 \cos(\theta_4) \qquad B_{1_y} = O_{4_y} + R_4 \operatorname{sen}(\theta_4)$$
$$B_{2_x} = O_{4_x} + R_4 \cos(\theta_4 + \beta) \qquad B_{2_y} = O_{4_y} + R_4 \operatorname{sen}(\theta_4 + \beta) \tag{5.0a}$$

El vector $\mathbf{M}$ es la diferencia de posición entre los vectores $\mathbf{R}_{B_2}$ y $\mathbf{R}_{B_1}$

$$\mathbf{M} = \mathbf{R}_{B_2} - \mathbf{R}_{B_1} \tag{5.0b}$$

La ecuación paramétrica de la línea $\mathbf{L}$ puede escribirse como:

$$\mathbf{L}(u) = \mathbf{R}_{B_1} + u\mathbf{M} \qquad -\infty \le u \le \infty \tag{5.0c}$$

Se desea que el mecanismo resultante sea un balancín de manivela Grashof de clase 1. Este objetivo se puede lograr colocando el pivote de manivela O_2 suficientemente alejado de B_1 a lo largo de la línea $\mathbf{L}$. Sea $M = |\mathbf{M}|$. Cuando $B_1O_2 < M$, será un mecanismo de clase 2 (no Grashof), se convertirá en clase 3 (Grashof con puntos de cambio) cuando $B_1O_2 = M$, clase 1 cuando $B_1O_2 > M$, y se acercará de nuevo a clase 3 cuando $B_1O_2 >> M$. Un rango razonable de B_1O_2 parece ser de dos a tres veces M.

$$\text{Sea: } \mathbf{R}_{O_2} = \mathbf{R}_{B_1} \pm K\mathbf{M} \qquad 2 < K < 3 \tag{5.0d}$$

Como se muestra en el ejemplo 3-1 (p. 74) la longitud de la manivela debe ser la mitad de la longitud del vector $\mathbf{M}$:

$$R_2 = 0.5|\mathbf{M}| = R_4 \operatorname{sen}(\beta/2) \tag{5.0e}$$

donde β está en radianes. El eslabón 3 puede encontrarse al restar R_2 de la magnitud de $\mathbf{R}_{B_1} - \mathbf{R}_{O_2}$ y el eslabón 1 se determina al restar $\mathbf{R}_{O_2}$ de $\mathbf{R}_{O_4}$.

$$R_3 = \left|\mathbf{R}_{B_1} - \mathbf{R}_{O_2}\right| - R_2; \qquad R_1 = \left|\mathbf{R}_{O_4} - \mathbf{R}_{O_2}\right| \tag{5.0f}$$

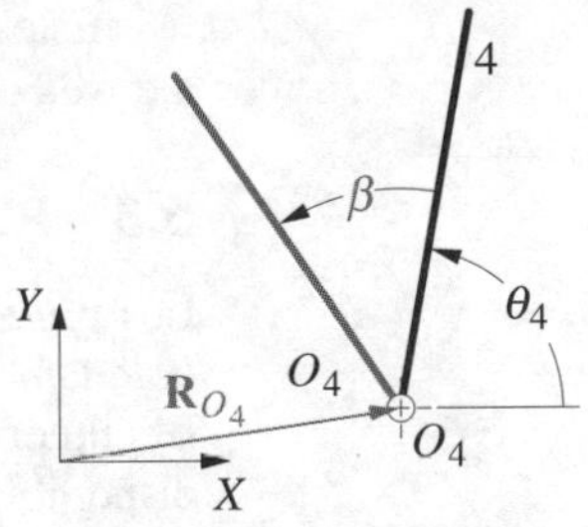

a) Información dada

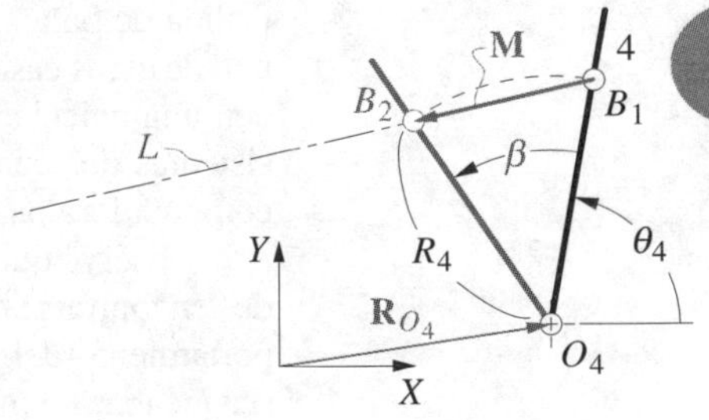

b) Punto de unión

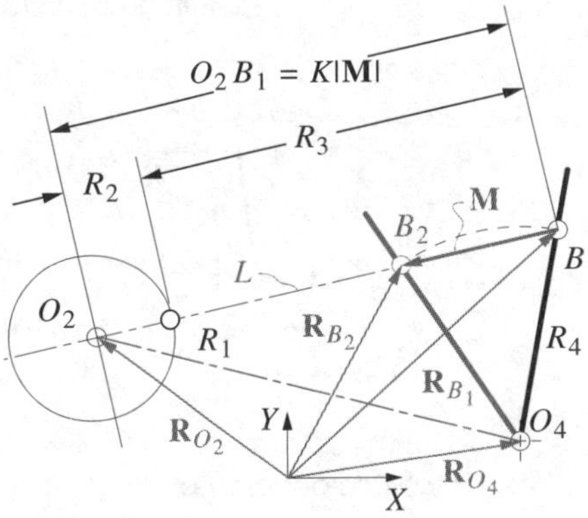

c) Geometría de eslabón

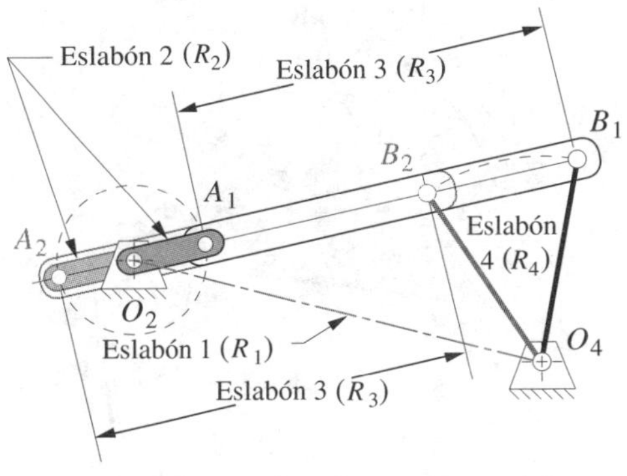

d) Mecanismo terminado en dos posiciones

FIGURA 5-0 Síntesis analítica de dos posiciones con salida de balancín (sin retorno rápido)

* Este procedimiento fue proporcionado por el profesor Pierre Larochelle, del Florida Institute of Technology.

Este algoritmo resultará en un mecanismo de balancín y manivela Grashof que impulsa al balancín a través del ángulo especificado sin retorno rápido.

5.3 PUNTOS DE PRECISIÓN

Los *puntos o posiciones prescritas por ubicaciones sucesivas del eslabón de salida (acoplador o balancín) en el plano* en general se conocen como **puntos de precisión** o **posiciones de precisión**. El número de puntos de precisión que pueden sintetizarse está limitado por el número de ecuaciones disponibles para su solución. El mecanismo de cuatro barras puede sintetizarse por medio de métodos de forma cerrada para hasta cinco puntos de precisión para generación de movimiento o trayectoria con temporización prescrita (salida de acoplador), y hasta siete puntos para generación de función (salida de balancín). La síntesis de dos o tres puntos de precisión es relativamente directa, y en cada uno de estos casos puede reducirse a un sistema de ecuaciones lineales simultáneas fáciles de resolver con una calculadora. Los problemas de síntesis de cuatro o más posiciones implican la solución de sistemas de ecuaciones no lineales y, por lo tanto, son más complicadas, por lo que se requiere una computadora para resolverlos.

Observe que estos procedimientos de síntesis analítica proporcionan una solución que será capaz de "encontrarse en" los puntos de precisión especificados, pero sin ninguna garantía en cuanto al comportamiento del mecanismo entre esos puntos de precisión. Es posible que el mecanismo resultante sea incapaz de moverse de un punto de precisión a otro debido a la presencia de una posición de límite u otra restricción. Esta situación en realidad no es diferente de la de los casos de síntesis gráfica en el capítulo 3, en los que también existía la posibilidad de una posición de límite entre puntos de diseño. En realidad, estos métodos de síntesis analítica simplemente son un modo alterno de resolver los mismos problemas de síntesis de posiciones múltiples. Aun así, se debe construir un modelo de cartón simple del mecanismo sintetizado para observar su comportamiento y verificar la presencia de complicaciones, incluso cuando la síntesis haya sido realizada por un método analítico esotérico.

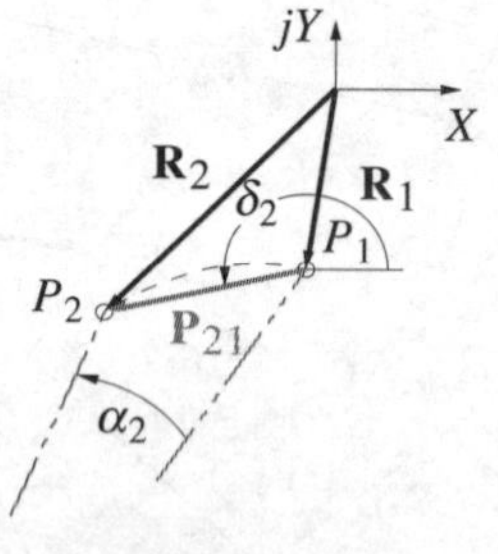

a) Dos posiciones

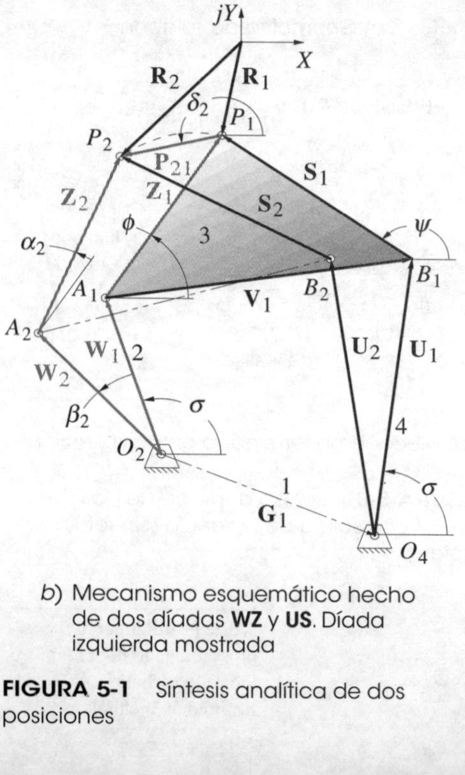

b) Mecanismo esquemático hecho de dos díadas **WZ** y **US**. Díada izquierda mostrada

FIGURA 5-1 Síntesis analítica de dos posiciones

5.4 GENERACIÓN DE MOVIMIENTO DE DOS POSICIONES MEDIANTE SÍNTESIS ANALÍTICA

La figura 5-1 muestra un mecanismo de cuatro barras en una posición con un punto del acoplador situado en el primer punto de precisión P_1. También indica un segunda posición de precisión (punto P_2) a ser alcanzada por la rotación del balancín de entrada, eslabón 2, a través de un ángulo β_2 aún no especificado. Observe además que el ángulo del eslabón acoplador 3 en cada una de las posiciones de precisión está definido por los ángulos de los vectores de posición $\mathbf{Z}_1$ y $\mathbf{Z}_2$. El ángulo φ corresponde al ángulo θ_3 del eslabón 3 en su primera posición. Este ángulo se desconoce al principio de la síntesis y debe encontrarse. El ángulo α_2 representa el cambio angular del eslabón 3 de la posición uno a la dos. Este ángulo se define en el enunciado del problema.

Es importante considerar que el mecanismo como se muestra en la figura es esquemático. Sus dimensiones son desconocidas al principio y deben encontrarse por medio de esta técnica de síntesis. De este modo, por ejemplo, la longitud del vector de posición $\mathbf{Z}_1$ como se muestra no indica la longitud final de ese borde del eslabón 3, ni las longitudes (W, Z, U, V) o los ángulos (θ, φ, σ, ψ) de cualquiera de los eslabones mostrados como predicciones del resultado final.

El enunciado del problema es:

Diseñe un mecanismo de cuatro barras que moverá una línea sobre su eslabón acoplador, de modo que un punto P en esa línea será el primero en P_1, y posteriormente en P_2, y también hará girar la línea un ángulo α_2 entre esas dos posiciones de precisión. Encuentre las longitudes y los ángulos de los cuatro eslabones y las dimensiones del eslabón acoplador A_1P_1 y B_1P_1, como se muestra en la figura 5-1.

El procedimiento de síntesis de movimiento analítico de dos posiciones es como sigue:

Defina las dos posiciones de precisión deseadas en el plano con respecto a un sistema de coordenadas XY global de manera arbitraria elegido por medio de vectores de posición $\mathbf{R}_1$ y $\mathbf{R}_2$, como se muestra en la figura 5-1*a*. El cambio del ángulo α_2 del vector **Z** es la rotación requerida del eslabón acoplador. Observe que el vector de diferencia de posición $\mathbf{P}_{21}$ define el desplazamiento del movimiento de salida del punto *P* y se define como:

$$\mathbf{P}_{21} = \mathbf{R}_2 - \mathbf{R}_1 \tag{5-1}$$

La díada $\mathbf{W}_1\mathbf{Z}_1$ define la mitad izquierda del mecanismo. La díada $\mathbf{U}_1\mathbf{S}_1$ define la mitad derecha del mecanismo. Observe que $\mathbf{Z}_1$ y $\mathbf{S}_1$ están incrustados en el acoplador rígido (eslabón 3), y estos dos vectores girarán el mismo ángulo α_2 de la posición 1 a la posición 2. La longitud de pasador a pasador y el ángulo del eslabón 3 (vector $\mathbf{V}_1$) se definen en función de los vectores $\mathbf{Z}_1$ y $\mathbf{S}_1$.

$$\mathbf{V}_1 = \mathbf{Z}_1 - \mathbf{S}_1 \tag{5.2a}$$

El eslabón bancada 1 también puede definirse en función de las dos díadas.

$$\mathbf{G}_1 = \mathbf{W}_1 + \mathbf{V}_1 - \mathbf{U}_1 \tag{5.2b}$$

Por lo tanto, si pueden definirse las dos díadas, $\mathbf{W}_1$, $\mathbf{Z}_1$ y $\mathbf{U}_1$, $\mathbf{S}_1$, se habrá definido un mecanismo que satisface las especificaciones del problema.

Primero se resolverán para el lado izquierdo del mecanismo (vectores $\mathbf{W}_1$ y $\mathbf{Z}_1$) y después se utilizará el mismo procedimiento para resolver para el lado derecho (vectores $\mathbf{U}_1$ y $\mathbf{S}_1$). Para resolver $\mathbf{W}_1$ y $\mathbf{Z}_1$, sólo se necesita escribir una ecuación vectorial alrededor del lazo que incluye ambas posiciones P_1 y P_2 para la díada del lado izquierdo. Se procede a girar en el sentido de las manecillas del reloj alrededor del lazo, y se comienza con $\mathbf{W}_2$.

$$\mathbf{W}_2 + \mathbf{Z}_2 - \mathbf{P}_{21} - \mathbf{Z}_1 - \mathbf{W}_1 = 0 \tag{5.3}$$

Ahora se sustituyen los vectores con sus equivalentes números complejos.

$$we^{j(\theta+\beta_2)} + ze^{j(\phi+\alpha_2)} - p_{21}e^{j\delta_2} - ze^{j\phi} - we^{j\theta} = 0 \tag{5.4}$$

Las sumas de los ángulos en los exponentes se vuelven a escribir como productos de términos.

$$we^{j\theta}e^{j\beta_2} + ze^{j\phi}e^{j\alpha_2} - p_{21}e^{j\delta_2} - ze^{j\phi} - we^{j\theta} = 0 \tag{5.5a}$$

Al simplificar y reacomodar:

$$we^{j\theta}\left(e^{j\beta_2} - 1\right) + ze^{j\phi}\left(e^{j\alpha_2} - 1\right) = p_{21}e^{j\delta_2} \tag{5.5b}$$

Observe que las longitudes de los vectores $\mathbf{W}_1$ y $\mathbf{W}_2$ son de la misma magnitud *w* porque presentan el mismo eslabón rígido en dos posiciones diferentes. Se puede decir lo mismo de los vectores $\mathbf{Z}_1$ y $\mathbf{Z}_2$ cuya magnitud común es *z*.

Las ecuaciones 5.5 son ecuaciones vectoriales que contienen dos ecuaciones escalares y, por lo tanto, pueden resolverse para dos incógnitas. Las dos ecuaciones escalares pueden revelarse al sustituir la identidad de Euler (ecuación 4.4*a*, p. 128) y separar los términos real e imaginario como se hizo en la sección 4.5 (p. 126).

parte real:

$$\begin{aligned}&[w\cos\theta](\cos\beta_2 - 1) - [w\operatorname{sen}\theta]\operatorname{sen}\beta_2\\ &+ [z\cos\phi](\cos\alpha_2 - 1) - [z\operatorname{sen}\phi]\operatorname{sen}\alpha_2 = p_{21}\cos\delta_2\end{aligned} \tag{5.6a}$$

parte imaginaria (con el operador complejo *j* eliminado):

$$\begin{aligned}&[w\operatorname{sen}\theta](\cos\beta_2 - 1) + [w\cos\theta]\operatorname{sen}\beta_2\\ &+ [z\operatorname{sen}\phi](\cos\alpha_2 - 1) + [z\cos\phi]\operatorname{sen}\alpha_2 = p_{21}\operatorname{sen}\delta_2\end{aligned} \tag{5.6b}$$

En estas dos ecuaciones hay ocho variables: w, θ, β_2, z, φ, α_2, p_{21} y δ_2. Sólo se puede resolver para dos. Tres de las ocho están definidas en el enunciado del problema, es decir, α_2, p_{21} y δ_2. De las cinco restantes, w, θ, β_2, z, φ, se obliga a elegir tres como "elecciones libres" (valores supuestos) para resolver para las otras dos.

Una estrategia es suponer valores para los tres ángulos, θ, β_2, φ sobre la premisa de que posiblemente se quiere especificar la orientación θ, φ de los vectores de eslabón $\mathbf{W}_1$ y $\mathbf{Z}_1$ de conformidad con las restricciones de empaque, y especificar también la excursión angular β_2 del eslabón 2 de conformidad con alguna restricción motriz. Esta elección también tiene la ventaja de conducir a un conjunto de ecuaciones lineales en las incógnitas y, por lo tanto, son fáciles de resolver. Para esta solución, las ecuaciones pueden simplificarse al considerar los términos supuestos y especificados iguales a algunas constantes.

En la ecuación 5.6*a* (p. 161), sea:

$$\begin{aligned} A &= \cos\theta(\cos\beta_2 - 1) - \operatorname{sen}\theta \operatorname{sen}\beta_2 \\ B &= \cos\phi(\cos\alpha_2 - 1) - \operatorname{sen}\phi \operatorname{sen}\alpha_2 \\ C &= p_{21}\cos\delta_2 \end{aligned} \tag{5.7a}$$

y en la ecuación 5.6*b* (p. 161):

$$\begin{aligned} D &= \operatorname{sen}\theta(\cos\beta_2 - 1) + \cos\theta \operatorname{sen}\beta_2 \\ E &= \operatorname{sen}\phi(\cos\alpha_2 - 1) + \cos\phi \operatorname{sen}\alpha_2 \\ F &= p_{21}\operatorname{sen}\delta_2 \end{aligned} \tag{5.7b}$$

entonces:

$$\begin{aligned} Aw + Bz &= C \\ Dw + Ez &= F \end{aligned} \tag{5.7c}$$

y al resolver simultáneamente,

$$w = \frac{CE - BF}{AE - BD}; \qquad z = \frac{AF - CD}{AE - BD} \tag{5.7d}$$

Una segunda estrategia es suponer una longitud z y el ángulo φ para el vector $\mathbf{Z}_1$ y la excursión angular β_2 del eslabón 2 y luego resolver para el vector $\mathbf{W}_1$. Éste es un método comúnmente utilizado. Observe que los términos entre corchetes en cada una de las ecuaciones 5.6 son, respectivamente, las componentes x y y de los vectores $\mathbf{W}_1$ y $\mathbf{Z}_1$.

$$\begin{aligned} W_{1_x} &= w\cos\theta; & Z_{1_x} &= z\cos\phi \\ W_{1_y} &= w\operatorname{sen}\theta; & Z_{1_y} &= z\operatorname{sen}\phi \end{aligned} \tag{5.8a}$$

Al sustituir en la ecuación 5.6,

$$\begin{aligned} &W_{1_x}(\cos\beta_2 - 1) - W_{1_y}\operatorname{sen}\beta_2 \\ &\qquad + Z_{1_x}(\cos\alpha_2 - 1) - Z_{1_y}\operatorname{sen}\alpha_2 = p_{21}\cos\delta_2 \\ &W_{1_y}(\cos\beta_2 - 1) + W_{1_x}\operatorname{sen}\beta_2 \\ &\qquad + Z_{1_y}(\cos\alpha_2 - 1) + Z_{1_x}\operatorname{sen}\alpha_2 = p_{21}\operatorname{sen}\delta_2 \end{aligned} \tag{5.8b}$$

Z_{1_x} y Z_{1_y} son conocidos por la ecuación 5.8*a* con z y φ supuestos como selecciones libres. Para simplificar aún más la expresión, se combinan otros términos conocidos como:

$$\begin{aligned} A &= \cos\beta_2 - 1; & B &= \operatorname{sen}\beta_2; & C &= \cos\alpha_2 - 1 \\ D &= \operatorname{sen}\alpha_2; & E &= p_{21}\cos\delta_2; & F &= p_{21}\operatorname{sen}\delta_2 \end{aligned} \tag{5.8c}$$

al sustituir,

$$\begin{aligned} AW_{1_x} - BW_{1_y} + CZ_{1_x} - DZ_{1_y} &= E \\ AW_{1_y} + BW_{1_x} + CZ_{1_y} + DZ_{1_x} &= F \end{aligned} \tag{5.8d}$$

y la solución es:

$$\begin{aligned} W_{1_x} &= \frac{A\left(-CZ_{1_x} + DZ_{1_y} + E\right) + B\left(-CZ_{1_y} - DZ_{1_x} + F\right)}{-2A} \\ W_{1_y} &= \frac{A\left(-CZ_{1_y} - DZ_{1_x} + F\right) + B\left(CZ_{1_x} - DZ_{1_y} - E\right)}{-2A} \end{aligned} \tag{5.8e}$$

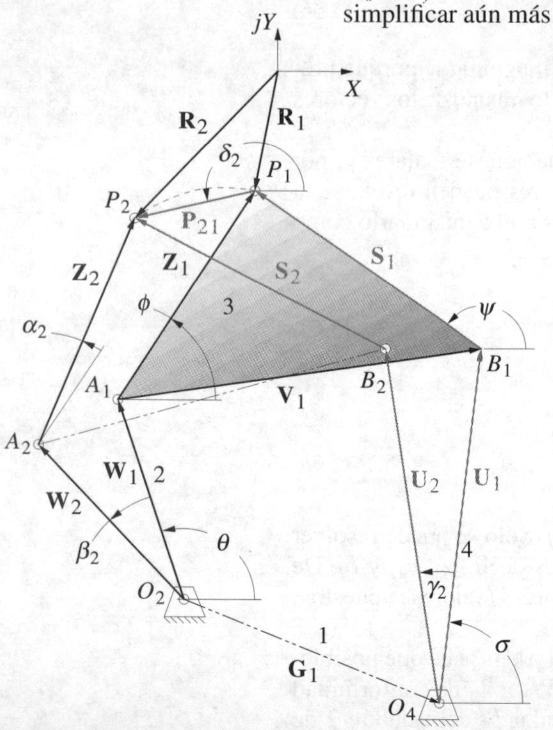

FIGURA 5-2 Díada derecha mostrada en dos posiciones

Cualquiera de estas estrategias da por resultado la definición de una díada izquierda $\mathbf{W}_1\mathbf{Z}_1$ y las ubicaciones de sus pivotes que proporcionarán la generación de movimiento especificado.

Se debe repetir el procedimiento para la díada derecha, $\mathbf{U}_1\mathbf{S}_1$. La figura 5-2 resalta las dos posiciones $\mathbf{U}_1\mathbf{S}_1$ y $\mathbf{U}_2\mathbf{S}_2$ de la díada derecha. El vector $\mathbf{U}_1$ inicialmente está al ángulo σ y se mueve al ángulo γ_2 de la posición 1 a la 2. El vector $\mathbf{S}_1$ inicialmente está al ángulo ψ. Obsérvese que la rotación del vector $\mathbf{S}$ de $\mathbf{S}_1$ a $\mathbf{S}_2$ es del mismo ángulo α_2 que el vector $\mathbf{Z}$, puesto que están en el mismo eslabón. Para esta díada se puede escribir una ecuación de lazo vectorial similar a la ecuación 5.3 (p. 161).

$$\mathbf{U}_2 + \mathbf{S}_2 - \mathbf{P}_{21} - \mathbf{S}_1 - \mathbf{U}_1 = 0 \tag{5.9a}$$

Se reescribe de nuevo en forma de variable compleja y se reúnen los términos.

$$ue^{j\sigma}\left(e^{j\gamma_2}-1\right)+se^{j\psi}\left(e^{j\alpha_2}-1\right)=p_{21}e^{j\delta_2} \tag{5.9b}$$

Cuando ésta se expande y se sustituyen los ángulos apropiados, las ecuaciones con las componentes x y y llegan a ser:

parte real:

$$\begin{aligned} &u\cos\sigma(\cos\gamma_2-1)-u\,\mathrm{sen}\,\sigma\;\mathrm{sen}\gamma_2 \\ &\quad+s\cos\psi(\cos\alpha_2-1)-s\,\mathrm{sen}\,\psi\;\mathrm{sen}\,\alpha_2=p_{21}\cos\delta_2 \end{aligned} \tag{5.10a}$$

parte imaginaria (con el operador complejo j eliminado):

$$\begin{aligned} &u\,\mathrm{sen}\,\sigma(\cos\gamma_2-1)+u\cos\sigma\;\mathrm{sen}\gamma_2 \\ &\quad+s\,\mathrm{sen}\,\psi(\cos\alpha_2-1)+s\cos\psi\;\mathrm{sen}\,\alpha_2=p_{21}\,\mathrm{sen}\,\delta_2 \end{aligned} \tag{5.10b}$$

Compare las ecuaciones 5.10 con las ecuaciones 5.6 (p. 161).

Se puede aplicar la misma estrategia a las ecuaciones 5.10 utilizadas para las ecuaciones 5.6 (p. 161) para resolver para las magnitudes de los vectores **U** y **S**, con valores supuestos para los ángulos σ, ψ y γ_2. Las cantidades p_{21}, δ_2 y α_2 están definidas en el enunciado del problema como antes.

En la ecuación 5.10*a* sea:

$$\begin{aligned} A&=\cos\sigma(\cos\gamma_2-1)-\mathrm{sen}\,\sigma\,\mathrm{sen}\,\gamma_2 \\ B&=\cos\psi(\cos\alpha_2-1)-\mathrm{sen}\,\psi\,\mathrm{sen}\,\alpha_2 \\ C&=p_{21}\cos\delta_2 \end{aligned} \tag{5.11a}$$

y en la ecuación 5.10*b*:

$$\begin{aligned} D&=\mathrm{sen}\,\sigma(\cos\gamma_2-1)+\cos\sigma\,\mathrm{sen}\,\gamma_2 \\ E&=\mathrm{sen}\,\psi(\cos\alpha_2-1)+\cos\psi\,\mathrm{sen}\,\alpha_2 \\ F&=p_{21}\,\mathrm{sen}\,\delta_2 \end{aligned} \tag{5.11b}$$

entonces:

$$\begin{aligned} Au+Bs&=C \\ Du+Es&=F \end{aligned} \tag{5.11c}$$

y al resolver simultáneamente,

$$u=\frac{CE-BF}{AE-BD};\qquad s=\frac{AF-CD}{AE-BD} \tag{5.11d}$$

Si se utiliza la segunda estrategia, al suponer el ángulo γ_2 y la magnitud y dirección del vector $\mathbf{S}_1$ (el cual definirá el eslabón 3), el resultado será:

$$\begin{aligned} U_{1_x}&=u\cos\sigma; & S_{1_x}&=s\cos\psi \\ U_{1_y}&=u\,\mathrm{sen}\,\sigma; & S_{1_y}&=s\,\mathrm{sen}\,\psi \end{aligned} \tag{5.12a}$$

Se sustituye en la ecuación 5.10:

$$\begin{aligned} &U_{1_x}(\cos\gamma_2-1)-U_{1_y}\,\mathrm{sen}\,\gamma_2 \\ &\quad+S_{1_x}(\cos\alpha_2-1)-S_{1_y}\,\mathrm{sen}\,\alpha_2=p_{21}\cos\delta_2 \\ &U_{1_y}(\cos\gamma_2-1)+U_{1_x}\,\mathrm{sen}\,\gamma_2 \\ &\quad+S_{1_y}(\cos\alpha_2-1)+S_{1_x}\,\mathrm{sen}\,\alpha_2=p_{21}\,\mathrm{sen}\,\delta_2 \end{aligned} \tag{5.12b}$$

Sea:

$$\begin{aligned} &A=\cos\gamma_2-1; & &B=\mathrm{sen}\,\gamma_2; & &C=\cos\alpha_2-1 \\ &D=\mathrm{sen}\,\alpha_2; & &E=p_{21}\cos\delta_2; & &F=p_{21}\,\mathrm{sen}\,\delta_2 \end{aligned} \tag{5.12c}$$

Se sustituye en la ecuación 5.12*b*,

$$\begin{aligned} AU_{1_x}-BU_{1_y}+CS_{1_x}-DS_{1_y}&=E \\ AU_{1_y}+BU_{1_x}+CS_{1_y}+DS_{1_x}&=F \end{aligned} \tag{5.12d}$$

y la solución es:

$$\begin{aligned} U_{1_x}&=\frac{A\left(-CS_{1_x}+DS_{1_y}+E\right)+B\left(-CS_{1_y}-DS_{1_x}+F\right)}{-2A} \\ U_{1_y}&=\frac{A\left(-CS_{1_y}-DS_{1_x}+F\right)+B\left(CS_{1_x}-DS_{1_y}-E\right)}{-2A} \end{aligned} \tag{5.12e}$$

Observe que existe una infinidad de soluciones posibles a este problema porque se puede elegir cualquier conjunto de valores para las tres elecciones libres de variables, en este caso de dos posiciones. Técnicamente existe una infinidad de soluciones por cada elección libre. ¡Tres elecciones dan entonces una infinidad elevada al cubo de soluciones! Pero como infinito se define como un número mayor que el número más grande en que se pueda pensar, infinito al cubo no es más impresionante que sólo el infinito ordinario. Si bien matemáticamente no es del todo correcto, por simplicidad se hará referencia a estos casos como los que tienen "una infinidad de soluciones", sin importar la potencia a la que se pudiera elevar el infinito como consecuencia de la derivación. Existe un sinnúmero de soluciones de donde escoger. *Desafortunadamente, no todas funcionarán.* Algunas tendrán defectos de circuito, rama o grado (CBO, por sus siglas en inglés) tales como posiciones de límite entre los puntos de precisión. Otras tendrán ángulos de transmisión o ubicaciones de los pivotes deficientes o eslabones demasiado grandes. El juicio en el diseño es todavía importante al seleccionar los valores supuestos de sus elecciones libres. Pese a su nombre, más adelante se deben pagar las consecuencias de esas "elecciones libres". ¡Haga un modelo!

5.5 COMPARACIÓN DE SÍNTESIS ANALÍTICA Y GRÁFICA DE DOS POSICIONES

Observe que en la **solución gráfica** a este problema de síntesis de dos posiciones (en el ejemplo 3-3, p. 76, y la figura 3-6, p. 76), también se tuvieron que hacer *tres elecciones libres* para resolver el problema. El problema de síntesis de dos posiciones, idéntico a la figura 3-6, se reproduce en la figura 5-3. El método empleado en el ejemplo 3-3 utilizó los dos puntos A y B como puntos de fijación para los pivotes móviles. La figura 5-3*a* muestra la construcción gráfica utilizada para localizar los pivotes fijos O_2 y O_4. Para la solución analítica se utilizarán los puntos A y B como juntas de las dos díadas **WZ** y **US**. Estas díadas coinciden en el punto P, el cual es el punto de precisión. El vector de posición relativa $\mathbf{P}_{21}$ define el desplazamiento del punto de precisión.

Observe que en la solución gráfica se definió implícitamente el vector de díada izquierda **Z** con la localización de los puntos de fijación A y B en el eslabón 3, como se muestra en la figura 5-3*a*. Esto definió las dos variables, z y φ. También, implícitamente, se eligió el valor de w al seleccionar una ubicación arbitraria para el pivote O_2 en la bisectriz perpendicular. Cuando se hizo esa tercera elección, las dos incógnitas restantes, los ángulos β_2 y θ, fueron determinados gráficamente al mismo tiempo, porque la construcción gráfica fue de hecho un "cálculo" gráfico para la solución de las dos ecuaciones simultáneas 5.8*a* (p. 162).

Los métodos gráfico y analítico representan dos soluciones alternas al mismo problema. Todos estos problemas pueden resolverse tanto analítica como gráficamente. Un método puede constituir una buena verificación para el otro. A continuación se resolverá este problema analíticamente y se correlacionarán los resultados con la solución gráfica del capítulo 3.

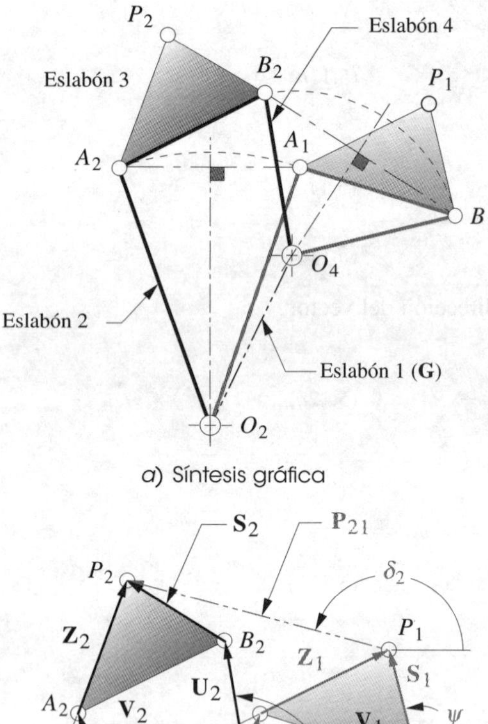

a) Síntesis gráfica

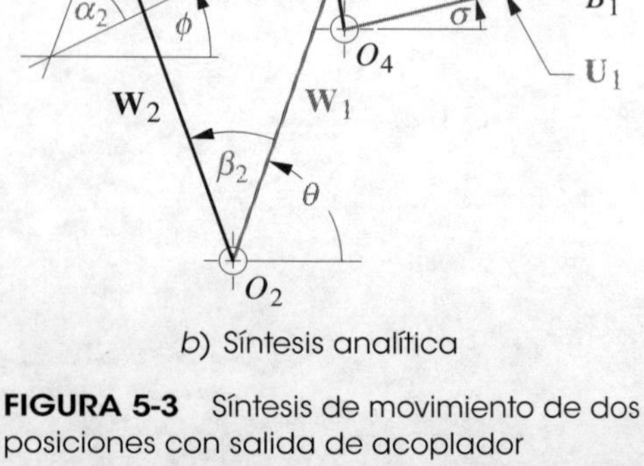

b) Síntesis analítica

FIGURA 5-3 Síntesis de movimiento de dos posiciones con salida de acoplador

EJEMPLO 5-1 Síntesis analítica de movimiento de dos posiciones.

Problema: Diseñe un mecanismo de cuatro barras para mover el eslabón APB mostrado de la posición $A_1P_1B_1$ a $A_2P_2B_2$.

Solución: (Véase la figura 5-3.)

1 Dibuje el eslabón APB en sus dos posiciones deseadas, $A_1P_1B_1$ y $A_2P_2B_2$ a escala en el plano como se muestra.

2 Mida o calcule los valores de la magnitud y el ángulo del vector $\mathbf{P}_{21}$, es decir, p_{21} y δ_2. En este ejemplo son:

$$p_{21} = 2.416; \qquad \delta_2 = 165.2°$$

3 Mida o calcule el valor del cambio de ángulo, α_2, del vector **Z** de la posición 1 a la posición 2. En este ejemplo es:

$$\alpha_2 = 43.3°$$

4 Los tres valores en los pasos 2 y 3 son los únicos definidos en el enunciado del problema. Se deben suponer tres "elecciones libres" más para resolver el problema. El método dos (véanse las ecuaciones 5.8, p. 162) elige la longitud z y el ángulo φ del vector **Z** y β_2, el cambio de ángulo del vector **W**. Para obtener la misma solución que el método gráfico producido en la figura 5-3*a* (con la infinidad de soluciones disponibles), se elegirán los valores compatibles con la solución gráfica.

$$z = 1.298; \qquad \varphi = 26.5°; \qquad \beta_2 = 38.4°$$

5 Sustituya estos seis valores en las ecuaciones 5.8 y obtenga:

$$w = 2.467 \qquad \theta = 71.6°$$

6 Compárelos con la solución gráfica;

$$w = 2.48 \qquad \theta = 71°$$

la cual es una correspondencia razonable dada la precisión gráfica. Este vector $\mathbf{W}_1$ es el eslabón 2 del mecanismo de cuatro barras.

7 Repita el procedimiento para el eslabón 4 del mecanismo. Las elecciones libres ahora serán:

$$s = 1.035; \qquad \psi = 104.1°; \qquad \gamma_2 = 85.6°$$

8 Sustituya estos tres valores junto con los tres valores originales de los pasos 2 y 3 en las ecuaciones 5.12 (p. 163) y obtenga:

$$u = 1.486 \qquad \sigma = 15.4°$$

9 Compárelos con la solución gráfica:

$$u = 1.53 \qquad \sigma = 14°$$

Éstos son una correspondencia razonable dada la precisión gráfica. El vector $\mathbf{U}_1$ es el eslabón 4 del mecanismo de cuatro barras.

10 La línea A_1B_1 es el eslabón 3 y puede encontrarse con la ecuación 5.2*a* (p. 161). La línea O_2O_4 es el eslabón 1 y puede encontrarse con la ecuación 5.2*b* (p. 161).

11 Verifique la condición de Grashof, y repita los pasos 4 a 7 si no está satisfecho. Observe que cualquier condición es potencialmente aceptable en este caso.

12 Construya un modelo en CAD o de cartón y verifique su funcionamiento para asegurarse de que puede ir de la posición inicial a la final sin que encuentre posiciones límite (de agarrotamiento).

13 Revise los ángulos de transmisión.

Mediante el archivo E05-01.4br, que se abre con el programa LINKAGES, se puede ver el ejemplo 5-1.

5.6 SOLUCIÓN DE ECUACIONES SIMULTÁNEAS

Estos métodos de síntesis analítica conducen a conjuntos de ecuaciones lineales simultáneas. El problema de síntesis de dos posiciones produce dos ecuaciones simultáneas que pueden resolverse mediante sustitución directa. El problema de síntesis de tres posiciones conduce a un sistema de cuatro ecuaciones lineales simultáneas y requiere un método de solución más complicado. Un método conveniente para la solución de conjuntos de ecuaciones simultáneas lineales es ponerlas en forma matricial estándar y utilizar un resolvedor de matrices numéricas para obtener las respuestas. Los resolvedores de matrices vienen incorporados en la mayoría de calculadoras de bolsillo científicas y de ingeniería. Algunos paquetes de hoja de cálculo y resolvedores de ecuaciones también solucionan matrices.

Como un ejemplo considérese el siguiente conjunto de ecuaciones simultáneas:

$$\begin{aligned} -2x_1 \quad -x_2 \quad +x_3 &= -1 \\ x_1 \quad +x_2 \quad +x_3 &= 6 \\ 3x_1 \quad +x_2 \quad -x_3 &= 2 \end{aligned} \tag{5.13a}$$

Un sistema así de pequeño puede resolverse a mano mediante el método de eliminación, pero se plantea en forma matricial para demostrar el método general que funcionará sin importar el número de ecuaciones. Las ecuaciones 5.13*a* pueden escribirse como el producto de dos matrices igual a la tercera matriz.

$$\begin{bmatrix} -2 & -1 & 1 \\ 1 & 1 & 1 \\ 3 & 1 & -1 \end{bmatrix} \times \begin{bmatrix} x_1 \\ x_2 \\ x_3 \end{bmatrix} = \begin{bmatrix} -1 \\ 6 \\ 2 \end{bmatrix} \tag{5.13b}$$

Se hace referencia a estas matrices como **A**, **B** y **C**,

$$[\mathbf{A}] \quad \times \quad [\mathbf{B}] \quad = \quad [\mathbf{C}] \tag{5.13c}$$

donde **A** es la matriz de coeficientes de las incógnitas, **B** es un vector columna de los términos desconocidos y **C** es una columna de vectores de términos constantes. Cuando la matriz **A** es multiplicada por **B**, el resultado puede ser el mismo del lado izquierdo de la ecuación 5.13*a*. Véase cualquier texto de álgebra lineal que hace referencia[7] a la discusión del procedimiento de multiplicación de matrices.

Si la ecuación 5.13*c* fuera una ecuación escalar

$$ab = c \tag{5.14a}$$

en vez de una ecuación de vector (matriz), sería muy fácil resolverla para determinar la incógnita b cuando a y c son conocidas. Simplemente se dividiría c entre a para encontrar b.

$$b = \frac{c}{a} \tag{5.14b}$$

Desafortunadamente, la división no está definida para matrices, así que se debe utilizar otro método. Observe que también se puede expresar la división en la ecuación 5.14*b* como:

$$b = a^{-1}c \tag{5.14c}$$

Si las ecuaciones que se van a resolver son linealmente independientes, entonces se puede encontrar la inversa de la matriz **A** y multiplicarla por la matriz **C** para encontrar **B**. La inversa de una matriz se define como la matriz que, cuando se multiplica por la matriz original, produce la matriz identidad. La **matriz identidad** es una matriz cuadrada con números uno en la diagonal principal y ceros en todas las demás partes. La inversa de una matriz está denotada por la adición de un superíndice de uno negativo al símbolo de la matriz original.

$$[\mathbf{A}]^{-1} \times [\mathbf{A}] = [\mathbf{I}] = \begin{bmatrix} 1 & 0 & 0 \\ 0 & 1 & 0 \\ 0 & 0 & 1 \end{bmatrix} \tag{5.15}$$

No todas las matrices poseerán una inversa. El determinante de la matriz debe ser no cero para que exista una inversa. La clase de problemas aquí abordados darán matrices que tienen inversas siempre que todos los datos sean calculados de manera correcta para introducirlos en la matriz y representen un sistema físico real. El cálculo de los términos de la inversa de una matriz es un proceso numérico complicado que requiere una computadora o una calculadora de bolsillo preprogramada para invertir cualquier matriz de tamaño significativo. Para encontrar una inversa, en general se utiliza un método numérico de eliminación de Gauss-Jordan. En nuestro ejemplo simple de la ecuación 5.13 (p. 165) la inversa de la matriz **A** es:

$$\begin{bmatrix} -2 & -1 & 1 \\ 1 & 1 & 1 \\ 3 & 1 & -1 \end{bmatrix}^{-1} = \begin{bmatrix} 1.0 & 0.0 & 1.0 \\ -2.0 & 0.5 & -1.5 \\ 1.0 & 0.5 & 0.5 \end{bmatrix} \tag{5.16}$$

Si se puede encontrar la inversa de la matriz **A**, se puede resolver la ecuación 5.13 (p. 165) para las incógnitas **B** al multiplicar ambos lados de la ecuación por la inversa **A**. Observe que, a diferencia de la multiplicación escalar, la multiplicación de matrices no es conmutativa; es decir, **A** × **B** no es igual a **B** × **A**. Se premultiplicará cada lado de la ecuación por la inversa.

$$[\mathbf{A}]^{-1} \times [\mathbf{A}] \times [\mathbf{B}] = [\mathbf{A}]^{-1} \times [\mathbf{C}]$$

pero:

$$[\mathbf{A}]^{-1} \times [\mathbf{A}] = [\mathbf{I}] \tag{5.17}$$

por lo tanto:

$$[\mathbf{B}] = [\mathbf{A}]^{-1} \times [\mathbf{C}]$$

El producto de **A** y su inversa en el lado izquierdo de la ecuación es igual a la matriz identidad **I**. Multiplicar por la matriz identidad equivale, en términos escalares, a multiplicar por uno, de modo que no afecta el resultado. Por lo tanto, se pueden encontrar las incógnitas al premultiplicar la inversa de la matriz de coeficientes **A** por la matriz de términos constantes **C**.

Este método de solución funciona sin importar cuántas ecuaciones estén presentes, mientras la inversa de **A** pueda encontrarse y se disponga de suficiente memoria o tiempo de computadora para realizar el cálculo. Observe que en realidad no es necesario encontrar la inversa de la matriz **A** para resolver el conjunto de ecuaciones. El algoritmo de Gauss-Jordan que encuentra la inversa también puede utilizarse para encontrar directamente las incógnitas **B** al ensamblar las matrices **A** y **C** en la forma de una **matriz aumentada** de n filas y $n + 1$ columnas. La columna agregada es el vector **C**.

Este método requiere menos cálculos, por lo que es más rápido y preciso. La matriz aumentada en este ejemplo es:

$$\begin{bmatrix} -2 & -1 & 1 & -1 \\ 1 & 1 & 1 & 6 \\ 3 & 1 & -1 & 2 \end{bmatrix} \tag{5.18a}$$

El algoritmo de Gauss-Jordan manipula esta matriz aumentada hasta que está en la forma mostrada a continuación, en la que la parte izquierda cuadrada ha sido reducida a la matriz identidad, y la columna de más a la derecha contiene los valores del vector columna de incógnitas. En este caso, los resultados son $x_1 = 1$, $x_2 = 2$ y $x_3 = 3$, los cuales son la solución correcta de las ecuaciones originales 5.13 (p. 165).

$$\begin{bmatrix} 1 & 0 & 0 & 1 \\ 0 & 1 & 0 & 2 \\ 0 & 0 & 1 & 3 \end{bmatrix} \tag{5.18b}$$

El programa LINKAGES adjunto con este texto resuelve estos problemas con el método de eliminación de Gauss-Jordan y opera la matriz aumentada sin encontrar en realidad la inversa de **A** en forma explícita. Véase el apéndice A para instrucciones sobre la ejecución del programa LINKAGES. Para una revisión del álgebra matricial véase la referencia [7].

5.7 GENERACIÓN DE MOVIMIENTO DE TRES POSICIONES MEDIANTE SÍNTESIS ANALÍTICA

El mismo método de definición de dos díadas, una en cada extremo del mecanismo de cuatro barras, utilizado para la síntesis de movimiento de dos posiciones puede ampliarse a tres, cuatro y cinco posiciones en el plano. Ahora se abordará el problema de síntesis de movimiento de tres posiciones. La figura 5-4 muestra un mecanismo de cuatro barras en una posición general, con un punto del acoplador localizado en el primer punto de precisión P_1. También se muestran la segunda y tercera posiciones de precisión (puntos P_2 y P_3). Éstas deben ser alcanzadas por la rotación del balancín de entrada, eslabón 2, a través de ángulos aún no especificados β_2 y β_3. Observe también que los ángulos del eslabón acoplador 3 en cada uno de los puntos de precisión están definidos por los ángulos de los vectores de posición $\mathbf{Z}_1$, $\mathbf{Z}_2$ y $\mathbf{Z}_3$. El mecanismo mostrado en la figura es esquemático. Al principio, sus dimensiones son desconocidas y deben encontrarse mediante esta técnica de síntesis. Así, por ejemplo, la longitud del vector de posición $\mathbf{Z}_1$ como se muestra no indica la longitud final de ese borde del eslabón 3, ni las longitudes o ángulos de cualquiera de los eslabones mostrados predicen el resultado final.

El enunciado del problema es:

Diseñe un mecanismo de cuatro barras que moverá una línea localizada en su eslabón acoplador, de modo que un punto P en ella esté primero en P_1, después en P_2, y aún mucho después en P_3, y que también haga girar la línea un ángulo α_2 entre las primeras dos posiciones de precisión y un ángulo α_3 entre la primera y tercera posiciones de precisión. Encuentre las longitudes y ángulos de los cuatro eslabones y las dimensiones del eslabón acoplador A_1P_1 y B_1P_1, como se muestra en la figura 5-4.

El procedimiento de síntesis analítica de movimiento de tres posiciones es el siguiente:

Por conveniencia, se sitúa el sistema de coordenadas XY global en el primer punto de precisión P_1. Se definen las otras dos posiciones de precisión en el plano con respecto a este sistema global, como se muestra en la figura 5-4. Los vectores de diferencia de posición $\mathbf{P}_{21}$ trazados de P_1 a P_2 y $\mathbf{P}_{31}$, trazado de P_1 a P_3 tienen ángulos δ_2 y δ_3, respectivamente. Los vectores de diferencia de posición $\mathbf{P}_{21}$ y $\mathbf{P}_{31}$

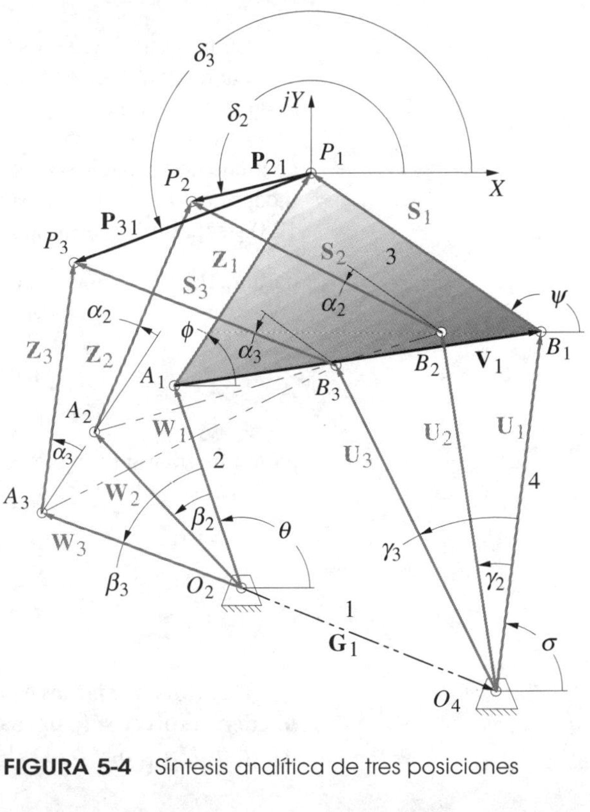

FIGURA 5-4 Síntesis analítica de tres posiciones

definen el desplazamiento del movimiento de salida del punto P de la posición 1 a la 2 y de la 1 a la 3, respectivamente.

La díada $\mathbf{W}_1\mathbf{Z}_1$ define la mitad izquierda del mecanismo. La díada $\mathbf{U}_1\mathbf{S}_1$ define la mitad derecha del mecanismo. Los vectores $\mathbf{Z}_1$ y $\mathbf{S}_1$ están insertados en el acoplador rígido (eslabón 3), y ambos girarán el mismo ángulo α_2 de la posición 1 a la 2 y el ángulo α_3 de la posición 1 a la 3. La longitud pasador a pasador y el ángulo del eslabón 3 (vector $\mathbf{V}_1$) está definida en función de los vectores $\mathbf{Z}_1$ y $\mathbf{S}_1$, como en la ecuación 5.2*a* (p. 161). El eslabón fijo, como antes, está definido por la ecuación 5.2*b*.

Como se hizo en el caso de dos posiciones, primero se resolverá para el lado izquierdo del mecanismo (vectores $\mathbf{W}_1$ y $\mathbf{Z}_1$) y luego se utilizará el mismo procedimiento para resolver para el lado derecho (vectores $\mathbf{U}_1$ y $\mathbf{S}_1$). Para resolver para $\mathbf{W}_1$ y $\mathbf{Z}_1$ se tienen que escribir ahora **dos ecuaciones de lazo vectorial**, una alrededor del lazo que incluye las posiciones P_1 y P_2, y la segunda alrededor del lazo que incluye las posiciones P_1 y P_3 (véase la figura 5-4, p. 167). Se procede en el sentido de las manecillas del reloj alrededor del primer lazo para el movimiento de la posición 1 a la 2, al comenzar con $\mathbf{W}_2$, y luego se escribe la segunda ecuación de lazo vectorial para el movimiento de la posición 1 a la 3 al comenzar con $\mathbf{W}_3$.

$$\begin{aligned} \mathbf{W}_2 + \mathbf{Z}_2 - \mathbf{P}_{21} - \mathbf{Z}_1 - \mathbf{W}_1 = 0 \\ \mathbf{W}_3 + \mathbf{Z}_3 - \mathbf{P}_{31} - \mathbf{Z}_1 - \mathbf{W}_1 = 0 \end{aligned} \tag{5.19}$$

Al sustituir los vectores con sus equivalentes de número complejo:

$$\begin{aligned} we^{j(\theta+\beta_2)} + ze^{j(\phi+\alpha_2)} - p_{21}e^{j\delta_2} - ze^{j\phi} - we^{j\theta} = 0 \\ we^{j(\theta+\beta_3)} + ze^{j(\phi+\alpha_3)} - p_{31}e^{j\delta_3} - ze^{j\phi} - we^{j\theta} = 0 \end{aligned} \tag{5.20}$$

Al volver a escribir las sumas de los ángulos en los exponentes como producto de términos:

$$\begin{aligned} we^{j\theta}e^{j\beta_2} + ze^{j\phi}e^{j\alpha_2} - p_{21}e^{j\delta_2} - ze^{j\phi} - we^{j\theta} = 0 \\ we^{j\theta}e^{j\beta_3} + ze^{j\phi}e^{j\alpha_3} - p_{31}e^{j\delta_3} - ze^{j\phi} - we^{j\theta} = 0 \end{aligned} \tag{5.21a}$$

Al simplificar y reacomodar:

$$\begin{aligned} we^{j\theta}\left(e^{j\beta_2} - 1\right) + ze^{j\phi}\left(e^{j\alpha_2} - 1\right) = p_{21}e^{j\delta_2} \\ we^{j\theta}\left(e^{j\beta_3} - 1\right) + ze^{j\phi}\left(e^{j\alpha_3} - 1\right) = p_{31}e^{j\delta_3} \end{aligned} \tag{5.21b}$$

La magnitud w de los vectores $\mathbf{W}_1$, $\mathbf{W}_2$ y $\mathbf{W}_3$ es la misma en las tres posiciones porque representa la misma línea en un eslabón rígido. Se puede decir lo mismo de los vectores $\mathbf{Z}_1$, $\mathbf{Z}_2$ y $\mathbf{Z}_3$ cuya magnitud común es z.

Las ecuaciones 5.21 son un conjunto de dos ecuaciones vectoriales, cada una de las cuales contiene dos ecuaciones escalares. Este conjunto de cuatro ecuaciones puede resolverse para cuatro incógnitas. La ecuación escalar puede revelarse al sustituir la identidad de Euler (ecuación 4.4*a*, p. 128) y separar los términos real e imaginario, como se hizo en el ejemplo de dos posiciones anterior.

parte real:

$$\begin{aligned} &w\cos\theta(\cos\beta_2 - 1) - w\,\mathrm{sen}\,\theta\,\mathrm{sen}\,\beta_2 \\ &\quad + z\cos\phi(\cos\alpha_2 - 1) - z\,\mathrm{sen}\,\phi\,\mathrm{sen}\,\alpha_2 = p_{21}\cos\delta_2 \end{aligned} \tag{5.22a}$$

$$\begin{aligned} &w\cos\theta(\cos\beta_3 - 1) - w\,\mathrm{sen}\,\theta\,\mathrm{sen}\,\beta_3 \\ &\quad + z\cos\phi(\cos\alpha_3 - 1) - z\,\mathrm{sen}\,\phi\,\mathrm{sen}\,\alpha_3 = p_{31}\cos\delta_3 \end{aligned} \tag{5.22b}$$

parte imaginaria (con el operador complejo j eliminado):

$$\begin{aligned} &w\,\mathrm{sen}\,\theta(\cos\beta_2 - 1) + w\cos\theta\,\mathrm{sen}\,\beta_2 \\ &\quad + z\,\mathrm{sen}\,\phi(\cos\alpha_2 - 1) + z\cos\phi\,\mathrm{sen}\,\alpha_2 = p_{21}\,\mathrm{sen}\,\delta_2 \end{aligned} \tag{5.22c}$$

$$\begin{aligned} &w\,\mathrm{sen}\,\theta(\cos\beta_3 - 1) + w\cos\theta\,\mathrm{sen}\,\beta_3 \\ &\quad + z\,\mathrm{sen}\,\phi(\cos\alpha_3 - 1) + z\cos\phi\,\mathrm{sen}\,\alpha_3 = p_{31}\,\mathrm{sen}\,\delta_3 \end{aligned} \tag{5.22d}$$

Hay **doce variables** en estas cuatro ecuaciones 5.22: w, θ, β_2, β_3, z, φ, α_2, α_3, p_{21}, p_{31}, δ_2 y δ_3. **Se pueden resolver sólo para cuatro**. Seis de ellas se definieron en el enunciado del problema, a saber α_2, α_3, p_{21}, p_{31}, δ_2 y δ_3. De las seis restantes, w, θ, β_2, β_3, z, φ, se deben **elegir dos como elecciones**

libres (valores supuestos) para determinar las otras cuatro. Una estrategia es suponer valores para los dos ángulos β_2 y β_3, sobre la premisa de que es posible que se quieran especificar las desviaciones angulares del eslabón 2 para satisfacer alguna restricción motriz. (Esta elección también tiene el beneficio de conducir a un conjunto de ecuaciones lineales para solución simultánea.)

Esto deja a las magnitudes y ángulos de los vectores **W** y **Z** pendientes de ser encontrados (w, θ, z, φ). Para simplificar la solución, se pueden sustituir las siguientes relaciones para obtener las componentes x y y de los dos vectores desconocidos **W** y **Z**, en lugar de sus coordenadas polares.

$$\begin{aligned} W_{1_x} &= w\cos\theta; & Z_{1_x} &= z\cos\phi \\ W_{1_y} &= w\,\mathrm{sen}\,\theta; & Z_{1_y} &= z\,\mathrm{sen}\,\phi \end{aligned} \tag{5.23}$$

Al sustituir las ecuaciones 5.23 en las 5.22, se obtiene:

$$\begin{aligned} &W_{1_x}(\cos\beta_2 - 1) - W_{1_y}\,\mathrm{sen}\,\beta_2 \\ &\quad + Z_{1_x}(\cos\alpha_2 - 1) - Z_{1_y}\,\mathrm{sen}\,\alpha_2 = p_{21}\cos\delta_2 \end{aligned} \tag{5.24a}$$

$$\begin{aligned} &W_{1_x}(\cos\beta_3 - 1) - W_{1_y}\,\mathrm{sen}\,\beta_3 \\ &\quad + Z_{1_x}(\cos\alpha_3 - 1) - Z_{1_y}\,\mathrm{sen}\,\alpha_3 = p_{31}\cos\delta_3 \end{aligned} \tag{5.24b}$$

$$\begin{aligned} &W_{1_y}(\cos\beta_2 - 1) + W_{1_x}\,\mathrm{sen}\,\beta_2 \\ &\quad + Z_{1_y}(\cos\alpha_2 - 1) + Z_{1_x}\,\mathrm{sen}\,\alpha_2 = p_{21}\,\mathrm{sen}\,\delta_2 \end{aligned} \tag{5.24c}$$

$$\begin{aligned} &W_{1_y}(\cos\beta_3 - 1) + W_{1_x}\,\mathrm{sen}\,\beta_3 \\ &\quad + Z_{1_y}(\cos\alpha_3 - 1) + Z_{1_x}\,\mathrm{sen}\,\alpha_3 = p_{31}\,\mathrm{sen}\,\delta_3 \end{aligned} \tag{5.24d}$$

Éstas son cuatro ecuaciones en las cuatro incógnitas W_{1_x}, W_{1_y}, Z_{1_x} y Z_{1_y}. Si se hacen los coeficientes que contienen los términos supuestos y especificados iguales a algunas constantes, se puede simplificar la notación y obtener las siguientes soluciones.

$$\begin{aligned} A &= \cos\beta_2 - 1; & B &= \mathrm{sen}\,\beta_2; & C &= \cos\alpha_2 - 1 \\ D &= \mathrm{sen}\,\alpha_2; & E &= p_{21}\cos\delta_2; & F &= \cos\beta_3 - 1 \\ G &= \mathrm{sen}\,\beta_3; & H &= \cos\alpha_3 - 1; & K &= \mathrm{sen}\,\alpha_3 \\ L &= p_{31}\cos\delta_3; & M &= p_{21}\,\mathrm{sen}\,\delta_2; & N &= p_{31}\,\mathrm{sen}\,\delta_3 \end{aligned} \tag{5.25}$$

Al sustituir las ecuaciones 5.25 en las 5.24 para simplificar:

$$AW_{1_x} - BW_{1_y} + CZ_{1_x} - DZ_{1_y} = E \tag{5.26a}$$

$$FW_{1_x} - GW_{1_y} + HZ_{1_x} - KZ_{1_y} = L \tag{5.26b}$$

$$BW_{1_x} + AW_{1_y} + DZ_{1_x} + CZ_{1_y} = M \tag{5.26c}$$

$$GW_{1_x} + FW_{1_y} + KZ_{1_x} + HZ_{1_y} = N \tag{5.26d}$$

Este sistema puede expresarse en forma de matriz estándar:

$$\begin{bmatrix} A & -B & C & -D \\ F & -G & H & -K \\ B & A & D & C \\ G & F & K & H \end{bmatrix} \times \begin{bmatrix} W_{1_x} \\ W_{1_y} \\ Z_{1_x} \\ Z_{1_y} \end{bmatrix} = \begin{bmatrix} E \\ L \\ M \\ N \end{bmatrix} \tag{5.27}$$

Ésta es la forma general de la ecuación 5.13*c* (p. 165). El vector de incógnitas **B** puede resolverse al premultiplicar la inversa de la matriz **A** de coeficientes por el vector de constantes **C**, o al formar la matriz aumentada, como en la ecuación 5.18 (p. 167). En cualquier problema numérico, la inversa de una matriz 4 × 4 puede ser encontrada mediante una gran variedad de calculadoras de bolsillo. El programa LINKAGES adjunto con este texto también resolverá la ecuación matricial aumentada.

Las ecuaciones 5.25 y 5.26 resuelven el problema de síntesis de tres posiciones para el lado izquierdo del mecanismo con cualquier par de valores supuestos para β_2 y β_3. Se debe repetir el proceso anterior para el lado derecho del mecanismo para encontrar los vectores **U** y **S**. La figura 5-4 (p. 167) también muestra las tres posiciones de la díada **US** y los ángulos σ, γ_2, γ_3, ψ, α_2 y α_3, los cuales definen las rotaciones de los vectores para las tres posiciones. La derivación de la solución para la díada derecha, **US**, es idéntica a la realizada para la díada izquierda **WZ**. Los ángulos y nombres de los vectores son la única diferencia. Las ecuaciones de lazo vectorial son:

$$\mathbf{U}_2 + \mathbf{S}_2 - \mathbf{P}_{21} - \mathbf{S}_1 - \mathbf{U}_1 = 0$$
$$\mathbf{U}_3 + \mathbf{S}_3 - \mathbf{P}_{31} - \mathbf{S}_1 - \mathbf{U}_1 = 0 \tag{5.28}$$

Al sustituir, simplificar y reacomodar:

$$ue^{j\sigma}\left(e^{j\gamma_2} - 1\right) + se^{j\psi}\left(e^{j\alpha_2} - 1\right) = p_{21}e^{j\delta_2}$$
$$ue^{j\sigma}\left(e^{j\gamma_3} - 1\right) + se^{j\psi}\left(e^{j\alpha_3} - 1\right) = p_{31}e^{j\delta_3} \tag{5.29}$$

La solución requiere que se hagan dos elecciones libres. Se supondrán valores para los ángulos γ_2 y γ_3. Observe que α_2 y α_3 son los mismos que para la díada **WZ**. Se resolverá, en realidad, para los ángulos σ y ψ, y se encontrarán las componentes x y y de los vectores **U** y **S**. La solución es:

$$\begin{aligned}
&A = \cos\gamma_2 - 1; && B = \operatorname{sen}\gamma_2; && C = \cos\alpha_2 - 1\\
&D = \operatorname{sen}\alpha_2; && E = p_{21}\cos\delta_2; && F = \cos\gamma_3 - 1\\
&G = \operatorname{sen}\gamma_3; && H = \cos\alpha_3 - 1; && K = \operatorname{sen}\alpha_3\\
&L = p_{31}\cos\delta_3; && M = p_{21}\operatorname{sen}\delta_2; && N = p_{31}\operatorname{sen}\delta_3
\end{aligned} \tag{5.30}$$

$$AU_{1_x} - BU_{1_y} + CS_{1_x} - DS_{1_y} = E \tag{5.31a}$$
$$FU_{1_x} - GU_{1_y} + HS_{1_x} - KS_{1_y} = L \tag{5.31b}$$
$$BU_{1_x} + AU_{1_y} + DS_{1_x} + CS_{1_y} = M \tag{5.31c}$$
$$GU_{1_x} + FU_{1_y} + KS_{1_x} + HS_{1_y} = N \tag{5.31d}$$

Las ecuaciones 5.31 pueden resolverse mediante el mismo método de las ecuaciones 5.27 (p. 169) y 5.18 (p. 167), si se cambia *W* a *U* y *Z* a *S* y se utilizan las definiciones de las constantes dadas en las ecuaciones 5.30 y 5.27.

También es evidente que existe una infinidad de soluciones a este problema de síntesis de tres posiciones. Una selección inapropiada de las dos elecciones libres podría llevar a una solución con problemas de circuito, ramo o grado al moverse entre todas las posiciones especificadas. Por lo tanto, hay que verificar la función de la solución sintetizada con éste o cualquier otro método. Un modelo simple es la comprobación más rápida.

5.8 COMPARACIÓN DE SÍNTESIS ANALÍTICA Y GRÁFICA DE TRES POSICIONES

La figura 5-5 (p. 172) muestra el mismo problema de síntesis de tres posiciones solucionado de manera gráfica en el ejemplo 3-6 (p. 78). Compárese esta figura con la figura 3-9 (p. 78). La rotulación fue cambiada para que fuera compatible con la notación en este capítulo. Los puntos P_1, P_2 y P_3 corresponden a los tres puntos marcados como *D* en la figura 3-9. Los puntos A_1, A_2 y A_3 corresponden a los puntos *E*; los puntos B_1, B_2 y B_3 corresponden a los puntos *F*. La vieja línea *AP* se convierte en el vector **Z** actual. El punto *P* es el punto del acoplador que recorrerá los puntos de precisión especificados, P_1, P_2 y P_3. Los puntos *A* y *B* son los puntos de fijación para los balancines (eslabones 2 y 4, respectivamente) en el acoplador (eslabón 3). Se quiere encontrar las coordenadas de los vectores **W**, **Z**, **U** y **S**, las cuales definen no sólo las longitudes de los eslabones, sino también las ubicaciones de los pivotes fijos O_2 y O_4 en el plano y las longitudes de los eslabones 3 y 1. El eslabón 1 es el vector **G** en la figura 5-4 (p. 167) y puede encontrarse con la ecuación 5.2*b* (p. 161). El eslabón 3 es el vector **V** encontrado con la ecuación 5.2*a* (p. 161).

Se deben hacer cuatro elecciones libres para restringir el problema a una solución particular de la infinidad de soluciones disponibles. En este caso, los valores de los ángulos de los eslabones β_2, β_3, γ_2 y γ_3 que se eligieron son los mismos que los valores encontrados en la solución gráfica del ejemplo 3-6 (p. 78) para obtener la misma solución como comprobación y comparación. Recuerde que cuando se realizó la solución de síntesis gráfica de tres posiciones de este mismo problema, en realidad se tuvieron que hacer cuatro elecciones libres. Éstas fueron las coordenadas *x*, *y*, las ubicaciones de los pivotes móviles *E* y *F* en la figura 3-9 (p. 78) que, en este caso, corresponden conceptualmente a nuestras cuatro elecciones libres de los ángulos de los eslabones.

El ejemplo 3-5 (p. 77) también ilustra una solución gráfica de este mismo problema que resulta de la elección libre de las coordenadas *x*, *y*, de los puntos *C* y *D* en el acoplador para los pivotes móviles (véase la figura 3-8, p. 78, y el ejemplo 3-5, p. 77). Se encontraron algunos problemas con posiciones de agarrotamiento en esa solución y se volvieron a realizar con los puntos *E* y *F* como pivotes móviles en el ejemplo 3-6 (p. 78) y la figura 3-9 (p. 78). En realidad, la solución mediante síntesis gráfica de tres posiciones en el capítulo 3 es directamente análoga a la solución analítica presentada aquí. Para este método analítico, se seleccionan los ángulos de eslabones β_2, β_3, γ_2 y γ_3 en lugar de las ubicaciones de los pivotes móviles *E* y *F* para hacer que las ecuaciones resultantes sean lineales en las incógnitas. La solución gráfica realizada en los ejemplos anteriores en realidad es una solución de ecuaciones simultáneas no lineales.

5

EJEMPLO 5-2 Síntesis analítica de movimiento de tres posiciones.

Problema: Diseñe un mecanismo de cuatro barras para mover el eslabón *APB* de la posición $A_1P_1B_1$ a $A_2P_2B_2$ y luego a la posición $A_3P_3B_3$.

Solución: (Véase la figura 5-5, p. 172.)

1 Dibuje el eslabón *APB* en sus tres posiciones deseadas, $A_1P_1B_1$, $A_2P_2B_2$ y $A_3P_3B_3$ a escala en el plano que se muestra en la figura.

2 Las tres posiciones se definen entonces con respecto a un origen global situado en el primer punto P_1 de precisión prescrito. Los datos proporcionados son las magnitudes y ángulos de los vectores de diferencia de posición entre los puntos de precisión.

$p_{21} = 2.798$ $\delta_2 = -31.19°$ $p_{31} = 3.919$ $\delta_3 = -16.34°$

3 Los cambios de ángulo del acoplador entre los puntos de precisión son:

$\alpha_2 = -45°$ $\alpha_3 = 9.3°$

4 Las elecciones libres supuestas para los ángulos de los eslabones son:

$\beta_2 = 342.3°$ $\beta_3 = 324.8°$ $\gamma_2 = 30.9°$ $\gamma_3 = 80.6°$

Estas variables definidas y las elecciones libres también aparecen en la figura.

5 Una vez que se efectúan las elecciones libres de los ángulos de los eslabones, se pueden definir los términos para las matrices de la ecuación 5.27 (p. 169) al resolver la ecuación 5.25 (p. 169) para la primera díada y la ecuación 5.30 (p. 170) para la segunda díada del mecanismo. En este ejemplo se evalúan como sigue:

Primera díada (**WZ**):

$A = -0.0473$	$B = -0.3040$	$C = -0.2929$	$D = -0.7071$
$E = 2.3936$	$F = -0.1829$	$G = -0.5764$	$H = -0.0131$
$K = 0.1616$	$L = 3.7607$	$M = -1.4490$	$N = -1.1026$

Segunda díada (**US**):

$A = -0.1419$	$B = 0.5135$	$C = -0.2929$	$D = -0.7071$
$E = 2.3936$	$F = -0.8367$	$G = 0.9866$	$H = -0.0131$
$K = 0.1616$	$L = 3.7607$	$M = -1.4490$	$N = -1.1026$

6 Se utiliza el programa MATRIX para resolver estas ecuaciones matriciales con los valores obtenidos con la ecuación 5.25 (p. 169) insertados para obtener las coordenadas de los vectores **W** y **Z**, y una segunda vez con valores obtenidos con la ecuación 5.31 (p. 170) en la matriz para obtener las coordenadas de los vectores **U** y **S**. Las coordenadas calculadas de los vectores de los eslabones con las ecuaciones 5.25 a 5.31 son:

$W_x = 0.055$ $W_y = 6.832$ $Z_x = 1.179$ $Z_y = 0.940$

Eslabón 2 = $w = 6.832$

$U_x = -2.628$ $U_y = -1.825$ $S_x = -0.109$ $S_y = 1.487$

Eslabón 4 = $u = 3.2$

7 Se utiliza la ecuación 5.2*a* (p. 161) para encontrar el eslabón 3.

$$V_x = Z_x - S_x = 1.179 - (-0.109) = 1.288$$

$$V_y = Z_y - S_y = 0.940 - 1.487 = -0.547$$

Eslabón 3 = $v = 1.399$

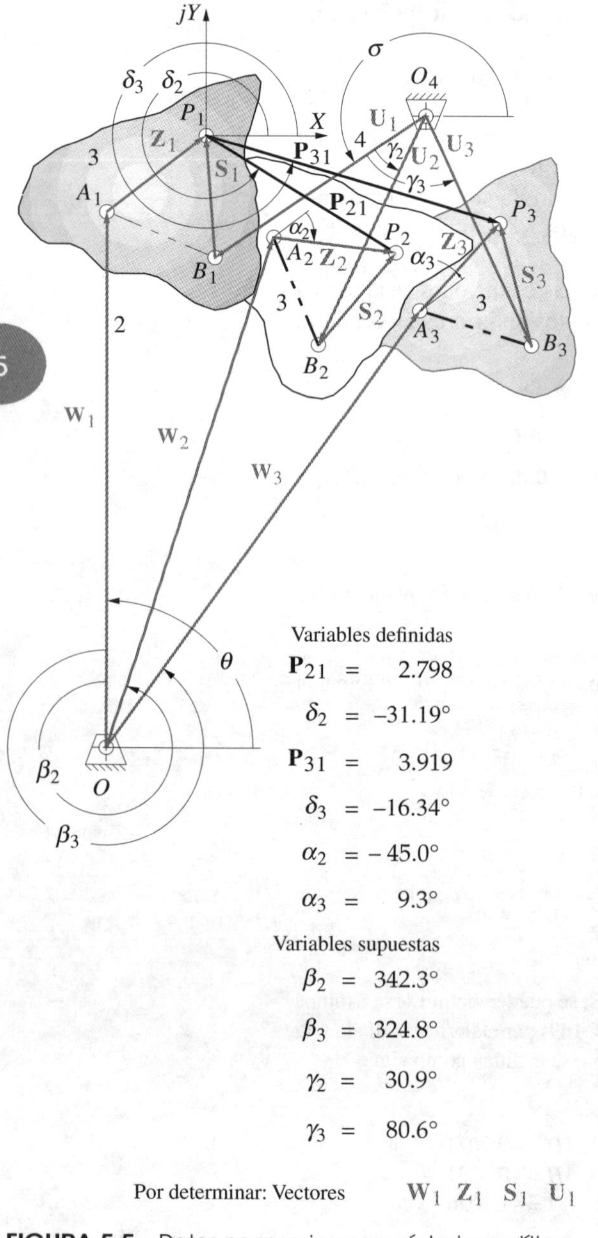

FIGURA 5-5 Datos necesarios para síntesis analítica de tres posiciones

8 El eslabón de bancada se encontró en la ecuación 5.2*b* (p. 161)

$$G_x = W_x + V_x - U_x = 0.055 + 1.288 - (-2.628) = 3.971$$
$$G_y = W_y + V_y - U_y = 6.832 - 0.547 - (-1.825) = 8.110$$

Eslabón 1 = g = 9.03

9 Los componentes apropiados del vector se suman para obtener las locaciones de los pivotes fijos O_2 y O_4 con respecto al origen global hacia el punto de precisión P_1. Véanse las siguientes figuras 5-4 (p. 167) y 5-5.

$$O_{2x} = -Z_x - W_x = -1.179 - 0.055 = -1.234$$
$$O_{2y} = -Z_y - W_y = -0.940 - 6.832 = -7.772$$
$$O_{4x} = -S_x - U_x = -(-0.109) - (-2.628) = 2.737$$
$$O_{4y} = -S_y - U_y = -1.487 - (-1.825) = 0.338$$

La tabla 5-1 muestra los parámetros del mecanismo como si fueran sintetizados por medio de este método. Éstos concuerdan con la solución obtenida en el ejemplo 3-6 (p. 78) dentro de su precisión gráfica. Abra los archivos E05.02a.mtr y E05-02.mtr con el programa MATRIX para calcular estos resultados.

Este problema también puede resolverse con el programa LINKAGES y el mismo método derivado en la sección 5.7 (p. 167). Aun cuando la derivación se realizó en términos de las coordenadas polares de los vectores de diferencia de posición $\mathbf{P}_{21}$ y $\mathbf{P}_{31}$, se consideró más conveniente suministrar las coordenadas cartesianas de estos vectores al programa LINKAGES. (En general, es más preciso medir las coordenadas x, y con un bosquejo de las posiciones deseadas que medir los ángulos con un transportador.) De este modo, el programa requiere las coordenadas rectangulares de $\mathbf{P}_{21}$ y $\mathbf{P}_{31}$. Para este ejemplo son:

$$p_{21x} = 2.394 \qquad p_{21y} = -1.449$$
$$p_{31x} = 3.761 \qquad p_{31y} = -1.103$$

Los ángulos α_2 y α_3 deben medirse en el diagrama y proporcionarse en grados. Estos seis elementos constituyen el conjunto de parámetros "dados". **Observe que estos datos son *información relativa* que relaciona la segunda y tercera posiciones con la primera**. No se requiere ninguna información sobre sus ubicaciones absolutas. Se puede considerar que el sistema de referencia global está en cualquier parte del plano. Por conveniencia, se considera que está en el primer punto de precisión P_1. Las elecciones libres β_2 y β_3 para la primera díada y γ_2 y γ_3 para la segunda díada también deben ser ingresadas al programa LINKAGES como lo fueron al programa MATRIX.

TABLA 5-1 Resultados de la síntesis analítica del ejemplo 5-2

Número de eslabón	Solución analítica (longitudes calculadas, pulgadas)	Solución gráfica (longitudes en la fig. 3-9, p. 78, pulgadas)
1	9.03	8.9
2	6.83	6.7
3	1.40	1.5
4	3.20	3.2
Pto. del acoplador =	1.51 @ 61.31 grados	1.5 @ 61 grados
Abierta/cruzada =	CRUZADA	CRUZADA
Alfa2 inicial =	0 rad/s^2	
Omega2 inicial =	1 rad/s	
Teta2 inicial =	29 grados	
Teta2 final =	11 grados	
Delta teta2 =	−9 grados	

El programa LINKAGES resuelve entonces la ecuación matricial 5.27 (p. 169) una vez con los valores de la ecuación 5.25 (p. 169) insertados para obtener las coordenadas de los vectores **W** y **Z**, y una segunda vez con los valores de la ecuación 5.31 (p. 170) en la matriz para obtener las coordenadas de los vectores **U** y **S**. Se resuelven entonces las ecuaciones 5.2 (p. 161) para encontrar los eslabones 1 y 3, y las componentes vectoriales apropiadas se suman para localizar los pivotes fijos O_2 y O_4. Las longitudes de los eslabones se regresan a la parte principal del programa LINKAGES, de modo que otros parámetros del mecanismo puedan calcularse y el mecanismo animarse.

Observe que hay dos maneras de ensamblar cualquier mecanismo de cuatro barras, abierto y cruzado (véase la figura 4-5, p. 126), y esta técnica de síntesis analítica no proporciona información sobre qué modo de ensamble es necesario para obtener la solución deseada. Por lo tanto, es probable que se tengan que probar ambos modos de ensamble en el programa LINKAGES para encontrar el correcto después de determinar las longitudes de los eslabones apropiadas con este método.

El mecanismo terminado es el mismo que el de la figura 3-9*c* (p. 78) que muestra una díada motriz agregada para mover los eslabones 2, 3 y 4 a través de los tres puntos de precisión. Se puede abrir el archivo E05-02.4br con el programa LINKAGES para ver los movimientos de la solución analíticamente sintetizada para el mecanismo de cuatro barras. El mecanismo se moverá por las tres posiciones definidas en el enunciado del problema. El archivo F03-09c.6br también puede leerse por el programa LINKAGES para ver el movimiento completo del mecanismo de seis barras terminado.

5.9 SÍNTESIS PARA LA LOCALIZACIÓN DE UN PIVOTE FIJO ESPECIFICADO*

En el ejemplo 3-8 (p. 81) se utilizaron técnicas de síntesis gráfica e inversión para crear un mecanismo de cuatro barras para generación de movimiento de tres posiciones con ubicaciones especificadas para el pivote fijo. Éste es un problema común, ya que las ubicaciones disponibles para los pivotes fijos en la mayoría de las máquinas son bastante limitadas. Loerch y colaboradores[14] muestran cómo se pueden utilizar estas técnicas de síntesis analítica para encontrar un mecanismo con pivotes fijos especificados y tres posiciones de salida para generación de movimiento. De hecho, ahora se considerarán las coordenadas x y y de los dos pivotes fijos como las cuatro elecciones libres en lugar de los ángulos de los eslabones. Este método conducirá a un conjunto de ecuaciones no lineales que contienen funciones trascendentales de los ángulos desconocidos.

La figura 5-6 muestra la díada **WZ** en tres posiciones. Como es posible que se quieran relacionar los pivotes fijos de los vectores **W** y **U** con los puntos de precisión, se colocará el origen del sistema de ejes global en el punto de precisión P_1. Entonces se puede trazar un vector de posición $\mathbf{R}_1$ desde la raíz del vector $\mathbf{W}_1$ hasta el origen global en P_1, $\mathbf{R}_2$ a P_2 y $\mathbf{R}_3$ a P_3. El vector $-\mathbf{R}_1$ define la ubicación del pivote fijo en el plano con respecto al origen global en P_1.

Posteriormente se tendrá que repetir este procedimiento para tres posiciones del vector **U** en el extremo derecho del mecanismo, como se hizo con la solución de tres posiciones en la sección 5.8 (p. 170). El procedimiento se presenta aquí en detalle sólo para el extremo izquierdo del mecanismo (vectores **W**, **Z**). Se deja al lector que sustituya **U** por **W** y **S** por **Z** en las ecuaciones 5.32 para generar la solución para el lado derecho.

Se escriben las ecuaciones vectoriales para cada punto de precisión:

$$\begin{aligned} \mathbf{W}_1 + \mathbf{Z}_1 &= \mathbf{R}_1 \\ \mathbf{W}_2 + \mathbf{Z}_2 &= \mathbf{R}_2 \\ \mathbf{W}_3 + \mathbf{Z}_3 &= \mathbf{R}_3 \end{aligned} \tag{5.32a}$$

Sustituya los equivalentes de número complejo de los vectores $\mathbf{W}_i$ y $\mathbf{Z}_i$:

$$\begin{aligned} we^{j\theta} + ze^{j\phi} &= \mathbf{R}_1 \\ we^{j(\theta+\beta_2)} + ze^{j(\phi+\alpha_2)} &= \mathbf{R}_2 \\ we^{j(\theta+\beta_3)} + ze^{j(\phi+\alpha_3)} &= \mathbf{R}_3 \end{aligned} \tag{5.32b}$$

* *Symech*, un paquete de software comercial que resuelve el problema de síntesis analítica de tres posiciones con especificación de pivotes fijos de un modo iterativo, está disponible en SyMech Inc., www.symech.com

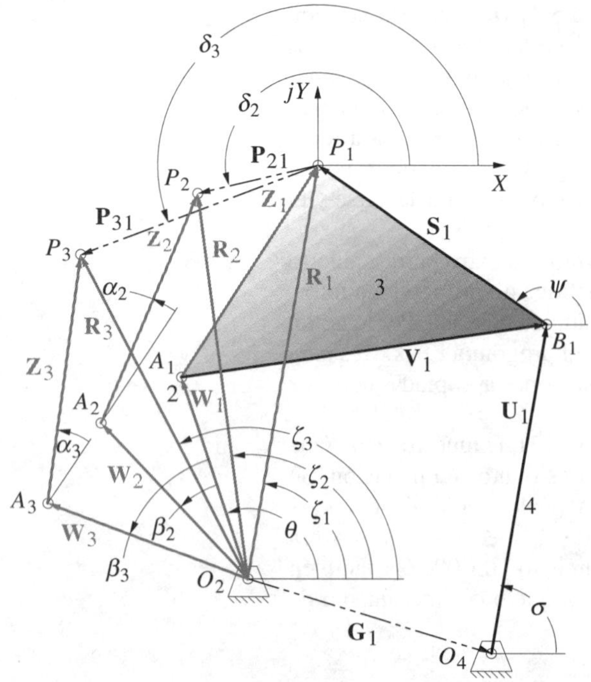

FIGURA 5-6 Síntesis de tres posiciones de un mecanismo con ubicaciones de los pivotes fijos especificadas

Expanda:

$$\begin{aligned} we^{j\theta} + ze^{j\phi} &= \mathbf{R}_1 \\ we^{j\theta}e^{j\beta_2} + ze^{j\phi}e^{j\alpha_2} &= \mathbf{R}_2 \\ we^{j\theta}e^{j\beta_3} + ze^{j\phi}e^{j\alpha_3} &= \mathbf{R}_3 \end{aligned} \tag{5.32c}$$

Observe que:

$$\mathbf{W} = we^{j\theta}; \qquad \mathbf{Z} = ze^{j\phi} \tag{5.32d}$$

y:

$$\begin{aligned} \mathbf{W} + \mathbf{Z} &= \mathbf{R}_1 \\ \mathbf{W}e^{j\beta_2} + \mathbf{Z}e^{j\alpha_2} &= \mathbf{R}_2 \\ \mathbf{W}e^{j\beta_3} + \mathbf{Z}e^{j\alpha_3} &= \mathbf{R}_3 \end{aligned} \tag{5.32e}$$

Con anterioridad, se eligieron β_2 y β_3 y se resolvieron para los vectores **W** y **Z**. Ahora, en realidad, se quiere especificar las componentes *x*, *y* del pivote fijo $O_2(-R_{1x}, -R_{1y})$ como las dos elecciones libres. Lo que resta es resolver para β_2 y β_3. Estos ángulos están contenidos en expresiones trascendentales en las ecuaciones. Observe que, si se suponen valores para β_2 y β_3 como antes, podría haber sólo una solución para **W** y **Z** si el determinante de la matriz de coeficientes aumentada de las ecuaciones 5.32*e* fuera igual a cero.

$$\begin{bmatrix} 1 & 1 & \mathbf{R}_1 \\ e^{j\beta_2} & e^{j\alpha_2} & \mathbf{R}_2 \\ e^{j\beta_3} & e^{j\alpha_3} & \mathbf{R}_3 \end{bmatrix} = 0 \tag{5.33a}$$

Expanda este determinante con respecto a la primera columna que contiene las incógnitas actuales β_2 y β_3:

$$\left(\mathbf{R}_3 e^{j\alpha_2} - \mathbf{R}_2 e^{j\alpha_3}\right) + e^{j\beta_2}\left(\mathbf{R}_1 e^{j\alpha_3} - \mathbf{R}_3\right) + e^{j\beta_3}\left(\mathbf{R}_2 - \mathbf{R}_1 e^{j\alpha_2}\right) = 0 \tag{5.33b}$$

Para simplificar, sean:

$$\begin{aligned} A &= \mathbf{R}_3 e^{j\alpha_2} - \mathbf{R}_2 e^{j\alpha_3} \\ B &= \mathbf{R}_1 e^{j\alpha_3} - \mathbf{R}_3 \\ C &= \mathbf{R}_2 - \mathbf{R}_1 e^{j\alpha_2} \end{aligned} \tag{5.33c}$$

entonces:

$$A + Be^{j\beta_2} + Ce^{j\beta_3} = 0 \tag{5.33d}$$

La ecuación 5.33*d* expresa la suma de vectores alrededor de un lazo cerrado. Los ángulos β_2 y β_3 están contenidos en expresiones trascendentales, lo cual hace que su solución sea tediosa. El procedimiento es similar al utilizado en el análisis del mecanismo de cuatro barras en la sección 4.5 (p. 126). Sustituya los vectores por los equivalentes de número complejo en la ecuación. Expanda mediante la identidad de Euler (ecuación 4.4*a*, p. 128). Separe los términos real e imaginario para obtener dos ecuaciones simultáneas en las dos incógnitas β_2 y β_3. Eleve al cuadrado estas expresiones y súmelas para eliminar una incógnita. Simplifique el resultado y sustituya las identidades de tangente de semiángulo para deshacerse de la mezcla de senos y cosenos. Finalmente se reducirá a una ecuación cuadrática en la tangente de la mitad del ángulo buscado; en este caso, β_3, β_2 pueden ser encontrados al volver a sustituir β_3 en las ecuaciones originales. Los resultados son:*

$$\begin{aligned} \beta_3 &= 2\arctan\left(\frac{K_2 \pm \sqrt{K_1^2 + K_2^2 - K_3^2}}{K_1 + K_3}\right) \\ \beta_2 &= \arctan\left(\frac{-\left(A_3 \operatorname{sen}\beta_3 + A_2\cos\beta_3 + A_4\right)}{-\left(A_5 \operatorname{sen}\beta_3 + A_3\cos\beta_3 + A_6\right)}\right) \end{aligned} \tag{5.34a}$$

donde:

$$\begin{aligned} K_1 &= A_2A_4 + A_3A_6 \\ K_2 &= A_3A_4 + A_5A_6 \\ K_3 &= \frac{A_1^2 - A_2^2 - A_3^2 - A_4^2 - A_6^2}{2} \end{aligned} \tag{5.34b}$$

* Observe que se debe utilizar una función arcotangente de dos argumentos para obtener los cuadrantes apropiados para los ángulos β_2 y β_3. Asimismo, los signos de menos en el numerador y el denominador de la ecuación de β_2 indican que podrían cancelarse, pero esto no debe hacerse. Son necesarios para determinar el cuadrante correcto de β_2 en la función arcotangente de dos argumentos.

y:
$$A_1 = -C_3^2 - C_4^2; \qquad A_2 = C_3C_6 - C_4C_5$$
$$A_3 = -C_4C_6 - C_3C_5; \qquad A_4 = C_2C_3 + C_1C_4 \tag{5.34c}$$
$$A_5 = C_4C_5 - C_3C_6; \qquad A_6 = C_1C_3 - C_2C_4$$

$$\begin{aligned} C_1 &= R_3\cos(\alpha_2+\zeta_3) - R_2\cos(\alpha_3+\zeta_2) \\ C_2 &= R_3\,\mathrm{sen}(\alpha_2+\zeta_3) - R_2\,\mathrm{sen}(\alpha_3+\zeta_2) \\ C_3 &= R_1\cos(\alpha_3+\zeta_1) - R_3\cos\zeta_3 \\ C_4 &= -R_1\,\mathrm{sen}(\alpha_3+\zeta_1) + R_3\,\mathrm{sen}\,\zeta_3 \\ C_5 &= R_1\cos(\alpha_2+\zeta_1) - R_2\cos\zeta_2 \\ C_6 &= -R_1\,\mathrm{sen}(\alpha_2+\zeta_1) + R_2\,\mathrm{sen}\,\zeta_2 \end{aligned} \tag{5.34d}$$

5

Las diez variables en estas ecuaciones son: α_2, α_3, β_2, β_3, ζ_1, ζ_2, ζ_3, R_1, R_2 y R_3. Las constantes C_1 a C_6 están definidas en términos de las ocho variables conocidas, R_1, R_2, R_3, ζ_1, ζ_2 y ζ_3 (las cuales son las magnitudes y ángulos de los vectores de posición $\mathbf{R}_1$, $\mathbf{R}_2$ y $\mathbf{R}_3$) y los ángulos α_2 y α_3 que definen el cambio de ángulo del acoplador. Véase la figura 5-6 (p. 174) para ilustrar estas variables.

Obsérvese en la ecuación 5.34*a* (p. 174) que existen dos soluciones con cada ángulo (como las hubo en el análisis de posición del mecanismo de cuatro barras en la sección 4.5 y la figura 4-5, p. 126). Una solución en este caso será trivial donde $\beta_2 = \alpha_2$ y $\beta_3 = \alpha_3$. La solución no trivial es la deseada.

Este procedimiento se repite al resolver las ecuaciones 5.34 para el extremo derecho del mecanismo mediante la ubicación deseada del pivote fijo O_4 para calcular los ángulos necesarios γ_2 y γ_3 para el eslabón 4.

El problema se redujo al de síntesis de tres posiciones sin pivotes especificados, como se describe en la sección 5.7 (p. 167) y el ejemplo 5-2 (p. 171). En realidad, se encontraron los valores particulares de β_2, β_3, γ_2 y γ_3 que corresponden a la solución que utiliza los pivotes fijos deseados. La tarea restante es resolver para los valores de W_x, W_y, Z_x, Z_y con las ecuaciones 5.25 a 5.31 (pp. 169-170).

✍ EJEMPLO 5-3 Síntesis analítica de tres posiciones con pivotes fijos especificados.

Problema: Diseñe un mecanismo de cuatro barras para mover la línea AP mostrada de la posición A_1P_1 a A_2P_2 y luego a la posición A_3P_3 con los pivotes fijos O_2 y O_4 en las ubicaciones especificadas.

Solución: (Véase la figura 5-7, p. 176.)

1 Dibuje el eslabón AP en sus tres posiciones deseadas, A_1P_1, A_2P_2 y A_3P_3 a escala en el plano como se muestra en la figura 5-7. Las tres posiciones están definidas con respecto a un origen global situado en el primer punto de precisión P_1. Los datos proporcionados están especificados en las partes 2 a 4 siguientes.

2 Los vectores de diferencia de posición entre los puntos de precisión son:

$$P_{21x} = -0.244 \qquad P_{21y} = 0.013 \qquad P_{31x} = -0.542 \qquad P_{31y} = 0.029$$

3 Los cambios de ángulos del acoplador entre los puntos de precisión son:

$$\alpha_2 = -11.34° \qquad \alpha_3 = -22.19°$$

4 Los valores libres supuestos son las ubicaciones para el pivote fijo deseado.

$$O_{2x} = -1.712 \qquad O_{2y} = 0.033 \qquad O_{4x} = 0.288 \qquad O_{4x} = 0.033$$

5 Resuelva las ecuaciones 5.34 (p. 174) dos veces, una vez con las coordenadas de la ubicación del pivote O_2 y de nuevo con las coordenadas de la ubicación del pivote O_4.

Para el pivote O_2:

$C_1 = -0.205$	$C_2 = 0.3390$	$C_3 = 0.4028$
$C_4 = 0.6731$	$C_5 = 0.2041$	$C_6 = 0.3490$
$A_1 = -0.6152$	$A_2 = 0.0032$	$A_3 = -0.3171$
$A_4 = -0.0017$	$A_5 = -0.0032$	$A_6 = -0.3108$
$K_1 = 0.0986$	$K_2 = 0.0015$	$K_3 = 0.0907$

Los valores encontrados para los ángulos de los eslabones que corresponden a esta elección de la ubicación del pivote fijo O_2 son:

$$\beta_2 = 11.96° \qquad \beta_3 = 23.96°$$

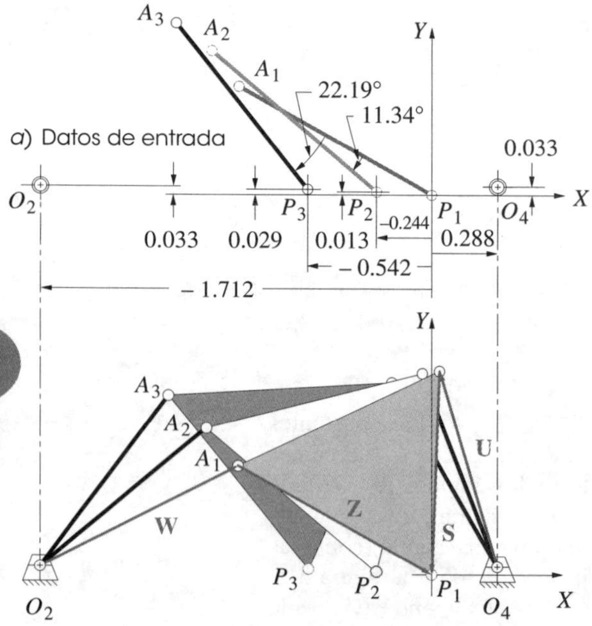

b) Mecanismo sintetizado

FIGURA 5-7 Ejemplo de síntesis de tres posiciones con pivotes fijos especificados

Para el pivote O_4:

$C_1 = -0.3144$	$C_2 = -0.0231$	$C_3 = 0.5508$
$C_4 = -0.0822$	$C_5 = 0.2431$	$C_6 = -0.0443$
$A_1 = -0.3102$	$A_2 = -0.0044$	$A_3 = -0.1376$
$A_4 = 0.0131$	$A_5 = 0.0044$	$A_6 = -0.1751$
$K_1 = 0.0240$	$K_2 = -0.0026$	$K_3 = 0.0232$

Los valores encontrados para los ángulos de los eslabones que corresponden a esta elección de la ubicación del pivote fijo O_4 son:

$$\gamma_2 = 2.78° \qquad \gamma_3 = 9.96°$$

6 En esta etapa, el problema se redujo al mismo de la sección anterior: es decir, encontrar el mecanismo dadas las elecciones libres de los ángulos anteriores β_2, β_3, γ_2, γ_3, con las ecuaciones 5.25 a 5.31 (pp. 169-170). Los datos requeridos para los cálculos restantes son los dados en los pasos 2, 3 y 5 de este ejemplo, a saber:

para la díada 1:

$$P_{21x} \quad P_{21y} \quad P_{31x} \quad P_{31y}$$
$$\alpha_2 \quad \alpha_3 \quad b_2 \quad b_3$$

para la díada 2:

$$P_{21x} \quad P_{21y} \quad P_{31x} \quad P_{31y}$$
$$\alpha_2 \quad \alpha_3 \quad g_2 \quad g_3$$

Véase el ejemplo 5-2 (p. 171) y la sección 5.7 (p. 167) para el procedimiento. Una calculadora de matrices, *Mathcad*, *TKSolver*, *Matlab*, el programa MATRIX o el programa LINKAGES resolverán este cálculo y calcularán las coordenadas de los vectores de los eslabones.

$W_x = 0.866$	$W_y = 0.500$	$Z_x = 0.846$	$Z_y = -0.533$
$U_x = -0.253$	$U_y = 0.973$	$S_x = -0.035$	$S_y = -1.006$

7 Las longitudes de los eslabones se calculan como se hizo en el ejemplo 5-2 (p. 171) y se muestran en la tabla 5-2.

Este ejemplo puede abrirse en el programa LINKAGES con el archivo E05-03.4br y ser animado.

5.10 CÍRCULOS CON PUNTO EN EL CÍRCULO Y PUNTO EN EL CENTRO

Sería muy conveniente que se pudiera encontrar el lugar geométrico de todas las soluciones posibles al problema de síntesis de tres posiciones, ya que de esa manera se tendría un panorama general de las ubicaciones potenciales de los extremos de los vectores **W**, **Z**, **U** y **S**. Loerch[5] ha demostrado que si se mantiene una de las elecciones libres (por ejemplo β_2) a un valor arbitrario, y luego se resuelven las ecuaciones 5.25 y 5.26 (p. 169) mientras se itera la otra elección libre (β_3) a través de todos los valores posibles de 0 a 2π, se generará un círculo. Este círculo es el lugar geométrico de todas las ubicaciones posibles de la raíz del vector **W** (para el valor particular de β_2 utilizado). La raíz del vector **W** es la ubicación del pivote fijo o *centro* O_2. Así pues, este círculo se llama **círculo con *punto central***. El vector **N** en la figura 5-8 define puntos en el círculo con *punto central* con respecto al sistema de coordenadas global, el cual se coloca en el punto de precisión P_1 por conveniencia.

Si se hace lo mismo para el vector **Z**, al mantener α_2 constante a un valor arbitrario e iterando α_3 de 0 a 2π, se generará otro círculo. Este círculo es el lugar geométrico de todas las ubicaciones posibles de la raíz del vector **Z** para el valor elegido de α_2. Debido a que la raíz del vector **Z** está unida a la punta del vector **W** y la punta de éste describe un círculo en torno al pivote O_2 en el mecanismo terminado, este lugar geométrico se llama **círculo-*punto en el círculo***. El vector (–**Z**) define puntos en el círculo con *puntos en el círculo* con respecto al sistema de coordenadas global.

Las ecuaciones 5.25 y 5.26 (p. 169) definen las componentes *x*, *y* de los vectores **W** y **Z**. Si se hacen negativas las componentes *x*, *y* de **Z**, se obtendrán las coordenadas de puntos en el círculo con punto central para cualquier valor supuesto de α_2, mientras el ángulo α_3 se itera de 0 a 2π. Las componentes *x*, *y* de **N = –Z – W** definen puntos en el círculo con punto central O_2 para cualquier valor supuesto de β_2, mientras que β_3 se itera de 0 a 2π. El vector **W** se calcula con los ángulos β_2 y β_3 y el vector **Z** con los ángulos α_2 y α_3, ambos mediante las ecuaciones 5.25 y 5.26.

Para la díada derecha, también habrá círculos con punto central y círculos con puntos en el círculo distintos. Las componentes *x*, *y* de **M = –S – U** definen puntos en el círculo con pivote central

TABLA 5-2
Ejemplo 5-3 Resultados

Eslabón 1 = 2.00 pulg
Eslabón 2 = 1.00 pulg
Eslabón 3 = 1.00 pulg
Eslabón 4 = 1.01 pulg
Punto del acoplador = 1.0 pulg @ -60.73°
Circuito = Abierto
Teta2 inicial = 30°
Teta2 final = 54°
Teta2 delta = 12°

O_4 para cualquier valor supuesto de γ_2 mientras que γ_3 se itera de 0 a 2π. (Véanse las figuras 5-4, p. 167 y 5-8) Si las componentes x, y de **S** se hacen negativas, se obtendrán las coordenadas de puntos localizados en el círculo con punto central para cualquier valor supuesto de α_2, mientras que α_3 se itera de 0 a 2π. El vector **U** se calcula con los ángulos γ_2 y γ_3 y el vector **S** con los ángulos α_2 y α_3, ambos con las ecuaciones 5.30 y 5.31 (p. 161).

Observe que todavía hay una infinidad de soluciones porque se eligió el valor de un ángulo de manera arbitraria. Por lo tanto, habrá un **número infinito de conjuntos de círculos con *punto central y puntos en el círculo***. Un programa de computadora puede ayudar a elegir un diseño de mecanismo cuyos pivotes estén en lugares convenientes. El programa LINKAGES, adjunto con este texto, calculará las soluciones de las ecuaciones de síntesis analítica derivadas en esta sección, con valores requeridos para la síntesis de tres posiciones de todas las elecciones libres seleccionadas por el usuario, tanto con, o sin especificar las ubicaciones del pivote fijo. En el apéndice A hay información del programa de computadora LINKAGES.

La figura 5-9 muestra los círculos con puntos en el círculo y con punto central para el mecanismo Chebyschev de movimiento en línea recta para las selecciones de $\beta_2 = 26°$, $\alpha_2 = 97.41°$, $\alpha_3 = 158.18°$ para la díada izquierda y $\gamma_2 = 36°$, $\alpha_2 = 97.41°$, $\alpha_3 = 158.18°$ para la díada derecha. En este ejemplo, los dos círculos más grandes son los círculos con punto central que definen los lugares geométricos de todas las ubicaciones posibles de los pivotes fijos O_2 y O_4. Los dos círculos más pequeños definen los lugares geométricos de todas las ubicaciones posibles de los pivotes móviles I_{23} e I_{34}. Observe que el sistema de coordenadas tiene su origen en el punto de precisión de referencia, P_1 en este caso, a partir del cual se miden todos los parámetros utilizados en el análisis. Estos círculos definen el lugar geométrico de los pivotes de todos los mecanismos posibles que alcanzarán los tres puntos de precisión P_1, P_2 y P_3 que fueron especificados para elecciones particulares de los ángulos β_2, γ_2 y α_2. El diagrama muestra un mecanismo para ilustrar una posible solución.

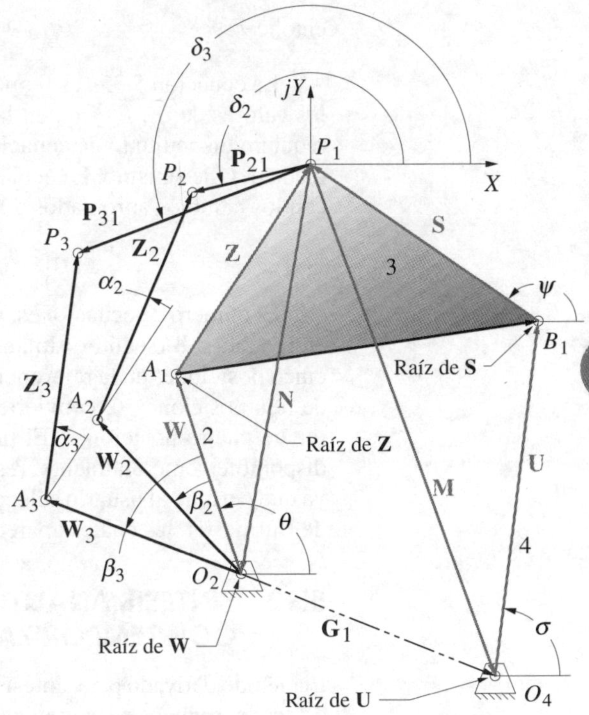

FIGURA 5-8 Definición de vectores para definir círculos con puntos en el centro y puntos en el círculo

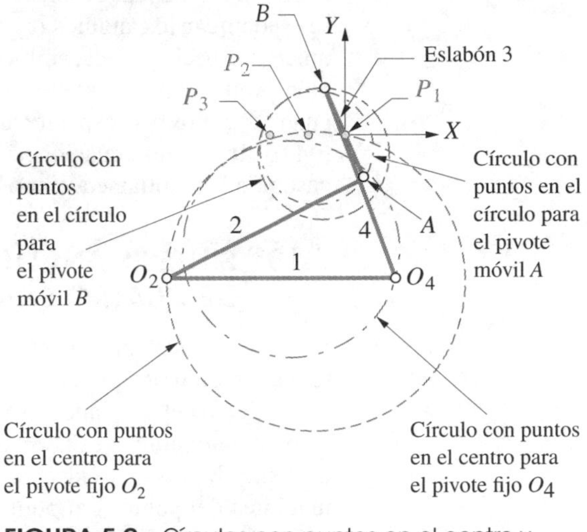

FIGURA 5-9 Círculos con puntos en el centro y puntos en el círculo, y un mecanismo que alcanza los puntos de precisión

5.11 SÍNTESIS ANALÍTICA DE CUATRO Y CINCO POSICIONES

Las mismas técnicas derivadas para la síntesis de dos y tres posiciones pueden ampliarse a cuatro y cinco posiciones si se escriben más ecuaciones de lazo vectorial, una por cada punto de precisión. Para facilitar esto, ahora se colocarán las ecuaciones de lazo vectorial en una forma más general, aplicable a cualquier número de posiciones de precisión. La figura 5-4 (p. 167) aún sirve para ilustrar la notación para la solución general. Los ángulos α_2, α_3, β_2, β_3, γ_2 y γ_3 ahora serán designados como α_k, β_k y γ_k, k = 2 a n, donde k representa la posición de precisión y n = 2, 3, 4 o 5 representa el número total de posiciones para las que se buscará una solución. La ecuación de lazo vectorial general se transforma en

$$\mathbf{W}_k + \mathbf{Z}_k - \mathbf{P}_{k1} - \mathbf{Z}_1 - \mathbf{W}_1 = 0, \qquad k = 2 \text{ a } n \tag{5.35a}$$

La cual, después de sustituir las formas de número complejo y simplificar, se escribe:

$$we^{j\theta}\left(e^{j\beta_k} - 1\right) + ze^{j\phi}\left(e^{j\alpha_k} - 1\right) = p_{k1}e^{j\delta_k}, \qquad k = 2 \text{ a } n \tag{5.35b}$$

Ésta puede simplificarse al sustituir la notación vectorial de aquellos términos a los cuales aplica, sea:

$$\mathbf{W} = we^{j\theta}; \qquad \mathbf{Z} = ze^{j\phi}; \qquad \mathbf{P}_{k1} = p_{k1}e^{j\delta_k} \tag{5.35c}$$

entonces: $$\mathbf{W}\left(e^{j\beta_k}-1\right)+\mathbf{Z}\left(e^{j\alpha_k}-1\right)=\mathbf{P}_{k1}e^{j\delta_k}, \qquad k=2 \text{ a } n \tag{5.35d}$$

La ecuación 5.35*d* es llamada **ecuación de forma estándar** por Erdman y Sandor.[6] Al sustituir los valores de α_k, β_k y δ_k, en la ecuación 5.35*d* para todas las posiciones de precisión deseadas, se requiere un conjunto de ecuaciones simultáneas que pueden ser escritas para el lado izquierdo de la díada del mecanismo. La ecuación de forma estándar se aplica a la díada **US** derecha bastante bien, con los cambios apropiados a los nombres de las variables requeridas.

$$\mathbf{U}\left(e^{j\beta_k}-1\right)+\mathbf{S}\left(e^{j\alpha_k}-1\right)=\mathbf{P}_{k1}e^{j\delta_k}, \qquad k=2 \text{ a } n \tag{5.35e}$$

El número de ecuaciones, variables y elecciones libres resultantes por cada valor de n se muestra en la tabla 5-3 (según Erdman y Sandor). Proporcionan soluciones para los problemas de cuatro y cinco posiciones en la referencia [6]. Los círculos con puntos en círculo y punto central del problema de tres posiciones se convierten en curvas cúbicas, llamadas **curvas de Burmester**, en el problema de cuatro posiciones. El programa LINKAGES[8] de Erdman y colaboradores, que se encuentra disponible comercialmente, resuelve el **problema de cuatro posiciones** de una manera interactiva, ya que permite al usuario seleccionar las ubicaciones para el centro y el pivote del círculo en su curva de Burmester, las cuales aparecen en la pantalla de la computadora.

5.12 SÍNTESIS ANALÍTICA DE UN GENERADOR DE TRAYECTORIA CON TEMPORIZACIÓN PRESCRITA

El método derivado para síntesis de generación de movimiento también se aplica al caso de **generación de trayectoria con temporización prescrita**. En la generación de trayectoria, los puntos de precisión deben ser alcanzados, pero el ángulo de una línea en el acoplador no es de interés. En cambio, la temporización con la cual el acoplador alcanza el punto de precisión se especifica en función del ángulo del balancín de entrada β_2. En el problema de generación de movimiento de tres posiciones se especifican los ángulos α_2 y α_3 del vector **Z** para controlar el ángulo del acoplador. En este caso, se quieren especificar, en cambio, los ángulos β_2 y β_3 del balancín de entrada, para definir la temporización. Anteriormente las elecciones libres fueron β_2 y β_3. Ahora serán α_2 y α_3. En uno u otro caso, los cuatro ángulos o se especifican o suponen como elecciones libres y la solución es idéntica. La figura 5-4 (p. 167) y las ecuaciones 5.25, 5.26, 5.30 y 5.31 (pp. 169-170) también se pueden aplicar. Este caso puede ampliarse a cinco puntos de precisión como se muestra en la tabla 5-3.

5.13 SÍNTESIS ANALÍTICA DE UN GENERADOR DE FUNCIÓN DE CUATRO BARRAS

Se puede aplicar un proceso similar al utilizado para la síntesis de generación de trayectoria con temporización prescrita al problema de generación de función. En este caso no se toma en cuenta el movimiento del acoplador en absoluto. En un generador de función de cuatro barras, el acoplador existe sólo para **acoplar** el eslabón de entrada al de salida. La figura 5-10 (p. 179) muestra un mecanismo de cuatro barras en tres posiciones. Observe que el eslabón acoplador, el eslabón 3, es simplemente una línea del punto *A* al punto *P*. El punto *P* puede considerarse como un punto del acoplador que coincide con la junta del pasador entre los eslabones 3 y 4. Como tal, tendrá movimiento de arco simple al pivotar en torno a O_4, en lugar de, por ejemplo, el movimiento de la trayectoria de mayor grado del punto de acoplador P_1 en la figura 5-4 (p. 167).

TABLA 5-3 Número de variables y elecciones libres para movimiento con puntos de precisión analítico y síntesis de trayectoria temporizada[7]

Núm. de posiciones (n)	Núm. de variables escalares	Núm. de ecuaciones escalares	Núm. de variables prescritas	Núm. de elecciones libres	Núm. de soluciones disponibles
2	8	2	3	3	∞^3
3	12	4	6	2	∞^2
4	16	6	9	1	∞^1
5	20	8	12	0	Finito

El **generador de función** utiliza el *eslabón 2 como el eslabón de entrada y toma la salida del eslabón 4*. La **"función"** generada es la **relación entre los ángulos del eslabón 2 y el eslabón 4** en las posiciones de tres posiciones especificadas, P_1, P_2 y P_3. Éstas están localizadas en el plano con respecto a un sistema de coordenadas global arbitrario por los vectores de posición $\mathbf{R}_1$, $\mathbf{R}_2$ y $\mathbf{R}_3$. La función es:

$$\gamma_k = f(\beta_k), \qquad k = 1, 2, \dots, n; \qquad n \le 7 \tag{5.36}$$

Ésta *no* es una función continua. La relación es válida sólo para los puntos discretos (k) especificados.

Para sintetizar las longitudes de los eslabones necesarios para satisfacer la ecuación 5.36 se escriben ecuaciones de lazo vectorial alrededor del mecanismo en pares de posiciones, como se hizo en los ejemplos previos. Sin embargo, ahora se incluirán tanto el eslabón 2 como el 4 en el lazo, puesto que el eslabón 4 es la salida. Véase la figura 5-10.

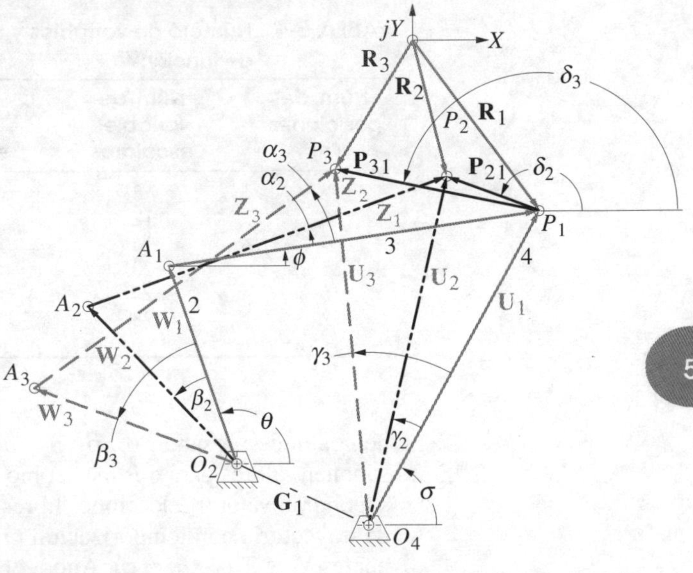

FIGURA 5-10 Síntesis analítica de un generador de función de cuatro barras

$$\begin{aligned} \mathbf{W}_2 + \mathbf{Z}_2 - \mathbf{U}_2 + \mathbf{U}_1 - \mathbf{Z}_1 - \mathbf{W}_1 &= 0 \\ \mathbf{W}_3 + \mathbf{Z}_3 - \mathbf{U}_3 + \mathbf{U}_1 - \mathbf{Z}_1 - \mathbf{W}_1 &= 0 \end{aligned} \tag{5.37a}$$

al reacomodar:

$$\begin{aligned} \mathbf{W}_2 + \mathbf{Z}_2 - \mathbf{Z}_1 - \mathbf{W}_1 &= \mathbf{U}_2 - \mathbf{U}_1 \\ \mathbf{W}_3 + \mathbf{Z}_3 - \mathbf{Z}_1 - \mathbf{W}_1 &= \mathbf{U}_3 - \mathbf{U}_1 \end{aligned} \tag{5.37b}$$

pero,

$$\begin{aligned} \mathbf{P}_{21} &= \mathbf{U}_2 - \mathbf{U}_1 \\ \mathbf{P}_{31} &= \mathbf{U}_3 - \mathbf{U}_1 \end{aligned} \tag{5.37c}$$

al sustituir,

$$\begin{aligned} \mathbf{W}_2 + \mathbf{Z}_2 - \mathbf{Z}_1 - \mathbf{W}_1 &= \mathbf{P}_{21} \\ \mathbf{W}_3 + \mathbf{Z}_3 - \mathbf{Z}_1 - \mathbf{W}_1 &= \mathbf{P}_{31} \end{aligned} \tag{5.37d}$$

$$\begin{aligned} we^{j(\theta+\beta_2)} + ze^{j(\phi+\alpha_2)} - ze^{j\phi} - we^{j\theta} &= p_{21}e^{j\delta_2} \\ we^{j(\theta+\beta_3)} + ze^{j(\phi+\alpha_3)} - ze^{j\phi} - we^{j\theta} &= p_{31}e^{j\delta_3} \end{aligned} \tag{5.37e}$$

Observe que las ecuaciones 5.37*d* y 5.37*e* son idénticas a las ecuaciones 5.19 y 5.20 (p. 168) derivadas para el caso de generación de movimiento de tres posiciones y también pueden expresarse en la ***forma estándar***[6] de Erdman de la ecuación 5.35 (p. 177) para el caso de *n* posiciones. Las doce variables en la ecuación 5.37*e* son las mismas que las de las ecuaciones 5.20 (p. 168): w, θ, β_2, β_3, z, φ, α_2, α_3, p_{21}, p_{31}, δ_2 y δ_3.

En el caso de generación de función de tres posiciones el procedimiento de solución puede ser entonces el mismo que el descrito por las ecuaciones 5.20 a 5.27 (pp. 168-169) para el problema de síntesis de movimiento. En otras palabras, las ecuaciones de solución son las mismas para los **tres tipos** de síntesis cinemática, *generación de función*, *generación de movimiento* y *generación de trayectoria con temporización prescrita*. Por eso, Erdman y Sandor llamaron a la ecuación 5.35 ***ecuación de forma estándar***. Para desarrollar los datos para la solución de generación de función, se expande la ecuación 5.37*b*:

$$\begin{aligned} we^{j(\theta+\beta_2)} + ze^{j(\phi+\alpha_2)} - ze^{j\phi} - we^{j\theta} &= ue^{j(\sigma+\gamma_2)} - ue^{j\sigma} \\ we^{j(\theta+\beta_3)} + ze^{j(\phi+\alpha_3)} - ze^{j\phi} - we^{j\theta} &= ue^{j(\sigma+\gamma_3)} - ue^{j\sigma} \end{aligned} \tag{5.37f}$$

También existen **doce variables** en la ecuación 5.37*f*: w, θ, z, φ, α_2, α_3, β_2, β_3, u, σ, γ_2 y γ_3. Se puede resolver para cualquiera de las cuatro. Se especifican cuatro ángulos β_2, β_3, γ_2 y γ_3 a partir de la función a ser generada en la ecuación 5.36. Esto deja **cuatro elecciones libres**. En el problema de generación de función con frecuencia conviene definir la longitud del balancín de salida, u, y su ángulo inicial σ de conformidad con las restricciones del paquete. Por lo tanto, la selección de las componentes u y σ del vector $\mathbf{U}_1$ proporciona dos elecciones libres convenientes de las cuatro requeridas.

Con u, σ, γ_2 y γ_3 conocidos, $\mathbf{U}_2$ y $\mathbf{U}_3$ se pueden encontrar. Los vectores $\mathbf{P}_{21}$ y $\mathbf{P}_{31}$ pueden entonces encontrarse con la ecuación 5.37*c*. Seis de las incógnitas en la ecuación 5.37*e* se defi-

TABLA 5-4 Número de variables y elecciones libres para síntesis de generación de función[7]

Núm. de posiciones (n)	Núm. de variables escalares	Núm. de ecuaciones escalares	Núm. de variables prescritas	Núm. de elecciones libres	Núm. de soluciones disponibles
2	8	2	1	5	∞^5
3	12	4	4	4	∞^4
4	16	6	7	3	∞^3
5	20	8	10	2	∞^2
6	24	10	13	1	∞^1
7	28	12	16	0	Finito

5

nen entonces, a saber, β_2, β_3, p_{21}, p_{31}, δ_2 y δ_3. De las seis restantes (w, θ, z, φ, α_2, α_3), se deben suponer valores para dos más como elecciones libres con el fin de resolver las cuatro restantes. Se supondrán valores (elecciones libres) para los dos ángulos α_2 y α_3 (como se hizo para la generación de trayectoria con temporización prescrita) y se resolverán las ecuaciones 5.37*e* para las componentes **W** y **Z** (w, θ, z, φ). Ahora el problema se redujo al de la sección 5.7 (p. 167) y el ejemplo 5-2 (p. 171). Véanse las ecuaciones 5.20 a 5.27 para la solución (pp. 168-169).

Con el vector $\mathbf{U}_1$ (u, σ) elegido como elección libre en este caso, sólo se debe resolver para una díada, **WZ**. Aun cuando se elige la longitud del vector $\mathbf{U}_1$ de manera arbitraria, el mecanismo de generador de función resultante puede ampliarse o reducirse para satisfacer las restricciones de empaque sin afectar la relación de entrada/salida definida en la ecuación 5.36 (p. 179), porque sólo es una función de ángulos. Este hecho no se cumple en los casos de generación de movimiento o trayectoria, ya que el cambio de tamaño cambiará las coordenadas absolutas de los puntos de precisión de la salida de trayectoria o movimiento, las cuales fueron especificadas en el enunciado del problema.

La tabla 5-4 muestra las relaciones entre el número de posiciones, variables, elecciones libres y solución en el caso de generación de función. Obsérvese que con este método se puede resolver para hasta siete posiciones de salida angulares.

5.14 OTROS MÉTODOS DE SÍNTESIS DE MECANISMOS

En años recientes se han creado o descubierto muchas otras técnicas para la síntesis de mecanismos que proporcionan un movimiento prescrito. La mayoría de estos métodos son algo complicados y muchos son matemáticamente complejos. Sólo unos cuantos permiten una solución de forma cerrada; la mayoría requieren una solución numérica iterativa. La mayoría aborda el problema de síntesis de trayectoria, con o sin interés por la temporización prescrita. Como Erdman y Sandor lo señalan, los problemas de generación de trayectoria, movimiento y función están íntimamente relacionados.[6]

El espacio disponible no permite una exposición completa de cuando menos uno de estos métodos en este texto. En cambio se presenta una breve sinopsis de varios métodos de síntesis junto con referencias completas a sus descripciones en la literatura científica y de ingeniería. El lector interesado en un informe detallado de cualquier método puede consultar los artículos referidos, los cuales pueden obtenerse en cualquier biblioteca universitaria o pública. Además, algunos de los autores de estos métodos ponen a disposición de los interesados copias de sus códigos de computadora.

La tabla 5-5 (p. 181) resume algunos de los métodos de síntesis de mecanismo de cuatro barras existentes y para cada uno indica el tipo de método, el número máximo de posiciones sintetizadas, el método, características especiales y una referencia bibliográfica (véase al final de este capítulo para una referencia completa). La lista en la tabla 5-5 no es exhaustiva; también existen otros métodos aparte de éstos.

Los métodos listados están divididos en tres tipos designados **de precisión**, **de ecuación** y **optimizados** (primera columna de la tabla 5-5). Por **precisión** (por punto de precisión) se quiere decir un método, tal como los descritos en secciones previas de este capítulo, que intenta encontrar una solución que pasará exactamente por los puntos (de precisión) deseados, pero que pueden desviarse de la trayectoria deseada entre los puntos. Los métodos de puntos de precisión están limitados a equiparar un número de puntos igual al número de parámetros ajustables de manera independiente que definen el mecanismo. Para un mecanismo de cuatro barras, éste es nueve.* (Los mecanismos de mayor grado con más eslabones y juntas tendrán un número mayor de puntos de precisión.)

* Los nueve parámetros independientes de un mecanismo de cuatro barras son: cuatro longitudes de eslabón, dos coordenadas del punto del acoplador con respecto al eslabón acoplador y tres parámetros que definen la ubicación y orientación del eslabón fijo en el sistema de coordenadas global.

Las ecuaciones pueden generar una solución hasta para cinco puntos de precisión en el mecanismo de cuatro barras en forma cerrada sin iteración. (Se utiliza la solución para cuatro puntos como una herramienta para resolver para cinco posiciones en forma cerrada, pero para seis puntos o más las ecuaciones lineales son difíciles de manejar.) Para resolver el conjunto de ecuaciones para seis a nueve puntos de precisión se requiere un método iterativo. Puede haber problemas que convergen o no en soluciones singulares o imaginarias cuando se iteran ecuaciones no lineales. Sin importar el número de puntos para el que se resuelva, la solución encontrada puede ser inútil debido a defectos de circuito, rama u orden (CBO). *Defecto de circuito* significa que el mecanismo debe desarmarse y rearmarse para alcanzar algunas posiciones, y *defecto de rama* significa que se encontró una posición

TABLA 5-5 Algunos métodos para la síntesis analítica de mecanismos

Tipo	Núm. máximo de posiciones	Método	Características especiales	Bibliografía	Referencias
Precisión	4	Ecuaciones de lazo, forma cerrada	Ecuaciones lineales extensibles a cinco posiciones	Freudenstein (1959) Sandor (1959) Erdman (1981)	1, 2, 4, 5, 6, 8, 10
Precisión	5	Ecuaciones de lazo, Newton-Raphson	Utiliza matriz de desplazamiento	Suh (1967)	11
Precisión	5	Ecuaciones de lazo, continuación	Pivotes fijos especificados, pivotes móviles especificados	Morgan (1990) Subbian (1991)	14, 15, 16, 17
Precisión	7	Forma cerrada 5 ptos., iterativa a 7 ptos.	Extensible a mecanismos de seis barras Watt I	Tylaska (1994)	19, 20
Precisión	9	Ecuaciones de lazo, Newton-Raphson	Solución exhaustiva	Morgan (1987) Wampler (1992)	12, 13, 18
Ecuación	10	Ecuación de curva del acoplador	Solución iterativa	Blechschmidt (1986)	21
Ecuación	15	Ecuación de curva del acoplador	Fundamentada en Blechschmidt	Ananthasuresh (1993)	22
Optimizado	N	Ecuaciones de lazo, mínimos cuadrados	Pivotes fijos especificados, control de fuerza y par de torsión	Fox (1966)	24
Optimizado	N	Ecuaciones de lazo, criterios varios	Generación de trayectoria o función	Youssef (1975)	25
Optimizado	N	Mínimos cuadrados en ecuaciones lineales	Temporización prescrita, convergencia rápida	Nolle (1971)	9
Optimizado	N	Síntesis de precisión selectiva (SPS)	Relaja los requerimientos de precisión	Kramer (1975)	26, 27
Optimizado	N	SPS + lógica imprecisa o difusa	Amplía la SPS de Kramer	Krishnamurthi (1993)	28
Optimizado	N	Posiciones de cuasi precisión	Fundamentada en Kramer	Mirth (1994)	29
Optimizado	3 o 4	Ecuaciones de lazo y criterios dinámicos	Fuerzas cinemáticas y dinámicas y pares de torsión	Conte (1975) Kakatsios (1987)	30, 31, 32
Optimizado	N	Ecuaciones de lazo–mínimos cuadrados	Evita problemas de rama, convergencia rápida	Angeles (1988)	33
Optimizado	N	Método de energía	Método FEA	Aviles (1994)	34
Optimizado	N	Algoritmo genético	Síntesis de curva completa	Fang (1994)	35
Optimizado	N	Descripciones de Fourier	Síntesis de curva completa	Ullah (1996)	36, 37
Optimizado	N	Red neuronal	Síntesis de curva completa	Vasilio (1998)	38
Optimizado	2, 3 o 4	Ecuaciones de lazo, criterios varios	Generación automática sin defectos CBO	Bawab (1997)	39
Optimizado	N	Aproximado, continuación	Todas las soluciones, sin valores iniciales supuestos requeridos	Liu (1999)	40

de agarrotamiento entre posiciones sucesivas (véase la sección 4.13, p. 135). *Defecto de orden* significa que todos los puntos se alcanzan en la misma rama pero se encuentran en el orden incorrecto.

El tipo designado como **ecuación** en la tabla 5-5 (p. 181) se refiere a métodos que resuelven la curva del acoplador tricircular, trinodal séxtica para hallar el mecanismo que generará una curva del acoplador completa muy aproximada a un conjunto de puntos deseados en la curva.

El tipo designado como **optimizado** en la tabla 5-5 se refiere a un procedimiento de optimización iterativo que intenta reducir al mínimo una **función objetivo** que puede definirse de muchas maneras, por ejemplo, como la desviación de mínimos cuadrados entre las posiciones del punto del acoplador calculadas y deseadas. Los puntos calculados se encuentran al resolver un conjunto de ecuaciones que definen el comportamiento de la geometría del mecanismo, con valores iniciales supuestos para los parámetros del mecanismo. Un conjunto de restricciones de desigualdad que limitan el rango de variación de parámetros tales como relaciones de longitud de los eslabones, la condición de Grashof o el ángulo de transmisión también puede incluirse en el cálculo. Con cada paso de iteración se generan nuevos valores de parámetros del mecanismo de acuerdo con el esquema de optimización particular utilizado. Se busca el ajuste más factible entre los puntos de solución calculados y los puntos deseados, definido como minimización de la función objetivo elegida. Ninguno de los puntos deseados será igualado de manera exacta por estos métodos, pero en la mayoría de las tareas de ingeniería éste es un resultado aceptable.

Los métodos de optimización permiten especificar números más grandes de puntos que los métodos de precisión, limitados sólo por el tiempo de computadora disponible y el error de redondeo. La tabla 5-5 muestra varios esquemas de optimización que van desde lo mundano (mínimos cuadrados) hasta lo esotérico (algoritmos genéticos, lógica difusa). Todos requieren una solución programada por computadora. La mayoría puede ejecutarse en computadoras de escritorio en tiempos razonablemente cortos. Cada método de optimización diferente tiene ventajas y desventajas con respecto a convergencia, precisión, confiabilidad, complejidad, velocidad y carga computacional. La convergencia a menudo depende de una buena elección de las suposiciones iniciales (valores supuestos) para los parámetros del mecanismo. Algunos métodos, si convergen, lo hacen a un mínimo local (sólo una de muchas soluciones posibles) y puede que no sea lo mejor para la tarea.

Métodos de puntos de precisión

La tabla 5-5 muestra varios métodos de síntesis de puntos de precisión. Algunos están basados en el trabajo original de Freudenstein y Sandor.[10] Sandor[1] y Erdman[2],[6] desarrollaron este método en la "forma estándar", la cual se describe en detalle en este capítulo. Este método proporciona soluciones de forma cerrada para 2, 3 y 4 puntos de precisión, y es ampliable a 5 posiciones. Sufre de los posibles defectos de circuito, rama u orden (CBO) comunes a todos los métodos de puntos de precisión.

El método de Suh y Radcliffe[11] es similar al de Freudenstein y otros,[1],[2],[6],[10] pero conduce a un conjunto de ecuaciones no lineales simultáneas que se resuelven para hasta 5 posiciones con el método numérico de Newton-Raphson (véase la sección 4.13, p. 144). Este método agrega a los problemas usuales de defectos de circuito, rama y orden las posibilidades de no convergencia o convergencia a soluciones singulares o imaginarias.

Desarrollos recientes en la teoría matemática de polinomios han creado nuevos métodos de solución llamados **métodos de continuación** (también **métodos de homotopía**) que no sufren de los mismos problemas de convergencia que otros métodos y también pueden determinar todas las soluciones de las ecuaciones, al comenzar con cualquier conjunto de valores supuestos.[12],[13] Los métodos de continuación son una solución general a esta clase de problemas y son confiables y suficientemente rápidos para investigar múltiples diseños en un tiempo razonable (por lo general, medido en **horas** de CPU en una computadora potente).

Varios investigadores han desarrollado soluciones para el problema de 5 a 9 puntos de precisión con esta técnica. Morgan y Wampler[14] resolvieron el problema de cinco puntos en un mecanismo de cuatro barras con pivotes fijos especificados por completo y encontraron un máximo de 36 soluciones reales. Subbian y Flugrad[15] utilizaron pivotes móviles especificados para el problema de 5 puntos, ampliaron el método de 5 puntos a mecanismos de seis barras,[16] y también sintetizaron mecanismos de ocho barras y mecanismos de cinco barras engranados para 6 y 7 puntos de precisión con métodos de continuación.[17]

Sólo el método de continuación ya ha sido capaz de resolver por completo el problema de 9 puntos de precisión en mecanismos de cuatro barras y genera todas las posibles soluciones. Wampler, Morgan y Sommese[18] utilizaron una combinación de métodos de continuación numéricos y de reducción analítica de ecuaciones para calcular de manera exhaustiva todas las soluciones posibles no degeneradas y genéricas al problema de 9 puntos.* Comprobaron que existe un máximo de 4 326 mecanismos no degenerados, distintos (que ocurren en 1 442 conjuntos de triples cognados) que potencialmente resolverán un problema de cuatro barras genérico de 9 puntos de precisión. Su método no elimina los mecanismos físicamente imposibles (eslabones complejos) o aquellos con defectos de circuito, rama u orden. Éstos aún deben ser eliminados mediante examen de las diversas soluciones. También resolvieron cuatro ejemplos y encontraron el número máximo de mecanismos con longitudes de eslabones reales que generaron estas trayectorias particulares de 9 puntos para ser, respectivamente, 21, 45, 64 y 120 cognados triples. Los tiempos de computación para estos cuatro ejemplos oscilaron desde 69 a 321 minutos de CPU en un IBM 3090.

Tylaska y Kazerounian[19],[20] utilizaron un enfoque diferente e idearon un método que sintetiza un mecanismo de cuatro barras para hasta 7 puntos de precisión, y también sintetizaron un mecanismo de seis barras Watt I para hasta seis posiciones guía de cuerpo (especificación de movimiento) con control sobre las ubicaciones de algunos pivotes fijos y móviles. Su método proporciona todo el conjunto de soluciones con cualquier conjunto de datos de diseño y es una mejora sobre los métodos iterativos que son sensibles a valores supuestos iniciales. Computacionalmente es menos intensivo que los métodos continuos.

5

Métodos de ecuación de curva del acoplador

Blechschmidt y Uicker[21] y Ananthasuresh y Kota[22] utilizaron la ecuación de curva del acoplador en lugar del método de lazo vectorial para calcular la trayectoria del punto del acoplador. La ecuación de la curva del acoplador es séxtica, tricircular, trinondal de 15 términos. Beyer[41] presenta la siguiente forma de la ecuación de curva del acoplador:†

$$\begin{aligned} a^2\left[(x-k)^2+y^2\right]\left(x^2+y^2+b^2-r^2\right)^2-2ab\left[\left(x^2+y^2-kx\right)\cos\gamma+ky\,\mathrm{sen}\,\gamma\right]\\ \left(x^2+y^2+b^2-r^2\right)\left[(x-k)^2+y^2+a^2-R^2\right]+b^2\left(x^2+y^2\right)\\ \left[(x-k)^2+y^2+a^2-R^2\right]-4ab^2b^2\left[\left(x^2+y^2-kx\right)\mathrm{sen}\,\gamma-ky\cos\gamma\right]^2=0 \end{aligned} \tag{5.38}$$

Nole[23] afirma que:

> *La ecuación de curva del acoplador es muy compleja, y hasta donde se conoce en el estudio de la mecánica (o de ese tema en cualquier otra parte) no se ha encontrado ningún otro resultado matemático con características algebraicas que se iguale a esta conexión de la curva del acoplador.*

Su solución implica y requiere iteración. El método de Blechschmidt y Uicker[21] escoge coordenadas para 10 puntos de la curva deseada. Ananthasuresh y Kota utilizaron 15 puntos con alguna solución de ensayo y error requerido en su selección. La ventaja de ese método de la ecuación de la curva del acoplador es que define la curva total, la cual puede graficarse y examinarse para prioridades adecuadas y defectos al calcular las dimensiones del eslabón, el cual requiere tiempo adicional considerable de cálculo.

* El autor reporta que este cálculo toma 332 horas de CPU para una computadora IBM 3081.

† La notación de la geometría del mecanismo de Beyer es diferente al que se emplea en este libro. El etiquetado de Beyer para la ecuación, según lo muestra Hall,[42] es:

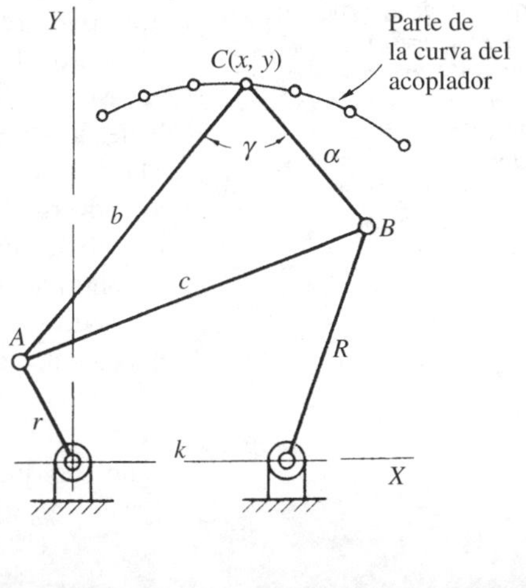

Métodos de optimización

Los métodos enumerados como **de optimización** en la tabla 5-5 (p. 181) son un grupo diverso y algunos tienen poco en común excepto el objetivo de encontrar un mecanismo que genere una trayectoria deseada. Todos permiten que se especifique un número teóricamente ilimitado de puntos de diseño; si N se hace demasiado grande se incrementará el tiempo de computación y es posible que no mejore el resultado. Una limitación inherente a los métodos de optimización es que pueden converger a un mínimo local próximo a las condiciones de inicio. El resultado puede no ser tan bueno como otros mínimos localizados en otra parte en el espacio N de las variables. La determinación del óptimo global es posible aunque más difícil y requiere más tiempo.

Tal vez la primera aplicación (1966) de las técnicas de optimización a este problema de síntesis de mecanismo de cuatro barras es el de Fox y Willmert,[24] en el cual redujeron al mínimo el área entre las curvas deseadas y calculadas sujetas a varias restricciones de igualdad y desigualdad. Controlaron las longitudes de los

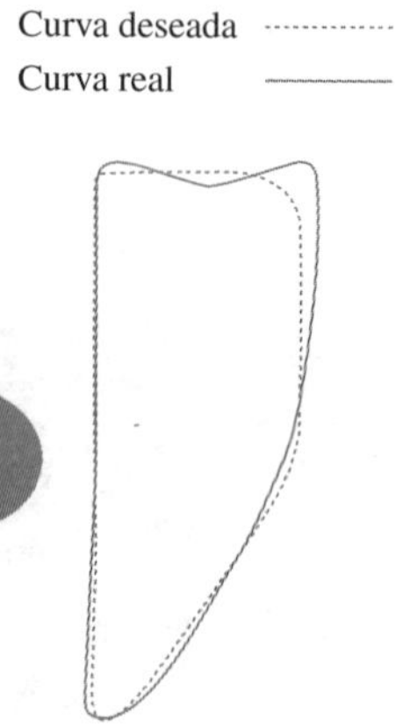

a) Curva del acoplador

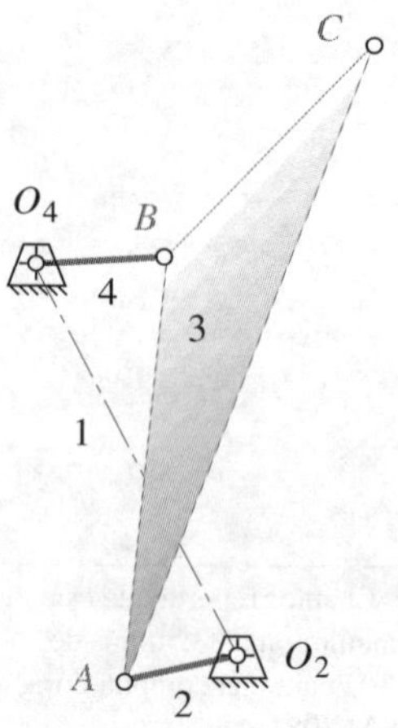

b) Mecanismo sintetizado

FIGURA 5-11 Mecanismo sintetizado para generar una curva de acoplador deseada mediante un método de optimización *Reproducida de "Optimal Kinematic Synthesis of Planar Linkage Mechanisms"[25] con permiso de Professional Engineering Publishing, Bury St. Edmunds, UK.*

eslabones para que fueran positivas y un poco menores que el máximo, y algunas para la condición de Grashof, limitaron las fuerzas y pares de torsión y restringieron las ubicaciones de los pivotes fijos. Utilizaron el método de Powell para encontrar el mínimo de la función objetivo.

Youssef y colaboradores[25] utilizaron la suma de los cuadrados, suma de valores absolutos o criterios de error de área para reducir al mínimo la función objetivo. Acomodaron la generación de trayectoria y función para mecanismos de lazo sencillo (cuatro barras) y lazos múltiples, tanto con juntas de pasador como correderas. Permitieron que se impusieran restricciones en los rangos permisibles de longitudes y ángulos de los eslabones, algunos de los cuales también pueden mantenerse constantes durante la iteración. Un ejemplo de optimización realizada con este método con 19 puntos equidistantes entre sí alrededor de una trayectoria de acoplador de cuatro barras deseada se muestra en la figura 5-11.[25] Otro ejemplo de este método es el mecanismo manivela-corredera de 10 barras mostrado en la figura 5-12[25] (p. 176), la que también muestra la curva de acoplador deseada y existente generada por el punto P para 24 puntos correspondientes a incrementos iguales de ángulo de la manivela de entrada.

Nolle y Hunt[9] derivaron expresiones analíticas que conducen a un conjunto de diez ecuaciones no homogénas simultáneas lineales cuya solución proporciona valores de todas las variables independientes. Utilizaron un método de mínimos cuadrados para la optimización y también permitieron una temporización específica de la manivela de entrada en cada posición en el acoplador. Debido a que sus ecuaciones son lineales, la convergencia es rápida y requiere sólo un segundo por iteración.

Kramer y Sandor[26],[27] describieron una variante de la técnica de puntos de precisión a la que llamaron **síntesis de precisión selectiva** (SPS, por sus siglas en inglés). Ésta no requiere que la curva pase exactamente por los puntos de precisión al definir "vecindarios de precisión" alrededor de cada punto. El tamaño de estas zonas de tolerancia puede ser diferente para cada punto, y se pueden utilizar más de nueve puntos. Estos puntos señalan que la correspondencia exacta con un conjunto de puntos con frecuencia no es necesaria en aplicaciones de ingeniería, y aun cuando se lograran teóricamente, se verían comprometidas por las tolerancias de manufactura.

El método SPS es adecuado para cualquier mecanismo que pueda construirse con díadas o tríadas, por lo tanto, puede acomodar mecanismos de seis barras y de cinco barras engranados, lo mismo que de cuatro barras. La generación de función, movimiento y trayectoria de mecanismos de cuatro barras (con temporización prescrita) puede sintetizarse con el método de forma estándar, el cual considera las tres formas equivalentes en términos de formulación de ecuación. También pueden acomodarse los mecanismos espaciales. Las soluciones son estables y menos sensibles a pequeños cambios en los datos que los métodos de puntos de precisión. Krishnamurthi y colaboradores[28] ampliaron el método SPS mediante una teoría de conjuntos difusa o imprecisa, la cual proporciona la trayectoria de un mecanismo tan próxima a los puntos especificados como sea posible para un punto de inicio dado; pero es sensible a la selección del punto de inicio y puede hallar óptimos locales en lugar de globales.

Mirth[29] proporcionó una variación de la técnica SPS de Kramer llamada síntesis de cuasi posición de precisión, la cual utiliza tres posiciones de precisión y N cuasi posiciones, las cuales se definen como zonas de tolerancia. Este método conserva las ventajas computacionales del método de Burmester (punto de precisión) al mismo tiempo que permite especificar un número mayor de puntos para mejorar y refinar el diseño.

Conte y colaboradores,[30] y Kakatsios y Tricamo[31],[32] describieron métodos para satisfacer un pequeño número de puntos de precisión y al mismo tiempo optimizar las características dinámicas del mecanismo. Las longitudes de los eslabones se controlan a un tamaño razonable, la condición de Grashof se restringe y el par de torsión de entrada, las fuerzas de reacción y apoyo dinámico y los momentos de sacudimiento se reducen al mínimo simultáneamente.

Muchos de los métodos de optimización antes mencionados utilizan algunas formas de restricción de desigualdad para limitar los valores permisibles de los parámetros de diseño, como longitudes de eslabones y ángulos de transmisión. Estas restricciones a menudo provocan problemas que conducen a no convergencia o a defectos de circuito, rama u orden. Angeles y colaboradores[33] describieron un método de mínimos cuadrados no lineal no restringido que evita estos problemas. Se emplean métodos de continuación y se obtiene una buena convergencia sin defectos de rama.

Aviles y colaboradores[34] propusieron una aproximación novedosa al problema de síntesis de mecanismos que utiliza la energía elástica que se almacenaría en los eslabones si se les permitiera deformarse elásticamente, de modo que el punto del acoplador alcance la ubicación deseada. La función objetivo se define como la condición de energía mínima en el conjunto de eslabones deformados, lo que desde luego ocurrirá cuando sus posiciones de cuerpo rígido se aproximen más a la trayectoria deseada. Éste, en esencia, es un método de elemento finito que considera cada eslabón como un elemento. Se utiliza el método de Newton para la iteración y, en este caso, converge a un mínimo incluso cuando la suposición inicial está alejada de la solución.

Fang[35] describió una aproximación inicial a la síntesis de mecanismos que utiliza algoritmos genéticos. Los algoritmos genéticos emulan la forma en que los organismos vivos se adaptan a la naturaleza. Inicialmente se genera una población de "organismos" aleatorios que representan el sistema por optimizar. Éste adopta la forma de una cadena de bits, análoga a los cromosomas de una célula, la cual es llamada primera generación. En una población dada se realizan dos operaciones, llamadas cruzamiento y mutación. El cruzamiento combina una parte del "código genético" de un organismo "padre" con una parte del código de un organismo "madre". La mutación cambia los valores del código genético en puntos aleatorios en la cadena de bits. Se crea una función objetivo que expresa la "idoneidad" del organismo para la tarea. Se produce cada generación sucesiva seleccionando los organismos que se adaptan mejor a la tarea. La población "evoluciona" a través de generaciones hasta que se satisface un criterio de terminación basado en la función objetivo.

Una de las ventajas de este enfoque es que busca de población en población, en lugar de punto en punto, y esto hace menos probable que se quede atrapado en los óptimos locales. La población también conserva un número válido de soluciones en lugar de converger a sólo una. Las desventajas son largos tiempos de computación debido al gran número de evaluaciones de función objetivo requeridas. No obstante, es más eficiente que los algoritmos de búsqueda exhaustiva o de recorrido aleatorio. Todos los métodos de optimización aquí mencionados se ocupan sólo de síntesis dimensional, aunque los algoritmos genéticos también se ocupan de la síntesis de tipo.

Ullah y Kota[36],[37] separaron el problema de síntesis de mecanismos en dos pasos. El primero busca una correspondencia aceptable en cuanto a la forma de la curva deseada, omitiendo el tamaño, orientación o ubicación de la curva en el espacio. Una vez que se encuentra la curva de forma adecuada y su mecanismo asociado, el resultado puede ser trasladado, girado y reducido o agrandado a escala como se desee. Este método simplifica la tarea de optimización en comparación con los algoritmos que buscan una optimización estructural que incluye el tamaño, la orientación y la ubicación de la curva del acoplador en la función objetivo. Se utilizan descriptores de Fourier para caracterizar la forma de la curva como se hace en muchas aplicaciones de correspondencia de patrón, como en tareas de ensamble robótico automatizado. Se emplea un algoritmo de optimización global estocástico, el cual evita la convergencia indeseable a mínimos locales subóptimos.

Vasiliu y Yannou[38] también se enfocan sólo en la forma de la trayectoria deseada y la representan de manera aproximada con cinco términos de una serie de Fourier. Utilizan un método de *red neuronal* artificial para sintetizar un mecanismo que genere la forma aproximada de la curva. Una red neuronal es una gráfica de *neuronas de entrada* que representan la forma de la trayectoria, y *neuronas de salida* que representan los parámetros dimensionales del mecanismo. Se "considera" que la red relaciona apropiadamente la salida con la entrada con varios algoritmos. El tiempo de aprendizaje fue de 30 horas y 14 000 iteraciones para su ejemplo, de modo que este método es intensivo por lo que se refiere a tiempo de computadora. La correspondencia de la forma de la curva del mecanismo resultante con la curva deseada es menos precisa que la del método mostrado en las figuras 5-11 (p. 184) y 5-12.

Bawab y colaboradores[39] describen un método que sintetiza automáticamente (dentro del programa de computadora) un mecanismo de cuatro barras para dos, tres o cuatro posiciones mediante la teoría de Burmester, y elimina todas las soluciones que tienen defectos de circuito, rama u orden. Se especifican límites en las relaciones de longitud de eslabón y el ángulo de transmisión, y la función objetivo se basa en estos criterios con factores de ponderación aplicados. También se especifican regiones en el plano en el cual deben localizarse los pivotes fijos o móviles.

Liu y Yang[40] propusieron un método para hallar las soluciones al problema de síntesis aproximada, que utiliza una combinación de métodos de continuación y optimización. Su método no requiere una suposición inicial, y se pueden obtener todas las soluciones posibles con tiempos de computación relativamente cortos.

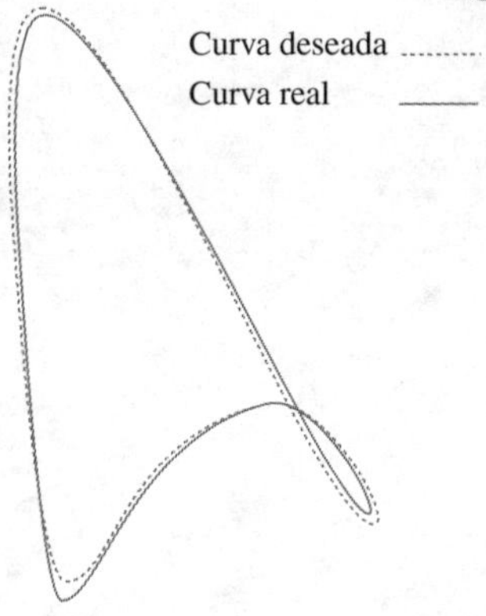

a) Trayectoria del punto *P*

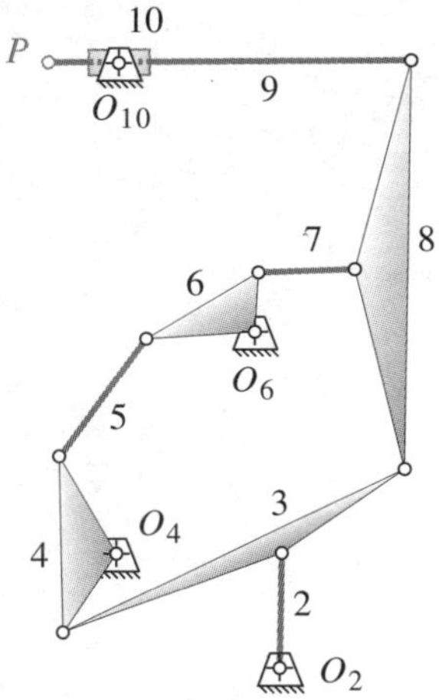

b) Mecanismo sintetizado

FIGURA 5-12 Ejemplo de síntesis de un mecanismo de 10 eslabones para generar una trayectoria del acoplador *Reproducida de Youssef y colaboradores (1975). "Optimal Kinematic Synthesis of Planar Linkage Mechanisms",[25] con permiso de Professional Engineering Publishing, Bury St. Edmunds, UK.*

5.15 REFERENCIAS

1 **Sandor, G. N.** (1959). "A General Complex Number Method for Plane Kinematic Synthesis with Applications." Tesis de doctorado, Columbia University, University Microfllms, Ann Arbor, MI.

2 **Erdman, A. G.** (1981). "Three and Four Precision Point Kinematic Synthesis of Planar Linkages." *Mechanism and Machine Theory*, **16**, pp. 227-245.

3 **Kaufman, R. E.** (1978). "Mechanism Design by Computer." *Machine Design*, 26 de octubre de 1978, pp. 94-100.

4 **Loerch, R. J. *et al.*** (1975). "Synthesis of Fourbar Linkages with Specified Ground Pivots." *Proc. of 4th Applied Mechanisms Conference*, Chicago, IL, pp. 10.1-10.6.

5 **Loerch, R. J. *et al.*** (1979). "On the Existence of Circle-Point and Center-Point Circles for Three Position Dyad Synthesis." *Journal of Mechanical Design*, **101**(3), pp. 554-562.

6 **Erdman, A. G. y G. N. Sandor** (1997). *Mechanism Design: Analysis and Synthesis*, vol. 1, 3a. ed., y *Advanced Mechanism Design, Analysis and Synthesis*, vol. 2 (1984). Prentice-Hall: Upper Saddle River, NJ.

7 **Jennings, A.** (1977). *Matriz Computation for Engineers and Scientists.* John Wiley & Sons: Nueva York.

8 **Erdman, A. G. y J. E. Gustafson** (1977). "LINCAGES: Linkage INteractive Computer Analysis and Graphically Enhanced Synthesis." ASME Paper: 77-DTC-5.

9 **Nolle, H. y K. H. Hunt** (197l). "Optimum Synthesis of Planar Linkages to Generate Coupler Curves." *Journal of Mechanisms*, **6**, pp. 267-287.

10 **Freudenstein, F. y G. N. Sandor** (1959). "Synthesis of Path Generating Mechanisms by Means of a Programmed Digital Computer." *ASME Journal for Engineering in Industry*, **81**, p. 2.

11 **Sub, C. H. y C. W. Radcliffe** (1966). "Synthesis of Planar Linkages With Use of the Displacement matriz." ASME Paper: 66-MECH-19, 9 pp.

12 **Morgan, A. P. y A. J. Sommese** (1987). "Computing All Solutions to Polynomial Systems Using Homotopy Continuation." *Applied Mathematics and Computation*, **24**, pp. 115-138.

13 **Morgan, A. P.** (1987). *Solving Polynomial Systems Using Continuation for Scientific and Engineering Problems.* Prentice-Hall: Upper Saddle River, NJ.

14 **Morgan, A. P. y C. W. Wampler** (1990). "Solving a Planar Fourbar Design Problem Using Continuation." *Journal of Mechanical Design*, **112**(4), p. 544.

15 **Subbian, T. y J. D. R. Flugrad** (1991). "Fourbar Path Generation Synthesis by a Continuation Method." *Journal of Mechanical Design*, **113**(1), p. 63.

16 **Subbian, T. y J. D. R. Flugrad** (1993). "Five Position Triad Synthesis with Applications to Four and Sixbar Mechanisms." *Journal of Mechanical Design*, **115**(2), p. 262.

17 **Subbian, T. y J. D. R. Flugrad** (1994). "Six and Seven Position Triad Synthesis Using Continuation Methods." *Journal of Mechanical Design*, **116**(2), p. 660.

18 **Wampler, C. W. *et al.*** (1992). "Complete Solution of the Nine-Point Path Synthesis Problem for Fourbar Linkages." *Journal of Mechanical Design*, **114**(1), p. 153.

19 **Tylaska, T. y K. Kazerounian** (1994). "Synthesis of Defect-Free Sixbar Linkages for Body Guidance Through Up to Six Finitely Separated Positions." *Proc. of 23rd Biennial Mechanisms Conference*, Minneapolis, MN, p. 369.

20 **Tylaska, T. y K. Kazerounian** (1993). "Design of a Six Position Body Guidance Watt I Sixbar Linkage and Related Concepts." *Proc. of 3rd Applied Mechanisms and Robotics Conference*, Cincinnati, pp. 93-101.

21 **Blechschmidt, J. L. y J. J. Uicker** (1986). "Linkage Synthesis Using Algebraic Curves." *J. Mechanisms, Transmissions, and Automation in Design*, **108** (diciembre de 1986), pp. 543-548.

22 **Ananthasuresh, G. K. y S. Kota** (1993). "A Renewed Approach to the Synthesis of Fourbar Linkages for Path Generation via the Coupler Curve Equation." *Proc. of 3rd Applied Mechanisms and Robotics Conference*, Cincinnati, pp. 83-91.

23 **Nolle, H.** (1975). "Linkage Coupler Curve Synthesis: A Historical Review-III. Spatial Synthesis and Optimization." *Mechanism and Machine Theory*, **10**, 1975, pp. 41-55.

24 **Fox, R. L. y K. D. Willmert** (1967). "Optimum Design of Curve-Generating Linkages with Inequality Constraints." *Journal of Engineering for Industry* (febrero de 1967), pp. 144-152.

25 **Youssef, A. H. *et al.*** (1975). "Optimal Kinematic Synthesis of Planar Linkage Mechanism." *I. Mech. E.*, pp. 393-398.

26 **Kramer, S. N. y G. N. Sandor** (1975). "Selective Precision Synthesis—A General Method of Optimization for Planar Mechanisms." *Trans ASME J. Eng. for Industry*, **97B**(2), pp. 689-701.

27 **Kramer, S. N.** (1987). "Selective Precision Synthesis—A General Design Method for Planar and Spatial Mechanisms." *Proc. of 7th World Congress on Theory of Machines and Mechanisms*, Sevilla, España.
28 **Krishnamurthi, S. *et al.*** (1993). "Fuzzy Synthesis of Mechanisms." *Proc. of 3rd Applied Mechanisms and Robotics Conference*, Cincinnati, pp. 94-101.
29 **Mirth, J. A.** (1994). "Quasi-Precision Position Synthesis of Fourbar Linkages." *Proc. of 23rd Biennial Mechanisms Conference*, Minneapolis, MN, p. 215.
30 **Conte, F. L. *et al.*** (1975). "Optimum Mechanism Design Combining Kinematic and Dynamic-Force Considerations." *Journal of Engineering for Industry* (mayo de 1975), pp. 662-670.
31 **Kakatsios, A. J. y S. J. Tricamo** (1987). "Precision Point Synthesis of Mechanisms with Optimal Dynamic Characteristics." *Proc. of 7th World Congress on the Theory of Machines and Mechanisms*, Sevilla, España, pp. 1041-1046.
32 **Kakatsios, A. J. y S. J. Tricamo** (1986). "Design of Planar Rigid Body Guidance Mechanisms with Simultaneously Optimized Kinematic and Dynamic Characteristics." ASME Paper: 86-DET-142.
33 **Angeles, J. *et al.*** (1988). "An Unconstrained Nonlinear Least-Square Method of Optimization of RRRR Planar Path Generators." *Mechanism and Machine Theory*, **23**(5), pp. 343-353.
34 **Aviles, R. *et al.*** (1994). "An Energy-Based General Method for the Optimum Synthesis of Mechanisms." *Journal of Mechanical Design*, **116**(1), p. 127.
35 **Fang, W. E.** (1994). "Simultaneous Type and Dimensional Synthesis of Mechanisms by Genetic Algorithms." *Proc. of 23rd Biennial Mechanisms Conference*, Minneapolis, MN, p. 36.
36 **Ullah, I. y S. Kota** (1994). "A More Effective Formulation of the Path Generation Mechanism Synthesis Problem." *Proc. of 23rd Biennial Mechanism Conference*, Minneapolis, MN, p. 239.
37 **Ullah, I. y S. Kota** (1996). "Globally-Optimal Synthesis of Mechanisms for Path Generation Using Simulated Annealing and Powell's Method." *Proc. of ASME Design Engineering Conference*, Irvine, CA, pp. 1-8.
38 **Vasiliu, A. y B. Yannou** (1998). "Dimensional Synthesis of Planar Path Generator Linkages Using Neural Networks." *Mechanism and Machine Theory*, 32(65).
39 **Bawab, S. *et al.*** (1997). "Automatic Synthesis of Crank Driven Fourbar Mechanisms for Two, Three, or Four Position Motion Generation." *Journal of Mechanical Design*, **119** (junio), pp. 225-231.
40 **Liu, A. X. y T. L. Yang** (1999). "Finding All Solutions to Unconstrained Nonlinear Optimization for Approximate Synthesis of Planar Linkages Using Continuation Method." *Journal of Mechanical Design*, **121**(3), pp. 368-374.
41 **Beyer, R.** (1963). *The Kinematic Synthesis of Mechanisms.* McGraw-Hill: Nueva York, p. 254.
42 **Hall, A. S.** (1961). *Kinematics and Linkage Design*. Prentice-Hall: Englewood Cliffs, NJ, p. 49.

TABLA P5-0
Tema/Matriz de problema

5.2 Síntesis de balancín de dos posiciones
5-51, 5-52, 5-53

5.3 Generación de movimiento de dos posiciones
5-1, 5-2, 5-8, 5-9, 5-12, 5-13, 5-16, 5-17, 5-21, 5-22, 5-23, 5-54, 5-55, 5-56

5.6 Generación de movimiento de tres posiciones
5-3, 5-10, 5-14, 5-18, 5-24, 5-25, 5-27, 5-28, 5-31, 5-32, 5-34, 5-37, 5-38, 5-39, 5-41, 5-42, 5-44, 5-45, 5-57

5.8 Síntesis para la ubicación de un pivote fijo especificado
5-4, 5-5, 5-6, 5-7, 5-11, 5-15, 5-19, 5-26, 5-29, 5-30, 5-33, 5-35, 5-36,

5.9 Círculos con puntos en el centro y puntos en el círculo
5-20, 5-47, 5-48, 5-49, 5-50

5.16 PROBLEMAS‡

Observe que todos los siguientes problemas de tres posiciones pueden resolverse con una calculadora de matrices, un software para ecuaciones tal como Mathcad, Matlab o TKSolver, o el programa LINKAGES. *Los problemas de dos posiciones pueden resolverse con una calculadora de cuatro funciones.*

5-1 Repita el problema 3-3 (p. 110) con los métodos analíticos de este capítulo.

5-2 Repita el problema 3-4 (p. 110) con los métodos analíticos de este capítulo.

5-3 Repita el problema 3-5 (p. 110) con los métodos analíticos de este capítulo.

5-4 Repita el problema 3-6 (p. 111) con los métodos analíticos de este capítulo.

5-5 Vea el proyecto P3-8 (p. 118). Defina tres posiciones del bote y sintetice analíticamente un mecanismo para moverse por ellos.

5-6 Vea el proyecto P3-30 (p. 119). Defina tres posiciones del carro de volteo y sintetice analíticamente un mecanismo para moverlo por las mismas. Los pivotes fijos deben estar en el camión existente.

5-7 Vea el proyecto P3-7 (p. 118). Defina tres posiciones del monitor de computadora y sintetice analíticamente un mecanismo para moverlo por éstas. Los pivotes fijos deben estar en el piso o pared.

*†5-8 Diseñe un mecanismo para que el cuerpo mostrado en la figura P5-1 pase por las dos posiciones P_1 y P_2 a los ángulos señalados en la figura. Use síntesis analítica sin tomar en cuenta los pivotes fijos que se muestran. (*Sugerencia:* Pruebe los valores de elección libre $z = 1.075$, $\varphi = 204.4°$, $\beta_2 = -27°$; $s = 1.24$, $\psi = 74°$, $\gamma_2 = -40°$.)

†5-9 Diseñe un mecanismo para que el cuerpo mostrado en la figura P5-1 (p. 188) pase por las dos posiciones P_2 y P_3 a los ángulos mostrados en la figura. Use síntesis analítica sin tomar en cuenta

‡ Todas las figuras de los problemas vienen como archivos PDF y algunas también vienen como archivos animados AVI y Working Model; todos incluidos en el DVD. Los nombres de los archivos PDF son los mismos que el número de la figura. Ejecute el archivo *Animations.html* para acceder y ejecutar las animaciones.

* Respuestas en el apéndice F.

† Estos problemas son adecuados para su solución con el programa Mathcad o TKSolver. En la mayoría de los casos su solución puede verificarse con el programa LINKAGES.

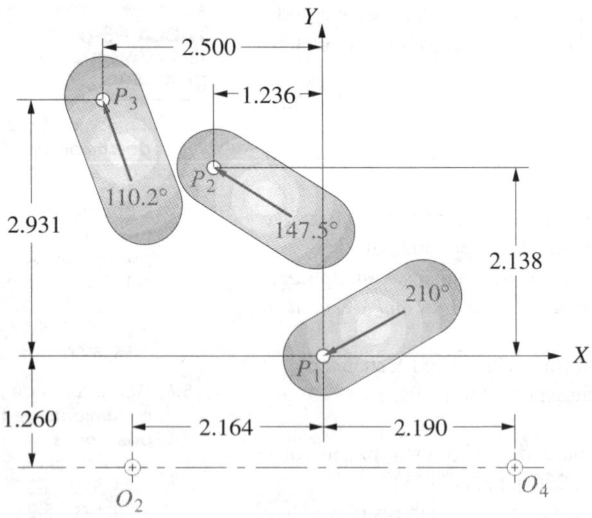

FIGURA P5-1 Datos para los problemas 5-8 a 5-11

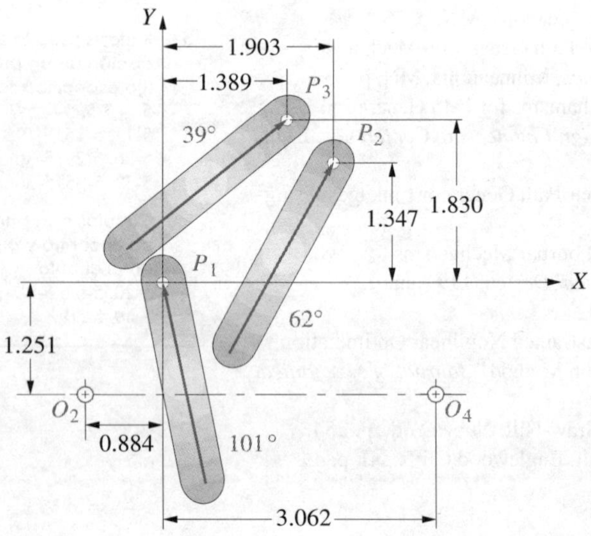

FIGURA P5-2 Datos para los problemas 5-12 a 5-15

los pivotes fijos señalados. (*Sugerencia:* Primero pruebe una solución gráfica preliminar para crear valores reales para las elecciones libres.)

†5-10 Diseñe un mecanismo para que el cuerpo mostrado en la figura P5-1 pase por las tres posiciones P_1, P_2 y P_3 a los ángulos señalados en la figura. Use síntesis analítica sin tomar en cuenta los pivotes fijos que se muestran. (*Sugerencia:* Pruebe los valores de elección libre $\beta_2 = 30°$, $\beta_3 = 60°$, $\gamma_2 = -10°$, $\gamma_3 = 25°$.)

*†5-11 Diseñe un mecanismo para que el cuerpo mostrado en la figura P5-1 pase por las tres posiciones P_1, P_2 y P_3 a los ángulos mostrados en la figura. Use síntesis analítica y diséñelo para los pivotes fijos mostrados.

†5-12 Diseñe un mecanismo para que el cuerpo mostrado en la figura P5-2 pase por las dos posiciones P_1, P_2 a los ángulos señalados en la figura. Use síntesis analítica sin tomar en cuenta los pivotes fijos que se muestran. (*Sugerencia:* Pruebe los valores de elección libre $z = 2$, $\phi = 150°$, $\beta_2 = 30°$, $s = 3$, $\psi = -50°$, $\gamma_2 = 40°$.)

†5-13 Diseñe un mecanismo para que el cuerpo mostrado en la figura P5-2 pase por las dos posiciones P_2, P_3 a los ángulos señalados en la figura. Use síntesis analítica sin tomar en cuenta los pivotes fijos que se muestran. (*Sugerencia:* Primero pruebe una solución gráfica preliminar para crear valores reales para las elecciones libres.)

†5-14 Diseñe un mecanismo para que el cuerpo mostrado en la figura P5-2 pase por las tres posiciones P_1, P_2 y P_3 a los ángulos señalados en la figura. Use síntesis analítica sin tomar en cuenta los pivotes fijos que se muestran.

*†5-15 Diseñe un mecanismo para que el cuerpo mostrado en la figura P5-2 pase por las tres posiciones P_1, P_2 y P_3 a los ángulos señalados en la figura. Use síntesis analítica y diséñelo para los pivotes fijos que se muestran.

†5-16 Diseñe un mecanismo para que el cuerpo mostrado en la figura P5-3 (p. 189) pase por las dos posiciones P_1 y P_2 a los ángulos señalados en la figura. Use síntesis analítica sin tomar en cuenta los pivotes fijos que se muestran.

†5-17 Diseñe un mecanismo para que el cuerpo mostrado en la figura P5-3 pase por las dos posiciones P_2 y P_3 a los ángulos señalados en la figura. Use síntesis analítica sin tomar en cuenta los pivotes fijos que se muestran.

†5-18 Diseñe un mecanismo para que el cuerpo mostrado en la figura P5-3 pase por las tres posiciones P_1, P_2 y P_3 a los ángulos señalados en la figura. Use síntesis analítica sin tomar en cuenta los pivotes fijos que se muestran.

*†5-19 Diseñe un mecanismo para que el cuerpo mostrado en la figura P5-3 pase por las tres posiciones P_1, P_2 y P_3 a los ángulos señalados en la figura. Use síntesis analítica y diséñelo para los pivotes fijos que se muestran.

†5-20 Escriba un programa para generar y graficar los círculos con puntos en el círculo y puntos en el centro para el problema 5-19 con una calculadora de ecuaciones o cualquier lenguaje de programación.

†5-21 Diseñe un mecanismo de cuatro barras para mover la caja mostrada en la figura P5-4 (p. 189) de la posición 1 a la 2 sin tomar en cuenta las ubicaciones de los pivotes fijos. Use los puntos *A* y *B* como puntos de fijación. Determine el rango del ángulo de transmisión. Los pivotes fijos deberán estar en la base.

†5-22 Diseñe un mecanismo de cuatro barras para mover la caja mostrada en la figura P5-4 de la posición 1 a la 3 sin tomar en cuenta las ubicaciones de los pivotes fijos. Use los puntos *A* y *B* como puntos de fijación. Determine el rango del ángulo de transmisión. Los pivotes fijos deberán estar en la base.

†5-23 Diseñe un mecanismo de cuatro barras para mover la caja mostrada en la figura P5-4 de la posición 2 a la 3 sin tomar en cuenta las ubicaciones de los pivotes fijos. Use los puntos *A* y *B* como puntos de fijación. Determine el rango del ángulo de transmisión. Los pivotes fijos deberán estar en la base.

* Respuestas en el apéndice F.

† Estos problemas son adecuados para su solución con el programa Mathcad o TKSolver. En la mayoría de los casos su solución puede verificarse con el programa LINKAGES.

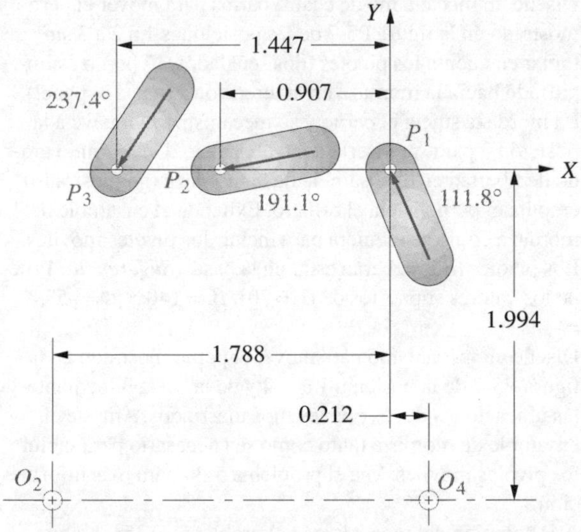

FIGURA P5-3 Datos para los problemas 5-16 a 5-20

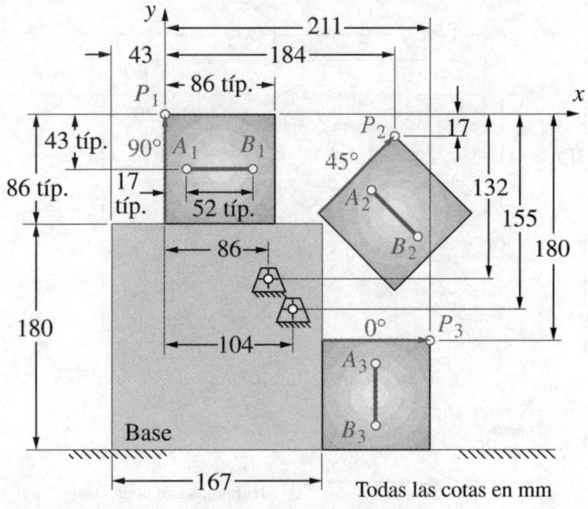

FIGURA P5-4 Datos para los problemas 5-21 a 5-26

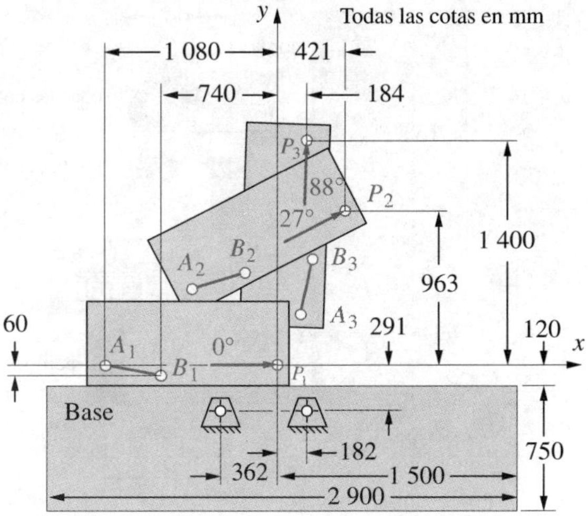

FIGURA P5-5 Datos para los problemas 5-27 a 5-30

†5-24 Diseñe un mecanismo de cuatro barras para mover la caja mostrada en la figura P5-4 por las tres posiciones señaladas en su orden numerado omitiendo los pivotes fijos que se muestran. Determine el rango del ángulo de transmisión. Use cualquier punto en el objeto como puntos de fijación. Los pivotes fijos deberán estar en la base.

†5-25 Diseñe un mecanismo de cuatro barras para mover la caja mostrada en la figura P5-4 por las tres posiciones señaladas en su orden numerado omitiendo los pivotes fijos que se muestran. Use los puntos *A* y *B* como puntos de fijación. Determine el rango del ángulo de transmisión.

†5-26 Diseñe un mecanismo de cuatro barras para mover la caja mostrada en la figura P5-4 por las tres posiciones señaladas en su orden numerado utilizando los pivotes fijos que se muestran. Determine el rango del ángulo de transmisión.

†5-27 Diseñe un mecanismo de cuatro barras para mover el objeto mostrado en la figura P5-5 por las tres posiciones señaladas en su orden numerado omitiendo los pivotes fijos que se muestran. Use cualesquiera puntos en el objeto como puntos de fijación. Los pivotes fijos deberán estar en la base. Determine el rango del ángulo de transmisión.

†5-28 Diseñe un mecanismo de cuatro barras para mover el objeto mostrado en la figura P5-5 por las tres posiciones mostradas en su orden numerado omitiendo los pivotes fijos señalados. Use los puntos *A* y *B* como puntos de fijación. Determine el rango del ángulo de transmisión.

†5-29 Diseñe un mecanismo de cuatro barras para mover el objeto mostrado en la figura P5-5 por las tres posiciones mostradas en su orden numerado mediante los pivotes fijos señalados. Determine el rango del ángulo de transmisión.

†5-30 A la solución del mecanismo del problema 5-29, agregue una díada motriz con una manivela para controlar el movimiento de su mecanismo de cuatro barras, de modo que no pueda moverse más allá de las posiciones uno y tres.

†5-31 Diseñe un mecanismo de cuatro barras para mover el objeto mostrado en la figura P5-6 (p. 190) por las tres posiciones señaladas en su orden numerado sin tomar en cuenta los pivotes fijos que se muestran. Use los puntos *A* y *B* como puntos de fijación. Determine el rango del ángulo de transmisión.

†5-32 Diseñe un mecanismo de cuatro barras para mover el objeto mostrado en la figura P5-6 por las tres posiciones señaladas en su orden numerado sin tomar en cuenta los pivotes fijos que se muestran. Use cualesquiera puntos en el objeto como puntos de fijación. Los pivotes fijos deberán estar en la base. Determine el rango del ángulo de transmisión.

*†5-33 Diseñe un mecanismo de cuatro barras para mover el objeto mostrado en la figura P5-6 por las tres posiciones señaladas en su orden numerado mediante los pivotes fijos que se muestran. Determine el rango del ángulo de transmisión.

* Respuestas en el apéndice F.
† Estos problemas son adecuados para su solución con el programa Mathcad o TKSolver. En la mayoría de los casos su solución puede verificarse con el programa LINKAGES.

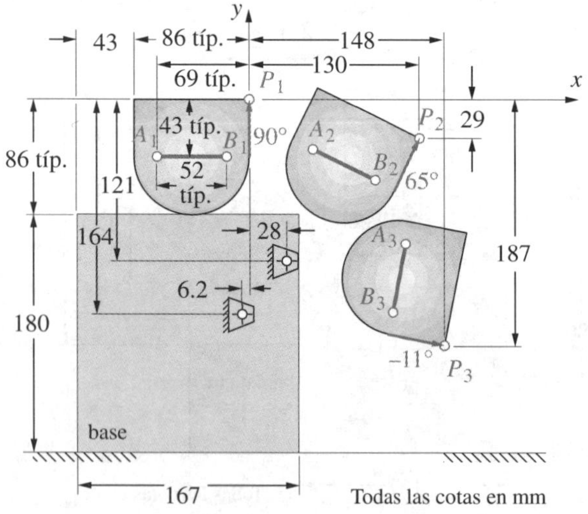

FIGURA P5-6 Datos para los problemas 5-31 a 5-33

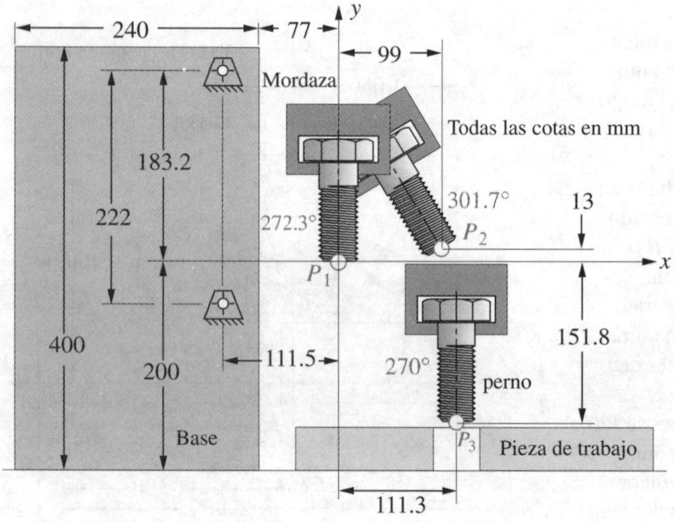

FIGURA P5-7 Datos para los problemas 5-34 a 5-36

†5-34 Diseñe un mecanismo de cuatro barras para mover el perno mostrado en la figura P5-7 de las posiciones 1 a 2 a 3 sin tomar en cuenta los pivotes fijos señalados. El perno es impulsado hacia la mordaza en la dirección z (hacia el papel). La mordaza sujeta el perno y su mecanismo lo mueve a la posición 3 para ser insertado en el orificio. Un segundo grado de libertad en el ensamble de la mordaza (no mostrado) empuja el perno hacia el orificio. Extienda el ensamble de mordaza como se requiera para incluir los pivotes móviles. Los pivotes fijos deberán estar en la base. (*Sugerencia:* Pruebe los valores supuestos de $\beta_2 = 70°$, $\beta_3 = 140°$, $\gamma_2 = -5°$, $\gamma_3 = -49°$.)

*†5-35 Diseñe un mecanismo para mover el perno mostrado en la figura P5-7 de la posición 1 a la 2 y de la 2 a la 3 mediante las ubicaciones de los pivotes fijos mostrados. Amplíe el ensamble de mordaza tanto como sea necesario para incluir los pivotes móviles. Vea el problema 5-34 para más información.

5-36 A la solución del mecanismo del problema 5-35, agregue una díada motriz con una manivela para controlar el movimiento de su mecanismo de cuatro barras, de modo que no pueda moverse más allá de las posiciones uno y tres.

5-37 La figura P5-8 muestra un mecanismo de descarga de rollos de papel. El eslabón en V es girado 90° por un mecanismo de manivela-corredera de cuatro barras impulsado por aire. Diseñe un mecanismo de cuatro barras con juntas de pasador para reemplazar la estación de descarga existente y realice en esencia la misma función. Elija tres posiciones del rodillo, incluidas sus dos posiciones extremas, y sintetice un mecanismo sustituto. Use un eslabón similar al eslabón en V existente como uno de sus eslabones. Agregue una díada motriz para limitar su movimiento al rango deseado.

†5-38 Diseñe un mecanismo de cuatro barras para mover el objeto mostrado en la figura P5-9 (p. 191) por las tres posiciones mostradas en su orden numerado sin tomar en cuenta los pivotes fijos señalados. Use los puntos C y D como puntos de fijación. Determine el rango del ángulo de transmisión.

†5-39 Diseñe un mecanismo de cuatro barras para mover el objeto mostrado en la figura P5-9 por las tres posiciones señaladas en su orden numerado sin tomar en cuenta los pivotes fijos que se muestran. Use algunos puntos en el objeto como puntos de fijación. Determine el rango del ángulo de transmisión.

†5-40 Diseñe un mecanismo de cuatro barras para mover el objeto mostrado en la figura P5-9 por las tres posiciones mostradas en su orden numerado mediante los pivotes fijos señalados. Determine el rango del ángulo de transmisión.

†5-41 Repita el problema 5-38 con los datos mostrados en la figura P5-10 (p. 191).

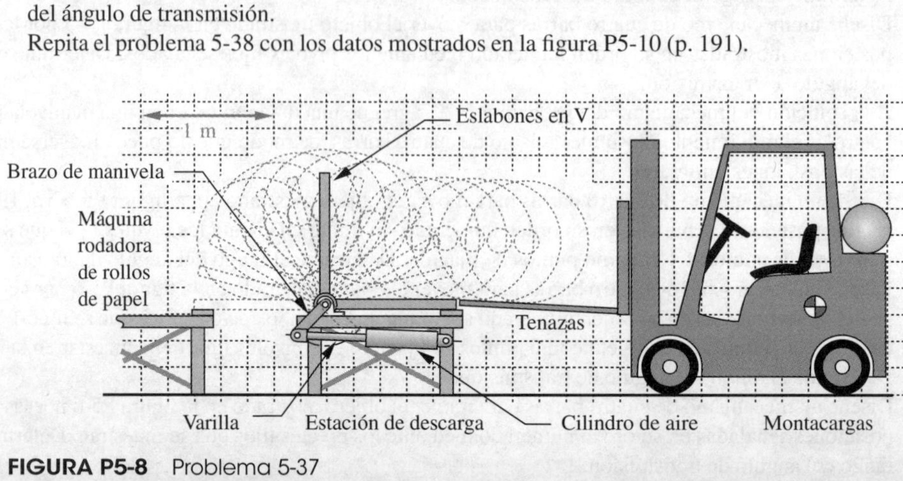

FIGURA P5-8 Problema 5-37

* Respuestas en el apéndice F.

† Estos problemas son adecuados para su solución con el programa Mathcad o TKSolver. En la mayoría de los casos su solución puede verificarse con el programa LINKAGES.

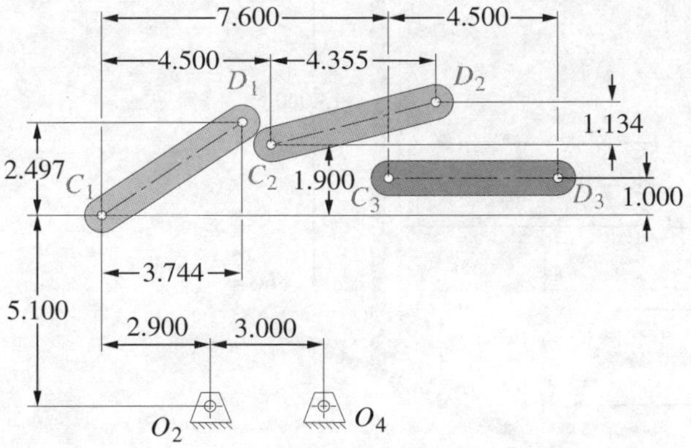

FIGURA P5-9 Datos para los problemas 5-38 a 5-40 y 5-47

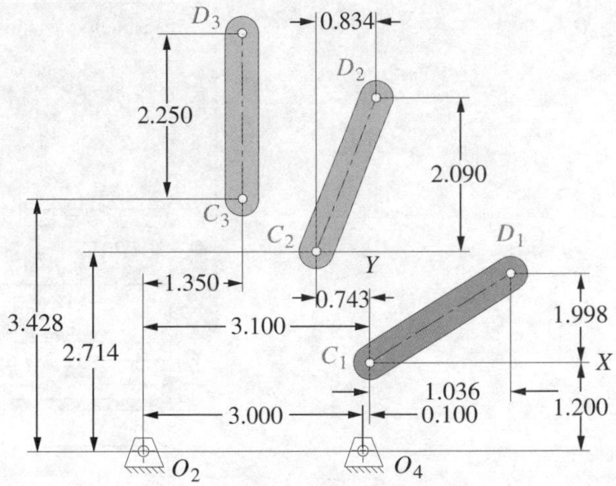

FIGURA P5-10 Datos para los problemas 5-41 a 5-43 y 5-48

5

[†]5-42 Repita el problema 5-39 (p. 190) con los datos mostrados en la figura P5-10.

[†]5-43 Repita el problema 5-40 (p. 190) con los datos mostrados en la figura P5-10.

[†]5-44 Repita el problema 5-38 (p. 190) con los datos mostrados en la figura P5-11.

[†]5-45 Repita el problema 5-39 (p. 190) con los datos mostrados en la figura P5-11.

[†]5-46 Repita el problema 5-40 (p. 190) con los datos mostrados en la figura P5-11.

[†]5-47 Escriba un programa para generar y graficar los círculos con puntos en el círculo y puntos en el centro para el problema 5-40 con una calculadora de ecuaciones o cualquier lenguaje de programación.

[†]5-48 Repita el problema 5-47 con los datos del problema 5-43.

[†]5-49 Repita el problema 5-47 con los datos del problema 5-46.

[†]5-50 En el ejemplo 5-2 (p. 171) los puntos de precisión y los ángulos de rotación están especificados mientras que los ángulos de rotación de entrada y salida β y γ son elecciones libres. Con los valores elegidos de β_2 y γ_2 determine los radios y coordenadas del centro de los círculos con puntos en el centro para O_2 y O_4. Grafique los círculos (o partes de ellos) y demuestre que las elecciones de β_3 y γ_3 dan una solución que cae en los círculos con puntos en el centro. Con el programa LINKAGES puede verificar los cálculos de su círculo.

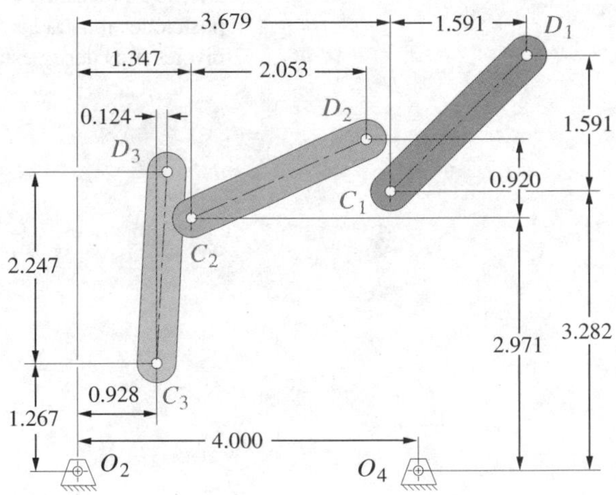

FIGURA P5-11 Datos para los problemas 5-44 a 5-46 y 5-49

5-51 Diseñe una díada impulsora para mover el eslabón 2 del ejemplo 5-1 (p. 164) desde la posición 1 hasta la posición 2 y de regreso.

5-52 Diseñe una díada impulsora para mover el eslabón 2 del ejemplo 5-2 (p. 171) desde la posición 1 hasta la posición 3 y de regreso.

5-53 Diseñe una díada impulsora para mover el eslabón 2 del ejemplo 5-3 (p. 175) desde la posición 1 hasta la posición 3 y de regreso.

5-54 Diseñe un mecanismo de cuatro barras para llevar el objeto mostrado en la figura P5-12 (p. 193) de la posición 1 a la posición 2, con los puntos C y D como puntos de unión. Los pivotes fijos deben estar dentro del área indicada.

5-55 Diseñe un mecanismo de cuatro barras para llevar el objeto mostrado en la figura P5-12 de la posición 1 a la posición 3, con los puntos C y D como puntos de unión. Los pivotes fijos deben estar dentro del área indicada.

5-56 Diseñe un mecanismo de cuatro barras para llevar el objeto mostrado en la figura P5-12 de la posición 2 a la posición 3, con los puntos C y D como puntos de unión. Los pivotes fijos deben estar dentro del área indicada.

[†] Estos problemas son adecuados para su solución con el programa Mathcad o TKSolver. En la mayoría de los casos su solución puede verificarse con el programa LINKAGES.

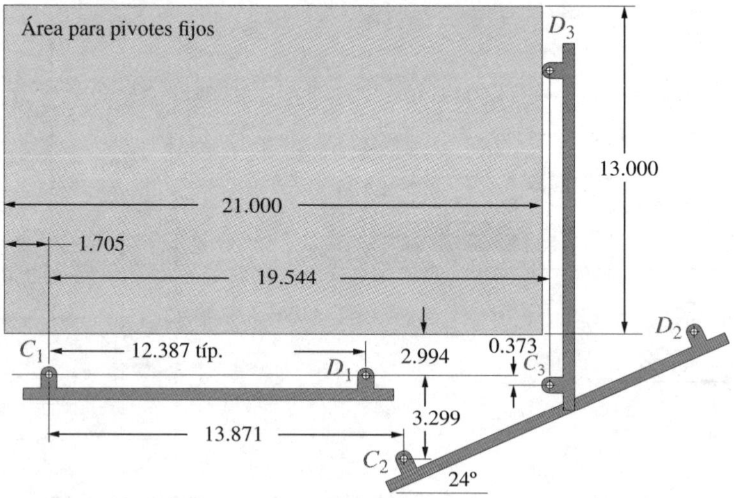

FIGURA P5-12 Datos para los problemas 5-54 a 5-57

5-57 Diseñe un mecanismo de cuatro barras para llevar el objeto de la figura P5-12 a través de las tres posiciones mostradas, por orden de numeración y con los puntos *C* y *D* como puntos de unión. Los pivotes fijos deben estar dentro del área indicada.

CAPÍTULO 6

ANÁLISIS DE LA VELOCIDAD

Mientras más rápido voy, más atrás me quedo.
ANÓN; DUTCH PENN

6.0 INTRODUCCIÓN

Una vez que se analiza la posición, el siguiente paso es determinar las velocidades de todos los eslabones y puntos de interés en el mecanismo. Es necesario conocer todas las velocidades en el mecanismo o máquina, tanto para calcular la energía cinética almacenada con $mV^2/2$ como para determinar las aceleraciones de los eslabones que se requieren para calcular la fuerza dinámica. Existen muchos métodos para hallar las velocidades en los mecanismos, pero aquí se examinarán sólo algunos de ellos. Primero se desarrollan métodos gráficos manuales, que a menudo son útiles para comprobar una solución analítica más completa y precisa. También se investigan las propiedades del centro instantáneo de velocidad, que pueden arrojar mucha luz sobre el comportamiento de la velocidad de un mecanismo con muy poco esfuerzo. Por último, se deriva la solución analítica del mecanismo de cuatro barras y del mecanismo manivela-corredera invertido como ejemplos de la solución de lazo vectorial general a problemas de análisis de velocidad. Con estos cálculos, se establecerán algunos índices de mérito para juzgar los diseños expuestos mientras aún están en la mesa de dibujo (o en computadora).

6.1 DEFINICIÓN DE VELOCIDAD

La **velocidad** se define como *la tasa de cambio de posición con respecto al tiempo*. La posición (**R**) es una cantidad vectorial, como lo es la velocidad. La velocidad puede ser **angular** o **lineal**. La **velocidad angular** será denotada como ω y la **velocidad lineal** como **V**.

$$\omega = \frac{d\theta}{dt}; \qquad \mathbf{V} = \frac{d\mathbf{R}}{dt} \tag{6.1}$$

La figura 6-1 (p. 194) muestra un eslabón *PA* en rotación pura, con pivote en el punto *A* en el plano *xy*. Su posición está definida por el vector de posición $\mathbf{R}_{PA}$. Se requiere conocer la velocidad del punto *P* cuando el eslabón se somete a una velocidad angular ω. Si se representa el vector de posición $\mathbf{R}_{PA}$ como un número complejo en forma polar,

$$\mathbf{R}_{PA} = pe^{j\theta} \tag{6.2}$$

donde *p* es la longitud escalar del vector, y es posible diferenciarla con facilidad para obtener:

$$\mathbf{V}_{PA} = \frac{d\mathbf{R}_{PA}}{dt} = p\, je^{j\theta}\frac{d\theta}{dt} = p\omega\, je^{j\theta} \tag{6.3}$$

Al comparar el segundo miembro de la ecuación 6.3 con el segundo miembro de la ecuación 6.2 se puede observar que, debido a la diferenciación, la expresión de velocidad ha sido multiplicada por el operador complejo *j* (constante). Esto provoca una rotación de 90° de este vector de velocidad con respecto al vector de posición original. (Véase también la figura 4-8*b*, p. 128.) Esta rotación de 90° es positiva, o en sentido contrario a las manecillas del reloj. Sin embargo, la expresión de velocidad también está multiplicada por ω, la cual puede ser positiva o negativa. Por consiguiente, el vector velocidad será **girado 90°** a partir del ángulo θ del vector de posición **en una dirección dictada por el signo de** ω. Esto es simplemente una verificación matemática de lo que ya se sabía, es decir, que la *velocidad está siempre en una dirección perpendicular al radio de rotación y tangente a la trayectoria del movimiento*, como se muestra en la figura 6-1.

La sustitución de la identidad de Euler (ecuación 4-4*a*, p. 128) en la ecuación 6.3 proporciona las componentes real e imaginaria (o x y y) del vector velocidad.

$$\mathbf{V}_{PA} = p\omega\, j\left(\cos\theta + j\operatorname{sen}\theta\right) = p\omega\left(-\operatorname{sen}\theta + j\cos\theta\right) \tag{6.4}$$

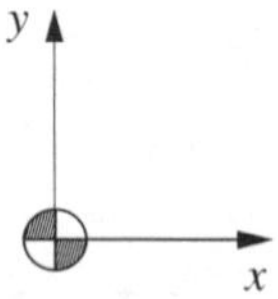

Observe que los términos seno y coseno han cambiado posiciones entre los términos real e imaginario debido a la multiplicación por el coeficiente j. Esto evidencia la rotación de 90° del vector velocidad en relación con el vector de posición. La componente x anterior se transformó en la componente y, y la componente y anterior se transformó en una componente x negativa. Estudie la figura 4-8*b* (p. 128) para entender por qué es así.

La velocidad $\mathbf{V}_{PA}$ en la figura 6-1 puede designarse como **velocidad absoluta**, puesto que está referida a A, el cual es el origen de los ejes de coordenadas globales en ese sistema. Como tal, es posible referirse a él como $\mathbf{V}_P$, sin el segundo subíndice, que implica referencia al sistema de coordenadas global. La figura 6-2*a* muestra un sistema diferente y un poco más complicado en el que el pivote A ya no está inmóvil. Tiene una velocidad lineal conocida $\mathbf{V}_A$ como parte del carro trasladante, el eslabón 3. Si ω no cambia, la velocidad del punto P contra A será la misma que antes, pero $\mathbf{V}_{PA}$ ya no puede considerarse como velocidad absoluta. Ahora es una **diferencia de velocidad** y **debe** llevar un segundo subíndice como $\mathbf{V}_{PA}$. La velocidad absoluta $\mathbf{V}_P$ ahora debe encontrarse con la **ecuación de diferencia de velocidad** cuya solución gráfica se muestra en la figura 6-2*b*:

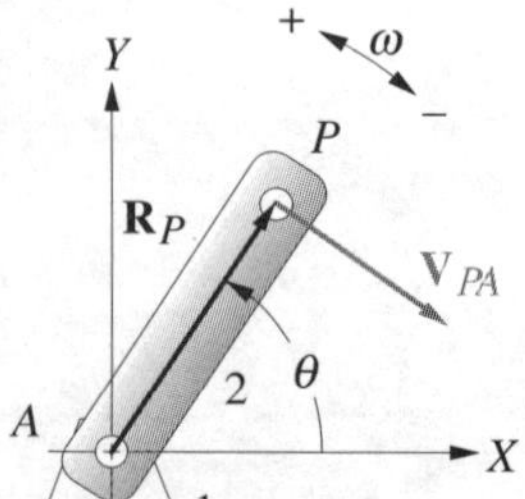

FIGURA 6-1 Un eslabón en rotación pura

$$\mathbf{V}_{PA} = \mathbf{V}_P - \mathbf{V}_A \tag{6.5a}$$

al reacomodar

$$\mathbf{V}_P = \mathbf{V}_A + \mathbf{V}_{PA} \tag{6.5b}$$

Observe la similitud de la ecuación 6.5 con la **ecuación de diferencia de posición** 4.1 (p. 123).

La figura 6-3 muestra dos cuerpos independientes P y A, los cuales podrían ser dos automóviles que se mueven en el mismo plano. Si se conocen sus velocidades independientes $\mathbf{V}_p$ y $\mathbf{V}_A$, su **velocidad relativa** $\mathbf{V}_{PA}$ puede encontrarse con la ecuación 6.5 arreglada algebraicamente como:

$$\mathbf{V}_{PA} = \mathbf{V}_P - \mathbf{V}_A \tag{6.6}$$

La solución gráfica de esta ecuación se muestra en la figura 6-3*b*. Observe que es similar a la figura 6-2*b*, excepto por un vector diferente que es la resultante.

Como se hizo en el análisis de posición, a estos dos casos se les da nombres diferentes pese al hecho de que se aplica la misma ecuación. Si se repite la definición de la sección 4.2 (p. 123), modificada para referirse a la velocidad:

CASO 1: *Dos puntos en el mismo cuerpo* => **diferencia de velocidad**

CASO 2: *Dos puntos en cuerpos diferentes* => **velocidad relativa**

Se utilizará esta distinción más adelante cuando se analicen velocidades de mecanismos o la velocidad de deslizamiento.

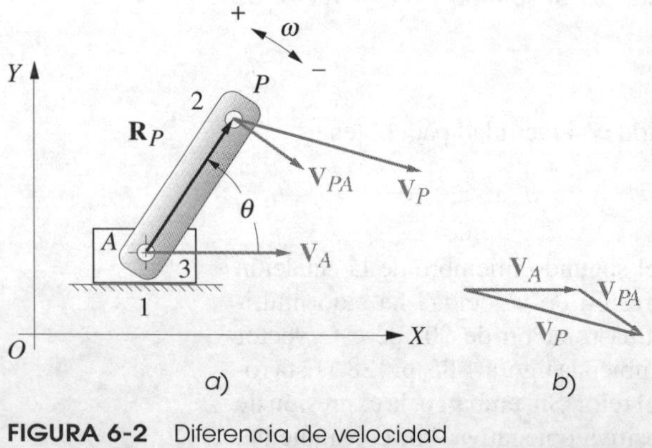

FIGURA 6-2 Diferencia de velocidad

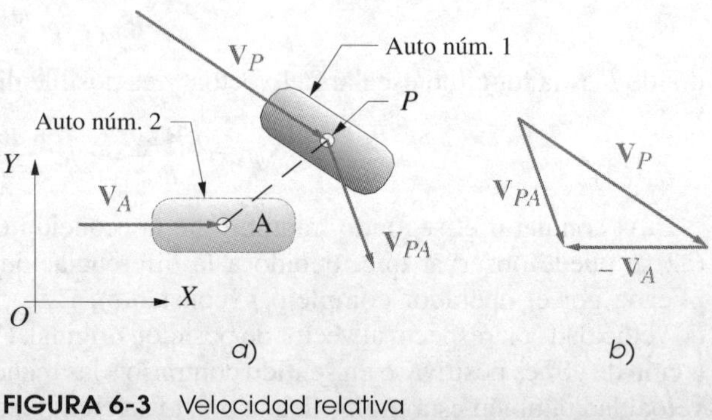

FIGURA 6-3 Velocidad relativa

6.2 ANÁLISIS GRÁFICO DE LA VELOCIDAD

Antes de que las calculadoras programables y las computadoras estuvieran universalmente disponibles para los ingenieros, los métodos gráficos eran el único modo práctico de resolver estos problemas de análisis de velocidad. Con algo de práctica y con las herramientas apropiadas, como una máquina de dibujo o paquete *CAD*, es posible encontrar con rapidez las velocidades de puntos particulares en un mecanismo para cualquier posición de entrada por medio de diagramas vectoriales. Sin embargo, es un proceso tedioso si se tienen que encontrar las velocidades para muchas posiciones, porque cada nueva posición requiere que se trace un conjunto completamente nuevo de diagramas vectoriales. Muy poco del trabajo realizado para las velocidades en la posición 1 se aplica a la posición 2, etc. No obstante, este método sigue teniendo más que valor histórico, ya que permite una comprobación rápida de una solución obtenida por medio de un programa de computadora. Por otra parte, las soluciones gráficas proporcionan al estudiante novato retroalimentación visual con respecto a la solución que puede ayudar a entender los principios subyacentes. Es principalmente por esta última razón que se incluyen las soluciones gráficas en este texto, aun en esta "era de la computadora".

Para resolver de manera gráfica cualquier análisis de velocidad, son necesarias sólo dos ecuaciones, 6.5 (p. 194) y 6.7 (que son simplemente la forma escalar de la ecuación 6.3 , p. 193):

$$|\mathbf{V}| = v = r\omega \tag{6.7}$$

Observe que la ecuación escalar define sólo la **magnitud** (v) de la velocidad de cualquier punto en un cuerpo que se encuentre en rotación pura. En el análisis gráfico del caso 1, la **dirección** del vector debido a la componente de rotación de conformidad con la ecuación 6.3 es perpendicular al radio de rotación. Por lo tanto, si se conoce el centro de rotación, entonces se conoce la dirección de la componente de velocidad debida a esa rotación y su sentido será compatible con la velocidad angular ω del cuerpo.

La figura 6-4 muestra un mecanismo de cuatro barras en una posición particular. Se requiere encontrar las velocidades angulares de los eslabones 3 y 4 (ω_3, ω_4) y las velocidades lineales de los puntos A, B y C ($\mathbf{V}_A$, $\mathbf{V}_B$, $\mathbf{V}_C$). El punto C representa cualquier punto de interés general. Tal vez C es un punto de acoplador. El método de solución es válido para cualquier punto de un eslabón. Para resolver

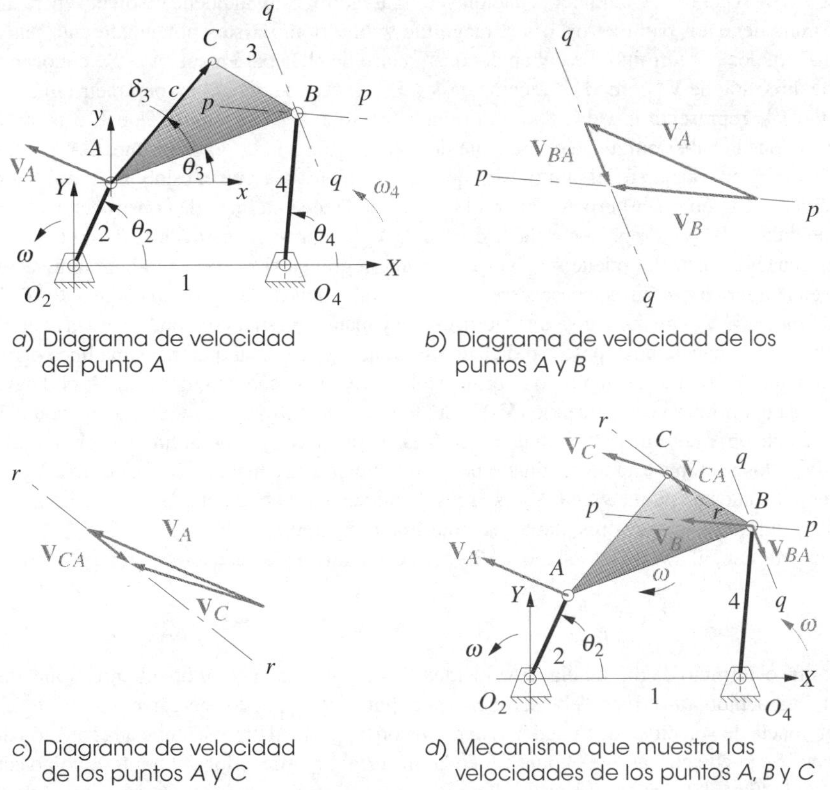

FIGURA 6-4 Solución gráfica de velocidades en un mecanismo de juntas de pasador

este problema es necesario conocer las *longitudes de todos los eslabones*, las *posiciones angulares de todos los eslabones* y la *velocidad de entrada instantánea de cualquier eslabón o punto motriz*. Si se supone que se ha diseñado este mecanismo, se conocerán o se podrán medir las longitudes de los eslabones. Primero se debe realizar un **análisis de posición completo** para hallar los ángulos θ_3 y θ_4 dada la posición θ_2 del eslabón de entrada. Esto se puede hacer con cualquiera de los métodos del capítulo 4. En general, se deben resolver estos problemas en etapas, primero para las posiciones de los eslabones, luego para las velocidades y por último para las aceleraciones. En el ejemplo siguiente se supondrá que se realizó un análisis de posición completo y que la entrada es por el eslabón 2 con θ_2 y ω_2 conocidos en esta posición "congelada" del mecanismo móvil.

EJEMPLO 6-1 Análisis gráfico de la velocidad para una posición de un mecanismo.

Problema: Dados θ_2, θ_3, θ_4, ω_2, encuentre ω_3, ω_4, $\mathbf{V}_A$, $\mathbf{V}_B$, $\mathbf{V}_C$ mediante métodos gráficos.

Solución: (Véase la figura 6-4, p. 195.)

1 Comience por el extremo del mecanismo del cual se tenga más información. Calcule la magnitud de la velocidad del punto *A* con la ecuación escalar 6.7 (p. 195).

$$v_a = \left(AO_2\right)\omega_2 \tag{a}$$

2 Trace el vector de velocidad $\mathbf{V}_A$ con su longitud igual a su magnitud v_A a una escala conveniente con su raíz en el punto *A* y su dirección perpendicular al radio AO_2. Su sentido es el mismo que el de ω_2, como se muestra en la figura 6-4*a*.

3 Luego desplácese a un punto del cual se tenga algo de información. Observe que la dirección de la velocidad del punto *B* es predecible, puesto que se encuentra en rotación pura alrededor del punto O_4. Trace la línea de construcción *pp* a través del punto *B* perpendicular a BO_4 para representar la dirección de $\mathbf{V}_B$ como se muestra en la figura 6-4*a*.

4 Escriba la ecuación vectorial de diferencia de velocidad 6.5 (p. 194) para el punto *B* contra el punto *A*.

$$\mathbf{V}_B = \mathbf{V}_A + \mathbf{V}_{BA} \tag{b}$$

Se utilizará el punto *A* como punto de referencia para hallar $\mathbf{V}_B$ porque *A* se encuentra en el mismo eslabón que *B* y ya se resolvió para $\mathbf{V}_A$. Cualquier ecuación vectorial bidimensional puede resolverse para dos incógnitas. Cada término tiene dos parámetros, o sea, magnitud y dirección. Existen potencialmente seis incógnitas en esta ecuación, dos por término. Se deben conocer cuatro de ellas para resolverla. Se conocen tanto la magnitud y la dirección de $\mathbf{V}_A$ como la dirección de $\mathbf{V}_B$. Es necesario conocer un parámetro más.

5 El término $\mathbf{V}_{BA}$ representa la velocidad de *B* con respecto a *A*. Si se supone que el eslabón *BA* es rígido, entonces no puede haber ninguna componente de $\mathbf{V}_{BA}$ dirigida a lo largo de la línea *BA*, porque ¡el punto *B* no puede acercarse o alejarse del punto *A* sin que se contraiga o alargue el eslabón rígido! Por consiguiente, la dirección de $\mathbf{V}_{BA}$ debe ser perpendicular a la línea *BA*. Trace una línea de construcción *qq* por el punto *B* y perpendicular a *BA* para representar la dirección de $\mathbf{V}_{BA}$ como se muestra en la figura 6-4*a*.

6 Ahora la ecuación vectorial puede resolverse de manera gráfica si se traza un diagrama vectorial como se muestra en la figura 6-4*b*. En este paso se requieren herramientas de dibujo o un paquete CAD. Primero trace el vector velocidad $\mathbf{V}_A$ con cuidado a una cierta escala y mantenga su dirección. (Se traza al doble del tamaño en la figura.) La ecuación en el paso 4 indica que se sume $\mathbf{V}_{BA}$ a $\mathbf{V}_A$, tal que trace una línea paralela a la línea *qq* por la punta de $\mathbf{V}_A$. La resultante, o el primer miembro de la ecuación, debe cerrar el diagrama vectorial desde la cola del primer vector trazado ($\mathbf{V}_A$) hasta la punta del último, de modo que trace una línea paralela a *pp* por la cola de $\mathbf{V}_A$. La intersección de estas líneas paralelas a *pp* y *qq* define las longitudes de $\mathbf{V}_B$ y $\mathbf{V}_{BA}$. El sentido de los vectores está determinado por la referencia a la ecuación. $\mathbf{V}_A$ se sumó a $\mathbf{V}_{BA}$, de modo que deben ser colocados de punta a cola. $\mathbf{V}_B$ es la resultante, de modo que debe estar de la cola del primero a la punta del último. Los vectores resultantes se muestran en la figuras 6-4*b* y *d*.

7 Las velocidades angulares de los eslabones 3 y 4 se calculan con las ecuaciones 6.7 (p. 195):

$$\omega_4 = \frac{v_B}{BO_4} \qquad \text{y} \qquad \omega_3 = \frac{v_{BA}}{BA} \tag{c}$$

Observe que el término de diferencia de velocidad $\mathbf{V}_{BA}$ representa la componente rotacional de la velocidad del eslabón 3 debido a ω_3. Esto debe ser cierto si el punto *B* no puede acercarse o alejarse del punto *A*. La única diferencia de velocidad que pueden tener uno con respecto al otro, se debe a la rotación de la línea que los conecta. Se puede pensar que el punto *B* en la línea *BA* gira alrededor del punto *A* como centro, o que el punto *A* en la línea *AB* gira alrededor del *B* como centro. La velocidad rotacional ω de cualquier cuerpo es un "vector libre" sin ningún punto particular de aplicación en el cuerpo. Existe en cualquier parte de él.

8 Finalmente, es posible resolver para $\mathbf{V}_C$ de nuevo con la ecuación 6.5 (p. 194). Se selecciona cualquier punto en el eslabón 3 cuya velocidad absoluta se conoce para usarlo como referencia, tal como en el punto *A*.

$$\mathbf{V}_C = \mathbf{V}_A + \mathbf{V}_{CA} \qquad (d)$$

En este caso, se calcula la magnitud de $\mathbf{V}_{CA}$ con la ecuación 6.7 puesto que ya se determinó ω_3.

$$v_{ca} = c\omega_3 \qquad (e)$$

Ya que tanto $\mathbf{V}_A$ como $\mathbf{V}_{CA}$ son conocidas, el diagrama vectorial puede trazarse directamente como se muestra en la figura 6-4*c* (p. 195). $\mathbf{V}_C$ es la resultante que cierra el diagrama vectorial. La figura 6-4*d* muestra los vectores de velocidad calculados en el diagrama del mecanismo. Observe que el vector de diferencia de velocidad $\mathbf{V}_{CA}$ es perpendicular a la línea *CA* (a lo largo de la línea *rr*) por las mismas razones planteadas en el paso 7 anterior.

El ejemplo anterior contiene algunos principios interesantes y significativos que merecen una mayor atención. La ecuación 6.5*a* "reacomodada" se repite aquí para su análisis.

$$\mathbf{V}_P = \mathbf{V}_A + \mathbf{V}_{PA} \qquad (6.5b)$$

Esta ecuación representa la velocidad *absoluta* V_P de algún punto *P* general referido al origen del sistema de coordenadas global. El segundo miembro la define como la suma de la velocidad absoluta V_A de algún otro punto de referencia *A* en el mismo sistema y la diferencia de velocidad (o velocidad relativa) V_{PA} del punto *P* con respecto al punto *A*. Esta ecuación también se podría escribir como:

Velocidad = componente de traslación + componente de rotación

Éstas son las mismas dos componentes del movimiento definidas por el teorema de Chasles e introducidas para el desplazamiento en la sección 4.3 (p. 124). El teorema de Chasles también es válido para la velocidad. Estas dos componentes del movimiento, traslación y rotación, son independientes una de otra. Si una u otra es cero en un ejemplo particular, el movimiento complejo se reducirá a uno de los casos especiales de traslación o rotación pura. Cuando ambas están presentes, la velocidad total es simplemente su suma vectorial.

Se debe revisar lo que hizo en el ejemplo 6-1 para extraer la estrategia general para la solución de esta clase de problema. Se inicia en el lado de entrada del mecanismo, debido a que allí es donde se define la velocidad angular motriz. Primero se busca el punto (*A*) para el que el movimiento era una rotación pura, de modo que uno de los términos en la ecuación 6.5 (p. 194) fuera cero. (Se podría haber buscado un punto en traslación pura para iniciar la solución.) Luego se resolvió para la velocidad absoluta de ese punto ($\mathbf{V}_A$) con las ecuaciones 6.5 y 6.7 (pp. 194-195). (*Pasos 1 y 2.*)

Luego se utilizó el punto (*A*) para el que se acaba de resolver como punto de referencia para definir la componente de traslación en la ecuación 6.5 escrita para un punto nuevo (*B*). Observe que se necesitó elegir un segundo punto (*B*) el cual estaba en el mismo cuerpo rígido que el punto de referencia (*A*) ya resuelto y del cual se podría predecir algún aspecto de la velocidad del punto nuevo (*B*). En este ejemplo, se conocía la dirección de la velocidad $\mathbf{V}_B$. En general, esta condición será satisfecha por cualquier punto del eslabón articulado en la bancada (como el eslabón 4). En este ejemplo no se podría haber resuelto para el punto *C* hasta que se resolviera para *B*, porque *C* se encuentra en un eslabón flotante del que aún no se conoce la dirección de su velocidad. (*Pasos 3 y 4.*)

Para resolver la ecuación para el punto (*B*) también se necesita reconocer que la componente de rotación de la velocidad es perpendicular a la línea que conecta los puntos en el eslabón (*B* y *A* en el ejemplo). **Siempre se conocerá la dirección de la componente de rotación** en la ecuación 6.5 **si representa una situación de diferencia de velocidad** (caso 1). *Si la componente de rotación relaciona dos puntos en el* **mismo cuerpo rígido**, *entonces esa componente de diferencia de velocidad siempre es perpendicular a la línea que conecta esos dos puntos* (véase la figura 6-2, p. 194). Esto será cierto sin importar los dos puntos seleccionados. Pero *esto no es cierto en una situación* caso 2 (véase la figura 6-3, p. 194). (*Pasos 5 y 6.*)

Una vez que se encontró la velocidad absoluta ($\mathbf{V}_B$) de un segundo punto en el mismo eslabón (caso 1) fue posible resolver para la velocidad angular de ese eslabón. (Observe que los puntos *A* y *B* están en el eslabón 3 y que la velocidad del punto O_4 es cero.) Una vez conocidas las velocidades angulares de los eslabones fue posible resolver para la velocidad lineal de cualquier punto (tal como *C*) en cualquier eslabón con la ecuación 6.5. Para hacerlo, fue necesario entender el concepto de velocidad angular como **vector libre**, lo cual significa que existe en cualquier parte del eslabón y en cualquier instante dado. No tiene un centro particular. *Tiene una infinidad de centros potenciales*. El eslabón simplemente *tiene una velocidad angular*, exactamente como un "frisbee" al lanzarlo y hacerlo girar en un jardín.

Todos los puntos del "frisbee" giran mientras vuela y obedecen a la ecuación 6.5. Dejado a su propio impulso, el "frisbee" girará en torno a su centro de gravedad (*CG*), el cual está cercano al

6

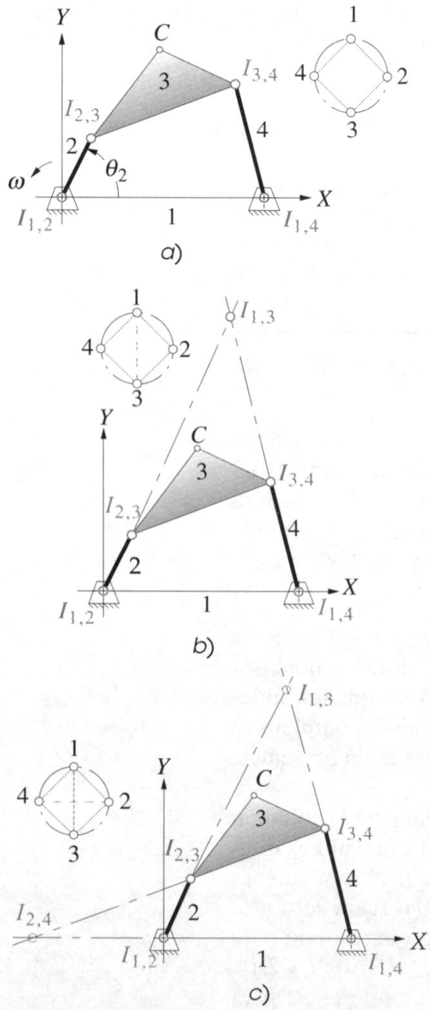

FIGURA 6-5 Localización de centros instantáneos en el mecanismo de juntas de pasador

centro de su forma circular. Pero si no se es un experto jugador de "frisbee" (y se tienen dedos algo afilados), es posible imaginarse atrapando ese "frisbee" volador entre los dos dedos índices en algún lugar fuera del centro (no en el *CG*), de tal suerte que éste continúe girando alrededor de las puntas de los dedos. En éste un tanto improbable ejemplo de campeonato de lanzamiento de "frisbee" se habrá considerado la componente de traslación del movimiento del "frisbee" como cero, pero su componente de rotación independiente aún estará presente. Además, ahora girará alrededor de un centro diferente (los dedos) a cuando lo hacía en vuelo (su *CG*). Por lo tanto, este **vector libre** de velocidad angular (ω) se siente feliz de unirse a cualquier punto del cuerpo. Esta propiedad es la que permite resolver la ecuación 6.5 para literalmente **cualquier punto** en un cuerpo rígido en movimiento complejo **con respecto a cualquier otro punto** de ese cuerpo. (*Pasos 7 y 8.*)

6.3 CENTROS INSTANTÁNEOS DE VELOCIDAD*

Un **centro instantáneo** de velocidad se define como *un punto común a dos cuerpos en movimiento plano que tiene la misma velocidad instantánea en cada cuerpo*. Los centros instantáneos en ocasiones también se denominan *centros* o *polos*. Puesto que se requieren dos cuerpos o eslabones para crear un centro instantáneo (*IC*, por sus siglas en inglés), se puede predecir con facilidad la cantidad de centros instantáneos que se puede esperar en cualquier conjunto de eslabones. La fórmula para la combinación de *n* cosas tomadas de *r* a la vez es:

$$C = \frac{n(n-1)(n-2)\cdots(n-r+1)}{r!} \tag{6.8a}$$

Aquí $r = 2$ y se reduce a:

$$C = \frac{n(n-1)}{2} \tag{6.8b}$$

Por la ecuación 6.8*b*, se puede ver que un mecanismo de cuatro barras tiene 6 centros instantáneos, uno de seis tiene 15 y uno de ocho tiene 28.

La figura 6-5 muestra un mecanismo de cuatro barras en una posición arbitraria. También muestra una **gráfica lineal**† que es útil para rastrear los centros instantáneos encontrados. Esta gráfica particular puede crearse al trazar un círculo en el cual se marcan tantos puntos como eslabones hay en el ensamble. Luego se traza una línea entre los puntos que representan pares de eslabones cada vez que se encuentra un centro instantáneo. La gráfica lineal resultante es el conjunto de líneas que conectan puntos. No incluye el círculo, que se utilizó sólo para colocar los puntos. Esta gráfica en realidad es una solución geométrica de la ecuación 6.8*b*, puesto que la conexión de todos los puntos en pares genera todas las combinaciones posibles tomadas de dos en dos.

Algunos centros instantáneos son encontrados por inspección con sólo la definición del centro instantáneo. Observe en la figura 6-5*a* que cada una de las cuatro juntas de pasador satisface la definición. Claramente deben tener la misma velocidad en ambos eslabones en todo momento. Éstos han sido rotulados $I_{1,2}$, $I_{2,3}$, $I_{3,4}$ e $I_{1,4}$. El orden de los subíndices no importa. El centro instantáneo $I_{2,1}$ es el mismo que $I_{1,2}$. Estos centros instantáneos de junta de pasador en ocasiones se denominan centros instantáneos "permanentes", ya que permanecen en el mismo lugar en todas las posiciones del mecanismo. En general, los centros instantáneos se moverán a nuevas ubicaciones conforme el mecanismo cambia de posición, de ahí el adjetivo de *instantáneo*. En este ejemplo de mecanismo de cuatro barras existen dos centros instantáneos más que deben ser encontrados. Ayudará utilizar el teorema de Aronhold-Kennedy‡ también llamado *regla de Kennedy*,[3] para localizarlos.

* Vea el video *Instant Centers and Centrodes* en el DVD del libro.

† Observe que esta *gráfica* no es una gráfica de puntos en un sistema de coordenadas *x*, *y*. En su lugar es una *gráfica lineal* de la fascinante rama de las matemáticas llamada *teoría de gráficas*, la cual es una rama de la topología. Las gráficas lineales se utilizan con frecuencia para ilustrar interrelaciones entre varios fenómenos. En especial, tienen muchas aplicaciones en la cinemática como una forma de clasificar mecanismos y de encontrar isómeros.

‡ Descubierto de manera independiente por Aronhold en Alemania en 1872 y por Kennedy en Inglaterra, en 1886. Kennedy[3] establece en su prefacio: "El teorema de los tres centros virtuales (instantáneos)... fue enunciado primero, creo, por Aronhold, aunque su publicación previa era desconocida para mí hasta que algunos años después lo encontré en mis lecturas." Tiende a ser atribuido a Kennedy en el mundo de habla inglesa y a Aronhold en el mundo de habla alemana.

Regla de Kennedy:

Tres cuerpos cualesquiera en movimiento plano tendrán exactamente tres centros instantáneos, y ***quedarán en la misma línea recta****.*

La primera parte de esta regla es simplemente el replanteamiento de la ecuación 6.8*b* (p. 198) con $n = 3$. La segunda cláusula de esta regla es la más útil. Observe que esta regla **no** requiere que los tres cuerpos estén conectados de algún modo. Podemos utilizarla, junto con la gráfica lineal, para encontrar los centros instantáneos restantes que no son obvios en la inspección. La figura 6-5*b* (p. 198) muestra la construcción necesaria para localizar el centro instantáneo $I_{1,3}$. La figura 6-5*c* muestra la construcción necesaria para localizar el centro instantáneo $I_{2,4}$. El ejemplo siguiente describe el procedimiento detallado.

EJEMPLO 6-2 Localización de todos los centros instantáneos en un mecanismo de cuatro barras.

Problema: Dado un mecanismo de cuatro barras en una posición, encuentre todos los centros instantáneos mediante métodos gráficos.

Solución: (Véase la figura 6-5 y el video *Instant Centers and Centrodes* en el DVD.)

1 Dibuje un círculo con todos los eslabones numerados alrededor de la circunferencia como se muestra en la figura 6-5*a*.

2 Localice tantos centros instantáneos como sea posible por inspección. Todas las juntas de pasador serán centros instantáneos permanentes. Conecte los números de los eslabones en el círculo para crear una gráfica lineal y registre los centros instantáneos encontrados, como se ilustra en la figura 6-5*a*.

3 Identifique una combinación de eslabones en la gráfica lineal para la cual el centro instantáneo no haya sido encontrado, y trace una línea punteada que conecte esos dos números de eslabón. Identifique dos triángulos en la gráfica que contengan la línea punteada y cuyos otros dos lados sean líneas continuas que representen los centros instantáneos ya encontrados. En la gráfica mostrada en la figura 6-5*b*, los números de eslabón 1 y 3 se conectaron con una línea punteada. Esta línea forma un triángulo con lados 13, 34, 14, y otro con lados 13, 23, 12. Estos triángulos definen tríos de centros instantáneos que obedecen la **regla de Kennedy**. Por lo tanto, los centros instantáneos 13, 34 y 14 **deben quedar en la misma línea recta.** Además, los centros instantáneos 13, 23 y 12 **quedarán en una línea recta diferente**.

4 En el diagrama del mecanismo, trace una línea por los dos centros instantáneos conocidos que forman un trío con el centro instantáneo desconocido. Repita para el otro trío. En la figura 6-5*b* se trazó una línea por $I_{1,2}$ e $I_{2,3}$ y se prolongó. $I_{1,3}$ debe quedar en esta línea. Se trazó otra por $I_{1,4}$ e $I_{3,4}$ y se prolongó para intersecar la primera línea. Según la regla de Kennedy, el centro instantáneo $I_{1,3}$ debe quedar también en esta línea, de modo que su intersección es $I_{1,3}$.

5 Conecte los números de eslabón 2 y 4 con una línea punteada en la gráfica lineal como se muestra en la figura 6-5*c*. Esta línea forma un triángulo con lados 24, 23, 34 y otro con lados 24, 12, 14. Estos lados representan tríos de centros instantáneos que obedecen la regla de Kennedy. Así pues, los centros instantáneos 24, 23 y 34 deben quedar en la misma línea recta. Además, los centros instantáneos 24, 12 y 14 deben quedar en una línea recta diferente.

6 En el diagrama del mecanismo, trace una línea por los dos centros instantáneos conocidos que forman un trío con el centro instantáneo desconocido. Repita para el otro trío. En la figura 6-5*c* se trazó una línea por $I_{1,2}$ e $I_{1,4}$ y se prolongó. $I_{2,4}$ debe quedar en esta línea. Se trazó otra línea por $I_{2,3}$ e $I_{3,4}$ y se prolongó hasta cortar la primera. Según la regla de Kennedy, el centro instantáneo $I_{2,4}$ también debe quedar en esta línea, de modo que su intersección es $I_{2,4}$.

7 Si existieran más eslabones, se repetiría este procedimiento hasta que se encontraran todos los centros instantáneos.

La presencia de juntas deslizantes hace que la localización de los centros instantáneos sea un poco más sutil, como se ilustra en el ejemplo siguiente. La figura 6-6*a* muestra un **mecanismo de cuatro barras manivela-corredera**. Observe que en este mecanismo hay sólo tres juntas de pasador. Todas las juntas de pasador son *centros instantáneos permanentes*. Pero la junta entre los eslabones 1 y 4 es una junta completa deslizante rectilínea. Una junta deslizante es cinemáticamente equivalente a un eslabón infinitamente largo "pivotado" en el infinito. La figura 6-6*b* muestra una versión casi equivalente a una junta de pasador de la manivela-corredera, en la cual el eslabón 4 es un balancín muy largo. El punto *B* ahora describe un arco

6

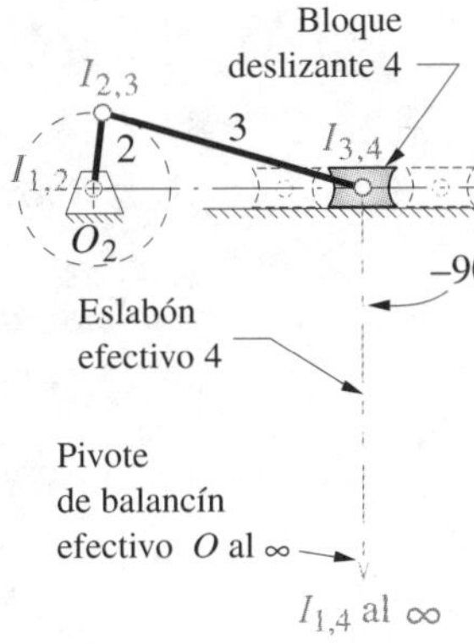

a) Mecanismo manivela-corredera

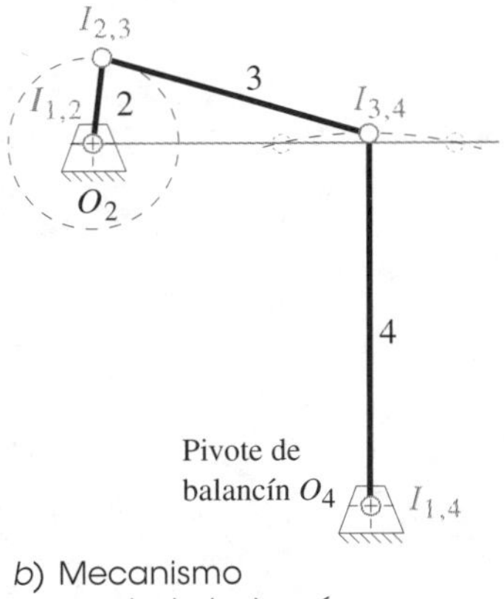

b) Mecanismo manivela-balancín

FIGURA 6-6 El centro instantáneo de una corredera rectilínea está al infinito

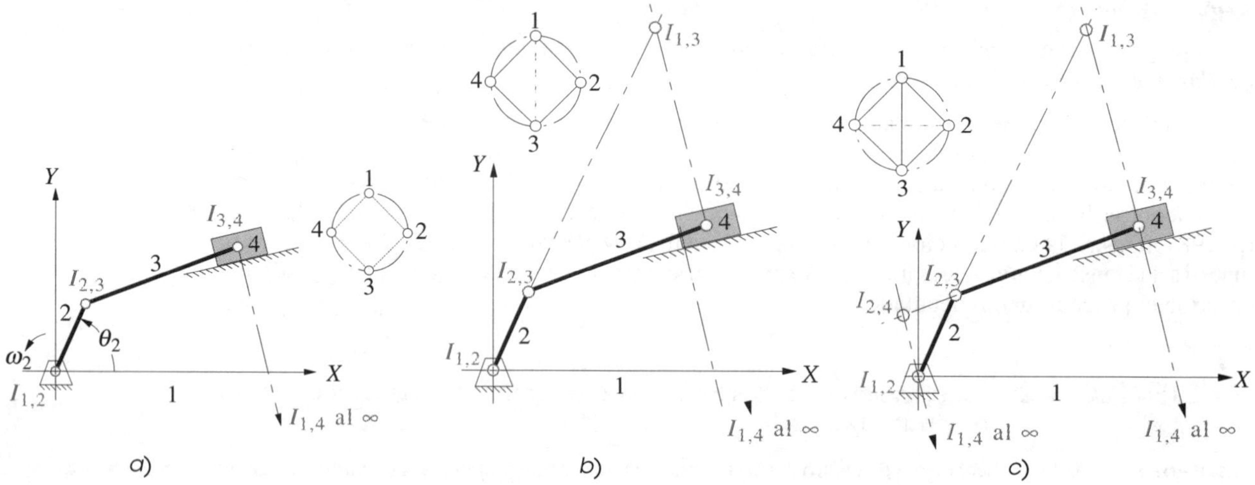

FIGURA 6-7 Localización de centros instantáneos en el mecanismo manivela-corredera

que es casi una línea recta. En la figura 6-6*b* está claro que, en este mecanismo, $I_{1,4}$ está en el pivote O_4. Ahora imagine que incrementa aún más la longitud de este largo eslabón, balancín 4. En el límite, el eslabón 4 se aproxima a una longitud infinita, el pivote O_4 se aproxima al infinito a lo largo de la línea que originalmente era el balancín largo y el movimiento de arco del punto *B* tiende a una línea recta. De este modo, *una junta deslizante tendrá su centro instantáneo en el infinito a lo largo de una línea perpendicular a la dirección de deslizamiento*, como se muestra en la figura 6-6*a* (p. 199).

EJEMPLO 6-3 Localización de todos los centros instantáneos en un mecanismo manivela-corredera.

Problema: Dado un mecanismo manivela-corredera en una posición, encuentre todos los centros instantáneos mediante métodos gráficos.

Solución: (Véase la figura 6-7, y el video *Instant Centers and Centrodes* en el DVD.)

1 Trace un círculo con todos los eslabones numerados alrededor de la circunferencia como se muestra en la figura 6-7*a*.

2 Localice todos los centros instantáneos posibles por inspección. Todas las juntas de pasador serán centros instantáneos permanentes. El centro instantáneo de la junta corrediza estará en el infinito a lo largo de una línea perpendicular al eje de deslizamiento. Conecte los números de eslabón en el círculo para crear una gráfica lineal y registre los centros instantáneos localizados, como se muestra en la figura 6-7*a*.

3 Identifique una combinación de eslabones en la gráfica lineal cuyo *centro instantáneo* no haya sido encontrado y trace una línea punteada que conecte esos dos números de eslabón. Identifique dos triángulos en la gráfica que contengan las líneas punteadas y cuyos otros lados sean líneas sólidas que representen los *centros instantáneos* ya encontrados. En la gráfica mostrada en la figura 6-7*b*, los números de eslabón 1 y 3 se conectaron con una línea punteada. Esta línea forma un triángulo con lados 13, 34, 14 y otro con lados 13, 23, 12. Estos lados representan tríos de *centros instantáneos* que obedecen la regla de Kennedy. De este modo los *centros instantáneos* 13, 34 y 14 deben quedar en la misma línea recta. Por otra parte, los *centros instantáneos* 13, 23 y 12 quedan en una línea recta diferente.

4 En el diagrama del mecanismo, trace una línea por los dos *centros instantáneos* conocidos que forman un trío con el *centro instantáneo* desconocido. Repita para el otro trío. En la figura 6.7*b* se trazó una línea desde $I_{1,2}$ a través de $I_{2,3}$ y se prolongó. $I_{1,3}$ debe quedar en esta línea. Se trazó otra línea desde $I_{1,4}$ (en el infinito) a través de $I_{3,4}$ y se prolongó para cortar la primera línea. Según la regla de Kennedy, el centro instantáneo también debe quedar en esta línea, de modo que su intersección es $I_{1,3}$.

5 Conecte los números de eslabón 2 y 4 con una línea punteada en la gráfica como se muestra en la figura 6-7. Esta línea forma un triángulo con lados 24, 23, 34 y otro con lados 24, 12, 14. Estos lados también representan tríos de *centros instantáneos* que obedecen la regla de Kennedy. Por lo tanto, los *centros instantáneos* 24, 23 y 34 deben quedar en la misma línea recta. Por otra parte, los *centros instantáneos* 24, 12 y 14 quedan en una línea recta diferente.

6 En el diagrama del mecanismo, trace una línea recta por los dos *centros instantáneos* que forman un trío con el *centro instantáneo* desconocido. Repita para el otro trío. En la figura 6-7*c* se trazó una línea desde $I_{1,2}$ para cortar $I_{1,4}$ y se prolongó. Observe que la única forma de "cortar" $I_{1,4}$ en el infinito es trazar una línea

paralela a la línea $I_{3,4}$ $I_{1,4}$, puesto que todas las líneas paralelas se cortan en el infinito. El centro instantáneo $I_{2,4}$ debe quedar en esta línea paralela. Se trazó otra línea por $I_{2,3}$ e $I_{3,4}$ y se prolongó para cortar la primera línea. Según la regla de Kennedy, el centro instantáneo $I_{2,4}$ también debe quedar en esta línea, de modo que su intersección es $I_{2,4}$.

7 Si hubiera más eslabones se repetiría este procedimiento hasta que se encontraran todos los *centros instantáneos*.

El procedimiento en este ejemplo de corredera es idéntico al utilizado en el mecanismo de cuatro barras con juntas de pasador, excepto que se complica por la presencia de centros instantáneos localizados en el infinito.

En la sección 2.9 y la figura 2-10*c* (p. 35) se demostró que un mecanismo de leva y seguidor es en realidad un mecanismo de cuatro barras disfrazado. Como tal, también poseerá centros instantáneos. La presencia de una semijunta en este o en cualquier mecanismo, complica un poco más la localización de los centros instantáneos. Se debe reconocer que el centro instantáneo entre dos eslabones cualesquiera estará a lo largo de una línea perpendicular al vector *velocidad relativa* entre los eslabones en la semijunta, como se demuestra en el siguiente ejemplo. La figura 6-8 muestra el mismo mecanismo de leva y seguidor como el de la figura 2-10*c*. Los eslabones efectivos 2, 3 y 4 también se muestran.

6

EJEMPLO 6-4 Localización de todos los centros instantáneos en un mecanismo de leva y seguidor.

Problema: Dado un mecanismo de leva y seguidor en una posición, encuentre todos los *centros instantáneos* mediante métodos gráficos.

Solución: (Véase la figura 6-8.)

1 Trace un círculo con todos los eslabones numerados alrededor de la circunferencia como se muestra en la figura 6-8*b*. En este caso hay sólo tres eslabones y por lo tanto sólo tres *centros instantáneos* se deben encontrar por la ecuación 6.8. Observe que los eslabones se numeraron como 1, 2 y 4. El eslabón eliminado 3 es la longitud variable del acoplador efectivo.

2 Localice todos los *centros instantáneos* posibles mediante inspección. Todas las juntas de pasador serán *centros instantáneos* permanentes. Los dos pivotes fijos $I_{1,2}$ e $I_{1,4}$ son las únicas juntas de pasador en este

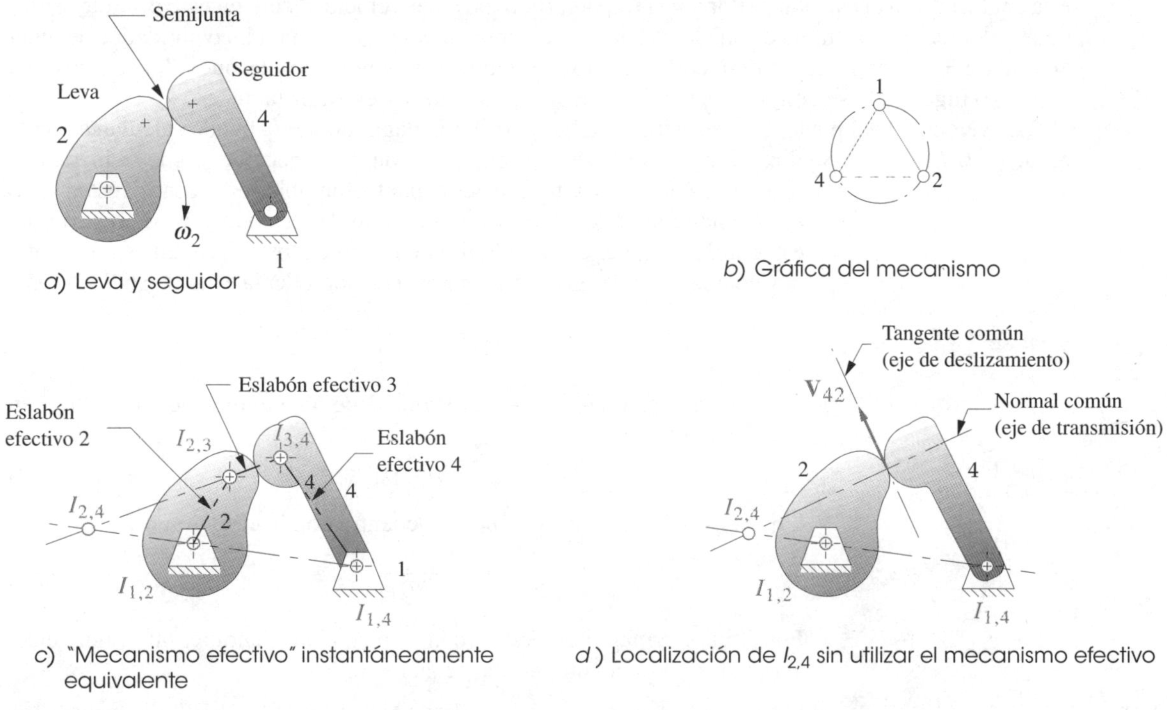

FIGURA 6-8 Localización de centros instantáneos en el mecanismo de leva y seguidor

mecanismo. Conecte los números de eslabón en el círculo para crear una gráfica lineal y registrar los *centros instantáneos* encontrados, como se muestra en la figura 6-8*b*. La única combinación de eslabones en la gráfica lineal cuyos *centros instantáneos* no han sido encontrados es $I_{2,4}$; así, trace una línea punteada que conecte esos dos números de eslabón.

3 La regla de Kennedy dice que los tres *centros instantáneos* deben quedar en la misma línea recta; luego el centro instantáneo restante $I_{2,4}$ debe quedar en el línea $I_{1,2}$ $I_{1,4}$ prolongada. Desafortunadamente, en este ejemplo hay muy pocos eslabones para encontrar una segunda línea en la cual deba quedar $I_{2,4}$.

4 En el diagrama del mecanismo, trace una línea por los dos *centros instantáneos* conocidos que forman un trío con el *centro instantáneo* desconocido. En la figura 6-8*c* (p. 201) se trazó una línea desde $I_{1,2}$ por $I_{1,4}$ y se prolongó. Ésta es, desde luego, el eslabón 1. Según la regla de Kennedy, $I_{2,4}$ debe quedar en esta línea.

5 En la figura 6-8*c* que muestra los eslabones efectivos del mecanismo de cuatro barras equivalente en esta posición se ve que se puede extender el eslabón efectivo 3 hasta que corte el eslabón 1 extendido. Exactamente como en el mecanismo puro de "cuatro barras", el centro instantáneo 2,4 queda en la intersección de los eslabones 1 y 3 extendidos (véase el ejemplo 6-2, p. 199).

6 La figura 6-8*d* muestra que no es necesario construir el mecanismo de cuatro barras efectivo para encontrar $I_{2,4}$. Observe que se trazó la **tangente común** a los eslabones 2 y 4 en su punto de contacto (la semijunta). Esta línea se llama **eje de deslizamiento** porque es la línea a lo largo de la cual ocurrirá toda la velocidad relativa (deslizamiento) entre los dos eslabones. Por lo tanto, la velocidad del eslabón 4 contra el 2, $\mathbf{V}_{42}$, está dirigida a lo largo del eje de deslizamiento. El centro instantáneo $I_{2,4}$ debe quedar por consiguiente a lo largo de una línea perpendicular a la tangente común, llamada **normal común**. Observe que esta línea es la misma que el eslabón efectivo 3 en la figura 6-8*c*.

6.4 ANÁLISIS DE VELOCIDAD CON CENTROS INSTANTÁNEOS

Una vez que se encuentran los *centros instantáneos*, pueden utilizarse para realizar un análisis gráfico muy rápido de la velocidad del mecanismo. Observe que, según la posición particular del mecanismo que se va a analizar, algunos de los *centros instantáneos* pueden estar muy alejados de los eslabones. Por ejemplo, si los eslabones 2 y 4 son casi paralelos, sus líneas extendidas se cortarán en un punto muy alejado y desde un punto de vista práctico no estará disponible para el análisis de la velocidad. La figura 6-9 muestra el mismo mecanismo de la figura 6-5 (p. 198) con $I_{1,3}$ localizado y rotulado. De acuerdo con la definición de centro instantáneo, ambos eslabones que comparten el centro instantáneo tendrán velocidad idéntica en ese punto. El centro instantáneo $I_{1,3}$ implica el acoplador (eslabón 3), el cual está sometido a movimiento complejo, y el eslabón de bancada 1, el cual está inmóvil. Todos los puntos del eslabón 1 tienen velocidad cero en el sistema de coordenadas global, el cual está enclavado en el eslabón 1. Por consiguiente, $I_{1,3}$ debe tener velocidad cero en este instante. Si $I_{1,3}$ tiene velocidad cero, entonces puede considerarse como "pivote fijo" instantáneo alrededor del cual el eslabón 3 está en rotación pura con respecto al eslabón 1. Un momento después, $I_{1,3}$ se moverá a un nuevo lugar y el eslabón 3 "pivotará" alrededor de un nuevo centro instantáneo.

La velocidad del punto *A* se muestra en la figura 6-9. La magnitud de V_A puede calcularse con la ecuación 6.7 (p. 195). Su dirección y sentido se determinan mediante inspección, como se hizo en el ejemplo 6-1 (p. 196). Observe que el punto *A* también es el centro instantáneo $I_{2,3}$. Tiene la misma velocidad como parte del eslabón 2 y como parte del eslabón 3. Como el eslabón 3 gira de hecho en torno a $I_{1,3}$ en este instante, la velocidad angular ω_3 se encuentra al reacomodar la ecuación 6.7 (p. 195):

$$\omega_3 = \frac{v_A}{\left(AI_{1,3}\right)} \tag{6.9a}$$

Una vez que se conoce ω_3, la magnitud de $\mathbf{V}_B$ también se encuentra con la ecuación 6.7:

$$v_B = \left(BI_{1,3}\right)\omega_3 \tag{6.9b}$$

Una vez que se conoce $\mathbf{V}_B$, ω_4 se encuentra con la ecuación 6.7:

$$\omega_4 = \frac{v_B}{\left(BO_4\right)} \tag{6.9c}$$

Por último, la magnitud de $\mathbf{V}_C$ (o la velocidad de cualquier otro punto en el acoplador) se encuentra con la ecuación 6.7:

$$v_C = \left(CI_{1,3}\right)\omega_3 \tag{6.9d}$$

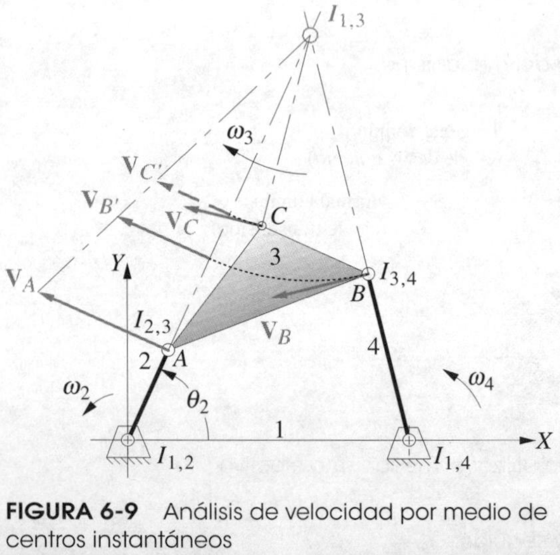

FIGURA 6-9 Análisis de velocidad por medio de centros instantáneos

Observe que las ecuaciones 6.7 (p. 195) y 6.9 (p. 202) dan sólo la **magnitud escalar** de estos vectores de velocidad. Se debe determinar su **dirección** con la información en el diagrama a escala (figura 6-9, p. 202). Puesto que se conoce la ubicación de $I_{1,3}$, el cual es un pivote "fijo" instantáneo del eslabón 3, todos los vectores de velocidad absoluta de ese eslabón en este instante serán **perpendiculares a sus radios de $I_{1,3}$ al punto en cuestión**. Se ve que $\mathbf{V}_B$ y $\mathbf{V}_C$ son perpendiculares a sus radios a partir de $I_{1,3}$. Observe que $\mathbf{V}_B$ también es perpendicular al radio que parte de O_4 porque B también gira alrededor de ese punto como parte del eslabón 4.

En la figura se muestra una solución gráfica rápida a las ecuaciones 6.9. Se trazan arcos con centro en $I_{1,3}$ desde los puntos B y C para cortar la línea $AI_{1,3}$. Las magnitudes de las velocidades $\mathbf{V}_B'$ y $\mathbf{V}_C'$ se encuentran con los vectores trazados perpendiculares a esa línea en las intersecciones de los arcos y la línea $AI_{1,3}$. La línea desde la punta de $\mathbf{V}_A$ hasta el centro instantáneo $I_{1,3}$ define las longitudes de los vectores. Estos vectores entonces pueden deslizarse a lo largo de sus arcos de vuelta a los puntos B y C, manteniendo su tangencia a los arcos.

De este modo, en sólo unos cuantos pasos se encuentran las mismas velocidades que con el método más tedioso del ejemplo 6-1 (p. 196). El método del centro instantáneo es un método gráfico rápido para analizar velocidades, pero funcionará sólo si los centros instantáneos están en lugares accesibles en la posición particular del mecanismo analizado. No obstante, el método gráfico que utiliza la ecuación de diferencia de velocidad mostrada en el ejemplo 6-1 siempre funcionará, sin importar la posición del mecanismo.

Relación de velocidad angular

La **relación de velocidad angular** m_V se define como la *velocidad angular de salida dividida entre la velocidad angular de entrada*. Para un mecanismo de cuatro barras ésta se expresa como:

$$m_V = \frac{\omega_4}{\omega_2} \tag{6.10}$$

Esta relación se deriva para cualquier mecanismo al construir un **par de eslabones efectivos** como se muestra en la figura 6-10*a* (p. 204). La definición de **pares de eslabón efectivos** es *dos líneas, mutuamente paralelas, trazadas por los pivotes fijos que cortan el acoplador extendido*. Éstas se muestran como O_2A' y O_4B' en la figura 6-10*a*. Observe que existe una infinidad de posibles pares de eslabones efectivos. Deben ser paralelos entre sí pero pueden formar cualquier ángulo con el eslabón 3. En la figura se muestran perpendiculares al eslabón 3 por conveniencia en la derivación que sigue. El ángulo entre los eslabones 2 y 3 se muestra como ν. El ángulo de transmisión entre los eslabones 3 y 4 es μ. A continuación se derivará una expresión para la relación de velocidad angular con estos eslabones efectivos, las longitudes de los eslabones y los ángulos ν y μ.

Por geometría: $O_2A' = (O_2A)\operatorname{sen}\nu \qquad O_4B' = (O_4B)\operatorname{sen}\mu$ (6.11*a*)

Por la ecuación 6.7 (p. 195) $V_{A'} = (O_2A')\omega_2$ (6.11*b*)

La componente de la velocidad $V_{A'}$ queda a lo largo del eslabón AB. Igual que con un miembro sometido a dos fuerzas en el cual una fuerza aplicada en un extremo transmite sólo su componente que queda a lo largo del eslabón hasta el otro extremo, esta componente de velocidad se transmite a lo largo del eslabón hasta el punto B. Esto en ocasiones se llama **principio de transmisibilidad**. Entonces se pueden igualar estas componentes en uno u otro extremo del eslabón.

$$V_{A'} = V_{B'} \tag{6.11c}$$

Luego:

$$O_2A'\omega_2 = O_4B'\omega_4 \tag{6.11d}$$

al reacomodar:

$$\frac{\omega_4}{\omega_2} = \frac{O_2A'}{O_4B'} \tag{6.11e}$$

y sustituir:

$$\frac{\omega_4}{\omega_2} = \frac{O_2A\operatorname{sen}\nu}{O_4B\operatorname{sen}\mu} = m_V \tag{6.11f}$$

Observe en las ecuaciones 6.11*f* que cuando el ángulo ν pasa por cero, la relación de velocidad angular será cero sin importar los valores de ω_2 o las longitudes de los eslabones, y por lo tanto ω_4 será cero. Cuando el ángulo ν es cero, los eslabones 2 y 3 serán colineales y estarán por lo tanto en sus posiciones de agarrotamiento. En la sección 3.3 (p. 72) se percibió que las posiciones límite del eslabón 4 están definidas por estas condiciones de agarrotamiento. Sería de esperarse que la velo-

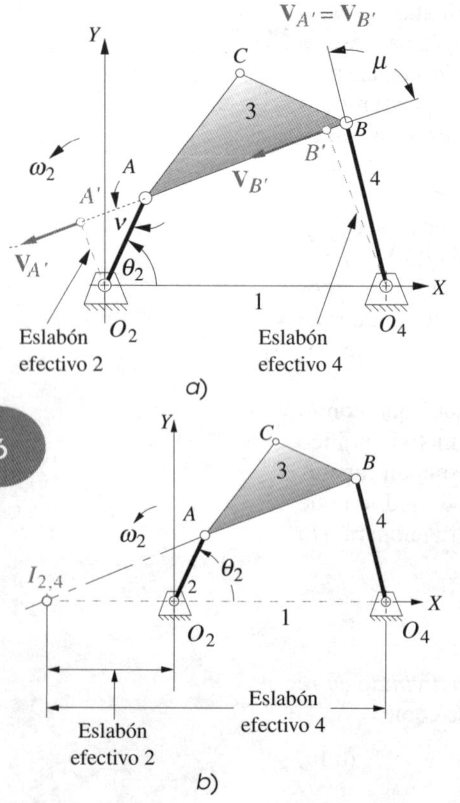

FIGURA 6-10 Eslabones efectivos y relación de velocidad angular

cidad del eslabón 4 será cero cuando llegue al extremo de su recorrido. Se obtiene una situación incluso más interesante si se permite que el ángulo μ llegue a cero. La ecuación 6.11*f* muestra que ω_4 **se irá al infinito** cuando $\mu = 0$, sin importar los valores de ω_2 o las longitudes de los eslabones. Es evidente que no se puede permitir que μ llegue a cero. De hecho, en la sección 3.3 se pudo percibir que se debe mantener este ángulo de transmisión μ por encima de unos 40 grados para mantener una buena calidad del movimiento y transmisión de fuerza.*

La figura 6-10*b* muestra el mismo mecanismo de la figura 6-10*a*, pero ahora se trazaron los eslabones efectivos de modo que no sólo son paralelos sino colineales, por lo que quedan en la parte superior uno de otro. Ambos cortan el acoplador extendido en el mismo punto, el cual es el centro instantáneo $I_{2,4}$. Así, A' y B' de la figura 6-10*a* ahora coinciden en $I_{2,4}$. Esto permite escribir una ecuación para la **relación de velocidad angular** en función de las distancias de los pivotes fijos al centro instantáneo $I_{2,4}$.

$$m_V = \frac{\omega_4}{\omega_2} = \frac{O_2 I_{2,4}}{O_4 I_{2,4}} \tag{6.11g}$$

Así pues, el centro instantáneo $I_{2,4}$ se utiliza para determinar la **relación de velocidad angular**.

Ventaja mecánica

La potencia P en un sistema mecánico se define como el producto punto o escalar del vector de fuerza $\mathbf{F}$ y el vector de velocidad $\mathbf{V}$ en cualquier punto:

$$P = \mathbf{F} \cdot \mathbf{V} = F_x V_x + F_y V_y \tag{6.12a}$$

En un sistema rotatorio, la potencia P se transforma en el producto del par de torsión T y de la velocidad angular ω la que, en dos dimensiones, tiene la misma dirección (z):

$$P = T\omega \tag{6.12b}$$

La potencia fluye a través de un sistema pasivo y:

$$P_{ent} = P_{sal} + pérdidas \tag{6.12c}$$

La eficiencia mecánica se define como:

$$\varepsilon = \frac{P_{sal}}{P_{ent}} \tag{6.12d}$$

Los sistemas de mecanismos articulados pueden ser muy eficientes si están bien hechos con cojinetes de baja fricción en todos los pivotes. Las pérdidas son con frecuencia menores a 10%. Por simplicidad, en el análisis siguiente se supondrá que las pérdidas son cero (es decir, un sistema conservador). Entonces, si T_{ent} y ω_{ent} representan par de torsión y velocidad angular de entrada y T_{sal} y ω_{sal} representan par de torsión y velocidad angular de salida

$$P_{ent} = T_{ent}\omega_{ent}$$
$$P_{sal} = T_{sal}\omega_{sal} \tag{6.12e}$$

$$P_{ent} = T_{ent}\omega_{ent}$$
$$P_{sal} = T_{sal}\omega_{sal} \tag{6.12f}$$

Observe que la **relación de par de torsión** ($m_T = T_{sal}/T_{ent}$) es la inversa de la relación de la velocidad angular.

La **ventaja mecánica** (m_A) se define como:

$$m_A = \frac{F_{sal}}{F_{ent}} \tag{6.13a}$$

Si se supone que se aplican las fuerzas de entrada y salida con los radios r_{ent} y r_{sal}, perpendiculares a sus vectores de fuerza respectivos,

$$F_{sal} = \frac{T_{sal}}{r_{sal}}$$
$$F_{ent} = \frac{T_{ent}}{r_{ent}} \tag{6.13b}$$

al sustituir las ecuaciones 6.13*b* en 6.13*a* se obtiene una expresión en función del par de torsión.

* Esta limitación en el ángulo de transmisión sólo es crítica si la carga de salida se aplica a un eslabón que está pivotado en la bancada (es decir, al eslabón 4 en el caso de un mecanismo de cuatro barras). Si se aplica la carga a un eslabón flotante (p. ej., un acoplador), entonces son más apropiadas otras medidas de la calidad de transmisión de fuerza que el ángulo de transmisión, como se analiza en el capítulo 11, sección 11.12 (p. 423), donde se define el indicador de fuerza en juntas (JFI, por sus siglas en inglés).

$$m_A = \left(\frac{T_{sal}}{T_{ent}}\right)\left(\frac{r_{ent}}{r_{sal}}\right) \tag{6.13c}$$

Al sustituir la ecuación 6.12*f* (p. 196) en la ecuación 6.13*c* se obtiene

$$m_A = \left(\frac{\omega_{ent}}{\omega_{sal}}\right)\left(\frac{r_{ent}}{r_{sal}}\right) \tag{6.13d}$$

y al sustituir la ecuación 6.11*f* (p. 195) se obtiene

$$m_A = \left(\frac{O_4B \operatorname{sen} \mu}{O_2A \operatorname{sen} \nu}\right)\left(\frac{r_{ent}}{r_{sal}}\right) \tag{6.13e}$$

Vea la figura 6.11 y compare la ecuación 6.13*e* con la ecuación 6.11*f* (p. 203) y su análisis bajo **relación de velocidad angular** (p. 203). La ecuación 6.13*e* muestra que, con cualquier elección de r_{ent} y r_{sal}, la ventaja mecánica responde a los cambios de los ángulos ν y μ de manera opuesta a la de la relación de velocidad angular. Si el ángulo de transmisión μ se va a cero (lo que no se quiere que suceda) la ventaja mecánica también se va a cero, lo que es indiferente para la suma de **fuerza de torque** de entrada aplicada; pero cuando el ángulo ν se va a cero (lo que puede y hace dos veces por ciclo en un mecanismo de Grashof), ¡la ventaja mecánica se vuelve infinita! Éste es el principio de un mecanismo triturador de roca, como se muestra en la figura 6-11. Una fuerza moderada aplicada al eslabón 2 puede generar una fuerza enorme en el eslabón 4 para triturar la roca. Desde luego, no se puede esperar alcanzar la salida teórica de una fuerza o par de torsión infinito, ya que las resistencias de los eslabones y juntas limitarán las fuerzas y pares de torsión máximos obtenibles. Otro ejemplo común de un mecanismo que aprovecha esta ventaja mecánica teóricamente infinita en la posición de agarrotamiento son unas pinzas de presión ViseGrip (véase la figura P6-21, p. 228).

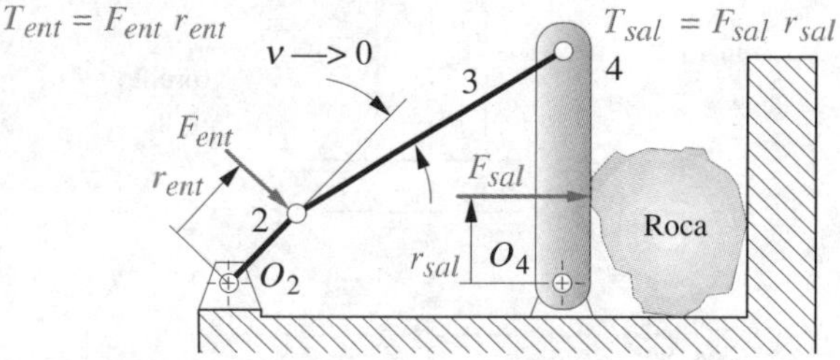

FIGURA 6-11 Mecanismo de agarrotamiento "triturador de roca"

Estas dos relaciones, la **relación de velocidad angular** y la **ventaja mecánica**, proporcionan **índices de mérito** útiles sin dimensiones, mediante los cuales se puede juzgar la calidad relativa de varios diseños de mecanismos que pueden proponerse como soluciones.

Utilización de los centros instantáneos en el diseño de mecanismos

Además de permitir un análisis numérico rápido de la velocidad, el análisis de centros instantáneos aún de manera más importante proporciona al diseñador un notable panorama general del comportamiento global del mecanismo. Es bastante difícil visualizar mentalmente el movimiento complejo de un eslabón acoplador "flotante", incluso en un simple mecanismo de cuatro barras, a menos que se construya un modelo o ejecute una simulación computarizada. Debido a que, en realidad, este movimiento de acoplador complejo se reduce a una rotación pura instantánea alrededor del movimiento complejo del acoplador del centro instantáneo $I_{1,3}$, la determinación de este centro permite que el diseñador visualice el movimiento del acoplador como rotación pura. Literalmente, se puede *ver* el movimiento y las direcciones de las velocidades de cualquier punto de interés al relacionarlo con el centro instantáneo. Sólo es necesario dibujar el mecanismo en unas cuantas posiciones de interés, que muestren las ubicaciones del centro instantáneo en cada posición.

La figura 6-12 muestra un ejemplo práctico de cómo esta técnica de análisis cualitativo visual podría aplicarse al diseño del sistema de suspensión trasera de un automóvil. La mayoría de los mecanismos de suspensión automotriz son mecanismos de cuatro barras o mecanismos de cuatro barras manivelas-correderas con el ensamble de rueda soportado por el acoplador (como también se mostró en la figura 3-19, p. 89). La figura 6-12*a* muestra un diseño de suspensión trasera de un carro doméstico de 1970 que más tarde fue rediseñado debido a la

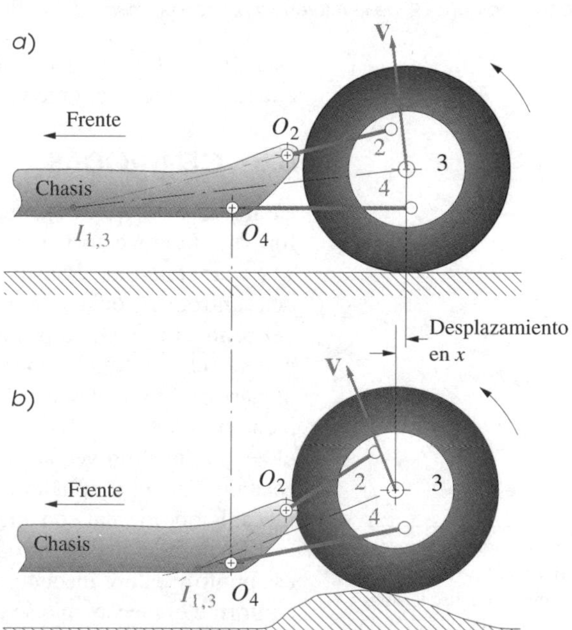

FIGURA 6-12 "Viraje al pasar sobre un montículo" debido al desplazamiento de la localización del centro instantáneo

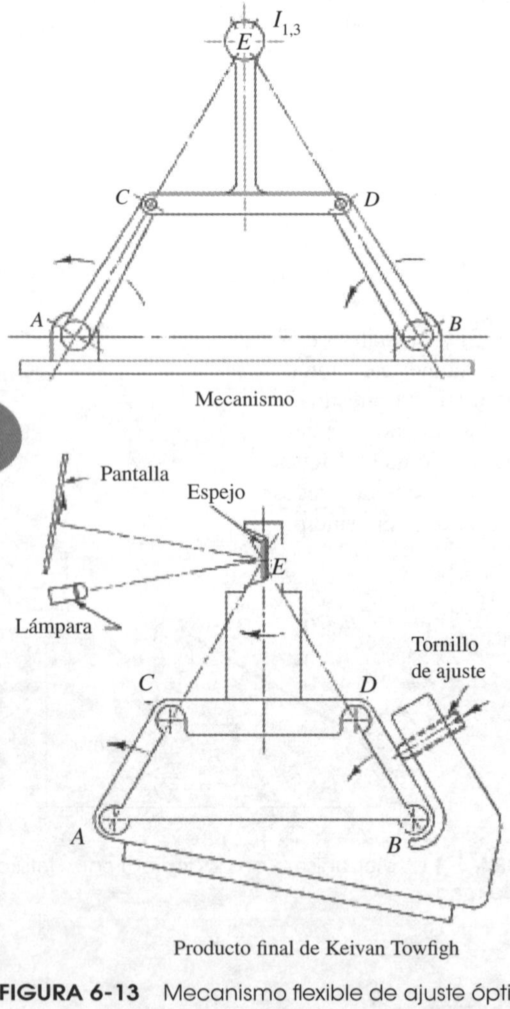

FIGURA 6-13 Mecanismo flexible de ajuste óptico *Reproducido de la referencia [2] con permiso*

perturbadora tendencia de “virar en los montículos”, es decir, de hacer girar el eje trasero al pasar un lado del carro por un montículo. La figura es una vista del centro del carro hacia fuera, que muestra el mecanismo de cuatro barras que controla el movimiento ascendente y descendente de un lado del eje y una rueda trasera. Los eslabones 2 y 4 están pivotados en el chasis del carro, el cual es el eslabón 1. El ensamble de rueda y eje está rígidamente conectado al acoplador, eslabón 3. De este modo, el ensamble de rueda tiene movimiento complejo en el plano vertical. En situaciones ideales, sería deseable que la rueda subiera y bajara en una línea recta vertical al pasar por el montículo. La figura 6-12*b* (p. 205) muestra el movimiento de la rueda y la ubicación del centro instantáneo ($I_{1,3}$) cuando una rueda pasa sobre un montículo. El vector de velocidad del centro de la rueda en cada posición se traza perpendicular a su radio que parte de $I_{1,3}$. Se puede ver que el centro de la rueda tiene una componente horizontal significativa de movimiento cuando se mueve hacia arriba sobre el montículo. Esta componente horizontal hace que el centro de la rueda en ese lado del carro se mueva hacia delante mientras se mueve hacia arriba, lo que hace girar el eje (alrededor de un eje vertical) y virar el carro con las ruedas traseras del mismo modo en que se hace virar una vagoneta de juguete. Si se ve la trayectoria del centro instantáneo a lo largo de un cierto rango de movimiento, se obtiene una imagen clara del comportamiento del eslabón acoplador. El comportamiento indeseable de este sistema articulado de suspensión podría haber sido pronosticado con este análisis de centro instantáneo simple antes de construir el mecanismo.

Otro ejemplo práctico del uso efectivo de los centros instantáneos en el diseño de mecanismos se muestra en la figura 6-13; es un mecanismo de ajuste óptico utilizado para situar un espejo y permitir un poco de ajuste rotacional.[1] En el capítulo 1 se describe con más detalle este estudio de caso de diseño.[2] El diseñador K. Towfigh reconoció que $I_{1,3}$ en el punto E es un “pivote fijo” instantáneo que permite rotaciones puras muy pequeñas en torno a dicho punto con muy poco error traslacional. Luego diseñó un mecanismo de cuatro barras de plástico de una pieza cuyas “juntas de pasador” son almas delgadas de plástico que se flexionan para permitir un poco de rotación. Éste se denomina **mecanismo flexible**:* el oval utiliza las deformaciones elásticas de los eslabones como bisagras en lugar de juntas de pasador. En seguida colocó el espejo en el acoplador en $I_{1,3}$. Incluso el eslabón fijo 1 es la misma pieza que los “eslabones móviles” y tiene un pequeño tornillo opresor de ajuste. Un diseño simple y elegante.

6.5 CENTRODAS†

La figura 6-14 (p. 207) muestra que las posiciones sucesivas de un centro instantáneo (o **centro**) forman una trayectoria por sí mismas. *Esta trayectoria, o lugar geométrico, del centro instantáneo se llama* **centroda**. Puesto que se requieren dos eslabones para crear un centro instantáneo, habrá dos centrodas asociadas con cualquier centro instantáneo. Éstas se forman al proyectar la trayectoria del centro instantáneo primero en un eslabón y luego en el otro. La figura 6-14*a* muestra el lugar geométrico del centro instantáneo $I_{1,3}$ proyectado en el eslabón 1. Debido a que el eslabón 1 es estacionario, o fijo, se llama **centroda fija**. Si se invierte temporalmente el mecanismo y se fija el eslabón 3 como eslabón de bancada, como se muestra en la figura 6-14*b*, se puede mover el eslabón 1 como el acoplador y proyectar el lugar geométrico de $I_{1,3}$ en el eslabón 3. En el mecanismo original, el eslabón 3 era el acoplador móvil, de modo que se llama **centroda móvil**. La figura 6-14*c* muestra el mecanismo original con ambos centrodas fijas como móviles superpuestos.

La definición de centro instantáneo establece que ambos eslabones tienen la misma velocidad en ese punto y en ese instante. El eslabón 1 tiene velocidad cero dondequiera, como el centro fijo. Así, conforme el mecanismo se mueve, el centro móvil debe rodar contra el centro fijo sin resbalarse. Si se recortan las centrodas fija y móvil, como se muestra en la figura 6-14*d*, y se hace rodar el centro móvil (el cual es el eslabón 3) contra la centroda fija (el cual es el eslabón 1), el movimiento complejo del eslabón 3 será idéntico al del mecanismo original. *Todas las curvas de acoplador formadas por puntos del eslabón 3 tendrán las mismas formas de trayectoria que las del mecanismo original.*

* Véase también la sección 2.16 (p. 48) para más información sobre mecanismos flexibles o dóciles.

† Vea el video *Instant Centers and Centrodes* en el DVD del libro.

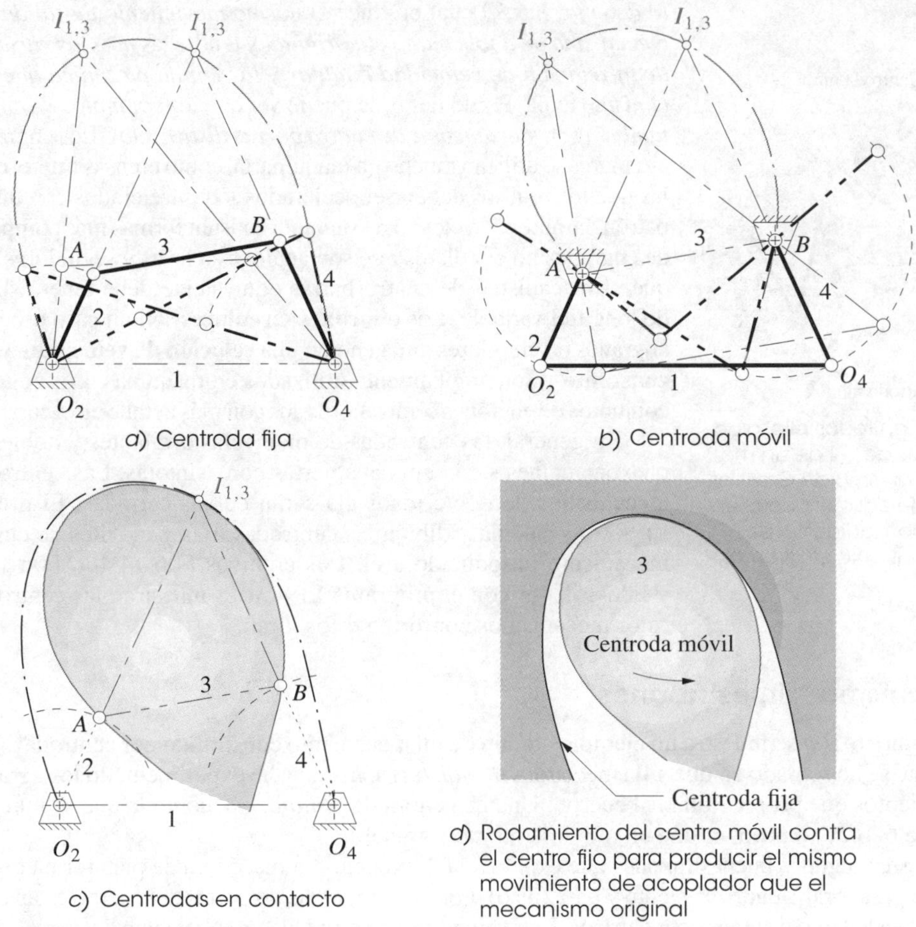

FIGURA 6-14 Centrodas (o polodos) fija y móvil de lazo abierto de un mecanismo de cuatro barras

Ahora, de hecho, se tiene un mecanismo de cuatro barras "sin eslabones", en realidad uno compuesto de dos cuerpos que tienen estas formas de centroda que ruedan una en contacto con la otra. Se eliminaron los eslabones 2 y 4. Observe que el ejemplo mostrado en la figura 6-14 es un mecanismo de cuatro barras de no Grashof. Las longitudes de sus centrodas están limitadas por las posiciones de agarrotamiento del doble balancín.

Todos los centros instantáneos de un mecanismo tendrán centrodas.* Si los eslabones están directamente conectados por una junta, tal como $I_{2,3}$, $I_{3,4}$, $I_{1,2}$ e $I_{1,4}$, sus centrodas fijas y móviles degenerarán en un punto en ese lugar en cada eslabón. Las centrodas más interesantes son aquellas que implican eslabones que no están directamente conectados entre sí, tales como $I_{1,3}$ e $I_{2,4}$. Si se examina el mecanismo de doble manivela mostrado en la figura 6-15*a* (p. 208), donde los eslabones 2 y 4 giran por completo, se ve que los centros de $I_{1,3}$ forman curvas cerradas. El movimiento del eslabón 3 con respecto al eslabón 1 podría duplicarse si se hace que estas dos centrodas rueden una contra la otra sin resbalarse. Observe que existen dos lazos hacia la centroda móvil. Ambos deben rodar sobre la centroda fija de lazo simple para completar el movimiento del mecanismo de doble manivela equivalente.

Hasta aquí se ha ocupado en gran medida del centro instantáneo $I_{1,3}$. El centro instantáneo $I_{2,4}$ implica dos eslabones que están en rotación pura y no directamente conectados entre sí. Si se utiliza un mecanismo de Grashof de caso especial con los eslabones cruzados (en ocasiones nombrado mecanismo de **antiparalelogramo**), las centrodas de $I_{2,4}$ se transforman en elipses, como se muestra en la figura 6-15*b*. Para garantizar que no haya deslizamiento, probablemente será necesario considerar dientes de engrane en cada centroda. En ese caso se tendrá un par de **engranes no circulares** elípticos, o *conjun-*

* En vista de que los centros instantáneos se llaman *polos* así como también centros, las *centrodas* también se llaman *polodos*. En este texto se utilizarán las nomenclaturas *centro* y *centroda*.

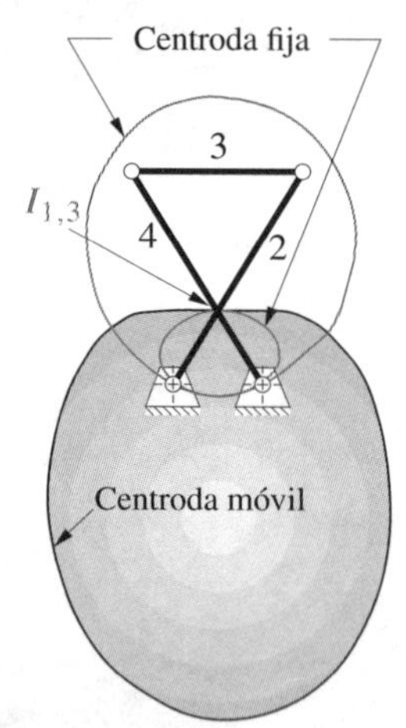

a) Centrodas de lazo cerrado de $I_{1,3}$ de un mecanismo de doble manivela de Grashof

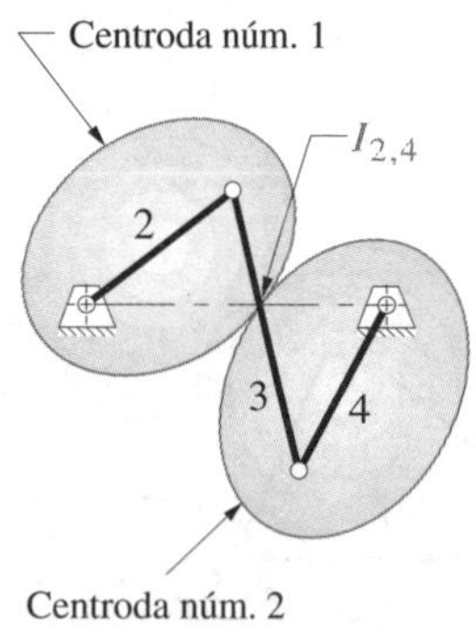

b) Centrodas elipsoidales de $I_{2,4}$ de un mecanismo de Grashof de caso especial en configuración de antiparalelogramo

FIGURA 6-15 Centrodos de lazo fijo y móviles

to de engranes, el cual produce el *mismo movimiento de salida que el mecanismo de doble manivela original* y tendrá las *mismas variaciones de la relación de velocidad angular y la ventaja mecánica que el mecanismo* tenía. Por lo tanto, se puede ver que los *conjuntos de engranes también son mecanismos de cuatro barras disfrazados*. Los engranes no circulares se utilizan mucho en maquinaria, como prensas impresoras, en las que los rodillos deben ser acelerados y desacelerados con un cierto patrón durante cada ciclo o revolución. Existen formas más complicadas de engranes no circulares que son análogas a levas y seguidores, en los que el mecanismo de cuatro barras equivalente debe tener eslabones de longitud variable. Los **engranes circulares** son un caso especial de engranes no circulares que generan una **relación de velocidad angular constante** y son ampliamente utilizados en máquinas. Los engranes y conjuntos de engranes serán abordados con más detalle en el capítulo 10.

En general, las centrodas de manivelas oscilantes y dobles o triples balancines serán curvas abiertas con asíntotas. Las centrodas de mecanismos de doble manivela serán curvas cerradas. El programa LINKAGES calcula y dibuja las centrodas fijas y móviles de cualquier mecanismo introducido a él. Los archivos F06-14.4br, F06-15a.4br y F06-15b.4br con el programa LINKAGES muestran las centrodas de estos mecanismos conforme éstos giran.

Mecanismo "sin eslabones"

En la figura 6-16*a* se muestra un ejemplo común de un mecanismo constituido por centrodas. Probablemente se ha sentado en una silla mecedora *Boston* o *Hitchcock* y ha experimentado los agradables movimientos que proporcionan al cuerpo. Una mecedora de *plataforma*, como la que se muestra en la figura 6-16*b*, no proporciona un movimiento tan agradable.

Existen algunas buenas razones que explican la diferencia. La mecedora de plataforma tiene una junta de pasador fija entre el asiento y base (piso). Por lo tanto, todas las partes del cuerpo están en rotación pura a lo largo de arcos concéntricos. En realidad se está montado en el balancín de un mecanismo.

La mecedora Boston tiene una base curva o "patines" que ruedan en contacto con el piso. Estos patines por lo general *no* son arcos circulares. Tienen un contorno de curva de alto grado. De hecho, son **centrodas móviles**. El piso es la **centroda fija**. Cuando ruedan una contra la otra, la silla y su ocupante experimentan un movimiento de curva del acoplador. Cada parte de su cuerpo viaja a lo largo de una curva del acoplador de sexto grado diferente, que proporciona aceleraciones y velocidades suaves, por lo que es más agradable que el movimiento de segundo grado (circular) de la mecedora de plataforma, que es más brusco. Quienes hicieron estas mecedoras probablemente nunca habían oído hablar de mecanismos de cuatro barras y centrodas, pero intuitivamente sabían cómo crear movimientos cómodos.

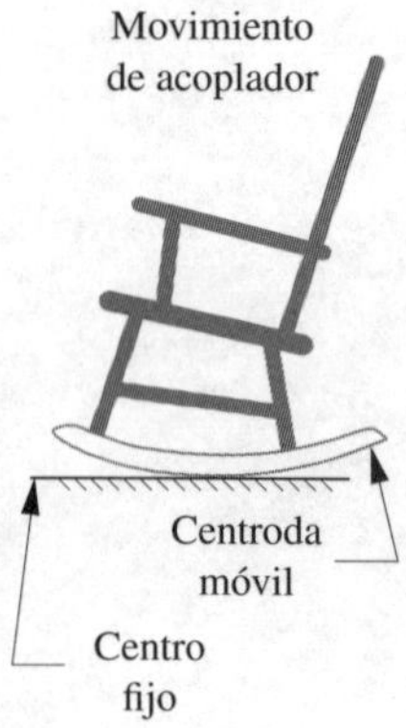

a) Balancín Boston

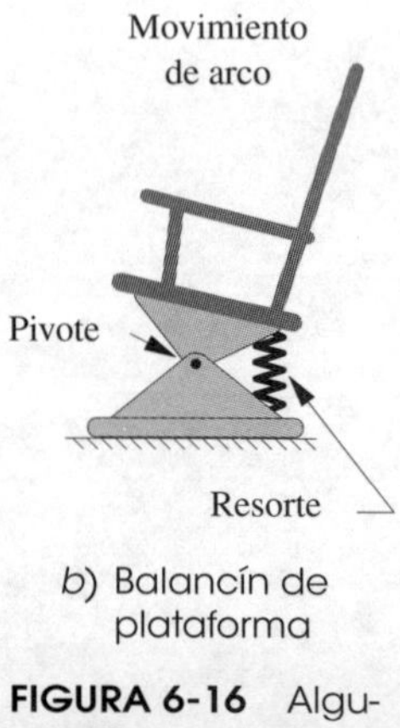

b) Balancín de plataforma

FIGURA 6-16 Algunas sillas mecedoras utilizan centrodas de un mecanismo de cuatro barras

Cúspides

Otro ejemplo de centroda que se utiliza con frecuencia es la trayectoria de la llanta de un carro o bicicleta. Conforme la llanta rueda contra el camino sin resbalarse, el camino se transforma en una centroda fija y la circunferencia de la llanta es la centroda móvil. La llanta, en realidad, es el acoplador de un mecanismo de cuatro barras sin eslabones. Todos los puntos en la superficie de contacto de la llanta se mueven a lo largo de curvas del acoplador cicloidales y pasan por una cúspide de velocidad cero cuando alcanzan la centroda fija en la superficie del camino como se muestra en la figura 6-17*a*. Todos los demás puntos de la llanta y el ensamble de la rueda se desplazan a lo largo de curvas del acoplador que no tienen cúspides. Este último hecho es la clave para identificar puntos del acoplador que tendrán cúspides en su curva de acoplador. *Si se elige un punto del acoplador para que esté en la centroda móvil en un extremo de su trayectoria* (*es decir*, *en una de las posiciones de* $I_{1,3}$), *entonces tendrá una cúspide en su curva de acoplador*. La figura 6-17*b* muestra una curva del acoplador de semejante punto, trazado con el programa LINKAGES. El extremo derecho de la trayectoria del acoplador toca la centroda móvil y por consiguiente tiene una cúspide en ese punto. Así que, si se desea una cúspide en el movimiento de su acoplador, muchos están disponibles. Simplemente se elige un punto del acoplador en la centroda móvil del eslabón 3. En el archivo F06-17b.4br que se abre con el programa LINKAGES anime ese mecanismo con su curva del acoplador o centrodas. Observe en

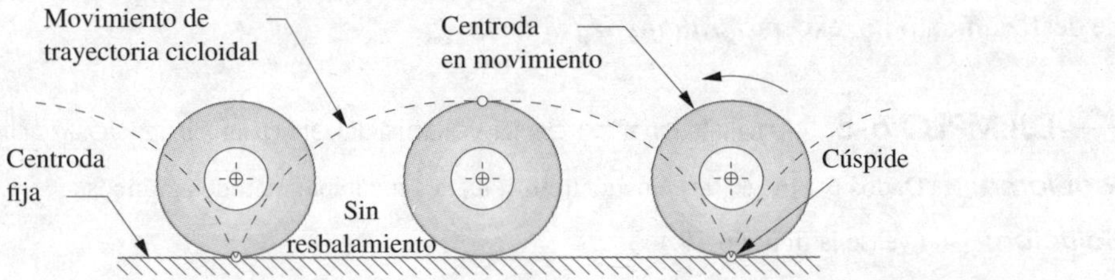

a) Movimiento cicloidal de un centro móvil circular que rueda sobre un centro fijo recto

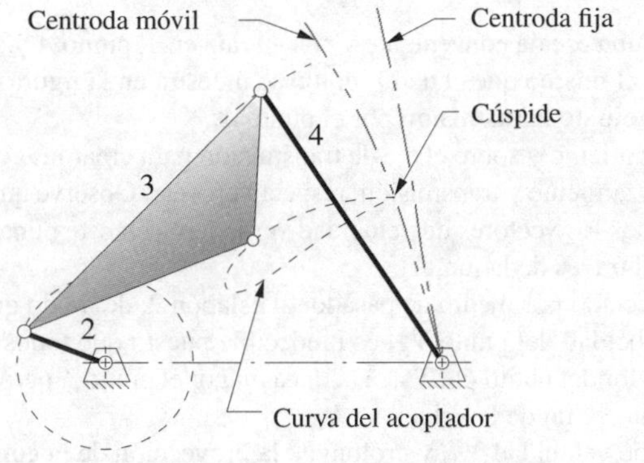

b) Sólo en la centroda móvil existen cúspides de curva del acoplador

FIGURA 6-17 Ejemplos de centrodas

la figura 6-14 (p. 207) que si se elige cualquier ubicación del centro instantáneo $I_{1,3}$ en el acoplador como punto del acoplador, se creará una cúspide en ese punto.

6.6 VELOCIDAD DE DESLIZAMIENTO

Cuando existe una junta deslizante entre dos eslabones y ninguno es el eslabón de bancada, el análisis de la velocidad es más complicado. La figura 6-18 muestra una inversión del mecanismo de cuatro barras manivela-corredera en el cual la junta deslizante es flotante, es decir, no está conectada a la bancada. Para encontrar la velocidad en la junta deslizante *A* se debe reconocer que existe más de un punto *A* en esa junta. Existe un punto *A* como parte del eslabón 2 (A_2), un punto *A* como parte del eslabón 3 (A_3) y un punto *A* como parte del eslabón 4 (A_4). Ésta es una situación Caso 2 en la que, por lo menos, se tienen dos puntos que pertenecen a diferentes eslabones pero ocupan el mismo lugar en un instante dado. Por lo tanto, la ecuación de **velocidad relativa** 6.6 (p. 194) aplicará. En general se puede encontrar la velocidad de por lo menos uno de estos puntos directamente con la información de entrada conocida y la ecuación 6.7 (p. 195). Ésta y la ecuación 6.6 es todo lo que se requiere para determinar todo el resto. En este ejemplo, el eslabón 2 es el motriz, y θ_2 y ω_2 se dan para la posición de "marco congelado" mostrada. Se desea encontrar la velocidad ω_4, la velocidad angular del eslabón 4 y también la velocidad de deslizamiento en la junta *A*.

En la figura 6-18, el **eje de deslizamiento** se muestra tangente al movimiento de la corredera y es la línea a lo largo de la cual ocurre todo el deslizamiento entre los eslabones 3 y 4. El **eje de transmisión** es definido como perpendicular al eje de deslizamiento y pasa por la junta deslizante en *A*. Este *eje de transmisión es la* **única línea** *a lo largo de la cual se puede transmitir movimiento o fuerza a través de la junta deslizante, excepto fricción.* Se supondrá que la fricción es insignificante en este ejemplo. Cualquier vector de fuerza o velocidad aplicado al punto *A* se puede descomponer en dos componentes a lo largo de estos dos ejes que forman un *sistema de coordenadas local trasladante y rotatorio*, para el análisis en la junta. La componente a lo

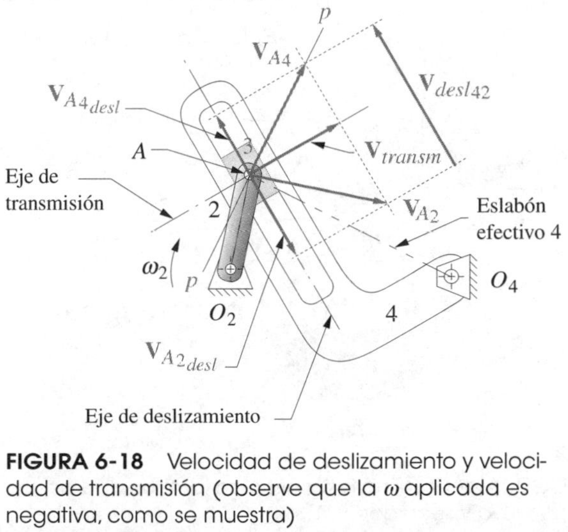

FIGURA 6-18 Velocidad de deslizamiento y velocidad de transmisión (observe que la ω aplicada es negativa, como se muestra)

largo del eje de transmisión realizará trabajo útil en la junta, pero la componente a lo largo del eje de deslizamiento no, excepto *trabajo de fricción*.

EJEMPLO 6-5 Análisis gráfico de la velocidad en una junta deslizante.

Problema: Dados θ_2, θ_3, θ_4, ω_2, encuentre ω_3, ω_4, $\mathbf{V}_A$ mediante métodos gráficos.

Solución: (Véase la figura 6-18.)

1 Comience en el extremo del mecanismo del cual tenga la máxima información. Calcule la magnitud de la velocidad del **punto A como parte del eslabón 2** (A_2) con la ecuación escalar 6.7 (p. 195).

$$v_{A_2} = (AO_2)\omega_2 \qquad (a)$$

2 Trace el vector de velocidad $\mathbf{V}_{A2}$ a una escala conveniente y con su raíz en el punto A y su dirección perpendicular al radio AO_2. Su sentido es el mismo que el de ω_2 como se muestra en la figura 6-18.

3 Trace el **eje de deslizamiento** y el **eje de transmisión** por el punto A.

4 Proyecte $\mathbf{V}_{A2}$ sobre el eje de deslizamiento y sobre el eje de transmisión para crear las componentes $\mathbf{V}_{A2desl}$ y $\mathbf{V}_{transm}$ de $\mathbf{V}_{A2}$ sobre los ejes de deslizamiento y transmisión, respectivamente. Observe que la **componente de transmisión** es compartida por todos los vectores de velocidad verdaderos en este punto, ya que es la única componente que puede transmitir a través de la junta.

5 Observe que el eslabón 3 está conectado por medio de pasador al eslabón 2, de modo que $\mathbf{V}_{A3} = \mathbf{V}_{A2}$.

6 Observe que la dirección de la velocidad del punto $\mathbf{V}_{A4}$ es predecible puesto que todos los puntos del eslabón 4 están en rotación pura alrededor del punto O_4. Trace la línea *pp* por el punto A perpendicular al eslabón efectivo 4, AO_4. La línea *pp* es la dirección de la velocidad $\mathbf{V}_{A4}$.

7 Construya la magnitud del vector de velocidad $\mathbf{V}_{A4}$ y prolongue la proyección de la **componente de transmisión** $\mathbf{V}_{transm}$ hasta que corte la línea *pp*.

8 Proyecte $\mathbf{V}_{A4}$ sobre el eje de deslizamiento para crear la **componente de deslizamiento** $\mathbf{V}_{A4desl}$.

9 Escriba la ecuación vectorial de la velocidad relativa 6.6 (p. 194) para las **componentes de deslizamiento** del punto A_2 contra el punto A_4.

$$V_{desl_{42}} = V_{A_{4desl}} - V_{A_{2desl}} \qquad (b)$$

10 Las velocidades angulares de los eslabones 3 y 4 son idénticas porque comparten la junta deslizante y deben girar juntas. Se calculan con la ecuación 6.7 (p. 195):

$$\omega_4 = \omega_3 = \frac{V_{A_4}}{AO_4} \qquad (c)$$

El análisis de centro instantáneo también se utiliza para resolver gráficamente problemas de velocidad de junta deslizante.

EJEMPLO 6-6 Análisis gráfico de la velocidad de un mecanismo de leva y seguidor.

Problema: Dados θ_2, ω_2, encuentre ω_3, mediante métodos gráficos.

Solución: (Véase la figura 6-19.)

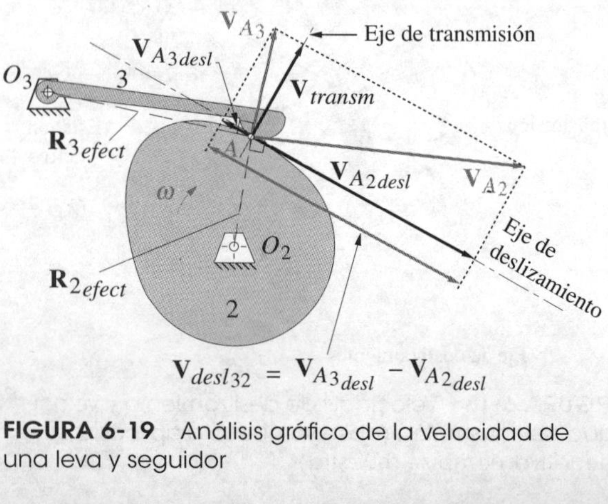

FIGURA 6-19 Análisis gráfico de la velocidad de una leva y seguidor

1 Construya el radio efectivo de la leva R_{2efect} en el punto de contacto instantáneo con el seguidor en esta posición (punto A en la figura). Su longitud es la distancia O_2A. Calcule la magnitud de la velocidad del punto A como parte del eslabón 2 (A_2) con la ecuación escalar 6.7 (p. 195).

$$v_{A_2} = (AO_2)\omega_2 \qquad (a)$$

2 Trace el vector de velocidad $\mathbf{V}_{A2}$ con su longitud igual a su magnitud v_{A2} a una escala conveniente y con su raíz en el punto A y su dirección perpendicular al radio O_2A. Su sentido es el mismo que el de ω_2, como se muestra en la figura 6-19.

3 Construya el eje de deslizamiento (tangente común a la leva y seguidor) y su normal, el eje de transmisión, como se muestra en la figura 6-19.

4 Proyecte $\mathbf{V}_{A2}$ sobre el eje de transmisión para crear la componente $\mathbf{V}_{transm}$. Observe que la **componente de transmisión** es compartida por todos los vectores de velocidad verdaderos en este punto, ya que es la única componente que puede transmitir a través de la junta.

5 Proyecte $\mathbf{V}_{A2}$ sobre el eje de deslizamiento para crear la **componente de deslizamiento** $\mathbf{V}_{A2desl}$.
6 Observe que la dirección de la velocidad del punto $\mathbf{V}_{A3}$ es predecible puesto que todos los puntos del eslabón 3 están en rotación pura alrededor del punto O_3. Construya el radio efectivo del seguidor R_{3efect} en el punto de contacto instantáneo con el seguidor en esta posición (punto A en la figura). Su longitud es la distancia O_3A.
7 Construya una línea en la dirección de $\mathbf{V}_{A3}$ perpendicular a R_{3efect}. Construya la magnitud verdadera del vector de velocidad $\mathbf{V}_{A3}$ prolongando la proyección de la componente de transmisión $\mathbf{V}_{transm}$ hasta que corte la línea $\mathbf{V}_{A3}$.
8 Proyecte $\mathbf{V}_{A3}$ sobre el eje de deslizamiento para crear la componente de deslizamiento $\mathbf{V}_{A3desl}$.
9 La velocidad de deslizamiento total en A es la diferencia vectorial entre las dos componentes de deslizamiento. Escriba la ecuación vectorial de velocidad relativa 6.6 (p. 194) para las componentes de deslizamiento del punto A_3 contra el punto A_2.

$$V_{desl_{32}} = V_{A_{3desl}} - V_{A_{2desl}} \tag{b}$$

10 La velocidad angular del eslabón 3 se calcula con la ecuación 6.7:

$$\omega_3 = \frac{V_{A_3}}{AO_3} \tag{c}$$

Los ejemplos anteriores muestran cómo se pueden encontrar gráficamente las velocidades en mecanismos con juntas deslizantes o semijuntas en una posición. En la siguiente sección se desarrolla la solución general por medio de ecuaciones algebraicas para resolver problemas similares.

6.7 SOLUCIONES ANALÍTICAS PARA EL ANÁLISIS DE VELOCIDAD

Mecanismo de cuatro barras con juntas de pasador

En la sección 4.5 (p. 126) se derivaron las ecuaciones de posición para el mecanismo de cuatro barras con juntas de pasador. El mecanismo se mostró en la figura 4-6 (p. 127) y se muestra de nuevo en la figura 6-20 en la que también se señala una velocidad angular de entrada ω_2 aplicada al eslabón 2. Esta velocidad ω_2 puede ser una velocidad de entrada variable con el tiempo. La ecuación de lazo vectorial se muestra en las ecuaciones 4.5*a* y 4.5*c*, repetidas aquí para su conveniencia.

$$\mathbf{R}_2 + \mathbf{R}_3 - \mathbf{R}_4 - \mathbf{R}_1 = 0 \tag{4.5a}$$

Como antes, se sustituyen los vectores por la notación de número complejo y se denotan sus longitudes escalares como *a*, *b*, *c*, *d*, como se muestra en la figura 6-20*a*.

$$a e^{j\theta_2} + b e^{j\theta_3} - c e^{j\theta_4} - d e^{j\theta_1} = 0 \tag{4.5c}$$

Para obtener una expresión para la velocidad, se diferencia la ecuación 4.5 con respecto al tiempo.

$$ja e^{j\theta_2} \frac{d\theta_2}{dt} + jb e^{j\theta_3} \frac{d\theta_3}{dt} - jc e^{j\theta_4} \frac{d\theta_4}{dt} = 0 \tag{6.14a}$$

Pero,

$$\frac{d\theta_2}{dt} = \omega_2; \qquad \frac{d\theta_3}{dt} = \omega_3; \qquad \frac{d\theta_4}{dt} = \omega_4 \tag{6.14b}$$

y:

$$ja\omega_2 e^{j\theta_2} + jb\omega_3 e^{j\theta_3} - jc\omega_4 e^{j\theta_4} = 0 \tag{6.14c}$$

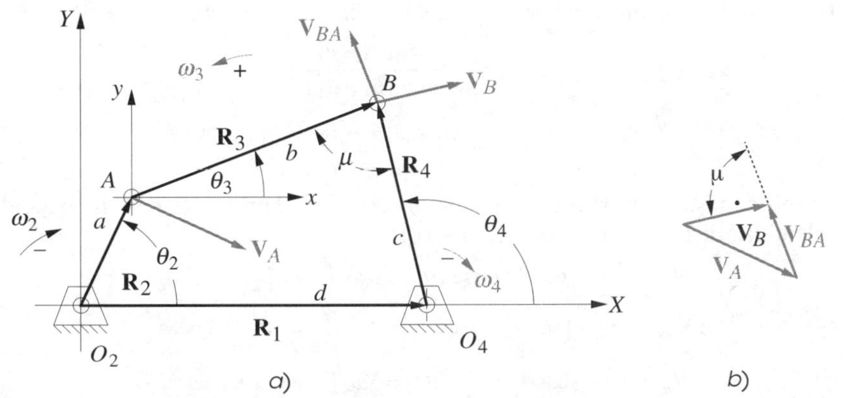

FIGURA 6-20 Lazo vectorial de posición de un mecanismo de cuatro barras que muestra vectores de velocidad para una ω_2 negativa (*en el sentido de las manecillas del reloj*)

Observe que el término θ_1 se elimina porque ese ángulo es constante, y por lo tanto su derivada es cero. Observe también que la ecuación 6.14 es, en realidad, la **velocidad relativa** o **ecuación de diferencia de velocidad**.

$$\mathbf{V}_A + \mathbf{V}_{BA} - \mathbf{V}_B = 0 \tag{6.15a}$$

donde:

$$\begin{aligned} \mathbf{V}_A &= ja\,\omega_2 e^{j\theta_2} \\ \mathbf{V}_{BA} &= jb\,\omega_3 e^{j\theta_3} \\ \mathbf{V}_B &= jc\,\omega_4 e^{j\theta_4} \end{aligned} \tag{6.15b}$$

Por favor compare las ecuaciones 6-15 con las ecuaciones 6.3, 6.5 y 6.6 (pp. 193-194). Esta ecuación se resuelve gráficamente en el diagrama vectorial de la figura 6-20*b*. Observe el ángulo de transmisión μ trazado entre los eslabones 3 y 4, y también entre V_B y V_{BA}. Esto muestra otra forma de definir el ángulo de transmisión con los vectores de velocidad en el punto *B*.

6

Ahora se resuelve la ecuación 6.14 para ω_3 y ω_4, con la velocidad de entrada ω_2, las longitudes de los eslabones y todos los ángulos de los eslabones conocidos. Por lo tanto, el análisis de posición derivado en la sección 4.5 (p. 126) debe ser realizado primero para determinar los ángulos de los eslabones antes de que este análisis de velocidad pueda ser completado. Se desea resolver la ecuación 6.14 para obtener expresiones en esta forma:

$$\omega_3 = f\left(a, b, c, d, \theta_2, \theta_3, \theta_4, \omega_2\right) \qquad \omega_4 = g\left(a, b, c, d, \theta_2, \theta_3, \theta_4, \omega_2\right) \tag{6.16}$$

La estrategia de solución será la misma que para el análisis de posición. En primer lugar, se sustituye la identidad de Euler de la ecuación 4.4*a* (p. 128) en cada término de la ecuación 6.14*c*:

$$\begin{aligned} &ja\omega_2\left(\cos\theta_2 + j\,\mathrm{sen}\,\theta_2\right) + jb\omega_3\left(\cos\theta_3 + j\,\mathrm{sen}\,\theta_3\right) \\ &\quad - jc\omega_4\left(\cos\theta_4 + j\,\mathrm{sen}\,\theta_4\right) = 0 \end{aligned} \tag{6.17a}$$

Se multiplica por el operador *j*:

$$\begin{aligned} &a\omega_2\left(j\cos\theta_2 + j^2\,\mathrm{sen}\,\theta_2\right) + b\omega_3\left(j\cos\theta_3 + j^2\,\mathrm{sen}\,\theta_3\right) \\ &\quad - c\omega_4\left(j\cos\theta_4 + j^2\,\mathrm{sen}\,\theta_4\right) = 0 \end{aligned} \tag{6.17b}$$

Los términos coseno se vuelven imaginarios o términos dirigidos hacia *y* y como $j^2 = -1$, los términos seno se vuelven reales o dirigidos hacia *x*.

$$\begin{aligned} &a\omega_2\left(-\mathrm{sen}\,\theta_2 + j\cos\theta_2\right) + b\omega_3\left(-\mathrm{sen}\,\theta_3 + j\cos\theta_3\right) \\ &\quad - c\omega_4\left(-\mathrm{sen}\,\theta_4 + j\cos\theta_4\right) = 0 \end{aligned} \tag{6.17c}$$

Ahora es posible separar esta ecuación vectorial en sus dos componentes reuniendo todos los términos reales e imaginarios por separado:

parte real (componente *x*):

$$-a\omega_2\,\mathrm{sen}\,\theta_2 - b\omega_3\,\mathrm{sen}\,\theta_3 + c\omega_4\,\mathrm{sen}\,\theta_4 = 0 \tag{6.17d}$$

parte imaginaria (componente *y*):

$$a\omega_2\cos\theta_2 + b\omega_3\cos\theta_3 - c\omega_4\cos\theta_4 = 0 \tag{6.17e}$$

Observe que las *j* se cancelaron en la ecuación 6.17*e*. Se pueden resolver estas dos ecuaciones, 6.17*d* y 6.17*e*, simultáneamente mediante sustitución directa para obtener:

$$\omega_3 = \frac{a\omega_2}{b}\frac{\mathrm{sen}\left(\theta_4 - \theta_2\right)}{\mathrm{sen}\left(\theta_3 - \theta_4\right)} \tag{6.18a}$$

$$\omega_4 = \frac{a\omega_2}{c}\frac{\mathrm{sen}\left(\theta_2 - \theta_3\right)}{\mathrm{sen}\left(\theta_4 - \theta_3\right)} \tag{6.18b}$$

Una vez que se resuelven para ω_3 y ω_4, entonces se puede resolver para la velocidad lineal al sustituir la identidad de Euler en las ecuaciones 6.15.

$$\mathbf{V}_A = ja\omega_2\left(\cos\theta_2 + j\,\mathrm{sen}\,\theta_2\right) = a\omega_2\left(-\mathrm{sen}\,\theta_2 + j\cos\theta_2\right) \tag{6.19a}$$

$$\mathbf{V}_{BA} = jb\omega_3\left(\cos\theta_3 + j\,\mathrm{sen}\,\theta_3\right) = b\omega_3\left(-\mathrm{sen}\,\theta_3 + j\cos\theta_3\right) \tag{6.19b}$$

$$\mathbf{V}_B = jc\omega_4\left(\cos\theta_4 + j\,\mathrm{sen}\,\theta_4\right) = c\omega_4\left(-\mathrm{sen}\,\theta_4 + j\cos\theta_4\right) \tag{6.19c}$$

donde los términos reales e imaginarios son las componentes *x* y *y*, respectivamente. Las ecuaciones 6.18 y 6.19 dan una solución completa para las velocidades angulares de los eslabones y las velocidades lineales de las juntas en mecanismos de cuatro barras con juntas de pasador. Observe que también hay dos soluciones a este problema de velocidad, que corresponden a los circuitos abierto y cruzado del mecanismo. Se obtuvieron mediante la sustitución de los valores de circuitos abiertos y cruzados de θ_3 y θ_4 obtenidos con las ecuaciones 4.10 (p. 130) y 4.13 (p. 131) en las ecuaciones 6.18 y 6.19. La figura 6-20*a* (p. 211) muestra la rama abierta.

EJEMPLO 6-7 Análisis de velocidad de un mecanismo de cuatro barras mediante el método del lazo vectorial.

Problema: Dado un mecanismo de cuatro barras $L_1 = d = 100$ mm, $L_2 = a = 40$ mm, $L_3 = b = 120$ mm, $L_4 = c = 80$ mm, con $\theta_2 = 40°$ y $\omega_2 = 25$ rad/s, encuentre los valores de ω_3 y ω_4, V_A, V_{BA} y V_B en el circuito abierto del mecanismo. Use los ángulos encontrados para el mecanismo y la posición del ejemplo 4.1 (p. 131).

Solución: (Para determinar la nomenclatura, consulte la figura 6-20.)

1 En el ejemplo 4-1 se determinó que los ángulos de eslabón para el circuito abierto de este mecanismo son $\theta_3 = 20.298°$ y $\theta_4 = 57.325°$.

2 Con estos ángulos y la ecuación 6.18 encuentre ω_3 y ω_4 en el circuito abierto.

$$\omega_3 = \frac{a\omega_2}{b}\frac{\text{sen}\left(\theta_4 - \theta_2\right)}{\text{sen}\left(\theta_3 - \theta_4\right)} = \frac{40(25)}{120}\frac{\text{sen}(57.325° - 40°)}{\text{sen}(20.298° - 57.325°)} = -4.121 \text{ rad/s}$$

$$\omega_4 = \frac{a\omega_2}{c}\frac{\text{sen}\left(\theta_2 - \theta_3\right)}{\text{sen}\left(\theta_4 - \theta_3\right)} = \frac{40(25)}{80}\frac{\text{sen}(40° - 20.298°)}{\text{sen}(57.325° - 20.298°)} = 6.998 \text{ rad/s} \tag{a}$$

3 Con las velocidades angulares y las ecuaciones 6.19 (p. 212) encuentre las velocidades lineales de los puntos *A* y *B*.

$$\begin{aligned}\mathbf{V}_A &= a\,\omega_2\left(-\text{sen}\,\theta_2 + j\cos\theta_2\right)\\ &= 40(25)\left(-\text{sen}\,40° + j\cos 40°\right) = -642.79 + j766.04\end{aligned}$$

$$\mathbf{V}_{A_x} = -642.79; \quad \mathbf{V}_{A_y} = 766.04; \quad \mathbf{V}_{A_{mag}} = 1000 \text{ mm/s}; \quad \mathbf{V}_{A_{ang}} = 130° \tag{b}$$

$$\begin{aligned}\mathbf{V}_{BA} &= b\omega_3\left(-\text{sen}\theta_3 + j\cos\theta_3\right)\\ &= 120(-4.121)\left(-\text{sen}\,20.298° + j20.298°\right) = 171.55 - j463.80\end{aligned}$$

$$\mathbf{V}_{BA_x} = 171.55; \quad \mathbf{V}_{BA_y} = -463.80; \quad \mathbf{V}_{BA_{mag}} = 494.51 \text{ mm/s}; \quad \mathbf{V}_{BA_{ang}} = -69.70° \tag{c}$$

$$\begin{aligned}\mathbf{V}_B &= c\,\omega_4\left(-\text{sen}\,\theta_4 + j\cos\theta_4\right)\\ &= 80(6.998)\left(-\text{sen}\,57.325 + j\cos 57.325\right) = -471.242 + j302.243\end{aligned}$$

$$\mathbf{V}_{B_x} = -471.242; \quad \mathbf{V}_{B_y} = 302.243; \quad \mathbf{V}_{B_{mag}} = 599.84 \text{ mm/s}; \quad \mathbf{V}_{B_{ang}} = 147.33° \tag{d}$$

4 Como ejercicio, con el proceso anterior encuentre las velocidades en el circuito cruzado del mecanismo.

Manivela-corredera de cuatro barras

Las ecuaciones de posición para el mecanismo de cuatro barras descentrado manivela-corredera (inversión núm. 1) se derivaron en la sección 4.6 (p. 132). El mecanismo se muestra en la figura 4.9 (p. 132) y se muestra de nuevo en la figura 6-21*a*, en la cual también se señala una velocidad angular ω_2 aplicada al eslabón 2. Esta ω_2 puede ser una velocidad de entrada variable con el tiempo. La ecuación de lazo vectorial 4.14 se repite aquí para su conveniencia.

$$\mathbf{R}_2 - \mathbf{R}_3 - \mathbf{R}_4 - \mathbf{R}_1 = 0 \tag{4.14a}$$

$$a e^{j\theta_2} - b e^{j\theta_3} - c e^{j\theta_4} - d e^{j\theta_1} = 0 \tag{4.14b}$$

Se diferencia la ecuación 4.14*b* con respecto al tiempo considerando que *a*, *b*, *c*, θ_1 y θ_4 son constantes pero que la longitud del eslabón *d* varía con el tiempo en esta inversión.

$$ja\omega_2 e^{j\theta_2} - jb\omega_3 e^{j\theta_3} - \dot{d} = 0 \tag{6.20a}$$

El término $\dot{d}$ es la velocidad lineal del bloque deslizante. La ecuación 6.20*a* es la ecuación de diferencia de velocidad 6.5 (p. 194) y se escribe así.

$$\mathbf{V}_A - \mathbf{V}_{AB} - \mathbf{V}_B = 0$$

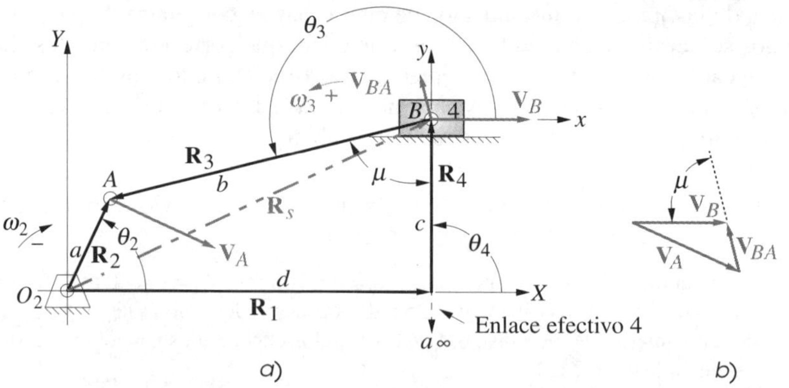

FIGURA 6-21* Lazo vectorial de posición de un mecanismo de cuatro barras manivela-corredera que muestra vectores de velocidad con ω_2 negativa (*en el sentido de las manecillas del reloj*)

o: $$\mathbf{V}_A = \mathbf{V}_B + \mathbf{V}_{AB} \tag{6-20b}$$

pero: $$\mathbf{V}_{AB} = -\mathbf{V}_{BA}$$

entonces: $$\mathbf{V}_B = \mathbf{V}_A + \mathbf{V}_{BA}$$

La ecuación 6.20 es idéntica en cuanto a forma a las ecuaciones 6.5 y 6.15*a* (p. 212). Observe que como se dispuso el vector de posición $\mathbf{R}_3$ en las figuras 4-9 (p. 132) y 6-21 con su raíz en el punto *B*, dirigido de *B* a *A*, su derivada representa la diferencia de velocidad del punto *A* con respecto al punto *B*, lo opuesto de la del ejemplo de cuatro barras previo. Compare también con la ecuación 6.15*b* y observará que su vector $\mathbf{R}_3$ está dirigido de *A* a *B*. La figura 6-21*b* muestra el diagrama vectorial de la solución gráfica de la ecuación 6.20*b*.

Sustituya el equivalente de Euler, ecuación 4-4*a* (p. 128), en la ecuación 6-20*a*,

$$ja\omega_2\left(\cos\theta_2 + j\operatorname{sen}\theta_2\right) - jb\omega_3\left(\cos\theta_3 + j\operatorname{sen}\theta_3\right) - \dot{d} = 0 \tag{6.21a}$$

simplifique $$a\omega_2\left(-\operatorname{sen}\theta_2 + j\cos\theta_2\right) - b\omega_3\left(-\operatorname{sen}\theta_3 + j\cos\theta_3\right) - \dot{d} = 0 \tag{6.21b}$$

y separe en componentes reales e imaginarias:

parte real (componente *x*): $$-a\omega_2\operatorname{sen}\theta_2 + b\omega_3\operatorname{sen}\theta_3 - \dot{d} = 0 \tag{6.21c}$$

parte imaginaria (componente *y*): $$a\omega_2\cos\theta_2 - b\omega_3\cos\theta_3 = 0 \tag{6.21d}$$

Éstas son dos ecuaciones simultáneas en las dos incógnitas, $\dot{d}$ y ω_3. La ecuación 6.21*d* se resuelve para ω_3 y sustituye en la ecuación 6.21*c* para encontrar $\dot{d}$.

$$\omega_3 = \frac{a\cos\theta_2}{b\cos\theta_3}\omega_2 \tag{6.22a}$$

$$\dot{d} = -a\omega_2\operatorname{sen}\theta_2 + b\omega_3\operatorname{sen}\theta_3 \tag{6.22b}$$

La velocidad absoluta del punto *A* y la diferencia de velocidad del punto *A* con respecto al punto *B* se encuentran con la ecuación 6.20:

$$\mathbf{V}_A = a\omega_2\left(-\operatorname{sen}\theta_2 + j\cos\theta_2\right) \tag{6.23a}$$

$$\mathbf{V}_{AB} = b\omega_3\left(-\operatorname{sen}\theta_3 + j\cos\theta_3\right) \tag{6.23b}$$

$$\mathbf{V}_{BA} = -\mathbf{V}_{AB} \tag{6.23c}$$

* Observe el ángulo de transmisión μ en la figura 6-21*a* trazado entre el eslabón 3 y el eslabón efectivo 4 como se definió antes. También se muestra trazado entre los vectores V_B y V_{BA} en la figura 6-21*b*, lo que indica otra manera de definir el ángulo de transmisión como *el ángulo agudo entre los vectores de velocidad absoluta y de diferencia de velocidad* en un punto como *B*. Este enfoque no requiere la construcción del eslabón efectivo 4 de la corredera para determinar el ángulo de transmisión.

EJEMPLO 6-8 Análisis de velocidad de un mecanismo de cuatro barras de manivela-corredera mediante el método del lazo vectorial.

Problema: Dado un mecanismo de cuatro barras de manivela-corredera con las longitudes de eslabón $L_2 = a = 40$ mm, $L_3 = b = 120$ mm, *descentrado* $= c = -20$ mm, con $\theta_2 = 60°$ y $\omega_2 = -30$ rad/s, encuentre ω_3 y las velocidades lineales de los puntos *A* y *B* en el circuito abierto. Use los ángulos y posiciones encontrados para el mismo mecanismo y su posición del eslabón 2 en el ejemplo 4.2 (p. 134).

Solución: (Para determinar la nomenclatura, consulte la figura 6-21, p. 214.)

1 En el ejemplo 4-2 se determinó el ángulo $\theta_3 = 152.91°$ y la posición de la corredera $d = 126.84$ mm para el circuito abierto.

2 Con la ecuación 6.22*a* y los datos del paso 1, calcule la velocidad angular ω_3 del acoplador.

$$\omega_3 = \frac{a}{b}\frac{\cos\theta_2}{\cos\theta_3}\omega_2 = \frac{40}{120}\frac{\cos 60°}{\cos 152.91°}(-30) = 5.616 \text{ rad/s} \qquad (a)$$

3 Con base en la ecuación 6.22*b* y los datos de los pasos 1 y 2, calcule la velocidad $\dot{d}$ de la corredera.

$$\dot{d} = -a\omega_2 \operatorname{sen}\theta_2 + b\,\omega_3 \operatorname{sen}\theta_3 = -40(-30)\operatorname{sen}60° + 120(5.616)\operatorname{sen} 152.91° = 1\ 346 \text{ mm/s} \qquad (b)$$

4 Con la ecuación 6.23 y el resultado del paso 2, calcule las velocidades lineales V_A y V_{BA}.

$$\mathbf{V}_A = a\omega_2(-\operatorname{sen}\theta_2 + j\cos\theta_2) = 40(-30)(-\operatorname{sen} 60° + j\cos 60°) = 1\ 039.23 - j600$$
$$\mathbf{V}_{A_x} = 1039.23; \quad \mathbf{V}_{A_y} = -600; \quad \mathbf{V}_{A_{mag}} = 1\ 200 \text{ mm/s}; \quad \mathbf{V}_{A_{ang}} = -30° \qquad (c)$$

$$\mathbf{V}_{AB} = b\,\omega_3(-\operatorname{sen}\theta_3 + j\cos\theta_3)$$
$$\mathbf{V}_{AB} = 120(5.616)(-\operatorname{sen} 152.91° + j\cos 152.91°) = -306.86 - j600$$
$$\mathbf{V}_{BA} = -\mathbf{V}_{AB} = 306.86 + j600$$
$$\mathbf{V}_{BA_x} = 306.86; \quad \mathbf{V}_{BA_y} = 600; \quad \mathbf{V}_{BA_{mag}} = 673.92 \text{ mm/s}; \quad \mathbf{V}_{BA_{ang}} = 62.91° \qquad (d)$$

Mecanismo corredera-manivela de cuatro barras

El *mecanismo de cuatro barras de* ***corredera-manivela*** tiene la misma geometría que el *mecanismo de cuatro barras de* ***manivela-corredera*** que se analizó en la sección previa. El cambio de nombre indica que se impulsará con la corredera como entrada y la manivela como salida. Este mecanismo se refiere en ocasiones como manivela-corredera "con impulso inverso". Aquí usaremos el término **corredera-manivela** para definir un mecanismo impulsado desde la corredera. Ésta es una configuración de mecanismo muy frecuente. Todos los pistones en un motor de combustión interna tienen un mecanismo de este tipo por cada cilindro. El lazo vectorial es como se muestra en la figura 6-21, y la ecuación del lazo vectorial es idéntica a la de la manivela corredera (ecuación 4.14*a*, p. 133). La obtención de θ_2 en función de la posición d de la corredera se realizó en la sección 4-7 (p. 134); ahora se desea resolver ω_2 como función de la velocidad $\dot{d}$ y las longitudes y ángulos conocidos de eslabón.

Se inicia con las ecuaciones 6.21*c* y *d*, que también se aplican a este mecanismo:

$$-a\omega_2 \operatorname{sen}\theta_2 + b\,\omega_3 \operatorname{sen}\theta_3 - \dot{d} = 0 \qquad (6.21c)$$
$$a\omega_2 \cos\theta_2 - b\,\omega_3\cos\theta_3 = 0 \qquad (6.21d)$$

Despeje ω_3 de la ecuación 6.21*d* en términos de ω_2.

$$\omega_3 = \frac{a\,\omega_2\cos\theta_2}{b\cos\theta_3} \qquad (6.24a)$$

Sustituya la ecuación 6.24*a* por ω_3 en la ecuación 6.21*c* y despeje ω_2.

$$\omega_2 = \frac{\dot{d}\cos\theta_3}{a(\cos\theta_2 \operatorname{sen}\theta_3 - \operatorname{sen}\theta_2\cos\theta_3)} \qquad (6.24b)$$

El circuito del mecanismo depende del valor de d elegido, y las velocidades angulares serán para el circuito representado por los valores de θ_2 y θ_3 usados en la ecuación 4.21 (p. 135).*

* Los mecanismos de manivela-corredera y corredera-manivela tienen dos circuitos o configuraciones en las que se ensamblan de manera independiente, en ocasiones denominadas abierta y cruzada. Como el eslabón 4 siempre está perpendicular al eje de la corredera, es paralelo a sí mismo en ambos circuitos. Esto provoca que los dos circuitos se reflejan entre sí como en un espejo respecto de una línea que pasa a través del pivote de la manivela y perpendicular al eje de la corredera. Por lo tanto, la elección del valor d de la posición de la corredera en el cálculo del mecanismo corredera-manivela determina cuál de los circuitos se va a analizar. Sin embargo, en vista de los puntos de cambio TDC y BDC, la corredera-manivela tiene dos ramas en cada circuito, y las dos ecuaciones obtenidas de la ecuación 4.21 representan las dos ramas del circuito en análisis. En cambio, la manivela-corredera tiene sólo una rama por circuito porque cuando la manivela recibe el impulso, ésta realiza una revolución completa y no hay puntos de cambio que separen las ramas. Consulte la sección 4.13 (p. 144) para ver un análisis más completo de los circuitos y ramas en los mecanismos.

EJEMPLO 6-9 Análisis de velocidad de un mecanismo de cuatro barras de corredera-manivela mediante el método del lazo vectorial.

Problema: Dado un mecanismo de cuatro barras de corredera-manivela con las longitudes de eslabón $L_2 = a = 40$ mm, $L_3 = b = 120$ mm, *descentrado* $= c = -20$ mm, con $d = 100$ mm y $\dot{d} = 1\ 200$ mm/s, encuentre ω_2 y ω_3 en ambas ramas de un circuito del mecanismo. Use los ángulos encontrados para el mismo mecanismo en el ejemplo 4.3 (p. 136).

Solución: (Para determinar la nomenclatura, consulte la figura 6-21.)

1 En el ejemplo 4-3 se determinaron los ángulos $\theta_{2_1} = 95.798°$ y $\theta_{3_1} = 150.113°$ para la rama 1, y $\theta_{2_2} = -118.418°$, $\theta_{3_2} = 187.267°$ para la rama 2 de este mecanismo.

2 Con la ecuación 6.24*b* y los datos del paso 1, calcule la velocidad angular ω_{2_1} de la manivela.

$$\omega_{2_1} = \frac{\dot{d}\cos\theta_{3_1}}{a\left(\cos\theta_{2_1}\operatorname{sen}\theta_{3_1} - \operatorname{sen}\theta_{2_1}\cos\theta_{3_1}\right)}$$

$$= \frac{1\,200\cos 150.113°}{40\left(\cos 95.798°\operatorname{sen}150.113° - \operatorname{sen}95.798°\cos 150.113°\right)} = -32.023 \text{ rad/s} \qquad (a)$$

3 Con la ecuación 6.24*a* (p. 215) y los datos de los pasos 1 y 2, calcule la velocidad angular del acoplador ω_{3_1}.

$$\omega_{3_1} = \frac{a\omega_{2_1}\cos\theta_{2_1}}{b\cos\theta_{3_1}} = \frac{40(-32.023)\cos 95.798°}{120\cos 150.113°} = -1.244 \text{ rad/s} \qquad (b)$$

4 En el ejemplo 4-3 (p. 136) se determinó $\theta_{2_2} = -118.418°$ y $\theta_{3_2} = 187.267°$ para la rama 2 de este mecanismo.

5 Con la ecuación 6.24*b* y los datos del paso 2, calcule la velocidad angular ω_{2_2} de la manivela.

$$\omega_{2_2} = \frac{\dot{d}\cos\theta_{3_2}}{a\left(\cos\theta_{2_2}\operatorname{sen}\theta_{3_2} - \operatorname{sen}\theta_{2_2}\cos\theta_{3_2}\right)}$$

$$= \frac{1\,200\cos(187.267°)}{40\left[\cos(-118.418°)\operatorname{sen}(187.267°) - \operatorname{sen}(-118.418°)\cos(187.267°)\right]} = 36.639 \text{ rad/s} \qquad (c)$$

6 Con base en la ecuación 6.24*a* y los datos de los pasos 3 y 4, calcule la velocidad angular ω_{3_2} del acoplador.

$$\omega_{3_2} = \frac{a\omega_{2_2}\cos\theta_{2_2}}{b\cos\theta_{3_2}} = \frac{40(36.639)\cos(-118.418°)}{120\cos(187.267°)} = 5.859 \text{ rad/s} \qquad (d)$$

Mecanismo de cuatro barras manivela-corredera invertido

En la sección 4-7 (p. 134) se derivaron las ecuaciones de posición para el mecanismo de cuatro barras manivela-corredera invertido. El mecanismo se muestra en la figura 4-10 (p. 132) y se muestra de nuevo en la figura 6-22, en la cual también se señala una velocidad angular de entrada ω_2 aplicada al eslabón 2. Esta ω_2 puede variar con el tiempo. Las ecuaciones de lazo vectorial 4.14 mostradas en la p. 133, también son válidas para este mecanismo.

Todos los mecanismos deslizantes tendrán por lo menos un eslabón cuya longitud efectiva entre los puntos *A* y *B*, designados como *b*, cambiarán cuando pasa por el bloque deslizante en el eslabón 4. Para obtener una expresión para la velocidad, diferencie la ecuación 4.14*b* con respecto al tiempo y observe que *a*, *c*, *d* y θ_1 son constantes y que *b* varía con el tiempo.

$$ja\omega_2 e^{j\theta_2} - jb\omega_3 e^{j\theta_3} - \dot{b}e^{j\theta_3} - jc\omega_4 e^{j\theta_4} = 0 \qquad (6.25a)$$

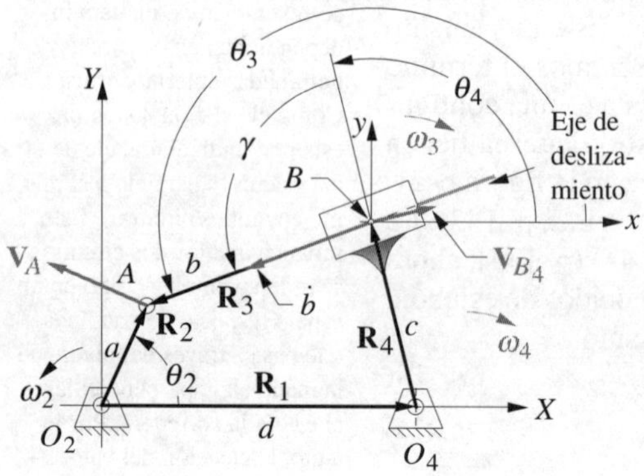

FIGURA 6-22 Análisis de la velocidad de la inversión núm. 3 del mecanismo de cuatro barras corredera-manivela

El valor de *db*/*dt* será una de las variables para las que se resolverá en este caso, y es el término $\dot{b}$ en la ecuación. Otra variable será ω_4, la velocidad angular del eslabón 4. Observe, sin embargo, que también existe una incógnita en ω_3, la velocidad angular del eslabón 3. Esto da un total de tres incógnitas. La ecuación 6.25*a* también puede ser resuelta para dos incógnitas. Por lo tanto, se requiere otra ecuación para resolver el sistema. Existe una relación fija entre los ángulos θ_3 y θ_4, mostrado como γ en la figura 6-22 y definida en la ecuación 4.22, repetida aquí:

$$\theta_3 = \theta_4 + \gamma \qquad (4.22)$$

Se debe diferenciar con respecto al tiempo para obtener:

$$\omega_3 = \omega_4 \qquad (6.25b)$$

Se desea resolver la ecuación 6.25*a* para obtener expresiones en esta forma:

$$\omega_3 = \omega_4 = f(a, b, c, d, \theta_2, \theta_3, \theta_4, \omega_2)$$
$$\frac{db}{dt} = \dot{b} = g(a, b, c, d, \theta_2, \theta_3, \theta_4, \omega_2) \qquad (6.26)$$

La sustitución de la identidad de Euler (ecuación 4.4*a*, p. 128) en la ecuación 6.25*a* da:

$$ja\omega_2(\cos\theta_2 + j\operatorname{sen}\theta_2) - jb\omega_3(\cos\theta_3 + j\operatorname{sen}\theta_3)$$
$$-\dot{b}(\cos\theta_3 + j\operatorname{sen}\theta_3) - jc\omega_4(\cos\theta_4 + j\operatorname{sen}\theta_4) = 0 \qquad (6.27a)$$

Multiplique por el operador j y sustituya ω_3 por ω_4 con la ecuación 6.25*b*:

$$a\omega_2\left(-\operatorname{sen}\theta_2 + j\cos\theta_2\right) - b\omega_4\left(-\operatorname{sen}\theta_3 + j\cos\theta_3\right)$$
$$-\dot{b}\left(\cos\theta_3 + j\operatorname{sen}\theta_3\right) - c\omega_4\left(-\operatorname{sen}\theta_4 + j\cos\theta_4\right) = 0 \tag{6.27b}$$

Ahora se puede separar esta ecuación vectorial en dos componentes al reunir todos los términos reales e imaginarios por separado:

parte real (componente x):

$$-a\omega_2 \operatorname{sen}\theta_2 + b\omega_4 \operatorname{sen}\theta_3 - \dot{b}\cos\theta_3 + c\omega_4 \operatorname{sen}\theta_4 = 0 \tag{6.28a}$$

parte imaginaria (componente y):

$$a\omega_2 \cos\theta_2 - b\omega_4 \cos\theta_3 - \dot{b}\operatorname{sen}\theta_3 - c\omega_4 \cos\theta_4 = 0 \tag{6.28b}$$

Reúna los términos y reacomode las ecuaciones 6.28 para aislar una incógnita en el lado izquierdo.

$$\dot{b}\cos\theta_3 = -a\omega_2 \operatorname{sen}\theta_2 + \omega_4\left(b\operatorname{sen}\theta_3 + c\operatorname{sen}\theta_4\right) \tag{6.29a}$$

$$\dot{b}\operatorname{sen}\theta_3 = a\omega_2 \cos\theta_2 - \omega_4\left(b\cos\theta_3 + c\cos\theta_4\right) \tag{6.29b}$$

Cualquier ecuación puede resolverse para $\dot{b}$ y el resultado sustituido en la otra. Al resolver la ecuación 6.29*a*:

$$\dot{b} = \frac{-a\omega_2 \operatorname{sen}\theta_2 + \omega_4\left(b\operatorname{sen}\theta_3 + c\operatorname{sen}\theta_4\right)}{\cos\theta_3} \tag{6.30a}$$

Sustituya en la ecuación 6.29*b* y simplifique:

$$\omega_4 = \frac{a\omega_2 \cos\left(\theta_2 - \theta_3\right)}{b + c\cos\left(\theta_4 - \theta_3\right)} \tag{6.30b}$$

La ecuación 6.30*a* proporciona la **velocidad de deslizamiento** en el punto B. La ecuación 6.30*b* da la **velocidad angular** del eslabón 4. Observe que se puede sustituir $-\gamma = \theta_4 - \theta_3$ de la ecuación 4.18 (para un mecanismo abierto) en la ecuación 6.30*b* para simplificarla aún más. Advierta que $\cos(-\gamma) = \cos(\gamma)$.

$$\omega_4 = \frac{a\omega_2 \cos\left(\theta_2 - \theta_3\right)}{b + c\cos\gamma} \tag{6.30c}$$

La **velocidad de deslizamiento** de la ecuación 6.30*a* siempre está dirigida a lo largo del **eje de deslizamiento**, como se muestra en la figura 6-22 (p. 216). También existe una componente ortogonal al eje de deslizamiento llamado **velocidad de transmisión**. Éste queda a lo largo del **eje de transmisión**, que es la única línea a lo largo de la cual cualquier trabajo útil puede transmitirse a través de la junta deslizante. Toda la energía asociada con el movimiento a lo largo del eje de deslizamiento se convierte en calor y se pierde.

La velocidad lineal absoluta del punto A se encuentra con la ecuación 6.23*a* (p. 214). Es posible encontrar la velocidad absoluta del punto B en el eslabón 4 puesto que ahora se conoce ω_4. De acuerdo con la ecuación 6.15*b* (p. 212):

$$\mathbf{V}_{B_4} = jc\omega_4 e^{j\theta_4} = c\omega_4\left(-\operatorname{sen}\theta_4 + j\cos\theta_4\right) \tag{6.31a}$$

La velocidad de transmisión es la componente de V_{b4} normal al eje de deslizamiento. La velocidad absoluta del punto B en el eslabón 3 se encuentra con la ecuación 6.5 (p. 194) como

$$\mathbf{V}_{B_3} = \mathbf{V}_{B_4} + \mathbf{V}_{B_{34}} = \mathbf{V}_{B_4} + \mathbf{V}_{desl_{34}} \tag{6.31b}$$

6.8 ANÁLISIS DE VELOCIDAD DEL MECANISMO DE CINCO BARRAS ENGRANADO

La ecuación vectorial de posición para el mecanismo de cinco barras engranado se derivó en la sección 4.8 (p. 136) y se repite aquí. Véase la figura P6-4 (p. 221) para la notación.

$$ae^{j\theta_2} + be^{j\theta_3} - ce^{j\theta_4} - de^{j\theta_5} - fe^{j\theta_1} = 0 \tag{4.27b}$$

Se diferencia con respecto al tiempo para obtener una expresión para la velocidad.

$$a\omega_2 je^{j\theta_2} + b\omega_3 je^{j\theta_3} - c\omega_4 je^{j\theta_4} - d\omega_5 je^{j\theta_5} = 0 \tag{6.32a}$$

6

Sustituya los equivalentes de Euler:

$$a\omega_2 j(\cos\theta_2 + j\,\text{sen}\,\theta_2) + b\omega_3 j(\cos\theta_3 + j\,\text{sen}\,\theta_3)$$
$$-c\omega_4 j(\cos\theta_4 + j\,\text{sen}\,\theta_4) - d\omega_5 j(\cos\theta_5 + j\,\text{sen}\,\theta_5) = 0 \qquad (6.32b)$$

Observe que el ángulo θ_5 está definido en función de θ_2, la relación de engranes λ y el ángulo de fase ϕ.

$$\theta_5 = \lambda\theta_2 + \phi \qquad (4.27c)$$

Al diferenciar con respecto al tiempo: $\omega_5 = \lambda\omega_2$ (6.32c)

Puesto que se debe realizar un análisis de posición completo antes del análisis de velocidad, se supondrá que los valores de θ_5 y ω_5 se encontraron y se dejarán estas ecuaciones en función de θ_5 y ω_5.

Al separar los términos real e imaginario en la ecuación 6.32*b*:

real: $$-a\omega_2\,\text{sen}\,\theta_2 - b\omega_3\,\text{sen}\,\theta_3 + c\omega_4\,\text{sen}\,\theta_4 + d\omega_5\,\text{sen}\,\theta_5 = 0 \qquad (6.32d)$$

imaginario: $$a\omega_2\cos\theta_2 + b\omega_3\cos\theta_3 - c\omega_4\cos\theta_4 - d\omega_5\cos\theta_5 = 0 \qquad (6.32e)$$

La únicas incógnitas son ω_3 y ω_4. Cualquier ecuación 6.32*d* o 6.32*e* puede resolverse para una incógnita y el resultado sustituido en la otra. La solución para ω_3 es:

$$\omega_3 = -\frac{2\,\text{sen}\,\theta_4\left[a\omega_2\text{sen}(\theta_2-\theta_4) + d\omega_5\text{sen}(\theta_4-\theta_5)\right]}{b\left[\cos(\theta_3 - 2\theta_4) - \cos\theta_3\right]} \qquad (6.33a)$$

La velocidad angular ω_4 se encuentra con la ecuación 6.32*d* y ω_3.

$$\omega_4 = \frac{a\omega_2\,\text{sen}\,\theta_2 + b\omega_3\,\text{sen}\,\theta_3 - d\omega_5\,\text{sen}\,\theta_5}{c\,\text{sen}\,\theta_4} \qquad (6.33b)$$

Con todos los ángulos de los eslabones y las velocidades angulares conocidas, las velocidades lineales de las juntas de pasador se calculan con

$$\mathbf{V}_A = a\omega_2(-\text{sen}\,\theta_2 + j\cos\theta_2) \qquad (6.33c)$$

$$\mathbf{V}_{BA} = b\omega_3(-\text{sen}\,\theta_3 + j\cos\theta_3) \qquad (6.33d)$$

$$\mathbf{V}_C = d\omega_5(-\text{sen}\,\theta_5 + j\cos\theta_5) \qquad (6.33e)$$

$$\mathbf{V}_B = \mathbf{V}_A + \mathbf{V}_{BA} \qquad (6.33f)$$

6.9 VELOCIDAD DE CUALQUIER PUNTO DE UN MECANISMO

Una vez que se encuentran las velocidades angulares de todos los eslabones, es fácil definir y calcular la velocidad de *cualquier punto de cualquier eslabón* en cualquier posición de entrada del mecanismo. La figura 6-23 muestra el mecanismo de cuatro barras con su acoplador, eslabón 3, agrandado para contener un punto de acoplador *P*. La manivela y balancín también se agrandaron para mostrar los puntos *S* y *U*, que podrían representar los centros de gravedad de los eslabones. Se quiere desarrollar expresiones algebraicas para las velocidades de estos (o cualesquiera) puntos de los eslabones.

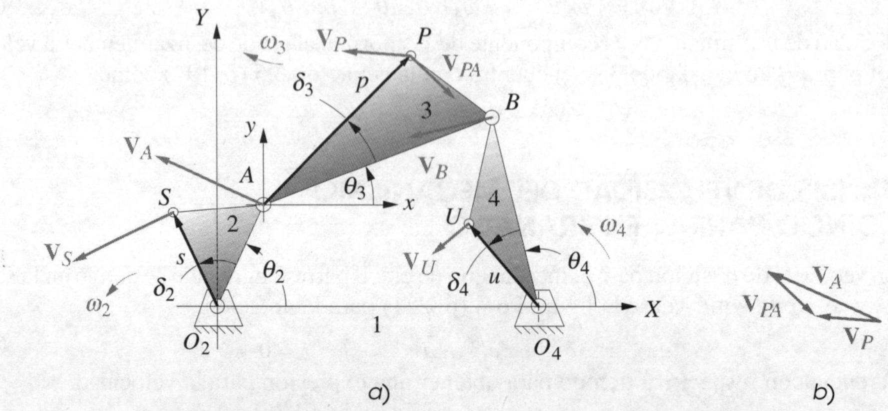

FIGURA 6-23 Determinación de las velocidades de puntos en los eslabones

Para hallar la velocidad del punto S, trace el vector de posición del pivote fijo O_2 al punto S. Este vector, $\mathbf{R}_{SO_2}$, forma un ángulo δ_2 con el vector $\mathbf{R}_{AO_2}$. El ángulo δ_2 está completamente definido por la geometría del eslabón 2 y es constante. El vector de posición del punto S es entonces:

$$\mathbf{R}_{SO_2} = \mathbf{R}_S = se^{j(\theta_2+\delta_2)} = s\left[\cos(\theta_2+\delta_2) + j\,\text{sen}(\theta_2+\delta_2)\right] \tag{4.29}$$

Se diferencia este vector de posición para encontrar la velocidad de ese punto.

$$\mathbf{V}_S = jse^{j(\theta_2+\delta_2)}\omega_2 = s\omega_2\left[-\text{sen}(\theta_2+\delta_2) + j\cos(\theta_2+\delta_2)\right] \tag{6.34}$$

La posición del punto U en el eslabón 4 se encuentra del mismo modo con el ángulo δ_4, el cual es un descentrado angular constante dentro del eslabón. La expresión es:

$$\mathbf{R}_{UO_4} = ue^{j(\theta_4+\delta_4)} = u\left[\cos(\theta_4+\delta_4) + j\,\text{sen}(\theta_4+\delta_4)\right] \tag{4.30}$$

Se diferencia este vector de posición para encontrar la velocidad de ese punto.

$$\mathbf{V}_U = jue^{j(\theta_4+\delta_4)}\omega_4 = u\omega_4\left[-\text{sen}(\theta_4+\delta_4) + j\cos(\theta_4+\delta_4)\right] \tag{6.35}$$

La velocidad del punto P en el eslabón 3 se encuentra con la adición de dos vectores de velocidad, como $\mathbf{V}_A$ y $\mathbf{V}_{PA}$. $\mathbf{V}_A$ ya está definido con el análisis de las velocidades de los eslabones. $\mathbf{V}_{PA}$ es la diferencia de velocidad del punto P con respecto al punto A. El punto A se elige como punto de referencia porque el ángulo θ_3 está definido en un LNCS y el δ_3 en un LRCS cuyos orígenes están ambos en A. El vector de posición $\mathbf{R}_{PA}$ se define del mismo modo que $\mathbf{R}_S$ o $\mathbf{R}_U$ con el ángulo de descentrado del eslabón interno δ_3 y el ángulo del eslabón 3, θ_3. Esto se hizo en la ecuación 4.31 (repetido aquí).

$$\mathbf{R}_{PA} = pe^{j(\theta_3+\delta_3)} = p\left[\cos(\theta_3+\delta_3) + j\,\text{sen}(\theta_3+\delta_3)\right] \tag{4.31a}$$

$$\mathbf{R}_P = \mathbf{R}_A + \mathbf{R}_{PA} \tag{4.31b}$$

Se diferencia las ecuaciones 4.31 para encontrar la velocidad del punto P.

$$\mathbf{V}_{PA} = jpe^{j(\theta_3+\delta_3)}\omega_3 = p\omega_3\left[-\text{sen}(\theta_3+\delta_3) + j\cos(\theta_3+\delta_3)\right] \tag{6.36a}$$

$$\mathbf{V}_P = \mathbf{V}_A + \mathbf{V}_{PA} \tag{6.36b}$$

Compare la ecuación 6.36 con las ecuaciones 6.5 (p. 194) y 6.15 (p. 212). Ésta es, de nuevo, la ecuación de diferencia de velocidad.

Observe que, por ejemplo, si desea derivar una ecuación para la velocidad de un punto del acoplador P en el mecanismo de manivela-corredera como aparece en la figura 6-21 (p. 214), o el mecanismo invertido de manivela-corredera de la figura 6-22 (p. 216), los cuales tienen el vector del eslabón 3 definido con su raíz en el punto B en lugar de en el punto A, posiblemente utilizaría el punto B como punto de referencia en lugar del punto A, lo que hace que la ecuación 6.36*b* se transforme en:

$$\mathbf{V}_P = \mathbf{V}_{B_3} + \mathbf{V}_{PB_3} \tag{6.36c}$$

El ángulo θ_3 entonces se definiría en un LNCS en el punto B y δ_3 en un LRCS en el punto B.

6.10 REFERENCIAS

1 **Towfigh, K.** (1969). "The Fourbar Linkage as an Adjustment Mechanism". *Proc. of Applied Mechanism Conference*, Tulsa, Ok, pp. 27-1 a 27-4.

2 **Wood, G. A.** (1977). "Educating for Creativity in Engineering". *Proc. of ASEE 85th Annual Conference*. University of North Dakota, pp. 1-13.

3 **Kennedy, A. B. W.** (1893). *Mechanics of Machinery*. Macmillan, Londres, pp. vii, 73.

6.11 PROBLEMAS*

6-1 Use la ecuación de velocidad relativa y resuélvala gráfica o analíticamente.

a) Un barco navega hacia el norte a 20 nudos (millas náuticas por hora). Un submarino está a la espera a 1/2 milla al oeste del barco. El submarino dispara un torpedo en un curso de 85 grados.

* Todas las figuras de los problemas se presentan en archivos PDF, y algunas se dan también como archivos animados de Working Model; todos se encuentran en el DVD. Los nombres de los archivos PDF son iguales al número de la figura. Abra el archivo *Animations.html* para tener acceso y correr las animaciones.

TABLA P6-0 parte 1
Matriz de temas y problemas

6.1 Definición de velocidad
6-1, 6-2, 6-3

6.2 Análisis gráfico de la velocidad
Mecanismo de cuatro barras con juntas de pasador
6-17*a*, 6-24, 6-28, 6-36, 6-39, 6-84*a*, 6-87*a*, 6-94
Mecanismo de cuatro barras manivela-corredera
6-16*a*, 6-32, 6-43§
Manivela-corredera de cuatro barras
6-110, 6-111
Otros mecanismos de cuatro barras
6-18*a*, 6-98§
Mecanismo de cinco barras
6-10
Mecanismo de seis barras
6-70*a*, 6-73*a*, 6-76*a*, 6-99
Mecanismo de ocho barras
6-103§

6.3 Centros instantáneos de velocidad
6-12, 6-13, 6-14, 6-15, 6-68, 6-72, 6-75, 6-78, 6-83, 6-86, 6-88, 6-97, 6-102, 6-104, 6-105

6.4 Análisis de la velocidad con centros instantáneos
6-4, 6-16*b*, 6-17*b*, 6-18*b*, 6-25, 6-29, 6-33, 6-40, 6-70*b*, 6-73*b*, 6-76*b*, 6-84*b*, 6-87*b*, 6-92, 6-95, 6-100
Ventaja mecánica
6-21*a*, 6-21*b*, 6-22*a*, 6-22*b*, 6-58

§ Se puede resolver con el método gráfico de diferencia de velocidad o el método de centro instantáneo.

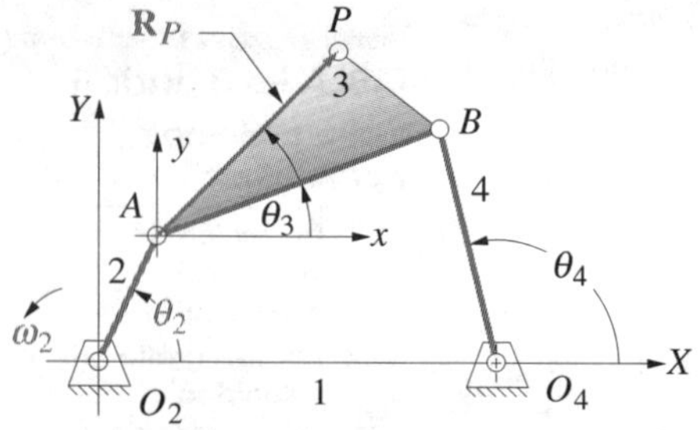

FIGURA P6-1 Configuración y terminología para el mecanismo de cuatro barras con juntas de pasador de los problemas 6-4 a 6-5

El torpedo viaja a una velocidad constante de 30 nudos. ¿Golpeará al barco? Si no, ¿por cuántas millas náuticas fallará?

b) Un avión vuela al sur a 500 mph a 35 000 pies de altura, recto y nivelado. Un segundo avión inicialmente está a 40 millas al este del primer avión, también a 35 000 pies de altura, volando recto y nivelado, y viaja a 550 mph. Determine el rumbo al cual el segundo avión estaría en un curso de colisión con el primero. ¿Qué tanto le llevará al segundo avión alcanzar al primero?

6-2 Un punto está en un radio de 6.5 pulgadas en un cuerpo en rotación pura con ω = 100 rad/s. El centro de rotación se encuentra en el origen de un sistema de coordenadas. Cuando el punto está en la posición *A*, su vector de posición forma un ángulo de 45° con el eje *X*. En la posición *B*, su vector de posición forma un ángulo de 75° con el eje *X*. Trace este sistema a una escala conveniente y:

a) Escriba una expresión para el vector de velocidad de la partícula en la posición *A* con notación de número complejo, tanto en forma polar como cartesiana.

b) Escriba una expresión para el vector de velocidad de la partícula en la posición *B* con notación de número complejo, tanto en forma polar como cartesiana.

c) Escriba una ecuación vectorial para la diferencia de velocidad entre los puntos *B* y *A*. Sustituya la notación de número complejo para los vectores en esta ecuación y resuélvala numéricamente para la diferencia de posición.

d) Compruebe el resultado de la parte *c* con un método gráfico.

6-3 Repita el problema 6-2 al considerar que los puntos *A* y *B* están en cuerpos distintos que giran en torno al origen con ω'*s* de –50(*A*) y +75rad/s (*B*). Encuentre su velocidad relativa.

*6-4 En la figura P6-1 se muestra la configuración general de un mecanismo de cuatro barras y su notación. Las longitudes de los eslabones, la ubicación del punto de acoplador y los valores de θ_2 y ω_2 para los mismos mecanismos de cuatro barras utilizados en el análisis de posición en el capítulo 4 se redefinen en la tabla P6-1, la cual es la misma que la tabla P4-1 (p. 150). *Para la(s) fila(s) asignada(s)*, dibuje el mecanismo a escala y encuentre las velocidades de las juntas de pasador *A* y *B* y de los centros instantáneos $I_{1,3}$ e $I_{2,4}$ con un método gráfico. En seguida calcule ω_3 y ω_4 y encuentre la velocidad del punto *P*.

*†6-5 Repita el problema 6-4 con un método analítico. Trace el mecanismo a escala y rotúlelo antes de establecer las ecuaciones.

*6-6 En la figura P6-2 (p. 221) se muestra la configuración y terminología de un mecanismo de cuatro barras manivela-corredera descentrado. En la tabla P6-2 se redefinen las longitudes de los eslabones y los valores de θ_2 y ω_2. *Para la(s) fila(s) asignada(s)*, dibuje el mecanismo a escala y encuentre las velocidades de las juntas de pasador *A* y *B* y la velocidad de deslizamiento en la junta deslizante con un método gráfico.

*†6-7 Repita el problema 6-6 con un método analítico. Dibuje el mecanismo a escala y rotúlelo antes de establecer las ecuaciones.

*6-8 En la figura P6-3, se muestra la configuración general y la terminología de un mecanismo de cuatro barras manivela-corredera invertido. Las longitudes de los eslabones y los valores de θ_2, ω_2 y γ se definen en la tabla P6-3. *Para la(s) fila(s) asignada(s)*, dibuje el mecanismo a escala y encuentre las velocidades del punto *A* y *B* y la velocidad de deslizamiento en la junta deslizante mediante un método gráfico.

TABLA P6-0 parte 2

Matriz de temas y problemas

6.5 Centrodas
6-23, 6-63, 6-69, 6-89

6.6 Velocidad de deslizamiento
6-6, 6-8, 6-19, 6-20, 6-61, 6-64, 6-65, 6-66, 6-91 , 6-106 a 6-109

6.7 Soluciones analíticas de análisis de velocidad
6-90

Mecanismo de cuatro barras con juntas de pasador
6-26, 6-27, 6-30, 6-31, 6-37, 6-38, 6-41, 6-42, 6-48, 6-62

Mecanismo de cuatro barras manivela-corredera
6-7, 6-34, 6-35, 6-44, 6-45, 6-52, 6-60

Mecanismo de cuatro barras invertido manivela-corredera 6-9

Mecanismo de seis barras
6-70*c*, 6-71, 6-73*c*, 6-74, 6-76*c*, 6-77, 6-93, 6-101

Mecanismo de ocho barras 6-79

Ventaja mecánica
6-55*a*, 6-55*b*, 6-57*a*, 6-57*b*, 6-59*a*, 6-59*b*, 6-67

TABLA P6-1 Datos para los problemas 6-4 y 6-5‡

Fila	Eslabón 1	Eslabón 2	Eslabón 3	Eslabón 4	θ_2	ω_2	R_{pa}	δ_3
a	6	2	7	9	30	10	6	30
b	7	9	3	8	85	-12	9	25
c	3	10	6	8	45	-15	10	80
d	8	5	7	6	25	24	5	45
e	8	5	8	6	75	-50	9	300
f	5	8	8	9	15	-45	10	120
g	6	8	8	9	25	100	4	300
h	20	10	10	10	50	-65	6	20
i	4	5	2	5	80	25	9	80
j	20	10	5	10	33	25	1	0
k	4	6	10	7	88	-80	10	330
l	9	7	10	7	60	-90	5	180
m	9	7	11	8	50	75	10	90
n	9	7	11	6	120	15	15	60

‡ Los dibujos de estos mecanismos se encuentran en la carpeta *PDF Problem Workbook* del DVD.

* Respuestas en el apéndice F.

† Estos problemas son adecuados para ser resueltos con *Mathcad*, *Matlab* o un solucionador de ecuaciones *TKSolver*.

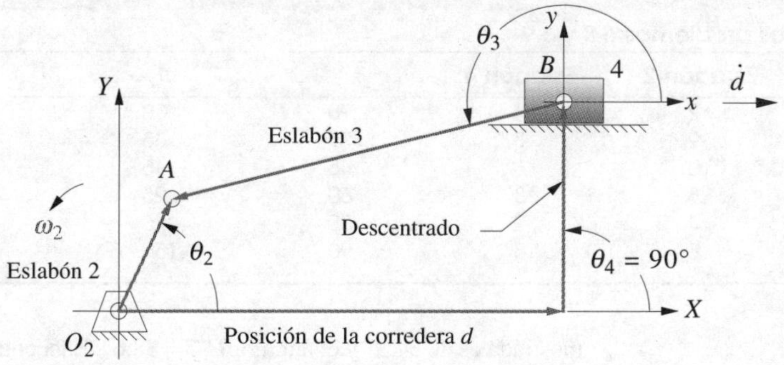

FIGURA P6-2 Configuración y terminología para los problemas 6-6, 6-7, 6-110 6-111‡

*†6-9 Repita el problema 6-8 con un método analítico. Dibuje el mecanismo a escala y rotúlelo antes de establecer las ecuaciones.

*6-10 En la figura P6-4 se muestra la configuración general y la terminología de un mecanismo de cinco barras engranado. Las longitudes de los eslabones, la relación de engranes (λ), el ángulo de fase (ϕ) y los valores de θ_2 y ω_2 se definen en la tabla P6-4. *Para la(s) fila(s) asignada(s)*, dibuje el mecanismo a escala y encuentre ω_3 y ω_4 con un método gráfico.

*†6-11 Repita el problema 6-10 con un método analítico. Dibuje el mecanismo a escala y rotúlelo antes de establecer las ecuaciones.

6-12 Encuentre todos los centros instantáneos de los mecanismos mostrados en la figura P6-5 (p. 222).

6-13 Encuentre todos los centros instantáneos de los mecanismos mostrados en la figura P6-6 (p. 222).

6-14 Encuentre todos los centros instantáneos de los mecanismos mostrados en la figura P6-7 (p. 223).

6-15 Encuentre todos los centros instantáneos de los mecanismos mostrados en la figura P6-8 (p. 224).

*6-16 El mecanismo mostrado en la figura P6-5*a* (p. 222) tiene $O_2A = 0.8$, $AB = 1.93$, $AC = 1.33$ y descentrado = 0.38 pulgadas. El ángulo de la manivela en la posición

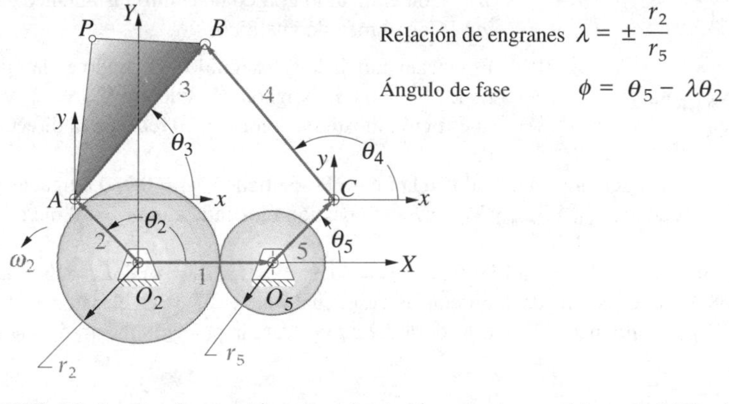

FIGURA P6-4 Configuración y terminología para los problemas 6-10 y 6-11

TABLA P6-2 Datos para los problemas 6-6 y 6-7‡

Fila	Eslabón 2	Eslabón 3	Descentrado	θ_2	ω_2
a	1.4	4	1	45	10
b	2	6	-3	60	-12
c	3	8	2	-30	-15
d	3.5	10	1	120	24
e	5	20	-5	225	-50
f	3	13	0	100	-45
g	7	25	10	330	100

‡ Los dibujos de estos mecanismos se encuentran en la carpeta *PDF Problem Workbook* del DVD.

TABLA P6-0 parte 3
Matriz de temas y problemas

6.8 Análisis de la velocidad de mecanismo de cinco barras engranado
6-11

6.9 Velocidad de cualquier punto de un mecanismo
6-5, 6-16*c*, 6-17*c*, 6-18*c*, 6-46, 6-47, 6-49, 6-50, 6-51, 6-53, 6-54, 6-56, 6-80, 6-81, 6-82, 6-84*c*, 6-85, 6-87*c*, 6-96

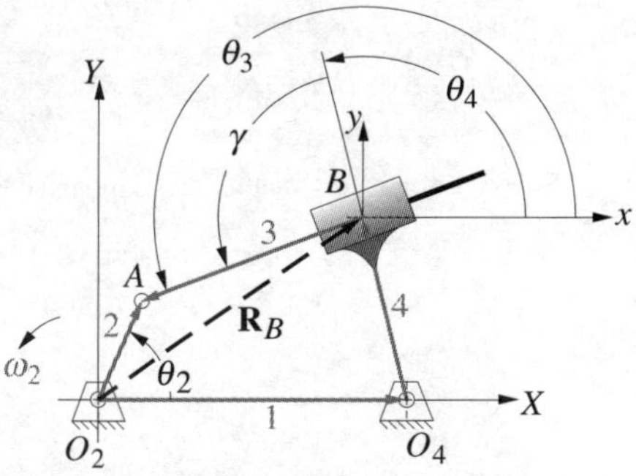

FIGURA P6-3 Configuración y terminología para los problemas 6-8 a 6-9

* Respuestas en el apéndice F.
† Estos problemas son adecuados para ser resueltos con *Mathcad*, *Matlab* o un solucionador de ecuaciones *TKSolver*.

TABLA P6-3 Datos para los problemas 6-8 y 6-9

Fila	Eslabón 1	Eslabón 2	Eslabón 4	γ	θ_2	ω_2
a	6	2	4	90	30	10
b	7	9	3	75	85	-15
c	3	10	6	45	45	24
d	8	5	3	60	25	-50
e	8	4	2	30	75	-45
f	5	8	8	90	150	100

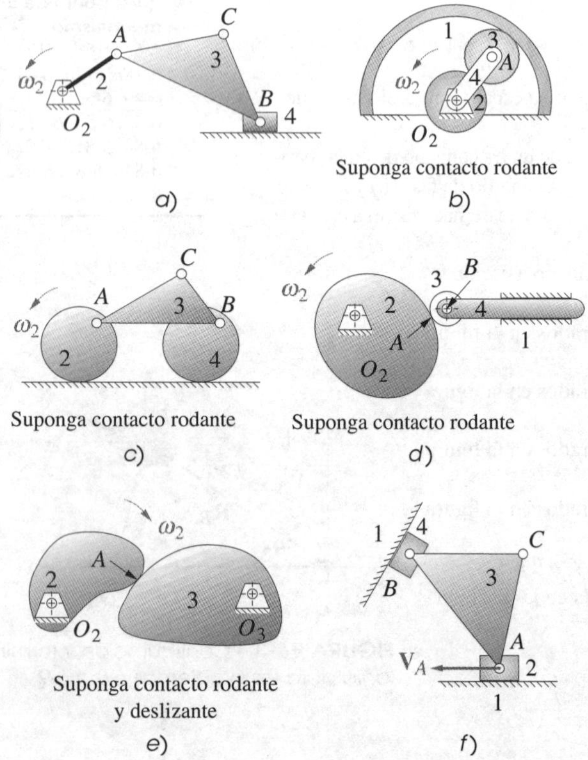

FIGURA P6-5 Problemas de análisis de velocidad y centro instantáneo. Problemas 6-12 y 6-16 a 6-20

mostrada es de 34.3° y el ángulo BAC = 38.6°. Encuentre ω_3, $\mathbf{V}_A$, $\mathbf{V}_B$ y $\mathbf{V}_C$ en la posición mostrada con ω_2 = 15 rad/s en la dirección mostrada.

a) Con el método gráfico de diferencia de velocidad.
b) Con el método gráfico de centro instantáneo.
†*c*) Con el método analítico.

6-17 El mecanismo de la figura P6-5*c* tiene $I_{12}A$ = 0.75, AB = 1.5 y AC = 1.2 pulgadas. El ángulo de manivela efectivo en la posición mostrada es de 77° y el ángulo BAC = 30°. Encuentre ω_3, ω_4, $\mathbf{V}_A$, $\mathbf{V}_B$ y $\mathbf{V}_C$ para la posición mostrada con ω_2 = 15 rad/s en la dirección mostrada.

a) Con el método gráfico de diferencia de velocidad.
b) Con el método gráfico de centro instantáneo.
†*c*) Con el método analítico. (*Sugerencia:* Cree un mecanismo efectivo para la posición mostrada y analícelo como mecanismo de cuatro barras con juntas de pasador.)

6-18 El mecanismo de la figura P6-5*f* tiene AB = 1.8 y AC = 1.44 pulgadas. El ángulo de AB en la posición mostrada es de 128° y el ángulo BAC = 49°. La corredera en B está a un ángulo de 59°. Encuentre ω_3, $\mathbf{V}_A$, $\mathbf{V}_B$ y $\mathbf{V}_C$ para la posición mostrada con $\mathbf{V}_A$ = 10 pulg/s en la dirección mostrada.

a) Con el método gráfico de diferencia de velocidad.
b) Con el método gráfico de centro instantáneo.
†*c*) Con el método analítico.

6-19 El mecanismo de leva y seguidor mostrado en la figura P6-5*d* tiene O_2A = 0.853 pulgadas. Encuentre $\mathbf{V}_4$, $\mathbf{V}_{transm}$ y $\mathbf{V}_{desl}$ para la posición mostrada con ω_2 = 20 rad/s en la dirección mostrada.

6-20 El mecanismo de leva y seguidor mostrado en la figura P6-5*e* tiene O_2A = 0.980 pulgadas y O_3A = 1.344 pulgadas. Encuentre ω_3, $\mathbf{V}_{transm}$ y $\mathbf{V}_{desl}$ para la posición mostrada con ω_2 = 10 rad/s en la dirección mostrada.

6-21 El mecanismo mostrado en la figura P6-6*b* tiene L_1 = 61.9, L_2 = 15, L_3 = 45.8, L_4 = 18.1, L_5 = 23.1 mm. θ_2 es de 68.3° en el sistema de coordenadas xy, el cual está a –23.3° en el sistema de coordenadas XY. La componente X de O_2C es de 59.2 mm. Para la posición mostrada, encuentre la

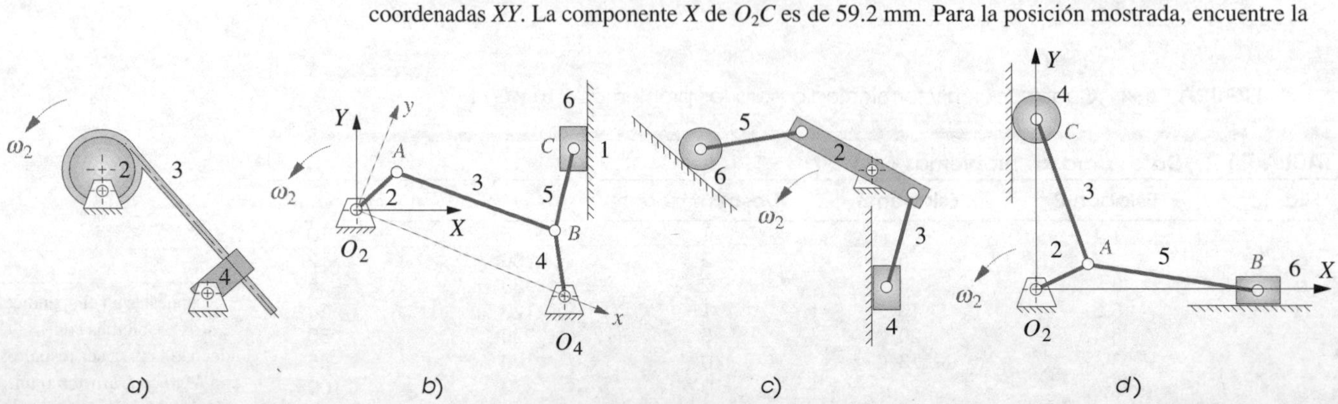

FIGURA P6-6 Problemas 6-13, 6-21 y 6-22

TABLA P6-4 Datos para los problemas 6-10 y 6-11

Fila	Eslabón 1	Eslabón 2	Eslabón 3	Eslabón 4	Eslabón 5	λ	ϕ	ω_2	θ_2
a	6	1	7	9	4	2	30	10	60
b	6	5	7	8	4	-2.5	60	-12	30
c	3	5	7	8	4	-0.5	0	-15	45
d	4	5	7	8	4	-1	120	24	75
e	5	9	11	8	8	3.2	-50	-50	-39
f	10	2	7	5	3	1.5	30	-45	120
g	15	7	9	11	4	2.5	-90	100	75
h	12	8	7	9	4	-2.5	60	-65	55
i	9	7	8	9	4	-4	120	25	100

relación de velocidad $V_{I5,6}/V_{I2,3}$ y la ventaja mecánica del eslabón 2 al eslabón 6.

a) Con el método gráfico de diferencia de velocidad.

b) Con el método gráfico de centro instantáneo.

6-22 Repita el problema 6-21 con el mecanismo de la figura P6-6*d*, cuyas dimensiones son: $L_2 = 15$, $L_3 = 40.9$, $L_5 = 44.7$ mm; θ_2 es de 24.2° en el sistema de coordenadas *XY*.

†6-23 Genere y dibuje las centrodas fija y móvil de los eslabones 1 y 3 del mecanismo mostrado en la figura P6-7*a*.

6-24 El mecanismo de la figura P6-8*a* (p. 224) tiene el eslabón a –25° y O_2A a 37° en el sistema de coordenadas *XY* global. Encuentre ω_4, $\mathbf{V}_A$ y $\mathbf{V}_B$ en el sistema de coordenadas global en la posición mostrada si $\omega_2 = 15$ rad/s en sentido de las manecillas del reloj. Use el método gráfico de diferencia de velocidad. (Imprima la figura del archivo PDF que viene en el DVD y dibuje sobre ella.)

6-25 El mecanismo de la figura P6-8*a* (p. 224) tiene el eslabón 1 a –25° y O_2A a 37° en el sistema de coordenadas *XY* global. Encuentre ω_4, $\mathbf{V}_A$ y $\mathbf{V}_B$ en el sistema de coordenadas global en la posición mostrada si ω_2 = 15 rad/s en sentido de las manecillas del reloj. Use el método gráfico de centro instantáneo. (Imprima la figura del archivo PDF que viene en el DVD y dibuje sobre ella.)

†6-26 El mecanismo de la figura P6-8*a* tiene el eslabón $\theta_2 = 62°$ en el sistema de coordenadas *x y*. Encuentre ω_4, $\mathbf{V}_A$, $\mathbf{V}_B$ en el sistema de coordenadas local en la posición mostrada si $\omega_2 = 15$ rad/s en el sentido de las manecillas del reloj. Use el método analítico.

†6-27 Para el mecanismo de la figura P6-8*a*, escriba un programa de computadora o use un solucionador de ecuaciones para encontrar y graficar ω_4, $\mathbf{V}_A$ y $\mathbf{V}_B$ en el sistema de coordenadas local para el rango de movimiento máximo que este mecanismo permite si $\omega_2 = 15$ rad/s en el sentido de las manecillas del reloj.

6-28 El mecanismo de la figura P6-8*b* tiene el eslabón 1 a –36° y el eslabón 2 a 57° en el sistema de coordenadas *XY* global. Encuentre ω_4, $\mathbf{V}_A$, $\mathbf{V}_B$ en el sistema de coordenadas global en la posición mostrada si $\omega_2 = 20$ rad/s en el sentido contrario al de las manecillas del reloj. Use el método gráfico de velocidad instantánea. (Imprima la figura de su archivo PDF que viene en el DVD y dibuje sobre ella.)

6-29 El mecanismo de la figura P6-8*b* tiene el eslabón 1 a –36° y el eslabón 2 a 57° en el sistema *XY* de coordenadas global. Encuentre ω_4, $\mathbf{V}_A$, $\mathbf{V}_B$ en el sistema de coordenadas global en la posición mostrada si ω_2 = 20 rad/s en el sentido contrario al de las manecillas del reloj. Use el método gráfico de centro instantáneo. (Imprima la figura de su archivo PDF que viene en el DVD y dibuje sobre ella.)

†6-30 El mecanismo de la figura P6-8*b* tiene el eslabón 1 a –36° y el eslabón 2 a 57° en el sistema de coordenadas *XY* global. Encuentre ω_4, $\mathbf{V}_A$, $\mathbf{V}_B$ en el sistema de coordenadas global en la posición mostrada si ω_2 = 20 rad/s en el sentido contrario al de las manecillas del reloj. Use el método analítico.

† Estos problemas son adecuados para ser resueltos con *Mathcad*, *Matlab* o un solucionador de ecuaciones *TKSolver*.

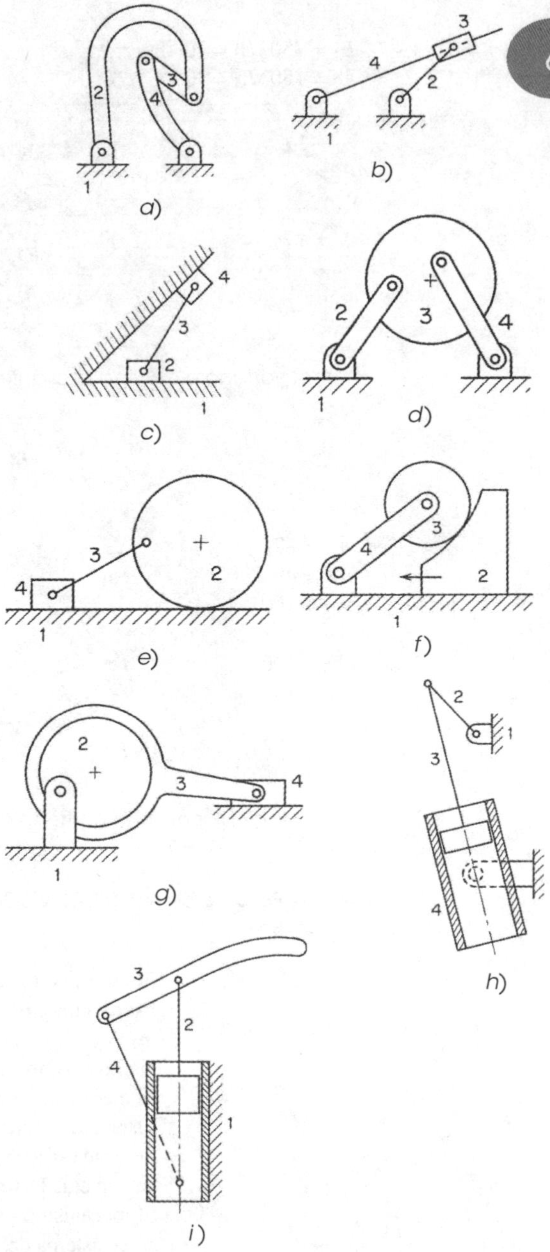

FIGURA P6-7 Problemas 6-14 y 6-23 *De R.T. Hinkle, Problems in Kinematics, Prentice-Hall, Englewood Cliffs, NJ, 1954*

6

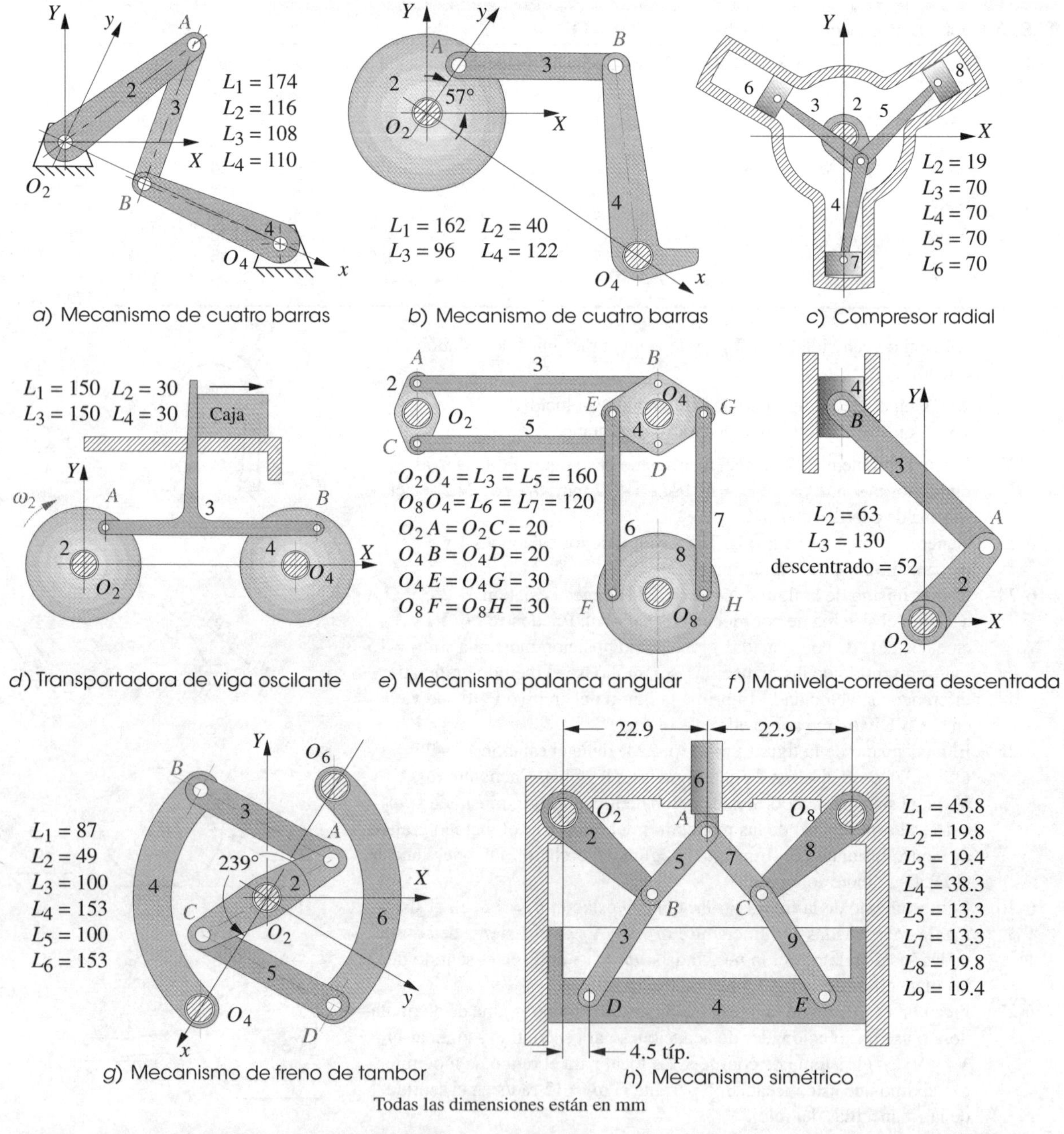

FIGURA P6-8 Problemas 6-15 y 6-24 a 6-45 *Adaptado de P. H. Hill y W. P. Rule (1960). Mechanisms: Analysis and Design, con permiso*

†6-31 El mecanismo de la figura P6-8*b* tiene el eslabón 1 a –36° en el sistema de coordenadas *XY* global. Escriba un programa de computadora o use un solucionador de ecuaciones para encontrar y graficar ω_4, $\mathbf{V}_A$, $\mathbf{V}_B$ en el sistema de coordenadas local para el rango de movimiento máximo que este mecanismo permite si $\omega_2 = 20$ rad/s en el sentido contrario al de las manecillas del reloj.

6-32 El mecanismo manivela-corredera descentrado mostrado en la figura P6-8*f* tiene el eslabón 2 a 51° en el sistema de coordenadas *XY* global. Encuentre $\mathbf{V}_A$, $\mathbf{V}_B$ en el sistema de coordenadas global en la posición mostrada si $\omega_2 = 25$ rad/s en el sentido de las manecillas del reloj. Use el método gráfico de diferencia de velocidad. (Imprima la figura de su archivo PDF que viene en el DVD y dibuje sobre ella.)

6-33 El mecanismo manivela-corredera descentrado mostrado en la figura P6-8*f* tiene el eslabón 2 a 51° en el sistema de coordenadas *XY* global. Encuentre $\mathbf{V}_A$, $\mathbf{V}_B$ en el sistema de coordenadas global en la posición mostrada si $\omega_2 = 25$ rad/s en el sentido de las manecillas del reloj. Use el método gráfico de centro instantáneo. (Imprima la figura de su archivo PDF que viene en el DVD y dibuje sobre ella.)

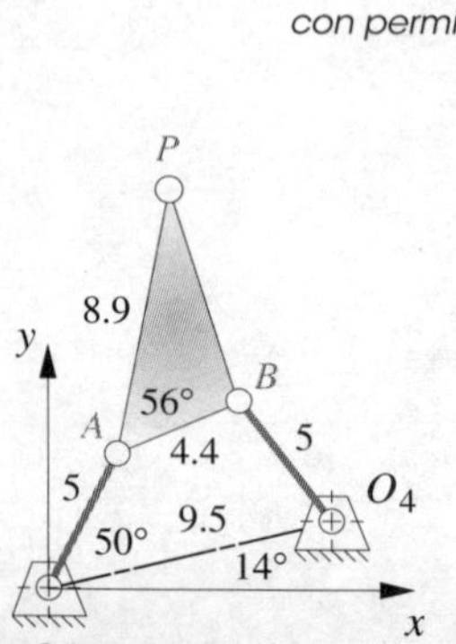

FIGURA P6-9 Problema 6-46

† Estos problemas son adecuados para ser resueltos con *Mathcad*, *Matlab* o un solucionador de ecuaciones *TKSolver*.

†6-34 El mecanismo manivela-corredera descentrado mostrado en la figura P6-8*f* tiene el eslabón 2 a 51° en el sistema de coordenadas *XY* global. Encuentre $\mathbf{V}_A$, $\mathbf{V}_B$ en el sistema de coordenadas global en la posición mostrada si $\omega_2 = 25$ rad/s en el sentido de las manecillas del reloj. Use un método analítico.

†6-35 Para el mecanismo manivela-corredera descentrado mostrado en la figura P6-8*f*, escriba un programa de computadora o use un solucionador de ecuaciones para encontrar $\mathbf{V}_A$ y $\mathbf{V}_B$ en el sistema de coordenadas global para el rango de movimiento máximo permitido por este mecanismo si $\omega_2 = 25$ rad/s en el sentido de las manecillas del reloj.

6-36 El mecanismo de la figura P6-8*d* tiene el eslabón 2 a 58° en el sistema de coordenadas *XY* global. Encuentre $\mathbf{V}_A$, $\mathbf{V}_B$, $\mathbf{V}_{caja}$ en el sistema de coordenadas global en la posición mostrada si $\omega_2 = 30$ rad/s en el sentido de las manecillas del reloj. Use el método gráfico de diferencia de velocidad. (Imprima la figura de su archivo PDF que viene en el DVD y dibuje sobre ella.)

†6-37 El mecanismo de la figura P6-8*d* tiene el eslabón 2 a 58° en el sistema de coordenadas *XY* global. Encuentre $\mathbf{V}_A$, $\mathbf{V}_B$, $\mathbf{V}_{caja}$ en el sistema de coordenadas global en la posición mostrada si $\omega_2 = 30$ rad/s en el sentido de las manecillas del reloj. Use un método analítico.

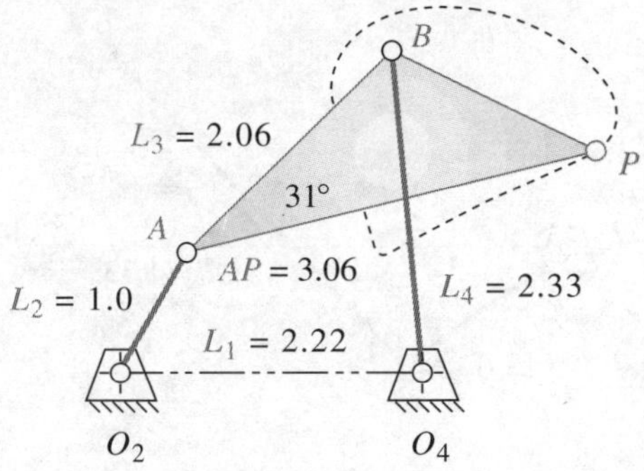

FIGURA P6-10 Problema 6-47 Mecanismo de cuatro barras con una curva de acoplador lineal recta doble

†6-38 Para el mecanismo de la figura P6-8*d*, escriba un programa de computadora o use un solucionador de ecuaciones para encontrar y graficar $\mathbf{V}_A$, $\mathbf{V}_B$, $\mathbf{V}_{caja}$ en el sistema de coordenadas global para el rango de movimiento máximo permitido por este mecanismo si $\omega_2 = 30$ rad/s en el sentido de las manecillas del reloj.

6-39 El mecanismo de la figura P6-8*g* (p. 224) tiene el eje local *xy* a –119° y O_2A a 29° en el sistema de coordenadas *XY* global. Encuentre ω_4, $\mathbf{V}_A$ y $\mathbf{V}_B$ en el sistema de coordenadas global en la posición mostrada si $\omega_2 = 15$ rad/s en el sentido de las manecillas del reloj. Use el método gráfico de diferencia de velocidad. (Imprima la figura de su archivo PDF que viene en el DVD y dibuje sobre ella.)

6-40 El mecanismo de la figura P6-8*g* tiene el eje local *xy* a –119° y O_2A a 29° en el sistema de coordenadas *XY* global. Encuentre ω_4, $\mathbf{V}_A$ y $\mathbf{V}_B$ en el sistema de coordenadas global en la posición mostrada si $\omega_2 = 15$ rad/s en el sentido de las manecillas del reloj. Use el método gráfico de centro instantáneo. (Imprima la figura de su archivo PDF que viene en el DVD y dibuje sobre ella.)

†6-41 El mecanismo de la figura P6-8*g* tiene el eje local *xy* a –119° y O_2A a 29° en el sistema de coordenadas *XY* global. Encuentre ω_4, $\mathbf{V}_A$ y $\mathbf{V}_B$ en el sistema de coordenadas global en la posición mostrada si $\omega_2 = 15$ rad/s en el sentido de las manecillas del reloj. Use un método analítico.

†6-42 El mecanismo de la figura P6-8*g* tiene el eje local *xy* a –119° en el sistema de coordenadas *XY* global. Escriba un programa de computadora o use un solucionador de ecuaciones para encontrar y graficar ω_4, $\mathbf{V}_A$ y $\mathbf{V}_B$ en el sistema de coordenadas local para el rango de movimiento máximo permitido por este mecanismo si $\omega_2 = 15$ rad/s en el sentido de las manecillas del reloj.

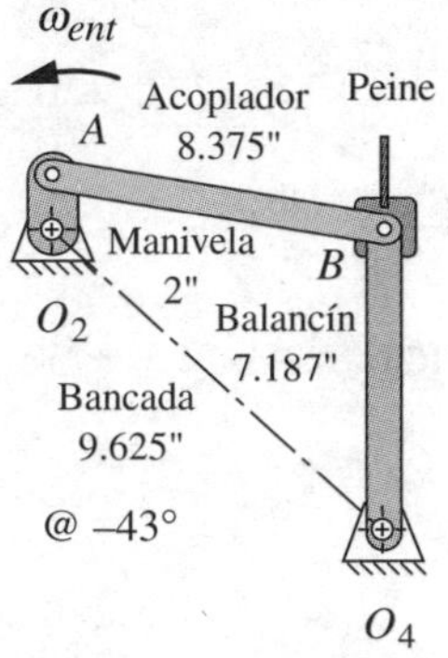

FIGURA P6-11 Problema 6-48 Mando de marco de telar

6-43 El compresor radial de 3 cilindros mostrado en la figura P6-8*c* (p. 224) tiene sus cilindros equidistantes a 120°. Encuentre las velocidades de los pistones $\mathbf{V}_6$, $\mathbf{V}_7$, $\mathbf{V}_8$ con la manivela a –53° por medio de un método gráfico si $\omega_2 = 15$ rad/s en el sentido de las manecillas del reloj. (Imprima la figura del archivo PDF que viene en el DVD y dibuje sobre ella.)

†6-44 El compresor radial de 3 cilindros mostrado en la figura P6-8*c* tiene sus cilindros equidistantes a 120°. Encuentre las velocidades de los pistones $\mathbf{V}_6$, $\mathbf{V}_7$, $\mathbf{V}_8$ con la manivela a –53° por medio de un método analítico si $\omega_2 = 15$ rad/s en el sentido de las manecillas del reloj.

†6-45 El compresor radial de 3 cilindros mostrado en la figura P6-8*c* tiene sus cilindros equidistantes a 120°. Escriba un programa de computadora o use un solucionador de ecuaciones para encontrar y graficar las velocidades de los pistones $\mathbf{V}_6$, $\mathbf{V}_7$, $\mathbf{V}_8$ para una revolución de la manivela si $\omega_2 = 15$ rad/s en el sentido de la manecillas del reloj.

6-46 La figura P6-9 muestra un mecanismo en una posición. Encuentre las velocidades instantáneas de los puntos *A*, *B* y *P* si el eslabón O_2A gira en el sentido de las manecillas del reloj a 40 rad/s.

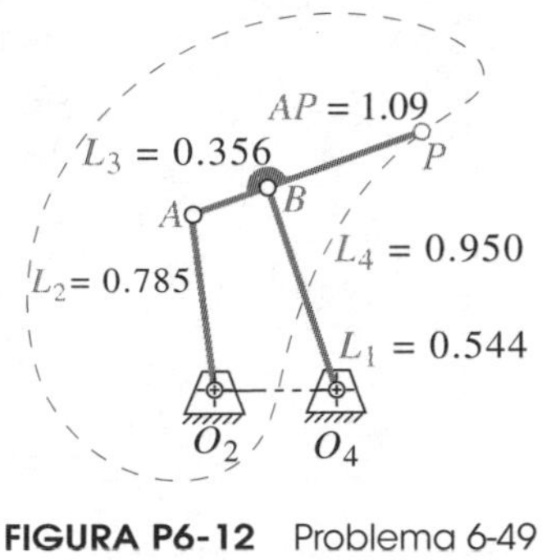

FIGURA P6-12 Problema 6-49

*†6-47 La figura P6-10 muestra un mecanismo y su curva de acoplador. Escriba un programa de computadora o use un solucionador de ecuaciones para calcular y graficar la magnitud y dirección de la velocidad del punto *P* del acoplador a incrementos de 2° de ángulo de manivela con $\omega_2 = 100$ rpm. Compruebe su resultado con el programa LINKAGES.

*†6-48 La figura P6-11 muestra un mecanismo que opera con su manivela a 500 rpm. Escriba un programa de computadora o use un solucionador de ecuaciones para calcular y graficar la magnitud y dirección de la velocidad del punto *B* a incrementos de 2° de ángulo de manivela. Compruebe su resultado con el programa LINKAGES.

*†6-49 La figura P6-12 muestra un mecanismo y su curva de acoplador. Escriba un programa de computadora o use un solucionador de ecuaciones para calcular y graficar la magnitud y dirección de la

---

* Respuestas en el apéndice F.
† Estos problemas son adecuados para ser resueltos con *Mathcad*, *Matlab* o un solucionador de ecuaciones *TKSolver*.

velocidad del punto P del acoplador a incrementos de 2° de ángulo de manivela con $\omega_2 = 20$ rpm a lo largo del rango de movimiento máximo posible. Compruebe su resultado con el programa LINKAGES.

†6-50 La figura P6-13 muestra un mecanismo y su curva de acoplador. Escriba un programa de computadora o use un solucionador de ecuaciones para calcular y graficar la magnitud y dirección de la velocidad del punto P del acoplador a incrementos de 2° de ángulo de manivela con $\omega_2 = 80$ rpm a lo largo del rango de movimiento máximo posible. Compruebe su resultado con el programa LINKAGES.

*†6-51 La figura P6-14 muestra un mecanismo y su curva de acoplador. Escriba un programa de computadora o use un solucionador de ecuaciones para calcular y graficar la magnitud y dirección de la velocidad del punto P del acoplador a incrementos de 2° de ángulo de manivela con $\omega_2 = 80$ rpm a lo largo del rango de movimiento máximo posible. Compruebe su resultado con el programa LINKAGES.

†‡6-52 La figura P6-15 muestra una sierra eléctrica, utilizada para cortar metal. El eslabón 5 pivotea en O_5 y su peso hace que la hoja de la sierra se ponga en contacto con la pieza de trabajo mientras el mecanismo mueve la hoja (eslabón 4) hacia delante y hacia atrás sobre el eslabón 5 para cortar la pieza. Es un mecanismo de manivela-corredera descentrado con las dimensiones mostradas en la figura. Dibuje un diagrama de mecanismo equivalente; en seguida calcule y grafique la velocidad de la sierra con respecto a la pieza que se corta en una revolución de la manivela a 50 rpm.

†‡6-53 La figura P6-16 muestra un mecanismo indexador de balancín de recoger y colocar, que puede analizarse como dos mecanismos de cuatro barras impulsados por una manivela común. Las longitudes de los eslabones se proporcionan en la figura. Se da el ángulo de fase entre los dos pernos de manivela en los eslabones 4

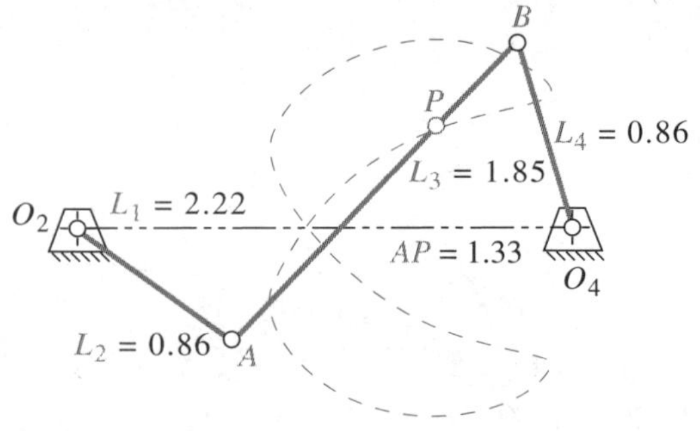

FIGURA P6-13 Problema 6-50

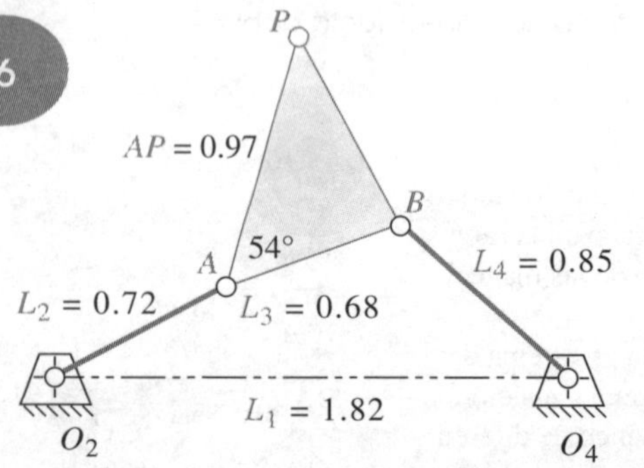

FIGURA P6-14 Problema 6-51

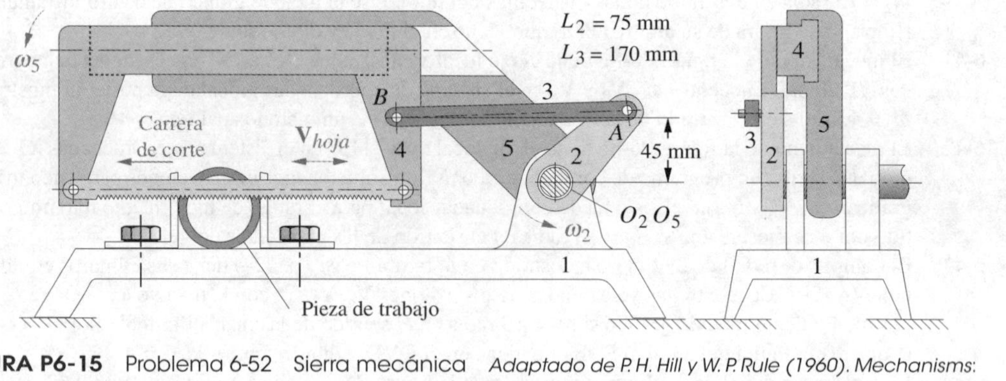

FIGURA P6-15 Problema 6-52 Sierra mecánica *Adaptado de P. H. Hill y W. P. Rule (1960). Mechanisms: Analysis and Design, con permiso*

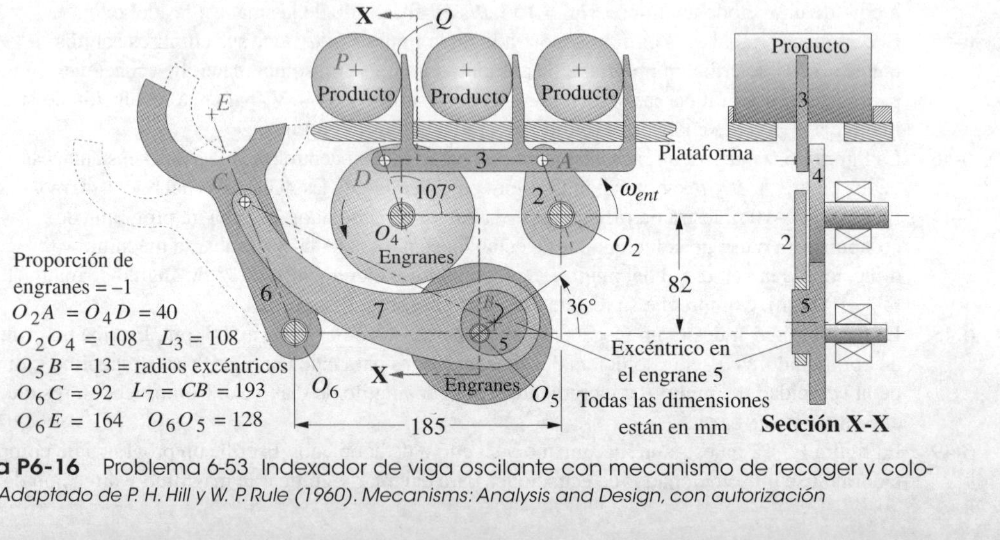

Figura P6-16 Problema 6-53 Indexador de viga oscilante con mecanismo de recoger y colocar *Adaptado de P. H. Hill y W. P. Rule (1960). Mecanisms: Analysis and Design, con autorización*

* Respuestas en el apéndice F.
† Estos problemas son adecuados para ser resueltos con *Mathcad*, *Matlab* o un solucionador de ecuaciones *TKSolver*.
‡ Estos problemas son adecuados para ser resueltos con el programa *Working Model*, el cual se encuentra en el CD-ROM adjunto.

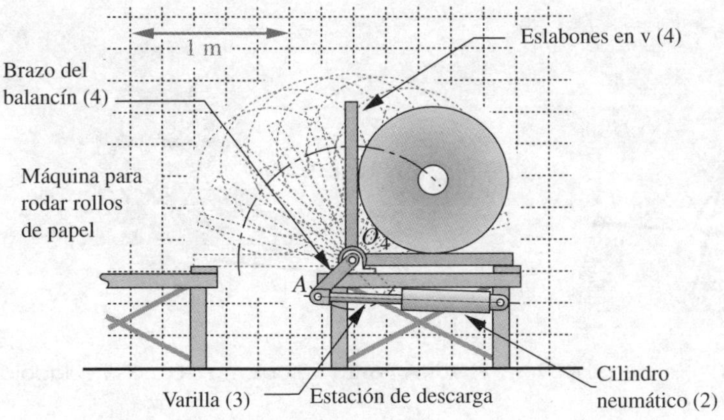

FIGURA P6-17 Problema 6-54

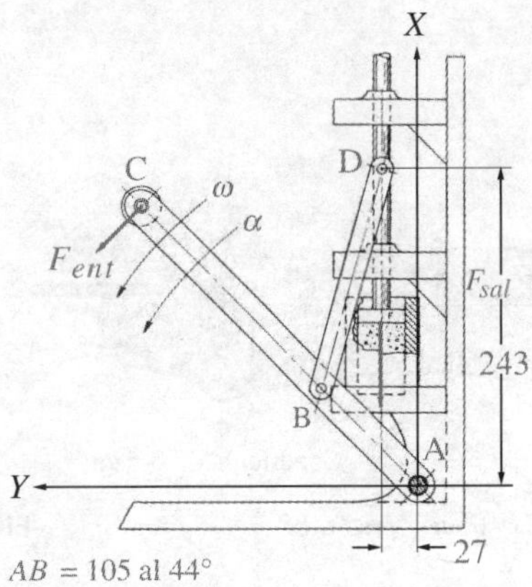

AB = 105 al 44°
AC = 301 al 44°
BD = 172
Todas las dimensiones están en mm

FIGURA P6-18 Problema 6-55 *De P. H. Hill y W. P. Rule (1960). Mechanisms: Analysis and Design, con permiso*

y 5. Los cilindros de producto empujados tienen diámetros de 60 mm. El punto de contacto entre el dedo vertical izquierdo y el cilindro más a la izquierda en la posición mostrada es de 58 mm a 80° en comparación con el extremo izquierdo del acoplador del paralelogramo (punto *D*). Calcule y grafique las velocidades absolutas de los puntos *E* y *P*, y la velocidad relativa entre los puntos *E* y *P* para una revolución del engrane 2.

†6-54 La figura P6-17 muestra un mecanismo de descarga de rollos de papel impulsado por un cilindro neumático. En la posición mostrada, AO_2 = 1.1 m a 178° y O_4A es de 0.3 m a 226°. O_2O_4 = 0.93 m a 163°. Los eslabones en V están rígidamente conectados a O_4A. El cilindro neumático se retrae a una velocidad constante de 0.2 m/s. Dibuje un diagrama cinemático del mecanismo, escriba las ecuaciones necesarias, calcule y grafique la velocidad angular del rollo de papel y la velocidad lineal de su centro cuando gira 90° en sentido contrario al de las manecillas del reloj a partir de la posición mostrada.

†6-55 La figura P6-18 muestra un mecanismo compactador de polvos.

a) Calcule su ventaja mecánica en la posición mostrada.
b) Calcule y grafique su ventaja mecánica en función del ángulo *AC* cuando gira de 15 a 60°.

†6-56 La figura P6-19 muestra un mecanismo de viga oscilante. Calcule y grafique la velocidad V_{salida} para una revolución de la manivela de entrada 2 que gira a 100 rpm.

†6-57 La figura P6-20 muestra una herramienta plegadora.

a) Calcule su ventaja mecánica en la posición mostrada.
b) Calcule y grafique su ventaja mecánica en función del ángulo del eslabón *AB* cuando gira de 60 a 45°.

†6-58 La figura P6-21 (p. 228) muestra unas pinzas de presión. Calcule su ventaja mecánica en la posición mostrada. Dibuje a escala el diagrama con las dimensiones que se requieran.

†6-59 La figura P6-22 (p. 228) muestra una mordaza inmovilizadora de cuatro barras utilizada para sujetar una pieza de trabajo en su lugar sujetándola en *D*. O_2A = 70, O_2C = 138, AB = 35, O_4B = 34, O_4D = 82 y O_2O_4 = 48 mm. En la posición mostrada, el eslabón está a 104°. El mecanismo se inmoviliza cuando el eslabón alcanza 90°.

* Respuestas en el apéndice F.
† Estos problemas son adecuados para ser resueltos con *Mathcad*, *Matlab* o un solucionador de ecuaciones *TKSolver*.

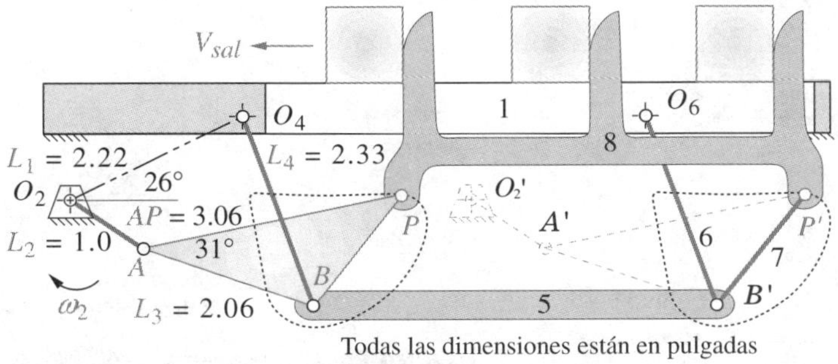

FIGURA P6-19 Problema 6-56 Mecanismo de transporte de viga oscilante de ocho barras de movimiento en línea recta

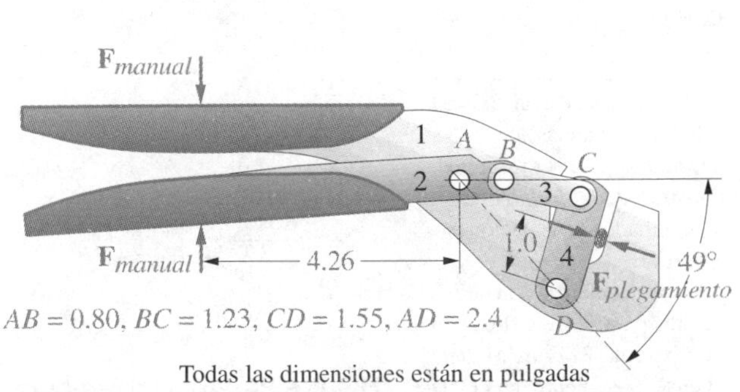

FIGURA P6-20 Problema 6-57 Herramienta plegadora

6

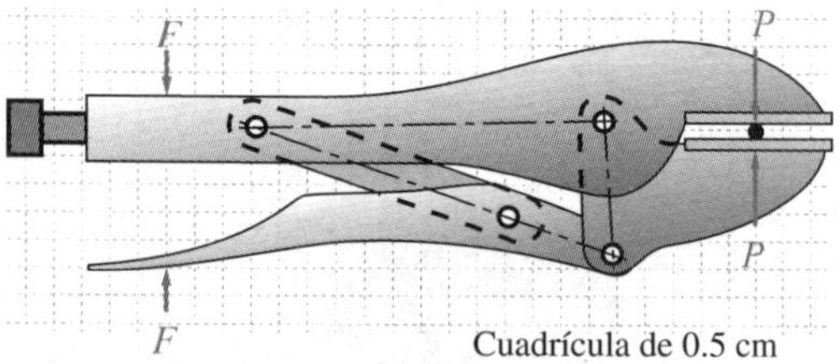

FIGURA P6-21 Problema 6-58

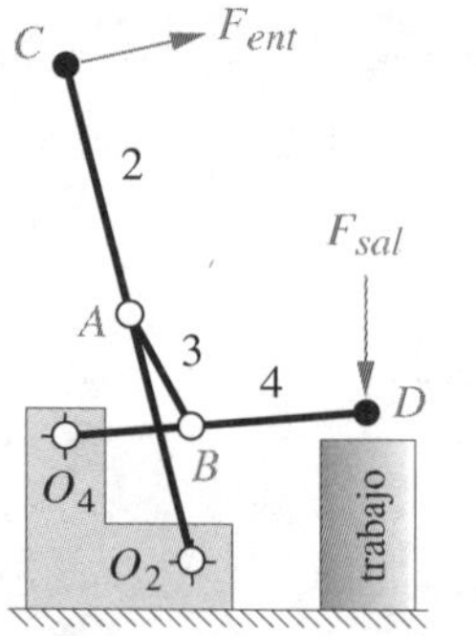

FIGURA P6-22 Problema 6-59

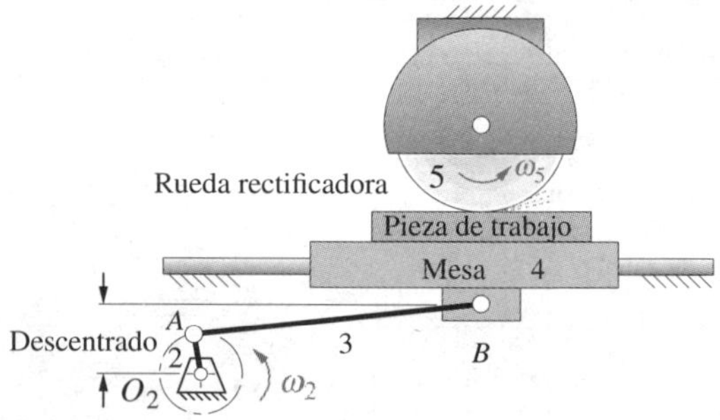

FIGURA P6-23 Problema 6-60 Esmeriladora

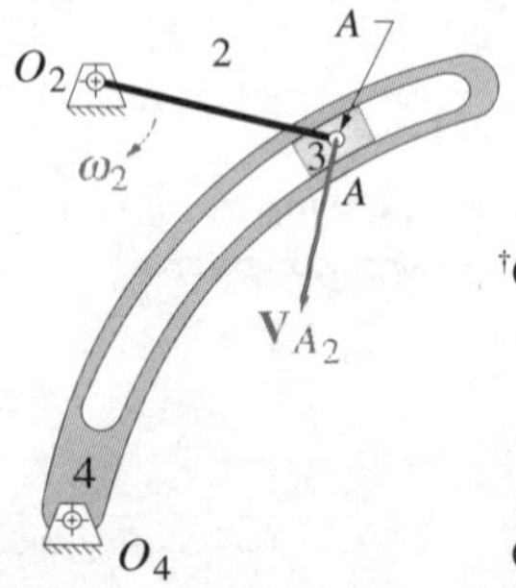

FIGURA P6-24 Problema 6-61 *De P. H. Hill y W. P. Rule (1960). Mechanisms: Analysis and Design, con permiso*

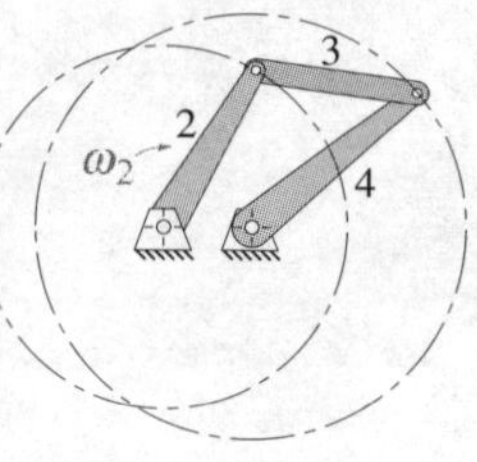

$L_1 = 0.68$ pulg
$L_2 = 1.38$ pulg
$L_3 = 1.22$ pulg
$L_4 = 1.62$ pulg

FIGURA P6-25 Problemas 6-62 y 6-63 *De P. H. Hill y W. P. Rule (1960). Mechanisms: Analysis and Design, con permiso*

a) Calcule su ventaja mecánica en la posición mostrada.

b) Calcule y grafique su ventaja mecánica en función del ángulo del eslabón *AB* cuando el eslabón 2 gira de 120 a 90°.

†6-60 La figura P6-23 muestra una esmeriladora. La pieza de trabajo oscila bajo la rueda rectificadora rotatoria de 90 mm de diámetro por la acción de un mecanismo manivela-corredera que tiene una manivela de 22 mm, una biela de 157 mm y un descentrado de 40 mm. La manivela gira a 120 rpm y la rueda rectificadora a 3 450 rpm. Calcule y grafique la velocidad del punto de contacto de la rueda rectificadora con respecto a la pieza de trabajo en una revolución de la manivela.

6-61 La figura P6-24 muestra un mecanismo manivela-corredera invertido. El eslabón 2 es de 2.5 pulgadas de largo. La distancia O_4A es de 4.1 pulgadas y O_2O_4 de 3.9 pulgadas. Encuentre ω_2, ω_3, ω_4, V_{A4}, $\mathbf{V}_{transm}$ y $\mathbf{V}_{desl}$ en la posición mostrada con $V_{A2} = 20$ pulg/s en la dirección mostrada.

*†6-62 La figura P6-25 (p. 222) muestra un mecanismo de eslabón de arrastre con dimensiones. Escriba las ecuaciones necesarias y resuélvalas para calcular la velocidad angular del eslabón 4 con una entrada de $\omega_2 = 1$ rad/s. Comente sobre los usos de este mecanismo.

†6-63 La figura P6-25 muestra un mecanismo de eslabón de arrastre con dimensiones. Escriba las ecuaciones necesarias y resuélvalas para calcular y graficar las centrodas del centro instantáneo $I_{2,4}$.

‡6-64 La figura P6-26 muestra un mecanismo con dimensiones. Use un método gráfico para calcular las velocidades de los puntos *A*, *B* y *C*, y la velocidad de deslizamiento en la posición mostrada $\omega_2 = 20$ rad/s.

*6-65 La figura P6-27 muestra un mecanismo de leva y seguidor. La distancia $O_2A = 1.89$ pulgadas y $O_3B = 1.645$ pulgadas. Encuentre las velocidades de los puntos *A* y *B*, la velocidad de transmisión, la velocidad de deslizamiento y ω_3 si $\omega_2 = 50$ rad/s. Use un método gráfico.

6-66 La figura P6-28 (p. 229) muestra un mecanismo de retorno rápido. Utilice un método gráfico para calcular las velocidades de los puntos *A*, *B* y *C* y la velocidad de deslizamiento en la posición mostrada. $\omega_2 = 10$ rad/s.

†6-67 La figura P6-29 (p. 229) muestra un mecanismo de pedal de batería. $O_2A = 100$ mm a 162° y gira a 171° en *A′*. $O_2O_4 = 56$ mm, $AB = 28$ mm, $AP = 124$ mm y $O_4B = 64$ mm. La distancia de O_4 a F_{ent} es de 48 mm. Encuentre y grafique la ventaja mecánica y la relación de velocidad del mecanismo a lo

* Respuestas en el apéndice F.

† Estos problemas son adecuados para ser resueltos con *Mathcad*, *Matlab* o un solucionador de ecuaciones *TKSolver*.

‡ Estos problemas son adecuados para ser resueltos con el programa *Working Model*, el cual se encuentra en el CD-ROM adjunto.

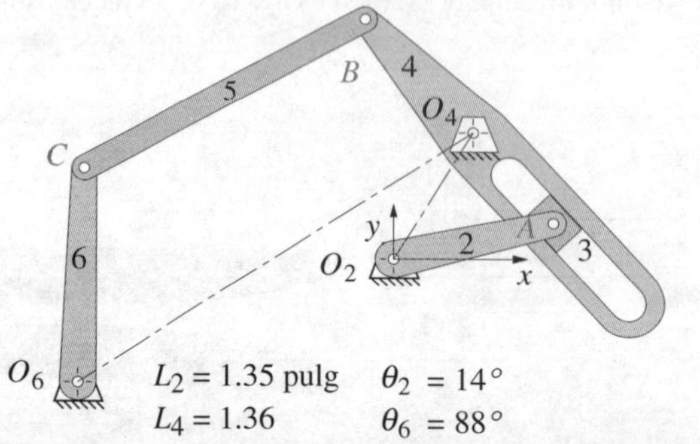

$L_2 = 1.35$ pulg $\theta_2 = 14°$
$L_4 = 1.36$ $\theta_6 = 88°$
$L_5 = 2.69$ $O_2O_4 = 1.22$ al 56.5°
$L_6 = 1.80$ $O_6O_4 = 3.86$ al 33°

FIGURA P6-26 Problemas 6-64, 6-106, 6-107 *De P. H. Hill y W. P. Rule (1960) Mechanisms: Analysis and Design, con permiso*

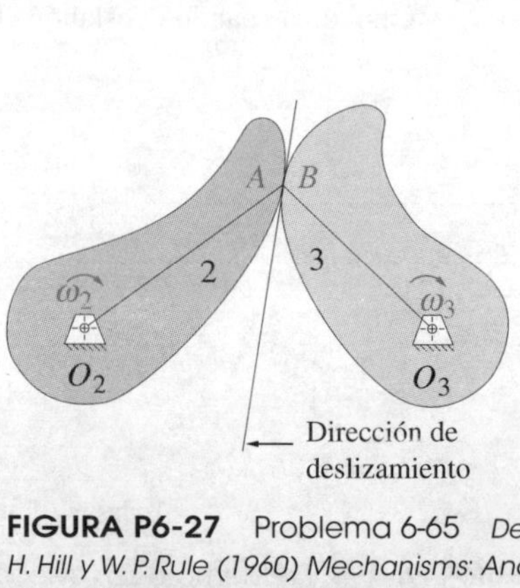

FIGURA P6-27 Problema 6-65 *De P. H. Hill y W. P. Rule (1960) Mechanisms: Analysis and Design, con permiso*

largo de su rango de movimiento. Si la velocidad de entrada V_{ent} es de una magnitud constante de 3 m/s y F_{ent} es constante de 50 N, encuentre la velocidad y fuerza de salida a lo largo de su rango de movimiento y la potencia de entrada.

6-68 La figura 3-33 (p. 106) muestra un mecanismo de corredera-manivela deslizante de seis barras. Encuentre todos sus centros instantáneos en la posición mostrada.

†6-69 Calcule y grafique las centrodas del centro instantáneo I_{24} del mecanismo mostrado en la figura 3-33 (p. 106) de modo que un par de engranes circulares pueda reemplazar la díada motriz 23.

6-70 Encuentre la velocidad de la corredera mostrada en la figura 3-33 (p. 106) en la posición mostrada si $\theta_2 = 110°$ con respecto al eje X global, si supone que $\omega_2 = 1$ rad/s en el sentido de las manecillas del reloj.

a) Con un método gráfico.
b) Con el método de centros instantáneos.
†*c*) Con un método analítico.

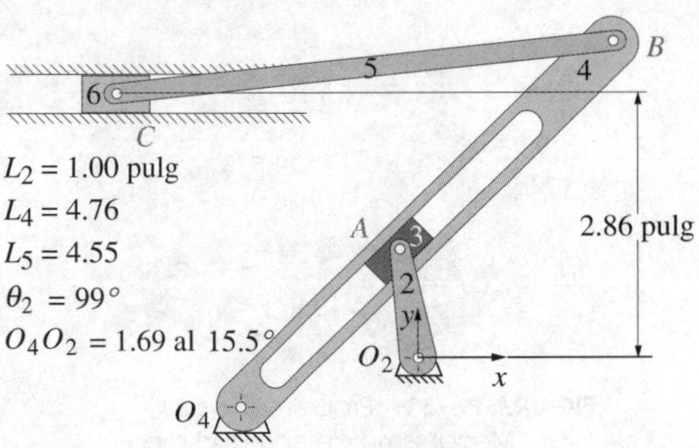

FIGURA P6-28 Problemas 6-66, 6-108, 6-109 *De P. H. Hill y W. P. Rule (1960). Mechanisms: Analysis and Design*

†6-71 Escriba un programa de computadora o use un solucionador de ecuaciones tal como *Mathcad, Matlab o TKSolver* para calcular y graficar la velocidad angular del eslabón 4 y la velocidad lineal de la corredera 6 en el mecanismo manivela-corredera de seis barras mostrado en la figura 3-33 (p. 106), tanto como una función de θ_2 para una $\omega_2 = 1$ rad/s constante a favor de las manecillas del reloj y por separado como función de la posición de la corredera, como se muestra en la figura. ¿Cuál es el porcentaje de desviación de la velocidad constante en el intervalo $240° < \theta 2 < 270°$ y en el intervalo $190° - \theta 2 < 315°$?

6-72 La figura 3-34 (p. 107) muestra un mecanismo de seis barras Stephenson. Encuentre todos los centros instantáneos en la posición mostrada:

a) En la parte *a*) de la figura.
b) En la parte *b*) de la figura.
c) En la parte *c*) de la figura.

6-73 Encuentre la velocidad angular del eslabón 6 del mecanismo mostrado en la figura 3-34 parte *b*) (p. 107) en la posición mostrada ($\theta_6 = 90°$ con respecto al eje *x*) si $\omega_2 = 10$ rad/s gira en sentido de las manecillas del reloj.

a) Con un método gráfico.
b) Con el método de centros instantáneos.
†*c*) Con un método analítico.

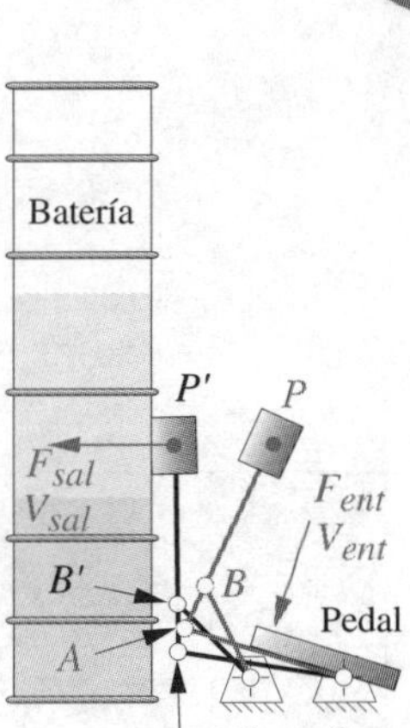

FIGURA P6-29 Problema 6-67

†6-74 Escriba un programa de computadora o utilice un solucionador de ecuaciones tal como *Mathcad, Matlab o TKSolver* para calcular y graficar la velocidad angular del eslabón 6 en el mecanismo de seis barras de la figura 3-34 (p. 107) como una función de θ_2 con una velocidad constante $\omega_2 = 1$ rad/s en el sentido de las manecillas del reloj.

6-75 La figura 3-35 (p. 107) muestra un mecanismo de seis barras Stephenson. Encuentre todos sus centros instantáneos en la posición mostrada:

a) En la parte *a*) de la figura.
b) En la parte *b*) de la figura.

* Estos problemas son adecuados para ser resueltos con *Mathcad*, *Matlab* o un solucionador de ecuaciones *TKSolver*.

6-76 Encuentre la velocidad angular del eslabón 6 del mecanismo mostrado en la figura 3-35 (p. 107) con $\theta_2 = 90°$ si $\omega_2 =$ 10 rad/s gira en sentido contrario al de las manecillas del reloj.

a) Con un método gráfico (use un compás y regla para dibujar el mecanismo con el eslabón 2 a 90°).
b) Con el método de centros instantáneos (use un compás y regla para dibujar el mecanismo con el eslabón 2 a 90°).
c) Con un método analítico.†

†6-77 Escriba un programa de computadora o utilice un solucionador de ecuaciones tal como *Mathcad*, *Matlab* o *TKSolver* para calcular y graficar la velocidad angular del eslabón 6 en el mecanismo de seis barras de la figura 3-35 (p. 107) como una función de θ_2 con $\omega_2 = 1$ rad/s constante en sentido contrario al de las manecillas del reloj.

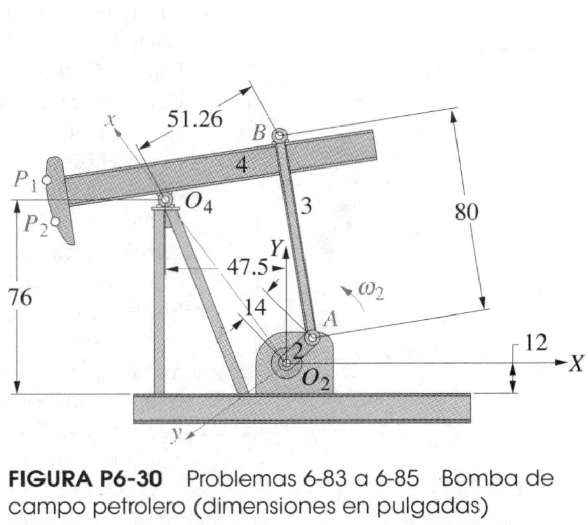

FIGURA P6-30 Problemas 6-83 a 6-85 Bomba de campo petrolero (dimensiones en pulgadas)

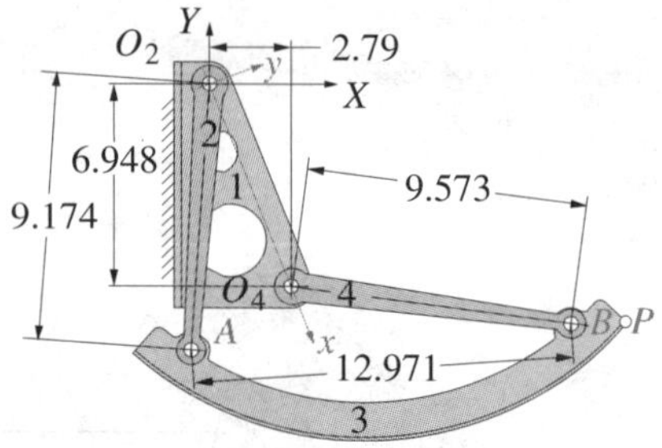

FIGURA P6-31 Problemas 6-86 y 6-87 Mecanismo de compartimento de equipaje elevado de avión; dimensiones en pulgadas

6-78 La figura 3-36 (p. 108) muestra un mecanismo de ocho barras. Encuentre todos los centros instantáneos en la posición mostrada en la parte *a*) de la figura.

†6-79 Escriba un programa de computadora o use un solucionador de ecuaciones tal como *Mathcad*, *Matlab* o *TKSolver* para calcular y graficar la velocidad angular del eslabón 8 del mecanismo de la figura 3-36 (p. 108) como una función de θ_2 con ω_2 = 1 rad/s constante en sentido contrario al de las manecillas del reloj.

†6-80 Escriba un programa de computadora o use un solucionador de ecuaciones tal como *Mathcad*, *Matlab* o *TKSolver* para calcular y graficar la magnitud y dirección de la velocidad del punto *P* en la figura 3-37*a* (p. 108) con una función de θ_2. También calcule y grafique la velocidad del punto *P* con respecto al punto *A*.

†6-81 Escriba un programa de computadora o use un solucionador de ecuaciones tal como *Mathcad*, *Matlab* o *TKSolver* para calcular el porcentaje de error de la desviación de un círculo perfecto para la trayectoria del punto *P* en la figura 3-37*a* (p. 108).

†6-82 Repita el problema 6-80 con el mecanismo de la figura 3-37*b* (p. 108).

6-83 Encuentre todos los centros instantáneos del mecanismo mostrado en la figura P6-30 (p. 229) en la posición mostrada.

6-84 Encuentre las velocidades angulares de los eslabones 3 y 4 y las velocidades lineales de los puntos *A*, *B* y P_1 en el sistema de coordenadas *XY* del mecanismo mostrado en la figura P6-30 en la posición mostrada. Suponga que $\theta_2 = 45°$ en el sistema de coordenadas *XY* y ω_2 = 10 rad/s. Las coordenadas del punto P_1 en el eslabón 4 son (114.68, 33.19) con respecto al sistema de coordenadas *xy*.

a) Con un método gráfico.
b) Con el método de centros instantáneos.
c) Con un método analítico.*

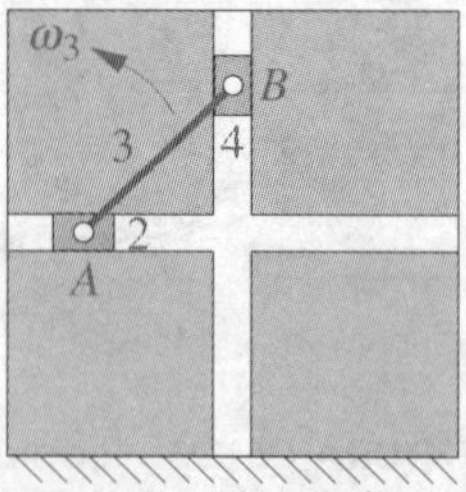

FIGURA P6-32 Compás de vara elíptico; problemas 6-88 a 6-90

†6-85 Con los datos del problema 6-84, escriba un programa de computadora o use un solucionador de ecuaciones tal como *Mathcad*, *Matlab* o *TKSolver* para calcular y graficar la magnitud y dirección de la velocidad absoluta del punto P_1 mostrado en la figura P6-30 como una función de θ_2.

6-86 Encuentre todos los centros instantáneos del mecanismo mostrado en la figura P6-31 en la posición mostrada.

6-87 Encuentre las velocidades angulares de los eslabones 3 y 4 y la velocidad lineal del punto *P* en el sistema de coordenadas *XY* del mecanismo mostrado en la figura P6-31 en la posición mostrada. Suponga que $\theta_2 = -94.121°$ en el sistema de coordenadas *XY* y ω_2 = 1 rad/s. La posición del punto del acoplador *P* en el eslabón 3 con respecto al punto *A* es $p = 15.00$, $\delta_3 = 0°$.

a) Con un método gráfico.
b) Con el método de centros instantáneos.
c) Con un método analítico.†

6-88 La figura P6-32 muestra una corredera doble de cuatro barras conocida como compás de vara elíptico. Encuentre todos sus centros instantáneos en la posición mostrada.

6-89 El compás de vara elíptico mostrado en la figura P6-32 debe impulsarse por el eslabón rotatorio 3 en un círculo completo. Los puntos sobre la línea *AB* describen elipses. Encuentre y dibuje (a mano o con una computadora) las centrodas fijas o móviles del centro instantáneo I_{13}. (*Sugerencia:* Éstos se llaman círculos de Cardan.)

6-90 Derive expresiones analíticas para las velocidades de los puntos *A* y *B* en la figura P6-32 como una función de θ_3, ω_3 y la longitud *AB* del eslabón 3. Use una ecuación de lazo vectorial.

6-91 El mecanismo de la figura P6-33*a* (p. 231) tiene el eslabón 2 a 120° en el sistema de coordenadas *XY* global. Encuentre ω_6 y $\mathbf{V}_D$ en el sistema de coordenadas global en la posición mostrada si ω_2 = 10 rad/s en sentido contrario al de las manecillas del reloj. Use el método gráfico de diferencia de velocidad. (Imprima la figura con el archivo PDF del DVD y dibuje sobre ella.)

6-92 El mecanismo de la figura P6-33*a* tiene el eslabón 2 a 120° en el sistema de coordenadas *XY* global. Encuentre ω_6 y $\mathbf{V}_D$ en el sistema de coordenadas global en la posición mostrada si ω_2 = 10 rad/s en sentido contrario al de las manecillas del reloj. Use el método gráfico de centro instantáneo. (Imprima la figura de su archivo PDF que viene en el DVD y dibuje sobre ella.)

6-93 El mecanismo de la figura P6-33*a* tiene el eslabón 2 a 120° en el sistema de coordenadas *XY* global. Encuentre ω_6 y $\mathbf{V}_D$ en el sistema de coordenadas global en la posición mostrada si ω_2 = 10 rad/s contra las manecillas del reloj. Use un método analítico.

† Tenga en cuenta que la solución de estos problemas puede requerir mucho tiempo y suelen ser más apropiados para un proyecto que como tarea para la clase siguiente. En la mayoría de los casos, la solución puede verificarse con el programa LINKAGES.

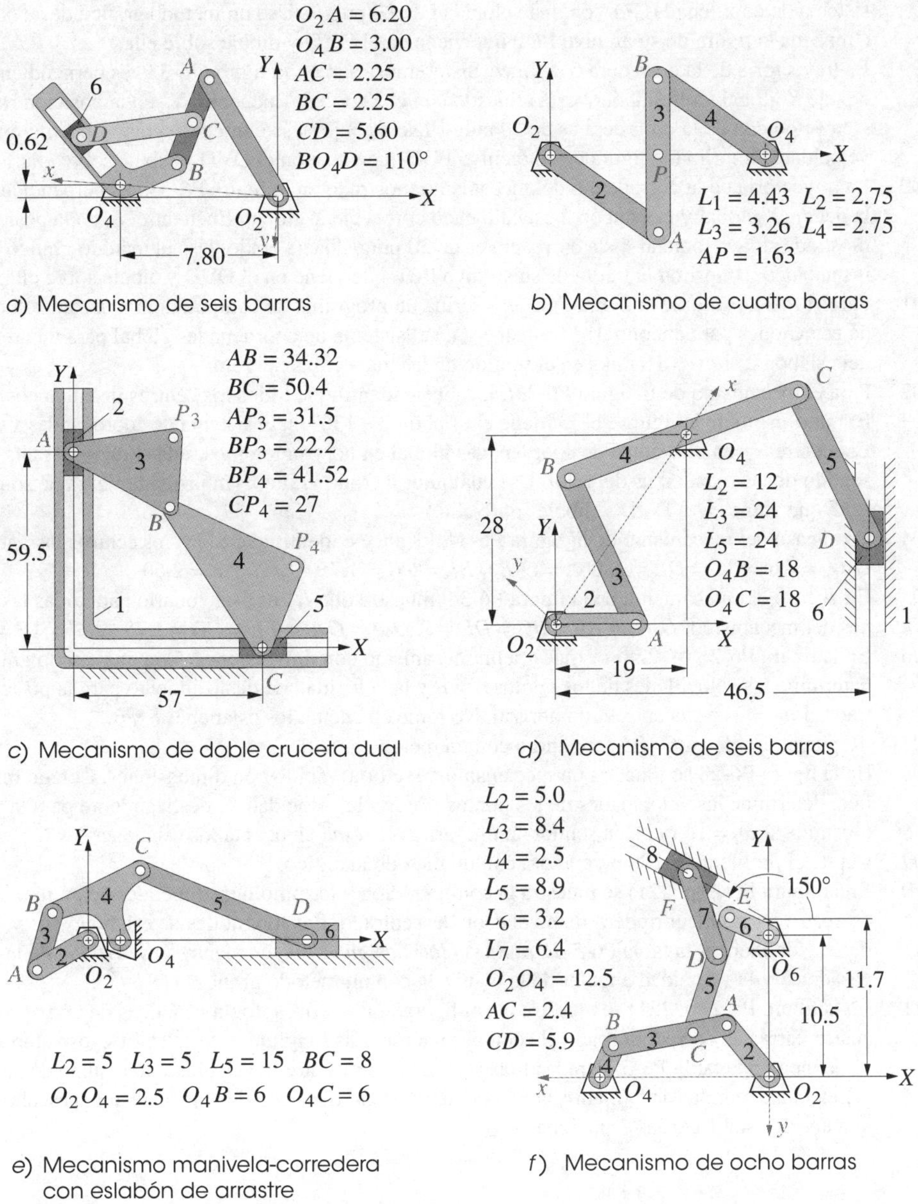

a) Mecanismo de seis barras

b) Mecanismo de cuatro barras

c) Mecanismo de doble cruceta dual

d) Mecanismo de seis barras

e) Mecanismo manivela-corredera con eslabón de arrastre

f) Mecanismo de ocho barras

FIGURA P6-33 Problemas 6-91 a 6-103

6-94 El mecanismo de la figura P6-33*b* tiene el eslabón 3 perpendicular al eje *X*, y los eslabones 2 y 4 son paralelos entre sí. Encuentre ω_3, $\mathbf{V}_A$, $\mathbf{V}_B$ y $\mathbf{V}_P$ si $\omega_2 = 15$ rad/s en el sentido de las manecillas del reloj. Use el método gráfico de diferencia de velocidad. (Imprima la figura de su archivo PDF que viene en el DVD y dibuje sobre ella.)

6-95 El mecanismo de la figura P6-33*b* tiene el eslabón 3 perpendicular al eje *X*, y los eslabones 2 y 4 son paralelos entre sí. Encuentre ω_3, $\mathbf{V}_A$, $\mathbf{V}_B$ y $\mathbf{V}_P$ si $\omega_2 = 15$ rad/s en el sentido de las manecillas del reloj. Use el método gráfico de centro instantáneo. (Imprima la figura de su archivo PDF que viene en el DVD y dibuje sobre ella.)

6-96 El mecanismo de la figura P6-33*b* tiene el eslabón 3 perpendicular al eje *X*, y los eslabones 2 y 4 son paralelos entre sí. Encuentre ω_3, $\mathbf{V}_A$, $\mathbf{V}_B$ y $\mathbf{V}_P$ si $\omega_2 = 15$ rad/s en el sentido de las manecillas del reloj. Use un método analítico.

6-97 El mecanismo de cruceta mostrado en la figura P6-33*c* tiene dos grados de libertad con entradas en las crucetas 2 y 5. Encuentre los centros instantáneos $I_{1,3}$ e $I_{1,4}$.

6-98 El mecanismo de cruceta mostrado en la figura P6-33*c* tiene dos grados de libertad con entrada en las crucetas 2 y 5. Encuentre $\mathbf{V}_B$, $\mathbf{V}_{P3}$ y $\mathbf{V}_{P4}$ cuando ambas crucetas se mueven hacia el origen del sistema de coordenadas XY con una velocidad de 20 pulg/s. Use un método gráfico de su elección. (Imprima la figura de su archivo PDF que viene en el DVD y dibuje sobre ella.)

6-99 La trayectoria de la corredera 6 del mecanismo mostrado en la figura P6-33*d* es perpendicular a la del eje X global y el eslabón 2 está alineado con el X global. Encuentre $\mathbf{V}_A$ en la posición mostrada si la velocidad de la corredera es de 20 pulg/s hacia abajo. Use el método gráfico de diferencia de velocidad. (Imprima la figura de su archivo PDF que viene en el DVD y dibuje sobre ella.)

6-100 La trayectoria de la corredera 6 del mecanismo mostrado en la figura P6-33*d* es perpendicular a la del eje X global y el eslabón 2 está alineado con el eje X global. Encuentre $\mathbf{V}_A$ en la posición mostrada si la velocidad de la corredera es de 20 pulg/s hacia abajo. Use el método gráfico de centro instantáneo. (Imprima la figura de su archivo PDF que viene en el DVD y dibuje sobre ella.)

6-101 Para el mecanismo de la figura P6-33*e*, escriba un programa de computadora o use un solucionador de ecuaciones para encontrar y graficar $\mathbf{V}_D$ en el sistema de coordenadas global para una revolución del eslabón 2 si $\omega_2 = 10$ rad/s en el sentido de las manecillas del reloj.

6-102 Para el mecanismo de la figura P6-33*f*, localice e identifique todos los centros instantáneos.

6-103 El mecanismo de la figura P6-33*f* tiene el eslabón 2 a 130° en el sistema de coordenadas x y global. Encuentre $\mathbf{V}_D$ en el sistema de coordenadas global en la posición mostrada si $\omega_2 = 15$ rad/s en el sentido de las manecillas del reloj. Use cualquier método gráfico. (Imprima la figura de su archivo PDF que viene en el DVD y dibuje sobre ella.)

6-104 En el caso del mecanismo de la figura P6-34, localice e identifique todos los centros instantáneos. $O_2O_4 = AB = BC = DE = 1$. $O_2A = O_4B = BE = CD = 1.75$. $O_4C = AE = 2.60$

6-105 En el caso del mecanismo de la figura P6-34, muestre que $I_{1,6}$ es estacionario para todas las posiciones del mecanismo. $O_2O_4 = AB = BC = DE = 1$. $O_2A = O_4B = BE = CD = 1.75$. $O_4C = AE = 2.60$

6-106 En la figura P6-26 (p. 228) se muestra un mecanismo con dimensiones. Con un método gráfico, determine las velocidades de los puntos A y B y la velocidad de deslizamiento para la posición mostrada si $\omega_2 = 24$ rad/s en sentido horario. No tome en cuenta los eslabones 5 y 6.

6-107 Repita el problema 6-106 pero ahora con un método analítico.

6-108 En la figura P6-28 se muestra un mecanismo de retorno rápido con dimensiones. Con un método gráfico, determine las velocidades de los puntos A y B y la velocidad de deslizamiento para la posición mostrada si $\omega_2 = 16$ rad/s en sentido antihorario. No tome en cuenta los eslabones 5 y 6.

6-109 Repita el problema 6-108 pero ahora con un método analítico.

6-110 En la figura P6-2 (p. 221) se muestra la configuración y terminología generales de un mecanismo de cuatro barras de corredera-manivela con descentrado. Las longitudes de eslabón y los valores de d y $\dot{d}$ se definen en la tabla P6-5. *Para la(s) fila(s) asignada(s)*, encuentre la velocidad de la junta de pasador A y la velocidad angular de la manivela con un método gráfico.

6-111 En la figura P6-2 (p. 221) se muestra la configuración y terminología generales de un mecanismo de cuatro barras de corredera-manivela con desviación. Las longitudes de eslabón y los valores de d y $\dot{d}$ se definen en la tabla P6-5. Para las filas asignadas, encuentre la velocidad de la junta de pasador A y la velocidad angular de la manivela con el método analítico. Dibuje el mecanismo a escala y márquelo antes de establecer las ecuaciones.

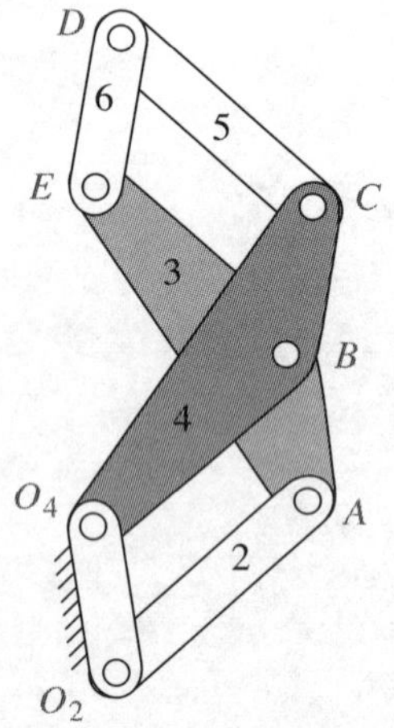

FIGURA P6-34 Problemas 6-104 y 6-105

TABLA P6-5 Datos para los problemas 6-110 a 6-111‡

Fila	Eslabón 2	Eslabón 3	Descentrado	d	$\dot{d}$
a	1.4	4	1	2.5	10
b	2	6	–3	5	–12
c	3	8	2	8	–15
d	3.5	10	1	–8	24
e	5	20	–5	15	–50
f	3	13	0	–12	–45
g	7	25	10	25	100

‡ Los dibujos de estos mecanismos se encuentran en el directorio *PDF Problem Workbook* del DVD.

CAPÍTULO 7

ANÁLISIS DE LA ACELERACIÓN

Métale quinta, señor Sulu.

CAPITÁN KIRK

7.0 INTRODUCCIÓN

Una vez que se ha hecho el análisis de la velocidad, el siguiente paso es determinar las aceleraciones de todos los eslabones y puntos de interés en el mecanismo o máquina. Se deben conocer las aceleraciones para calcular las fuerzas dinámicas con $\mathbf{F} = m\mathbf{a}$. Las fuerzas dinámicas contribuirán a los esfuerzos en los eslabones y otros componentes. Existen muchos métodos para encontrar las aceleraciones en mecanismos. Aquí sólo se examinarán algunos. Primero se desarrolla un método gráfico manual, que a menudo es útil como comprobación de la solución analítica más completa y precisa. Luego se deriva la solución analítica para las aceleraciones en los mecanismos de cuatro barras y de manivela-corredera invertido como ejemplos de solución con la ecuación de lazo vectorial general a muchos problemas de análisis de la aceleración.

7.1 DEFINICIÓN DE LA ACELERACIÓN

La **aceleración** se define como *la tasa de cambio de velocidad con respecto al* tiempo. La velocidad ($\mathbf{V}, \omega$) es una cantidad vectorial y también la aceleración. Las aceleraciones pueden ser **angulares** o lineales. La **aceleración angular** será denotada como α y la **aceleración lineal** como $\mathbf{A}$.

$$\alpha = \frac{d\omega}{dt}; \qquad \mathbf{A} = \frac{d\mathbf{V}}{dt} \tag{7.1}$$

La figura 7-1 muestra un eslabón PA en rotación pura pivotado en el punto A en el plano xy. Se tiene interés en la aceleración del punto P cuando el eslabón se somete a una velocidad angular ω y una aceleración angular α, las cuales no tienen necesariamente el mismo sentido. El vector de posición $\mathbf{R}$ define la posición del eslabón, y la velocidad del punto P es $\mathbf{V}_{PA}$. Estos vectores se definieron en las ecuaciones 6.2 y 6.3, y aquí se repiten por conveniencia. (Véase también la figura 6-1, p. 194.)

$$\mathbf{R}_{PA} = pe^{j\theta} \tag{6.2}$$

$$\mathbf{V}_{PA} = \frac{d\mathbf{R}_{PA}}{dt} = p\,je^{j\theta}\frac{d\theta}{dt} = p\omega\,je^{j\theta} \tag{6.3}$$

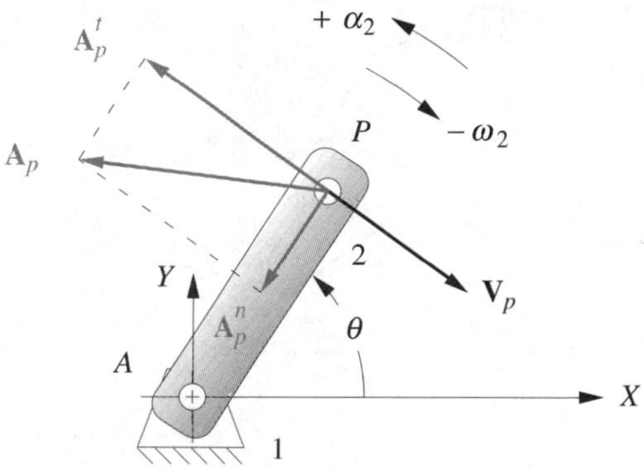

FIGURA 7-1 Aceleración de un eslabón en rotación pura con α_2 positiva (SCMR) y ω_2 negativa (SMR)

donde p es la longitud escalar del vector $\mathbf{R}_{PA}$. Se puede diferenciar con facilidad la ecuación 6.3 para obtener una expresión para la aceleración del punto P:

$$
\begin{aligned}
\mathbf{A}_{PA} &= \frac{d\mathbf{V}_{PA}}{dt} = \frac{d\left(p\omega\, je^{j\theta}\right)}{dt} \\
\mathbf{A}_{PA} &= jp\left(e^{j\theta}\frac{d\omega}{dt} + \omega\, je^{j\theta}\frac{d\theta}{dt}\right) \\
\mathbf{A}_{PA} &= p\alpha\, je^{j\theta} - p\omega^2 e^{j\theta} \\
\mathbf{A}_{PA} &= \mathbf{A}_{PA}^t + \mathbf{A}_{PA}^n
\end{aligned}
\tag{7.2}
$$

Observe que hay dos funciones de tiempo en la ecuación 6.3, θ y ω. Así pues, existen dos términos en la expresión para la aceleración, la componente tangencial de la aceleración $\mathbf{A}_{PA}^t$ que implica a α y la componente normal (o centrípeta) $\mathbf{A}_{PA}^n$ que implica a ω^2. A consecuencia de la diferenciación, la componente tangencial se multiplica por el operador complejo j (constante). Esto causa que el vector de aceleración gire 90° con respecto al vector de posición original. (Véase también la figura 4-8*b*, p. 128.) Esta rotación de 90° es nominalmente positiva, o en sentido contrario al de las manecillas del reloj (CCW, por sus siglas en inglés). Sin embargo, la componente tangencial también se multiplica por α, que puede ser positiva o negativa. Por consiguiente, la componente tangencial de la aceleración **girará 90°** a partir del ángulo θ del *vector de posición* **en una dirección dictada por el signo de** α. Esto simplemente comprueba lo que ya se sabía: la *aceleración tangencial siempre ocurre en una dirección perpendicular al radio de rotación y por consecuencia es tangente a la trayectoria del movimiento*, como se muestra en la figura 7-1. La componente normal, o centrípeta, de la aceleración se multiplica por j^2 o –1. Esto dirige a *la componente centrípeta a 180° respecto al ángulo* θ *del vector de posición original*, es decir, hacia el centro (centrípeta significa *hacia el centro*). La aceleración total $\mathbf{A}_{PA}$ del punto P es la suma vectorial de las componentes tangencial $\mathbf{A}_A^t$ y normal $\mathbf{A}_A^n$ como se muestra en la figura 7-1 y la ecuación 7.2.

Si se sustituye la identidad de Euler (ecuación 4.4*a*, p. 128) en la ecuación 7.2, se obtienen las componentes real e imaginaria (o x y y) del vector de aceleración.

$$
\mathbf{A}_{PA} = p\alpha(-\operatorname{sen}\theta + j\cos\theta) - p\omega^2(\cos\theta + j\operatorname{sen}\theta) \tag{7.3}
$$

Se puede hacer referencia a la aceleración $\mathbf{A}_{PA}$ de la figura 7-1 como **aceleración absoluta** puesto que está referida al punto A, el cual es el origen de los ejes de coordenadas globales en ese sistema. Como tal, se podría hacer referencia a él como $\mathbf{A}_P$ pues sin el segundo subíndice implica que se refiere al sistema de coordenadas global.

La figura 7-2*a* muestra un sistema diferente y un poco más complicado en el que el pivote A ya no está inmóvil. Tiene una aceleración lineal $\mathbf{A}_A$ conocida como parte del carro trasladante, eslabón 3. Si α no cambia, la aceleración del punto P con respecto a A será la misma de antes, pero $\mathbf{A}_{PA}$ ya no puede ser considerada una aceleración absoluta. Ahora es una **diferencia de aceleración** y **debe** llevar el segundo subíndice como $\mathbf{A}_{PA}$. Ahora debe encontrarse la aceleración absoluta $\mathbf{A}_P$ con la ecuación de **diferencia de aceleración** cuya solución gráfica se muestra en la figura 7-2*b*:

$$
\begin{aligned}
\mathbf{A}_P &= \mathbf{A}_A + \mathbf{A}_{PA} \\
\left(\mathbf{A}_P^t + \mathbf{A}_P^n\right) &= \left(\mathbf{A}_A^t + \mathbf{A}_A^n\right) + \left(\mathbf{A}_{PA}^t + \mathbf{A}_{PA}^n\right)
\end{aligned}
\tag{7.4}
$$

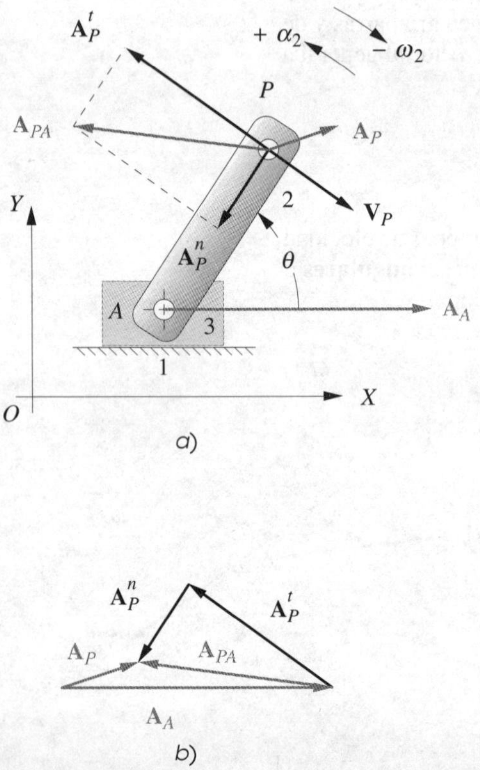

FIGURA 7-2 Diferencia de aceleración en un sistema con α_2 positiva (SCMR) y ω_2 negativa (SMR)

Observe la similitud de la ecuación 7.4 con la **ecuación de diferencia de velocidad** (ecuación 6.5, p. 194). Observe además que la solución para $\mathbf{A}_P$ en la ecuación 7.4 puede encontrarse al sumar el vector resultante $\mathbf{A}_{PA}$ o sus componentes normal y tangencial, $\mathbf{A}_{PA}^n$, $\mathbf{A}_{PA}^t$ al vector $\mathbf{A}_A$ en la figura 7-2*b*. El vector $\mathbf{A}_A$ tiene una componente normal cero en este ejemplo porque el eslabón 3 está en traslación pura.

La figura 7-3 muestra dos cuerpos independientes P y A, que podrían ser dos automóviles moviéndose en el mismo plano. El auto número 1 vira y acelera hacia la trayectoria del auto número 2, el cual se desacelera para evitar un choque. Si se conocen sus aceleraciones independientes $\mathbf{A}_P$ y $\mathbf{A}_A$, se puede encontrar su **aceleración relativa** $\mathbf{A}_{PA}$ con la ecuación 7.4 expresada de manera algebraica como:

$$\mathbf{A}_{PA} = \mathbf{A}_P - \mathbf{A}_A \tag{7.5}$$

En la figura 7-3*b* se muestra la solución gráfica de esta ecuación.

Como se hizo para el análisis de la velocidad, se dieron nombres diferentes a estos dos casos, aunque se aplica la misma ecuación. Si se repite la definición de la sección 6.1 (p. 193), modificada para referirla a la aceleración:

Caso 1: Dos puntos en el mismo cuerpo => ***diferencia de aceleración***

Caso 2: Dos puntos en cuerpos diferentes => ***aceleración relativa***

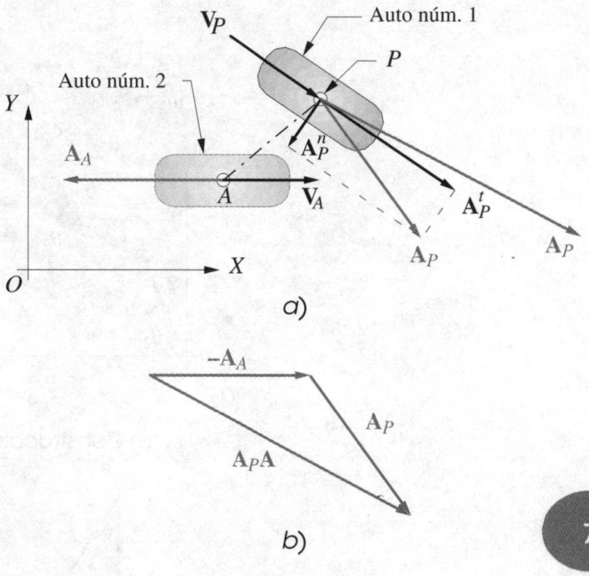

FIGURA 7-3 Aceleración relativa

7.2 ANÁLISIS GRÁFICO DE LA ACELERACIÓN

Los comentarios al análisis gráfico de la velocidad en la sección 6.2 (p. 195) también se aplican al análisis gráfico de la aceleración. Históricamente, los métodos gráficos fueron la única manera práctica de resolver estos problemas de análisis de la aceleración. Con algo de práctica, y con las herramientas apropiadas tales como una máquina, instrumentos de dibujo o un paquete CAD, se pueden encontrar más o menos rápido las aceleraciones de puntos particulares de un mecanismo para cualquier posición inicial al dibujar diagramas vectoriales. No obstante, si se han de encontrar aceleraciones en muchas posiciones del mecanismo, cada nueva posición requiere que se dibuje un juego completamente nuevo de diagramas vectoriales. Muy poco del trabajo realizado para encontrar las aceleraciones en la posición 1 se utilizará en la posición 2, etc. Éste es un proceso aún más tedioso que el del análisis gráfico de la velocidad porque son más componentes los que se dibujan. Sin embargo, este método todavía tiene valor histórico ya que proporciona una comprobación rápida de la solución obtenida mediante un programa de computadora. Sólo debe realizarse la comprobación de unas cuantas posiciones para comprobar la validez del programa.

Para resolver gráficamente cualquier problema de análisis de aceleración, se requieren sólo tres ecuaciones, la ecuación 7.4 (p. 234) y las ecuaciones 7.6 (las cuales son simplemente las magnitudes escalares de los términos de la ecuación 7.2, p. 234):

$$\left|\mathbf{A}^t\right| = A^t = r\alpha$$
$$\left|\mathbf{A}^n\right| = A^n = r\omega^2 \tag{7.6}$$

Observe que las ecuaciones escalares 7.6 definen sólo las **magnitudes** (A^t, A^n) de las componentes de aceleración de cualquier punto en rotación. En un análisis gráfico del Caso 1, las **direcciones** de los vectores debidos a las componentes centrípeta y tangencial de la diferencia de aceleración son, según la ecuación 7.2, perpendiculares y se encuentran a lo largo del radio de rotación, respectivamente. Por lo tanto, si se conoce o se supone el centro de rotación, también se conocen las direcciones de las componentes de la diferencia de aceleración generadas por esa rotación, y sus sentidos serán compatibles con la velocidad angular ω y la aceleración angular α del cuerpo.

La figura 7-4 muestra un mecanismo de cuatro barras en una posición particular. Se desea encontrar las aceleraciones angulares de los eslabones 3 y 4 (α_3, α_4) y las aceleraciones lineales de los puntos *A*, *B* y *C* ($\mathbf{A}_A$, $\mathbf{A}_B$, $\mathbf{A}_C$). El punto *C* representa cualquier punto de interés general tal como un punto del acoplador. El método de solución es válido para cualquier punto de cualquier eslabón. Para resolver este problema se deben conocer las *longitudes de todos los eslabones*, las *posiciones angulares de todos los eslabones*, las *velocidades angulares de todos los eslabones* y la *aceleración de entrada instantánea de cualquier eslabón motriz o punto motriz*. Suponiendo realizado el diseño de este mecanismo, se podrán conocer o medir las longitudes de los eslabones. También se debe realizar primero un **análisis completo de la posición y velocidad** para hallar los ángulos de los eslabones θ_3 y θ_4 y las velocidades angulares ω_3 y ω_4 dadas la posición θ_2, la velocidad angular ω_2 y la aceleración de α_2 del eslabón de entrada. Esto se puede hacer con cualquiera de los métodos de los capítulos 4 y 6. En general, estos problemas se resuelven en etapas, primero para las posiciones de los eslabones, después para las velocidades, y por último para las aceleraciones. En el ejemplo siguiente, se da por supuesto un análisis completo de la posición y velocidad, y que los datos de entrada corresponden al eslabón 2 con θ_2, ω_2 y α_2 conocidas en esta posición "congelada" del mecanismo en movimiento.

7

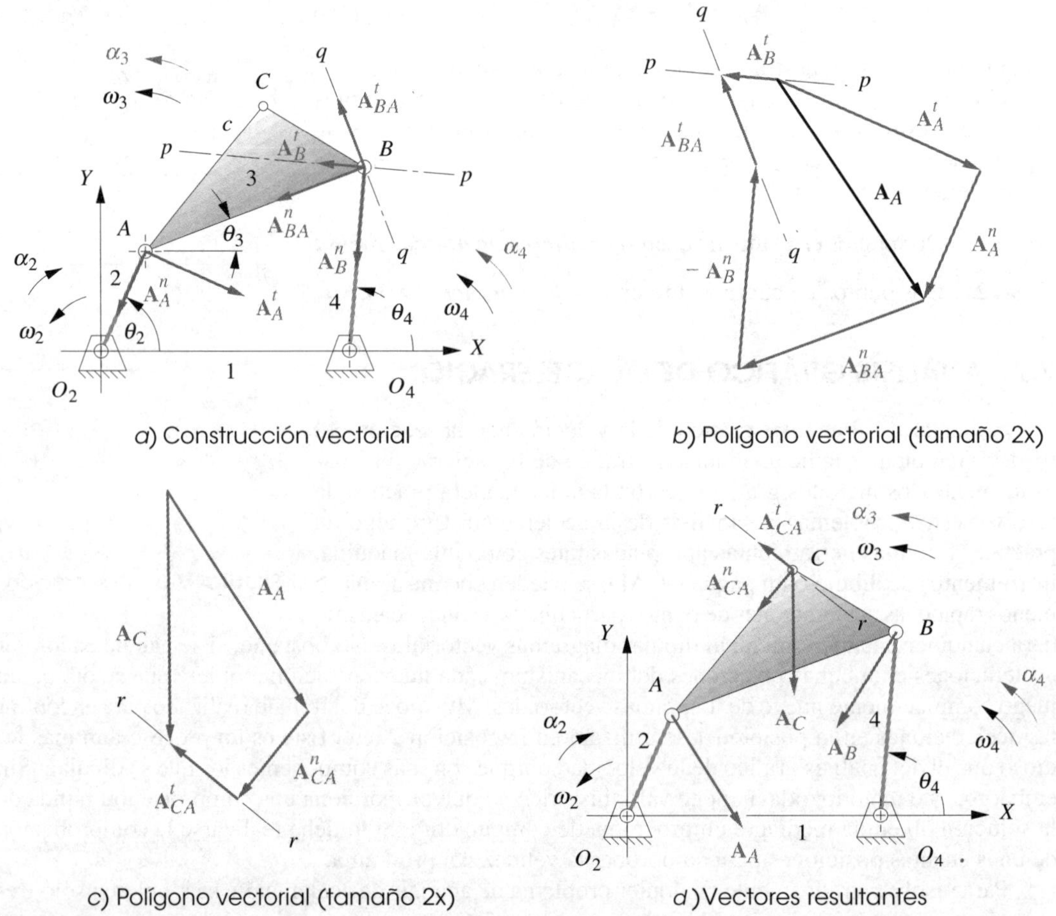

FIGURA 7-4 Solución gráfica para la aceleración en un mecanismo de juntas de pasador con α_2 negativa (SMR) y ω_2 positiva (SCMR)

EJEMPLO 7-1 Análisis gráfico de la aceleración en una posición de un mecanismo de cuatro barras.

Problema: Dadas θ_2, θ_3, θ_4, ω_2, ω_3, ω_4, α_2, encuentre α_3, α_4, $\mathbf{A}_A$, $\mathbf{A}_B$, $\mathbf{A}_P$ por medio de métodos gráficos.

Solución: (Véase la figura 7-4.)

1 Empiece por el extremo del mecanismo del cual se tiene más información. Calcule las magnitudes de las componentes centrípeta y tangencial de la aceleración del punto A por medio de ecuaciones escalares 7.6.

$$A_A^n = (AO_2)\omega_2^2; \qquad A_A^t = (AO_2)\alpha_2 \tag{a}$$

2 En el diagrama del mecanismo, figura 7-4*a*, trace los vectores de las componentes de la aceleración $\mathbf{A}_A^n$, $\mathbf{A}_A^t$ con sus longitudes iguales a sus magnitudes a una escala conveniente. Coloque sus raíces en el punto A con sus direcciones respectivas a lo largo y perpendiculares al radio AO_2. El sentido de $\mathbf{A}_A^t$ está definido por el de α_2 (de acuerdo con la regla de la mano derecha), y el sentido de $\mathbf{A}_A^n$ es el opuesto del vector de posición $\mathbf{R}_A$, como se muestra en la figura 7-4*a*.

3 Continúe con un punto del cual se tenga algo de información, tal como B en el eslabón 4. Observe que las direcciones de las componentes tangencial y normal de la aceleración del punto B son predecibles puesto que este eslabón se encuentra en rotación pura en torno al punto O_4. Trace la línea de construcción *pp* por el punto B perpendicular a BO_4 para representar la dirección de $\mathbf{A}^t_B$ como se muestra en la figura 7-4*a*.

4 Escriba la ecuación vectorial de diferencia de aceleración 7.4 (p. 234) para el punto B con respecto al A.

$$\mathbf{A}_B = \mathbf{A}_A + \mathbf{A}_{BA} \tag{b}$$

Sustituya las componentes normal y tangencial en cada término:

$$\left(\mathbf{A}_B^t + \mathbf{A}_B^n\right) = \left(\mathbf{A}_A^t + \mathbf{A}_A^n\right) + \left(\mathbf{A}_{BA}^t + \mathbf{A}_{BA}^n\right) \qquad (c)$$

Se utilizará el punto A como punto de referencia para localizar $\mathbf{A}_B$ porque A está en el mismo eslabón que B y ya se resolvió para $\mathbf{A}_A^t$ y $\mathbf{A}_A^n$. Cualquier ecuación vectorial bidimensional puede ser resuelta para dos incógnitas. Cada término tiene dos parámetros, es decir, magnitud y dirección. Potencialmente existen entonces doce incógnitas en esta ecuación, dos por cada término. Se deben conocer diez de ellas para resolverla. Se conocen tanto las magnitudes como las direcciones de $\mathbf{A}_A^t$ y $\mathbf{A}_A^n$ y las direcciones de $\mathbf{A}_B^t$ y $\mathbf{A}_B^n$, las cuales están a lo largo de la línea pp y la línea BO_4, respectivamente. También es posible calcular la magnitud de $\mathbf{A}_B^n$ con la ecuación 7.6 (p. 235) puesto que se conoce ω_4. Esto proporciona siete valores conocidos. Hay que encontrar tres parámetros más para resolver la ecuación.

5 El término $\mathbf{A}_{BA}$ representa la diferencia de aceleración de B con respecto a A. Ésta tiene dos componentes. La componente normal $\mathbf{A}_{BA}^n$ está dirigida a lo largo de la línea BA porque se utilizó el punto A como el centro de rotación de referencia del vector libre ω_3 y su magnitud se calcula con la ecuación 7.6. La de $\mathbf{A}_{BA}^t$ entonces debe ser perpendicular a la línea BA. Trace la línea de construcción qq por el punto B y perpendicular a BA para representar la dirección de la componente $\mathbf{A}_{BA}^t$ como se muestra en la figura 7-4*a* (p. 236). La magnitud y dirección calculadas de la componente $\mathbf{A}_{BA}^n$ y la dirección conocida de $\mathbf{A}_{BA}^t$ proporcionan los tres parámetros adicionales requeridos.

6 Ahora se puede resolver la ecuación vectorial gráficamente al trazar un diagrama vectorial como se muestra en la figura 7-4*b*. Aquí se requieren herramientas de dibujo o un paquete CAD. La estrategia es dibujar primero todos los vectores cuya magnitud y dirección se conocen, cuidando de disponer sus sentidos conforme a la ecuación 7.4 (p. 234).

Primero se deben dibujar los vectores de aceleración $\mathbf{A}_A^t$ y $\mathbf{A}_A^n$ de extremo a extremo, con cuidado a escala, manteniendo sus direcciones. (Se dibujan al doble del tamaño en la figura.) Observe que la suma de estas dos componentes es el vector $\mathbf{A}_A$. La ecuación en el paso 4 dice sumar $\mathbf{A}_{BA}$ a $\mathbf{A}_A$. Se conoce $\mathbf{A}_{BA}^n$ de modo que es posible dibujar esa componente en el extremo de $\mathbf{A}_A$. También se conoce $\mathbf{A}_B^n$, pero esta componente se encuentra en el lado izquierdo de la ecuación 7.4, así que se debe restar. Trace el valor negativo (sentido opuesto) de $\mathbf{A}_B^n$ en el extremo de $\mathbf{A}_{BA}^n$.

Esto agota la existencia de componentes, de las que se conocen tanto su magnitud como su dirección. Los dos parámetros restantes conocidos son las direcciones de $\mathbf{A}_B^t$ y $\mathbf{A}_{BA}^t$ que quedan a lo largo de las líneas pp y qq, respectivamente. Trace una línea paralela a la línea qq a través de la punta del vector que representa *menos* $\mathbf{A}_B^n$. La resultante, o el primer miembro de la ecuación, debe cerrar el diagrama vectorial, del extremo del primer vector trazado ($\mathbf{A}_A$) al extremo del último, así que dibuje una línea paralela a pp a través de la cola de $\mathbf{A}_A$. La intersección de estas líneas paralelas a pp y qq define las longitudes de $\mathbf{A}_B^t$ y $\mathbf{A}_{BA}^t$. Los sentidos de estos vectores se determinan conforme a la ecuación 7.4. El vector $\mathbf{A}_A$ se sumó a $\mathbf{A}_{BA}$, de modo que sus componentes deben ser dispuestas de punta a cola. El vector $\mathbf{A}_B$ es la resultante, de modo que su componente $\mathbf{A}_B^t$ debe ir de la cola del primero a la punta del último. Los vectores resultantes se muestran en la figura 7-4*b* y *d* (p. 236).

7 Las aceleraciones angulares de los eslabones 3 y 4 se calculan con la ecuación 7.6 (p. 235):

$$\alpha_4 = \frac{A_B^t}{BO_4} \qquad \alpha_3 = \frac{A_{BA}^t}{BA} \qquad (d)$$

Observe que el término de diferencia de aceleración $\mathbf{A}_{BA}^t$ representa la componente rotacional de la aceleración del eslabón 3 debido a α_3. La aceleración rotacional α de cualquier cuerpo es un "**vector libre**" que no tiene un punto particular de aplicación en el cuerpo. Existe en cualquier lugar de éste.

8 Por último, se resuelve para $\mathbf{A}_C$ con la ecuación 7.4 (p. 234). Se selecciona cualquier punto del eslabón 3 del que se conoce la velocidad absoluta para usarlo como referencia, tal como el punto A.

$$\mathbf{A}_C = \mathbf{A}_A + \mathbf{A}_{CA} \qquad (e)$$

En este caso, se calcula la magnitud de $\mathbf{A}_{CA}^t$ con la ecuación 7.6 (p. 235) puesto que ya se encontró α_3.

$$A_{CA}^t = c\alpha_3 \qquad (f)$$

La magnitud de la componente $\mathbf{A}_{CA}^n$ se calcula con la ecuación 7.6 y ω_3.

$$A_{CA}^n = c\omega_3^2 \qquad (g)$$

Con $\mathbf{A}_A$ y $\mathbf{A}_{CA}$ conocidas, el diagrama vectorial se dibuja de manera directa como se muestra en la figura 7-4*c* (p. 236). El vector $\mathbf{A}_C$ es la resultante que cierra el diagrama vectorial. La figura 7.4*d* muestra los vectores de aceleración calculados en el diagrama vectorial.

7

El ejemplo anterior contiene algunos principios interesantes y significativos que merecen ser recalcados. Aquí se repite la ecuación 7.4 para su análisis.

$$\mathbf{A}_P = \mathbf{A}_A + \mathbf{A}_{PA}$$
$$\left(\mathbf{A}_P^t + \mathbf{A}_P^n\right) = \left(\mathbf{A}_A^t + \mathbf{A}_A^n\right) + \left(\mathbf{A}_{PA}^t + \mathbf{A}_{PA}^n\right) \tag{7.4}$$

Estas ecuaciones representan la aceleración *absoluta* de un punto general P referido al origen del sistema de coordenadas global. El segundo miembro la define como la suma de la aceleración absoluta de algún otro punto de referencia A en el mismo sistema y la diferencia de aceleración (o aceleración relativa) del punto P con respecto al punto A. Estos términos se descomponen todavía más en sus componentes normal (centrípeta) y tangencial, cuyas definiciones se muestran en la ecuación 7.2 (p. 234).

Revise lo que se hizo en el ejemplo 7-1 para extraer la estrategia general para la solución de esta clase de problema. Se comenzó en el lado de entrada del mecanismo, ya que allí es donde se definió la aceleración angular motriz α_2. Luego se resolvió para la aceleración absoluta de ese punto ($\mathbf{A}_A$) con las ecuaciones 7.4 y 7.6 (pp. 234, 235) al descomponer $\mathbf{A}_A$ en sus componentes normal y tangencial. *(Pasos 1 y 2.)*

En seguida se utilizó el punto (A) como punto de referencia para definir la componente de traslación en la ecuación 7.4 escrita para un nuevo punto (B). Observe que debió elegir un segundo punto (B) localizado en el mismo cuerpo rígido como punto de referencia (A), que ya se había resuelto, y sobre el cual se podía predecir algún aspecto de las nuevas componentes de aceleración del punto (de B). En este ejemplo, se conocía la dirección de la componente $\mathbf{A}_B^t$, aunque no su magnitud. También fue posible calcular tanto la magnitud como la dirección de la componente centrípeta, $\mathbf{A}_B^n$, puesto que se conocía ω_4 y la longitud del eslabón. En general, se tendrá esta situación para cualquier punto de un eslabón pivotado en la bancada (como el eslabón 4). En este ejemplo, se pudo no haber resuelto para el punto C hasta que se resolviera para B, porque el punto C se encuentra en un eslabón flotante del que no se conoce su aceleración angular o la dirección de la aceleración absoluta. *(Pasos 3 y 4.)*

Para resolver la ecuación para el segundo punto (B), también se debió admitir que la componente tangencial de la diferencia de aceleración $\mathbf{A}_{BA}^t$ siempre es perpendicular a la línea que conecta los dos puntos relacionados en el eslabón (B y A en el ejemplo). Además, siempre se conocerá la magnitud y dirección de las componentes de la aceleración centrípeta en la ecuación 7.4 ***si* representa una situación de diferencia de aceleración** (Caso 1). *Si los dos puntos están en el* ***mismo cuerpo rígido****, entonces la magnitud de la componente centrípeta de la diferencia de aceleración es $r\omega_2$ y siempre está dirigida a lo largo de la línea que conecta los dos puntos y apunta hacia el punto de referencia como centro* (véase la figura 7.2, p. 234). Estas observaciones serán verdaderas sin tomar en cuenta los dos puntos seleccionados. Pero *obsérvese que esto no es verdadero en una situación del* Caso 2 como se muestra en la figura 7.3*a* (p. 235), donde la componente normal de la aceleración del auto número 2 **no** está dirigida a lo largo de la línea que conecta a los puntos A y P. *(Pasos 5 y 6.)*

Una vez encontrada la aceleración absoluta del punto B ($\mathbf{A}_B$) se pudo resolver para α_4, la aceleración angular del eslabón 4 con la componente tangencial de $\mathbf{A}_B$ en la ecuación (d). Como los puntos A y B están en el eslabón 3, también fue posible determinar la aceleración angular del eslabón 3 con la componente tangencial de la diferencia de aceleración $\mathbf{A}_{BA}$ entre los puntos B y A, en la ecuación (d). Con las aceleraciones angulares conocidas de todos los eslabones, se pudo resolver entonces para aceleración lineal de cualquier punto (tal como C) en cualquier eslabón con la ecuación 7.4 (p. 234). Para ello, se tuvo que entender el concepto de aceleración angular como **vector libre**, lo cual significa que existe en cualquier parte del eslabón en cualquier instante dado. No tiene un centro particular. *Tiene una infinidad de centros potenciales*. El eslabón simplemente *tiene aceleración angular*. Esta propiedad es la que permite resolver la ecuación 7.4 para, literalmente, **cualquier punto** en un cuerpo rígido en movimiento complejo **con respecto a cualquier otro punto** en ese cuerpo. *(Pasos 7 y 8.)*

7.3 SOLUCIONES ANALÍTICAS PARA EL ANÁLISIS DE LA ACELERACIÓN

Mecanismo de cuatro barras con juntas de pasador

Las ecuaciones de posición para el mecanismo de cuatro barras con juntas de pasador se derivaron en la sección 4.5 (pp. 126-132). El mecanismo se mostró en la figura 4-6 (p. 127) y se muestra de nuevo en la figura 7-5*a*, en la cual también se muestra una aceleración angular de entrada α_2 aplicada al eslabón 2. Esta aceleración angular de entrada α_2 puede variar con el tiempo. La ecuación de lazo vectorial se mostró en las ecuaciones 4.5*a* y *c*, se repiten por conveniencia.

$$\mathbf{R}_2+\mathbf{R}_3-\mathbf{R}_4-\mathbf{R}_1=0 \tag{4.5a}$$

Como antes, se sustituyen los vectores por la notación de número complejo y se denotan las longitudes escalares como *a*, *b*, *c*, *d*, como se muestra en la figura 7.5.

$$a e^{j\theta_2}+b e^{j\theta_3}-c e^{j\theta_4}-d e^{j\theta_1}=0 \tag{4.5c}$$

En la sección 6.7 (p. 211) se diferenció la ecuación 4.5*c* con respecto al tiempo para obtener una expresión para la velocidad, la cual se repite aquí.

$$ja\,\omega_2 e^{j\theta_2}+jb\,\omega_3 e^{j\theta_3}-jc\,\omega_4 e^{j\theta_4}=0 \tag{6.14c}$$

Ahora se establece la diferencia de la ecuación 6.14*c* con respecto al tiempo para obtener una expresión para las aceleraciones en el mecanismo. Cada término de la ecuación 6.14*c* contiene dos funciones de tiempo, θ y ω. Al diferenciar con la regla de la cadena en este ejemplo, se obtienen dos términos en la expresión de aceleración por cada término de la ecuación de velocidad.

$$\left(j^2 a\omega_2^2 e^{j\theta_2}+ja\alpha_2 e^{j\theta_2}\right)+\left(j^2 b\omega_3^2 e^{j\theta_3}+jb\alpha_3 e^{j\theta_3}\right)$$
$$-\left(j^2 c\omega_4^2 e^{j\theta_4}+jc\alpha_4 e^{j\theta_4}\right)=0 \tag{7.7a}$$

Al simplificar y agrupar los términos:

$$\left(a\alpha_2\, je^{j\theta_2}-a\omega_2^2 e^{j\theta_2}\right)+\left(b\alpha_3\, je^{j\theta_3}-b\omega_3^2 e^{j\theta_3}\right)$$
$$-\left(c\alpha_4\, je^{j\theta_4}-c\omega_4^2 e^{j\theta_4}\right)=0 \tag{7.7b}$$

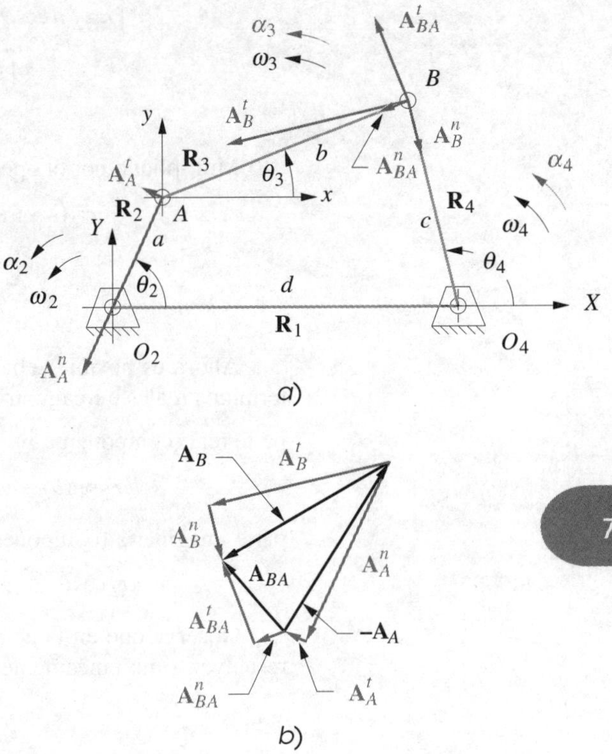

FIGURA 7-5 Lazo vectorial de posición de un mecanismo de cuatro barras que muestra vectores de aceleración

Compare los términos agrupados entre paréntesis con las ecuaciones 7.2 (p. 234). La ecuación 7.7 contiene las componentes tangencial y normal de las aceleraciones de los puntos *A* y *B* y de la diferencia de aceleración de *B* con respecto a *A*. Observe que éstas son las mismas relaciones utilizadas para resolver el problema gráficamente en la sección 7.2 (p. 235). La ecuación 7.7, en realidad, es la **ecuación de diferencia de aceleración** 7.4 (p. 234), la que, con la notación aquí utilizada, es:

$$\mathbf{A}_A+\mathbf{A}_{BA}-\mathbf{A}_B=0 \tag{7.8a}$$

donde:

$$\mathbf{A}_A=\left(\mathbf{A}^t_A+\mathbf{A}^n_A\right)=\left(a\alpha_2\, je^{j\theta_2}-a\omega_2^2 e^{j\theta_2}\right)$$
$$\mathbf{A}_{BA}=\left(\mathbf{A}^t_{BA}+\mathbf{A}^n_{BA}\right)=\left(b\alpha_3\, je^{j\theta_3}-b\omega_3^2 e^{j\theta_3}\right) \tag{7.8b}$$
$$\mathbf{A}_B=\left(\mathbf{A}^t_B+\mathbf{A}^n_B\right)=\left(c\alpha_4\, je^{j\theta_4}-c\omega_4^2 e^{j\theta_4}\right)$$

El diagrama vectorial en la figura 7-5*b* muestra estas componentes y es una solución gráfica de la ecuación 7.8*a*. Las componentes vectoriales también se muestran actuando en sus puntos respectivos en la figura 7-5*a*.

Ahora es necesario resolver la ecuación 7.7 para α_3 y α_4 con la aceleración angular α_2, las longitudes de los eslabones, todos los ángulos de los eslabones y las velocidades angulares conocidas. Por lo tanto, el análisis de posición derivado en la sección 4.5 (p. 126) y el análisis de la velocidad de la sección 6.7 (p. 211) deben realizarse primero para determinar los ángulos de los eslabones y las velocidades angulares antes de que se pueda completar el análisis de la aceleración. Se desea resolver la ecuación 7.8 para obtener una expresión en esta forma:

$$\alpha_3=f\left(a,b,c,d,\theta_2,\theta_3,\theta_4,\omega_2,\omega_3,\omega_4,\alpha_2\right) \tag{7.9a}$$

$$\alpha_4=g\left(a,b,c,d,\theta_2,\theta_3,\theta_4,\omega_2,\omega_3,\omega_4,\alpha_2\right) \tag{7.9b}$$

La estrategia de solución será la misma que en el análisis de la posición y velocidad. Primero se sustituye la identidad de Euler de la ecuación 4.4*a* (p. 128) en cada término de la ecuación 7.7:

$$\begin{aligned}&\left[a\alpha_2\, j\left(\cos\theta_2 + j\,\text{sen}\,\theta_2\right) - a\omega_2^2\left(\cos\theta_2 + j\,\text{sen}\,\theta_2\right)\right]\\&+\left[b\alpha_3\, j\left(\cos\theta_3 + j\,\text{sen}\,\theta_3\right) - b\omega_3^2\left(\cos\theta_3 + j\,\text{sen}\,\theta_3\right)\right]\\&-\left[c\alpha_4\, j\left(\cos\theta_4 + j\,\text{sen}\,\theta_4\right) - c\omega_4^2\left(\cos\theta_4 + j\,\text{sen}\,\theta_4\right)\right] = 0\end{aligned} \tag{7.10a}$$

Multiplique por el operador j y reacomode:

$$\begin{aligned}&\left[a\alpha_2\left(-\text{sen}\,\theta_2 + j\cos\theta_2\right) - a\omega_2^2\left(\cos\theta_2 + j\,\text{sen}\,\theta_2\right)\right]\\&+\left[b\alpha_3\left(-\text{sen}\,\theta_3 + j\cos\theta_3\right) - b\omega_3^2\left(\cos\theta_3 + j\,\text{sen}\,\theta_3\right)\right]\\&-\left[c\alpha_4\left(-\text{sen}\,\theta_4 + j\cos\theta_4\right) - c\omega_4^2\left(\cos\theta_4 + j\,\text{sen}\,\theta_4\right)\right] = 0\end{aligned} \tag{7.10b}$$

Ahora es posible separar esta ecuación vectorial en sus dos componentes al reunir todos los términos reales e imaginarios por separado:

parte real (componente x):

$$-a\alpha_2\,\text{sen}\,\theta_2 - a\omega_2^2\cos\theta_2 - b\alpha_3\,\text{sen}\,\theta_3 - b\omega_3^2\cos\theta_3 + c\alpha_4\,\text{sen}\,\theta_4 + c\omega_4^2\cos\theta_4 = 0 \tag{7.11a}$$

parte imaginaria (componente y):

$$a\alpha_2\cos\theta_2 - a\omega_2^2\,\text{sen}\,\theta_2 + b\alpha_3\cos\theta_3 - b\omega_3^2\,\text{sen}\,\theta_3 - c\alpha_4\cos\theta_4 + c\omega_4^2\,\text{sen}\,\theta_4 = 0 \tag{7.11b}$$

Observe que en la ecuación 7.11*b* se eliminaron todas las j. Las ecuaciones 7.11*a* y 7.11*b* se resuelven simultáneamente para obtener:

$$\alpha_3 = \frac{CD - AF}{AE - BD} \tag{7.12a}$$

$$\alpha_4 = \frac{CE - BF}{AE - BD} \tag{7.12b}$$

donde:

$$\begin{aligned}A &= c\,\text{sen}\,\theta_4\\B &= b\,\text{sen}\,\theta_3\\C &= a\alpha_2\,\text{sen}\,\theta_2 + a\omega_2^2\cos\theta_2 + b\omega_3^2\cos\theta_3 - c\omega_4^2\cos\theta_4\\D &= c\cos\theta_4\\E &= b\cos\theta_3\\F &= a\alpha_2\cos\theta_2 - a\omega_2^2\,\text{sen}\,\theta_2 - b\omega_3^2\,\text{sen}\,\theta_3 + c\omega_4^2\,\text{sen}\,\theta_4\end{aligned} \tag{7.12c}$$

Una vez resuelto para α_3 y α_4, es posible entonces resolver para las aceleraciones lineales al sustituir la identidad de Euler en las ecuaciones 7.8*b* (p. 239),

$$\begin{aligned}&\mathbf{A}_A = a\alpha_2\left(-\text{sen}\,\theta_2 + j\cos\theta_2\right) - a\omega_2^2\left(\cos\theta_2 + j\,\text{sen}\,\theta_2\right)\\&\mathbf{A}_{A_x} = -a\alpha_2\,\text{sen}\,\theta_2 - a\omega_2^2\cos\theta_2 \qquad \mathbf{A}_{A_y} = a\alpha_2\cos\theta_2 - a\omega_2^2\,\text{sen}\,\theta_2\end{aligned} \tag{7.13a}$$

$$\begin{aligned}&\mathbf{A}_{BA} = b\alpha_3\left(-\text{sen}\,\theta_3 + j\cos\theta_3\right) - b\omega_3^2\left(\cos\theta_3 + j\,\text{sen}\,\theta_3\right)\\&\mathbf{A}_{BA_x} = -b\alpha_3\,\text{sen}\,\theta_3 - b\omega_3^2\cos\theta_3 \qquad \mathbf{A}_{BA_y} = b\alpha_3\cos\theta_3 - b\omega_3^2\,\text{sen}\,\theta_3\end{aligned} \tag{7.13b}$$

$$\begin{aligned}&\mathbf{A}_B = c\alpha_4\left(-\text{sen}\,\theta_4 + j\cos\theta_4\right) - c\omega_4^2\left(\cos\theta_4 + j\,\text{sen}\,\theta_4\right)\\&\mathbf{A}_{B_x} = -c\alpha_4\,\text{sen}\,\theta_4 - c\omega_4^2\cos\theta_4 \qquad \mathbf{A}_{B_y} = c\alpha_4\cos\theta_4 - c\omega_4^2\,\text{sen}\,\theta_4\end{aligned} \tag{7.13c}$$

donde los términos real e imaginario son las componentes x y y, respectivamente. Las ecuaciones 7.12 y 7.13 proporcionan una solución completa de las aceleraciones angulares de los eslabones y de las aceleraciones lineales de las juntas en el mecanismo de cuatro barras con juntas de pasador.

EJEMPLO 7-2 Análisis de aceleración de un mecanismo de cuatro barras mediante el método del lazo vectorial.

Problema: Dado un mecanismo de cuatro barras con las longitudes de eslabón $L_1 = d = 100$ mm, $L_2 = a = 40$ mm, $L_3 = b = 120$ mm, $L_4 = c = 80$ mm, con $\theta_2 = 40°$, $\omega_2 = 25$ rad/s y $\alpha_2 = 15$ rad/s^2, encuentre los valores de α_3 y α_4, A_A, A_{BA} y A_B en el circuito abierto del mecanismo. Use los ángulos y las velocidades angulares encontrados para el mismo mecanismo y la misma posición en el ejemplo 6.7 (p. 213).

Solución: (Para determinar la nomenclatura, consulte la figura 7-5, p. 239.)

1 En el ejemplo 4-1 (p. 131) se determinó que los ángulos de eslabón para el circuito abierto de este mecanismo son $\theta_3 = 20.298°$ y $\theta_4 = 57.325°$. En el ejemplo 6-7 (p. 213) se encontró que las velocidades angulares en esta posición son $\omega_3 = -4.121$ y $\omega_4 = 6.998$ rad/s.

2 Con estos ángulos, estas velocidades angulares y las ecuaciones 7.12 determine α_3 y α_4 en el circuito abierto. Primero encuentre los parámetros en la ecuación 7.12c.

$$\begin{aligned}
A &= c\,\text{sen}\,\theta_4 = 80\,\text{sen}\,57.325° = 67.340\\
B &= b\,\text{sen}\,\theta_3 = 120\,\text{sen}\,20.298° = 41.628\\
C &= a\alpha_2\,\text{sen}\,\theta_2 + a\omega_2^2\cos\theta_2 + b\omega_3^2\cos\theta_3 - c\omega_4^2\cos\theta_4\\
&= 40(15)\,\text{sen}40° + 40(25)^2\cos 40° + 120(-4.121)^2\cos 20.298° - 80(6.998)^2\cos 57.325°\\
&= 19\,332.98\\
D &= c\cos\theta_4 = 80\cos 57.325° = 43.190\\
E &= b\cos\theta_3 = 120\cos 20.298° = 112.548\\
F &= a\alpha_2\cos\theta_2 - a\omega_2^2\,\text{sen}\,\theta_2 - b\omega_3^2\,\text{sen}\,\theta_3 + c\omega_4^2\,\text{sen}\,\theta_4\\
&= 40(15)\cos 40° - 40(25)^2\,\text{sen}\,40° - 120(-4.121)^2\,\text{sen}\,20.298° + 80(6.998)^2\,\text{sen}\,57.325°\\
&= -13\,019.25
\end{aligned} \tag{a}$$

3 Después determine α_3 y α_4 mediante las ecuaciones 7.12*a* y *b*.

$$\alpha_3 = \frac{CD - AF}{AE - BD} = \frac{19\,332.98(43.190) - 67.340(-13\,019.25)}{67.340(112.548) - 41.628(43.190)} = 269.0899 \text{ rad/s}^2 \tag{b}$$

$$\alpha_4 = \frac{CE - BF}{AE - BD} = \frac{19\,332.98(112.548) - 41.628(-13\,019.25)}{67.340(112.548) - 41.628(43.190)} = 470.134 \text{ rad/s}^2 \tag{c}$$

4 Con las ecuaciones 7.13 encuentre las aceleraciones lineales de los puntos *A* y *B*.

$$\begin{aligned}
\mathbf{A}_{A_x} &= -a\alpha_2\,\text{sen}\,\theta_2 - a\omega_2^2\cos\theta_2 = -40(15)\,\text{sen}\,40° - 40(25)^2\cos 40° = -19.537 \text{ m/s}^2\\
\mathbf{A}_{A_y} &= a\alpha_2\cos\theta_2 - a\omega_2^{22}\,\text{sen}\,\theta_2 = 40(15)\cos 40° - 40(25)^2\,\text{sen}\,40° = -15.617 \text{ m/s}^2
\end{aligned} \tag{d}$$

$$\begin{aligned}
\mathbf{A}_{BA_x} &= -b\,\alpha_3\,\text{sen}\,\theta_3 - b\,\omega_3^2\cos\theta_3\\
&= -120(269.089)\,\text{sen}\,20.298° - 120(-4.121)^2\cos 20.298° = -14\ 237 \text{ m/s}^2\\
\mathbf{A}_{BA_y} &= b\,\alpha_3\cos\theta_3 - b\,\omega_3^2\,\text{sen}\,\theta_3\\
&= 120(269.089)\cos 20.298° - 120\,(-4.121)^2\,\text{sen}\,20.298° = 32.617 \text{ m/s}^2
\end{aligned} \tag{e}$$

$$\begin{aligned}
\mathbf{A}_{B_x} &= -c\,\alpha_4\,\text{sen}\,\theta_4 - c\,\omega_4^2\cos\theta_4\\
&= -80(470.134)\,\text{sen}\,57.325° - 80(6.998)^2\cos 57.325° = -33.774 \text{ m/s}^2\\
\mathbf{A}_{B_y} &= c\,\alpha_4\cos\theta_4 - c\,\omega_4^2\,\text{sen}\,\theta_4\\
&= 80(470.134)\cos 57.325° - 80(6.998)^{22}\,\text{sen}\,57.325° = 17.007 \text{ m/s}^2
\end{aligned} \tag{f}$$

Mecanismo de cuatro barras manivela-corredera

La primera inversión del mecanismo de manivela-corredera descentrado tiene su bloque deslizante en contacto con el plano de la bancada, como se muestra en la figura 7-6*a*. Sus aceleraciones se resuelven de la misma manera que en el mecanismo de cuatro barras con juntas de pasador.

Las ecuaciones de posición para el mecanismo de cuatro barras manivela-corredera descentrado (inversión número 1) se derivaron en la sección 4.6 (p. 132). El mecanismo se mostró en las figuras 4-9 (p. 132) y 6-21 (p. 214), y se muestra de nuevo en la figura 7-6*a*, en la cual también se señala una aceleración angular de entrada α_2 aplicada al eslabón 2. Esta α_2 puede ser una aceleración de entrada variable con el tiempo. La ecuación de lazo vectorial se repite aquí por conveniencia.

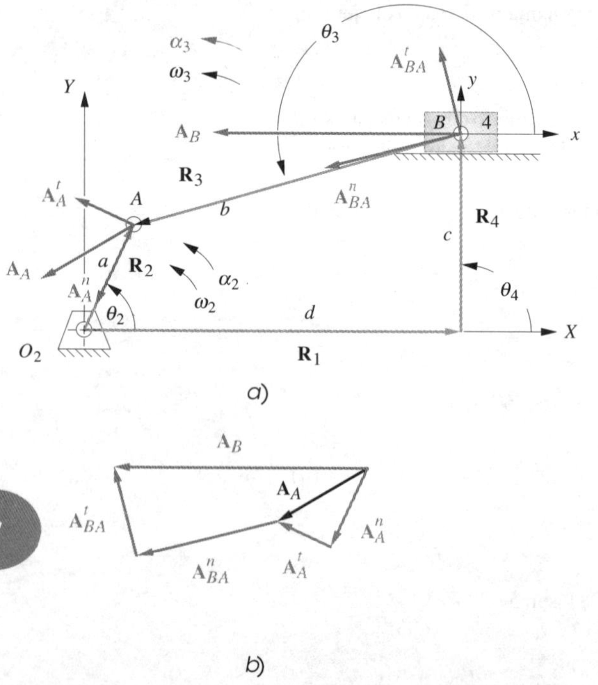

FIGURA 7-6 Lazo vectorial de posición de un mecanismo de cuatro barras que muestra vectores de aceleración

$$\mathbf{R}_2 - \mathbf{R}_3 - \mathbf{R}_4 - \mathbf{R}_1 = 0 \qquad (4.14a)$$

$$a e^{j\theta_2} - b e^{j\theta_3} - c e^{j\theta_4} - d e^{j\theta_1} = 0^{\theta} \qquad (4.14b)$$

En la sección 6.7 (p. 211) se diferenció la ecuación 4.14b con respecto al tiempo al considerar que a, b, c, θ_1 y θ_4 son constantes, aunque la longitud del eslabón d varía con el tiempo en esta inversión.

$$ja\omega_2 e^{j\theta_2} - jb\omega_3 e^{j\theta_3} - \dot{d} = 0 \qquad (6.20a)$$

El término $\dot{d}$ es la velocidad lineal del bloque deslizante. La ecuación 6.20a es la ecuación de diferencia de velocidad.

Ahora se diferencia la ecuación 6.20a con respecto al tiempo para obtener una expresión para la aceleración en esta inversión del mecanismo manivela-corredera.

$$\left(ja\alpha_2 e^{j\theta_2} + j^2 a\omega_2^2 e^{j\theta_2}\right) - \left(jb\alpha_3 e^{j\theta_3} + j^2 b\omega_3^2 e^{j\theta_3}\right) - \ddot{d} = 0 \qquad (7.14a)$$

Al simplificar:

$$\left(a\alpha_2\, je^{j\theta_2} - a\omega_2^2 e^{j\theta_2}\right) - \left(b\alpha_3\, je^{j\theta_3} - b\omega_3^2 e^{j\theta_3}\right) - \ddot{d} = 0 \qquad (7.14b)$$

Observe que la ecuación 7.14 es otra vez la ecuación de diferencia de aceleración:

$$\mathbf{A}_A - \mathbf{A}_{AB} - \mathbf{A}_B = 0$$
$$\mathbf{A}_{BA} = -\mathbf{A}_{AB} \qquad (7.15a)$$
$$\mathbf{A}_B = \mathbf{A}_A + \mathbf{A}_{BA}$$

$$\mathbf{A}_A = \left(\mathbf{A}_A^t + \mathbf{A}_A^n\right) = \left(a\alpha_2\, je^{j\theta_2} - a\omega_2^2\, e^{j\theta_2}\right)$$
$$\mathbf{A}_{BA} = \left(\mathbf{A}_{BA}^t + \mathbf{A}_{BA}^n\right) = \left(b\alpha_3\, je^{j\theta_3} - b\omega_3^2\, e^{j\theta_3}\right) \qquad (7.15b)$$
$$\mathbf{A}_B = \mathbf{A}_B^t = \ddot{d}$$

Observe que en este mecanismo el eslabón 4 se encuentra en traslación pura, y por lo tanto ω_4 y α_4 son cero. La aceleración del eslabón 4 tiene sólo una componente "tangencial" de aceleración a lo largo de su trayectoria.

Las dos incógnitas en la ecuación vectorial 7.14 son la aceleración angular del eslabón 3, α_3 y la aceleración lineal del eslabón 4, $\ddot{d}$. Para determinar las aceleraciones, se sustituye la identidad de Euler.

$$\begin{aligned} &a\alpha_2\left(-\operatorname{sen}\theta_2 + j\cos\theta_2\right) - a\omega_2^2\left(\cos\theta_2 + j\operatorname{sen}\theta_2\right) \\ &\quad - b\alpha_3\left(-\operatorname{sen}\theta_3 + j\cos\theta_3\right) + b\omega_3^2\left(\cos\theta_3 + j\operatorname{sen}\theta_3\right) - \ddot{d} = 0 \end{aligned} \qquad (7.16a)$$

y se separan las componentes real (x) e imaginaria (y):

parte real (componente x):

$$-a\alpha_2 \operatorname{sen}\theta_2 - a\omega_2^2 \cos\theta_2 + b\alpha_3 \operatorname{sen}\theta_3 + b\omega_3^2 \cos\theta_3 - \ddot{d} = 0 \qquad (7.16b)$$

parte imaginaria (componente y):

$$a\alpha_2 \cos\theta_2 - a\omega_2^2 \operatorname{sen}\theta_2 - b\alpha_3 \cos\theta_3 + b\omega_3^2 \operatorname{sen}\theta_3 = 0 \qquad (7.16c)$$

La ecuación 7.16c se resuelve directamente para α_3 y el resultado sustituido en la ecuación 7.16b para encontrar $\ddot{d}$.

$$\alpha_3 = \frac{a\alpha_2 \cos\theta_2 - a\omega_2^2 \operatorname{sen}\theta_2 + b\omega_3^2 \operatorname{sen}\theta_3}{b\cos\theta_3} \qquad (7.16d)$$

$$\ddot{d} = -a\alpha_2 \operatorname{sen}\theta_2 - a\omega_2^2 \cos\theta_2 + b\alpha_3 \operatorname{sen}\theta_3 + b\omega_3^2 \cos\theta_3 \qquad (7.16e)$$

Las otras aceleraciones lineales se encuentran con la ecuación 7.15b y se muestran en el diagrama vectorial de la figura 7.6b.

EJEMPLO 7-3 Análisis de aceleración de un mecanismo de cuatro barras de manivela-corredera mediante el método del lazo vectorial.

Problema: Dado un mecanismo de cuatro barras de manivela-corredera con las longitudes de eslabón $L_2 = a = 40$ mm, $L_3 = b = 120$ mm, *descentrado* $= c = -20$ mm, con $\theta_2 = 60°$, $\omega_2 = -30$ rad/s y $\alpha_2 = 20$ rad/s^2, encuentre α_3 y la aceleración lineal de la corredera para el circuito abierto. Use los ángulos, las posiciones y las velocidades angulares encontrados para el mismo mecanismo en los ejemplos 4.2 (p. 193) y 6-8 (p. 214).

Solución: (Para determinar la nomenclatura, consulte la figura 7-6, p. 234.)

1 En el ejemplo 4-2 (p. 134) se determinó el ángulo $\theta_3 = 152.91°$ y la posición de la corredera $d = 126.84$ mm para el circuito abierto. En el ejemplo 6-8 (p. 214) se encontró que la velocidad angular ω_3 del acoplador es de 5.616 rad/s.

2 Con la ecuación 7.16*d* (p. 242) y los datos del paso 1, calcule la aceleración angular α_3 del acoplador.

$$\alpha_3 = \frac{a\alpha_2 \cos\theta_2 - a\omega_2^2 \operatorname{sen}\theta_2 + b\omega_3^2 \operatorname{sen}\theta_3}{b\cos\theta_3}$$

$$= \frac{40(20)\cos 60° - 40(-30)^2 \operatorname{sen} 60° + 120(5.616)^2 \operatorname{sen} 152.91°}{120\cos 152.91°} = 271.94 \text{ rad/s}^2 \qquad (a)$$

3 Con base en la ecuación 7.16*e* y en los datos de los pasos 1 y 2, calcule la aceleración $\ddot{d}$ de la corredera.

$$\ddot{d} = -a\alpha_2 \operatorname{sen}\theta_2 - a\omega_2^2 \cos\theta_2 + b\alpha_3 \operatorname{sen}\theta_3 + b\omega_3^2 \cos\theta_3$$

$$= -40(20)\operatorname{sen}60° - 40(-30)^2 \cos 60° + 120(271.94)\operatorname{sen}152.91° + 120(5.616)^2 \cos 152.91°$$

$$= -7.203 \text{ m/s}^2 \qquad (b)$$

Mecanismo corredera-manivela de cuatro barras

El *mecanismo de cuatro barras de* **corredera-manivela** tiene la misma geometría que el *mecanismo de cuatro barras de* **manivela-corredera** que se analizó en la sección previa. El cambio de nombre indica que se impulsa con la corredera como entrada y la manivela como salida. Este mecanismo se denomina en ocasiones manivela-corredera "de impulso inverso". Aquí definiremos con el término **corredera-manivela** un mecanismo impulsado desde la corredera. Es una configuración de mecanismo muy frecuente. Todos los pistones de un motor de combustión interna tienen un mecanismo de este tipo por cada cilindro. El lazo vectorial es como se muestra en la figura 7-6 (p. 242), y la ecuación del lazo vectorial es idéntica a la de la manivela corredera (ecuación 4.14*a*). La obtención de θ_2 y ω_2 en función de la posición d y la velocidad $\dot{d}$ de la corredera se realizó respectivamente en las secciones 4-7 (p. 134) y 6-7 (p. 211). Ahora se desea resolver α_2 y α_3 en función de la aceleración $\ddot{d}$ de la corredera y de las longitudes, ángulos y velocidades angulares conocidos de los eslabones.

Comenzamos con las ecuaciones 7.16*b* y *c*, que también se aplican a este mecanismo:

$$-a\alpha_2 \operatorname{sen}\theta_2 - a\omega_2^2 \cos\theta_2 + b\alpha_3 \operatorname{sen}\theta_3 + b\omega_3^2 \cos\theta_3 - \ddot{d} = 0 \qquad (7.16b)$$

$$a\alpha_2 \cos\theta_2 - a\omega_2^2 \operatorname{sen}\theta_2 - b\alpha_3 \cos\theta_3 + b\omega_3^2 \operatorname{sen}\theta_3 = 0 \qquad (7.16c)$$

Resuelva la ecuación 7.16*c* para α_3 en términos de α_2.

$$\alpha_3 = \frac{a\alpha_2 \cos\theta_2 - a\omega_2^2 \operatorname{sen}\theta_2 + b\omega_3^2 \operatorname{sen}\theta_3}{b\cos\theta_3} \qquad (7.17a)$$

Sustituya la ecuación 7.17*a* por α_3 en la ecuación 7.16*b* y despeje α_2.

$$\alpha_2 = \frac{a\omega_2^2\left(\cos\theta_2 \cos\theta_3 + \operatorname{sen}\theta_2 \operatorname{sen}\theta_3\right) - b\omega_3^2 + \ddot{d}\cos\theta_3}{a\left(\cos\theta_2 \operatorname{sen}\theta_3 - \operatorname{sen}\theta_2 \cos\theta_3\right)} \qquad (7.17b)$$

El circuito del mecanismo depende del valor de d elegido, y las aceleraciones angulares serán para la rama representada por los valores de θ_2 y θ_3 de la ecuación 4.21.*

* Los mecanismos de manivela-corredera y corredera-manivela tienen dos circuitos o configuraciones para ensamblarse de manera independiente, en ocasiones llamados abierto y cruzado. Como el eslabón 4 siempre está perpendicular al eje de la corredera, es paralelo a sí mismo en ambos circuitos. Esto provoca que dos circuitos se reflejen entre sí como en un espejo respecto de una línea que pase a través del pivote de la manivela y sea perpendicular al eje de la corredera. Por lo tanto, la elección del valor d de la posición de la corredera en el cálculo del mecanismo corredera-manivela determina el circuito por analizar. Sin embargo, en vista de los puntos de cambio TDC y BDC, la corredera-manivela tiene dos ramas en cada circuito, y las dos ecuaciones obtenidas de la ecuación 4.21 representan las dos ramas del circuito en análisis. En cambio, la manivela-corredera tiene sólo una rama por circuito porque cuando la manivela recibe el impulso, ésta realiza una revolución completa y no hay puntos de cambio que separen las ramas. Consulte la sección 4.13 (p. 135) para ver un análisis más completo de los circuitos y ramas en los mecanismos.

EJEMPLO 7-4 Análisis de aceleración de un mecanismo de cuatro barras de corredera-manivela mediante el método del lazo vectorial.

Problema: Dado un mecanismo de cuatro barras de corredera-manivela con las longitudes de eslabón $L_2 = a = 40$ mm, $L_3 = b = 120$ mm, *descentrado* $= c = -20$ mm, con $d = 100$ mm y $\ddot{d} = 900$ mm/s^2, encuentre α_2 y α_3 en ambas ramas de un circuito del mecanismo. Use los ángulos y las velocidades angulares encontrados para el mismo mecanismo en los ejemplos 4.3 (p. 136) y 6-9 (p. 215), respectivamente.

Solución: (Para determinar la nomenclatura, consulte la figura 7-6.)

1 En el ejemplo 4-3 (p. 136) se determinaron los ángulos $\theta_{2_1} = 95.80°$, $\theta_{3_1} = 150.11°$ para la rama 1 de este mecanismo. En el ejemplo 6-9 (p. 215) se encontraron las velocidades angulares $\omega_{2_1} = -32.023$ rad/s y $\omega_{3_1} = -1.244$ rad/s para la rama 1.

2 Con la ecuación 7.17*b* y los datos del paso 1, calcule la aceleración angular α_{2_1} de la manivela.

$$\alpha_{2_1} = \frac{a\,\omega_{2_1}^2\left(\cos\theta_{2_1}\cos\theta_{3_1} + \operatorname{sen}\theta_{2_1}\operatorname{sen}\theta_{3_1}\right) - b\,\omega_{3_1}^2 + \ddot{d}\cos\theta_{3_1}}{a\left(\cos\theta_{2_1}\operatorname{sen}\theta_{3_1} - \operatorname{sen}\theta_{2_1}\cos\theta_{3_1}\right)}$$

$$\alpha_{2_1} = \frac{40(-32.023)^2\left(\cos 95.80°\cos 150.11° + \operatorname{sen} 95.80°\operatorname{sen} 150.11°\right) - 120(-1.244)^2 + 900\cos 150.11°}{40\left(\cos 95.80°\operatorname{sen} 150.11° - \operatorname{sen} 95.80°\cos 150.11°\right)}$$

$$\alpha_{2_1} = 706.753 \text{ rad/s}^2 \qquad (a)$$

3 Con la ecuación 7.17*a* y los datos de los pasos 1 y 2, calcule la aceleración angular del acoplador α_{3_1}.

$$\alpha_{3_1} = \frac{a\,\alpha_{2_1}\cos\theta_{2_1} - a\,\omega_{2_1}^2\operatorname{sen}\theta_2 + b\,\omega_{3_1}^2\operatorname{sen}\theta_{3_1}}{b\cos\theta_{3_1}}$$

$$\alpha_{3_1} = \frac{40(-706.753)\cos 95.80° - 40(-32.023)^2\operatorname{sen} 95.80° + 120(-1.244)^2\operatorname{sen} 150.11°}{120\cos 150.11°}$$

$$\alpha_{3_1} = 418.804 \text{ rad/s}^2 \qquad (b)$$

4 En el ejemplo 4-3 se determinaron los ángulos $\theta_{2_2} = -118.42°$ y $\theta_{3_2} = 187.27°$ para la rama 2 de este mecanismo. En el ejemplo 6-9 (p. 215) se encontraron las velocidades angulares $\omega_{2_2} = 36.64$ rad/s y $\omega_{3_2} = 5.86$ rad/s para ia rama 2. Con la ecuación 7.17*b* y los datos del paso 3, calcule la aceleración angular α_{2_2} de la manivela para la rama 2.

$$\alpha_{2_2} = \frac{a\,\omega_{2_2}^2\left(\cos\theta_{2_2}\cos\theta_{3_2} + \operatorname{sen}\theta_{2_2}\operatorname{sen}\theta_{3_2}\right) - b\,\omega_{3_2}^2 + \ddot{d}\cos\theta_{3_2}}{a\left(\cos\theta_{2_2}\operatorname{sen}\theta_{3_2} - \operatorname{sen}\theta_{2_2}\cos\theta_{3_2}\right)}$$

$$\alpha_{2_2} = \frac{40(36.64)^{22}\left(\cos{-118.42°}\cos 187.27° + \operatorname{sen}{-118.42°}\operatorname{sen} 187.27°\right) - 120(5.86)^2 + 900\cos 187.27°}{40\left[\cos(-118.42°)\operatorname{sen} 187.27° - \operatorname{sen}(-118.42°)\cos 187.27°\right]}$$

$$\alpha_{2_2} = -809.801 \text{ rad/s}^2 \qquad (c)$$

5 Con base en la ecuación 7.17*a* (p. 243) y los datos de los pasos 3 y 4, calcule la aceleración angular α_{3_2} del acoplador.

$$\alpha_{3_2} = \frac{a\,\alpha_{2_2}\cos\theta_{2_2} - a\,\omega_{2_2}^2\operatorname{sen}\theta_2 + b\,\omega_{3_2}^2\operatorname{sen}\theta_{3_2}}{b\cos\theta_{3_2}}$$

$$\alpha_{3_2} = \frac{40(-809.801)\cos{-118.42°} - 40(36.64)^2\operatorname{sen}{-118.42°} + 120(5.859)^2\operatorname{sen} 187.27°}{120\cos 187.27°}$$

$$\alpha_{3_2} = -521.852 \text{ rad/s}^2 \qquad (d)$$

Aceleración de Coriolis

Los ejemplos utilizados en los análisis anteriores de la aceleración incluyeron sólo mecanismos con juntas de pasador o la inversión del mecanismo manivela-corredera en la que el bloque deslizante no gira. Cuando una junta deslizante está presente en un eslabón rotatorio, una componente adicional de la aceleración estará presente, la **componente Coriolis**, así nombrada en honor de su descubridor. La figura 7-7*a* muestra un sistema simple de dos eslabones que consiste en un eslabón con una ranura radial y un bloque que se desliza dentro de esa ranura.

La localización instantánea del bloque es definida por un vector de posición ($\mathbf{R}_P$) referido al origen global en el centro del eslabón. *Este vector gira y cambia de longitud conforme se mueve el sistema.* Como se muestra, éste es un sistema con dos grados de libertad. Las **dos entradas al sistema** son la aceleración angular (α) del eslabón y la velocidad de deslizamiento lineal relativa ($\mathbf{V}_{Pdesl}$) del bloque con respecto al disco. La velocidad angular ω es el resultado del historial de tiempo de la aceleración angular. La situación mostrada, con una α en sentido contrario al de las manecillas del reloj y una ω en el sentido de las manecillas del reloj, implica que con anterioridad en el tiempo el eslabón había sido acelerado hasta que alcanzó una velocidad angular en el sentido de las manecillas del reloj y ahora se desacelera. La componente de transmisión de la velocidad ($\mathbf{V}_{Ptransm}$) es el resultado de la ω del eslabón que actúa en el radio R_P cuya magnitud es p.

La situación en la figura 7-7 se muestra en un instante. No obstante, las ecuaciones que se deriven serán válidas en todo momento. Se desea determinar la aceleración en el centro del bloque (P) sometido a este movimiento combinado de rotación y deslizamiento. Para ello, primero se escribe la expresión para el vector de posición $\mathbf{R}_P$ el cual localiza el punto P.

$$\mathbf{R}_P = pe^{j\theta_2} \qquad (7.18a)$$

Observe que existen dos funciones de tiempo en la ecuación 7.17, p y θ. Cuando se diferencia con respecto al tiempo se obtienen dos términos en la expresión de velocidad:

$$\mathbf{V}_P = p\omega_2 je^{j\theta_2} + \dot{p}e^{j\theta_2} \qquad (7.18b)$$

Éstos son la componente de transmisión y la componente de deslizamiento de la velocidad.

$$\mathbf{V}_P = \mathbf{V}_{P_{transm}} + \mathbf{V}_{P_{desl}} \qquad (7.18c)$$

El término $p\omega$ es la componente de transmisión y está dirigida a 90 grados con respecto al eje de deslizamiento, el cual, en este ejemplo, coincide con el vector de posición $\mathbf{R}_P$. El término $\dot{p}$ es la **componente de deslizamiento** y está dirigida a lo largo del **eje de deslizamiento** en la misma dirección que el vector de posición en este ejemplo. Su suma vectorial es $\mathbf{V}_P$, como se muestra en la figura 7-7*a*.

Para obtener una expresión para la aceleración, se debe diferenciar la ecuación 7.18 con respecto al tiempo. Observe que la componente de transmisión contiene **tres** funciones de tiempo, p, ω y θ. La regla de la cadena dará tres términos para este término. La componente de deslizamiento de la velocidad contiene dos funciones de tiempo, p y θ, que producen dos términos en la derivada para un total de cinco términos, dos de los cuales resultan ser iguales.

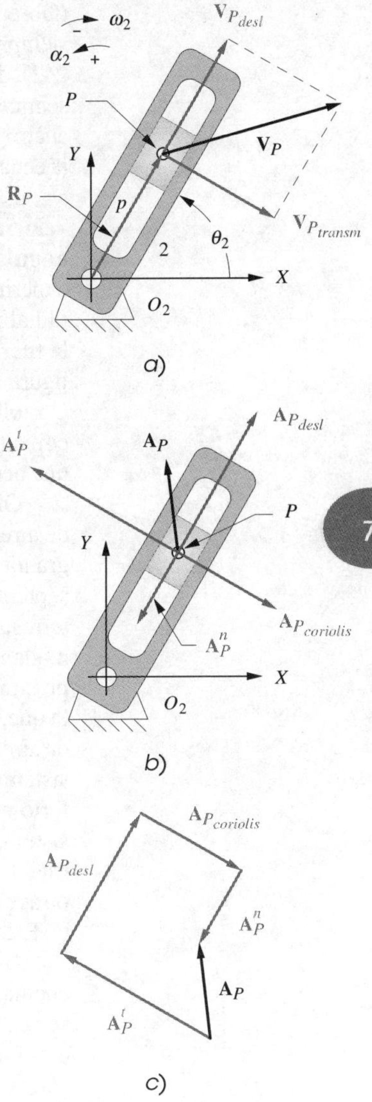

FIGURA 7-7 Componente de Coriolis mostrada en un sistema con α_2 positiva (SCMR) y ω_2 negativa (SMR)

$$\mathbf{A}_P = \left(p\alpha_2 je^{j\theta_2} + p\omega_2^2 j^2 e^{j\theta_2} + \dot{p}\omega_2 je^{j\theta_2}\right) + \left(\dot{p}\omega_2 je^{j\theta_2} + \ddot{p}e^{j\theta_2}\right) \qquad (7.19a)$$

Al simplificar y reunir los términos:

$$\mathbf{A}_P = p\alpha_2 je^{j\theta_2} - p\omega_2^2 e^{j\theta_2} + 2\dot{p}\omega_2 je^{j\theta_2} + \ddot{p}e^{j\theta_2} \qquad (7.19b)$$

Estos términos representan las siguientes componentes:

$$\mathbf{A}_P = \mathbf{A}_{P_{tangencial}} + \mathbf{A}_{P_{normal}} + \mathbf{A}_{P_{coriolis}} + \mathbf{A}_{P_{desl}} \qquad (7.19c)$$

Observe que el término Coriolis apareció en la expresión de aceleración a consecuencia de la diferenciación simplemente porque la longitud del vector p es una función del tiempo. La magnitud de la componente Coriolis es dos veces el producto de la velocidad de deslizamiento (ecuación 7.18) y la velocidad angular del eslabón que contiene la ranura. Su dirección está girada a 90 grados de la del vector de posición original $\mathbf{R}_P$ en el sentido de las manecillas del reloj o, al contrario, según el sentido de ω.*

* Este método funciona en el caso de dos dimensiones. La aceleración de Coriolis es el producto cruz de 2ω por la velocidad de deslizamiento. La operación de producto cruz definirá su magnitud, signo y dirección en el caso de tres dimensiones.

(Observe que se eligió alinear el vector de posición $\mathbf{R}_P$ con el eje de deslizamiento en la figura 7-7, lo cual siempre se puede hacer sin importar la ubicación del centro de rotación. Véase también la figura 7-6 (p. 242), donde $\mathbf{R}_1$ está alineado con el eje de deslizamiento.) Las cuatro componentes de la ecuación 7.19 se muestran al actuar en el punto P en la figura 7-7*b*. La aceleración total $\mathbf{A}_P$ es la suma vectorial de los cuatro términos, como se muestra en la figura 7-7*c*. Observe que el término de la aceleración normal en la ecuación 7.19*b* es negativo, así que se convierte en una resta cuando se sustituye en la ecuación 7.19*c*.

Esta componente de la aceleración de Coriolis estará siempre presente cuando haya una velocidad de deslizamiento asociada con cualquier elemento que también tenga una velocidad angular. Sin uno u otro de esos dos factores, la componente Coriolis será cero. Probablemente haya experimentado la aceleración de Coriolis durante un paseo en un carrusel o volantín. Si intenta caminar radialmente de afuera hacia dentro (o viceversa) mientras el carrusel gira, será lanzado de lado por la fuerza inercial producida por la aceleración de Coriolis. El sujeto sería el *bloque deslizante* de la figura 7-7, y su *velocidad de deslizamiento* combinada con la rotación del carrusel creó la componente Coriolis. Cuando caminaba de un radio grande a uno pequeño, la velocidad tangencial cambiaba para coincidir con la de la nueva ubicación del pie en el carrusel. Cualquier cambio de velocidad requiere una aceleración. El "fantasma de Coriolis" fue el que lo empujó de lado en ese carrusel.

Otro ejemplo de la componente Coriolis es su efecto en los sistemas climáticos. Las grandes masas de aire que existen en la atmósfera baja de la Tierra, como los huracanes, abarcan un área lo bastante grande como para verse sometidas a velocidades significativamente diferentes en sus extremidades septentrionales y meridionales. La atmósfera gira con la Tierra. La velocidad tangencial de la superficie terrestre generada por su velocidad angular varía desde cero en los polos hasta un máximo de aproximadamente 1 000 mph en el ecuador. Los vientos de un sistema tempestuoso son atraídos hacia la baja presión en su centro. Estos vientos tienen una velocidad de deslizamiento con respecto a la superficie, la que, combinada con la ω de la Tierra, crea una componente de aceleración de Coriolis en las masas de aire en movimiento. Esta aceleración de Coriolis hace que el aire gire en torno al centro, u "ojo", del sistema tempestuoso. Esta rotación será en sentido contrario al de las manecillas del reloj en el hemisferio norte y en el sentido de las manecillas del reloj en el hemisferio sur. El movimiento de todo el sistema tempestuoso de sur a norte también crea una componente de Coriolis que tenderá a desviar la ruta de la tormenta hacia el este, aunque este efecto a menudo es anulado por las fuerzas creadas por otras grandes masas de aire tales como sistemas de alta presión, los cuales pueden desviar una tormenta. Estos complicados factores hacen difícil predecir la ruta verdadera de una gran tormenta.

Observe que en la solución analítica aquí presentada, la componente de Coriolis será tomada en cuenta automáticamente en tanto la diferenciación se haga de manera correcta. Sin embargo, cuando se realiza un análisis gráfico de la aceleración, se debe estar alerta para reconocer la presencia de esta componente, calcularla e incluirla en los diagramas vectoriales cuando sus dos constituyentes $\mathbf{V}_{desl}$ y ω no son cero.

Mecanismo de cuatro barras manivela-corredera invertido

Las ecuaciones de posición para el mecanismo de cuatro barras manivela-corredera invertido se derivaron en la sección 4.7 (p. 134). El mecanismo se mostró en las figuras 4-10 (p. 132) y 6-22 (p. 216) y se muestra de nuevo en la figura 7-8*a* (p. 247) en la cual también se muestra una aceleración angular de entrada α_2 aplicada al eslabón 2. Esta α_2 puede variar con el tiempo. Las ecuaciones de lazo vectorial 4.14 (p. 133) también son válidas para este mecanismo.

Todos los mecanismos de corredera tendrán por lo menos un eslabón cuya longitud efectiva entre las juntas varía cuando el mecanismo se mueve. En esta inversión, la longitud del eslabón 3 entre los puntos A y B, designada como b, cambiará conforme pasa por el bloque deslizante en el eslabón 4. En la sección 6.7 (p. 211) se obtuvo una expresión para la velocidad, al diferenciar la ecuación 4.14*b* con respecto al tiempo, lo cual denota que a, c, d y θ_1 son constantes y que b, θ_3 y θ_4 varían con el tiempo.

$$ja\omega_2 e^{j\theta_2} - jb\omega_3 e^{j\theta_3} - be^{j\theta_3} - jc\omega_4 e^{j\theta_4} = 0 \tag{6.25a}$$

Al diferenciar ésta con respecto al tiempo se obtiene una expresión para la aceleración en esta inversión del mecanismo manivela-corredera.

$$\begin{aligned}\left(ja\alpha_2 e^{j\theta_2} + j^2 a\omega_2^2 e^{j\theta_2}\right) - \left(jb\alpha_3 e^{j\theta_3} + j^2 b\omega_3^2 e^{j\theta_3} + j\dot{b}\omega_3 e^{j\theta_3}\right)& \\ - \left(\ddot{b}e^{j\theta_3} + j\dot{b}\omega_3 e^{j\theta_3}\right) - \left(jc\alpha_4 e^{j\theta_4} + j^2 c\omega_4^2 e^{j\theta_4}\right) = 0&\end{aligned} \tag{7.20a}$$

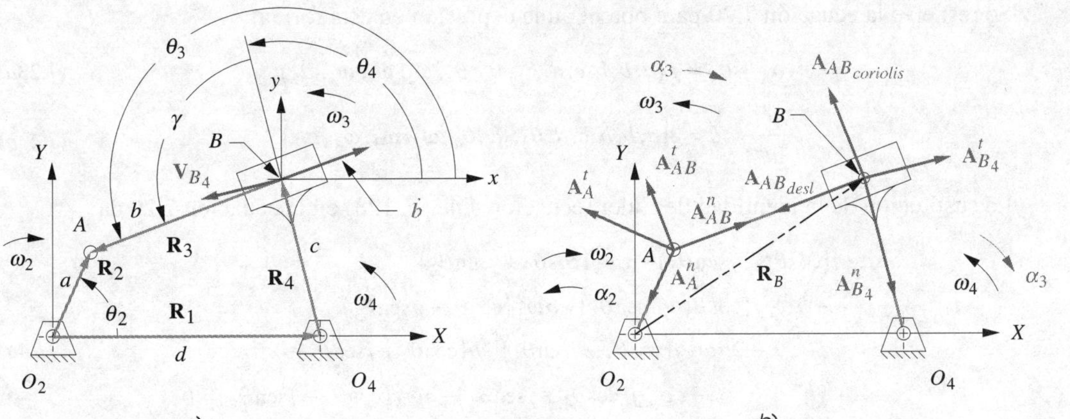

FIGURA 7-8 Análisis de aceleración de la inversión número 3 del mecanismo manivela-corredera invertido con α_2 positiva (SCMR) y ω_2 negativa (SMR)

Al simplificar y reunir los términos:

$$\left(a\alpha_2\, je^{j\theta_2} - a\omega_2^2 e^{j\theta_2}\right) - \left(b\alpha_3\, je^{j\theta_3} - b\omega_3^2 e^{j\theta_3} + 2\dot{b}\omega_3\, je^{j\theta_3} + \ddot{b}e^{j\theta_3}\right) - \left(c\alpha_4\, je^{j\theta_4} - c\omega_4^2 e^{j\theta_4}\right) = 0 \tag{7.20b}$$

La ecuación 7.20 es en realidad la ecuación de diferencia de aceleración (ecuación 7.4, p. 234) y se puede escribir en la notación mostrada en la ecuación 7.21.

$$\mathbf{A}_A - \mathbf{A}_{AB} - \mathbf{A}_B = 0$$

pero:

$$\mathbf{A}_{BA} = -\mathbf{A}_{AB} \tag{7.21a}$$

y:

$$\mathbf{A}_B = \mathbf{A}_A + \mathbf{A}_{BA}$$

$$\begin{aligned}\mathbf{A}_A &= \mathbf{A}_{A_{tangencial}} + \mathbf{A}_{A_{normal}}\\ \mathbf{A}_{AB} &= \mathbf{A}_{AB_{tangencial}} + \mathbf{A}_{AB_{normal}} + \mathbf{A}_{AB_{coriolis}} + \mathbf{A}_{AB_{desl}}\\ \mathbf{A}_B &= \mathbf{A}_{B_{tangencial}} + \mathbf{A}_{B_{normal}}\end{aligned} \tag{7.21b}$$

$$\begin{aligned}\mathbf{A}_{A_{tangencial}} &= a\alpha_2\, je^{j\theta_2} & \mathbf{A}_{A_{normal}} &= -a\omega_2^2 e^{j\theta_2}\\ \mathbf{A}_{B_{tangencial}} &= c\alpha_4\, je^{j\theta_4} & \mathbf{A}_{B_{normal}} &= -c\omega_4^2 e^{j\theta_4}\\ \mathbf{A}_{AB_{tangencial}} &= b\alpha_3\, je^{j\theta_3} & \mathbf{A}_{AB_{normal}} &= -b\omega_3^2 e^{j\theta_3}\\ \mathbf{A}_{AB_{coriolis}} &= 2\dot{b}\omega_3\, je^{j\theta_3} & \mathbf{A}_{AB_{desl}} &= \ddot{b}e^{j\theta_3}\end{aligned} \tag{7.21c}$$

Como este bloque deslizante también tiene velocidad angular, habrá una componente Coriolis de aceleración no cero en el punto B, la cual es el término $2\dot{b}$ en la ecuación 7.20. Puesto que se realizó un análisis completo de la velocidad antes de analizar la aceleración, la componente Coriolis es fácil de calcular en este punto, si se conocen ω y $\mathbf{V}_{desl}$ por el análisis de la velocidad.

El término $\ddot{b}$ en las ecuaciones 7.20*b* y 7.21*c* es la *componente de deslizamiento de la aceleración*. Ésta es una de las variables para las que se resolverá en este análisis de la aceleración. Otra variable para la que se resolverá es α_4, la aceleración angular del eslabón 4. Observe, sin embargo, que también se tiene una incógnita en α_3, la aceleración angular del eslabón 3. Esto da un total de tres incógnitas. La ecuación 7.20 sólo puede resolverse para dos incógnitas. Por lo tanto, se requiere otra ecuación para resolver el sistema. Existe una relación fija entre los ángulos θ_3 y θ_4, mostrada como γ en la figura 7-8 y definida en la ecuación 4.22, repetida aquí:

$$\theta_3 = \theta_4 + \gamma \tag{4.22}$$

Se debe diferenciar dos veces con respecto al tiempo para obtener:

$$\omega_3 = \omega_4; \qquad \alpha_3 = \alpha_4 \tag{7.22}$$

Se resuelve la ecuación 7.20 para obtener una expresión en esta forma:

$$\alpha_3 = \alpha_4 = f\left(a, b, \dot{b}, c, d, \theta_2, \theta_3, \theta_4, \omega_2, \omega_3, \omega_4, \alpha_2\right) \tag{7.23a}$$

$$\frac{d^2 b}{dt^2} = \ddot{b} = g\left(a, b, \dot{b}, c, d, \theta_2, \theta_3, \theta_4, \omega_2, \omega_3, \omega_4, \alpha_2\right) \tag{7.23b}$$

La sustitución de la identidad de Euler (ecuación 4.4*a*, p. 128) en la ecuación 7.20 da:

$$\begin{aligned} & a\alpha_2 j\left(\cos\theta_2 + j\operatorname{sen}\theta_2\right) - a\omega_2^2\left(\cos\theta_2 + j\operatorname{sen}\theta_2\right) \\ & \quad - b\alpha_3 j\left(\cos\theta_3 + j\operatorname{sen}\theta_3\right) + b\omega_3^2\left(\cos\theta_3 + j\operatorname{sen}\theta_3\right) \\ & \quad\quad - 2\dot{b}\omega_3 j\left(\cos\theta_3 + j\operatorname{sen}\theta_3\right) - \ddot{b}\left(\cos\theta_3 + j\operatorname{sen}\theta_3\right) \\ & \quad\quad\quad - c\alpha_4 j\left(\cos\theta_4 + j\operatorname{sen}\theta_4\right) + c\omega_4^2\left(\cos\theta_4 + j\operatorname{sen}\theta_4\right) = 0 \end{aligned} \tag{7.24a}$$

Multiplique por el operador j y sustituya α_4 por α_3 de la ecuación 7.22 (p. 247):

$$\begin{aligned} & a\alpha_2\left(-\operatorname{sen}\theta_2 + j\cos\theta_2\right) - a\omega_2^2\left(\cos\theta_2 + j\operatorname{sen}\theta_2\right) \\ & \quad - b\alpha_4\left(-\operatorname{sen}\theta_3 + j\cos\theta_3\right) + b\omega_3^2\left(\cos\theta_3 + j\operatorname{sen}\theta_3\right) \\ & \quad\quad - 2\dot{b}\omega_3\left(-\operatorname{sen}\theta_3 + j\cos\theta_3\right) - \ddot{b}\left(\cos\theta_3 + j\operatorname{sen}\theta_3\right) \\ & \quad\quad\quad - c\alpha_4\left(-\operatorname{sen}\theta_4 + j\cos\theta_4\right) + c\omega_4^2\left(\cos\theta_4 + j\operatorname{sen}\theta_4\right) = 0 \end{aligned} \tag{7.24b}$$

Ahora es posible separar esta ecuación vectorial 7.24*b* en sus dos componentes al reunir todos los términos reales y todos los imaginarios por separado:

parte real (componente x):

$$\begin{aligned} & -a\alpha_2 \operatorname{sen}\theta_2 - a\omega_2^2 \cos\theta_2 + b\alpha_4 \operatorname{sen}\theta_3 + b\omega_3^2 \cos\theta_3 \\ & \quad + 2\dot{b}\omega_3 \operatorname{sen}\theta_3 - \ddot{b}\cos\theta_3 + c\alpha_4 \operatorname{sen}\theta_4 + c\omega_4^2 \cos\theta_4 = 0 \end{aligned} \tag{7.25a}$$

parte imaginaria (componente y):

$$\begin{aligned} & a\alpha_2 \cos\theta_2 - a\omega_2^2 \operatorname{sen}\theta_2 - b\alpha_4 \cos\theta_3 + b\omega_3^2 \operatorname{sen}\theta_3 \\ & \quad - 2\dot{b}\omega_3 \cos\theta_3 - \dot{b}\operatorname{sen}\theta_3 - c\alpha_4 \cos\theta_4 + c\omega_4^2 \operatorname{sen}\theta_4 = 0 \end{aligned} \tag{7.25b}$$

Observe que se eliminaron las j en la ecuación 7.25*b*. Las ecuaciones 7.25 se resuelven de manera simultánea para las dos incógnitas, α_4 y $\ddot{b}$. La solución es:

$$\alpha_4 = \frac{a\left[\alpha_2\cos\left(\theta_3 - \theta_2\right) + \omega_2^2 \operatorname{sen}\left(\theta_3 - \theta_2\right)\right] + c\omega_4^2 \operatorname{sen}\left(\theta_4 - \theta_3\right) - 2\dot{b}\omega_3}{b + c\cos\left(\theta_3 - \theta_4\right)} \tag{7.26a}$$

$$\ddot{b} = -\frac{\left\{\begin{aligned} & a\omega_2^2\left[b\cos\left(\theta_3 - \theta_2\right) + c\cos\left(\theta_4 - \theta_2\right)\right] + a\alpha_2\left[b\operatorname{sen}\left(\theta_2 - \theta_3\right) - c\operatorname{sen}\left(\theta_4 - \theta_2\right)\right] \\ & \quad + 2\dot{b}c\omega_4 \operatorname{sen}\left(\theta_4 - \theta_3\right) - \omega_4^2\left[b^2 + c^2 + 2bc\cos\left(\theta_4 - \theta_3\right)\right] \end{aligned}\right\}}{b + c\cos\left(\theta_3 - \theta_4\right)} \tag{7.26b}$$

La ecuación 7.26*a* proporciona la **aceleración angular** del eslabón 4. La ecuación 7.26*b* provee la **aceleración de deslizamiento** en el punto B. Una vez que se encuentran estas variables, las aceleraciones lineales en los puntos A y B del mecanismo de la figura 7-8 (p. 247) se encuentran al sustituir la identidad de Euler en las ecuaciones 7.21 (p. 249).

$$\mathbf{A}_A = a\alpha_2\left(-\operatorname{sen}\theta_2 + j\cos\theta_2\right) - a\omega_2^2\left(\cos\theta_2 + j\operatorname{sen}\theta_2\right)$$

$$\mathbf{A}_{BA} = b\alpha_3\left(\operatorname{sen}\theta_3 - j\cos\theta_3\right) + b\omega_3^2\left(\cos\theta_3 + j\operatorname{sen}\theta_3\right) \tag{7.27a}$$

$$+ 2\dot{b}\omega_3\left(\operatorname{sen}\theta_3 - j\cos\theta_3\right) - \ddot{b}\left(\cos\theta_3 + j\operatorname{sen}\theta_3\right) \tag{7.27b}$$

$$\mathbf{A}_B = -c\alpha_4\left(\operatorname{sen}\theta_4 - j\cos\theta_4\right) - c\omega_4^2\left(\cos\theta_4 + j\operatorname{sen}\theta_4\right) \tag{7.27c}$$

En la figura 7.8*b* se muestran las componentes de estos vectores.

7.4 ANÁLISIS DE ACELERACIÓN DEL MECANISMO DE CINCO BARRAS ENGRANADO

La ecuación de velocidad para el mecanismo de cinco barras engranado se derivó en la sección 6.8 (p. 217) y se repite aquí. Véase la figura P7-4 (p. 258) para la notación.

$$a\omega_2 je^{j\theta_2} + b\omega_3 je^{j\theta_3} - c\,\omega_4 je^{j\theta_4} - d\,\omega_5 je^{j\theta_5} = 0 \qquad (6.32a)$$

Ésta se diferencia con respecto al tiempo para obtener una expresión para la aceleración.

$$\begin{aligned}&\left(a\alpha_2 je^{j\theta_2} - a\omega_2^2 e^{j\theta_2}\right) + \left(b\alpha_3 je^{j\theta_3} - b\omega_3^2 e^{j\theta_3}\right)\\ &-\left(c\alpha_4 je^{j\theta_4} - c\omega_4^2 e^{j\theta_4}\right) - \left(d\alpha_5 je^{j\theta_5} - d\omega_5^2 e^{j\theta_5}\right) = 0\end{aligned} \qquad (7.28a)$$

Sustituya los equivalentes de Euler:

$$\begin{aligned}&a\alpha_2\left(-\operatorname{sen}\theta_2 + j\cos\theta_2\right) - a\omega_2^2\left(\cos\theta_2 + j\operatorname{sen}\theta_2\right)\\ &+ b\alpha_3\left(-\operatorname{sen}\theta_3 + j\cos\theta_3\right) - b\omega_3^2\left(\cos\theta_3 + j\operatorname{sen}\theta_3\right)\\ &- c\alpha_4\left(-\operatorname{sen}\theta_4 + j\cos\theta_4\right) + c\omega_4^2\left(\cos\theta_4 + j\operatorname{sen}\theta_4\right)\\ &- d\alpha_5\left(-\operatorname{sen}\theta_5 + j\cos\theta_5\right) + d\omega_5^2\left(\cos\theta_5 + j\operatorname{sen}\theta_5\right) = 0\end{aligned} \qquad (7.28b)$$

Observe que el ángulo θ_5 está definido en función de θ_2, la relación de engranes λ y el ángulo de fase ϕ. Esta relación y sus derivadas son:

$$\theta_5 = \lambda\theta_2 + \phi; \qquad \omega_5 = \lambda\omega_2; \qquad \alpha_5 = \lambda\alpha_2 \qquad (7.28c)$$

Como se debe realizar un análisis completo de posición y velocidad antes del análisis de aceleración, se supondrá que los valores de θ_5 y ω_5 ya fueron encontrados, y se dejarán estas ecuaciones en función de θ_5, ω_5 y α_5.

Al separar los términos reales e imaginarios en la ecuación 7.28*b*:

reales:

$$\begin{aligned}&-a\alpha_2\operatorname{sen}\theta_2 - a\omega_2^2\cos\theta_2 - b\alpha_3\operatorname{sen}\theta_3 - b\omega_3^2\cos\theta_3\\ &+ c\alpha_4\operatorname{sen}\theta_4 + c\omega_4^2\cos\theta_4 + d\alpha_5\operatorname{sen}\theta_5 + d\omega_5^2\cos\theta_5 = 0\end{aligned} \qquad (7.28d)$$

imaginarios:

$$\begin{aligned}&a\alpha_2\cos\theta_2 - a\omega_2^2\operatorname{sen}\theta_2 + b\alpha_3\cos\theta_3 - b\omega_3^2\operatorname{sen}\theta_3\\ &- c\alpha_4\cos\theta_4 + c\omega_4^2\operatorname{sen}\theta_4 - d\alpha_5\cos\theta_5 + d\omega_5^2\operatorname{sen}\theta_5 = 0\end{aligned} \qquad (7.28e)$$

Las únicas incógnitas son α_3 y α_4. Se puede resolver la ecuación 7.28*d* o la 7.28*e* para una incógnita y sustituir el resultado en la otra. La solución para α_3 es:

$$\alpha_3 = \frac{\begin{bmatrix}-a\alpha_2\operatorname{sen}(\theta_2-\theta_4) - a\omega_2^2\cos(\theta_2-\theta_4)\\ -b\omega_3^2\cos(\theta_3-\theta_4) + d\omega_5^2\cos(\theta_5-\theta_4)\\ +d\alpha_5\operatorname{sen}(\theta_5-\theta_4) + c\omega_4^2\end{bmatrix}}{b\operatorname{sen}(\theta_3-\theta_4)} \qquad (7.29a)$$

y el ángulo α_4 es:

$$\alpha_4 = \frac{\begin{bmatrix}a\alpha_2\operatorname{sen}(\theta_2-\theta_3) + a\omega_2^2\cos(\theta_2-\theta_3)\\ -c\omega_4^2\cos(\theta_3-\theta_4) - d\omega_5^2\cos(\theta_3-\theta_5)\\ +d\alpha_5\operatorname{sen}(\theta_3-\theta_5) + b\omega_3^2\end{bmatrix}}{c\operatorname{sen}(\theta_4-\theta_3)} \qquad (7.29b)$$

Con todos los ángulos de los eslabones, las velocidades angulares y las aceleraciones angulares conocidas, las aceleraciones lineales de las juntas de pasador se encuentran con:

$$\mathbf{A}_A = a\alpha_2\left(-\operatorname{sen}\theta_2 + j\cos\theta_2\right) - a\omega_2^2\left(\cos\theta_2 + j\operatorname{sen}\theta_2\right) \tag{7.29c}$$

$$\mathbf{A}_{BA} = b\alpha_3\left(-\operatorname{sen}\theta_3 + j\cos\theta_3\right) - b\omega_3^2\left(\cos\theta_3 + j\operatorname{sen}\theta_3\right) \tag{7.29d}$$

$$\mathbf{A}_C = c\alpha_5\left(-\operatorname{sen}\theta_5 + j\cos\theta_5\right) - c\omega_5^2\left(\cos\theta_5 + j\operatorname{sen}\theta_5\right) \tag{7.29e}$$

$$\mathbf{A}_B = \mathbf{A}_A + \mathbf{A}_{BA} \tag{7.29f}$$

7.5 ACELERACIÓN DE CUALQUIER PUNTO DE UN MECANISMO

Una vez que se encuentran las aceleraciones angulares de todos los eslabones, es fácil definir y calcular la aceleración de *cualquier punto de cualquier eslabón* para cualquier posición de entrada del mecanismo. La figura 7-9 muestra el mecanismo de cuatro barras con su acoplador, el eslabón 3, agrandado para contener un punto del acoplador P. La manivela y balancín también se agrandaron para mostrar los puntos S y U, los cuales podrían representar los centros de gravedad de esos eslabones. Se desea desarrollar expresiones algebraicas para las aceleraciones de estos (o cualesquiera) puntos de los eslabones.

7

Para hallar la aceleración del punto S, se debe trazar el vector de posición del pivote fijo O_2 al punto S. Este vector $\mathbf{R}_{SO2}$ forma un ángulo δ_2 con el vector $\mathbf{R}_{AO2}$. Este ángulo δ_2 queda completamente definido por la geometría del eslabón 2 y es constante. El vector de posición del punto S es entonces:

$$\mathbf{R}_{SO_2} = \mathbf{R}_S = se^{j(\theta_2+\delta_2)} = s\left[\cos(\theta_2+\delta_2) + j\operatorname{sen}(\theta_2+\delta_2)\right] \tag{4.29}$$

En la sección 6.9 (p. 218) se diferencia este vector de posición para hallar la velocidad de ese punto. La ecuación se repite aquí por conveniencia.

$$\mathbf{V}_S = jse^{j(\theta_2+\delta_2)}\omega_2 = s\omega_2\left[-\operatorname{sen}(\theta_2+\delta_2) + j\cos(\theta_2+\delta_2)\right] \tag{6.34}$$

Se puede diferenciar otra vez con respecto al tiempo para encontrar la aceleración del punto S.

$$\begin{aligned}\mathbf{A}_S &= s\alpha_2\, je^{j(\theta_2+\delta_2)} - s\omega_2^2\, e^{j(\theta_2+\delta_2)}\\ &= s\alpha_2\left[-\operatorname{sen}(\theta_2+\delta_2) + j\cos(\theta_2+\delta_2)\right]\\ &\quad - s\omega_2^2\left[\cos(\theta_2+\delta_2) + j\operatorname{sen}(\theta_2+\delta_2)\right]\end{aligned} \tag{7.30}$$

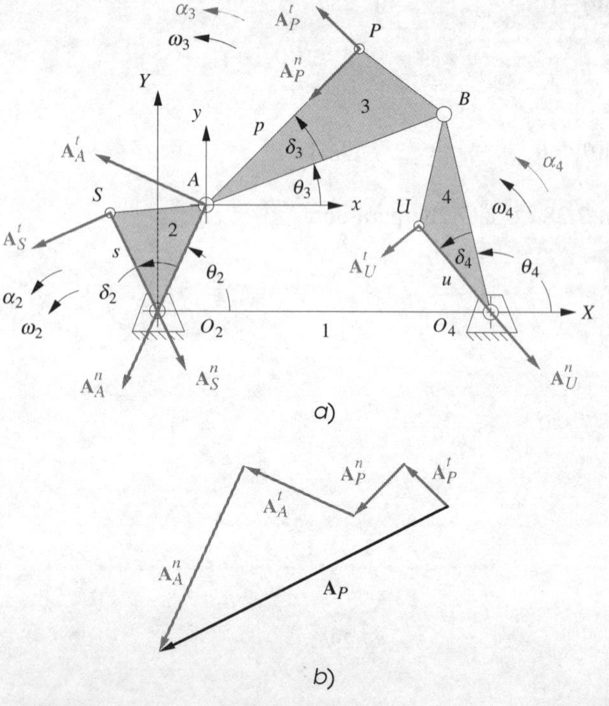

FIGURA 7-9 Determinación de la aceleración de cualquier punto en cualquier eslabón

La posición del punto U en el eslabón 4 se encuentra de la misma manera, con el ángulo δ_4, el cual es una inflexión angular constante dentro en el eslabón. La expresión es:

$$\mathbf{R}_{UO_4} = ue^{j(\theta_4+\delta_4)} = u\left[\cos(\theta_4+\delta_4) + j\operatorname{sen}(\theta_4+\delta_4)\right] \tag{4.30}$$

En la sección 6.9 (p. 218) se diferencia este vector de posición para encontrar la velocidad de ese punto. La ecuación se repite aquí por conveniencia.

$$\mathbf{V}_U = jue^{j(\theta_4+\delta_4)}\omega_4 = u\omega_4\left[-\operatorname{sen}(\theta_4+\delta_4) + j\cos(\theta_4+\delta_4)\right] \tag{6.35}$$

Es posible diferenciar otra vez con respecto al tiempo para hallar la aceleración del punto U.

$$\begin{aligned}\mathbf{A}_U &= u\alpha_4\, je^{j(\theta_4+\delta_4)} - u\omega_4^2\, e^{j(\theta_4+\delta_4)}\\ &= u\alpha_4\left[-\operatorname{sen}(\theta_4+\delta_4) + j\cos(\theta_4+\delta_4)\right]\\ &\quad - u\omega_4^2\left[\cos(\theta_4+\delta_4) + j\operatorname{sen}(\theta_4+\delta_4)\right]\end{aligned} \tag{7.31}$$

La aceleración del punto P en el eslabón 3 se encuentra con la adición de dos vectores de aceleración, tales como $\mathbf{A}_A$ y $\mathbf{A}_{PA}$. El vector $\mathbf{A}_A$ se definió con el análisis de las aceleraciones de los eslabones. $\mathbf{A}_{PA}$ es la diferencia de aceleración del punto P con respecto al punto A. Se elige el punto A como punto de referencia porque el ángulo θ_3

está definido en un sistema de coordenadas local cuyo origen está en A. El vector de posición $\mathbf{R}_{PA}$ se define del mismo modo que $\mathbf{R}_U$ o $\mathbf{R}_S$, con el ángulo de inflexión δ_3 del eslabón interno y el ángulo del eslabón 3, θ_3. Previamente se analizó este vector de posición y se diferenció en la sección 6.9 (p. 218) para hallar la diferencia de velocidad de ese punto con respecto al punto A. Esas ecuaciones se repiten aquí por conveniencia.

$$\mathbf{R}_{PA} = pe^{j(\theta_3+\delta_3)} = p\left[\cos(\theta_3+\delta_3) + j\,\text{sen}(\theta_3+\delta_3)\right] \tag{4.31a}$$

$$\mathbf{R}_P = \mathbf{R}_A + \mathbf{R}_{PA} \tag{4.31b}$$

$$\mathbf{V}_{PA} = jpe^{j(\theta_3+\delta_3)}\omega_3 = p\omega_3\left[-\text{sen}(\theta_3+\delta_3) + j\cos(\theta_3+\delta_3)\right] \tag{6.36a}$$

$$\mathbf{V}_P = \mathbf{V}_A + \mathbf{V}_{PA} \tag{6.36b}$$

Es posible diferenciar la ecuación 6.36 otra vez para hallar $\mathbf{A}_{PA}$, la aceleración del punto P con respecto a A. Este vector se suma entonces al vector $\mathbf{A}_A$ ya encontrado para definir la aceleración absoluta $\mathbf{A}_P$ del punto P.

$$\mathbf{A}_P = \mathbf{A}_A + \mathbf{A}_{PA} \tag{7.32a}$$

donde:

$$\begin{aligned}\mathbf{A}_{PA} &= p\alpha_3\, je^{j(\theta_3+\delta_3)} - p\omega_3^2\, e^{j(\theta_3+\delta_3)}\\ &= p\alpha_3\left[-\text{sen}(\theta_3+\delta_3) + j\cos(\theta_3+\delta_3)\right]\\ &\quad - p\omega_3^2\left[\cos(\theta_3+\delta_3) + j\,\text{sen}(\theta_3+\delta_3)\right]\end{aligned} \tag{7.32b}$$

Compárese la ecuación 7.32 con la ecuación 7.4 (p. 234). De nuevo ésta es la ecuación de diferencia de aceleración. Observe que esta ecuación se aplica a **cualquier punto** en **cualquier eslabón**, en cualquier posición para la cual las posiciones y velocidades están definidas. Es una solución general para cualquier cuerpo rígido.*

7.6 TOLERANCIA HUMANA A LA ACELERACIÓN

Es interesante señalar que el cuerpo humano no siente la velocidad, excepto con los ojos, pero es muy sensible a la aceleración. Al viajar en un automóvil, a la luz del día, uno puede ver el paisaje que pasa y tener una sensación del movimiento. Pero, si se viaja de noche en un avión comercial a una velocidad constante de 500 mph, no se tiene ninguna sensación del movimiento mientras el vuelo sea tranquilo. Lo que se puede sentir en esta situación es cualquier cambio de velocidad debido a la turbulencia atmosférica, los despegues o aterrizajes. Los canales semicirculares en el oído interno son acelerómetros sensibles que reportan cualquiera aceleración; sin duda, también la sensación de aceleración cuando se viaja en un elevador y arranca, se detiene o se vira en un automóvil. Las aceleraciones producen fuerzas dinámicas en los sistemas físicos, como se expresa en la segunda ley de Newton, $\mathbf{F} = m\mathbf{a}$. La fuerza es proporcional a la aceleración, con la masa constante. Las fuerzas dinámicas producidas en el cuerpo humano en respuesta a la aceleración pueden ser dañinas si son excesivas. El cuerpo humano, después de todo, no es rígido. Es una bolsa flojamente empacada de agua y tejidos, la mayoría de los cuales son internamente móviles. Las aceleraciones en la dirección de la cabeza o los pies tenderán a privar o a inundar el cerebro con sangre, ya que este líquido responde a la ley de Newton y se mueve con eficacia dentro del cuerpo en dirección opuesta a la aceleración impuesta, ya que retrasa su movimiento con respecto al esqueleto. La escasez de sangre en el cerebro provoca inconciencia; el exceso transforma la visión. Una u otra situación provocan la muerte si persisten durante un periodo largo.

Se ha investigado mucho, en gran medida por las fuerzas armadas y la NASA, para determinar los límites de la tolerancia humana a aceleraciones sostenidas en varias direcciones. La figura 7-10 (p. 252) muestra datos desarrollados con tales pruebas.[1] Las unidades de aceleración lineal se definieron en la tabla 1-4 (p. 15) como pulg/s^2, pies/s^2 o m/s^2. Otra unidad común de aceleración es la g, definida como la aceleración producida por la gravedad, la que al nivel del mar es aproximadamente de 386 pulg/s^2, 32.2 pies/s^2 o 9.8 m/s^2. La g es una unidad muy conveniente para medir las aceleraciones que afectan a los humanos, ya que vivimos en un ambiente de 1 g. Nuestro peso, sentido por nuestros pies o nalgas, está definido por nuestra masa al tiempo que la aceleración lo hace por gravedad o mg. Por lo tanto, una aceleración impuesta de 1 g sobre la línea de base de la gravedad

* El video *Fourbar Linkage Virtual Laboratory* en el DVD del libro muestra la aceleración medida de la punta del acoplador en un mecanismo eslabonado real y también analiza las razones de las diferencias entre los valores medidos y los valores calculados con la ecuación 7.32. Los datos medidos también se proporcionan en el DVD.

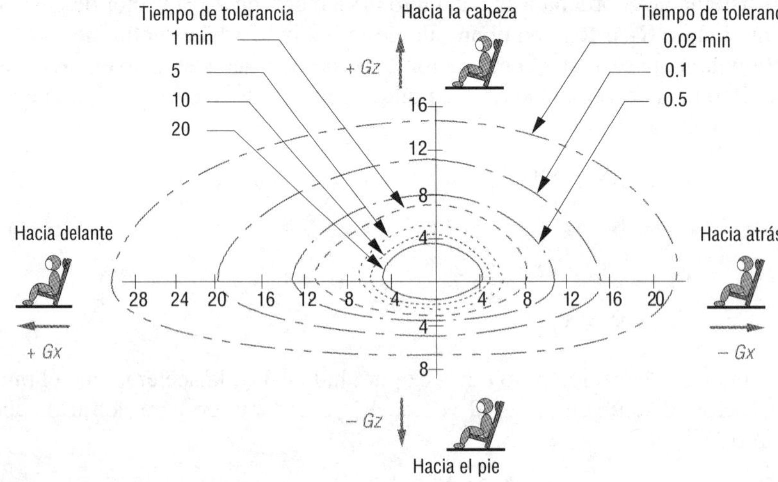

Niveles promedio de aceleración lineal en diferentes direcciones que pueden tolerarse de manera voluntaria durante periodos específicos. Cada curva muestra la carga *G* promedio que puede ser tolerada durante el tiempo indicado. Los puntos de datos obtenidos en realidad estaban en los ejes; las líneas como tales se extrapolaron con los puntos de datos para formar figuras concéntricas.

(Adaptado de la referencia [1], figura 17-17, p. 505, reimpresa con permiso)

FIGURA 7-10 Tolerancia humana a la aceleración

humana, o 2 *g*, será sentida como una duplicación del peso. A 6 *g* se puede sentir 6 veces más el peso que lo normal y se tendría gran dificultad incluso para mover los brazos en contra de esa aceleración. La figura 7-10 muestra que la tolerancia del cuerpo a la aceleración es una función de su dirección con respecto al cuerpo, su magnitud y su duración. Observe también que los datos utilizados en esta tabla se desarrollaron con pruebas realizadas en personal militar, joven, saludable y en una excelente condición física. No se espera que la población en general, los niños y los ancianos en particular, sean capaces de soportar semejantes niveles de aceleración. Puesto que muchas máquinas se diseñan para uso humano, los datos de tolerancia a la aceleración deben ser de gran interés y valor para el diseñador de maquinaria. Varias referencias relacionadas con estos datos de factores humanos se incluyen en la bibliografía del capítulo 1 (p. 21).

Otro punto de referencia útil cuando se diseña maquinaria para uso humano es intentar relacionar las magnitudes de las aceleraciones que comúnmente se experimentan con los valores calculados de su diseño potencial. La tabla 7-1 contiene algunos niveles apropiados de aceleración, en *g*, que los humamos pueden experimentar en la vida diaria. La propia experiencia ayudará a desarrollar una "sensación" de los valores de aceleración encontrados al diseñar maquinaria pensada para ocupación humana.

Los niveles de aceleración en la maquinaria que no transporta seres humanos están limitados sólo por consideraciones de los esfuerzos en sus partes. Estos esfuerzos con frecuencia son generados en gran parte por las fuerzas dinámicas producidas por las aceleraciones. El rango de valores de aceleración en maquinaria como ésa es tan amplio que no es posible definir con amplitud recomendaciones para el diseñador con respecto a niveles aceptables e inaceptables de aceleración. Si la masa en movimiento es pequeña, entonces son razonables valores de aceleración muy grandes. Si la masa es grande, los esfuerzos dinámicos que los materiales pueden soportar limitan las aceleraciones permisibles a valores bajos. Desafortunadamente, el diseñador en general no sabe cuánta aceleración es demasiada en un diseño hasta que calcula los esfuerzos en las partes. Esto en general requiere un diseño bastante completo y detallado. Si los esfuerzos resultan ser demasiado altos y son producidos por fuerzas dinámicas, entonces el único recurso es retroceder y reducir las aceleraciones y/o masas en el diseño. Ésta es una razón por la que el proceso de diseño sea circular y no lineal.

TABLA 7-1 Valores comunes de aceleración encontrados en actividades humanas

Aceleración suave en un automóvil	+0.1 *g*
Despegue en un avión de reacción comercial	+0.3 *g*
Aceleración fuerte en un automóvil	+0.5 *g*
Parada de pánico en un automóvil	−0.7 *g*
Curvas a alta velocidad en un carro deportivo (p. ej., BMW, Porsche, Ferrari)	+0.9 *g*
Auto de carreras fórmula 1	+0.2 *g*, −4.0 *g*
Montañas rusas (varias)	±3.5 a ±6.5 *g**
Despegue de transbordador espacial de la NASA	+4.0 *g*
Dragster con paracaídas de frenaje (> 300 mph en 1/4 milla)	±4.5 *g*
Avión de combate militar (p. ej., F-15, F-16, F-22; nota: el piloto usa un traje G)	±9.0 *g*

* Algunas leyes estatales de Estados Unidos en la actualidad limitan las aceleraciones de montañas rusas a un máximo de 5.0 a 5.4 *g*.

7

Como punto de referencia, la aceleración de un pistón de un pequeño motor automotriz económico de cuatro cilindros (aproximadamente de 1.5L de desplazamiento) a velocidad de marcha en vacío es aproximadamente de 40 *g*. A velocidades de carretera la aceleración de los pistones puede ser hasta de 700 *g*. A la velocidad tope del motor de 6 000 rpm, ¡la aceleración pico de los pistones es de 2 000 *g*! Mientras usted no vaya montado en un pistón, esto es aceptable. Estos motores duran mucho a pesar de las altas aceleraciones que experimentan sus componentes. Un factor clave es la selección de una geometría adecuada y materiales con poca masa, gran resistencia y rigidez para las piezas móviles, a fin de reducir las fuerzas dinámicas a esas altas aceleraciones y permitir que las piezas toleren los esfuerzos aplicados.

7.7 SACUDIMIENTO

La **derivada con respecto al tiempo de la aceleración** se llama *sacudimiento, pulsación* o *choque*. El nombre es apropiado porque invoca la imagen apropiada de este fenómeno. **Sacudimiento** es la *tasa de cambio con respecto al tiempo de la aceleración*. La fuerza es proporcional a la aceleración. Una aceleración rápidamente cambiante implica una fuerza rápidamente cambiante. ¡Las fuerzas rápidamente cambiantes tienden a "sacudir" el objeto de un lado a otro! Probablemente ya ha experimentado este fenómeno durante un viaje en un automóvil. Si al conductor le gustan los "arrancones" y acelera violentamente cuando se pone la luz verde en el semáforo, usted sufrirá un gran sacudimiento porque su aceleración irá de cero a un valor grande de una manera bastante repentina. Pero, cuando Jeeves, el chofer, maneja el *Rolls*, siempre intenta reducir al mínimo el sacudimiento acelerando uniforme y suavemente, de modo que la *Señora* no se entere del cambio.

El control y reducción al mínimo del sacudimiento en el diseño de máquinas con frecuencia es de interés, en especial si se desean bajas vibraciones. Las grandes magnitudes de sacudimiento tienden a excitar las frecuencias naturales de vibración de la máquina o estructura en la cual está montada e incrementan la vibración y los niveles de ruido. El control del sacudimiento es de más interés en el diseño de levas que de mecanismos, y se abordará con más detalle en el capítulo 8.

El procedimiento para calcular el sacudimiento en un mecanismo es una extensión directa de los métodos mostrados en el análisis de aceleración. Sea el sacudimiento angular representado por:

$$\varphi = \frac{d\alpha}{dt} \tag{7.33a}$$

y el lineal por:

$$\mathbf{J} = \frac{d\mathbf{A}}{dt} \tag{7.33b}$$

Para resolver para el sacudimiento en un mecanismo de cuatro barras, por ejemplo, la ecuación de lazo vectorial de aceleración (ecuación 7.7, p. 239) se diferencia con respecto al tiempo. Remítase a la figura 7-5 (p. 239) para la notación.

$$\begin{aligned} &-a\omega_2^3 je^{j\theta_2} - 2a\omega_2\alpha_2 e^{j\theta_2} + a\alpha_2\omega_2 j^2 e^{j\theta_2} + a\varphi_2 je^{j\theta_2} \\ &\quad - b\omega_3^3 je^{j\theta_3} - 2b\omega_3\alpha_3 e^{j\theta_3} + b\alpha_3\omega_3 j^2 e^{j\theta_3} + b\varphi_3 je^{j\theta_3} \\ &\quad\quad + c\omega_4^3 je^{j\theta_4} + 2c\omega_4\alpha_4 e^{j\theta_4} - c\alpha_4\omega_4 j^2 e^{j\theta_4} - c\varphi_4 je^{j\theta_4} = 0 \end{aligned} \tag{7.34a}$$

Reúna los términos y simplifique:

$$\begin{aligned} &-a\omega_2^3 je^{j\theta_2} - 3a\omega_2\alpha_2 e^{j\theta_2} + a\varphi_2 je^{j\theta_2} \\ &\quad - b\omega_3^3 je^{j\theta_3} - 3b\omega_3\alpha_3 e^{j\theta_3} + b\varphi_3 je^{j\theta_3} \\ &\quad\quad + c\omega_4^3 je^{j\theta_4} + 3c\omega_4\alpha_4 e^{j\theta_4} - c\varphi_4 je^{j\theta_4} = 0 \end{aligned} \tag{7.34b}$$

Sustituya la identidad de Euler y sepárela en sus componentes *x* y *y*:

parte real (componente *x*):

$$\begin{aligned} &a\omega_2^3 \operatorname{sen}\theta_2 - 3a\omega_2\alpha_2 \cos\theta_2 - a\varphi_2 \operatorname{sen}\theta_2 \\ &\quad + b\omega_3^3 \operatorname{sen}\theta_3 - 3b\omega_3\alpha_3 \cos\theta_3 - b\varphi_3 \operatorname{sen}\theta_3 \\ &\quad\quad - c\omega_4^3 \operatorname{sen}\theta_4 + 3c\omega_4\alpha_4 \cos\theta_4 + c\varphi_4 \operatorname{sen}\theta_4 = 0 \end{aligned} \tag{7.35a}$$

parte imaginaria (componente y):

$$\begin{aligned}&-a\omega_2^3\cos\theta_2-3a\omega_2\alpha_2\operatorname{sen}\theta_2+a\varphi_2\cos\theta_2\\&-b\omega_3^3\cos\theta_3-3b\omega_3\alpha_3\operatorname{sen}\theta_3+b\varphi_3\cos\theta_3\\&+c\omega_4^3\cos\theta_4+3c\omega_4\alpha_4\operatorname{sen}\theta_4-c\varphi_4\cos\theta_4=0\end{aligned}\tag{7.35b}$$

Éstas se resuelven simultáneamente para ϕ_3 y ϕ_4, que son las únicas incógnitas. El sacudimiento angular motriz, ϕ_2, si no es cero, debe ser conocido para resolver el sistema. Todos los demás factores en la ecuación 7.35 (p. 253) están definidos o fueron calculados en los análisis de posición, velocidad y aceleración. Para simplificar estas expresiones, los términos conocidos se considerarán como constantes temporales.

En la ecuación 7.35*a*, sea:

$$\begin{aligned}A&=a\omega_2^3\operatorname{sen}\theta_2 & D&=b\omega_3^3\operatorname{sen}\theta_3 & G&=3c\omega_4\alpha_4\cos\theta_4\\B&=3a\omega_2\alpha_2\cos\theta_2 & E&=3b\omega_3\alpha_3\cos\theta_3 & H&=c\operatorname{sen}\theta_4\\C&=a\varphi_2\operatorname{sen}\theta_2 & F&=c\omega_4^3\operatorname{sen}\theta_4 & K&=b\operatorname{sen}\theta_3\end{aligned}\tag{7.36a}$$

7

La ecuación 7.35*a* se reduce entonces a:

$$\varphi_3=\frac{A-B-C+D-E-F+G+H\varphi_4}{K}\tag{7.36b}$$

Observe que la ecuación 7.36*b* define el ángulo ϕ_3 en función del ángulo ϕ_4. A continuación se simplifica la ecuación 7.35*b* y se sustituye la ecuación 7.36*b* en ella.

En la ecuación 7.35*b*, sea:

$$\begin{aligned}L&=a\omega_2^3\cos\theta_2 & P&=b\omega_3^3\cos\theta_3 & S&=c\omega_4^3\cos\theta_4\\M&=3a\omega_2\alpha_2\operatorname{sen}\theta_2 & Q&=3b\omega_3\alpha_3\operatorname{sen}\theta_3 & T&=3c\omega_4\alpha_4\operatorname{sen}\theta_4\\N&=a\varphi_2\cos\theta_2 & R&=b\cos\theta_3 & U&=c\cos\theta_4\end{aligned}\tag{7.37a}$$

La ecuación 7.35*b* se reduce entonces a:

$$R\varphi_3-U\varphi_4-L-M+N-P-Q+S+T=0\tag{7.37b}$$

Al sustituir la ecuación 7.36*b* en la ecuación 7.35*b*:

$$R\left(\frac{A-B-C+D-E-F+G+H\varphi_4}{K}\right)-U\varphi_4-L-M+N-P-Q+S+T=0\tag{7.38}$$

La solución es:

$$\varphi_4=\frac{KN-KL-KM-KP-KQ+AR-BR-CR+DR-ER-FR+GR+KS+KT}{KU-HR}\tag{7.39}$$

El resultado de la ecuación 7.39 se sustituye en la ecuación 7.36*b* para encontrar ϕ_3. Una vez que se encuentran los valores de sacudimiento angular, se puede encontrar el sacudimiento angular en las juntas de pasador con:

$$\begin{aligned}\mathbf{J}_A&=-a\omega_2^3je^{j\theta_2}-3a\omega_2\alpha_2e^{j\theta_2}+a\varphi_2je^{j\theta_2}\\\mathbf{J}_{BA}&=-b\omega_3^3je^{j\theta_3}-3b\omega_3\alpha_3e^{j\theta_3}+b\varphi_3je^{j\theta_3}\\\mathbf{J}_B&=-c\omega_4^3je^{j\theta_4}-3c\omega_4\alpha_4e^{j\theta_4}+c\varphi_4je^{j\theta_4}=0\end{aligned}\tag{7.40}$$

Se puede utilizar el procedimiento empleado en la sección 7.5 (p. 250) para encontrar la aceleración de cualquier punto en cualquier eslabón para hallar el sacudimiento en cualquier punto.

$$\mathbf{J}_P=\mathbf{J}_A+\mathbf{J}_{PA}\tag{7.41}$$

La ecuación de diferencia de sacudimiento 7.41 puede aplicarse a cualquier punto en cualquier eslabón si P representa cualquier punto arbitrario en cualquier eslabón y A representa cualquier punto de referencia en el mismo eslabón del cual se conozca el valor del vector de sacudimiento. Observe que si se sustituyen las ecuaciones 7.40 en la 7.41, obtendrá la ecuación 7.34 (p. 245).

7.8 MECANISMOS DE *N* BARRAS

Las mismas técnicas de análisis utilizadas para analizar la posición, velocidad, aceleración y sacudimiento con mecanismos de cuatro y cinco barras como ejemplos, pueden ampliarse a ensambles de eslabones más complejos. Se pueden escribir ecuaciones de lazos vectoriales múltiples alrededor de un mecanismo de complejidad arbitraria. Las ecuaciones vectoriales resultantes pueden diferenciarse y resolverse de manera simultánea para las variables de interés. En algunos casos, la solución requerirá la solución simultánea de un conjunto de ecuaciones no lineales. Se requerirá un algoritmo de raíces tal como el método de Newton-Raphson para resolver estos casos más complicados. Se requiere una computadora. Un paquete de software para ecuaciones como *TKSolver* o *Mathcad* capaz de realizar una solución iterativa de hallazgo de raíces será un auxiliar útil para la solución de cualquiera de estos problemas de análisis, incluidos los ejemplos aquí mostrados.

7.9 REFERENCIA

1 **Sanders, M. S. y E. J. McCormick** (1987), *Human Factors in Engineering and Design*, 6a. ed., McGraw-Hill Co., Nueva York, p. 505.

7.10 PROBLEMAS‡

7-1 Un punto en un radio de 6.5 pulgadas está en un cuerpo sometido a rotación pura con ω = 100 rad/s y una α constante = –500 rad/s^2 en el punto *A*. El centro de rotación está en el origen de un sistema de coordenadas. Cuando el punto está en la posición *A*, su vector de posición forma un ángulo de 45° con el eje *X*. Le toma 0.01 s para llegar al punto *B*. Dibuje este sistema a una escala conveniente, calcule el ángulo θ y ω de la posición *B*, y:

a) Escriba una expresión para el vector de aceleración de la partícula en la posición *A* con notación de número complejo, tanto en forma polar como cartesiana.

b) Escriba una expresión para el vector de aceleración de la partícula en la posición *B* con notación de número complejo, tanto en forma polar como cartesiana.

c) Escriba una ecuación vectorial para la diferencia de aceleración entre los puntos *B* y *A*. Sustituya los vectores por la notación de número complejo en esta ecuación y resuélvala numéricamente para la diferencia de aceleración.

d) Verifique el resultado del inciso *c*) con un método gráfico.

7-2 En el problema 7-1 sean *A* y *B* puntos en cuerpos rotatorios distintos con ω y α dadas en el instante $t = 0$, $\theta_A = 45°$ y $\theta_B = 120°$. Encuentre su aceleración relativa.

‡*7-3 Las longitudes de los eslabones, la ubicación del punto de acoplador y los valores de θ_2, ω_2 y α_2 de los mismos mecanismos de cuatro barras, utilizados en el análisis de posición y velocidad en los capítulos 4 y 6, se definen de nuevo en la tabla P7-1, la cual es la misma que la tabla P6-1 (p. 220). La configuración y terminología generales del mecanismo se muestran en la figura P7-1. *Para la(s)*

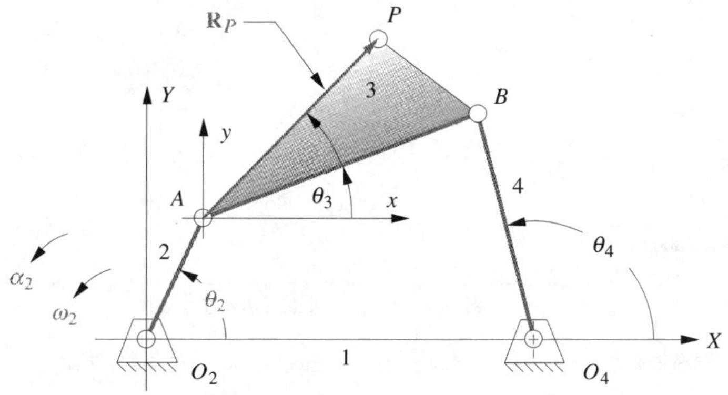

FIGURA P7-1 Configuración y terminología para los problemas 7-3, 7-4 y 7-11

TABLA P7-0 parte 1
Matriz de temas y problemas

7.1 Definición de aceleración
7-1, 7-2, 7-10, 7-56

7.2 Análisis gráfico de la aceleración
Mecanismo de cuatro barras con juntas de pasador
7-3, 7-14*a*, 7-21, 7-24, 7-30, 7-33, 7-70*a*, 7-72*a*, 7-77
Mecanismo de cuatro barras manivela-corredera
7-5, 7-13*a*, 7-27, 7-36, 7-89, 7-91
Corredera-manivela de cuatro barras
7-93
Mecanismo de cinco barras
7-79
Mecanismo de seis barras
7-52, 7-53, 7-61*a*, 7-63*a*, 7-65*a*, 7-75, 7-82
Mecanismo de ocho barras
7-86

7.3 Soluciones analíticas para el análisis de la aceleración
Mecanismo de cuatro barras con juntas de pasador
7-22, 7-23, 7-25, 7-26, 7-34, 7-35, 7-41, 7-46, 7-51, 7-70*b*, 7-71, 7-72*b*
Mecanismo de cuatro barras manivela-corredera
7-6, 7-28, 7-29, 7-37, 7-38, 7-45, 7-50, 7-58, 7-90, 7-92
Corredera-manivela de cuatro barras
7-94
Aceleración de Coriolis
7-12, 7-20
Mecanismo de cuatro barras manivela-corredera
7-7, 7-8, 7-16, 7-59
Otros mecanismos de cuatro barras
7-15*b*, 7-74

‡ Vea la nota al pie de la siguiente página.

7

TABLA P7-0 parte 2
Matriz de temas y problemas

Mecanismo de cinco barras
7-80, 7-81

Mecanismo de seis barras
7-17, 7-18, 7-19, 7-48, 7-54, 7-61*b*, 7-62, 7-63*b*, 7-64, 7-65*b*, 7-66, 7-76, 7-83, 7-84, 7-85

Mecanismo de ocho barras
7-67

7.5 Aceleración de cualquier punto en un eslabón

Mecanismo de cuatro barras con juntas de pasador
7-4, 7-13*b*, 7-14*b*, 7-31, 7-32, 7-39, 7-40, 7-42, 7-43, 7-44, 7-49, 7-55, 7-68, 7-70*b*, 7-71, 7-72*b*, 7-73, 7-78

Otros mecanismos de cuatro barras
7-15*b*, 7-47

Mecanismo de cinco barras engranado
7-9, 7-60

Mecanismo de seis barras
7-69, 7-87, 7-88

7.7 Sacudimiento
7-11, 7-57

‡ Todas las figuras de los problemas se incluyen como archivos PDF y algunas como archivos Working Model animados; todas en el DVD. Los nombres de los archivos PDF son los mismos que el número de la figura. Abra el archivo *Animations.html* para acceder y ejecutar las animaciones.
* Respuestas en el apéndice F.
† Estos problemas son adecuados para ser resueltos con *Mathcad, Matlab* o *TKSolver*.

TABLA P7-1 Datos para los problemas 7-3, 7-4 y 7-11§

Fila	Eslabón 1	Eslabón 2	Eslabón 3	Eslabón 4	θ_2	ω_2	α_2	R_{pa}	δ_3
a	6	2	7	9	30	10	0	6	30
b	7	9	3	8	85	-12	5	9	25
c	3	10	6	8	45	-15	-10	10	80
d	8	5	7	6	25	24	-4	5	45
e	8	5	8	6	75	-50	10	9	300
f	5	8	8	9	15	-45	50	10	120
g	6	8	8	9	25	100	18	4	300
h	20	10	10	10	50	-65	25	6	20
i	4	5	2	5	80	25	-25	9	80
j	20	10	5	10	33	25	-40	1	0
k	4	6	10	7	88	-80	30	10	330
l	9	7	10	7	60	-90	20	5	180
m	9	7	11	8	50	75	-5	10	90
n	9	7	11	6	120	15	-65	15	60

§ Los dibujos de estos mecanismos se encuentran en la carpeta *PDF Problem Workbook* del DVD.

fila(s) asignada(s), dibuje el mecanismo a escala y encuentre gráficamente las aceleraciones de los puntos *A* y *B*. Luego calcule α_3 y α_4, y la aceleración del punto *P*.

*†7-4 Repita el problema 7-3 pero resuélvalo mediante el método analítico de lazo vectorial de la sección 7.3 (p. 238).

*7-5 Las longitudes de los eslabones y descentrado y los valores de θ_2, ω_2 y α_2 para algunos mecanismos de cuatro barras manivela-corredera descentrado no invertido se definen en la tabla P7-2 (p. 257). En la figura P7-2 se muestra la configuración y terminología generales del mecanismo. *Para la(s) fila(s) asignada(s)*, dibuje el mecanismo a escala y encuentre gráficamente las aceleraciones de las juntas de pasador *A* y *B* y la aceleración de deslizamiento en la corredera.

*†7-6 Repita el problema 7-5 con un método analítico.

*†7-7 Las longitudes de los eslabones e inflexión y los valores de θ_2, ω_2 y γ para algunos mecanismos de cuatro barras manivela-corredera descentrado invertidos se definen en la tabla P7-3 (p. 257). En la figura P7-3 se muestran la configuración y terminología generales del mecanismo. *Para la(s) fila(s) asignada(s)*, encuentre las aceleraciones de las juntas de pasador *A* y la aceleración de deslizamiento en la corredera. Resuelva mediante el método analítico de lazo vectorial de la sección 7-3 (p. 238) para la configuración abierta del mecanismo.

*†7-8 Repita el problema 7-7 para la configuración cruzada del mecanismo.

*7-9 En la tabla P7-4 (p. 257) se definen las longitudes de los eslabones, la relación de engranes (λ), el ángulo de fase (ϕ) y los valores de θ_2, ω_2 y α_2, para algunos mecanismos de cinco barras engranados. La configuración y terminología generales de los mecanismos se muestran en la figura P7-4 (p. 258). *Para la(s) fila(s) asignada(s)*, encuentre α_3 y α_4, y la aceleración lineal del punto *P*.

†7-10 El conductor de un automóvil tomó una curva demasiado rápido. El carro gira fuera de control alrededor de su centro de gravedad (*CG*) y patina fuera de la carretera en dirección norte. La fricción

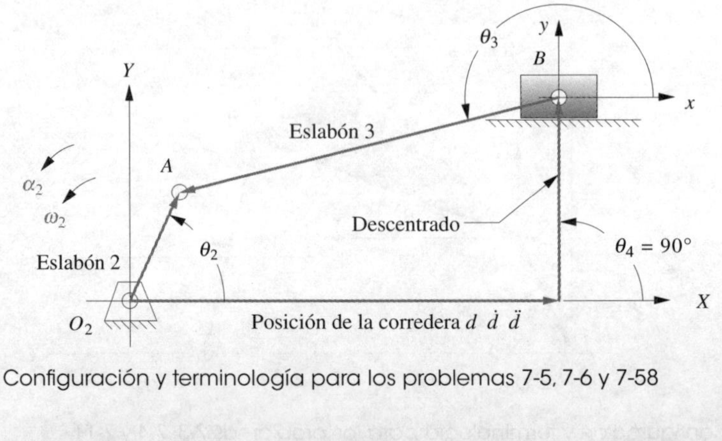

FIGURA P7-2 Configuración y terminología para los problemas 7-5, 7-6 y 7-58

TABLA P7-2 Datos para los problemas 7-5 y 7-6‡

Fila	Eslabón 2	Eslabón 3	Descentrado	θ_2	ω_2	α_2
a	1.4	4	1	45	10	0
b	2	6	–3	60	–12	5
c	3	8	2	–30	–15	–10
d	3.5	10	1	120	24	–4
e	5	20	–5	225	–50	10
f	3	13	0	100	–45	50
g	7	25	10	330	100	18

‡ Los dibujos de estos mecanismos se encuentran en la carpeta *PDF Problem Workbook* del DVD.

TABLA P7-3 Datos para los problemas 7-7 y 7-8

Fila	Eslabón 1	Eslabón 2	Eslabón 4	γ	θ_2	ω_2	α_2
a	6	2	4	90	30	10	–25
b	7	9	3	75	85	–15	–40
c	3	10	6	45	45	24	30
d	8	5	3	60	25	–50	20
e	8	4	2	30	75	–45	–5
f	5	8	8	90	150	100	–65

de las llantas que patinan generan 0.25 *g* de desaceleración lineal. El carro giró a 100 rpm. Cuando el carro choca con el árbol de frente a 30 mph, le tomó 0.1 s detenerse.

a) ¿Cuál fue la aceleración experimentada por el niño sentado en medio del asiento trasero, a 2 pies detrás del *CG* del carro, justo antes del impacto?

b) ¿Qué fuerza ejerció el niño de 100 lb en el arnés de su cinturón de seguridad a consecuencia de la aceleración, justo antes del impacto?

c) Si se supone una desaceleración constante durante el 0.1 s del impacto, ¿cuál fue la magnitud de la desaceleración promedio sentida por los pasajeros en ese intervalo?

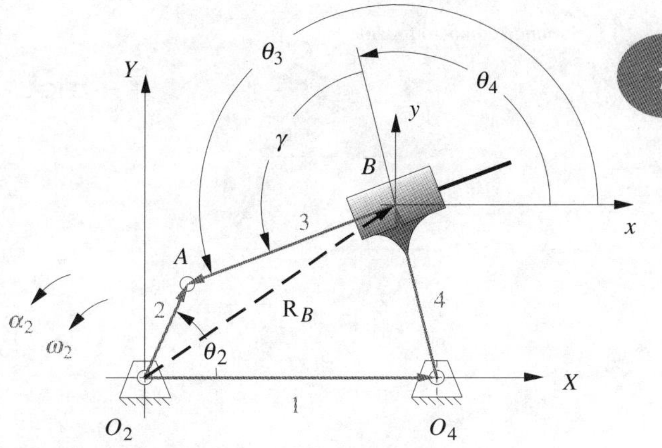

FIGURA P7-3 Configuración y terminología para los problemas 7-8 a 7-9 y 7-59

†7-11 Para la(s) fila(s) asignada(s) en la tabla P7-1 (p. 256), encuentre el sacudimiento angular de los eslabones 3 y 4, y el sacudimiento lineal de la junta de pasador entre los eslabones 3 y 4 (punto *B*). Suponga un sacudimiento angular de cero en el eslabón 2. La configuración y terminología del mecanismo se muestran en la figura P7-1 (p. 252).

*†7-12 Usted está parado en un carrusel que gira a una velocidad constante de 12 rpm. Tiene un radio interno de 4 pies y uno externo de 12. Usted comienza a correr desde el interior al exterior a lo largo de un radio. Su velocidad pico con respecto al carrusel es de 4 mph y ocurre en el radio de 8 pies. ¿Cuál es su aceleración de Coriolis máxima y su dirección con respecto al carrusel?

7-13 El mecanismo de la figura P7-5*a* (p. 258) tiene $O_2A = 0.8$, $AB = 1.93$, $AC = 1.33$ y descentrado = 0.38 pulg. El ángulo de la manivela en la posición mostrada es de 34.3° y el ángulo $BAC = 38.6°$. Encuentre α_3, $\mathbf{A}_A$, $\mathbf{A}_B$ y $\mathbf{A}_C$ en la posición mostrada con $\omega_2 = 15$ rad/s y $\alpha_2 = 10$ rad/s² en las direcciones mostradas.

TABLA P7-4 Datos para el problema 7-9

Fila	Eslabón 1	Eslabón 2	Eslabón 3	Eslabón 4	Eslabón 5	λ	ϕ	θ_2	ω_2	α_2	R_{pa}	δ_3
a	6	1	7	9	4	2.0	30	60	10	0	6	30
b	6	5	7	8	4	–2.5	60	30	–12	5	9	25
c	3	5	7	8	4	–0.5	0	45	–15	–10	10	80
d	4	5	7	8	4	–1.0	120	75	24	–4	5	45
e	5	9	11	8	8	3.2	–50	–39	–50	10	9	300
f	10	2	7	5	3	1.5	30	120	–45	50	10	120
g	15	7	9	11	4	2.5	–90	75	100	18	4	300
h	12	8	7	9	4	–2.5	60	55	–65	25	6	20
i	9	7	8	9	4	–4.0	120	100	25	–25	9	80

* Respuestas en el apéndice F.

† Estos problemas son adecuados para ser resueltos con *Mathcad*, *Matlab* o *TKSolver*.

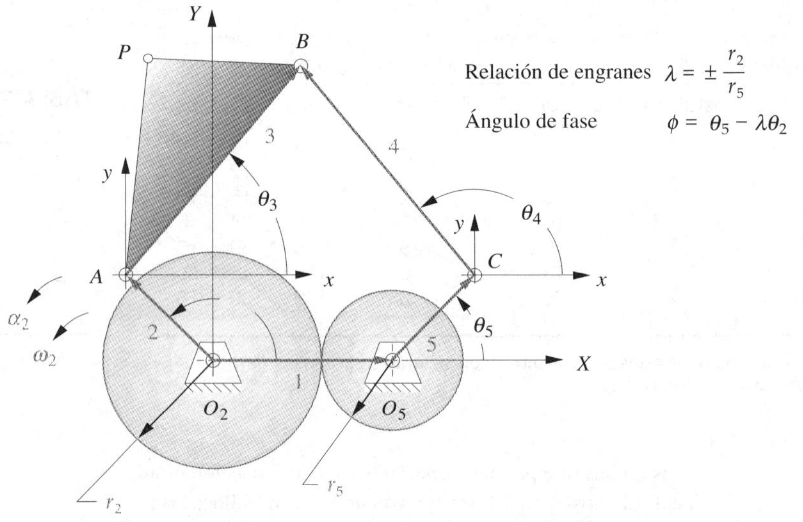

FIGURA P7-4 Configuración y terminología para los problemas 7-9 y 7-60

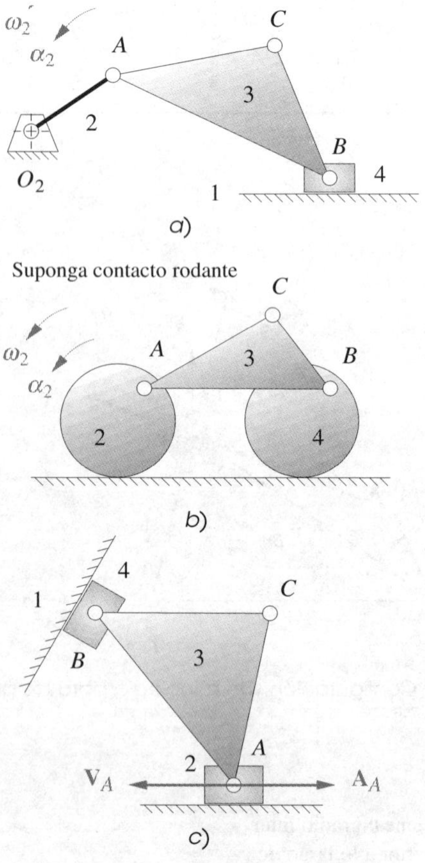

FIGURA P7-5 Problemas 7-13 a 7-15

a) Con el método gráfico de diferencia de aceleración.

†*b*) Con un método analítico.

7-14 El mecanismo de la figura P7-5*b* tiene $I_{12}A = 0.75$, $AB = 1.5$ y $AC = 1.2$ pulg. El ángulo efectivo de la manivela en la posición mostrada es de 77° y el ángulo $BAC = 30°$. Encuentre α_3, $\mathbf{A}_A$, $\mathbf{A}_B$ y $\mathbf{A}_C$ para la posición mostrada con $\omega_2 = 15$ rad/s y $\alpha_2 = 10$ rad/s^2 en las direcciones mostradas.

a) Con el método gráfico de diferencia de aceleración.

†*b*) Con un método analítico. (*Sugerencia:* Cree un mecanismo efectivo para la posición mostrada y analícelo como un mecanismo de cuatro barras de juntas de pasador.)

7-15 El mecanismo de la figura P7-5*c* tiene $AB = 1.8$ y $AC = 1.44$ pulg. El ángulo de AB en la posición mostrada es de 128° y el ángulo $BAC = 49°$. La corredera en B forma un ángulo de 59°. Encuentre α_3, $\mathbf{A}_B$ y $\mathbf{A}_C$ en la posición mostrada con $\mathbf{V}_A = 10$ pulg/s y $\mathbf{A}_A = 15$ pulg/s^2 en las direcciones mostradas.

a) Con el método gráfico de diferencia de aceleración.

†*b*) Con un método analítico.

†7-16 El mecanismo de la figura P7-6*a* tiene $O_2A = 5.6$, $AB = 9.5$, $O_4C = 9.5$, $L_1 = 38.8$ mm. θ_2 es de 135° en el sistema de coordenadas xy. Escriba las ecuaciones de lazo vectorial; diferéncielas y realice un análisis completo de posición, velocidad y aceleración. Suponga $\omega_2 = 10$ rad/s y $\alpha_2 = 20$ rad/s^2.

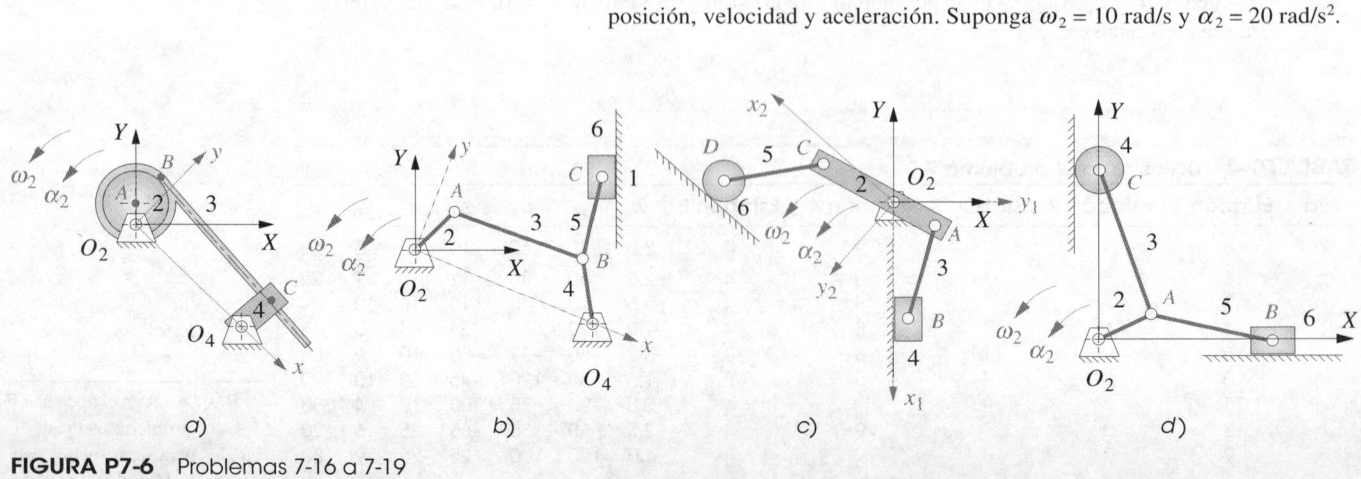

FIGURA P7-6 Problemas 7-16 a 7-19

† Estos problemas son adecuados para ser resueltos con *Mathcad*, *Matlab* o *TKSolver*.

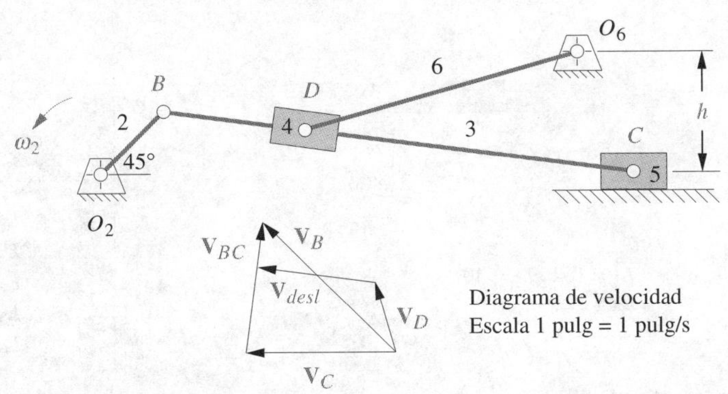

FIGURA P7-7 Problema 7-20 *Cortesía del Profesor J. M. Vance, Iowa State University*

†7-17 Repita el problema 7-16 con el mecanismo mostrado en la figura P7-6*b* cuyas dimensiones son: $L_1 = 61.9$, $L_2 = 15$, $L_3 = 45.8$, $L_4 = 18.1$, $L_5 = 23.1$ mm. θ_2 es de 68.3° en el sistema de coordenadas *xy*, el cual está a –23.3° en el sistema de coordenadas *XY*. La componente *X* de O_2C es de 59.2 mm.

†7-18 Repita el problema 7-16 con el mecanismo mostrado en la figura P7-6*c* cuyas dimensiones son: $O_2A = 11.7$, $O_2C = 20$, $L_3 = 25$, $L_5 = 25.9$ mm. El punto *B* está descentrado 3.7 mm del eje x_1 y el punto *D* está descentrado 24.7 mm del eje x_2. θ_2 está a 13.3° en el sistema de coordenadas x_2y_2.

†7-19 Repita el problema 7-16 con el mecanismo mostrado en la figura P7-6*d* cuyas dimensiones son: $L_2 = 15$, $L_3 = 40.9$, $L_5 = 44.7$ mm. θ_2 es de 24.2° en el sistema de coordenadas *XY*.

†7-20 La figura P7-7 muestra un mecanismo de seis barras con $O_2B = 1$, $BD = 1.5$, $DC = 3.5$, $DO_6 = 3$ y $h = 1.3$ pulg. Encuentre la aceleración angular del eslabón 6 si ω_2 es una constante de 1 rad/s.

*7-21 El mecanismo de la figura P7-8*a* (p. 260) tiene el eslabón 1 a –25° y el 2 a 37° en el sistema de coordenadas *XY* global. Encuentre α_4, $\mathbf{A}_A$ y $\mathbf{A}_B$ en el sistema de coordenadas global en la posición mostrada si $\omega_2 = 15$ rad/s en el sentido de las manecillas del reloj y $\alpha_2 = 25$ rad/s^2 en sentido contrario al de las manecillas del reloj. Use el método gráfico de diferencia de aceleración. (Imprima la figura del archivo PDF que viene en el DVD y dibuje sobre ella.)

†7-22 El mecanismo de la figura P7-8*a* (p. 260) tiene el eslabón 1 a –25° y el 2 a 37° en el sistema de coordenadas *XY* global. Encuentre α_4, $\mathbf{A}_A$ y $\mathbf{A}_B$ en el sistema de coordenadas global en la posición mostrada si $\omega_2 = 15$ rad/s en el sentido de las manecillas del reloj y $\alpha_2 = 25$ rad/s^2 en sentido contrario al de las manecillas del reloj. Use un método analítico.

†7-23 En el instante $t = 0$, el mecanismo no Grashof de la figura P7-8*a* (p. 260) tiene el eslabón 1 a –25° y el 2 a 37° en el sistema de coordenadas *xy* global y $\omega_2 = 0$. Escriba un programa de computadora o use un solucionador de ecuaciones para encontrar y graficar ω_4, α_4, $\mathbf{V}_A$, $\mathbf{A}_A$, $\mathbf{V}_B$ y $\mathbf{A}_B$ en el sistema de coordenadas local para el rango máximo de movimiento que este mecanismo permite si $\alpha_2 = 15$ rad/s constante en el sentido de las manecillas del reloj.

*7-24 El mecanismo de la figura P7-8*b* (p. 260) tiene el eslabón 1 a –36° y el 2 a 57° en el sistema de coordenadas global *XY*. Encuentre α_4, $\mathbf{A}_A$ y $\mathbf{A}_B$ en el sistema de coordenadas global en la posición mostrada si $\omega_2 = 20$ rad/s constante en el sentido contrario al de las manecillas del reloj. Use el método gráfico de diferencia de aceleración. (Imprima la figura del archivo PDF incluido en el DVD y dibuje sobre ella.)

†7-25 El mecanismo de la figura P7-8*b* (p. 260) tiene el eslabón 1 a –36° y el 2 a 57° en el sistema de coordenadas global *XY*. Encuentre α_4, $\mathbf{A}_A$ y $\mathbf{A}_B$ en el sistema de coordenadas global en la posición mostrada si $\omega_2 = 20$ rad/s constante en el sentido contrario al de las manecillas del reloj. Use un método analítico.

†7-26 Para el mecanismo de la figura P7-8*b* (p. 260), escriba un programa de computadora o use un solucionador de ecuaciones para encontrar y graficar α_4, $\mathbf{A}_A$, $\mathbf{A}_B$ en el sistema de coordenadas local para el rango de movimiento máximo que este mecanismo permite si $\omega_2 = 20$ rad/s constante en sentido contrario al de las manecillas del reloj.

7-27 El mecanismo manivela-corredera descentrado mostrado en la figura P7.8*f* (p. 260) tiene el eslabón 2 a 51° en el sistema de coordenadas *XY* global. Encuentre $\mathbf{A}_A$ y $\mathbf{A}_B$ en el sistema de coordenadas global en la posición mostrada si $\omega_2 = 25$ rad/s constante en el sentido de las manecillas del reloj. Use el método gráfico de diferencia de aceleración. (Imprima la figura del archivo PDF incluido en el DVD y dibuje sobre ella.)

*†7-28 El mecanismo manivela-corredera descentrado mostrado en la figura P7.8*f* tiene el eslabón 2 a 51° en el sistema de coordenadas *XY* global. Encuentre $\mathbf{A}_A$ y $\mathbf{A}_B$ en el sistema de coordenadas global en la posición mostrada si $\omega_2 = 25$ rad/s constante en el sentido de las manecillas del reloj. Use un método analítico.

7

* Respuestas en el apéndice F.

† Estos problemas son adecuados para ser resueltos con *Mathcad*, *Matlab* o *TKSolver*.

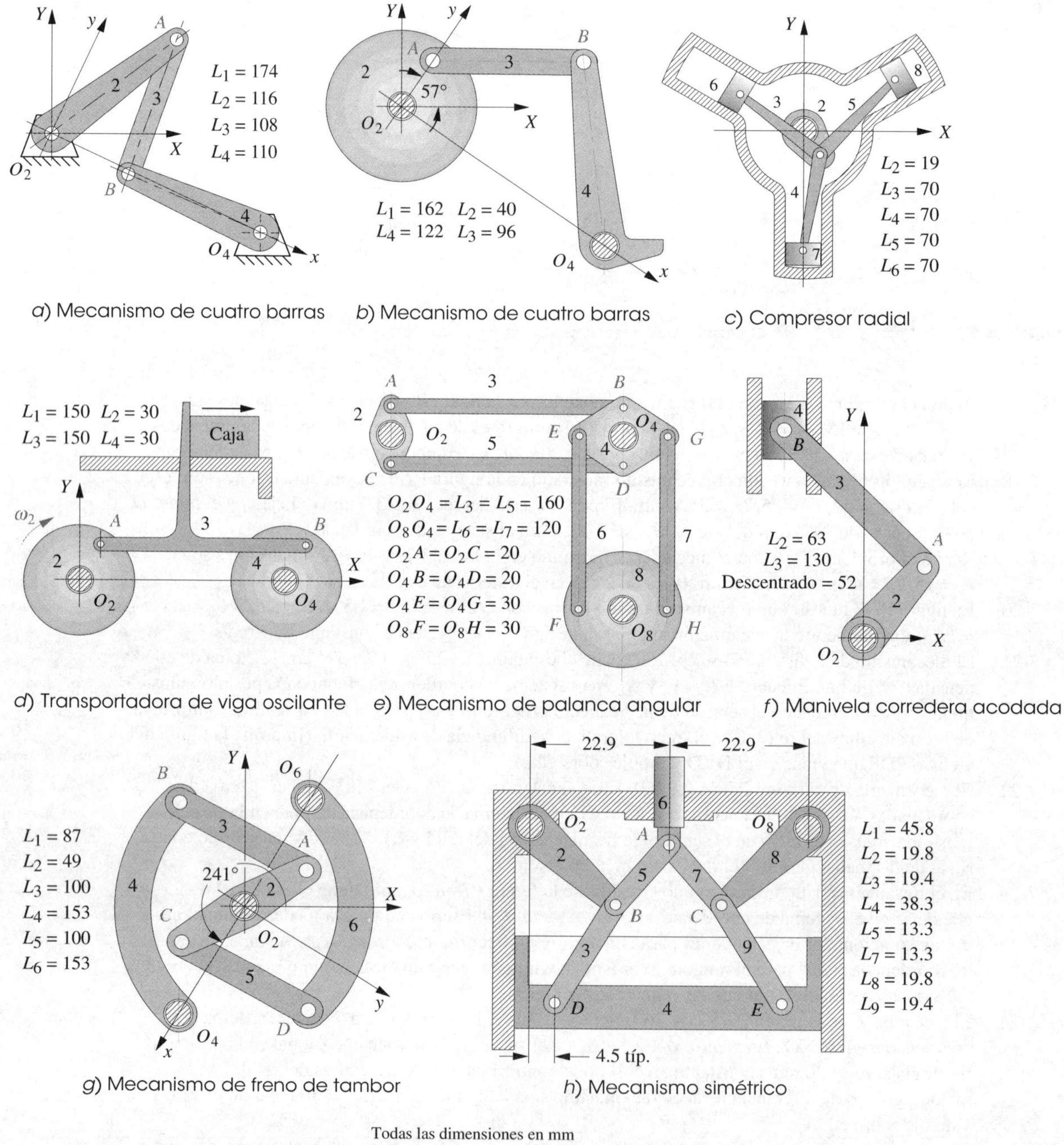

FIGURA P7-8 Problemas 7-21 a 7-38 *Adaptado de P. H. Hill y W. P. Rule (1960). Mechanisms Analysis and Design, con permiso*

†7-29 Para el mecanismo manivela-corredera descentrado mostrado en la figura P7-8*f*, escriba un programa de computadora o use un solucionador de ecuaciones para encontrar y graficar $\mathbf{A}_A$ y $\mathbf{A}_B$ en el sistema de coordenadas global para el rango de movimiento máximo que este mecanismo permite si $\omega_2 = 25$ rad/s constante en sentido de las manecillas del reloj.

7-30 El mecanismo mostrado en la figura P7.8*d* tiene el eslabón 2 a 58° en el sistema de coordenadas *XY* global. Encuentre $\mathbf{A}_A$ y $\mathbf{A}_B$ y $\mathbf{A}_{caja}$ (la aceleración de la caja) en el sistema de coordenadas global en la posición mostrada si $\omega_2 = 30$ rad/s constante en el sentido de las manecillas del reloj. Use el método gráfico de diferencia de aceleración. (Imprima la figura del archivo PDF incluido en el DVD y dibuje sobre ella.)

†7.31 El mecanismo de la figura P7-8*d* tiene el eslabón 2 a 58° en la coordenada global *XY*. Encuentre $\mathbf{A}_A$, $\mathbf{A}_B$ y $\mathbf{A}_{caja}$ (la aceleración de la caja) en el sistema de coordenadas global en la posición mostrada si $\omega_2 = 30$ rad/s constante en el sentido de las manecillas del reloj. Use un método analítico.

† Estos problemas son adecuados para ser resueltos con *Mathcad*, *Matlab* o *TKSolver*.

†7-32 Para el mecanismo de la figura P7-8*d*, escriba un programa de computadora o utilice un solucionador de ecuaciones para encontrar y graficar $\mathbf{A}_A$, $\mathbf{A}_B$ y $\mathbf{A}_{caja}$ (la aceleración de la caja) en el sistema de coordenadas global para el rango de movimiento máximo que este mecanismo permite si $\omega_2 = 30$ rad/s constante en el sentido de las manecillas del reloj.

7-33 El mecanismo mostrado en la figura P7-8*g* (p. 260) tiene el eje *xy* local a –119° y O_2A a 29° en el sistema de coordenadas *xy* global. Encuentre α_4, $\mathbf{A}_A$ y $\mathbf{A}_B$ en el sistema de coordenadas global en la posición mostrada si $\omega_2 = 15$ rad/s constante en el sentido de las manecillas del reloj. Use el método gráfico de diferencia de aceleración. (Imprima la figura de su archivo PDF incluido en el DVD y dibuje sobre ella.)

†7-34 El mecanismo de la figura P7-8*g* (p. 260) tiene el eje local *xy* a –119° y O_2A a 29° en el sistema de coordenadas global en la posición mostrada. Encuentre α_4, $\mathbf{A}_A$ y $\mathbf{A}_B$ en el sistema de coordenadas global en la posición mostrada si $\omega_2 = 15$ rad/s en el sentido de las manecillas del reloj y $\alpha_2 = 10$ rad/s constante en sentido contrario al de las manecillas del reloj. Use un método analítico.

†7-35 En el instante $t = 0$, el mecanismo no Grashof mostrado en la figura P7-8*g* tiene el eje local *xy* a –119° y O_2A a 29° en el sistema de coordenadas global *XY* y $\omega_2 = 0$. Escriba un programa de computadora o use un solucionador de ecuaciones para encontrar y graficar ω_4, α_4, $\mathbf{V}_A$, $\mathbf{A}_A$, $\mathbf{V}_B$ y $\mathbf{A}_B$ en el sistema de coordenadas local para el rango de movimiento máximo que este mecanismo permite si $\alpha_2 = 15$ rad/s constante en sentido contrario al de las manecillas del reloj.

7-36 El compresor radial de 3 cilindros mostrado en la figura P7-8*c* tiene sus cilindros equidistantes a 120°. Encuentre las aceleraciones de los cilindros $\mathbf{A}_6$, $\mathbf{A}_7$, $\mathbf{A}_8$ con la manivela a –53°, con un método gráfico si $\omega_2 = 15$ rad/s constante en el sentido de las manecillas del reloj. (Imprima la figura del archivo PDF incluido en el DVD y dibuje sobre ella.)

†7-37 El compresor radial de 3 cilindros mostrado en la figura P7-8*c* (p. 260) tiene sus cilindros equidistantes a 120°. Encuentre las aceleraciones de los cilindros $\mathbf{A}_6$, $\mathbf{A}_7$, $\mathbf{A}_8$ con la manivela a –53° con un método analítico si $\omega_2 = 15$ rad/s constante en el sentido de las manecillas del reloj.

†7-38 Para el compresor radial de 3 cilindros mostrado en la figura P7-8*f* (p. 260), escriba un programa de computadora o utilice un solucionador de ecuaciones para encontrar y graficar las aceleraciones de los pistones $\mathbf{A}_6$, $\mathbf{A}_7$, $\mathbf{A}_8$ para una revolución de la manivela.

*†7-39 La figura P7-9 muestra un mecanismo en una posición. Encuentre las aceleraciones instantáneas de los puntos *A*, *B* y *P* si el eslabón O_2A gira en el sentido de las manecillas del reloj a 40 rad/s.

*†7-40 La figura P7-10 muestra un mecanismo y su curva de acoplador. Escriba un programa de computadora o use un solucionador de ecuaciones para calcular y graficar la magnitud y dirección de la aceleración del punto del acoplador *P* con incrementos de 2° del ángulo de la manivela y $\omega_2 = 100$ rpm. Verifique su resultado con el programa LINKAGES.

*†7-41 La figura P7-11 muestra un mecanismo cuya manivela opera a 500 rpm. Escriba un programa de computadora o utilice un solucionador de ecuaciones para calcular y graficar la magnitud y dirección de la aceleración del punto *B* con incrementos de 2° del ángulo de manivela. Verifique su resultado con el programa LINKAGES.

*†7-42 La figura P7-12 muestra un mecanismo y su curva de acoplador. Escriba un programa de computadora o utilice un solucionador de ecuaciones para calcular y graficar la magnitud y dirección de la aceleración del punto del acoplador *P* con incrementos de 2° del ángulo de manivela con $\omega_2 = 20$ rpm a lo largo del rango máximo de movimiento posible. Verifique su resultado con el programa LINKAGES.

†7-43 La figura P7-13 muestra un mecanismo y su curva del acoplador. Escriba un programa de computadora o use un solucionador de ecuaciones para calcular y graficar la magnitud y dirección de

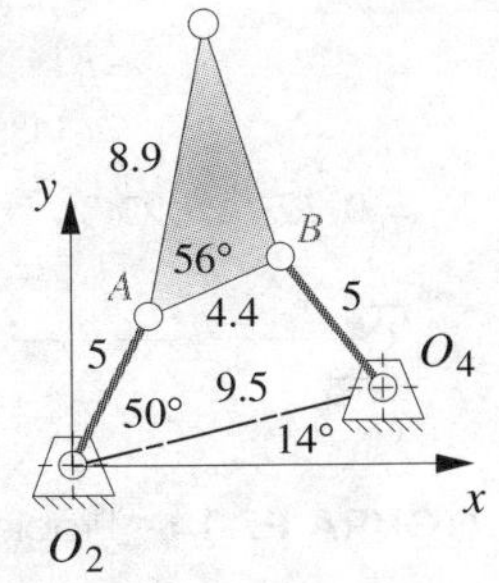

FIGURA P7-9 Problema 7-39

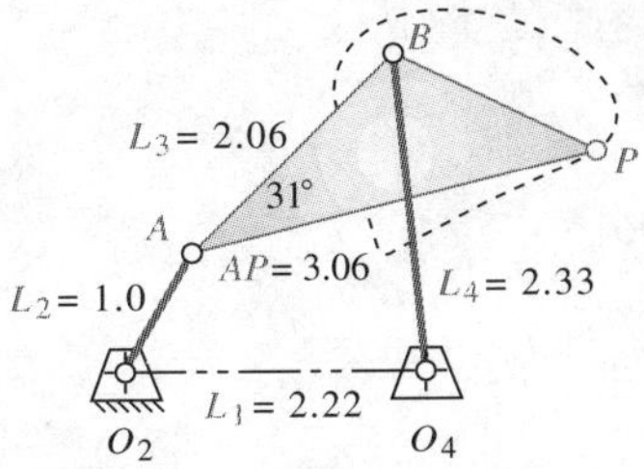

FIGURA P7-10 Problema 7-40

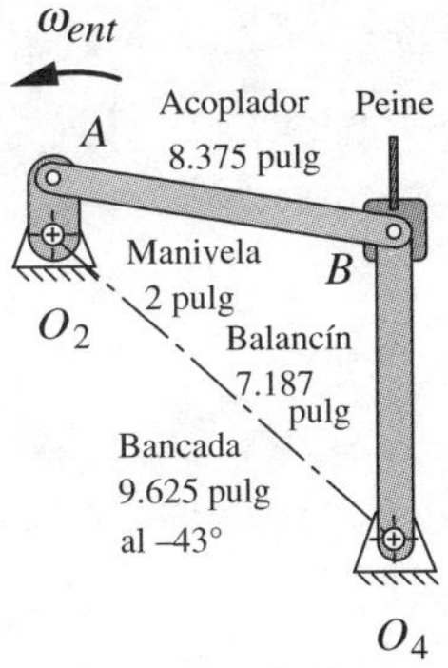

FIGURA P7-11 Problema 7-41 Marco de telar

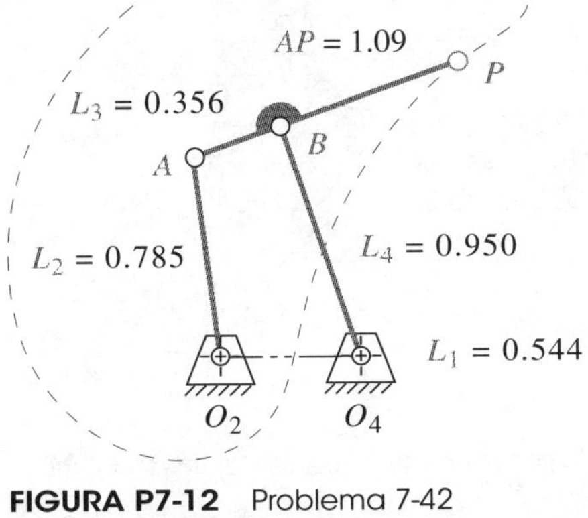

FIGURA P7-12 Problema 7-42

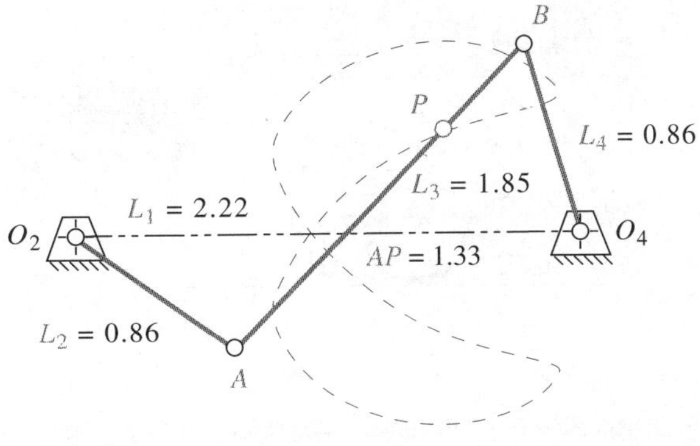

FIGURA P7-13 Problema 7-43

* Respuestas en el apéndice F.
† Estos problemas son adecuados para ser resueltos con *Mathcad*, *Matlab* o *TKSolver*.

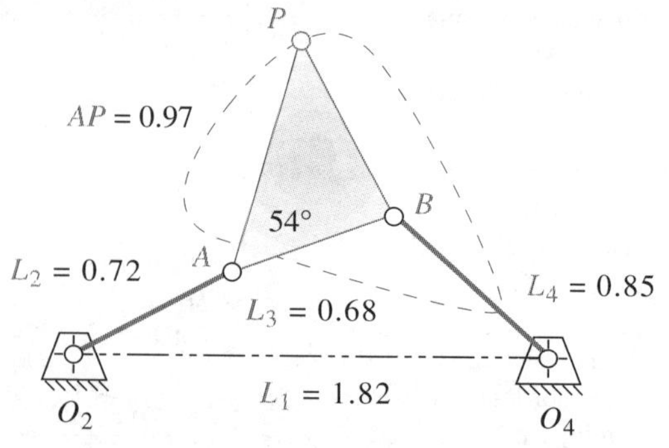

FIGURA P7-14 Problema 7-44

la aceleración del punto de acoplador P con incrementos de 2° del ángulo de manivela con ω_2 = 80 rpm a lo largo del rango máximo de movimiento posible. Verifique su resultado con el programa LINKAGES.

*†7-44 La figura P7-14 muestra un mecanismo y su curva del acoplador. Escriba un programa de computadora o utilice un solucionador de ecuaciones para calcular y graficar la magnitud y dirección de la aceleración del punto del acoplador P con incrementos de 2° del ángulo de manivela con ω_2 = 80 rpm a lo largo del rango máximo de movimiento posible. Verifique su resultado con el programa LINKAGES.

†7-45 La figura P7-15 muestra una sierra mecánica, utilizada para cortar metal. El eslabón 5 pivotea en O_5 y su peso hace que la sierra se ponga en contacto con la pieza de trabajo cuando el mecanismo mueva la hoja (eslabón 4) hacia atrás y hacia delante en el eslabón 5 para cortar la pieza. Es un mecanismo manivela-corredera descentrado con las dimensiones mostradas en la figura. Dibuje un diagrama de un mecanismo equivalente y luego calcule y grafique la aceleración de la hoja de la sierra con respecto a la pieza que se está cortando en una revolución de la manivela a 50 rpm.

†7-46 La figura P7-16 (p. 263) muestra un mecanismo de recoger y colocar indexador de viga oscilante, el cual puede analizarse como dos mecanismos de cuatro barras impulsados por una manivela común. Las longitudes de los eslabones se dan en la figura. El ángulo de fase entre los dos muñones de manivela de los eslabones 4 y 5 se indica en la figura. Los diámetros de los cilindros de producto empujados son de 60 mm. El punto de contacto entre el dedo vertical izquierdo y el cilindro de más a la izquierda en la posición mostrada es de 58 mm a 80° con respecto al extremo izquierdo del acoplador en forma de paralelogramo (punto D). Calcule y grafique la aceleración relativa entre los puntos E y P para una revolución del engrane 2.

†7-47 La figura P7-17 (p. 263) muestra un mecanismo de descarga de rollos de papel impulsado por un cilindro neumático. En la posición mostrada, O_4A es de 0.3 m a 226° y O_2O_4 = 0.93 m a 163.2°. Los eslabones en V están rígidamente unidos a O_4A. El centro del rollo de papel está a 0.707 m de O_4 a –181° con respecto a O_4A. El cilindro neumático se retrae a una aceleración constante de 0.1 m/s^2. Dibuje un diagrama cinemático del mecanismo, escriba las ecuaciones necesarias, y calcule y grafique la aceleración angular del rollo de papel y la aceleración lineal de su centro cuando gira 90° en sentido contrario al de las manecillas del reloj a partir de la posición mostrada.

†7-48 La figura P7-18 (p. 263) muestra un mecanismo y sus dimensiones. Encuentre las aceleraciones de los puntos A, B y C en la posición mostrada con ω_2 = 40 rad/min y α_2 = –1 500 rad/min^2 como se muestra.

†7-49 La figura P7-19 (p. 263) muestra un mecanismo de viga oscilante. Calcule y grafique la aceleración A_{sal} en una revolución de la manivela de entrada 2 que gira a 100 rpm.

†7-50 La figura P7-20 (p. 264) muestra una esmeriladora. La pieza de trabajo es oscilada debajo de la rueda de amolar por el mecanismo de manivela-corredera que tiene una manivela de 22 mm, una biela de 157 mm y un descentrado de 40 mm. La manivela gira a 30 rpm, y la rueda de amolar a 3 450 rpm. Calcule y grafique la aceleración del punto de contacto de la rueda de amolar con la pieza de trabajo en una revolución de la manivela.

†7-51 La figura P7-21 (p. 264) muestra un mecanismo de eslabón de arrastre con sus dimensiones. Escriba las ecuaciones necesarias y resuélvalas para calcular la aceleración angular del eslabón 4 con una entrada de ω_2 = 1 rad/s. Comente sobre los usos de este mecanismo.

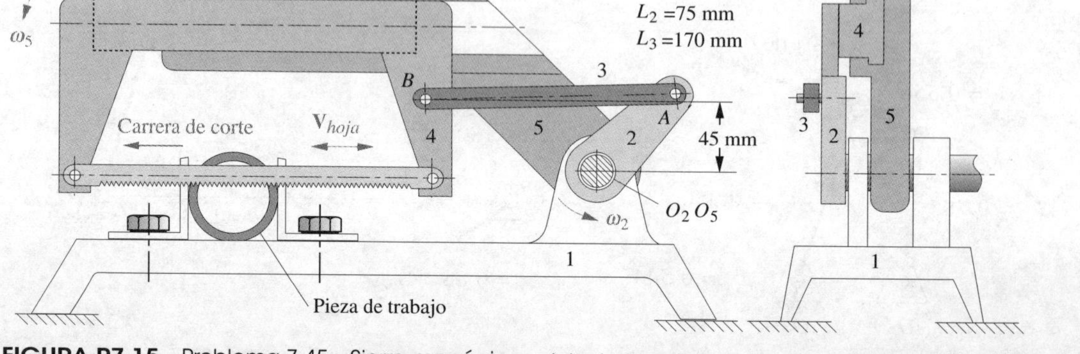

FIGURA P7-15 Problema 7-45 Sierra mecánica *Adaptado de P. H. Hill y W. P. Rule (1960). Mechanisms Analysis and Design, con permiso*

* Respuestas en el apéndice F.
† Estos problemas son adecuados para ser resueltos con *Mathcad, Matlab* o *TKSolver*.

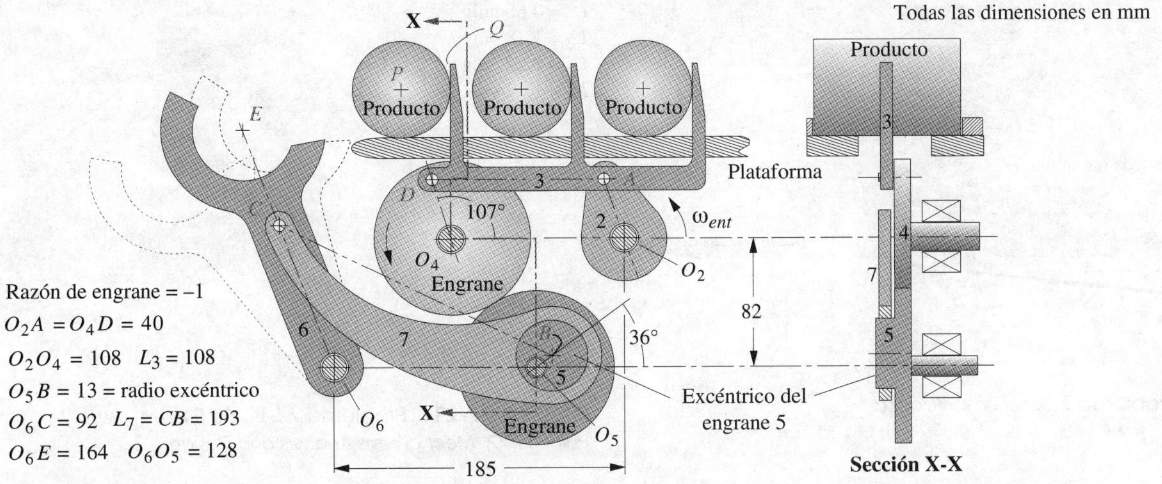

FIGURA P7-16 Problema 7-46 Indexador de viga oscilante con mecanismo de recoger y colocar *Adaptado de P. H. Hill y W. P. Rule. (1960). Mechanisms: Analysis and Design, con autorización*

7-52 La figura P7-22 (p. 264) muestra un mecanismo con sus dimensiones. Use un método gráfico para calcular las aceleraciones de los puntos *A*, *B* y *C* en la posición mostrada, $\omega_2 = 20$ rad/s.

7-53 La figura P7-23 (p. 265) muestra un mecanismo de retorno rápido con sus dimensiones. Use un método gráfico para calcular las aceleraciones de los puntos *A*, *B* y *C* en la posición mostrada. $\omega_2 = 10$ rad/s.

†7-54 La figura P7-23 muestra un mecanismo de retorno rápido con sus dimensiones. Use un método analítico para calcular las aceleraciones de los puntos *A*, *B* y *C* en una revolución del eslabón de entrada. $\omega_2 = 10$ rad/s.

†7-55 La figura P7-24 (p. 265) muestra un mecanismo de pedal de batería. $O_2A = 100$ mm a 162° y gira a 171° en *A′*. $O_2O_4 = 56$ mm, $AB = 28$ mm, $AP = 124$ mm y $O_4B = 64$ mm. La distancia de O_4 a F_{ent} es de 48 mm. Si la velocidad de entrada V_{ent} es una magnitud constante de 3 m/s, encuentre la aceleración de salida en el rango de movimiento.

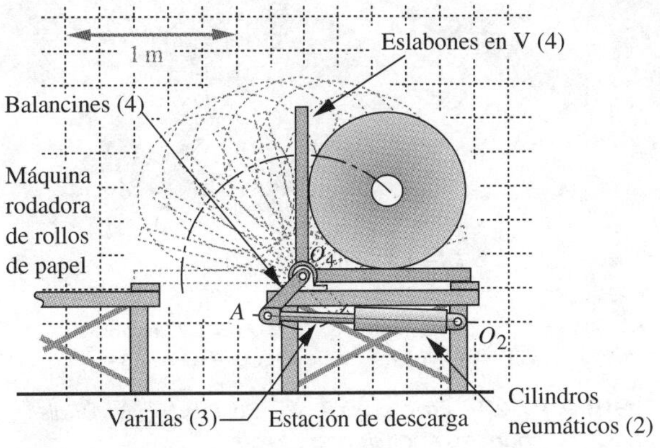

FIGURA P7-17 Problema 7-47

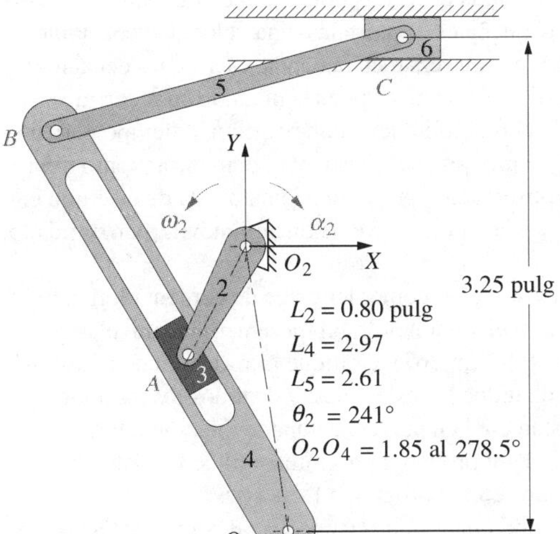

FIGURA P7-18 Problema 7-48 *Adaptado de P. H. Hill y W. P. Rule (1960). Mechanisms Analysis and Design*

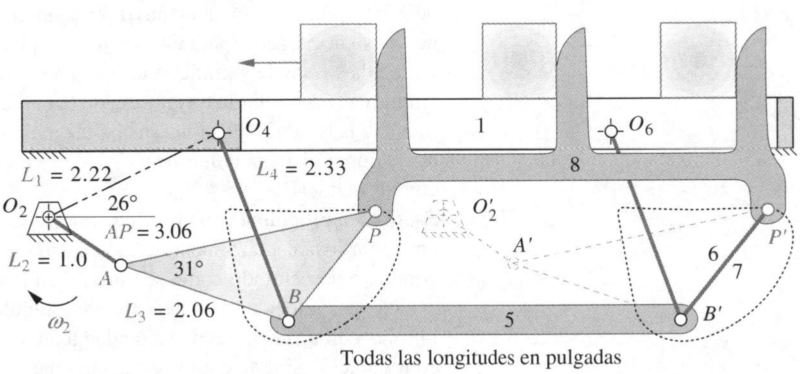

FIGURA P7-19 Problema 7-49 Mecanismo de transporte de ocho barras y viga oscilante de movimiento en línea recta

* Respuestas en el apéndice F.

† Estos problemas son adecuados para ser resueltos con *Mathcad*, *Matlab* o *TKSolver*.

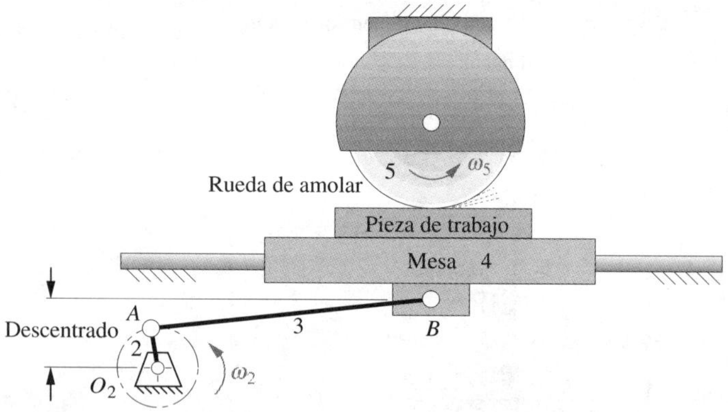

FIGURA P7-20 Problema 7-50 Esmeriladora

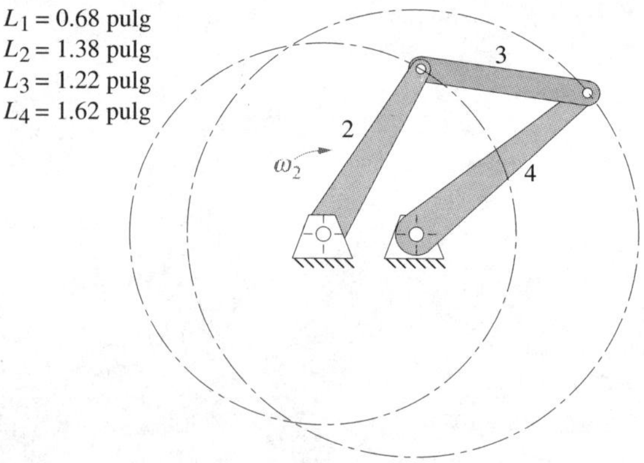

FIGURA P7-21 Problema 7-51 *De P. H. Hill y W. P. Rule (1960). Mechanisms Analysis and Design*

7

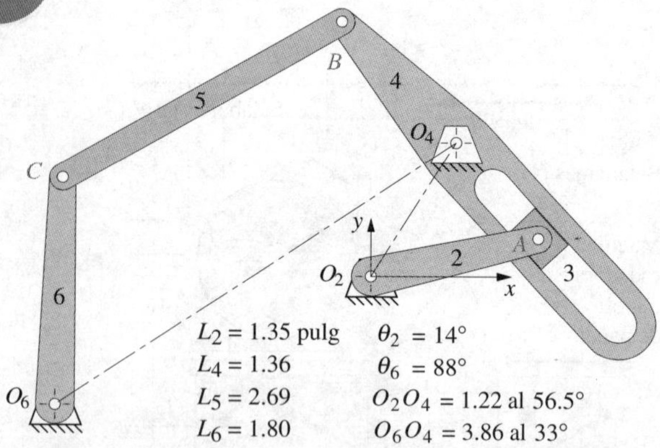

FIGURA P7-22 Problema 7-52 *De P. H. Hill y W. P. Rule (1960). Mechanisms Analysis and Design*

*†7-56 Un tráiler se volcó mientras circulaba por una rampa de salida de la autopista New York Thruway. La carretera tiene un radio de 50 pies en ese punto y una inclinación de 3° hacia la parte externa de la curva. La caja del tráiler de 45 pies de largo por 8 pies de ancho por 8.5 pies de altura (13 pies de piso a techo) iba cargada con 44 415 lb de rollos de papel en dos filas por dos capas como se muestra en la figura P7-25 (p. 265). Los rollos eran de 40 pulgadas de diámetro por 38 de largo y pesaban aproximadamente 900 lb cada uno. Estaban calzados contra rodamiento hacia atrás, pero no contra deslizamiento hacia los lados. El tráiler vacío pesaba 14 000 lb. El conductor declaró que viajaba a menos de 15 mph y que la carga de papel se movió adentro del tráiler, y golpeó la pared lateral y volteó el camión. La compañía papelera que cargó el camión afirma que la carga fue apropiadamente estibada y que a esa velocidad no podría haberse movido. Pruebas independientes del coeficiente de fricción entre rollos de papel similares y un piso de tráiler similar arrojan un valor de 0.43 ± 0.08. El centro de gravedad compuesto del tráiler cargado se estima que estaba a 7.5 pies por encima de la carretera. Determine la velocidad que provocaría que el camión comenzara a volcarse y la velocidad a la cual los rollos de papel comenzaron a deslizarse hacia los lados. ¿Qué provocó el accidente?

†7-57 La figura P7-26 (p. 265) muestra una transmisión de banda en V. Las poleas tienen diámetros de paso de 150 y 300 mm, respectivamente. La polea más pequeña es impulsada a una velocidad constante de 1 750 rpm. Para un elemento diferencial de sección transversal de la banda, escriba las ecuaciones de su aceleración para una vuelta completa alrededor de ambas poleas, incluido su recorrido entre ellas. Calcule y grafique la aceleración del elemento diferencial con respecto al tiempo para un circuito alrededor de la trayectoria de la banda. ¿Qué dice su análisis sobre el comportamiento dinámico de la banda? Relacione sus hallazgos con su observación personal de una banda de este tipo en operación. (Visite el taller mecánico de su escuela y vea bajo el cofre de un automóvil, ¡pero cuidado con los dedos!)

†7-58 Escriba un programa con un solucionador de ecuaciones o cualquier lenguaje de computadora para encontrar los desplazamientos, las velocidades y las aceleraciones en un mecanismo manivela-corredera descentrado como se muestra en la figura P7-2 (p. 267). Grafique la variación de todas las posiciones, velocidades y aceleraciones angulares de todos los eslabones, y de todos los pasadores lineales con una entrada de velocidad angular constante a la manivela en una revolución tanto en configuración abierta como cerrada del mecanismo. Para probar el programa, utilice los datos de la fila *a* de la tabla P7-2 (p. 256). Verifique los resultados con el programa LINKAGES.

*7-59 Escriba un programa de computadora o utilice un solucionador de ecuaciones tal como *Mathcad*, *Matlab* o *TKSolver* para encontrar los desplazamientos, velocidades y aceleraciones en un mecanismo manivela-corredera invertido como se muestra en la figura P7-3 (p. 257). Grafique la variación de las posiciones, velocidades y aceleraciones angulares en todos los eslabones y en todos los pasadores lineales con una entrada de velocidad angular constante a la manivela en una revolución tanto

* Respuestas en el apéndice F.
† Estos problemas son adecuados para ser resueltos con *Mathcad*, *Matlab* o *TKSolver*.

en configuración abierta como cerrada del mecanismo. Para probar el programa, utilice los datos de la fila *e* de la tabla P7-3, excepto el valor de α_2, que será cero en este ejercicio.

*7-60 Escriba un programa de computadora o utilice un solucionador de ecuaciones tal como *Mathcad*, *Matlab* o *TKSolver* para encontrar los desplazamientos, velocidades y aceleraciones en un mecanismo de cinco barras engranado, como se muestra en la figura P7-4 (p. 258). Grafique la variación de las posiciones, velocidades y aceleraciones angulares en todos los eslabones y en todos los pasadores lineales con una entrada de velocidad angular constante a la manivela en una revolución tanto en configuración abierta como cerrada del mecanismo. Para probar el programa, utilice los datos de la fila *a* de la tabla P7-4 (p. 258). Verifique sus resultados con el programa LINKAGES.

7-61 Encuentre la aceleración de la corredera de la figura 3-33 (p. 106) en la posición mostrada si $\theta_2 = 110°$ con respecto al eje *X* global si supone una ω_2 constante = 1 rad/s en el sentido de las manecillas del reloj.

a) Con un método gráfico.

†*b*) Con un método analítico.

†7-62 Escriba un programa de computadora o utilice un solucionador de ecuaciones tal como *Mathcad*, *Matlab* o *TKSolver* para calcular y graficar la aceleración angular del eslabón 4 y la aceleración lineal de la corredera 6 en el mecanismo de seis barras manivela-corredera de la figura 3-33 (p. 106), como una función del eslabón 2 para una ω_2 = 1 rad/s constante a favor de las manecillas del reloj. Grafique $\mathbf{A}_C$ tanto en función de θ_2 y por separado en función de la posición de la corredera, como se muestra en la figura.

7-63 Encuentre la aceleración del eslabón 6 del mecanismo de la figura 3-34 parte *b*) (p. 107) en la posición mostrada ($\theta_6 = 90°$ con respecto al eje *x*) si supone ω_2 constante = 10 rad/s en el sentido de las manecillas del reloj.

a) Con un método gráfico.

†*b*) Con un método analítico.

†7-64 Escriba un programa de computadora o use un solucionador de ecuaciones tal como *Mathcad*, *Matlab* o *TKSolver* para calcular y graficar la aceleración angular del eslabón 6 en el mecanismo de seis barras de la figura 3-34 (p. 107) en función de θ_2 con ω_2 constante = 1 rad/s en el sentido de las manecillas del reloj.

7-65 Use un compás y una regla para dibujar el mecanismo de la figura 3-35 (p. 107) con el eslabón 2 a 90° y encuentre la aceleración angular del eslabón 6 del mecanismo suponiendo ω_2 constante = 10 rad/s en sentido contrario al de las manecillas del reloj cuando $\theta_2 = 90°$.

a) Con un método gráfico.

†*b*) Con método analítico.

†7-66 Escriba un programa de computadora o use un solucionador de ecuaciones tal como *Mathcad*, *Matlab* o *TKSolver* para calcular y graficar la aceleración angular del eslabón 6 en el mecanismo de seis barras de la figura 3-35 (p. 107) en función de θ_2 con ω_2 constante de 1 rad/s en sentido contrario al de las manecillas del reloj.

†7-67 Escriba un programa de computadora o use un solucionador de ecuaciones tal como *Mathcad*, *Matlab* o *TKSolver* para calcular y graficar la aceleración angular del eslabón 8 en el mecanismo de seis barras de la figura 3-36 (p. 108) en función de θ_2 con ω_2 constante de 1 rad/s en sentido contrario al de las manecillas del reloj.

†7-68 Escriba un programa de computadora o use un solucionador de ecuaciones tal como *Mathcad*, *Matlab* o *TKSolver* para calcular y graficar la magnitud y dirección de la aceleración del punto *P* en la figura 3-37*a* (p. 108) en función de θ_2. También calcule y grafique la aceleración del punto *P* con respecto al punto *A*.

†7-69 Repita el problema 7-68 con el mecanismo de la figura 3-37*b* (p. 108).

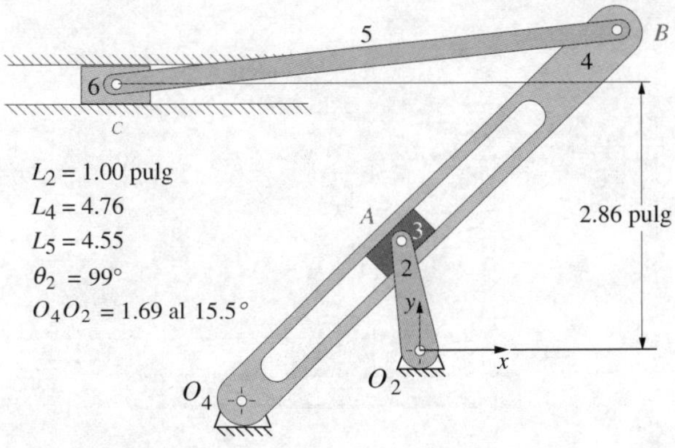

FIGURA P7-23 Problemas 7-53 y 7-54 *De P.H. Hill y W.P. Rule (1960). Mechanisms Analysis and Design*

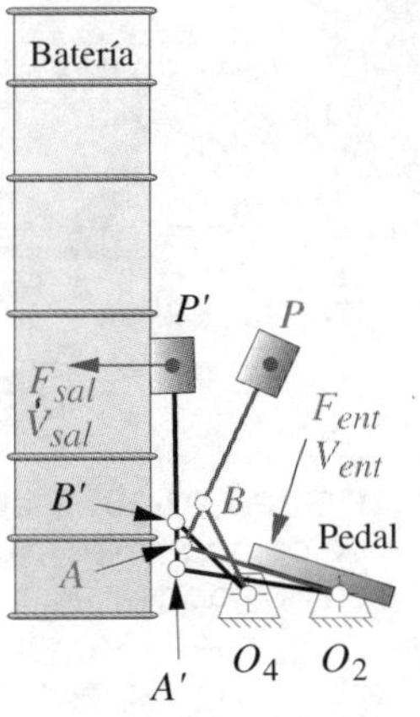

FIGURA P7-24 Problema 7-55

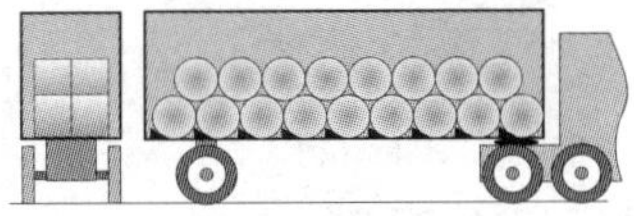

FIGURA P7-25 Problema 7-56

FIGURA P7-26 Problema 7-57 Transmisión de banda de dos ranuras *Cortesía de T. B. Wood's Sons Co., Chambersburg, PA*

* Estos problemas son adecuados para ser resueltos con *Mathcad*, *Matlab* o *TKSolver*.

† Observe que resolver estos problemas puede ser tedioso y que son más apropiados para una tarea de proyecto que para una tarea de un día para otro. En la mayoría de los casos, la solución puede verificarse con el programa LINKAGES.

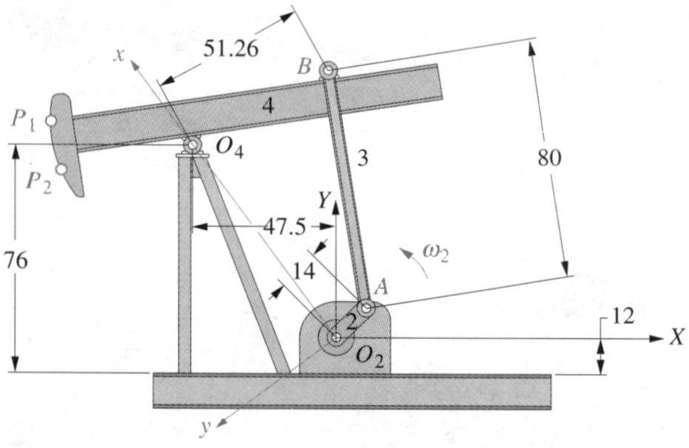

FIGURA P7-27 Problemas 7-70 y 7-71 Bomba de campo petrolero, dimensiones en pulgadas

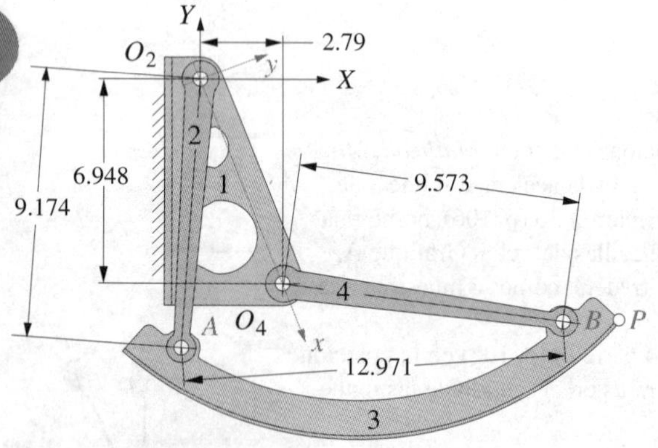

FIGURA P7-28 Problemas 7-72 y 7-73 Mecanismo de compartimiento de equipaje de avión, dimensiones en pulgadas

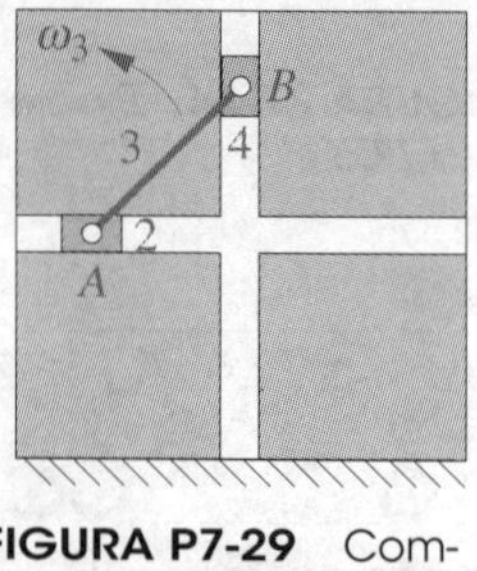

FIGURA P7-29 Compás de vara elíptico, problema 7-74

7-70 Encuentre las aceleraciones angulares de los eslabones 3 y 4 y las aceleraciones lineales de los puntos *A*, *B* y P_1 en el sistema de coordenadas *XY* del mecanismo de la figura P7-27 en la posición mostrada. Suponga que $\theta_2 = 45°$ en el sistema de coordenadas *XY* y $\omega_2 = 10$ rad/s constante. Las coordenadas del punto P_1 en el eslabón 4 son (114.68, 33.19) con respecto al sistema de coordenadas *xy*.

a) Con un método gráfico.

†*b)* Con un método analítico.

*7-71 Con los datos del problema 7-70 escriba un programa de computadora o utilice un solucionador de ecuaciones tal como *Mathcad*, *Matlab* o *TKSolver* para calcular y graficar la magnitud y dirección de la aceleración absoluta del punto P_1 en la figura P7-27 en función de θ_2.

7.72 Encuentre las aceleraciones angulares de los eslabones 3 y 4 y la aceleración lineal del punto *P* en el sistema de coordenadas *XY* del mecanismo de la figura P7-28 en la posición mostrada. Suponga que $\theta_2 = -94.121°$ en el sistema de coordenadas *XY*, $\omega_2 = 1$ rad/s y $\alpha_2 = 10$ rad/s². La posición del punto *P* del acoplador en el eslabón 3 con respecto al punto *A* es: $p = 15.00$, $\delta_3 = 0°$.

a) Con un método gráfico.

†*b)* Con un método analítico.

†7-73 Para el mecanismo de la figura P7-28, escriba un programa de computadora o utilice un solucionador de ecuaciones tal como *Mathcad*, *Matlab* o *TKSolver* para calcular y graficar la velocidad y aceleración angulares de los eslabones 2 y 4, y la magnitud y dirección de la velocidad y aceleración del punto *P* en función de θ_2 a través de su posible rango de movimiento comenzando en la posición mostrada. La posición del punto del acoplador *P* en el eslabón 3 con respecto al punto *A* es: $p = 15.00$, $\delta_3 = 0°$. Suponga que cuando $t = 0$, $\theta_2 = -94.121°$ en el sistema de coordenadas *XY*, $\omega_2 = 0$, y $\alpha_2 = 10$ rad/s², constante.

7-74 Derive expresiones analíticas para las aceleraciones de los puntos *A* y *B* en la figura P7-29 en función de θ_3, ω_3, α_3 y la longitud de *AB* del eslabón 3. Use una ecuación de lazo vectorial. Codifíquelas en un solucionador de ecuaciones o un lenguaje de programación y grafíquelas.

7-75 El mecanismo de la figura P7-30*a* (p. 267) tiene el eslabón 2 a 120° en el sistema de coordenadas *XY* global. Encuentre α_6 y $\mathbf{A}_D$ en el sistema de coordenadas global en la posición mostrada si $\omega_2 = 10$ rad/s en sentido contrario al de las manecillas del reloj y $\alpha_2 = 50$ rad/s² en el sentido de las manecillas del reloj. Use el método gráfico de diferencia de aceleración. (Imprima la figura de su archivo PDF en el DVD y dibuje sobre ella.)

*7-76 El mecanismo de la figura P7-30*a* (p. 267) tiene el eslabón 2 a 120° en el sistema de coordenadas *xy* global. Encuentre α_6 y $\mathbf{A}_D$ en el sistema de coordenadas global en la posición mostrada si $\omega_2 = 10$ rad/s en sentido contrario al de las manecillas del reloj y $\alpha_2 = 50$ rad/s² en el sentido de las manecillas del reloj. Use un método analítico.

7-77 El mecanismo de la figura P7-30*b* (p. 267) tiene el eslabón 3 perpendicular al eje *X*, y los eslabones 2 y 4 son paralelos entre sí. Encuentre α_4 y $\mathbf{A}_A$, $\mathbf{A}_B$ y $\mathbf{A}_P$ si $\omega_2 = 15$ rad/s en el sentido de las manecillas del reloj y $\alpha_2 = 100$ rad/s² en el sentido de las manecillas del reloj. Use el método gráfico de diferencia de aceleración. (Imprima la figura de su archivo PDF en el DVD y dibuje sobre ella.)

†7-78 El mecanismo de la figura P7-30*b* (p. 267) tiene el eslabón 3 perpendicular al eje *X* y los eslabones 2 y 4 son paralelos entre sí. Encuentre α_4 y $\mathbf{A}_A$, $\mathbf{A}_B$ y $\mathbf{A}_P$ si $\omega_2 = 15$ rad/s en el sentido de las manecillas del reloj y $\alpha_2 = 100$ rad/s² en el sentido de las manecillas del reloj. Use un método analítico.

7-79 El mecanismo de cruceta mostrado en la figura P7-30*c* (p. 267) tiene 2 grados de libertad con entradas en las crucetas 2 y 5. Encuentre $\mathbf{A}_B$, $\mathbf{A}_{P3}$ y $\mathbf{A}_{P4}$ si cada una de las crucetas se mueve hacia el origen del sistema de coordenadas *XY* con una velocidad de 20 pulg/s y desaceleran a 75 pulg/s². Use el método de diferencia de aceleración. (Imprima la figura de su archivo PDF en el DVD y dibuje sobre ella.)

* Estos problemas son adecuados para ser resueltos con *Mathcad*, *Matlab* o *TKSolver*.

† Observe que resolver estos problemas puede ser tedioso y que son más apropiados para una tarea de proyecto que para una tarea de un día para otro. En la mayoría de los casos, la solución puede verificarse con el programa LINKAGES.

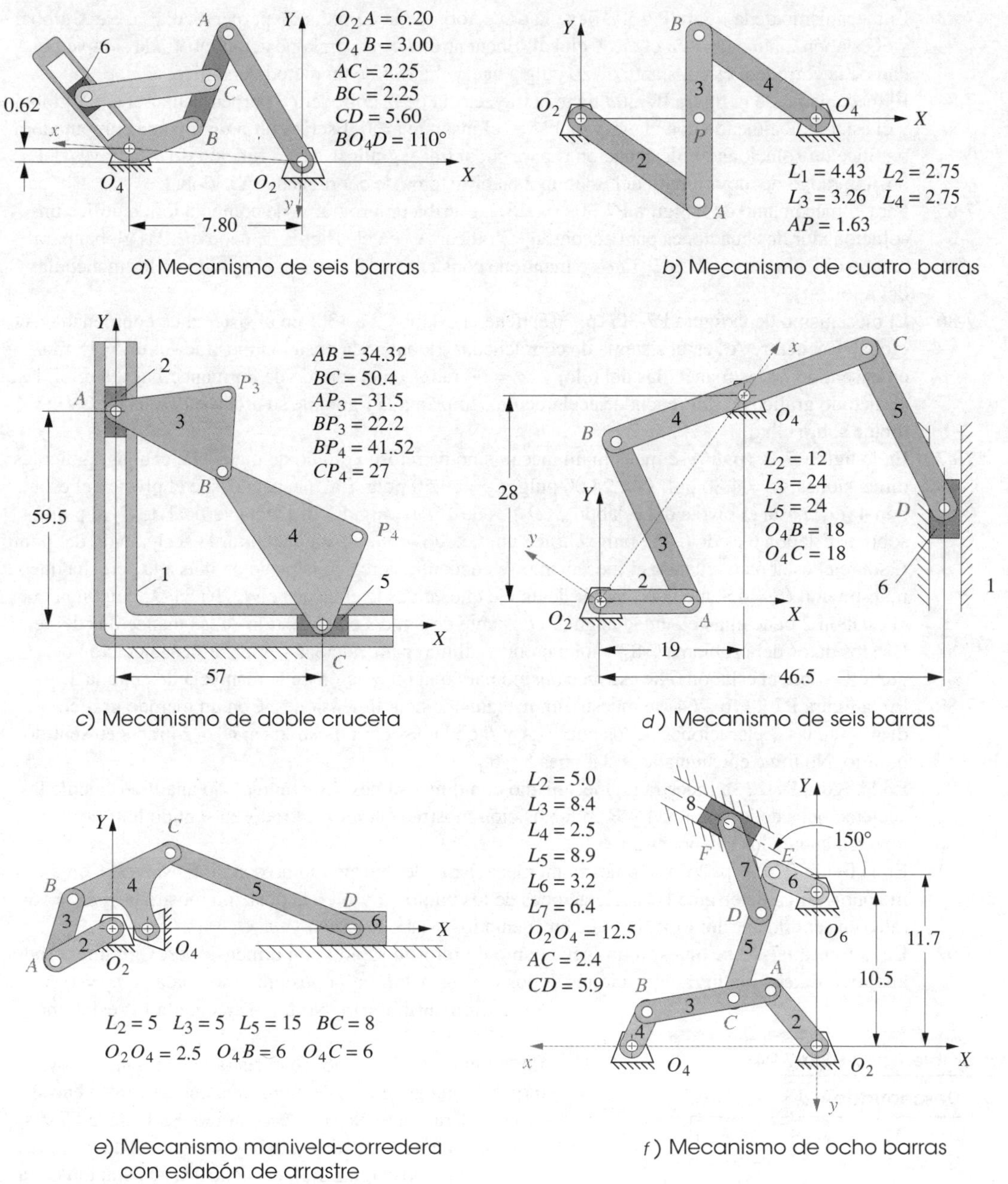

FIGURA P7-30 Problemas 7-75 a 7-86

*7-80 El mecanismo de cruceta mostrado en la figura P7-30*c* tiene 2 grados de libertad con entradas en las crucetas 2 y 5. Encuentre $\mathbf{A}_B$, $\mathbf{A}_{P3}$ y $\mathbf{A}_{P4}$ si cada una de las crucetas se mueve hacia el origen del sistema de coordenadas *XY* con una velocidad de 20 pulg/s y desaceleran a 75 pulg/s^2. Use un método analítico.

*†7-81 El mecanismo de cruceta mostrado en la figura P7-30*c* tiene 2 grados de libertad con entradas en las crucetas 2 y 5. En el instante $t = 0$, la cruceta 2 está en reposo en el origen del sistema de coordenadas *XY* global y la cruceta 5 está en reposo en (70, 0). Escriba un programa de computadora para encontrar y graficar $\mathbf{A}_{P3}$ y $\mathbf{A}_{P4}$ en los primeros 5 s de movimiento si $\mathbf{A}_2 = 0.5$ pulg/s^2 hacia arriba y $\mathbf{A}_5 = 0.5$ pulg/s^2 hacia la izquierda.

7-82 El mecanismo de la figura P7-30*d* tiene la trayectoria de la corredera 6 perpendicular al eje *X* global y el eslabón 2 alineado con el eje *X* global. Encuentre α_2 y $\mathbf{A}_A$ en la posición mostrada si la velocidad de la corredera es constante de 20 pulg/s hacia abajo. Use el método gráfico de diferencia de aceleración. (Imprima la figura de su archivo PDF en el DVD y dibuje sobre ella.)

* Estos problemas son adecuados para ser resueltos con *Mathcad*, *Matlab* o *TKSolver*.
† Observe que resolver estos problemas puede ser tedioso y que son más apropiados para una tarea de proyecto que para una tarea de un día para otro. En la mayoría de los casos, la solución puede verificarse con el programa LINKAGES.

*7-83 El mecanismo de la figura P7-30*d* tiene la trayectoria de la corredera 6 perpendicular al eje *X* global y el eslabón 2 alineado con el eje *X* global. Encuentre α_2 y $\mathbf{A}_A$ en la posición mostrada si la velocidad de la corredera es constante de 20 pulg/s hacia abajo. Use un método analítico.

*7-84 El mecanismo de la figura P7-30*d* tiene la trayectoria de la corredera 6 perpendicular al eje *X* global y el eslabón 2 alineado con el eje *X* global en el instante $t = 0$. Escriba un programa de computadora o utilice un solucionador de ecuaciones para encontrar y graficar $\mathbf{A}_D$ en función de θ_2 a través del posible rango de movimiento del eslabón 2 en el sistema de coordenadas *XY* global.

*†7-85 Para el mecanismo de la figura P7-30*e* (p. 267), escriba un programa de computadora o utilice un solucionador de ecuaciones para encontrar y graficar $\mathbf{A}_D$ en el sistema de coordenadas global para una revolución del eslabón 2 si ω_2 se mantiene constante a 10 rad/s en el sentido de las manecillas del reloj.

7-86 El mecanismo de la figura P7-30*f* (p. 267) tiene el eslabón 2 a 130° en el sistema de coordenadas *XY* global. Encuentre $\mathbf{A}_D$ en el sistema de coordenadas global en la posición mostrada si $\omega_2 = 15$ rad/s en el sentido de las manecillas del reloj y $\alpha_2 = 50$ rad/s^2 en el sentido de las manecillas del reloj. Use el método gráfico de diferencia de aceleración. (Imprima la figura de su archivo PDF en el DVD y dibuje sobre ella.)

*7-87 En la figura 3-14 (p. 86) se muestra un mecanismo de retorno rápido de manivela, con las siguientes dimensiones: $L_2 = 4.80$ pul, $L_4 = 24.00$ pulg, $L_5 = 19.50$ pulg. La distancia desde el pivote del eslabón 4 (O_4) hasta el pivote del eslabón 2 (O_2) es de 16.50 pulg. La distancia vertical de O_2 al punto *C* sobre el eslabón 6 es de 6.465 pulg. Utilice un método gráfico para encontrar la aceleración del punto *C* sobre el eslabón 6, cuando el mecanismo se encuentra cerca de la posición más a la derecha que se muestra con $\theta_2 = 45°$ medido a partir de un eje que va desde el origen en O_2 hacia O_4. Suponga que el eslabón 2 tiene una velocidad angular constante de 2 rad/s en el sentido de las manecillas del reloj.

†7-88 Use los datos del problema 7-87 y un método analítico para calcular y graficar la aceleración del punto *C* sobre el eslabón 6 de ese mecanismo para una revolución de la manivela de entrada 2.

7-89 En la figura P7-22 (p. 264) se muestra un mecanismo con dimensiones. Con un método gráfico determine las aceleraciones de los puntos *A* y *B* en la posición mostrada si $\omega_2 = 24$ rad/s en sentido horario. No tome en cuenta los eslabones 5 y 6.

7-90 En la figura P7-22 se muestra un mecanismo con dimensiones. Con un método analítico calcule las aceleraciones de los puntos *A* y *B* en la posición mostrada si $\omega_2 = 24$ rad/s en sentido horario. No tome en cuenta los eslabones 5 y 6.

7-91 En la figura P7-23 (p. 265) se muestra un mecanismo de retorno rápido con dimensiones. Con un método gráfico determine las aceleraciones de los puntos *A* y *B* en la posición mostrada si $\omega_2 = 16$ rad/s en sentido antihorario. No tome en cuenta los eslabones 5 y 6.

7-92 En la figura P7-23 se muestra un mecanismo de retorno rápido con dimensiones. Con un método analítico determine las aceleraciones de los puntos *A* y *B* en la posición mostrada si $\omega_2 = 16$ rad/s en sentido antihorario. No tome en cuenta los eslabones 5 y 6.

7-93 En la figura P7-2 (p. 256) se muestra la configuración y terminología generales de un mecanismo de cuatro barras de corredera-manivela con descentrado. En la tabla P7-5 se definen las longitudes de eslabón y los valores de d, $\dot{d}$ y $\ddot{d}$. Para la(s) fila(s) asignada(s), encuentre la aceleración de la junta de pasador *A* y la aceleración angular de la manivela con un método gráfico.

7-94 En la figura P7-2 se muestra la configuración y terminología generales de un mecanismo de cuatro barras de corredera-manivela con desviación. En la tabla P7-5 se definen las longitudes de eslabón y los valores de d, $\dot{d}$ y $\ddot{d}$. Para las filas asignadas, encuentre la aceleración de la junta de pasador *A* y la aceleración angular de la manivela con el método analítico. Trace el mecanismo a escala y márquelo antes de establecer las ecuaciones.

TABLA P7-5 Datos para los problemas 7-93 a 7-94‡

Fila	Eslabón 2	Eslabón 3	Descentrado	d	$\dot{d}$	$\ddot{d}$
a	1.4	4	1	2.5	10	0
b	2	6	-3	5	-12	5
c	3	8	2	8	-15	-10
d	3.5	10	1	-8	24	-4
e	5	20	-5	15	-50	10
f	3	13	0	-12	-45	50
g	7	25	10	25	100	18

‡ Los dibujos de estos mecanismos se encuentran en la carpeta *PDF Problem Workbook* del DVD.

* Respuestas en el apéndice F.

† Observe que resolver estos problemas puede ser tedioso y que son más apropiados para una tarea de proyecto que para una tarea de un día para otro. En la mayoría de los casos, la solución puede verificarse con los programas FOURBAR, SLIDER o SIXBAR.

7.11 LABORATORIO VIRTUAL

L7-1 Vea el video *Fourbar Linkage Virtual Laboratory* que se encuentra en el DVD. Abra el archivo *Virtual Fourbar Linkage Lab 7-1.doc* del DVD y siga las instrucciones de su profesor.

7

CAPÍTULO 8

DISEÑO DE LEVAS

Es mucho más fácil diseñar que realizar.

SAMUEL JOHNSON

8.0 INTRODUCCIÓN

Los sistemas de leva-seguidor con frecuencia son utilizados en todas las clases de máquinas. Las válvulas de un motor automotriz se abren por levas. Las máquinas utilizadas en la fabricación de muchos bienes de consumo están llenas de levas.* Comparadas con los mecanismos articulados, las levas son más fáciles de diseñar para producir una función de salida específica, pero son mucho más difíciles y costosas de fabricar que un mecanismo articulado. Las levas son una forma de mecanismo de cuatro barras degradado en el cual el mecanismo acoplador se ha reemplazado por una semijunta, como se muestra en la figura 8-1 (p. 270). Este tema se analizó en la sección 2.10 (p. 36) en la transformación de mecanismos (véase también la figura 2-12, p. 38). En cualquier posición instantánea de una leva y seguidor, puede sustituirse un mecanismo efectivo que, en esa posición instantánea, tendrá el mismo movimiento que la original. En realidad, la leva y seguidor es un mecanismo de cuatro barras con eslabones de longitud variable (efectiva). Esta diferencia conceptual es la que hace que el mecanismo de leva y seguidor sea un **generador de función** flexible y útil. Es posible especificar virtualmente cualquier función de salida que se desee y muy probablemente crear una superficie curva en la leva para generar esa función en el movimiento del seguidor. No se limita a eslabones de longitud fija como en la síntesis de mecanismos. El mecanismo de leva y seguidor es un dispositivo mecánico extremadamente útil, sin el cual sería más difícil de ejecutar las tareas del diseñador de máquinas. No obstante, en cualquier campo de la ingeniería se presentan cambios. Éstos se analizarán en secciones posteriores. La tabla 8-1 (p. 270) incluye una lista de variables utilizadas en este capítulo.

En este capítulo se presenta el procedimiento apropiado para el diseño de un sistema leva-seguidor así como el proceso de algunos diseños menos apropiados como ejemplo de los problemas en que se involucran algunos diseñadores de levas inexpertos. Se analizarán algunas consideraciones teóricas de las funciones matemáticas comúnmente utilizadas en curvas de levas, así como los métodos para la derivación de funciones polinomiales adecuadas a cualquier conjunto de condiciones límite. Se abordará la tarea para dimensionar levas con consideraciones de ángulo de presión y radio de curvatura así como los procesos de fabricación y sus limitaciones analizadas. Se utilizará el programa DYNACAM en todo el capítulo como herramienta para presentar e ilustrar los conceptos y soluciones de diseño. La información sobre este programa se encuentra en el apéndice A.

8.1 TERMINOLOGÍA DE LEVAS

Los sistemas leva-seguidor se clasifican de varias maneras: por el *tipo de movimiento del seguidor*, **trasladante** o **rotatorio** (oscilante); por el tipo de leva, radial, cilíndrica, tridimensional; por el *tipo de cierre de junta*, con cierre de **forma** o **fuerza**; por el *tipo de seguidor*, **curvo** o **plano**, **rodante** o **deslizante**; por el *tipo de restricciones de movimiento*, **posición crítica extrema** (CEP, por sus siglas en inglés), **movimiento de trayectoria crítica** (CPM, por sus siglas en inglés); por el *tipo de programa de movimiento*, **subida-bajada** (RF, por sus siglas en inglés), **subida-bajada-detenimiento** (RFD,

* Vea el video *Pick and Place Mechanism* en el DVD del libro, el cual presenta un ejemplo de un mecanismo impulsado por una leva en una máquina de producción real.

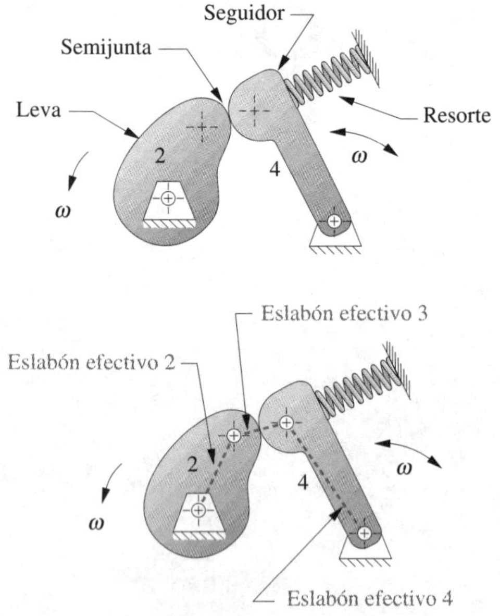

a) Un mecanismo de leva-seguidor oscilante tiene un equivalente efectivo de cuatro barras armado con pasadores

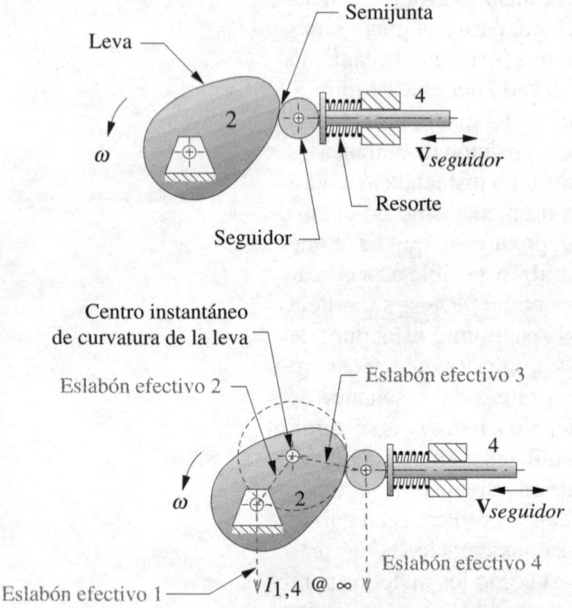

b) Un mecanismo de leva-seguidor trasladante tiene un equivalente de un mecanismo de cuatro barras de manivela-corredera efectivo

FIGURA 8-1 Eslabones efectivos en el mecanismo de leva-seguidor

TABLA 8-1 Notación utilizada en este capítulo

t = tiempo, segundos
θ = ángulo de árbol de levas, grados o radianes (rad)
ω = velocidad angular del árbol de levas, rad/s
β = ángulo total de cualquier segmento, subida, bajada o detenimiento, grados o rad
h = elevación total (subida o bajada) de cualquier segmento, unidades de longitud
s o S = desplazamiento del seguidor = unidades de longitud
$v = ds/d\theta$ = velocidad del seguidor, longitud/rad
$V = dS/dt$ = velocidad del seguidor, longitud/s
$a = dV/d\theta$ = aceleración del seguidor, longitud/rad^2
$A = dV/dt$ = aceleración del seguidor, longitud/s^2
$j = da/d\theta$ = golpeteo del seguidor, longitud/rad^3
$J = dA/dt$ = golpeteo del seguidor, longitud/s^3
$s\ v\ a\ j$ se refieren al grupo de diagramas, unidades de longitud contra radianes
$S\ V\ A\ J$ se refieren al grupo de diagramas, unidades de longitud contra tiempo
R_b = radio del círculo base, unidades de longitud
R_p = radio del círculo primario, unidades de longitud
R_f = radio del seguidor de rodillo, unidades de longitud
ε = excentricidad de leva-seguidor, unidades de longitud
φ = ángulo de presión, grados o radianes
ρ = radio de curvatura de superficie de leva, unidades de longitud
$\rho_{primitivo}$ = radio de curvatura de curva de paso, unidades de longitud
$\rho_{mín}$ = radio de curvatura mínimo de curva de paso o superficie de leva, unidades de longitud

por sus siglas en inglés), **subida-detenimiento-bajada-detenimiento** (RDFD, por sus siglas en inglés). A continuación se analizan cada uno de estos esquemas de clasificación con detalle.

Tipo de movimiento del seguidor

La figura 8-1*a* muestra un sistema con un **seguidor rotatorio** u oscilante. La figura 8-1*b* muestra un **seguidor trasladante**. Éstos son análogos a los mecanismos de manivela-balancín de cuatro barras y de manivela-corredera de cuatro barras, respectivamente. Un mecanismo de cuatro barras efectivo puede sustituirse por el sistema de leva-seguidor para cualquier posición instantánea. Las ubicaciones instantáneas de los centros de curvatura del sistema leva-seguidor determinan las longitudes de los eslabones efectivos como se muestra en la figura 8-1. Las velocidades y aceleraciones del sistema leva-seguidor se encuentran al analizar el comportamiento del mecanismo efectivo en cualquier posición. Una comprobación de lo anterior se encuentra en la referencia [1]. Desde luego, los eslabones efectivos cambian de longitud conforme el sistema leva-seguidor se mueve, lo que le da una ventaja sobre un mecanismo puro ya que esto permite más flexibilidad al satisfacer las restricciones de movimiento deseado.

En general, el tipo de movimiento deseado determina la elección entre estas dos formas del sistema leva-seguidor. Si se requiere de una traslación rectilínea real, se elige el seguidor trasladante. Si se requiere de una rotación pura, entonces el de oscilación es la opción obvia. Existen ventajas en cada una de estas opciones, independientemente de sus características de movimiento, según el tipo de seguidor elegido. Éstas se analizarán en una sección posterior.

Tipo de cierre de junta

Los **cierres de fuerza o forma** se analizaron en el sección 2.3 (p. 25), en el tema de juntas. El **cierre de fuerza**, como se muestra en la figura 8-1, *requiere que se aplique una fuerza externa a la junta*

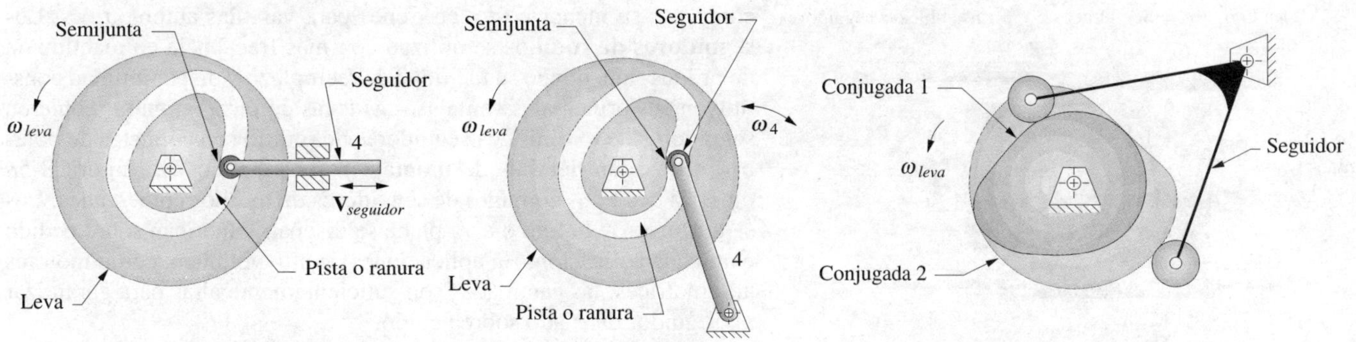

a) Leva con cierre de forma con seguidor trasladante

b) Leva con cierre de fuerza con seguidor oscilante

c) Levas conjugadas en un eje común

FIGURA 8-2 Sistemas leva-seguidor cerrados por su forma

para mantener los dos eslabones, leva y seguidor, en contacto físico. Esta fuerza es proporcionada por un resorte, y se define como positiva en una dirección que cierra la junta. No puede permitirse que sea negativa, pues si es así, los eslabones pierden el contacto porque una *junta con cierre de fuerza sólo puede empujar, no jalar*. El **cierre de forma**, como se muestra en la figura 8-2, *cierra la junta por geometría*. No se requiere ninguna fuerza externa. En realidad, existen dos superficies de leva en esta disposición, una a cada lado del seguidor. Cada una empuja, en su oportunidad, para impulsar el seguidor en ambas direcciones.

La figura 8-2*a* y *b* muestra levas de pista o ranura que capturan un solo seguidor por la ranura tanto para empujarlo como jalarlo. La figura 8-2*c* muestra otra variedad de disposición de leva-seguidor con cierre de forma, denominada **levas conjugadas**. Éstas son dos levas fijas sobre un eje común que son conjugados matemáticos entre sí. Dos seguidores de rodillo, conectados a un brazo común, son empujados en direcciones opuestas por las levas conjugadas. Cuando se utilizan levas con cierre de forma en trenes de válvulas de un motor de motocicleta o automóvil, se denominan levas **desmodrómicas**.* Existen ventajas y desventajas tanto en la disposición de cierre de fuerza como de forma que se analizarán en la sección 8-7 (p. 312).

Tipo de seguidor

El seguidor, en este contexto, se refiere sólo a la parte del eslabón seguidor que está en contacto con la leva. La figura 8-3 muestra tres disposiciones comunes: **cara plana**, **de hongo** (curva) y **de rodillo**. El seguidor de rodillo tiene la ventaja de poseer menor fricción (rodante), a diferencia del contacto deslizante de los otros dos, pero es más costoso. Los **seguidores de cara plana** son más pequeños que los seguidores de rodillo en algunos diseños de leva, por lo que usualmente se prefieren, así

* Se puede encontrar más información sobre mecanismos leva-seguidor desmodrómicos en http://members.chello.nl/~wgj.jansen/, donde se pueden ver en acción varios modelos con sus implementaciones.

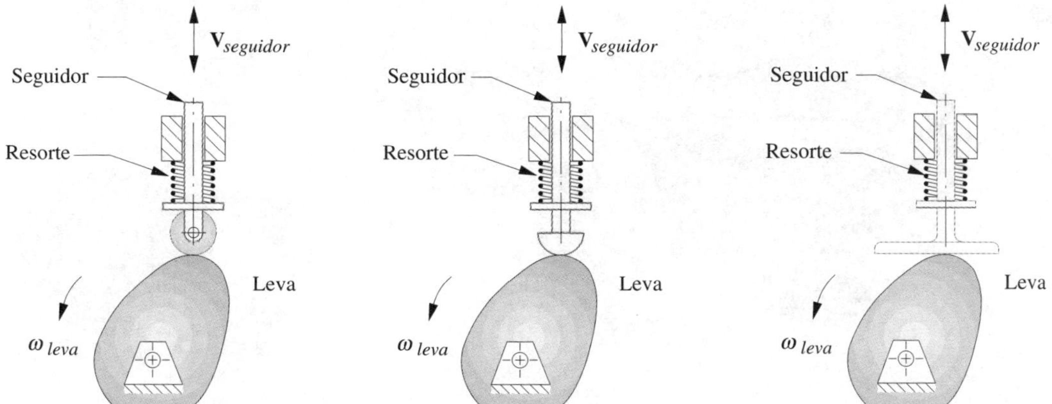

a) Seguidor de rodillo

b) Seguidor de hongo

c) Seguidor de cara plana

FIGURA 8-3 Tres tipos comunes de leva-seguidores

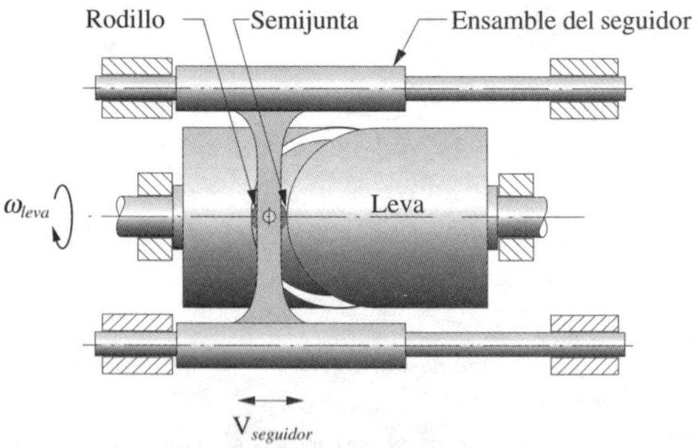

FIGURA 8-4 Leva axial, cilíndrica o de barril con seguidor trasladante y cierre de forma

como por su menor costo, en trenes para válvulas automotrices. Los **seguidores de rodillos** se utilizan con más frecuencia en maquinaria de producción, donde su facilidad de reemplazo y disponibilidad constituyen sus principales ventajas. Las levas de pista o ranura requieren seguidores de rodillo. Los seguidores de rodillo son cojinetes de bolas o rodillos con detalles de montaje personalizados. La figura 8-5*a* muestra dos tipos comunes de seguidores de rodillos comerciales. Los **seguidores de hongo** o cara plana se diseñan y fabrican sobre pedido para cada aplicación. En aplicaciones de alto volumen, como motores automotrices, las cantidades son suficientemente altas para garantizar un seguidor diseñado sobre pedido.

Tipo de leva

La dirección del movimiento del seguidor con respecto al eje de rotación de la leva determina si es una leva **radial** o **axial**. Todas las levas mostradas en las figuras 8-1 a 8-3 son levas radiales porque el movimiento del seguidor es en una dirección radial. Las **levas radiales** abiertas también se llaman **levas de placa.**

La figura 8-4 muestra una **leva axial** cuyo seguidor se mueve paralelo al eje de rotación de la leva. Este arreglo también se llama leva de **cara** si es abierta (con cierre de fuerza) y leva **cilíndrica** o de **barril** si es ranurada o acanalada (con cierre de forma).

8

La figura 8-5*b* muestra una selección de levas de varios tipos. En el sentido de las manecillas del reloj, desde la esquina inferior izquierda, son: una leva axial o de cara abierta (con cierre de fuerza); una leva ranurada axial (de pista, con cierre de forma) con un engrane externo; una leva abierta radial o de placa (con cierre de fuerza); una leva axial acanalada (con cierre de forma); una leva axial ranurada (de barril).

Las levas tridimensionales (figura 8-5*c*) son una combinación de levas radiales y axiales. La rotación de entrada de la leva impulsa un tren seguidor con movimiento tanto axial como radial. El movimiento del seguidor tiene dos grados acoplados de libertad.

Tipo de restricciones de movimiento

Existen dos categorías generales de restricción de movimiento, **posición crítica extrema** (CEP, por sus siglas en inglés), también llamada especificación de punto final, y **movimiento de trayectoria crítica** (CPM, por sus siglas en inglés). La **posición crítica extrema** se refiere al caso en que las

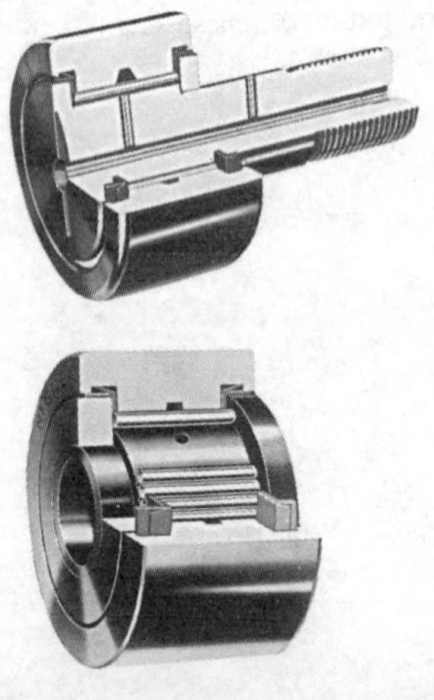

a) Seguidores de rodillo comercial
Cortesía de McGill Manufacturing Co. South Bend, IN

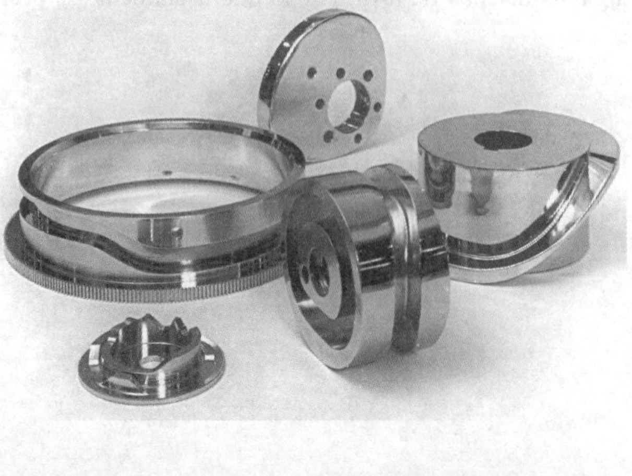

b) Levas comerciales de varios tipos
Cortesía de The Ferguson Co. St. Louis, MO

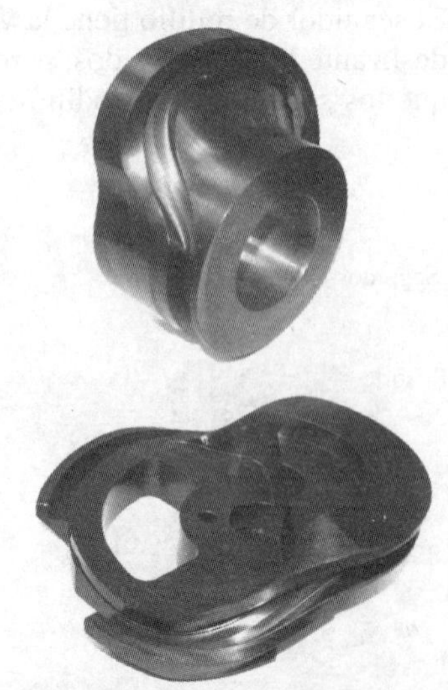

c) Levas tridimensionales
Cortesía de The Gillette Co. Boston MA

FIGURA 8-5 Levas y seguidores de rodillos

especificaciones de diseño definen las posiciones inicial y final del seguidor (es decir, posiciones extremas), pero no especifican ninguna restricción en el movimiento entre las posiciones extremas. Este caso se analiza en las secciones 8.3 (p. 274) y 8.4 (p. 290), y es el más fácil de diseñar, ya que el diseñador tiene la libertad de elegir las funciones de la leva que controlan el movimiento entre los extremos. El **movimiento de trayectoria crítica** es un problema más restringido que el de posición crítica extrema porque el movimiento y/o una o más de sus derivadas se definen en todas o en una parte del intervalo de movimiento. Esto es análogo a la **generación de función** en el caso de diseño de mecanismos, excepto que con una leva se logra una función de salida continua para el seguidor. En la sección 8.5 (p. 297) se analiza este caso de movimiento de trayectoria crítica. Sólo es posible crear una aproximación de la función especificada y mantener un comportamiento dinámico adecuado.

Tipo de programa de movimiento

Los programas de movimiento **subida-bajada** (RF), **subida-bajada-detenimiento** (RFD) y **subida-detenimiento-bajada-detenimiento** (RDFD) se refieren a la restricción de movimiento de posición extrema crítica en que de hecho definen cuántos detenimientos se presentan en el ciclo completo de movimiento, ninguno (RF), uno (RFD) o más de uno (RDFD). Los **detenimientos**, definidos como *movimientos nulos de salida durante un periodo especificado de movimiento de entrada*, son una característica importante de los sistemas leva-seguidor porque es fácil crear detenimientos exactos en estos mecanismos. La leva-seguidor es el tipo de diseño elegido siempre que se requiere un detenimiento. En la sección 3.9 (p. 102) se diseñaron mecanismos con detenimiento, y se concluyó que, en el mejor de los casos, se podría obtener sólo un detenimiento aproximado. Los mecanismos de detenimiento simple o doble tienden a ser bastante grandes para su movimiento de salida y son algo difíciles de diseñar. (Véase el programa SIXBAR para algunos ejemplos incorporados de estos mecanismos con detenimiento.) Los sistemas leva-seguidor tienden a ser más compactos que los mecanismos para el mismo movimiento de salida.

Si se requiere un movimiento de **subida-bajada** con posición extrema crítica (RF), sin detenimiento, entonces se deberá considerar un mecanismo de manivela-balancín en lugar de un sistema leva-seguidor para obtener todas las ventajas de los mecanismos articulados sobre la confiabilidad de las levas, facilidad de construcción y costo más bajo discutidas en la sección 2.18 (p. 50). Si lo que se requiere es reducir el tamaño y sobrepeso, entonces puede justificarse la elección de un sistema leva-seguidor en el caso de RF. Por otra parte, si la especificación de diseño es de movimiento de trayectoria crítica, y el movimiento y sus derivadas están definidas en el intervalo, entonces un sistema leva-seguidor es la elección lógica en el caso RF.

Los casos de **subida-bajada-detenimiento** (RFD) y **subida-detenimiento-bajada-detenimiento** (RDFD) son las elecciones obvias para sistemas leva-seguidor por las razones antes citadas. Sin embargo, cada uno de estos casos tiene su propio conjunto de restricciones en el comportamiento de las funciones de leva en las interfases de contacto entre los segmentos que controlan la subida, la bajada y los detenimientos. En general, se deben igualar las **condiciones de frontera** (CF) de las funciones y sus derivadas en todas las caras de contacto entre los segmentos de la leva, lo cual se analizará a fondo en las siguientes secciones.

8.2 DIAGRAMAS *S V A J*

La primera tarea a realizar por el diseñador de levas es seleccionar las funciones matemáticas a utilizar para definir el movimiento del seguidor. La aproximación más fácil a este proceso es "linealizar" la leva, esto es, "desenrollarla" de su forma circular y considerarla como una función graficada en ejes cartesianos. Se grafica la función de desplazamiento s, su primera derivada velocidad v, su segunda derivada aceleración a y su tercera derivada golpeteo j, todas en ejes alineados como una función de ángulo de árbol de levas θ, como se muestra en la figura 8-6. Es posible considerar que la variable independiente en estas gráficas es el tiempo t o el ángulo de árbol θ, ya que se conoce la velocidad angular constante ω del árbol de levas y facilita la conversión de ángulo a tiempo y viceversa.

$$\theta = \omega t \tag{8.1}$$

La figura 8-6*a* muestra las especificaciones para una leva de cuatro detenimientos con ocho segmentos, RDFDRDFDRDFD. La figura 8-6*b* muestra las curvas *s v a j* de toda la leva durante 360 grados de rotación del árbol de levas. Un diseño de leva comienza con una definición de las funciones de leva requeridas y sus diagramas *s v a j*. Las funciones de los segmentos de leva de

8

Número de segmento	Función utilizada	Ángulo inicial	Ángulo final	Ángulo delta
1	Subida cicloidal	0	60	60
2	Detenimiento	60	90	30
3	Bajada seno modificado	90	150	60
4	Detenimiento	150	180	30
5	Subida trapezoidal modificada	180	240	60
6	Detenimiento	240	270	30
7	Bajada armónica simple	270	330	60
8	Detenimiento	330	360	30

a) Especificaciones del programa de leva

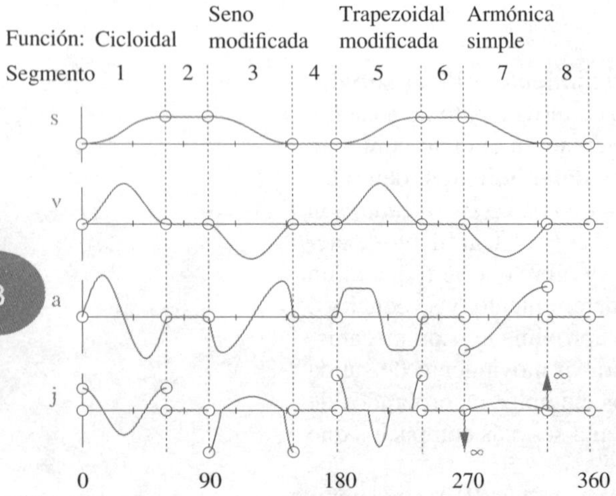

b) Diagramas *s v a j* de mecanismos de leva-seguidor

FIGURA 8-6 Funciones de movimiento cicloidal, seno modificado, trapezoide modificado y armónico simple de una leva con cuatro detenimientos

sin descanzo deben elegirse con base en sus características de velocidad, aceleración y golpeteo, y las relaciones en las interfases de contacto entre segmentos adyacentes, incluidos los detenimientos. Esas características de función deben investigarse conveniente y rápidamente mediante el programa DYNACAM que generó los datos y gráficas mostradas en la figura 8-6.

8.3 DISEÑO DE LEVAS CON DOBLE DETENIMIENTO: SELECCIÓN DE LAS FUNCIONES *S V A J*

Muchas aplicaciones de diseño de levas requieren múltiples detenimientos. El caso de doble detenimiento es bastante común. Quizás una leva de **doble detenimiento** impulsa una estación alimentadora de piezas en una máquina de producción que fabrica pastas dentales. Este seguidor de leva hipotética alimenta un tubo de pasta de dientes vacío (durante el detenimiento bajo), luego lo mueve a la estación de carga (durante la subida), lo mantiene totalmente inmóvil en una **posición extrema crítica** (CEP) mientras la pasta de dientes es vertida por el fondo abierto del tubo (durante el detenimiento alto), y luego retrae el tubo lleno de vuelta a la posición de inicio (cero) y lo mantiene en esta posición extrema crítica. En este punto, otro mecanismo (durante el detenimiento bajo) recoge el tubo y lo lleva a la siguiente operación, la cual podría ser sellar el fondo del tubo. Se podría utilizar también una leva similar para alimentar, alinear y retraer el tubo en la estación de sellado del fondo.

Las especificaciones para una leva como ésta se muestran con frecuencia en un diagrama de temporización, como en la figura 8-7, que representa los eventos especificados en el ciclo de máquina. Un **ciclo de máquina** se define como *una revolución de su eje motriz maestro*. En una máquina complicada, como una productora de pasta dental, habrá un **diagrama de temporización** por cada subensamble de la máquina. Las relaciones de tiempo entre los subensambles se definen por sus diagramas de temporización que se trazan sobre un eje de tiempo común. Obviamente, todas estas operaciones deben mantenerse en perfecta sincronía y fase de tiempo para que la máquina funcione.

Este ejemplo simple mostrado en la figura 8-7 es un caso de posición extrema crítica (CEP), porque no se especifica nada sobre las funciones a utilizar para ir de la posición de detenimiento bajo (un extremo) a la posición de detenimiento alto (otro extremo). El diseñador tiene la libertad de elegir cualquier función que realice el trabajo. Observe que estas especificaciones contienen sólo información sobre la función de desplazamiento. Las derivadas superiores no están específicamente restringidas en este ejemplo. A continuación se utiliza este problema para investigar varias formas diferentes de satisfacer las especificaciones.

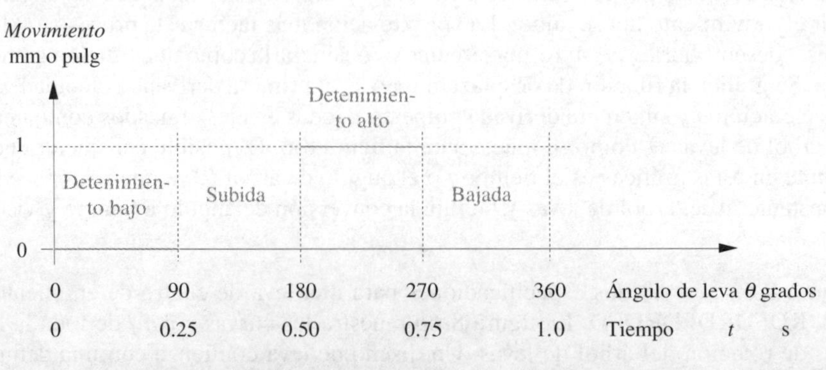

FIGURA 8-7 Diagrama de temporización de una leva

EJEMPLO 8-1 Diseño de leva por un novato. Una leva defectuosa.

Problema: Considérese la siguiente especificación CEP para el diseño de una leva.

detenimiento	en desplazamiento cero durante 90 grados (detenimiento bajo)
subida	1 pulg (25 mm) en 90 grados
detenimiento	en 1 pulg (25 mm) durante 90 grados (detenimiento alto)
bajada	1 pulg (25 mm) en 90 grados
ω **leva**	2π rad/s = 1 rev/s

Solución:

1 El diseñador de levas inexperto podría proseguir con un diseño como el mostrado en la figura 8-8*a*. Al tomar literalmente las especificaciones dadas, se intenta sólo "conectar los puntos" en el diagrama de temporización para crear el diagrama de desplazamiento (*s*). (Después de todo, cuando se enrolla este diagrama *s* alrededor de un círculo para crear la leva propiamente dicha, se verá bastante plano a pesar de las esquinas puntiagudas en el diagrama *s*.) El error que un diseñador principiante comete en este caso es ignorar el efecto en las derivadas superiores de la función de desplazamiento que resulta de esta aproximación simplista.

2 La figura 8-8*b*, *c* y *d* muestra el problema. Obsérvese que debe tratarse cada segmento de la leva (subida, bajada, detenimiento) como una entidad distinta al desarrollar las funciones matemáticas para la leva. Si primero se considera el segmento de elevación (número 2), la función de desplazamiento en la figura 8-8*a* durante esta parte es una línea recta o un polinomio de primer grado. La ecuación general de una línea recta es:

$$y = mx + b \tag{8.2}$$

donde *m* es la pendiente de la línea y *b* la intersección con el eje *y*. Si se sustituyen las variables apropiadas para este ejemplo en la ecuación 8.2, el ángulo θ reemplaza a la variable independiente *x* y el desplazamiento *s* reemplaza a la variable dependiente *y*. Por definición, la pendiente constante *m* del desplazamiento es la constante de velocidad K_v.

3 Para el segmento de subida, la intersección *b* con el eje *y* es cero porque la posición de detenimiento bajo en general se considera como desplazamiento cero por convención. La ecuación 8.2 se convierte entonces:

$$s = K_v\theta \tag{8.3}$$

4 La diferenciación con respecto a θ da una función de velocidad durante la subida.

$$v = K_v = \text{constante} \tag{8.4}$$

5 La diferenciación de nuevo con respecto a θ da una función de aceleración durante la subida.

$$a = 0 \tag{8.5}$$

Esto parece demasiado bueno para ser cierto (y lo es). Aceleración cero significa fuerza dinámica cero. ¡Parece que esta leva no tiene fuerzas dinámicas o esfuerzos en ella!

La figura 8-8 muestra lo que realmente sucede. Al volver a la función de desplazamiento y diferenciarla gráficamente, se observará que, por la definición de la derivada como la pendiente instantánea de la función, la aceleración es de hecho cero **durante el intervalo**. *Pero, en las fronteras del intervalo*, donde la subida encuentra al detenimiento bajo en un lado y detenimiento alto en el otro, se observa que *la función de velocidad es multivalores. Existen discontinuidades en estas fronteras*, el efecto de las cuales es crear una parte de la curva de velocidad que tenga **pendiente infinita** y duración cero. Esto produce las *puntas infinitas de aceleración* mostradas en esos puntos.

Estas puntas son llamadas más propiamente **funciones Delta de Dirac**. En realidad, no se puede obtener una aceleración infinita, ya que requiere de una fuerza infinita. Claramente las fuerzas dinámicas serán muy grandes en estas fronteras y crearán altos esfuerzos y un rápido desgaste. De hecho, si se construyera esta leva y funcionara a cualquier velocidad significativa, las esquinas afiladas en el diagrama de desplazamiento que crean estas aceleraciones teóricas infinitas se desgastarían con rapidez creando contornos más lisos por los esfuerzos insostenibles en los materiales. *Éste no es un diseño aceptable.*

La inaceptabilidad de este diseño es reforzada por el diagrama de **golpeteo** que muestra valores teóricos de **±infinito** en las discontinuidades (la función **doblete**). El problema se ha generado por la elección incorrecta de

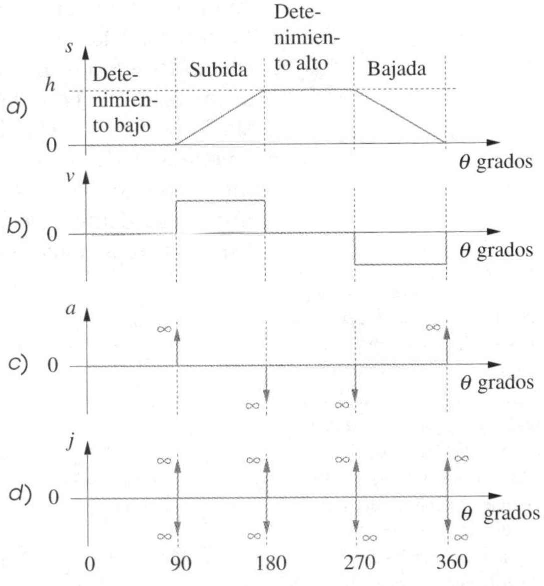

FIGURA 8-8 Diagramas *s v a j* de un "mal" diseño de leva

8

la función de desplazamiento. En realidad, al diseñador de la leva no debe interesarle tanto la función de desplazamiento como sus derivadas superiores.

Ley fundamental de diseño de levas

Cualquier leva diseñada para operar a velocidades diferentes de las muy bajas debe diseñarse con las siguientes restricciones:

La función de leva debe ser continua en la primera y segunda derivadas de desplazamiento a través de todo el intervalo (360 grados).

Corolario

La función de rapidez de aceleración debe ser finita a través de todo el intervalo (360 grados).

En cualquier leva, excepto la más simple, el programa de movimiento no puede definirse por una sola expresión matemática, sino más bien debe definirse por varias funciones distintas, cada una de las cuales define el comportamiento del seguidor a través de un segmento, o pieza, de la leva. Estas expresiones en ocasiones se llaman *funciones por secciones*. Estas funciones deben tener **continuidad de tercer grado** (la función más dos derivadas) en todas las fronteras. **Las funciones de desplazamiento, velocidad y aceleración no deben tener discontinuidades en ellas.***

Si existen algunas discontinuidades en la función de aceleración, habrá puntas infinitas o funciones delta de Dirac, que aparecen en la derivada de aceleración, o golpeteo. Por tanto, el corolario simplemente restablece la ley fundamental de diseño de levas. Un diseñador inexperto no reconocerá que si se inicia con un polinomio de grado bajo (lineal) como función de desplazamiento, aparecerán discontinuidades en las derivadas superiores.

8

Las funciones polinomiales son una de las mejores opciones para levas, como se verá después, aunque presentan una falla que puede provocar problemas en esta aplicación. Cada vez que se diferencian, se reducen en un grado. Eventualmente, después de suficientes diferenciaciones, los polinomios se degeneran a grado cero (un valor constante), como lo muestra la función de velocidad en la figura 8-8*b* (p. 275). Por tanto, si se inicia con un polinomio de primer grado como función de desplazamiento, es inevitable que pronto aparezcan discontinuidades en sus derivadas.

Para obedecer la ley fundamental de diseño de levas, habrá que iniciar con al menos un polinomio de quinto grado (quíntico) como función de desplazamiento para una leva de doble detenimiento, que degenerará en una función cúbica en la aceleración. La función de rapidez de aceleración parabólica tendrá discontinuidades y la derivada (sin nombre) de la rapidez de aceleración tendrá puntas infinitas en ella. Esto es aceptable, ya que la rapidez de aceleración aún es finita.

Movimiento armónico simple (MAS)

Un diseñador inexperto de levas reconoce su error al elegir una función de línea recta para el desplazamiento. También recuerda la familia de funciones que aprendió en un curso de cálculo que tienen la propiedad de permanecer continuas a través de cualquier número de diferenciaciones. Éstas son las funciones armónicas. Con diferenciación repetida, el seno se vuelve coseno, que a su vez se vuelve seno negativo, el que a su vez se vuelve coseno negativo, etc., hasta el infinito. Uno nunca se queda sin derivadas con la familia de curvas armónicas. De hecho, la diferenciación de una función armónica en realidad sólo equivale a un desplazamiento de fase de 90° de la función. Es como si, cuando la diferencia, se recortara con unas tijeras una parte distinta de la misma función de onda seno continua, la cual está definida de menos infinito a más infinito. Las ecuaciones de movimiento armónico simple (MAS) para un movimiento de subida son:

$$s = \frac{h}{2}\left[1 - \cos\left(\pi\frac{\theta}{\beta}\right)\right] \tag{8.6a}$$

$$v = \frac{\pi}{\beta}\frac{h}{2}\operatorname{sen}\left(\pi\frac{\theta}{\beta}\right) \tag{8.6b}$$

$$a = \frac{\pi^2}{\beta^2}\frac{h}{2}\cos\left(\pi\frac{\theta}{\beta}\right) \tag{8.6c}$$

$$j = -\frac{\pi^3}{\beta^3}\frac{h}{2}\operatorname{sen}\left(\pi\frac{\theta}{\beta}\right) \tag{8.6d}$$

donde h es la subida total, o elevación, θ es el ángulo del árbol de levas y β es el ángulo total del intervalo de subida.

* Esta regla fue establecida por Neklutin,[2] pero reclamada por algunos otros autores.[3],[4] No obstante, según Neklutin, es una buena regla (y simple) para obtener buenos resultados dinámicos aceptables con levas de alta velocidad. Existen datos de simulación y evidencia experimental de que las funciones de golpeteo uniforme reducen las vibraciones residuales en sistemas leva-seguidor.[10]

Aquí se introdujo una notación para simplificar las expresiones. La variable independiente en las funciones de leva es θ, el ángulo del árbol de levas. El periodo de cualquier segmento se define como el ángulo β. Su valor, desde luego, puede ser diferente para cada segmento. Se normaliza la variable independiente θ al dividirla entre el periodo del segmento β. Tanto θ como β se miden en radianes (o ambos en grados). El valor de θ/β variará entonces de 0 a 1 a lo largo de cualquier segmento. Es una relación sin unidades. Las ecuaciones 8.6 definen el movimiento armónico simple y sus derivadas para este segmento de subida en función de θ/β.

Esta familia de funciones armónicas en primera instancia parece ser adecuada para el diseño de levas de la figura 8-7 (p. 274). Si se define la función de desplazamiento como una de las funciones armónicas, no deberían "faltar las derivadas" antes de alcanzar la función de aceleración.

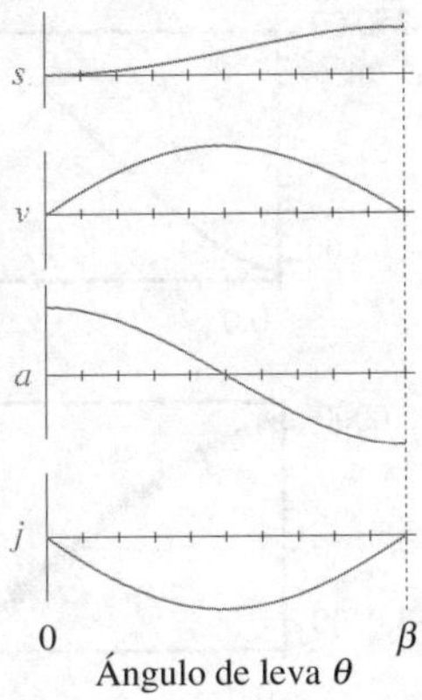

FIGURA 8-9 El movimiento armónico simple con detenimientos tiene aceleración discontinua

EJEMPLO 8-2 Diseño de una leva sofomórica:* Movimiento armónico simple, aun siendo una leva defectuosa.

Problema: Considérese la misma especificación CEP para el diseño de leva del ejemplo 8-1 (p. 275).

detenimiento	en desplazamiento cero durante 90 grados (detenimiento bajo)
subida	1 pulg (25 mm) en 90 grados
detenimiento	en 1 pulg (25 mm) durante 90 grados (detenimiento alto)
bajada	1 pulg (25 mm) en 90 grados
ω leva	2π rad/s = 1 rev/s

Solución:

1 La figura 8-9 muestra una función armónica simple de subida completa† aplicada al segmento de subida del problema de diseño de leva.

2 Obsérvese que la función de velocidad es continua, ya que iguala la velocidad cero de los detenimientos en cada extremo. El valor pico de 6.28 pulg/s (160 mm/s) a la mitad de la subida.

3 Sin embargo, la función de aceleración **no** es continua. Es una función coseno de semiperiodo y tiene valores diferentes de cero al inicio y al final que son de ± 78.8 pulg/s^2 (2.0 m/s^2).

4 Desafortunadamente, las funciones de detenimiento que colindan con esta subida a cada lado tienen aceleraciones cero, como se observa en la figura 8-6 (p. 274). Por tanto, existen **discontinuidades en la aceleración en cada extremo del intervalo** que utilizan esta función de desplazamiento armónico simple.

5 Esto viola la ley fundamental de diseño de levas y crea **picos infinitos de golpeteo** en los extremos de este intervalo de bajada. **Éste también es un diseño inaceptable.**

¿Qué salió mal? Si bien es cierto que las funciones armónicas son diferenciables hasta el infinito, en este caso no se trata de funciones armónicas simples. Nuestra función de leva a lo largo de todo el intervalo es una **función por secciones** (figura 8-6, p. 274) compuesta por varios segmentos, algunos de los cuales pueden ser partes de detenimiento u otras funciones. Un detenimiento siempre tendrá velocidad y aceleración cero. Por tanto, se requieren detenimientos de valor cero en los extremos de las derivadas de cualquier segmento sin detenimiento que colinden con ellas. La función de desplazamiento armónico simple, cuando se utiliza con detenimientos, **no** satisface la ley fundamental de diseño de levas. Su segunda derivada, la aceleración, es no cero en sus extremos y por lo tanto no iguala los detenimientos requeridos en este ejemplo.

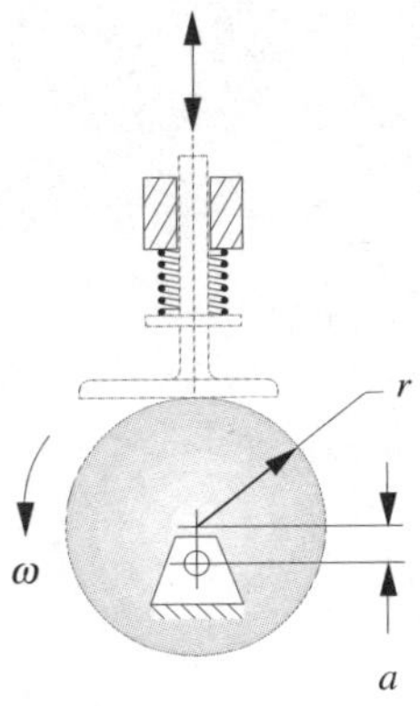

FIGURA 8-10 Un seguidor de cara plana en contacto con una leva excéntrica tiene movimiento armónico simple.‡

El único caso en que la función de desplazamiento armónico simple satisface la ley fundamental es el caso RF sin retorno rápido, es decir, subida en 180° y bajada en 180° sin detenimiento. En ese caso, el perfil de la leva, si se mueve en contacto con un seguidor de cara plana, se vuelve una excéntrica, como se muestra en la figura 8-10. Como función continua única (no por secciones), sus derivadas también

---

* **Sofomórica**, de *sophomore*, *def. sabio tonto*, del griego, *sophos = sabio*, *moros = tonto*.

† Aunque en realidad ésta es una onda coseno de semiperiodo, se le llamará función armónica simple de *elevación completa* (o de *bajada completa*) para diferenciarla de la función armónica simple de *media elevación* (y de *semibajada*), la cual en realidad es un coseno de un cuarto de periodo.

‡ Si se emplea un seguidor de rodillo en lugar de un seguidor de cara plana, entonces el rastro del centro del seguidor de rodillo seguirá siendo excéntrico verdadero, pero la superficie de la leva no lo será. Esto se debe al error de adelanto-atraso del punto de contacto del rodillo con la superficie de la leva. Cuando va "colina arriba", el punto de contacto se adelanta al centro del seguidor, y cuando va "colina abajo", se retrasa con respecto al centro. Esto distorsiona la forma de la superficie de la leva en un círculo excéntrico verdadero. Sin embargo, el movimiento del seguidor será armónico simple, como se define en la figura 8-10, sin importar el tipo de seguidor.

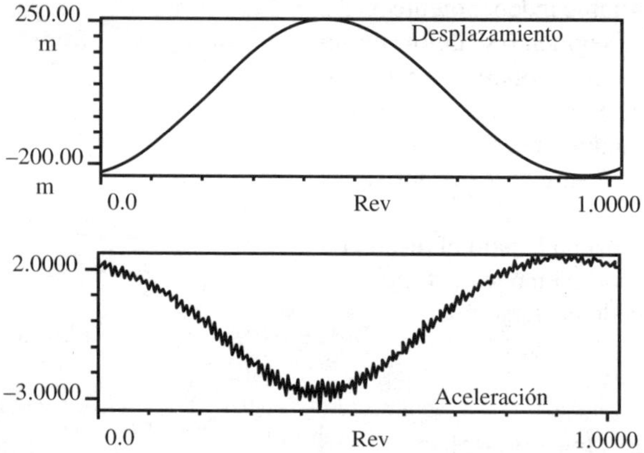

FIGURA 8-11 Desplazamiento y aceleración medidos en el seguidor de una leva excéntrica

son continuas. La figura 8-11 muestra las funciones de desplazamiento (en pulgadas) y de aceleración (en g) de una leva excéntrica, como en realidad se mide sobre el seguidor. El ruido o "sonido" en la curva de aceleración se debe a pequeños e inevitables errores de fabricación. Las limitaciones de fabricación se analizarán en una sección posterior.

Desplazamiento cicloidal

Los dos ejemplos de diseño deficiente de leva antes descritos deben llevar al diseñador a la conclusión de que es erróneo considerar sólo la función de desplazamiento cuando se diseña una leva. La mejor aproximación es considerar primero las derivadas superiores, en especial la aceleración. La función de aceleración, y en menor grado la función de golpeteo, deberán ser de primordial interés para el diseñador. En algunos casos, sobre todo cuando la masa del tren seguidor es grande o cuando existe una especificación de velocidad, esa función también debe diseñarse con cuidado.

Con esto en mente, se rediseñará la leva con las mismas especificaciones del ejemplo anterior. Esta vez se inicia con la función de aceleración. La familia de curvas armónicas aún tiene ventajas que la hace atractiva para estas aplicaciones. La figura 8-12 (p. 279) muestra una sinusoide de periodo completo aplicada como función de aceleración. Satisface la restricción de magnitud cero en cada extremo para igualar los segmentos de detenimiento que colindan con ella. La ecuación de una onda seno es:

$$a = C \operatorname{sen}\left(2\pi\frac{\theta}{\beta}\right) \tag{8.7}$$

De nuevo se normaliza la variable independiente θ al dividirla entre el periodo del segmento β; con θ y β medidos en radianes. El valor de θ/β oscila de 0 a 1 en cualquier segmento y es una relación adimensional. Como se requiere una onda seno de ciclo completo, debe multiplicarse el argumento por 2π. El argumento de la función seno variará entonces entre 0 y 2π sin importar el valor de β. La constante C define la amplitud de la onda seno.

Se integra para obtener la velocidad,

$$\begin{aligned} a &= \frac{dv}{d\theta} = C \operatorname{sen}\left(2\pi\frac{\theta}{\beta}\right) \\ \int dv &= \int C \operatorname{sen}\left(2\pi\frac{\theta}{\beta}\right) d\theta \\ v &= -C\frac{\beta}{2\pi}\cos\left(2\pi\frac{\theta}{\beta}\right) + k_1 \end{aligned} \tag{8.8}$$

donde k_1 es la constante de integración. Para evaluar k_1 se sustituye la condición de frontera $v = 0$ con $\theta = 0$, puesto que debe igualarse la velocidad cero del detenimiento en ese punto. La constante de integración es entonces:

$$k_1 = C\frac{\beta}{2\pi}$$

y

$$v = C\frac{\beta}{2\pi}\left[1 - \cos\left(2\pi\frac{\theta}{\beta}\right)\right] \tag{8.9}$$

Obsérvese que al sustituir los valores de frontera en el otro extremo del intervalo, $v = 0$, $\theta = \beta$, se obtiene el mismo resultado para k_1. Al volver a integrar se obtiene el desplazamiento:

$$\begin{aligned} v &= \frac{ds}{d\theta} = C\frac{\beta}{2\pi}\left[1 - \cos\left(2\pi\frac{\theta}{\beta}\right)\right] \\ \int ds &= \int \left\{ C\frac{\beta}{2\pi}\left[1 - \cos\left(2\pi\frac{\theta}{\beta}\right)\right]\right\} d\theta \\ s &= C\frac{\beta}{2\pi}\theta - C\frac{\beta^2}{4\pi^2}\operatorname{sen}\left(2\pi\frac{\theta}{\beta}\right) + k_2 \end{aligned} \tag{8.10}$$

Para evaluar k_2 se sustituye la condición de frontera $s = 0$ con $\theta = 0$, puesto que desea igualarse el desplazamiento cero del detenimiento en ese punto. Para evaluar la constante de amplitud C, se sustituye la condición de frontera $s = h$ con $\theta = \beta$, donde h es la subida máxima del seguidor (o ascenso) requerida en el intervalo y es una constante con cualquier especificación de leva.

$$k_2 = 0$$

$$C = 2\pi \frac{h}{\beta^2} \tag{8.11}$$

Al sustituir el valor de la constante C en la ecuación 8.7 (p. 278) para la aceleración, se obtiene:

$$a = 2\pi \frac{h}{\beta^2} \operatorname{sen}\left(2\pi \frac{\theta}{\beta}\right) \tag{8.12a}$$

Al diferenciar con respecto a θ se obtiene la expresión para el golpeteo.

$$j = 4\pi^2 \frac{h}{\beta^3} \cos\left(2\pi \frac{\theta}{\beta}\right) \tag{8.12b}$$

Si se sustituyen los valores de las constante C y k_1 en la ecuación 8.9 para velocidad, se obtiene:

$$v = \frac{h}{\beta}\left[1 - \cos\left(2\pi \frac{\theta}{\beta}\right)\right] \tag{8.12c}$$

Esta función de velocidad es la suma de un término coseno negativo y un término constante. El coeficiente del término coseno es igual al término constante. Esto da por resultado una curva de velocidad que inicia y termina en cero y alcanza una magnitud máxima de $\beta/2$, como se observa en la figura 8-12. Al sustituir los valores de las constantes C, k_1 y k_2 en la ecuación 8.10 para desplazamiento, se obtiene:

$$s = h\left[\frac{\theta}{\beta} - \frac{1}{2\pi} \operatorname{sen}\left(2\pi \frac{\theta}{\beta}\right)\right] \tag{8.12d}$$

Obsérvese que esta expresión de desplazamiento es la suma de una línea recta con pendiente h y una onda seno negativa. La onda seno en realidad está "envuelta alrededor" de la línea recta, como se aprecia en la figura 8-12. La ecuación 8-12*d* es la expresión para una cicloide. Esta función de leva se refiere a un **desplazamiento cicloidal** o **aceleración senoidal**.

En la forma presentada, con θ (en radianes) como la variable independiente, las unidades de la ecuación 8.12*d* son longitud, de la ecuación 8.12*c*, longitud/rad, de la ecuación 8.12*a* longitud/rad^2 y de la ecuación 8.12*b* longitud/rad^3. Para convertir estas ecuaciones a una base de tiempo, multiplique la velocidad v por la velocidad angular del árbol de levas ω (en rad/s), multiplique la aceleración a por ω^2 y el sacudimiento j por ω^3.

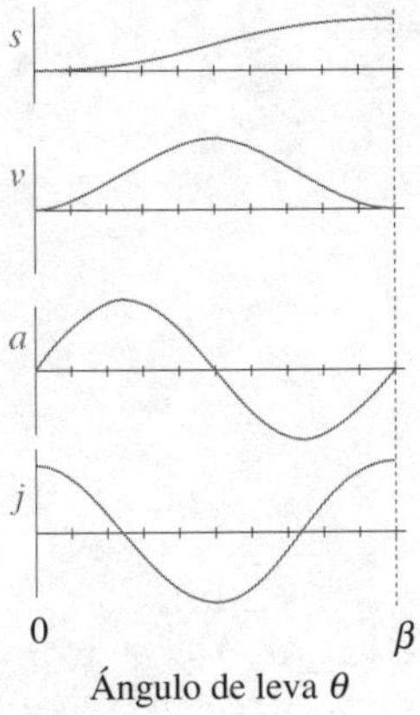

FIGURA 8-12 La aceleración senoidal produce desplazamiento cicloidal

EJEMPLO 8-3 Diseño intermedio de una leva: desplazamiento cicloidal, una leva aceptable.

Problema: Considérese la misma especificación CEP para el diseño de una leva de los ejemplos 8-1 y 8-2.

detenimiento	en desplazamiento cero durante 90 grados (detenimiento bajo)
subida	1 pulg (25 mm) en 90 grados
detenimiento	en 1 pulg (25 mm) durante 90 grados (detenimiento alto)
bajada	1 pulg (25 mm) en 90 grados
ω leva	2π rad/s = 1 rev/s

Solución:

1 La función de desplazamiento cicloidal es aceptable para esta especificación de leva de doble detenimiento. Sus derivadas son continuas hasta la función de aceleración, como se ve en la figura 8-12. La aceleración pico es de 100.4 pulg/s^2 (2.55 m/s^2).

2 La curva de golpeteo en la figura 8-12 es discontinua en sus fronteras, aunque de magnitud finita, y esto es aceptable. Su valor pico es de 2 523 pulg/s^3 (64 m/s^3).

3 La velocidad es uniforme e iguala los ceros de la detención en cada extremo. Su valor pico es de 8 pulg/s (0.2 m/s).

4 El único inconveniente de esta función es que tiene magnitudes relativamente grandes de aceleración y velocidad pico en comparación con algunas otras posibles funciones para el caso de doble detenimiento.

El lector puede abrir el archivo E08-03.cam con el programa DYNACAM para examinar este ejemplo con más detalle.

Funciones combinadas

La fuerza dinámica es proporcional a la aceleración. En general, sería deseable reducir al mínimo las fuerzas dinámicas, y de este modo también se buscaría reducir al mínimo la magnitud de la función de aceleración para mantenerla continua. La energía cinética es proporcional al cuadrado de la velocidad. Además, es deseable reducir al mínimo la energía cinética guardada, en especial trenes de seguidor de gran masa, y ocuparse de la magnitud de la función de velocidad.

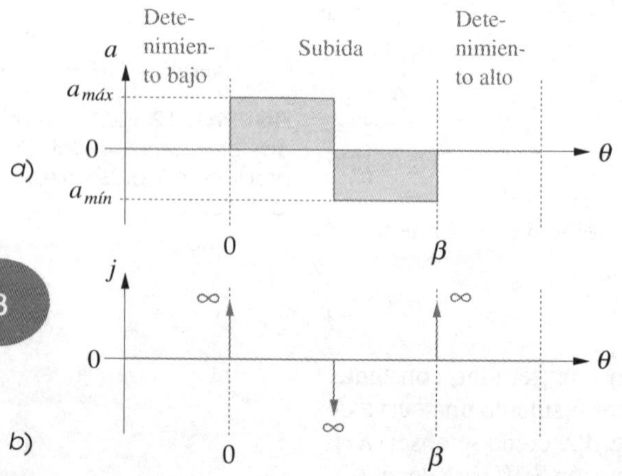

FIGURA 8-13 La aceleración constante produce golpeteo infinito

ACELERACIÓN CONSTANTE Si se desea reducir al mínimo el valor pico de la magnitud de la función de aceleración para un problema dado, la función que mejor cumpliría esta restricción es la onda cuadrada, como se muestra en la figura 8-13. Esta función también se llama **aceleración constante**. La onda cuadrada tiene la propiedad de valor pico mínimo en un área dada en un intervalo dado. Sin embargo, esta función no es continua. Tiene discontinuidades al principio, a la mitad y al final del intervalo, de modo que, por sí misma, **ésta es inaceptable como función de aceleración de una leva.**

ACELERACIÓN TRAPEZOIDAL Las discontinuidades de la onda cuadrada pueden eliminarse simplemente con "eliminar las esquinas" de la función de onda cuadrada y crear la **aceleración trapezoidal** mostrada en la figura 8-14*a*. El área perdida de las "esquinas eliminadas" debe reemplazarse al incrementar la magnitud pico sobre la de la onda cuadrada original para mantener las especificaciones requeridas de elevación y duración. No obstante, este incremento de la magnitud pico es pequeño, y la aceleración teórica máxima puede ser significativamente menor que el valor pico teórico de la función de aceleración senoidal (desplazamiento cicloidal). Una desventaja de esta función trapezoidal es su discontinua función de golpeteo, como se muestra en la figura 8-14*b*. Las funciones de golpeteo melladas como ésta tienden a excitar el comportamiento vibratorio en el tren seguidor a causa de su alto contenido armónico. La aceleración senoidal cicloidal tiene una función de golpeteo coseno relativamente más lisa con sólo dos discontinuidades en el intervalo y es preferible a las ondas cuadradas de golpeteo del trapezoide. Pero la aceleración pico teórica cicloidal será mayor, lo cual no es deseable. Así que se deben realizar cambios al seleccionar las funciones de leva.

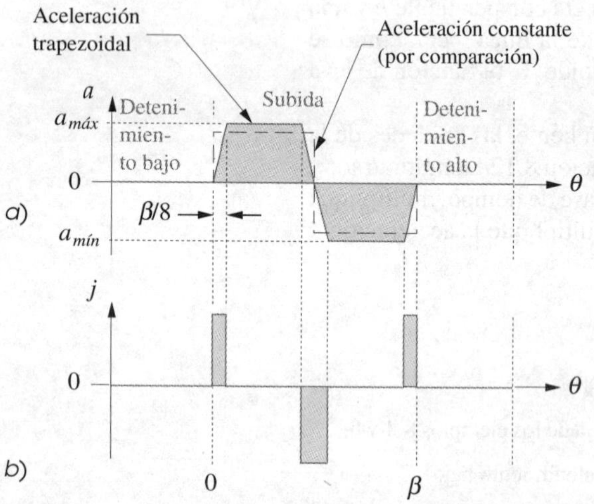

FIGURA 8-14 La aceleración trapezoidal produce golpeteo finito

ACELERACIÓN TRAPEZOIDAL MODIFICADA Se puede mejorar la función de aceleración trapezoidal al sustituir partes de ondas seno en lugar de los lados inclinados de los trapezoides, como se muestra en la figura 8-15 (p. 281). Esta función se llama curva de **aceleración trapezoidal modificada**.* Esta función es una fusión de las curvas de aceleración seno y de aceleración constante. Conceptualmente, una onda seno de periodo completo se divide en cuartos y "se pega en" la onda cuadrada para crear una transición suave de los ceros en los puntos extremos a los valores pico máximos y mínimos, y para realizar la transición de máximo a mínimo en el centro del intervalo. Las partes del periodo de segmento total (β) utilizado en las partes senoidales de la función pueden ser variadas. El arreglo más común es recortar la onda cuadrada en $\beta/8$, $3\beta/8$, $5\beta/8$, $7\beta/8$ para insertar los pedazos de onda seno, como se muestra en la figura 8-15.

La función trapezoidal modificada antes definida es una de las muchas funciones combinadas creadas para levas juntando pedazos de varias funciones, al mismo tiempo que se tiene cuidado de

* Desarrollada por C. N. Neklutin, de Universal Match Corp. Véase la referencia [2].

igualar los valores de las curvas *s*, *v* y *a* en todas las interfases de contacto entre las funciones unidas. Tiene la ventaja de una aceleración pico teórica relativamente baja y transiciones suaves relativamente rápidas al principio y al final del intervalo. La función de leva trapezoidal modificada ha sido popular y a menudo utilizado en programas para levas de doble detenimiento.

Aceleración senoidal modificada* La curva de aceleración seno (desplazamiento cicloidal) tiene como ventaja la uniformidad (curva de golpeteo menos mellada) comparada con el trapezoide modificado, pero tiene una aceleración pico teórica más alta. Si se combinan dos curvas armónicas (senoidales) de diferentes frecuencias, es posible retener algunas de las características de uniformidad del cicloide y reducir también la aceleración pico comparada con la cicloide. Como un bono adicional se determina que la velocidad pico también es más baja que en el desplazamiento cicloidal o en el trapezoide modificado. La figura 8-16 (p. 282) muestra cómo la curva de aceleración seno modificada se compone de pedazos de dos funciones senoidales, una de frecuencia más alta que la otra. El primero y último cuarto de la curva seno (periodo corto, $\beta/2$) de alta frecuencia se utiliza para el primero y último octavos de la función combinada. La mitad central de la onda seno de baja frecuencia (periodo largo, $3\beta/2$) se emplea para rellenar los tres cuartos centrales de la curva combinada. Obviamente, las magnitudes de ambas curvas y sus derivadas deben igualarse en sus caras de contacto para evitar discontinuidades.

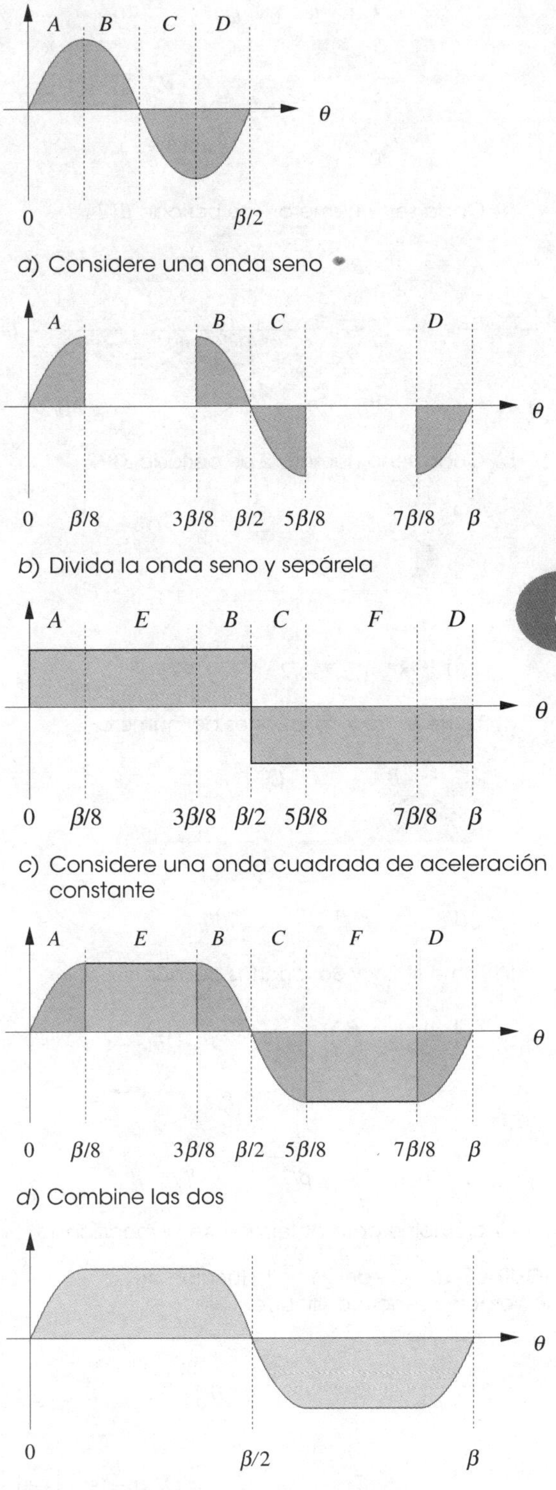

a) Considere una onda seno

b) Divida la onda seno y sepárela

c) Considere una onda cuadrada de aceleración constante

d) Combine las dos

e) Aceleración trapezoidal modificada

FIGURA 8-15 Creación de la función de aceleración trapezoidal modificada

Familia SCCA de funciones de doble detenimiento

SCCA significa *aceleración coseno-seno constante* y se refiere a una familia de funciones de aceleración que incluye curvas de aceleración constante, armónicas simples, trapezoidales modificadas, senoidales modificadas y cicloidales.[11] Estas curvas de apariencias diferentes pueden definirse por la misma ecuación con sólo un cambio de parámetros numéricos. De manera similar, las ecuaciones de desplazamiento, velocidad y golpeteo en todas estas funciones SCCA difieren sólo por sus valores paramétricos.

Para revelar esta similitud, primero es necesario normalizar las variables en las ecuaciones. Ya se normalizó la variable independiente, el ángulo de leva θ, al dividirla entre el periodo β. Ahora se simplifica aún más la notación al definir

$$x = \frac{\theta}{\beta} \tag{8.13a}$$

La variable normalizada x varía entonces de 0 a 1 en cualquier intervalo. El desplazamiento de seguidor normalizado es

$$y = \frac{s}{h} \tag{8.13b}$$

donde s es el desplazamiento instantáneo del seguidor y h es la elevación total. La variable normalizada y varía entonces de 0 a 1 en cualquier desplazamiento del seguidor.

Las formas generales de las funciones *s v a j* de la familia SCCA se muestran en la figura 8-17 (p. 282). El intervalo β está dividido en cinco zonas, numeradas del 1 al 5. Las zonas 0 y 6 representan los detenimientos a uno u otro lado de la subida (o bajada). Los anchos de las zonas 1 a 5 se definen en función de β y uno de los tres parámetros (b, c, d). Los valores de estos parámetros definen la forma de la curva y definen su identidad dentro de la familia de funciones. La velocidad, aceleración y golpeteo normalizados están denotados, respectivamente, como:

$$y' = \frac{dy}{dx} \qquad y'' = \frac{d^2y}{dx^2} \qquad y''' = \frac{d^3y}{dx^3} \tag{8.14}$$

* Desarrollada por E. H. Schmidt, de DuPont.

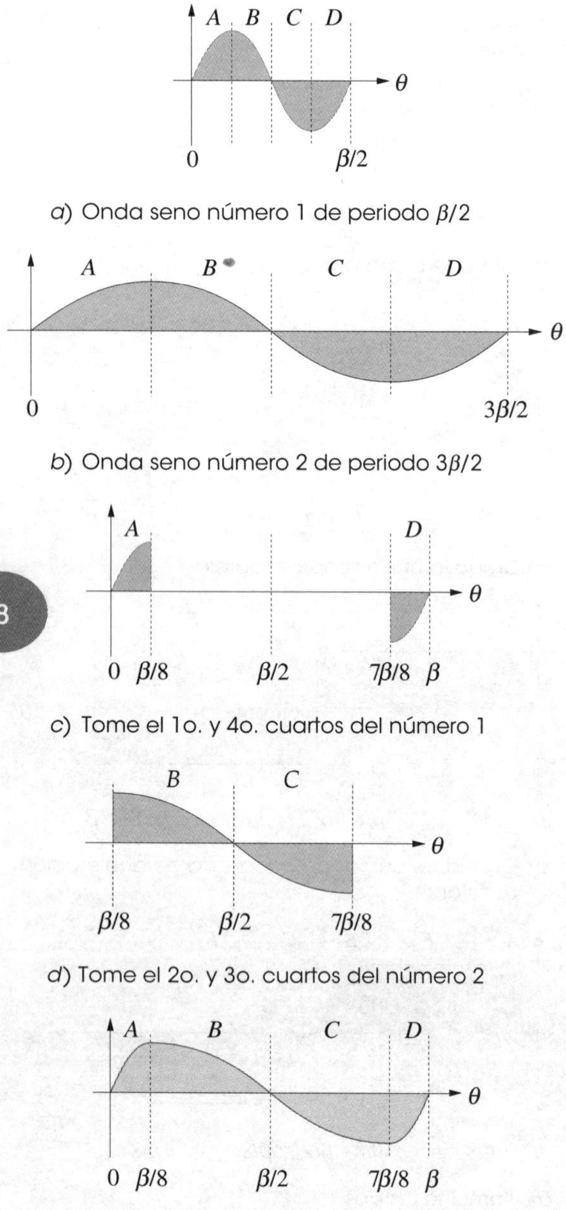

a) Onda seno número 1 de periodo $\beta/2$

b) Onda seno número 2 de periodo $3\beta/2$

c) Tome el 1o. y 4o. cuartos del número 1

d) Tome el 2o. y 3o. cuartos del número 2

e) Combine para obtener el seno modificado

FIGURA 8-16 Creación de la función de aceleración seno modificado

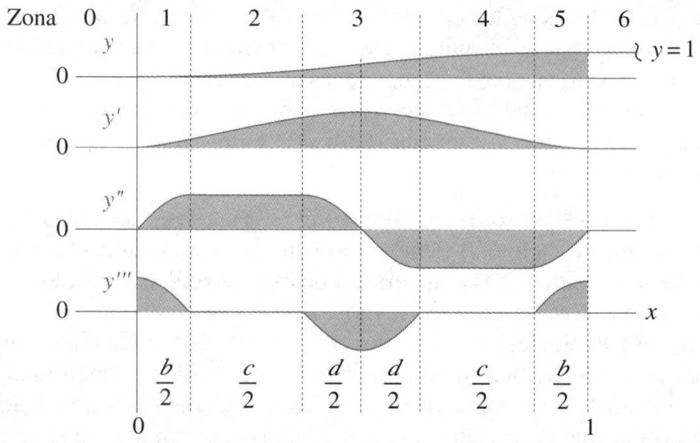

FIGURA 8-17 Parámetros de la familia de curvas SCCA normalizada

En la zona 0, todas las funciones son cero. Las expresiones para las funciones dentro de cada zona de la figura 8-17 son las siguientes:

Zona 1: $0 \le x \le \dfrac{b}{2}$: $b \ne 0$

$$y = C_a\left[\frac{b}{\pi}x - \left(\frac{b}{\pi}\right)^2 \operatorname{sen}\left(\frac{\pi}{b}x\right)\right] \tag{8.15a}$$

$$y' = C_a\left[\frac{b}{\pi} - \frac{b}{\pi}\cos\left(\frac{\pi}{b}x\right)\right] \tag{8.15b}$$

$$y'' = C_a \operatorname{sen}\left(\frac{\pi}{b}x\right) \tag{8.15c}$$

$$y''' = C_a\frac{\pi}{b}\cos\left(\frac{\pi}{b}x\right) \tag{8.15d}$$

Zona 2: $\dfrac{b}{2} \le x \le \dfrac{1-d}{2}$

$$y = C_a\left[\frac{x^2}{2} + b\left(\frac{1}{\pi} - \frac{1}{2}\right)x + b^2\left(\frac{1}{8} - \frac{1}{\pi^2}\right)\right] \tag{8.16a}$$

$$y' = C_a\left[x + b\left(\frac{1}{\pi} - \frac{1}{2}\right)\right] \tag{8.16b}$$

$$y'' = C_a \tag{8.16c}$$

$$y''' = 0 \tag{8.16d}$$

Zona 3: $\dfrac{1-d}{2} \le x \le \dfrac{1+d}{2}$: $d \ne 0$

$$y = C_a\left\{\left(\frac{b}{\pi} + \frac{c}{2}\right)x + \left(\frac{d}{\pi}\right)^2 + b^2\left(\frac{1}{8} - \frac{1}{\pi^2}\right) - \frac{(1-d)^2}{8} - \left(\frac{d}{\pi}\right)^2 \cos\left[\frac{\pi}{d}\left(x - \frac{1-d}{2}\right)\right]\right\} \tag{8.17a}$$

$$y' = C_a\left\{\frac{b}{\pi} + \frac{c}{2} + \frac{d}{\pi}\operatorname{sen}\left[\frac{\pi}{d}\left(x - \frac{1-d}{2}\right)\right]\right\} \tag{8.17b}$$

$$y'' = C_a\cos\left[\frac{\pi}{d}\left(x - \frac{1-d}{2}\right)\right] \tag{8.17c}$$

$$y''' = -C_a\frac{\pi}{d}\operatorname{sen}\left[\frac{\pi}{d}\left(x - \frac{1-d}{2}\right)\right] \tag{8.17d}$$

Zona 4: $\frac{1+d}{2} \le x \le 1 - \frac{b}{2}$

$$y = C_a\left[-\frac{x^2}{2} + \left(\frac{b}{\pi} + 1 - \frac{b}{2}\right)x + \left(2d^2 - b^2\right)\left(\frac{1}{\pi^2} - \frac{1}{8}\right) - \frac{1}{4}\right] \quad (8.18a)$$

$$y' = C_a\left(-x + \frac{b}{\pi} + 1 - \frac{b}{2}\right) \quad (8.18b)$$

$$y'' = -C_a \quad (8.18c)$$

$$y''' = 0 \quad (8.18d)$$

Zona 5: $1 - \frac{b}{2} \le x \le 1: \quad b \ne 0$

$$y = C_a\left\{\frac{b}{\pi}x + \frac{2\left(d^2 - b^2\right)}{\pi^2} + \frac{(1-b)^2 - d^2}{4} - \left(\frac{b}{\pi}\right)^2 \operatorname{sen}\left[\frac{\pi}{b}(x-1)\right]\right\} \quad (8.19a)$$

$$y' = C_a\left\{\frac{b}{\pi} - \frac{b}{\pi}\cos\left[\frac{\pi}{b}(x-1)\right]\right\} \quad (8.19b)$$

$$y'' = C_a \operatorname{sen}\left[\frac{\pi}{b}(x-1)\right] \quad (8.19c)$$

$$y''' = C_a \frac{\pi}{b}\cos\left[\frac{\pi}{b}(x-1)\right] \quad (8.19d)$$

Zona 6: $x > 1$

$$y = 1, \qquad y' = y'' = y''' = 0 \quad (8.20)$$

El coeficiente C_a es un factor de aceleración pico adimensional. Puede evaluarse a partir del hecho de que, al final de la elevación en la zona 5 cuando $x = 1$, la expresión para desplazamiento (ecuación 8.19*a*) debe tener $y = 1$ para igualar el detenimiento en la zona 6. Si se iguala el segundo miembro de la ecuación 8.19*a* a 1 se obtiene:

$$C_a = \frac{4\pi^2}{\left(\pi^2 - 8\right)\left(b^2 - d^2\right) - 2\pi(\pi - 2)b + \pi^2} \quad (8.21a)$$

También es posible definir los factores pico adimensionales (coeficientes) de velocidad (C_v) y golpeteo (C_j) en función de C_a. La velocidad es máxima cuando $x = 0.5$. Por lo tanto, C_v será igual al segundo miembro de la ecuación 8.17*b* (p. 274) cuando $x = 0.5$.

$$C_v = C_a\left(\frac{b+d}{\pi} + \frac{c}{2}\right) \quad (8.21b)$$

El golpeteo es máximo cuando $x = 0$. Si se iguala el segundo miembro de la ecuación 8.15*d* (p. 282) a cero se obtiene

$$C_j = C_a \frac{\pi}{b} \qquad b \ne 0 \quad (8.21c)$$

La tabla 8-2 muestra los valores de *b*, *c*, *d* y los factores resultantes C_v, C_a y C_j para los cinco miembros estándar de la familia SCCA. Existe una infinidad de funciones relacionadas con los

TABLA 8-2 Parámetros y coeficientes de la familia de funciones SCCA

Función	b	c	d	C_v	C_a	C_j
Aceleración constante	0.00	1.00	0.00	2.0000	4.0000	infinito
Trapezoide modificada	0.25	0.50	0.25	2.0000	4.8881	61.426
Armónica simple	0.00	0.00	1.00	1.5708	4.9348	infinito
Seno modificado	0.25	0.00	0.75	1.7596	5.5280	69.466
Desplazamiento cicloidal	0.50	0.00	0.50	2.0000	6.2832	39.478

8

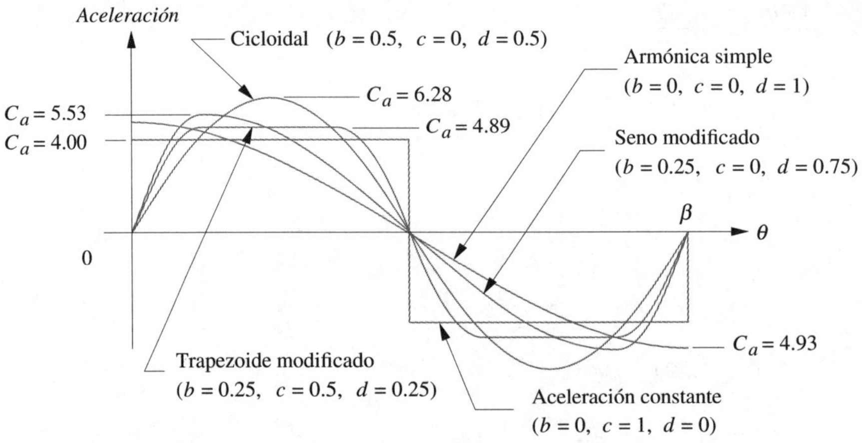

FIGURA 8-18 Comparación de cinco funciones de aceleración en la familia SCCA

valores de esos parámetros entre los mostrados. La figura 8.18 muestra estos cinco miembros de la "familia de aceleración" sobrepuestos con sus parámetros de diseño señalados. Obsérvese que todas las funciones mostradas en la figura 8-18 se generaron con el mismo conjunto de ecuaciones (8.15 a 8.21, pp. 282-283) con sólo cambios de los valores de los parámetros b, c y d. Un archivo *TKSolver* (SCCA.tk), incluido en el DVD, calcula y grafica cualquiera de las familias SCCA de funciones normalizadas, junto con sus coeficientes C_v, C_a, C_j, en respuesta a la entrada de valores para b, c y d. Obsérvese además que existe una infinidad de miembros de la familia, ya que b, c y d pueden adoptar cualquier conjunto de valores que sumados resulten 1.

Para aplicar las funciones SCCA a un problema de diseño real sólo se requiere multiplicar o dividir el problema particular entre factores adecuados, o sea, la subida real h, la duración real β (rad) y la velocidad de la leva ω (rad/s).

$$\begin{aligned}
s &= hy \quad \text{longitud} & S &= s \quad \text{longitud} \\
v &= \frac{h}{\beta}y' \quad \text{longitud/rad} & V &= v\omega \quad \text{longitud/s} \\
a &= \frac{h}{\beta^2}y'' \quad \text{longitud/rad}^2 & A &= a\omega^2 \quad \text{longitud/s}^2 \\
j &= \frac{h}{\beta^3}y''' \quad \text{longitud/rad}^3 & J &= j\omega^3 \quad \text{longitud/s}^3
\end{aligned} \tag{8.22}$$

La figura 8-19 muestra una comparación de las formas y magnitudes relativas de cinco programas aceptables de aceleración de leva, incluidas las curvas cicloidal, trapezoidal modificada y senoidal

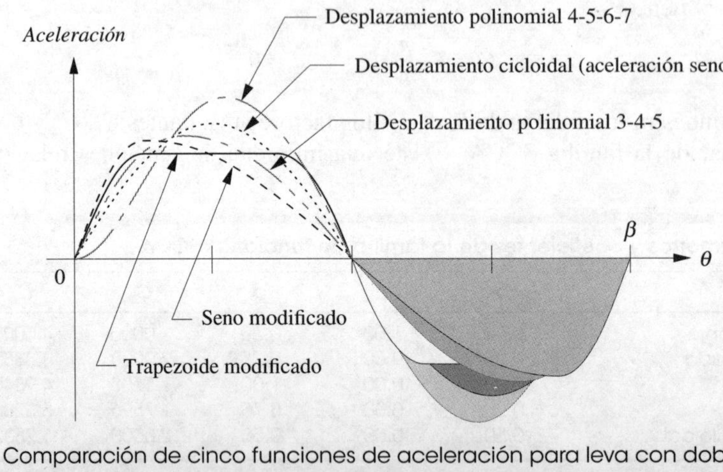

FIGURA 8-19 Comparación de cinco funciones de aceleración para leva con doble detenimiento

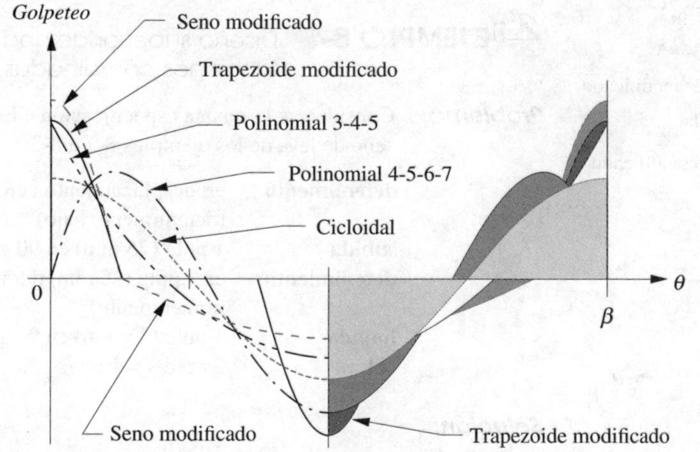

FIGURA 8-20 Comparación de cinco funciones de rapidez de aceleración para leva con doble detenimiento

8

modificada.* La curva cicloidal tiene una aceleración pico teórica que es aproximadamente 1.3 veces el valor pico del trapezoide modificado con la misma especificación para la leva. El valor pico de la aceleración para el seno modificado está entre los de la cicloidal y el trapezoide modificado. La tabla 8-3 incluye los valores pico de aceleración, velocidad y golpeteo para estas funciones en términos de la subida total h y el periodo β.

La figura 8-20 compara las curvas de golpeteo para las mismas funciones. El golpeteo senoidal modificado es menos mellado que el de trapezoidal modificado, pero no tan uniforme como la cicloidal, que es un coseno de periodo completo. La figura 8-21 (p. 286) compara sus curvas de velocidad. Las velocidades pico de las funciones cicloidal y trapezoidal modificada son las mismas, de modo que cada una guardará la misma energía cinética pico en el tren seguidor. La velocidad pico del seno modificado es la más baja de las cinco funciones mostradas. Ésta es la ventaja principal de la curva de aceleración seno modificada y la razón de que con frecuencia sea elegida para aplicaciones en las cuales la masa del seguidor es muy grande.

En la figura 8-22 (p. 286) se muestra un ejemplo de esa aplicación, la cual es un mando de mesa indexadora utilizada en líneas de ensamble automatizadas. La tabla indexadora redonda está montada sobre un husillo vertical cónico e impulsada como parte del tren seguidor por una leva de barril, con cierre de forma, que se mueve a través de un desplazamiento angular y que luego mantiene la mesa inmóvil en un detenimiento (llamada "tope") mientras realiza una operación de ensamble en la pieza de trabajo transportada por la mesa. Estos indexadores pueden tener tres o más topes, cada uno corresponde a una posición indexadora. La mesa de acero puede ser de varios pies de diámetro, por lo tanto, su masa es grande. Al reducir al mínimo la energía cinética guardada, la cual debe disiparse cada vez que la mesa se detiene, los fabricantes con frecuencia usan el programa seno modificado en estas levas de múltiples detenimientos, debido a su velocidad pico más baja.

Ahora se tratará de mejorar el ejemplo de leva de doble detenimiento por medio de funciones SCCA combinadas de aceleración trapezoide y seno modificadas.

* Las funciones polinomiales 3-4-5 y 4-5-6-7 mostradas en la figura serán analizadas en una sección posterior.

TABLA 8-3 Factores para velocidad y aceleración pico de algunas funciones de leva

Función	Vel. máx.	Acel. máx.	Golpeteo	Comentarios
Aceleración constante	2.000 h/β	4.000 h/β^2	Infinito	Golpeteo ∞; no aceptable
Desplazamiento armónico	1.571 h/β	4.945 h/β^2	Infinito	Golpeteo ∞; no aceptable
Aceleración trapezoidal	2.000 h/β	5.300 h/β^2	44 h/β^3	No es tan buena como la trapezoidal modificada
Aceleración trapezoidal modificada	2.000 h/β	4.888 h/β^2	61 h/β^3	Baja aceleración, pero aceleración brusca
Aceleración seno modificada	1.760 h/β	5.528 h/β^2	69 h/β^3	Baja velocidad, buena aceleración
Desplazamiento polinomial 3-4-5	1.875 h/β	5.777 h/β^2	60 h/β^3	Buena combinación
Desplazamiento cicloidal	2.000 h/β	6.283 h/β^2	40 h/β^3	Aceleración uniforme y golpeteo
Desplazamiento polinomial 4-5-6-7	2.188 h/β	7.526 h/β^2	52 h/β^3	Golpeteo uniforme, alta aceleración

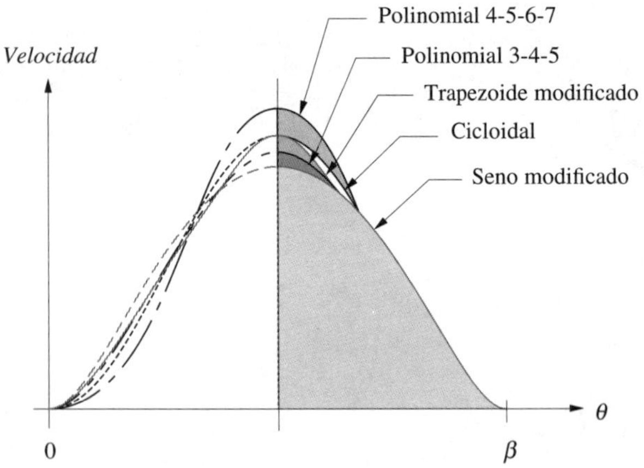

FIGURA 8-21 Comparación de cinco funciones de velocidad para leva con doble detenimiento

EJEMPLO 8-4 Diseño superior de una leva: funciones combinadas, mejores levas.

Problema: Considérese la misma especificación CEP para el mismo diseño de leva de los ejemplos 8-1 a 8-3.

detenimiento	en desplazamiento cero durante 90 grados (detenimiento bajo)
subida	1 pulg (25 mm) en 90 grados
detenimiento	en 1 pulg (25 mm) durante 90 grados (detenimiento alto)
bajada	1 pulg (25 mm) en 90 grados
ω **leva**	2π rad/s = 1 rev/s

Solución:

1 La función trapezoidal modificada es aceptable para esta especificación de leva de doble detenimiento. Sus derivadas son continuas hasta la función de aceleración, como se muestra en la figura 8-19 (p. 284). La aceleración pico es de 78.1 pulg/s^2 (1.98 m/s^2).

2 La curva de golpeteo trapezoidal modificada mostrada en la figura 8-20 (p. 285) es discontinua en sus límites, pero tiene magnitud finita de 3 925 pulg/s^3 (100 m/s^3), y esto es aceptable.

3 La velocidad trapezoidal modificada mostrada en la figura 8-21 es uniforme e iguala los ceros del detenimiento en cada extremo. Su magnitud pico es de 8 pulg/s (0.2 m/s).

4 La ventaja de esta función trapezoidal modificada es que tiene una aceleración pico teórica más pequeña que la cicloidal, pero su velocidad pico es idéntica a la de la cicloidal.

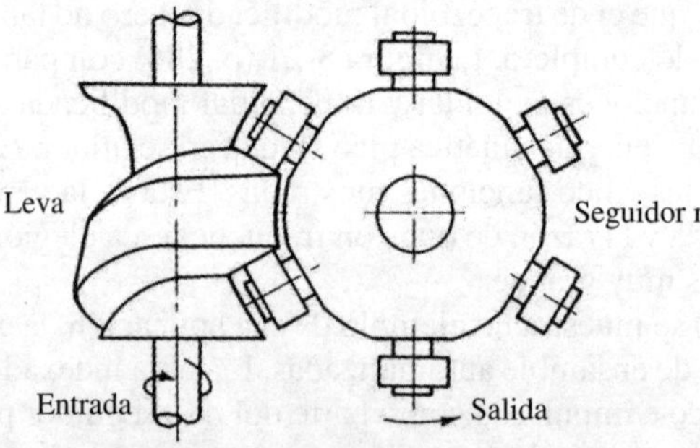

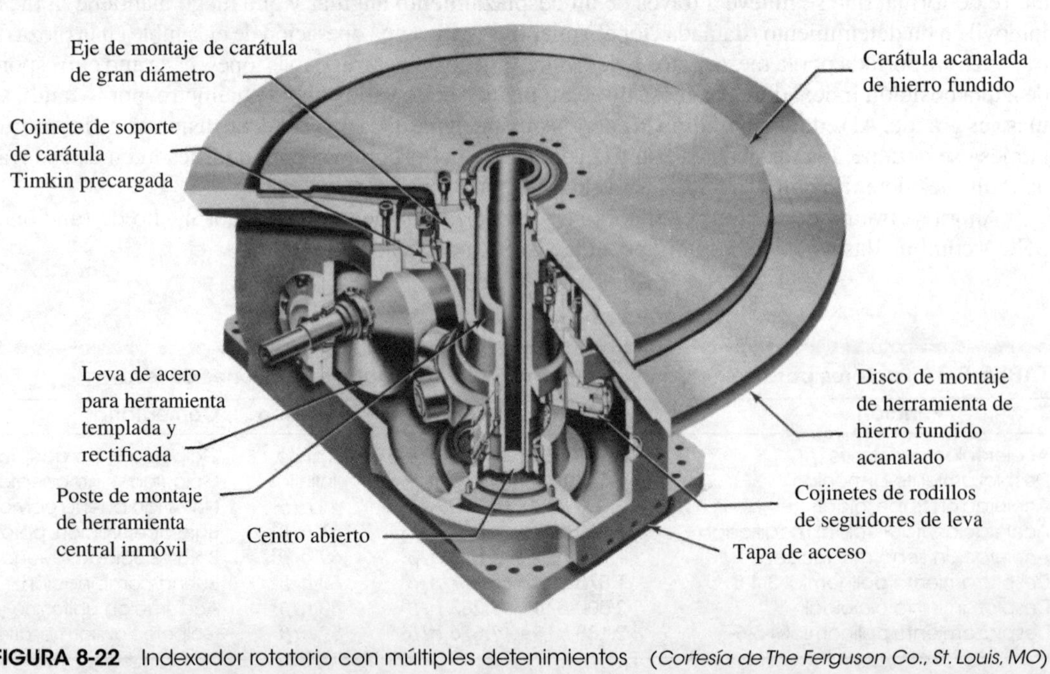

FIGURA 8-22 Indexador rotatorio con múltiples detenimientos *(Cortesía de The Ferguson Co., St. Louis, MO)*

5 La función senoidal modificada también es aceptable para esta especificación de leva de doble detención. Sus derivadas también son continuas hasta la función de aceleración, como se muestra en la figura 8-19 (p. 284). Su aceleración pico es de 88.3 pulg/s^2 (2.24 m/s^2).

6 La curva de golpeteo seno modificada mostrada en la figura 8-20 (p. 285) es discontinua en sus fronteras, pero es de magnitud finita aunque superior a 4 439 pulg/s^3 (113 m/s^3) y más uniforme que la de la trapezoide modificada.

7 La velocidad seno modificada figura 8-21 (p. 286) es uniforme, iguala los ceros del detenimiento en cada extremo y su magnitud pico es más baja que la cicloidal o la trapezoidal modificada en 7 pulg/s (0.178 m/s). Ésta es una ventaja para sistemas de seguidor de gran masa ya que reduce la energía cinética almacenada. Esto, junto con una aceleración pico más baja que la cicloidal, pero mayor que la trapezoidal modificada, es la principal ventaja.

La figura 8-23 muestra las curvas de desplazamiento de estos tres programas de leva. (Abra el archivo E08-04.cam que contiene el programa DYNACAM para graficarlas.) Obsérvese cuán poca diferencia existe entre las curvas de desplazamiento a pesar de las grandes diferencias en sus formas de onda de aceleración en la figura 8-19 (p. 284). Esto es evidencia del efecto uniforme del proceso de integración. La diferenciación de dos funciones cualesquiera exagerará sus diferencias. La integración tiende a ocultar sus diferencias. Es imposible reconocer estas funciones de leva que se comportan de manera diferente con sólo observar sus curvas de desplazamiento. Esto es una evidencia más del error del primer diseño de leva que tenía en cuenta exclusivamente la función de desplazamiento. El diseñador de levas debe tener en cuenta las derivadas superiores del desplazamiento. La función de desplazamiento es de gran valor para el fabricante de levas que necesita coordinar la información para cortar la leva.

FUNCIONES DE BAJADA Se ha utilizado sólo la parte de la subida de la leva para estos ejemplos. La bajada se maneja de la misma manera. Para convertir la ecuación de subida en ecuaciones de bajada, sólo es necesario restar la función de desplazamiento de subida s de la elevación máxima h y anular las derivadas superiores (v, a y j).

Funciones polinomiales

La clase de funciones polinomiales es uno de los tipos más versátiles que puede utilizarse en el diseño de levas. No se limitan a aplicaciones de detenimiento simple o doble y pueden adaptarse a muchas especificaciones de diseño. La forma general de una función polinomial es:

$$s = C_0 + C_1 x + C_2 x^2 + C_3 x^3 + C_4 x^4 + C_5 x^5 + C_6 x^6 + \cdots + C_n x^n \tag{8.23}$$

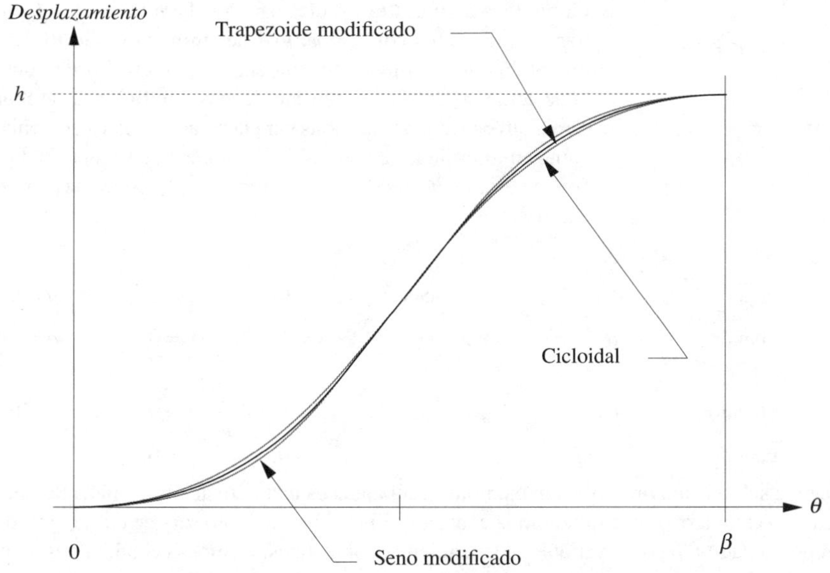

FIGURA 8-23 Comparación de tres funciones de desplazamiento para leva con dos detenimientos

donde s es el desplazamiento del seguidor; x es la variable independiente, que en este caso será reemplazada por θ/β o el tiempo t. Los coeficientes constantes C_n son las incógnitas a determinar en el desarrollo de la ecuación polinomial particular que satisfaga una especificación de diseño. El grado de un polinomio se define por la potencia mayor presente en cualquier término. Obsérvese que un polinomio de grado n tendrá $n + 1$ términos porque existe una x^0 o término constante con coeficiente C_0, lo mismo que coeficientes en serie hasta C_n.

Se estructura un problema de diseño de leva polinomial decidiendo cuántas condiciones de frontera (CF) deben especificarse en los diagramas *s v a j*. El número de CF determina entonces el grado del polinomio resultante. Es imposible escribir una ecuación independiente por cada CF al sustituirla en la ecuación 8.16 (p. 282) o en una de sus derivadas. Entonces se obtiene un sistema de ecuaciones lineales que pueden resolverse para los coeficientes desconocidos $C_0,\ldots,C_n$. Si k representa el número de condiciones de frontera elegidos, habrá k ecuaciones en k incógnitas $C_0,\ldots C_n$, y el **grado** del polinomio será $n = k - 1$. El **orden** del polinomio de grado n es igual al número de términos, k.

Aplicaciones de polinomios con doble detenimiento

EL POLINOMIO 3-4-5 Reconsidérese el problema de doble detenimiento de los tres ejemplos previos resolviéndolos con funciones polinomiales. Existen muchas soluciones polinomiales. Se inicia con la más simple posible en el caso de doble detenimiento.

8

EJEMPLO 8-5 Polinomial 3-4-5 en el caso de doble detenimiento.

Problema: Considérese la misma especificación CEP para el diseño de una leva de los ejemplos 8-1 a 8-4:

detenimiento	en desplazamiento cero durante 90 grados (detenimiento bajo)
subida	1 pulg (25 mm) en 90 grados
detenimiento	en 1 pulg (25 mm) durante 90 grados (detenimiento alto)
bajada	1 pulg (25 mm) en 90 grados
ω **leva**	2π rad/s = 1 rev/s

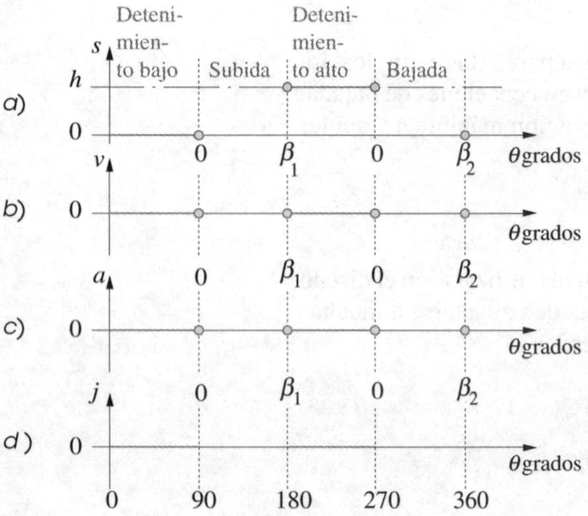

FIGURA 8-24 Condiciones de frontera mínimas en el caso de doble detenimiento

Solución:

1 Para satisfacer la ley fundamental del diseño de levas, los valores de las funciones de subida (y bajada), en sus fronteras con los detenimientos, deben igualarse con ellas, como un mínimo, a s, v y a.

2 La figura 8-24 muestra los ejes para los diagramas *s v a j*, en los cuales se trazaron los datos conocidos. Los detenimientos son los únicos segmentos totalmente definidos en esta etapa. El requisito de continuidad hasta la aceleración define un mínimo de **seis condiciones de frontera** para el segmento de subida y seis más para la bajada en este problema. Se muestran como círculos llenos en las gráficas. En general, se representa la subida total con la variable h. El conjunto mínimo de CF requeridas en este ejemplo es entonces:

para la subida

$$\begin{aligned} &\text{cuando} \quad \theta = 0; \quad \text{entonces} \quad s = 0, \quad v = 0, \quad a = 0 \\ &\text{cuando} \quad \theta = \beta_1; \quad \text{entonces} \quad s = h, \quad v = 0, \quad a = 0 \end{aligned} \tag{a}$$

para la bajada:

$$\begin{aligned} &\text{cuando} \quad \theta = 0; \quad \text{entonces} \quad s = h, \quad v = 0, \quad a = 0 \\ &\text{cuando} \quad \theta = \beta_2; \quad \text{entonces} \quad s = 0, \quad v = 0, \quad a = 0 \end{aligned} \tag{b}$$

3 Se emplea la subida para una solución ejemplo. (La bajada es una derivación similar.) Se tienen seis CF en la subida. Esto requiere seis términos en la ecuación. El término más alto será de quinto grado. Se emplea el ángulo normalizado θ/β como variable independiente, como antes. Como las condiciones de frontera implican velocidad y aceleración, lo mismo que desplazamiento, debe diferenciarse la ecuación 8.23 (p. 287) con

respecto a θ para obtener expresiones en las cuales se pueda sustituir las CF. Al reescribir la ecuación 8.23 de acuerdo con estas restricciones y diferenciar dos veces, se obtiene

$$s = C_0 + C_1\left(\frac{\theta}{\beta}\right) + C_2\left(\frac{\theta}{\beta}\right)^2 + C_3\left(\frac{\theta}{\beta}\right)^3 + C_4\left(\frac{\theta}{\beta}\right)^4 + C_5\left(\frac{\theta}{\beta}\right)^5 \tag{c}$$

$$v = \frac{1}{\beta}\left[C_1 + 2C_2\left(\frac{\theta}{\beta}\right) + 3C_3\left(\frac{\theta}{\beta}\right)^2 + 4C_4\left(\frac{\theta}{\beta}\right)^3 + 5C_5\left(\frac{\theta}{\beta}\right)^4\right] \tag{d}$$

$$a = \frac{1}{\beta^2}\left[2C_2 + 6C_3\left(\frac{\theta}{\beta}\right) + 12C_4\left(\frac{\theta}{\beta}\right)^2 + 20C_5\left(\frac{\theta}{\beta}\right)^3\right] \tag{e}$$

4 Se sustituyen las condiciones de frontera $\theta = 0$, $s = 0$ en la ecuación (*c*):

$$\begin{aligned} 0 &= C_0 + 0 + 0 + \cdots \\ C_0 &= 0 \end{aligned} \tag{f}$$

5 Se sustituyen $\theta = 0$, $v = 0$ en la ecuación (*d*):

$$\begin{aligned} 0 &= \frac{1}{\beta}\left[C_1 + 0 + 0 + \cdots\right] \\ C_1 &= 0 \end{aligned} \tag{g}$$

6 Se sustituyen $\theta = 0$, $a = 0$ en la ecuación (*e*):

$$\begin{aligned} 0 &= \frac{1}{\beta^2}\left[C_2 + 0 + 0 + \cdots\right] \\ C_2 &= 0 \end{aligned} \tag{h}$$

7 Ahora se sustituye $\theta = \beta$, $s = h$ en la ecuación (*c*):

$$h = C_3 + C_4 + C_5 \tag{i}$$

8 Se sustituye $\theta = \beta$, $v = 0$ en la ecuación (*d*):

$$0 = \frac{1}{\beta}\left[3C_3 + 4C_4 + 5C_5\right] \tag{j}$$

9 Se reemplaza $\theta = \beta$, $a = 0$ en la ecuación (*e*):

$$0 = \frac{1}{\beta^2}\left[6C_3 + 12C_4 + 20C_5\right] \tag{k}$$

10 De lo anterior se determina que tres de las incógnitas son cero y quedan tres por encontrar, C_3, C_4, C_5. Las ecuaciones (*i*), (*j*) y (*k*) se resuelven simultáneamente para obtener:

$$C_3 = 10h; \qquad C_4 = -15h; \qquad C_5 = 6h \tag{l}$$

11 La ecuación para este desplazamiento de diseño de leva es entonces:

$$s = h\left[10\left(\frac{\theta}{\beta}\right)^3 - 15\left(\frac{\theta}{\beta}\right)^4 + 6\left(\frac{\theta}{\beta}\right)^5\right] \tag{8.24}$$

12 Las expresiones para velocidad y aceleración se obtienen al sustituir los valores de C_3, C_4 y C_5 en las ecuaciones 8.18*b* y *c* (p. 283). Esta función se conoce como **polinomio 3-4-5**, por sus exponentes. (Abra el archivo E08-07.cam con el programa DYNACAM para investigar este ejemplo con más detalle.)

La figura 8-25 muestra los diagramas *s v a j* para una función de **elevación polinomial 3-4-5** con sus condiciones de frontera dentro de un círculo. Obsérvese que la aceleración es continua, pero el golpeteo no, porque no se impuso ninguna restricción en los valores de frontera de la función de golpeteo. También es interesante señalar que la forma de onda de la aceleración se parece mucho a la aceleración senoidal de la función cicloidal en la figura 8-12 (p. 279). La figura 8-19 (p. 284) muestra las aceleraciones pico relativas de este polinomio 3-4-5 comparadas con otras cuatro funciones con las mismas h y β. La tabla 8-3 (p. 285) enumera factores para la velocidad, aceleración y golpeteo máximos de estas funciones.

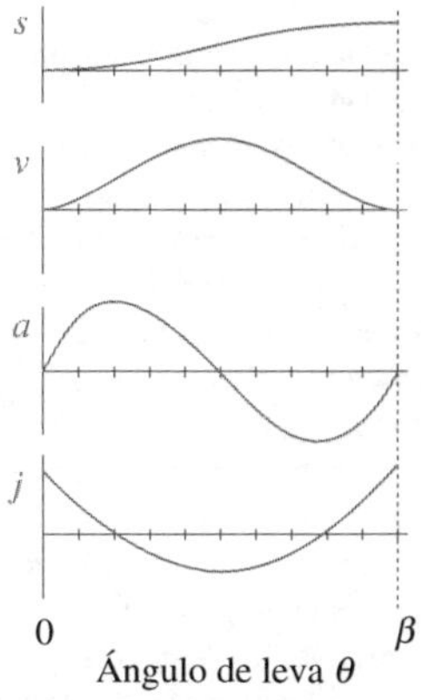

FIGURA 8-25 La subida polinomial 3-4-5 es similar a la senoidal del movimiento cicloidal

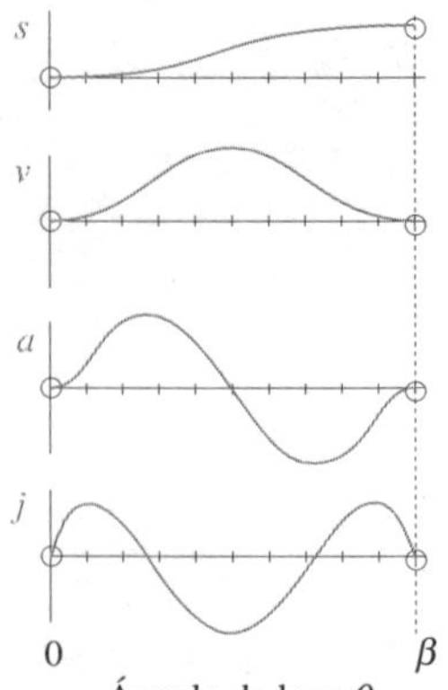

FIGURA 8-26 Elevación polinomial 4-5-6-7. Su golpeteo es por secciones continuas con los detenimientos

El polinomio 4-5-6-7 El golpeteo irrestricto se analizó en el ejemplo anterior. Ahora se rediseña la leva con la misma especificación, pero se limita la función de golpeteo a cero en ambos extremos de la subida. En ese caso será igual a los detenimientos en la función de golpeteo sin discontinuidades. Esto proporciona ocho condiciones de frontera y produce un polinomio de séptimo grado. Para encontrar los ocho coeficientes desconocidos se procede como en el caso anterior. Se escribe el polinomio con el número de términos apropiado, obteniendo las expresiones para todos los órdenes de condiciones de frontera. Se sustituyen las condiciones de frontera y se resuelve el conjunto resultante de ecuaciones simultáneas.* Este problema se reduce a cuatro ecuaciones con cuatro incógnitas, ya que los coeficientes C_0, C_1, C_2, C_3 son cero. Con este conjunto de condiciones de frontera la ecuación de desplazamiento para la subida es:

$$s = h\left[35\left(\frac{\theta}{\beta}\right)^4 - 84\left(\frac{\theta}{\beta}\right)^5 + 70\left(\frac{\theta}{\beta}\right)^6 - 20\left(\frac{\theta}{\beta}\right)^7\right] \tag{8.25}$$

Esta expresión se conoce como **polinomio 4-5-6-7**, por sus exponentes. La figura 8-26 muestra los diagramas *s v a j* de esta función con sus condiciones de frontera marcadas con un círculo. Al comparar estas funciones con las funciones polinomiales 3-4-5 mostradas en la figura 8-25, se observa que la aceleración del 4-5-6-7 comienza lentamente, con una pendiente cero (como se requiere para la condición de frontera de golpeteo cero), y termina en un valor pico máximo de aceleración para reemplazar el área faltante en el borde frontal.

La función **polinomial 4-5-6-7** tiene la ventaja de un golpeteo más suave para un mejor control de la vibración, en comparación con el **polinomio 3-4-5**, la **cicloidal** y todas las demás funciones hasta ahora analizadas, pero paga un precio alto en la forma de una aceleración teórica pico mayor que todas esas funciones. Obsérvese también la tabla 8-3 (p. 285).

Resumen Las dos secciones anteriores intentan presentar una forma de seleccionar las funciones de leva de doble detenimiento apropiadas, con el uso de una leva de subida-detenimiento-bajada-detenimiento común como ejemplo, y señalar algunas de las trampas que esperan al diseñador de levas. Las funciones particulares descritas son sólo algunas de las desarrolladas para este caso de doble detenimiento en el curso de muchos años, por muchos diseñadores de levas, pero probablemente son las más utilizadas y más populares entre los diseñadores de levas. La mayoría de ellas están incluidas en el programa Dynacam. Existen muchos cambios a ser considerados al seleccionar un programa de leva para cualquier aplicación, algunos de los cuales ya se mencionaron, como la continuidad de la función, los valores pico de velocidad y aceleración, y la uniformidad de golpeteo. Existen otros cambios aún por analizar en secciones posteriores que implican el dimensionamiento y fabricación de la leva.

8.4 DISEÑO DE UNA LEVA CON DETENIMIENTO SIMPLE: SELECCIÓN DE LAS FUNCIONES *S V A J*

Muchas aplicaciones de maquinaria requieren un programa de leva con **detenimiento simple, subida-bajada-detenimiento** (RFD). Se requiere una leva con detenimiento simple para elevar y bajar un rodillo que transporta un rollo de papel móvil en una máquina de producción que hace sobres. Este seguidor de leva sube el papel a una posición extrema crítica en el momento correcto para ponerse en contacto con el rodillo que aplica una capa de pegamento a la solapa del sobre. Sin detenerse en la posición elevada, retrae de inmediato el rollo de papel a la posición inicial (cero) y lo mantiene en esta posición extrema crítica (detenimiento bajo) mientras el resto del sobre pasa de largo. Repite el ciclo para el siguiente sobre que llega. Otro ejemplo común de una aplicación de detenimiento simple es la leva que abre las válvulas del motor de un automóvil, que levanta la válvula para abrirla en la subida, la cierra de inmediato en la bajada y luego la mantiene cerrada en un detenimiento mientras ocurre la compresión y combustión.

Si se intenta utilizar el mismo tipo de programas de leva como se definieron para el caso de doble detenimiento en una aplicación de detenimiento simple, se obtendrá una solución que pudiera funcionar, pero que no es la óptima. Sin embargo, así se hará aquí para destacar los problemas que resultan. Luego se rediseñará la leva adecuada para eliminarlos.

* Cualquier programa solucionador de matrices, como *Matlab*, *Mathcad* o *TKSolver*, o los programas Dynacam (adjuntos con este texto), ayudan a solucionar ecuaciones simultáneas. Los programas Matrix y Dinacaman se analizan en el apéndice A. Sólo tienen que proporcionarse las condiciones de frontera a Dynacam para obtener los coeficientes. Se invita al lector a resolver los problemas ejemplo aquí presentados con el programa Dynacam.

8

EJEMPLO 8-6 Uso de movimiento cicloidal en el caso de una leva subida-bajada-detenimiento simple.

Problema: Considérese la siguiente especificación para una leva con detenimiento simple.

detenimiento	1 pulg (25 mm) en 90 grados
bajada	1 pulg (25 mm) en 90 grados
detenimiento	en desplazamiento cero durante 180 grados (detenimiento bajo)
ω **leva**	15 rad/s

Solución:

1 La figura 8-27 muestra una subida de desplazamiento cicloidal y una bajada de desplazamiento cicloidal aplicados a este ejemplo de detenimiento simple. Obsérvese que el diagrama de desplazamiento (s) es aceptable ya que mueve el seguidor de la posición baja a la posición alta y de regreso en los intervalos requeridos.

2 La velocidad (v) también es aceptable en cuanto lleva al seguidor de una velocidad cero en el detenimiento bajo a un valor pico de 19.1 pulg/s (0.49 m/s) y a cero otra vez en el desplazamiento máximo, donde se aplica el pegamento.

3 La figura 8-27 muestra la función de aceleración para esta solución. Su valor absoluto máximo es aproximadamente de 573 pulg/s^2.

4 El problema es que esta curva de aceleración tiene un **retorno innecesario a cero** en el extremo de la subida. Es innecesario porque la aceleración durante la primera parte de la bajada también es negativa. Sería mejor mantenerla en la región negativa en el extremo de la subida.

5 Esta oscilación innecesaria a cero en la aceleración provoca que la rapidez de aceleración presente cambios y discontinuidades más bruscas. La única justificación real para llevar la aceleración a cero es la necesidad de cambiar su signo (como en el caso del punto intermedio del recorrido de subida o bajada) o acoplarse con un segmento adyacente con aceleración cero.

El lector puede abrir el archivo E08-06.cam con el programa DYNACAM para analizar este ejemplo con más detalle.

Para el caso de detenimiento simple se requiere una función para la subida que no regrese su aceleración a cero en el extremo del intervalo. La función para la bajada debe comenzar con el mismo valor de aceleración no cero con la que terminó la subida y luego ser cero en su punto final para acoplarse con el detenimiento. Una función que satisface esos criterios es la **armónica doble**, que obtiene su nombre de sus dos términos coseno, uno de los cuales es una armónica de semiperiodo, y la otra una onda de periodo completo. Las ecuaciones para las funciones armónicas dobles son:

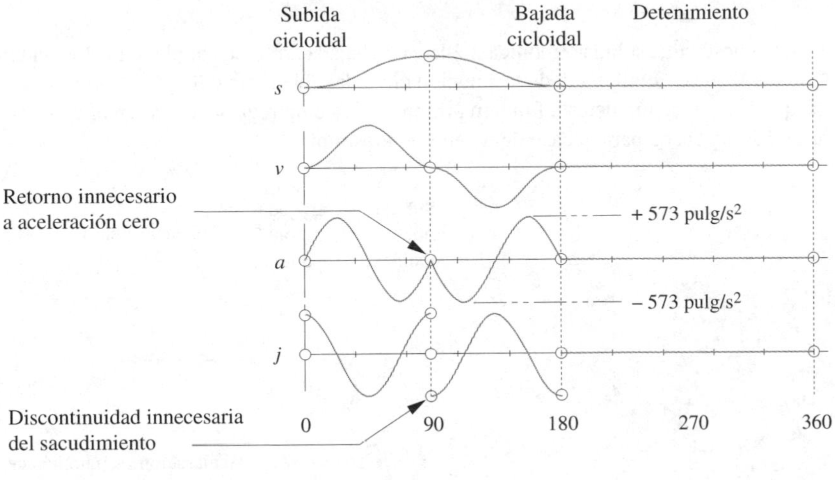

FIGURA 8-27 El movimiento cicloidal (o cualquier programa de doble detenimiento) es una opción deficiente en el caso de detenimiento simple

para la subida:

$$s=\frac{h}{2}\left\{\left[1-\cos\left(\pi\frac{\theta}{\beta}\right)\right]-\frac{1}{4}\left[1-\cos\left(2\pi\frac{\theta}{\beta}\right)\right]\right\}$$
$$v=\frac{\pi}{\beta}\frac{h}{2}\left[\operatorname{sen}\left(\pi\frac{\theta}{\beta}\right)-\frac{1}{2}\operatorname{sen}\left(2\pi\frac{\theta}{\beta}\right)\right]$$
$$a=\frac{\pi^2}{\beta^2}\frac{h}{2}\left[\cos\left(\pi\frac{\theta}{\beta}\right)-\cos\left(2\pi\frac{\theta}{\beta}\right)\right] \tag{8.26a}$$
$$j=-\frac{\pi^3}{\beta^3}\frac{h}{2}\left[\operatorname{sen}\left(\pi\frac{\theta}{\beta}\right)-2\operatorname{sen}\left(2\pi\frac{\theta}{\beta}\right)\right]$$

para la bajada:

$$s=\frac{h}{2}\left\{\left[1+\cos\left(\pi\frac{\theta}{\beta}\right)\right]-\frac{1}{4}\left[1-\cos\left(2\pi\frac{\theta}{\beta}\right)\right]\right\}$$
$$v=-\frac{\pi}{\beta}\frac{h}{2}\left[\operatorname{sen}\left(\pi\frac{\theta}{\beta}\right)+\frac{1}{2}\operatorname{sen}\left(2\pi\frac{\theta}{\beta}\right)\right]$$
$$a=-\frac{\pi^2}{\beta^2}\frac{h}{2}\left[\cos\left(\pi\frac{\theta}{\beta}\right)+\cos\left(2\pi\frac{\theta}{\beta}\right)\right] \tag{8.26b}$$
$$j=\frac{\pi^3}{\beta^3}\frac{h}{2}\left[\operatorname{sen}\left(\pi\frac{\theta}{\beta}\right)+2\operatorname{sen}\left(2\pi\frac{\theta}{\beta}\right)\right]$$

Obsérvese que estas funciones armónicas dobles **nunca** deben utilizarse en el caso de detenimiento doble porque su aceleración es no cero en un extremo del intervalo.

EJEMPLO 8-7 Movimiento armónico doble en el caso de una leva de subida-bajada y detenimiento simple.

Problema: Considérese la misma especificación para leva de detenimiento simple del ejemplo 8-5 (p. 288):

subida	1 pulg (25 mm) en 90 grados
bajada	1 pulg (25 mm) en 90 grados
detenimiento	en desplazamiento cero durante 180 grados (detenimiento bajo)
ω **leva**	15 rad/s

Solución:

1 La figura 8-28 muestra una subida armónica doble y una bajada armónica doble. La velocidad pico es de 19.5 pulg/s (0.50 m/s), que es similar a la de la solución cicloidal del ejemplo 8-6.

2 Obsérvese que la aceleración de esta función armónica doble no regresa a cero en el extremo de la subida. Esto la hace más adecuada para el caso de detenimiento simple.

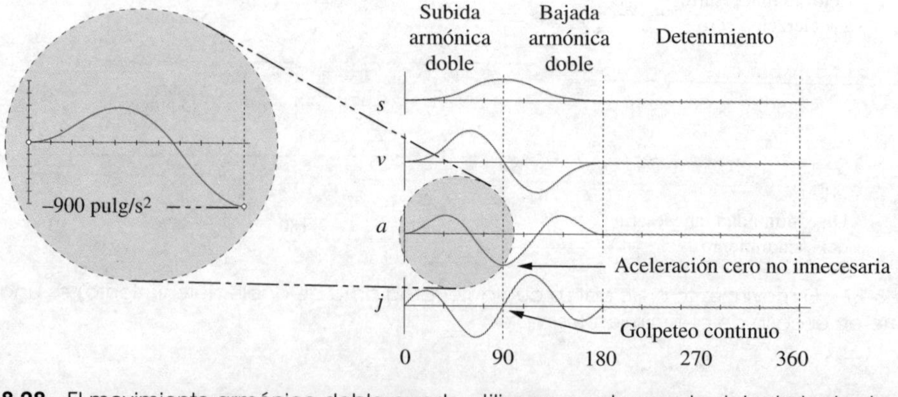

FIGURA 8-28 El movimiento armónico doble puede utilizarse en el caso de detenimiento simple si las duraciones de la subida y bajada son iguales

3 La función de golpeteo armónica doble alcanza un valor máximo de 36 931 pulg/s^3 (938 m/s^3) y es bastante uniforme comparada con la solución cicloidal.

4 Desafortunadamente, la aceleración pico negativa es de 900 pulg/s^2, casi dos veces la de la solución cicloidal. Es una función más uniforme, pero desarrollará fuerzas dinámicas más altas. Abra el archivo E08-07.cam con el programa DYNACAM para analizar este ejemplo con más detalle.

5 Otra limitación de esta función es que sólo puede utilizarse en el caso de una subida y bajada de igual duración (simétricas). Si los tiempos de subida y bajada son diferentes, la aceleración será discontinua en la unión de la subida y la bajada, lo cual viola la ley fundamental del diseño de levas.

Ninguna de las soluciones de los ejemplos 8-6 (p. 291) y 8-7 es óptima. Ahora se aplicarán las funciones polinomiales y se rediseñarán para mejorar su uniformidad y reducir su aceleración pico.

Aplicaciones de polinomios a detenimiento simple

Para resolver el problema del ejemplo 8-7 con un polinomio, debe emplearse un conjunto adecuado de condiciones de frontera. En primer lugar, debe determinarse la cantidad de segmentos en que se dividirá el ciclo de la leva. El enunciado del problema parece implicar tres segmentos: una subida, una bajada y un detenimiento. Podrían utilizarse esos tres segmentos para crear las funciones, como se hizo en los dos ejemplos previos, pero un mejor enfoque es utilizar sólo **dos segmentos**, uno para la subida y bajada combinadas y otro para el detenimiento. *Como regla general se debe reducir al mínimo el número de segmentos en las funciones de leva polinomiales*. Cualquier detenimiento requiere su segmento propio. Para este caso, el número mínimo posible es de dos segmentos.

Otra regla empírica es que *debe reducirse al mínimo el número de condiciones de frontera especificado*, porque el grado del polinomio está ligado al número de condiciones de frontera. Conforme se incrementa el grado de la función, lo harán también el número de sus **puntos de inflexión** y su número de **mínimos y máximos**. El proceso de derivación garantiza que la función pasará por todas las condiciones de frontera especificadas, pero no expresa nada sobre el comportamiento de la función entre ellas. *Una función de alto grado puede tener oscilaciones indeseables entre sus condiciones de frontera*.

Con estas suposiciones es posible seleccionar un conjunto de condiciones de frontera para una solución de prueba. En primer lugar, se volverá a plantear el problema para que refleje la configuración de dos segmentos.

✍ EJEMPLO 8-8 Diseño de un polinomio en el caso de subida-bajada-detenimiento simple simétrico.

Problema: Defínase de nuevo la especificación CEP de los ejemplos 8-5 y 8-6.

subida-bajada 1 pulg (25.4 mm) en 90° y caída en 1 pulg (25.4 mm) en 90° sobre 180°
detenimiento en desplazamiento cero durante 180° (detenimiento bajo)
ω leva 15 rad/s

Solución:

1 La figura 8-29 muestra el conjunto mínimo de siete condiciones de frontera para este problema simétrico, el cual dará un polinomio de sexto grado. El detenimiento a ambos lados del segmento de subida-bajada combinados tiene valores cero de s, v, a y j. La ley fundamental de diseño de levas requiere igualar estos valores cero hasta la función de aceleración en cada extremo del segmento de subida-bajada.

2 Entonces se tienen seis condiciones de frontera: s, v, $a = 0$ en cada extremo del segmento de subida-bajada.

3 También debe especificarse un valor de desplazamiento en el pico de 1 pulg de la subida que ocurre cuando $\theta = 90°$. Éste constituye la séptima condición de frontera. Obsérvese que, por simetría, no es necesario especificar que la velocidad sea cero en el pico, aunque así será.

4 La figura 8-29 muestra también los coeficientes del polinomio de desplazamiento que resultan de la solución simultánea de las ecuaciones con las condiciones de frontera seleccionadas. En general, se sustituye

Número de segmento	Función utilizada	Ángulo inicial	Ángulo final	Ángulo delta
1	Polinomio 6	0	180	180

Condiciones de frontera impuestas				Ecuación resultante	
Función	Theta	% Beta	Condiciones de frontera	Exponente	Coeficiente
Desplazamiento	0	0	0	0	0
Velocidad	0	0	0	1	0
Aceleración	0	0	0	2	0
Desplazamiento	180	1	0	3	64
Velocidad	180	1	0	4	– 192
Aceleración	180	1	0	5	192
Desplazamiento	90	0.5	1	6	– 64

FIGURA 8-29 Condiciones de frontera y coeficientes en una aplicación polinomial de detenimiento simple

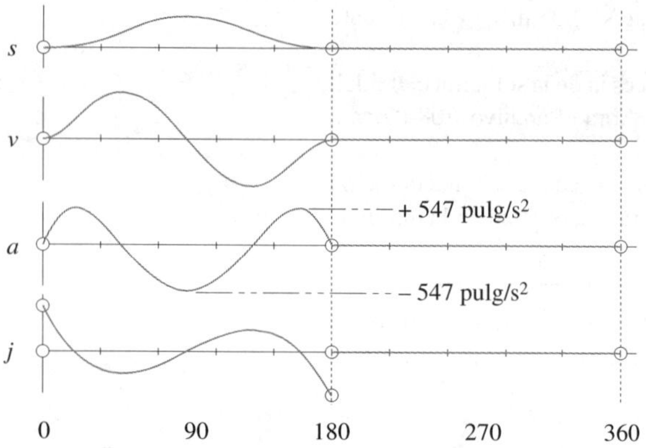

FIGURA 8-30 Función polinomial 3-4-5-6 para una leva de detención simple de dos segmentos simétricos de elevación-caída

la variable h por la subida especificada de 1 pulg. La función resulta ser un polinomio 3-4-5-6, cuya ecuación es:

$$s = h\left[64\left(\frac{\theta}{\beta}\right)^3 - 192\left(\frac{\theta}{\beta}\right)^4 + 192\left(\frac{\theta}{\beta}\right)^5 - 64\left(\frac{\theta}{\beta}\right)^6\right] \qquad (a)$$

La figura 8-30 muestra los diagramas *s v a j* para esta solución con sus valores máximos señalados. Compárense estas curvas de aceleración *s v a j* con las soluciones armónica doble y cicloidal del mismo problema en las figuras 8-27 (p. 291) y 8-28 (p. 292). Se observa que esta función polinomial de sexto grado es tan uniforme como las funciones armónicas dobles (figura 8-28) y no necesariamente regresa la aceleración a cero en la parte superior de la subida como la cicloidal (figura 8-27, p. 291). El polinomio tiene una aceleración pico de 547 pulg/s^2, que es menor a la solución cicloidal o a la armónica doble. Este polinomio 3-4-5-6 es una solución superior a cualquiera de las presentadas para el caso simétrico de subida-bajada y un ejemplo de cómo las funciones polinomiales se pueden adaptar fácilmente a especificaciones de diseño particulares. El lector puede abrir el archivo E08-08.cam con el programa DYNACAM para analizar este ejemplo con más detalle.

8

Efecto de la asimetría en la solución polinomial al caso de subida-bajada

Los ejemplos hasta ahora presentados tienen igual tiempo de subida y bajada, conocido como curva simétrica de subida-bajada. ¿Qué sucederá si se requiere un programa asimétrico y se intenta utilizar un polinomio simple como el del ejemplo previo?

✍EJEMPLO 8-9 Diseño de un polinomio en el caso asimétrico de subida-bajada-detenimiento simple.

Problema: Definir otra vez la especificación del ejemplo 8-8 (p. 293) como:

subida-bajada	subida de 1 pulg (25.4 mm) en 45° y bajada de 1 pulg (25.4 mm) en 135° para un total de 180°
detenimiento	en desplazamiento cero durante 180° (detenimiento bajo)
ω leva	15 rad/s

Solución:

1 La figura 8-31 muestra el conjunto mínimo de siete condiciones de frontera, para este problema que dará un polinomio de sexto grado. El detenimiento a ambos lados del segmento combinado de subida y bajada tiene valores cero para *S, V, A* y *J*. La ley fundamental de diseño de levas requiere igualar estos valores cero hasta la función de aceleración en cada extremo del segmento de subida y bajada.

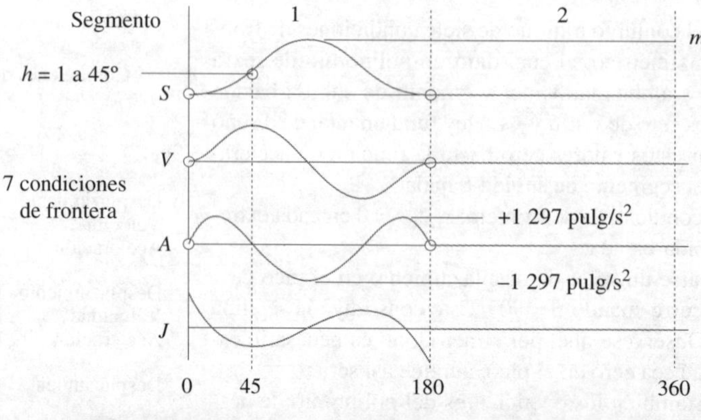

FIGURA 8-31 Polinomial inaceptable para una leva con detenimiento simple de dos segmentos asimétricos de subida-bajada

2 Los puntos extremos responden a seis condiciones de frontera; $S = V = A = 0$ en cada extremo del segmento de subida y bajada.

3 También se debe especificar un valor de desplazamiento en el pico de 1 pulg de la subida que ocurre cuando $\theta = 45$. Ésta es la séptima condición de frontera.

4 La solución simultánea de este conjunto de ecuaciones da un polinomio 3-4-5-6, cuya ecuación es:

$$s = h\left[151.704\left(\frac{\theta}{\beta}\right)^3 - 455.111\left(\frac{\theta}{\beta}\right)^4 + 455.111\left(\frac{\theta}{\beta}\right)^5 - 151.704\left(\frac{\theta}{\beta}\right)^6\right] \quad (a)$$

Por regla general se sustituye la variable h por la elevación especificada de 1 pulg.

5 La figura 8-31 muestra los diagramas *S V A J* de esta solución con sus valores máximos señalados. Obsérvese que el polinomio de sexto grado derivado obedece a las condiciones de frontera establecidas y en realidad pasa por un desplazamiento de 1 unidad en 45°. También puede observarse que va más allá de ese punto y alcanza una altura de 2.37 unidades en su pico. El pico de la aceleración también es 2.37 veces la del caso simétrico del ejemplo 8-8 (p. 293). Sin condiciones de frontera adicionales aplicadas, la función busca simetría. Obsérvese que el punto de velocidad cero continúa en 90°, cuando lo deseable es que estuviera en 45°. Puede tratarse de lograr que la velocidad sea cero con una condición de frontera adicional de $V = 0$ cuando $\theta = 45°$.

6 La figura 8-32 muestra los diagramas *S V A J* para un polinomio de séptimo grado con ocho condiciones de frontera, $S = V = A = 0$, en $\theta = 0$. $S = V = A = 0$ cuando $\theta = 180°$, $S = 1$, $V = 0$ cuando $\theta = 45°$. Obsérvese que la función resultante obedece a estas condiciones y pasa por esos puntos, pero "hace otra cosa" en otra parte, pues se precipita a un desplazamiento negativo de –3.93 con una aceleración pico mucho mayor. Esto pone de manifiesto un problema inherente a las funciones polinomiales: que su comportamiento entre las condiciones de frontera no es controlable y puede crear desviaciones indeseables en el movimiento del seguidor. Este problema se exacerba conforme el grado de la función se incrementa, puesto que en ese caso tiene más raíces y puntos de inflexión, lo que permite más oscilaciones entre las condiciones de frontera.

7 Abra los archivos Ex_08-09*a* y *b* con el programa DYNACAM para analizar este ejemplo con más detalle.

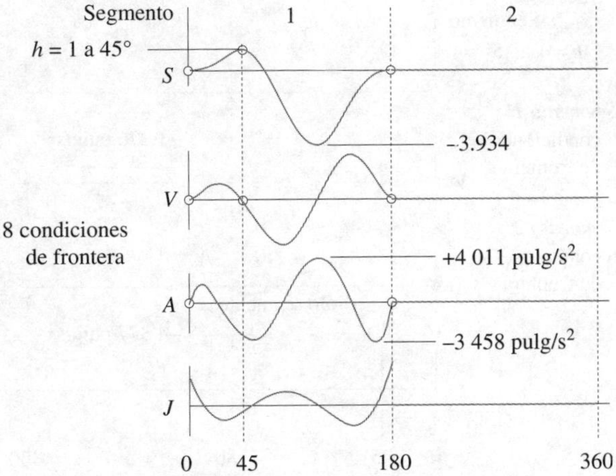

FIGURA 8-32 Polinomial inaceptable para una leva de detenimiento simple de dos segmentos asimétricos de subida-bajada

En este caso, la regla para reducir el número de segmentos está en conflicto con la regla para disminuir el grado de polinomio. Una solución alternativa a este problema asimétrico es usar tres segmentos, uno para la subida, uno para la bajada y uno para el detenimiento. Al adicionar segmentos se reducirá el orden de las funciones y estarán bajo control.

EJEMPLO 8-10 Diseño de un polinomio de tres segmentos en caso asimétrico de subida-bajada-detenimiento simple por medio de condiciones de frontera mínimas.

Problema: Defínase de nuevo la especificación del ejemplo 8-9 (p. 294) como:

subida	1 pulg (25.4 mm) en 45°
bajada	1 pulg (25.4 mm) en 135°
detenimiento	en desplazamiento cero durante 180° (detenimiento bajo)
ω **leva**	15 rad/s

Solución:

1 El primer intento para esta solución especifica cinco condiciones de frontera: $S = V = A = 0$ al inicio de la subida (para acoplar con el detenimiento), $S = 1$ y $V = 0$ al final de la subida. Obsérvese que las condiciones de frontera del segmento de subida dejan la aceleración en su extremo sin especificar, pero las condiciones de frontera del segmento de bajada deben incluir el valor de la aceleración en el extremo de la subida que resulta del cálculo de su aceleración. Así pues, la caída requiere de una condición de frontera más que la subida.

2 Esto da por resultado la siguiente ecuación de cuarto grado para el segmento de subida.

$$s = h\left[4\left(\frac{\theta}{\beta}\right)^3 - 3\left(\frac{\theta}{\beta}\right)^4\right] \quad (a)$$

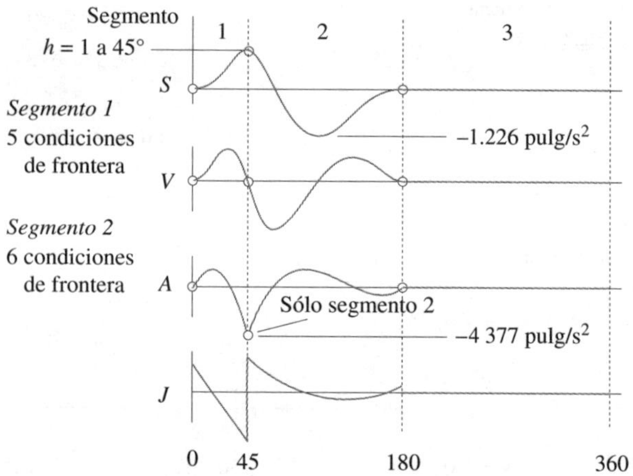

FIGURA 8-33 Polinomiales inaceptables para una leva con detenimiento simple de tres segmentos asimétricos de subida-bajada

3 La evaluación de la aceleración en el extremo de la elevación da −4 377.11 pulg/s^2, que se convierte en una condición de frontera para el segmento de bajada. El conjunto de seis condiciones de frontera para la bajada es entonces $S = 1$, $V = 0$, $A = -4\,377.11$ al inicio de la bajada (para acoplar con la subida) y $S = V = A = 0$ al final de la bajada para acoplar con el detenimiento. La ecuación de quinto grado para la caída es entonces:

$$s = h\left[1 - 54\left(\frac{\theta}{\beta}\right)^2 + 152\left(\frac{\theta}{\beta}\right)^3 - 147\left(\frac{\theta}{\beta}\right)^4 + 48\left(\frac{\theta}{\beta}\right)^5\right] \qquad (b)$$

4 La figura 8-33 muestra los diagramas *S V A J* para esta solución con sus valores extremos señalados. Obsérvese que este polinomio en la caída también presenta un problema: el desplazamiento se vuelve negativo.

5 El truco en este caso (y en general) consiste en calcular primero el segmento con la aceleración más pequeña (aquí el segundo segmento) debido al ángulo de duración más grande β. Luego se emplea el valor de aceleración más pequeño como condición de frontera en el primer segmento. Las cinco condiciones de frontera para el segmento 2 son entonces $S = 1$ y $V = 0$ al inicio de la bajada y $S = V = A = 0$ al final de la bajada (para acoplar con el detenimiento). Éstas dan el siguiente polinomio de cuarto grado para la caída.

$$s = h\left[1 - 6\left(\frac{\theta}{\beta}\right)^2 + 8\left(\frac{\theta}{\beta}\right)^3 - 3\left(\frac{\theta}{\beta}\right)^4\right] \qquad (c)$$

6 La evaluación de la aceleración al inicio de la caída da −486.4 pulg/s^2. Este valor se convierte en condición de frontera para el segmento de subida. El conjunto de seis condiciones de frontera para la subida es entonces $S = V = A = 0$ al inicio de la subida para acoplar con el detenimiento y $S = 1$, $V = 0$, $A = -486.4$ al final de la subida (para acoplar con la bajada). La ecuación de quinto grado para la subida es entonces:

$$s = h\left[9.333\left(\frac{\theta}{\beta}\right)^3 - 13.667\left(\frac{\theta}{\beta}\right)^4 + 5.333\left(\frac{\theta}{\beta}\right)^5\right] \qquad (d)$$

7 El diseño de leva resultante se muestra en la figura 8-34. El desplazamiento ahora está bajo control y la aceleración pico es mucho menor que la del diseño previo en aproximadamente 2 024 pulg/s^2.

8 El diseño de la figura 8-34 es aceptable (aunque no óptimo)* en este ejemplo. Abra el archivo Ex_08-10*a* y *b* con el programa DYNACAM para analizar el ejemplo con más detalle.

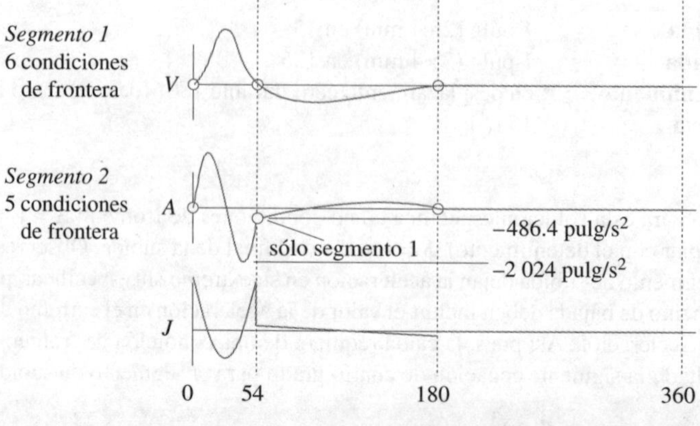

FIGURA 8-34 Polinomiales aceptables para una leva con detenimiento simple de tres segmentos asimétricos de subida-bajada

* En la referencia [5] se encuentra una solución óptima a este problema genérico.

8.5 MOVIMIENTO DE TRAYECTORIA CRÍTICA (CPM)

Probablemente la aplicación más común de especificaciones de **movimiento de trayectoria crítica** (CPM) en el diseño de maquinaria de producción es la necesidad de un **movimiento de velocidad constante**. Existen dos tipos generales de maquinaria de producción automática de uso común, máquinas de ensamble de **movimiento intermitente** y máquinas de ensamble de **movimiento continuo**.

Las **máquinas de ensamble de movimiento intermitente** transportan los artículos fabricados de una estación de trabajo a otra, y detienen la pieza de trabajo o subensamble en cada estación mientras se realiza otra operación en ella. La velocidad de rendimiento de este tipo de maquinaria de producción automática en general se limita por las fuerzas dinámicas producidas por la aceleración y desaceleración de la masa de las partes móviles de la máquina y sus piezas de trabajo. El movimiento de la pieza de trabajo puede ser en línea recta, como sobre una transportadora, o en círculo, como en la mesa rotatoria que se muestra en la figura 8-22 (p. 286).

Las **máquinas de ensamble de movimiento continuo** nunca permiten que la pieza de trabajo se detenga, por tanto, generan velocidades de rendimiento mayores. Todas las operaciones se realizan en un objeto móvil. Las herramientas que operan en el producto tienen que "perseguir" la línea de ensamble móvil para realizar su trabajo. Como la línea de ensamble (a menudo una banda o cadena transportadora o una mesa rotatoria) se mueve a una velocidad constante, no hay necesidad de que los mecanismos generen movimiento a velocidad constante, como en el caso de la transportadora, para mover las herramientas a lo largo durante el tiempo suficiente para realizar su trabajo. Estos mecanismos "perseguidores" impulsados por leva deben regresar la herramienta con rapidez a su posición de inicio a tiempo para encontrarse con la siguiente pieza o subensamble en la transportadora (retorno rápido). Existe una razón para convertir las máquinas de movimiento intermitente en máquinas de movimiento continuo: incrementar las tasas de producción. Por lo tanto, existe cierta demanda de este tipo de mecanismo de velocidad constante. Aunque ya se analizaron algunos mecanismos en el capítulo 6 que producen una velocidad constante aproximada, el sistema leva-seguidor es adecuado para este problema, ya que permite una velocidad de seguidor teóricamente exacta constante, y la función polinomial de leva es particularmente adaptable a la tarea.

Polinomios utilizados para movimiento de trayectoria crítica

EJEMPLO 8-11 Diseño de un polinomio para movimiento de velocidad constante de trayectoria crítica.

Problema: Considérese el siguiente enunciado de un problema de movimiento de trayectoria crítica (CPM).

Acelere	el seguidor de cero a 10 pulg/s
Mantenga	una velocidad constante de 10 pulg/s durante 0.5 s
Desacelere	el seguidor a velocidad cero
Regrese	el seguidor a la posición inicial
Tiempo de ciclo	exactamente 1 s

Solución:

1 Este enunciado de problema no estructurado es típico en problemas de diseño real, como se vio en el capítulo 1. No se da información sobre los medios a utilizar para acelerar o desacelerar el seguidor, o incluso sobre las partes del tiempo disponible a utilizar en las tareas. Una pequeña reflexión hará que el ingeniero reconozca que la especificación del tiempo de ciclo total en realidad define que la velocidad del árbol de levas sea su recíproco o **una revolución por segundo**. Al convertir en unidades apropiadas, ésta es una velocidad angular de 2π rad/s.

2 La parte de velocidad constante utiliza la mitad del periodo total de 1 s en este ejemplo. A continuación, el diseñador debe decidir cuánto de los 0.5 s restantes dedicará a cada fase del movimiento requerido.

3 El enunciado del problema parece implicar que se requieren cuatro segmentos. Obsérvese que el diseñador debe seleccionar, un tanto arbitrariamente, las longitudes de los segmentos individuales (excepto la velocidad constante). Puede que se requiera algo de iteración para optimizar el resultado. El programa DYNACAM acelera y facilita el proceso de iteración.

4 Si se suponen cuatro segmentos, el diagrama de temporización en la figura 8-35 (pág. 298) muestra una fase de aceleración, una fase de velocidad constante, una fase de desaceleración y una fase de retorno, marcadas como segmentos 1 a 4.

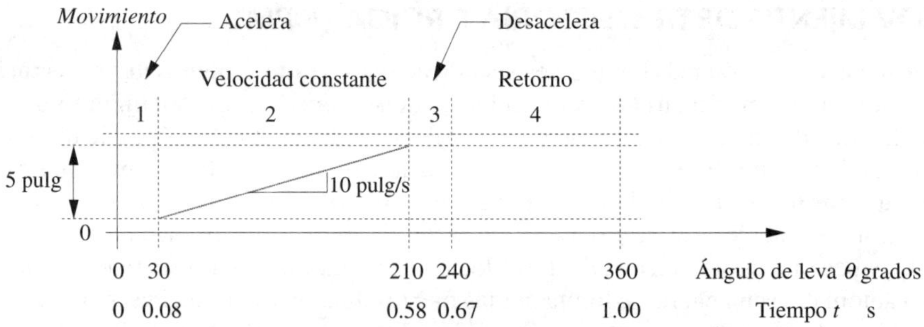

FIGURA 8-35 Diagrama de temporización de una leva a velocidad constante

5 Se supone que los ángulos de los segmentos (β) para una primera aproximación son de 30° para el segmento 1, de 180° para el segmento 2, de 30° para el segmento 3 y de 120° para el segmento 4, como se muestra en la figura 8-36. Es posible que deban ajustarse estos ángulos en iteraciones posteriores, excepto para el segmento 2, que está rígidamente limitado a las especificaciones.

6 La figura 8-36 muestra un conjunto tentativo de condiciones de frontera para el diagrama *s v a j*. Los círculos continuos indican un conjunto de condiciones de frontera que limitarán la función continua a estas especificaciones. Éstas son para el segmento 1:

$$\text{cuando } \theta = 0°; \quad s = 0, \quad v = 0, \quad \textit{ninguna} \qquad (a)$$
$$\text{cuando } \theta = 30°; \quad \textit{ninguno}, \quad v = 10, \quad a = 0$$

7 Obsérvese que cuando $\theta = 30°$ el desplazamiento se deja sin especificar. La función polinomial resultante proporciona los valores de desplazamiento en ese punto, el cual puede utilizarse como condición de frontera para el siguiente segmento, para hacer las funciones continuas como se requiere. La aceleración cuando $\theta = 30°$ debe ser cero para igualar la del segmento 2 a velocidad constante. La aceleración cuando $\theta = 0$ se deja sin especificar. El valor resultante será utilizado más adelante para igualar la aceleración del último segmento.

8 Si se ingresan estas cuatro condiciones de frontera para el segmento 1 al programa DYNACAM, se obtiene una función cúbica cuyas gráficas *s v a j* se muestran en la figura 8-37. Su ecuación es:

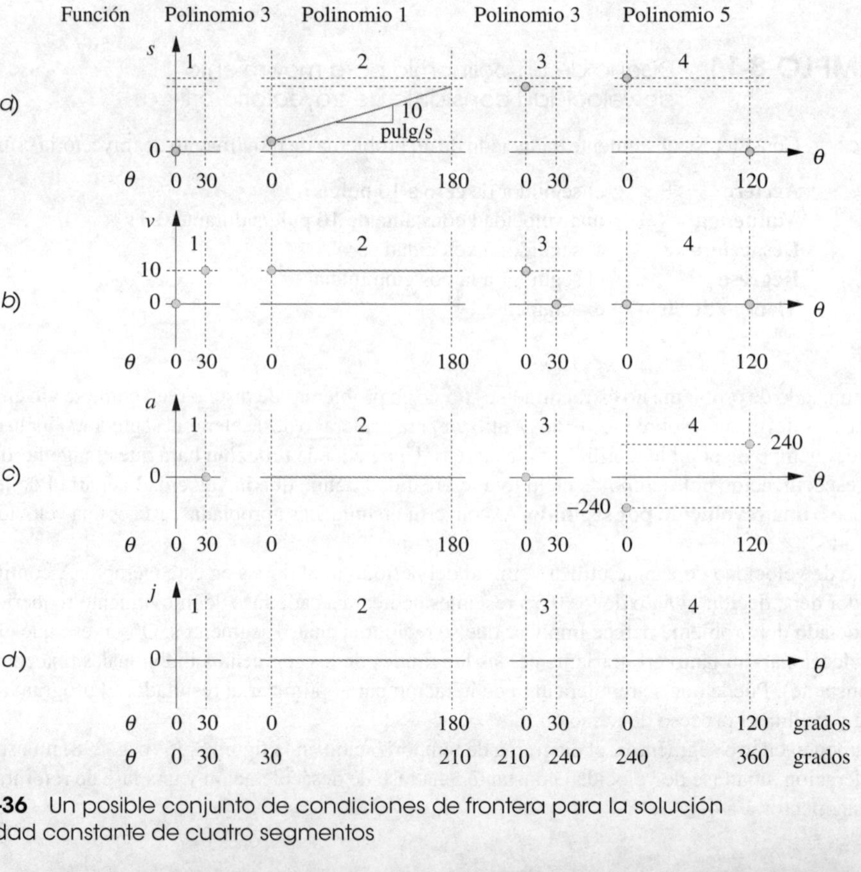

FIGURA 8-36 Un posible conjunto de condiciones de frontera para la solución de velocidad constante de cuatro segmentos

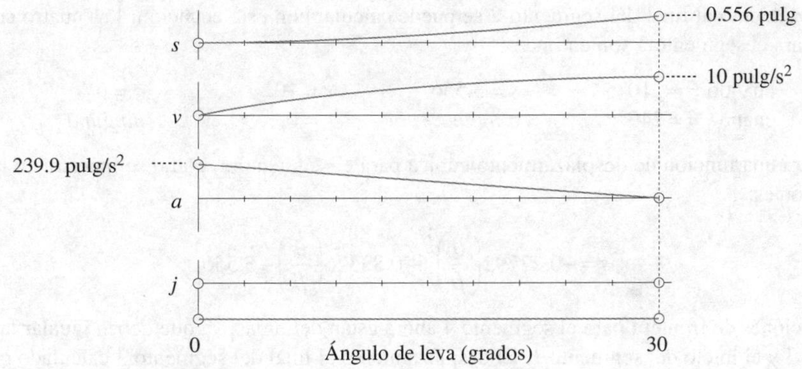

FIGURA 8-37 Segmento 1 para la solución de cuatro segmentos del problema de velocidad constante (ejemplo 8-11)

$$s = 0.83376\left(\frac{\theta}{\beta}\right)^2 - 0.27792\left(\frac{\theta}{\beta}\right)^3 \tag{8.27a}$$

El desplazamiento máximo ocurre cuando $\theta = 30°$. Éste se utilizará como condición de frontera para el segmento 2. El conjunto completo para el segmento 2 es:

cuando $\theta = 30°$;	$s = 0.556$,	$v = 10$	(*b*)
cuando $\theta = 210°$;	*ninguno*,	*ninguna*	

9 Obsérvese que en las derivaciones y en el programa DYNACAM los ángulos locales de cada segmento van desde cero hasta β. Por lo tanto, los ángulos locales del segmento 2 son de 0° a 180°, que corresponden de 30° a 210° globalmente en este ejemplo. El desplazamiento, la velocidad y la aceleración en el extremo del segmento 2 se dejan sin especificar, pues se determinarán con el cálculo.

10 Como éste es un segmento a velocidad constante, su integral, la función de desplazamiento, debe ser un polinomio de grado uno, es decir, una línea recta. Si se especifican más de dos condiciones de frontera se obtiene una función de mayor grado que pase por los puntos extremos especificados, pero que también puede oscilar entre ellos y desviarse de la velocidad constante deseada. Por lo tanto, *sólo* se pueden proporcionar dos condiciones de frontera, una pendiente y una intersección, como se definió en la ecuación 8.2 (p. 275). No obstante, debe proporcionarse por lo menos una condición de frontera de desplazamiento para calcular el coeficiente C_0 de la ecuación 8.23 (p. 287). La especificación de dos condiciones de frontera en sólo un extremo del intervalo es perfectamente aceptable. La ecuación para el segmento 2 es:

$$s = 5\left(\frac{\theta}{\beta}\right) + 0.556 \tag{8.27b}$$

11 La figura 8-38 muestra las gráficas de desplazamiento y velocidad del segmento 2. La aceleración y golpeteo son cero. El desplazamiento resultante cuando $\theta = 210°$ es de 5.556.

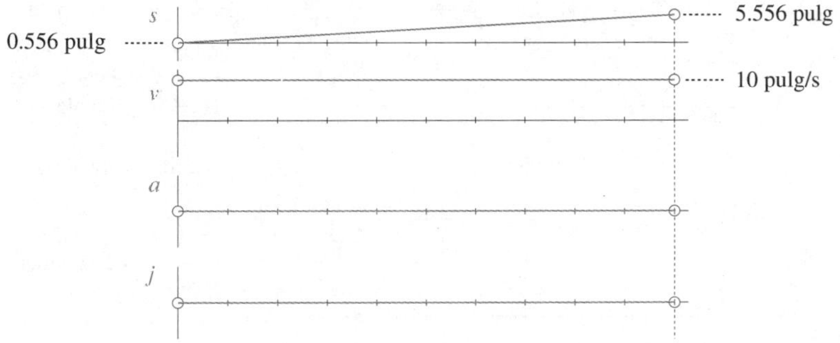

FIGURA 8-38 Segmento 2 para la solución de cuatro segmentos del problema de velocidad constante (ejemplo 8-11)

12 El desplazamiento al final del segmento 2 se puede calcular con esta ecuación. Las cuatro condiciones de frontera para el segmento 3 son entonces:

$$\begin{array}{llll} \text{cuando } \theta = 210°; & s = 5.556, & v = 10, & a = 0 \\ \text{cuando } \theta = 240°; & \textit{ninguna}, & v = 0, & \textit{ninguna} \end{array} \qquad (c)$$

13 Esto genera una función de desplazamiento cúbica para el segmento 3, como se muestra en la figura 8-39. Su ecuación es:

$$s = -0.27792\left(\frac{\theta}{\beta}\right)^3 + 0.83376\left(\frac{\theta}{\beta}\right) + 5.556 \qquad (8.27c)$$

14 Las condiciones de frontera para el segmento 4 ahora están definidas, ya que deben igualar las del final del segmento 3 y el inicio del segmento 1. El desplazamiento al final del segmento 3 calculado con DYNACAM es s = 6.112 cuando θ = 240° y la aceleración en ese punto es –239.9. Se deja la aceleración al principio del segmento 1 sin especificar. Con la segunda derivada de la ecuación de desplazamiento en este segmento se obtiene que la aceleración es 239.9 cuando θ = 0°. Las condiciones de frontera para el segmento 4 son entonces:

$$\begin{array}{llll} \text{cuando } \theta = 240°; & s = 6.112, & v = 0, & a = -239.9 \\ \text{cuando } \theta = 360°; & s = 0, & v = 0, & a = 239.9 \end{array} \qquad (d)$$

15 La ecuación para el segmento 4 es entonces:

$$s = -9.9894\left(\frac{\theta}{\beta}\right)^5 + 24.9735\left(\frac{\theta}{\beta}\right)^4 - 7.7548\left(\frac{\theta}{\beta}\right)^3 - 13.3413\left(\frac{\theta}{\beta}\right)^2 + 6.112 \qquad (8.27d)$$

16 La figura 8-39 muestra las gráficas *s v a j* para la leva completa. Obedece la ley fundamental de diseño de levas porque las funciones, parte por parte, son continuas hasta la aceleración. El valor máximo de la aceleración es de 257 pulg/s^2. La velocidad negativa máxima es de –29.4 pulg/s. Ahora se tienen cuatro funciones por secciones y continuas, las ecuaciones 8-27 (pp. 299-300), que satisfacen las especificaciones de desempeño para este problema.

El lector puede abrir el archivo E08-11.cam con el programa DYNACAM para analizar este ejemplo con más detalle.

Aun cuando este diseño es aceptable, puede mejorarse. Una estrategia útil al diseñar levas polinomiales es reducir al mínimo el número de segmentos, siempre que esto no genere funciones de alto grado que se comporten mal entre las condiciones de frontera. Otra estrategia es comenzar con el segmento del cual se tiene más información. En este ejemplo, la parte de la velocidad constante es el más restringido y debe ser un segmento aparte, del mismo modo que una detención debe ser un segmento aparte. El resto del movimiento de la leva existe sólo para regresar el seguidor al segmento de velocidad constante para el siguiente ciclo. Si se comienza al diseñar el segmento de velocidad constante, será posible completar la leva con un solo segmento adicional. Ahora se analizará el diseño de esta leva con base en las mismas especificaciones, pero con sólo dos segmentos, como se muestra en la figura 8-40 (p. 301).

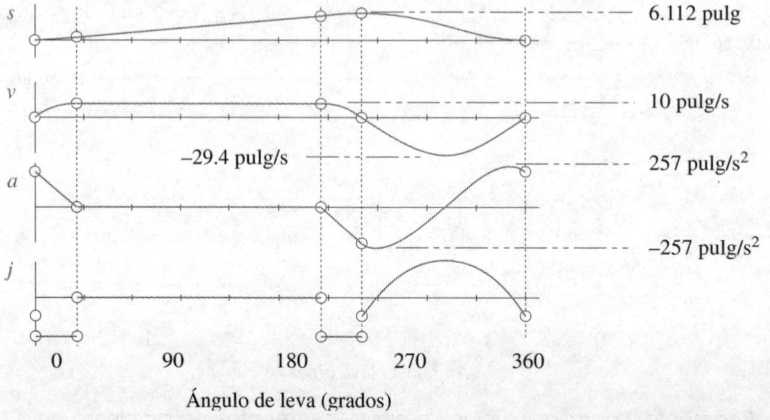

FIGURA 8-39 Solución de cuatro segmentos del problema de velocidad constante del ejemplo 8-11

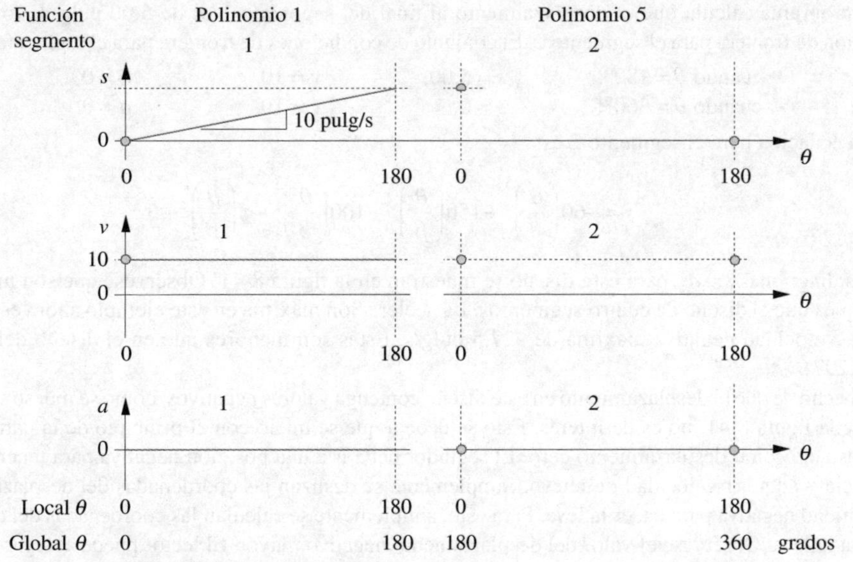

FIGURA 8-40 Condiciones de frontera para la solución a velocidad constante de dos segmentos

EJEMPLO 8-12 Diseño de un polinomio óptimo para el movimiento de trayectoria crítica de velocidad constante.

Problema: Defínase de nuevo el enunciado del problema 8-11 (p. 316) para tener sólo dos segmentos.

Mantenga una velocidad constante de 10 pulg/s durante 0.5 s
Desacelere y **acelere** el seguidor a velocidad constante
Tiempo de ciclo exactamente 1 s

Solución: Vea las figuras 8-40 y 8-41.

1 Las condiciones de frontera para el primer segmento de velocidad constante serán similares a la solución previa, excepto por los valores globales de sus ángulos y por el hecho de que se iniciará con desplazamiento cero y no en 0.556 pulg. Éstas son:

$$\text{cuando } \theta = 0°; \quad s = 0, \quad v = 10$$
$$\text{cuando } \theta = 180°; \quad \textit{ninguno}, \quad \textit{ninguna} \tag{a}$$

2 Las gráficas de desplazamiento y velocidad para este segmento son idénticas a las de la figura 8-38 (p. 299), excepto que el desplazamiento comienza en cero. La ecuación para el segmento 1 es:

$$s = 5\left(\frac{\theta}{\beta}\right) \tag{8.28a}$$

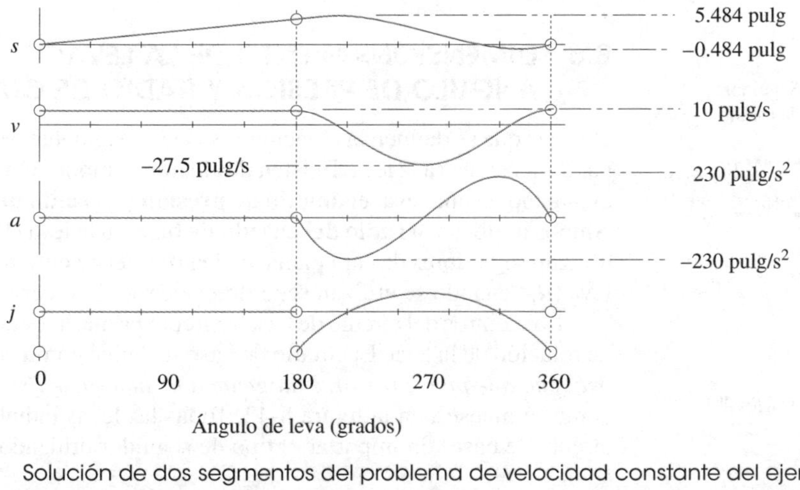

FIGURA 8-41 Solución de dos segmentos del problema de velocidad constante del ejemplo 8-12

3 El programa calcula que el desplazamiento al final del segmento 1 es de 5.00 pulg. Esto define la condición de frontera para el segmento 2. El conjunto de condiciones de frontera para el segmento 2 es entonces:

$$\text{cuando } \theta = 180°; \quad s = 5.00, \quad v = 10, \quad a = 0$$
$$\text{cuando } \theta = 360°; \quad s = 0, \quad v = 10, \quad a = 0 \qquad (b)$$

La ecuación para el segmento 2 es:

$$s = -60\left(\frac{\theta}{\beta}\right)^5 + 150\left(\frac{\theta}{\beta}\right)^4 - 100\left(\frac{\theta}{\beta}\right)^3 + 5\left(\frac{\theta}{\beta}\right)^1 + 5 \qquad (8.28b)$$

4 Los diagramas *s v a j* para este diseño se muestran en la figura 8-41. Obsérvese que son mucho más uniformes que el diseño de cuatro segmentos. La aceleración máxima en este ejemplo ahora es de 230 pulg/s^2 y la velocidad negativa máxima de –27.5 pulg/s. Éstas son menores que en el diseño del ejemplo 8-11 (p. 297).

5 El hecho de que el desplazamiento en este diseño contenga valores negativos, como se muestra en el diagrama *s* de la figura 8-41, no es de interés. Esto se debe a que se inició con el principio de la parte de velocidad constante como desplazamiento cero. El seguidor debe ir a una posición negativa para tener suficiente distancia y adquirir velocidad de nuevo. Simplemente se deslizan las coordenadas del desplazamiento en esa cantidad negativa para hacer la leva. Para esto, simplemente se calculan las coordenadas del desplazamiento para la leva. Obsérvese el valor del desplazamiento negativo mayor. El lector puede agregar este valor a las condiciones de frontera de desplazamiento para todos los segmentos y calcular de nuevo las funciones de leva con DYNACAM. (No deben cambiarse las condiciones de frontera para las derivadas superiores.) El perfil del desplazamiento de la leva terminada será desplazado hacia arriba de modo que su valor mínimo ahora será cero.

Así que no sólo se tiene una leva más uniforme, sino que las fuerzas dinámicas y la energía cinética almacenada son más bajas. Obsérvese que no fue necesario hacer suposiciones respecto a las partes del tiempo de velocidad no constante disponible dedicado a acelerar o desacelerar. Todo esto sucedió automáticamente por la elección de sólo dos segmentos y la especificación del conjunto mínimo de condiciones de frontera necesarias. Éste es un diseño claramente superior al intento previo, y constituye una solución polinomial óptima según las especificaciones dadas. Se sugiere al lector que abra el archivo E08-12.cam con el programa DYNACAM para analizar este ejemplo con más detalle.

RESUMEN Estas secciones presentaron funciones polinomiales como la aproximación más variada (de las aquí mostradas) a virtualmente cualquier problema de diseño de levas. Es sólo mediante el desarrollo y disponibilidad general de las computadoras que las funciones polinomiales han llegado a ser prácticas de utilizar, ya que la solución de ecuaciones simultáneas con frecuencia excede las capacidades de cálculo manual. Con la disponibilidad de un auxiliar de diseño para resolver las ecuaciones, como el programa DYNACAM, los polinomios se han convertido en una manera práctica y preferible de resolver muchos problemas de diseño de levas, si no es que todos. Las **funciones spline**, de las cuales los polinomios son un subconjunto, ofrecen mayor flexibilidad para satisfacer las condiciones de frontera y otros criterios de desempeño de leva. El espacio no permite una exposición detallada sobre la aplicación de las funciones spline a sistemas de levas, pero puede consultarse la referencia [6] para más información.

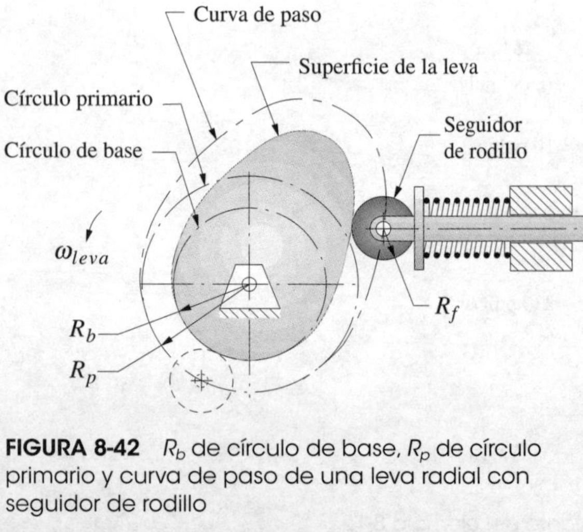

FIGURA 8-42 R_b de círculo de base, R_p de círculo primario y curva de paso de una leva radial con seguidor de rodillo

8.6 DIMENSIONAMIENTO DE LA LEVA: ÁNGULO DE PRESIÓN Y RADIO DE CURVATURA

Una vez que se definen las funciones *s v a j*, el siguiente paso será asignar dimensiones a la leva. Existen dos factores importantes que afectan el tamaño de una leva: el **ángulo de presión** y el **radio de curvatura**. Ambos implican al **radio del círculo de base** en la leva (R_b) cuando se utilizan seguidores de cara plana, o al **radio del círculo** primario en la leva (R_P) cuando se utilizan seguidores de rodillo o curvos.

Los centros del círculo de base y círculo primario están en el centro de rotación de la leva. El círculo de base se define como *el círculo más pequeño que puede trazarse tangente a la superficie física de la leva,* como se muestra en la figura 8-42. Todas las levas radiales tienen un círculo de base, sin importar el tipo de seguidor utilizado.

El círculo primario sólo es aplicable a levas con seguidores de rodillos o seguidores en forma de hongo que se mide hasta el centro del seguidor. El **círculo primario** se define como *el círculo más pequeño que puede ser trazado tangente al lugar geométrico de la línea de centro del seguidor,* como se muestra en la figura 8-42. *El lugar geométrico de la línea central del seguidor* se llama **curva de paso**. Las curvas con seguidores de rodillo en realidad se definen para su fabricación con respecto a la curva de paso y no respecto a la superficie física de la leva. Las levas con seguidores de cara plana deben definirse para su fabricación con respecto a su superficie física, ya que no hay curva de paso.

El proceso para crear la leva física a partir del diagrama s puede visualizarse conceptualmente al imaginar que el diagrama se hace de un material flexible, como hule. El eje x del diagrama s representa la circunferencia de un círculo, que puede ser de **base** o **primario**, alrededor del cual "se enrollará" el diagrama s de "hule". Se tiene la libertad de elegir la longitud inicial del eje x del diagrama s, aun cuando la altura de la curva de desplazamiento está determinada por la función de desplazamiento de la leva elegida. En realidad, se elegirá el radio del círculo de base o primario como un parámetro de diseño, alargando la longitud del eje del diagrama s para ajustarla a la circunferencia del círculo elegido.

A continuación se presentan ecuaciones sólo para el ángulo de presión y el radio de curvatura de levas radiales con seguidores trasladantes. Para información sobre seguidores oscilantes y levas axiales (de barril), véase en el capítulo 7 la referencia [5].

Ángulo de presión: seguidores de rodillo trasladantes

El **ángulo de presión** se define como se muestra en la figura 8-43. Es el complemento del ángulo de transmisión que se definió para mecanismos en capítulos previos y su significado es similar con respecto al funcionamiento de leva-seguidor. Por convención, el ángulo de presión se emplea para levas, en lugar del ángulo de transmisión. La fuerza sólo puede transmitirse de la leva al seguidor, o viceversa, a lo largo del **eje de transmisión**, el cual es perpendicular al **eje de deslizamiento** o tangente común.

Ángulo de presión El **ángulo de presión** φ es *el ángulo entre la dirección del movimiento (velocidad) del seguidor y la dirección del eje de transmisión.** Cuando $\varphi = 0$, toda la fuerza trans-

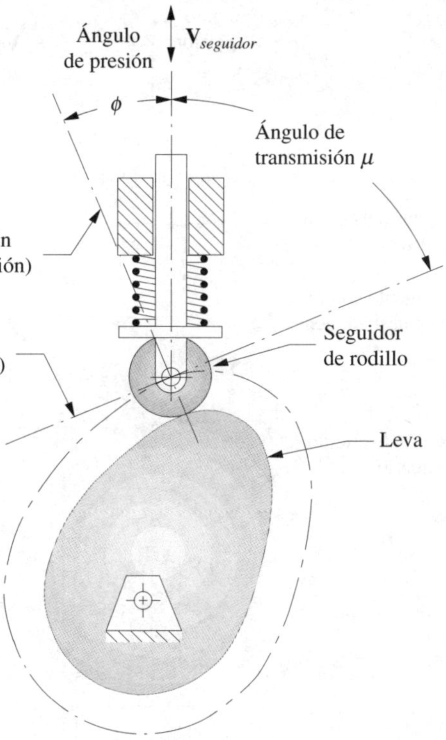

FIGURA 8-43 Ángulo de presión de una leva

* Dresner y Buffington[7] señalan que esta definición es sólo válida para sistemas de un grado de libertad. Para sistemas de entradas múltiples, se requiere una definición más complicada y el cálculo del ángulo de presión (o ángulo de transmisión).

mitida se convierte en movimiento del seguidor y ninguna en velocidad de deslizamiento. Cuando φ llega a ser de 90° no habrá movimiento del seguidor. Como regla empírica, es deseable que el ángulo de presión sea de un valor entre 0 y 30° para seguidores trasladantes para evitar las cargas laterales excesivas en el seguidor deslizante. Si el seguidor oscila en un brazo pivotado, un ángulo de presión aun de 35° es aceptable. Los valores de φ más grandes que éste pueden incrementar la fricción en el pivote o deslizante del seguidor a niveles indeseables y pueden tender a trabar un seguidor trasladante en sus guías.

EXCENTRICIDAD La figura 8-44 muestra la geometría de una leva y seguidor de rodillo trasladante en una posición arbitraria. Ésta muestra el caso general en que el eje del movimiento del seguidor no corta el centro de la leva. Existe una excentricidad ε definida como *la distancia perpendicular entre el eje de movimiento del seguidor y el centro de la leva.* Con frecuencia la excentricidad ε será cero, lo que hace que el seguidor sea un **seguidor alineado**, el cual es un caso especial.

En la figura 8-44, el eje de transmisión se extiende para intersecar el eslabón efectivo 1, el cual es la bancada. (Véanse la sección 8.0, p. 269, y la figura 8-1, p. 270, para un análisis de eslabones efectivos en sistemas de leva.) Esta intersección es el centro instantáneo $I_{2,4}$ (marcado B), el cual, por definición, tiene la misma velocidad en el eslabón 2 (la leva) y en el eslabón 4 (el seguidor). Debido a que el eslabón 4 está en rotación pura, todos los puntos en él tienen velocidades idénticas $V_{seguidor}$, las cuales son iguales a la velocidad de $I_{2,4}$ en el eslabón 2. Es posible escribir una expresión para la velocidad de $I_{2,4}$ en función de la velocidad angular de la leva y el radio b del centro de la leva a $I_{2,4}$:

$$V_{I_{2,4}} = b\omega = \dot{s} \tag{8.29}$$

donde s es el desplazamiento instantáneo del seguidor en el diagrama s, y $\dot{s}$ es su derivada con respecto al tiempo en unidades de longitud/s. (Obsérvese que las letras mayúsculas $S\,V\,A\,J$ denotan variables basadas en tiempo, en lugar de funciones de ángulo de leva.)

Pero
$$\dot{s} = \frac{ds}{dt}$$

y
$$\frac{ds}{dt}\frac{d\theta}{d\theta} = \frac{ds}{d\theta}\frac{d\theta}{dt} = \frac{ds}{d\theta}\omega = v\omega$$

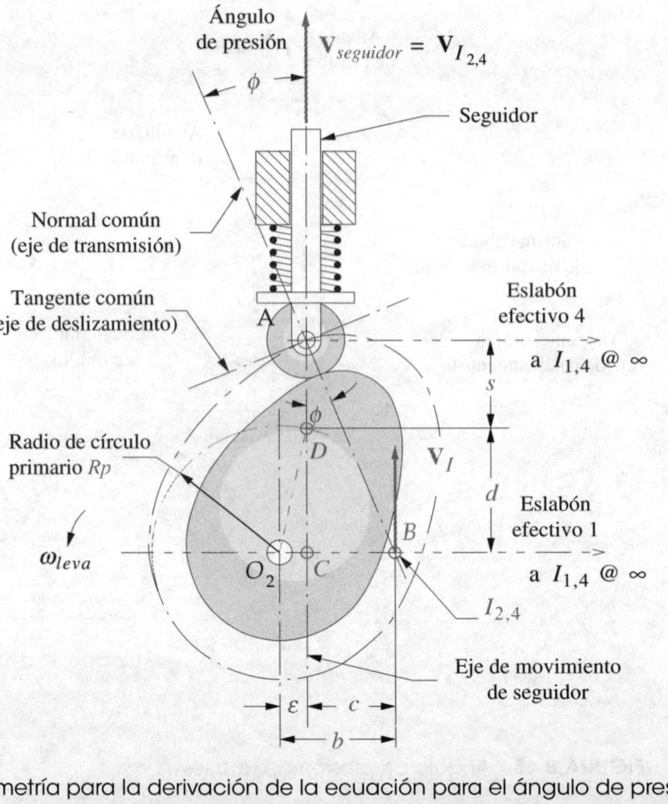

FIGURA 8-44 Geometría para la derivación de la ecuación para el ángulo de presión

así
$$b\omega = v\omega$$

entonces
$$b = v \tag{8.30}$$

Ésta es una relación interesante que denota que la **distancia b al centro instantáneo $I_{2,4}$ es igual a la velocidad del seguidor** v en unidades de longitud por radián, como se derivó en secciones previas. Se redujo esta expresión a geometría pura, independiente de la velocidad angular ω de la leva.

Obsérvese que es posible expresar la distancia b en función del radio del círculo primario R_P y la excentricidad ε, por medio de la construcción mostrada en la figura 8-44. Al oscilar el arco del radio R_P hasta cortar el eje de movimiento del seguidor en el punto D, se define la longitud de la línea d del eslabón efectivo 1 a esta intersección, la cual es constante para cualquier radio de círculo primario seleccionado R_P. Los puntos A, C e $I_{2,4}$ forman un triángulo rectángulo cuyo ángulo superior es el ángulo de presión φ y cuyo cateto vertical es $(s + d)$, donde s es el desplazamiento instantáneo del seguidor. En este triángulo:

$$c = b - \varepsilon = (s + d)\tan\phi$$

y
$$b = (s + d)\tan\phi + \varepsilon \tag{8.31a}$$

Entonces, de acuerdo con la ecuación 8.30,

$$v = (s + d)\tan\phi + \varepsilon \tag{8.31b}$$

y según el triángulo CDO_2,

$$d = \sqrt{R_P^2 - \varepsilon^2} \tag{8.31c}$$

Al sustituir la ecuación 8.31c en la ecuación 8.31b y resolver para φ, se obtiene una expresión para el ángulo de presión en función del desplazamiento s, la velocidad v, la excentricidad ε y el radio del círculo primario R_P.

$$\phi = \arctan\frac{v - \varepsilon}{s + \sqrt{R_P^2 - \varepsilon^2}} \tag{8.31d}$$

La velocidad v en esta expresión está en unidades de longitud/rad y todas las demás cantidades en unidades de longitud compatibles. Ya se han definido s y v por medio de esta etapa del proceso de diseño de la leva, y ahora se calculan R_P y ε para obtener un ángulo de presión máximo aceptable φ. Conforme se incrementa R_P, φ se reducirá. Las únicas restricciones en contra de valores grandes de R_P son las prácticas de tamaño de paquete y costo. Con frecuencia habrá algún límite superior en el tamaño del paquete leva-seguidor dictado por sus alrededores. Siempre habrá una restricción en el costo, y más grande = más pesado = más costoso.

Selección del radio de un círculo primario

Tanto R_P como ε se encuentran dentro de la expresión trascendental en la ecuación 8.31d, de modo que se puede resolver convenientemente para ellas en forma directa. El método más simple es suponer un valor de prueba para R_P y una excentricidad inicial de cero, y utilizar el programa DYNACAM o un solucionador de ecuaciones, como *Matlab*, *TKSolver* o *Mathcad* para calcular con rapidez los valores de φ para toda la leva, después ajustar R_P y repetir el cálculo hasta encontrar un arreglo adecuado. La figura 8-45 muestra los ángulos de presión calculados para una leva de cuatro detenimientos. Obsérvese la similitud con las funciones de velocidad de la misma leva en la figura 8-6 (p. 274), ya que ese término es dominante en la ecuación 8.31d.

USO DE LA EXCENTRICIDAD Si no se puede obtener una leva apropiadamente pequeña con ángulo de presión aceptable, entonces se puede introducir excentricidad para cambiar el ángulo de presión. El uso de excentricidad para controlar el ángulo de presión tiene sus limitaciones. Con una ω positiva, un valor positivo de excentricidad *disminuirá el ángulo de presión en la subida*, pero *lo incrementará en la bajada*. La excentricidad negativa provoca lo contrario.

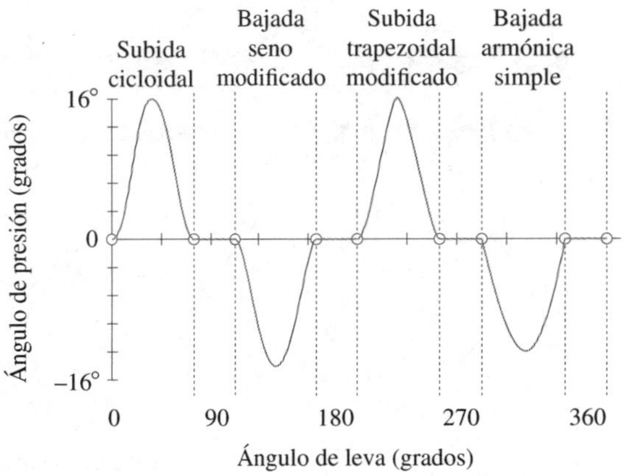

FIGURA 8-45 Las funciones de ángulo de presión son similares a las funciones de velocidad

Ésta es de poco valor con una leva con cierre de forma (de ranura o pista), ya que impulsa el seguidor en ambas direcciones. Para una leva con cierre de forma con retorno de resorte, en ocasiones se puede tener un ángulo de presión más grande en la bajada que en la subida porque la energía almacenada en el resorte intenta acelerar la leva en la bajada, mientras la leva guarda esa energía en el resorte en la subida. El límite de esta técnica puede ser el grado de exceso de velocidad obtenido con un ángulo de presión más grande en la bajada. Las variaciones resultantes de velocidad angular de la leva pueden ser inaceptables.

El mayor valor obtenido con la adición de excentricidad a un seguidor surge en situaciones en que el programa de leva es asimétrico y existen diferencias significativas (sin excentricidad) entre los ángulos de presión máximos en la subida y bajada. La introducción de excentricidad puede equilibrar los ángulos de presión en esta situación y crear una leva de accionamiento más constante.

Si los ajustes de R_P o ε no producen ángulos de presión aceptables, el único recurso será regresar a una etapa anterior del proceso de diseño y volver a definir el problema. Menos elevación o más tiempo de subida o bajada reducirá las causas del ángulo de presión más grande. El diseño, ante todo, es un proceso iterativo.

Momento de volteo: seguidor de cara plana trasladante

8

La figura 8-46 muestra un seguidor de cara plana trasladante que funciona en contacto con una leva radial. El ángulo de presión puede considerarse cero en todas las posiciones de la leva y seguidor. Esto parece redituar algo por nada, lo cual no puede ser así. Conforme el punto de contacto se mueve de izquierda a derecha, el punto de aplicación de la fuerza entre la leva y el seguidor se mueve con él. Existe un momento de volteo en el seguidor, asociado con esta fuerza descentrada, que tiende a trabar el seguidor en sus guías, exactamente como lo hizo un ángulo de presión demasiado grande en el caso de un seguidor de rodillo. En este caso se debe mantener la leva tan pequeña como sea posible para reducir al mínimo el brazo de momento de la fuerza. La excentricidad afectará el valor promedio del momento, pero la variación pico a pico del momento en torno al promedio no será afectada por la excentricidad. Las consideraciones de un ángulo de presión demasiado grande no limitan el tamaño de esta leva, pero otros factores sí. El radio de curvatura mínimo (véase más adelante) de la superficie de la leva debe mantenerse lo suficientemente grande para evitar que haya adelgazamiento de la base. Esto es cierto sin importar el tipo de seguidor empleado.

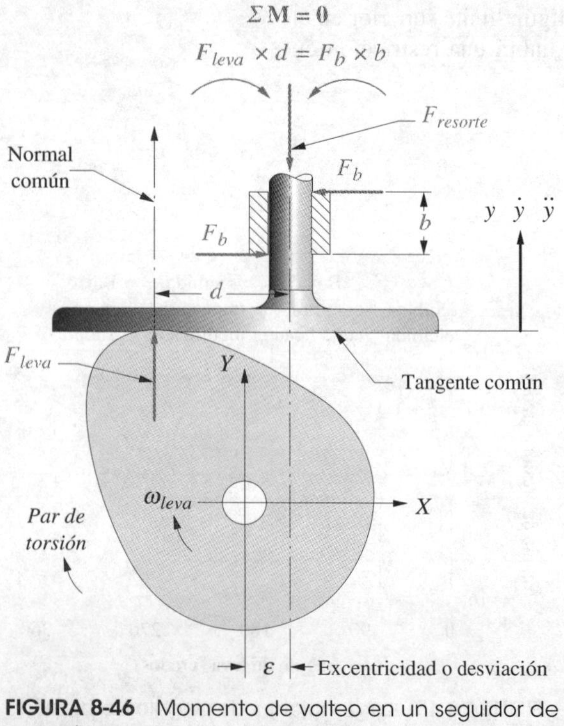

FIGURA 8-46 Momento de volteo en un seguidor de cara plana

Radio de curvatura: seguidor de rodillo trasladante

El **radio de curvatura** es una *propiedad matemática de una función*. Su valor no está limitado a levas, pero es importante en su diseño. El concepto es simple. No importa cuán complicada pueda ser la forma de una curva, ni qué tan alto sea el grado de la función que la describe, tendrá un radio instantáneo de curvatura en cada punto de la curva. Estos radios de curvatura tendrán centros instantáneos (los cuales pueden estar en el infinito), y el radio de curvatura de cada función es por sí mismo una función que puede calcularse y graficarse. Por ejemplo, el radio de curvatura de una línea recta se ubica en cualquier parte en el infinito; el de un círculo es un valor constante. Una parábola tiene un radio de curvatura que cambia constantemente y tiende al infinito. Una curva cúbica tendrá radios de curvatura que en ocasiones son positivos (convexos) y en ocasiones negativos (cóncavos). Mientras más alto es el grado de una función, más variedad potencial habrá en su radio de curvatura.

Los contornos de leva en general son funciones de alto grado. Cuando se enrollan alrededor de los círculos de base o primarios, pueden tener partes cóncavas, convexas o planas. Ocurrirán caras planas infinitesimales cortas de radio infinito en todos los puntos de inflexión en la superficie de la leva al cambiar de cóncava a convexa, o viceversa.

El radio de curvatura de la leva terminada en ocasiones es de importancia, no importa el tipo de seguidor, pero la importancia es diferente para los distintos seguidores. La figura 8-47 muestra un problema obvio (y exagerado) con un seguidor de rodillo cuyo radio

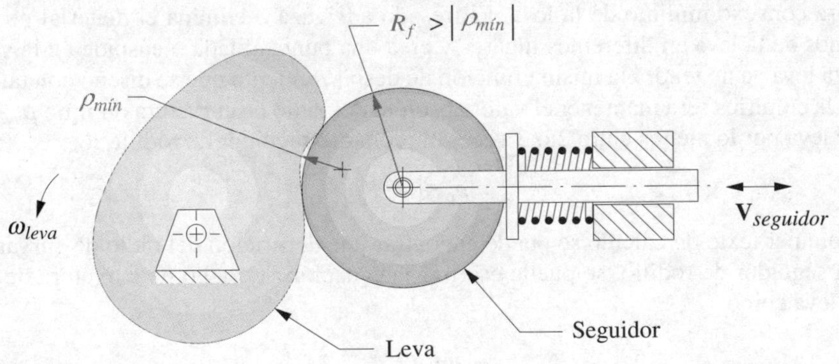

FIGURA 8-47 Resultado de utilizar un seguidor de rodillo más grande que el seguidor para el cual se diseñó la leva

de curvatura (constante) R_f es demasiado grande para seguir el radio cóncavo (negativo) localmente más pequeño, $-\rho$ en la leva. (Obsérvese que, normalmente, no se utilizaría un rodillo así de grande comparado con la leva.)

Ocurre un problema más sutil cuando el radio del seguidor de rodillo R_f es mayor que el radio local (convexo) más pequeño positivo $+\rho$ en la leva. Este problema se llama **rebaje** y se ilustra en la figura 8-48. Recuérdese que en el caso de una leva y seguidor de rodillo, el contorno de aquélla en realidad se define como el lugar geométrico del centro del seguidor de rodillo, o la **curva de paso**. Al operario se le dan estas coordenadas *x*, *y* (en una cinta o disco de computadora) y se le proporciona el radio del seguidor R_f. El maquinista entonces cortará la leva con una fresa del mismo radio efectivo que el seguidor, al seguir las coordenadas de la curva de paso con el centro de la fresa.

La figura 8-48*a* muestra la situación en la cual el radio del seguidor R_f (fresa) está en un punto exactamente igual al radio de curvatura mínimo convexo de la leva ($+\rho_{mín}$). El fresado crea una punta puntiaguda perfecta, o **cúspide**, en la superficie de la leva. ¡Esta leva no funcionará bien a alta velocidad! La figura 8-48*b* muestra la situación en que el radio del seguidor (fresa) es mayor que el radio

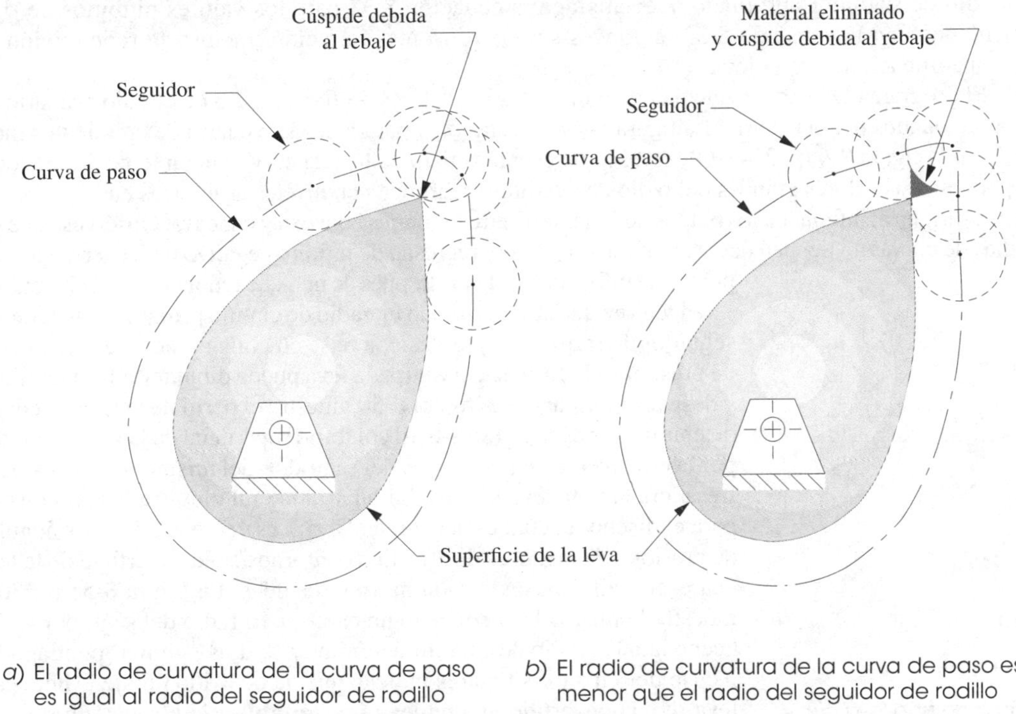

a) El radio de curvatura de la curva de paso es igual al radio del seguidor de rodillo

b) El radio de curvatura de la curva de paso es menor que el radio del seguidor de rodillo

FIGURA 8-48 El radio de curvatura pequeño positivo puede provocar rebaje de curvatura convexo mínimo de la leva. El fresado adelgaza o elimina el material necesario para los contornos de la leva en diferentes lugares y crea una punta afilada o cúspide en la superficie de la leva. Esta leva ya no tendrá la misma función de desplazamiento que se diseñó con tanto cuidado.

La regla empírica será mantener el valor absoluto del radio de curvatura mínimo $\rho_{mín}$ de la curva de paso de leva por lo menos entre 2 o 3 veces el radio del seguidor de rodillo R_f.

$$|\rho_{\text{mín}}| >> R_f \tag{8.32}$$

En cualquier texto de cálculo se puede encontrar una derivación del radio de curvatura. Para el caso de un seguidor de rodillo, se puede escribir la ecuación del radio de curvatura de la curva de paso de la leva como:

$$\rho_{paso} = \frac{\left[(R_P + s)^2 + v^2\right]^{3/2}}{(R_P + s)^2 + 2v^2 - a(R_P + s)} \tag{8.33}$$

En esta expresión, s, v y a son el desplazamiento, la velocidad y la aceleración del programa de leva como se definieron en la sección anterior. Sus unidades son longitud, longitud/rad y longitud/rad^2, respectivamente. R_P es el radio del círculo primario. **No debe confundirse** este *radio de círculo primario* R_P con el *radio de curvatura*, ρ_{paso}. R_P es un **valor constante** que se elige como parámetro de diseño y ρ_{paso} es un radio de curvatura que cambia constantemente como resultado de las elecciones de diseño.

Tampoco debe confundirse R_P, el *radio del círculo primario*, con R_f, el *radio del seguidor de rodillo*. Véase la figura 8-43 (p. 303) para repasar las definiciones. Se puede elegir un valor de R_f adecuado al problema, de modo que se pueda pensar en la facilidad de satisfacer la ecuación 8.32 con sólo seleccionar un seguidor de rodillo con un valor pequeño de R_f. Desafortunadamente, es más complicado que eso, ya que un rodillo pequeño no puede ser suficientemente fuerte para soportar las fuerzas dinámicas generadas por la leva. El radio del pasador sobre el que pivota el seguidor de rodillo es sustancialmente más pequeño que R_f debido al espacio requerido para los cojinetes de bolas o rodillos dentro del seguidor. Las fuerzas dinámicas serán analizadas en capítulos posteriores donde se estudia este problema particular.

Se puede resolver la ecuación 8.33 para ρ_{paso} puesto que se conoce s, v y a para todos los valores de θ y puede elegirse un R_P de prueba. Si ya se calculó el ángulo de presión, se deberá utilizar el R_P encontrado para sus valores aceptables para calcular también ρ_{paso}. Si no se puede encontrar un radio de seguidor apropiado que satisfaga la ecuación 8.32 para los valores mínimos de ρ_{paso} calculados con la ecuación 8.33, entonces se requerirá más iteración, incluso la redefinición de las especificaciones de la leva.

El programa DYNACAM calcula ρ_{paso} con todos los valores de θ y un radio de círculo primario R_P proporcionados por el usuario. La figura 8-49 muestra ρ_{paso} para la leva de cuatro detenimientos mostrada en la figura 8-6 (p. 274). Obsérvese que esta leva tiene radios de curvatura tanto positivos como negativos. Los valores grandes del radio de curvatura se truncan en niveles arbitrarios en la gráfica ya que se dirigen al infinito en los puntos de inflexión entre las partes convexa y cóncava. Obsérvese que los radios de curvatura tienden hacia el infinito positivo y regresan de infinito negativo o viceversa en estos puntos de inflexión (¿tal vez después de un viaje redondo por el universo?).

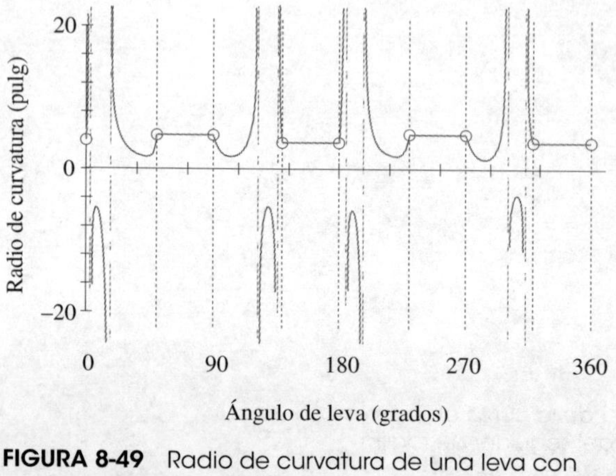

FIGURA 8-49 Radio de curvatura de una leva con cuatro detenimientos

Una vez que se determinan un radio de círculo primario y un radio de seguidor de rodillo aceptables con base en consideraciones del ángulo de presión y el radio de curvatura, la leva puede dibujarse en su totalidad y después fabricarse. La figura 8-50 muestra el perfil de la leva de cuatro detenimientos de la figura 8-6. El contorno superficial de la leva se omitirá por la envolvente de posiciones del seguidor, del mismo modo en que la fresadora crea la leva de metal. La barra lateral muestra los parámetros para el diseño, el cual es aceptable. El $\rho_{mín}$ es 1.7 veces R_f y los ángulos de presión son menores de 30°. Los contornos en la superficie de la leva aparecen uniformes, sin esquinas puntiagudas. La figura 8-51 (p. 309) muestra la misma leva con sólo un cambio. El radio del seguidor R_f fue hecho igual al radio de curvatura mínimo $\rho_{mín}$. Las esquinas puntiagudas o cúspides en varios lugares indican que ha ocurrido rebaje. Ahora esta leva se ha convertido en una **leva inaceptable**, *simplemente porque el seguidor de rodillo es demasiado grande.*

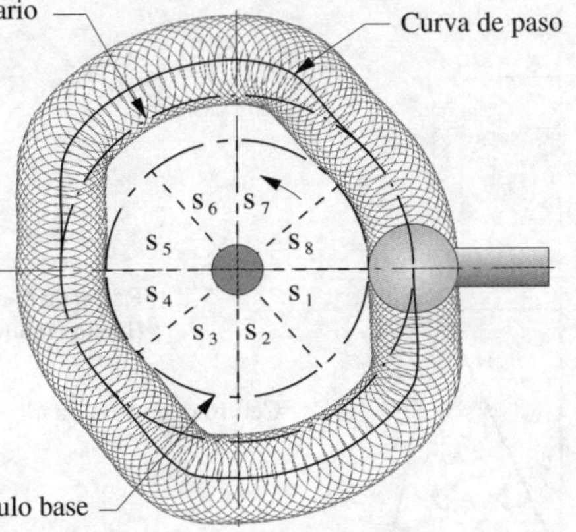

FIGURA 8-50 El perfil de una leva de disco radial es generado por el lugar geométrico del seguidor de rodillo (o fresa)

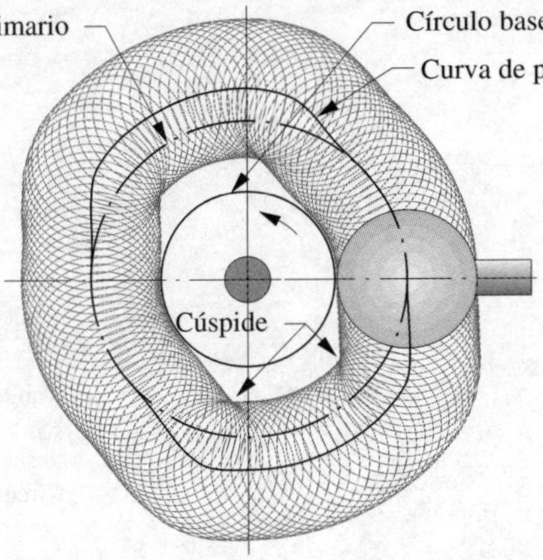

FIGURA 8-51 Cúspides formadas por rebaje debido al radio del seguidor $R_f \geq$ radio de curvatura ρ de la leva

Las coordenadas del contorno de la leva, medidas con respecto al lugar geométrico del centro del seguidor de rodillo, o la **curva de paso** como se muestra en la figura 8-50, se definen mediante las siguientes expresiones, con respecto al centro de rotación de la leva. Véase la figura 8-44 (p. 304) para la nomenclatura. La sustracción del ángulo de entrada de la leva θ de 2π es necesaria porque el movimiento relativo del seguidor con respecto a la leva es opuesto al de la leva con respecto al seguidor. En otras palabras, para definir el contorno de la línea de centro de la trayectoria del seguidor alrededor de una leva estacionaria, debe moverse el seguidor (y también la fresadora para formar la leva) en la dirección opuesta a la rotación de la leva.

$$x = \cos\lambda\sqrt{(d+s)^2+\varepsilon^2}$$
$$y = \operatorname{sen}\lambda\sqrt{(d+s)^2+\varepsilon^2} \qquad (8.34)$$

donde:

$$\lambda = (2\pi-\theta)-\arctan\left(\frac{\varepsilon}{d+s}\right)$$

Radio de curvatura: seguidor de cara plana trasladante

La situación con un seguidor de cara plana es diferente a la del seguidor de rodillo. Un radio de curvatura negativo de la leva no puede ser acomodado con un seguidor de cara plana. El seguidor plano obviamente no puede seguir una leva cóncava. Ocurrirá rebaje cuando el radio de curvatura se vuelve negativo si se fabrica una leva con esa condición.

La figura 8.52 muestra una leva y un seguidor de cara plana trasladante en una posición arbitraria. El origen del sistema de coordenadas global XY se coloca en el centro de rotación de la leva y el eje X se define como paralelo a la tangente común, la cual es la superficie del seguidor plano. El vector $\mathbf{r}$ está unido a la leva, gira con ella, y sirve como línea de referencia con respecto a la cual se mide el ángulo θ de la leva respecto al eje X. El vector de posición $\mathbf{R}_A$ define el punto de contacto A. El centro de curvatura instantáneo se encuentra en C y el radio de curvatura es ρ. R_b es el radio del círculo de base y s el desplazamiento del seguidor con el ángulo θ. La excentricidad es ε.

Se puede definir la ubicación del punto de contacto A con dos lazos vectoriales (en notación compleja).

$$\mathbf{R}_A = x + j(R_b + s)$$

y

$$\mathbf{R}_A = ce^{j(\theta+\alpha)} + j\rho$$

así:

$$ce^{j(\theta+\alpha)} + j\rho = x + j(R_b + s) \qquad (8.35a)$$

Si se sustituye el equivalente de Euler (ecuación 4.4a, p. 128) en la ecuación 8.35a y se separan las partes real e imaginaria:

real:

$$c\cos(\theta+\alpha) = x \qquad (8.35b)$$

imaginaria:

$$c\operatorname{sen}(\theta+\alpha) + \rho = R_b + s \qquad (8.35c)$$

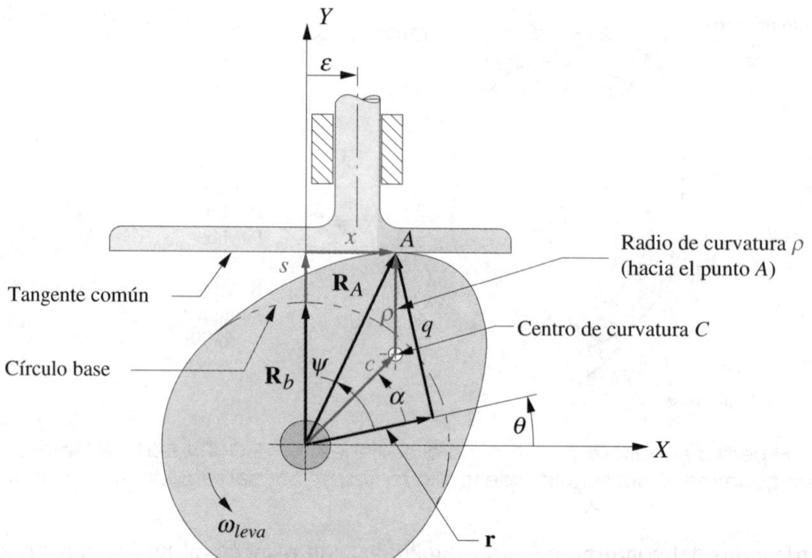

8

FIGURA 8-52 Geometría para la derivación del radio de curvatura y el contorno de la leva con seguidor de cara plana

El centro de curvatura C permanece **estacionario** en la leva, lo que significa que las magnitudes de c y ρ y el ángulo α no cambian para pequeñas variaciones del ángulo de la leva θ. (Estos valores no son constantes, pero se mantienen en valores estacionarios. Sus primeras derivadas con respecto a θ son cero, pero sus derivadas superiores no son cero.)

La derivada de la ecuación 8.35*a* con respecto a θ da entonces:

$$jce^{j(\theta+\alpha)} = \frac{dx}{d\theta} + j\frac{ds}{d\theta} \tag{8.36}$$

Al sustituir la equivalente de Euler (ecuación 4.4*a*, p. 128) en la ecuación 8.36 y separar las partes real e imaginaria:

real:
$$-c\,\mathrm{sen}(\theta+\alpha) = \frac{dx}{d\theta} \tag{8.37}$$

imaginaria:
$$c\cos(\theta+\alpha) = \frac{ds}{d\theta} = v \tag{8.38}$$

La inspección de las ecuaciones 8.35*b* y 8.36 muestra que:

$$x = v \tag{8.39}$$

Ésta es una relación interesante la cual expresa que la posición x del punto de contracto entre la leva y el seguidor es igual a la velocidad del seguidor en longitud/rad. Esto significa que el diagrama v da una medida directa de la cara mínima necesaria del seguidor de la leva

$$\text{ancho de cara} > v_{\text{máx}} - v_{\text{mín}} \tag{8.40}$$

Si la función de velocidad es asimétrica, entonces un seguidor de ancho mínimo también tendrá que ser asimétrico para que no se desprenda de la leva.

La diferenciación de la ecuación 8.39 con respecto a θ da:

$$\frac{dx}{d\theta} = \frac{dv}{d\theta} = a \tag{8.41}$$

Las ecuaciones 8.35*c* y 8.37 se resuelven simultáneamente y la ecuación 8.41 se sustituye en el resultado para obtener:

$$\rho = R_b + s + a \tag{8.42a}$$

y el valor mínimo del radio de curvatura es

$$\rho_{\text{mín}} = R_b + (s + a)_{\text{mín}} \tag{8.42b}$$

Círculo de base Obsérvese que la ecuación 8.42 define el radio de curvatura en función del radio del círculo de base y de las funciones de desplazamiento y aceleración de los diagramas *s v a j*. Como no se puede permitir que ρ se vuelva negativo con un seguidor de cara plana, se debe formular una relación con la ecuación 8.42*b* que pronostique el radio del círculo de base mínimo R_b necesario para evitar el rebaje. El único factor en el segundo miembro de la ecuación 8.42 que puede ser negativo es la aceleración, a. Se definió s como siempre positiva, así como R_b; por consiguiente, el peor caso de rebaje ocurrirá cuando a se aproxime a su **valor negativo más grande**, $a_{mín}$, cuyo valor se conoce por el diagrama a. El radio del círculo de base mínimo se define entonces como

$$R_{b_{\text{mín}}} > \rho_{\text{mín}} - (s + a)_{\text{mín}} \tag{8.43}$$

Como el valor de $a_{mín}$ es negativo y también es negativo en la ecuación 8.43, domina la expresión. Para utilizar esta expresión, debe elegirse un radio de curvatura mínimo $\rho_{mín}$ de la superficie de la leva como parámetro de diseño. Como los esfuerzos de contacto hertzianos en el punto de contacto son una función del radio de curvatura local, ese criterio puede utilizarse para seleccionar $\rho_{mín}$. Ese tema queda fuera del alcance de este texto y no se explorará más aquí. Véase la referencia [1] para más información sobre esfuerzos de contacto.

Contorno de la leva Para una leva con seguidor de cara plana, las coordenadas de la superficie física de la leva deben proporcionarse al operario, pues no existe curva de paso con respecto a la cual trabajar. La figura 8-52 (p. 310) muestra dos vectores ortogonales, **r** y **q**, que definen las coordenadas cartesianas del punto de contacto A entre la leva y el seguidor con respecto a un sistema de coordenadas de eje rotatorio insertado en la leva. El vector **r** es el eje rotatorio "x" de este sistema de coordenadas insertado. El ángulo ψ define la posición del vector $\mathbf{R}_A$ en este sistema. Se pueden escribir dos ecuaciones de lazo vectorial e igualar para definir las coordenadas de los puntos en la superficie de la leva en función del ángulo θ de la leva.

$$\mathbf{R}_A = x + j(R_b + s)$$

y

$$\mathbf{R}_A = re^{j\theta} + qe^{j\left(\theta + \frac{\pi}{2}\right)}$$

así:

$$re^{j\theta} + qe^{j\left(\theta + \frac{\pi}{2}\right)} = x + j(R_b + s) \tag{8.44}$$

Al dividir ambos lados entre $e^{j}\theta$:

$$r + jq = xe^{-j\theta} + j(R_b + s)e^{-j\theta} \tag{8.45}$$

Ahora se separan las partes real e imaginaria y se sustituye v por x de la ecuación 8.39 (p. 310):

real (componente x):

$$r = (R_b + s)\operatorname{sen}\theta + v\cos\theta \tag{8.46a}$$

imaginaria (componente y):

$$q = (R_b + s)\cos\theta - v\operatorname{sen}\theta \tag{8.46b}$$

Se pueden utilizar las ecuaciones 8.46 para maquinar la leva para un seguidor de cara plana. Estas componentes x, y se encuentran en el sistema de coordenadas rotatorio que está insertado en la leva.

Obsérvese que ninguna de las ecuaciones antes desarrolladas para este caso implican la **excentricidad**, ε. Sólo es un factor en el tamaño de la leva cuando se utiliza un seguidor de rodillo. No afecta la geometría de una leva con seguidor plano.

La figura 8-53 muestra el resultado al tratar de utilizar un seguidor de cara plana con una leva cuya trayectoria teórica del punto P del seguidor tiene un radio de curvatura negativo debido a que el radio del círculo de base es demasiado pequeño. Si el seguidor sigue la trayectoria de P como se requiere para crear la función de movimiento definida en el diagrama s, la superficie de la leva en realidad sería desarrollada por la envolvente de las líneas rectas mostradas. Pero estos lugares geométricos de la cara del seguidor forman contornos necesarios para otros ángulos de leva. La línea que corre a través del conjunto de lugares geométricos del seguidor es la trayectoria del punto P requerido para este diseño. El rebaje puede observarse con claridad como las piezas faltantes de forma creciente en cuatro lugares entre la trayectoria de P y los lugares geométricos de la cara del seguidor. Obsérvese

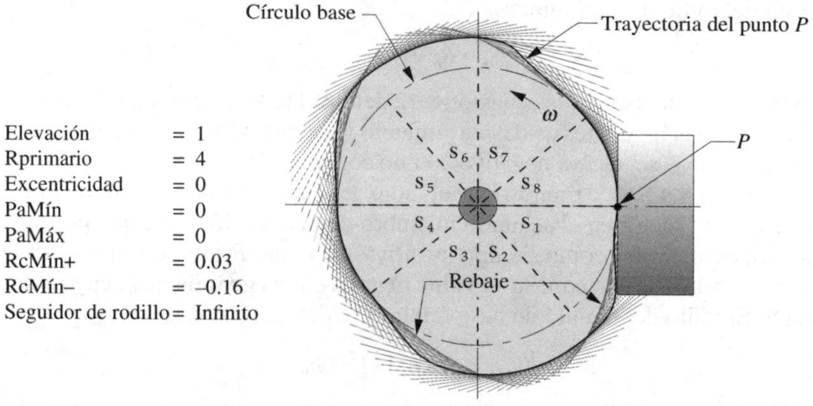

FIGURA 8-53 Rebaje debido al radio de curvatura negativo utilizado con un seguidor de cara plana

que si el ancho del seguidor fuera cero (en el punto P), trabajaría cinemáticamente, pero el esfuerzo en el filo de la navaja sería infinito.

RESUMEN La tarea de asignar dimensiones a una leva es un ejemplo excelente de lo necesario que es y del valor de iterar en el diseño. El recálculo rápido de las ecuaciones pertinentes con una herramienta como DYNACAM, permite obtener con rapidez y facilidad una solución aceptable mientras que al mismo tiempo se balancean los conflictivos requerimientos de las restricciones en el ángulo de presión y el radio de curvatura. En cualquier leva, las consideraciones del ángulo de presión o del radio de curvatura dictarán el tamaño mínimo de la leva. Ambos factores deben verificarse. La selección del tipo de seguidor, de rodillo o cara plana, hace una gran diferencia en la geometría de la leva. Los programas de leva que generan radios de curvatura negativos no son adecuados para el tipo de seguidor de cara plana, a menos que se utilicen círculos de base muy grandes para forzar a ρ para que sea positivo en cualquier parte.

8.7 CONSIDERACIONES PRÁCTICAS DE DISEÑO

El diseñador de levas enfrenta con frecuencia muchas decisiones desconcertantes, en especial durante las primeras etapas del proceso de diseño. Muchas decisiones tempranas, a menudo tomadas arbitrariamente y sin mucho discernimiento, pueden tener más adelante consecuencias significativas y costosas en el diseño. Lo siguiente es el análisis de algunos de los cambios implicados con tales decisiones, esperando que sirvan de guía para el diseñador en la toma de decisiones.

¿Seguidor trasladante u oscilante?

Existen muchos casos, sobre todo al principio del diseño, en que se podría optar por un movimiento trasladante o rotatorio como salida, aunque en otras situaciones el movimiento y la geometría del seguidor son dictados al diseñador. Si se permite cierta libertad en el diseño y se especifica movimiento en línea recta, el diseñador deberá considerar la posibilidad de utilizar un movimiento en línea recta aproximado, el cual a menudo es adecuado y puede obtenerse con un seguidor de vaivén de radio grande. El seguidor de vaivén u oscilante tiene ventajas sobre el seguidor trasladante cuando se utiliza un rodillo. Un seguidor corredizo trasladante de sección transversal redonda puede girar alrededor de su eje de traslación y necesita alguna guía antirrotación (como un cuñero o segunda corredera) para evitar que se desalinee el eje z del seguidor de rodillo con la leva. Están comercialmente disponibles muchos ensambles corredizos no rotatorios, con frecuencia provistos de cojinetes de bolas, los cuales proporcionan una buena forma de abordar este problema. Sin embargo, un brazo seguidor oscilante mantendrá al seguidor de rodillo alineado en el mismo plano que la leva sin ninguna otra guía que no sea su propio pivote.

Además, la fricción en el pivote en un seguidor oscilante en general tiene un pequeño brazo de momento comparado con el momento de la fuerza de la leva contra el brazo seguidor. No obstante, la fuerza de fricción en un seguidor trasladante guarda una relación geométrica uno a uno con la fuerza de la leva, lo cual puede tener un gran efecto parásito en el sistema.

Los seguidores de cara plana trasladantes con frecuencia se disponen deliberadamente con su eje ligeramente fuera del plano de la leva para crear rotación alrededor de su propio eje debido al momento de fricción producido por la desviación. El plano consecuente *precederá* entonces alrededor de su propio eje y distribuirá el desgaste en toda la superficie de su cara. Ésta es una práctica común con levas de válvulas automotrices que utilizan seguidores de cara plana o "levantaválvulas".

¿Con cierre de forma o de fuerza?

Las levas con cierre de forma (de vía o ranura) o las conjugadas son más costosas que una leva con cierre de fuerza (abierta) ya que deben maquinarse y rectificarse dos superficies. Además, el tratamiento térmico con frecuencia distorsiona la pista de una leva con cierre de forma, y se rebaja o ensancha de modo que el seguidor de rodillo no ajusta apropiadamente. Esto virtualmente requiere rectificado después del tratamiento térmico en levas de pista para volver a dimensionar la ranura. Una leva (con cierre de fuerza) abierta también se distorsionará por el tratamiento térmico, pero puede utilizarse sin rectificación.

SALTO DEL SEGUIDOR La ventaja principal de una leva cerrada por su forma (pista) es que no necesita un resorte de retorno, por lo tanto, puede ponerse a funcionar a velocidades más altas que una leva con cierre de fuerza cuya masa del resorte y seguidor entrarán en resonancia a cierta velocidad, lo que provocará un salto del seguidor potencialmente destructivo. Este fenómeno se analizará en el capítulo 15 sobre dinámica de levas. Los motores de carreras de automóviles y motocicletas de alta velocidad utilizan con frecuencia trenes de levas de válvulas cerradas por su forma (desmodrómicas)* que permiten altas rpm del motor sin incurrir en "flotación" de las válvulas o **salto del seguidor**.

CHOQUE POR CRUCE Aun cuando la ausencia de un resorte de retorno puede constituir una ventaja, se presenta, como siempre, con un intercambio. En una leva con cierre de forma (de pista) habrá un **choque por cruce** cada vez que la aceleración cambie de signo. El choque por cruce describe la fuerza de impacto que ocurre cuando el seguidor salta de repente de un lado de la pista al otro cuando la fuerza dinámica (*ma*) cambia de signo. No existe un resorte flexible en este sistema para absorber la inversión de la fuerza, como en el caso de las levas con cierre de fuerza. Las fuerzas de alto impacto en el momento del cruce provocan ruido, altos esfuerzos y desgaste local. También el seguidor de rodillo tiene que invertir su dirección en cada cruce, lo que provoca deslizamiento y acelera el desgaste del seguidor. Diversos estudios han demostrado que los seguidores de rodillo que funcionan en contacto con una leva radial abierta bien lubricada tienen tasas de deslizamiento de menos de 1%.[9]

¿Leva radial o axial?

Esta opción es determinada en gran medida por la geometría global de la máquina para la que se va a diseñar la leva. Si el seguidor ha de moverse paralelo al eje del árbol de levas, entonces se requiere una leva axial. De no existir tal restricción, una leva radial es probablemente la mejor opción porque es menos complicada y, por lo tanto, menos costosa de fabricarse.

¿Seguidor de rodillo o de cara plana?

El seguidor de rodillo es una mejor opción desde el punto de vista del diseño de una leva porque acepta un radio de curvatura negativo en la leva. Esto permite una mayor variedad en el programa de leva. Asimismo, para cualquier cantidad de producción, el seguidor de rodillo tiene la ventaja de estar disponible con varios fabricantes en cualquier cantidad de uno a un millón. Para cantidades bajas, en general no es económico diseñar y construir su propio seguidor. Además, se pueden obtener seguidores de rodillo de repuesto con proveedores previo aviso cuando se requieren reparaciones. Asimismo, no son particularmente caros, incluso en cantidades pequeñas.

Tal vez los usuarios más importantes de seguidores de cara plana son los fabricantes de motores automotrices. Sus cantidades son suficientemente altas como para permitir cualquier diseño sobre pedido que deseen. Pueden ser fabricados o adquiridos económicamente en grandes cantidades y pueden ser menos costosos que los seguidores de rodillo. Además, con levas de válvula de motor, un seguidor plano puede ahorrar espacio más que uno de rodillo. No obstante, muchos fabricantes han cambiado a los seguidores de rodillo en trenes de válvulas de motor automotriz para reducir la fricción y mejorar la economía de combustible. La mayoría de los nuevos motores de combustión interna diseñados en Estados Unidos utilizan seguidores de rodillo por esas razones. Los motores

* Se puede encontrar más información sobre mecanismos leva-seguidor desmodrómicos en http://www.members.chello.nl/~wgj.jansen/, donde se pueden ver videos de varios modelos de implementaciones comerciales.

diésel han utilizado por mucho tiempo seguidores de rodillo (levantaválvulas) como lo han hecho los corredores que "arreglan" motores de alto desempeño.

Las levas utilizadas en maquinaria de línea de producción automatizada utilizan seguidores de rodillo de existencia. La capacidad para cambiar con rapidez un seguidor desgastado por uno nuevo tomado del almacén sin perder mucho tiempo de producción en la "línea" es un argumento importante en este ambiente. Los seguidores de rodillo vienen en varias variedades (véase la figura 8-5*a*, p. 272). Están basados en cojinetes de bolas o rodillos. También se encuentran disponibles versiones de cojinetes ordinarios para requerimientos de bajo nivel de ruido. La superficie externa, que rueda contra la leva, puede ser de forma cilíndrica o esférica. La "corona" en el seguidor esférico es pequeña, pero garantiza que el seguidor rodará cerca del centro de una leva plana sin importar la precisión de alineación de los ejes de rotación de la leva y el seguidor. Si se elige un seguidor cilíndrico y no se tiene cuidado de alinear los ejes de la leva y seguidor, o si se flexiona bajo carga, éste rodará sobre un borde y se desgastará con rapidez.

Los seguidores de rodillo comerciales por lo general se fabrican de acero de aleación al carbón, como AISI 52100, y son endurecidos a Rockwell HRC 60-62. La aleación 52100 es adecuada para secciones delgadas que deben ser tratadas térmicamente a una dureza uniforme. Como el rodillo realiza muchas revoluciones por cada rotación de la leva, su tasa de desgaste puede ser más elevada que la de la leva. Cromar el seguidor puede mejorar notablemente su duración. El cromo es más duro que el acero en aproximadamente HRC 70. Las levas de acero en general se endurecen a un rango de HRC 50-55.

¿Con detenimiento o sin detenimiento?

La necesidad de un detenimiento aparece en las especificaciones del diseño. Si el seguidor debe mantenerse estacionario durante cualquier tiempo, entonces se requiere detenimiento. Algunos diseñadores de leva tienden a insertar detenimientos en situaciones en que de manera específica no se requieren para detener el seguidor, bajo la creencia equivocada de que es preferible proporcionar un movimiento de subida-bajada cuando eso es lo que realmente se necesita. Si un diseñador intenta utilizar un programa de doble detenimiento cuando lo que realmente se necesita es un detenimiento simple, con la motivación de "dejar que la vibración cese" con el uso de un "detenimiento corto" al final del movimiento, estará equivocado. En su lugar, el diseñador probablemente deberá utilizar un programa de leva diferente, quizás una polinomio o una curva B-spline conforme a las especificaciones. Si se lleva la aceleración del seguidor a cero, ya sea durante un instante o durante un "corto detenimiento", ésta será indeseable a menos que se requiera absolutamente para el funcionamiento de la máquina. (Véanse los ejemplos 8-6, p. 291, 8-7, p. 292 y 8-8, p. 293). Sólo se debe utilizar un detenimiento cuando se requiera que el seguidor se detenga durante un lapso mensurable. Además, si no necesita ningún detenimiento en absoluto, deberá considerarse la utilización de mecanismos articulados, mucho más sencillos y menos costosos de fabricar.

¿Rectificar o no rectificar?

Algunas levas de maquinaria de producción se utilizan tal como salen del proceso de fresado, sin rectificación. Las levas de válvulas automotrices se rectifican. Las razones de ello son consideraciones de costo y cantidad, así como las altas velocidades de las levas automotrices. No hay duda de que una leva rectificada es superior a una fresada. La cuestión en cada caso es si la ventaja obtenida justifica el costo. En pequeñas cantidades, como en la maquinaria de producción, la rectificación casi duplica el costo de una leva. Las ventajas en función de uniformidad y quietud de operación y de desgaste no están en la misma proporción que la diferencia de costo. Una leva bien maquinada puede funcionar casi tan bien como una leva bien rectificada y mejor que una leva deficientemente rectificada.[9,10]

Las levas automotrices se fabrican en grandes cantidades, funcionan a altas velocidades y se espera que duren mucho tiempo con mantenimiento mínimo. Ésta es una especificación muy desafiante. Constituye un éxito para la ingeniería de estas levas el que rara vez fallen en 150 000 millas o más de operación. Estas levas se fabrican con equipo especializado que mantiene el costo de su rectificación al mínimo.

Las levas de máquinas de producción industrial también duran mucho, a menudo 10 a 20 años, y funcionan miles de millones de ciclos a velocidades típicas de máquina. A diferencia de la aplicación automotriz típica, las levas industriales con frecuencia funcionan las 24 horas del día, 7 días a la semana, y 50 o más semanas al año.

¿Lubricar o no lubricar?

Las levas necesitan mucha lubricación. Las levas automotrices literalmente están inmersas en un flujo de aceite para motor filtrado y en ocasiones enfriado. Muchas levas de máquinas de producción funcionan inmersas en un baño de aceite. Éstas son levas razonablemente lubricadas. Otras no son tan afortunadas. Las levas que operan cerca del producto en una máquina de ensamble en la que el aceite contaminaría el producto (productos alimenticios, productos de uso personal) con frecuencia funcionan secas. Los mecanismos de cámaras fotográficas que están llenas de mecanismos articulados y levas con frecuencia funcionan secas. El lubricante a la larga encontraría su camino a la película.

A menos que exista una buena razón para omitir la lubricación, un mecanismo de leva-seguidor deberá ser provisto con un adecuado suministro de lubricante limpio, de preferencia aceite tipo hipoide que contenga aditivos para condiciones de lubricación extremas. La geometría de la articulación de un mecanismo leva-seguidor (semiarticulación) se encuentra entre lo peor posible desde el punto de vista de lubricación. A diferencia de un cojinete de muñón, el cual tiende a atrapar una película de lubricante dentro de la articulación, la semiarticulación continuamente trata de expulsar el lubricante fuera de ella. Esto puede producir un estado de lubricación extrema, o extrema combinada/EHD,* en el que ocurrirá algo de contacto metal con metal. El lubricante debe ser provisto continuamente a la articulación. Otro propósito del lubricante líquido es disipar el calor de fricción de la articulación. Si funciona seca, las temperaturas notablemente elevadas del material provocarán un desgaste acelerado y una posible falla temprana.

* Lubricación elasto-hidrodinámica: véase la referencia 5.

8

8.8 REFERENCIAS

1 **McPhate, A. J. y L. R. Daniel** (1962), "A Kinematic Analysis of Fourbar Equivalent Mechanisms for Plane Motion Direct Contact Mechanisms." *Proc. of Seventh Conference on Mechanisms*, Purdue University, pp. 61-65.

2 **Neklutin, C. N.** (1954), "Vibration Analysis of Cams." *Machine Design*, **26**, pp. 190-198.

3 **Wiederrich, J. L. y B. Roth** (1978), "Design of Low Vibration Cam Profiles." *Cams and Cam Mechanisms*, Jones, J. R., ed. Institution of Mechanical Engineers: Londres, pp. 3-8.

4 **Chew, M. y C. H. Chuang** (1995), "Minimizing Residual Vibrations in High Speed Cam-Follower Systems Over a Range of Speeds." *Journal of Mechanical Design*, **117**(1), p. 166.

5 **Norton, R. L.** (2002), *Cam Design and Manufacturing Handbook*, Industrial Press: Nueva York, pp. 108-115.

6 ***Ibid.***, pp. 69-126.

7 **Dresner, T. L. y K. W. Buffington** (1991), "Definition of Pressure and Transmission Angles Aplicable to Multi-Input Mechanisms." *Journal of Mechanical Design*, **113**(4), p. 495.

8 **Casseres, M. G.** (1994), "An Experimental Investigation of the Effect of Manufacturing Methods and Displacement Functions on the Dynamic Performance of Quadruple Dwell Plate Cams." *M. S. Thesis*, Worcester Polythecnic Institute.

9 **Norton, R. L.** (1988), "Effect of Manufacturing Method on Dynamic Performance of Cams." *Mechanism and Machine Theory*, **23**(3), pp. 191-208.

10 **Norton, R. L. y cols.** (1988), "Analysis of the Effect of Manufacturing Methods and Heat Treatment on the Performance of Double Dwell Cams." *Mechamism and Machine Theory*, **23**(6), pp. 461-473.

11 **Jones, J. R. y J. E. Reeve** (1978), "Dynamic Response of Cam Curves Based on Sinusoidal Segments". *Cams and Cam Mechamisms*, Jones, J. R., ed. Institution of Mechanical Engineers: Londres, pp. 14-24.

8-9 PROBLEMAS†

Se pueden utilizar los programas DYNACAM *y* MATRIX *para resolver estos problemas o para revisar su solución en los casos en que sea apropiado.*

*8-1 La figura P8-1 muestra la leva y seguidor del problema 6-65. Por medio de métodos gráficos, encuentre y dibuje el mecanismo de cuatro barras equivalente en esta posición de la leva y seguidor.

*8-2 La figura P8-1 muestra la leva y seguidor del problema 6-65. Mediante métodos gráficos, encuentre el ángulo de presión en la posición mostrada.

† Las figuras de los problemas se proporcionan como archivos PDF en el DVD. El nombre del archivo PDF es el mismo que el número de la figura.

* Respuestas en el apéndice F.

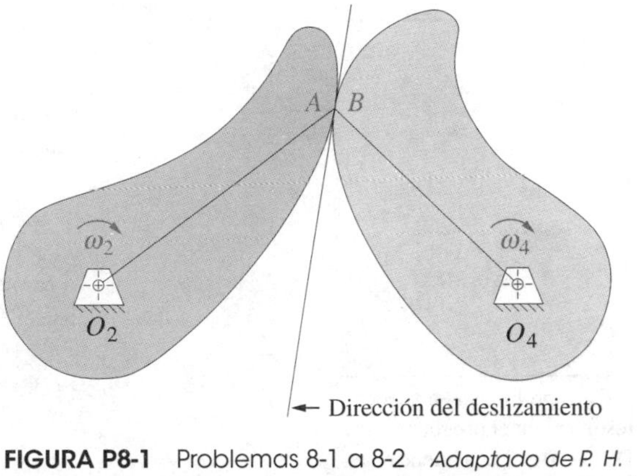

FIGURA P8-1 Problemas 8-1 a 8-2 *Adaptado de P. H. Hill y W. P. Rule (1960). Mechanisms Analysis and Design*

TABLA P8-0
Matriz de temas/ problemas

8.1 Terminología de levas
8-1, 8-3, 8-5

8.3 Diseño de levas con doble detenimiento
Movimiento armónico simple (MAS)
8-26
Desplazamiento cicloidal
8-23
Trapezoidal modificado
8-7, 8-11, 8-21, 8-44
Senoidal modificado
8-8, 8-10, 8-22, 8-45
Polinomial
8-24, 8-25, 8-33, 8-46, 8-59, 8-60

8.4 Diseño de levas con detenimiento simple
8-9, 8-41, 8-42, 8-47, 8-53

8.5 Movimiento de trayectoria crítica
8-17, 8-43, 8-48, 8-54

8.6 Dimensionamiento de levas
Ángulo de presión
8-2, 8-4, 8-6, 8-34, 8-56, 8-57, 8-58
Radio de curvatura, seguidores de rodillo
8-18, 8-19, 8-20, 8-27, 8-28, 8-29, 8-30, 8-31, 8-32, 8-35, 8-36, 8-37, 8-38, 8-39, 8-40
Radio de curvatura, seguidores de cara plana
8-49, 8-50, 8-51, 8-52
Seguidores de rodillo y de cara plana
8-12, 8-13, 8-14, 8-15

8-3 La figura P8-2 muestra una leva y seguidor. Por medio de métodos gráficos, encuentre y dibuje el mecanismo de cuatro barras equivalente en esta posición de la leva y seguidor.

*8-4 La figura P8-2 muestra una leva y seguidor. Utilice métodos gráficos para encontrar el ángulo de presión en la posición mostrada.

8-5 La figura P8-3 muestra una leva y seguidor. Por medio de métodos gráficos, encuentre y dibuje el mecanismo de cuatro barras equivalente en esta posición de la leva y seguidor.

*8-6 La figura P8-3 muestra una leva y seguidor. Emplee métodos gráficos para calcular el ángulo de presión en la posición mostrada.

‡8-7 Diseñe una leva de doble detenimiento para mover un seguidor de 0 a 2.5″ en 60°, detenimiento durante 120°, bajada de 2.5″ en 30° y detenimiento en el resto del movimiento. El ciclo total debe tomar 4 s. Elija funciones adecuadas de subida y bajada para reducir las aceleraciones. Trace los diagramas *s v a j*.

‡8-8 Diseñe una leva de doble detenimiento para mover un seguidor de 0 a 1.5″ en 45°, detenimiento durante 150°, bajada de 1.5″ en 90° y detenimiento en el resto del movimiento. El ciclo total debe tomar 6 s. Escoja funciones adecuadas de subida y bajada para reducir las velocidades. Trace los diagramas *s v a j*.

‡8-9 Diseñe una leva de detenimiento simple para mover un seguidor de 0 a 2″ en 60°, bajada de 2″ en 90° y detenimiento en el resto del movimiento. El ciclo total debe tomar 2 s. Seleccione funciones adecuadas de subida y bajada para reducir las aceleraciones. Trace los diagramas *s v a j*.

‡8-10 Diseñe una leva de tres detenimientos para mover un seguidor de 0 a 2.5″ en 40°, detenimiento durante 100°, bajada de 1.5″ en 90°, detenimiento durante 20°, bajada de 1″ en 30° y detenimiento en el resto del movimiento. El ciclo total debe tomar 10 s. Escoja funciones adecuadas de subida y bajada para reducir las aceleraciones. Trace los diagramas *s v a j*.

‡8-11 Diseñe una leva de cuatro detenimientos para mover un seguidor de 0 a 2.5″ en 40°, detenimiento durante 100°, bajada de 1.5″ en 90°, detenimiento durante 20°, bajada de 0.5″ en 30°, detenimiento durante 40°, bajada de 0.5″ en 30° y detenimiento en el resto del movimiento. El ciclo total debe tomar 15 s. Seleccione funciones adecuadas de subida y bajada para reducir las aceleraciones. Trace los diagramas *s v a j*.

‡8-12 Dimensione la leva del problema 8-7 para un seguidor de rodillo de 1″ de radio si considera el ángulo de presión y el radio de curvatura. Use excentricidad sólo si es necesario para balancear esas funciones. Grafique ambas funciones. Trace el perfil de la leva. Repita con un seguidor de cara plana. ¿Cuál utilizaría?

‡8-13 Dimensione la leva del problema 8-8 para un seguidor de rodillo de 1.5″ de radio, si considera el ángulo de presión y el radio de curvatura. Emplee excentricidad sólo si es necesario para balancear esas funciones. Grafique ambas funciones. Trace el perfil de la leva. Repita con un seguidor de cara plana. ¿Cuál utilizaría?

‡8-14 Dimensione la leva del problema 8-9 para un seguidor de rodillo de 0.5″ de radio, si considera el ángulo de presión y el radio de curvatura. Use excentricidad sólo si es necesario para balancear esas funciones. Grafique ambas funciones. Trace el perfil de la leva. Repita con un seguidor de cara plana. ¿Cuál utilizaría?

‡8-15 Dimensione la leva del problema 8-10 para un seguidor de rodillo de 2″ de radio, si considera el ángulo de presión y el radio de curvatura. Emplee excentricidad sólo si es necesario para balancear

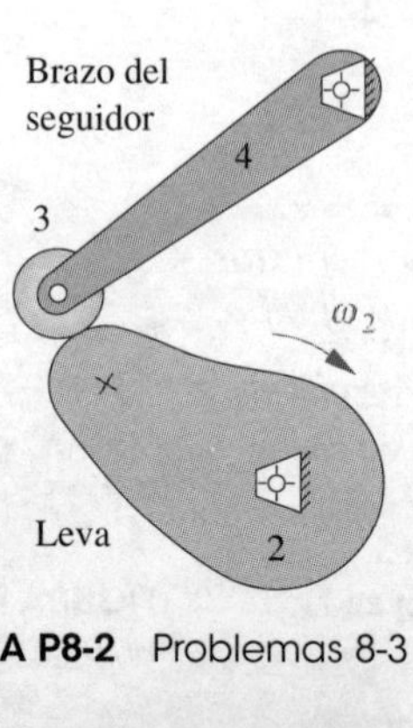

FIGURA P8-2 Problemas 8-3 a 8-4

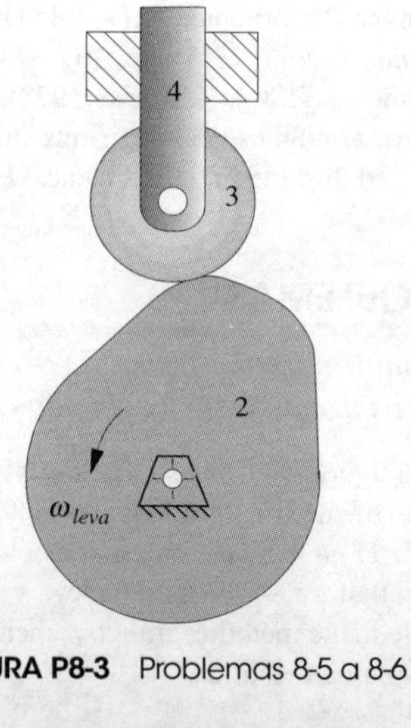

FIGURA P8-3 Problemas 8-5 a 8-6

‡ Estos problemas se pueden resolver con el programa DYNACAM, el cual viene en el DVD adjunto.

esas funciones. Grafique ambas funciones. Trace el perfil de la leva. Repita con un seguidor de cara plana. ¿Cuál utilizaría?

‡8-16 Dimensione la leva del problema 8-11 para un seguidor de rodillo de 0.5″ de radio, si considera el ángulo de presión y el radio de curvatura. Use excentricidad sólo si es necesario para balancear esas funciones. Grafique ambas funciones. Trace el perfil de la leva. Repita con un seguidor de cara plana. ¿Cuál utilizaría?

‡8-17 Se debe mover una carga de alta inercia y fricción manteniendo baja la velocidad pico. Combine segmentos de desplazamientos polinomiales con un segmento de velocidad constante, tanto en la subida como en la bajada, para reducir la velocidad máxima por debajo de la obtenible con aceleración de seno modificada de periodo completo (es decir, sin ninguna parte de velocidad constante). La subida es de 1″ en 90°, detenimiento durante 60°, bajada en 50°, detenimiento en el resto del movimiento. Compare los dos diseños y comente. Use una ω de 1 para comparación.

‡8-18 Una velocidad constante de 0.4 pulg/s debe igualarse durante 1.5 s. Luego, el seguidor debe regresar a su punto inicial y detenerse durante 2 s. El tiempo total del ciclo es de 6 s. Diseñe una leva para un seguidor de 0.75″ de radio y un ángulo de presión máximo de 30° de valor absoluto.

‡8-19 Una velocidad constante de 0.25 pulg/s debe igualarse durante 3 s. Luego el seguidor debe regresar a su punto inicial y detenerse durante 3 s. El tiempo total del ciclo es de 12 s. Diseñe una leva para un seguidor de 1.25″ de radio y un ángulo de presión máximo de 35° de valor absoluto.

‡8-20 Una velocidad constante de 2 pulg/s debe igualarse durante 1 s. Luego el seguidor debe regresar a su punto inicial. El tiempo total del ciclo es de 2.75 s. Diseñe una leva para un seguidor de 0.5″ de radio y un ángulo de presión máximo de 25° de valor absoluto.

†8-21 Escriba un programa de computadora o utilice un solucionador de ecuaciones para calcular y graficar los diagramas *s v a j* de una función de leva de aceleración trapezoidal modificada con cualesquiera valores especificados de ascenso y duración. Pruébela con un ascenso de 20 mm durante 60° a 1 rad/s.

†8-22 Escriba un programa de computadora o utilice un solucionador de ecuaciones para calcular y graficar los diagramas *s v a j* de una función de leva de aceleración de seno modificada con cualesquiera valores especificados de ascenso y duración. Pruébela con un ascenso de 20 mm durante 60° a 1 rad/s.

†8-23 Escriba un programa de computadora o utilice un solucionador de ecuaciones para calcular y graficar los diagramas *s v a j* de una función de leva de desplazamiento cicloidal con cualesquiera valores especificados de ascenso y duración. Pruébela con un ascenso de 20 mm durante 60° a 1 rad/s.

†8-24 Escriba un programa de computadora o utilice un solucionador de ecuaciones para calcular y graficar los diagramas *s v a j* de una función de leva de desplazamiento polinomial 3-4-5 con cualesquiera valores especificados de ascenso y duración. Pruébela con un ascenso de 20 mm durante 60° a 1 rad/s.

†8-25 Escriba un programa de computadora o utilice un solucionador de ecuaciones para calcular y graficar los diagramas *s v a j* de una función de leva de desplazamiento polinomial 4-5-6-7 con cualesquiera valores especificados de ascenso y duración. Pruébela con un ascenso de 20 mm durante 60° a 1 rad/s.

†8-26 Escriba un programa de computadora o utilice un solucionador de ecuaciones para calcular y graficar los diagramas *s v a j* de una función de leva de desplazamiento armónico simple con cualesquiera valores especificados de ascenso y duración. Pruébela con un ascenso de 20 mm durante 60° a 1 rad/s.

†8-27 Escriba un programa de computadora o utilice un solucionador de ecuaciones para calcular y graficar el ángulo de presión y el radio de curvatura de una función de leva de aceleración trapezoidal modificada con cualesquiera valores especificados de ascenso, duración, excentricidad y radio de círculo primario. Pruébela con un ascenso de 20 mm durante 60° a 1 rad/s y determine el radio del círculo primario necesario para obtener un ángulo de presión máximo de 20°. ¿Cuál es el diámetro mínimo del seguidor de rodillo necesario para evitar el rebaje con estos datos?

†8-28 Escriba un programa de computadora o utilice un solucionador de ecuaciones para calcular y graficar el ángulo de presión y el radio de curvatura de una función de leva de aceleración seno modificada con cualesquiera valores especificados de ascenso, duración, excentricidad y radio de círculo primario. Pruébela con un ascenso de 20 mm durante 60° a 1 rad/s y determine el radio del círculo primario necesario para obtener un ángulo de presión máximo de 20°. ¿Cuál es el diámetro mínimo del seguidor de rodillo necesario para evitar el rebaje con estos datos?

†8-29 Escriba un programa de computadora o utilice un solucionador de ecuaciones para calcular y graficar el ángulo de presión y el radio de curvatura de una función de leva de desplazamiento cicloidal con cualesquiera valores especificados de ascenso, duración, excentricidad y radio de círculo primario. Pruébela con un ascenso de 20 mm durante 60° a 1 rad/s y determine el radio del círculo primario necesario para obtener un ángulo de presión máximo de 20°. ¿Cuál es el diámetro mínimo del seguidor de rodillo necesario para evitar el rebaje con estos datos?

†8-30 Escriba un programa de computadora o utilice un solucionador de ecuaciones para calcular y graficar el ángulo de presión y el radio de curvatura de una función de leva de desplazamiento polinomial

8

‡ Estos problemas se pueden resolver con el programa DYNACAM, el cual viene en el DVD adjunto.

† Estos problemas se pueden resolver con los programas *Mathcad*, *Matlab* o *TKSolver*.

3-4-5 con cualesquiera valores especificados de ascenso, duración, excentricidad y radio de círculo primario. Pruébela con un ascenso de 20 mm durante 60° a 1 rad/s y determine el radio del círculo primario necesario para obtener un ángulo de presión máximo de 20°. ¿Cuál es el diámetro mínimo del seguidor de rodillo necesario para evitar el rebaje con estos datos?

†8-31 Escriba un programa de computadora o utilice un solucionador de ecuaciones para calcular y graficar el ángulo de presión y el radio de curvatura de una función de leva de desplazamiento polinomial 4-5-6-7 con cualesquiera valores especificados de ascenso, duración, excentricidad y radio de círculo primario. Pruébela con un ascenso de 20 mm durante 60° a 1 rad/s y determine el radio del círculo primario necesario para obtener un ángulo de presión máximo de 20°. ¿Cuál es el diámetro mínimo del seguidor de rodillo necesario para evitar el rebaje con estos datos?

†8-32 Escriba un programa de computadora o utilice un solucionador de ecuaciones para calcular y graficar el ángulo de presión y el radio de curvatura de una función de leva de desplazamiento armónico simple con cualesquiera valores especificados de ascenso, duración, excentricidad y radio de círculo primario. Pruébela con un ascenso de 20 mm durante 60° a 1 rad/s y determine el radio del círculo primario necesario para obtener un ángulo de presión máximo de 20°. ¿Cuál es el diámetro mínimo del seguidor de rodillo necesario para evitar el rebaje con estos datos?

8-33 Derive la ecuación 8.25 (p. 290) para la función polinomial 4-5-6-7.

8-34 Derive una expresión para el ángulo de presión de una leva de barril con excentricidad cero.

‡8-35 Diseñe una leva de placa radial para mover un seguidor de rodillo trasladante 30 mm en 30°, detenimiento durante 100°, bajada de 10 mm en 10°, detenimiento durante 20°, bajada de 20 mm en 20° y detenimiento durante el resto del movimiento. La ω del árbol de levas = 200 rpm. Reduzca la velocidad pico del seguidor y determine el radio del círculo primario que producirá un ángulo de presión de 25°. Determine los radios de curvatura mínimos de la curva de paso.

‡8-36 Repita el problema 8-35, pero minimice la aceleración pico del seguidor.

‡8-37 Repita el problema 8-35, pero minimice el golpeteo del seguidor.

‡8-38 Diseñe una leva de disco radial para elevar un seguidor de rodillo trasladante 10 mm en 65°, regresarlo a 0 en 65° y detenerlo en el resto del movimiento. La ω del árbol de levas = 3 500 rpm. Reduzca al mínimo el tamaño de la leva sin exceder un ángulo de presión de 25°. ¿Cuál es el tamaño del seguidor de rodillo necesario?

‡8-39 Diseñe un mecanismo de retorno rápido accionado por leva con relación de tiempo 3:1. El seguidor de rodillo trasladante deberá avanzar y de retorno 50 mm y detenerse en la posición trasera durante 80°. Deberá tardarse un tercio del tiempo para regresar cuando se mueve hacia adelante. La ω del árbol de levas = 100 rpm. Reduzca el tamaño del paquete mientras mantiene un ángulo de presión máximo de 25°. Dibuje su diseño y proporcione los diagramas $s\ v\ a\ j$, φ y ρ.

‡8-40 Diseñe un sistema leva-seguidor para impulsar un pistón trasladante lineal a velocidad constante 200° en una carrera de 100 mm a 60 rpm. Disminuya el tamaño del paquete al mismo tiempo que mantiene un ángulo de presión máximo de 25°. Dibuje su diseño y proporcione los diagramas $s\ v\ a\ j$, φ y ρ.

‡8-41 Diseñe un sistema leva-seguidor para una subida de 20 mm en 80°, bajada de 10 mm en 100°, detenimiento en 10 mm durante 100°, bajada de 10 mm en 50° y detenimiento en 0 durante 30°. El tiempo del ciclo total es de 4 s. Evite los regresos innecesarios de retornar a aceleración cero. Reduzca el tamaño e incremente al máximo el diámetro del seguidor de rodillo al mismo tiempo que mantiene el ángulo de presión máximo a 25°. Dibuje su diseño y proporcione los diagramas $s\ v\ a\ j$, φ y ρ.

‡8-42 Diseñe una leva con detenimiento simple para mover un seguidor de 0 a 35 mm en 75°, bajada de 35 mm en 120° y detenimiento en el resto del movimiento. El tiempo total del ciclo es de 3 s. Escoja funciones apropiadas para reduzca la aceleración y trace los diagramas $s\ v\ a\ j$ de la subida/bajada.

‡8-43 Diseñe una leva para mover un seguidor a una velocidad constante de 100 mm/s durante 2 s y luego regresarlo a su posición inicial con un tiempo total de ciclo de 3 s.

‡8-44 Diseñe una leva de doble detenimiento para mover un seguidor de 0 a 50 mm en 75°, con detenimiento durante 75°, bajada de 50 mm en 75° y detenimiento en el resto del movimiento. El tiempo total del ciclo debe ser de 5 s. Use una función trapezoidal modificada para la subida y bajada y grafique los diagramas $s\ v\ a\ j$.

‡8-45 Diseñe una leva con doble detenimiento para mover un seguidor de 0 a 50 mm en 75°, con detenimiento durante 75°, caída de 50 mm en 75° y detenimiento en el resto del movimiento. El tiempo total del ciclo debe ser de 5 s. Use una función senoidal modificada para la subida y bajada y trace los diagramas $s\ v\ a\ j$.

‡8-46 Diseñe una leva con doble detenimiento para mover un seguidor de 0 a 50 mm en 75°, con detenimiento durante 75°, bajada de 50 mm en 75° y detenimiento en el resto del movimiento. El tiempo total del ciclo debe ser de 5 s. Use una función polinomial 4-5-6-7 para la subida y bajada y grafique los diagramas $s\ v\ a\ j$.

† Estos problemas se pueden resolver con los programas *Mathcad*, *Matlab* o *TKSolver*.

‡ Estos problemas se pueden resolver con el programa DYNACAM, el cual viene en el DVD adjunto.

‡8-47 Diseñe una leva con detenimiento simple para mover un seguidor de 0 a 65 mm en 90°, con bajada de 65 mm en 180° y detenimiento en el resto del movimiento. El tiempo total del ciclo es de 2 s. Seleccione funciones adecuadas para minimizar la aceleración y grafique los diagramas *s v a j* de la subida/bajada.

‡8-48 Diseñe una leva para mover un seguidor a velocidad constante de 200 mm/s durante 3 s y luego regresarlo a su posición inicial con un tiempo total de ciclo de 6 s.

‡8-49 Dimensione la leva del problema 8-42 para un seguidor de cara plana trasladante, si considera el ancho de la cara del seguidor y el radio de curvatura. Grafique el radio de curvatura y el perfil de la leva.

‡8-50 Dimensione la leva del problema 8-44 para un seguidor de cara plana trasladante, si considera el ancho de la cara del seguidor y el radio de curvatura. Grafique el radio de curvatura y el perfil de la leva.

‡8-51 Dimensione la leva del problema 8-45 para un seguidor de cara plana trasladante, si considera el ancho de la cara del seguidor y el radio de curvatura. Grafique el radio de curvatura y el perfil de la leva.

‡8-52 Dimensione la leva del problema 8-46 para un seguidor de cara plana trasladante, si considera el ancho de la cara del seguidor y el radio de curvatura. Grafique el radio de curvatura y el perfil de la leva.

‡8-53 Diseñe una leva con detenimiento simple para mover un seguidor de 0 a 50 mm en 100°, bajada de 50 mm en 120° y detenimiento en el resto del movimiento. El tiempo total del ciclo es de 1 s. Seleccione funciones apropiadas para reducir la aceleración y grafique los diagramas *s v a j* de la subida/bajada.

‡8-54 Diseñe una leva para mover un seguidor a velocidad constante de 300 mm/s durante 2 s y luego regresarlo a su posición inicial con un tiempo total de ciclo de 4 s.

†8-55 Escriba una programa de computadora o use un solucionador de ecuaciones para calcular y graficar los diagramas *s v a j* de la familia de funciones de leva SCCA con cualesquiera valores especificados de subida y duración. Deberá permitir que el usuario cambie los valores de los parámetros SCCA b, c, d y C_a para generar y graficar cualquier miembro de la familia. Pruébelo con un movimiento cicloidal a una elevación de 100 mm en 100°, un detenimiento de 80°, regreso a cero en 120° y detenimiento en el resto del ciclo a 1 rad/s.

†8-56 Escriba un programa de computadora o use un solucionador de ecuaciones a fin de calcular y graficar el ángulo de presión de la leva del problema 8-42, para cualquier radio de círculo primario dado y cualquier excentricidad del seguidor. Pruébelo usando $R_p = 45$ mm y $e = 10$ mm.

†8-57 Escriba un programa de computadora o use un solucionador de ecuaciones a fin de calcular y graficar el ángulo de presión de la leva del problema 8-43, para cualquier radio de círculo primario dado y cualquier excentricidad del seguidor. Pruébelo usando $R_p = 100$ mm y $e = -15$ mm.

†8-58 Escriba un programa de computadora o use un solucionador de ecuaciones a fin de calcular y graficar el ángulo de presión del segmento de subida de la leva del problema 8-46, para cualquier radio de círculo primario dado y cualquier excentricidad del seguidor. Pruébelo usando $R_p = 75$ mm y $e = 20$ mm.

‡8-59 Diseñe una leva para mover un seguidor de 20.5 a 15 mm en 60°, que baje otros 15 mm en 90°, suba 20.5 mm en 110° y se detenga para el resto. Use funciones polinomiales para las subidas y bajadas. En la tabla P8-1 se muestran algunas condiciones de frontera; sin embargo, a fin de que las porciones polinomiales sean continuas, deberán determinarse otras condiciones de frontera. La velocidad del eje es de 250 rpm. Grafique los diagramas *s v a j*.

TABLA P8-1 Datos para el problema 8-59

Evento	S	V	A	J
Primera bajada (60°)				
Inicio	20.5	0	0	0
Final	15.0	0	0	
Segunda bajada (90°)				
Inicio	15.0	0	0	
Final	0.0	0	A_1	0
Subida (110°)				
Inicio	0.0	0	coincide A_1	0
Final	20.5	0	0	0

† Estos problemas se pueden resolver con los programas *Mathcad*, *Matlab* o *TKSolver*.
‡ Estos problemas se pueden resolver con el programa DYNACAM, el cual viene en el DVD adjunto.

8

‡8-60 Diseñe una leva para mover un seguidor de 32 a 12 mm en 60°, que baje otros 12 mm en 50°, se detenga en 35°, suba 12 mm en 45°, suba otros 20 mm en 65° y se detenga para el resto. Use funciones polinomiales para las subidas y bajadas. La velocidad y la aceleración son cero al inicio y al final de cada evento, y el sacudimiento es cero en $\theta = 0°$, 110°, 145° y 225°. La velocidad del eje es de 37.5 rpm. Grafique los diagramas *s v a j*.

8.10 LABORATORIO VIRTUAL

L8-1 Vea el video *Cam Machine Virtual Laboratory* que se encuentra en el DVD. Abra el archivo *Virtual Cam Machine Lab.doc* en el DVD y siga las instrucciones de su profesor.

8.11 PROYECTOS

Estos enunciados de proyectos a gran escala carecen deliberadamente de detalles y estructura y están vagamente definidos. Por lo tanto, son similares a la clase de "identificación de la necesidad" o enunciado de problema comúnmente encontrados en la práctica de la ingeniería. Se deja al estudiante estructurar el problema mediante investigación de fondo y crear una clara exposición de los objetivos y un conjunto de especificaciones de tarea antes de intentar diseñar una solución. Este proceso de diseño se describió en el capítulo 1 y deberá aplicarse en todos estos ejemplos. Los resultados deberán documentarse en un reporte de ingeniería profesional. (Véanse la sección 1.9 en la p. 13 y la bibliografía del capítulo 1 en la p. 21 para obtener información sobre la escritura de informes).

Diagrama de temporización

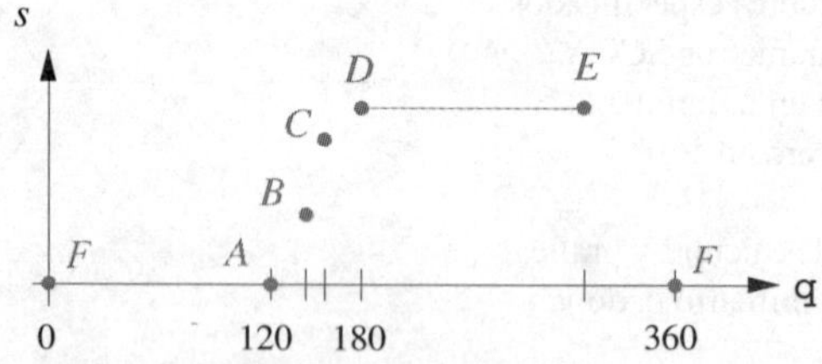

Tabla de desplazamiento

Ángulo de leva, °	Punto	*s*
120	*A*	0
140	*B*	2
150	*C*	3
180	*D*	3.5
300	*E*	3.5
360	*F*	0

FIGURA P8-4 Datos para el proyecto de diseño de una leva P8-1

‡P8-1 En la figura P8-4 se muestra un diagrama de temporización para un dispositivo de inserción del filamento de faros de halógeno. Se especifican cuatro puntos. El punto *A* es el inicio de la subida. En el *B* las tenazas sujetan el filamento. El filamento entra a su casquillo en *C* y está totalmente insertado en *D*. El alto detenimiento de *D* a *E* mantiene el filamento estacionario mientras lo suelda en su lugar. El seguidor regresa a su posición de inicio de *E* a *F*. De *F* a *A* el seguidor está estacionario mientras el foco siguiente se coloca en posición. Se requiere una velocidad de baja a cero en el punto *B*, donde las tenazas sujetan el frágil filamento. La velocidad en *C* no deberá ser tan alta como para "doblar el filamento". Diseñe y dimensione el sistema leva-seguidor para realizar este trabajo.

‡P8-2 Se requiere una bomba accionada por leva para simular la presión aórtica humana y enviar datos seudohumanos consistentes y repetibles al equipo de supervisión computarizada del quirófano de un hospital, para probarla diariamente. La figura P8-5 (p. 321) muestra una curva de presión aórtica típica y una característica de presión de bomba-volumen. Diseñe una leva para mover el pistón y aproximarse lo más que se pueda a la curva de presión aórtica mostrada, sin violar la ley fundamental de diseño de levas. Simule la muesca dicrótica lo mejor que pueda.

‡P8-3 Una máquina de producción de lámparas fluorescentes hace pasar 5 500 lámparas por hora a través de un horno a 550°C sobre una cadena transportadora que se mueve a velocidad constante. Las lámparas están a 2 pulgadas una de otra. Las lámparas son rociadas internamente con un recubrimiento de óxido de estaño al salir del horno, cuando aún están calientes. Esto requiere un dispositivo accionado por leva para mover las lámparas a velocidad constante durante los 0.5 s requeridos para rociarlas. Las pistolas rociadoras van en una mesa de 6 × 10 pulgadas. El rocío crea ácido clorhídrico, así que todas las piezas expuestas deben ser resistentes a ese ambiente. El dispositivo de transporte de la cabeza rociadora será retirada de la cadena transportadora por un eje que tiene una rueda dentada de 28 dientes endentada con la cadena. Diseñe un ensamble de transporte completo de la pistola rociadora con base en estas especificaciones.

‡P8-4 Se utiliza una torre de 30 pies de altura para estudiar la forma de las gotas de agua cuando caen por el aire. Una cámara debe transportarse por un mecanismo operado por leva, el cual seguirá el movimiento de la gota de agua del punto a 8 pies al punto a 10 pies en su bajada (medida a partir del punto en que se suelta de la parte superior de la torre). Las gotas son soltadas cada 1/2 s. Cada gota debe ser filmada. Diseñe una leva y un mecanismo articulado para seguir el movimiento de las gotas, al igualar sus velocidades y aceleraciones en la ventana de filmación de 1 pie.

‡ Estos problemas se pueden resolver con el programa DYNACAM, el cual viene en el DVD adjunto.

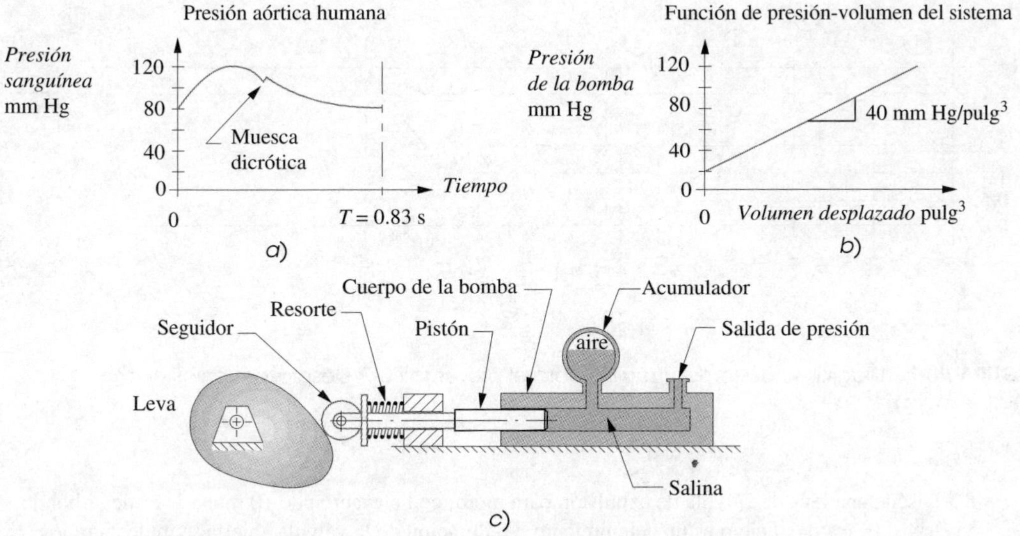

FIGURA P8-5 Datos para el proyecto de diseño de una leva P8-2

‡P8-5 Se requiere un dispositivo para acelerar un vehículo de 3 000 lb contra una barrera con velocidad constante, para probar sus defensas a 5 mph. El vehículo partirá del reposo, se moverá hacia adelante y tendrá velocidad constante en la última parte de su movimiento antes de chocar con la barrera a la velocidad especificada. Diseñe un sistema leva-seguidor para realizar esto. El vehículo perderá el contacto con el seguidor justo antes del choque.

‡P8-6 Un fabricante de calzado atlético desea un dispositivo para probar los tacones de caucho en cuanto a su capacidad para soportar millones de ciclos de fuerza similares a los que un pie humano aplica al caminar. La figura P8-6 muestra una función tiempo de fuerza típica aplicada por un maratonista al tacón similar al mostrado. Seleccione diámetros de pistón apropiados en cada extremo. Diseñe un sistema de leva-seguidor para crear en el pistón la función fuerza-tiempo sobre el tacón similar al mostrado.

‡P8-7 La figura P8-7 muestra un diagrama de temporización de una leva de máquina para mover un seguidor de rodillo trasladante. Diseñe funciones adecuadas para todos los movimientos y dimensione la leva para ángulos de presión y diámetro del seguidor de rodillo aceptables. Señale los puntos de velocidad cero requerida en desplazamientos particulares. La velocidad de la leva es de 30 rpm. (*Sugerencia:* El segmento 8 deberá resolverse con funciones polinomiales; entre menos, mejor.)

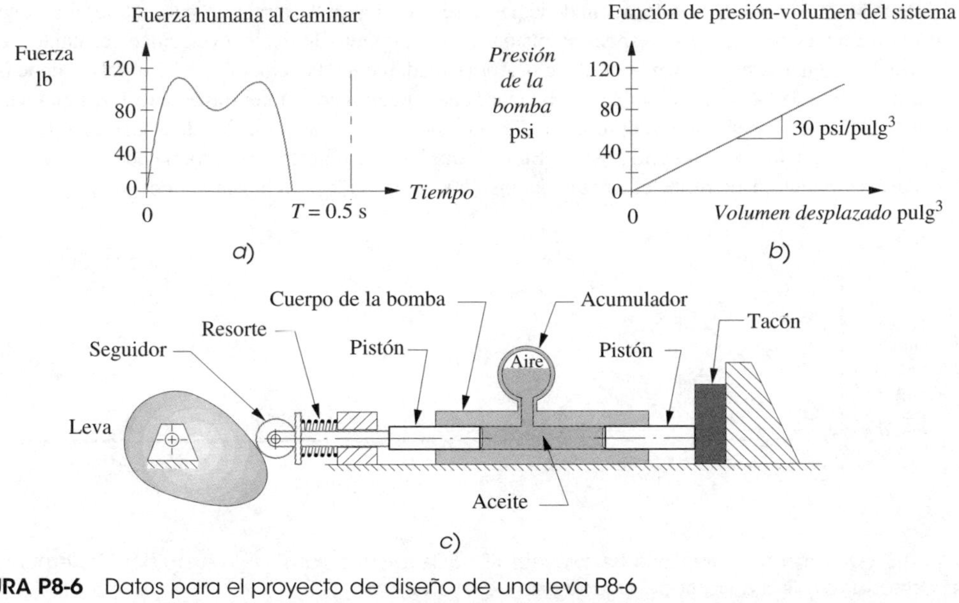

FIGURA P8-6 Datos para el proyecto de diseño de una leva P8-6

‡ Estos problemas se pueden resolver con el programa DYNACAM, el cual viene en el DVD adjunto.

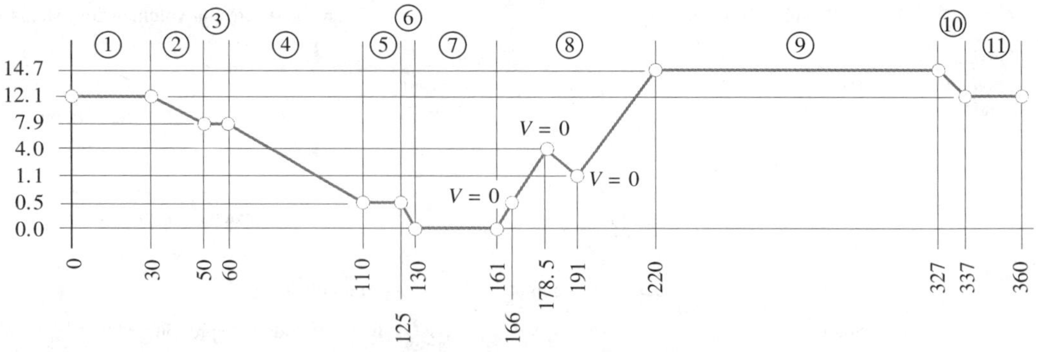

FIGURA P8-7 Diagrama de temporización para el proyecto P8-7. Desplazamientos en mm (no a escala)

‡P8-8 Diseñe una leva de válvula de expulsión para motor con elevación de 10 mm a 132° del árbol de levas. El resto del ciclo es un detenimiento. La duración de la válvula abierta se mide entre los desplazamientos del seguidor de la leva de 0.5 mm sobre la posición de detenimiento, donde la abertura de la válvula se sube y la válvula comienza a moverse como se muestra en la figura P8-8. Las velocidades del cigüeñal del motor van de 1 000 a 10 000 rpm. La leva debe subir la abertura con impacto mínimo, luego continuar levantando hasta 10 mm a 66° tan rápido como sea posible, cerrar hasta el punto de 0.5 mm en 132° y después regresar a cero con una velocidad controlada. Véase la figura 8-3*a* (p. 271). Seleccione un resorte del apéndice para evitar la flotación de la válvula (salto del seguidor) suponiendo un masa efectiva del tren del seguidor de 200 gramos. El árbol de levas gira a la mitad de la velocidad de la manivela.

‡P8-9 Diseñe una bomba de mantequilla de maní (MM) impulsada por una leva para una línea que ensambla 600 galletas por minuto. Los centros de las galletas están a una distancia de 40 mm sobre una banda transportadora con velocidad constante. En la galleta se aplica una pasta cuadrada de 1 mm de grosor que contiene 0.4 cc de mantequilla de maní cuando pasa por una boquilla. El aire contenido en la MM la hace compresible. La figura P8-5 (p. 321) muestra una preparación similar con una leva que impulsa un seguidor unido a una bomba de pistón. La mantequilla de maní fluye desde la "salida de presión". El acumulador representa el aire contenido en la MM. Si se bombea a una tasa constante mediante una bomba de pistón, existe un retraso al inicio cuando el aire contenido se comprime. Una vez comprimido, la MM fluye uniformemente mientras el pistón se mueva a velocidad constante. Al final del empuje, la energía almacenada en el aire contenido causa un "goteo de mantequilla de maní", lo que generará una galleta defectuosa. Para obtener una pasta exacta al inicio del proceso se necesita un "impulso" adicional al comienzo del ciclo de bombeo para compensar el "resorte de aire", seguido por un periodo de movimiento a velocidad constante para lograr un grosor constante de la MM. Al final de la colocación de la pasta, se necesita un "aspiración" para retraer ligeramente el pistón y evitar el goteo. Después, el pistón regresa al punto de inicio a velocidad constante para volver a llenar la bomba y repetir el ciclo. Aproximadamente, la velocidad del "impulso" debe triplicar la velocidad de estado estable y debe tener una duración corta mientras ésta resulte práctica. La velocidad de la aspiración es óptima en alrededor de –4 veces la velocidad de estado estable con una duración lo más corta posible. En la figura P8-9 se muestra el diagrama de tiempos del desplazamiento. Determine el tamaño del pistón y diseñe la leva impulsora del pistón pata una buena

‡ Estos problemas se pueden resolver con el programa DYNACAM, el cual viene en el DVD adjunto.

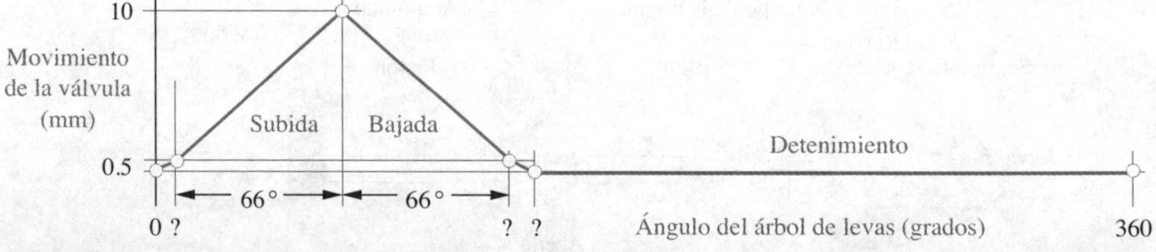

FIGURA P8-8 Diagrama de tiempos del proyecto P8-8: leva para válvula de expulsión. Determine los valores adecuados de ? a partir del enunciado del problema

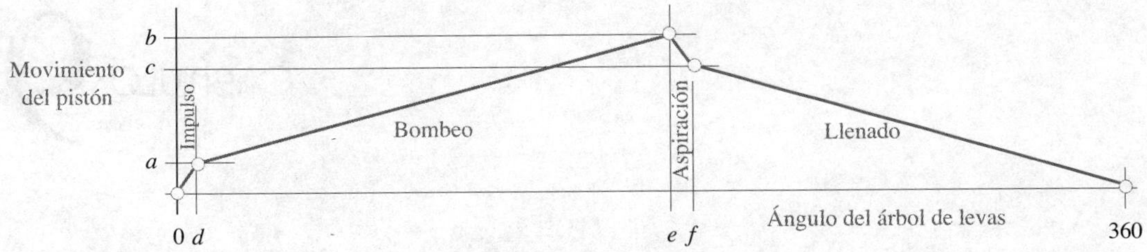

FIGURA P8-9 Diagrama de tiempos del proyecto P8-9: bomba de mantequilla de maní. Determine los valores adecuados para *a-f* a partir del enunciado del problema

operación dinámica con aceleraciones razonables y dimensiónela en un empaque razonable. Seleccione un resorte de regreso para una masa de seguidor móvil de 0.5 kg.

‡P8-10 En la figura P8-10 se muestran los diagramas de tiempos de 3 levas usadas en una máquina de producción. Diseñe las funciones *SVAJ* adecuadas para operar a 250 rpm con una masa efectiva de 10 kg en cada seguidor. Establezca el tamaño de las levas de los ángulos de presión y radios de curvatura apropiados usando un seguidor de rodillo con 20 mm de diámetro. Seleccione un resorte adecuado del apéndice para cada seguidor, especifique su precarga y bosqueje un ensamble que muestre las tres levas en un árbol de levas común, que impulse los tres trenes de seguidor a lo largo del eje *X*.

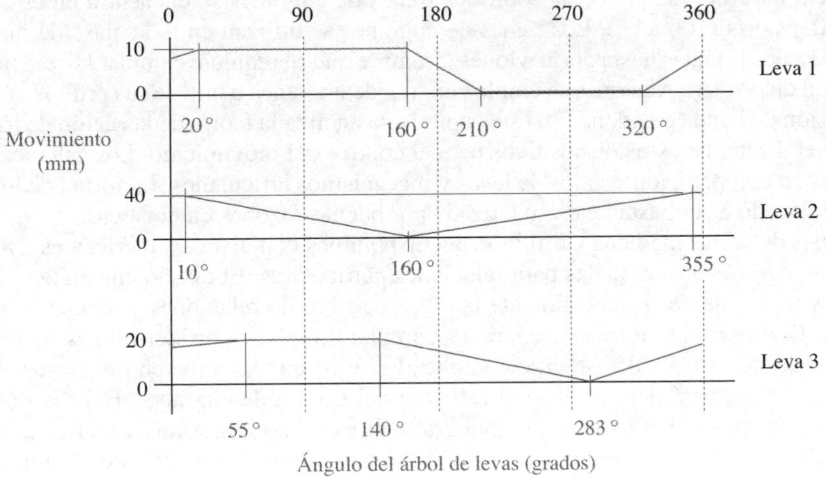

FIGURA P8-10 Diagrama de tiempos del proyecto P8-10

‡ Estos problemas se pueden resolver con el programa DYNACAM, el cual viene en el DVD adjunto.

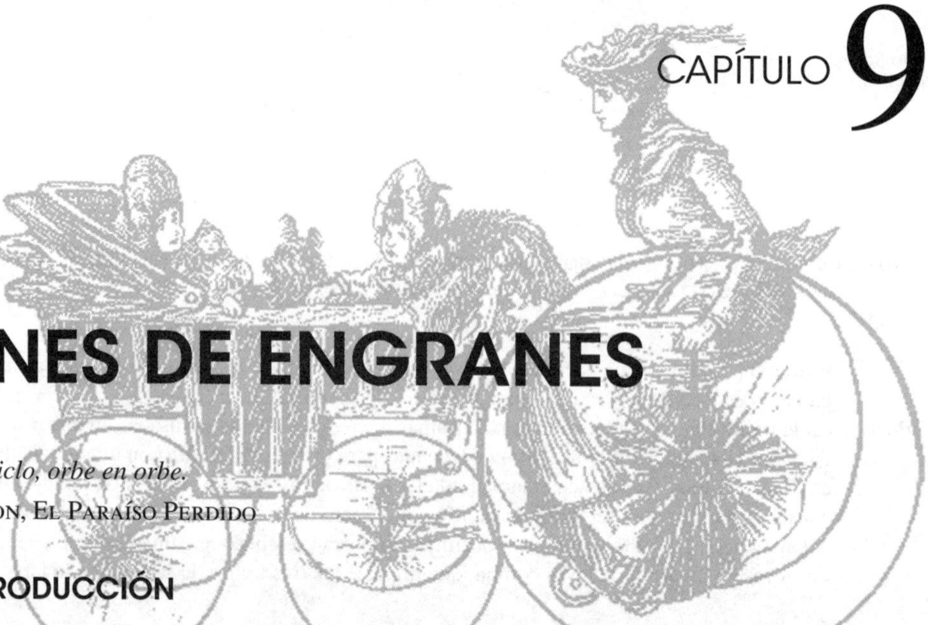

CAPÍTULO 9

TRENES DE ENGRANES

Ciclo y epiciclo, orbe en orbe.
JOHN MILTON, EL PARAÍSO PERDIDO

9.0 INTRODUCCIÓN

La referencia más antigua conocida sobre los trenes de engranes se encuentra en el tratado de El héroe de Alejandría (100 a.C.). Los trenes de engranes se utilizan en toda clase de mecanismos y máquinas, desde abrelatas hasta portaaviones. Siempre que se requiere cambiar la velocidad o par de torsión de un dispositivo rotatorio, se emplea un tren de engranes o uno de sus primos, el mecanismo de transmisión de banda o cadena. En este capítulo se analiza la teoría de la acción de los dientes de engranes y el diseño de estos dispositivos para el control del movimiento. Los cálculos implicados son triviales en comparación con los de levas y mecanismos articulados. La forma de los dientes de engrane ha llegado a ser bastante estandarizada por buenas razones cinemáticas.

Engranes de varias medidas y estilos están disponibles con diversos fabricantes. También existen cajas de engranes ensambladas para relaciones particulares. El diseño cinemático de los trenes de engranes tiene que ver principalmente con la selección de relaciones y diámetros de engranes apropiados. El diseño de un tren de engranes completo implica consideraciones de resistencia de materiales y de los estados de esfuerzo complicados a los que se someten los dientes del engrane. Este texto no se ocupará del análisis del esfuerzo del diseño de engranes. Existen muchos textos que lo hacen, algunos se incluyen en la bibliografía de este capítulo. Aquí se analizará la cinemática de la teoría de los dientes de engrane, tipos de engranes y el diseño cinemático de conjuntos y trenes de engranes de tipos simple, compuesto, invertido y epicíclico. También se analizan las transmisiones de cadena y banda, y se ilustran ejemplos del uso de estos dispositivos.

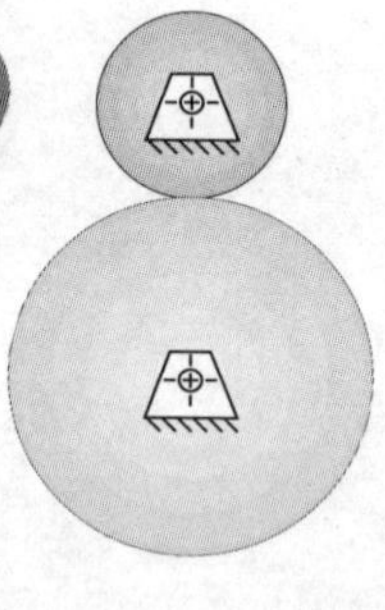

a) Conjunto externo

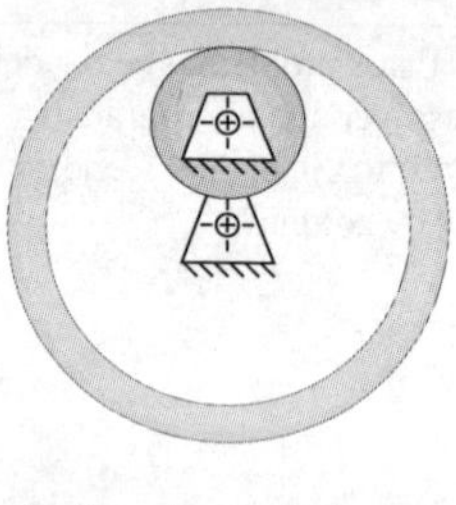

b) Conjunto interno

FIGURA 9-1 Cilindros rodantes

9.1 CILINDROS RODANTES

La forma más simple de transferir movimiento rotatorio de un eje a otro es mediante un par de cilindros rodantes. Éstos pueden ser un conjunto externo de cilindros rodantes, como se muestra en la figura 9-1*a*, o uno interno, como en la figura 9-1*b*. Siempre que haya suficiente fricción en la interfaz rodante, este mecanismo funcionará bastante bien. No habrá deslizamiento entre los cilindros hasta que la fuerza de fricción máxima disponible en la junta sea excedida por demandas de transferencia del par de torsión.

Una variación en este mecanismo es lo que hace que un automóvil o una bicicleta se muevan a lo largo de la carretera. Los neumáticos son un cilindro rodante y la carretera el otro (de radio muy grande). La fricción evita el deslizamiento entre ambos, y funciona bien a menos que el coeficiente de fricción se reduzca por la presencia de hielo u otras sustancias resbaladizas. De hecho, algunos automóviles antiguos tenían cilindros rodantes impulsores dentro de la transmisión, como algunos barredores de nieve y tractores de jardín modernos que emplean una rueda recubierta de caucho que rueda en contacto con un disco de acero para transmitir potencia del motor a las ruedas.

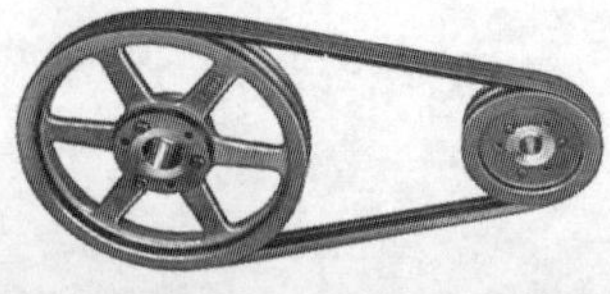

FIGURA 9-2 Transmisión de banda en V de dos ranuras *Cortesía de T. B. Wood's, Sons Co., Chambersburg, PA*

La variante del impulsor de cilindro rodante es la banda plana o en V mostrada en la figura 9-2. Este mecanismo también transfiere potencia mediante fricción y proporciona niveles de potencia bastante grandes, siempre que la banda tenga una sección transversal suficiente. Se utilizan bandas de fricción en una amplia variedad de aplicaciones, desde pequeñas máquinas de coser hasta el impulsor del alternador de un automóvil, así como generadores y bombas de muchos caballos de fuerza. Siempre que no se requiera un ajuste de fase absoluto y con niveles de potencia moderados, una transmisión de banda por fricción puede ser la mejor opción. Su funcionamiento es relativamente silencioso, no requieren lubricación y son de bajo costo comparadas con las transmisiones de engranes y cadena. Una transmisión de velocidad constante (TVC), como la que se usa en diversos automóviles, también es un dispositivo de banda y polea en V, en el que el ancho de las poleas se ajusta para cambiar la razón. A medida que una polea se ensancha, la otra se reduce para cambiar los radios relativos de la banda dentro de sus respectivas V. Por supuesto, la circunferencia de la banda sigue siendo la misma.

Tanto las transmisiones de cilindros rodantes como las de banda (o cadena) tienen equivalentes de efectivos mecanismos articulados, como se muestra en la figura 9-3. Estos mecanismos articulados efectivos son válidos sólo en una posición instantánea; sin embargo, se muestra que estos dispositivos sólo son otra variante del mecanismo articulado de cuatro barras disfrazado.

Las desventajas principales del mecanismo de impulsión de cilindros rodantes (o de banda lisa) son la capacidad de par de torsión relativamente baja y la posibilidad de deslizamiento. Algunos mecanismos impulsores requieren ajuste de fase absoluto de los ejes de entrada y salida para propósitos de sincronía. Un ejemplo común es la transmisión de tren de válvulas en un motor automotriz. Las levas de las válvulas deben mantenerse en fase con el movimiento del pistón del motor, o el motor no funcionará apropiadamente. Un mecanismo de impulsión de banda lisa o cilindro rodante del cigüeñal al árbol de levas no garantizaría un ajuste de fase correcto. En este caso se requiere algún medio para evitar el deslizamiento.

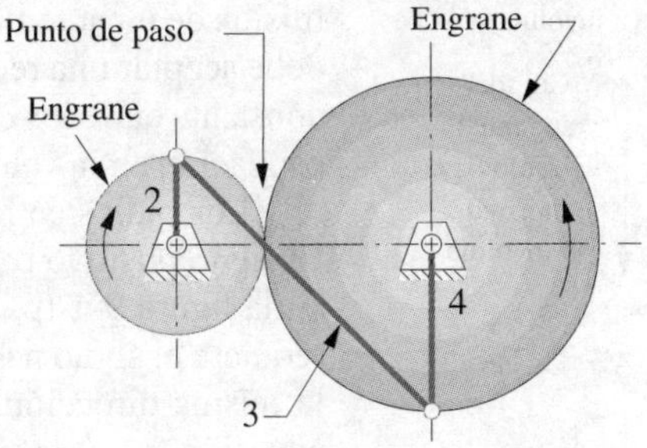

a) Tren de engranes

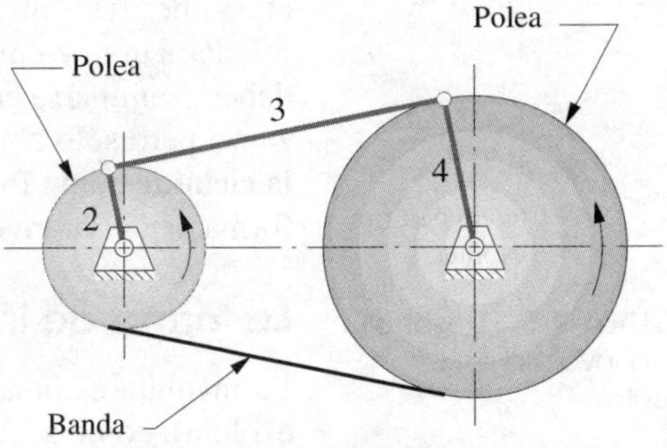

b) Tren de banda

FIGURA 9-3 Los trenes de engranes y banda tienen un mecanismo de cuatro barras equivalente en cualquier posición instantánea

Esto casi siempre requiere agregar algunos dientes a los cilindros rodantes, que se convierten así en engranes, como se muestra en la figura 9-4, y juntos reciben el nombre de *juego de engranes*. Cuando los engranes se colocan encastrados para formar un juego de engranes como éste, es usual referirse al más pequeño como el *piñón* y al otro como el *engrane*.

9.2 LEY FUNDAMENTAL DE ENGRANAJE

Conceptualmente, los dientes de cualquier forma evitarán el deslizamiento. Los viejos molinos impulsados por agua y los de viento utilizaban engranes de madera cuyos dientes eran simples clavijas de madera redondas insertadas en los bordes de los cilindros. Incluso si ignoramos la construcción burda de estos primeros ejemplos de juegos de engranes, no existía la posibilidad de una transmisión de velocidad uniforme porque la geometría de las "clavijas" violaba la **ley fundamental de engranaje**, la cual establece que *la relación de velocidad angular entre los engranes de un juego de engranes permanece constante mientras permanecen engranados*. En la página 327 se da una definición más completa de esta ley. La relación de velocidad angular (m_V) a la que se refiere esta ley es la misma que se derivó para el mecanismo articulado de cuatro barras en la sección 6.4 (p. 202) y la ecuación 6.10 (p. 203), y es igual a la relación del radio del engrane de entrada con la del engrane de salida.

$$m_V = \frac{\omega_{sal}}{\omega_{ent}} = \pm\frac{r_{ent}}{r_{sal}} = \pm\frac{d_{ent}}{d_{sal}} \tag{9.1a}$$

$$m_T = \frac{\omega_{ent}}{\omega_{sal}} = \pm\frac{r_{sal}}{r_{ent}} = \pm\frac{d_{sal}}{d_{ent}} \tag{9.1b}$$

Ya se demostró que la **relación de par de torsión** (m_T) en la ecuación 6.12*f* (p. 204) es el recíproco de la relación de velocidad (m_V); por tanto, un juego de engranes es en esencia un dispositivo que intercambia par de torsión por velocidad o viceversa. Debido a que no existen fuerzas aplicadas como en un mecanismo, sino sólo pares de torsión aplicados en los engranes, la **ventaja mecánica** m_A de un conjunto de engranes es igual a su relación de par de torsión m_T. La aplicación más común es reducir la velocidad e incrementar el par de torsión para impulsar cargas pesadas, como en la trans-

FIGURA 9-4 Un engranaje externo

9

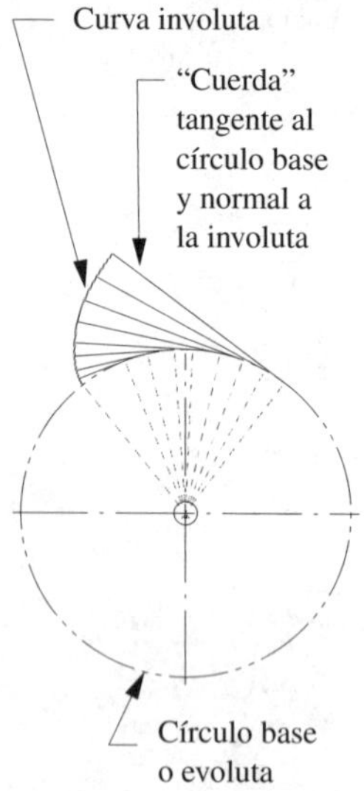

FIGURA 9-5 Desarrollo de la involuta en un círculo

9

misión de un automóvil. Otras aplicaciones requieren un incremento de la velocidad, por lo que no se debe aceptar una reducción del par de torsión. En uno u otro caso, es deseable mantener una relación constante entre los engranes cuando giran. Cualquier variación de la relación se manifestará como una oscilación en la velocidad y par de torsión de salida, incluso si la entrada es constante con el tiempo.

Los radios en la ecuación 9.1 son los de los cilindros rodantes a los que se agregan los dientes. El signo positivo o negativo responde a los juegos de cilindros internos o externos, como se definió en la figura 9-1 (p. 324). Un juego externo invierte la dirección de la rotación entre los cilindros y requiere el signo negativo. Un juego de engranes interno o una transmisión de banda o cadena tendrá la misma dirección de rotación en los ejes de entrada y salida, y requerirá el signo positivo en la ecuación 9.1. Las superficies de los cilindros rodantes se convertirán en los **círculos de paso**, y sus diámetros, en los **diámetros de paso** de los engranes. El punto de contacto entre los cilindros queda en la línea de centros como se muestra en la figura 9-3*a*, y se le llama **punto de paso**.

Para que se cumpla la ley fundamental de engranaje, los contornos de los dientes que engranan deben conjugarse entre sí. Existe un número infinito de posibles pares conjugados que podrían utilizarse, pero sólo algunas curvas tienen aplicación práctica como dientes de engranes. Aún se utiliza la **cicloide** como forma de dientes en relojes, pero en la mayoría de los demás engranes se utiliza la forma de curva **involuta**.

La forma de involuta en dientes de engrane

La involuta es una curva que se genera al desenrollar una cuerda tirante de un cilindro (llamado evoluta), como se muestra en la figura 9-5. Obsérvese lo siguiente sobre esta curva involuta:

La cuerda siempre es tangente al cilindro.

El centro de curvatura de la involuta siempre está en el punto de tangencia de la cuerda con el cilindro.

Una tangente a la involuta siempre es normal a la cuerda, la longitud de la cual es el radio instantáneo de curvatura de la curva involuta.

La figura 9-6 muestra dos involutas en cilindros distintos en contacto o "engranados". Éstas representan dientes de engrane. Los cilindros de los que se desenrolla la cuerda se llaman **círculos base** de los engranes respectivos. Obsérvese que los círculos base son necesariamente más pequeños que los círculos de paso, los cuales son los radios de los cilindros rodantes originales, r_p y r_g. Los dientes del engrane deben proyectarse tanto por debajo como por arriba de la superficie del cilindro rodante (círculo de paso) y la *involuta sólo existe afuera del círculo base*. El exceso de diente que sobresale por encima del círculo de paso es la **cabeza**, mostrada como a_p y a_g para el piñón y engrane, respectivamente. Éstos son iguales en el caso de dientes de engrane de profundidad completa estándar.

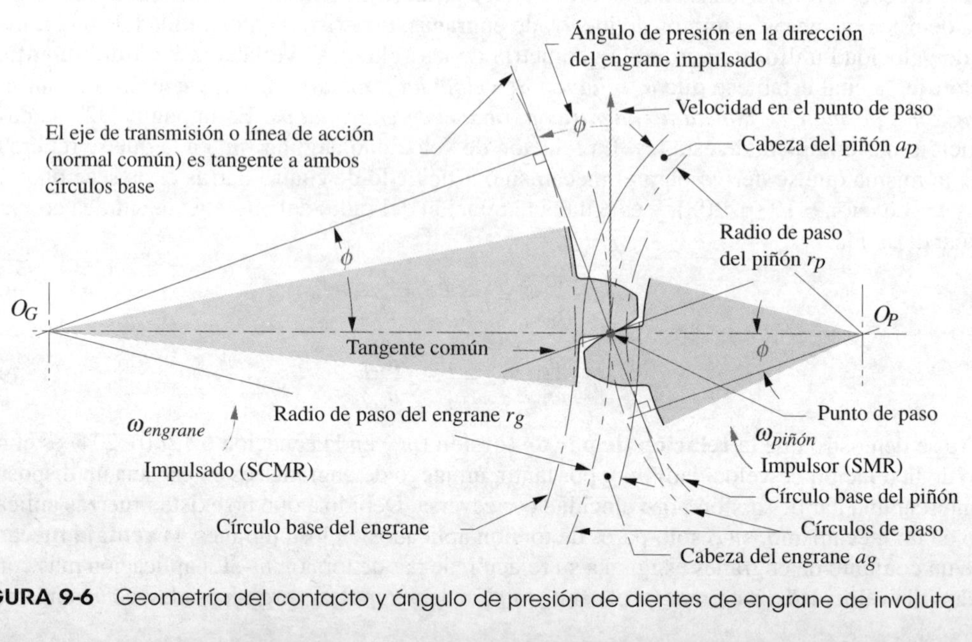

FIGURA 9-6 Geometría del contacto y ángulo de presión de dientes de engrane de involuta

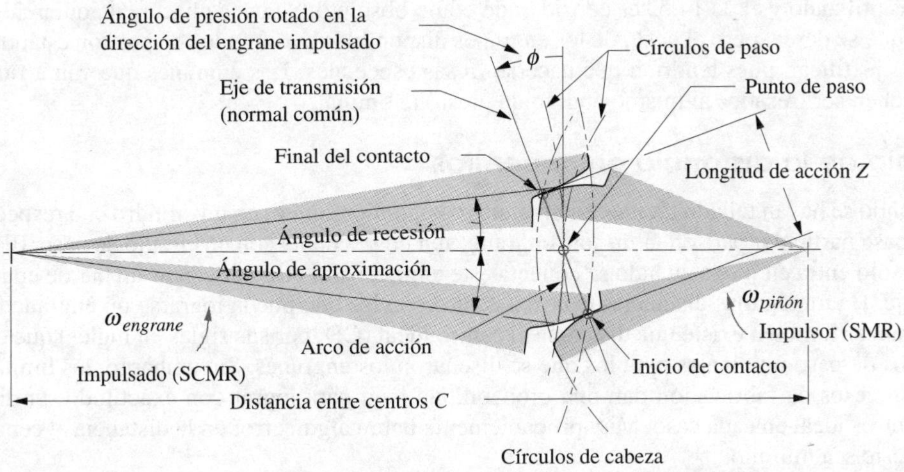

FIGURA 9-7 Punto de paso, círculos primitivos, ángulo de presión, longitud de acción, arco de acción y ángulos de aproximación y recesión durante el engranado de un engrane y piñón

La geometría en esta interfaz diente-diente es similar a la de la junta leva-seguidor, como se definió en la figura 8-44 (p. 304). Existe una **tangente común** a ambas curvas en el punto de contacto, y una **normal común**, perpendicular a la tangente común. Obsérvese que la normal común en realidad constituye las "cuerdas" de ambas involutas, las cuales son colineales. Por tanto, la normal común, que también es el **eje de transmisión**, siempre pasa por el punto de paso sin importar dónde están en contacto los dos dientes.

La figura 9-7 muestra un par de formas de diente involuta en dos posiciones: antes de iniciar el contacto y en el punto final del contacto. Las normales comunes de estos dos puntos de contacto pasan por el mismo punto de paso. Esta propiedad de la involuta confirma la ley fundamental de engranaje. La relación del radio del engrane impulsor con el radio del engrane impulsado permanece constante a medida que los dientes entran y salen del engranado.

A partir de esta observación del comportamiento de la involuta es posible replantear la **ley fundamental de engranaje** de una manera más formal cinemáticamente como: *la normal común a los perfiles de los dientes, en todos los puntos de contacto cuando están engranados, siempre debe pasar por un punto fijo sobre la línea de centros llamado punto de paso*. La razón de velocidad del juego de engranes será entonces una constante definida por la relación de los radios respectivos de los engranes al punto de paso.

Los puntos de inicio y de salida del contacto definen el **engranado** del piñón y engrane. La distancia a lo largo de la línea de acción entre estos puntos del engranaje se llama **longitud de acción**, Z, y está definida por las intersecciones de los círculos de cabeza respectivos con la línea de acción, como se muestra en la figura 9-7. Las variables se definen en las figuras 9-6 y 9-7.

$$Z = \sqrt{\left(r_p + a_p\right)^2 - \left(r_p \cos\phi\right)^2} + \sqrt{\left(r_g + a_g\right)^2 - \left(r_g \cos\phi\right)^2} - C \operatorname{sen}\phi \tag{9.2}$$

La distancia a lo largo del círculo de paso en el engranaje es el **arco de acción**, y los ángulos subtendidos por estos puntos y la línea de centros son el **ángulo de aproximación** y el **ángulo de receso**. Éstos se muestran sólo en el engrane de la figura 9-7 para mayor claridad, pero existen angulares similares para el piñón. El arco de acción tanto en los círculos de paso del piñón como del engrane deben tener la misma longitud para producir un resbalamiento cero entre los cilindros rodantes teóricos.

Ángulo de presión

El **ángulo de presión** en un juego de engranes es similar al de la leva-seguidor y se define como el ángulo entre el eje de transmisión o línea de acción (normal común) y la dirección de la velocidad en el punto de paso, como se muestra en las figuras 9-6 y 9-7. Los ángulos de presión de los engranajes son estandarizados en unos cuantos valores por los fabricantes de engranes, y definen la distancia entre centros nominales del engranaje fresado. Los valores estándar son 14.5°, 20° y 25°, el de 20°

es el más utilizado y el de 14.5° es considerado como obsoleto. Se puede hacer cualquier ángulo de presión que se desee, pero el costo de los engranes disponibles con ángulos de presión estándar sería difícil de justificar, pues tendrían que hacerse fresas especiales. Los engranes que van a funcionar juntos deben ser fresados al mismo ángulo de presión nominal.

Cambio de la distancia entre centros

Aun cuando se hayan tallado dientes en involuta (o cualquier diente) en un cilindro con respecto a un círculo base particular para crear un solo engrane, aún no se cuenta con un círculo de paso. El círculo de paso sólo entra en juego cuando se conecta este engrane con otro para crear un par de engranes o engranaje. Habrá algunas distancias centro a centro con las que pueda lograrse un engranado entre los engranes. También existe una distancia al centro ideal (CD, por sus siglas en inglés) que dará los diámetros de paso nominales para los que se diseñaron los engranes. Sin embargo, las limitaciones de los procesos de fabricación dan una probabilidad baja para lograr con exactitud esta distancia entre centros ideal en cada caso. Muy probablemente habrá algún error en la distancia al centro, aun cuando éste sea mínimo.

¿Qué sucederá con la adherencia a la ley fundamental de engranaje si existe un error en la ubicación de los centros de los engranes? Si la forma de los dientes del engrane **no** es una involuta, entonces el error en la distancia al centro violará la ley fundamental, y habrá variación u "oscilación" en la velocidad de salida. La velocidad angular de salida no será constante con una velocidad de entrada constante. Sin embargo, **con una forma de diente en involuta**, *los errores en la distancia entre centros no afectan la relación de velocidad*. Ésta es la ventaja principal de la involuta sobre todas las demás formas de diente posibles y la razón por la que es casi universalmente utilizada para dientes de engranes. La figura 9-8 muestra lo que sucede cuando la distancia entre centros cambia en un engranaje con dientes de involuta. Obsérvese que la normal común aún pasa por un punto de paso común a todos los puntos de contacto dentro del engranado. Pero el ángulo de presión se ve afectado por el cambio de la distancia entre centros.

La figura 9-8 también muestra ángulos de presión para dos distancias entre centros diferentes. Conforme la distancia entre centros se incrementa, también lo hará el ángulo de presión y viceversa. Éste es un resultado de un cambio o error en la distancia entre centros cuando se utilizan dientes en involuta. Obsérvese que la ley fundamental de engranaje aún es válida para el caso de distancia entre

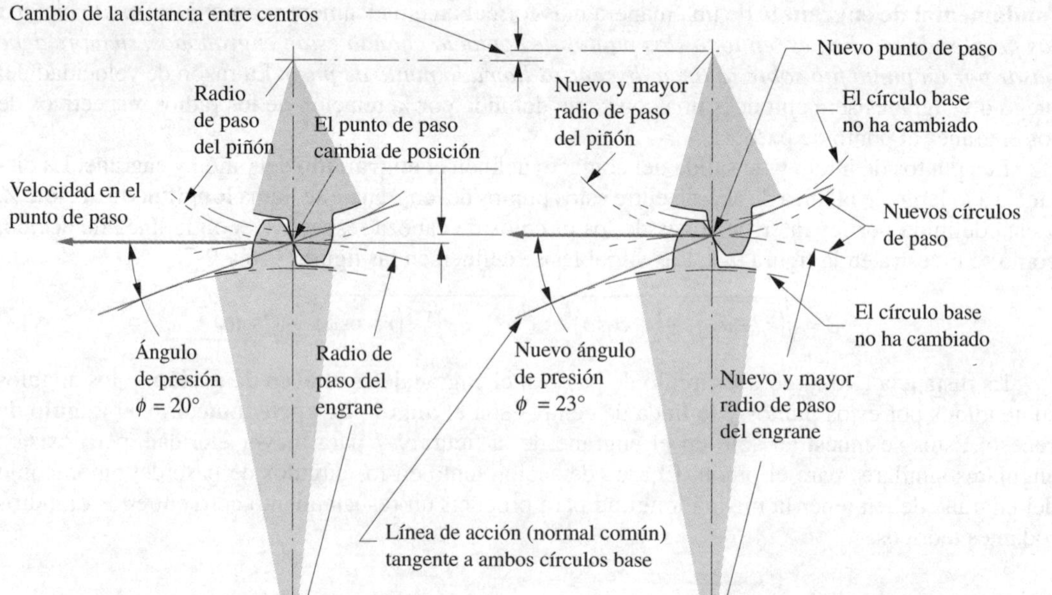

FIGURA 9-8 El cambio de la distancia entre centros de engranes en involuta cambia el ángulo de presión y los diámetros de paso

centros modificados. La normal común aún es tangente a los dos círculos base y pasa por el punto de paso. El punto de paso se ha movido, pero en proporción al movimiento de la distancia entre centros y a los radios de los engranes. La relación de velocidad no cambió a pesar del desplazamiento de la distancia entre centros. De hecho, la relación de velocidad de los engranes de involuta es determinada por la relación de los diámetros de los círculos base, los cuales no cambian una vez que los engranes son fresados o tallados.

Juego entre dientes

El juego entre dientes es otro factor que se debe al cambio de la distancia entre centros. El incremento de la distancia entre centros incrementará el juego entre dientes y viceversa. El **juego entre dientes** se define como *el espacio libre entre dientes engranados medido en el círculo de paso*. Las tolerancias de fabricación impiden una tolerancia cero, ya que no todos los dientes pueden tener exactamente las mismas dimensiones, y todos deben engranar unos con otros. Así que debe haber una pequeña diferencia entre el espesor de los dientes y el ancho del espacio (véase la figura 9-9, p. 330). En tanto el engranaje funcione con un par de torsión no reversible, el juego entre dientes no será un problema. Pero siempre que el par de torsión cambie de signo, los dientes se moverán de contacto en un lado u otro. El espacio libre será recorrido y los dientes chocarán con un ruido perceptible. Éste es un fenómeno similar al choque transversal en la leva con cierre de forma. Como sucede con el incremento de los esfuerzos y el desgaste, el juego entre dientes puede provocar también un error de posición indeseable en algunas aplicaciones. Si la distancia entre centros se ajusta al valor teórico del engranaje, la tolerancia de juego entre dientes compuesta de diente a diente se encuentra en el rango de 0.0001 a 0.0007 pulgadas en el caso de engranes de precisión. El incremento del juego angular entre dientes, como una función del error en la distancia central, es aproximadamente

$$\theta_B = 43\,200(\Delta C)\frac{\tan\phi}{\pi d} \text{ minutos de arco} \tag{9.3}$$

donde ϕ = ángulo de presión, ΔC = error en la distancia entre centros y d = diámetro de paso del engrane en la flecha donde se mide el juego entre dientes.

En los servomecanismos donde accionan motores, como las superficies de control en un avión, el juego entre dientes puede provocar una "oscilación" potencialmente destructiva, en la que el sistema de control trata en vano de corregir los errores de posición provocados por el juego entre dientes "holgura" en el sistema impulsor mecánico. Tales aplicaciones necesitan **engranes antijuego entre dientes**, los cuales son dos engranes montados de forma adosada sobre el mismo eje, que pueden girarse un poco entre sí, y luego fijarse para contrarrestar el juego entre dientes. En aplicaciones menos críticas, como en el impulsor de una hélice de un bote, el juego de dientes en reversa no será perceptible.

La *American Gear Manufacturers Association* (**AGMA**) define el diseño y fabricación de engranes. Define una gama de números y tolerancias de calidad que van de la precisión más baja (3) a la más alta (16). Obviamente, el costo de un engrane dependerá de este índice de calidad.

9.3 NOMENCLATURA DE DIENTE DE ENGRANE

La figura 9-9 muestra dos dientes de un engrane con la nomenclatura estándar definida. El **círculo de paso** y el **círculo base** ya se definieron. La altura del diente se define por el **addendum** (*agregado a*) y el **dedendum** (*restado de*) referidos al círculo de paso nominal. El dedendum es ligeramente más grande que el addendum para crear una pequeña cantidad de **holgura** entre la punta de un diente engranado (**círculo de addendum o de cabeza**) y la parte inferior del espacio del diente del otro (**círculo de dedendum o de raíz**). El **espesor del diente** se mide en el círculo de paso, y el **ancho del espacio** del diente es un poco más grande que su espesor. La diferencia entre ambas dimensiones es el **juego entre dientes**. El **ancho de la cara** del diente se mide a lo largo del eje del engrane. El **paso circular** es la longitud de arco a lo largo de la circunferencia del círculo de paso de un punto de un diente al mismo punto en el siguiente diente. El paso circular define el tamaño del diente. Las otras dimensiones del diente se estandarizan con base en esa dimensión, como se muestra en la tabla 9-1. La definición de **paso circular** p_c es:

$$p_c = \frac{\pi d}{N} \tag{9.4a}$$

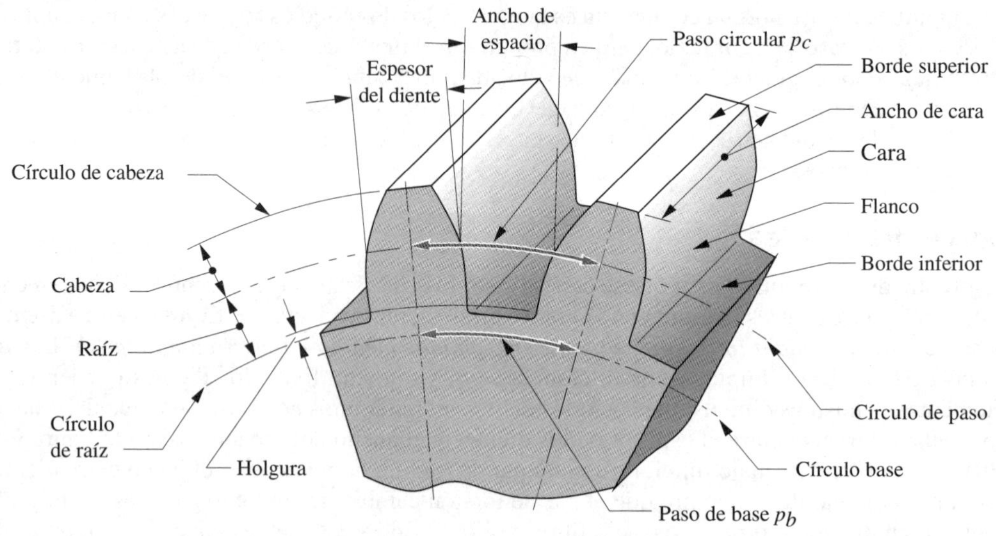

FIGURA 9-9 Nomenclatura de diente de engrane

donde d = diámetro de paso y N = número de dientes. El paso del diente también se puede medir a lo largo de la circunferencia del círculo base y recibe el nombre de **paso de base** p_b.

$$p_b = p_c \cos\phi \tag{9.4b}$$

Las unidades de p_c son pulgadas o milímetros. Una forma más conveniente y común de definir el tamaño del diente es relacionarlo con el diámetro del círculo de paso, en lugar de relacionarlo con su circunferencia. El **paso diametral** p_d es:

$$p_d = \frac{N}{d} \tag{9.4c}$$

Las unidades de p_d son pulgadas recíprocas, o número de dientes por pulgada. Esta medida se utiliza sólo en engranes con especificaciones en Estados Unidos. La combinación de las ecuaciones 9.4*a* y 9.4*c* proporciona la siguiente relación entre paso circular y paso diametral.

$$p_d = \frac{\pi}{p_c} \tag{9.4d}$$

El sistema SI, utilizado para engranes métricos, define un parámetro llamado **módulo**, el cual es el *recíproco del paso diametral* con el diámetro de paso medido en milímetros.

$$m = \frac{d}{N} \tag{9.4e}$$

Las unidades del módulo son milímetros. Desafortunadamente los engranes métricos no son intercambiables con los engranes de Estados Unidos, a pesar de que ambos tienen formas de diente en involuta, ya que sus normas de tamaños de dientes son diferentes. En Estados Unidos los tamaños

TABLA 9-1 Especificaciones de diente de engrane de profundidad total AGMA

Parámetro	Paso grueso (p_d < 20)	Paso fino ($p_d \geq 20$)
Ángulo de presión ϕ	20° o 25°	20°
Cabeza *a*	$1.000/p_d$	$1.000/p_d$
Raíz *b*	$1.250/p_d$	$1.250/p_d$
Profundidad de trabajo	$2.000/p_d$	$2.000/p_d$
Profundidad total	$2.250/p_d$	$2.200/p_d + 0.002$ pulg
Espesor de diente circular	$1.571/p_d$	$1.571/p_d$
Radio de filete o chaflán: cremallera básica	$0.300/p_d$	No estandarizado
Holgura básica mínima	$0.250/p_d$	$0.200/p_d + 0.002$ pulg
Ancho mínimo de cara superior	$0.250/p_d$	No estandarizado
Holgura (dientes esmerilados o pulidos)	$0.350/p_d$	$0.350/p_d + 0.002$ pulg

de diente de engranes son especificados por el paso diametral, y en los demás países, por el módulo. La conversión de una norma a la otra es

$$m = \frac{25.4}{p_d} \tag{9.4f}$$

donde m está en milímetros y p_d en pulgadas.

La **relación de velocidad** m_V y la **relación de par de torsión** m_T del engranaje puede expresarse en una forma más conveniente al sustituir la ecuación 9.4*c* en las ecuaciones 9.1 (p. 325), mientras se considera que el paso diametral de los engranes engranados debe ser el mismo.

$$m_V = \pm\frac{d_{ent}}{d_{sal}} = \pm\frac{N_{ent}}{N_{sal}} \tag{9.5a}$$

$$m_T = \pm\frac{d_{sal}}{d_{ent}} = \pm\frac{N_{sal}}{N_{ent}} \tag{9.5b}$$

Por tanto, las relaciones de velocidad y par de torsión se calculan a partir del número de dientes de los engranes conectados, el cual es un número entero. Obsérvese que un signo menos implica un engranaje de conexión externo, y uno positivo, un engranaje de conexión interno, como se muestra en la figura 9-1 (p. 324). La relación de engranes m_G siempre es > 1 y puede expresarse en función de la relación de velocidad o de la relación de par de torsión, la que sea mayor que 1. Por tanto, m_G expresa la relación total del tren de engranes independiente del cambio de dirección de rotación o de la dirección del flujo de potencia que fluye por él cuando funciona como reductor o como incrementador de velocidad.

$$m_G = |m_V| \text{ o } m_G = |m_T|, \text{ para } m_G \geq 1 \tag{9.5c}$$

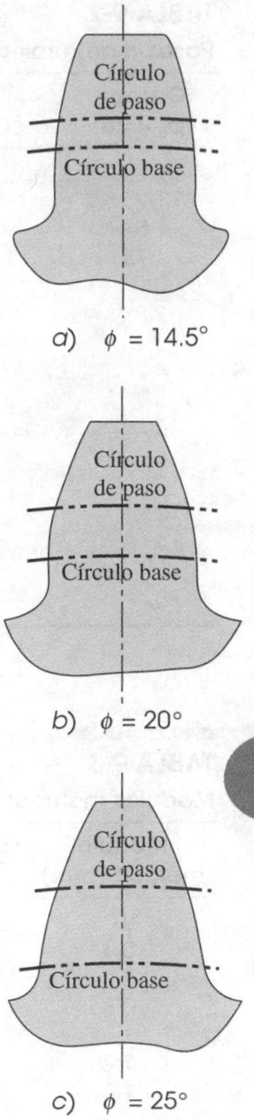

FIGURA 9-10 Perfiles de diente de profundidad total AGMA para tres ángulos de presión

Dientes de engrane estándar Los dientes de engrane estándar de profundidad completa tienen una cabeza igual en el piñón y engrane, con la raíz un poco más grande por la holgura. Las dimensiones de diente estándar se definen en función del paso diametral. La tabla 9-1 (p. 330) muestra las definiciones de dientes de engrane de profundidad completa estándar según la AGMA, y la figura 9-10 muestra las formas de los tres ángulos de presión estándar. La figura 9-11 muestra las medidas reales de dientes de profundidad completa estándar con ángulo de presión de 20° con $p_d = 4$ a 80. Obsérvese la relación inversa entre p_d y el tamaño del diente. Si bien no existen restricciones teóricas en los valores posibles de paso diametral, se define un conjunto de valores estándar con base en las herramientas de corte de engranes disponibles. Estos tamaños de diente estándar se muestran en la tabla 9-2 en función del paso diametral, y en la tabla 9-3 (p. 332), en función del módulo métrico.

9.4 INTERFERENCIA Y SOCAVADO

La forma del diente de involuta sólo se define fuera del círculo base. En algunos casos la raíz será suficientemente grande como para extenderse por debajo del círculo base. De ser así, entonces la parte del diente debajo del círculo base no será una involuta e interferirá con la punta del diente en el engrane compañero, el cual es una involuta. Si el engrane se talla con una limadora de dientes estándar o una "fresa", la herramienta de corte también interferirá con la parte del diente debajo del círculo base y eliminará el material que provoca la interferencia. Esto produce un diente socavado, como se muestra en la figura 9-12. Este socavado debilita el diente al remover material en su raíz. Tanto el momento como el cortante máximo del diente cargado, como una viga en voladizo, ocurre en esta región. El socavado severo ocasionará la falla temprana del diente.

La interferencia (y el socavado provocado por las herramientas de fabricación) puede evitarse si no se fabrican engranes con pocos dientes. Si un engrane tiene muchos dientes, serán pequeños comparados con su diámetro. Conforme el número de dientes se reduce en un engrane de diámetro fijo, el tamaño de los dientes aumentará. En un cierto punto, la raíz excederá la distancia radial entre el círculo base y el círculo de paso, y ocurrirá interferencia.

FIGURA 9-11 Tamaños reales de dientes para varios pasos diametrales *Cortesía de Barber-Colman Co., Loves Park, IL*

La tabla 9-4*a* (p. 332) muestra el número mínimo de dientes en el piñón que pueden engranarse con una cremallera sin interferencia en función del ángulo de presión. Los engranes con pocos dientes pueden generarse sin socavado sólo con una cortadora de piñones o fresa. Los engranes que se tallan con una fresa, la cual tiene la misma acción

TABLA 9-2
Pasos diametrales estándar

Grueso ($p_d < 20$)	Fino ($p_d \geq 20$)
1	20
1.25	24
1.5	32
1.75	48
2	64
2.5	72
3	80
4	96
5	120
6	
8	
10	
12	
14	
16	
18	

TABLA 9-3
Módulos métricos estándar

Módulo métrico (mm)	Equivalente p_d (pulg^{-1})
0.3	84.67
0.4	63.50
0.5	50.80
0.8	31.75
1	25.40
1.25	20.32
1.5	16.93
2	12.70
3	8.47
4	6.35
5	5.08
6	4.23
8	3.18
10	2.54
12	2.12
16	1.59
20	1.27
25	1.02

TABLA 9-4*a*
Número mínimo de dientes del piñón
Para evitar interferencia entre un piñón de profundidad total y una cremallera de profundidad total

Ángulo de presión (grados)	Número mínimo de dientes
14.5	32
20	18
25	12

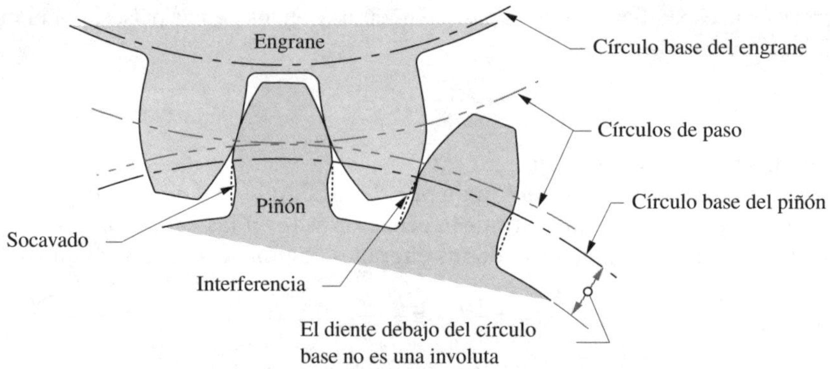

FIGURA 9-12 Interferencia y socavado de dientes debajo del círculo base

que una cremallera con respecto al engrane que se corta, deben tener más dientes para que no socave la forma del diente de involuta durante la fabricación. El mínimo número de dientes que puede cortarse por una fresa sin socavado, en función del ángulo de presión, se muestra en la tabla 9-4*b* (p. 333). La tabla 9-5*a* (p. 333) muestra el número máximo de dientes de engrane de profundidad completa con ángulo de presión de 20°, que puede engranarse con un número dado de dientes del piñón sin interferencia, y la tabla 9-5*b* muestra la misma información para dientes de profundidad completa con ángulo de presión de 25°. Obsérvese que los números de dientes del piñón en esta tabla son menores que el número mínimo de dientes que puede ser generado por una fresa. A medida que el engrane de la unión disminuye, el piñón puede tener menos dientes y evitar la interferencia.

Formas de diente de cabeza desigual

Para evitar interferencia y socavado en piñones pequeños, la forma del diente se puede cambiar de las formas de profundidad completa estándar de la figura 9-10 (p. 331), que tienen cabezas iguales tanto en el piñón como en el engrane, a una forma en involuta con cabezas más largas en el piñón y más cortas en el engrane, llamado **perfil de cambio de los engranes**. La AGMA define los coeficientes de modificación de la cabeza, x_1 y x_2, que siempre suman cero, como de magnitud igual y de signo opuesto. El coeficiente positivo x_1 se aplica para incrementar la cabeza del piñón y el negativo x_2 la reduce en la misma cantidad. La profundidad total del diente permanece igual. Esto cambia el círculo de cabeza del piñón hacia fuera de su círculo base y elimina la parte no involuta del diente del piñón debajo del círculo base. Los coeficientes estándar son ±0.25 y ±0.50, los cuales suman o restan 25% o 50% de la cabeza estándar. El límite de este método ocurre cuando el diente del piñón se vuelve puntiagudo.

Existen beneficios secundarios a esta técnica. El diente del piñón se engrosa en su base y, por tanto, es más fuerte. El diente del engrane se debilita de manera correspondiente, pero puesto que un diente de profundidad total es más fuerte que un diente de piñón de profundidad total, este cambio iguala su resistencia. Una desventaja de las formas de diente de cabeza desigual es el incremento de la velocidad de deslizamiento en la punta del diente. El porcentaje de deslizamiento entre los dientes es mayor que en los dientes de cabeza igual, lo cual incrementa los esfuerzos en la superficie del diente. Las pérdidas por fricción en los engranes engranados también se incrementa a velocidades de deslizamiento altas. La figura 9-13 muestra los contornos de dientes en involuta de perfil cambiado. Compárense con las formas de diente estándar de la figura 9-10 (p. 331).

9.5 RELACIÓN DE CONTACTO

La relación de contacto m_p define el número promedio de dientes en contacto en cualquier momento como:

$$m_p = \frac{Z}{p_b} \tag{9.6a}$$

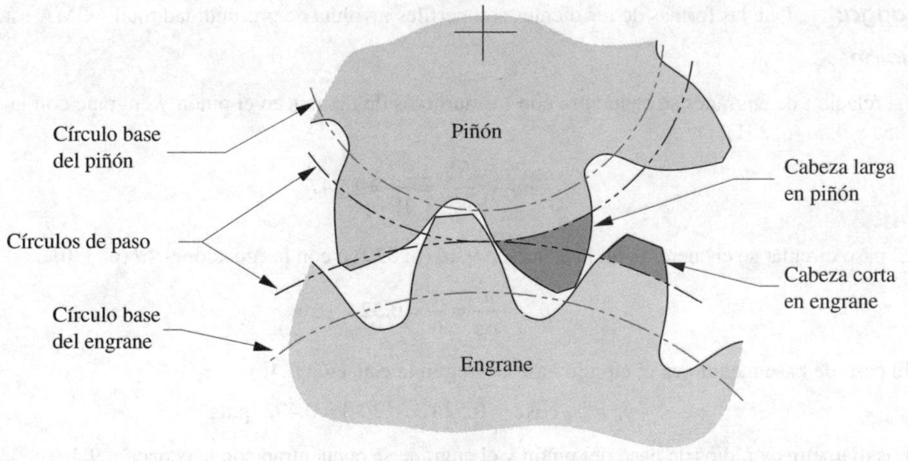

FIGURA 9-13 Dientes con perfil cambiado con cabezas largas y cortas para evitar interferencia y socavado

TABLA 9-4b
Número mínimo de dientes del piñón
Para evitar socavado cuando se tallan con una fresa

Ángulo de presión (grados)	Número mínimo de dientes
14.5	37
20	21
25	14

donde Z es la longitud de acción según la ecuación 9.2 (p. 327) y p_b es el paso de base según la ecuación 9.4*b* (p. 330). La sustitución de las ecuaciones 9.4*b* y 9.4*d* en 9.6*a* define m_p en función de p_d:

$$m_p = \frac{p_d Z}{\pi \cos\phi} \tag{9.6b}$$

La relación de contacto m_p también se expresa en función sólo del ángulo de presión ϕ, el número de dientes del piñón, N_p, y la relación de engrane m_G.

$$m_p = \frac{\sqrt{\left(\frac{N_p}{2}+1\right)^2 - \left(\frac{N_p}{2}\cos\phi\right)^2} + \sqrt{\left(\frac{m_G N_p}{2}+1\right)^2 - \left(\frac{m_G N_p}{2}\cos\phi\right)^2} - \frac{N_p}{2}\left(1+m_G\right)\operatorname{sen}\phi}{\pi\cos\phi} \tag{9.6c}$$

Si la relación de contacto es 1, entonces un diente deja el contacto justo cuando el siguiente lo inicia. Esto no es recomendable porque errores leves en la separación de los dientes provocarán oscilaciones en la velocidad, vibración y ruido. Además, la carga actuará en la punta del diente y creará un momento de flexión más grande. Con relaciones de contacto mayores a 1, existe la posibilidad de que los dientes compartan la carga. Para relaciones de contacto entre 1 y 2, las cuales son comunes para engranes rectos, aún habrá ocasiones durante el engranado en que un par de dientes soporten toda la carga. Sin embargo, esto ocurrirá hacia el centro de la región de engranado, donde se aplica la carga en una posición baja del diente, y no en su punta. Este punto se llama **punto más alto de contacto de un solo diente** (HPSTC, por sus siglas en inglés). La relación de contacto mínima aceptable para una operación pareja es de 1.2. Se prefiere una relación de contacto mínima de 1.4 y si es más grande, mucho mejor. La mayoría de los engranajes rectos tendrá relaciones de contacto entre 1.4 y 2.

TABLA 9-5a
Número máximo de dientes del engrane
Para evitar interferencia entre un piñón de profundidad total con ángulo de presión de 20° y engranes de profundidad total de varios tamaños

Número de dientes del piñón	Dientes del engrane máximos
17	1 309
16	101
15	45
14	26
13	16

9

TABLA 9-5b
Número máximo de dientes del engrane
Para evitar interferencia entre un piñón de profundidad total con ángulo de presión de 25° y engranes de profundidad total de varios tamaños

Número de dientes del piñón	Dientes del engrane máximos
11	249
10	32
9	13

EJEMPLO 9-1 Determinación del diente del engranaje y de los parámetros del engranaje.

Problema: Obténgase la relación de engrane, paso circular, paso base y diámetros de paso, radios de paso, distancia entre centros, cabeza, raíz, profundidad total, holgura, diámetros exteriores y relación de contacto de un engranaje con los parámetros dados. Si se incrementa la distancia entre centros en 2%, ¿cuál es el nuevo ángulo de presión y el incremento del juego entre dientes?

Dados: Un piñón de 19 dientes con ángulo de presión de 20° y p_d de 6 se engrana con un engrane de 37 dientes.

Suponga: Que las formas de los dientes son perfiles involuta de profundidad total AGMA estándar.

Solución:

1 La relación de engranes se encuentra con los números de dientes en el piñón y engrane con las ecuaciones 9.5*a* y 9.5*c* (p. 331).

$$m_G = \frac{N_g}{N_p} = \frac{37}{19} = 1.947 \qquad (a)$$

2 El paso circular se encuentra con la ecuación 9.4*a* (p. 329) o con la ecuación 9.4*d* (p. 330).

$$p_c = \frac{\pi}{p_d} = \frac{\pi}{6} = 0.524 \text{ pulg} \qquad (b)$$

3 El paso de base medido en el círculo base es (según la ecuación 9.4*b*):

$$p_b = p_c \cos\phi = 0.524 \cos(20°) = 0.492 \text{ pulg} \qquad (c)$$

4 Los diámetros y radios de paso del piñón y el engrane se encuentran con la ecuación 9.4*c* (p. 330).

$$d_p = \frac{N_p}{p_d} = \frac{19}{6} = 3.167 \text{ pulg}, \qquad r_p = \frac{d_p}{2} = 1.583 \text{ pulg} \qquad (d)$$

$$d_g = \frac{N_g}{p_d} = \frac{37}{6} = 6.167 \text{ pulg}, \qquad r_g = \frac{d_g}{2} = 3.083 \text{ pulg} \qquad (e)$$

5 La distancia nominal entre centros C es la suma de los radios de paso:

$$C = r_p + r_g = 4.667 \text{ pulg} \qquad (f)$$

6 La cabeza y raíz se encuentran con las ecuaciones de la tabla 9-1 (p. 330):

$$a = \frac{1.0}{p_d} = 0.167 \text{ pulg}, \qquad b = \frac{1.25}{p_d} = 0.208 \text{ pulg} \qquad (g)$$

7 La profundidad total h_t es la suma de la cabeza y raíz.

$$h_t = a + b = 0.167 + 0.208 = 0.375 \text{ pulg} \qquad (h)\text{-}$$

8 La holgura es la diferencia entre la raíz y la cabeza.

$$c = b - a = 0.208 - 0.167 = 0.042 \text{ pulg} \qquad (i)$$

9 El diámetro exterior de cada engrane es el diámetro de paso más las dos cabezas:

$$D_{o_p} = d_p + 2a = 3.500 \text{ pulg}, \qquad D_{o_g} = d_g + 2a = 6.500 \text{ pulg} \qquad (j)$$

10 La relación de contacto se encuentra con las ecuaciones 9.2 (p. 327) y 9.6*a* (p. 332).

$$\begin{aligned} Z &= \sqrt{\left(r_p + a_p\right)^2 - \left(r_p \cos\phi\right)^2} + \sqrt{\left(r_g + a_g\right)^2 - \left(r_g \cos\phi\right)^2} - C \operatorname{sen}\phi \\ &= \sqrt{(1.583 + 0.167)^2 - (1.583 \cos 20°)^2} \\ &\quad + \sqrt{(3.083 + 0.167)^2 - (3.083 \cos 20°)^2} - 4.667 \operatorname{sen} 20° = 0.798 \text{ pulg} \end{aligned}$$

$$m_p = \frac{Z}{p_b} = \frac{0.798}{0.492} = 1.62 \qquad (k)$$

11 Si se incrementa la distancia central a partir del valor nominal debido a errores de ensamble u otros factores, los radios de paso efectivos cambiarán en el mismo porcentaje. Los radios de base de los engranes permanecerán igual. El nuevo ángulo de presión se determina con base en la geometría cambiada. Con un incremento de 2% en la distancia central (1.02×):

$$\phi_{nuevo} = \cos^{-1}\left(\frac{r_{\text{base del círculo}_p}}{1.02 r_p}\right) = \cos^{-1}\left(\frac{r_p \cos\phi}{1.02 r_p}\right) = \cos^{-1}\left(\frac{\cos 20°}{1.02}\right) = 22.89° \qquad (l)$$

12 El cambio del juego entre dientes en el piñón se encuentra con la ecuación 9.3 (p. 329).

$$\theta_B = 43\,200(\Delta C)\frac{\tan\phi}{\pi d} = 43\,200(0.02)(4.667)\frac{\tan(22.89°)}{\pi(3.167)} = 171 \text{ minutos de arco} \qquad (m)$$

9.6 TIPOS DE ENGRANES

Se fabrican engranes en muchas configuraciones para aplicaciones particulares. Esta sección describe algunos de los tipos más comunes.

Engranes rectos, helicoidales y de espina de pescado

Engranes rectos Son engranes en los cuales los *dientes son paralelos al eje de simetría del engrane*. Ésta es la forma de engrane más simple y menos costosa. Los engranes sólo pueden engranarse si sus ejes son paralelos. La figura 9-14 muestra un engrane recto.

FIGURA 9-14 Engrane cilíndrico recto *Cortesía de Martin Sprocket and Gear Co., Arlington, TX*

Engranes helicoidales Son engranes en los cuales los dientes forman un ángulo helicoidal ψ con respecto al eje del engrane, como se muestra en la figura 9-15*a*. La figura 9-16 muestra un par de **engranes helicoidales** de sentido opuesto* engranados. Sus ejes son paralelos. Dos **engranes helicoidales cruzados** del mismo sentido pueden engranarse con sus ejes a un cierto ángulo como se muestra en la figura 9-17 (p. 336). Los ángulos de hélice se pueden diseñar para que acepten cualquier ángulo oblicuo entre las flechas que no se intersecan.

Los engranes helicoidales son más costosos que los rectos, pero ofrecen algunas ventajas. Son más silenciosos que los rectos, debido al contacto más uniforme y gradual entre sus superficies anguladas a medida que los dientes se engranan. Los dientes de engrane recto se engranan de inmediato a todo lo ancho de su cara. El impacto repentino de un diente con otro provoca vibraciones que se escuchan como el "chillido" característico de los engranes rectos, pero casi inexistente en los engranes helicoidales. Además, con el mismo diámetro y paso diametral del engrane, un engrane helicoidal es más fuerte debido a la forma de diente un poco más gruesa en un plano perpendicular al eje de rotación.

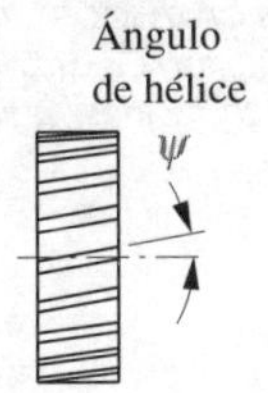

a) Engrane helicoidal

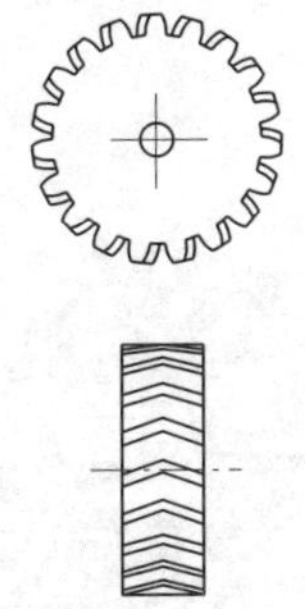

b) Engrane de espina de pescado

FIGURA 9-15 Un engrane helicoidal y engrane de espina de pescado

Engranes helicoidales dobles o de espina de pescado Se forman al unir dos engranes helicoidales de paso y diámetro idénticos, pero de sentido opuesto sobre el mismo eje. Ambos conjuntos de dientes con frecuencia se tallan en la misma pieza. La ventaja, en comparación con un engrane helicoidal, es la cancelación interna de sus cargas de empuje axiales puesto que cada una de las "mitades" del engrane de espina de pescado tiene una carga de empuje opuestamente dirigida. Por tanto, no se requieren cojinetes de empuje axial además de localizar el eje axialmente. Este tipo de engrane es mucho más costoso que uno helicoidal y tiende a utilizarse en grandes aplicaciones de alta potencia, como en las transmisiones de buques, donde las pérdidas por fricción de cargas axiales serían prohibitivas. En la figura 9-15*b* se muestra un engrane de espina de pescado doble. Su vista de frente es la misma del engrane helicoidal.

Eficiencia La definición general de eficiencia es *potencia de salida/potencia de entrada* expresada como un porcentaje. Un engranaje recto puede ser 98 a 99% eficiente. El engranaje helicoidal es menos eficiente que el engranaje recto debido a la fricción deslizante a lo largo del ángulo de la hélice. Presentan una fuerza de reacción a lo largo del eje del engrane, lo que no pasa con los engranes rectos. Por tanto, los engranajes helicoidales deben tener cojinetes de empuje lo mismo que cojinetes radiales en sus ejes para impedir que se separen a lo largo del eje. También ocurren algunas pérdidas por fricción en los cojinetes. Un engranaje helicoidal paralelo tendrá 96 a 98% de eficiencia, y un engranaje helicoidal cruzado, sólo 50 a 90%. El juego helicoidal paralelo (sentido opuesto, pero mismo ángulo de hélice) tiene una línea de contacto entre los dientes y puede manejar cargas elevadas a altas velocidades. El juego helicoidal cruzado tiene un punto de contacto y una gran componente de deslizamiento que limita su aplicación a situaciones de cargas ligeras.

Si los engranajes han de conectarse y desconectarse mientras están en movimiento, los engranes rectos son una mejor opción que los helicoidales, ya que el ángulo de la hélice interfiere con el movimiento de cambio axial. (Los engranes de espina de pescado no pueden ser axialmente desconectados.) Las transmisiones de camiones con frecuencia utilizan engranes rectos por esta razón, mientras que las transmisiones automotrices (estándar) emplean engranes helicoidales de engranado constante para un funcionamiento silencioso y cuentan con mecanismos sincronizados que permiten los cambios.

FIGURA 9-16 Engranes helicoidales con ejes paralelos *Cortesía de Martin Sprocket and Gear Co., Arlington, TX*

Tornillos sinfín y engranes de tornillo sinfín

Si el ángulo de hélice se incrementa lo suficiente, el resultado será un **tornillo sinfín**, el cual tiene sólo un diente enrollado continuamente alrededor de su circunferencia un número de veces, como

* Los engranes helicoidales son izquierdos o derechos. Obsérvese que el engrane de la figura 9.15*a* es izquierdo porque, si se colocara cualquier cara del engrane sobre una superficie horizontal, sus dientes se inclinarían hacia arriba y a la izquierda.

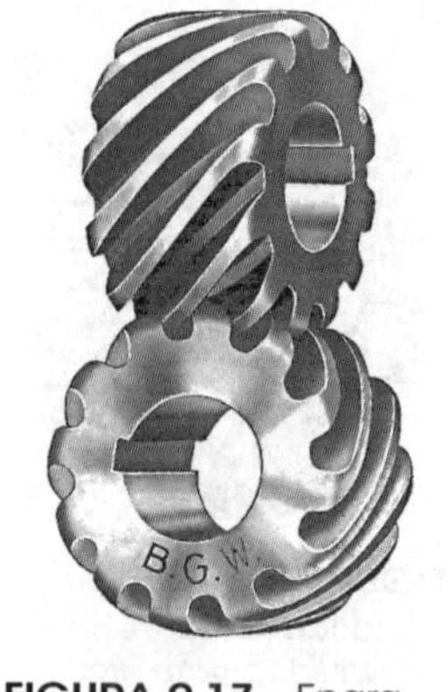

FIGURA 9-17 Engranes helicoidales con ejes cruzados *Cortesía de Boston Gear Division of IMO Industries, Quincy, MA*

una rosca de tornillo. Este tornillo sinfín puede engranarse con un **engrane de tornillo sinfín** especial (o **rueda de tornillo sinfín**), cuyo eje es perpendicular al del tornillo sinfín como se muestra en la figura 9-18. Como el tornillo sinfín motriz por lo general tiene sólo un diente, la relación de engranaje es igual a uno entre el número de dientes del engrane de tornillo sinfín (véanse las ecuaciones 9.5, p. 331). Estos dientes no son involutas en su cara completa, lo que significa que la distancia central debe mantenerse con precisión para garantizar la acción conjugada.

Los gusanos y ruedas se fabrican y reemplazan como juegos conectados. Estos juegos de engranes de tornillo sinfín tienen la ventaja de presentar altas relaciones de engranes en un paquete pequeño y pueden soportar cargas elevadas, en especial en sus formas envolventes simple o doble. **Envolvente simple** significa que los dientes del engrane de tornillo sinfín están enrollados alrededor del tornillo sinfín. Los juegos de **envolvente doble** también enrollan el tornillo sinfín alrededor del engrane, lo que da por resultado un tornillo sinfín en forma de reloj de arena. Ambas técnicas aumentan el área de contacto entre el tornillo sinfín y la rueda e incrementan la capacidad de soportar carga y el costo. Un intercambio en cualquier juego de tornillo y engrane sinfín es un deslizamiento y cargas de empuje muy altas, lo cual provoca que el juego de tornillo y engrane sinfín sea un tanto ineficiente (40 a 85% eficiente).

Tal vez la ventaja principal del juego de tornillo y engrane sinfín es que puede diseñarse para que la **contramarcha** no sea posible. Un juego de engranes rectos o helicoidales pueden accionarse desde uno u otro eje, como un dispositivo reductor o elevador de la velocidad. Si bien esto resulta deseable en muchos casos, si la carga impulsada debe mantenerse en su lugar después de que se corta la potencia, el engranaje recto o helicoidal no lo hará. Permitirán "contramarcha". Esto los hace inadecuados en algunas aplicaciones, como en un gato para levantar un auto a menos que se agregue un freno al diseño para mantener la carga. El juego de tornillo y engrane sinfín, por otra parte, sólo puede accionarse por el tornillo sinfín. La fricción puede ser suficientemente grande para evitar ser retroaccionado por la rueda sinfín. Por tanto, puede ser utilizado sin freno en aplicación de mantenimiento de carga, como en gatos y montacargas.

9

Cremallera y piñón

FIGURA 9-18 Un tornillo sinfín y engrane de tornillo sinfín (rueda de tornillo sinfín) *Cortesía de Martin Sprocket and Gear Co., Arlington, TX*

Si el diámetro del círculo base de un engrane se incrementa sin límite, el círculo base llegará a ser una línea recta. Si la "cuerda" enrollada alrededor de este círculo base para generar la involuta siguiera en su lugar después del agrandamiento del círculo base a un radio infinito, la cuerda tendría su centro en el infinito y generaría una involuta que es una línea recta. Este engrane lineal se llama **cremallera**. Sus dientes son trapezoides, no obstante, son involutas verdaderas. Este hecho provoca que sea fácil crear una herramienta de corte para generar dientes en involuta en engranes circulares, al maquinar con precisión una cremallera y endurecerla para que corte dientes en otros engranes. Después de rotar el engrane en blanco con respecto a la cortadora de cremallera mientras ésta se mueve hacia delante y hacia atrás del engrane en blanco, se conformará o desarrollará un diente en involuta verdadera en el engrane circular.

La figura 9-19 muestra una cremallera y un piñón. La aplicación más común de este dispositivo es en la conversión de movimiento rotatorio en lineal y viceversa. Si puede accionarse en reversa, entonces requerirá de un freno si se debe mantener una carga. Un ejemplo de uso se encuentra en la **dirección de piñón y cremallera en automóviles**. El piñón está conectado al extremo inferior de la columna de la dirección y gira con el volante. La cremallera engrana con el piñón y se mueve a izquierda y derecha en respuesta al movimiento angular impreso al volante de dirección. La cremallera también es un eslabón en un mecanismo articulado de múltiples barras que convierte la traslación lineal de la cremallera en la cantidad apropiada de movimiento angular de un eslabón oscilante conectado al ensamble de la rueda delantera para hacer virar el auto.

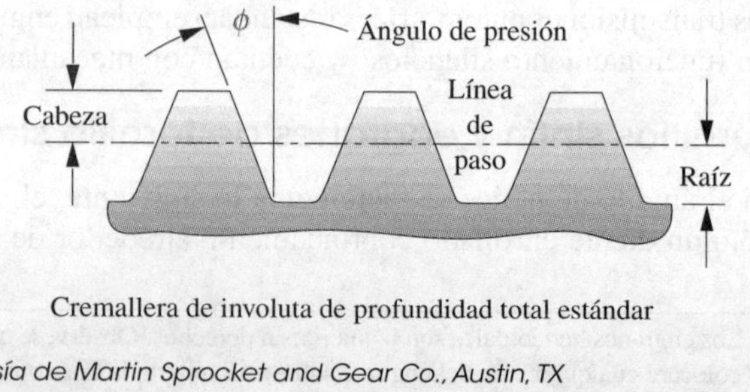

FIGURA 9-19 Piñón y cremallera *Foto cortesía de Martin Sprocket and Gear Co., Austin, TX*

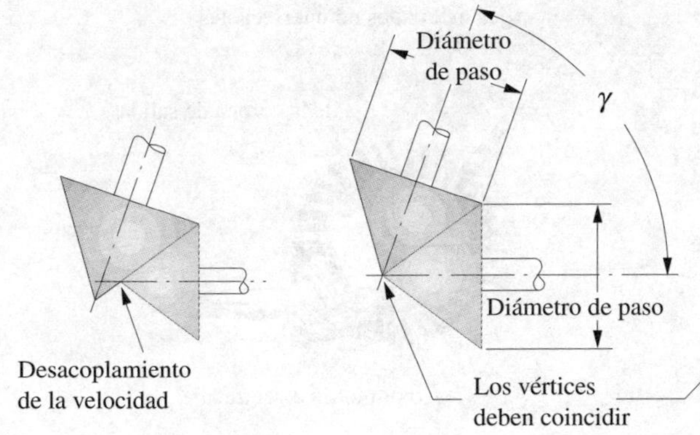

a) Arreglo incorrecto *b*) Arreglos correctos

FIGURA 9-20 Los engranes cónicos se basan en conos rodantes

Engranes cónicos e hipoidales

ENGRANES CÓNICOS En transmisiones en ángulo recto, se utilizan engranes helicoidales cruzados o un conjunto de tornillo y engrane sinfín. Para cualquier ángulo entre los ejes, incluido el de 90°, los engranes cónicos representan la solución. Así como los engranes rectos se basan en cilindros rodantes, los **cónicos** se basan en conos rodantes, como se muestra en la figura 9-20. El ángulo entre los ejes de los conos y los ángulos incluidos de los conos tienen cualquier valor compatible, en tanto los vértices de los conos se intersecten. Si no lo hacen, habrá una diferencia de velocidad en la cara de contacto. El vértice de cada cono tiene un radio cero y, por tanto, velocidad cero. Todos los demás puntos en la superficie del cono tendrán velocidad diferente de cero. La relación de velocidad de los engranes cónicos está definida por la ecuación 9.1*a* (p. 325) mediante los diámetros de paso en cualquier punto de intersección común de los diámetros del cono.

ENGRANES CÓNICOS ESPIRALES Si los dientes son paralelos al eje del engrane, será un engrane cónico recto, como se muestra en la figura 9-21, p. 328. Si los dientes forman un ángulo con respecto al eje, será un **engrane cónico espiral** (figura 9.22), análogo a un engrane helicoidal. Los vértices y ejes del cono deben intersecarse en ambos casos. Las ventajas y desventajas de los engranes cónicos rectos y cónicos espirales son similares a las del engrane recto y engrane helicoidal, respectivamente, en lo que se refiere a resistencia, funcionamiento silencioso y costo. Los dientes del engrane cónico no son involutas, sino que están basados en una curva de diente "octoidal". Deben reemplazarse en pares (engranajes) ya que no son universalmente intercambiables, y su distancia entre centros debe mantenerse con precisión.

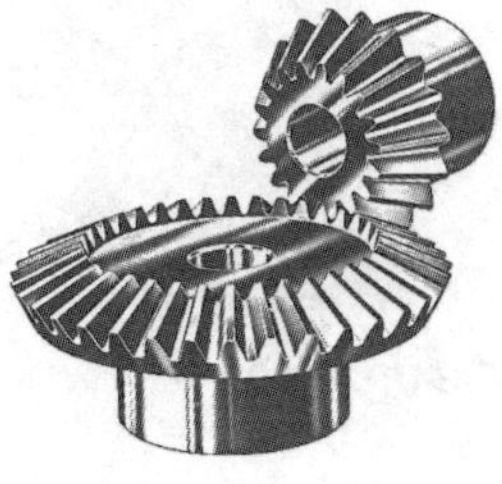

FIGURA 9-21 Engranes cónicos rectos *Cortesía de Martin Sprocket and Gear Co., Arlington, TX*

ENGRANES HIPOIDALES Si los ejes entre los engranes son no paralelos ni se intersecan, no se pueden utilizar engranes cónicos. Los **engranes hipoidales** aceptarán esta geometría. Los engranes hipoidales están basados en hiperboloides de revolución, como se muestra en la figura 9-23. (El término *hipoidal* es una contracción de *hiperboloide*.) La forma del diente no es una involuta. Estos engranes hipoides se utilizan en la transmisión final de automóviles con el motor adelante y tracción en la rueda trasera, para bajar el eje motriz y quedar abajo del eje trasero para reducir la "joroba del árbol motriz" en el asiento trasero.

FIGURA 9-22 Engranes cónicos espirales *Cortesía de Boston Gear Division of IMO Industries, Quincy, MA*

Engranes no circulares

Los engranes no circulares están basados en las centrodas rodantes de un mecanismo de cuatro barras de Grashof articulado y doble manivela. Las centrodas son los lugares geométricos del centro instantáneo I_{24} del mecanismo articulado y se describieron en la sección 6.5 (p. 206). La figura 6-15*b* (p. 208) muestra un par de centrodas que podría utilizarse en engranes no circulares. Se agregarían dientes a sus circunferencias del mismo modo que se agregan dientes a cilindros rodantes de engranes circulares. Los dientes actúan para evitar el deslizamiento. La figura 9-24 muestra un par de engranes no circulares basados en un conjunto diferente de centrodas de la figura 6-15*b* (p. 208). (¡Los engranes de la figura 9-24 en realidad no realizan revoluciones completas cuando están engranados!) Desde

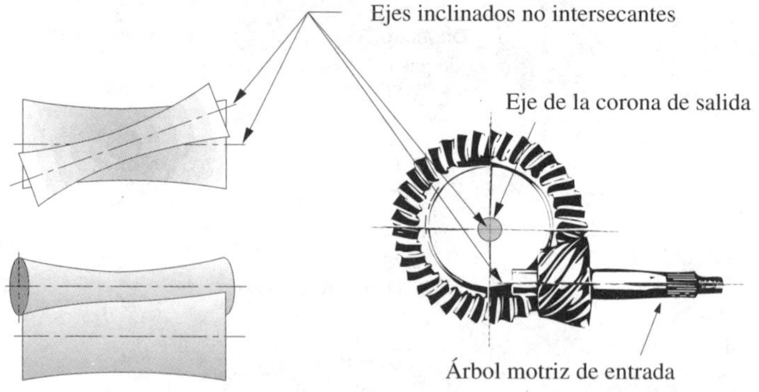

a) Hiperboloides de revolución rodantes

b) Engranes de transmisión final hipoidales automotrices
Cortesía de General Motors Co., Detroit, MI

FIGURA 9-23 Engranes hipoidales se basan en hiperboloides de revolución

FIGURA 9-24 Engranes no circulares

luego, la relación de velocidad de engranes no circulares no es constante. Ése será el propósito, crear una función de salida variable con el tiempo en respuesta a una entrada de velocidad constante. La ecuación 6.11*f* (p. 203) define su relación de velocidad instantánea. Estos dispositivos se utilizan en una amplia variedad de maquinaria rotatoria, como prensas de impresión, donde se requiere la variación angular cíclica de los rodillos.

Transmisiones de banda y cadena

Bandas en V En la figura 9-2 (p. 224) se muestra una transmisión de **banda en V**. Las bandas en V se fabrican de elastómeros (caucho sintético) reforzadas con cuerdas sintéticas o metálicas para aumentar su resistencia. Las poleas o *garruchas* tienen una ranura en V igual a la de la banda que ayuda a sujetarla, ya que la tensión la traba en las ranuras en V. Las bandas en V tienen una eficiencia de transmisión de 95 a 98% cuando se instalan por primera vez. Ésta disminuirá a aproximadamente 93% conforme la banda se desgasta y se incrementa el deslizamiento. A causa de éste, la relación de velocidad no es ni exacta ni constante. Aún se utilizan bandas planas que corren sobre poleas planas o de corona en algunas aplicaciones. Como antes se vio, el deslizamiento es posible con bandas sin dientes y no se puede garantizar el ajuste de fases.

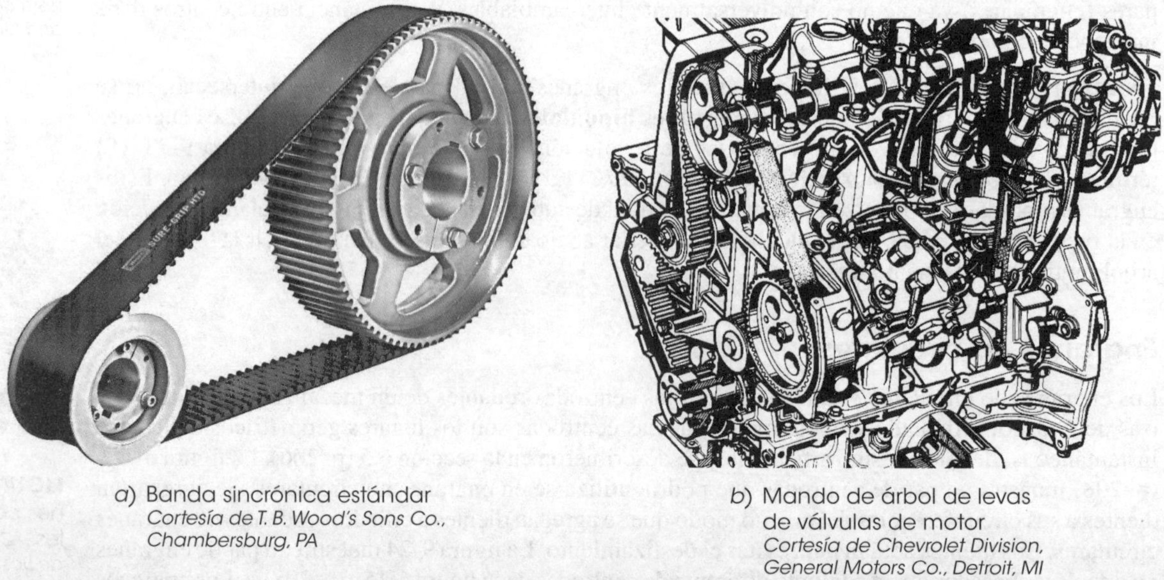

a) Banda sincrónica estándar
Cortesía de T. B. Wood's Sons Co., Chambersburg, PA

b) Mando de árbol de levas de válvulas de motor
Cortesía de Chevrolet Division, General Motors Co., Detroit, MI

FIGURA 9-25 Banda sincrónica dentada y ruedas dentadas

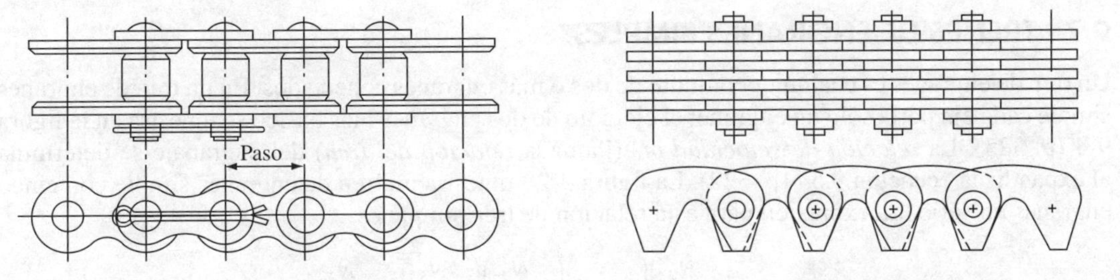

a) Cadena de rodillos

b) Cadena de dientes invertidos o silenciosa

FIGURA 9-26 Tipos de cadena para transmisión de potencia *De Phelan, R. M. (1970). Fundamentals of Mechanical Design, 3a. ed., McGraw-Hill, NY*

Bandas sincrónicas (temporizadas) La **banda sincrónica** resuelve el problema de ajuste de fase porque evita el deslizamiento al mismo tiempo que conserva algunas de las ventajas de las bandas en V y cuesta menos que los engranes o cadenas. La figura 9.25*a* (p. 338) muestra una banda sincrónica (o dentada) y sus poleas o garruchas especiales a engranes. Estas bandas se hacen de materiales de hule, pero se refuerzan con cuerdas de acero o sintéticas para una mayor resistencia y tienen dientes moldeados que ajustan en las ranuras de las poleas para una transmisión positiva. Son capaces de niveles de transmisión de potencia y pares de torsión bastante altos y se utilizan con frecuencia para impulsar los árboles de levas de motores automotrices, como se muestra en la figura 9-25*b*. Son más costosas que la bandas en V convencionales y son más ruidosas, pero funcionan más frías y duran más. Su eficiencia de transmisión es de 98% y permanece en ese nivel con el uso. Los catálogos de los fabricantes proporcionan información detallada sobre medidas tanto de bandas en V como sincrónicas para varias aplicaciones. Véase la bibliografía (p. 360).

Transmisiones de cadena Se utilizan a menudo en aplicaciones en las que se requiere una transmisión positiva (ajuste de fase) y grandes requerimientos de par de torsión o en las que las altas temperaturas impiden el uso de bandas de distribución. Cuando los ejes de entrada y salida están muy separados entre sí, una transmisión de cadena puede ser la opción más económica. Los sistemas transportadores a menudo utilizan transmisiones de cadena para transportar el trabajo a lo largo de la línea de ensamble. Las cadenas de acero pueden utilizarse en muchos ambientes hostiles químicos o térmicos (pero no en todos). Se han diseñado muchos tipos y estilos de cadena para varias aplicaciones, que van desde la cadena de rodillos común (figura 9-26*a*), como la de una bicicleta o motocicleta, hasta los diseños más costosos de dientes invertidos o "cadena silenciosa" (figura 9-26*b*) utilizados en los sistemas de impulsión de árbol de levas en motores automotrices costosos. La figura 9-27 muestra una rueda dentada típica para cadena de rodillos. La forma de los dientes de la rueda la determina la necesidad de adaptarse al contorno de la parte de la cadena que se adapte en las ranuras. En este caso, la cadena de rodillos tiene pasadores cilíndricos enganchados en la rueda dentada.

Una limitación única de la transmisión de cadena es algo llamado **"acción de cuerda"**. Los eslabones de la cadena constituyen un conjunto de cuerdas cuando se enrollan alrededor de la circunferencia de la rueda dentada. A medida que estos eslabones entran y salen de la rueda, imparten un movimiento de "sacudimiento" al eje impulsado que provoca variación u oscilación en la velocidad de salida. Las transmisiones de cadena no obedecen con exactitud la ley fundamental del engranaje. Si se requiere una velocidad de salida constante, puede que una transmisión de cadena no sea la mejor opción.

FIGURA 9-27 Rueda dentada para cadena de rodillos *Cortesía de Martin Sprocket and Gear Co., Arlington, TX*

Vibración en bandas y cadenas Tal vez se ha notado al observar la operación de una banda en V, como la banda del ventilador de un auto, que el tramo de banda entre las poleas vibra lateralmente, aun cuando la velocidad lineal de la banda se mantenga constante. Si se considera la aceleración de una partícula de la banda que recorre toda la trayectoria de la banda, es posible deducir que la aceleración es teóricamente cero; pero cuando entra en la polea, repentinamente adquiere una aceleración centrípeta no cero que permanece constante en cuanto a magnitud mientras la partícula de la banda está sobre la polea. Por tanto, la aceleración de la partícula de una banda experimenta saltos repentinos de cero a alguna magnitud constante, o viceversa, cuatro veces por recorrido en un sistema simple de dos poleas, como el de la figura 9-2 (p. 324), y más aún si existen poleas múltiples. Esto provoca pulsos de sacudimiento teóricamente infinitos a las partículas de la banda en estas transiciones y excita las frecuencias naturales laterales del tramo de la banda no soportado entre las poleas. El resultado es vibración lateral del tramo de banda que crea variación dinámica de la tensión y ruido de la banda.

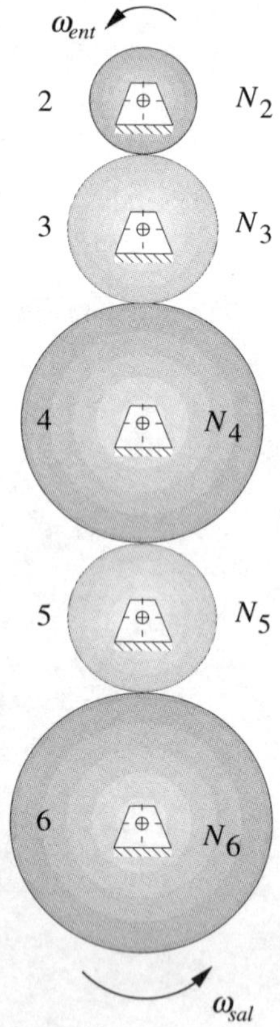

FIGURA 9-28 Tren de engranes simple

9.7 TRENES DE ENGRANES SIMPLES

Un tren de engranes es cualquier conjunto de dos o más engranes conectados. En un tren de engranes simple cada eje porta sólo un engrane; el ejemplo de dos engranes más básico se muestra en la figura 9-4 (p. 325). La *relación de velocidad* m_V (llamada *relación del tren*) del engranaje se determina al expandir la ecuación 9.5*a* (p. 322). La figura 9-28 muestra un tren de engranes simple con cinco engranes en serie. La expresión para esta relación de tren simple es:

$$m_V = \left(-\frac{N_2}{N_3}\right)\left(-\frac{N_3}{N_4}\right)\left(-\frac{N_4}{N_5}\right)\left(-\frac{N_5}{N_6}\right) = +\frac{N_2}{N_6}$$

o, en términos generales,

$$m_V = \pm\frac{N_{ent}}{N_{sal}} \tag{9.7}$$

la cual es igual a la ecuación 9.5*a* (p. 331) para un engranaje único.

Cada engranaje contribuye potencialmente a la relación del tren total, pero en el caso de un tren simple (en serie), los efectos numéricos de todos los engranes, excepto el primero y el último, se cancelan. La relación de un tren simple siempre es exactamente la relación del primer engrane sobre el último. Sólo el signo de la relación total se ve afectado por los engranes intermedios, los cuales se llaman *locos*, porque en general no se toma potencia de sus ejes. Si todos los engranes en el tren son externos y existe un número par de engranes en él, la dirección de salida será opuesta a la de entrada. Si existe un número impar de engranes externos en el tren, la salida será en la misma dirección que la entrada. Por tanto, se puede utilizar un engrane loco externo simple de *cualquier diámetro* para cambiar la dirección del engrane de salida sin afectar su velocidad.

Un engranaje simple de engranes rectos, helicoidales o cónicos *está limitado a una relación de aproximadamente* 10:1 porque el engranaje se volverá grande, costoso y difícil de ensamblar con una relación mayor que ésa si el piñón se mantiene por encima de los números mínimos de dientes mostrados en las tablas 9-4*a* o *b* (pp. 332-333). Si se requiere conseguir la más grande relación de tren que pueda obtenerse con un engranaje simple, es claro, por la ecuación 9.6 (p. 332), que el tren simple no será útil.

Es práctica común insertar un solo engrane loco para cambiar la dirección, pero más de uno es superfluo. Existe poca justificación para diseñar un tren de engranes como se muestra en la figura 9-28. Si lo que se requiere es conectar dos ejes apartados entre sí, es posible utilizar un tren simple con muchos engranes, pero resultará más costoso que una transmisión de cadena o banda para la misma aplicación. La mayoría de los engranes no son baratos.

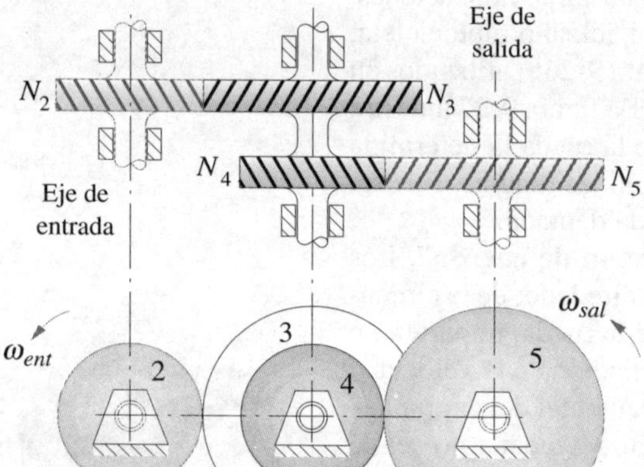

FIGURA 9-29 Tren de engranes compuesto

9.8 TRENES DE ENGRANES COMPUESTOS

Para obtener una relación de tren de más de 10:1 con engranes rectos, helicoidales o cónicos (o con cualquier combinación de los mismos) es necesario un **tren de engranes del tipo compuesto** (a menos que se utilice un tren epicíclico; véase la sección 9.9 (p. 346). Un **tren compuesto** *es aquel en el que por lo menos un eje tiene más de un engrane*. Éste será un arreglo en paralelo o en serie-paralelo, en lugar de las conexiones en serie puras del tren de engranes simple. La figura 9-29 muestra un tren compuesto con cuatro engranes, dos de los cuales, el 3 y 4, están fijos sobre el mismo eje y por tanto tienen la misma velocidad angular.

La relación del tren es ahora:

$$m_V = \left(-\frac{N_2}{N_3}\right)\left(-\frac{N_4}{N_5}\right) \tag{9.8a}$$

Ésta puede generalizarse para cualquier número de engranes en el tren como:

$$m_V = \pm\frac{\text{producto del número de dientes de los engranes impulsores}}{\text{producto del número de dientes de los engranes impulsados}} \tag{9.8b}$$

Obsérvese que estas relaciones intermedias no se cancelan y que la relación del tren total es el producto de las relaciones de juegos con engranes paralelos. Por tanto, se puede obtener una relación más grande en un tren de engranes compuesto a pesar de la limitación aproximada de 10:1 en las relaciones de engranaje individual. El signo más o menos en la ecuación 9.8*b* depende del número y tipo de conexiones en el tren, ya sean externas o internas. Si se escribe la expresión en la forma de la ecuación 9.8*a* y se observa con cuidado el signo de cada relación intermedia en la expresión, se obtendrá el signo algebraico correcto de la relación total del tren.

Diseño de trenes compuestos

Si se presentara un diseño terminado de un tren de engranes compuestos como el de la figura 9-29, sería trivial aplicar la ecuación 9.8 y determinar la relación del tren. No es tan simple hacer lo inverso, es decir, diseñar un tren compuesto con una relación de tren específica.

EJEMPLO 9-2 Diseño de un tren de engranes compuesto.

Problema: Diseñe un tren compuesto con una relación exacta de 180:1. Encuentre una combinación de engranes que produzca esa relación.

Solución:

1 El primer paso es determinar cuántas etapas o engranajes se requieren. La simplicidad es la marca de un buen diseño, así que debe probarse la posibilidad más pequeña posible. Se obtiene la raíz cuadrada de 180, la cual es 13.416. Así que dos etapas con esa relación darán aproximadamente 180:1. Sin embargo, ésta es mayor al límite de diseño de 10:1 para cada etapa, así que deben probarse tres etapas. La raíz cúbica de 180 es 5.646, que está dentro de 10, así que tres serán las etapas indicadas.

2 Si pudieran encontrarse algunas relaciones enteras de engranes de dientes que den 5.646:1, sólo se utilizarían tres de ellas para diseñar la caja de engranes o de cambios. Con un límite inferior de 12 dientes para el piñón y al probar varias posibilidades se obtienen los juegos de engranes mostrados en la tabla 9-6 como posibilidades.

3 El número de dientes de engrane obviamente deber ser un entero. El resultado más cercano a un entero en la tabla 9-6 es 79.05. Por tanto, un juego de engranes 79:14 se aproxima a la relación deseada. Si se aplica esta relación a las tres etapas se obtiene una relación de tren de $(79/14)^3 = 179.68:1$, la cual está dentro de 0.2% de 180:1. Ésta puede ser una solución aceptable siempre que la caja de engranes no se utilice en una aplicación de temporización. Si el propósito de la caja de engranes es reducir la velocidad de un motor de un malacate, por ejemplo, una relación aproximada será adecuada.

4 Se utilizan muchas cajas de engranes en maquinaria de producción para impulsar árboles de levas o mecanismos articulados con un eje motriz maestro con la relación exacta necesaria; de lo contrario, el dispositivo impulsado a la larga se desfasaría con respecto al resto de la máquina. Si ése fuera el caso en este ejemplo, la solución encontrada en el paso 3 no sería suficientemente buena y tendría que volverse a diseñar exactamente 180:1. Como la relación de tren total es un número entero, lo más simple será buscar relaciones de conjuntos de engranes enteros. Por tanto, se requieren tres factores enteros de 180. La primera solución anterior constituye un razonable punto de inicio en la raíz cúbica de 180, la cual es 5.65. Si se redondeara hacia arriba (o hacia abajo) a un entero, podría encontrarse una combinación adecuada.

5 Dos etapas compuestas juntas de 6:1 dan 36:1. Si se divide 180 entre 36 da 5. Por tanto, las etapas mostradas en la tabla 9-7 dan una posible solución exacta.

TABLA 9-6
Ejemplo 9-2
Posibles engranajes para un tren compuesto de tres etapas y relación 180:1

Relación de engranaje		Dientes del piñón		Dientes del engrane
5.646	×	12	=	67.75
5.646	×	13	=	73.40
5.646	×	14	=	79.05
5.646	×	15	=	84.69

Esta solución, mostrada en la figura 9-30, satisface los criterios de diseño. Tiene la relación exacta, correcta; todas las etapas son menores de 10:1, y ningún piñón tiene menos de 14 dientes, lo cual evita el socavado si se utilizan engranes con ángulos de presión de 25° (tabla 9-4*b*, p. 333).

TABLA 9-7
Ejemplo 9-2
Solución exacta para el tren compuesto de tres etapas con relación 180:1

Relación de engranaje		Dientes del piñón		Dientes del engrane
6	×	14	=	84
6	×	14	=	84
5	×	14	=	70

Diseño de trenes compuestos revertidos

En el ejemplo anterior, las ubicaciones del eje de entrada y salida son diferentes. Esto puede ser aceptable o incluso deseable en algunos casos, conforme a otras restricciones en el diseño global de la máquina. Una caja de engranes como ésa, cuyos *ejes de entrada y salida no coinciden*, se llama **tren compuesto no revertido**. En algunos casos, como transmisiones automotrices, es deseable o incluso necesario tener el *eje de salida concéntrica con el eje de entrada*. Esto se conoce como

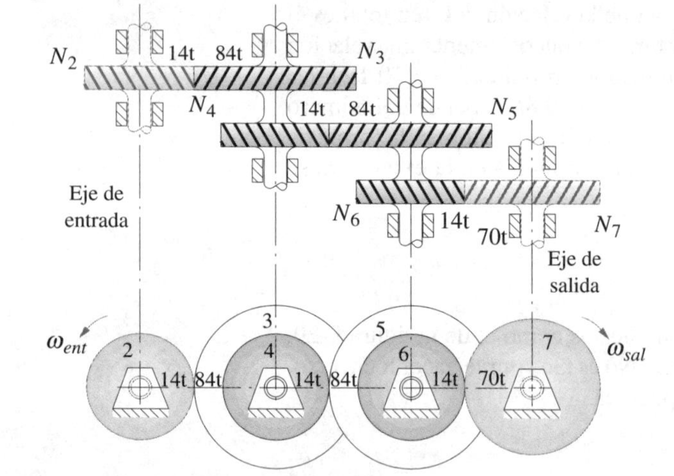

FIGURA 9-30 Tren de engranes compuesto de tres etapas con relación de tren $m_V = 1{:}180$ (relación de engranes $m_G = 180{:}1$)

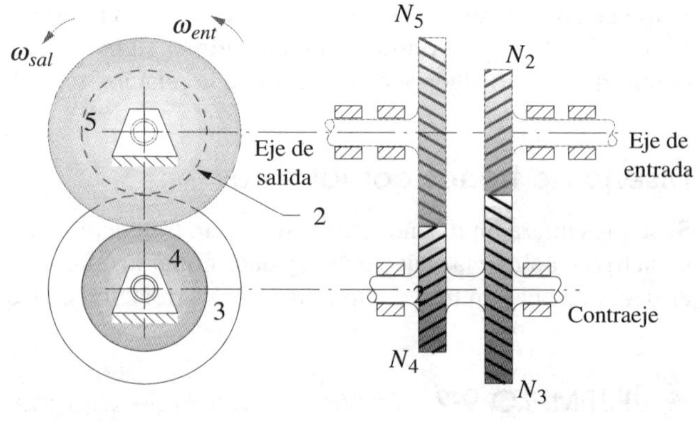

FIGURA 9-31 Tren de engranes compuesto revertido

"reversión del tren" o "retroaplicación del tren". El diseño de un **tren compuesto revertido** es más complicado debido a la restricción adicional de que las distancias entre centros de las etapas deben ser iguales. Si se refiere a la figura 9-31, esta restricción puede expresarse en función de sus radios de paso, diámetros de paso o número de dientes (siempre que todos los engranes tengan el mismo paso diametral).

$$r_2 + r_3 = r_4 + r_5 \tag{9.9a}$$

o

$$d_2 + d_3 = d_4 + d_5 \tag{9.9b}$$

Si p_d es el mismo para todos los engranes, la ecuación 9.4*c* (p. 330) puede sustituirse en la ecuación 9.9*b* y los términos del paso diametral se cancelan y se obtiene

$$N_2 + N_3 = N_4 + N_5 \tag{9.9c}$$

EJEMPLO 9-3 Diseño de un tren de engranes revertido.

Problema: Diseñe un tren compuesto revertido con una relación exacta de 18:1.

Solución:

1 Aunque no es necesario tener relaciones de engranaje exactas en un tren compuesto (sólo números de dientes enteros), si la relación de tren es un entero, es más fácil diseñar con engranajes de relación entera.

2 La raíz cuadrada de 18 es 4.2426, dentro de la limitación de 10:1. Así que dos etapas serán suficientes en esta caja de engranes.

3 Si fuera posible formar etapas idénticas, cada una con una relación igual a la raíz cuadrada de la relación del tren total, el tren resultaría revertido por omisión. La tabla 9-8 muestra que no existen combinaciones razonables de relaciones de dientes que proporcionen la raíz cuadrada exacta requerida. Además, esta raíz cuadrada no es un número racional, así que no puede obtenerse una solución exacta con este método.

4 En su lugar, se factoriza la relación de tren. Todos los números en los factores 9×2 y 6×3 son menores que 10, por lo que son aceptables sobre esa base. Tal vez sea mejor tener las relaciones de las dos etapas muy cercanas entre sí en cuanto a valor por razones de empaque, así que se probará la opción de 6×3.

5 La figura 9-31 muestra un tren revertido de dos etapas. Obsérvese que, a diferencia del tren no revertido de la figura 9-29 (p. 340), los ejes de entrada y salida ahora están en línea y en voladizo; por tanto, cada una tiene cojinetes dobles en un extremo para soportar el momento y una buena relación de soporte, como se definió en la sección 2.18 (p. 50).

6 La ecuación 9.8 (p. 340) establece la relación del tren compuesto. Además, se tiene la limitación de que la distancia entre centros de las etapas debe ser igual. Emplee la ecuación 9.9*c* e iguálela a una constante *K* arbitraria por determinar.

$$N_2 + N_3 = N_4 + N_5 = K \tag{a}$$

TABLA 9-8

Ejemplo 9-3

Posibles engranajes para un tren compuesto revertido de dos etapas con relación 18:1

Relación de engranaje		Dientes del piñón		Dientes del engrane
4.2426	×	12	=	50.91
4.2426	×	13	=	55.15
4.2426	×	14	=	59.40
4.2426	×	15	=	63.64
4.2426	×	16	=	67.88
4.2426	×	17	=	72.12
4.2426	×	18	=	76.37
4.2426	×	19	=	80.61
4.2426	×	20	=	84.85

7 Se deben resolver las ecuaciones 9.8 y 9.9*c* simultáneamente, para separar los términos de la ecuación 9.8 e igualarlos a una de las relaciones de etapa elegidas para este diseño.

$$\frac{N_2}{N_3} = \frac{1}{6}$$

$$N_3 = 6N_2 \tag{b}$$

$$\frac{N_4}{N_5} = \frac{1}{3}$$

$$N_5 = 3N_4 \tag{c}$$

8 Si se separan los términos de la ecuación (*a*):

$$N_2 + N_3 = K \tag{d}$$

$$N_4 + N_5 = K \tag{e}$$

9 Al sustituir la ecuación (*b*) en (*d*) y la (*c*) en (*e*):

$$N_2 + 6N_2 = K = 7N_2 \tag{f}$$

$$N_4 + 3N_4 = K = 4N_4 \tag{g}$$

10 Para hacer las ecuaciones (*f*) y (*g*) compatibles, *K* debe ser el mínimo común múltiplo de 7 y 4, que es 28. Así se obtienen valores de $N_2 = 4$ dientes y $N_4 = 7$ dientes.

11 Como un engrane de cuatro dientes sufrirá un socavado inaceptable; debe incrementarse el valor de *K* lo necesario para hacer el piñón más pequeño suficientemente grande.

12 Un nuevo valor de $K = 28 \times 4 = 112$ incrementará el engrane de cuatro dientes a uno de 16, lo cual es aceptable con un ángulo de presión de 25° (tabla 9-4*b*, p. 333). Con esta suposición de $K = 112$, las ecuaciones (*b*), (*c*), (*f*) y (*g*) se resuelven simultáneamente y se obtiene:

$$N_2 = 16 \qquad N_3 = 96$$
$$N_4 = 28 \qquad N_5 = 84 \tag{h}$$

la cual es una solución viable para este tren revertido.

Se puede aplicar el mismo procedimiento aquí descrito al diseño de trenes revertidos que implican varias etapas, como la caja de engranes helicoidales de la figura 9-32.

Un algoritmo para el diseño de trenes de engranes compuestos

Los ejemplos de diseño de trenes de engranes compuestos antes presentados utilizaban relaciones de trenes de engranes enteros. Si la relación requerida no fuera entera, sería más difícil encontrar una

FIGURA 9-32 Caja comercial de engranajes compuestos revertidos de tres etapas

Cortesía de Boston Gear Division of IMO Industries, Quincy, MA

combinación de número de dientes enteros que proporcionara la relación de tren exacta. En ocasiones se requiere una relación de engranes irracional, como en la conversión de unidades inglesas a métricas en un tren de engranes de máquina herramienta cuando π es un factor en la relación. Entonces, se requiere la aproximación más cercana a la relación de tren de engranes irracional deseada que pueda estar contenida en un paquete razonable.

DilPare [1] y Selfridge y Riddle[2] han diseñado algoritmos para resolver este problema. Ambos requieren una computadora para su solución. El método Selfridge será descrito aquí. Se aplica a trenes compuestos de dos o tres etapas y debe especificar un límite inferior $N_{mín}$ y un límite superior $N_{máx}$ en el número aceptable de dientes de cualquier engrane. También se elige una tolerancia de error ε expresada como un porcentaje de la relación de tren compuesto deseada R (siempre que sea > 1). Para un tren compuesto de dos etapas la relación será la mostrada en la ecuación 9.5c (p. 331) expandida con arreglo a la ecuación 9.8 (p. 340) con los signos omitidos en este análisis.

$$R = m_G = \frac{N_3 N_5}{N_2 N_4} \tag{9.10a}$$

La tolerancia de error ε elegida determina el rango de relaciones aceptables.

$$R_{bajo} = R - \varepsilon$$
$$R_{alto} = R + \varepsilon \tag{9.10b}$$

$$R_{bajo} \le \frac{N_3 N_5}{N_2 N_4} \le R_{alto} \tag{9.10c}$$

Entonces, como los números de dientes deben ser enteros:

$$N_3 N_5 \le INT\left(N_2 N_4 R_{alto}\right) \tag{9.10d}$$

Sea:

$$P = INT\left(N_2 N_4 R_{alto}\right) \tag{9.10e}$$

Asimismo, por la ecuación 9.10c,

$$N_3 N_5 \ge INT\left(N_2 N_4 R_{bajo}\right) \tag{9.10f}$$

Sea:

$$Q = INT\left(N_2 N_4 R_{bajo}\right) + 1 \tag{9.10g}$$

si redondea hacia arriba al siguiente entero.

Se realiza una búsqueda en todos los valores de un parámetro K temporal definido como $Q \le K \le P$ para ver si se puede encontrar un par producto utilizable. Debido a la simetría de la multiplicación, el valor más grande N_3 que debe considerarse es

$$N_3 \le \sqrt{P} \tag{9.11a}$$

Sea:

$$N_p = \sqrt{P} \tag{9.11b}$$

El valor más pequeño de N_3 por considerar ocurre cuando K está en su valor más pequeño Q y N_5 adopta su valor más grande N_{alto}. (N_3 también está limitado por N_{bajo}.)

$$N_3 \ge \frac{Q}{N_{alto}} \tag{9.11c}$$

Sea:

$$N_m = INT\left(\frac{Q + N_{alto} - 1}{N_{alto}}\right) \tag{9.11d}$$

que también se redondea al entero más próximo.

La búsqueda encuentra los valores de N_3 que satisfacen $N_m \le N_3 \le N_p$ y $N_5 = K/N_3$. En la tabla 9-9 se muestra el código de computadora para este algoritmo. El programa completo COMPOUND.TK viene en el DVD anexo con este libro, codificado para usarse con el programa *TK-Solver*. El código es fácil de modificar para otros solucionadores de ecuaciones y compiladores.

Este algoritmo se puede ampliar a trenes de engranes compuestos de tres etapas y la versión de dos etapas puede modificarse para inversión de fuerza del tren con la adición de un cálculo de la distancia entre centros para cada juego de engranes y una comparación con una tolerancia seleccionada en la distancia entre centros. Estos archivos también están incluidos en el DVD como TRIPLE.TK y

TABLA 9-9 Algoritmo para el diseño de trenes de engranes compuestos de dos etapas

Del archivo Compound.tk del programa TKSolver. Basado en la referencia [2]

"*Ratio* es la relación del tren de engranes deseada y debe ser > 1. *Nmin* es el número mínimo de dientes aceptable en cualquier piñón.
"*Nmax* es el número máximo de dientes aceptable en cualquier engrane. *esp1* es la estimación inicial de la tolerancia al error en *Ratio*.
"*eps* es la tolerancia utilizada en el cálculo, inicializada como *eps1* pero modificada (duplicada) hasta que se encuentran las soluciones.
"*counter* indica cuántas veces se duplicó la tolerancia. Obsérvese que un valor inicial grande de *eps1* se alargará.
"los tiempos de cálculo, mientras que un valor demasiado pequeño (que no da soluciones) se incrementará con rapidez y conducirá a una solución más rápida.
"*pinion1, pinion2, gear1* y *gear2* son los números de dientes para la solución.

```
    eps = eps1                                             "inicializa límite de error
    counter = 0                                            "inicializa contador
redo:                                                      "punto de reingreso para más pruebas de la solución
    S = 1                                                  "inicializa el indicador de la serie
    R_high = Ratio + eps                                   "inicializa bandas de tolerancia alrededor de la relación
    R_low  = Ratio  - eps                                  "inicializa bandas de tolerancia alrededor de la relación
    Nh3 = INT( Nmax^2 / R_high )                           "valor intermedio para el cálculo
    Nh4 = INT( Nmax / SQRT ( R_high))                      "valor intermedio para el cálculo
    For pinion1 = Nmin to Nh4                              "ciclo para el primer piñón
        Nhh = MIN ( Nmax, INT (Nh3 / pinion1))             "valor intermedio para el cálculo
        For pinion2 = pinion1 to Nhh                       "ciclo para el segundo piñón
            P =  INT( pinion1 * pinion2 * R_high)          "valor intermedio para el cálculo
            Q = INT( pinion1 * pinion2 * R_low) + 1        "valor intermedio para el cálculo
            IF ( P < Q ) THEN GOTO np2                     "salta al siguiente piñón 2 si es verdadero
            Nm = MAX ( Nmin, INT ( (Q + Nmax - 1) / Nmax ))   "valor intermedio para el cálculo
            Np = SQRT(P)                                   "valor intermedio para el cálculo
            For K = Q to P                                 "ciclo para parámetro el K
                For gear1 = Nm to Np                       "ciclo para el primer engrane
                    IF (MOD( K, gear1 ) <> 0 ) Then GOTO ng1   "no hay correspondencia: salta al siguiente gear1
                    gear2 = K / gear1                      "encuentra el número de dientes de segundo engrane
                    error = ( Ratio - K / ( pinion1 * pinion2) )   "encuentra el error en la relación
                    "comprobación para ver si está dentro de la tolerancia actual
                    IF error > eps THEN GOTO ng1           "está fuera de los límites: salta al siguiente gear1
                    "de lo contrario, cargar solución en arreglos
                    pin1[S] = pinion1
                    pin2[S] = pinion2
                    gear1[S] = gear1
                    gear2[S] = gear2
                    error[S] = ABS(error)
                    ratio1[S] = gear1 / pinion1
                    ratio2[S] = gear2 / pinion2
                    ratio[S] =  ratio1[S]  * ratio2[S]
                    S = S + 1                              "incrementar el tamaño del arreglo
ng1:            Next gear1
            Next K
np2:    Next pinion2
    Next pinion1
    "probar para ver si ocurrió cualquier solución con valor eps actual
    IF (Length (pin1) = 0 ) Then GOTO again ELSE Return    "tiene una solución
again:                                                     "duplicar valor de eps y tratar de nuevo
    eps = eps * 2
    counter = counter + 1
    GOTO redo
```

REVERT.TK, respectivamente. Cada uno de estos programas genera una tabla de todas las soluciones que satisfacen los criterios de error establecidos dentro de los límites de dientes especificados.

EJEMPLO 9-4 Diseño de un tren de engranes compuesto que se aproxima a una relación irracional.

Problema: Encuentre un par de engranajes que al estar compuestos proporcionan una relación 3.14159:1 con un error de < 0.0005%. Limite los engranes a números de dientes entre 15 y 100. Determine también los números de dientes con el error más pequeño posible si los dos conjuntos de engranes se revierten.

Solución:

1 Los datos de entrada al algoritmo son $R = 3.141\ 59$, $N_{bajo} = 15$, $N_{alto} = 100$, ε inicial = 3.141 59 E-5.
2 Se utilizó el archivo COMPOUND.TK para *TKSolver* (véase la tabla 9-9, p. 345) para generar las soluciones no revertidas mostradas en la tabla 9-10.
3 La mejor solución no revertida (7a. fila de la tabla 9-10) contiene un error en la relación de 7.849 9 E-06 (0.000 249 87%) que da una relación de 3.141 582 con juegos de engranes de 29.88 y 85.88 dientes.
4 Se utilizó el archivo REVERT.TK para *TKSolver* (véase el DVD) para generar las soluciones revertidas de la tabla 9-11.
5 La mejor solución revertida tiene un error en la relación de –9.619 8 E-04 (–0.030 62%) que una relación de 3.142 562 con los conjuntos de engranes de 22:39 y 22:39 dientes.
6 Obsérvese que la imposición de la restricción adicional de reversión redujo el número de posibles soluciones a una (las dos soluciones en la tabla 9-11 difieren por un factor de 2 en el número de dientes, pero tienen el mismo error) y el error es mucho más grande incluso que el de la peor de las 11 soluciones no revertidas en la tabla 9-10.

9

9.9 TRENES DE ENGRANES EPICÍCLICOS O PLANETARIOS

Los trenes de engranes convencionales descritos en las secciones previas son dispositivos de un grado de libertad (*GDL*). Otra clase de tren de engranes tiene una amplia aplicación, el **tren epicíclico o planetario**. Éste es un dispositivo de dos grados de libertad. Se requieren dos entradas para obtener una salida predecible. En algunos casos, como el diferencial automotriz, se proporciona una entrada (el eje motriz) y se obtienen dos salidas friccionalmente acopladas (las dos ruedas impulsoras). En otras aplicaciones, como transmisiones automáticas, motores de avión a reducciones de hélice y en transmisiones de bicicleta, se proporcionan dos entradas (una por lo general es una velocidad cero, es decir, un engrane fijo) y el resultado es una salida controlada.

TABLA 9-10 Engranajes no revertidos y errores en la relación del ejemplo 9-4

N_2	N_3	*Relación1*	N_4	N_5	*Relación2*	m_V	*Error*
17	54	3.176	91	90	0.989	3.141 564	2.568 2 E-05
17	60	3.529	91	81	0.890	3.141 564	2.568 2 E-05
22	62	2.818	61	68	1.115	3.141 580	1.026 8 E-05
23	75	3.261	82	79	0.963	3.141 569	2.054 1 E-05
25	51	2.040	50	77	1.540	3.141 600 *	1.000 0 E-05
28	85	3.036	86	89	1.035	3.141 611	2.129 6 E-05
29	88	3.034	85	88	1.035	3.141 582 †	7.849 9 E-06
33	68	2.061	61	93	1.525	3.141 580	1.026 8 E-05
41	75	1.829	46	79	1.717	3.141 569	2.054 1 E-05
43	85	1.977	56	89	1.589	3.141 611	2.129 6 E-05
43	77	1.791	57	100	1.754	3.141 575	1.513 3 E-05

TABLA 9-11 Engranajes revertidos y errores en la relación para el ejemplo 9-4

N_2	N_3	*Relación1*	N_4	N_5	*Relación2*	m_V	*Error*
22	39	1.773	22	39	1.773	3.142 562	-9.619 8 E-04
44	78	1.773	44	78	1.773	3.142 562	-9.619 8 E-04

* Obsérvese que esta combinación de tren de engranes da una aproximación a π exacta a cuatro cifras decimales. Sin embargo, este ejemplo demanda una aproximación a cinco cifras decimales dentro de una tolerancia de 5 diezmilésimas de uno por ciento. Esta relación queda fuera por un milésimo de uno por ciento del valor de cinco cifras deseado.

† Ésta es la aproximación más cercana posible a un valor de cinco cifras de π en un tren de engranes no revertido dentro de las limitaciones dadas de tamaños de engranes.

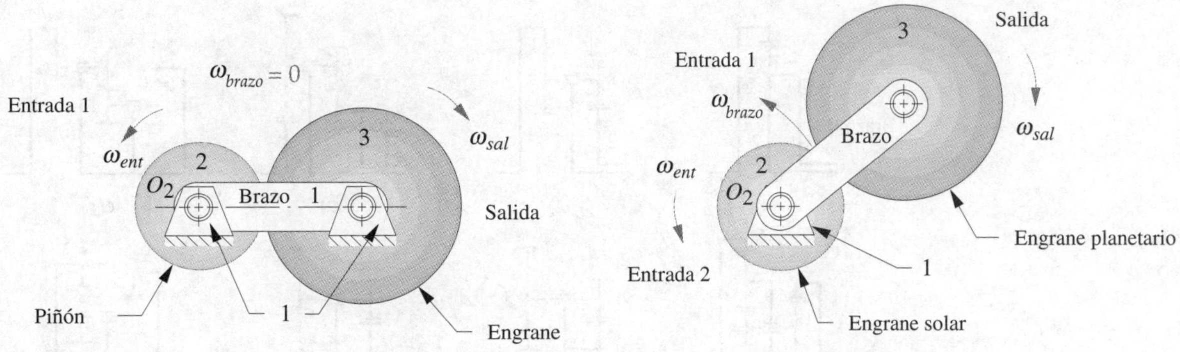

a) Engranajes convencionales *b*) Engranajes epicíclicos o planetarios

FIGURA 9-33 Los engranajes convencionales son casos especiales de engranajes epicíclicos o planetarios

La figura 9-33*a* muestra un conjunto de engranes convencional de un grado de libertad en el cual el eslabón 1 está inmovilizado como eslabón de bancada. La figura 9-33*b* muestra el mismo engranaje con el eslabón 1, ahora libre para que gire como un **brazo** que conecta los dos engranes. Ahora sólo la articulación O_2 está fija y el grado de libertad del sistema es 2. Éste se ha convertido en un tren **epicíclico** con un **engrane solar** y un **engrane planetario** que gira alrededor del sol, mantenido en órbita por el **brazo**. Se requieren dos entradas. Por lo general, el brazo y el engrane solar serán impulsados en alguna dirección a cierta velocidad. En muchos casos, una de estas entradas será velocidad cero, es decir, un freno aplicado al brazo o al engrane solar. Obsérvese que una entrada de velocidad cero al brazo simplemente hace un tren convencional del tren epicíclico, como se muestra en la figura 9-33*a*. Por tanto, el tren convencional es simplemente un caso especial del tren epicíclico más complejo, en el cual su brazo se mantiene estacionario.

En este ejemplo simple de tren epicíclico, el único engrane que queda, del que se puede tomar una salida después de aplicar las entradas al solar y al brazo, es el planetario. Es un poco difícil obtener una salida utilizable de este engrane al orbitar ya que su pivote está en movimiento. En la figura 9-34 se muestra una configuración más útil a la cual se agregó un engrane anular. Este **engrane anular** engrana con el planetario y pivotea en O_2, de modo que puede habilitarse con facilidad como elemento de salida. La mayoría de los trenes planetarios estarán dispuestos con engranes anulares para devolver el movimiento planetario a un pivote fijo. Obsérvese cómo el engrane solar, el engrane anular y el brazo funcionan como ejes huecos coaxiales, de modo que cada uno puede ser accesado para habilitar su velocidad angular y par de torsión como una entrada o una salida.

Los trenes epicíclicos vienen en muchas variedades. Levai[3] catalogó 12 tipos posibles de trenes epicíclicos básicos, como se muestra en la figura 9-35. Estos trenes básicos pueden conectarse entre sí para crear un gran número de trenes con más grados de libertad. Esto se hace en transmisiones automáticas automotrices, como se describe más adelante.

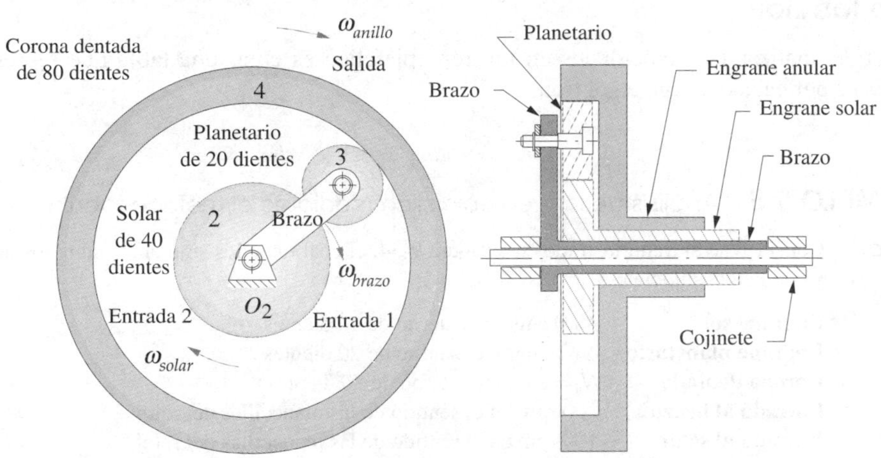

FIGURA 9-34 Engranajes planetarios con un engrane anular utilizado como salida

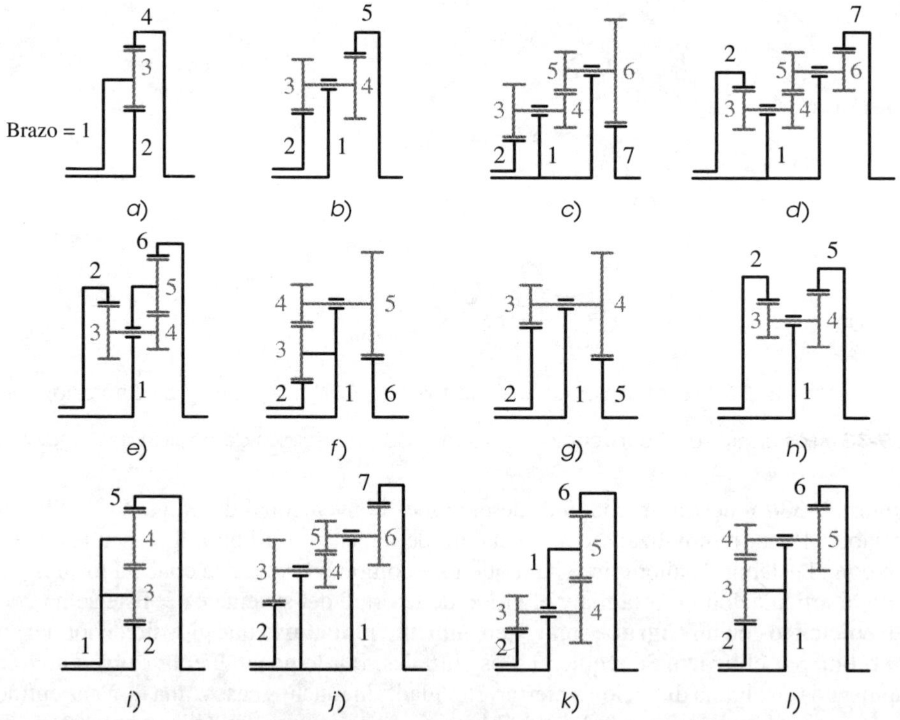

FIGURA 9-35 12 posibles trenes epicíclicos de Levai [3]

Si bien es relativamente fácil visualizar el flujo de potencia a través de un tren de engranes convencional y observar las direcciones del movimiento de sus engranes miembros, es muy difícil determinar el comportamiento de un tren planetario por observación. Para ello deben hacerse los cálculos necesarios para determinar su comportamiento y pueden resultar sorprendentes los contraintuitivos resultados. Como los engranes giran con respecto al brazo y éste tiene movimiento, se tiene un problema de diferencia de velocidad que requiere aplicar la ecuación 6.5*b* (p. 194) a este problema. Si se reescribe la ecuación de diferencia de velocidad en función de velocidades angulares propias de este sistema, se obtiene:

$$\omega_{engrane} = \omega_{brazo} + \omega_{engrane/brazo} \tag{9.12}$$

Se requieren las ecuaciones 9.12 y 9.5*a* (p. 331) para encontrar las velocidades en un tren epicíclico, siempre que se conozcan los números de dientes y las dos condiciones de entrada.

Método tabular

Una forma de analizar las velocidades en un tren epicíclico es crear una tabla que represente la ecuación 9.12 por cada engrane en el tren.

✍ EJEMPLO 9-5 Análisis de un tren epicíclico mediante el método tabular.

Problema: Considérese el tren mostrado en la figura 9-34, el cual tiene los siguientes números de dientes y condiciones iniciales:

Engrane sol	N_2 = engrane externo de 40 dientes
Engrane planetario	N_3 = engrane externo de 20 dientes
Corona dentada	N_4 = engrane interno de 80 dientes
Entrada al brazo	200 rpm en el sentido de las manecillas del reloj
Entrada al solar	100 rpm en el sentido de las manecillas del reloj

Encuentre la velocidad angular absoluta de la corona dentada.

Solución:

1 La tabla de solución se dispone con una columna por cada término en la ecuación 9.12 (p. 348) y una fila por cada engrane en el tren. Será conveniente poder acomodar la tabla de modo que los engranes conectados ocupen filas adyacentes. En la figura 9-36 se muestra la tabla para este método antes del ingreso de datos.

2 Obsérvese que las relaciones de engranes se muestran sobre las filas de engranes a las cuales se aplican. La columna de relación de engranes se coloca junto a la columna que contiene las diferencias de velocidad $\omega_{engrane/brazo}$ porque las relaciones de engranes se aplican sólo a la diferencia de velocidad. Las relaciones de engranes **no se pueden aplicar directamente a velocidades absolutas** en la columna $\omega_{engrane}$.

3 La estrategia de solución es simple, pero con ella se pueden cometer errores si no se tiene cuidado. Obsérvese que se resolverá una ecuación vectorial con álgebra escalar y que los signos de los términos denotan el sentido de los vectores, los cuales están dirigidos a lo largo del eje *Z*. Se debe tener cuidado de introducir los signos correctos de las velocidades de entrada y de las relaciones de engranes en la tabla o el resultado será incorrecto. Algunas relaciones de engranes pueden ser negativas si implican conjuntos de engranes externos y algunas serán positivas si implican un engrane interno. En este ejemplo se presentan ambos tipos.

4 El primer paso es introducir los datos conocidos en la figura 9-37, que en este caso son la velocidad del brazo (en todas las filas) y la velocidad absoluta del engrane 2 en la columna 1. También se pueden calcular y colocar las relaciones de engranes en sus ubicaciones respectivas. Obsérvese que estas relaciones deberán calcularse para cada conjunto de engranes de una manera consistente, al seguir el flujo de potencia a través del tren. Es decir, si se inicia en el engrane 2 como impulsor, impulsa el engrane 3 directamente. Esto hace que su relación $-N_2/N_3$, o entrada sobre salida, no sea el recíproco. *Esta relación es negativa porque el conjunto de engranes es externo*. El engrane 3 a su vez impulsa el engrane 4 de modo que su relación es $+N_3/N_4$. *Ésta es una relación positiva debido al engrane interno*.

5 Una vez que cualquier fila tiene dos entradas, se puede calcular el valor de su columna restante con la ecuación 9.12 (p. 348). Una vez que se encuentra cualquier valor en la columna de diferencia de velocidad (columna 3) se pueden aplicar relaciones de engranes para calcular los demás valores en esa columna. Finalmente, se pueden calcular las filas restantes con la ecuación 9.12 para obtener las velocidades absolutas de todos los engranes en la columna 1. Estos cálculos se muestran en la figura 9-38, los cuales completan la solución.

6 Se puede calcular el valor del tren completo en este ejemplo con la tabla y es, del brazo a la corona dentada, +1.25:1, y del engrane sol a la corona dentada, +2.5:1.

Engrane	1 $\omega_{engrane}$ =	2 ω_{brazo} +	3 $\omega_{engrane/brazo}$	*Relación de engrane*

FIGURA 9-36 Tabla para la solución de trenes de engranes planetarios

Engrane	1 $\omega_{engrane}$ =	2 ω_{brazo} +	3 $\omega_{engrane/brazo}$	*Relación de engrane*
2	−100	−200		−40/20
3		−200		+20/80
4		−200		

FIGURA 9-37 Datos para el tren de engranes planetarios del ejemplo 9-5 colocados en la tabla de solución

Engrane	1 $\omega_{engrane}$ =	2 ω_{brazo} +	3 $\omega_{engrane/brazo}$	*Relación de engrane*
2	−100	−200	+100	−40/20
3	−400	−200	−200	+20/80
4	−250	−200	−50	

FIGURA 9-38 Solución para tren de engranes planetarios del ejemplo 9-5

9

En este ejemplo se dio la velocidad del brazo. Si tuviera que encontrarse como salida, entonces debe ingresarse en la tabla como una incógnita *x* y resolver las ecuaciones para esa incógnita.

PARADOJA DE FERGUSON Los trenes epicíclicos tienen varias ventajas sobre los convencionales, entre las cuales están: relaciones de tren más altas en paquetes más pequeños, reversión por omisión y salidas bidireccionales, simultáneas y concéntricas con una entrada unidireccional única. Estas características hacen que los trenes planetarios sean de uso común como en transmisiones automáticas en automóviles y camiones, etcétera.

La llamada **paradoja de Ferguson** de la figura 9-39 (p. 350) ilustra todas estas características del tren planetario. Es un **tren epicíclico compuesto** con un engrane planetario de 20 dientes (engrane 5) en el brazo y engranado simultáneamente con tres engranes solares. Estos engranes solares tienen 100 dientes (engrane 2), 99 dientes (engrane 3) y 101 dientes (engrane 4), respectivamente. Las distancias entre centros de todos los engranes solares y el planetario son las mismas, sin importar los diámetros de paso ligeramente diferentes de cada engrane solar. Esto es posible a causa de las propiedades de la forma de diente en involuta que se describió en la sección 9.2 (p. 325). Cada engrane solar funcionará suavemente con el engrane planetario y cada conjunto de engranes simplemente tendrá un ángulo de presión un poco diferente.

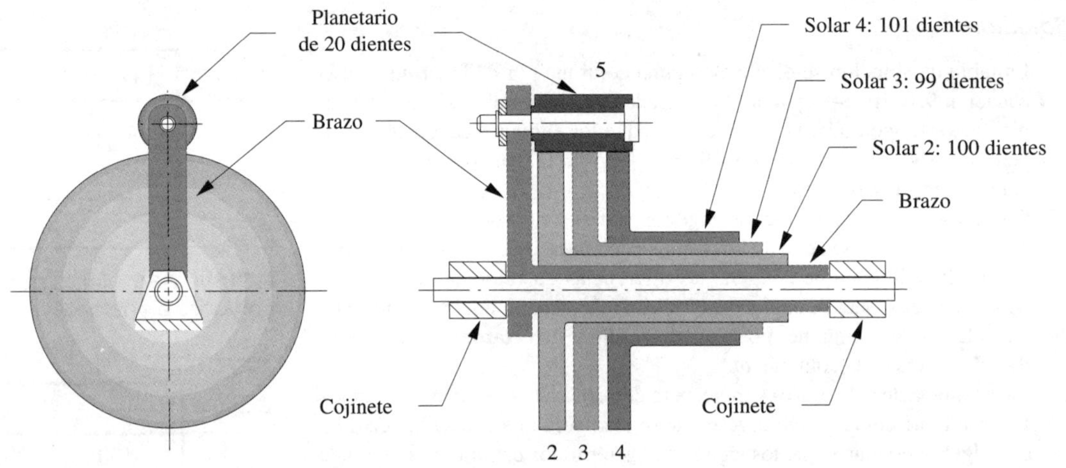

FIGURA 9-39 Tren de engranes planetarios compuesto de paradoja de Ferguson

EJEMPLO 9-6 Análisis de la paradoja de Ferguson mediante el método tabular.

Problema: Considérese el tren paradoja de Ferguson mostrado en la figura 9-39, el cual tiene los siguientes números de dientes y condiciones iniciales:

Engrane solar 2	N_2 = engrane externo de 100 dientes
Engrane solar 3	N_3 = engrane externo de 99 dientes
Engrane solar 4	N_4 = engrane externo de 101 dientes
Engrane planetario	N_5 = engrane externo de 20 dientes
Entrada al solar 2	0 rpm
Entrada al brazo	100 rpm en sentido contrario a las manecillas del reloj

El engrane solar 2 está fijo en el bastidor, y de ese modo proporciona una entrada (velocidad cero) al sistema. El brazo se impulsa a 100 rpm en sentido contrario al de las manecillas del reloj como segunda entrada. Encuentre las velocidades angulares de las dos salidas que están disponibles con este tren compuesto, una con el engrane 3 y la otra del 4, los cuales giran libremente en el eje principal.

	1	2	3	
Engrane	$\omega_{engrane}$ =	ω_{brazo} +	$\omega_{engrane/brazo}$	*Relación de engrane*
2	0	+100		−100/20
5		+100		−20/99
3		+100		
5		+100		−20/101
4		+100		

FIGURA 9-40 Datos para el tren de engranes planetarios de la paradoja de Ferguson del ejemplo 9-6

Solución:

1 La solución tabular para este tren se dispone en la figura 9-40, la cual muestra los datos dados. Obsérvese que la fila para el engrane 5 se repite por claridad al aplicar la relación de engranes entre los engranes 5 y 4.

2 Los valores de entrada conocidos de velocidad son la velocidad angular del brazo y la velocidad absoluta cero del engrane 2.

3 En este caso, las relaciones de engrane son negativas a causa de los engranajes externos, y sus valores reflejan la dirección del flujo de potencia del engrane 2 al 5, luego del 5 al 3 y del 5 al 4 en la segunda rama.

4 La figura 9-41 muestra los valores calculados agregados a la tabla. Obsérvese que, con una entrada al brazo de 100 rpm **en sentido contrario al de las manecillas del reloj**, se obtiene una salida de 1 rpm **en sentido contrario al de las manecillas del reloj** con el engrane 4 y una salida de 1 rpm **en el sentido de las manecillas del reloj** con el engrane 3, al mismo tiempo.

	1	2	3	
Engrane	$\omega_{engrane}$ =	ω_{brazo} +	$\omega_{engrane/brazo}$	*Relación de engrane*
2	0	+100	−100	−100/20
5	+600	+100	+500	−20/99
3	−1.01	+100	−101.01	
5	+600	+100	+500	−20/101
4	+0.99	+100	−99.01	

FIGURA 9-41 Solución del tren de engranes planetarios de la paradoja de Ferguson del ejemplo 9-6

Este resultado explica el uso de la palabra **paradoja** para describir este tren. ¡No sólo se obtiene una relación mucho más grande (100:1) que la que resultaría con un tren convencional con engranes de 100 y 20 dientes, sino una opción personalizada de direcciones de salida!

Las transmisiones automáticas automotrices utilizan trenes planetarios compuestos, los cuales siempre están engranados, y producen velocidades directas, más reversa, simplemente con enganchar o desenganchar los frenos en diferentes miembros del tren. El freno proporciona una entrada de velocidad cero a un miembro del tren. La otra entrada proviene del motor. La salida es modificada por la aplicación de estos frenos internos en la transmisión conforme a la selección del conductor (**P***ark*, **R***everse*, **N***eutral*, **D***rive*, etcétera).

Método de la fórmula

No es necesario tabular la solución de un tren epicíclico. La fórmula de diferencia de velocidad puede resolverse de manera directa para la relación del tren. Es posible reacomodar la ecuación 9.12 (p. 348) para resolverla para el término de diferencia de velocidad. Entonces, ω_F representa la velocidad angular del primer engrane en el tren (elegido en uno u otro extremo) y ω_L la velocidad angular del último engrane del tren (en el otro extremo).

Para el primer engrane del sistema:

$$\omega_{F/brazo} = \omega_F - \omega_{brazo} \tag{9.13a}$$

Para el último engrane en el sistema:

$$\omega_{L/brazo} = \omega_L - \omega_{brazo} \tag{9.13b}$$

Si se divide la última entre la primera:

$$\frac{\omega_{L/brazo}}{\omega_{F/brazo}} = \frac{\omega_L - \omega_{brazo}}{\omega_F - \omega_{brazo}} = R \tag{9.13c}$$

Así se logra una expresión para el valor fundamental del tren R, que define una relación de velocidad para el tren con el brazo estacionario. El primer miembro a la izquierda de la ecuación 9.13*c* implica sólo los términos de diferencia de velocidad relacionados con el brazo. Esta fracción es igual a la relación de los productos de los números de dientes de los engranes del primero al último en el tren, como se define en la ecuación 9.8*b* (p. 340), la cual puede sustituirse en lugar del primer miembro de la ecuación 9.13*c*.

$$R = \pm\frac{\text{producto del número de dientes de engranes motrices}}{\text{producto del número de dientes de engranes impulsados}} = \frac{\omega_L - \omega_{brazo}}{\omega_F - \omega_{brazo}} \tag{9.14}$$

Esta ecuación puede resolverse para cualquiera de las variables del segundo miembro siempre que los otros dos hayan sido definidos como las dos entradas a este tren de dos grados de libertad. Se debe conocer o las velocidades del brazo más la de un engrane o las velocidades de dos engranes, el primero y el último, si así se designaron. Otra limitación de este método es que tanto el primero como el último engrane elegido deben estar pivotados en la bancada (sin orbitar) y debe haber una trayectoria de engranados que los conecte, los cuales pueden incluir engranes planetarios orbitando. Puede aplicarse este método para resolver de nuevo la paradoja de Ferguson del ejemplo 9-6.

EJEMPLO 9-7 Análisis de la paradoja de Ferguson mediante el método de la fórmula.

Problema: Considérese el tren paradoja de Ferguson del ejemplo 9-6, que tiene los siguientes números de dientes y condiciones iniciales (véase la figura 9-37, p. 349):

Engrane solar 2	N_2 = engrane externo de 100 dientes
Engrane solar 3	N_3 = engrane externo de 99 dientes
Engrane solar 4	N_4 = engrane externo de 101 dientes
Engrane planetario	N_5 = engrane externo de 20 dientes
Entrada al solar 2	0 rpm
Entrada al brazo	100 rpm en sentido contrario al de las manecillas del reloj

El engrane solar 2 está fijo en la estructura, y proporciona una entrada (velocidad cero) al sistema. El brazo se impulsa a 100 rpm en sentido contrario al de las manecillas del reloj como la segunda entrada. Encuentre las velocidades angulares de las dos salidas que están disponibles con el tren compuesto, una con el engrane 3 y otra con el 4, los cuales giran libremente sobre el eje principal.

Solución:

1 Se debe aplicar la ecuación 9.14 dos veces, una para cada engrane de salida. Si se considera el engrane 3 como el último engrane del tren y el 2 como el primero, se tiene:

$$\begin{array}{lll} N_2 = 100 & N_3 = 99 & N_5 = 20 \\ \omega_{brazo} = +100 & \omega_F = 0 & \omega_L = ? \end{array} \tag{a}$$

2 Al sustituir en la ecuación 9.14:

$$\left(-\frac{N_2}{N_5}\right)\left(-\frac{N_5}{N_3}\right) = \frac{\omega_L - \omega_{brazo}}{\omega_F - \omega_{brazo}}$$

$$\left(-\frac{100}{20}\right)\left(-\frac{20}{99}\right) = \frac{\omega_3 - 100}{0 - 100} \tag{b}$$

$$\omega_3 = -1.01$$

3 Si se considera el engrane 4 como el último engrane del tren y el 2 como el primero:

$$\begin{array}{lll} N_2 = 100 & N_4 = 101 & N_5 = 20 \\ \omega_{brazo} = +100 & \omega_F = 0 & \omega_L = ? \end{array} \tag{c}$$

4 Si se sustituye en la ecuación 9.14:

$$\left(-\frac{N_2}{N_5}\right)\left(-\frac{N_5}{N_4}\right) = \frac{\omega_L - \omega_{brazo}}{\omega_F - \omega_{brazo}}$$

$$\left(-\frac{100}{20}\right)\left(-\frac{20}{101}\right) = \frac{\omega_4 - 100}{0 - 100} \tag{d}$$

$$\omega_4 = +0.99$$

Éstos son los mismos resultados obtenidos con el método tabular.

9.10 EFICIENCIA DE LOS TRENES DE ENGRANES

La definición general de eficiencia es *potencia de salida/potencia de entrada*. Se expresa como una fracción (% decimal) o como porcentaje. La eficiencia de un tren de engranes convencional (simple o compuesto) es muy alta. La pérdida de potencia en el conjunto de engranes es sólo aproximadamente de 1 a 2% según el acabado y la lubricación de los dientes. La eficiencia básica del conjunto de engranes se denomina E_0. Un engranaje externo tendrá un E_0 de aproximadamente 0.98 o mejor, y uno externo/interno, aproximadamente de 0.99 o mejor. Cuando se utilizan conjuntos de engranes múltiples en un tren simple o compuesto, la eficiencia total del tren será el producto de las eficiencias de todas sus etapas. Por ejemplo, un tren de dos etapas ambas con eficiencias de $E_0 = 0.98$ tendrá una eficiencia total de $\eta = 0.98^2 = 0.96$.

Los trenes epicíclicos, si se diseñan apropiadamente, pueden tener eficiencias totales, incluso superiores a las de los trenes convencionales. Pero si el tren epicíclico está deficientemente diseñado, su eficiencia puede ser tan baja que generará un excesivo calentamiento e incluso puede no funcionar. Este extraño resultado puede presentarse si los elementos orbitantes (planetarios) en el tren tienen pérdidas altas que absorben gran cantidad de "potencia circulante" dentro del tren. Es posible que esta potencia circulante sea mucho mayor que la potencia de impulso para la que el tren fue diseñado, y el resultado es un excesivo calentamiento o pérdida de velocidad. El cálculo de la eficiencia total de un tren epicíclico es mucho más complicado que la simple multiplicación antes indicada que funciona para trenes convencionales. Molian[4] presenta una derivación concisa.

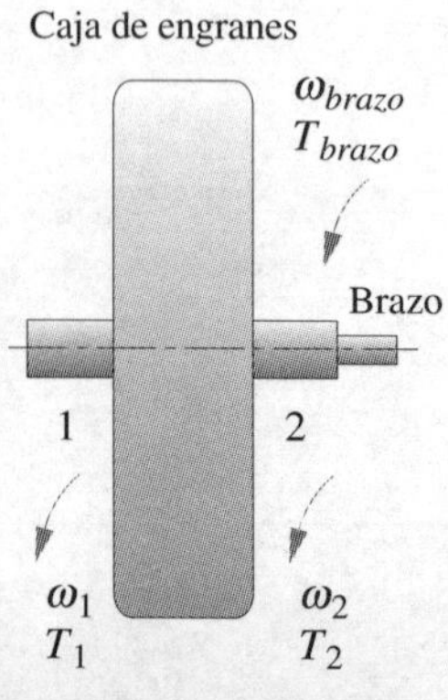

FIGURA 9-42 Tren de engranes epicíclicos genérico

Para calcular la eficiencia total η de un tren epicíclico se debe definir una relación básica ρ que está relacionada con el valor fundamental del tren R definido en la ecuación 9.13*c* (p. 351).

$$\text{si } |R| \geq 1, \text{ entonces } \rho = R \text{ si no } \rho = 1/R \tag{9.15}$$

Estas restricciones de ρ representan un aumento de la velocidad en lugar de un decremento, sin considerar la manera en que se pretende operar el tren.

Para calcular el par de torsión y la potencia en un tren de engranes epicíclico, puede considerarse que es una "caja negra" con tres ejes concéntricos, como se muestra en la figura 9-42. Estos ejes se rotulan con 1, 2, y brazo, y la conexión a cualquiera de los "extremos" del tren de engranes y a su brazo, respectivamente. Dos de estos ejes pueden servir como entradas y el tercero como salida en cualquier combinación. No se requieren los detalles de la configuración interna del tren si se conoce su relación básica ρ y la eficiencia básica E_0 de sus engranajes. Todo el análisis se realiza con respecto al brazo del tren puesto que el flujo de potencia interno y las pérdidas sólo son afectadas por la rotación de los ejes 1 y 2 con respecto al brazo, no por la rotación de toda la unidad. También se modela como con un solo engrane planetario con el objeto de determinar E_0 con base en la suposición de que la potencia y las pérdidas en realidad se dividen por igual entre todos los engranes del tren. Los pares de torsión y las velocidades angulares en el sentido contrario al de las manecillas del reloj se consideran positivos. La potencia es el producto del par de torsión por la velocidad angular, así que una potencia positiva es una entrada (par de torsión y velocidad en la misma dirección), y una potencia negativa, una salida.

Si el tren funciona a velocidad constante o si cambia de velocidad con demasiada lentitud para afectar de manera significativa su energía cinética interna, se puede suponer equilibrio estático y los pares de torsión sumarán cero.

$$T_1 + T_2 + T_{brazo} = 0 \tag{9.16}$$

La suma de las potencias de entrada y salida también debe ser cero, pero la dirección del flujo de potencia afecta el cálculo. Si la potencia fluye del eje 1 al 2, entonces:

$$E_0 T_1 (\omega_1 - \omega_{brazo}) + T_2 (\omega_2 - \omega_{brazo}) = 0 \tag{9.17a}$$

Si fluye del eje 2 al 1, entonces:

$$T_1 (\omega_1 - \omega_{brazo}) + E_0 T_2 (\omega_2 - \omega_{brazo}) = 0 \tag{9.17b}$$

Si la potencia fluye de la flecha 1 a la 2, las ecuaciones 9.16 y 9.17*a* se resuelven simultáneamente para obtener los pares de torsión del sistema. Si la potencia fluye en la otra dirección, entonces se utilizan las ecuaciones 9.16 y 9.17*b*. La sustitución de la ecuación 9.13*c* (p. 351) en combinación con la ecuación 9.15 (p. 352) introduce la relación básica ρ y después de la solución simultánea se obtiene:

flujo de potencia de 1 a la 2

$$T_1 = \frac{T_{brazo}}{\rho E_0 - 1} \tag{9.18a}$$

$$T_2 = -\frac{\rho E_0 T_{brazo}}{\rho E_0 - 1} \tag{9.18b}$$

flujo de potencia de 2 a 1

$$T_1 = \frac{E_0 T_{brazo}}{\rho - E_0} \tag{9.19a}$$

$$T_2 = -\frac{\rho T_{brazo}}{\rho - E_0} \tag{9.19b}$$

Una vez que se encuentran los pares de torsión, se puede calcular la potencia de entrada y salida con las velocidades de entrada y salida conocidas (con un análisis cinemático, como se describió antes), y luego se determina la eficiencia con la *potencia de salida/potencia de entrada*.

Existen ocho casos posibles dependiendo de qué eje es fijo, qué eje es el de entrada y si la relación básica ρ es positiva o negativa. Estos casos se muestran en la tabla 9-12,[4] que incluye expresiones para la eficiencia del tren lo mismo que para los pares de torsión. Obsérvese que el par de torsión en un eje se conoce siempre por la carga a ser impulsada o la potencia disponible producida por el impulsor, y éste se requiere para calcular los otros dos pares de torsión.

EJEMPLO 9-8 Determinación de la eficiencia de un tren de engranes epicíclico*

Problema: Encuentre la eficiencia total del tren epicíclico mostrado en la figura 9-43[5]. La eficiencia básica en E_0 es 0.9928 y el número de dientes de los engranes son: N_A = 82 dientes, N_B = 84 dientes, N_C = 86 dientes, N_D = 82 dientes, N_E = 82 dientes y N_F = 84 dientes. El engrane *A* (*eje* 2) está fijo en la estructura y proporciona una entrada de velocidad cero. El brazo se impulsa como la segunda entrada.

Solución:

1 Encuentre la relación básica ρ para el tren de engranes con las ecuaciones 9.14 (p. 351) y 9.15 (p. 352). Obsérvese que los engranes *B* y *C* tienen la misma velocidad que los engranes *D* y *E*, así que sus relaciones son 1 y por tanto se omiten.

$$\rho = \frac{N_F N_D N_B}{N_E N_C N_A} = \frac{84(82)(84)}{82(86)(82)} = \frac{1\,764}{1\,763} \cong 1.000567 \tag{a}$$

* Este ejemplo se adaptó de la referencia [5].

9

TABLA 9-12 Pares de torsión y eficiencias en un tren epicíclico [4]

Caso	ρ	Eje fijo	Eje de entrada	Relación de tren	T_1	T_2	T_{brazo}	Eficiencia (η)
1	$> +1$	2	1	$1-\rho$	$-\frac{T_{brazo}}{1-\rho E_0}$	$\frac{\rho E_0 T_{brazo}}{1-\rho E_0}$	T_{brazo}	$\frac{\rho E_0 - 1}{\rho - 1}$
2	$> +1$	2	brazo	$\frac{1}{1-\rho}$	T_1	$-\rho \frac{T_1}{E_0}$	$\left(\frac{\rho - E_0}{E_0}\right) T_1$	$\frac{E_0(\rho-1)}{\rho - E_0}$
3	$> +1$	1	2	$\frac{\rho-1}{\rho}$	$\frac{T_{brazo}}{\rho E_0 - 1}$	$-\frac{\rho E_0 T_{brazo}}{\rho E_0 - 1}$	T_{brazo}	$\frac{\rho E_0 - 1}{E_0(\rho-1)}$
4	$> +1$	1	brazo	$\frac{\rho}{\rho-1}$	$-\frac{E_0}{\rho} T_2$	T_2	$-\left(\frac{\rho - E_0}{\rho}\right) T_2$	$\frac{\rho-1}{\rho - E_0}$
5	≤ -1	2	1	$1-\rho$	$-\frac{T_{brazo}}{1-\rho E_0}$	$\frac{\rho E_0 T_{brazo}}{1-\rho E_0}$	T_{brazo}	$\frac{\rho E_0 - 1}{\rho - 1}$
6	≤ -1	2	brazo	$\frac{1}{1-\rho}$	T_1	$-\rho \frac{T_1}{E_0}$	$\left(\frac{\rho - E_0}{E_0}\right) T_1$	$\frac{E_0(\rho-1)}{\rho - E_0}$
7	≤ -1	1	2	$\frac{\rho-1}{\rho}$	$\frac{E_0 T_{brazo}}{\rho - E_0}$	$-\frac{\rho T_{brazo}}{\rho - E_0}$	T_{brazo}	$\frac{\rho - E_0}{\rho - 1}$
8	≤ -1	1	brazo	$\frac{\rho}{\rho-1}$	$-\frac{T_2}{\rho E_0}$	T_2	$-\left(\frac{\rho E_0 - 1}{\rho E_0}\right) T_2$	$\frac{E_0(\rho-1)}{\rho E_0 - 1}$

2 La combinación de $\rho > 1$ con el eje 2 fijo y el brazo de entrada corresponde al caso 2 en la tabla 9-12 y da una eficiencia de:

$$\eta = \frac{E_0(\rho - 1)}{\rho - E_0} = \frac{0.9928(1.000567 - 1)}{1.000567 - 0.9928} = 0.073 = 7.3\% \qquad (b)$$

3 Ésta es una eficiencia muy baja, por lo que esta caja de engranes no es útil. Aproximadamente 93% de la potencia de entrada circula por el tren de engranes y se disipa como calor.

El ejemplo anterior señala un problema con los trenes de engranes epicíclicos que tienen relaciones básicas cercanas a la unidad. Tienen baja eficiencia y no son útiles para la transmisión de potencia. Las grandes relaciones de velocidad con alta eficiencia sólo se pueden obtener con trenes que tienen grandes relaciones básicas.[5]

9.11 TRANSMISIONES

Trenes de engranes revertidos compuestos Se utilizan comúnmente en transmisiones automotrices manuales (no automáticas) para proporcionar relaciones elegibles por el usuario entre el motor y las ruedas motrices para multiplicar el par de torsión (ventaja mecánica). Estas cajas de

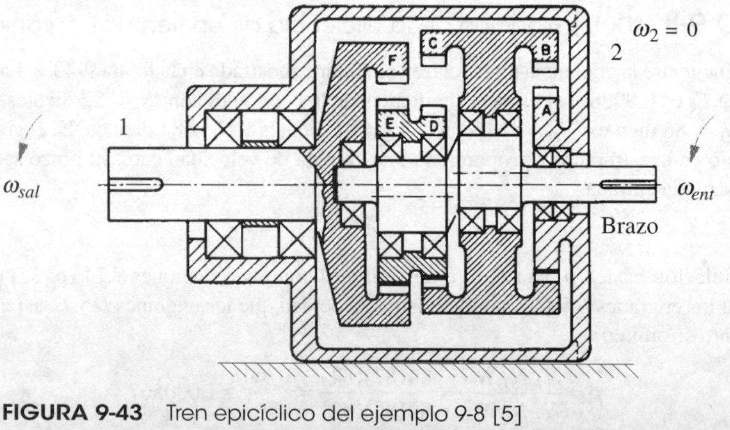

FIGURA 9-43 Tren epicíclico del ejemplo 9-8 [5]

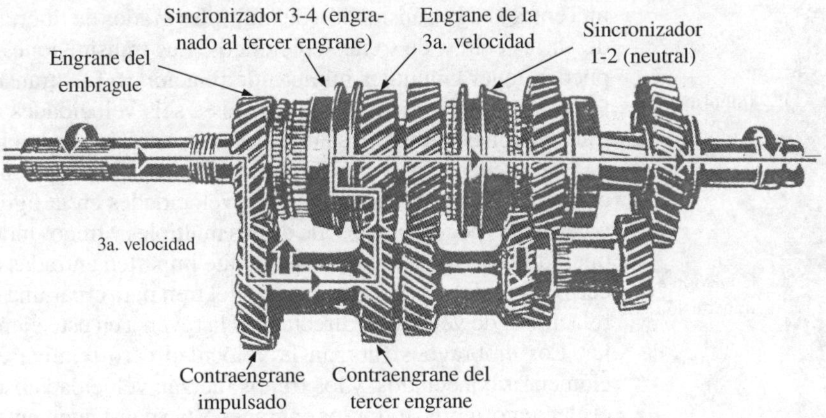

FIGURA 9-44 Transmisión automotriz de cambios sincronizados, manual de cuatro velocidades *De Crouse, W. H.* (1980). *Automotive Mechanics*, 8a. ed., *McGraw-Hill, Nueva York, NY, p. 480. Reimpresa con permiso*

engranes o de velocidades en general tienen de tres a seis velocidades directas y una reversa. La mayoría de las transmisiones modernas de este tipo utilizan engranes helicoidales para un funcionamiento silencioso. Estos engranes **no** entran y salen de conexión cuando se cambia de una velocidad a otra, excepto la reversa. En su lugar, los engranes de la relación deseada se bloquean selectivamente al eje de salida por mecanismos de cambios sincronizados, como se ilustra en la figura 9-44, la cual muestra una transmisión automotriz manual de cambios sincronizados de cuatro velocidades.

El eje de entrada está en la parte superior izquierda. El engrane de entrada siempre está engranado con el engrane del extremo izquierdo sobre el contraeje de la parte inferior. Este contraeje tiene varios engranes integrados a él, cada uno de los cuales está engranado con un engrane de salida diferente que rueda libremente en el eje de salida. El eje de salida es concéntrico con el de entrada, lo cual hace que este tren sea revertido, pero los ejes de entrada y salida están conectados sólo por medio de los engranes del contraeje, excepto a "alta velocidad" (cuarta velocidad), en la cual los ejes de entrada y salida están directamente acopladas entre sí con un embrague de cambios sincronizados con una relación 1:1.

Los embragues de cambios sincronizados se localizan junto a cada engrane en la flecha de salida y están parcialmente ocultos por los collarines de cambios que los mueven a la izquierda y derecha, en respuesta a la mano del conductor en la palanca de cambios. Estos embragues actúan para fijar un engrane en el eje de salida en un cierto momento para crear una trayectoria para la potencia de la entrada a la salida de una relación particular. Los ejes en la figura muestran la trayectoria de la potencia en tercera velocidad directa, la cual está enganchada. En engrane de reversa, en la parte inferior derecha, engrana con un engrane loco, el cual es físicamente conectado o desconectado en detención.

TRENES PLANETARIOS O EPICÍCLICOS Se utilizan comúnmente en transmisiones automotrices automáticas, como se muestra en la figura 9-45. El eje de entrada, que acopla al cigüeñal del motor, es

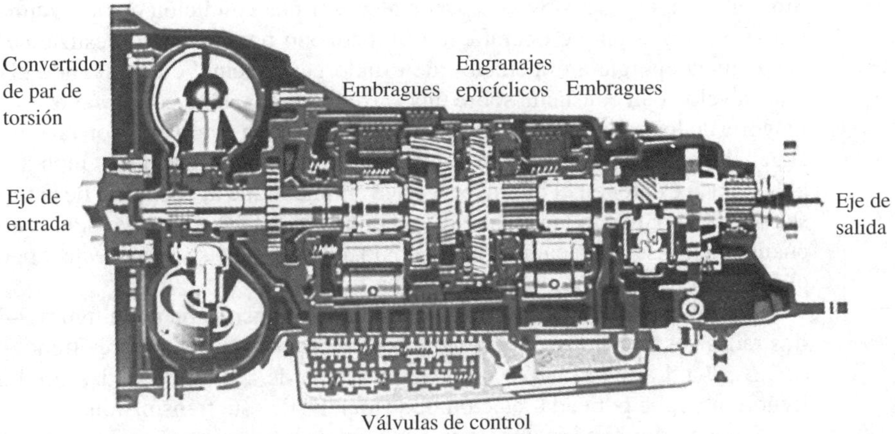

FIGURA 9-45 Transmisión automotriz automática de cuatro velocidades *Cortesía de Mercedes Benz of North America Inc.*

FIGURA 9-46 Convertidor de par *Cortesía de Mannesmann Sachs AG. Schweinfurt, Alemania*

una entrada a la transmisión de múltiples grados de libertad compuesta de varias etapas de trenes epicíclicos. Las transmisiones automáticas pueden tener cualquier número de relaciones. Las transmisiones automotrices por lo general son de dos a seis velocidades directas. Las transmisiones automáticas de camión y autobús pueden tener más.

Se pueden observar tres conjuntos de engranes epicíclicos cerca del centro de la transmisión de cuatro velocidades en la figura 9-45. Son controlados por embragues de discos múltiples y frenos hidráulicamente operados dentro de la transmisión que imparten entradas de velocidad cero (segunda) a varios elementos del tren para crear una de las cuatro relaciones de velocidad directa más la reversa en este ejemplo particular. Los embragues fuerzan la velocidad cero relativa entre los dos elementos conectados, y los frenos fuerzan velocidad absoluta cero en el elemento. Como todos los engranes están constantemente conectados, la transmisión puede cambiarse bajo carga al activar y desactivar los frenos y embragues internos. Son controlados por una combinación de entradas que incluyen una selección de conductor (PRND), velocidad en carretera, posición del acelerador, carga y velocidad del motor, y otros factores que son automáticamente supervisados y controlados por computadora. Algunos controladores de transmisiones modernos utilizan técnicas de inteligencia artificial que aprenden y se adaptan al estilo de manejo del conductor al reajustar automáticamente los puntos de cambios para un desempeño tranquilo o dinámico basado en los hábitos de manejo.

A la izquierda de la figura 9-45 (p. 355) se muestra un acoplamiento fluido, como de turbina, entre el motor y la transmisión, llamado **convertidor de par**, un corte del cual se muestra en la figura 9-46. Este dispositivo permite un deslizamiento suficiente en el fluido de acoplamiento para dejar que el motor funcione en vacío con la transmisión enganchada y las ruedas del vehículo detenidas. Las *aspas del impulsor* impulsadas por el motor, que funcionan bañadas en aceite, transmiten par de torsión al bombear aceite más allá de un conjunto de *aspas del estator* estacionarias y contra las *aspas de turbina* conectadas al eje de entrada de la transmisión. Las aspas del estator, las cuales no se mueven, sirven para reorientar el flujo de aceite que sale de las aspas del impulsor a un ángulo más favorable con respecto a las aspas de la turbina. Esta reorientación del flujo es responsable de la multiplicación del par de torsión que proporciona al dispositivo su nombre, convertidor de par. Sin las aspas del estator, es sólo un *acoplamiento de fluido* que transmitirá, pero que no multiplicará el par. En un convertidor de par torsional, el incremento máximo del par 2× ocurre en el momento de la detención, cuando la turbina de la transmisión se detiene y el impulsor impulsado por el motor gira, lo que crea un deslizamiento máximo entre los dos. Este refuerzo del par ayuda a acelerar al vehículo a partir del reposo, cuando su inercia se venza. La multiplicación de par disminuye a deslizamiento cero entre el impulsor y la turbina. Sin embargo, el dispositivo no puede alcanzar una condición de deslizamiento cero por sí mismo. Siempre operará con un pequeño porcentaje de deslizamiento. Esto desperdicia energía en operación de estado permanente, como cuando el vehículo viaja a velocidad constante sobre una carretera plana. Para conservar esta energía, la mayoría de los convertidores de par modernos vienen equipados con un embrague de enganche electromecánico que comienza a funcionar a más de 30 mph a velocidad alta y fija el estator en el impulsor, y hace entonces que la eficiencia de la transmisión sea de 100%. Cuando la velocidad se reduce por debajo de una velocidad ajustada, o cuando la transmisión cambia hacia abajo, el embrague se desconecta y permite que el convertidor de par realice de nuevo su función.

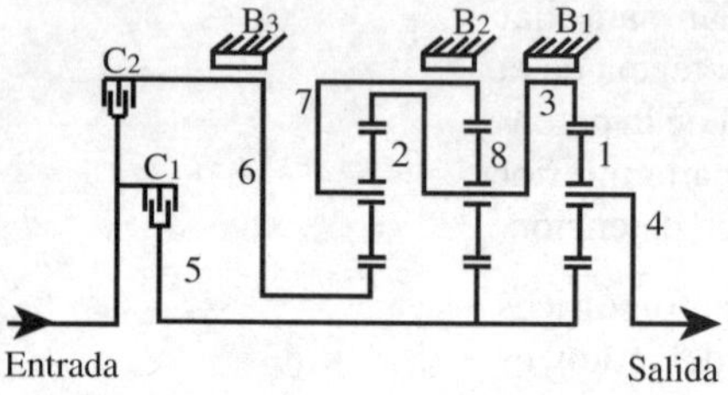

a) Esquema de una transmisión automática de 4 velocidades

Rango	Activación de embrague/freno				
	C_1	C_2	B_1	B_2	B_3
Primera	x		x		
Segunda	x			x	
Tercera	x				x
Cuarta	x	x			
Reversa		x	x		

b) Tabla de activación de embrague/freno

FIGURA 9-47 Esquema de la transmisión automática de la figura 9-45 (p. 355) *Adaptada de la referencia [6]*

La figura 9-47*a* muestra un esquema de la transmisión de la figura 9-45. Están ilustradas sus tres etapas epicíclicas, dos embragues (C_1, C_2) y tres frenos de banda (B_1, B_2, B_3). La figura 9-47*b* muestra una tabla de activación de las combinaciones freno-embrague por cada relación de velocidad de esta transmisión.[6]

Un ejemplo históricamente interesante de un tren epicíclico utilizado en cajas de velocidades manuales es la transmisión del Ford modelo T mostrada y descrita

La entrada del motor es hacia el brazo 2. El engrane 6 está rígidamente montado en el eje de salida, que impulsa las ruedas. Los engranes 3, 4 y 5 giran a la misma velocidad.

Hay dos velocidades delanteras. La baja (1:2.75) se selecciona al engranar la banda del freno B_2 para trabar el engrane 7 al bastidor. El engrane C no está engranado.

La alta (1:1) se selecciona al engranar el embrague C, que traba el eje de entrada directamente al eje de salida.

La reversa (1:4) se obtiene al engranar la banda del freno B_1 para trabar el engrane 8 al bastidor. El embrague C no está engranado.

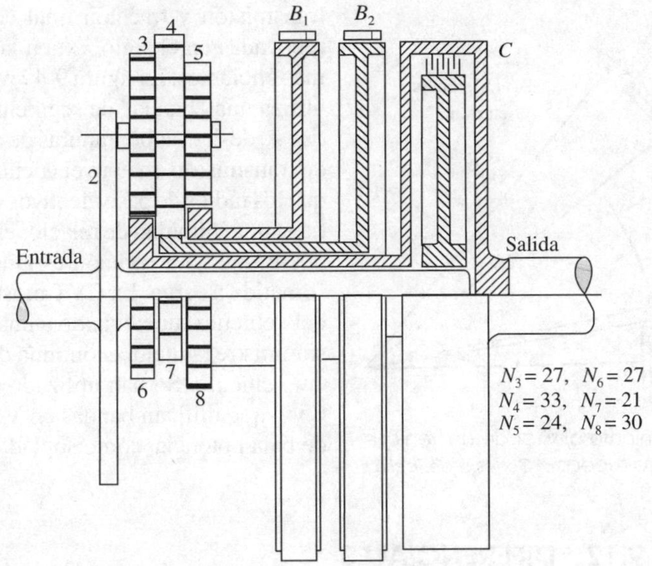

FIGURA 9-48 Transmisión epicíclica del Ford modelo T *De Phelan, R. M. (1970). Fundamentals of Mechanical Design, 3a. ed., McGraw-Hill, NY*

9

en la figura 9-48. Se produjeron más de 9 millones de 1909 a 1927, antes de la invención del mecanismo de cambios sincronizados mostrado en la figura 9-44 (p. 365). Las transmisiones convencionales (revertidas compuestas) utilizadas en la mayoría de los automóviles de esa época (y hasta los años 30) eran conocidas despectivamente como "cajas de choques", nombre que describía el ruido producido cuando se cambiaban las velocidades en movimiento. Henry Ford tuvo una mejor idea. Los engranes de su modelo T estaban permanentemente engranados. Las dos velocidades directas y una reversa se accionaban al conectar y desconectar un embrague y frenos de banda en varias combinaciones mediante pedales. Éstos proporcionaban segundas entradas al tren epicíclico, los cuales, al igual que la paradoja de Ferguson, producían salidas bidireccionales, todas sin "choques" de los dientes de los engranes. Esta transmisión del modelo T es la precursora de todas las transmisiones automáticas modernas, las cuales reemplazaron a los pedales del modelo T con operación hidráulica automática de embragues y frenos.*

Transmisión continuamente variable (CVT, por sus siglas en inglés) Transmisión que no tiene engranes, la CVT utiliza dos ranuras o poleas que ajustan sus anchos axiales simultáneamente en direcciones opuestas para cambiar la relación de la transmisión de banda que corre por las ranuras. Este concepto ha sido utilizado por más de un siglo y se utilizó en los primeros automóviles como

FIGURA 9-49 Transmisión continuamente variable (CVT) *Cortesía de Getriebe ZF GmbH, Saabrucken, Alemania*

* Frederick Lanchester, importante pionero automotriz, en realidad inventó la transmisión manual epicíclica compuesta y la patentó en Inglaterra en 1898, mucho antes de que Ford (de 1909 a 1927) fabricara el modelo T y ganara millones. Lanchester murió pobre.

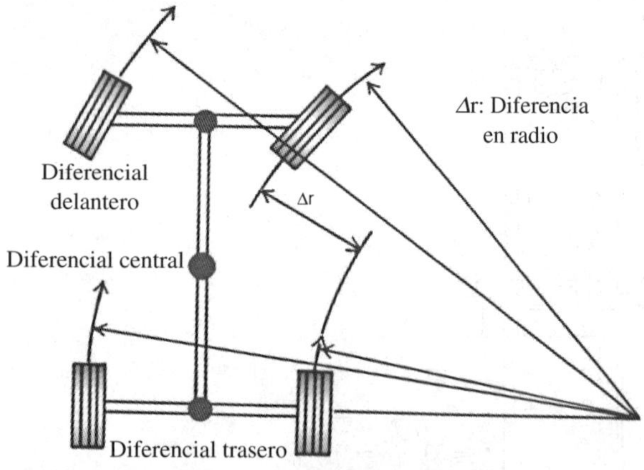

FIGURA 9-50 Comportamiento al virar de un vehículo con tracción en las cuatro ruedas *Cortesía de Tochigi Fuji Sangyo, Japón*

transmisión y tracción final combinadas. Se encuentran aplicaciones renovadas en el siglo XXI en la búsqueda de transmisiones vehiculares más eficientes. La figura 9-49 muestra un automóvil CVT comercial que utiliza una "banda" de segmentos de acero de sección transversal en V que se desliza sobre ranuras de ancho ajustable. Para cambiar la relación de transmisión, se abre el ancho de una polea y se cierra la otra de modo que los radios de paso efectivos generen la relación deseada. De ese modo tiene una infinidad de relaciones posibles, continuamente variables entre dos límites. La relación es ajustable mientras la transmisión funciona sometida a carga. La CVT mostrada se controla para mantener el motor del vehículo funcionando a una velocidad esencialmente constante que suministre la mejor economía de combustible, sin importar la velocidad del vehículo. Se han utilizado por mucho tiempo diseños similares de CVT que utilizan bandas en V de caucho convencionales en máquinas de baja potencia, como sopladoras de nieve y podadoras de césped.

9.12 DIFERENCIALES

Un diferencial es un dispositivo que permite una diferencia de velocidad (y desplazamiento) entre dos elementos. Esto requiere un mecanismo de dos grados de libertad, como un tren de engranes epicíclicos. Tal vez la aplicación más común de los diferenciales sea en los mecanismos de tracción final de vehículos terrestres de ruedas, como se muestra en la figura P9-3 (p. 362). Cuando un vehículo de cuatro ruedas hace un viraje, las ruedas externas deben recorrer más distancia que las interiores debido a sus diferentes radios de viraje, como lo muestra la figura 9-50. Sin un mecanismo diferencial entre las ruedas motrices internas y externas, las llantas deben deslizarse en la superficie del camino para que el vehículo vire. Si las llantas tienen buena tracción, un tren motriz no diferencial intentará desplazarse en línea recta todo el tiempo y se opondrá al conductor en las curvas. En un vehículo "de tiempo completo" con tracción en las cuatro ruedas* (4WD) (en ocasiones llamado "tracción en todas las ruedas" o AWD) se requiere un diferencial adicional entre las ruedas delanteras y traseras para permitir que las velocidades de las ruedas en cada extremo del vehículo varíen en proporción a la tracción desarrollada en uno u otro extremo del vehículo en condiciones resbalosas. La figura 9-51 muestra un chasis automotriz AWD con sus tres diferenciales. En este ejemplo, el diferencial central está embalado con la transmisión y el delantero está efectivamente en el eje motriz entre las ruedas

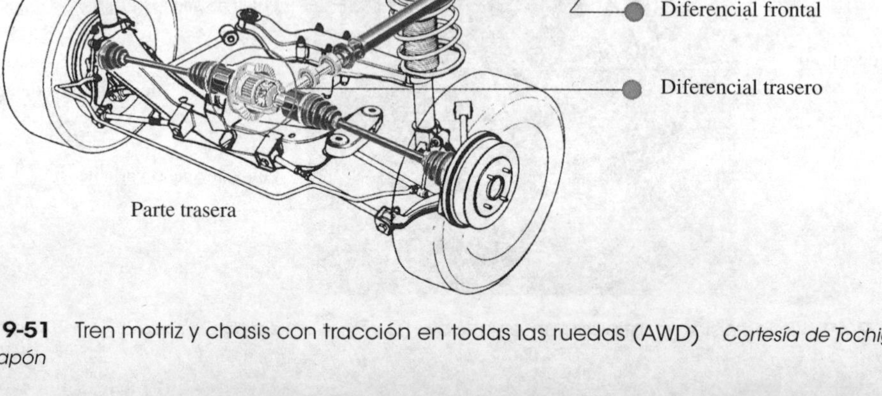

FIGURA 9-51 Tren motriz y chasis con tracción en todas las ruedas (AWD) *Cortesía de Tochigi Fuji Sangyo, Japón*

9

* Es común un 4WD no de tiempo completo en camiones y difiere del AWD en que carece de diferencial central, lo que lo hace utilizable sólo cuando el camino está resbaloso. Cualesquiera diferencias requeridas en la velocidad rotacional entre las ruedas impulsadas traseras y delanteras son entonces atendidas por deslizamiento de las llantas. En pavimento seco, un vehículo 4WD no de tiempo completo no se controlará bien y puede ser peligroso. A diferencia de los vehículos AWD, la cual siempre está aplicada, los vehículos 4WD no de tiempo completo normalmente operan con 2WD y requieren la acción del conductor para obtener 4WD. Los fabricantes previenen en contra de la conversión de estos vehículos a 4WD a menos que la tracción sea deficiente.

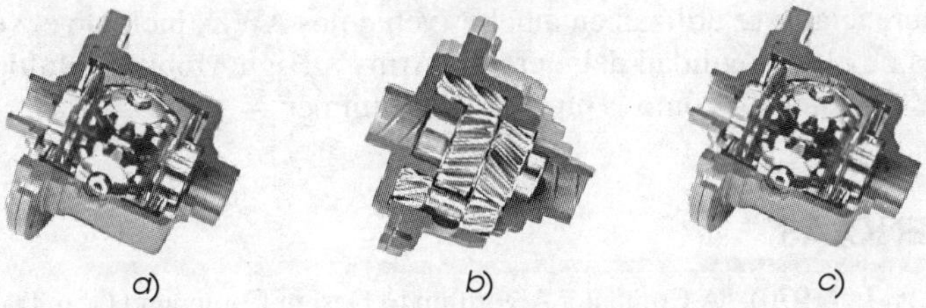

FIGURA 9-52 Diferenciales *Cortesía de Tochigi Fuji Sangyo, Japón*

delanteras y traseras, como se muestra en la figura 9-50 (p. 358). Los diferenciales se hacen con varios tipos de engranes. Para aplicaciones del eje trasero, comúnmente se utiliza un tren epicíclico de engranes cónicos, como lo muestran las figuras 9.52*a* y P9-3 (p. 362) de la sección de problemas. Para diferenciales centrales y delanteros, con frecuencia se utilizan arreglos de engranes helicoidales o rectos, como en las figuras 9.52*b* y 9.52*c*.

Se utiliza un tren epicíclico como diferencial con una entrada y dos salidas. Si se toma el diferencial trasero de un automóvil como ejemplo, su entrada proviene del eje motriz y sus salidas son las ruedas derecha e izquierda. Las dos salidas se acoplan en el camino por medio de las fuerzas de tracción (fricción) entre las ruedas y el pavimento. La velocidad relativa entre cada rueda puede variar desde cero, cuando ambas ruedas tienen tracción igual y el auto no vira, hasta dos veces la velocidad de entrada del tren epicíclico, cuando una rueda está sobre hielo y la otra tiene tracción. Los diferenciales delantero o trasero reparten el par por igual entre sus dos ruedas de salidas. Como la potencia es el producto del par por la velocidad angular, y la potencia de salida no puede exceder a la de entrada, la potencia se reparte entre las ruedas de acuerdo con sus velocidades. Cuando se viaja en línea recta (ambas ruedas tienen tracción), la mitad de la potencia se va a cada rueda. Conforme el auto vira, la rueda más rápida obtiene más potencia y la más lenta, menos. Cuando una rueda pierde tracción (como en el hielo), obtiene *toda* la potencia (50% de par × 200% de velocidad) y la rueda con tracción obtiene cero potencia (50% de par × 0% de velocidad). Por esto, se requiere un vehículo 4WD o AWD en condiciones resbalosas. En un vehículo AWD, el diferencial central reparte el par entre el delantero y el trasero en cierta proporción. Si un extremo del auto pierde tracción, el otro aún puede ser capaz de controlarlo siempre que todavía tenga tracción.

Diferenciales deslizantes limitados Debido al comportamiento de una rueda cuando pierde tracción, se han creado varios diseños de diferencial para limitar el deslizamiento entre las dos salidas en estas condiciones. Éstos se llaman diferenciales deslizantes limitados y por lo general proporcionan algún tipo de dispositivo de fricción entre los dos engranes de salida para transmitir algún par de torsión y permitir al mismo tiempo deslizamiento al virar. Algunos utilizan un acoplamiento de fluido entre los engranes, otros utilizan discos de fricción de resorte o conos, como se muestra en la figura 9-52*a*. Algunos utilizan un embrague eléctricamente controlado en el tren epicíclico para aplicarlo según la demanda en aplicaciones a campo traviesa, como lo ilustra la figura 9-52*b*. El diferencial TORSEN® (de TORque SENsing) de la figura 9-53, inventado por V. Gleasman, utiliza engranes de tornillo sinfín cuya resistencia a la contramarcha proporciona acoplamiento de par entre las salidas. El ángulo de avance del tornillo sinfín determina el porcentaje de par transmitido a través del dife-

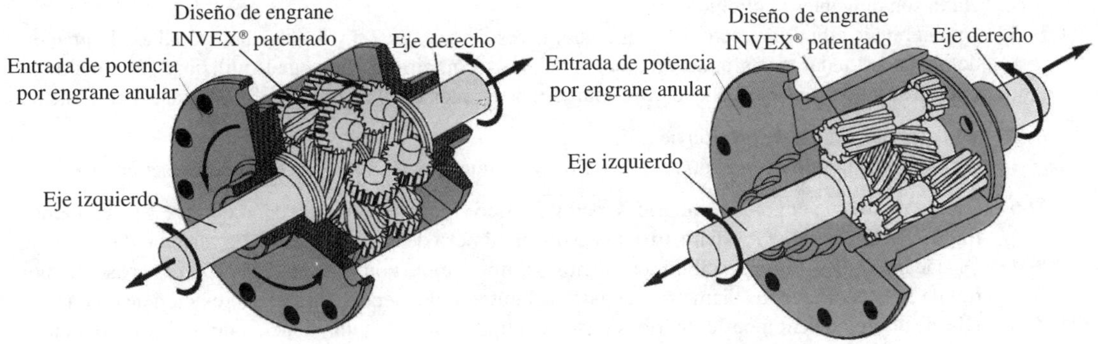

a) Diferencial TORSEN® tipo 1 *b*) Diferencial TORSEN® tipo 2

FIGURA 9-53 Diferenciales TORSEN® *Cortesía de Zexel Torsen Inc., Rochester, NY* rencial. Estos diferenciales se utilizan en muchos vehículos AWD, incluido el vehículo de ruedas de usos múltiples de alta movilidad del ejército (Army's High Mobility Multipurpose Wheeled Vehicle, HMMWV) conocido como "Humvee" o "Hummer".

9.13 REFERENCIAS

1 **Dilpare, A. L.** (1970). "A Computer Algorithm to Design Compound Gear Trains for Arbitrary Ratio". *J. of Eng. for Industry*, **93B** (1), pp. 196-200.

2 **Selfridge, R. C. y D. L. Riddle** (1978). "Design Algorithms for Compound Gear Train Ratios". ASME Paper: 78-DET-62.

3 **Levai, Z.** (1968). "Structure and Analysis of Planetary Gear Trains". *Journal of Mechanisms*, **3**, pp. 131-148.

4 **Molian, S.** (1982), *Mechanism Design: An Introductory Text*. Cambridge University Press: Cambridge, p. 148.

5 **Auksmann, B. y D. A. Morelli** (1963), "Simple Planetary-Gear System". ASME Paper: 63-WA-204.

6 **Pennestri, E. y cols.** (1993), "A Catalog of Automotive Transmissions with Kinematic and Power Flow Analyses". *Proc. of 3rd. Applied Mechanisms and Robotics Conference*, Cincinnati, pp. 57-61.

9.14 BIBLIOGRAFÍA

Sitios web útiles para información sobre transmisiones de engranes, banda o cadena.

http://www.howstuffworks.com/gears.htm
http://www.efunda.com/DesignStandards/gears/gears_introduction.cfm
http://www.oit.doe.gov/bestpractices/pdfs/motor3.pdf
http://www.gates.com/index.cfm
http://www.bostongear.com/
http://www.martinsprocket.com/

TABLA P9-0
Matriz de temas/problemas

9.2 Ley fundamental de engranaje
9-4, 9-46, 9-47, 9-49, 9-50, 9-51, 9-66, 9-67, 9-68

9.3 Nomenclatura de diente del engrane
9-1, 9-2, 9-3, 9-48, 9-53, 9-54, 9-69, 9-70

9.4 Interferencia y socavado
9-5, 9-55, 9-56, 9-57, 9-58

9.5 Relación de contacto
9-59, 9-60, 9-72

9.6 Tipos de engrane
9-23, 9-24, 9-61, 9-62

9.7 Trenes de engranes simples
9-6, 9-7, 9-8, 9-9, 9-73

9.8 Trenes de engranes compuestos
9-10, 9-11, 9-12, 9-13, 9-14, 9-15, 9-16, 9-17, 9-18, 9-29, 9-30, 9-31, 9-32, 9-33, 9-71

9.9 Trenes de engranes epicíclicos o planetarios
9-25, 9-26, 9-27, 9-28, 9-36, 9-38, 9-39, 9-41, 9-42, 9-43

9.10 Eficiencia de trenes de engranes
9-35, 9-37, 9-40, 9-63, 9-64, 9-65

9.11 Transmisiones
9-19, 9-20, 9-21, 9-22, 9-34, 9-44

9.15 PROBLEMAS‡

*†9-1 Un engrane de 24 dientes tiene dientes en involuta de profundidad completa estándar AGMA con paso diametral de 5. Calcule el diámetro de paso, el paso circular, la cabeza, la raíz, el espesor del diente y la holgura.

†9-2 Un engrane de 40 dientes con p_d de 10 tiene dientes en involuta de profundidad completa estándar AGMA. Calcule el diámetro de paso, el paso circular, la cabeza, la raíz, el espesor del diente y la holgura.

†9-3 Un engrane de 30 dientes con p_d de 12 tiene dientes en involuta de profundidad completa estándar AGMA. Calcule el diámetro de paso, el paso circular, la cabeza, la raíz, el espesor del diente y la holgura.

9-4 Con cualquier cuerda disponible, alguna cinta, un lápiz, un vaso o una lata de estaño, genere y dibuje una curva involuta en una hoja de papel. Con su transportador, demuestre que todas las normales a la curva son tangentes al círculo base.

*9-5 Un engranaje cilíndrico recto debe tener diámetros de paso de 2.5 y 8 pulgadas. ¿Cuál es el tamaño del diente estándar más grande, en función del paso diametral p_d, que puede utilizarse sin ninguna interferencia o socavado? Encuentre el número de dientes en el engrane y piñón fresados con este p_d.

a) Con un ángulo de presión de 20°.

b) Con un ángulo de presión de 25°. (Obsérvese que el paso diametral no necesita ser entero.)

*†9-6 Diseñe un tren de engranes cilíndricos rectos del tipo simple con una relación de –7:1 y paso diametral de 10. Especifique los diámetros de paso y el número de dientes. Calcule la relación de contacto.

*†9-7 Diseñe un tren de engranes cilíndricos rectos del tipo simple con una relación de +6:1 y paso diametral de 5. Especifique los diámetros de paso y el número de dientes. Calcule la relación de contacto.

†9-8 Diseñe un tren de engranes cilíndricos rectos del tipo simple con una relación de –7:1 y paso diametral de 8. Especifique los diámetros de paso y el número de dientes. Calcule la relación de contacto.

†9-9 Diseñe un tren de engranes cilíndricos rectos del tipo simple con una relación de +6.5:1 y paso diametral de 5. Especifique los diámetros de paso y el número de dientes. Calcule la relación de contacto.

‡ Todas las figuras de los problemas vienen como archivos PDF en el DVD, y algunas también vienen como archivos Working Model animados. Los nombres de los archivos PDF son los mismos del número de la figura. Ejecute el archivo Animations.html para acceder a y ejecutar las animaciones.

* Respuestas en el apéndice F.

† Estos problemas son adecuados para resolverse con los programas *Mathcad*, *Matlab* o *TKSolver*.

*†9-10 Diseñe un tren de engranes cilíndricos rectos del tipo compuesto con una relación de –80:1 y paso diametral de 12. Especifique los diámetros de paso y el número de dientes. Dibuje el tren a escala.

†9-11 Diseñe un tren de engranes cilíndricos rectos del tipo compuesto con una relación de 50:1 y paso diametral de 8. Especifique los diámetros de paso y el número de dientes. Dibuje el tren a escala.

*†9-12 Diseñe un tren de engranes cilíndricos rectos del tipo compuesto con una relación de 120:1 y paso diametral de 5. Especifique los diámetros de paso y el número de dientes. Dibuje el tren a escala.

*9-13 Diseñe un tren de engranes cilíndricos rectos del tipo compuesto con una relación de –250:1 y paso diametral de 9. Especifique los diámetros de paso y el número de dientes. Dibuje el tren a escala.

*†9-14 Diseñe un tren de engranes cilíndricos rectos del tipo compuesto revertido con una relación de 28:1 y paso diametral de 8. Especifique los diámetros de paso y el número de dientes. Dibuje el tren a escala.

†9-15 Diseñe un tren de engranes cilíndricos rectos del tipo compuesto revertido con una relación de 40:1 y paso diametral de 8. Especifique los diámetros de paso y el número de dientes. Dibuje el tren a escala.

*†9-16 Diseñe un tren de engranes cilíndricos rectos del tipo compuesto revertido con una relación de 65:1 y paso diametral de 8. Especifique los diámetros de paso y el número de dientes. Dibuje el tren a escala.

†9-17 Diseñe un tren de engranes cilíndricos rectos del tipo compuesto revertido con una relación de 7:1 y paso diametral de 4. Especifique los diámetros de paso y el número de dientes. Dibuje el tren a escala.

†9-18 Diseñe un tren de engranes cilíndricos rectos del tipo compuesto revertido con una relación de 12:1 y paso diametral de 6. Especifique los diámetros de paso y el número de dientes. Dibuje el tren a escala.

*†9-19 Diseñe una caja de transmisión con engranes cilíndricos rectos, del tipo compuesto revertido, que genere dos relaciones cambiables de +3:1 hacia delante y de –4.5:1 en reversa con paso diametral de 6. Especifique los diámetros de paso y el número de dientes. Dibuje el tren a escala.

9

†9-20 Diseñe una caja de transmisión de engranes cilíndricos rectos, del tipo compuesto, revertido, que genere dos relaciones cambiables de +5:1 hacia delante y de –3.5:1 en reversa con paso diametral de 6. Especifique los diámetros de paso y el número de dientes. Dibuje el tren a escala.

*†9-21 Diseñe una caja de transmisión de engranes cilíndricos rectos, del tipo compuesto, revertido, que genere tres relaciones cambiables de +6:1, 3.5:1 hacia adelante y de –4:1 en reversa con paso diametral de 8. Especifique los diámetros de paso y el número de dientes. Dibuje el tren a escala.

†9-22 Diseñe una caja de transmisión de engranes cilíndricos rectos, del tipo compuesto, revertido, que genere tres relaciones cambiables de +4.5:1, +2.5:1 hacia adelante y de –3.5:1 en reversa con paso diametral de 5. Especifique los diámetros de paso y el número de dientes. Dibuje el tren a escala.

†9.23 Diseñe los conos rodantes con una relación de –3:1 y un ángulo incluido de 60° entre los ejes. Dibuje el tren a escala.

†9-24 Diseñe los conos rodantes con una relación de –4.5:1 y un ángulo incluido de 40° entre los ejes. Dibuje el tren a escala.

*†9-25 La figura P9-1 muestra un tren de engranes planetarios del tipo compuesto (no a escala). La tabla P9-1 contiene datos de número de dientes y velocidades de entrada. Para la fila o filas asignadas, encuentre la variable representada por un signo de interrogación.

*†9-26 La figura P9-2 muestra un tren de engranes planetarios del tipo compuesto (no a escala). La tabla P9-2 contiene datos de número de dientes y velocidades de entrada. Para la fila o filas asignadas, encuentre la variable representada por un signo de interrogación.

*†9-27 La figura P9-3 (p. 362) muestra un tren de engranes planetarios utilizado en un diferencial trasero automotriz (no a escala). El auto

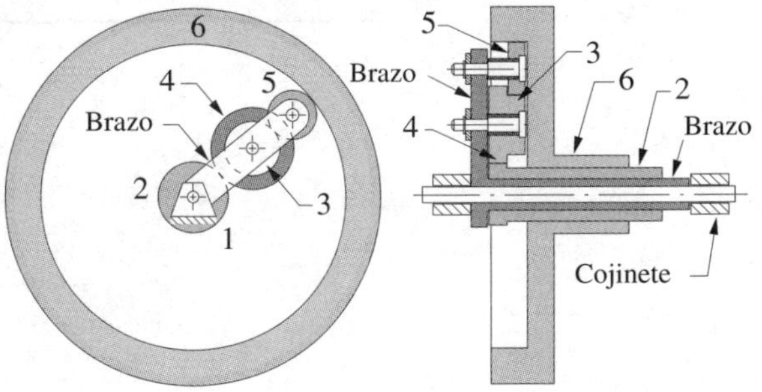

FIGURA P9-1 Engranajes planetarios del ejemplo 9-25

TABLA P9-1 Datos para el problema 9-25

Fila	N_2	N_3	N_4	N_5	N_6	ω_2	ω_6	ω_{brazo}
a	30	25	45	50	200	?	20	– 50
b	30	25	45	50	200	30	?	– 90
c	30	25	45	50	200	50	0	?
d	30	25	45	30	160	?	40	– 50
e	30	25	45	30	160	50	?	– 75
f	30	25	45	30	160	50	0	?

* Respuestas en el apéndice F.

† Estos problemas son adecuados para resolverse con los programas *Mathcad*, *Matlab* o *TKSolver*.

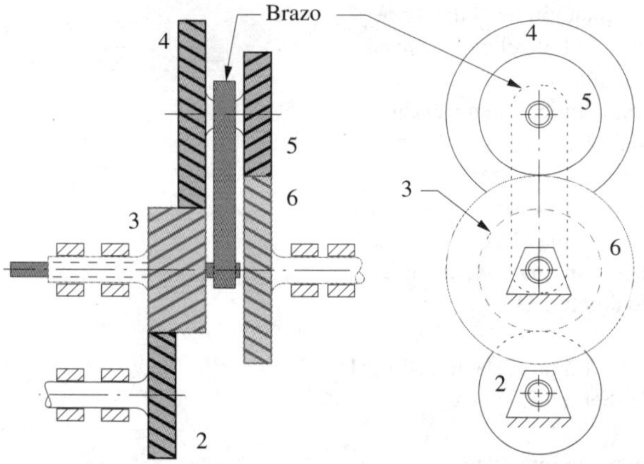

FIGURA P9-2 Tren de engranes planetarios compuesto del problema 9-26

tiene ruedas con radio de rodamiento de 16 pulgadas y se mueve hacia adelante en línea recta a 55 mph. El motor gira a 2 500 rpm. La transmisión está en tracción directa (1:1) con el eje de transmisión principal.

a) ¿Cuál es la velocidad en rpm de las ruedas traseras? y ¿cuál es la relación de engranes entre el engrane anular y el piñón?

b) Cuando el auto llega a un tramo de carretera cubierto de hielo, la rueda derecha se acelera a 800 rpm. ¿Cuál es la velocidad de la rueda izquierda? (*Sugerencia:* Las rpm promedio de ambas ruedas es una constante.)

c) Calcule el valor fundamental del tren de la etapa epicíclica.

†9-28 Diseñe una caja de engranes planetarios reductores de velocidad que se utilizarán para levantar una carga de 5 ton a 50 pies, con un motor que desarrolla 20 lb-pie de par a su velocidad de operación de 1 750 rpm. El tambor del montacargas de cable disponible no tiene más de 16 pulgadas de diámetro cuando su cable de acero está totalmente enrollado en él. El diámetro del reductor de velocidad no deberá ser mayor que el tambor del montacarga. Se requieren engranes con no más de 75 dientes y que el paso diametral no sea menor de 6 para soportar los esfuerzos. Trace bosquejos de vistas múltiples del diseño y muestre todos los cálculos. ¿Cuánto tiempo se requerirá para levantar la carga con su diseño?

*†9-29 Determine todas las combinaciones de engranes compuestos de dos etapas posibles que se aproximen a la base neperiana 2.71828. Limite los números de dientes a entre 18 y 80 dientes. Determine el arreglo que produzca el error más pequeño.

TABLA P9-2 Datos para el problema 9-26

Fila	N_2	N_3	N_4	N_5	N_6	ω_2	ω_6	ω_{brazo}
a	50	25	45	30	40	?	20	- 50
b	30	35	55	40	50	30	?	- 90
c	40	20	45	30	35	50	0	?
d	25	45	35	30	50	?	40	- 50
e	35	25	55	35	45	30	?	- 75
f	30	30	45	40	35	40	0	?

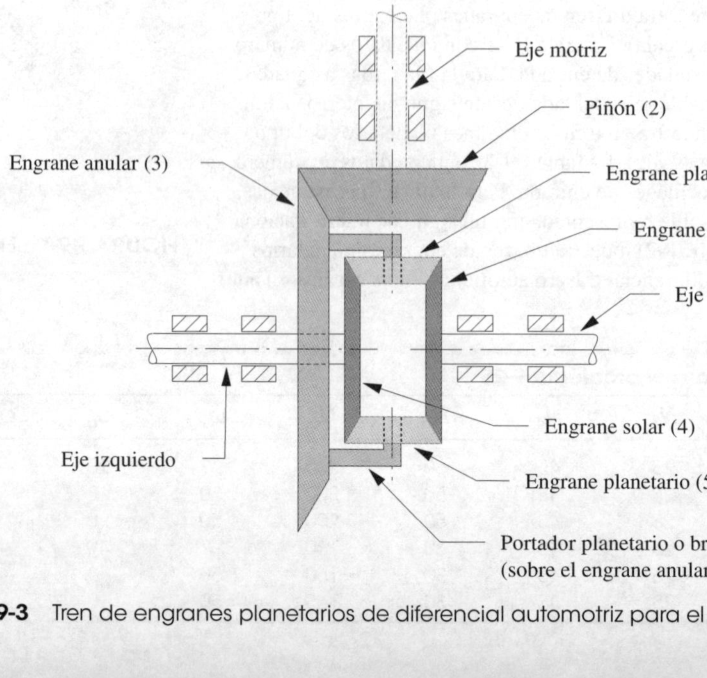

FIGURA P9-3 Tren de engranes planetarios de diferencial automotriz para el problema 9-27

* Respuestas en el apéndice F.

† Estos problemas son adecuados para resolverse con los programas *Mathcad*, *Matlab* o *TKSolver*.

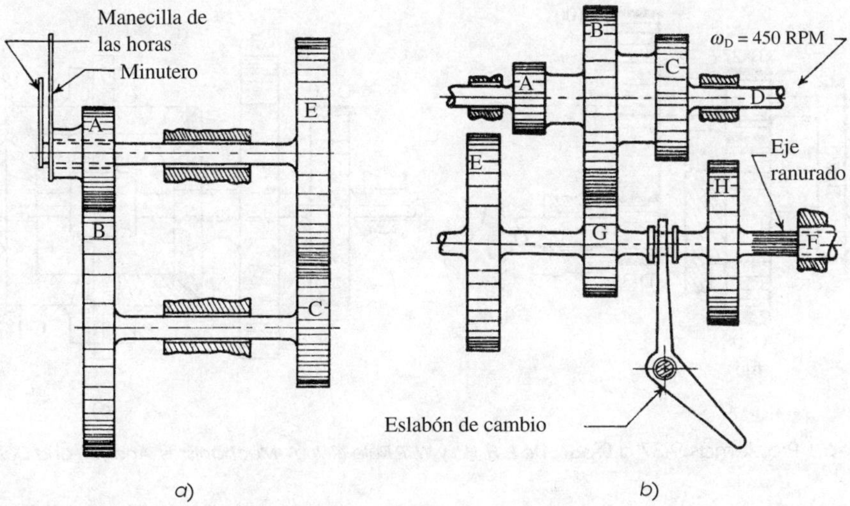

FIGURA P9-4 Problemas 9-33 a 9-34 *De P. H. Hill y W. P. Rule (1960). Mechanisms: Analysis and Design, con autorización*

[†]9-30 Determine todas las combinaciones posibles de engranes compuestos de dos etapas que se aproximen a 2π. Limite los números de dientes a entre 15 y 90 dientes. Determine el arreglo que produzca el error más pequeño.

[†]9-31 Determine todas las combinaciones posibles de engranes compuestos de dos etapas que se aproximen a $\pi/2$. Limite los números de dientes a entre 20 y 100 dientes. Determine el arreglo que produzca el error más pequeño.

[†]9-32 Determine todas las combinaciones posibles de engranes compuestos de dos etapas que se aproximen a $3\pi/2$. Limite los números de dientes a entre 20 y 100 dientes. Determine el arreglo que produzca el error más pequeño.

[†]9-33 La figura P9-4*a* muestra un tren de reloj revertido. Diséñelo con engranes que tengan un ángulo de presión nominal de 25° de 24 p_d de entre 12 y 150 dientes. Determine los números de dientes y la distancia entre centros nominal. Si la distancia entre centros tiene una tolerancia de fabricación de ± 0.0006 pulgadas, ¿cuál será el ángulo de presión y el juego entre dientes en el minutero en cada extremo de la tolerancia?

[†]9-34 La figura P9-4*b* muestra una transmisión cambiable de tres velocidades. El eje *F*, con el conjunto de engranes *E*, *G* y *H* es capaz de deslizarse de izquierda a derecha para acoplar y desacoplar los tres engranajes en turno. Diseñe las tres etapas revertidas que produzcan velocidades de salida del eje *F* de 150, 350 y 550 rpm para una velocidad de entrada de 450 rpm al eje *D*.

*[†]9-35 La figura P9-5*a* muestra un tren epicíclico compuesto utilizado para impulsar un tambor de malacate. El engrane *A* es impulsado a 18 rpm en el sentido de las manecillas del reloj y el engrane *D* está

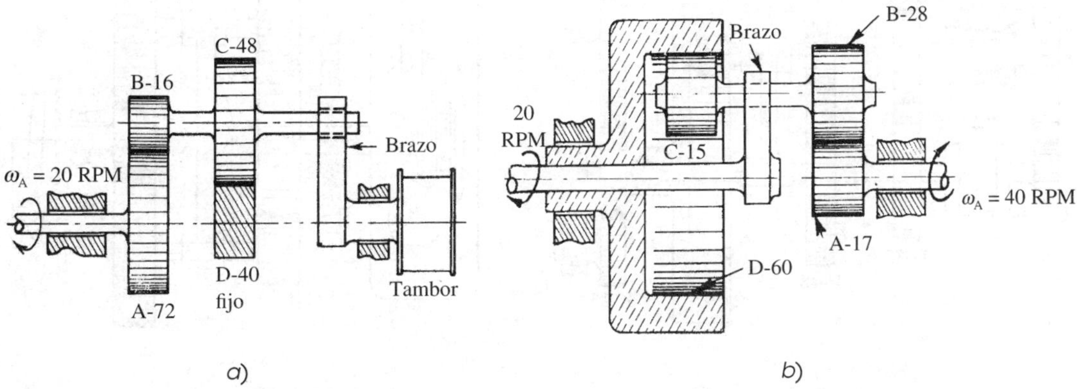

FIGURA P9-5 Problemas 9-35 a 9-36 *De P. H. Hill y W. P. Rule (1960). Mechanisms: Analysis and Design, con permiso*

* Respuestas en el apéndice F.

[†] Estos problemas son adecuados para resolverse con los programas *Mathcad*, *Matlab* o *TKSolver*.

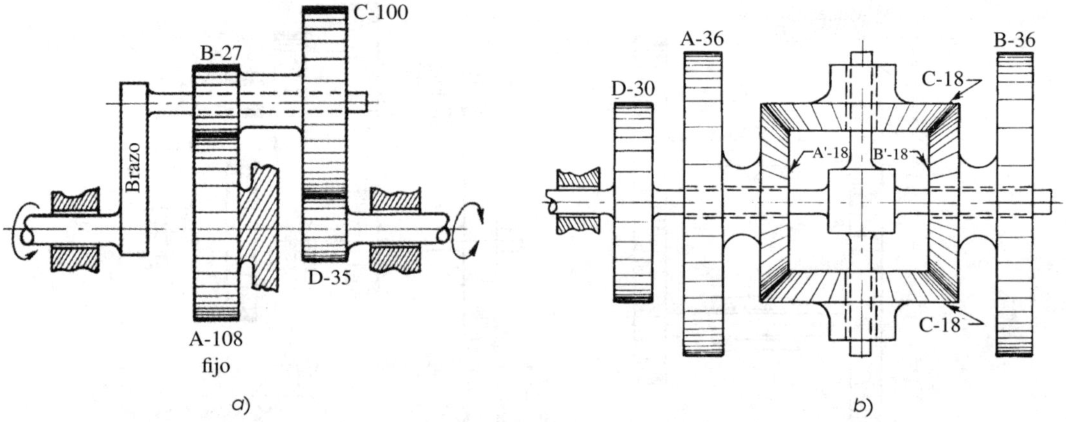

FIGURA P9-6 Problemas 9-37 a 9-38 *De P. H. Hill y W. P. Rule (1960). Mechanisms: Analysis and Design, con permiso*

fijo a la bancada. Los números de dientes se indican en la figura. Determine la velocidad y dirección del tambor. ¿Cuál es la eficiencia de este tren si los engranajes tienen $E_0 = 0.97$?

†9-36 La figura P9-5*b* muestra un tren epicíclico compuesto con sus números de dientes. El brazo se impulsa a 20 rpm en sentido contrario al de las manecillas del reloj. El engrane *A* se impulsa a 40 rpm en el sentido de las manecillas del reloj. Encuentre la velocidad del engrane anular *D*.

*†9-37 La figura P9-6*a* muestra un tren epicíclico. Los números de dientes se indican en la figura. El brazo es impulsado en sentido contrario al de las manecillas del reloj a 50 rpm y el engrane *A* en el eje 1 está fijo a la bancada. Encuentre la velocidad del engrane *D* en el eje 2. ¿Cuál es la eficiencia de este tren si los engranajes básicos tienen $E_0 = 0.96$?

†9-38 La figura P9-6*b* muestra un diferencial con sus números de dientes. El engrane *A* se impulsa a 10 rpm en sentido contrario al de las manecillas del reloj y el engrane *B* se impulsa a 24 rpm en el sentido de las manecillas del reloj. Encuentre la velocidad del engrane *D*.

*†9-39 La figura P9-7*a* muestra un tren de engranes que contiene tanto etapas revertidas compuestas como epicíclicas. Los números de dientes se indican en la figura. El motor es impulsado en el sentido de las manecillas del reloj a 1 500 rpm. Encuentre las velocidades de los ejes 1 y 2.

†9-40 La figura P9-7*b* muestra un tren epicíclico utilizado para impulsar un tambor de malacate. El brazo es impulsado a 250 rpm en sentido contrario al de las manecillas del reloj y el engrane *A* del eje 2 está fijo a la bancada. Determine la velocidad y dirección del tambor en el eje 1. ¿Cuál es la eficiencia de este tren si los engranajes básicos tienen $E_0 = 0.98$?

*†9-41 La figura P9-8 muestra un tren epicíclico. El engrane 2 es impulsado a a 600 rpm en el sentido de las manecillas del reloj y el engrane *D* está fijo a la bancada. Determine la velocidad y dirección de los engranes 1 y 3.

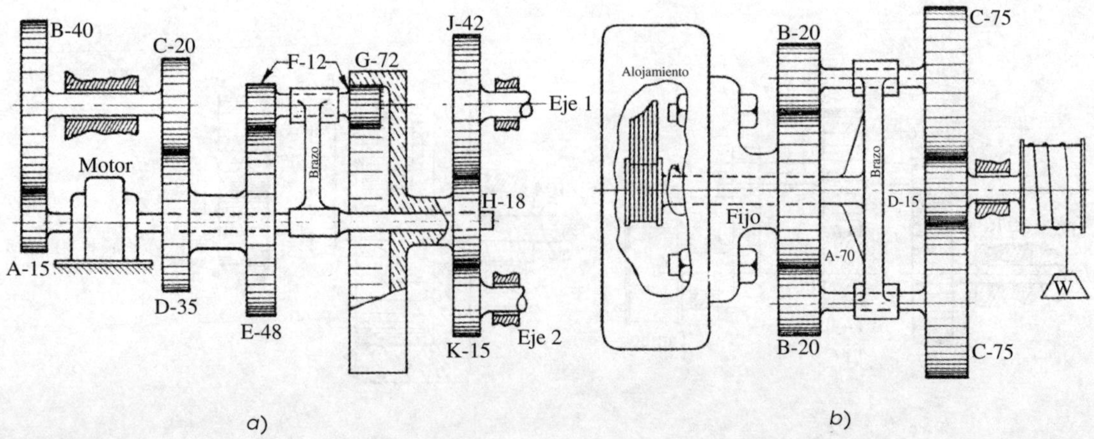

FIGURA P9-7 Problemas 9-39 a 9-40 *De P. H. Hill y W. P. Rule (1960). Mechanisms: Analysis and Design, con permiso*

* Respuestas en el apéndice F.
† Estos problemas son adecuados para resolverse con los programas *Mathcad, Matlab* o *TKSolver*.

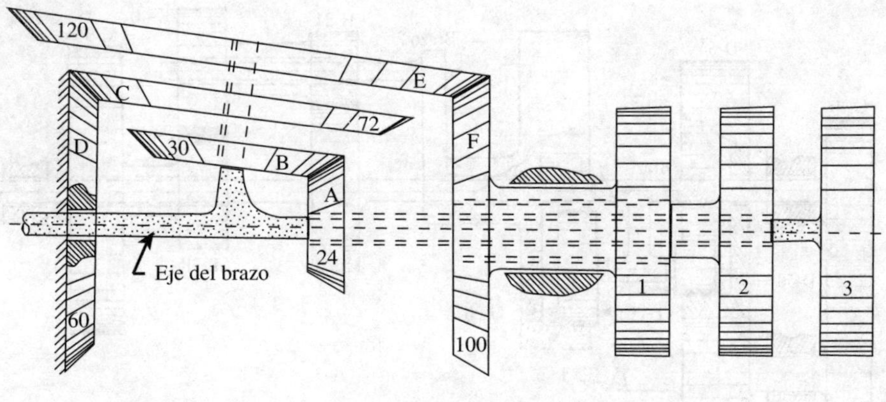

FIGURA P9-8 Problema 9-41 *De P. H. Hill y W. P. Rule (1960). Mechanisms: Analysis and Design, con permiso*

†9-42 La figura P9-9 muestra un tren epicíclico compuesto. El eje 1 es impulsado a 300 rpm en sentido contrario al de las manecillas del reloj y el engrane *A* está fijo a la bancada. Los números de dientes se indican en la figura. Determine la velocidad y dirección del eje 2.

*†9-43 La figura P9-10 (p. 366) muestra un tren epicíclico compuesto. El eje 1 es impulsado a 60 rpm. Los números de dientes se indican en la figura. Determine la velocidad y dirección de los engranes *G* y *M*.

†9-44 Calcule las relaciones en la transmisión modelo T mostrada en la figura 9-48 (p. 357) y demuestre que los valores mostrados en la tabla adjunta son correctos.

†9-45 Resuelva el problema 7-57 en la página 256.

9-46 La figura P9-11 (p. 366) muestra una involuta generada con un círculo base de radio r_b. El punto *A* está simultáneamente sobre el círculo base y la involuta. El punto *B* es cualquier punto en la curva involuta y el punto *C* está en el círculo base donde una línea trazada desde del punto *B* es tangente al círculo base. El punto *O* es el centro del círculo base. El ángulo ϕ_B (ángulo *BOC*) se conoce como *ángulo de presión en involuta* que corresponde al punto *B* (no confundirlo con el *ángulo de presión de dos engranes conectados*). El ángulo *AOB* se conoce como la *involuta de* ϕ_B y a menudo se designa como *inv* ϕ_B. Con la definición de diente en involuta y la figura 9-5 (p. 326), deduzca una ecuación para *inv* ϕ_B como una función de ϕ_B sola.

9-47 Con los datos y definiciones del problema 9-46, demuestre que cuando el punto *B* está en el círculo de paso, *el ángulo de presión en involuta* es igual al *ángulo de presión de dos engranes conectados.*

9-48 Con los datos y definiciones del problema 9-46 y con el punto *B* en el círculo de paso donde el ángulo de presión en involuta ϕ_B es igual al ángulo de presión ϕ de dos engranes conectados, deduzca la ecuación 9.4*b* (p. 330).

9-49 Con las figuras 9-6 y 9-7 (pp. 326-327), deduzca la ecuación 9-2 (p. 327), que se utiliza para calcular la longitud de acción de un par de engranes conectados.

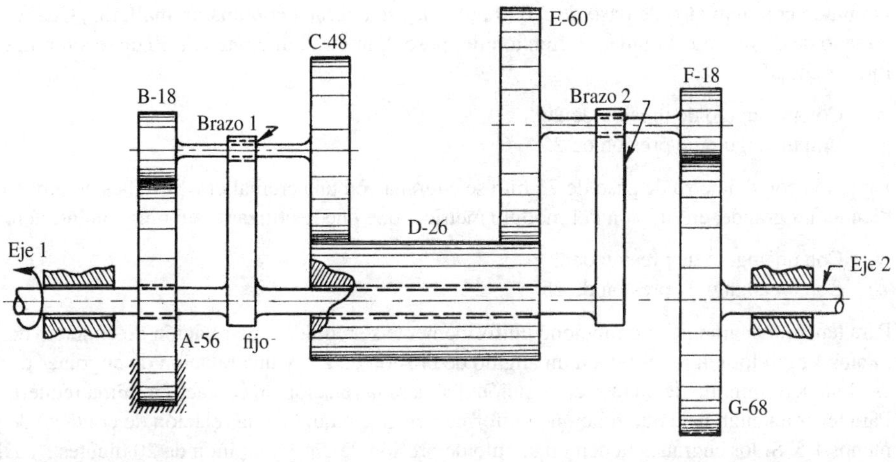

FIGURA P9-9 Problema 9-42 *De P. H. Hill y W. P. Rule (1960). Mechanisms: Analysis and Design, con permiso*

* Respuestas en el apéndice F.
† Estos problemas son adecuados para resolverse con los programas *Mathcad*, *Matlab* o *TKSolver*.

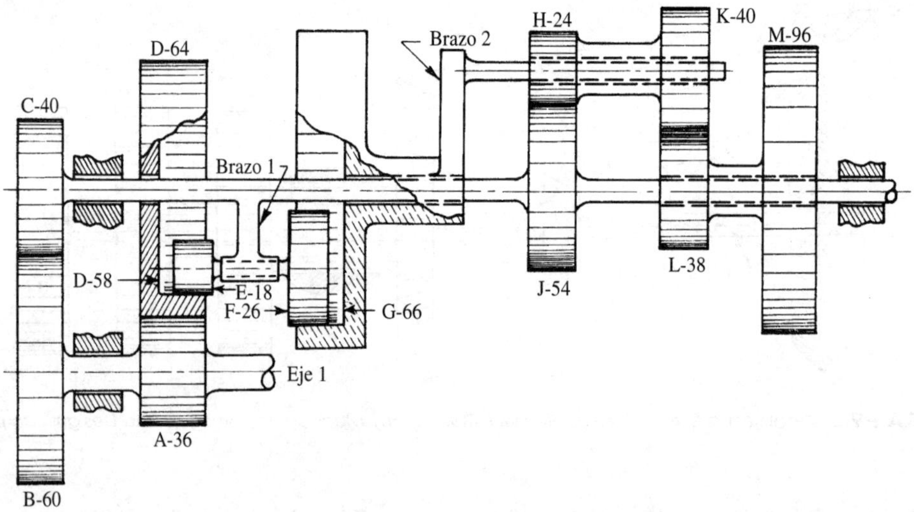

FIGURA P9-10 Problema 9-43 *De P. H. Hill y W. P. Rule (1960). Mechanisms: Analysis and Design, con permiso*

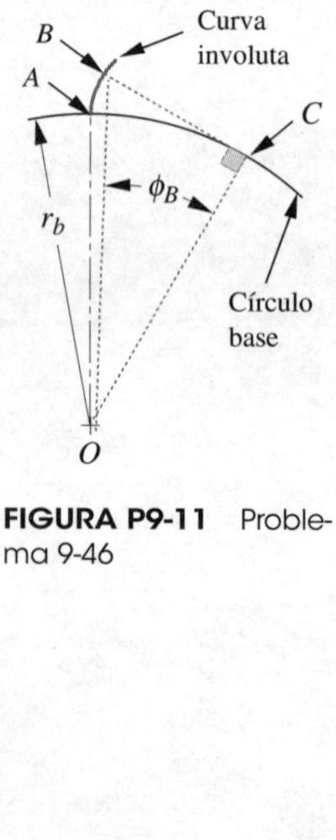

FIGURA P9-11 Problema 9-46

†9-50 Se desea tener un juego entre dientes de 0.03 mm medido en el círculo de paso de un piñón de 40 mm de diámetro conectado con un engrane de 100 mm de diámetro. Si los engranes son estándar de profundidad total, con ángulos de presión de 25°, ¿en cuánto se deberá incrementar la distancia entre centros?

†9-51 Se desea tener un juego entre dientes de 0.0012 pulgadas medido en el círculo de paso de un piñón de 2.000 pulgadas de diámetro conectado con un engrane de 5.000 pulgadas de diámetro. Si los engranes son estándar de profundidad total, con ángulos de presión de 25°, ¿en cuánto se deberá incrementar la distancia entre centros?

†9-52 Un engrane de 22 dientes tiene dientes en involuta estándar de profundidad total con un módulo de 6. Calcule el diámetro de paso, el paso circular, la cabeza, la raíz, el espesor del diente y la holgura con las especificaciones AGMA de la tabla 9-1 (p. 330), si sustituye m en lugar de $1/p_d$.

†9-53 Un engrane de 40 dientes tiene dientes en involuta estándar de profundidad total con un módulo de 3. Calcule el diámetro de paso, el paso circular, la cabeza, la raíz, el espesor del diente y la holgura con las especificaciones AGMA de la tabla 9-1 (p. 330), si sustituye m en lugar de $1/p_d$.

†9-54 Un engrane de 30 dientes tiene dientes en involuta estándar de profundidad completa con un módulo de 2. Calcule el diámetro de paso, el paso circular, la cabeza, la raíz, el espesor del diente y la holgura con las especificaciones AGMA de la tabla 9-1 (p. 330), si sustituye m en lugar de $1/p_d$.

†9-55 Determine el número mínimo de dientes en un piñón con un ángulo de presión de 20°, con las siguientes relaciones engrane a piñón, de modo que no haya inferencia entre los dientes: 1:1, 2:1, 3:1, 4:1, 5:1.

†9-56 Determine el número mínimo de dientes en un piñón con un ángulo de presión de 25° con las siguientes relaciones engrane a piñón de modo que no haya inferencia entre los dientes: 1:1, 2:1, 3:1, 4:1, 5:1.

†9-57 Un piñón con diámetro de paso de 3.000 pulgadas se engrana con una cremallera. ¿Cuál es el tamaño de diente más grande, en función del paso diametral, que puede utilizarse sin ninguna interferencia?

a) Con un ángulo de presión de 20°
b) Con un ángulo de presión de 25°

†9-58 Un piñón con diámetro de paso de 75 mm se engrana con una cremallera. ¿Cuál es el tamaño de diente más grande, en función del módulo métrico, que puede utilizarse sin ninguna interferencia?

a) Con un ángulo de presión de 20°
b) Con un ángulo de presión de 25°

†9-59 Para tener un engranaje que funcione uniformemente se requiere una relación de contacto de por lo menos 1.5. Si los engranes tienen un ángulo de presión de 25° y una relación de engranes de 4, ¿cuál es el número mínimo de dientes en el piñón que dará la relación de contacto mínima requerida?

†9-60 Para tener un engranaje que funcione uniformemente se requiere una relación de contacto de por lo menos 1.5. Si los engranes tienen un ángulo de presión de 25° y un piñón de 20 dientes, ¿cuál es la relación de engranes mínima que dará la relación de contacto mínima requerida?

† Estos problemas son adecuados para resolverse con los programas *Mathcad*, *Matlab* o *TKSolver*.

†9-61 Calcule y trace la relación de tren de un engranaje no circular, como una función del ángulo de entrada, basada en los centrodos de la figura 6-15*b* (p. 208). Las relaciones de longitud de eslabón son $L_1/L_2 = 1.60$, $L_3/L_2 = 1.60$ y $L_4/L_2 = 1.00$.

†9-62 Repita el problema 9-61 con un mecanismo articulado de cuatro barras con relaciones de eslabón de $L_1/L_2 = 1.80$, $L_3/L_2 = 1.80$ y $L_4/L_2 = 1.00$.

†9-63 La figura 9-35*b* (p. 348) muestra (esquemáticamente) un tren epicíclico compuesto. Los números de dientes son 50, 25, 35 y 90 para los engranes 2, 3, 4 y 5, respectivamente. El brazo se impulsa a 180 rpm en el sentido de las manecillas del reloj y el engrane 5 se fija a la bancada. Determine la velocidad y dirección del engrane 2. ¿Cuál es la eficiencia de este tren si los engranajes básicos tienen $E_0 = 0.98$?

†9-64 La figura 9-35*h* (p. 348) muestra (esquemáticamente) un tren epicíclico compuesto. Los números de dientes son 80, 20, 25 y 85 para los engranes 2, 3, 4 y 5, respectivamente. El engrane 2 se impulsa a 200 rpm en sentido contrario al de las manecillas del reloj. Determine la velocidad y dirección del brazo si el engrane 5 se fija a la bancada. ¿Cuál es la eficiencia de este tren si los engranajes básicos tienen $E_0 = 0.98$?

†9-65 La figura 9-35*i* (p. 348) muestra (esquemáticamente) un tren epicíclico compuesto. Los números de dientes son 24, 18, 20 y 90 para los engranes 2, 3, 4 y 5, respectivamente. El brazo se impulsa a 100 rpm en sentido contrario al de las manecillas del reloj y el engrane 2 se fija a la bancada. Determine la velocidad y dirección del engrane 5. ¿Cuál es la eficiencia de este tren si los engranajes básicos tienen $E_0 = 0.98$?

9-66 Usando la figura 9-8 (p. 328), deduzca la ecuación del ángulo de presión operativo de dos engranes trabados como una función de los radios de sus círculos base, la distancia central estándar y el cambio en la distancia entre centros.

*†9-67 Un piñón y engrane trabados tienen radios circulares básicos de 1.8126 y 3.6252 pulg, respectivamente. Si éstos fueron cortados con un ángulo de presión estándar de 25°, determine su ángulo de presión operativo si la distancia central estándar aumenta 0.062 pulg.

*†9-68 Un piñón y engrane trabados tienen radios circulares básicos de 1.35946 y 2.26577 pulg, respectivamente. Si tiene una distancia central estándar de 4.000 pulg, determine el ángulo de presión estándar y el ángulo de presión operativo si la distancia central estándar aumenta 0.050 pulg.

*†9-69 Un piñón de 25 dientes se traba con un engrane de 60 dientes. Tienen un paso diametral de 4, un ángulo de presión de 20° y perfiles de involuta de profundidad total AGMA. Encuentre la razón de engrane, el paso circular, el paso base, los diámetros de paso, la distancia central estándar, la cabeza, la raíz, la profundidad total, el claro, los diámetros externos y la razón de contacto del juego de engranes.

*†9-70 Un piñón de 15 dientes se traba con un engrane de 45 dientes. Tienen un paso diametral de 5, un ángulo de presión de 25° y perfiles de involuta de profundidad total AGMA. Encuentre la razón de engrane, el paso circular, el paso base, los diámetros de paso, la distancia central estándar, la cabeza, la raíz, la profundidad total, el claro, los diámetros externos y la razón de contacto del juego de engranes.

*†9-71 Diseñe un tren de engranes rectos que reduzca la velocidad de un motor AC sincrónico con 900 rpm a exactamente 72 revoluciones por hora con la salida rotando en la misma dirección que el motor. Use engranes con un ángulo de presión de 25° y reduzca al mínimo el tamaño del paquete.

†9-72 Se desea obtener un engranaje con una relación de contacto de al menos 1.5. Si los engranes tienen dientes estándar de profundidad total AGMA con un ángulo de presión de 25° y el piñón tiene 21 dientes, ¿cuál es la relación de engrane mínima que proporcionará la relación de contacto mínima requerida?

†9-73 Proporcione un diseño preliminar (diámetros de paso y números de dientes) para un engranaje con una relación de engrane $m_G = 4$, un paso diametral $p_d = 8$ y una relación de contacto de al menos 1.5.

9

* Respuestas en el apéndice F.
† Estos problemas son adecuados para resolverse con los programas *Mathcad*, *Matlab* o *TKSolver*.

Fin
de la
Parte I

El mundo entero de la maquinaria... está inspirado por la función de los órganos de reproducción. El diseñador anima los objetos artificiales mediante simulación de los movimientos de animales entregados a propagar la especie. Nuestras máquinas son Romeos de acero y Julietas de hierro fundido.

J. COHEN (1966), *Human Robots in Myth and Science*, Allen & Unwin, Londres, p. 67.

PARTE II

DINÁMICA DE MAQUINARIA

CAPÍTULO 10

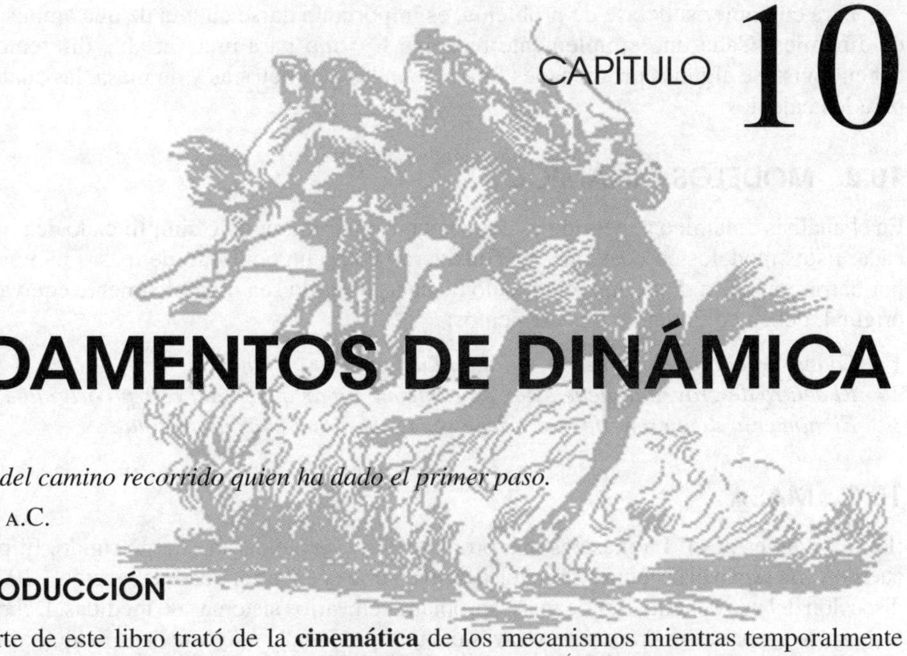

FUNDAMENTOS DE DINÁMICA

Lleva la mitad del camino recorrido quien ha dado el primer paso.

HORACIO, 65-8 A.C.

10.0 INTRODUCCIÓN

La primera parte de este libro trató de la **cinemática** de los mecanismos mientras temporalmente se ignoraban las fuerzas presentes en dichos mecanismos. En esta segunda parte se abordará el problema de determinar las fuerzas presentes en mecanismos y maquinaria en movimiento. Este tema se denomina **cinética** o **análisis de fuerzas dinámicas**. Se inicia con un breve repaso de algunos fundamentos necesarios para el análisis dinámico. Se supone que el lector ya tuvo un curso previo de introducción a la dinámica. Si no está muy familiarizado con el tema, es necesario revisarlo mediante la referencia [1] o cualquier otro texto relacionado con el tema.

10.1 LEYES DEL MOVIMIENTO DE NEWTON

El análisis de fuerzas dinámicas implica la aplicación de las tres **leyes del movimiento de Newton**, las cuales son:

1 *Un cuerpo en reposo tiende a permanecer en reposo, y un cuerpo en movimiento a velocidad constante tiende a mantener esa velocidad a menos que actúe sobre él una fuerza externa.*
2 *El cambio de la cantidad de movimiento de un cuerpo con respecto al tiempo es igual a la magnitud de la fuerza aplicada y actúa en la dirección de la fuerza.*
3 *Por cada fuerza de acción existe una fuerza de reacción igual y opuesta.*

La segunda ley está expresada en función de la razón de cambio de cantidad de movimiento $\mathbf{M} = m\mathbf{v}$, donde m es masa y $\mathbf{v}$ es velocidad. Se supone que la masa m es constante en este análisis. La razón de cambio de $m\mathbf{v}$ con respecto al tiempo es $m\mathbf{a}$, donde $\mathbf{a}$ es la aceleración del centro de masa.

$$\mathbf{F} = m\mathbf{a} \tag{10.1}$$

$\mathbf{F}$ es la resultante de todas las fuerzas ejercidas en el sistema que actúan en el centro de masa.

Es posible diferenciar entre dos subclases de problemas de dinámica según las cantidades que se conozcan y cuáles se requiere encontrar. El **"problema avanzado de dinámica"** es aquel en el cual se conoce todo sobre las cargas externas (fuerzas y/o pares de torsión) ejercidas en el sistema, y se requiere determinar las aceleraciones, las velocidades y los desplazamientos que resultan de las aplicaciones de dichas fuerzas y pares de torsión. Esta subclase es representativa de los problemas que se analizan en un curso introductorio de dinámica, tal como la determinación de la aceleración de un bloque que se desliza hacia abajo por un plano inclinado, impulsado por la fuerza de gravedad. Dadas $\mathbf{F}$ y m, se resuelve para $\mathbf{a}$.

La segunda subclase de problema de dinámica, llamado **problema de dinámica inversa**, es aquel en el cual se conocen las aceleraciones, velocidades y desplazamientos (deseados) a aplicar en el sistema y deben resolverse para las magnitudes y direcciones de las fuerzas y pares de torsión necesarios para generar los movimientos deseados y lo que resulte de ellos. Este caso de dinámica inversa en ocasiones se conoce como **cinetostática**. Dadas $\mathbf{a}$ y m, resuelva para $\mathbf{F}$.

Para cualquier subclase de problema, es importante darse cuenta de que ambos son problemas de dinámica. Cada uno simplemente resuelve **F** = *m***a** para una variable diferente. Para hacerlo deben revisarse algunas propiedades fundamentales geométricas y de masa, las cuales se requieren para los cálculos.

10.2 MODELOS DINÁMICOS

En el análisis dinámico a menudo es conveniente crear un modelo simplificado de una parte complicada. Estos modelos en ocasiones se consideran como un conjunto de masas puntuales conectadas por barras sin masa. Para que un modelo de cuerpo rígido sea dinámicamente equivalente al cuerpo original, deben conjuntarse tres elementos:

1 *La masa del modelo debe ser igual a la del cuerpo original.*
2 *El centro de gravedad debe estar en el mismo lugar que el del cuerpo original.*
3 *El momento de inercia de masa debe ser igual al del cuerpo original.*

10.3 MASA

¡La masa no es peso! La masa es una propiedad invariable de un cuerpo rígido. El peso del mismo cuerpo varía según el sistema gravitatorio en el cual se encuentre. Véase la sección 1.10 (p. 14) para una discusión del uso de unidades de masa apropiadas en varios sistemas de medidas. Debe suponerse que la masa de las partes es constante a través del tiempo. Para la mayoría de la maquinaria terrestre, esto es razonable. La rapidez a la cual un automóvil pierde masa debido al consumo de combustible, por ejemplo, es suficientemente lenta para ignorarse cuando se calculan fuerzas dinámicas a lo largo de periodos cortos. Sin embargo, ésta no sería una suposición segura para un vehículo tal como el transbordador espacial, cuya masa cambia con rapidez y drásticamente durante el despegue.

Cuando se diseña maquinaria, primero se debe realizar un análisis cinemático completo del diseño, como se describió en la primera parte del texto, para obtener información sobre las aceleraciones de las partes móviles. A continuación se aplica la segunda ley de Newton para calcular las fuerzas dinámicas. Sin embargo, para hacerlo es necesario conocer las masas de todas las partes móviles que tienen estas aceleraciones conocidas. ¡Estas partes aún no existen! Como en cualquier problema de diseño, en esta etapa se carece de suficiente información para determinar con exactitud los mejores tamaños y formas de las partes. Deben estimarse las masas de los eslabones y otras partes del diseño para hacer un primer intento de cálculo. Luego se debe iterar para obtener cada vez mejores soluciones conforme se complemente la información. Véase la sección 1.5 (p. 6) sobre el proceso de diseño para revisar el uso de iteración en el diseño.

Es posible obtener una primera estimación de las masas de sus partes si se suponen algunas formas y tamaños razonables de todas las partes para elegir materiales apropiados. Después se calcula el volumen de cada parte y se multiplica su volumen por la **densidad de masa** del material (no peso específico) para obtener una primera aproximación de su masa. Estos valores de masa se pueden utilizar en la ecuación de Newton. Las densidades de algunos materiales comunes de ingeniería se encuentran en el apéndice B.

¿Cómo saber si los tamaños y formas elegidas de los eslabones son aceptables, aunque no óptimos? Desafortunadamente, no se sabrá hasta realizar todos los cálculos mediante un análisis completo de esfuerzo y deformación de las partes. A menudo es el caso, sobre todo con elementos largos y delgados, como ejes y eslabones esbeltos, pues las deformaciones de las partes sometidas a sus cargas dinámicas limitarán el diseño incluso a bajos niveles de esfuerzo. En algunos casos los esfuerzos serán excesivos.

Quizá se descubrirá que las partes fallan a causa de las fuerzas dinámicas. Luego se deben retomar las suposiciones originales sobre las formas, tamaños y materiales de estas partes, rediseñarlas y repetir el análisis de fuerzas, esfuerzos y deformación. El diseño es, inevitablemente, un **proceso iterativo**.

El tema del análisis de esfuerzos y deformaciones está fuera del alcance de este texto y no se tratará más. (Véase la referencia [2].) Se mencionó para poner la discusión del análisis de fuerzas dinámicas en contexto. ¡Se analizan estas fuerzas dinámicas principalmente para proporcionar la información necesaria para analizar los esfuerzos y deformaciones sobre las partes! Vale la pena señalar que, a diferencia de una situación de fuerzas estáticas en la que un diseño defectuoso podría mejorarse al agregar más masa a la parte para reforzarla, en una situación de fuerzas dinámicas hacerlo así puede tener un efecto nocivo. ¡Más masa con la misma aceleración generará incluso fuerzas más altas y por tanto mayores esfuerzos! El diseñador de máquinas a menudo necesita eliminar masa (en los lugares apropiados) para reducir los esfuerzos y deformaciones debidas a **F** = m**a**. Por tanto, el diseñador necesita tener una clara noción tanto de las propiedades y esfuerzos del material como del análisis de deformación para conformar y dimensionar las partes apropiadamente con masa mínima mientras se incrementa al máximo la resistencia y rigidez necesarias para soportar las fuerzas dinámicas.

10.4 MOMENTO DE MASA Y CENTRO DE GRAVEDAD

Cuando la masa de un objeto se distribuye sobre algunas dimensiones, poseerá un momento con respecto a cualquier eje que se elija. La figura 10-1 muestra una masa de forma general en un sistema de ejes coordenados xyz. También se muestra un elemento diferencial de masa. El **momento de masa (primer momento de masa)** del elemento diferencial es igual al **producto de su masa por su distancia** al eje de interés. Con respecto a los ejes x, y y z, éstos son:

$$dM_x = x\,dm \tag{10.2a}$$

$$dM_y = y\,dm \tag{10.2b}$$

$$dM_z = z\,dm \tag{10.2c}$$

Para obtener los momentos de masa del cuerpo se integra cada una de estas expresiones.

$$M_x = \int x\,dm \tag{10.3a}$$

$$M_y = \int y\,dm \tag{10.3b}$$

$$M_z = \int z\,dm \tag{10.3c}$$

Si el momento de masa con respecto a un eje particular es numéricamente cero, entonces ese eje pasa por el **centro de masa** (***CM***, por sus siglas en inglés) del objeto, el cual en un objeto terrestre coincide con su **centro de gravedad** (***CG***, por sus siglas en inglés). Por definición, la suma de los primeros momentos con respecto a todos los ejes que pasan por el centro de gravedad es cero. Se debe localizar el *CG* de todos los cuerpos móviles dentro del diseño porque la componente de la aceleración lineal de cada cuerpo se calcula si actúa en ese punto.

A menudo conviene modelar una forma complicada en varias formas simples interconectadas, cuyas geometrías individuales permitan calcular con facilidad sus masas y las ubicaciones de sus *CG* locales. Se puede encontrar entonces el *CG* global con la suma de los primeros momentos de estas formas simples e igualar a cero. El apéndice *C* contiene fórmulas para los volúmenes y ubicaciones de los centros de gravedad de algunas formas comunes.

La figura 10-2 muestra un modelo simple: un mazo descompuesto en dos partes cilíndricas, el mango y la cabeza, con masas m_h y m_d, respectivamente. Los centros de gravedad individuales de las dos partes están en l_d y $l_h/2$, respectivamente, con respecto al eje ZZ. Se requiere localizar el centro de gravedad compuesto del mazo con respecto a ZZ. Al sumar los primeros momentos de los componentes individuales con respecto a ZZ e igualarlos al momento de toda la masa con respecto a ZZ:

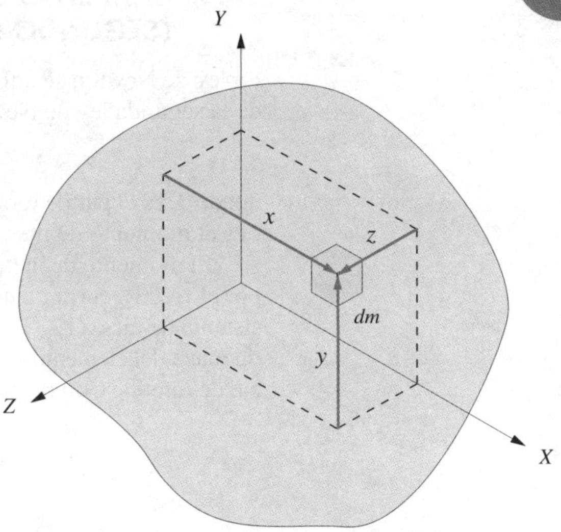

FIGURA 10-1 Elemento de masa generalizado en un sistema coordenado tridimensional

$$\sum M_{ZZ} = m_h \frac{l_h}{2} + m_d l_d = (m_h + m_d)\,d \tag{10.3d}$$

Esta ecuación puede resolverse para la distancia d a lo largo del eje X, la que, en este ejemplo simétrico, es la única dimensión del *CG* compuesto no discernible por inspección. Las componentes y y z del *CG* compuesto son cero.

$$d = \frac{m_h \frac{l_h}{2} + m_d l_d}{(m_h + m_d)} \tag{10.3e}$$

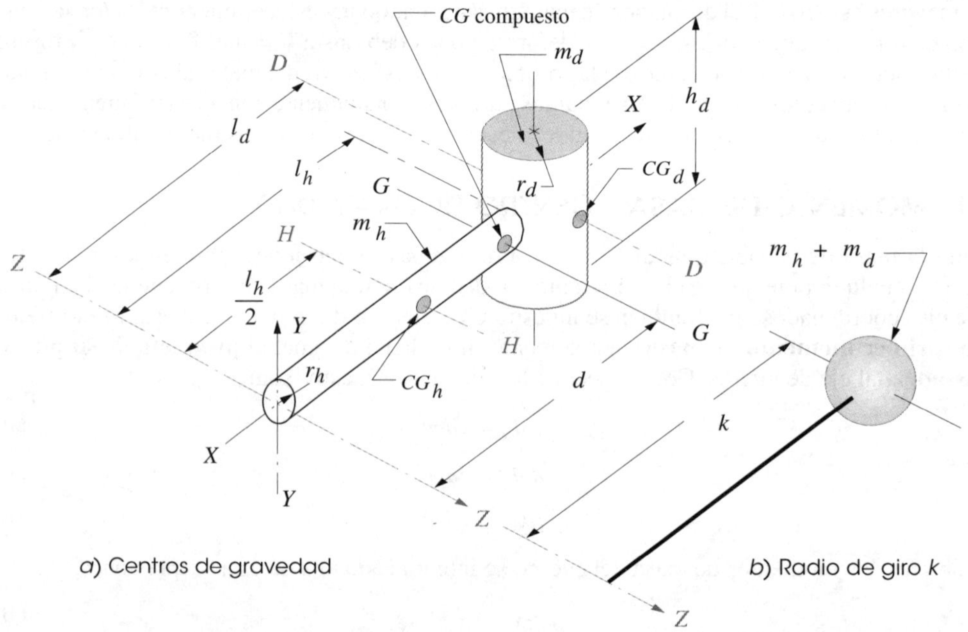

FIGURA 10-2 Modelos dinámicos, centro de gravedad compuesto y radio de giro de un mazo

10

10.5 MOMENTO DE INERCIA DE MASA (SEGUNDO MOMENTO DE MASA)

La ley de Newton se aplica a sistemas en rotación como a aquellos en traslación. La forma rotatoria de la segunda ley de Newton es:

$$\mathrm{T} = I\alpha \tag{10.4}$$

donde **T** es el par de torsión resultante con respecto al centro de masa, α es la aceleración angular, e I es el momento de inercia de masa con respecto a un eje que pasa por el centro de masa.

El momento de inercia de masa se refiere a algún eje de rotación, por lo general a aquel que pasa por el *CG*. Recurra de nuevo a la figura 10-1 (p. 373) que muestra una masa de forma general y un sistema de ejes *XYZ*. También se muestra un elemento diferencial de masa. El **momento de inercia de masa** del elemento diferencial es igual al **producto de su masa por el cuadrado de su distancia** al eje de interés. Con respecto a los ejes *X*, *Y*, *Z*, éstos son:

$$dI_x = r_x^2 dm = (y^2 + z^2)\,dm \tag{10.5a}$$

$$dI_y = r_y^2 dm = (x^2 + z^2)\,dm \tag{10.5b}$$

$$dI_z = r_z^2 dm = (x^2 + y^2)\,dm \tag{10.5c}$$

El exponente de 2 en el término del radio proporciona a esta propiedad su nombre de **segundo momento de masa**. Para obtener los momentos de inercia de masa de todo el cuerpo, se integra cada una de estas expresiones

$$I_x = \int (y^2 + z^2)\,dm \tag{10.6a}$$

$$I_y = \int (x^2 + z^2)\,dm \tag{10.6b}$$

$$I_z = \int (x^2 + y^2)\,dm \tag{10.6c}$$

Si bien es bastante intuitivo apreciar la importancia física del primer momento de masa, es más difícil hacer lo mismo con el segundo momento o momento de inercia.

Considere la ecuación 10.4, que expresa el par de torsión proporcional a la aceleración angular, y la constante de proporcionalidad es este momento de inercia *I*. Imagínese un mazo o martillo común como el ilustrado en la figura 10-2 (p. 374). La cabeza, fabricada de acero, tiene una masa grande en comparación con el ligero mango de madera. Cuando se sujeta apropiadamente por el extremo del mango, el radio con respecto a la masa de la cabeza es grande. Su contribución al *I* total del mazo es proporcional al cuadrado del radio del eje de rotación (la muñeca en el eje *ZZ*) a la cabeza. Por tanto, se requiere considerablemente más par de torsión para hacer oscilar (y por tanto acelerarlo angularmente) el mazo cuando se sujeta apropiadamente que cuando se sujeta cerca de la cabeza. De niño probablemente sujetaba el martillo cerca de su cabeza porque no tenía la fuerza suficiente para generar el par de torsión mayor requerido como cuando se sujeta apropiadamente. Quizá también se dio cuenta de la dificultad para golpear con el martillo cuando lo sujetaba cerca de la cabeza porque no podía almacenar mucha **energía cinética** en él. En un sistema trasladante la energía cinética es:

$$KE = \frac{1}{2}mv^2 \tag{10.7a}$$

y en un sistema rotatorio:

$$KE = \frac{1}{2}I\omega^2 \tag{10.7b}$$

Por tanto, la energía cinética guardada en el mazo también es proporcional a su momento de inercia y a ω^2. De modo que puede verse que si se sujeta el mazo cerca de la cabeza, se reduce el *I* y también la energía disponible para clavar un clavo.

El momento de inercia es un indicador de la capacidad del cuerpo para almacenar energía cinética rotacional y también es un indicador de la cantidad de par de torsión que se requerirá para acelerar el cuerpo rotacionalmente. A menos que se diseñe un dispositivo cuyo propósito sea almacenar y transferir grandes cantidades de energía (prensa punzonadora, martinete, trituradora de roca, etc.), probablemente tratará de reducir al mínimo los momentos de inercia de las partes rotatorias. Así como la masa es una medida de la resistencia a la aceleración lineal, el momento de inercia es una medida de la resistencia a la aceleración angular. Un gran momento de inercia *I* requerirá un par de torsión motriz grande y por tanto un motor más grande y potente para obtener la misma aceleración. Más adelante se describe cómo hacer que el momento de inercia trabaje para la maquinaria rotatoria mediante el uso de volantes con un gran momento de inercia *I*. Las unidades del momento de inercia se determinan mediante un balance de unidades en la ecuación 10.4 (p. 374) o en la ecuación 10.7 y se muestran en la tabla 1-4. En el sistema **ips** son lb-in-s^2 o blob-in^2. En el sistema **SI**, son N-m-s^2 o kg-m^2.

10.6 TEOREMA DE EJES PARALELOS (TEOREMA DE TRANSFERENCIA)

El momento de inercia de un cuerpo con respecto a cualquier eje (*ZZ*) se expresa como la suma de su momento de inercia con respecto a un eje (*GG*) paralelo a *ZZ* que pasa por su *CG* y el producto de la masa por el cuadrado de la distancia perpendicular entre esos ejes paralelos,

$$I_{ZZ} = I_{GG} + md^2 \tag{10.8}$$

donde *ZZ* y *CG* son ejes paralelos, *GG* pasa por el *CG* del cuerpo o ensamble, *m* es la masa del cuerpo o ensamble y *d* es la distancia perpendicular entre los ejes paralelos. Esta propiedad es muy útil cuando se calcula el momento de inercia de una forma compleja que se ha descompuesto en un conjunto de formas simples, como se muestra en la figura 10-2*a* (p. 374), que representa un modelo más simple de mazo. El mazo se descompuso en dos partes cilíndricas, el mango y la cabeza, cuyas masas son m_h y m_d, y radios r_h y r_d, respectivamente. Las expresiones para los momentos de inercia de masa de un cilindro con respecto a ejes que pasan por su *CG* se encuentran en el apéndice *C*, y para el mango con respecto a su eje *HH* que pasa por su *CG* son:

$$I_{HH} = \frac{m_h\left(3r_h^2 + l_h^2\right)}{12} \tag{10.9a}$$

y para la cabeza con respecto a su eje *DD* que pasa por su *CG*:

$$I_{DD} = \frac{m_d\left(3r_d^2 + h_d^2\right)}{12} \tag{10.9b}$$

Mediante el teorema de ejes paralelos para transferir el momento de inercia al eje *ZZ* en el extremo del mango:

$$I_{ZZ} = \left[I_{HH} + m_h \left(\frac{l_h}{2} \right)^2 \right] + \left[I_{DD} + m_d l_d^{\,2} \right] \tag{10.9c}$$

10.7 DETERMINACIÓN DEL MOMENTO DE INERCIA DE MASA

Existen varias formas para determinar el momento de inercia de masa de una parte. Si la parte se encuentra en el proceso de diseño, se requiere un método analítico. Si existe la parte, entonces se puede utilizar un método analítico o uno experimental.

Métodos analíticos

Si bien es posible integrar numéricamente las ecuaciones 10.6 (p. 374) para una parte de cualquier forma arbitraria, el trabajo que implica hacer esto manualmente por lo general es tedioso y consumidor de tiempo. Si una parte de forma complicada puede descomponerse en subpartes geométricamente simples, como cilindros, prismas rectangulares, esferas, etc., como se efectuó con el mazo de la figura 10-2 (p. 374), entonces se pueden calcular los momentos de inercia de masa de cada parte con respecto a su propio *CG*. Cada uno de estos valores deben referirse al eje de rotación deseado por medio del teorema de transferencia (ecuación 10.8) y luego sumarse para obtener un valor aproximado del momento de inercia de la parte completa con respecto al eje deseado. En el apéndice C se muestran fórmulas para los momentos de inercia de masa de algunos sólidos geométricos simples.

Si se utiliza un paquete de modelado de sólidos CAD para diseñar la geometría de la parte, entonces la tarea de determinar todas sus propiedades de masa se simplifica. La mayoría de los paquetes CAD calcularán la masa y los momentos de inercia de masa de una parte 3-D sólida con respecto a cualquier conjunto de ejes seleccionado con buena precisión. Éste es, por mucho, el método preferido, y es sólo una de las muchas ventajas de utilizar paquetes CAD de modelado de sólidos en el diseño mecánico.

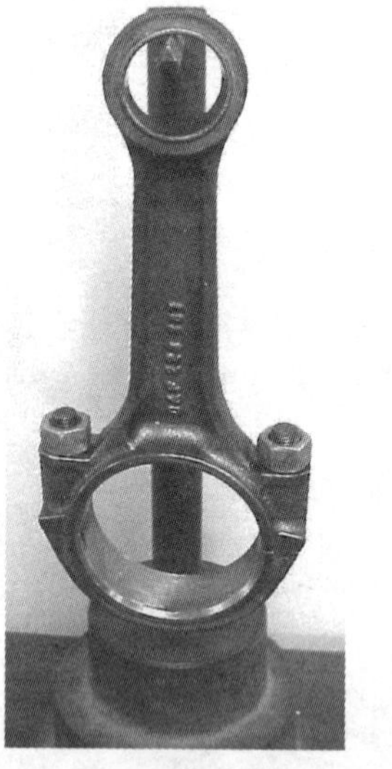

a)

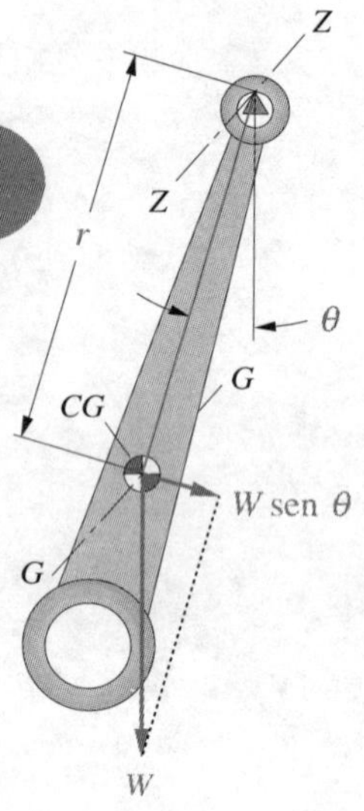

b)

FIGURA 10-3 Medición del momento de inercia

10

Métodos experimentales

Si la pieza ha sido diseñada y construida, su momento de inercia de masa puede determinarse de manera aproximada mediante un experimento simple. Esto requiere que el elemento sea oscilado alrededor de cualquier eje (diferente del que pasa por su *CG*) paralelo a aquel con respecto al cual se busca el momento, y se mida el periodo de oscilación pendular. La figura 10-3*a* muestra una parte (una biela) suspendida de un pivote de filo de navaja en *ZZ* que gira un ángulo pequeño θ, como se muestra en la figura 10-3*b*. La fuerza de su peso *W* actúa en su *CG* y tiene una componente *W* sen θ perpendicular al radio *r* del pivote al *CG*. Con la ecuación 10.4 (p. 374):

$$\mathbf{T}_{ZZ} = I_{ZZ}\,\alpha \tag{10.10a}$$

al sustituir las expresiones equivalentes para $\mathbf{T}_{ZZ}$ y α:

$$-\left(W \operatorname{sen} \theta\right) r = I_{ZZ} \frac{d^2\theta}{dt^2} \tag{10.10b}$$

donde se aplica el signo negativo porque el par de torsión actúa en dirección opuesta al ángulo θ.

Para valores pequeños de θ, sen $\theta = \theta$, aproximadamente, así:

$$-W\theta r = I_{ZZ} \frac{d^2\theta}{dt^2}$$

$$\frac{d^2\theta}{dt^2} = -\frac{W r}{I_{ZZ}}\theta \tag{10.10c}$$

La ecuación 10.10*c* es una ecuación diferencial de segundo orden con coeficientes constantes que tiene como solución:

$$\theta = C\left(\operatorname{sen} \sqrt{\frac{W r}{I_{ZZ}}}\, t \right) + D\left(\cos \sqrt{\frac{W r}{I_{ZZ}}}\, t \right) \tag{10.10d}$$

Las constantes de integración C y D se encuentran a partir de las condiciones iniciales en el instante en que se suelta la pieza y se le permite oscilar.

$$\text{con: } t = 0, \qquad \theta = \theta_{\text{máx}}, \qquad \omega = \frac{d\theta}{dt} = 0; \qquad \text{entonces: } \ C = 0, \qquad D = \theta_{\text{máx}}$$

y

$$\theta = \theta_{\text{máx}}\left(\cos\sqrt{\frac{W\,r}{I_{ZZ}}}t\right) \tag{10.10e}$$

La ecuación 10.10*e* define el movimiento de la pieza como una onda coseno que completa un ciclo completo de periodo τ s cuando

$$\sqrt{\frac{W\,r}{I_{ZZ}}}\tau = 2\pi \tag{10.10f}$$

El peso de la pieza es fácil de medir. La ubicación del *CG* se encuentra al balancear la pieza sobre el filo de una cuña o si se suspende de dos lugares diferentes; uno u otro método da la distancia r. El periodo de oscilación τ se mide con un cronómetro, de preferencia en varios ciclos para reducir el error experimental. Con estos datos, la ecuación 10.10*f* se resuelve para el momento de inercia de masa I_{ZZ} con respecto al pivote *ZZ* como:

$$I_{ZZ} = W\,r\left(\frac{\tau}{2\pi}\right)^2 \tag{10.10g}$$

y el momento de inercia I_{CG} con respecto al *CG* se encuentra mediante el teorema de transferencia (ecuación 10.8, p. 375).

$$I_{ZZ} = I_{GG} + m\,r^2$$
$$I_{GG} = W\,r\left(\frac{\tau}{2\pi}\right)^2 - \frac{W}{g}r^2 \tag{10.10h}$$

10.8 RADIO DE GIRO

El **radio de giro** de un cuerpo se define como el radio en el cual se podría concentrar toda la masa del cuerpo de modo que el modelo resultante tenga el mismo momento de inercia que el cuerpo original. La masa de este modelo debe ser la misma que la del cuerpo original. Sea I_{ZZ} el momento de inercia de masa con respecto a *ZZ* conforme a la ecuación 10.9*c* (p. 376), y m la masa del cuerpo original. Conforme al teorema de ejes paralelos, una masa concentrada m a un radio k tendrá un momento de inercia:

$$I_{ZZ} = mk^2 \tag{10.11a}$$

Como se requiere que I_{ZZ} sea igual al momento de inercia original, el **radio de giro** requerido en el que se concentrará la masa m es:

$$k = \sqrt{\frac{I_{ZZ}}{m}} \tag{10.11b}$$

Obsérvese que esta propiedad de radio de giro permite la construcción de un modelo dinámico aún más simple del sistema, en el cual la masa del sistema se concentra en una "masa puntual" en el extremo de una barra de masa despreciable de longitud k. La figura 10.2*b* (p. 374) muestra un modelo similar al mazo de la figura 10-2*a*.

Al comparar la ecuación 10.11*a* con la ecuación 10.8 (p. 375), se observa que el radio de giro k siempre será mayor que el radio al *CG* compuesto del cuerpo original.

$$I_{GG} + md^2 = I_{ZZ} = mk^2 \qquad \therefore k > d \tag{10.11c}$$

El apéndice C contiene fórmulas para los momentos de inercia y radios de giro de algunos modelos comunes.

10.9 MODELADO DE ESLABONES ROTATORIOS

Muchos mecanismos contienen eslabones que oscilan con rotación pura. Como una primera aproximación, es posible modelar estos eslabones como masas concentradas con traslación. El error en

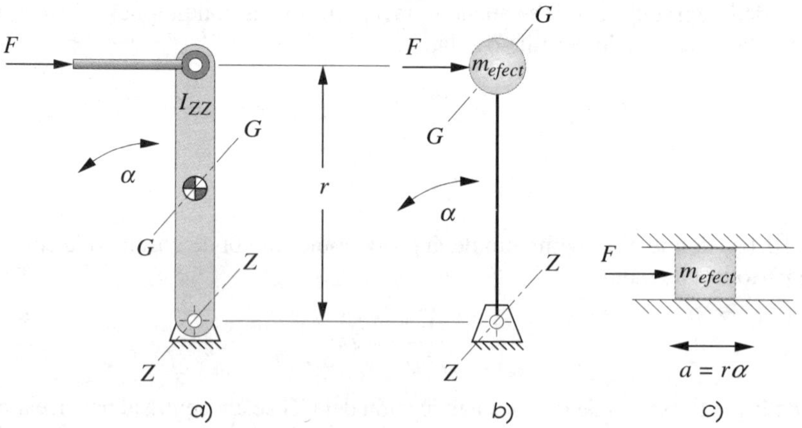

FIGURA 10-4 Modelado de un eslabón rotatorio como una masa trasladante

este caso será pequeño si la rotación angular del eslabón es pequeña. Entonces la diferencia entre la longitud del arco en un ángulo pequeño y su cuerda es mínima.

El objetivo es modelar la masa distribuida del eslabón rotatorio como una masa puntual concentrada en el punto de conexión a su eslabón adyacente, conectado a su pivote por una barra rígida de masa insignificante. La figura 10-4 muestra un eslabón que rota con respecto a un eje *ZZ* y su modelo dinámico concentrado. La masa concentrada colocada en el radio *r* del eslabón debe tener el mismo momento de inercia con respecto al pivote *ZZ* que el eslabón original. El momento de inercia de masa I_{ZZ} del eslabón original debe determinarse primero. El momento de inercia de masa de una masa puntual en un radio se encuentra mediante el teorema de transferencia. Como una masa puntual, por definición, no tiene ninguna dimensión, su momento de inercia I_{CG} con respecto al centro de masa es cero y la ecuación 10.8 (p. 375) se reduce a

$$I_{ZZ} = mr^2 \tag{10.12a}$$

La masa efectiva m_{efect} que debe colocarse en el radio *r* es entonces

$$m_{efect} = \frac{I_{ZZ}}{r^2} \tag{10.12b}$$

Con ángulos de rotación pequeños, el eslabón puede entonces diseñarse como una masa m_{efect} con traslación rectilínea pura para su inclusión en un modelo, como se muestra en la figura 10-11 (p. 387).

10.10 CENTRO DE PERCUSIÓN

El **centro de percusión** es un punto en un cuerpo que, cuando se golpea por una fuerza, tendrá asociado con él otro punto llamado **centro de rotación**, en el cual habrá una fuerza de reacción cero. Probablemente se ha experimentado el resultado de "fallar el centro de percusión" al batear una pelota de béisbol o softbol con el punto equivocado del bate. El "lugar correcto en el bate" para golpear la pelota es el centro de percusión asociado con el punto donde sus manos sujetan el bate (el centro de rotación). Si se golpea la pelota con otro punto distinto al centro de percusión, el resultado será una fuerza punzante que es transmitida a las manos. Si se golpea con el punto correcto no se sentirá ninguna fuerza (ni dolor). El centro de percusión en ocasiones recibe el nombre de "punto suave" en un bate, raqueta de tenis o palo de golf. En el caso del ejemplo del mazo, un centro de percusión en la cabeza corresponde a un centro de rotación cercano al extremo del mango, el cual está contorneado para facilitar su manipulación exacta.

La explicación de este fenómeno es muy simple. Para hacer que el ejemplo sea en dos dimensiones, eliminar los efectos de fricción, considérese un bastón de hockey de masa *m* situado sobre el hielo, como se muestra en la figura 10-5*a*. Si se da un golpe fuerte en el punto *P* con una fuerza **F** perpendicular al eje del bastón, el bastón comenzará a desplazarse por el hielo con un movimiento plano complejo, tanto de rotación como de traslación. Dicho movimiento complejo puede considerarse como la superposición de dos componentes: traslación pura de su centro de gravedad *G* en la dirección **F**, y rotación pura alrededor del punto *G*. Si se dispone un sistema de coordenadas con su

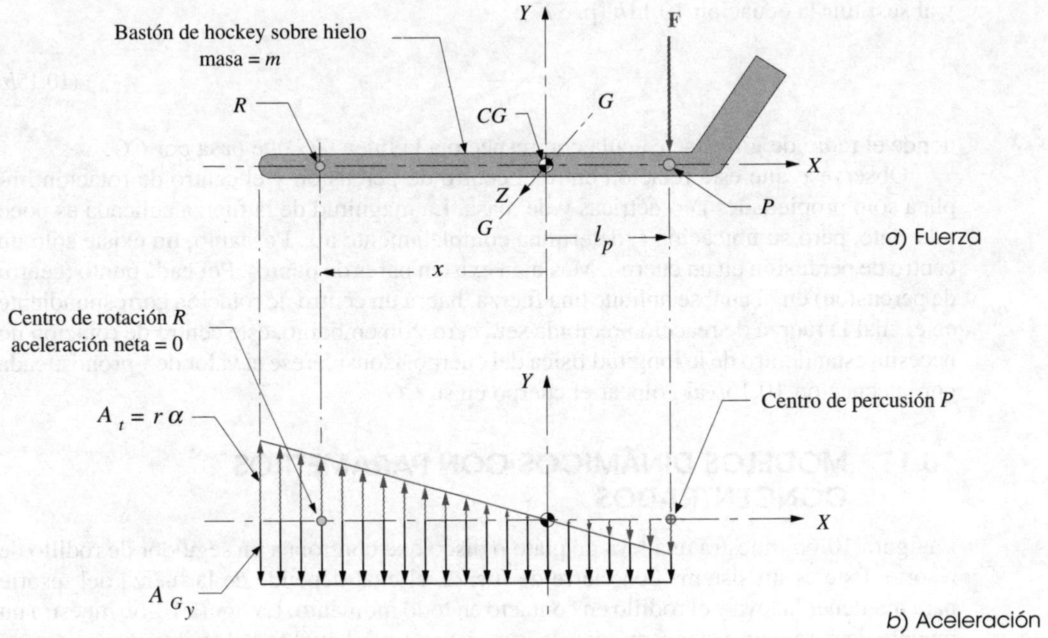

FIGURA 10-5 Centro de percusión y centro de rotación

centro en G con el eje X a lo largo del bastón en su posición inicial, como se muestra, la componente de traslación de la aceleración del CG debida a la fuerza **F** es (según la ley de Newton):

$$A_{G_y} = \frac{F}{m} \tag{10.13a}$$

y la aceleración angular es:

$$\alpha = \frac{T}{I_{GG}} \tag{10.13b}$$

donde I_{GG} es su momento de inercia de masa con respecto a la línea GG que pasa por CG (hacia afuera de la página a lo largo del eje Z). Pero el par de torsión también es:

$$T = F\,l_P \tag{10.13c}$$

donde l_p es la distancia a lo largo del eje X del punto G al punto P, tal que:

$$\alpha = \frac{F\,l_P}{I_{GG}} \tag{10.13d}$$

La aceleración lineal total en cualquier punto a lo largo del bastón será la suma de la aceleración lineal A_{Gy} del CG y la componente tangencial ($r\alpha$) de la aceleración angular, como se muestra en la figura 10-4b (p. 378).

$$\begin{aligned} A_{y_{total}} &= A_{G_y} + r\alpha \\ &= \frac{F}{m} + x\left(\frac{F\,l_P}{I_{GG}}\right) \end{aligned} \tag{10.14}$$

donde x es la distancia a cualquier punto a lo largo del bastón. La ecuación 10.14 puede igualarse a cero y resolverse para el valor de x con el cual la componente $r\alpha$ cancela la componente A_{Gy}. Éste será el **centro de rotación**, en el cual no hay aceleración de traslación y, por tanto, no existe fuerza dinámica lineal alguna. La solución para x cuando $A_{y_{total}} = 0$ es:

$$x = -\frac{I_{GG}}{m l_P} \tag{10.15a}$$

y al sustituir la ecuación 10.11*b* (p. 377):

$$x = -\frac{k^2}{l_P} \tag{10.15b}$$

donde el radio de giro k se calcula con respecto a la línea GG que pasa por CG.

Obsérvese que esta relación entre el centro de percusión y el centro de rotación implica sólo propiedades geométricas y de masa. La magnitud de la fuerza aplicada es poco relevante, pero su ubicación l_p determina completamente a x. Por tanto, **no** existe sólo un centro de percusión en un cuerpo. Más bien existen pares de puntos. Por cada punto (centro de percusión) en el cual se aplique una fuerza, habrá un centro de rotación correspondiente en el cual la fuerza de reacción recibida será cero. Sin embargo, este centro de rotación no necesita estar dentro de la longitud física del cuerpo. Considérese el valor de x pronosticada por la ecuación 10.15*b* al golpear el cuerpo en su CG.

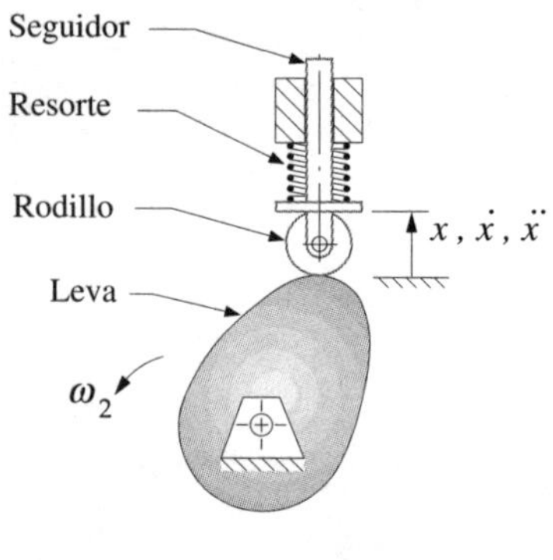

a) Sistema físico

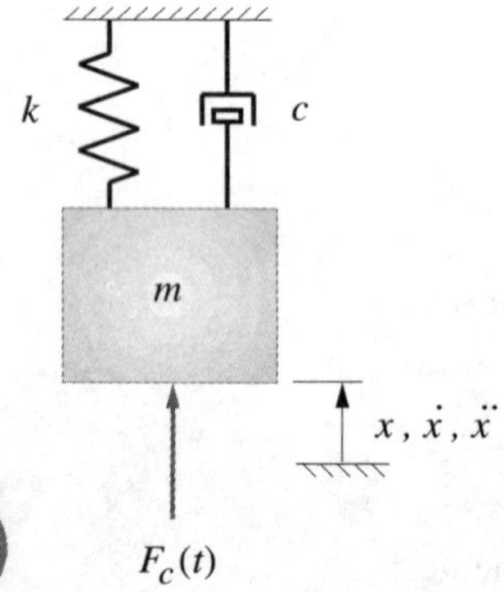

b) Modelo concentrado

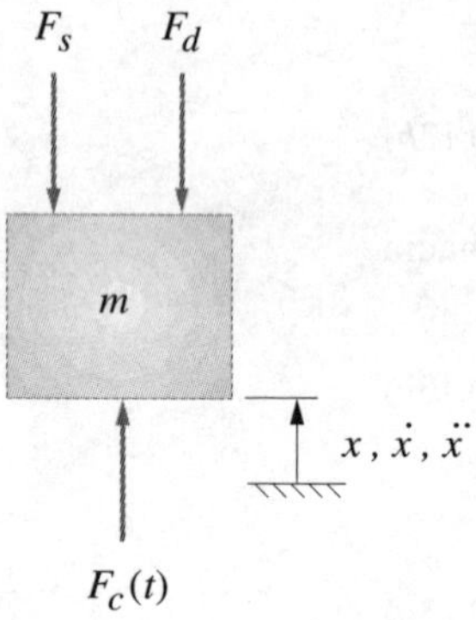

c) Diagrama de cuerpo libre

FIGURA 10-6 Modelos con parámetros concentrados de un grado de libertad de un sistema leva-seguidor

10.11 MODELOS DINÁMICOS CON PARÁMETROS CONCENTRADOS

La figura 10-6*a* muestra una leva de plato o disco que controla a un seguidor de rodillo de resorte. Éste es un sistema con cierre de fuerza, el cual depende de la fuerza del resorte para mantener la leva y el rodillo en contacto en todo momento. La figura 10-6*b* muestra un modelo de parámetros concentrados de este sistema en el cual toda la **masa** que se mueve junto con el seguidor se concentra como m, toda la elasticidad del sistema se concentra en la **constante de resorte** k y todo el **amortiguamiento** o resistencia al movimiento se concentra como un amortiguador con coeficiente c. Las fuentes de masa que contribuyen a m son demasiado obvias. La masa del vástago del seguidor, del rodillo, de su pivote de pasador y de cualquier otro accesorio metálico conectado al ensamble móvil se unen para crear m. La figura 10-6*c* muestra el diagrama de cuerpo libre del sistema sobre el que actúa la fuerza de la leva F_c, la fuerza del resorte F_s y la fuerza de amortiguamiento F_d. Desde luego, también existirán los efectos de la masa por la aceleración en el sistema.

Constante de resorte

Se ha supuesto que todos los eslabones y partes son cuerpos rígidos para realizar los análisis cinemáticos, pero para realizar un análisis de fuerzas más preciso debe reconocerse que estos cuerpos no son verdaderamente rígidos. Se supone que la elasticidad en el sistema es lineal y, por tanto, se describe mediante una constante de resorte k. Una constante de resorte se define como fuerza por unidad de deflexión.

$$k = \frac{F_s}{x} \tag{10.16}$$

La constante total del resorte k del sistema es una combinación de las constantes de resorte del resorte en espira real, más las constantes de resorte de todas las demás partes que se deflexionan por las fuerzas. El rodillo, su pasador y el vástago del seguidor son resortes en sí, ya que están hechos de materiales elásticos. La constante de resorte de cualquier parte se puede obtener con la ecuación para su deflexión bajo la carga aplicada. Cualquier ecuación de deflexión relaciona fuerza con desplazamiento y puede algebraicamente reacomodarse para expresar una constante de resorte. Una parte individual puede tener más de una k si está cargada de varios modos, como por ejemplo un árbol de levas con una constante de resorte a flexión y otra a torsión. Se analizarán los procedimientos para combinar estas diversas constantes de resorte en el sistema en una constante de resorte k efectiva combinada en la sección siguiente. Por ahora simplemente se supondrá que es posible combinarlas de esa manera en el análisis para crear una k total del modelo de parámetros concentrados.

Amortiguamiento

La fricción, generalmente denominada **amortiguamiento**, es el parámetro más difícil de modelar. Necesita ser una combinación de todos los efectos de amortiguación en el sistema, los que pueden ser de muchas formas. La **fricción de Coulomb** es producida por dos superficies secas o lubricadas que se frotan entre sí. Las superficies de contacto entre la leva y el seguidor y entre el seguidor y su junta deslizante pueden experimentar fricción de Coulomb. En general, se considera que es independiente de la magnitud de la velocidad pero que tiene un valor diferente y mayor cuando la velocidad es cero (fuerza de fricción estática F_{st} o *esticción*) que cuando existe un movimiento relativo entre las piezas (fricción dinámica F_d). La figura 10-7*a* muestra una curva de la fuerza de fricción de Coulomb contra la velocidad relativa v en las superficies de contacto. Obsérvese que la fricción siempre se opone al movimiento, así que la fuerza de fricción cambia abruptamente de signo cuando $v = 0$. La esticción F_{st} se manifiesta como un pico más grande con v cero que el valor de la fricción dinámica F_d. Por tanto, ésta es una función de fricción **no lineal**. Tiene múltiples valores en cero. De hecho, con velocidad cero la fuerza de fricción puede estar entre $-F_{st}$ y $+F_{st}$. Será cualquier fuerza requerida para balancear las fuerzas en el sistema y crear equilibrio. Cuando la fuerza aplicada excede de F_{st}, se inicia el movimiento y la fuerza de fricción de forma repentina se reduce a F_d. Este amortiguamiento no lineal crea dificultades en el modelo simple puesto que se desea describir el sistema con ecuaciones diferenciales lineales que tengan soluciones conocidas.

Otras causas de amortiguamiento además de la fricción de Coulomb pueden estar presentes. El **amortiguamiento viscoso** se produce por el deslizamiento de un fluido (lubricante) en el espacio libre entre las partes móviles y se considera como una función lineal de velocidad relativa, como se muestra en la figura 10-7*b*. El **amortiguamiento cuadrático** resulta del movimiento de un objeto a través de un medio fluido, como cuando se empuja un automóvil a través del aire o un bote a través del agua. Este factor es un elemento bastante insignificante en el amortiguamiento total del sistema leva-seguidor, a menos que las velocidades sean muy altas o el medio fluido muy denso. El amortiguamiento cuadrático es una función del cuadrado de la velocidad relativa, como se muestra en la figura 10-7*c*. La relación de la fuerza dinámica de amortiguamiento F_d como una función de la velocidad relativa se puede expresar como:

$$F_d = cv|v|^{r-1} \tag{10.17a}$$

donde c es el coeficiente de amortiguamiento constante, v es la velocidad relativa y r es una constante que define el tipo de amortiguamiento.

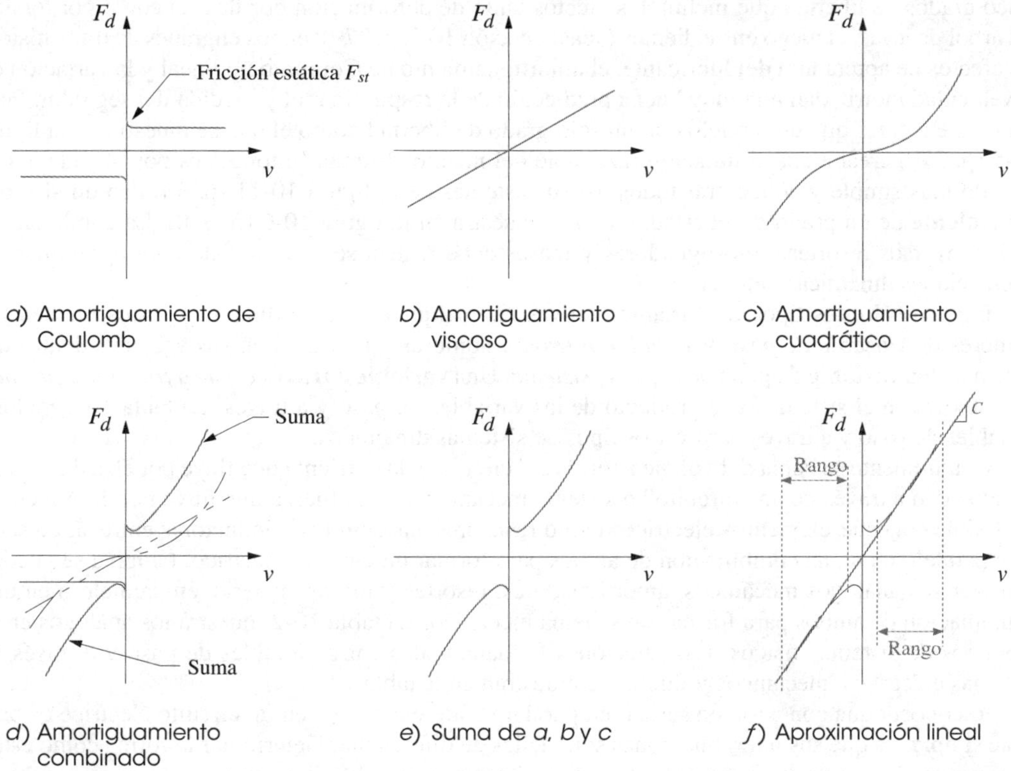

FIGURA 10-7 Modelado de amortiguamiento

Para el amortiguamiento de Coulomb, $r = 0$ y:

$$F_d = \pm c \tag{10.17b}$$

Para el amortiguamiento viscoso, $r = 1$ y:

$$F_d = cv \tag{10.17c}$$

Para el amortiguamiento cuadrático, $r = 2$ y:

$$F_d = \pm cv^2 \tag{10.17d}$$

Si se combinan estas tres formas de amortiguamiento, el resultado se verá como la figura 10-7*d* y *e*. Obviamente ésta es una función no lineal. No obstante, es posible aproximarla dentro de un rango de velocidad razonablemente pequeño, como una función lineal con una pendiente *c*, la cual es entonces un *coeficiente de amortiguamiento pseudoviscoso* (esto se muestra en la figura 10-7*f*). Aun cuando no es un método exacto para determinar el amortiguamiento real, se considera aceptable para una primera aproximación durante el proceso de diseño. El amortiguamiento en estas clases de sistemas mecánicos puede variar ampliamente de un diseño a otro debido a geometrías, ángulos de presión o transmisión, tipos de cojinetes diferentes, lubricantes o su ausencia, etc. Es difícil predecir con exactitud el nivel de amortiguamiento (es decir, el valor de *c*) antes de la construcción y prueba de un prototipo, la cual es la mejor forma de determinar el coeficiente de amortiguamiento. Si se han construido y probado dispositivos similares, su experiencia puede representar una buena predicción. Para el propósito del modelado dinámico, se supondrá *amortiguamiento pseudoviscoso* y algún valor para *c*.

10.12 SISTEMAS EQUIVALENTES

Sistemas más complejos a los mostrados en la figura 10-6 (p. 380) presentan masas múltiples, resortes y fuentes de amortiguamiento conectados entre sí, como se muestra en la figura 10-11 (p. 387). Estos modelos pueden obtenerse mediante ecuaciones dinámicas para cada subsistema y se resuelve el conjunto de ecuaciones diferenciales simultáneamente. Esto permite un análisis de múltiples grados de libertad, con un *grado de libertad* para cada subsistema incluido en el análisis. Koster[3] encontró en un extenso estudio de las vibraciones en mecanismos de leva, que en un modelo con cinco grados de libertad que incluía los efectos tanto de deformación por flexión como por torsión del árbol de levas, el juego entre dientes (véase sección 10.2, p. 379), en los engranes de transmisión, los efectos de apretadura del lubricante, el amortiguamiento de Coulomb no lineal y la variación de la velocidad motriz dan una muy buena predicción de la respuesta real y medida del seguidor. Pero también encontró que un modelo con un solo grado de libertad como el que se muestra en la figura 10-5 (p. 379) creaba una simulación razonable del mismo sistema. Entonces es posible adoptar el método más simple y concentrar todos los subsistemas de la figura 10-11 (p. 387) en un **sistema equivalente** de un grado de libertad, como se muestra en la figura 10-6 (p. 380). La combinación de los diversos resortes, amortiguadores y masas debe realizarse con cuidado para aproximar las interacciones dinámicas entre sí.

Existen sólo dos tipos de variables activas en cualquier sistema dinámico. Éstos reciben los nombres de *variable de paso* y *variable a través*, nombres que describen sus acciones dentro del sistema. Una **variable de paso** *pasa por el sistema*. Una **variable a través** *existe a través del sistema*. La potencia en el sistema es el producto de las variables de paso y a través. La tabla 10-1 incluye variables de paso y a través para varios tipos de sistemas dinámicos.

Comúnmente se habla del voltaje a través del circuito y la corriente que fluye por él, así como de la velocidad a través de un "circuito" o sistema mecánico y de la fuerza que fluye por él. Así como es posible conectar elementos eléctricos como resistores, capacitores e inductores entre sí, en serie o en paralelo o en una combinación de ambos para formar un circuito eléctrico, también se pueden conectar sus análogos mecánicos, amortiguadores, resortes y masas en serie, en paralelo o en una combinación de ambos para formar un sistema mecánico. La tabla 10-2 muestra los análogos entre tres tipos de sistemas físicos. Las relaciones fundamentales entre variables de paso y a través en sistemas eléctricos, mecánicos y fluidos se muestran en la tabla 10-3.

Reconocer una conexión en serie o en paralelo entre elementos en un circuito eléctrico es bastante simple, ya que sus interconexiones son fáciles de diferenciar. Determinar la forma como están interconectados los elementos mecánicos en un sistema es más difícil, ya que sus interconexiones en

TABLA 10-1 Variables de paso y a través en sistemas dinámicos

Tipo de sistema	Variable de paso	Variable a través	Unidades de potencia
Eléctrico	Corriente (*i*)	Voltaje (*e*)	*ei* = watts
Mecánico	Fuerza (*F*)	Velocidad (*v*)	*Fv* = (pulg-lb)/s
Fluido	Flujo (*Q*)	Presión (*P*)	*PQ* = (pulg-lb)/s

TABLA 10-2 Análogos físicos en sistemas dinámicos

Tipo de sistema	Disipador de energía	Almacenador de energía	Almacenador de energía
Eléctrico	Resistor (*R*)	Capacitor (*C*)	Inductor (*L*)
Mecánico	Amortiguador (*c*)	Masa (*m*)	Resorte (*k*)
Fluido	Resistor de fluido (R_f)	Acumulador (C_f)	Inductor de fluido (L_f)

TABLA 10-3 Relaciones entre las variables en sistemas dinámicos

Tipo de sistema	Resistencia	Capacitancia	Inductancia
Eléctrico	$i=\frac{1}{R}e$	$i=C\frac{de}{dt}$	$i=\frac{1}{L}\int e\,dt$
Mecánico	$F=cv$	$F=m\frac{dv}{dt}$	$F=k\int v\,dt$
Fluido	$Q=\frac{1}{R_f}P$	$Q=C_f\frac{dP}{dt}$	$Q=\frac{1}{L_f}\int P\,dt$

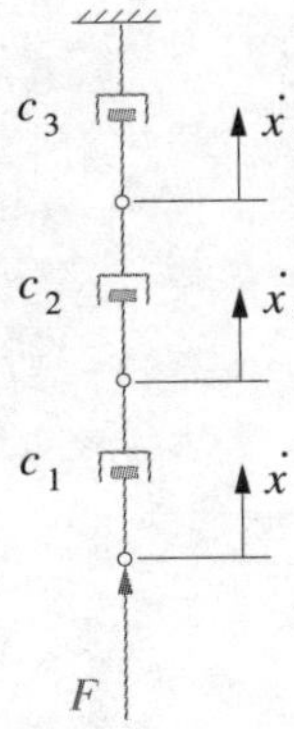

a) En serie

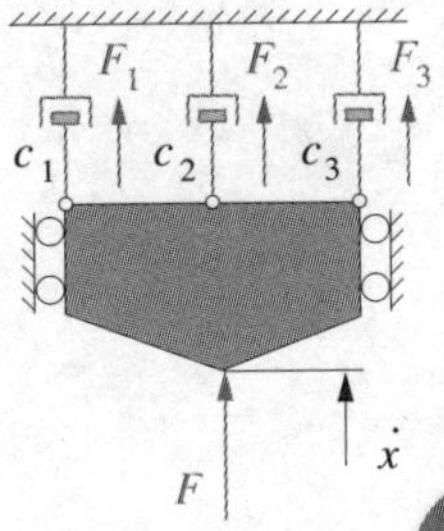

b) En paralelo

FIGURA 10-8 Amortiguadores en serie y en paralelo

ocasiones son de difícil acceso. La prueba en cuanto a conexión en serie o paralelo se realiza mejor al examinar las fuerzas y velocidades (o la integral de la velocidad, desplazamiento) que existen en los elementos particulares. Si por dos elementos pasa la misma fuerza, entonces están en serie. Si dos elementos tienen la misma velocidad o desplazamiento, están en paralelo.

Amortiguadores combinados

Amortiguadores en serie La figura 10-8*a* muestra tres amortiguadores en serie. La fuerza que pasa por cada amortiguador es la misma, y sus desplazamientos y velocidades individuales son diferentes.

$$F=c_1(\dot{x}_1-\dot{x}_2)=c_2(\dot{x}_2-\dot{x}_3)=c_3\dot{x}_3$$

o bien: $\frac{F}{c_1}=\dot{x}_1-\dot{x}_2;\qquad \frac{F}{c_2}=\dot{x}_2-\dot{x}_3;\qquad \frac{F}{c_3}=\dot{x}_3$

al combinar: $x_{total}=(\dot{x}_1-\dot{x}_2)+(\dot{x}_2-\dot{x}_3)+\dot{x}_3=\frac{F}{c_1}+\frac{F}{c_2}+\frac{F}{c_3}$

entonces: $\dot{x}_{total}=F\frac{1}{c_{efect}}=F\left(\frac{1}{c_1}+\frac{1}{c_2}+\frac{1}{c_3}\right)$

$$\frac{1}{c_{efect}}=\frac{1}{c_1}+\frac{1}{c_2}+\frac{1}{c_3}$$

$$c_{efect}=\frac{1}{\frac{1}{c_1}+\frac{1}{c_2}+\frac{1}{c_3}} \tag{10.18a}$$

El recíproco del amortiguamiento efectivo de los amortiguadores en serie es la suma de los recíprocos de sus coeficientes de amortiguamiento individuales.

Amortiguadores en paralelo La figura 10-8*b* muestra tres amortiguadores en paralelo. La fuerza que pasa por cada amortiguador es diferente, y sus desplazamientos y velocidades son iguales.

$$F = F_1 + F_2 + F_3$$
$$F = c_1 x + c_2 x + c_3 x$$
$$F = (c_1 + c_2 + c_3)\,x$$
$$F = c_{efect}\, x$$

$$c_{efect} = c_1 + c_2 + c_3 \tag{10.18b}$$

El amortiguamiento efectivo de los tres es la suma de sus coeficientes de amortiguamientos individuales.

Combinación de resortes

Los resortes son los análogos mecánicos de los inductores eléctricos. La figura 10-9*a* muestra tres resortes en serie. La fuerza que pasa por cada resorte es la misma y sus desplazamientos individuales son diferentes. Una fuerza F aplicada al sistema creará una deflexión total que es la suma de las deflexiones individuales. La fuerza del resorte se define con base en la relación de la ecuación 10.16 (p. 380):

$$F = k_{efect} x_{total}$$

donde

$$x_{total} = (x_1 - x_2) + (x_2 - x_3) + x_3 \tag{10.19a}$$

$$(x_1 - x_2) = \frac{F}{k_1} \qquad (x_2 - x_3) = \frac{F}{k_2} \qquad x_3 = \frac{F}{k_3} \tag{10.19b}$$

10

Al sustituir se observa que el recíproco de la k efectiva de los **resortes en serie** es la suma de los recíprocos de sus constantes de resorte individuales.

$$\frac{F}{k_{efect}} = \frac{F}{k_1} + \frac{F}{k_2} + \frac{F}{k_3}$$
$$k_{efect} = \frac{1}{\frac{1}{k_1} + \frac{1}{k_2} + \frac{1}{k_3}} \tag{10.19c}$$

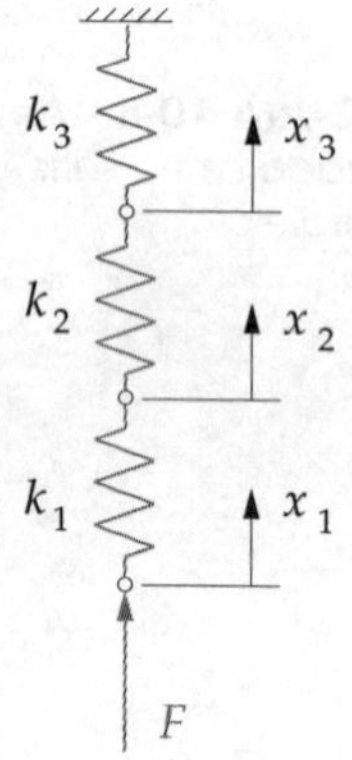

a) En serie

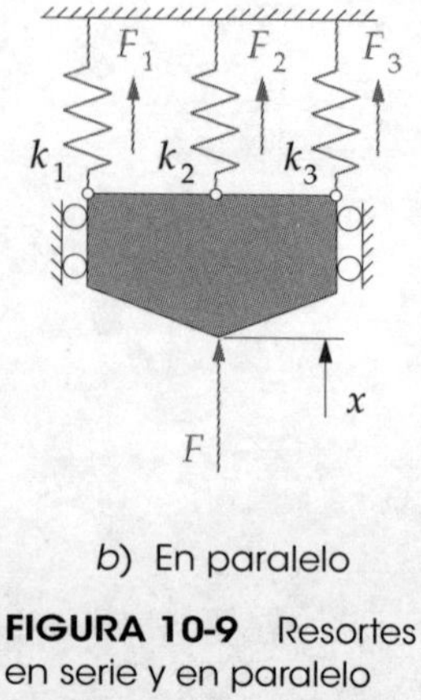

b) En paralelo

FIGURA 10-9 Resortes en serie y en paralelo

La figura 10-9*b* muestra tres resortes en paralelo. La fuerza que pasa por cada uno es diferente y sus desplazamientos son los mismos. La fuerza total es la suma de las fuerzas individuales.

$$F_{total} = F_1 + F_2 + F_3 \tag{10.20a}$$

Al aplicar la ecuación 10.19*b* se determina que la k efectiva de **resortes en paralelo** es la suma de las constantes de resorte individuales.

$$k_{efect} x = k_1 x + k_2 x + k_3 x$$
$$k_{efect} = k_1 + k_2 + k_3 \tag{10.20b}$$

Combinación de masas

Las masas son los análogos mecánicos de los capacitores eléctricos. Las fuerzas inerciales asociadas con todas las masas móviles se refieren al plano de flujo del sistema porque la aceleración en $\mathbf{F} = m\mathbf{a}$ es absoluta. Por tanto, todas las masas se conectan en paralelo y se combinan de la misma manera que los capacitores en paralelo con una terminal conectada a una bancada común.

$$m_{efect} = m_1 + m_2 + m_3 \tag{10.21}$$

Relaciones de palanca y engranes

Siempre que un elemento se separa del punto de aplicación de una fuerza o de otro elemento por una **relación de palanca** o **relación de engrane**, su valor efectivo será modificado por dicha relación. La figura 10-10*a* (p. 385) muestra un resorte en un extremo (*A*) y una masa en el otro (*B*) de una

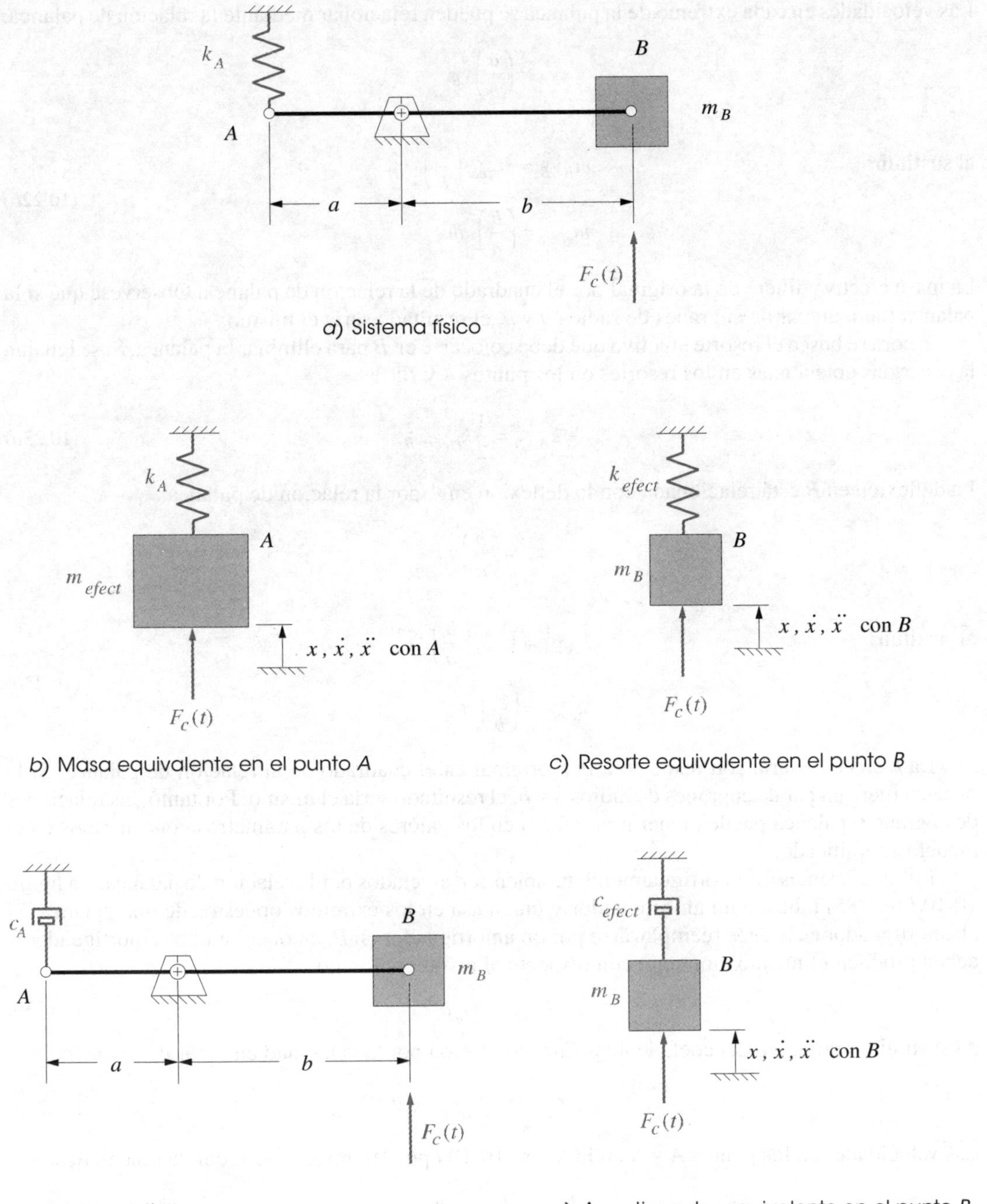

a) Sistema físico

b) Masa equivalente en el punto *A*

c) Resorte equivalente en el punto *B*

d) Sistema físico

e) Amortiguador equivalente en el punto *B*

FIGURA 10-10 Las relaciones de palanca o de engranes afectan el sistema equivalente

palanca. Se requiere modelar este sistema como un sistema de parámetro concentrado de un grado de libertad. En este caso existen dos posibilidades. Puede transferirse una masa equivalente m_{efect} al punto A y conectarla al resorte existente k, como se muestra en la figura 10-10*b*, o transferir un resorte equivalente k_{efect} al punto B y conectarlo a la masa existente m, como se muestra en la figura 10-10*c*. En ambos casos, para que el modelo concentrado sea equivalente al sistema original, debe tener la misma energía.

Primero se encuentra la masa efectiva, que debe colocarse en el punto A para eliminar la palanca. Se igualan las energías cinéticas en las masas en los puntos A y B:

$$\frac{1}{2} m_B v_B^2 = \frac{1}{2} m_{efect} v_A^2 \tag{10.22a}$$

Las velocidades en cada extremo de la palanca se pueden relacionar mediante la relación de palanca:

$$v_A = \left(\frac{a}{b}\right) v_B$$

al sustituir:

$$m_B v_B^2 = m_{efect} \left(\frac{a}{b}\right)^2 v_B^2$$

$$m_{efect} = \left(\frac{b}{a}\right)^2 m_B \qquad (10.22b)$$

La masa efectiva difiere de la original por el cuadrado de la relación de palanca. Obsérvese que si la palanca fuera un par de engranes de radios a y b, el resultado sería el mismo.

Ahora se busca el resorte efectivo que debe colocarse en B para eliminar la palanca. Si se igualan las energías potenciales en los resortes en los puntos A y B:

$$\frac{1}{2} k_A x_A^2 = \frac{1}{2} k_{efect} x_B^2 \qquad (10.23a)$$

La deflexión en B está relacionada con la deflexión en A por la relación de palanca:

$$x_B = \left(\frac{b}{a}\right) x_A$$

al sustituir:

$$k_A x_A^2 = k_{efect} \left(\frac{b}{a}\right)^2 x_A^2$$

$$k_{efect} = \left(\frac{a}{b}\right)^2 k_A \qquad (10.23b)$$

La k efectiva varía con respecto a la k original en el cuadrado de la relación de palanca. Si la palanca fuera un par de engranes de radios a y b, el resultado sería el mismo. Por tanto, las relaciones de engrane o palanca pueden tener gran efecto en los valores de los parámetros concentrados en el modelo simplificado.

Los coeficientes de amortiguamiento también son afectados por la relación de palanca. La figura 10-10d (p. 385) muestra un amortiguador y una masa en los extremos opuestos de una palanca. Si el amortiguador en A debe reemplazarse por un amortiguador en B, entonces ambos amortiguadores deben producir el mismo momento con respecto al pivote, por tanto:

$$F_{d_A} a = F_{d_B} b \qquad (10.23c)$$

Al sustituir el producto del coeficiente de amortiguación por la velocidad en lugar de la fuerza:

$$(c_A \dot{x}_A) a = \left(c_{B_{efect}} \dot{x}_B\right) b \qquad (10.23d)$$

Las velocidades en los puntos A y B en la figura 10-10d pueden relacionarse con la cinemática:

$$\omega = \frac{\dot{x}_A}{a} = \frac{\dot{x}_B}{b}$$

$$\dot{x}_A = \dot{x}_B \frac{a}{b} \qquad (10.23e)$$

Al reemplazar en la ecuación 10.23d se obtiene una expresión para el coeficiente de amortiguamiento efectivo en B resultante del amortiguador en A.

$$\left(c_A \dot{x}_B \frac{a}{b}\right) a = \left(c_{B_{efect}} \dot{x}_B\right) b$$

$$c_{B_{efect}} = c_A \left(\frac{a}{b}\right)^2 \qquad (10.23f)$$

De nuevo el cuadrado de la relación de palanca determina el amortiguamiento efectivo. En la figura 10-10e (p. 385) se muestra el sistema equivalente.

✍ EJEMPLO 10-1 Construcción de un modelo de sistema equivalente con un grado de libertad de un sistema dinámico de elementos múltiples.

Dada: Se muestra una leva de válvula automotriz con seguidor plano en traslación, varilla de empuje larga, balancín, válvula y resorte de válvula en la figura 10-11*a*.

Problema: Construya un modelo con parámetros concentrados y un grado de libertad adecuado, aproximado al sistema. Defina su masa efectiva, constante de resorte y amortiguación en función de los parámetros de los elementos individuales.

Solución:

1 Descomponga el sistema en elementos individuales, como se muestra en la figura 10-11*b*. A cada parte móvil significativa se le asigna un elemento de masa concentrada conectada a la bancada mediante un amortiguador. También existe elasticidad y amortiguación dentro de los elementos individuales, mostrados como resortes y amortiguadores de conexión. El brazo del balancín se modela como dos masas concentradas en sus extremos y conectadas con una barra rígida sin masa para la manivela y biela del mecanismo manivela-corredera. (Véase la sección 13.4 (p. 472). La descomposición mostrada representa un modelo con seis grados de libertad, ya que existen seis coordenadas de desplazamiento independientes, desde x_1 hasta x_6.

2 Defina las constantes de resorte individuales de cada elemento que representa la elasticidad de una masa concentrada de acuerdo con la fórmula de deflexión elástica particular. Por ejemplo, la varilla de empuje está cargada a compresión, por tanto, su fórmula de deflexión relevante y su k son,

$$x = \frac{Fl}{AE} \qquad \text{y} \qquad k_{pr} = \frac{F}{x} = \frac{AE}{l} \tag{a}$$

donde A es el área de sección transversal de la varilla de empuje, l su longitud y E el módulo de Young del material. La k del elemento impulsor de válvula tendrá la misma expresión. La expresión para la k de un resorte de compresión de espiras helicoidales, como resorte de válvula, se encuentra en cualquier manual de diseño de resortes o texto de diseño de máquinas como:

$$k_{sp} = \frac{d^4 G}{8D^3 N} \tag{b}$$

donde d es el diámetro del alambre, D es el diámetro medio de la espira, N es el número de espiras y G el módulo de corte del material.

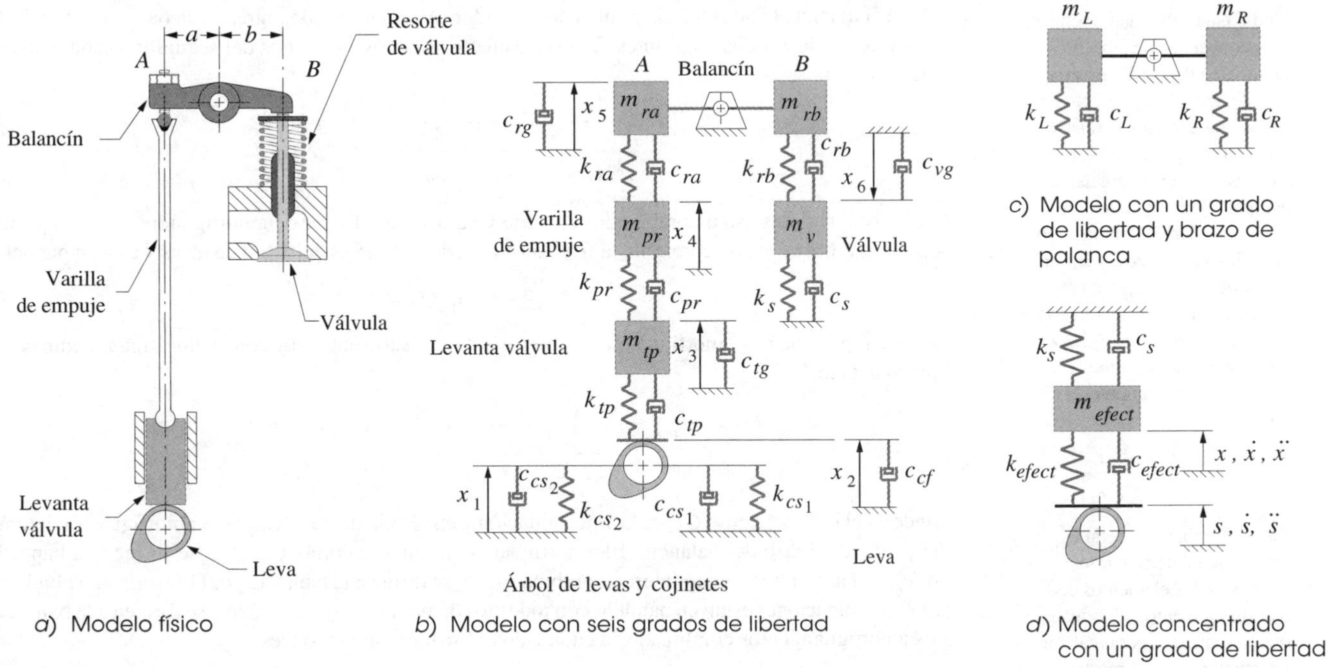

a) Modelo físico

b) Modelo con seis grados de libertad

c) Modelo con un grado de libertad y brazo de palanca

d) Modelo concentrado con un grado de libertad

FIGURA 10-11 Modelos con parámetros concentrados de un sistema leva-seguidor con motor de válvulas a la cabeza

10

El brazo de balancín también actúa como resorte, ya que es una viga a flexión. Puede modelarse como una viga doble en voladizo con deflexión a cada lado del pivote considerada por separado. Estos efectos de resorte se muestran en el modelo como si fueran resortes de compresión, pero eso es sólo esquemático. En realidad representan la deflexión de los balancines. Según la fórmula de deflexión para una viga en voladizo con carga concentrada:

$$x = \frac{F l^3}{3EI} \qquad \text{y} \qquad k_{ra} = \frac{3EI}{l^3} \tag{c}$$

donde I es el segundo momento del área de sección transversal de la viga, l su longitud y E el módulo de Young del material. Las constantes de resorte de cualquier otro elemento del sistema se obtienen con las fórmulas de deflexión.

3 Los amortiguadores mostrados conectados a la bancada representan la fricción o amortiguamiento viscoso en las interfases de contacto entre los elementos y el plano de la bancada. Los amortiguadores entre las masas representan el amortiguamiento interno en las piezas, que es muy pequeña. Estos valores deberán estimarse con base en la experiencia o medidos en ensambles de prototipo.

4 El brazo del balancín genera una relación de palanca que debe considerarse. La estrategia será combinar todos los elementos en cada lado de la palanca por separado en dos modelos de parámetros concentrados, como se muestra en la figura 10-11*c* (p. 387), para luego transferir uno de ellos a través del pivote de la palanca y crear un modelo con un grado de libertad, como se ilustra en la figura 10-11*d*.

5 El siguiente paso es determinar los tipos de conexiones, en serie o en paralelo, entre los elementos. Todas las masas están en paralelo, ya que cada una comunica su fuerza de inercia directamente a la bancada y tienen desplazamientos independientes. A la izquierda y a la derecha, las masas efectivas son:

$$m_L = m_{tp} + m_{pr} + m_{ra} \qquad m_R = m_{rb} + m_v \tag{d}$$

Observe que m_v incluye aproximadamente un tercio de la masa de resorte que responde por esa parte del resorte que se mueve. Ambos resortes representan la deflexión por flexión del árbol de levas y comparten la fuerza entre ellos, de modo que están en paralelo, por tanto, se suman directamente.

$$k_{cs} = k_{cs_1} + k_{cs_2} \tag{e}$$

Obsérvese que para que el análisis esté completo deberá incluirse la deflexión torsional del árbol de levas, que en este ejemplo se omite para reducir su complejidad. La constante de resorte del árbol de levas combinada y los demás resortes mostrados a la izquierda están en serie, ya que cada uno tiene deflexiones independientes y por todos ellos pasa la misma fuerza. En el lado derecho, el resorte del balancín está en serie con el del lado izquierdo, pero el resorte de la válvula está en paralelo con el resorte efectivo de los elementos del seguidor ya que tiene una ruta distinta de la masa efectiva en la válvula a fijación. (Todos los elementos del seguidor se comunican de regreso a la bancada a través de los pivotes de leva.) Las constantes de resorte efectivas de los elementos del seguidor a cada lado del balancín son:

$$k_L = \frac{1}{\dfrac{1}{k_{cs}} + \dfrac{1}{k_{tp}} + \dfrac{1}{k_{pr}} + \dfrac{1}{k_{ra}}} \qquad k_R = k_{rb} \tag{f}$$

Los amortiguadores están combinados en serie y en paralelo. El par de amortiguadores c_{cs_1} y c_{cs_2} que soporta el árbol de levas representa la fricción en sus dos cojinetes del árbol de levas y está en paralelo.

$$c_{cs} = c_{cs_1} + c_{cs_2} \tag{g}$$

Los que representan el amortiguamiento interno están en serie entre sí y con el amortiguamiento combinado del eje.*

$$c_{in_L} = \frac{1}{\dfrac{1}{c_{tp}} + \dfrac{1}{c_{pr}} + \dfrac{1}{c_{ra}} + \dfrac{1}{c_{cs}}} \qquad c_{in_R} = c_{rb} \tag{h}$$

donde en el lado izquierdo C_{in_L} es la amortiguación y en el lado derecho C_{in_R} es la amortiguación interna del pivote del brazo del balancín. El amortiguamiento interno combinado C_{in_L} se dirige a la bancada por c_{rg} y el amortiguamiento interno combinado C_{in_R} se dirige a la bancada por el resorte de válvula c_s. Estas combinaciones están en paralelo con todos los demás amortiguadores que se dirigen a la bancada. Los amortiguamientos combinados a cada lado del sistema son entonces:

$$c_L = c_{tg} + c_{rg} + c_{in_L} \qquad c_R = c_{vg} + c_{in_R} \tag{i}$$

* Este análisis supone que los valores de amortiguamiento interno (c) de los elementos son muy pequeños y varían más o menos proporcionalmente a la rigidez (k) de los elementos respectivos a los cuales se aplican. Como el amortiguamiento en estos sistemas es pequeño, su efecto en la razón de resorte equivalente es reducido, pero lo inverso no es cierto, puesto que una alta rigidez afectará los niveles de amortiguamiento. Un elemento muy rígido se deflexionará menos bajo una carga dada que uno menos rígido. Si el amortiguamiento es proporcional a la velocidad a través del elemento, entonces una pequeña deflexión tendrá baja velocidad. Incluso si el coeficiente de amortiguamiento de ese elemento es grande, tendrá poco efecto en el sistema debido a la relativamente alta rigidez del elemento. Una forma más precisa de estimar el amortiguamiento debe considerar la interacción entre los valores de k y c. Para n resortes $k_1, k_2, \ldots, k_n$ en serie, colocados en paralelo con n amortiguadores $c_1, c_2, \ldots, c_n$ en serie, se puede demostrar que el amortiguamiento efectivo es:

$$c_{efect} = k_{efect} \sum_{i=1}^{n} \frac{c_i}{k_i^2}$$

Sin embargo, en general es muy difícil determinar los valores de los elementos de amortiguamiento individuales que se requieren para realizar un cálculo como el mostrado y en la ecuación (h).

6 Ahora el sistema puede reducirse a un modelo con un grado de libertad, con masas y resortes concentrados en ambos extremos del brazo de balancín, como se muestra en la figura 10-11*c* (p. 387). Al trasladar los elementos en el punto *B* hasta el punto *A* se invierte la convención de signos a través del pivote de modo que un movimiento positivo en un lado produce también movimiento positivo en el otro. El amortiguador, la masa y la constante de resorte son afectados por el cuadrado de la relación de palanca como se muestra en las ecuaciones 10.22 y 10.23 (pp. 385-386).

$$m_{efect} = m_L + \left(\frac{b}{a}\right)^2 m_R$$

$$k_{efect} = k_L + \left(\frac{b}{a}\right)^2 k_R \qquad (j)$$

$$c_{efect} = c_L + \left(\frac{b}{a}\right)^2 c_R$$

Éstos se muestran al final de la figura 10-11*d* en el modelo concentrado del sistema con un grado de libertad. En ella se muestra toda la elasticidad de los elementos del seguidor y tren concentrada en el resorte efectivo k_{efect} y el amortiguamiento como c_{efect}. La entrada de desplazamiento de la leva $s(t)$ actúa contra una zapata sin masa pero rígida. El resorte y el amortiguamiento de la válvula contra bancada generan fuerzas que mantienen cerrada la unión entre la leva y el seguidor. Si la leva y el seguidor se separan, el sistema cambia radicalmente.

Obsérvese que el modelo con un grado de libertad proporciona sólo una aproximación de este comportamiento del sistema complejo. Aun cuando constituye una simplificación excesiva, representa una primera aproximación y sirve en este contexto como ejemplo del método general implicado en el modelado de sistemas dinámicos. Un modelo más complejo con múltiples grados de libertad proporcionará una mejor aproximación del comportamiento dinámico del sistema.

10.13 MÉTODOS DE SOLUCIÓN

El análisis de fuerzas dinámicas puede llevarse a cabo por medio de varios métodos. Aquí se analizarán dos, la **superposición** y la **solución de ecuaciones simultáneas lineales**. Ambos métodos requieren que el sistema sea lineal.

Los problemas de fuerza dinámica en general presentan gran número de incógnitas y se requiere resolver varias ecuaciones. El método de superposición se aplica para resolver algunas partes de la solución para luego agregar (superponer) los resultados parciales y obtener el resultado final. Por ejemplo, si existen dos cargas aplicadas al sistema, se resuelven independientemente para efectos de cada carga y los resultados se suman. En realidad debe resolverse un sistema de *N* variables por medio de cálculos secuenciales por partes. Este método se considera como un "procesamiento en serie".

Otro método requiere de todas las ecuaciones pertinentes para todo el sistema como un conjunto de ecuaciones simultáneas lineales. Estas ecuaciones se resuelven simultáneamente para obtener los resultados. Este procedimiento se puede considerar como análogo a un procedimiento de "procesamiento en paralelo". Para la solución de conjuntos de ecuaciones simultáneas, se colocan en forma de matriz estándar y se emplea un solucionador de matrices numéricas para obtener las respuestas. Los solucionadores de matrices vienen incluidos en la mayoría de calculadoras científicas. Algunos paquetes de hoja de cálculo y solucionadores de ecuaciones también pueden resolver matrices. En la sección 5.6 (p. 165) se presentó una breve introducción a la solución por medio de matrices de ecuaciones simultáneas. El apéndice A describe el uso del programa de computadora MATRIX, incluido en el DVD adjunto a este texto. Este programa permite el cálculo rápido de la solución de sistemas hasta con 16 ecuaciones simultáneas. Remítase a las secciones del capítulo 5 para revisar procedimientos de cálculo. La referencia [4] proporciona una introducción al álgebra matricial.

Se empleará tanto la superposición como la solución de ecuaciones simultáneas para resolver algunos problemas de análisis de fuerzas dinámicas en los capítulos restantes. Ambos procedimientos pueden servir para verificar los resultados del otro, por ello es útil dominar más de un procedimiento. Históricamente, la superposición fue el único método práctico para sistemas con gran cantidad de ecuaciones hasta que las computadoras permitieron resolver grandes sistemas de ecuaciones simultáneas. Hoy día el método de solución de ecuaciones simultáneas es más fácil.

10.14 PRINCIPIO DE D'ALEMBERT

La segunda ley de Newton (ecuaciones 10.1, p. 371 y 10.4, p. 374) es todo lo que se requiere para resolver cualquier sistema de fuerzas dinámicas mediante el método newtoniano. Jean Le Rond d'Alembert (1717-1783), matemático francés, reacomodó las ecuaciones de Newton para crear una situación "cuasiestática" a partir de una dinámica. Las siguientes son versiones de d'Alembert de las ecuaciones 10.1 y 10.4:

$$\sum \mathbf{F} - m\mathbf{a} = 0$$
$$\sum \mathbf{T} - I\alpha = 0 \qquad (10.24)$$

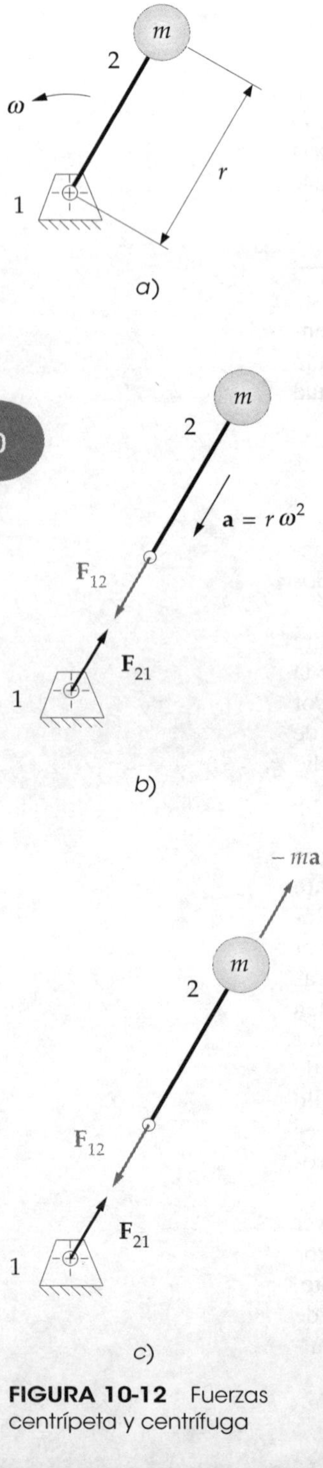

FIGURA 10-12 Fuerzas centrípeta y centrífuga

Todo lo que hizo d'Alembert fue recorrer los términos del lado derecho al izquierdo, cambiando los signos algebraicos en el proceso como se requiriera. Éstas obviamente aún son las mismas ecuaciones 10.1 y 10.4, algebraicamente reacomodadas. El motivo de esta manipulación algebraica fue hacer que el sistema luciera como un problema de estática en el cual, para que existiera equilibrio, todas las fuerzas y pares de torsión debían sumar cero. Por tanto, esto se conoce como problema "cuasiestático", porque se expresa en esta forma. La condición es que al colocar una "fuerza de inercia" igual a $-ma$ y un "par de inercia" igual a $-I\alpha$ en los diagramas de cuerpo libre, el sistema estará en un estado de "equilibrio dinámico" y puede resolverse mediante los conocidos métodos de estática. Estas fuerzas y pares de inercia son iguales en magnitud, pero de sentido opuesto, y actúan a lo largo de la misma línea de acción que ma e $I\alpha$. Este método útil y popular facilita un tanto la solución de problemas de análisis de fuerzas dinámicas cuando los métodos de elección son soluciones vectoriales gráficas.

Con la disponibilidad de calculadoras y computadoras capaces de resolver la ecuaciones simultáneas en estos problemas, hoy día es poca la motivación para enfrentar un complicado análisis gráfico de fuerzas. Por esta razón, no se presentan los métodos de análisis gráficos de fuerzas en este libro. No obstante, el concepto de d'Alembert de "fuerzas y pares de torsión de inercia" aún tiene al menos un valor histórico y, en muchos casos, puede ser útil para entender lo que sucede en un sistema dinámico. Además, el concepto de fuerza de inercia ha encontrado su lugar en el léxico popular en cuanto al movimiento se refiere. Por ello se presenta un ejemplo simple de su uso, el cual se aplicará de nuevo en el análisis de fuerzas dinámicas más adelante, donde ayudará a entender otros temas, como el balanceo y la superposición.

El conocido término **fuerza centrífuga**, utilizado para explicar por qué una masa atada en el extremo de una cuerda mantiene a ésta tensa cuando se gira en círculo, de hecho es la fuerza de inercia de d'Alembert. La figura 10-12*a* muestra una masa como ésa, que gira en el extremo de una cuerda flexible, pero inextensible, a una velocidad constante ω y radio constante r. La figura 10-12*b* muestra diagramas de cuerpo libre "puros" de ambos miembros de este sistema, el eslabón de bancada (1) y el eslabón rotatorio (2). La única fuerza real que actúa en el eslabón 2 es la fuerza del eslabón 1 en el 2, F_{12}. Como la aceleración angular es cero en este ejemplo, la aceleración que actúa en el eslabón es sólo la componente $r\omega^2$, la cual es la **aceleración centrípeta**, es decir, dirigida *hacia el centro*. La fuerza en el pasador según la ecuación de Newton 10.1 (p. 371) es entonces:

$$F_{12} = mr\omega^2 \qquad (10.25a)$$

Obsérvese que esta fuerza está dirigida hacia el centro, de modo que es una fuerza *centrípeta*, no *centrífuga* (hacia afuera del centro). La fuerza F_{21} que el eslabón 2 ejerce en el eslabón 1 se determina a partir de la tercera ley de Newton, y obviamente es igual y opuesta a $\mathbf{F}_{12}$.

$$F_{21} = -F_{12} \qquad (10.25b)$$

Por tanto, la fuerza de reacción en el eslabón 1 es la centrífuga, no la fuerza en el eslabón 2. Desde luego, ésta es la fuerza de reacción que su mano (eslabón 1) siente, y esto da lugar a la popular concepción de que algo jala centrífugamente del peso rotatorio. Ahora se verá esto desde el punto de vista de d'Alembert. La figura 10-12*c* muestra otro conjunto de diagramas de cuerpo libre construido de acuerdo con el principio de d'Alembert. Se muestra una fuerza de inercia negativa $m\mathbf{a}$ aplicada a la masa en el eslabón 2. La fuerza en el pasador según la ecuación de d'Alembert es:

$$F_{12} - mr\omega^2 = 0$$
$$F_{12} = mr\omega^2 \qquad (10.25c)$$

No sorprende que el resultado sea el mismo de la ecuación 10.25*a*, como debe ser. La única diferencia es que el diagrama de cuerpo libre muestra una fuerza de inercia aplicada a la masa rotatoria sobre el eslabón 2. Ésta es la famosa fuerza centrífuga, a la que se le acredita (o culpa) mantener tensa la cuerda.

Cualquier problema puede resolverse, y para responder correctamente no importa cómo se reacomoden algebraicamente las ecuaciones. Así que, si ayuda el pensar en función de estas fuerzas de inercia aplicadas a un sistema dinámico, así puede hacerse. Cuando se aborda el tema del balanceo, este método, en realidad, ayuda a visualizar los efectos del balance de masas en el sistema.

10.15 MÉTODOS DE ENERGÍA: TRABAJO VIRTUAL

Los métodos newtonianos de análisis de fuerzas dinámicas de la sección 10.1 (p. 371) tienen la ventaja de proporcionar información completa sobre todas las fuerzas internas que actúan en juntas de pasador, lo mismo que sobre las fuerzas externas y pares de torsión en el sistema. Una consecuencia de este hecho es la complejidad relativa de su aplicación, que requiere la solución simultánea de grandes sistemas de ecuaciones. Están disponibles otros métodos para la solución de estos problemas, los cuales son más fáciles de implementar, pero dan escasa información. Los métodos de solución de energía son de este tipo. Con estos métodos sólo se determinan las fuerzas y pares de torsión externos que producen trabajo. No se pueden determinar las fuerzas internas en las juntas. Un valor importante del método de energía es su uso como verificación rápida de la corrección de la solución newtoniana del par de torsión de entrada. Por lo general se requiere utilizar la solución newtoniana más completa para obtener información sobre las fuerzas de juntas de pasador, de modo que los pasadores y eslabones puedan analizarse en cuanto a falla por esfuerzo.

La *ley de la conservación de la energía* establece que la energía no se crea ni se destruye, sólo se transforma. La mayoría de las máquinas está específicamente diseñada para transformar energía de una forma a otra de modo controlado. Según la eficiencia de la máquina, parte de la energía de entrada se convertirá en calor, el cual no puede recuperarse en su totalidad. Pero a cambio se almacenarán grandes cantidades de energía temporalmente dentro de la máquina tanto en forma potencial como cinética. Es común que la magnitud de esta energía internamente almacenada, de manera instantánea, exceda por mucho la magnitud de cualquier trabajo externo útil realizado por la máquina.

El **trabajo** se define como el *producto punto de la fuerza por el desplazamiento*. Puede ser positivo, negativo o cero y es una cantidad escalar.

$$W = \mathbf{F} \cdot \mathbf{R} \tag{10.26a}$$

Como la fuerza en las juntas de pasador entre eslabones no tiene un desplazamiento relativo asociado con ellos, no realizan trabajo en el sistema y por tanto no aparecerán en la ecuación de trabajo. El trabajo realizado por el sistema más las pérdidas es igual a la energía entregada al sistema.

$$E = W + Pérdidas \tag{10.26b}$$

Los mecanismos de juntas de pasador con cojinetes de baja fricción en los pivotes pueden tener altas eficiencias, superiores a 95%. Por tanto, no es erróneo, en una primera aproximación al diseño de un mecanismo, suponer que las pérdidas son cero. La **potencia** es la razón con que cambia la energía.

$$P = \frac{dE}{dt} \tag{10.26c}$$

Al suponer que los miembros de la máquina son rígidos, sólo un cambio de posición de sus *centros de gravedad* alterará la energía potencial almacenada en el sistema. Las fuerzas gravitatorias de los miembros en maquinaria de moderada a alta velocidad, a menudo tienden a reducirse por las fuerzas dinámicas de las masas aceleradas. Por eso se ignoran los pesos y la energía potencial gravitacional y sólo se considera la energía cinética del sistema. La razón con que cambia la energía cinética almacenada en el sistema en el caso de movimiento lineal y angular es entonces:

$$\frac{d\left(\frac{1}{2}m\mathbf{v}^2\right)}{dt} = m\mathbf{a} \cdot \mathbf{v} \tag{10.27a}$$

y:

$$\frac{d\left(\frac{1}{2}I\omega^2\right)}{dt} = I\alpha \cdot \omega \tag{10.27b}$$

Éstas son, desde luego, expresiones para la potencia en el sistema, que equivalen a:

$$P = \mathbf{F} \cdot \mathbf{v} \tag{10.27c}$$

y:

$$P = \mathbf{T} \cdot \omega \tag{10.27d}$$

La razón con que cambia la energía en el sistema, en cualquier instante, debe balancearse entre la externamente suministrada y la almacenada en el sistema (se omiten las pérdidas). Las ecuaciones 10.27*a* y *b* representan el cambio de la energía almacenada en el sistema, y las ecuaciones 10.27*c* y *d* representan un cambio en la energía que entra y sale del sistema. Sin pérdidas, ambas deben ser iguales para conservar la energía. Es posible expresar esta relación como una suma de todas las energías delta (o potencia) producidas por cada elemento móvil (o eslabón) en el sistema.

$$\sum_{k=2}^{n} \mathbf{F}_k \cdot \mathbf{v}_k + \sum_{k=2}^{n} \mathbf{T}_k \cdot \omega_k = \sum_{k=2}^{n} m_k \mathbf{a}_k \cdot \mathbf{v}_k + \sum_{k=2}^{n} I_k \alpha_k \cdot \omega_k \tag{10.28a}$$

El subíndice k representa cada uno de los n eslabones o elementos móviles en el sistema, comenzando con el eslabón 2 porque el 1 es el eslabón de bancada. Obsérvese que todas las velocidades y aceleraciones angulares y lineales en esta ecuación deben calcularse, en todas las posiciones del mecanismo de interés, mediante un análisis cinemático previo. Asimismo, se deben conocer todas las masas y momentos de inercia de masa para todos los eslabones móviles.

Se puede utilizar el principio de d'Alembert para reacomodar esta ecuación y "denominar" con más facilidad los términos para propósitos de análisis.

$$\sum_{k=2}^{n} \mathbf{F}_k \cdot \mathbf{v}_k + \sum_{k=2}^{n} \mathbf{T}_k \cdot \omega_k - \sum_{k=2}^{n} m_k \mathbf{a}_k \cdot \mathbf{v}_k - \sum_{k=2}^{n} I_k \alpha_k \cdot \omega_k = 0 \tag{10.28b}$$

10

Los dos primeros términos en la ecuación 10.28*b* representan, respectivamente, el cambio de energía debido a todas las **fuerzas externas** y a todos los **pares externos** aplicados al sistema. Éstos incluirían cualesquiera fuerzas y pares de otros mecanismos que inciden contra cualquiera de estos eslabones y el par motriz. Los segundos dos términos representan, respectivamente, el cambio de energía provocado por todas las **fuerzas de inercia** y todos los **pares de torsión de inercia** presentes en el sistema. Estos dos últimos términos definen el cambio de la energía cinética almacenada en el sistema en cada paso de tiempo. La única incógnita en esta ecuación, cuando se formula apropiadamente, es el **par de torsión motriz** (o fuerza motriz) por suministrar al motor o controlador del mecanismo. Este par (o fuerza) motriz es la única variable que debe encontrarse con este procedimiento. Las fuerzas en las articulaciones internas no están presentes en la ecuación, ya que no realizan ningún trabajo en el sistema.

La ecuación 10.28*b* se conoce como **ecuación de trabajo virtual**, el cual es un nombre un tanto inapropiado, puesto que en realidad es una **ecuación de potencia**, como se deduce de sus unidades. Cuando se aplica este método de análisis a un problema de estática, no existe movimiento. El término **trabajo virtual** se deriva del concepto de que cada fuerza provoca un desplazamiento infinitesimal o virtual del elemento del sistema estático al cual se aplica durante un tiempo delta infinitesimal. El producto punto de la fuerza por el desplazamiento virtual es el trabajo virtual. En el límite, éste se vuelve potencia instantánea del sistema. En el siguiente capítulo se presentará un ejemplo del uso de este método de trabajo virtual, junto con ejemplos de la solución newtoniana aplicada a mecanismos articulados en movimiento.

10.16 REFERENCIAS

1 **Beer, F. P. y E. R. Johnson** (1984). *Vector Mechanics for Engineers, Static and Dynamics*, McGraw-Hill, Inc. Nueva York.

2 **Norton, R. L.** (2011). *Machine Design: An Integrated Approach*, 4a. ed., Prentice-Hall, Upper Saldes Rives, N.J.

3 **Koster, M. P.** (1974). *Vibration of Cam Mechanisms*, Phillips Technical Library Series, MacMillan: Londres.

4 **Jennings, A.** (1977). *Matriz Computation for Engineers and Scientists*, John Wiley and Sons: Nueva York.

10.17 PROBLEMAS‡

*†10-1 El mazo mostrado en la figura 10-2 (p. 374) cuenta con las siguientes especificaciones: La cabeza de acero tiene un diámetro de 1.25 pulgada y 3.5 pulgadas de altura; el mango de madera es de 1.5 pulgadas de diámetro y de 10 pulgadas de longitud, y disminuye a 3/4 pulgadas de ancho donde entra en la cabeza. Encuentre la ubicación de su *CG* compuesto y su momento de inercia y radio de giro con respecto al eje *ZZ*. Suponga que la densidad de la madera es igual a 0.9 veces la del agua.

*†10-2 Repita el problema 10.1 con la cabeza de madera del mazo de 2.5 pulgadas de diámetro. Suponga que la densidad de la madera es 0.85 veces la del agua.

†10-3 Localice el *CG* compuesto, el momento de inercia de masa y el radio de giro con respecto al eje especificado para cualquiera de los siguientes artículos comúnmente disponibles. (Observe que éstos no son problemas cortos.)

a) Un bolígrafo de buena calidad, con respecto al punto de pivote donde lo sujeta para escribir. (¿Cómo afecta a los parámetros colocar la tapa en el extremo superior del bolígrafo cuando escribe?)

b) Dos cuchillos de mesa, uno de metal y el otro de plástico, con respecto al eje pivote, cuando se sujetan para cortar. Compare los resultados calculados y comente sobre lo que le digan sobre el uso dinámico de ambos cuchillos (ignore consideraciones de afilamiento).

c) Un martillo de bola (disponible para inspección en cualquier taller mecánico universitario), con respecto al centro de rotación (después de calcular la ubicación del centro de percusión apropiado).

d) Un bate de béisbol (consulte al entrenador) con respecto al centro de rotación (después de calcular la ubicación de su centro de percusión apropiado).

e) Una cafetera cilíndrica con respecto al orificio del asa.

*†10-4 Establezca estas ecuaciones en forma de matriz. Use el programa MATRIX, *Mathcad* o una calculadora con capacidad matemática matricial para resolverlas.

a)
$$\begin{aligned} -5x - 2y + 12z - w &= -9 \\ x + 3y - 2z + 4w &= 10 \\ -x - y + z &= -7 \\ 3x - 3y + 7z + 9w &= -6 \end{aligned}$$

b)
$$\begin{aligned} 3x - 5y + 17z - 5w &= -5 \\ -2x + 9y - 14z + 6w &= 22 \\ -x - y - 2w &= 13 \\ 4x - 7y + 8z + 4w &= -9 \end{aligned}$$

†10-5 La figura P10-1 muestra una ménsula fabricada en acero.

a) Localice su centroide con respecto al punto *B*.

b) Encuentre su momento de inercia de masa I_{xx} con respecto al eje *X* que pasa por el punto *B*.

c) Encuentre su momento de inercia de masa I_{yy} con respecto al eje *Y* que pasa por el punto *B*.

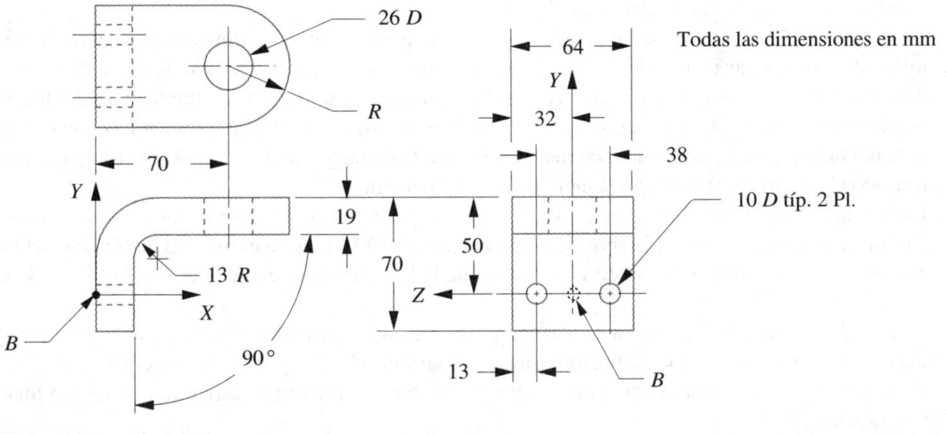

FIGURA P10-1 Problema 10-5

TABLA P10-0
Matriz de temas/problemas

10.5 Momento de inercia de masa
10-5, 10-27, 10-34

10.7 Determinación del momento de inercia de masa
10-28, 10-29, 10-37 a 10-40

10.8 Radio de giro
10-1, 10-2, 10-3

10.10 Centro de percusión
10-26, 10-32, 10-33, 10-35

10.12 Sistemas equivalentes
Combinación de resortes
10-6, 10-7, 10-8
Combinación de amortiguadores
10-9, 10-10, 10-11
Relaciones de palanca y engranes
10-12, 10-13, 10-14, 10-20, 10-21, 10-22, 10-23, 10-24, 10-25, 10-31
Modelo de 1 grado de libertad
10-15, 10-16, 10-30

10.13 Métodos de solución
10-4

10.15 Métodos de energía
10-17, 10-18, 10-19, 10-36

* Respuestas en el apéndice F.
† Estos problemas pueden resolverse con los programas *Mathcad*, *Matlab* o *TKSolver*.
‡ Todas las figuras de los problemas vienen como archivos PDF, y algunas también vienen como archivos Working Model animados; todos vienen en el DVD. Los nombres de los archivos PDF son iguales al número de la figura. Ejecute el archivo *Animations.html* para acceder y ejecutar las animaciones.

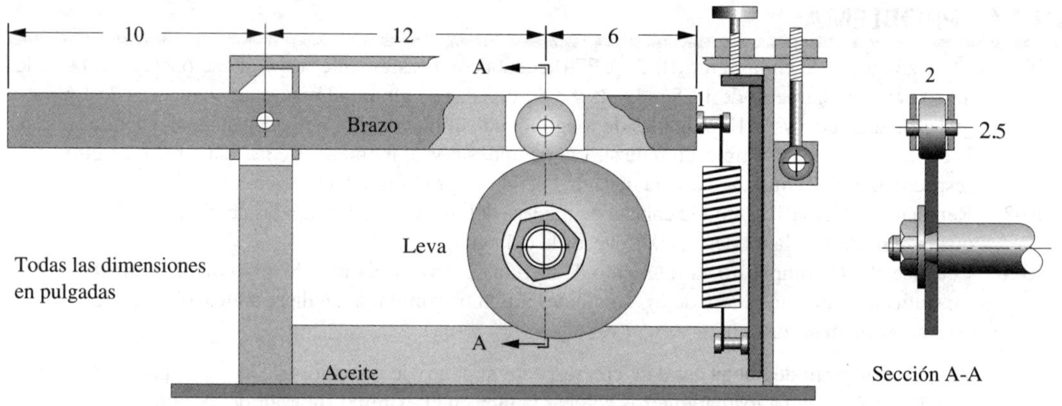

FIGURA P10-2 Problemas 10-16, 10-17, 10-21, 10-26 y 10-29

*†10-6 Dos resortes están conectados en serie. Uno tiene una k de 34 y otro de 3.4. Calcule su constante de resorte efectiva. ¿Cuál resorte domina? Repita esto mismo con los dos resortes en paralelo. ¿Cuál resorte domina? (Use cualquier sistema de unidades.)

†10-7 Repita el problema 10-6 con $k_1 = 125$ y $k_2 = 25$. (Emplee cualquier sistema de unidades.)

†10-8 Repita el problema 10-6 con $k_1 = 125$ y $k_2 = 115$. (Use cualquier sistema de unidades.)

*†10-9 Dos amortiguadores están conectados en serie. Uno tiene un factor de amortiguamiento $c_1 = 12.5$ y el otro $c_2 = 1.2$. Calcule su constante de amortiguamiento efectiva. ¿Cuál amortiguador domina? Repita con los dos amortiguadores en paralelo. ¿Cuál amortiguador domina? (Use cualquier sistema de unidades.)

†10-10 Repita el problema 10-9 con $c_1 = 12.5$ y $c_2 = 2.5$. (Emplee cualquier sistema de unidades.)

†10-11 Repita el problema 10-9 con $c_1 = 12.5$ y $c_2 = 10$. (Use cualquier sistema de unidades.)

*†10-12 Una masa de $m = 2.75$ y un resorte con $k = 48$ están conectados al extremo de una palanca en un radio de 5. Calcule la masa y la constante de resorte efectivas en un radio de 10 sobre la misma palanca. (Emplee cualquier sistema de unidades.)

†10-13 Una masa de $m = 1.5$ y un resorte con $k = 24$ están conectados al extremo de una palanca en un radio de 3. Calcule la masa y la constante de resorte efectivas en un radio de 10 sobre la misma palanca. (Use cualquier sistema de unidades.)

*†10-14 Una masa de $m = 6.5$ y un resorte con $k = 25$ están conectados al extremo de una palanca en un radio de 15. Calcule la masa y la constante de resorte efectivas en un radio de 5 sobre la misma palanca. (Emplee cualquier sistema de unidades.)

†10-15 Remítase a la figura 10-11 (p. 387) y al ejemplo 10-1 (p. 387). Las dimensiones del tren de válvulas son (en el sistema de unidades ips): El levanta válvulas es un cilindro sólido de 0.75 de diámetro por 1.25 de longitud. La barra de empuje es un tubo hueco de 0.375 de diámetro exterior por 0.25 de diámetro interior por 12 de longitud. El brazo del balancín tiene una sección transversal promedio de 1 de ancho por 1.5 de altura. Longitud $a = 2$, $b = 3$. El árbol de levas es de diámetro 1 por 3 entre los cojinetes de soporte, con la leva en el centro. k del resorte de válvula = 200. Todas las piezas son de acero. Calcule la constante de resorte y la masa efectivas de un sistema equivalente con un grado de libertad en el lado de la leva del brazo de balancín.

†10-16 La figura P10-2 muestra un sistema leva-seguidor. Se proporcionan las dimensiones del brazo de aluminio de sección transversal de 2 × 2.5. La muesca para el seguidor de rodillo de acero de 2 pulgadas de diámetro por 1.5 pulgadas de ancho es de 3 pulgadas de longitud. Encuentre la masa del brazo, la ubicación del centro de gravedad y el momento de inercia de masa con respecto al *CG* como al pivote del brazo. Diseñe un modelo de masa concentrada de un grado de libertad del sistema dinámico referido al sistema leva-seguidor. Ignore el amortiguamiento.

†10-17 La leva de la figura P10-2 es una excéntrica pura con excentricidad = 0.5 pulgadas y gira a 500 rpm. El resorte tiene una tasa de 123 lb/pulg y una precarga de 173 lb. Use el método de trabajo virtual para encontrar el par de torsión requerido para que la leva gire una revolución. Use los datos de la solución del problema 10-16.

†10-18 La leva de la figura P10-3 es una excéntrica pura con excentricidad = 20 mm y gira a 200 rpm. La masa del seguidor es de 1 kg. El resorte tiene una tasa de 10 N/m y una precarga de 0.2 N. Use el método de trabajo virtual para encontrar el par de torsión requerido para que la leva gire una revolución.

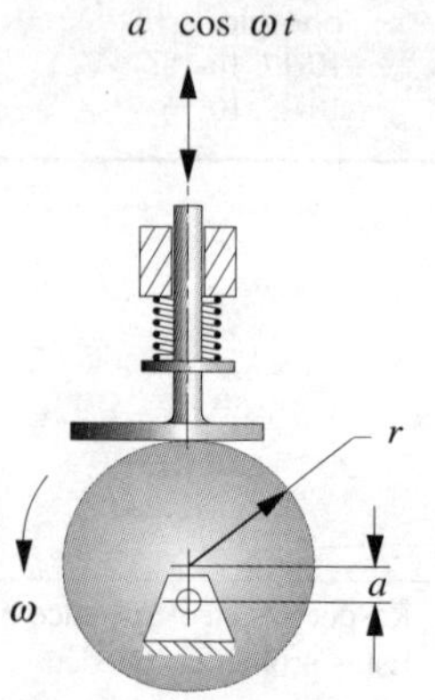

FIGURA P10-3 Problemas 10-18 y 10-19

* Respuestas en el apéndice F.
† Estos problemas pueden resolverse con los programas *Mathcad*, *Matlab* o *TKSolver*.

10

†10-19 Repita el problema 10-18 para una leva con un levantamiento armónico doble, simétrica de 20 mm en 180° y un descenso armónico doble en 180°. Véase el capítulo 8 para consultar fórmulas de levas.

*†10-20 Un automóvil de 3 000 lb tiene una relación de transmisión final de 1:3 y relaciones de engranes de transmisión de 1:4, 1:3, 1:2 y 1:1, desde primera hasta cuarta velocidad, respectivamente. ¿Cuál es la masa efectiva del vehículo percibida en el volante de inercia del motor para cada velocidad?

*†10-21 Determine la constante de resorte y la precarga efectivas del resorte de la figura P10-2 (p. 394) como se reflejan de regreso a la leva-seguidor. Véase el problema 10-17 para datos adicionales.

†10-22 ¿Cuál es la inercia efectiva de una carga aplicada al tambor de la figura P9-5*a* reflejada de regreso al engrane *A*?

†10-23 ¿Cuál es la inercia efectiva de una carga aplicada al tambor de la figura P9-7*b* (p. 397) reflejada de regreso al brazo?

†10-24 Remítase a la figura 10-10 (p. 385). Dadas a = 100 mm, b = 150 mm, k_A = 2 000 N/m y m_B = 2 kg, encuentre la masa equivalente en el punto *A* y el resorte equivalente en el punto *B*.

*†10-25 Repita el problema 10-24 con a = 50 mm, b = 150 mm, k_A = 1 000 N/m y m_B = 3 kg.

*†10-26 Para el sistema leva-brazo seguidor mostrado en la figura P10-2, determine una nueva ubicación para su pivote fijo que tendrá una fuerza de reacción cero cuando la leva aplica su fuerza al seguidor.

†10-27 La figura P10-4 muestra un mecanismo de cuatro barras. La manivela es de 1.00 pulgada de ancho por 0.5 pulgada de espesor. El acoplador y balancín son de 0.75 pulgadas de ancho por 0.5 pulgadas de espesor. Todos los eslabones son de acero. Los extremos de los eslabones tienen un radio completo igual a la mitad de su ancho. Todos los pasadores de los pivotes tienen un diámetro de 0.25 pulgadas. Encuentre el momento de inercia de la manivela y el balancín con respecto a sus pivotes fijos, y el momento de inercia del acoplador con respecto a su *CG*.

†10-28 El balancín de la figura 10-11*a* (p. 387) tiene las siguientes dimensiones: a = 50.8 mm, b = 76.2 mm. Su peso total es de 10.1 N y, cuando es soportado por filos de cuñas en *A* y *B*, se encontró que los pesos en los soportes eran de 4.3 N y 5.8 N, respectivamente. El balancín estaba soportado por su punto pivote con un cojinete de bolas de baja fricción y se encontró que el periodo de oscilación era de 0.75 s. ¿Cuál es el momento de inercia aproximado del balancín con respecto al eje de su pivote?

†10-29 El brazo del problema 10-16 y la figura P10-2 se rediseñaron de modo que la sección transversal ya no es uniforme y el material cambió de aluminio a acero. Sin embargo, las dimensiones mostradas en la figura no cambiaron. El nuevo brazo tiene un peso total de 15.3 lb y, cuando está soportado sobre filos de cuñas en puntos 9.5 pulgadas a la izquierda del pivote y 17.5 pulgadas a la derecha del pivote, se encontró que los pesos en los soportes eran de 7.1 lb y 8.2 lb, respectivamente. El brazo estaba soportado en su punto pivote con un cojinete de bolas de baja fricción y se encontró que el periodo de oscilación era de 2.0 s. ¿Cuál es el momento de inercia aproximado del brazo con respecto a su eje pivote?

†10-30 La figura P10-5 muestra un sistema leva-seguidor que impulsa la corredera 6 por medio de un brazo de salida externo 3. Los brazos 2 y 3 están rígidamente conectados al eje *X-X* de 0.75 pulgadas de diámetro, el cual gira en cojinetes soportados por la caja. Se muestran las dimensiones de pasador a pasador de los eslabones. La sección transversal de los brazos 2, 3 y 5 son sólidos, rectangulares, de acero de 1.5 × 0.75 pulgadas. Los extremos de estos eslabones tienen un radio completo igual a la mitad de su ancho. El eslabón 4 es un tubo de acero redondo de 1 pulgada de diámetro × 0.125

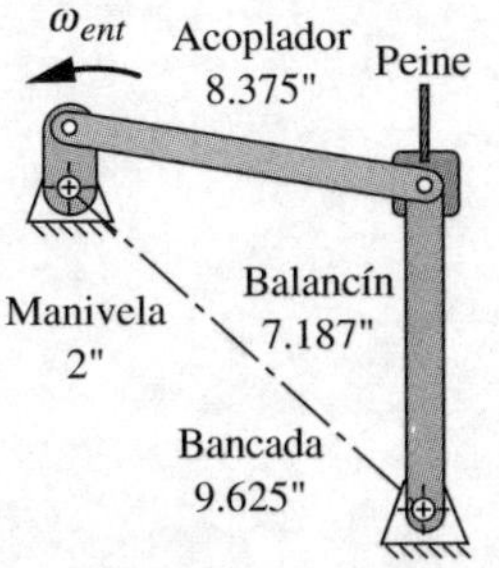

FIGURA P10-4 Problema 10-27

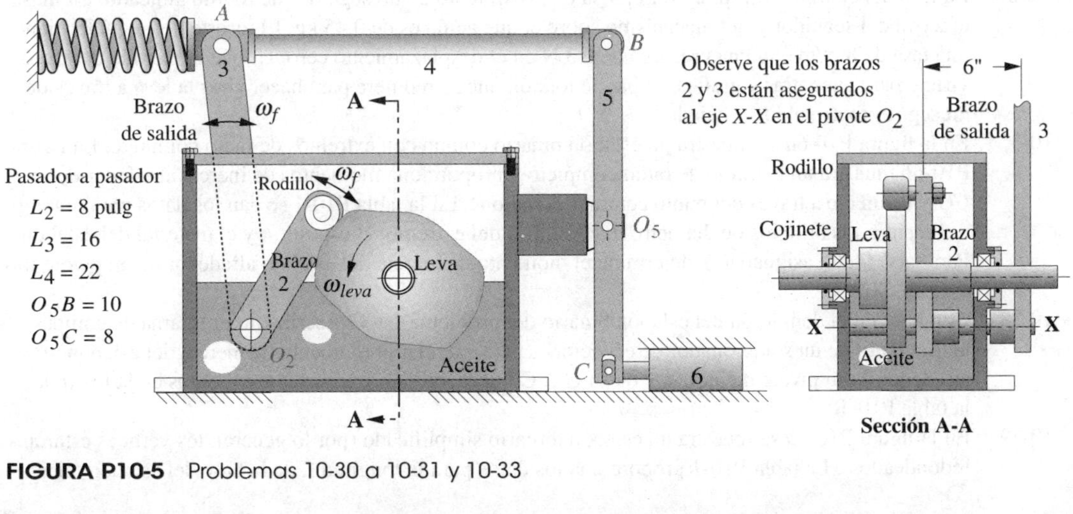

FIGURA P10-5 Problemas 10-30 a 10-31 y 10-33

* Respuestas en el apéndice F.
† Estos problemas pueden resolverse con los programas *Mathcad*, *Matlab* o *TKSolver*.

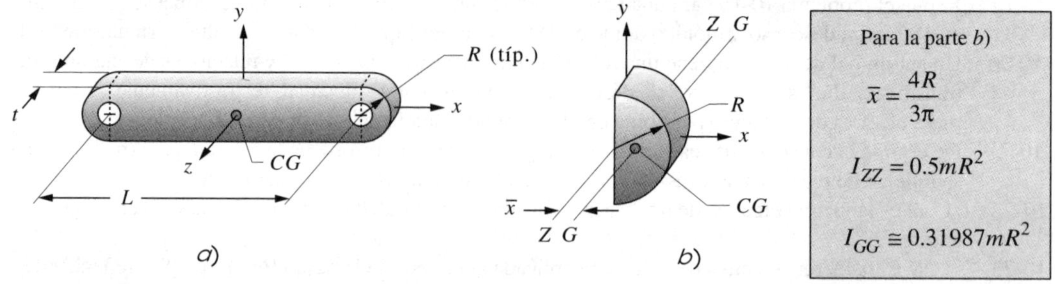

FIGURA P10-6 Problemas 10-37 y 10-38

pulgada de espesor de pared. El eslabón 6 es un cilindro de acero sólido de 2 pulgadas de diámetro × 6 pulgadas de longitud. Encuentre la constante de resorte y la masa efectivas del tren seguidor con respecto a la leva-seguidor de rodillo si el resorte en *A* tiene una tasa de 150 lb/pulg.

†10-31 El resorte de la figura P10-5 tiene una tasa de 150 lb/pulg con una precarga de 60 lb. Determine la constante efectiva y la precarga del resorte reflejadas de regreso a la leva-seguidor. Véase el problema 10-30 a fin de conocer los detalles acerca del sistema necesario para resolver el problema.

†10-32 Una compañía desea fabricar campanas tubulares hechas de tubo hueco de varias longitudes. Sin importar la longitud, colgarán de un orificio que está a 25 mm de un extremo del tubo. Desarrolle una ecuación que proporcione la distancia de este orificio al punto donde la campana tubular deberá ser tañida de modo que haya una fuerza de reacción cero en el orificio de donde cuelga la campana tubular. La distancia deberá ser una función de la longitud (*L*), el diámetro externo (*OD*) y el diámetro interno (*ID*) de la campana tubular, así como de la distancia del extremo al orificio colgado (25 mm) únicamente. Resuelva la ecuación para las siguientes dimensiones: *L* = 300 mm, *OD* = 35 mm, *ID* = 30 mm.

†10-33 ¿En qué cantidad debe extenderse el brazo de rodillo del problema 10-30 al lado opuesto del eje pivote O_2 para lograr que el eje del pivote sea un *centro de rotación* si el punto donde el sistema leva-seguidor está montado es *un centro de percusión?*

*†10-34 En la figura P7-30*d* (p. 267) se muestra un mecanismo de seis barras con longitudes de eslabón dadas en centímetros. La manivela (2) tiene 30 mm de ancho y 10 mm de espesor. Los acopladores (3 y 5) tienen cada uno 24 mm de ancho y 8 mm de espesor. El oscilador (4) tiene 40 mm de ancho por 12 mm de espesor. Todos los eslabones están hechos de acero. Los extremos de los eslabones tienen un radio completo igual a la mitad del ancho del eslabón. Todos los pasadores del pivote tienen un diámetro de 8 mm. Encuentre el momento de inercia de la manivela y el oscilador alrededor de sus pivotes fijos y el momento de inercia de los acopladores alrededor de sus *CG*.

*†10-35 Cierto bate de béisbol tiene una masa de 1 kg y un momento de inercia de masa alrededor de su *CG* de 0.08 kg-m^2. Su *CG* se encuentra a 630 mm del extremo más cercano al agarre. Si el centro del agarre de un bateador se localiza a 75 mm del mismo extremo del bate, ¿en qué punto de éste (medido desde el extremo más cercano al agarre) debe el bateador golpear la pelota para no producir ninguna reacción en el agarre?

*†10-36 La leva del ejemplo 8-8 (p. 293) impulsa el movimiento de un seguidor de rodillo alineado. La masa efectiva del seguidor y del mecanismo sobre el que actúa es de 0.45 kg. El resorte del seguidor tiene una tasa de 8 N/m con una precarga de 0.3 N en el desplazamiento cero. Utilice el método del trabajo virtual para encontrar y graficar el par de torsión que se requiere para hacer girar la leva a través de un segmento de subida y bajada.

10-37 En la figura P10-6*a* se muestra un eslabón binario común con extremos de radio completo. La figura P10-6*b* muestra un extremo de radio completo y proporciona momentos de inercia alrededor de su *CG* y de un eje a través del punto central del radio *R*. En la tabla P10-1 se dan los datos para la longitud *L* entre los orificios de diámetro *d*; el radio *R* del extremo; el espesor *t*, y el material del eslabón. Para la(s) fila(s) asignada(s), determine el momento de inercia del eslabón alrededor de un pivote fijo y de su *CG*.

†10-38 Con base en la definición del eslabón binario del problema 10-37, escriba un programa de computadora o utilice un solucionador de ecuaciones para calcular el momento de inercia del eslabón alrededor de su pivote de inercia y de su *CG*. Compruebe su programa con los datos en la fila *a* de la tabla P10-1.

10-39 En la figura P10-7*a* se muestra un eslabón ternario simplificado (por lo general, los vértices estarán redondeados). La tabla P10-1 proporciona los datos para la longitud *L* de la base del eslabón; el án-

* Respuestas en el apéndice F.
† Estos problemas pueden resolverse con los programas *Mathcad*, *Matlab* o *TKSolver*.

TABLA P10-1 Datos para los problemas 10-37 a 10-40
Longitudes en mm; ángulos en grados

Fila	L	R	d	t	p	δ	Material
a	225	13	8	12	185	20	Acero
b	50	10	6	12	37	45	Acero
c	175	15	10	15	125	60	Aluminio
d	75	12	8	8	50	50	Titanio
e	187	18	12	12	150	30	Aluminio
f	138	12	12	10	75	70	Acero

gulo δ entre la base y un lado; la distancia p a lo largo de ese lado; el diámetro d de los tres orificios; el espesor t, y el material del eslabón. En la figura P10-7*b* se ilustra una placa triangular (recta) y se da el momento de inercia alrededor de su *CG*. Divida el eslabón ternario de *a*) en dos triángulos rectángulos y, para la(s) fila(s) asignada(s), determine el momento de inercia del eslabón alrededor de su *CG* mediante el teorema de los ejes paralelos para combinar los dos triángulos. Como primera aproximación, no tome en cuenta los orificios.

†10-40 Con base en la definición del eslabón ternario del problema 10-39, escriba un programa de computadora o utilice un solucionador de ecuaciones para calcular el momento de inercia del eslabón en *a*) alrededor de su *CG*. Compruebe su programa con los datos en la fila *a* de la tabla P10-1. Incluya el efecto de los orificios en su cálculo.

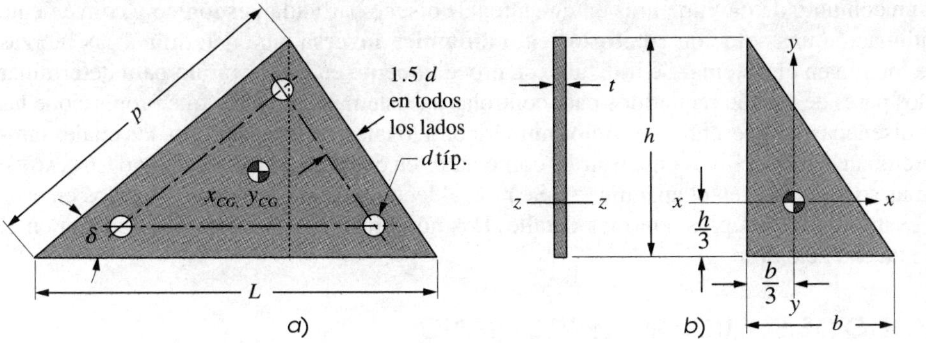

$$I_{xx} = \frac{mh^2}{18}$$

$$I_{yy} = \frac{mb^2}{18}$$

$$I_{zz} = \frac{m}{18}\left(b^2 + h^2\right)$$

FIGURA P10-7 Problemas 10-39 y 10-40

† Estos problemas pueden resolverse con los programas *Mathcad*, *Matlab* o *TKSolver*.

CAPÍTULO 11

ANÁLISIS DE FUERZAS DINÁMICAS

¡No lo fuerces!
Usa un martillo más grande.
ANÓNIMO

11.0 INTRODUCCIÓN

Una vez que se ha utilizado la síntesis y el análisis cinemáticos para definir una configuración geométrica y un conjunto de movimientos en una tarea de diseño particular, es lógico y conveniente utilizar a continuación una solución **cinetostática** o **dinámica inversa** para determinar las fuerzas y los pares de torsión en el sistema. Se utilizará ese procedimiento en este capítulo para determinar las fuerzas y los pares de torsión requeridos para controlar un sistema cinemático que proporcione las aceleraciones diseñadas. Se presentan ejemplos numéricos a lo largo de este capítulo, los cuales también se proporcionan como archivos para usarlos como datos en cada programa MATRIX o LINKAGES. Estos programas se describen en el apéndice A. Se pide al lector abra los archivos referidos en esos programas y examine los ejemplos con más detalle. Los nombres de los archivos se señalan en el planteamiento de cada ejemplo.

11.1 MÉTODO DE SOLUCIÓN NEWTONIANO

El análisis de fuerzas dinámicas se puede realizar con diversos métodos. El que proporciona más información sobre las fuerzas internas en un mecanismo sólo requiere el uso de la ley de Newton, como se definió en las ecuaciones 10.1 (p. 371) y 10.4 (p. 374). Éstas se escriben como la suma de todas las fuerzas y los pares de torsión presentes en el sistema.

$$\sum \mathbf{F} = m\mathbf{a} \qquad \sum \mathbf{T} = I_G \alpha \tag{11.1a}$$

También es conveniente sumar por separado las componentes de las fuerzas en las direcciones X y Y, con el sistema de coordenadas elegido por conveniencia. Todos los pares de torsión en el sistema bidimensional están en la dirección Z. Esto permite descomponer las dos ecuaciones vectoriales en tres ecuaciones escalares:

$$\sum F_x = ma_x \qquad \sum F_y = ma_y \qquad \sum T = I_G \alpha \tag{11.1b}$$

Estas tres ecuaciones deben escribirse para cada cuerpo en movimiento de un sistema, lo cual conduce a un conjunto de ecuaciones lineales simultáneas para cualquier sistema. El conjunto de ecuaciones simultáneas puede ser resuelto de forma más conveniente mediante el método de matrices que se describe en el capítulo 5. Estas ecuaciones no consideran la fuerza gravitacional (peso) en un eslabón. Si las aceleraciones cinemáticas son grandes comparadas con la gravedad, lo cual a menudo sucede, las fuerzas producidas por el peso pueden ignorarse en el análisis dinámico. Si los elementos de la máquina son robustos o se mueven lentamente con aceleraciones cinemáticas pequeñas, o ambos casos, puede ser necesario incluir el peso de los elementos en el análisis. El peso se puede tratar como una fuerza externa que actúa en el CG del miembro a un ángulo constante.

11.2 UN SOLO ESLABÓN EN ROTACIÓN PURA

Como ejemplo simple de este procedimiento de solución, considérese el eslabón único en rotación pura mostrado en la figura 11-1*a*. En cualquiera de estos problemas de análisis de fuerzas dinámicas cinetostáticas, primero se deberá definir totalmente la cinemática del problema. Es decir, las aceleraciones angulares de todos los elementos rotatorios y las aceleraciones lineales de los *CG* de todos los miembros en movimiento se deben determinar para todas las posiciones de interés. También se debe conocer la masa de cada elemento y el momento de inercia de masa I_G. Además, pueden existir fuerzas o pares de torsión externos aplicados a cualquier elemento del sistema. Todos se muestran en la figura.

Si bien este análisis puede abordarse de muchas maneras, es útil adoptar un arreglo particular de los sistemas coordenados y apegarse a él. Aquí se presenta un procedimiento que, si se sigue con cuidado, tenderá a reducir los riesgos de error. Es posible que el lector desee desarrollar su propio procedimiento una vez que comprenda los principios. Las matemáticas usadas son invariables, y se pueden elegir sistemas coordenados a conveniencia. Los vectores que actúan sobre el sistema dinámico en cualquier situación de carga son los mismos en un momento particular, sin importar cómo se decida descomponerlos en componentes para su cálculo. El resultado será el mismo.

Primero se dispone de un sistema coordenado local no rotatorio en cada elemento móvil, localizado en su *CG*. (En este ejemplo sólo se tiene un elemento móvil.) Todas las fuerzas externas aplicadas, ya sea las producidas por otros elementos conectados o por otros sistemas, deben tener sus puntos de aplicación localizados en el sistema coordenado local. La figura 11-1*b* muestra un diagrama de cuerpo libre del eslabón móvil 2. La junta de pasador en O_2 del eslabón 2 tiene una fuerza $\mathbf{F}_{12}$ generada por la unión con el eslabón 1, cuyas componentes x y y son $\mathbf{F}_{12x}$ y $\mathbf{F}_{12y}$. Estos subíndices se leen como "fuerza del eslabón 1 sobre el 2" en la dirección x o y. El esquema de notación con subíndices se utiliza para indicar en qué par de fuerzas de "acción-reacción" se determina.

También existe una fuerza externa aplicada $\mathbf{F}_P$ mostrada en el punto P, con componentes $\mathbf{F}_{Px}$ y $\mathbf{F}_{Py}$. Los vectores de posición $\mathbf{R}_{12}$ y $\mathbf{R}_P$ definen, respectivamente, los puntos de aplicación de estas fuerzas. Estos vectores de posición se definen con respecto al sistema coordenado local en el *CG* del elemento. Se deben descomponer en sus componentes x y y, y estar disponible un par de torsión fuente en el eslabón para impulsarlo a las aceleraciones cinemáticamente definidas. Ésta es una de las incógnitas que deben determinarse. El par de torsión fuente es el par suministrado *desde la bancada hasta el eslabón motriz* 2, por lo que se designa como $\mathbf{T}_{12}$. Las otras dos incógnitas de este ejemplo son las componentes de la fuerza en la junta de pasador $\mathbf{F}_{12x}$ y $\mathbf{F}_{12y}$.

Se tienen tres incógnitas y tres ecuaciones, con lo que es posible resolver el sistema. Ahora se pueden escribir las ecuaciones 11.1 para el eslabón móvil 2. Cualquiera de las fuerzas o pares de torsión aplicados cuyas direcciones sean conocidas, deben conservar los signos apropiados en sus componentes. Supóngase que todas las fuerzas y pares de torsión desconocidos son positivos. Sus signos verdaderos "saldrán a la luz".

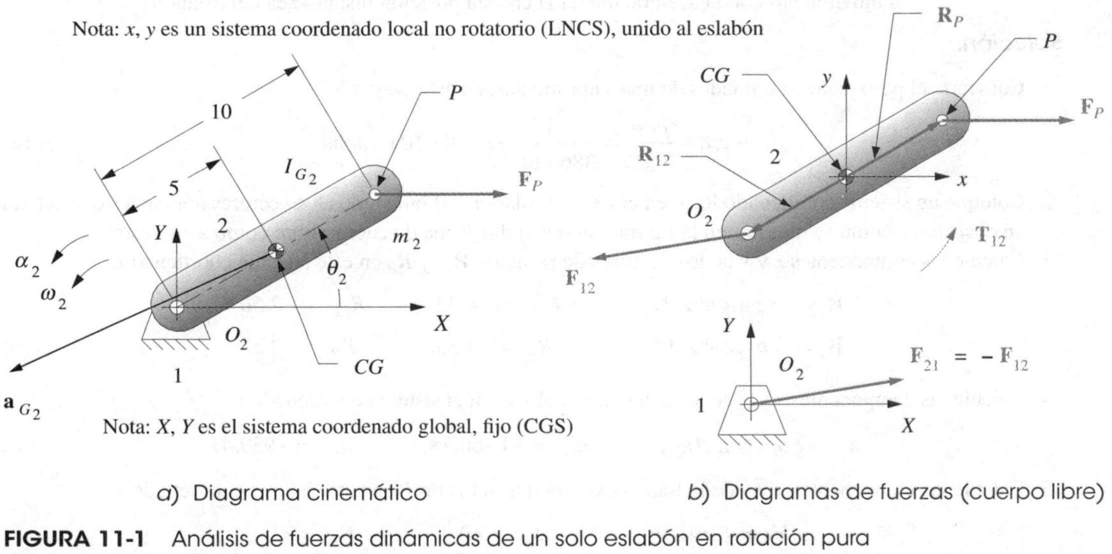

a) Diagrama cinemático *b*) Diagramas de fuerzas (cuerpo libre)

FIGURA 11-1 Análisis de fuerzas dinámicas de un solo eslabón en rotación pura

$$\sum \mathbf{F} = \mathbf{F}_P + \mathbf{F}_{12} = m_2 \mathbf{a}_G$$
$$\sum \mathbf{T} = \mathbf{T}_{12} + (\mathbf{R}_{12} \times \mathbf{F}_{12}) + (\mathbf{R}_P \times \mathbf{F}_P) = I_G \alpha \tag{11.2}$$

La ecuación para las fuerzas puede descomponerse en sus dos componentes. La ecuación para los pares de torsión contiene dos términos vectoriales de producto cruz que representan pares de torsión producidos por las fuerzas aplicadas a cierta distancia del *CG*. Cuando estos productos cruz se desarrollan, el sistema de ecuaciones se vuelve:

$$F_{P_x} + F_{12_x} = m_2 a_{G_x}$$
$$F_{P_y} + F_{12_y} = m_2 a_{G_y}$$
$$T_{12} + \left(R_{12_x} F_{12_y} - R_{12_y} F_{12_x}\right) + \left(R_{P_x} F_{P_y} - R_{P_y} F_{P_x}\right) = I_G \alpha \tag{11.3}$$

Ésta puede expresarse en forma matricial con los coeficientes de las variables desconocidas que forman la matriz **A**, las variables desconocidas en el vector **B** y los términos constantes en el vector **C** y luego resolver para **B**.

$$[\mathbf{A}] \times [\mathbf{B}] = [\mathbf{C}]$$

$$\begin{bmatrix} 1 & 0 & 0 \\ 0 & 1 & 0 \\ -R_{12_y} & R_{12_x} & 1 \end{bmatrix} \times \begin{bmatrix} F_{12_x} \\ F_{12_y} \\ T_{12} \end{bmatrix} = \begin{bmatrix} m_2 a_{G_x} - F_{P_x} \\ m_2 a_{G_y} - F_{P_y} \\ I_G \alpha - \left(R_{P_x} F_{P_y} - R_{P_y} F_{P_x}\right) \end{bmatrix} \tag{11.4}$$

Obsérvese que la matriz **A** contiene toda la información geométrica y la matriz **C** toda la información dinámica sobre el sistema. La matriz **B** contiene todas las fuerzas y pares de torsión desconocidos. A continuación se presenta un ejemplo numérico para reforzar la comprensión del método.

11

EJEMPLO 11-1 Análisis dinámico de fuerzas para un eslabón simple en rotación pura. (Véase la figura 11-1, p. 399.)

Dado: El eslabón de 10 pulgadas de largo mostrado pesa 4 lb. Su *CG* está sobre la línea de centros en el punto de 5 pulgadas. Su momento de inercia de masa con respecto a su *CG* es de 0.08 lb-pulg-s^2. Sus datos cinemáticos son:

θ_2 grados	ω_2 rad/s	α_2 rad/s^2	a_{G2} pulg/s^2
30	20	15	2 001 @ 208°

Una fuerza externa de 40 lb a 0° se aplica en el punto *P*.

Encuentre: La **fuerza F**$_{12}$ en la junta de pasador O_2 y el **par de torsión motriz T**$_{12}$ requerido para mantener el movimiento con la aceleración dada en esta posición instantánea del eslabón.

Solución:

1 Convierta el peso dado en unidades de masa apropiadas, en este caso, blobs:

$$masa = \frac{peso}{g} = \frac{4 \text{ lb}}{386 \text{ pulg/s}^2} = 0.0104 \text{ blobs} \tag{a}$$

2 Coloque un sistema coordenado local en el *CG* del eslabón y dibuje todos los vectores aplicables que actúan en el sistema, como se muestra en la figura. Dibuje el diagrama de cuerpo libre como se muestra.

3 Calcule las componentes *x* y *y* de los vectores de posición $\mathbf{R}_{12}$ y $\boldsymbol{R}_P$ en este sistema coordenado.

$$\mathbf{R}_{12} = 5\ pulg @ \angle 210°; \quad R_{12_x} = -4.33, \quad R_{12_y} = -2.50$$
$$\mathbf{R}_P = 5\ pulg @ \angle 30°; \quad R_{P_x} = +4.33, \quad R_{P_y} = +2.50 \tag{b}$$

4 Calcule las componentes *x* y *y* de la aceleración del *CG* en el sistema coordenado:

$$\mathbf{a}_G = 2\,001 @ \angle 208°; \quad a_{G_x} = -1\,766.78, \quad a_{G_y} = -939.41 \tag{c}$$

5 Calcule las componentes *x* y *y* de la fuerza externa que actúa en *P* en este sistema coordenado:

$$\mathbf{F}_P = 40 @ \angle 0°; \quad F_{P_x} = 40, \quad F_{P_y} = 0 \tag{d}$$

6 Sustituya estos valores dados y calculados en la ecuación matricial 11.4.

$$\begin{bmatrix} 1 & 0 & 0 \\ 0 & 1 & 0 \\ 2.50 & -4.33 & 1 \end{bmatrix} \times \begin{bmatrix} F_{12_x} \\ F_{12_y} \\ T_{12} \end{bmatrix} = \begin{bmatrix} (0.01)(-1\,766.78)-40 \\ (0.01)(-939.41)-0 \\ (0.08)(15)-\{(4.33)(0)-(2.5)(40)\} \end{bmatrix}$$

$$\begin{bmatrix} 1 & 0 & 0 \\ 0 & 1 & 0 \\ 2.50 & -4.33 & 1 \end{bmatrix} \times \begin{bmatrix} F_{12_x} \\ F_{12_y} \\ T_{12} \end{bmatrix} = \begin{bmatrix} -57.67 \\ -9.39 \\ 101.2 \end{bmatrix} \tag{e}$$

7 Resuelva este sistema al invertir la matriz **A** y premultiplicar esa inversa por la matriz **C**, mediante una calculadora de bolsillo con capacidad para resolver matrices, con *Mathcad* y *Matlab*, o introduciendo los valores de las matrices **A** y **C** en el programa MATRIX adjunto con este texto.

El programa MATRIX proporciona la siguiente solución:

$$F_{12_x} = -57.67 \text{ lb}, \qquad F_{12_y} = -9.39 \text{ lb}, \qquad T_{12} = 204.72 \text{ lb-pulg} \tag{f}$$

Al convertir la fuerza en coordenadas polares:

$$\mathbf{F}_{12} = 58.43@\angle 189.25° \tag{g}$$

Abra el archivo E11-01.mtr en el programa MATRIX para demostrar este ejemplo.

11.3 ANÁLISIS DE FUERZAS DE UN MECANISMO ARTICULADO DE TRES BARRAS DE MANIVELA-CORREDERA

Cuando en el ensamble existe más de un eslabón, la solución requiere que se apliquen las tres ecuaciones 11.1*b* (p. 398) a cada eslabón y se resuelvan simultáneamente. La figura 11-2*a* muestra un mecanismo manivela-corredera de tres barras. Este mecanismo es una simplificación del mecanismo manivela-corredera de cuatro barras (véase la figura 11-4, p. 411) donde se reemplazó la corredera deslizante (eslabón 4) por una semijunta, como se muestra. Esta transformación reduce el número de eslabones a tres sin ningún cambio del grado de libertad (véase la sección 2.10, p. 36). Los eslabones 2 y 3 son móviles. El eslabón 1 es la bancada. Por tanto, se espera tener seis ecuaciones con seis incógnitas (tres por cada eslabón móvil).

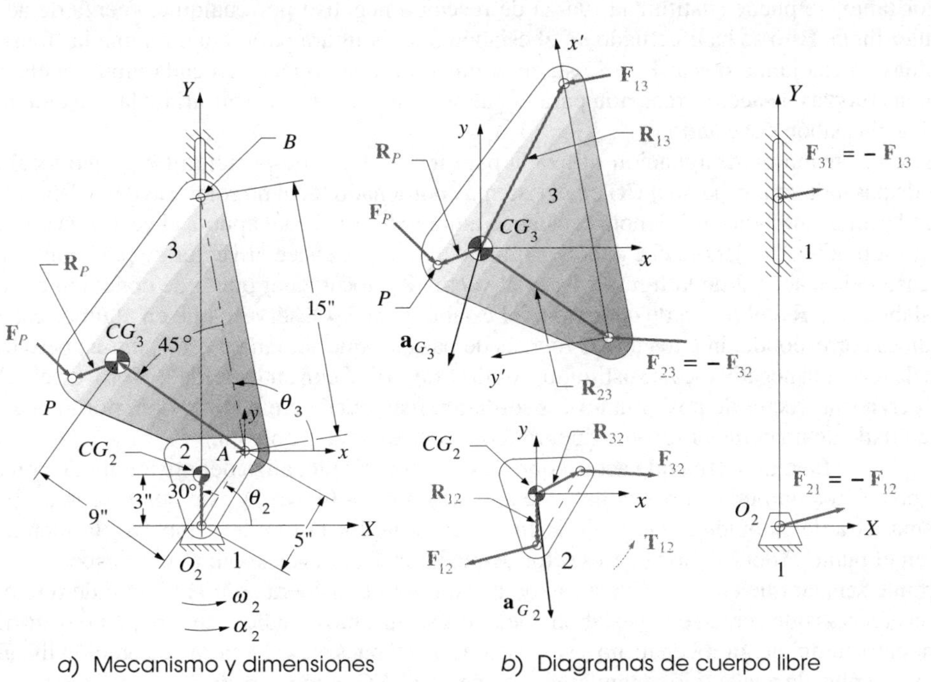

a) Mecanismo y dimensiones *b*) Diagramas de cuerpo libre

FIGURA 11-2 Análisis de fuerzas dinámicas de un mecanismo de manivela-corredera

La figura 11-2*b* muestra un mecanismo “despiezado” en sus tres eslabones separados, dibujados como cuerpos libres. Se debe realizar un análisis cinemático previo de análisis de fuerzas dinámicas para determinar para cada eslabón móvil su aceleración angular y la aceleración lineal de su *CG*. Para el análisis cinemático, sólo se requieren las longitudes de los eslabones entre pasadores. Para un análisis dinámico también se requiere la masa (m) de cada eslabón, la ubicación de su *CG* y el momento de inercia de masa (I_G) con respecto al *CG*.

El *CG* de cada eslabón inicialmente se define por un vector de posición arraigado en una junta de pasador, cuyo ángulo se mide con respecto a la línea de centros del eslabón en el sistema coordenado local rotatorio (LRCS, por sus siglas en inglés) x' y y'. Ésta es la forma más conveniente de localizar el *CG*, puesto que la línea de centros del eslabón es la definición cinemática del mismo. Sin embargo, se deben definir los parámetros dinámicos del eslabón y las localizaciones de las fuerzas con respecto a un sistema coordenado local no rotatorio (LNCS, por sus siglas en inglés) x, y localizado en su *CG*, el cual siempre es paralelo al sistema coordenado global (GCS, por sus siglas en inglés) *XY*. Las ubicaciones de los vectores de posición de todos los puntos de conexión de otros eslabones y los puntos de aplicación de las fuerzas externas deben definirse con respecto al sistema coordenado no rotatorio. Obsérvese que estos datos cinemáticos y de las fuerzas aplicadas deben estar disponibles para todas las posiciones del mecanismo articulado para el que se desea un análisis de fuerzas. En el siguiente planteamiento y ejemplos, se abordará sólo una posición del mecanismo articulado. El proceso es idéntico para cada posición sucesiva y sólo se deben repetir los cálculos. Una computadora es una herramienta valiosa para realizar esta tarea.

El eslabón 2 en la figura 11-2*b* muestra las fuerzas que actúan en cada una de sus juntas de pasador, designadas como $\mathbf{F}_{12}$ y $\mathbf{F}_{32}$. Por convención, los subíndices denotan la fuerza que el eslabón adyacente ejerce *en* el eslabón analizado; esto es, $\mathbf{F}_{12}$ es la fuerza que el eslabón 1 ejerce *en* el 2, y $\mathbf{F}_{32}$ la fuerza que el eslabón 3 ejerce *en* el 2. También existe una fuerza igual y opuesta en cada uno de los pasadores, que se designarían $\mathbf{F}_{21}$ y $\mathbf{F}_{23}$, respectivamente. La elección de cuál de los miembros de estos pares de fuerzas se resolverá es arbitraria. En tanto se proceda apropiadamente, las identidades se mantendrán.

11

Al seguir con el eslabón 3, se mantiene la misma convención de mostrar las fuerzas que actúan *en* el eslabón en su diagrama de cuerpo libre. Por tanto, en el centro instantáneo I_{23} se muestra a $\mathbf{F}_{23}$ actuar sobre el eslabón 3. Sin embargo, la fuerza $\mathbf{F}_{32}$ que actúa en el mismo punto del eslabón 2 introduce una incógnita adicional al problema, por lo que se requiere de una ecuación adicional. La ecuación proporcionada por la tercera ley de Newton es:

$$\mathbf{F}_{23} = -\mathbf{F}_{32} \tag{11.5}$$

Por tanto, se puede sustituir la fuerza de reacción negativa por cualquier fuerza de acción en cualquier junta. Esto se ha efectuado en el eslabón 3 de la figura para reducir a una las fuerzas desconocidas en esa junta, o sea, $\mathbf{F}_{32}$. Se sigue el mismo procedimiento en cada junta; la elección de una de las fuerzas de acción-reacción para la que se va a resolver es arbitraria y la reacción negativa se aplica al eslabón conectado.

La convención de designación utilizada para los vectores de posición ($\mathbf{R}_{ap}$) que localizan las juntas de pasador con respecto a *CG* en el sistema coordenado local no rotatorio del eslabón es como sigue. El primer subíndice (a) denota el eslabón adjunto hacia el cual apunta el vector de posición. El segundo subíndice (p) denota el eslabón primitivo al que pertenece el vector de posición. Por tanto, en el caso del eslabón 2 de la figura 11-2*b*, el vector $\mathbf{R}_{12}$ localiza el punto de conexión del eslabón 1 al eslabón 2, y $\mathbf{R}_{32}$ el punto de conexión del eslabón 3 al 2. Obsérvese que en algunos casos estos subíndices corresponderán a los de las fuerzas de pasador que actúan en esos puntos; pero donde la fuerza de reacción negativa se ha sustituido, como se describió con anterioridad, el orden del subíndice de la fuerza y su vector de posición no concordarán. Esto puede crear confusión, por lo que se debe tener cuidado de no cometer errores tipográficos al plantear el problema.

Cualquier fuerza externa que actúa sobre los eslabones se localiza del mismo modo con un vector de posición a un punto sobre la línea de aplicación de la fuerza. A este punto se le proporciona la misma letra del subíndice que la de la fuerza externa. En la figura se muestra la fuerza $\mathbf{F}_p$ que actúa en el punto P del eslabón 3. El vector de posición $\mathbf{R}_p$ ubica ese punto con respecto al *CG*. Es importante señalar que el *CG* de cada eslabón siempre se considera como el punto de referencia de todas las fuerzas que actúan en el eslabón. Dejado a sus propios medios, un cuerpo no restringido en movimiento complejo girará en torno a su propio *CG*; así pues, se analiza su aceleración lineal en ese punto y se aplica la aceleración angular con respecto al *CG* como centro.

Las ecuaciones 11.1 (p. 398) se escriben ahora para cada eslabón móvil. Para el eslabón 2, con los productos cruz desarrollados:

$$
\begin{gathered}
F_{12_x} + F_{32_x} = m_2 a_{G_{2x}} \\
F_{12_y} + F_{32_y} = m_2 a_{G_{2y}} \\
T_{12} + \left(R_{12_x} F_{12_y} - R_{12_y} F_{12_x}\right) + \left(R_{32_x} F_{32_y} - R_{32_y} F_{32_x}\right) = I_{G_2} \alpha_2
\end{gathered} \tag{11.6a}
$$

Para el eslabón 3, con los productos cruz desarrollados, se observa la sustitución de la fuerza de reacción $-\mathbf{F}_{32}$ en lugar de $\mathbf{F}_{23}$:

$$
\begin{gathered}
F_{13_x} - F_{32_x} + F_{P_x} = m_3 a_{G_{3x}} \\
F_{13_y} - F_{32_y} + F_{P_y} = m_3 a_{G_{3y}} \\
\left(R_{13_x} F_{13_y} - R_{13_y} F_{13_x}\right) - \left(R_{23_x} F_{32_y} - R_{23_y} F_{32_x}\right) + \left(R_{P_x} F_{P_y} - R_{P_y} F_{P_x}\right) = I_{G_3} \alpha_3
\end{gathered} \tag{11.6b}
$$

Obsérvese también que $\mathbf{T}_{12}$, el par de torsión fuente, sólo aparece en la ecuación para el eslabón 2, ya que es la manivela motriz a la que está conectado el motor. El eslabón 3 no tiene ningún par de torsión externamente aplicado, pero sí una fuerza externa $\mathbf{F}_p$ que podría deberse al trabajo externo realizado por el eslabón 3.

Existen siete incógnitas en estas seis ecuaciones F_{12x}, F_{12y}, F_{32x}, F_{32y}, F_{13x}, F_{13y} y T_{12}. Pero F_{13y} sólo se debe a la fricción en la junta entre el eslabón 3 y el eslabón 1. Se puede escribir una relación para la fuerza de fricción f en esa interfase de contacto, de modo que $f = \pm\mu N$, donde $\pm\mu$ es un coeficiente de fricción conocido de Coulomb. La fuerza de fricción siempre se opone al movimiento. El análisis cinemático proporcionará la velocidad del eslabón en la junta deslizante. La dirección de f siempre será opuesta a la de esta velocidad. Obsérvese que μ es una función no lineal que tiene una discontinuidad a la velocidad cero; por tanto, en las posiciones del mecanismo articulado donde la velocidad es cero, la inclusión de μ en estas ecuaciones lineales no es válida. (Véase la figura 10-5*a*, p. 379.) En este ejemplo, la fuerza normal N es igual a la fuerza F_{13x} y la fuerza de fricción f es igual a F_{13_y}. Para las posiciones del mecanismo con velocidad distinta de cero, puede eliminarse al F_{13_y} sustituir en la ecuación 11.6*b*.

$$
F_{13_y} = \mu F_{13_x} \tag{11.6c}
$$

donde el signo de F_{13y} se considera opuesto al de la velocidad en ese punto. Por tanto, se tienen seis incógnitas en las ecuaciones 11.6 que pueden resolverse simultáneamente. También pueden reordenarse las ecuaciones 11.6*a* y 11.6*b* con todos los términos conocidos en el segundo miembro.

$$
\begin{gathered}
F_{12_x} + F_{32_x} = m_2 a_{G_{2x}} \\
F_{12_y} + F_{32_y} = m_2 a_{G_{2y}} \\
T_{12} + R_{12_x} F_{12_y} - R_{12_y} F_{12_x} + R_{32_x} F_{32_y} - R_{32_y} F_{32_x} = I_{G_2} \alpha_2 \\
F_{13_x} - F_{32_x} = m_3 a_{G_{3x}} - F_{P_x} \\
\pm\mu F_{13_x} - F_{32_y} = m_3 a_{G_{3y}} - F_{P_y} \\
\left(\pm\mu R_{13_x} - R_{13_y}\right) F_{13_x} - R_{23_x} F_{32_y} + R_{23_y} F_{32_x} = I_{G_3} \alpha_3 - R_{P_x} F_{P_y} + R_{P_y} F_{P_x}
\end{gathered} \tag{11.6d}
$$

Al poner estas seis ecuaciones en forma matricial se obtiene:

$$
\begin{bmatrix}
1 & 0 & 1 & 0 & 0 & 0 \\
0 & 1 & 0 & 1 & 0 & 0 \\
-R_{12} & R_{12_x} & -R_{32_y} & R_{32_x} & 0 & 1 \\
0 & 0 & -1 & 0 & 1 & 0 \\
0 & 0 & 0 & -1 & \mu & 0 \\
0 & 0 & R_{23_y} & -R_{23_x} & \left(\mu R_{13_x} - R_{13_y}\right) & 0
\end{bmatrix}
\times
\begin{bmatrix}
F_{12_x} \\ F_{12_y} \\ F_{32_x} \\ F_{32_y} \\ F_{13_x} \\ T_{12}
\end{bmatrix}
=
\begin{bmatrix}
m_2 a_{G_{2x}} \\
m_2 a_{G_{2y}} \\
I_{G_2} \alpha_2 \\
m_3 a_{G_{3x}} - F_{P_x} \\
m_3 a_{G_{3y}} - F_{P_y} \\
I_{G_3} \alpha_3 - R_{P_x} F_{P_y} + R_{P_y} F_{P_x}
\end{bmatrix} \tag{11.7}
$$

Este sistema se puede resolver con el programa MATRIX o con una calculadora para resolver matrices. Como ejemplo de esta solución considere los siguientes datos de un mecanismo.

11

EJEMPLO 11-2 Análisis dinámico de fuerzas de un mecanismo de tres barras de manivela-corredera con semijunta. (Véase la figura 11-2, p. 401.)

Dados: La manivela de 5 pulgadas de largo (eslabón 2) pesa 2 lb. Su *CG* está a 3 pulgadas y a 30° de la línea de centros. Su momento de inercia de masa con respecto a su *CG* es de 0.05 lb-pulg-s^2. Su aceleración está definida en su LNCS, *x*, *y*. Sus datos cinemáticos son:

θ_2 grados	ω_2 rad/s	α_2 rad/s^2	a_{G_2} pulg/s^2
60	30	–10	2 700.17 @ –89.4°

El acoplador (eslabón 3) es de 15 pulgadas de largo y pesa 4 lb. Su *CG* está a 9 pulgadas y a 45° de la línea de centros. Su momento de inercia de masa con respecto a su *CG* es de 0.10 lb-pulg-s^2. Su aceleración está definida en su LNCS, *x*, *y*. Sus datos cinemáticos son

θ_3 grados	ω_3 rad/s	α_3 rad/s^2	a_{G_3} pulg/s^2
99.59	–8.78	–136.16	3 453.35 @ 254.4°

La junta deslizante sobre el eslabón 3 tiene una velocidad de 96.95 pulg/s en la dirección +*Y*. Existe una fuerza externa de 50 lb a –45° aplicada en el punto *P*, localizado a 2.7 pulgadas y a 101° del *GG* del eslabón 3, medido en el sistema coordenado rotatorio incrustado en el eslabón o LRCS, *x*′, *y*′ (origen en *A* y el eje *x* de *A* a *B*). El coeficiente de fricción μ es 0.2.

Encuentre: Las fuerzas $\mathbf{F}_{12}$, $\mathbf{F}_{32}$, $\mathbf{F}_{13}$ en las juntas y el **par de torsión** motriz $\mathbf{T}_{12}$ necesario para mantener el movimiento con la aceleración dada en esta posición instantánea del eslabón.

Solución:

1 Convierta los pesos dados en unidades apropiadas de masa, en este caso, blobs:

$$masa_{eslabón 2} = \frac{peso}{g} = \frac{2 \text{ lb}}{386 \text{ pulg/s}^2} = 0.0052 \text{ blobs} \tag{a}$$

$$masa_{eslabón 3} = \frac{peso}{g} = \frac{4 \text{ lb}}{386 \text{ pulg/s}^2} = 0.0104 \text{ blobs} \tag{b}$$

2 Coloque un sistema coordenado local no rotatorio *xy* (LNCS) en el *CG* de cada eslabón y trace todos los vectores de fuerza y posición que actúan dentro o en el sistema, como se muestra en la figura 11-2 (p. 401). Trace un diagrama de cuerpo libre de cada eslabón móvil como se muestra.

3 Calcule las componentes *x* y *y* de los vectores de posición $\mathbf{R}_{12}$, $\mathbf{R}_{32}$, $\mathbf{R}_{23}$, $\mathbf{R}_{13}$ y $\mathbf{R}_p$ en sistema de coordenadas LNCS:

$$\begin{aligned}
\mathbf{R}_{12} &= 3.00 \ @ \angle \ 270.0°; & R_{12_x} &= 0.000, & R_{12_y} &= -3.0 \\
\mathbf{R}_{32} &= 2.83 \ @ \angle \ 28.0°; & R_{32_x} &= 2.500, & R_{32_y} &= 1.333 \\
\mathbf{R}_{23} &= 9.00 \ @ \angle \ 324.5°; & R_{23_x} &= 7.329, & R_{23_y} &= -5.224 \\
\mathbf{R}_{13} &= 10.72 \ @ \angle \ 63.14°; & R_{13_x} &= 4.843, & R_{13_y} &= 9.563 \\
\mathbf{R}_{P} &= 2.70 \ @ \angle \ 201.0°; & R_{P_x} &= -2.521, & R_{P_y} &= -0.968
\end{aligned} \tag{c}$$

Los ángulos de los vectores de posición están medidos con respecto al LNCS, que siempre es paralelo al sistema coordenado global (CGS), y los ángulos son los mismos en ambos sistemas.

4 Calcule las componentes *x* y *y* de la aceleración de los centros de gravedad de todos los eslabones móviles en el sistema coordenado global:

$$\begin{aligned}
\mathbf{a}_{G_2} &= 2\,700.17 \ @ \angle \ -89.4°; & a_{G_{2x}} &= 28.28, & a_{G_{2y}} &= -2\,700 \\
\mathbf{a}_{G_3} &= 3\,453.35 \ @ \angle \ 254.4°; & a_{G_{3x}} &= -930.82, & a_{G_{3y}} &= -3\,325.54
\end{aligned} \tag{d}$$

5 Calcule las componentes *x* y *y* de la fuerza externa en *P* en el sistema coordenado global:

$$\mathbf{F}_P = 50 @ \angle -45°; \qquad F_{P_x} = 35.36, \qquad F_{P_y} = -35.36 \tag{e}$$

6 Sustituya estos valores dados y calculados en la ecuación matricial 11.7 (p. 403).

$$\begin{bmatrix} 1 & 0 & 1 & 0 & 0 & 0 \\ 0 & 1 & 0 & 1 & 0 & 0 \\ 3 & 0 & -1.333 & 2.5 & 0 & 1 \\ 0 & 0 & -1 & 0 & 1 & 0 \\ 0 & 0 & 0 & -1 & 0.2 & 0 \\ 0 & 0 & -5.224 & -7.329 & [(0.2)4.843-(9.563)] & 0 \end{bmatrix} \times \begin{bmatrix} F_{12_x} \\ F_{12_y} \\ F_{32_x} \\ F_{32_y} \\ F_{13_x} \\ T_{12} \end{bmatrix} = \tag{f}$$

$$\begin{bmatrix} (0.005)(28.28) \\ (0.005)(-2\,700) \\ (0.05)(-10) \\ (0.01)(-930.82)-35.36 \\ (0.01)(-3\,325.54)-(-35.36) \\ (0.1)(-136.16)-(-2.521)(-35.36)+(-0.968)(35.36) \end{bmatrix} = \begin{bmatrix} 0.141 \\ -13.500 \\ -0.500 \\ -44.668 \\ 2.105 \\ -136.987 \end{bmatrix}$$

7 Resuelva el sistema al invertir la matriz **A** y premultiplicar esa inversa por la matriz **C** con una calculadora de bolsillo capaz de resolver matrices, o al introducir los valores de las matrices **A** y **C** al programa MATRIX adjunto con este texto, el cual da la siguiente solución:

$$\begin{bmatrix} F_{12_x} \\ F_{12_y} \\ F_{32_x} \\ F_{32_y} \\ F_{13_x} \\ T_{12} \end{bmatrix} = \begin{bmatrix} -39.232 \\ -10.336 \\ 39.373 \\ -3.164 \\ -5.295 \\ 177.590 \end{bmatrix} \tag{g}$$

Al convertir las fuerzas a coordenadas polares:

$$\begin{aligned} \mathbf{F}_{12} &= 40.57 \text{ lb} \ @ \angle\ 194.76° \\ \mathbf{F}_{32} &= 39.50 \text{ lb} \ @ \angle\ -4.60° \\ \mathbf{F}_{13} &= 5.40 \text{ lb} \ @ \angle\ 191.31° \end{aligned} \tag{h}$$

Abra el archivo E11-02.mtr con el programa MATRIX para comprobar este ejemplo.

11.4 ANÁLISIS DE FUERZAS DE UN MECANISMO DE CUATRO BARRAS

La figura 11-3*a* (p. 406) muestra un mecanismo de cuatro barras. Todas las longitudes de los eslabones, las posiciones de los eslabones, las ubicaciones de los centros de gravedad de los eslabones, las aceleraciones de los centros de gravedad y las velocidades y aceleraciones angulares de los eslabones se determinaron previamente con un análisis cinemático. Se requiere encontrar las fuerzas que actúan en todas las juntas de pasador del mecanismo para una o más posiciones. El procedimiento es exactamente el mismo que se utilizó en los ejemplos previos. Este mecanismo tiene tres eslabones móviles. La ecuación 11.1 (p. 398) proporciona tres ecuaciones para cualquier eslabón o cuerpo rígido en movimiento. Se espera tener nueve ecuaciones con nueve incógnitas en este problema.

La figura 11-3*b* muestra los diagramas de cuerpo libre de todos los eslabones, con todas las fuerzas mostradas. Obsérvese que se muestra una fuerza externa $\mathbf{F}_p$ que actúa en el punto *P* del eslabón 3. También se muestra el par de torsión externo $\mathbf{T}_4$ que actúa sobre el eslabón 4. Estas cargas externas son producidas por algún otro mecanismo (dispositivo, persona, cosa, etc.) que ejerce una fuerza de empuje o torsión contra el movimiento del mecanismo. Cualquier eslabón puede tener un sinnúmero de cargas y pares de torsión externos que actúan en él. Aquí sólo se muestra un par de torsión externo y una fuerza externa como ejemplos para el cálculo. (Obsérvese que si estuviera presente un sistema de fuerzas más complicado, también se reduciría a la combinación de una sola fuerza y par de torsión en cada eslabón.)

Para encontrar las fuerzas en los pasadores se requiere que las fuerzas y pares de torsión externos aplicados se determinen para todas las posiciones de interés. Se resolverá para un elemento del par de fuerzas de acción-reacción en cada junta, así como para el par de torsión motriz $\mathbf{T}_{12}$ que debe suministrarse al eslabón 2 para mantener el estado cinemático como se definió. La convención de

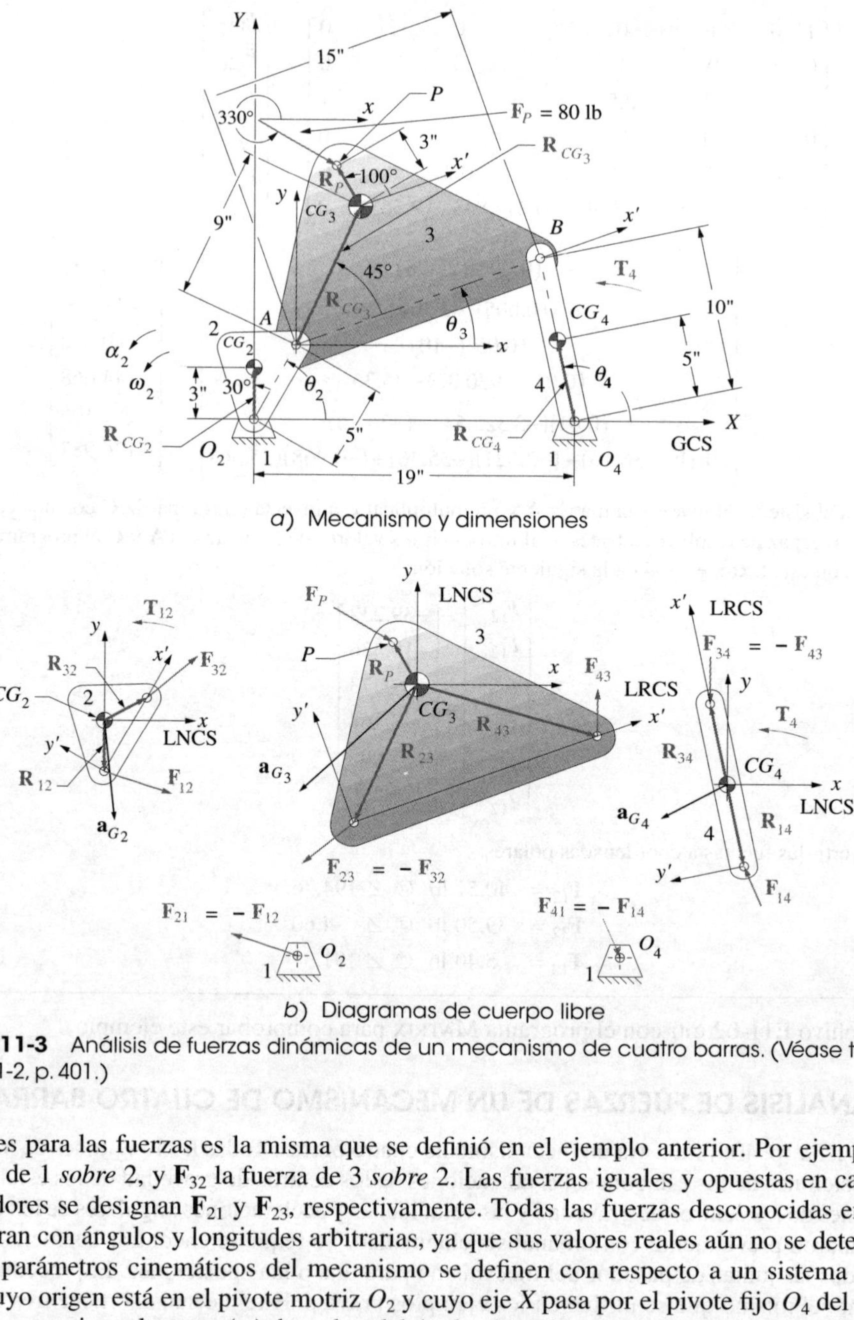

FIGURA 11-3 Análisis de fuerzas dinámicas de un mecanismo de cuatro barras. (Véase también la figura P11-2, p. 401.)

subíndices para las fuerzas es la misma que se definió en el ejemplo anterior. Por ejemplo, $\mathbf{F}_{12}$ es la fuerza de 1 *sobre* 2, y $\mathbf{F}_{32}$ la fuerza de 3 *sobre* 2. Las fuerzas iguales y opuestas en cada uno de los pasadores se designan $\mathbf{F}_{21}$ y $\mathbf{F}_{23}$, respectivamente. Todas las fuerzas desconocidas en la figura se muestran con ángulos y longitudes arbitrarias, ya que sus valores reales aún no se determinan.

Los parámetros cinemáticos del mecanismo se definen con respecto a un sistema global *XY* (GCS) cuyo origen está en el pivote motriz O_2 y cuyo eje *X* pasa por el pivote fijo O_4 del eslabón 4. También se requieren la masa (*m*) de cada eslabón, la ubicación de su *CG* y su momento de inercia de masa (I_G) con respecto a ese *CG*. El *CG* de cada eslabón inicialmente se define dentro de cada eslabón con respecto a un sistema de ejes local rotatorio y móvil (LRCS) insertado en el eslabón porque su *CG* es una propiedad física invariable. El origen de este sistema de ejes x', y' está en una junta de pasador y el eje x' es la línea de centros del eslabón. La posición del *CG* dentro del eslabón se define por un vector de posición en este LRCS. La ubicación instantánea del *CG* se determina fácilmente en cada posición dinámica del eslabón, al sumar el ángulo del vector de posición interno del *CG* al ángulo actual en el GCS del eslabón.

Se debe definir cada uno de los parámetros dinámicos del eslabón así como las ubicaciones de las fuerzas con respecto a un sistema de ejes local móvil, pero no rotatorio (LNCS) *x*, *y*, localizado en su *CG* como se muestra para cada diagrama de cuerpo libre en la figura 11-3*b*. Las ubicaciones de los vectores de posición de todos los puntos de conexión de otros eslabones y los puntos de aplicación de las fuerzas externas deben definirse con respecto al sistema de ejes LNCS. Estos datos cinemáticos y de fuerzas aplicadas difieren en cada posición del mecanismo. En los siguientes planteamientos y ejemplos, sólo se considera una posición del mecanismo. El proceso es idéntico para cada posición sucesiva.

Primero se escriben las ecuaciones 11.1 (p. 398) para cada eslabón móvil. Para el eslabón 2, el resultado es idéntico al del ejemplo de manivela-corredera de la ecuación 11.6*a* (p. 403).

$$
\begin{aligned}
F_{12_x} + F_{32_x} &= m_2 a_{G_{2x}} \\
F_{12_y} + F_{32_y} &= m_2 a_{G_{2y}} \\
T_{12} + \left(R_{12_x} F_{12_y} - R_{12_y} F_{12_x}\right) + \left(R_{32_x} F_{32_y} - R_{32_y} F_{32_x}\right) &= I_{G_2} \alpha_2
\end{aligned}
\tag{11.8a}
$$

Para el eslabón 3, con sustitución de la fuerza de reacción $-\mathbf{F}_{32}$ en lugar de $\mathbf{F}_{23}$, el resultado es similar a la ecuación 11.6*b* con algunos cambios de subíndice que reflejan la presencia del eslabón 4.

$$
\begin{aligned}
F_{43_x} - F_{32_x} + F_{P_x} &= m_3 a_{G_{3x}} \\
F_{43_y} - F_{32_y} + F_{P_y} &= m_3 a_{G_{3y}} \\
\left(R_{43_x} F_{43_y} - R_{43_y} F_{43_x}\right) - \left(R_{23_x} F_{32_y} - R_{23_y} F_{32_x}\right) + \left(R_{P_x} F_{P_y} - R_{P_y} F_{P_x}\right) &= I_{G_3} \alpha_3
\end{aligned}
\tag{11.8b}
$$

Para el eslabón 4, al sustituir la fuerza de reacción $-\mathbf{F}_{43}$ en lugar de $\mathbf{F}_{34}$, se puede escribir un conjunto similar de ecuaciones 11.1 (p. 398):

$$
\begin{aligned}
F_{14_x} - F_{43_x} &= m_4 a_{G_{4x}} \\
F_{14_y} - F_{43_y} &= m_4 a_{G_{4y}} \\
\left(R_{14_x} F_{14_y} - R_{14_y} F_{14_x}\right) - \left(R_{34_x} F_{43_y} - R_{34_y} F_{43_x}\right) + T_4 &= I_{G_4} \alpha_4
\end{aligned}
\tag{11.8c}
$$

Obsérvese de nuevo que $\mathbf{T}_{12}$, el par de torsión fuente, sólo aparece en la ecuación para el eslabón 2, ya que es la manivela motriz a la cual está conectado el motor. El eslabón 3, en este caso, no tiene un par de torsión aplicado externamente (aunque podría tenerlo), pero sí una fuerza externa $\mathbf{F}_p$. El eslabón 4, en el ejemplo, no tiene ninguna fuerza externa que actúe sobre él (aunque podría tenerla), pero sí un par externo $\mathbf{T}_4$. (El eslabón motriz 2 también podría tener una fuerza aplicada externamente sobre él, aunque en este caso no lo tiene.) Existen nueve incógnitas en estas nueve ecuaciones, F_{12x}, F_{12y}, F_{32x}, F_{32y}, F_{43x}, F_{43y}, F_{14x}, F_{14y} y T_{12}, que pueden resolverse simultáneamente. Se reordenan los términos en las ecuaciones 11.8 y ubican los términos constantes a la derecha y luego en forma matricial.

$$
\begin{bmatrix}
1 & 0 & 1 & 0 & 0 & 0 & 0 & 0 & 0 \\
0 & 1 & 0 & 1 & 0 & 0 & 0 & 0 & 0 \\
-R_{12_y} & R_{12_x} & -R_{32_y} & R_{32_x} & 0 & 0 & 0 & 0 & 1 \\
0 & 0 & -1 & 0 & 1 & 0 & 0 & 0 & 0 \\
0 & 0 & 0 & -1 & 0 & 1 & 0 & 0 & 0 \\
0 & 0 & R_{23_y} & -R_{23_x} & -R_{43_y} & R_{43_x} & 0 & 0 & 0 \\
0 & 0 & 0 & 0 & -1 & 0 & 1 & 0 & 0 \\
0 & 0 & 0 & 0 & 0 & -1 & 0 & 1 & 0 \\
0 & 0 & 0 & 0 & R_{34_y} & -R_{34_x} & -R_{14_y} & R_{14_x} & 0
\end{bmatrix}
\times
\begin{bmatrix}
F_{12_x} \\ F_{12_y} \\ F_{32_x} \\ F_{32_y} \\ F_{43_x} \\ F_{43_y} \\ F_{14_x} \\ F_{14_y} \\ T_{12}
\end{bmatrix}
=
\begin{bmatrix}
m_2 a_{G_{2x}} \\
m_2 a_{G_{2y}} \\
I_{G_2} \alpha_2 \\
m_3 a_{G_{3x}} - F_{P_x} \\
m_3 a_{G_{3y}} - F_{P_y} \\
I_{G_3} \alpha_3 - R_{P_x} F_{P_y} + R_{P_y} F_{P_x} \\
m_4 a_{G_{4x}} \\
m_4 a_{G_{4y}} \\
I_{G_4} \alpha_4 - T_4
\end{bmatrix}
\tag{11.9}
$$

Este sistema se puede resolver con el programa MATRIX o con una calculadora capaz de resolver matrices. Como un ejemplo de este método considere los siguientes datos.

EJEMPLO 11-3 Análisis de fuerzas dinámicas de un mecanismo de cuatro barras. (Véase la figura 11-3, p. 406.)

Dados: La manivela de 5 pulgadas de largo (eslabón 2) mostrada pesa 1.5 lb. Su *CG* está a 3 pulgadas @ +30° de la línea de centros (LRCS). Su momento de inercia de masa con respecto a su *CG* es de 0.4 lb-pulg-s^2. Sus datos cinemáticos son:

θ_2 grados	ω_2 rad/s	α_2 rad/s^2	a_{G2} pulg/s^2
60	25	–40	1 878.84 @ 273.66°

El acoplador (eslabón 3) es de 15 pulgadas de largo y pesa 7.7 lb. Su *CG* está a 9 pulgadas @ 45° fuera de la línea de centros (LCRS). Su momento de inercia de masa con respecto a su *CG* es de 1.5 lb-pulg-s^2. Sus datos cinemáticos son:

θ_3 grados	ω_3 rad/s	α_3 rad/s^2	a_{G3} pulg/s^2
20.92	–5.87	120.9	3 646.1 @ 226.5°

El eslabón de bancada es de 19 pulgadas de largo. El balancín (eslabón 4) es de 10 pulgadas de largo y pesa 5.8 lb. Su *CG* está a 5 pulgadas @ 0° en la línea de centros (LRCS). Su momento de inercia de masa con respecto a su *CG* es de 0.8 lb-pulg-s^2. Existe un par de torsión externo en el eslabón 4 de 120 lb-pulg (CGS). En el GCS del eslabón 3 actúa una fuerza externa de 80 lb @ 330°, aplicada en el punto *P* a 3 pulg @ 100° de su *CG* (LRCS). Los datos cinemáticos son:

θ_4 grados	ω_4 rad/s	α_4 rad/s^2	a_{G4} pulg/s^2
104.41	7.93	276.29	1416.8 @ 207.2°

Encuentre: Las fuerzas $\mathbf{F}_{12}$, $\mathbf{F}_{32}$, $\mathbf{F}_{43}$, $\mathbf{F}_{14}$ en las juntas y el par de torsión motriz $\mathbf{T}_{12}$ requerido para mantener el movimiento con la aceleración dada en esta posición instantánea del eslabón.

Solución:

1 Convierta el peso dado en unidades de masa apropiadas, en este caso blobs:

$$masa_{eslabón2} = \frac{peso}{g} = \frac{1.5 \text{ lb}}{386 \text{ pulg/s}^2} = 0.004 \text{ blobs} \qquad (a)$$

$$masa_{eslabón3} = \frac{peso}{g} = \frac{7.7 \text{ lb}}{386 \text{ pulg/s}^2} = 0.020 \text{ blobs} \qquad (b)$$

$$masa_{eslabón4} = \frac{peso}{g} = \frac{5.8 \text{ lb}}{386 \text{ pulg/s}^2} = 0.015 \text{ blobs} \qquad (c)$$

2 Establezca un sistema coordenado *xy* LNCS en el *CG* de cada eslabón, y trace todos los vectores aplicables que actúan en el sistema, como se muestra en la figura. Dibuje el diagrama de cuerpo libre de cada eslabón móvil.

3 Calcule las componentes *x* y *y* de los vectores de posición $\mathbf{R}_{12}$, $\mathbf{R}_{32}$, $\mathbf{R}_{23}$, $\mathbf{R}_{43}$, $\mathbf{R}_{34}$, $\mathbf{R}_{14}$ y $\mathbf{R}_p$ en el LNCS de los eslabones. $\mathbf{R}_{43}$, $\mathbf{R}_{34}$ y $\mathbf{R}_{14}$ se determinarán con los datos geométricos dados de los eslabones mediante la ley de los cosenos y la ley de los senos. Observe que el valor actual del ángulo de posición (θ_3) del eslabón 3 en el CGS se debe sumar a los ángulos de todos los vectores de posición antes de crear las componentes *x*, *y* en el LNCS, si los ángulos originalmente fueran medidos con respecto al sistema coordenado rotatorio local insertado (LRCS) del eslabón.

$$\begin{array}{lll}
\mathbf{R}_{12} = 3.00 \ @ \angle\ 270.00°; & R_{12_x} = 0.000, & R_{12_y} = -3 \\
\mathbf{R}_{32} = 2.83 \ @ \angle\ 28.00°; & R_{32_x} = 2.500, & R_{32_y} = 1.333 \\
\mathbf{R}_{23} = 9.00 \ @ \angle\ 245.92°; & R_{23_x} = -3.672, & R_{23_y} = -8.217 \\
\mathbf{R}_{43} = 10.72 \ @ \angle\ -15.46°; & R_{43_x} = 10.332, & R_{43_y} = -2.858 \\
\mathbf{R}_{34} = 5.00 \ @ \angle\ 104.41°; & R_{34_x} = -1.244, & R_{34_y} = 4.843 \\
\mathbf{R}_{14} = 5.00 \ @ \angle\ 284.41°; & R_{14_x} = 1.244, & R_{14_y} = -4.843 \\
\mathbf{R}_{P} = 3.00 \ @ \angle\ 120.92°; & R_{P_x} = -1.542, & R_{P_y} = 2.574
\end{array} \qquad (d)$$

4 Calcule las componentes *x* y *y* de la aceleración de los *CG* de todos los eslabones móviles en el sistema coordenado global (CGS):

$$\begin{aligned}
\mathbf{a}_{G_2} &= 1\,878.84@\ \angle\ 273.66°; & a_{G_{2x}} &= 119.94, & a_{G_{2y}} &= -1\,875.01\\
\mathbf{a}_{G_3} &= 3\,646.10@\ \angle\ 226.51°; & a_{G_{3x}} &= -2\,509.35, & a_{G_{3y}} &= -2\,645.23\\
\mathbf{a}_{G_4} &= 1\,416.80@\ \angle\ 207.24°; & a_{G_{4x}} &= -1\,259.67, & a_{G_{4y}} &= -648.50
\end{aligned} \qquad (e)$$

5 Calcule las componentes *x* y *y* de la fuerza externa en *P* en el CGS:

$$\mathbf{F}_{P3} = 80\ \ @\ \angle\ 330°; \qquad F_{P3_x} = 69.28, \qquad F_{P3_y} = -40.00 \qquad (f)$$

6 Sustituya estos valores dados y determinados en la ecuación matricial 11.9 (p. 407).

$$\begin{bmatrix}
1 & 0 & 1 & 0 & 0 & 0 & 0 & 0 & 0\\
0 & 1 & 0 & 1 & 0 & 0 & 0 & 0 & 0\\
3 & 0 & -1.330 & 2.5 & 0 & 0 & 0 & 0 & 1\\
0 & 0 & -1 & 0 & 1 & 0 & 0 & 0 & 0\\
0 & 0 & 0 & -1 & 0 & 1 & 0 & 0 & 0\\
0 & 0 & -8.217 & 3.673 & 2.861 & 10.339 & 0 & 0 & 0\\
0 & 0 & 0 & 0 & -1 & 0 & 1 & 0 & 0\\
0 & 0 & 0 & 0 & 0 & -1 & 0 & 1 & 0\\
0 & 0 & 0 & 0 & 4.843 & 1.244 & 4.843 & 1.244 & 0
\end{bmatrix} \times \begin{bmatrix} F_{12_x}\\ F_{12_y}\\ F_{32_x}\\ F_{32_y}\\ F_{43_x}\\ F_{43_y}\\ F_{14_x}\\ F_{14_y}\\ T_{12} \end{bmatrix} =$$

$$\begin{bmatrix}
(0.004)(119.94)\\
(0.004)(-1\,875.01)\\
(0.4)(-40)\\
(0.02)(-2\,509.35)-(69.28)\\
(0.02)(-2\,645.23)-(-40)\\
(1.5)(120.9)-[(-1.542)(-40)-(2.574)(69.28)]\\
(0.015)(-1\,259.67)\\
(0.015)(-648.50)\\
(0.8)(276.29)-(120)
\end{bmatrix} = \begin{bmatrix} 0.480\\ -7.500\\ -16.000\\ -119.465\\ -12.908\\ 298.003\\ -18.896\\ -9.727\\ 101.031 \end{bmatrix} \qquad (g)$$

7 Resuelva este sistema si invierte la matriz **A** y premultiplica esa inversa por la matriz **C** con una calculadora de bolsillo capaz de resolver matrices o al ingresar los valores de las matrices **A** y **C** en el programa MATRIX adjunto con el texto, el cual da la siguiente solución:

$$\begin{bmatrix} F_{12_x}\\ F_{12_y}\\ F_{32_x}\\ F_{32_y}\\ F_{43_x}\\ F_{43_y}\\ F_{14_x}\\ F_{14_y}\\ T_{12} \end{bmatrix} = \begin{bmatrix} -117.65\\ -107.84\\ 118.13\\ 100.34\\ -1.34\\ 87.43\\ -20.23\\ 77.71\\ 243.23 \end{bmatrix} \qquad (h)$$

Al convertir las fuerzas a coordenadas polares:

$$\begin{aligned}
\mathbf{F}_{12} &= 159.60 \text{ lb } @\ \angle\ 222.52°\\
\mathbf{F}_{32} &= 154.99 \text{ lb } @\ \angle\ 40.35°\\
\mathbf{F}_{43} &= 87.44 \text{ lb } @\ \angle\ 90.88°\\
\mathbf{F}_{14} &= 80.30 \text{ lb } @\ \angle\ 104.59°
\end{aligned} \qquad (i)$$

8 Se requieren las magnitudes de las fuerzas en los pasadores para dimensionar los pasadores pivote contra falla y para seleccionar los cojinetes de los pivotes de modo que duren toda la vida útil del ensamble. Se requiere el par de torsión motriz T_{12} definido en (*h*) para seleccionar un motor u otro dispositivo capaz de suministrar

potencia para impulsar el sistema. Véase la sección 2.19 (p. 54) para un breve análisis de selección de un motor. Los temas de cálculo de esfuerzo y prevención de fallas quedan fuera del alcance de este texto, pero no pueden determinarse hasta tener una buena estimación de las fuerzas dinámicas y pares de torsión en el sistema con los métodos mostrados en este ejemplo.

Lo anterior resuelve el mecanismo en una posición. Se puede introducir un nuevo conjunto de valores en las matrices **A** y **C** para cada posición de interés en la que se requiera analizar las fuerzas. Abra el archivo E11-03.mtr con el programa MATRIX para comprobar este ejemplo. También se puede abrir el archivo E11-03.4br con el programa LINKAGES y llevar al mecanismo por una serie de posición al comenzar con los parámetros establecidos como condiciones iniciales. El mecanismo se detendrá y luego se moverá en reversa a causa de la aceleración negativa. La matriz para la ecuación (g) se puede ver en LINKAGES con *Dynamics/Solve/Show Matrix.*

Vale la pena hacer algunas observaciones sobre este método. La solución se obtiene con las coordenadas cartesianas de todas las fuerzas y vectores de posición. Antes de colocarlas en las matrices, estas componentes vectoriales deben definirse en el sistema coordenado global (CGS) o en sistemas coordenados locales no rotatorios, paralelos al sistema coordenado global, con sus orígenes en los *CG* de los eslabones (LNCS). Algunos de los parámetros de mecanismo normalmente se expresan en esos sistemas coordenados, pero otros no, y por ello deben transformarse en el sistema coordenado apropiado. Todos los datos cinemáticos deberán calcularse en el sistema global o en sistemas locales **no rotatorios** paralelos, colocados en los *CG* de eslabones individuales. Cualquier fuerza externa en los eslabones también debe definirse en el sistema global.

Sin embargo, los vectores de posición que definen las ubicaciones entre eslabones, como las juntas de pasador respecto al *CG*, o que localizan puntos de aplicación de fuerzas externas contra el *CG*, se definen en sistemas de coordenadas **rotatorios** insertados en los eslabones (LRCS). Por tanto, estos vectores de posición deben redefinirse en un sistema paralelo **no rotatorio** antes de utilizarse en la matriz. Un ejemplo de esto es el vector $\mathbf{R}_p$, que inicialmente se definió como de 3 pulgadas a 100° en el sistema coordenado **rotatorio** insertado en el eslabón 3. Obsérvese en el ejemplo 11-3 (p. 408) que las coordenadas cartesianas utilizadas en las ecuaciones se calcularon después de sumar el valor actual de θ_3 a su ángulo. Esto redefinió a $\mathbf{R}_p$ como de 3 pulgadas a 120.92° en el sistema local **no rotatorio**. Lo mismo se hizo para los vectores de posición $\mathbf{R}_{12}$, $\mathbf{R}_{32}$, $\mathbf{R}_{23}$, $\mathbf{R}_{43}$, $\mathbf{R}_{34}$ y $\mathbf{R}_{14}$. En cada caso, el **ángulo entre eslabones** de estos vectores (que es independiente de la posición del mecanismo) se sumó al ángulo existente de los eslabones para obtener su posición en el sistema *xy* en su *CG* del eslabón. La definición apropiada de estas componentes vectoriales de posición es complicada para la solución y es fácil cometer errores al definirlas.

Para complicar aún más las cosas, aun cuando el vector de posición $\mathbf{R}_p$ se mida inicialmente en el sistema coordenado rotatorio insertado, la fuerza $\mathbf{F}_p$ que se localiza, no lo es. La fuerza $\mathbf{F}_p$ no forma parte del eslabón, como $\mathbf{R}_p$, sino más bien forma parte del mundo exterior, y así se define en el sistema global.

11.5 ANÁLISIS DE FUERZAS DE UN MECANISMO DE CUATRO BARRAS DE MANIVELA-CORREDERA

El método empleado para el mecanismo de cuatro barras con juntas de pasador es válido también para un mecanismo de cuatro barras de manivela-corredera. La diferencia principal será que la corredera no tendrá aceleración angular. La figura 11-4 (p. 411) muestra un mecanismo de cuatro barras de manivela-corredera con fuerza externa en la corredera, eslabón 4. Éste es representativo del mecanismo extensamente utilizado en bombas de pistón y en motores de combustión interna. Se requiere determinar las fuerzas en las juntas y el par de torsión motriz necesario en la manivela para generar las aceleraciones especificadas. Para ello debe realizarse un análisis cinemático previo para determinar toda la información sobre posición, velocidad y aceleración en las posiciones a analizar. Se escriben las ecuaciones 11.1 (p. 398) para cada eslabón. Para el eslabón 2:

$$
\begin{aligned}
F_{12_x} + F_{32_x} &= m_2 a_{G_{2x}} \\
F_{12_y} + F_{32_y} &= m_2 a_{G_{2y}}
\end{aligned}
\qquad (11.10a)
$$

$$
T_{12} + \left(R_{12_x} F_{12_y} - R_{12_y} F_{12_x}\right) + \left(R_{32_x} F_{32_y} - R_{32_y} F_{32_x}\right) = I_{G_2} \alpha_2
$$

Ésta es idéntica a la ecuación 11.8a (p. 407) para el mecanismo "puro" de cuatro barras. Para el eslabón 3:

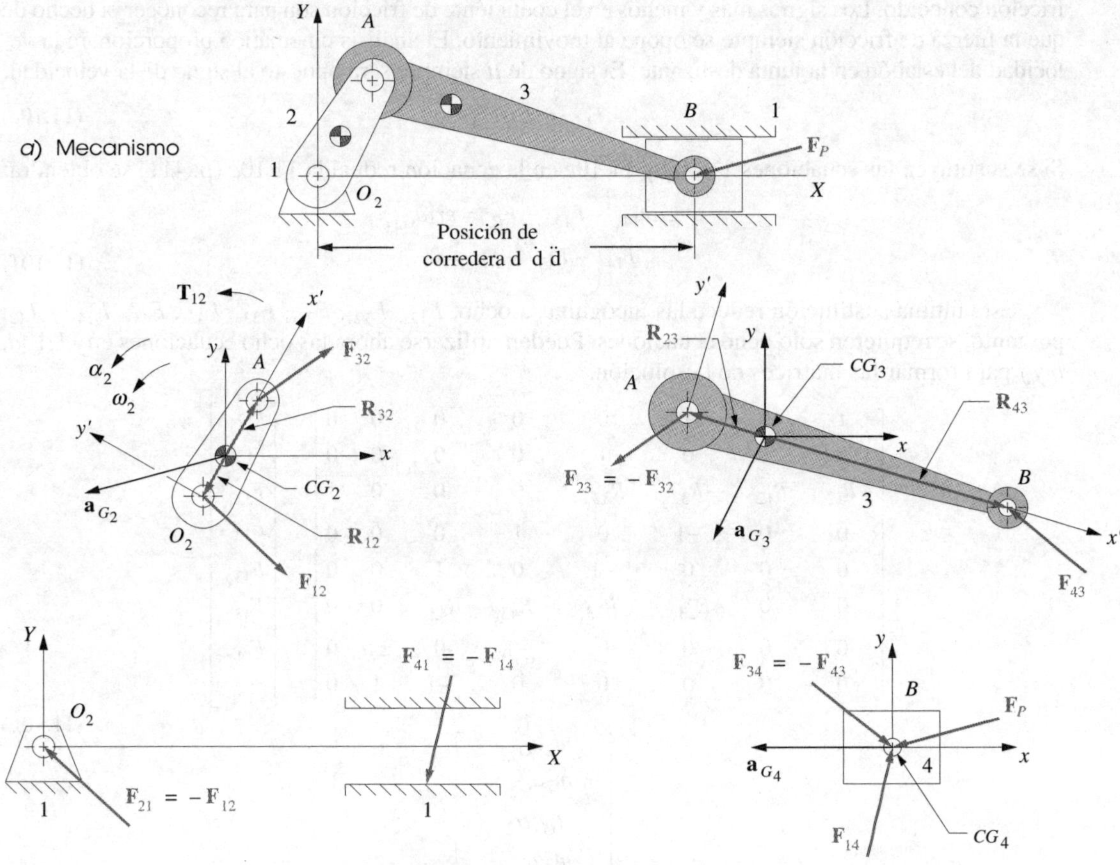

b) Diagramas de cuerpo libre

FIGURA 11-4 Análisis de fuerzas dinámicas del mecanismo de cuatro barras de manivela-corredera

$$
\begin{aligned}
F_{43_x} - F_{32_x} &= m_3 a_{G_{3x}} \\
F_{43_y} - F_{32_y} &= m_3 a_{G_{3y}} \\
\left(R_{43_x} F_{43_y} - R_{43_y} F_{43_x}\right) - \left(R_{23_x} F_{32_y} - R_{23_y} F_{32_x}\right) &= I_{G_3} \alpha_3
\end{aligned}
\tag{11.10b}
$$

Ésta es similar a la ecuación 11.8*b*, pero carece de los términos que implican $\mathbf{F}_p$ puesto que ninguna fuerza externa actúa en el eslabón 3 del mecanismo de manivela-corredera. Para el eslabón 4:

$$
\begin{aligned}
F_{14_x} - F_{43_x} + F_{P_x} &= m_4 a_{G_{4x}} \\
F_{14_y} - F_{43_y} + F_{P_y} &= m_4 a_{G_{4y}} \\
\left(R_{14_x} F_{14_y} - R_{14_y} F_{14_x}\right) - \left(R_{34_x} F_{43_y} - R_{34_y} F_{43_x}\right) + \left(R_{P_x} F_{P_y} - R_{P_y} F_{P_x}\right) &= I_{G_4} \alpha_4
\end{aligned}
\tag{11.10c}
$$

Éstas contienen la fuerza externa $\mathbf{F}_p$ que actúa en el eslabón 4.

Para la inversión del mecanismo de manivela-corredera mostrada, la corredera, o pistón, está en traslación pura con respecto al plano estacionario de la bancada; por tanto, no puede tener ninguna aceleración o velocidad angular. Además, todos los vectores de posición en la ecuación del par de torsión (ecuación 11.10*c*) son cero, ya que la fuerza $\mathbf{F}_p$ actúa en el *CG*. Por tanto, la ecuación del par de torsión para el eslabón 4 (tercera expresión en la ecuación 11.10*c*) es cero para esta inversión del mecanismo de manivela-corredera. Su aceleración lineal tampoco tiene componente *y*.

$$
\alpha_4 = 0, \qquad a_{G_{4_y}} = 0 \tag{11.10d}
$$

La única fuerza en la dirección *x* que puede existir en la interfase de contacto entre los eslabones 4 y 1 es la fuerza de fricción. Si se supone fricción de Coulomb, la componente *x* puede expresarse en función de la componente *y* de la fuerza en esta interfase de contacto. Se puede escribir una relación para la fuerza de fricción *f* en esa interfase de contacto, de modo que $f = \pm\mu\mathbf{N}$, donde $\pm\mu$ es un coeficiente de fricción conocido. Los signos más y menos en el coeficiente de fricción son para reconocer el hecho de que la fuerza de fricción siempre se opone al movimiento. El análisis cinemático proporcionará la velocidad del eslabón en la junta deslizante. El signo de μ siempre será opuesto al signo de la velocidad.

$$F_{14_x} = \pm \mu F_{14_y} \tag{11.10e}$$

Si se sustituyen las ecuaciones 11.10*d* y 11.10*e* en la ecuación reducida 11.10*c* (p. 411) se obtendrá:

$$\begin{aligned} \pm \mu F_{14_y} - F_{43_x} + F_{P_x} &= m_4 a_{G_{4x}} \\ F_{14_y} - F_{43_y} + F_{P_y} &= 0 \end{aligned} \tag{11.10f}$$

Esta última sustitución reduce las incógnitas a ocho, F_{12x}, F_{12y}, F_{32x}, F_{32y}, F_{43x}, F_{43y}, F_{14y} y T_{12}; por tanto, se requieren sólo ocho ecuaciones. Pueden utilizarse ahora las ocho ecuaciones en 11.10*a*, *b* y *f* para formar las matrices de la solución.

$$\begin{bmatrix} 1 & 0 & 1 & 0 & 0 & 0 & 0 & 0 \\ 0 & 1 & 0 & 1 & 0 & 0 & 0 & 0 \\ -R_{12_y} & R_{12_x} & -R_{32_y} & R_{32_x} & 0 & 0 & 0 & 1 \\ 0 & 0 & -1 & 0 & 1 & 0 & 0 & 0 \\ 0 & 0 & 0 & -1 & 0 & 1 & 0 & 0 \\ 0 & 0 & R_{23_y} & -R_{23_x} & -R_{43_y} & R_{43_x} & 0 & 0 \\ 0 & 0 & 0 & 0 & -1 & 0 & \pm\mu & 0 \\ 0 & 0 & 0 & 0 & 0 & -1 & 1 & 0 \end{bmatrix} \times \begin{bmatrix} F_{12_x} \\ F_{12_y} \\ F_{32_x} \\ F_{32_y} \\ F_{43_x} \\ F_{43_y} \\ F_{14_y} \\ T_{12} \end{bmatrix} = \begin{bmatrix} m_2 a_{G_{2x}} \\ m_2 a_{G_{2y}} \\ I_{G_2}\alpha_2 \\ m_3 a_{G_{3x}} \\ m_3 a_{G_{3y}} \\ I_{G_3}\alpha_3 \\ m_4 a_{G_{4x}} - F_{P_x} \\ -F_{P_y} \end{bmatrix} \tag{11.10g}$$

La solución de esta ecuación matricial 11.10*g* y la ecuación 11.10*e* darán información completa sobre fuerzas dinámicas para el mecanismo de cuatro barras de manivela-corredera.

11.6 ANÁLISIS DE FUERZAS DEL MECANISMO DE MANIVELA-CORREDERA INVERTIDO

Otra inversión del mecanismo de cuatro barras de manivela-corredera ya se analizó cinemáticamente en la parte I y se muestra en la figura 11-5 (p. 413). El eslabón 4 tiene una aceleración angular en este ejemplo. De hecho, debe tener el mismo ángulo, la misma velocidad angular y la misma aceleración angular que el eslabón 3 porque están acoplados rotacionalmente por la junta deslizante. Se requiere determinar las fuerzas en todas las juntas de pasador y en la junta deslizante así como el par de torsión motriz necesario para crear las aceleraciones deseadas. Cada una de las juntas de los eslabones está localizada por vectores de posición con respecto a sistemas coordenados locales no rotatorios *xy* en el *CG* de cada eslabón. La junta deslizante está localizada por el vector de posición $\mathbf{R}_{43}$ con respecto al centro del deslizador, punto *B*. La posición instantánea del punto *B* se determinó por medio del análisis cinemático, ya que la longitud *b* está referida al centro instantáneo I_{23} (punto *A*). Véanse las secciones 4.8 (p. 136), 6.7 (p. 211) y 7.3 (p. 238) para revisar la posición, velocidad y aceleración de este mecanismo. Recuerde que este mecanismo tiene una componente de aceleración de Coriolis no cero. La fuerza entre el eslabón 3 y el eslabón 4 en la junta deslizante está distribuida a lo largo de una longitud no especificada de la corredera. En este análisis, la fuerza distribuida puede modelarse como una fuerza concentrada en el punto *B* en la junta deslizante. En este ejemplo se ignorará la fricción.

Las ecuaciones para los eslabones 2 y 3 son idénticas a las del mecanismo de manivela-corredera no invertido (ecuaciones 11.10*a* y *b*, p. 410, 411). Las ecuaciones para el eslabón 4 son las mismas que

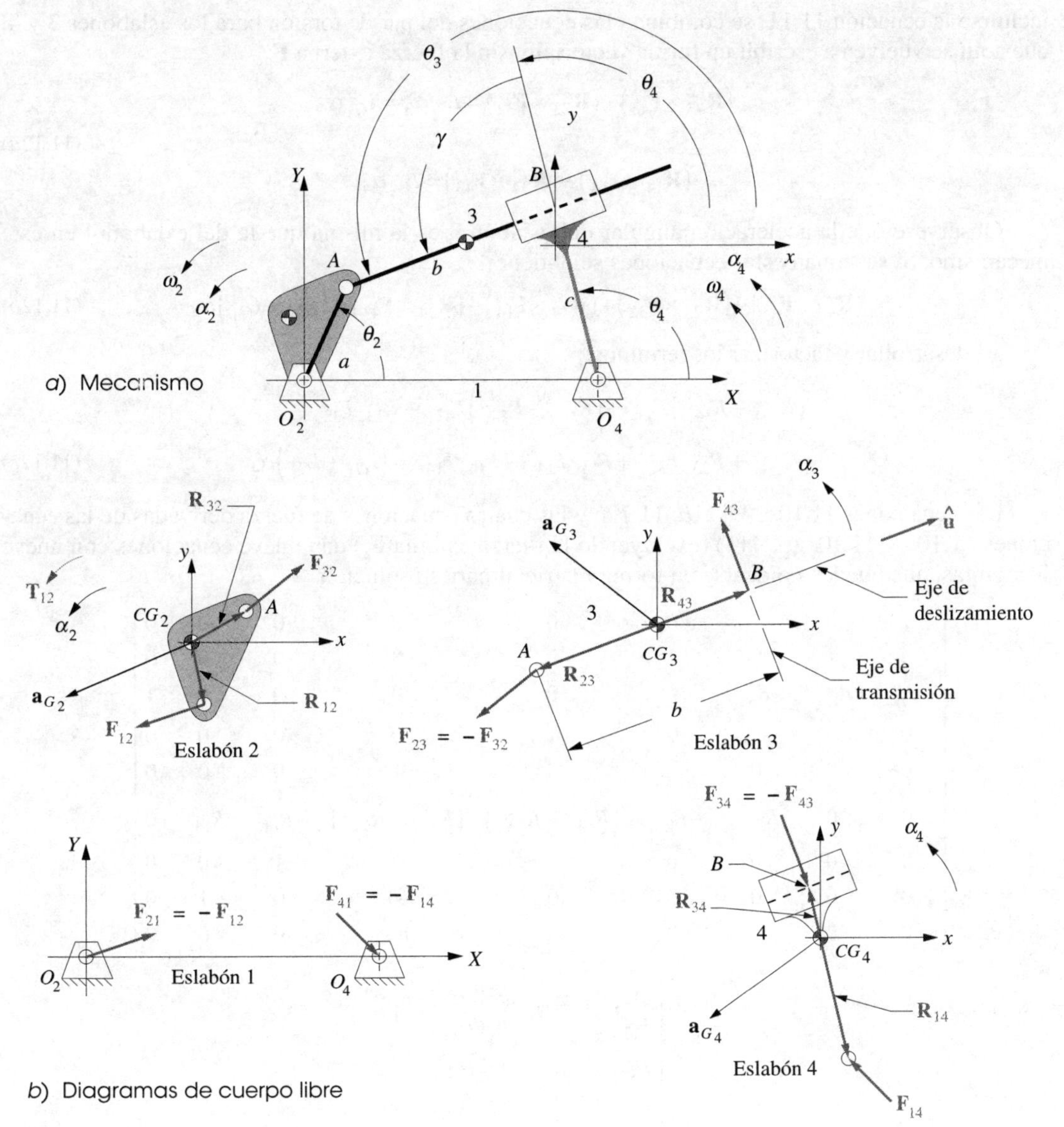

FIGURA 11-5 Fuerzas dinámicas en el mecanismo de cuatro barras de corredera-manivela invertido

las ecuaciones 11.10*c* (p. 411), excepto por la ausencia de los términos que implican $\mathbf{F}_p$, puesto que en este ejemplo no aparece ninguna fuerza que actúe en el eslabón 4. La junta deslizante sólo puede transmitir fuerza del eslabón 3 al 4, o viceversa, a lo largo de una línea perpendicular al eje de deslizamiento. Esta línea se conoce como eje de transmisión. Para garantizar que la fuerza $\mathbf{F}_{34}$ o $\mathbf{F}_{43}$ siempre sea perpendicular al eje de deslizamiento, se puede escribir la siguiente relación:

$$\hat{\mathbf{u}} \cdot \mathbf{F_{43}} = 0 \tag{11.11a}$$

la que se desarrolla como:

$$u_x F_{43_x} + u_y F_{43_y} = 0 \tag{11.11b}$$

El producto punto de dos vectores será cero cuando éstos sean mutuamente perpendiculares. El vector unitario $\hat{u}$ está en la dirección del eslabón 3, que por el análisis cinemático se define como θ_3.

$$u_x = \cos\theta_3, \qquad u_y = \operatorname{sen}\theta_3 \tag{11.11c}$$

La ecuación 11.11*b* proporciona una décima ecuación, pero sólo se tienen nueve incógnitas, F_{12x}, F_{12y}, F_{32x}, F_{32y}, F_{43x}, F_{43y}, F_{14x}, F_{14y} y T_{12}, así que una de las ecuaciones es redundante. Como debe incluirse la ecuación 11.11, se combinan las ecuaciones del par de torsión para los eslabones 3 y 4, que aquí se vuelven a escribir en forma vectorial y sin la fuerza externa $\mathbf{F}_p$.

$$
\begin{gathered}
(\mathbf{R}_{43} \times \mathbf{F}_{43}) - (\mathbf{R}_{23} \times \mathbf{F}_{32}) = I_{G_3}\alpha_3 = I_{G_3}\alpha_4 \\
(\mathbf{R}_{14} \times \mathbf{F}_{14}) - (\mathbf{R}_{34} \times \mathbf{F}_{43}) = I_{G_4}\alpha_4
\end{gathered}
\tag{11.12a}
$$

Obsérvese que la aceleración angular del eslabón 3 es la misma que la del eslabón 4 en este mecanismo. Si se suman estas ecuaciones se obtiene:

$$
(\mathbf{R}_{43} \times \mathbf{F}_{43}) - (\mathbf{R}_{23} \times \mathbf{F}_{32}) + (\mathbf{R}_{14} \times \mathbf{F}_{14}) - (\mathbf{R}_{34} \times \mathbf{F}_{43}) = \left(I_{G_3} + I_{G_4}\right)\alpha_4 \tag{11.12b}
$$

Al desarrollar y factorizar los términos:

$$
\begin{aligned}
&\left(R_{43x} - R_{34_x}\right)F_{43_y} + \left(R_{34y} - R_{43_y}\right)F_{43_x} - R_{23_x}F_{32_y} \\
&\quad + R_{23_y}F_{32_x} + R_{14_x}F_{14_y} - R_{14_y}F_{14_x} = \left(I_{G_3} + I_{G_4}\right)\alpha_4
\end{aligned}
\tag{11.12c}
$$

Las ecuaciones 11.10*a*, 11.11*b*, 11.12*c* y las cuatro ecuaciones de fuerza derivadas de las ecuaciones 11.10*b* y 11.10*c* (p. 411) (excluyendo la fuerza externa $\mathbf{F}_p$) dan nueve ecuaciones con nueve incógnitas, que pueden colocarse en forma matricial para su solución.

$$
\begin{bmatrix}
1 & 0 & 1 & 0 & 0 & 0 & 0 & 0 & 0 \\
0 & 1 & 0 & 1 & 0 & 0 & 0 & 0 & 0 \\
-R_{12_y} & R_{12_x} & -R_{32_y} & R_{32_x} & 0 & 0 & 0 & 0 & 1 \\
0 & 0 & -1 & 0 & 1 & 0 & 0 & 0 & 0 \\
0 & 0 & 0 & -1 & 0 & 1 & 0 & 0 & 0 \\
0 & 0 & R_{23_y} & -R_{23_x} & \left(R_{34y} - R_{43_y}\right) & \left(R_{43x} - R_{34_x}\right) & -R_{14_y} & R_{14_x} & 0 \\
0 & 0 & 0 & 0 & -1 & 0 & 1 & 0 & 0 \\
0 & 0 & 0 & 0 & 0 & -1 & 0 & 1 & 0 \\
0 & 0 & 0 & 0 & u_x & u_y & 0 & 0 & 0
\end{bmatrix}
\times
\begin{bmatrix}
F_{12_x} \\ F_{12_y} \\ F_{32_x} \\ F_{32_y} \\ F_{43_x} \\ F_{43_y} \\ F_{14_x} \\ F_{14_y} \\ T_{12}
\end{bmatrix}
=
\begin{bmatrix}
m_2 a_{G_{2x}} \\ m_2 a_{G_{2y}} \\ I_{G_2}\alpha_2 \\ m_3 a_{G_{3x}} \\ m_3 a_{G_{3y}} \\ \left(I_{G_3} + I_{G_4}\right)\alpha_4 \\ m_4 a_{G_{4x}} \\ m_4 a_{G_{4y}} \\ 0
\end{bmatrix}
\tag{11.13}
$$

11.7 ANÁLISIS DE FUERZAS: MECANISMOS CON MÁS DE CUATRO BARRAS

Este método matricial para analizar fuerzas puede ampliarse con facilidad a ensambles de eslabones más complejos. Las ecuaciones para cada eslabón son de la misma forma. Se puede crear una notación más general para las ecuaciones 11.1 (p. 398) y aplicarlas a cualquier ensamble de *n* eslabones conectados con juntas de pasador. Si *j* representa cualquier eslabón del ensamble, sea $i = j - 1$ el eslabón previo de la cadena y $k = j + 1$ el siguiente de la cadena; al aplicar la forma vectorial de las ecuaciones 11.1:

$$
\mathbf{F}_{ij} + \mathbf{F}_{jk} + \sum \mathbf{F}_{ext_j} = m_j\,\mathbf{a}_{G_j} \tag{11.14a}
$$

$$
\left(\mathbf{R}_{ij} \times \mathbf{F}_{ij}\right) + \left(\mathbf{R}_{jk} \times \mathbf{F}_{jk}\right) + \sum \mathbf{T}_j + \left(\mathbf{R}_{ext_j} \times \sum \mathbf{F}_{ext_j}\right) = I_{G_j}\alpha_j \tag{11.14b}
$$

donde:

$$j = 2, 3, \ldots, n; \qquad i = j - 1; \qquad k = j + 1, \ j \neq n; \qquad \text{si } j = n, k = 1$$

y

$$\mathbf{F}_{ji} = -\mathbf{F}_{ij}; \qquad \mathbf{F}_{kj} = -\mathbf{F}_{jk} \tag{11.14c}$$

La suma de la ecuación 11.14*c* de vectores de fuerza puede ser descompuesta en dos ecuaciones de componentes *x* y *y*, y luego aplicarse, junto con la suma de la ecuación de pares de torsión 11.14*b*, a cada uno de los eslabones de la cadena para crear el conjunto de ecuaciones simultáneas para su solución. Cualquier eslabón puede tener fuerzas externas y/o pares de torsión externos aplicados a él. Todos tendrán fuerzas en los pasadores. Como el *n*-ésimo eslabón en una cadena cerrada se conecta al primer eslabón, el valor *k* para el *n*-ésimo eslabón se iguala a 1. Para reducir el número de variables a una cantidad manejable, se sustituyen las fuerzas de reacción negativas según la ecuación 11.14*c* cuando sea necesario, como se hizo en los ejemplos anteriores. Cuando existen juntas deslizantes, se requerirá agregar restricciones en las direcciones permisibles de las fuerzas en esas juntas, como en el caso de la derivación del mecanismo de manivela-corredera invertido.

11.8 FUERZA Y MOMENTO DE SACUDIMIENTO

Es importante conocer el efecto neto de las fuerzas dinámicas que se perciben en el plano de la bancada, ya que éste puede generar vibraciones en la estructura que soporta la máquina. En los ejemplos simples de mecanismo de tres y cuatro barras, sólo existen dos puntos en los cuales pueden transmitirse las fuerzas dinámicas al eslabón 1 plano de bancada. Los mecanismos más complicados tendrán más juntas en el plano de bancada. Las fuerzas suministradas por los eslabones móviles al plano de bancada en los pivotes fijos O_2 y O_4 se designan como $\mathbf{F}_{21}$ y $\mathbf{F}_{41}$ por medio de la convención de subíndices definidos en la sección 11.1 (p. 398). Como se decidió resolver para $\mathbf{F}_{12}$ y $\mathbf{F}_{14}$ en la solución, sólo se hacen negativas esas fuerzas para obtener sus contrapartes iguales y opuestas (véase también la ecuación 11.5, p. 402).

$$\mathbf{F}_{21} = -\mathbf{F}_{12} \qquad \mathbf{F}_{41} = -\mathbf{F}_{14} \tag{11.15a}$$

La *suma de todas las fuerzas que actúan en el plano de bancada* recibe el nombre de **fuerza de sacudimiento** ($\mathbf{F}_s$), como se muestra en la figura 11-6,* que en estos ejemplos simples es igual a:

$$\mathbf{F}_s = \mathbf{F}_{21} + \mathbf{F}_{41} \tag{11.15b}$$

El *momento de reacción percibido por el plano de bancada* recibe el nombre de **momento de sacudimiento** ($\mathbf{M}_s$), como se muestra en la figura 11-7 (p. 416).* Éste es el negativo del par de torsión fuente ($\mathbf{T}_{21} = -\mathbf{T}_{12}$) más los productos cruz de las fuerzas del pasador de bancada y sus distancias desde el punto de referencia. El momento de sacudimiento alrededor del pivote de manivela O_2 es:

$$\mathbf{M}_s = \mathbf{T}_{21} + (\mathbf{R}_1 \times \mathbf{F}_{41}) \tag{11.15c}$$

La fuerza de sacudimiento tenderá a mover al plano de bancada hacia delante y hacia atrás, y el momento de sacudimiento tenderá a hacerlo oscilar con respecto al eje de la línea de transmisión. Ambos provocarán vibraciones. En general, se requiere reducir al mínimo los efectos de la fuerza de sacudimiento y el momento de sacudimiento en la estructura. Esto se puede lograr al balancear, con la adición de un volante al sistema, y en ocasiones montando la estructura sobre amortiguadores para aislar las vibraciones del resto del ensamble. Con mayor frecuencia se utiliza una combinación de los tres métodos, otras técnicas se estudiarán en el capítulo 12.

11.9 PROGRAMA LINKAGES

Todos los métodos matriciales introducidos en las secciones precedentes proporcionan información sobre fuerzas y pares de torsión en una posición del mecanismo definida por sus parámetros geométricos y cinemáticos. Para realizar un análisis completo en varias posiciones de una máquina se requiere repetir estos cálculos con nuevos datos de entrada para cada posición. Un programa de computadora es la mejor forma para realizarlo. El programa LINKAGES incluido en el DVD adjunto calcula los parámetros cinemáticos de cualquier mecanismo de cuatro barras en diferentes tiempos o ángulos de la manivela motriz, así como las fuerzas y pares de torsión a causa de la cinemática del mecanismo y la geometría del eslabón. En las figuras 11-6 (p. 416) y 11-7 se muestran ejemplos de resultados, y en el apéndice A, la información sobre el uso de este y otros programas del DVD.

* Los archivos de LINKAGES (F11-06.4br y F11-074br) que generan las curvas en las figuras 11-6 y 11-7 puede abrirse en ese programa para ver con más detalle la dinámica del mecanismo.

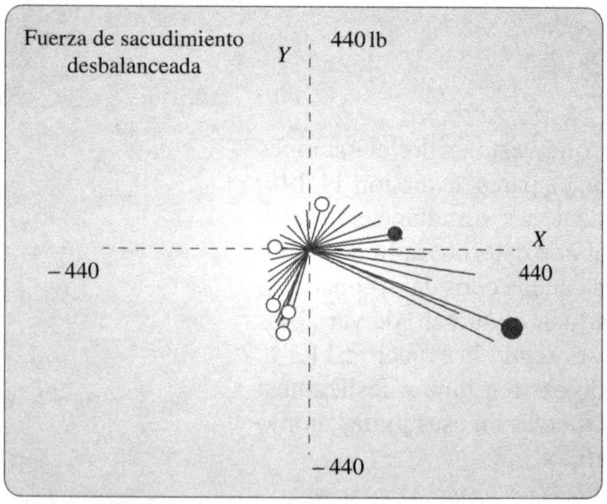

Núm. de eslabón	Longitud pulg	Unidades de masa	Unidades de inercia	Posición del CG	a grados	Fuerza ext. lb	a grados
1	5.5						
2	2.0	.002	.004	1.0	0		
3	6.0	.030	.060	2.5	30	12	270
4	3.0	.010	.020	1.5	0	60	–45

Punto de acoplador = 3 pulgadas @ 45°
Abierto/Cruzado = abierto

La fuerza ext. 3 actúa a 5 pulgadas @ 30° *vs.* CG del eslabón 3
La fuerza ext. 4 actúa a 5 pulgadas @ 90° *vs.* CG del eslabón 4
Par de torsión ext. 3 = –20 lb-pulg
Par de torsión ext. 4 = 25 lb-pulg

Alpha2 inicial = 0 rad/s^2
Omega2 inicial = 50 rad/s
Theta2 inicial = 0°
Theta2 final = 360°
Delta Theta2 = 10°

FIGURA 11-6 Datos del mecanismo y curva polar de fuerza de sacudimiento de un mecanismo de cuatro barras de manivela corredera desbalanceado del programa LINKAGES

11.10 ANÁLISIS DE FUERZAS EN MECANISMOS MEDIANTE MÉTODOS DE ENERGÍA

En la sección 10.15 (p. 391) se presentó el método de trabajo virtual. Ahora se aplicará para resolver el mecanismo del ejemplo 11-3 (p. 408) y verificar la solución obtenida con el método newtoniano utilizado en ese ejemplo. Los datos cinemáticos dados en el ejemplo 11-3 no incluían información sobre velocidades angulares de todos los eslabones, las velocidades lineales de los centros de gravedad de los eslabones y la velocidad lineal del punto de aplicación *P* de la fuerza externa en el eslabón 3. No se requirieron datos de velocidad para la solución newtoniana que son necesarios para el método de trabajo virtual y se detallan a continuación. Aquí se repite la ecuación 10.28*a* y se vuelve a numerar.

$$\sum_{k=2}^{n} \mathbf{F}_k \cdot \mathbf{v}_k + \sum_{k=2}^{n} \mathbf{T}_k \cdot \omega_k = \sum_{k=2}^{n} m_k \mathbf{a}_k \cdot \mathbf{v}_k + \sum_{k=2}^{n} I_k \alpha_k \cdot \omega_k \tag{11.16a}$$

Al desarrollar la suma, aún en forma vectorial:

$$\begin{aligned}\left(\mathbf{F}_{P_3} \cdot \mathbf{v}_{P_3} + \mathbf{F}_{P_4} \cdot \mathbf{v}_{P_4}\right) + \left(\mathbf{T}_{12} \cdot \omega_2 + \mathbf{T}_3 \cdot \omega_3 + \mathbf{T}_4 \cdot \omega_4\right) = \\ \left(m_2 \mathbf{a}_{G_2} \cdot \mathbf{v}_{G_2} + m_3 \mathbf{a}_{G_3} \cdot \mathbf{v}_{G_3} + m_4 \mathbf{a}_{G_4} \cdot \mathbf{v}_{G_4}\right) \\ + \left(I_{G_2} \alpha_2 \cdot \omega_2 + I_{G_3} \alpha_3 \cdot \omega_3 + I_{G_4} \alpha_4 \cdot \omega_4\right)\end{aligned} \tag{11.16b}$$

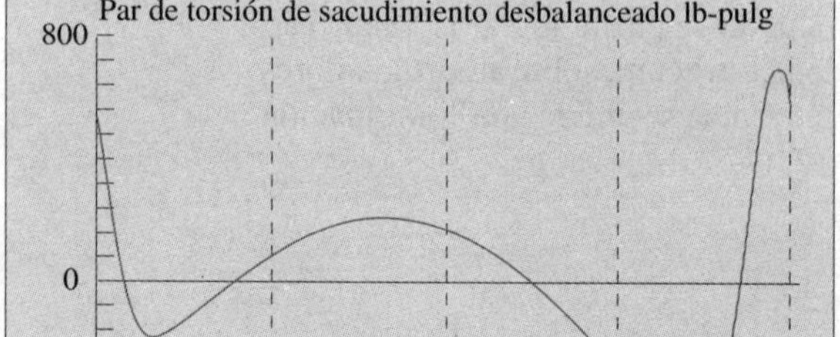

Núm. de eslabón	Longitud pulg	Unidades de masa	Unidades de inercia	Posición del CG	a grados	Fuerza ext. lb	a grados
1	5.5						
2	2.0	.002	.004	1.0	0		
3	6.0	.030	.060	2.5	30	12	270
4	3.0	.010	.020	1.5	0	60	–45

Punto de acoplador = 3 pulgadas @ 45°
Abierto/Cruzado = abierto
La fuerza ext. 3 actúa a 5 pulgadas @ 30° *vs.* CG del eslabón 3
La fuerza ext. 4 actúa a 5 pulgadas @ 90° *vs.* CG del eslabón 4
Par de torsión ext. 3 = –20 lb-pulg
Par de torsión ext. 4 = 25 lb-pulg
Alpha2 inicial = 0 rad/s^2
Omega2 inicial = 50 rad/s
Theta2 inicial = 0°
Theta2 final = 360°
Delta Theta2 = 2°

FIGURA 11-7 Datos del mecanismo y curva del momento de sacudimiento de un mecanismo de cuatro barras de manivela-balancín desbalanceado del programa LINKAGES

11

y después los productos punto para crear una ecuación escalar:

$$\left(F_{P_{3x}} V_{P_{3x}} + F_{P_{3y}} V_{P_{3y}}\right) + \left(F_{P_{4_x}} V_{P_{4_x}} + F_{P_{4_y}} V_{P_{4_y}}\right) + \left(T_{12}\omega_2 + T_3\omega_3 + T_4\omega_4\right) =$$
$$m_2\left(a_{G_{2_x}} V_{G_{2_x}} + a_{G_{2_y}} V_{G_{2_y}}\right) + m_3\left(a_{G_{3_x}} V_{G_{3x}} + a_{G_{3_y}} V_{G_{3y}}\right) \quad (11.16c)$$
$$+ m_4\left(a_{G_{4_x}} V_{G_{4_x}} + a_{G_{4_y}} V_{G_{4y}}\right) + \left(I_{G_2}\alpha_2\omega_2 + I_{G_3}\alpha_3\omega_3 + I_{G_4}\alpha_4\omega_4\right)$$

EJEMPLO 11-4 Análisis de un mecanismo de cuatro barras con el método del trabajo virtual. (Véase la figura 11-3, p. 406.)

Dados: La manivela de 5 pulgadas de largo (eslabón 2) mostrada pesa 1.5 lb. Su *CG* está a 3 pulgadas y a +30° de la línea de centros. Su momento de inercia de masa con respecto al *CG* es de 0.4 lb-pulg-s². Sus datos cinemáticos son:

θ_2 grados	ω_2 rad/s	α_2 rad/s²	V_{G_2} pulg/s
60	25	–40	75 @ 180°

El acoplador (eslabón 3) es de 15 pulgadas de largo y pesa 7.7 lb. Su *CG* está a 9 pulgadas y a 45° fuera de la línea de centros. Su momento de inercia de masa con respecto al *CG* es de 1.5 lb-pulg-s². Sus datos cinemáticos son:

θ_3 grados	ω_3 rad/s	α_3 rad/s²	V_{G3} pulg/s
20.92	–5.87	120.9	72.66 @ 145.7°

Existe una fuerza externa en el eslabón 3 de 80 lb a 330°, aplicada en el punto *P*, localizado a 3 pulgadas y a 100° del *CG* del eslabón 3. La velocidad lineal de ese punto es 67.2 pulg/s a 131.94°.

El balancín (eslabón 4) tiene 10 pulgadas de largo y pesa 5.8 lb. Su *CG* está a 5 pulgadas y a 0° fuera de la línea de centros. Su momento de inercia de masa con respecto al *CG* es de 0.8 lb-pulg-s².

θ_4 grados	ω_4 rad/s	α_4 rad/s²	V_{G4} pulg/s
104.41	7.93	276.29	39.66 @ 194.41°

Existe un par de torsión externo en el eslabón 4 de 120 lb-pulg. El eslabón de bancada es de 19 pulgadas de largo.

Encuentre: El par de torsión motriz $\mathbf{T}_{12}$ necesario para mantener el movimiento con la aceleración dada en esta posición instantánea del eslabón.

Solución:

1 Los vectores de par de torsión, velocidad angular y aceleración angular en este problema bidimensional están dirigidos a lo largo del eje *Z*, de modo que cada uno de sus productos punto tiene sólo un término. Obsérvese que en este ejemplo particular no hay fuerza $\mathbf{F}_{P4}$ ni par de torsión $\mathbf{T}_3$.

2 En el ejemplo 11.3 (p. 408) se calcularon las coordenadas cartesianas de los datos de aceleración.

$$\begin{aligned}
\mathbf{a}_{G_2} &= 1\,878.84 \quad @\angle\ 273.66°; & a_{G_{2x}} &= 119.94, & a_{G_{2y}} &= -1\,875.01 \\
\mathbf{a}_{G_3} &= 3\,646.10 \quad @\angle\ 226.51°; & a_{G_{3x}} &= -2\,509.35, & a_{G_{3y}} &= -2\,645.23 \\
\mathbf{a}_{G_4} &= 1\,416.80 \quad @\angle\ 207.24°; & a_{G_{4x}} &= -1\,259.67, & a_{G_{4y}} &= -648.50
\end{aligned} \quad (a)$$

3 Las componentes *x* y *y* de la fuerza externa *P* del sistema coordenado global también se calcularon en el ejemplo 11-3:

$$\mathbf{F}_{P_3} = 80 \quad @\angle\ 330°; \qquad F_{P_{3x}} = 69.28, \qquad F_{P_{3y}} = -40.00 \quad (b)$$

4 Al convertir los datos de velocidad de este ejemplo en coordenadas cartesianas:

$$\begin{aligned}
\mathbf{V}_{G_2} &= 75 \quad @\angle\ 180°; & V_{G_{2x}} &= -75.00, & V_{G_{2y}} &= 0 \\
\mathbf{V}_{G_3} &= 72.66 \quad @\angle\ 145.70°; & V_{G_{3x}} &= -60.02, & V_{G_{3y}} &= 40.95 \\
\mathbf{V}_{G_4} &= 39.66 \quad @\angle\ 194.41°; & V_{G_{4x}} &= -38.41, & V_{G_{4y}} &= -9.87 \\
\mathbf{V}_{P_3} &= 67.20 \quad @\angle\ 131.94°; & V_{P_{3x}} &= -44.91, & V_{P_{3y}} &= 49.99
\end{aligned} \quad (c)$$

11

5 Si sustituye los datos del ejemplo en la ecuación 11.16*c*:

$$\begin{aligned}&\left[(69.28)(-44.91)+(-40)(49.99)\right]+\left[0\right]+\left[25T_{12}+(0)+(120)(7.93)\right]=\\&\frac{1.5}{386}\left[(119.94)(-75)+(-1\,875.01)(0)\right]\\&+\frac{7.7}{386}\left[(-2\,509.35)(-60.02)+(-2\,645.23)(40.95)\right]\\&+\frac{5.8}{386}\left[(-1\,259.67)(-38.41)+(-648.50)(-9.87)\right]\\&+\left[(0.4)(-40)(25)+(1.5)(120.9)(-5.87)+(0.8)(276.29)(7.93)\right]\end{aligned} \quad (d)$$

6 La única incógnita en esta ecuación es el par de entrada $\mathbf{T}_{12}$, que es:

$$\mathbf{T}_{12}=243.2\,\hat{\mathbf{k}} \quad (e)$$

el cual es igual al obtenido en el ejemplo 11-3.

Este método de trabajo virtual es útil si se requiere una respuesta rápida para el par de torsión de entrada, pero no proporciona información sobre las fuerzas en las juntas.

11.11 CONTROL DEL PAR DE TORSIÓN DE ENTRADA: VOLANTES

La gran variación de la aceleración en un mecanismo puede provocar oscilaciones significativas en el par de torsión requerido para impulsarlo a una velocidad constante o casi constante. Los pares de torsión pico requeridos pueden ser tan altos como para requerir un motor bastante grande para suministrarlos. Sin embargo, el par de torsión promedio a lo largo del ciclo, debido a pérdidas y al trabajo externo realizado, a menudo puede ser mucho menor que el par pico. Se requiere proporcionar alguna forma de suavizar estas oscilaciones del par de torsión durante el ciclo. Esto permitirá dimensionar el motor para suministrar el par de torsión promedio en lugar del par de torsión pico. Un medio conveniente y relativamente barato de hacerlo es la adición de un **volante** de inercia al sistema.

11

VARIACIÓN DEL PAR DE TORSIÓN La figura 11-8 muestra la variación del par de torsión de entrada en un mecanismo de cuatro barras de manivela-balancín con una revolución completa de la manivela motriz. Funciona a una velocidad angular constante de 50 rad/s. El par de torsión varía mucho en un ciclo del mecanismo, desde un valor pico positivo de 341.7 lb-pulg hasta uno negativo de −166.4 lb-pulg. El **valor promedio de este par de torsión** durante el ciclo es de sólo 70.2 lb-pulg debido al *trabajo externo realizado más las pérdidas*. Este mecanismo tiene sólo una fuerza de 12 lb aplicada al eslabón 3 en el *CG* y un par externo de 25 lb-pulg aplicado al eslabón 4. Estas pequeñas cargas externas no responden a las grandes variaciones del par de torsión de entrada requerido para mantener constante la velocidad de la manivela. ¿Cuál es entonces la explicación? Las grandes variaciones del par son evidencia de la energía cinética almacenada en los eslabones al moverse. Podría pensarse que los pulsos positivos del par de torsión representan la energía suministrada por el impulsor (motor) y guardada temporalmente en los eslabones móviles, y los pulsos negativos del par de torsión representan la energía que intenta regresar de los eslabones al impulsor. Desafortunadamente, la mayoría de los motores se diseñan para suministrar energía, mas no para devolverla. Por tanto, la "energía regresada" no tiene adónde ir.

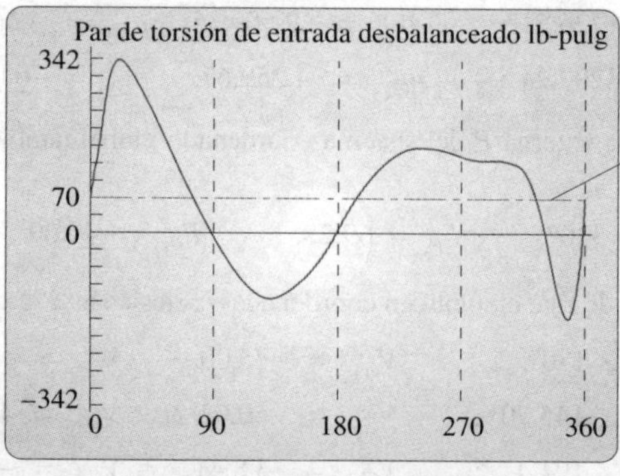

FIGURA 11-8 Curva de par de torsión de entrada para un mecanismo de cuatro barras de manivela-balancín desbalanceado

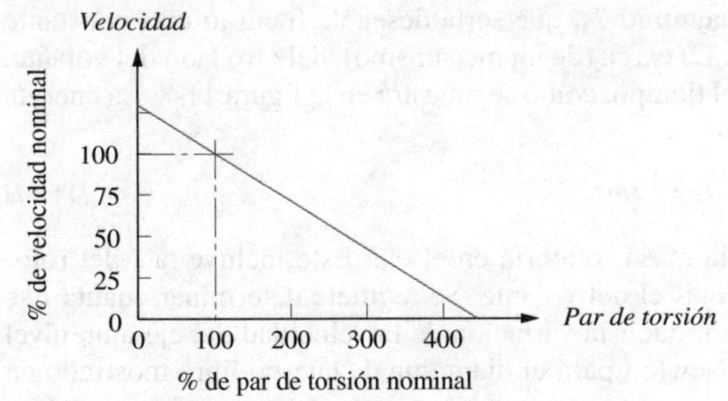

a) Curva característica velocidad-par de torsión de un motor eléctrico de imán permanente

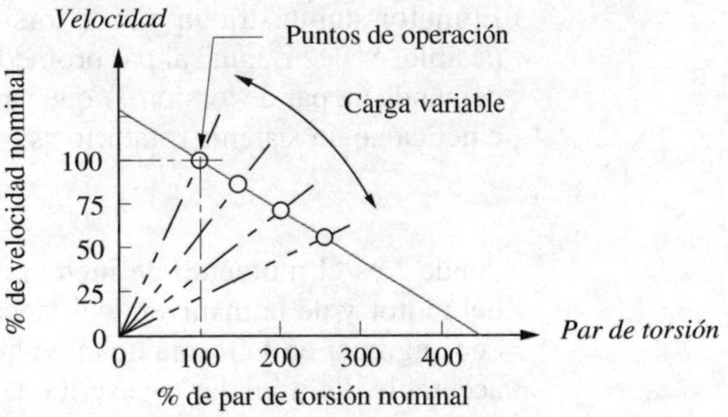

b) Líneas de carga superpuestas sobre la curva velocidad-par de torsión

FIGURA 11-9 Curva característica típica velocidad-par de torsión de un motor eléctrico de CD de imán permanente

La figura 11-9 muestra la característica velocidad par de motor eléctrico de CD de imán permanente (PM, por sus siglas en inglés). Otros tipos de motores tendrán funciones de forma diferente que relacionan la velocidad del motor con el par de torsión, como se muestra en las figuras 2-41 y 2-42 (pp. 56-57), pero todos los impulsores (fuentes) tendrán alguna curva característica similar. Conforme cambian las demandas de par de torsión del motor, su velocidad también debe cambiar de acuerdo con las características inherentes. Esto significa que la curva del par demandado en la figura 11-8 será difícil de entregar por un motor estándar sin cambios drásticos en su velocidad.

El cálculo de la curva del par de torsión en la figura 11-8 se hizo con base en la suposición de que la velocidad de la manivela (y por tanto del motor) era un valor constante. Todos los datos cinemáticos utilizados en el cálculo de la fuerza y el par de torsión se generaron sobre esa base. Con la variación del par de torsión mostrada se tendría que utilizar un motor de gran caballaje para proporcionar la potencia requerida para alcanzar ese par de torsión pico a la velocidad de diseño:

$$\begin{aligned}\textit{Potencia} &= \textit{par de torsión} \times \textit{velocidad angular}\\ \textit{Potencia pico} &= 341.7\text{ lb-pulg} \times 50\,\frac{\text{rad}}{\text{s}} = 17\,085\,\frac{\text{pulg-lb}}{\text{s}} = 2.59\text{ hp}\end{aligned}$$

La potencia necesaria para suministrar el par de torsión promedio es mucho más pequeña.

$$\textit{Potencia promedio} = 70.2\text{ lb-pulg} \times 50\,\frac{\text{rad}}{\text{s}} = 3\,510\,\frac{\text{pulg-lb}}{\text{s}} = 0.53\text{ hp}$$

Sería extremadamente ineficiente especificar un motor con base en la demanda pico del sistema, ya que la mayor parte del tiempo estaría subutilizado. Se requiere algo en el sistema que sea capaz de almacenar energía cinética. Tal dispositivo de almacenamiento de energía cinética como ése se llama **volante**.

Energía de volante La figura 11-10 muestra un **volante** diseñado como disco circular plano, conectado al eje de un motor que también podría ser el eje motriz de la manivela de un mecanismo.

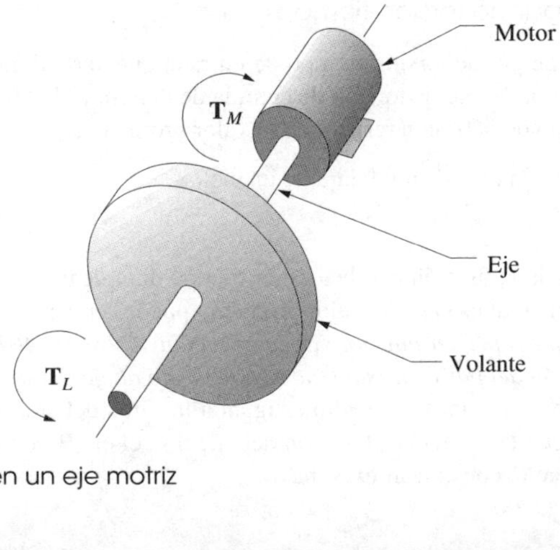

FIGURA 11-10 Volante en un eje motriz

El motor suministra un par de torsión de magnitud T_M que sería deseable fuera lo más constante posible, es decir, igual al par promedio T_{prom}. La carga (de un mecanismo), del otro lado del volante, demanda un par de torsión T_L que varía con el tiempo, como se muestra en la figura 11-8. La energía cinética en un sistema rotatorio es:

$$E = \frac{1}{2} I \omega^2 \tag{11.17}$$

donde I es el momento de inercia de toda la masa rotatoria en el eje. Éste incluye la I del rotor del motor y de la manivela del mecanismo más el del volante. Se requiere determinar cuánta I se debe agregar en la forma de un volante para reducir la variación de la velocidad del eje a un nivel aceptable. Para iniciar, se escribe la ley de Newton para el diagrama de cuerpo libre mostrado en la figura 11-10.

$$\sum T = I\alpha$$

$$T_L - T_M = I\alpha$$

pero se requiere:

$$T_M = T_{prom}$$

de modo que:

$$T_L - T_{prom} = I\alpha \tag{11.18a}$$

al sustituir:

$$\alpha = \frac{d\omega}{dt} = \frac{d\omega}{dt}\left(\frac{d\theta}{d\theta}\right) = \omega \frac{d\omega}{d\theta}$$

se obtiene:

$$T_L - T_{prom} = I\omega \frac{d\omega}{d\theta}$$

$$\left(T_L - T_{prom}\right) d\theta = I\omega\, d\omega \tag{11.18b}$$

y al integrar:

$$\int_{\theta @ \omega_{mín}}^{\theta @ \omega_{máx}} \left(T_L - T_{prom}\right) d\theta = \int_{\omega_{mín}}^{\omega_{máx}} I\omega\, d\omega$$

$$\tag{11.18c}$$

$$\int_{\theta @ \omega_{mín}}^{\theta @ \omega_{máx}} \left(T_L - T_{prom}\right) d\theta = \frac{1}{2} I \left(\omega_{máx}^2 - \omega_{mín}^2\right)$$

El primer miembro de esta expresión representa el cambio de energía E entre la ω máxima y mínima del eje, y es igual al *área bajo el diagrama par de torsión-tiempo** (figuras 11-8, p. 418, y 11-11, p. 421) entre los valores extremos de ω. El segundo miembro de la ecuación 11.18*c* es el cambio de energía almacenada en el volante. La única forma en que puede extraerse energía del volante es reduciendo su velocidad, como se muestra en la ecuación 11.17. Si se agrega energía, se acelerará. Por tanto, es imposible obtener velocidad constante del eje ante las demandas de energía variable impuestas por la carga. Lo mejor que puede hacerse es disminuir la variación de la velocidad ($\omega_{máx} - \omega_{mín}$) con el uso de un volante que tenga una I suficientemente grande.

* Con frecuencia existe confusión entre par de torsión y energía porque parece que tienen las mismas unidades de *lb-pulg* (*pulg-lb*) o *N-m* (*m-N*). Esto ocasiona que algunos estudiantes piensen que son la misma cantidad, pero no lo son. Par de torsión ≠ energía. La **integral** del par de torsión con respecto al ángulo, medido en radianes, **es** igual a la energía. Esta integral tiene las unidades de *pulg-lb-rad*. El término radián en general se omite puesto que de hecho es unitario. La potencia en un sistema rotatorio es igual al par por la velocidad angular (medida en *rad/s*) y las unidades de potencia son entonces (*pulg-lb-rad*)/*s*. Cuando la potencia se integra contra el tiempo para obtener energía, las unidades resultantes son *pulg-lb-rad*, iguales a la de integral de par de torsión contra ángulo. Los radianes generalmente se omiten, lo que contribuye a la confusión.

EJEMPLO 11-5 Determinación de la variación de la energía en una función de par de torsión-tiempo.

Dada: Una función de par de torsión-tiempo de entrada que varía durante su ciclo. La figura 11-11 muestra la curva del par de torsión de entrada de la figura 11-8 (p. 418). El par de torsión varía durante el ciclo de 360° con respecto a su valor promedio.

Encuentre: La variación de la energía total durante un ciclo.

Solución:

1 Calcule el valor promedio de la función par de torsión-tiempo durante un ciclo, que en este caso es de 70.2 lb-pulg. (Obsérvese que en algunos casos el valor promedio puede ser cero.)

2 Observe que la *integración del primer miembro de la ecuación 11.18c (p. 407) se realiza con respecto a la línea promedio de la función del par de torsión, no con respecto al eje θ.* (De la definición del promedio, la suma del área positiva sobre una línea promedio es igual a la suma del área negativa debajo de esa línea.) Los límites de integración en la ecuación 11.18 son del ángulo del eje θ, con el cual la velocidad ω de éste es mínimo, al ángulo del eje θ, con el cual ω es máximo.

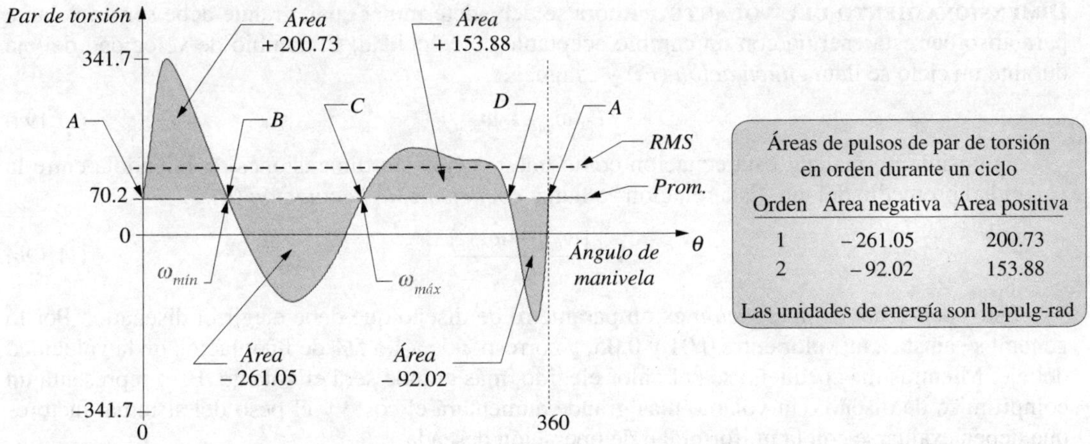

FIGURA 11-11 Integración de los pulsos arriba y abajo del valor promedio en la función de par de torsión de entrada

3 La ω mínima ocurrirá después de que la energía positiva máxima ha sido entregada del motor a la carga, es decir, en un punto (θ) donde la suma de la energía positiva (área) en los pulsos del par de torsión está a su mayor valor positivo.

4 La ω máxima ocurrirá después de que la máxima energía negativa ha sido regresada a la carga, es decir, en un punto (θ) donde la suma de la energía (área) en los pulsos del par de torsión está a su mayor valor negativo.

5 Para encontrar estas localizaciones en θ correspondientes a las ω máxima y mínima, y por tanto para encontrar la cantidad de energía requerida para ser almacenada en el volante, se requiere integrar numéricamente cada pulso de la función de cruce a cruce con la línea promedio. Los puntos de cruce en la figura 11-11 han sido marcados como *A*, *B*, *C* y *D*. (El programa LINKAGES realiza numéricamente esta integración mediante una regla de integración trapezoidal.)

6 El programa LINKAGES imprime la tabla de áreas mostrada en la figura 11-11. Los pulsos positivos y negativos se integran por separado, como ya se describió. La referencia a la curva de la función del par de torsión indicará si un pulso positivo o negativo es el primer pulso encontrado en un caso particular. El primer pulso en este ejemplo es positivo.

7 La tarea restante es acumular estas áreas de pulsos comenzando en un cruce arbitrario (en este caso, el punto *A*) y prosiguiendo pulso a pulso a través del ciclo. La tabla 11-1 muestra este proceso y el resultado.

8 Obsérvese en la tabla 11-1 que la velocidad mínima del eje ocurre después de que el pulso de energía positiva acumulada más grande (+200.73 lb-pulg) ha sido suministrado al sistema del eje motriz. El suministro de energía desacelera el motor. La velocidad máxima del eje ocurre después de que el pulso de energía negativa máxima acumulada (–60.32 lb-pulg) ha sido devuelto al sistema por el eje motriz. Esta devolución de energía almacenada acelerará el motor. La variación total de la energía es la diferencia algebraica entre estos dos valores extremos, que en este ejemplo es de –261.05 lb-pulg. Esta energía negativa que sale del sistema debe absorberse por el volante y luego devolverse al sistema *durante cada ciclo* para suavizar las variaciones de la velocidad del eje.

TABLA 11-1 Integración de la función de par de torsión

Desde	Δ Área = Δ*E*	Suma acumulada = *E*	
A a *B*	+ 200.73	+ 200.73	$\omega_{mín}$ @*B*
B a *C*	− 261.05	− 60.32	$\omega_{máx}$ @*C*
C a *D*	+ 153.88	+ 93.56	
D a *A*	− 92.02	+ 1.54	
	Energía Δ total	= *E* @ $\omega_{máx}$ − E @ $\omega_{mín}$	
		= (–60.32) – (+200.73) = –261.05 pulg-lb	

Dimensionamiento del volante Ahora se debe determinar cuán grande debe ser un volante para absorber esta energía con un cambio aceptable de velocidad. El cambio de velocidad del eje durante un ciclo se llama *fluctuación* (*Fl*) y es igual a:

$$Fl = \omega_{máx} - \omega_{mín} \tag{11.19a}$$

Es posible normalizar esta ecuación como una relación sin dimensiones dividiéndola entre la velocidad promedio del eje. Esta relación se llama *coeficiente de fluctuación* (*k*).

$$k = \frac{(\omega_{máx} - \omega_{mín})}{\omega_{prom}} \tag{11.19b}$$

Este *coeficiente de fluctuación* es un parámetro de diseño que debe elegir el diseñador. Por lo general se ajusta a un valor entre 0.01 y 0.05, y corresponde a 1 a 5% de fluctuación de la velocidad del eje. Mientras más pequeño sea el valor elegido, más grande será el volante. Esto representa un compromiso de diseño. Un volante más grande aumentará el costo y el peso del sistema, factores que deben evaluarse con la uniformidad de operación deseada.

Se determina el cambio de energía requerido E al integrar la curva del par de torsión

$$\int_{\theta @ \omega_{mín}}^{\theta @ \omega_{máx}} \left(T_L - T_{prom}\right) d\theta = E \tag{11.20a}$$

que ahora puede igualarse al segundo miembro de la ecuación 11.18*c* (p. 420):

$$E = \frac{1}{2} I \left(\omega_{máx}^2 - \omega_{mín}^2\right) \tag{11.20b}$$

Al factorizar esta expresión:

$$E = \frac{1}{2} I \left(\omega_{máx} + \omega_{mín}\right)\left(\omega_{máx} - \omega_{mín}\right) \tag{11.20c}$$

Si la función par de torsión-tiempo fuera armónica pura, entonces su valor promedio podría expresarse exactamente como:

$$\omega_{prom} = \frac{(\omega_{máx} + \omega_{mín})}{2} \tag{11.21}$$

Las funciones par de torsión rara vez serán armónicas puras, pero el error introducido por el uso de esta expresión como una aproximación del promedio es aceptablemente pequeño. Es posible sustituir las ecuaciones 11.19*b* y 11.21 en la ecuación 11.20*c* para obtener una expresión para el momento de inercia de masa I_s del volante requerido.

$$E = \frac{1}{2} I \left(2\omega_{prom}\right)\left(k\,\omega_{prom}\right)$$

$$I_s = \frac{E}{k\,\omega_{prom}^2} \tag{11.22}$$

Se puede utilizar la ecuación 11.22 para diseñar el volante físico y elegir el coeficiente de fluctuación deseado k mediante el valor de E obtenido con la integración numérica de la curva del par de torsión (véase tabla 11-1) y la velocidad promedio ω del eje para calcular el I_s del sistema requerido. El momento de inercia de masa del volante físico I_f se iguala entonces al sistema requerido I_s. Pero si se conocen los momentos de inercia de los demás elementos rotatorios en el mismo eje motriz (como el motor), el I_f del volante físico requerido se puede reducir en esas cantidades.

El diseño de volante más eficiente para incrementar al máximo el I_f con el mínimo material utilizado es aquel en el cual la masa está concentrada en su borde y su masa está soportada por rayos, como la rueda de un carruaje. Esto ubica la mayor parte de la masa en el radio más grande posible y reduce el peso con un I_f dado. Incluso si se elige un diseño de volante de disco circular sólido, plano, o por simplicidad de fabricación o para obtener una superficie plana para otras funciones (como un embrague automotriz), el diseño deberá considerar la reducción del peso y por tanto su costo. Como en general $I = mr^2$, un disco delgado de gran diámetro necesitará menos libras de material para obtener un I que un disco más grueso de diámetro más pequeño. Los materiales densos, como hierro fundido o acero, son las opciones obvias para un volante. Rara vez se utiliza el aluminio. Aun cuando muchos metales (plomo, oro, plata, platino) son más densos que el hierro y el acero, rara vez se puede conseguir la aprobación del departamento de contabilidad para utilizarlos en un volante.

11

La figura 11-12 muestra el cambio del par de torsión de entrada $\mathbf{T}_{12}$ en el mecanismo mostrado en la figura 11-8 (p. 418) después de agregar un volante dimensionado para proporcionar un coeficiente de fluctuación de 0.05. La oscilación del par de torsión con respecto al valor promedio no cambiado ahora es de 5%, mucho menor de lo que tenía sin el volante. Ahora se puede utilizar un motor de caballaje mucho menor porque el volante está disponible para absorber la energía de vuelta al mecanismo durante el ciclo.

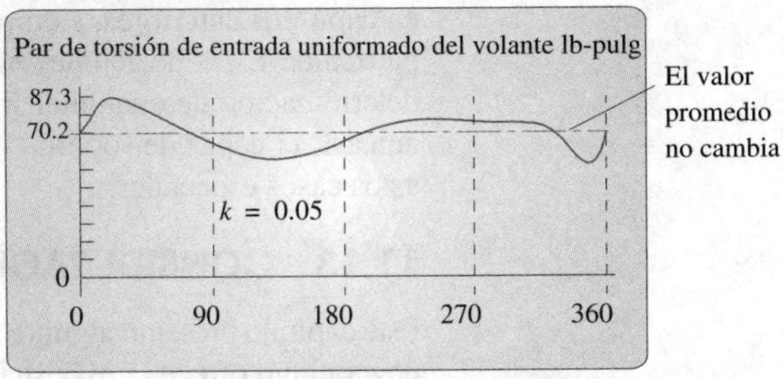

FIGURA 11-12 Curva de par de torsión de entrada del mecanismo de cuatro barras mostrado en la figura 11-8 (p. 418) después de uniformarla con un volante

11.12 ÍNDICE DE TRANSMISIÓN DE FUERZA EN UN MECANISMO

El ángulo de transmisión se introdujo en el capítulo 2 y se utilizó en capítulos subsiguientes como índice de mérito para predecir el comportamiento cinemático de un mecanismo. Un ángulo de transmisión demasiado pequeño predice problemas con la transmisión de movimiento y fuerzas en un mecanismo de cuatro barras. Desafortunadamente, el ángulo de transmisión tiene una aplicación limitada. Sólo es útil para mecanismos de cuatro barras y, por tanto, sólo cuando los pares de torsión de entrada y salida se aplican a eslabones conectados a la bancada (es decir, la manivela y balancín). Cuando se aplican fuerzas externas al eslabón acoplador, el ángulo de transmisión no determina nada sobre el comportamiento del mecanismo.

Holte y Chase [1] definen un índice de fuerza en juntas (JFI, por sus siglas en inglés), que es útil como indicador de la capacidad de un mecanismo para transmitir energía uniformemente sin importar dónde se apliquen las cargas en el mecanismo. Es aplicable a mecanismos de orden superior lo mismo que a mecanismos de cuatro barras. El JFI en cualquier posición instantánea se define como la relación de la máxima fuerza estática en cualquier junta del mecanismo a la carga externa aplicada. Si la carga externa es una fuerza, entonces es:

$$JFI = MAX\left|\frac{F_{ij}}{F_{ext}}\right| \qquad \text{para todos los pares } i, j \qquad (11.23a)$$

Si la carga externa es un par de torsión, entonces es:

$$JFI = MAX\left|\frac{F_{ij}}{T_{ext}}\right| \qquad \text{para todos los pares } i, j \qquad (11.23b)$$

donde, en ambos casos, F_{ij} es la fuerza en las juntas del mecanismo que los eslabones conectan i y j.

Las F_{ij} se calculan con un análisis de fuerzas estáticas del mecanismo. Las fuerzas dinámicas pueden ser mucho mayores que las fuerzas estáticas si las velocidades son altas. Sin embargo, si este índice de transmisión de fuerzas estáticas indica un problema cuando no hay fuerzas dinámicas, entonces la situación con velocidad será peor. Se utiliza la fuerza más grande de una junta en cada posición en lugar de un valor compuesto o promedio, suponiendo la alta fricción en cualquier junta es suficiente para obstaculizar el desempeño del mecanismo sin importar las fuerzas en otras juntas.

La ecuación 11.23*a* es adimensional y por tanto puede utilizarse para calcular mecanismos de diferente diseño y geometría. La ecuación 11.23*b* tiene dimensiones de longitud recíproca, así que debe tenerse precaución al comparar diseños cuando la carga externa es un par de torsión. Entonces las unidades utilizadas en cualquier comparación deben ser las mismas, y los mecanismos comparados deberán ser de tamaño similar.

Las ecuaciones 11.23 se aplican en cualquier posición instantánea del mecanismo. Como con el ángulo de transmisión, este índice debe evaluarse en todas las posiciones del mecanismo a lo largo del rango esperado de movimiento y el valor más grande de ese conjunto encontrado. La fuerza pico puede pasar de pasador a pasador cuando gira el mecanismo. Si las cargas externas varían con la posición del mecanismo, se pueden considerar en el cálculo.

Holte y Chase sugieren que el JFI se mantenga por debajo de un valor aproximado de 2 en mecanismos cuya salida es una fuerza. Se pueden tolerar valores más grandes si las juntas se diseñaron con buenos cojinetes, capaces de manejar cargas mayores.

Existen algunas posiciones de los mecanismos en los que el JFI puede llegar a ser infinito o indeterminado, como cuando el mecanismo alcanza una posición inamovible, definida como el eslabón o junta de entrada inactiva. Esto es equivalente a una configuración estacionaria, como se describió en capítulos anteriores, siempre que la junta de entrada esté inactiva en la configuración estacionaria particular. Estas posiciones necesitan identificarse y evitarse en todo caso, independientemente de la determinación de cualquier índice de mérito. En algunos casos el mecanismo puede estar inmóvil y aun así ser capaz de soportar carga. Consúltese la referencia [1] para información más detallada sobre estos casos especiales.

11.13 CONSIDERACIONES PRÁCTICAS

Este capítulo presentó algunos métodos de cálculo de fuerzas dinámicas en maquinaria móvil. El método newtoniano ofrece la máxima información y es necesario para obtener las fuerzas en todas las juntas de pasador de modo que se puedan analizar los esfuerzos de los elementos. Su aplicación es bastaste directa y sólo requiere la elaboración de diagramas de cuerpo libre correctos para cada elemento, así como la aplicación de las dos ecuaciones vectoriales simples que expresan la segunda ley de Newton a cada cuerpo libre. Una vez que estas ecuaciones se desarrollan para cada elemento en el sistema y se ponen en una forma matricial estándar, su solución (mediante computadora) es una tarea trivial.

El trabajo real al diseñar estos mecanismos se presenta en la determinación de las formas y tamaños de los elementos. Además de los datos cinemáticos, el cálculo de la fuerza requiere sólo de las masas, las ubicaciones de los centros de gravedad y los momentos de inercia de masa contra los centros de gravedad para estar completo. Estos tres parámetros geométricos caracterizan por completo al elemento para propósitos de modelado dinámico. Aun cuando las formas y los materiales de los eslabones se definan al principio del proceso de análisis de fuerzas (como con el rediseño de un sistema existente), es un trabajo tedioso calcular las propiedades dinámicas de formas complicadas. Los sistemas *CAD* actuales de modelado de sólidos facilitan este paso porque calculan estos parámetros automáticamente para cualquier parte diseñada.

No obstante, si comienza desde cero el diseño, será inevitable el *síndrome de la hoja en blanco* que le provocará dolores de cabeza. Se debe hacer una primera aproximación de las formas del eslabón y la selección de los materiales para crear los parámetros dinámicos requeridos para un análisis de fuerzas "inicial". Un análisis de esfuerzos de dichas partes, basado en las fuerzas dinámicas calculadas, invariablemente encontrará problemas que requieren cambios en las formas de las partes y por tanto de nuevos cálculos de las propiedades, fuerzas y esfuerzos dinámicos. Este proceso se deberá repetir de forma circular (*iteración*, véase el capítulo 1, p. 7) hasta llegar a un diseño aceptable. Las ventajas de utilizar computadora para realizar estos cálculos repetitivos son obvias y no pueden pasarse por alto. Un programa con capacidad para resolver ecuaciones, como *Mathcad*, *Matlab* o *TKSolver*, será útil en este proceso como punto de partida.

Con frecuencia los estudiantes sin experiencia no están seguros de cómo realizar este proceso del diseño de piezas para aplicaciones dinámicas. Se ofrecen las siguientes sugerencias para que el lector comience. A medida que adquiera experiencia, desarrollará un método personal.

A menudo es útil crear formas complejas con una combinación de formas simples, al menos como una primera aproximación a los modelos dinámicos. Por ejemplo, un eslabón podría considerarse como compuesto de un cilindro hueco pivotado en cada extremo, conectado por un prisma rectangular a lo largo de la línea de centros. Es fácil calcular los parámetros dinámicos de cada una de estas formas simples y luego combinarlos. Los pasos serían los siguientes (repetidos para cada eslabón):

1 Calcule el volumen, masa, ubicación del *CG* y momentos de inercia de masa con respecto al *CG* local de cada una de las partes del eslabón compuesto. En el ejemplo del eslabón estas partes serían los dos cilindros huecos y el prisma rectangular.
2 Localice el *CG* compuesto del ensamble de las partes en el eslabón con el método mostrado en la sección 10.4 (p. 373) y las ecuaciones 10.3 (p. 373). Obsérvese también la figura 10-2 (p. 374).
3 Utilice el *teorema de los ejes paralelos* (ecuación 10.8, p. 375) para transferir los momentos de inercia de masa de cada parte al *CG* común compuesto del eslabón. En seguida sume las I individuales, transferidas de las partes para obtener la I total del eslabón con respecto a su *CG* compuesto. Véase la sección 10.6 (p. 375).

Los pasos 1 y 3 crearán los datos geométricos de cada eslabón necesarios para el análisis dinámico de fuerzas, como se derivó en este capítulo.

4 Realice el análisis dinámico de fuerzas.
5 Realice un análisis dinámico de esfuerzos y deflexión de todas las partes.
6 Rediseñe las partes y repita los pasos 1 a 5 hasta obtener un resultado satisfactorio.

Recuerde que los eslabones más ligeros (de menor masa) tendrán fuerzas inerciales más pequeñas y, por tanto, podrían tener esfuerzos menores pese a sus secciones transversales más pequeñas. Asimismo, los momentos de inercia de masa más pequeños de los eslabones reducen los requerimientos de par de torsión motriz, en especial a velocidades altas. Pero debe cuidarse que las deflexiones dinámicas de eslabones delgados y ligeros lleguen a ser demasiado grandes. En estos análisis se suponen cuerpos rígidos. Esa suposición no será válida si los eslabones son demasiado flexibles. Siempre deben revisarse las deflexiones así como los esfuerzos en los diseños.

11.14 REFERENCIAS

1 **Holte, J., E. y T. R. Chase** (1994). "A Force Transmission Index for Planar Linkage Mechanisms", en *Proc. of 23rd Bienial Mechamisms Conference*, Minneapolis, MN, p. 377.

11.15 PROBLEMAS*

11-1 Trace los diagramas de cuerpo libre de los eslabones del mecanismo de cinco barras engranado mostrado en la figura 4-11 (p. 134) y escriba las ecuaciones dinámicas para encontrar todas las fuerzas más el par de torsión motriz. Ordene las ecuaciones simbólicas en forma matricial para su solución.

11-2 Trace los diagramas de cuerpo libre de los eslabones del mecanismo de seis barras mostrado en la figura 4-12 (p. 136) y escriba las ecuaciones dinámicas para encontrar todas las fuerzas más el par motriz. Ordene las ecuaciones simbólicas en forma matricial para su solución.

†‡§11-3 La tabla P11-1 muestra datos cinemáticos y geométricos de varios mecanismos de manivela-corredera del tipo y orientación mostrados en la figura P11-1 (p. 426). Las ubicaciones del punto se definen

TABLA P11-1 Datos para el problema 11-3 (Véase figura P11-1, p. 426 para la nomenclatura)

Parte 1 Longitudes en pulgadas, ángulos en grados, masa en blobs, velocidad angular en rad/s

Fila	Eslabón 2	Eslabón 3	Descentrado	θ_2	ω_2	α_2	m_2	m_3	m_4
a	4	12	0	45	10	20	0.002	0.020	0.060
b	3	10	1	30	15	-5	0.050	0.100	0.200
c	5	15	-1	260	20	15	0.010	0.020	0.030
d	6	20	1	-75	-10	-10	0.006	0.150	0.050
e	2	8	0	135	25	25	0.001	0.004	0.014
f	10	35	2	120	5	-20	0.150	0.300	0.050
g	7	25	-2	-45	30	-15	0.080	0.200	0.100

Parte 2 Aceleración angular en rad/s^2, momentos de inercia en blob-pulg^2, par de torsión en lb-pulg

Fila	I_2	I_3	Rg_2 mag	δ_2 ang	Rg_3 mag	δ_3 ang	F_{P_3} mag	δF_{P_3} ang	R_{P_3} mag	δR_{P_3} ang	T_3
a	0.10	0.2	2	0	5	0	0	0	0	0	20
b	0.20	0.4	1	20	4	-30	10	45	4	30	-35
c	0.05	0.1	3	-40	9	50	32	270	0	0	-65
d	0.12	0.3	3	120	12	60	15	180	2	60	-12
e	0.30	0.8	0.5	30	3	75	6	-60	2	75	40
f	0.24	0.6	6	45	15	135	25	270	0	0	-75
g	0.45	0.9	4	-45	10	225	9	120	5	45	-90

Parte 3 Fuerzas en lb, aceleraciones lineales en pulgadas/s^2

Fila	θ_3	α_3	ag_2 mag	ag_2 ang	ag_3 mag	ag_3 ang	ag_4 mag	ag_4 ang
a	166.40	-2.40	203.96	213.69	371.08	200.84	357.17	180
b	177.13	34.33	225.06	231.27	589.43	200.05	711.97	180
c	195.17	-134.76	1 200.84	37.85	2 088.04	43.43	929.12	0
d	199.86	-29.74	301.50	230.71	511.74	74.52	23.97	180
e	169.82	113.12	312.75	-17.29	976.79	-58.13	849.76	0
f	169.03	3.29	192.09	23.66	302.50	-29.93	301.92	0
g	186.78	-172.20	3 600.50	90.95	8 052.35	134.66	4 909.27	180

TABLA P11-0
Matriz de temas/problemas

11.4 Análisis de fuerzas de un mecanismo de cuatro barras
Instantáneas
11-8, 11-9, 11-10, 11-11, 11-12, 11-20
Continuas
11-13, 11-15, 11-21, 11-26, 11-29, 11-32, 11-35, 11-38

11.5 Análisis de fuerzas de un mecanismo de manivela-corredera
11-16, 11-17, 11-18, 11-45

11.7 Mecanismos con más de cuatro barras
11-1, 11-2

11.8 Fuerzas y pares de torsión de sacudimiento
11-3, 11-5

11.10 Análisis de fuerzas por medio de métodos de energía
11-4, 11-6, 11-22, 11-23, 11-24, 11-25, 11-27, 11-28, 11-30, 11-31, 11-33, 11-34, 11-36, 11-37, 11-39, 11-46

11.11 Volantes
11-7, 11-19, 11-40 a 11-44

11.12 Índice de transmisión de fuerzas en mecanismos
11-14

11

‡ Todas las figuras de los problemas vienen como archivos PDF y algunos como archivos Working Model animados en el DVD. Los nombres de los archivos PDF son los mismos que el número de la figura. Ejecute el archivo *Animations.html* para acceder a y ejecutar las animaciones.

† Respuestas en el apéndice F.

‡ Estos problemas se pueden resolver con *Mathcad*, *Matlab* o *TKSolver*.

§ Estos problemas se pueden resolver con el programa LINKAGES que viene en el DVD adjunto.

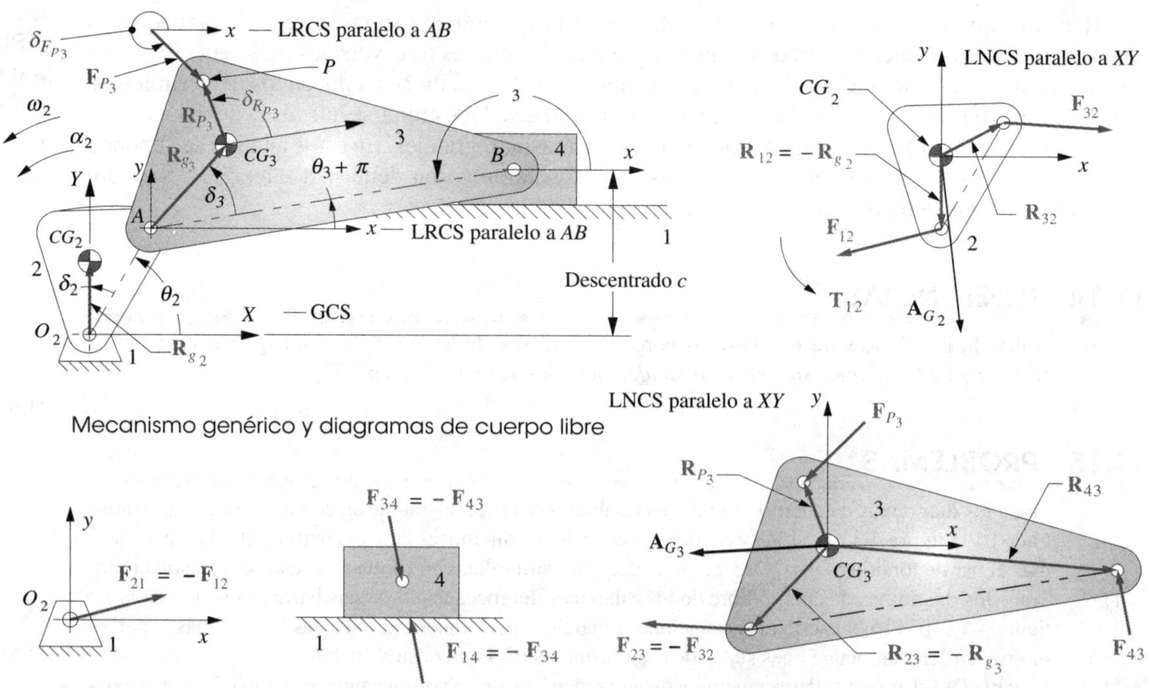

Mecanismo genérico y diagramas de cuerpo libre

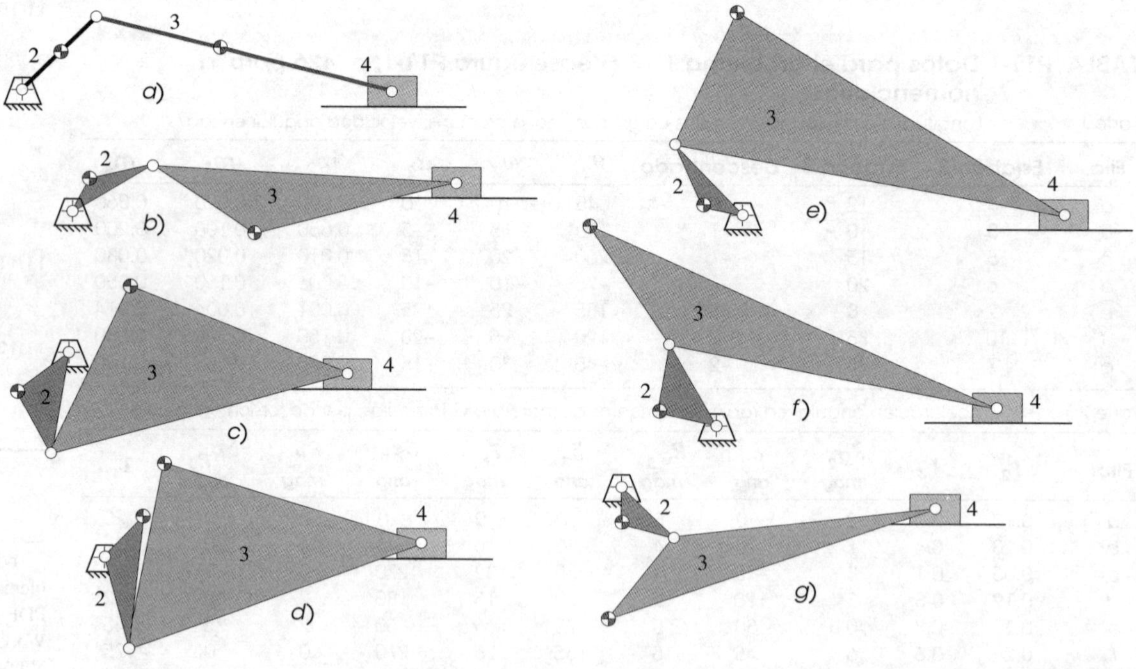

Bosquejos de los mecanismos de la tabla P11-1

FIGURA P11-1 Geometría, notación y diagramas de cuerpo libre de los problemas 11-3 a 11-4 (pp. 425-427)

como se describe en el texto. Para la(s) fila(s) asignada(s) de la tabla, use el método matricial de la sección 11.5 (p. 410) y el programa MATRIX, *Mathcad*, *Matlab*, *TKSolver* o una calculadora capaz de resolver matrices para encontrar las fuerzas y pares de torsión en la posición mostrada. Calcule también la fuerza y par de torsión de sacudimiento. Considere que el coeficiente de fricción μ entre la corredera y la bancada es cero. Puede verificar su solución al abrir los archivos de solución (localizados en la carpeta Solutions en el DVD) llamados P11-03x (donde x es la letra de la fila) en el programa LINKAGES.

TABLA P11-2 Datos para el problema 11-4

Véase también tabla P11-1. El sistema de unidades es el mismo que el de la tabla.

Fila	ω_3	Vg_2 mag	Vg_2 ang	Vg_3 mag	Vg_3 ang	Vg_4 mag	Vg_4 ang	V_{P_3} mag	V_{P_3} ang
a	-2.43	20.0	135	35.24	152.09	35.14	180	35.24	152.09
b	-3.90	15.0	140	40.35	140.14	24.45	180	26.69	153.35
c	1.20	60.0	310	89.61	-8.23	93.77	0	89.61	-8.23
d	0.83	30.0	315	69.10	191.15	63.57	180	70.63	191.01
e	4.49	12.5	255	56.02	211.93	29.01	180	61.36	204.87
f	0.73	30.0	255	60.89	210.72	38.46	180	60.89	210.72
g	-5.98	120.0	0	211.46	61.31	166.14	0	208.60	53.19

*†11-4 Repita el problema 11-3 con el método de trabajo virtual para encontrar el par de torsión de entrada en el eslabón 2. En la tabla P11-2 se proporcionan datos adicionales de filas correspondientes.

*†11-5 La tabla P11-3 muestra datos cinemáticos y geométricos de varios mecanismos de cuatro barras con juntas de pasador del tipo y orientación mostrados en la figura P11-2 (p. 428). Todos

* Respuestas en el apéndice F.

† Estos problemas se pueden resolver con *Mathcad*, *Matlab* o *TKSolver*.

TABLA P11-3 Datos para los problemas 11-5 y 11-7 (Véase la figura P11-2 para la nomenclatura)

Parte 1 Longitudes en pulgadas, ángulos en grados, aceleración angular en rad/s^2

Fila	Eslabón 2	Eslabón 3	Eslabón 4	Eslabón 1	θ_2	θ_3	θ_4	α_2	α_3	α_4
a	4	12	8	15	45	24.97	99.30	20	75.29	244.43
b	3	10	12	6	30	90.15	106.60	-5	140.96	161.75
c	5	15	14	2	260	128.70	151.03	15	78.78	53.37
d	6	19	16	10	-75	91.82	124.44	-10	-214.84	-251.82
e	2	8	7	9	135	34.02	122.71	25	71.54	-14.19
f	17	35	23	4	120	348.08	19.01	-20	-101.63	-150.86
g	7	25	10	19	100	4.42	61.90	-15	-17.38	-168.99

Parte 2 Velocidad angular en rad/s, masa en blobs, momento de inercia en blob-pulg^2, par de torsión en lb-pulg

Fila	ω_2	ω_3	ω_4	m_2	m_3	m_4	I_2	I_3	I_4	T_3	T_4
a	20	-5.62	3.56	0.002	0.02	0.10	0.10	0.20	0.50	-15	25
b	10	-10.31	-7.66	0.050	0.10	0.20	0.20	0.40	0.40	12	0
c	20	16.60	14.13	0.010	0.02	0.05	0.05	0.10	0.13	-10	20
d	20	3.90	-3.17	0.006	0.15	0.07	0.12	0.30	0.15	0	30
e	20	1.06	5.61	0.001	0.04	0.09	0.30	0.80	0.30	25	40
f	20	18.55	21.40	0.150	0.30	0.25	0.24	0.60	0.92	0	-25
g	20	4.10	16.53	0.080	0.20	0.12	0.45	0.90	0.54	0	0

Parte 3 Longitudes en pulgadas, ángulos en grados, aceleraciones lineales en pulg/s^2

Fila	R_{g_2} mag	R_{g_2} ang	R_{g_3} mag	R_{g_3} ang	R_{g_4} mag	R_{g_4} ang	a_{g_2} mag	a_{g_2} ang	a_{g_3} mag	a_{g_3} ang
a	2	0	5	0	4	30	801.00	222.14	1 691.49	208.24
b	1	20	4	-30	6	40	100.12	232.86	985.27	194.75
c	3	-40	9	50	7	0	1 200.84	37.85	3 120.71	22.45
d	3	120	12	60	6	-30	1 200.87	226.43	4 543.06	81.15
e	0.5	30	3	75	2	-40	200.39	341.42	749.97	295.98
f	6	45	15	135	10	25	2 403.00	347.86	12 064.20	310.22
g	4	-45	10	225	4	45	1 601.12	237.15	2 562.10	-77.22

Parte 4 Aceleraciones lineales en pulg/s^2, fuerzas en lb, longitudes en pulgadas, ángulos en grados

Fila	a_{g_4} mag	a_{g_4} ang	F_{P_3} mag	δF_{P_3} ang	R_{P_3} mag	δR_{P_3} ang	F_{P_4} mag	δF_{P_4} ang	R_{P_4} mag	δR_{P_4} ang
a	979.02	222.27	0	0	0	0	40	-30	8	0
b	1 032.32	256.52	4	30	10	45	15	-55	12	0
c	1 446.58	316.06	0	0	0	0	75	45	14	0
d	1 510.34	2.15	2	45	15	180	20	270	16	0
e	69.07	286.97	9	0	6	-60	16	60	7	0
f	4 820.72	242.25	0	0	0	0	23	0	23	0
g	1 284.55	-41.35	12	-60	9	120	32	20	10	0

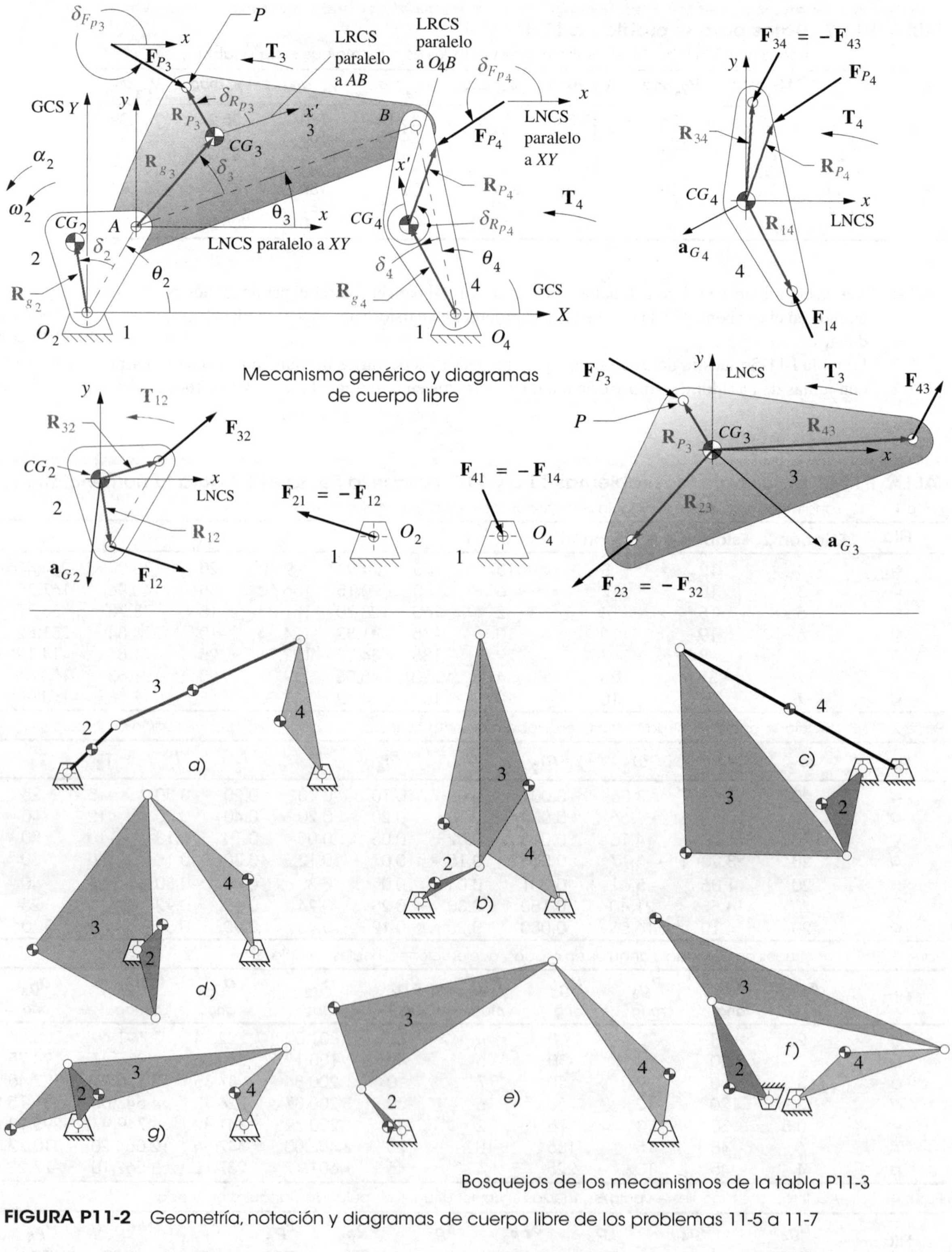

FIGURA P11-2 Geometría, notación y diagramas de cuerpo libre de los problemas 11-5 a 11-7

tienen $\theta_1 = 0$. Las ubicaciones del punto se definen como se describe en el texto. Para la(s) fila(s) asignada(s) de la tabla, use el método matricial de la sección 11.4 (p. 405) y el programa MATRIX o una calculadora capaz de resolver matrices para encontrar las fuerzas y pares de torsión en la posición mostrada. Puede verificar su solución al abrir los archivos de soluciones del DVD llamados P11-05x (donde x es la letra de la fila) en el programa LINKAGES.

TABLA P11-4 Datos para el problema 11-6

Fila	Vg_2 mag	Vg_2 ang	Vg_3 mag	Vg_3 ang	Vg_4 mag	Vg_4 ang	V_{P_3} mag	V_{P_3} ang	V_{P_4} mag	V_{P_4} ang
a	40.00	135.00	54.44	145.19	14.23	219.30	54.44	145.19	41.39	-160.80
b	10.00	140.00	21.46	14.74	45.94	56.60	122.10	40.04	130.51	29.68
c	60.00	-50.00	191.94	299.70	98.91	241.03	191.94	-60.30	296.73	-118.97
d	60.00	135.00	94.36	353.80	19.03	4.44	152.51	-3.13	67.86	26.38
e	10.00	255.00	42.89	223.13	11.22	172.71	37.01	-140.37	48.41	-155.86
f	120.00	255.00	618.05	211.39	213.98	134.01	618.03	-148.61	692.08	116.52
g	80.00	145.00	118.29	205.52	66.10	196.90	154.85	-152.36	217.15	164.33

*†11-6 Repita el problema 11-5 con el método de trabajo virtual para encontrar el par de torsión de entrada en el eslabón 2. En la tabla P11-4 se dan datos adicionales de filas correspondientes.

*‡11-7 Para la(s) fila(s) asignada(s) de la tabla P11-3 (*a*-*f*) (p. 427), abra el archivo asociado con el programa LINKAGES, calcule los parámetros del mecanismo para ángulos de la manivela desde cero hasta 360° en incrementos de 5° con $\alpha_2 = 0$ y diseñe un volante en forma de disco de acero para suavizar el par de torsión de entrada con un coeficiente de fluctuación de 0.05. Reduzca al máximo el peso del volante.

‡11-8 La figura P11-3 muestra un mecanismo de cuatro barras y sus dimensiones. La manivela y el balancín de acero tienen secciones transversales uniformes de 1 pulgadas de ancho por 0.5 pulgadas de espesor. El acoplador de aluminio es de 0.75 pulgadas de espesor. En la posición instantánea mostrada, la manivela O_2A tiene $\omega = 40$ rad/s y $\alpha = -20$ rad/s^2. En *P* hay una fuerza horizontal $F = 50$ lb. Encuentre las fuerzas en los pasadores y el par de torsión necesarios para impulsar la manivela en este instante.

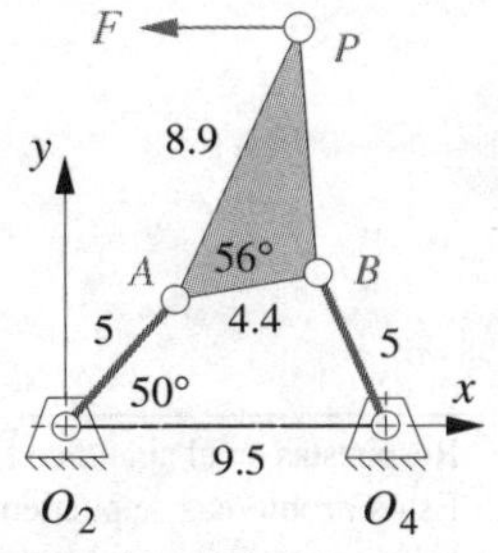

Dimensiones en pulgadas

FIGURA P11-3 Problema 11-8 (p. xxx)

‡11-9 La figura P11-4*a* muestra un mecanismo de cuatro barras y sus dimensiones en metros. La manivela y el balancín de acero tienen secciones transversales uniformes de 50 mm de ancho por 25 mm de espesor. El acoplador de aluminio es de 25 mm de espesor. En la posición instantánea mostrada, la manivela O_2A tiene $\omega = 10$ rad/s y $\alpha = 5$ rad/s^2. En *P* hay una fuerza vertical $F = 100$ N. Encuentre todas las fuerzas en los pasadores y el par de torsión necesarios para impulsar la manivela en este instante.

‡11-10 La figura P11-4*b* muestra un mecanismo de cuatro barras y sus dimensiones en metros. La manivela y el balancín de acero tienen secciones transversales uniformes de 50 mm de ancho por 25 mm de espesor. El acoplador de aluminio es de 25 mm de espesor. En la posición instantánea mostrada, la manivela O_2A tiene $\omega = 15$ rad/s y $\alpha = -10$ rad/s^2. En *P* hay un fuerza horizontal $F = 200$ N. Encuentre todas las fuerzas en los pasadores y el par de torsión necesarios para impulsar la manivela en este instante.

‡11-11 La figura P11-5*a* (p. 430) muestra un mecanismo de cuatro barras y sus dimensiones en metros. La manivela y el balancín de acero tienen secciones transversales uniformes de 50 mm de ancho por 25 mm de espesor. En la posición instantánea mostrada, la manivela O_2A tiene $\omega = 15$ rad/s y $\alpha = -10$ rad/s^2. En *P* hay una fuerza vertical $F = 500$ N. Encuentre todas las fuerzas en los pasadores y el par de torsión necesarios para impulsar la manivela en este instante.

*†‡11-12 La figura P11-5*b* muestra un mecanismo de cuatro barras y sus dimensiones en metros. La manivela y el balancín de acero tienen secciones transversales uniformes de 60 mm de diámetro. En la posi-

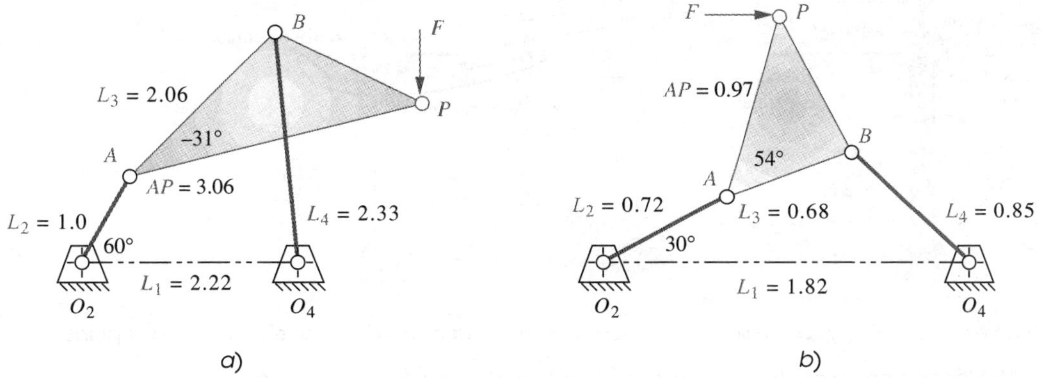

FIGURA P11-4 Problemas 11-9 y 11-10

* Respuestas en el apéndice F.

† Estos problemas se pueden resolver con *Mathcad*, *Matlab* o *TKSolver*.

‡ Estos problemas se pueden resolver con el programa LINKAGES que viene en el DVD adjunto.

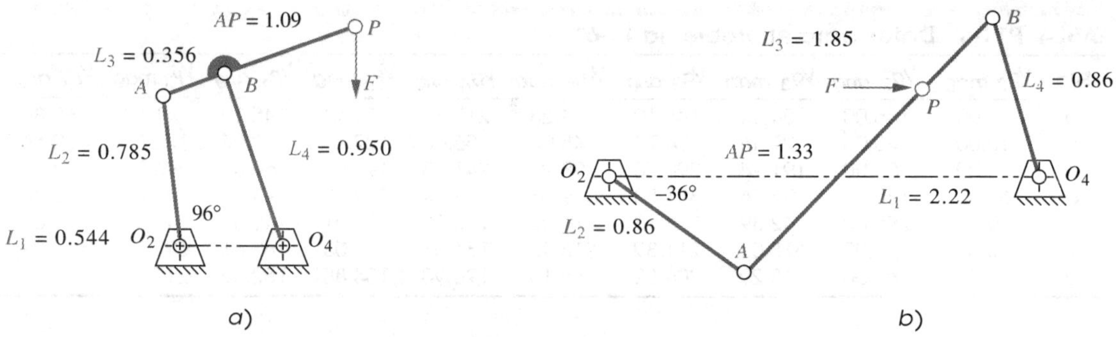

FIGURA P11-5 Problemas 11-11 y 11-12 (pp. 429-430)

ción instantánea mostrada, la manivela O_2A tiene $\omega = -10$ rad/s y $\alpha = 10$ rad/s^2. En P hay un fuerza horizontal $F = 500$ N. Encuentre todas las fuerzas en los pasadores y el par de torsión necesarios para impulsar la manivela en este instante.

*†‡11-13 La figura P11-6 muestra un mecanismo de transmisión de una tejedora y barra de enlace con chorro de agua impulsado por un par de mecanismos de cuatro barras de Grashof manivela-balancín. La manivela gira a 500 rpm. La barra de enlace se soporta entre las juntas acoplador-balancín de ambos mecanismos en sus respectivos centros instantáneos $I_{3,4}$. El peso combinado del peine y la barra de enlace es de 29 lb. Una fuerza de batido de 540 lb de la tela se aplica al peine como se muestra. Los eslabones de acero tienen una sección transversal uniforme de 2×1 pulgadas. Encuentre las fuerzas en los pasadores para una revolución de la manivela. Encuentre la función par de torsión-tiempo requerida para impulsar el sistema.

* Respuestas en el apéndice F.

† Estos problemas se pueden resolver con *Mathcad*, *Matlab* o *TKSolver*.

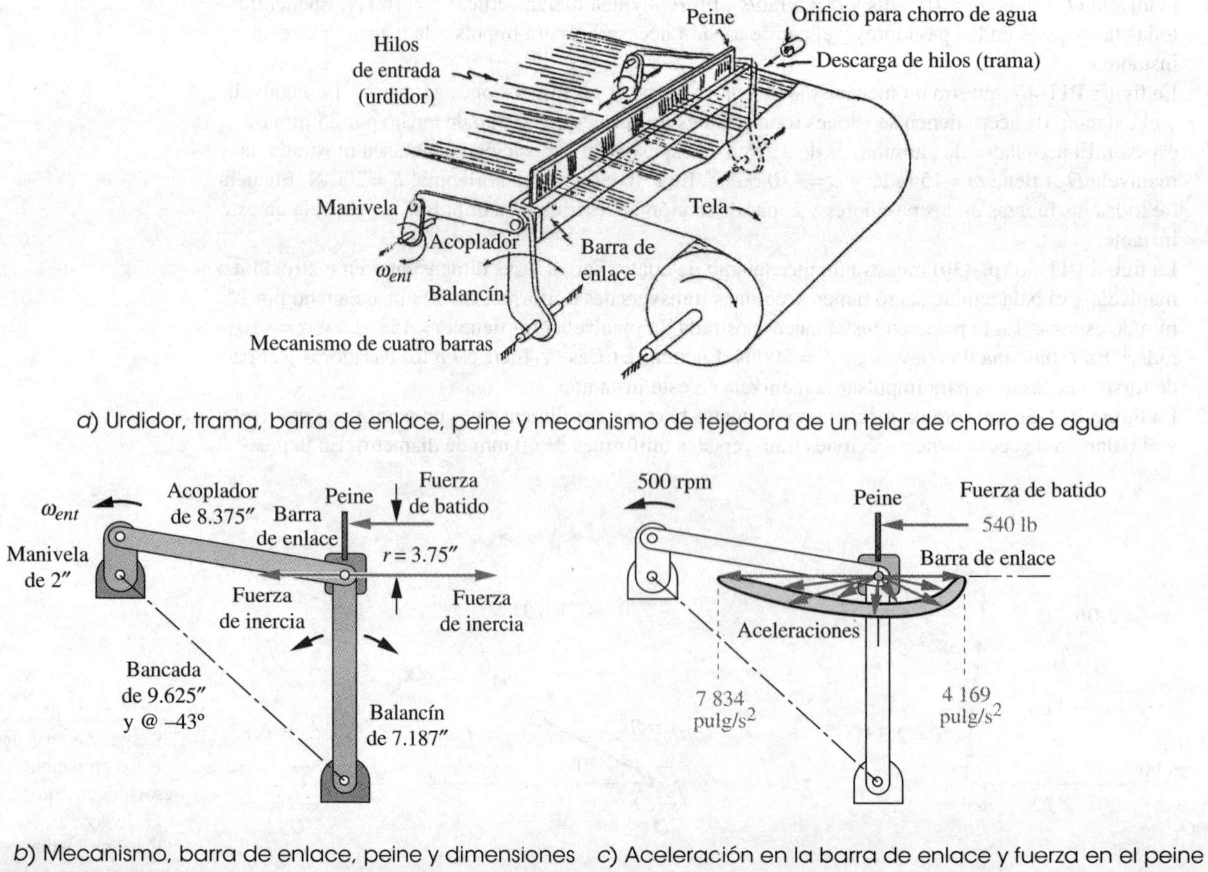

FIGURA P11-6 Problema 11-13 Mecanismo de cuatro barras para una barra de enlace impulsor, que muestra las fuerzas y aceleraciones sobre la barra de enlace

*†11-14 La figura P11-7 muestra una herramienta de presión. Encuentre la fuerza F_{manual} necesaria para generar una fuerza $F_{presión}$ de 2 000 lb. Encuentre las fuerzas en los pasadores. ¿Cuál es el índice de transmisión de fuerza en las juntas del mecanismo (JFI) en esta posición?

†11-15 La figura P11-8 muestra un mecanismo transportador de viga viajera que opera a velocidad lenta (25 rpm). Cada una de las cajas empujadas pesa 50 lb. Determine las fuerzas en los pasadores del mecanismo y el par de torsión requerido para que el mecanismo realice una revolución. Ignore las masas de los eslabones.

†11-16 La figura P11-9 muestra el mecanismo impulsor de una mesa de esmeriladora que opera a 120 rpm. El radio de la manivela es de 22 mm, el acoplador de 157 mm y su descentrado de 40 mm. La masa combinada de la mesa y la pieza de trabajo es de 50 kg. Encuentre las fuerzas en los pasadores, las cargas deslizantes laterales y el par de torsión motriz en una revolución.

†11-17 La figura P11-10 (p. 432) muestra una sierra mecánica que opera a 50 rpm. La manivela balanceada es de 75 mm, el acoplador de sección transversal uniforme tiene 170 mm de largo, pesa 2 kg y su descentrado es de 45 mm. Encuentre las fuerzas en los pasadores, las cargas deslizantes laterales y el par de torsión motriz en una revolución para una fuerza de corte de 250 N durante el avance y 50 N durante la carrera de retorno.

†11-18 La figura P11-11 (p. 432) muestra una estación de descarga de rollos de papel. Éstos tienen un *DE* de 0.9 m, *DI* de 0.22 m, son de 3.23 m de largo y su densidad es de 984 kg/m^3. Las tenazas que

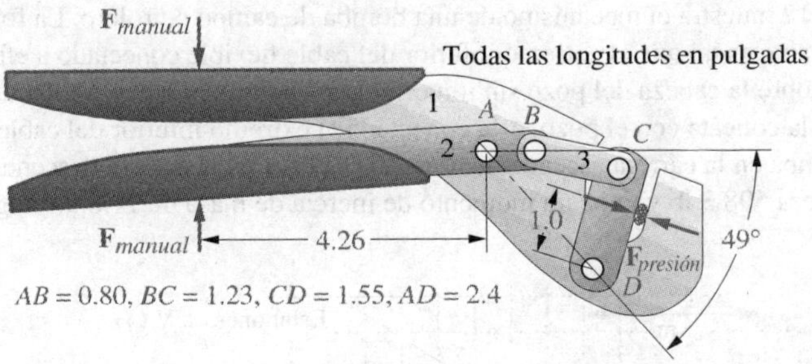

FIGURA P11-7 Problema 11-14

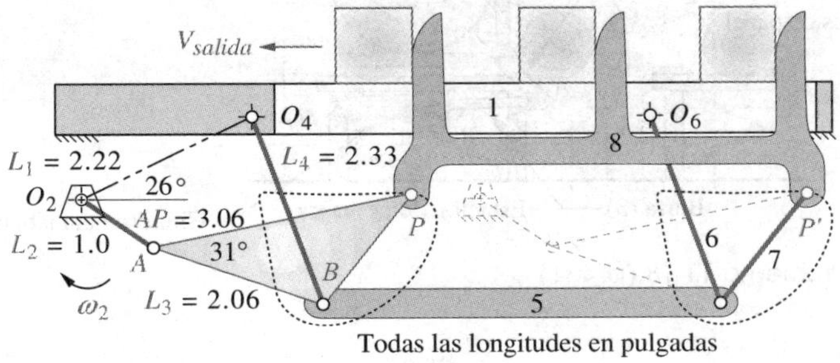

FIGURA P11-8 Problema 11-15

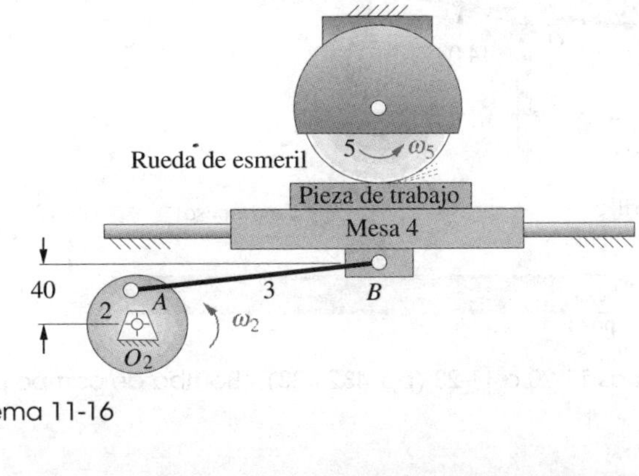

FIGURA P11-9 Problema 11-16

* Respuestas en el apéndice F.
† Estos problemas se pueden resolver con *Mathcad*, *Matlab* o *TKSolver*.

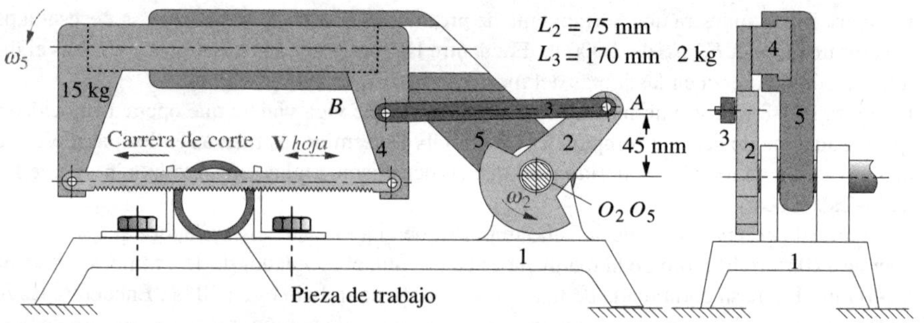

FIGURA P11-10 Problema 11-17 (p. XXX) Sierra mecánica *Adaptado de P. H. Hill y W. P. Rule* (1960), *Mechanisms: Analysis and Design, con permiso*

soportan el rollo son de 1.2 m de largo. El movimiento es lento, por tanto la carga inercial puede ser ignorada. Encuentre la fuerza requerida del cilindro neumático para hacer girar el rollo 90°.

†11-19 Deduzca una expresión para la relación entre la masa del volante y el parámetro adimensional radio/espesor (r/t) de un volante en forma de disco sólido con momento de inercia I. Trace esta función para un valor arbitrario de I y determine la relación r/t óptima para reducir el peso del volante con ese I.

11-20 La figura P11-12 muestra el mecanismo de una bomba de campo petrolero. La forma de la cabeza del brazo oscilante es tal que el extremo inferior del cable flexible conectado a ella siempre está directamente sobre la cabeza del pozo sin importar la posición del brazo oscilante 4. La barra de la bomba, que la conecta con el pozo, está conectada al extremo inferior del cable. La fuerza en la barra de la bomba en la carrera ascendente es de 2 970 lb, y en la carrera descendente, de 2 300 lb. El eslabón 2 pesa 598.3 lb y tiene un momento de inercia de masa de 11.8 lb-pulg-s^2 (blob-pulg^2);

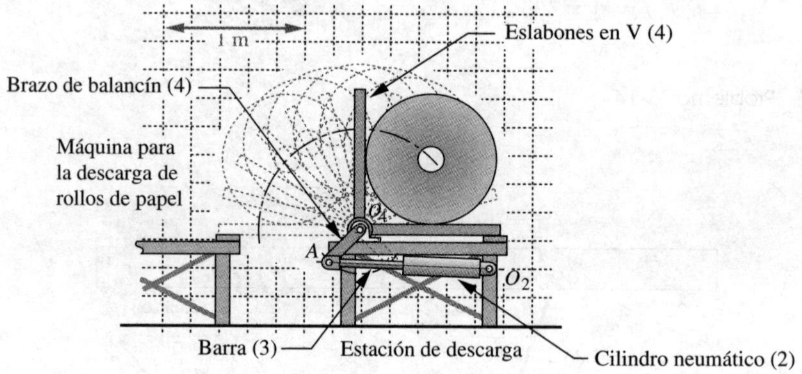

FIGURA P11-11 Problema 11-18 (p. 431)

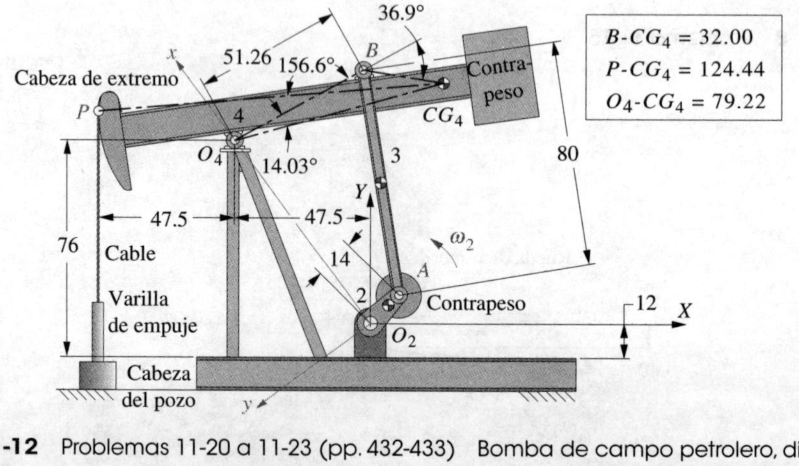

FIGURA P11-12 Problemas 11-20 a 11-23 (pp. 432-433) Bomba de campo petrolero, dimensiones en pulgadas

† Estos problemas se pueden resolver con *Mathcad*, *Matlab* o *TKSolver*.

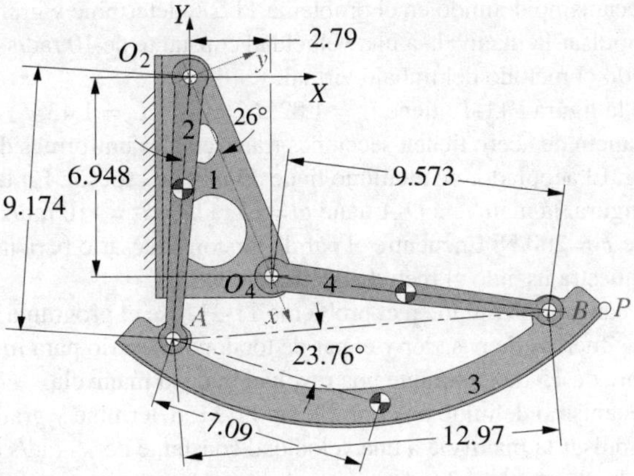

FIGURA P11-13 Problema 11-24 Mecanismo de compartimiento de equipaje de avión, dimensiones en pulgadas

ambos incluyen el contrapeso. Su *CG* está en la línea de centros del eslabón, a 13.2 pulgadas de O_2. El eslabón 3 pesa 108 lb y su *CG* está en la línea de centros, a 40 pulgadas de *A*. Tiene un momento de inercia de masa de 150 lb-pulg-s^2 (blob-pulg^2). El eslabón 4 pesa 2 706 lb y tiene un momento de inercia de masa de 10 700 lb-pulg-s^2 (blob-pulg^2); ambos incluyen el contrapeso. Su *CG* está en la línea de centros del eslabón donde se muestra. La manivela gira a una velocidad constante de 4 rpm en sentido contrario al de las manecillas del reloj. En el instante mostrado en la figura, el ángulo de la manivela es de 45° con respecto al sistema coordenado global. Encuentre las fuerzas en los pasadores y el par de torsión necesario para impulsar la manivela en la posición mostrada. Incluya las fuerzas de gravedad, ya que los eslabones son pesados y la velocidad lenta.

†11-21 Con los datos del problema 11-20 encuentre y trace la curva de todas las fuerzas en los pasadores y el par de torsión necesario para que la manivela realice una revolución.

†11-22 Use la información del problema 11-20 para encontrar el par de torsión necesario para impulsar la manivela en la posición mostrada con el método de trabajo virtual.

†11-23 Use la información del problema 11-20 para encontrar y trazar la curva del par de torsión necesario para que la manivela realice una revolución con el método de trabajo virtual.

†11-24 En la figura P11-13, los eslabones 2 y 4 pesan 2 lb y existen dos de cada uno (otro conjunto atrás). Sus *CG* están en sus puntos medios. El eslabón 3 pesa 10 lb. Los momentos de inercia de masa de los eslabones 2, 3 y 4 son de 0.071, 0.430 y 0.077 lb-pulg-s^2 (blob-pulg^2), respectivamente. Encuentre el par de torsión necesario para iniciar una rotación lenta en sentido contrario al de las manecillas del reloj del eslabón 2, a partir de la posición mostrada con el método del trabajo virtual. Incluya las fuerzas de gravedad, ya que los eslabones son pesados y la velocidad es lenta.

*†11-25 El mecanismo de la figura P11-14 tiene $L_1 = 9.5$, $L_2 = 5.0$, $L_3 = 7.4$, $L_4 = 8.0$ y $AP = 8.9$ pulg. La manivela y el balancín de acero tienen secciones transversales uniformes de 1 pulg de ancho por 0.5 pulg de espesor. El acoplador de aluminio tiene 0.75 pulg de espesor. En la posición instantánea que se muestra en la figura, la manivela O_2A tiene $\omega = 40$ rad/s y $\alpha = -20$ rad/s^2. Existe una fuerza horizontal en *P* de $F = 50$ lb. Encuentre el par de torsión necesario para impulsar la manivela en la posición que se muestra usando el método del trabajo virtual.

11-26 En el caso del mecanismo definido en el problema 11-25, use el programa LINKAGES para determinar y graficar todas las fuerzas de pasador y el par de torsión necesario para impulsar la manivela a una velocidad constante de 40 rad/s durante una revolución de la manivela.

†11-27 En el caso del mecanismo definido en el problema 11-25, determine y grafique el par de torsión necesario para impulsar la manivela a una velocidad constante de 40 rad/s durante una revolución de la manivela, usando el método del trabajo virtual.

†11-28 El mecanismo de la figura P11-15 tiene $L_1 = 2.22$, $L_2 = 1.0$, $L_3 = 2.06$, $L_4 = 2.33$ y $AP = 3.06$ m. La manivela y el balancín de acero tienen secciones transversales uniformes de 50 mm de ancho por 25 mm de espesor. El acoplador de aluminio tiene 25 mm de espesor. En la posición instantánea que se muestra en la figura, la manivela O_2A tiene $\omega = 10$ rad/s y $\alpha = 5$ rad/s^2. Existe una fuerza vertical en *P* de $F = 100$ N. Encuentre el par de torsión necesario para impulsar la manivela en la posición que se muestra usando el método del trabajo virtual.

11-29 En el caso del mecanismo definido en el problema 11-28, use el programa LINKAGES para determinar y graficar todas las fuerzas de pasador y el par de torsión necesario para impulsar la manivela a una velocidad constante de 10 rad/s durante una revolución de la manivela.

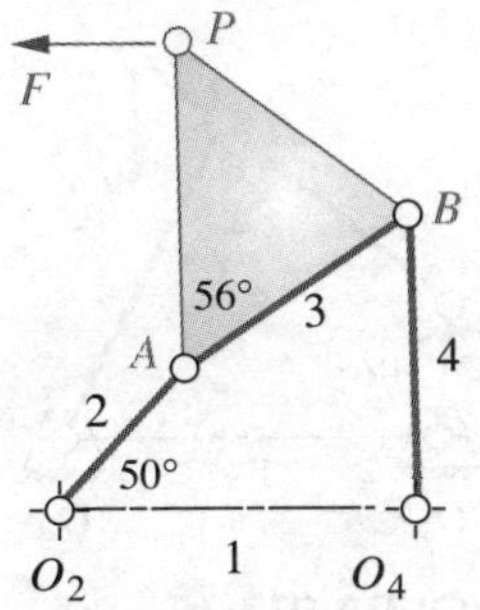

FIGURA P11-14 Problemas 11-25 a 11-27

11

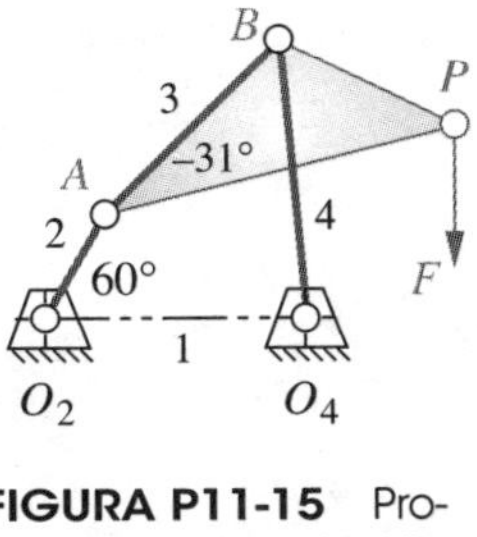

FIGURA P11-15 Problemas 11-28 a 11-30

* Respuestas en el apéndice F.
† Estos problemas se pueden resolver con *Mathcad*, *Matlab* o *TKSolver*.

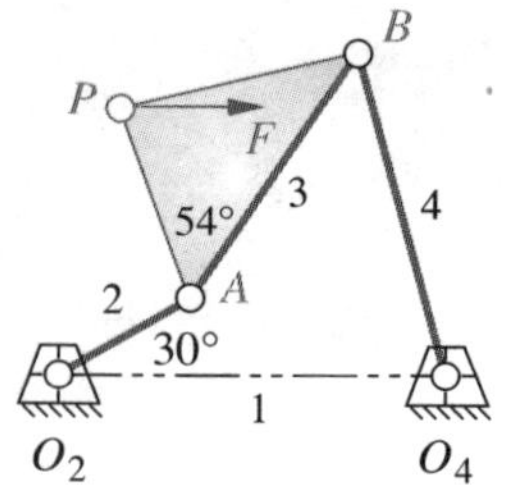

FIGURA P11-16 Problemas 11-31 a 11-33

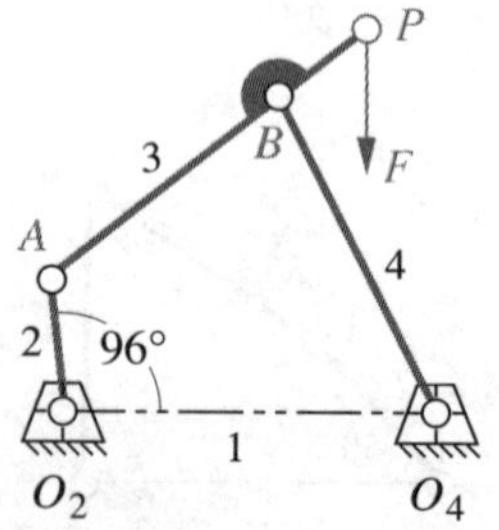

FIGURA P11-17 Problemas 11-34 a 11-36

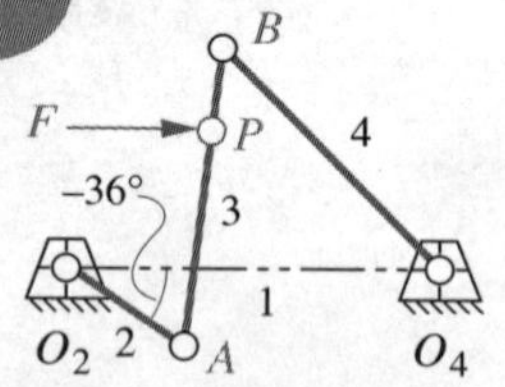

FIGURA P11-18 Problemas 11-37 a 11-39

[†]11-30 En el caso del mecanismo definido en el problema 11-28, determine y grafique el par de torsión necesario para impulsar la manivela a una velocidad constante de 10 rad/s durante una revolución de la manivela, usando el método del trabajo virtual.

[†]11-31 El mecanismo de la figura P11-16 tiene $L_1 = 1.82$, $L_2 = 0.72$, $L_3 = 1.43$, $L_4 = 1.60$ y $AP = 0.97$ m. La manivela y el balancín de acero tienen secciones transversales uniformes de 50 mm de ancho por 25 mm de espesor. El acoplador de aluminio tiene 25 mm de espesor. En la posición instantánea que se muestra en la figura, la manivela O_2A tiene $\omega = 15$ rad/s y $\alpha = -10$ rad/s^2. Existe una fuerza horizontal en P de $F = 200$ N. Encuentre el par de torsión necesario para impulsar la manivela en la posición que se muestra usando el método del trabajo virtual.

11-32 En el caso del mecanismo definido en el problema 11-31, use el programa LINKAGES para determinar y graficar todas las fuerzas de pasador y el par de torsión necesario para impulsar la manivela a una velocidad constante de 15 rad/s durante una revolución de la manivela.

[†]11-33 En el caso del mecanismo definido en el problema 11-31, determine y grafique el par de torsión necesario para impulsar la manivela a una velocidad constante de 15 rad/s durante una revolución de la manivela, usando el método del trabajo virtual.

[†]11-34 El mecanismo de la figura P11-17 tiene $L_1 = 1.0$, $L_2 = 0.356$, $L_3 = 0.785$, $L_4 = 0.95$ y $AP = 1.09$ m. La manivela, el acoplador y el balancín de acero tienen secciones transversales uniformes de 50 mm de ancho por 25 mm de espesor. En la posición instantánea que se muestra en la figura, la manivela O_2A tiene $\omega = 15$ rad/s y $\alpha = -10$ rad/s^2. La fuerza vertical en P es $F = 500$ N. Encuentre el par de torsión necesario para impulsar la manivela en la posición que se muestra usando el método del trabajo vertical.

11-35 En el caso del mecanismo definido en el problema 11-34, use el programa LINKAGES para determinar y graficar todas las fuerzas de pasador y el par de torsión necesario para impulsar la manivela a una velocidad constante de 15 rad/s durante una revolución de la manivela usando el método del trabajo virtual.

[†]11-36 Para el mecanismo definido en el problema 11-34, determine y grafique el par de torsión necesario para impulsar la manivela a una velocidad constante de 15 rad/s durante una revolución de la manivela, usando el método del trabajo virtual.

[†]11-37 El mecanismo de la figura P11-18 tiene $L_1 = 2.22$, $L_2 = 0.86$, $L_3 = 1.85$, $L_4 = 1.86$ y $AP = 1.33$ m. La manivela, el acoplador y el balancín de acero tienen secciones transversales uniformes de 50 mm de diámetro. En la posición instantánea que se muestra en la figura, la manivela O_2A tiene $\omega = -10$ rad/s y $\alpha = 10$ rad/s^2. Existe una fuerza horizontal en P de $F = 300$ N. Encuentre el par de torsión necesario para impulsar la manivela en la posición que se muestra usando el método del trabajo virtual.

11-38 Para el mecanismo definido en el problema 11-37, use el programa LINKAGES para determinar y graficar todas las fuerzas de pasador y el par de torsión necesario para impulsar la manivela a una velocidad constante de 10 rad/s durante una revolución de la manivela.

[†]11-39 En el caso del mecanismo definido en el problema 11-37, determine y grafique el par de torsión necesario para impulsar la manivela a una velocidad constante de 10 rad/s durante una revolución de la manivela, usando el método del trabajo virtual.

[*†]11-40 Diseñe un volante de disco de acero a fin de suavizar el par de torsión de entrada para la manivela del problema 11-26, usando un coeficiente de fluctuación de 0.05 al mismo tiempo que reduce el peso del volante.

[*†]11-41 Diseñe un volante de disco de acero a fin de suavizar el par de torsión de entrada para la manivela del problema 11-29, usando un coeficiente de fluctuación de 0.05 al mismo tiempo que reduce el peso del volante.

[†]11-42 Diseñe un volante de disco de acero a fin de suavizar el par de torsión de entrada para la manivela del problema 11-32, usando un coeficiente de fluctuación de 0.07 al mismo tiempo que disminuye el peso del volante.

[†]11-43 Diseñe un volante de disco de acero a fin de suavizar el par de torsión de entrada para la manivela del problema 11-35, usando un coeficiente de fluctuación de 0.05 al mismo tiempo que disminuye el peso del volante.

[*†]11-44 Diseñe un volante de disco de acero a fin de suavizar el par de torsión de entrada para la manivela del problema 11-38, usando un coeficiente de fluctuación de 0.06 al mismo tiempo que reduce el peso del volante.

11-45 En la tabla P11-5 se proporcionan los datos cinemáticos y geométricos para un mecanismo de corredera-manivela del tipo y la orientación mostrados en la figura 11-4 (p. 411). Para la(s) fila(s) asignada(s) en la tabla, resuelva para las tres fuerzas de pasador y el par de torsión disponibles en la manivela, de acuerdo con la posición mostrada.

11-46 En la tabla P11-5 se proporcionan los datos cinemáticos y geométricos para un mecanismo de corredera-manivela del tipo y la orientación mostrados en la figura 11-4 (p. 411). Para la(s) fila(s)

[*] Respuestas en el apéndice F.

[†] Estos problemas se pueden resolver con *Mathcad*, *Matlab* o *TKSolver*.

asignada(s) en la tabla, resuelva para el par de torsión disponible en la manivela; para ello, utilice el método del trabajo virtual de acuerdo con la posición mostrada y suponga que no hay pérdidas por fricción.

TABLA P11-5 Datos para los problemas 11-45 a 11-46 (Consulte la nomenclatura en la figura 11-4)

Parte 1 Longitudes (pulgadas), velocidad (pulg/s), aceleración (pulg/s²)

Fila	Eslabón 2	Eslabón 3	d	$\dot{d}$	$\ddot{d}$	R_{12}	R_{23}	μ
a	4	12	14	400	−22 760	1.3	3.0	0.15
b	3	10	8	375	67 350	1.0	2.5	0.00
c	5	15	12	390	36 400	1.7	3.8	0.10
d	6	20	18	700	45 430	2.0	5.0	0.18
e	2	8	8	225	3 010	0.7	2.0	0.08
f	10	35	35	−900	69 750	3.3	8.8	0.12
g	7	25	25	−935	209 900	2.3	6.2	0.14

Parte 2 Fuerza (lbf, grad), masa (blobs), momentos de inercia (blob-pulg²)

Fila	F_P mag	F_P ang	m_2	m_3	m_4	I_{G_2}	I_{G_3}
a	60	180	0.002	0.020	0.060	0.10	0.2
b	45	180	0.050	0.100	0.200	0.20	0.4
c	75	180	0.010	0.020	0.030	0.05	0.1
d	90	180	0.006	0.150	0.050	0.12	0.3
e	30	180	0.001	0.004	0.014	0.30	0.8
f	150	180	0.150	0.300	0.050	0.24	0.6
g	110	180	0.080	0.200	0.100	0.45	0.9

11

11.16 LABORATORIO VIRTUAL

L11-1 Vea el video *Fourbar Linkage Virtual Laboratory* que se encuentra en el DVD. Abra el archivo *Virtual Fourbar Linkage Lab 11-1.doc* del DVD y siga las instrucciones que le dé su profesor. En este laboratorio se sugiere que usted analice sólo los datos de las condiciones desbalanceadas del mecanismo.

11.17 PROYECTOS

El siguiente enunciado de problema se aplica a los proyectos siguientes:

Estos enunciados de proyectos a gran escala carecen deliberadamente de detalles y estructura, y están vagamente definidos. Por tanto, son similares a la clase de "identificación de la necesidad" o enunciado de problema comúnmente encontrado en la práctica de ingeniería. Se deja al estudiante estructurar el problema mediante una ***investigación a fondo*** *para crear un* ***objetivo de meta clara*** *y para establecer un conjunto de* ***especificaciones del desarrollo*** *antes de intentar diseñar una solución. Este proceso de diseño se describió en el capítulo 1 y deberá seguirse en todos estos ejemplos. Todos los resultados deberán documentarse en un reporte de ingeniería profesional. Consulte la bibliografía del capítulo 1 con referencias sobre la redacción de reportes.*

Algunos de los problemas de proyectos se basan en los proyectos de diseño cinemático del capítulo 3. Esos dispositivos cinemáticos ahora pueden diseñarse de una forma más real al considerar las fuerzas dinámicas que generan. La estrategia en la mayoría de los siguientes problemas de proyectos es mantener las fuerzas dinámicas en los pasadores y por tanto las fuerzas de sacudimiento a un mínimo, y mantener además la curva de par de torsión de entrada-tiempo tan uniforme como sea posible para reducir los requerimientos de potencia. **Todos estos problemas pueden resolverse con mecanismos de cuatro barras con juntas de pasador.** *Este hecho permitirá utilizar el programa* LINKAGES *para realizar los cálculos cinemáticos y dinámicos en gran número y variedad de diseños en poco tiempo. Existe una infinidad de soluciones viables a estos problemas.* **¡Itere para encontrar la mejor!** *Todos los eslabones deben diseñarse con detalle en cuanto a su geometría (masa, momento de inercia, etc.). En este caso, será útil un programa capaz de resolver ecuaciones, como* Mathcad, Matlab o TKSolver. *Determine todas las fuerzas en los pasadores, la fuerza de sacudimiento, el par de torsión de sacudimiento y la potencia de entrada requeridos para los diseños.*

P11-1 Un entrenador de tenis necesita un mejor servidor de pelotas para las prácticas. Este dispositivo debe lanzar una secuencia de pelotas de tenis estándar desde un extremo de una cancha de tenis estándar hacia la red, de modo que aterricen y reboten dentro de cada una de las áreas de la cancha definidas por sus líneas blancas. El orden y frecuencia del aterrizaje de las bolas en cualquiera de las tres áreas de la cancha deben ser aleatorios. El dispositivo debe operar automáticamente y sin atención, excepto para la recarga de pelotas. Deberá ser capaz de lanzar 50 pelotas entre recargas. La temporización de los lanzamientos de las pelotas deberá variar. Por simplicidad, se prefiere un diseño de mecanismo con juntas de pasador impulsado por un motor. Este proyecto requiere un diseño para montarse sobre un trípode de 5 pies de altura. Diseñe el trípode para que tenga estabilidad en contra de volcaduras debido a las fuerzas y pares de torsión de sacudimiento, los que también deberán reducirse en el diseño del mecanismo. Disminuya al mínimo el par de torsión de entrada.

P11-2 La fundación "Salve al pichón" ha solicitado el diseño de un lanzador de pichones para el tiro al blanco más humano. Si bien aún no han logrado que se apruebe la ley para evitar la masacre a gran escala de estos pequeños demonios, les preocupan los aspectos inhumanos de las grandes aceleraciones impartidas al pichón cuando es lanzado al cielo para que los tiradores lo derriben. Se requiere un lanzador que acelere con suavidad al pichón de arcilla en su trayectoria deseada. Diseñe un lanzador que pueda montarse en la "pequeña vagoneta roja" de un niño. Controle los parámetros de diseño a modo de reducir las fuerzas y pares de torsión de sacudimiento, de modo que la vagoneta permanezca tan inmóvil como sea posible durante el lanzamiento del pichón de arcilla.

P11-3 Las máquinas "mecedoras de niños" operadas con monedas que se encuentran afuera de los supermercados por lo general proporcionan al ocupante un movimiento oscilante mecánico. Se requiere una "mecedora" superior que produzca movimientos más interesantes al mismo tiempo que sea segura para los niños pequeños. Diseñe este dispositivo para montarlo sobre la caja de un camión de reparto. Mantenga las fuerzas de sacudimiento al mínimo y la curva de par de torsión-tiempo tan uniforme como sea posible.

P11-4 La NASA desea una máquina de cero *G* para el entrenamiento de astronautas. Debe llevar una persona y proporcionar una aceleración de 1 g negativa durante tanto tiempo como sea posible. Diseñe este dispositivo y móntelo sobre el plano del suelo para disminuir las fuerzas dinámicas y el par de torsión motriz.

P11-5 La Amusement Machine Co. Inc. desea un "látigo" portátil que proporcione a dos o cuatro pasajeros un paseo emocionante, pero seguro, y que pueda remolcarse por un camión de reparto de un lugar a otro. Diseñe este dispositivo así como su estructura de montaje sobre la caja del camión para reducir las fuerzas dinámicas y el par de torsión motriz.

P11-6 La Fuerza Aérea solicitó un simulador para el entrenamiento de pilotos que exponga a los pilotos potenciales a fuerzas G similares a las que experimentarían en maniobras de combate aéreo. Diseñe este dispositivo y móntelo sobre el plano del suelo para disminuir las fuerzas dinámicas y el par de torsión motriz.

P11-7 Cheers necesita un mejor "toro mecánico" para su bar "yuppie" en Boston. Debe simular un emocionante "jineteo de broncos", pero al mismo tiempo debe ser seguro. Diseñe este dispositivo y móntelo sobre el plano del suelo para reducir las fuerzas dinámicas y el par de torsión motriz.

P11-8 Gargantuan Motors Inc. diseña un vehículo militar de transporte ligero. ¡El mecanismo del limpiaparabrisas actual desarrolla fuerzas de sacudimiento altas cuando funciona a su más alta velocidad de modo que los motores se desprenden! Diseñe un mecanismo de limpiaparabrisas adecuado para que el rascador del limpiador de 20 lb describa un arco de 90° al mismo tiempo que se reducen tanto el par de torsión de entrada como las fuerzas de sacudimiento. La carga del viento sobre el rascador perpendicular al parabrisas es de 50 lb. El coeficiente de fricción de la hoja rascadora sobre el vidrio es de 0.9.

P11-9 El helicóptero más moderno del Ejército debe equiparse con el arma Gatling, que dispara balas de uranio de 50 mm de diámetro y 2 cm de largo a razón de 10 rondas por segundo. La fuerza de reacción (culatazo) puede afectar la estabilidad del helicóptero. Se requiere un mecanismo que pueda montarse en la estructura del helicóptero y proporcione una fuerza de sacudimiento sincrónica, a 180°, fuera de fase, con los pulsos de la fuerza de culatazo, para contrarrestar el culatazo del arma. Diseñe el mecanismo y disminuya su par de torsión y potencia extraída del motor de la aeronave. El peso total del dispositivo deberá reducirse el mínimo.

P11-10 Universalmente se utilizan pilotes de acero como cimentación de grandes edificios. Éstos a menudo se insertan o clavan en el suelo por medio de golpes de martillo de un "hincador de pilotes". En ciertos suelos (arenosos, con barro) los pilotes pueden "enterrarse" en el suelo por medio de un "hincador vibratorio" que imparte una fuerza dinámica de sacudimiento vertical o cerca de la frecuencia natural del sistema pilote-suelo. Literalmente se puede hacer que el pilote "se entierre en el suelo" en condiciones óptimas. Diseñe un mecanismo de cuatro barras basado en un mecanismo sacudidor de pilotes que, cuando su eslabón de bancada esté firmemente conectado a la parte superior del pilote (suspendido del gancho de una grúa), imparta una fuerza de sacudimiento que esté dirigida a lo largo del eje vertical del pilote. La velocidad de operación deberá aproximarse a la frecuencia natural del sistema pilote-suelo.

P11-11 Los mecanismos sacudidores de latas de pintura son comunes en las tiendas de pinturas. Si bien realizan un buen trabajo al mezclar la pintura, también son ruidosos y transmiten vibración a los estantes y mostradores. Es posible diseñar un mejor sacudidor de latas de pintura con un mecanismo de cuatro barras balanceado. Diseñe un dispositivo portátil para apoyarlo en el suelo (sin atornillarlo) y disminuya las fuerzas y vibraciones al mismo tiempo que mezcle efectivamente la pintura.

P11-12 Los automóviles convertibles de nuevo son cada vez más populares. Si bien ofrecen el placer de viajar al aire libre, ofrecen poca protección para los ocupantes en caso de una volcadura. Las barras fijas contra volcadura son poco estéticas y afectan la sensación de espacio abierto de un verdadero convertible. Se requiere un mecanismo de barra contra volcaduras de despliegue automático que se oculte cuando se requiera. En caso de que los sensores del vehículo detecten una inminente volcadura, el mecanismo deberá desplegarse en 250 ms. Diseñe un mecanismo de barra contra volcaduras desplegable/plegable para modificar el convertible de su elección.

CAPÍTULO 12

BALANCEO

La moderación es lo mejor
para evitar todos los extremos.
PLUTARCO

12.0 INTRODUCCIÓN

Cualquier eslabón o elemento que está en rotación pura, en teoría, puede estar perfectamente balanceado para eliminar todas las fuerzas y momentos de sacudimiento. Es una práctica de diseño aceptada balancear todos los elementos rotatorios en una máquina a menos que se deseen fuerzas de sacudimiento (como en un mecanismo agitador vibratorio). Un elemento rotatorio puede balancearse estática o dinámicamente. El balanceo estático es un subconjunto del balanceo dinámico. Para lograr un balanceo completo se requiere realizar el balanceo dinámico. En algunos casos, el balanceo estático puede ser un sustituto aceptable del balanceo dinámico y es más fácil de realizar.

Las partes rotatorias pueden y, en general, deben diseñarse para que estén inherentemente balanceadas por su geometría. Sin embargo, las variaciones de la tolerancia de producción garantizan un pequeño desbalanceo en cada parte. Por tanto, se deberá aplicar un procedimiento de balanceo a cada parte después de su fabricación. La magnitud y ubicación de cualquier desbalanceo puede medirse con bastante precisión y compensarse con la adición o eliminación de material en los lugares correctos.

En este capítulo se estudian las matemáticas utilizadas para determinar y diseñar un estado de balanceo estático y dinámico en elementos rotatorios, así como en mecanismos que tienen movimiento complejo, como el de cuatro barras. También se analizarán los métodos y equipo utilizados para medir y corregir el desbalanceo en ensambles fabricados. Es conveniente utilizar el método de d'Alembert (véase la sección 10.14, p. 390) cuando se analiza el desbalanceo rotatorio con la aplicación de fuerzas de inercia a los elementos rotatorios, como se verá a continuación.

12.1 BALANCEO ESTÁTICO

A pesar de su nombre, el **balanceo estático** *se* aplica a objetos en movimiento. Las fuerzas de desbalanceo de interés se deben a las aceleraciones de masas en el sistema. El requisito para el **balanceo estático** es simplemente que *la suma de todas las fuerzas en el sistema móvil (incluidas las fuerzas inerciales de d'Alembert) debe ser cero.*

$$\sum \mathbf{F} - m\mathbf{a} = 0 \tag{12.1}$$

Ésta, desde luego, es sólo un planteamiento de la ley de Newton, como se discutió en la sección 10.14 (p. 390).

Otro nombre para el balanceo estático es el de **balanceo en un solo plano**, lo que significa que *las masas que generan las fuerzas inerciales están, o casi, en el mismo plano*. En esencia, es un problema bidimensional. Algunos ejemplos de dispositivos comunes que satisfacen este criterio, y por tanto pueden balancearse estáticamente con éxito, son: un engrane simple o una polea en un eje, una rueda de bicicleta o motocicleta, un volante delgado, una hélice de avión y una rueda de aspas de una turbina individual (pero no toda la turbina). El común denominador entre estos dispositivos es que todos son cortos en la dirección axial en comparación con la dirección radial, y por tanto se puede considerar que existen en un solo plano. Las llantas y rines de un automóvil sólo son marginalmente adecuadas para balanceo estático, ya que son razonablemente gruesas en la dirección axial comparadas con su diámetro. A pesar de este hecho, las llantas automotrices en ocasiones son estáticamente balanceadas. Con más frecuencia son dinámicamente balanceadas, lo cual se analizará en este tema.

La figura 12-1*a* muestra un eslabón en forma de V que forma parte de un mecanismo. Se requiere balancearlo estáticamente. Es posible modelarlo dinámicamente como dos masas puntuales m_1 y m_2 concentradas en los *CG* locales de cada una de sus “piernas”, como se muestra en la figura 12-1*b*. La masa de cada una de las masas puntuales es igual a la de la “pierna” que reemplazan y son soportadas por varillas sin masa en las posiciones ($\mathbf{R}_1$ o $\mathbf{R}_2$) del *CG* de esa pierna. Se puede resolver para magnitud y ubicación requeridas de una tercera “masa de balanceo” m_b que se agregará al sistema en algún lugar $\mathbf{R}_b$ para satisfacer la ecuación 12.1.

Supóngase que el sistema gira a una velocidad angular constante ω. Las aceleraciones de las masas serán estrictamente centrípetas (hacia el centro), y las fuerzas de inercia serán centrífugas (hacia afuera del centro), como se muestra en la figura 12-1. Como el sistema gira, la figura muestra una imagen de “cuadro congelado”. La posición en la cual “se detuvo la acción” para el propósito de dibujar la imagen y realizar los cálculos es tanto arbitraria como inesperada para el cálculo. Se coloca un sistema coordenado con su origen en el centro de rotación y se descomponen las fuerzas inerciales en componentes en ese sistema. Si se escribe la ecuación vectorial 12.1 para este sistema se obtiene:

$$-m_1\mathbf{R}_1\omega^2 - m_2\mathbf{R}_2\omega^2 - m_b\mathbf{R}_b\omega^2 = 0 \qquad (12.2a)$$

Obsérvese que las únicas fuerzas que actúan sobre este sistema son las fuerzas de inercia. Para balancearlo, no importa qué fuerzas externas actúan en el sistema. Las fuerzas externas no pueden balancearse al cambiar la geometría interna del sistema. Los términos ω^2 se eliminan. Para balancearlo, no importa qué tan rápido gire el sistema, sólo que *esté girando*. (*La ω determinará las magnitudes de estas fuerzas, pero de cualquier modo se debe lograr que su suma sea cero.*)

Al dividir entre ω^2 y reordenar, se obtiene:

$$m_b\mathbf{R_b} = -m_1\mathbf{R_1} - m_2\mathbf{R_2} \qquad (12.2b)$$

Y descomponer en sus componentes *x* y *y*:

$$\begin{aligned} m_bR_{b_x} &= -\left(m_1R_{1_x} + m_2R_{2_x}\right) \\ m_bR_{b_y} &= -\left(m_1R_{1_y} + m_2R_{2_y}\right) \end{aligned} \qquad (12.2c)$$

Los términos de la derecha son conocidos, y se pueden resolver con facilidad para los productos mR_x y mR_y necesarios para balancear el sistema. Convendrá convertir los resultados a coordenadas polares.

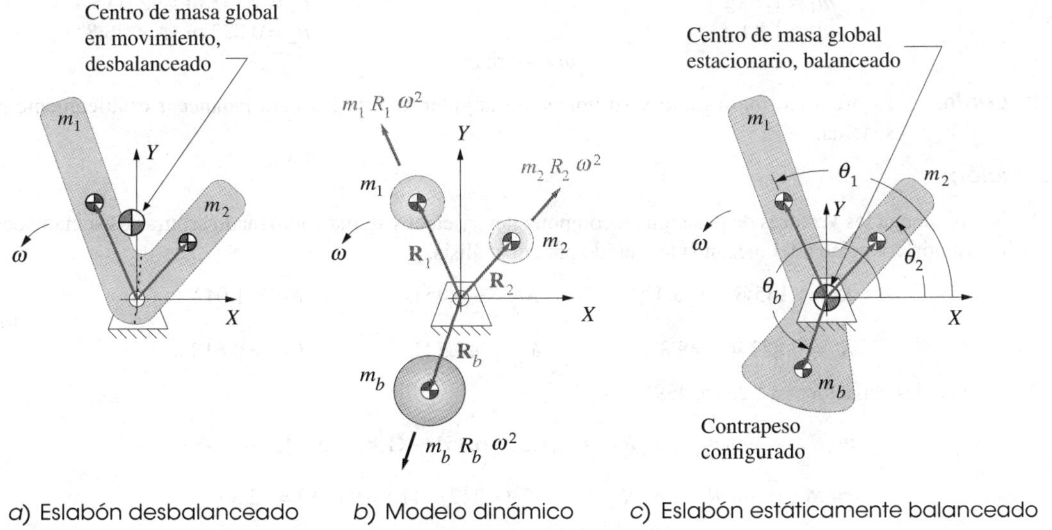

a) Eslabón desbalanceado *b*) Modelo dinámico *c*) Eslabón estáticamente balanceado

FIGURA 12-1 Balanceo estático de un eslabón en rotación pura

$$\theta_b = \arctan \frac{m_b R_{b_y}}{m_b R_{b_x}} = \arctan \frac{-\left(m_1 R_{1_y} + m_2 R_{2_y}\right)}{-\left(m_1 R_{1_x} + m_2 R_{2_x}\right)} \tag{12.2d}$$

$$\begin{aligned} R_b &= \sqrt{\left(R_{b_x}{}^2 + R_{b_y}{}^2\right)} \\ m_b R_b &= m_b \sqrt{\left(R_{b_x}{}^2 + R_{b_y}{}^2\right)} \\ &= \sqrt{m_b{}^2 \left(R_{b_x}{}^2 + R_{b_y}{}^2\right)} \\ &= \sqrt{m_b{}^2 R_{b_x}{}^2 + m_b{}^2 R_{b_y}{}^2} \\ &= \sqrt{\left(m_b R_{b_x}\right)^2 + \left(m_b R_{b_y}\right)^2} \end{aligned} \tag{12.2e}$$

El ángulo al cual se deberá colocar la masa de balanceo (con respecto al sistema coordenado congelado orientado arbitrariamente) es θ_b, que se obtiene con la ecuación 12.2*d*. Obsérvese que los signos del numerador y denominador de la ecuación 12.2*d* deben mantenerse individualmente y se debe calcular un arco tangente de dos argumentos para obtener θ_b en el cuadrante correcto. La mayoría de las calculadoras y computadoras dará un resultado de arco tangente entre ±90°.

El producto $m_b R_b$ se determina con la ecuación 12.2*e*. Ahora existe una infinidad de soluciones disponibles. Se puede seleccionar el valor de m_b, determinar el radio necesario R_b donde se deberá colocar o elegir un radio deseado y determinar la masa que debe colocarse. Las restricciones de empaque determinan el radio máximo posible en algunos casos. La masa de balanceo está confinada al "plano único" de las masas no balanceadas.

Una vez que se elige la combinación de m_b y R_b, lo que falta es diseñar el contrapeso físico. El radio elegido R_b es la distancia del pivote al *CG* de la masa contrapeso de cualquier forma. El modelo dinámico simple, utilizado para calcular el producto *mR*, supone la forma de una masa puntual y una varilla sin masa. Estos dispositivos ideales no existen. En la figura 12-1*c* se muestra una forma posible para este contrapeso. Se debe distribuir la masa m_b para colocar el *CG* en el radio R_b al ángulo θ_b.

12

✍ EJEMPLO 12-1 Balanceo estático.

Dado: Los datos del sistema mostrado en la figura 12-1 son los siguientes:

$m_1 = 1.2$ kg $\qquad R_1 = 1.135$ m @ ∠ 113.4°

$m_2 = 1.8$ kg $\qquad R_2 = 0.822$ m @ ∠ 48.8°

$\omega = 40$ rad/s

Encuentre: El producto masa-radio y su ubicación angular necesarios para balancear estáticamente el sistema.

Solución:

1 Descomponga los vectores de posición en componentes *xy* en el sistema coordenado arbitrario asociado con la posición congelada del mecanismo elegido para el análisis.

$$\begin{aligned} R_1 &= 1.135@\angle 113.4°; \qquad R_{1_x} = -0.451, \qquad R_{1_y} = 1.042 \\ R_2 &= 0.822@\angle 48.8°; \qquad R_{2_x} = +0.541, \qquad R_{2_y} = 0.618 \end{aligned} \tag{a}$$

2 Resuelva las ecuaciones 12.2*c* (p. 439).

$$\begin{aligned} m_b R_{b_x} &= -m_1 R_{1_x} - m_2 R_{2_x} = -(1.2)(-0.451) - (1.8)(0.541) = -0.433 \\ m_b R_{b_y} &= -m_1 R_{1_y} - m_2 R_{2_y} = -(1.2)(1.042) - (1.8)(0.618) = -2.363 \end{aligned} \tag{b}$$

3 Desarrolle las ecuaciones 12.2*d* y 12.2*e* (p. 440).

$$\theta_b = \arctan\frac{-2.363}{-0.433} = 259.6° \qquad (c)$$

$$m_b R_b = \sqrt{(-0.433)^2 + (-2.363)^2} = 2.402 \text{ kg-m}$$

4 Este producto masa-radio de 2.402 kg-m se obtiene con una variedad de formas anexadas al ensamble. La figura 12-1*c* (p. 439) muestra una forma particular cuyo *CG* está en un radio $R_b = 0.806$ m al ángulo requerido de 259.6°. La masa requerida para este diseño de contrapeso es entonces:

$$m_b = \frac{2.402 \text{ kg-m}}{0.806 \text{ m}} = 2.980 \text{ kg} \qquad (d)$$

a un radio del *CG* elegido de:

$$R_b = 0.806 \text{ m} \qquad (e)$$

Muchas otras formas son posibles. Mientras proporcionen el producto masa-radio requerido al ángulo requerido, el sistema estará estáticamente balanceado. Obsérvese que no se requirió el valor de ω para este cálculo.

12.2 BALANCEO DINÁMICO

El **balanceo dinámico** en ocasiones se llama **balanceo en dos planos**. Requiere que se satisfagan dos criterios: la suma de las fuerzas debe ser cero (balanceo estático) y la suma de los momentos* también debe ser cero.

$$\sum \mathbf{F} = 0$$
$$\sum \mathbf{M} = 0 \qquad (12.3)$$

Estos momentos actúan en planos que incluyen el eje de rotación del ensamble, como los planos *XZ* y *YZ* en la figura 12-2. La dirección o eje del vector momento es perpendicular al eje de rotación del ensamble.

Cualquier objeto o ensamble rotatorio que sea relativamente grande en la dirección axial, en comparación con la dirección radial, requiere balanceo dinámico para su balanceo completo. Es posible que un objeto esté balanceado estáticamente, pero no dinámicamente. Considérese el ensamble mostrado en la figura 12-2. Dos masas iguales están en radios idénticos, a 180° rotacionalmente alejadas, y separadas a lo largo de la longitud del eje. La suma de fuerzas $-m\mathbf{a}$ generadas por su rotación siempre será cero. Sin embargo, en la vista lateral, las fuerzas de inercia forman un par que gira junto con las masas alrededor del eje. Este par oscilante provoca un momento en el plano de la bancada que levanta y deja caer alternadamente los extremos izquierdo y derecho del eje.

Algunos ejemplos de dispositivos que requieren balanceo dinámico son: rodillos, cigüeñales, árboles de levas, ejes, conjuntos de engranes múltiples, rotores de motores, turbinas y ejes de hélices. El común denominador entre estos dispositivos es que su masa puede estar desigualmente distribuida tanto rotacionalmente alrededor de su eje como longitudinalmente a lo largo de su eje.

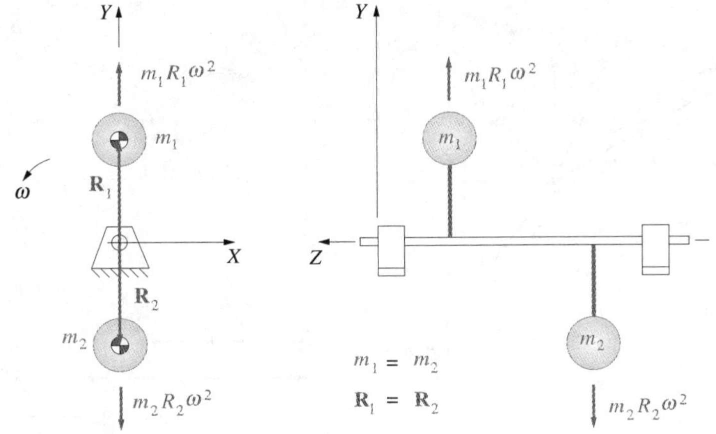

FIGURA 12-2 Fuerzas balanceadas: momento desbalanceado

* Se utilizará el término *momento* en este texto para referirse a "fuerzas de giro" cuyos vectores son perpendiculares al eje de rotación o "eje largo" de un ensamble, y el término *par de torsión* para referirse a "fuerzas de giro" cuyos vectores son paralelos a un eje de rotación.

Para corregir el desbalanceo dinámico se requiere agregar o eliminar la cantidad correcta de masa en localizaciones angulares apropiadas en *dos planos de corrección* separados a una cierta distancia a lo largo del eje. Esto creará las contrafuerzas necesarias para balancear estáticamente el sistema y también para proporcionar un par contrario para eliminar el momento desbalanceado. Cuando el rin y la llanta de un automóvil están dinámicamente balanceadas, los dos planos de corrección son los bordes interno y externo del rin. Se colocan contrapesos correctivos en lugares apropiados de estos planos de corrección con base en la medición de las fuerzas dinámicas generadas por la rueda giratoria desbalanceada.

Siempre es recomendable balancear primero estáticamente todos los componentes individuales que integran el ensamble, pues esto reducirá la cantidad de desbalanceo dinámico que debe corregirse en el ensamble final y reducirá el momento de flexión sobre el eje. Un ejemplo común de esta situación es la turbina de un avión compuesta de varios rodetes circulares dispuestos a lo largo de un eje. Como éstas giran a alta velocidad, las fuerzas de inercia creadas por cualquier desbalanceo pueden ser muy grandes. Los rodetes individuales son balanceados estáticamente antes de ensamblarse en el eje. Luego el ensamble final se balancea dinámicamente.

Algunos dispositivos no se prestan para este procedimiento. El rotor de un motor eléctrico es en esencia un carrete de alambre de cobre enrollado alrededor del eje. La masa del alambre no está uniformemente distribuida rotacional o longitudinalmente, de manera que no estará balanceada. No es posible modificar la distribución local de la masa de los devanados sin comprometer la integridad eléctrica. Por tanto, el desbalanceo total del rotor debe contrarrestarse en los dos planos de corrección después del ensamble.

Considérese el sistema de tres masas concentradas, dispuestas alrededor y a lo largo del eje en la figura 12-3. Supóngase que, por alguna razón, no puede balancearse estáticamente en forma individual dentro de sus propios planos. Por tanto, se pueden crear dos planos de corrección designados *A* y *B*. En este ejemplo de diseño, las masas desbalanceadas m_1, m_2, m_3 y sus radios R_1, R_2, R_3 se conocen, lo mismo que sus ubicaciones angulares θ_1, θ_2 y θ_3. Se requiere balancear dinámicamente el sistema. Se aplica un sistema coordenado tridimensional con el eje de rotación en la dirección *Z*. Obsérvese que el sistema se detuvo de nuevo en una posición arbitraria congelada. Se supone que la aceleración angular es cero. La suma de fuerzas es:

$$-m_1\mathbf{R}_1\omega^2 - m_2\mathbf{R}_2\omega^2 - m_3\mathbf{R}_3\omega^2 - m_A\mathbf{R}_A\omega^2 - m_B\mathbf{R}_B\omega^2 = 0 \qquad (12.4a)$$

Si se divide entre ω^2 y se reordena, se obtiene:

$$m_A\mathbf{R}_A + m_B\mathbf{R}_B = -m_1\mathbf{R}_1 - m_2\mathbf{R}_2 - m_3\mathbf{R}_3 \qquad (12.4b)$$

Al descomponer en sus componentes *x* y *y*:

$$\begin{aligned} m_A R_{A_x} + m_B R_{B_x} &= -m_1 R_{1_x} - m_2 R_{2_x} - m_3 R_{3_x} \\ m_A R_{A_y} + m_B R_{B_y} &= -m_1 R_{1_y} - m_2 R_{2_y} - m_3 R_{3_y} \end{aligned} \qquad (12.4c)$$

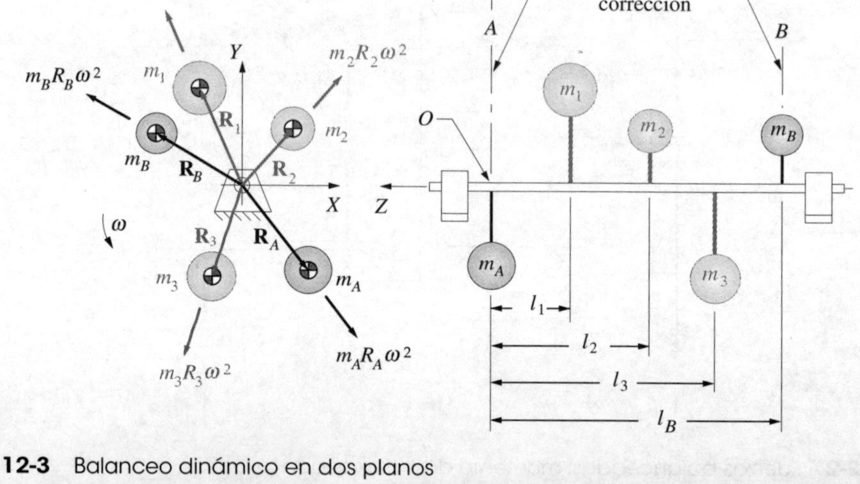

FIGURA 12-3 Balanceo dinámico en dos planos

Las ecuaciones 12.4*c* tienen cuatro incógnitas en la forma de los productos $m\mathbf{R}$ en el plano *A* y los productos $m\mathbf{R}$ en el *B*. Para resolverlas, se requiere la ecuación de la suma de momentos, lo que se puede tomar con respecto a un punto de los planos de corrección, como el punto *O*. Las distancias del brazo de momento *z* de cada fuerza medida desde el plano *A* son l_1, l_2, l_3, l_B en la figura; por tanto,

$$\left(m_B\mathbf{R}_B\omega^2\right)l_B = -\left(m_1\mathbf{R}_1\omega^2\right)l_1 - \left(m_2\mathbf{R}_2\omega^2\right)l_2 - \left(m_3\mathbf{R}_3\omega^2\right)l_3 \qquad (12.4d)$$

Si se divide entre ω^2, se descomponen en las componentes *x* y *y*, y se reordena:

El momento en el plano *XZ* (es decir, con respecto al eje *Y*) es:

$$m_B R_{B_x} = \frac{-\left(m_1 R_{1_x}\right)l_1 - \left(m_2 R_{2_x}\right)l_2 - \left(m_3 R_{3_x}\right)l_3}{l_B} \qquad (12.4e)$$

El momento en el plano *YZ* (es decir, con respecto al plano *X*) es:

$$m_B R_{B_y} = \frac{-\left(m_1 R_{1_y}\right)l_1 - \left(m_2 R_{2_y}\right)l_2 - \left(m_3 R_{3_y}\right)l_3}{l_B} \qquad (12.4f)$$

Éstas pueden resolverse para los productos $m\mathbf{R}$ en las direcciones *x* y *y* en el plano de corrección *B*, que luego pueden sustituirse en la ecuación 12.4*c* para encontrar los valores requeridos en el plano *A*. Se pueden aplicar entonces las ecuaciones 12.2*d* y 12.2*e* (p. 632) a cada plano de corrección para determinar los ángulos a los cuales las masas de balanceo deben colocarse y los productos *mR* requeridos en cada plano. Ahora se pueden diseñar los contrapesos físicos de acuerdo con las restricciones de la sección 12.1 (p. 431) sobre balanceo estático. Obsérvese que los radios R_A y R_B no tienen que ser del mismo valor.

✍ EJEMPLO 12-2 Balanceo dinámico.

Dado: El sistema mostrado en la figura 12-3 tiene los datos siguientes:

$m_1 = 1.2$ kg — $R_1 = 1.135$ m @ $\angle$ 113.4°

$m_2 = 1.8$ kg — $R_2 = 0.822$ m @ $\angle$ 48.8°

$m_3 = 2.4$ kg — $R_3 = 1.04$ m @ $\angle$ 251.4°

Las distancias *z* en metros al plano *A* son:

$l_1 = 0.854$, $\quad l_2 = 1.701$, $\quad l_3 = 2.396$, $\quad l_B = 3.097$

Encuentre: Los productos de masa-radio y sus ubicaciones angulares necesarias para balancear dinámicamente el sistema por medio de los planos de corrección *A* y *B*.

Solución:

1 Descomponga los vectores de posición en componentes *xy* en el sistema coordenado, asociado con la posición congelada del mecanismo elegido para su análisis.

$$\begin{aligned} &R_1 = 1.135@\angle 113.4°; && R_{1_x} = -0.451, && R_{1_y} = +1.042 \\ &R_2 = 0.822@\angle 48.8°; && R_{2_x} = +0.541, && R_{2_y} = +0.618 \\ &R_3 = 1.04@\angle 251.4°; && R_{3_x} = -0.332, && R_{3_y} = -0.986 \end{aligned} \qquad (a)$$

2 Resuelva la ecuación 12.4*e* para la suma de momentos con respecto al punto *O*.

$$\begin{aligned} m_B R_{B_x} &= \frac{-\left(m_1 R_{1_x}\right)l_1 - \left(m_2 R_{2_x}\right)l_2 - \left(m_3 R_{3_x}\right)l_3}{l_B} \\ &= \frac{-1.2(-0.451)(0.854) - 1.8(0.541)(1.701) - 2.4(-0.332)(2.396)}{3.097} = 0.230 \end{aligned} \qquad (b)$$

$$\begin{aligned} m_B R_{B_y} &= \frac{-\left(m_1 R_{1_y}\right)l_1 - \left(m_2 R_{2_y}\right)l_2 - \left(m_3 R_{3_y}\right)l_3}{l_B} \\ &= \frac{-1.2(1.042)(0.854) - 1.8(0.618)(1.701) - 2.4(-0.986)(2.396)}{3.097} = 0.874 \end{aligned} \qquad (c)$$

12

3 Resuelva las ecuaciones 12.2*d* y 12.2*e* (p. 440) para el producto masa-radio en el plano *B*.

$$\theta_B = \arctan\frac{0.874}{0.230} = 75.27° \qquad (d)$$

$$m_B R_B = \sqrt{(0.230)^2 + (0.874)^2} = 0.904 \text{ kg-m}$$

4 Resuelva las ecuaciones 12.4*c* (p. 636) para las fuerzas en las direcciones *x* y *y*.

$$m_A R_{A_x} = -m_1 R_{1_x} - m_2 R_{2_x} - m_3 R_{3_x} - m_B R_{B_x}$$
$$m_A R_{A_y} = -m_1 R_{1_y} - m_2 R_{2_y} - m_3 R_{3_y} - m_B R_{B_y}$$

$$m_A R_{A_x} = -1.2(-0.451) - 1.8(0.541) - 2.4(-0.332) - 0.230 = 0.134 \qquad (e)$$
$$m_A R_{A_y} = -1.2(1.042) - 1.8(0.618) - 2.4(-0.986) - 0.874 = -0.870$$

5 Resuelva las ecuaciones 12.2*d* y 12.2*e* (p. 440) para el producto masa radio en el plano *A*.

$$\theta_A = \arctan\frac{-0.870}{0.134} = -81.25° \qquad (f)$$

$$m_A R_A = \sqrt{(0.134)^2 + (-0.870)^2} = 0.880 \text{ kg-m}$$

6 Estos productos masa-radio se pueden obtener en varias formas alternadas al ensamble en los planos *A* y *B*. Existen muchas formas; en tanto proporcionen los productos masa-radio a los ángulos requeridos en cada plano de corrección, el sistema estará dinámicamente balanceado.

Cuando los diseños aún están en la mesa de dibujo, se pueden emplear estas técnicas de análisis simples para determinar los tamaños y localizaciones necesarios para las masas de balanceo en cualquier ensamble en rotación pura en el cual se definió la distribución de la masa. Se puede utilizar este método de balanceo en dos planos para balancear dinámicamente cualquier sistema en rotación pura, y todos los sistemas semejantes deberán balancearse a menos que el propósito del dispositivo sea crear fuerzas o momentos de sacudimiento.

12.3 BALANCEOS DE MECANISMOS ARTICULADOS

Se han creado muchos métodos para balancear mecanismos articulados. Algunos logran el balanceo completo de un factor dinámico, como una fuerza de sacudimiento, a expensas de otros, como un momento de sacudimiento o un par de torsión motriz. Otros buscan una disposición óptima que reduzca, de forma colectiva (pero no cero), las fuerzas, momentos y pares de torsión de sacudimiento para un mejor desarrollo. Lowen y Berkof,[1] y Lowen, Tepper y Berkof[2] proporcionan revisiones completas de la literatura sobre este tema hasta 1983. Se han realizado trabajos posteriores sobre el problema, algunos de los cuales se señalan en las referencias al final de este capítulo. Kochev[15] presenta una teoría general para el balanceo de momentos de sacudimiento y una revisión crítica de métodos conocidos.

Se puede obtener un balanceo completo de cualquier mecanismo al crear un segundo mecanismo "idéntico" conectado a él con el objeto de eliminar todas las fuerzas y momentos dinámicos. Ciertas configuraciones de motores multicilíndricos de combustión interna lo hacen. Los pistones y manivelas de algunos cilindros contrarrestan los efectos inerciales de otros. Estos mecanismos de motor se estudiarán en el capítulo 14. Sin embargo, este método es costoso y sólo se justifica si el mecanismo agregado sirve para un segundo propósito, como incrementar la potencia, que es el caso de cilindros adicionales en un motor. La adición de un mecanismo "ficticio", cuyo único propósito sea contrarrestar los efectos dinámicos, rara vez se justifica económicamente.

La mayoría de los esquemas prácticos de balanceo de mecanismos busca disminuir o eliminar uno o más de los efectos dinámicos (fuerzas, momentos, pares de torsión) al redistribuir la masa de los eslabones existentes. Esto implica agregar contrapesos o cambiar las formas de los eslabones para reubicar sus *CG*. Esquemas más elaborados agregan contrapesos engranados a algunos eslabones además de redistribuir sus masas. Como con cualquier esfuerzo de diseño, existen cambios. Por ejemplo, la eliminación de las fuerzas de sacudimiento sólo incrementa el momento de sacudimiento y el par de torsión motriz. Es posible presentar algunos planteamientos a este problema en el espacio disponible. El lector deberá consultar la literatura para información sobre otros métodos.

Balanceo completo de fuerzas de mecanismos articulados

Los eslabones rotatorios (manivelas, balancines) de un mecanismo articulado pueden ser individualmente balanceados por medio de los métodos de balanceo rotatorio descritos en la sección 12.1 (p. 438). Los efectos de los acopladores, que están en movimiento complejo, son más difíciles de compensar. Obsérvese que el proceso de balancear estáticamente un eslabón rotatorio obliga a su centro de masa (*CG*) a estar en su pivote fijo y, por tanto, estacionario. En otras palabras, la condición de **balanceo estático** también **puede definirse como** la de *hacer estacionario el centro de masa*. Un acoplador no tiene pivote fijo y, por tanto, su centro de masa está, en general, siempre en movimiento.

Cualquier mecanismo, sin importar qué tan complejo sea, tendrá, por cada posición instantánea, un solo *centro de masa global* localizado en un punto particular. Se puede calcular su ubicación sólo mediante las masas del eslabón y las localizaciones de los *CG* de los eslabones individuales en ese instante. El centro de masa global normalmente cambiará de posición con el movimiento del eslabón. Si de alguna forma se puede lograr que este centro de masa global sea estacionario, se obtendrá un estado de balanceo estático de todo el mecanismo.

El método de Berkof-Lowen de vectores linealmente independientes[3] proporciona una forma para calcular la magnitud y localización de los contrapesos a ser colocados en los eslabones rotatorios, lo que inmovilizará el centro de masa global en todas las posiciones del mecanismo. La colocación de masas de balanceo apropiadas en los eslabones provocará que las fuerzas dinámicas en los pivotes fijos siempre sean iguales y opuestas, es decir, un par, de ese modo se crea balanceo estático ($\Sigma F = 0$ pero $\Sigma M \neq 0$) en el mecanismo móvil.

Este método funciona para cualquier mecanismo plano de *n* eslabones con una combinación de juntas de revoluta (de pasador) y prismáticas (de corredera), siempre que exista una trayectoria a la bancada desde cada eslabón que sólo contenga juntas de revoluta.[4] En otras palabras, si todas las trayectorias posibles de cualquier eslabón a la bancada contienen juntas deslizantes, entonces el método fallará. Cualquier mecanismo de *n* eslabones que cumpla el criterio anterior puede balancearse con la adición de *n*/2 pesos de balanceo, cada uno en un eslabón diferente.[4] Se aplicará el método de la referencia [3] a un mecanismo de cuatro barras. Desafortunadamente, al hacerlo se incrementará la masa total del mecanismo original por un factor de 2-3 para mecanismos de cuatro barras y aun mayor en mecanismos más complejos.[15]

La figura 12-4 muestra un mecanismo de cuatro barras con su centro de masa global localizado por el vector de posición $\mathbf{R}_t$. Los *CG* individuales de los eslabones se localizan *en el sistema global* mediante los vectores de posición $\mathbf{R}_2$, $\mathbf{R}_3$ y $\mathbf{R}_4$ (magnitudes R_2, R_3 y R_4), fijos con respecto a su origen, el pivote de la manivela O_2. Las longitudes de los eslabones están definidas por los vectores de posición $\mathbf{L}_1$, $\mathbf{L}_2$, $\mathbf{L}_3$, $\mathbf{L}_4$ (magnitudes l_1, l_2, l_3, l_4), y los vectores de posición locales que localizan los *CG en cada eslabón* son $\mathbf{B}_2$, $\mathbf{B}_3$, $\mathbf{B}_4$ (magnitudes b_2, b_3, b_4). Los ángulos de los vectores $\mathbf{B}_2$, $\mathbf{B}_3$, $\mathbf{B}_4$ son ϕ_2, ϕ_3, ϕ_4, medidos internamente en los eslabones con respecto a las líneas de centros de los eslabones $\mathbf{L}_2$, $\mathbf{L}_3$, $\mathbf{L}_4$. Los ángulos instantáneos de los eslabones que localizan a $\mathbf{L}_2$, $\mathbf{L}_3$, $\mathbf{L}_4$ en el sistema global son θ_2, θ_3, θ_4. La masa total del sistema es la suma de las masas individuales de eslabones:

$$m_t = m_2 + m_3 + m_4 \tag{12.5a}$$

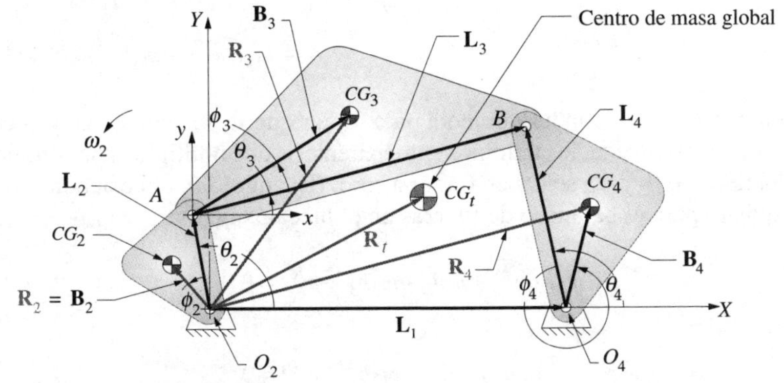

FIGURA 12-4 Balanceo estático (de fuerzas) de un mecanismo de cuatro barras

El momento de masa total con respecto al origen debe ser igual a la suma de los momentos de masa debidos a los elementos individuales:

$$\sum M_{O_2} = m_t\mathbf{R}_t = m_2\mathbf{R}_2 + m_3\mathbf{R}_3 + m_4\mathbf{R}_4 \tag{12.5b}$$

La posición del centro de masa global es entonces:

$$\mathbf{R}_t = \frac{m_2\mathbf{R}_2 + m_3\mathbf{R}_3 + m_4\mathbf{R}_4}{m_t} \tag{12.5c}$$

y por la geometría del mecanismo:

$$\begin{aligned} \mathbf{R}_2 &= b_2\, e^{j(\theta_2+\phi_2)} = b_2\, e^{j\theta_2} e^{j\phi_2} \\ \mathbf{R}_3 &= l_2\, e^{j\theta_2} + b_3\, e^{j(\theta_3+\phi_3)} = l_2\, e^{j\theta_2} + b_3\, e^{j\theta_3} e^{j\phi_3} \\ \mathbf{R}_4 &= l_1\, e^{j\theta_1} + b_4\, e^{j(\theta_4+\phi_4)} = l_1\, e^{j\theta_1} + b_4\, e^{j\theta_4} e^{j\phi_4} \end{aligned} \tag{12.5d}$$

Se puede resolver para la ubicación del centro de masa global en cualquier posición para los eslabones de los cuales se conozcan sus ángulos θ_2, θ_3 y θ_4. Se requiere que este vector de posición $\mathbf{R}_t$ sea constante. El primer paso es sustituir las ecuaciones 12.5*d* en las 12.5*b*,

$$m_t\mathbf{R}_t = m_2\left(b_2\, e^{j\theta_2} e^{j\phi_2}\right) + m_3\left(l_2\, e^{j\theta_2} + b_3\, e^{j\theta_3} e^{j\phi_3}\right) + m_4\left(l_1\, e^{j\theta_1} + b_4\, e^{j\theta_4} e^{j\phi_4}\right) \tag{12.5e}$$

y reordenar para agrupar los términos constantes como coeficientes de los términos dependientes del tiempo:

$$m_t\mathbf{R}_t = \left(m_4 l_1\, e^{j\theta_1}\right) + \left(m_2 b_2 e^{j\phi_2} + m_3 l_2\right)e^{j\theta_2} + \left(m_3 b_3\, e^{j\phi_3}\right)e^{j\theta_3} + \left(m_4 b_4\, e^{j\phi_4}\right)e^{j\theta_4} \tag{12.5f}$$

Obsérvese que todos los términos entre paréntesis son constantes con el tiempo. Los únicos términos dependientes del tiempo son los que contienen θ_2, θ_3 y θ_4.

También puede escribirse la ecuación de lazo vectorial para el mecanismo,

$$l_2\, e^{j\theta_2} + l_3\, e^{j\theta_3} - l_4\, e^{j\theta_4} - l_1\, e^{j\theta_1} = 0 \tag{12.6a}$$

y resolver para uno de los vectores unitarios que definen la dirección de un eslabón, por ejemplo, el eslabón 3:

$$e^{j\theta_3} = \frac{\left(l_1\, e^{j\theta_1} - l_2\, e^{j\theta_2} + l_4\, e^{j\theta_4}\right)}{l_3} \tag{12.6b}$$

Al sustituir ésta en la ecuación 12.5*f* para eliminar el término θ_3 y reordenar:

$$\begin{aligned} m_t\mathbf{R}_t = {} & \left(m_2 b_2 e^{j\phi_2} + m_3 l_2\right)e^{j\theta_2} + \frac{1}{l_3}\left(m_3 b_3\, e^{j\phi_3}\right)\left(l_1\, e^{j\theta_1} - l_2\, e^{j\theta_2} + l_4\, e^{j\theta_4}\right) \\ & + \left(m_4 b_4\, e^{j\phi_4}\right)e^{j\theta_4} + \left(m_4 l_1\, e^{j\theta_1}\right) \end{aligned} \tag{12.7a}$$

al agrupar los términos:

$$\begin{aligned} m_t\mathbf{R}_t = {} & \left(m_2 b_2 e^{j\phi_2} + m_3 l_2 - m_3 b_3 \frac{l_2}{l_3} e^{j\phi_3}\right)e^{j\theta_2} + \left(m_4 b_4\, e^{j\phi_4} + m_3 b_3 \frac{l_4}{l_3} e^{j\phi_3}\right)e^{j\theta_4} \\ & + m_4 l_1\, e^{j\theta_1} + m_3 b_3 \frac{l_1}{l_3} e^{j\phi_3}\, e^{j\theta_1} \end{aligned} \tag{12.7b}$$

Esta expresión proporciona la herramienta para forzar que $\mathbf{R}_t$ sea constante y el centro de masa estacionario. Para que eso suceda, los términos entre paréntesis que multiplican las dos únicas variables dependientes del tiempo, θ_2 y θ_4, se deben forzar a cero. (El ángulo θ_1 del eslabón fijo es constante.) Por tanto, el requisito para el balanceo de fuerzas en el mecanismo es:

$$\begin{aligned} m_2 b_2 e^{j\phi_2} + m_3 l_2 - m_3 b_3 \frac{l_2}{l_3} e^{j\phi_3} &= 0 \\ m_4 b_4\, e^{j\phi_4} + m_3 b_3 \frac{l_4}{l_3} e^{j\phi_3} &= 0 \end{aligned} \tag{12.8a}$$

12

Se reordena para aislar los términos de un eslabón (por ejemplo, el 3) en un lado de cada una de estas ecuaciones:

$$m_2 b_2 e^{j\phi_2} = m_3\left(b_3 \frac{l_2}{l_3} e^{j\phi_3} - l_2\right)$$
$$m_4 b_4 e^{j\phi_4} = -m_3 b_3 \frac{l_4}{l_3} e^{j\phi_3} \qquad (12.8b)$$

Ahora se tienen dos ecuaciones que involucran tres eslabones. Se pueden suponer los parámetros de cualquier eslabón y determinar los de los otros dos. Un mecanismo en general primero se diseña para satisfacer las restricciones de movimiento y empaque requeridas antes de intentar el procedimiento de balanceo de fuerzas. En este caso, la geometría del eslabón y las masas ya se definieron, al menos en forma preliminar. Una estrategia útil es dejar la masa del eslabón 3 y la ubicación del *CG* como originalmente se diseñaron, y calcular las masas necesarias y las ubicaciones de los *CG* de los eslabones 2 y 4, para satisfacer estas condiciones para las fuerzas balanceadas. Los eslabones 2 y 4 están en rotación pura, de modo que es fácil agregarles contrapesos para mover sus *CG* hacia las localizaciones necesarias. Con este procedimiento, los segundos miembros de las ecuaciones 12.8*b* se reducen a números para un mecanismo diseñado. Se requiere determinar los productos masa-radio m_2b_2 y m_4b_4, así como las ubicaciones angulares de los *CG* en los eslabones. Obsérvese que los ángulos ϕ_2 y ϕ_4 en las ecuaciones 12.8 se miden con respecto a las líneas de centros de sus respectivos eslabones.

Las ecuaciones 12.8*b* son ecuaciones vectoriales. Se sustituye la identidad de Euler (ecuación 4.4*a*, p. 128) para separarla en sus componentes reales e imaginarios y para encontrar las componentes *x* y *y* de los productos masa-radio.

$$(m_2 b_2)_x = m_3\left(b_3 \frac{l_2}{l_3}\cos\phi_3 - l_2\right)$$
$$(m_2 b_2)_y = m_3\left(b_3 \frac{l_2}{l_3}\operatorname{sen}\phi_3\right) \qquad (12.8c)$$

$$(m_4 b_4)_x = -m_3 b_3 \frac{l_4}{l_3}\cos\phi_3$$
$$(m_4 b_4)_y = -m_3 b_3 \frac{l_4}{l_3}\operatorname{sen}\phi_3 \qquad (12.8d)$$

Se requieren estas componentes del producto *mR* para hacer que el balanceo de fuerzas del mecanismo represente toda la cantidad necesaria. Si ya se diseñaron los eslabones 2 y 4 con cierto desbalanceo individual (el *CG* no es el pivote), entonces el producto *mR* existente del eslabón desbalanceado debe restarse del obtenido con las ecuaciones 12.8*c* y 12.8*d* para determinar el tamaño y la ubicación de los contrapesos adicionales que se agregarán a esos eslabones. Como se hizo con el balanceo de eslabones rotatorios, cualquier combinación de masa y radio que proporcione el producto deseado es aceptable. Las ecuaciones 12.2*d* y 12.2*e* (p. 440) se emplean para convertir los productos cartesianos *mR* de las ecuaciones 12.8*c* y 12.8*d* en coordenadas polares para encontrar la magnitud y el ángulo del vector *mR* del contrapeso. Obsérvese que el ángulo del vector *mR* de cada eslabón será referido a la línea de centros de ese eslabón. La forma de los contrapesos físicos que se pondrán en los eslabones se diseña como se estudió en la sección 12.1 (p. 438).

12.4 EFECTO DEL BALANCEO EN FUERZAS DE SACUDIMIENTO Y FUERZAS EN PASADORES

La figura 12-5 muestra un mecanismo de cuatro barras* al que se agregaron masas de balanceo, de acuerdo con las ecuaciones 12.8. Obsérvense los contrapesos colocados en los eslabones 2 y 4 en las ubicaciones calculadas para el balanceo de fuerzas completo. La figura 12-6*a* muestra una curva polar de las fuerzas de sacudimiento de este mecanismo sin las masas de balanceo. El máximo es de 462 lb a 15°. La figura 12-6*b* muestra las fuerzas de sacudimiento después de agregar las masas de balanceo. Las fuerzas de sacudimiento se redujeron a cero. Las pequeñas fuerzas residuales que aparecen en la figura 12-6*b* se deben a errores de redondeo en el cálculo; el método teóricamente proporciona resultados exactos.

* Abra el archivo F12-05.4br con el programa LINKAGES para analizar con más detalle este mecanismo y su balanceo.

12

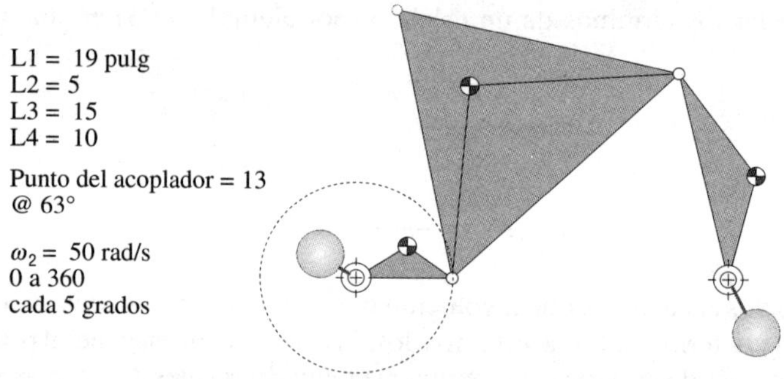

FIGURA 12-5 Mecanismo de cuatro barras balanceado que muestra masas de balanceo aplicadas a los eslabones 2 y 4

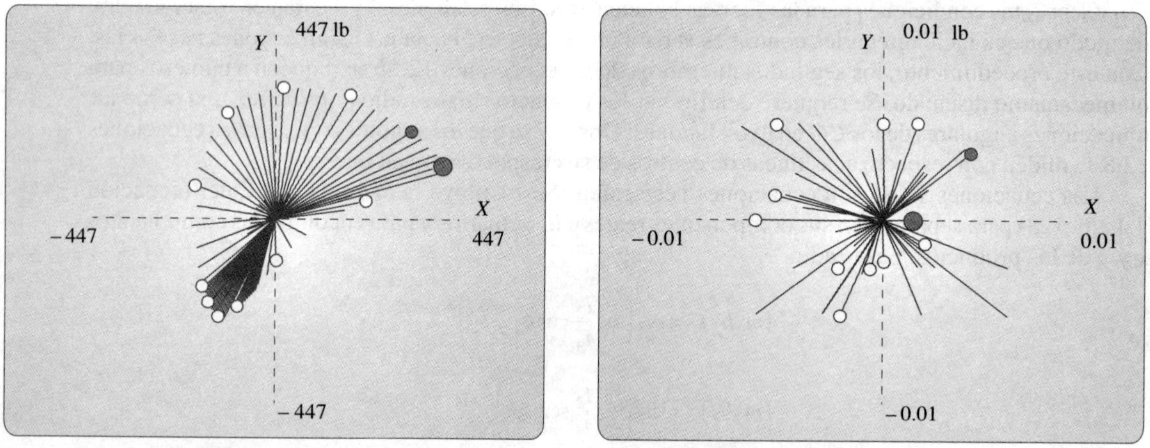

a) Fuerza de sacudimiento con el mecanismo desbalanceado

b) Fuerza de sacudimiento con el mecanismo balanceado

FIGURA 12-6 Curva polar de fuerzas de sacudimiento desbalanceadas en el plano de la bancada del mecanismo de cuatro barras mostrado en la figura 12-5

No obstante, las fuerzas de pasador en los pivotes de la manivela y del balancín no han desaparecido a causa de las masas de balanceo agregadas. Las figuras 12-7*a* y 12-7*b*, respectivamente, muestran las fuerzas en los pivotes de la manivela y el balancín después del balanceo. Ahora,

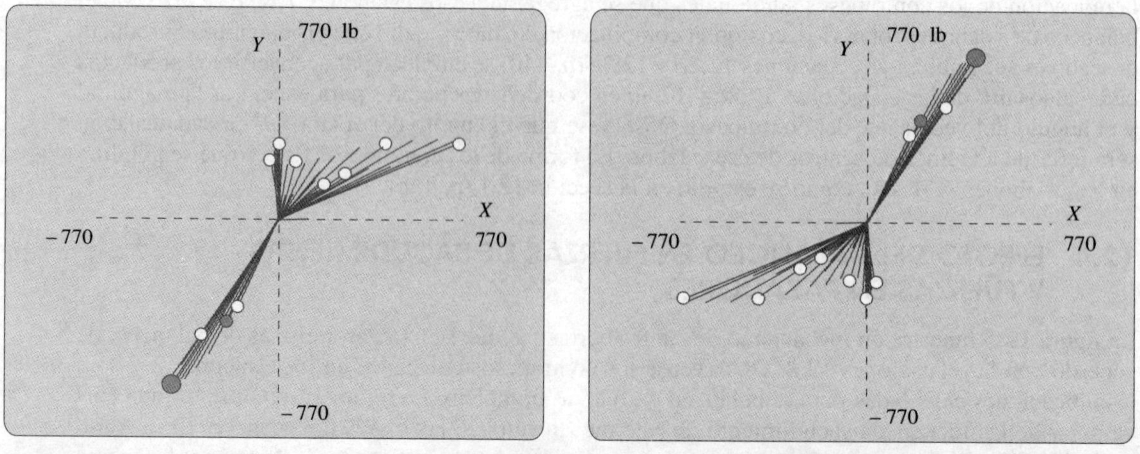

a) Fuerza F21 en el pivote de la manivela

b) Fuerza F41 en el pivote del balancín

FIGURA 12-7 Curvas polares de las fuerzas F21 y F41 que actúan en el plano de la bancada del mecanismo de cuatro barras con fuerzas balanceadas de la figura 12-5 estas fuerzas son iguales y opuestas. Después del balanceo, el patrón de las fuerzas en el pivote O_2 es la imagen especular del patrón en el pivote O_4. La **fuerza de sacudimiento neta** es la suma vectorial de estos dos conjuntos de fuerzas en cada intervalo de tiempo (sección 11.8, p. 415). Los pares de fuerzas iguales y opuestas que actúan en los pivotes de la bancada en cada intervalo crean un par de sacudimiento variable con el tiempo que inclinan el plano de la bancada. Estas fuerzas de pasador pueden ser mayores debido a los pesos de balanceo; de ser así, incrementarán el par de sacudimiento en comparación con su valor anterior en el mecanismo no balanceado, una forma de reducir las fuerzas de sacudimiento a cero. Los esfuerzos en los eslabones y los pasadores también se pueden incrementar a consecuencia del balanceo de fuerzas.

12.5 EFECTO DEL BALANCEO EN EL PAR DE TORSIÓN DE ENTRADA

El balanceo individual de un eslabón sometido a rotación pura al agregar un contrapeso tendrá el efecto colateral de incrementar su momento de masa de inercia. El "efecto de volante" en el eslabón se incrementa por este incremento en su momento de inercia. Por tanto, el par de torsión requerido para acelerar ese eslabón será mayor. El par de torsión de entrada no será afectado por ningún cambio del I de la manivela de entrada cuando opera a velocidad angular constante. No obstante, cualquier balancín presente en el mecanismo tendrá aceleraciones angulares, incluso cuando la manivela no las tenga. Por tanto, el balanceo individual de los balancines tenderá a incrementar el par de torsión de entrada requerido, incluso con una velocidad constante de la manivela de entrada.

La adición de contrapesos a los eslabones rotatorios, necesarios para forzar el balanceo de todo el mecanismo, incrementa los momentos de masa de inercia de los eslabones y también los *desbalances* (individualmente) para obtener el balanceo global. En ese caso, los *CG* de los eslabones rotatorios no estarán en sus pivotes fijos. Cualquier aceleración angular de estos eslabones contribuirá a la carga de par de torsión en el mecanismo. El balanceo de cualquier mecanismo completo por medio de este método puede tener entonces el efecto colateral de incrementar la variación del par de torsión de entrada requerido. Es posible que se requiera un volante mayor en un mecanismo balanceado para lograr el mismo coeficiente de fluctuación que en la versión desbalanceada del mecanismo.

La figura 12-8 muestra la curva del par de torsión de entrada del mecanismo desbalanceado y del mismo mecanismo después de realizado el balanceo de fuerzas completo. El valor pico del par de torsión de entrada requerido se incrementó a consecuencia del balanceo de fuerzas.

Obsérvese que el grado de incrementar el par de torsión de entrada debido al balanceo de fuerzas depende de la elección de los radios donde se colocan las masas de balanceo. El momento de inercia adicional que la masa de balanceo agrega a un eslabón es proporcional al cuadrado del radio al *CG* de la masa de balanceo. El algoritmo de balanceo de fuerzas sólo determina el producto masa-radio requerido. La colocación de la masa de balanceo en un radio pequeño reduce el incremento del par de torsión de entrada. Weiss y Fenton[5] demostraron que un contrapeso circular colocado tangente al centro del pivote del eslabón (figura 12-9) es un buen compromiso entre el peso agregado y el momento de inercia incrementado. Para reducir aún más las consecuencias en el par de torsión, se podría realizar un balanceo de fuerzas completo y aceptar alguna fuerza de sacudimiento con el cambio.

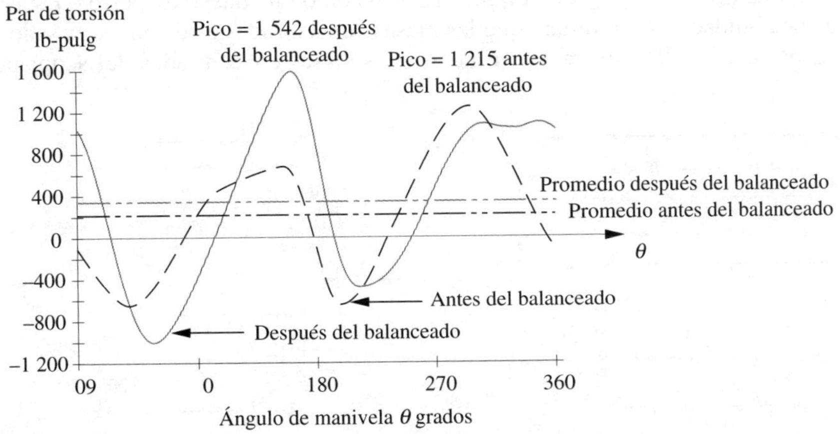

FIGURA 12-8 Curvas del par de torsión de entrada desbalanceado y balanceado para el mecanismo de cuatro barras de la figura 12-5

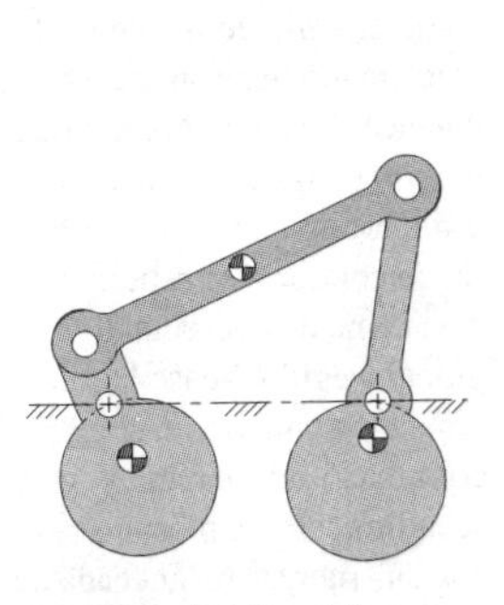

FIGURA 12-9 Mecanismo de cuatro barras en línea (6), (7) con contrapesos circulares óptimamente localizados (5)

12.6 BALANCEO DEL MOMENTO DE SACUDIMIENTO EN MECANISMOS

El momento de sacudimiento M_s alrededor del pivote de manivela O_2 en un mecanismo con las fuerzas balanceadas es la suma del par de torsión de reacción T_{21} y el par de sacudimiento (ignorando cualquier carga aplicada externamente).[6]*

$$M_s = T_{21} + \left(R_1 \times F_{41}\right) \tag{12.9}$$

donde T_{21} es el negativo del par de torsión motriz T_{12}, R_1 es el vector de posición desde O_2 hasta O_4 (es decir, el eslabón 1), y F_{41} es la fuerza del balancín en el plano de la bancada. En un mecanismo general, la magnitud del momento de sacudimiento puede reducirse, mas no eliminarse por medio de una redistribución de la masa dentro de sus eslabones. El balanceo completo del momento de sacudimiento requiere la adición de eslabones suplementarios y/o contrapesos rotatorios.[7]

Se han desarrollado muchas técnicas que utilizan métodos de optimización para determinar una configuración mecanismo-masa que disminuya el momento de sacudimiento solo o en combinación con la reducción de la fuerza de sacudimiento y/o el par de torsión de entrada. Hockey[8],[9] muestra que la fluctuación de la energía cinética y el par de torsión de entrada de un mecanismo puede reducirse mediante la distribución apropiada de la masa en sus eslabones, y que este procedimiento es más eficiente en cuanto a peso que agregar un volante al eje de entrada. Berkof[10] también describe un método para disminuir el par de torsión de entrada por medio de un reacomodo interno de la masa. Lee y Cheng[11], y Qi y Pennestri[12] muestran métodos para balancear de forma óptima la fuerza y el momento de sacudimiento así como el par de torsión de entrada combinados en mecanismos de alta velocidad mediante la redistribución de la masa y la adición de contrapesos. Porter[13] *et al.* sugieren utilizar un algoritmo genético para optimizar el mismo conjunto de parámetros. Bagci[14] describe varios métodos para balancear fuerzas y momentos de sacudimiento en el mecanismo de cuatro barras de manivela-corredera. Kochev[15] proporciona una teoría general para el balanceo completo de fuerzas y momentos. Esat y Bahai[16] describen una teoría para el balanceo completo de fuerzas y momentos que requiere contrapesos rotatorios en el acoplador. Arakelian y Smith[17] derivan un método para el balanceo completo de fuerzas y momentos de mecanismos de seis barras de Watt y Stephenson. La mayoría de los métodos requiere recursos de cómputo significativos, y el espacio no permite analizarlos aquí. El lector deberá consultar las referencias para más información.

12

El método de Berkof para el balanceo de momentos completo del mecanismo de cuatro barras[7] es simple y útil, pero aún está limitado a mecanismos "en línea", es decir, aquellos cuyos *CG* de los eslabones están en sus respectivas líneas de centros de eslabón, como se muestra en la figura 12-9. Ésta no es una restricción extremadamente estricta puesto que muchos mecanismos prácticos están hechos de eslabones rectos. Incluso si un eslabón debe tener una forma que se desvía de su línea de centros, su *CG* aún puede colocarse en esa línea con la adición de una masa al eslabón en el lugar apropiado, donde la masa incrementada es el cambio.

Para un balanceo de momentos completo mediante el método de Berkof, además de ser un mecanismo en línea, el acoplador debe reconfigurarse para que se convierta en un **péndulo físico**† de modo que sea dinámicamente equivalente a un modelo de masa concentrada, como se muestra en la figura 12-10. El acoplador se muestra en la figura 12-10*a* como una barra rectangular uniforme de masa m, longitud a y ancho h, y en la figura 12-10*b* como un "hueso de perro". Éstas son sólo dos de muchas posibilidades. Se requiere que las masas concentradas estén en los pasadores del pivote conectadas por una varilla "sin masa". Entonces las masas concentradas del acoplador estarán en

* Obsérvese que este enunciado es verdadero sólo si el mecanismo tiene sus fuerzas balanceadas, lo cual hace que el momento del par de sacudimiento sea un vector libre. De lo contrario se refiere al sistema de coordenadas global elegido. Véase la referencia [6] para derivaciones completas del momento de sacudimiento en mecanismos con sus fuerzas balanceadas o desbalanceadas.

† Este método de balanceo de momentos "se considera como una técnica superior y se recomienda cuando sea aplicable".[15]

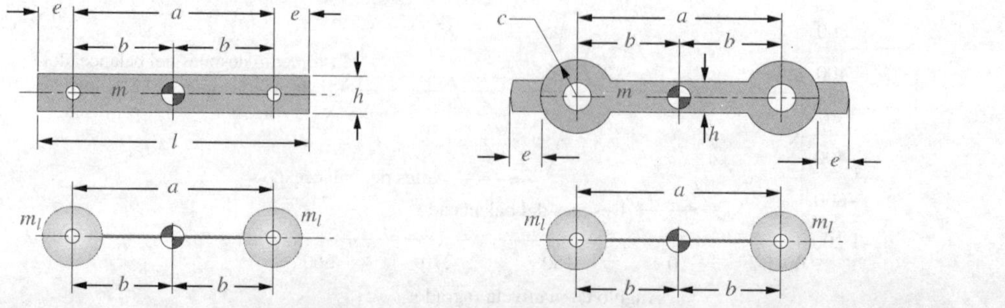

a) Eslabón acoplador rectangular *b*) Eslabón acoplador en forma de hueso de perro

FIGURA 12-10 Conversión del eslabón acoplador en péndulo físico rotación pura, como parte de la manivela o como parte del balancín. Esto se logra si agrega masa, como lo indica la dimensión e en los extremos del acoplador.*

Los tres requisitos de equivalencia dinámica se establecieron en la sección 10.2 (p. 372) y son: masa igual, misma ubicación del *CG* e igual momento de inercia de masa. El primero y segundo de éstos son fáciles de satisfacer al colocar $m_l = m/2$ en cada pasador. El tercero puede expresarse en función del radio de giro k en lugar del momento de inercia por medio de la ecuación 10.11*b* (p. 377).

$$k = \sqrt{\frac{I}{m}} \tag{12.10}$$

Si se considera cada masa concentrada por separado como si la varilla sin masa se dividiera en dos varillas en el *CG*, cada una de longitud b, el momento de inercia I_l de cada masa concentrada será

$$I_l = \frac{I}{2} = m_l b^2$$

e

$$I = 2m_l b^2 = mb^2 \tag{12.11a}$$

entonces

$$k = \sqrt{\frac{mb^2}{m}} = b = \frac{a}{2} \tag{12.11b}$$

Con la configuración del eslabón mostrada en la figura 12-10*a* (p. 450), esto se cumplirá si las dimensiones tienen la siguiente relación adimensional (si supone un espesor de eslabón constante).

$$\frac{e}{h} = \frac{1}{2}\sqrt{3\left(\frac{a}{h}\right)^2 - 1} - \frac{a}{2h} \tag{12.12}$$

donde e define la longitud del material que debe agregarse en cada extremo para satisfacer la ecuación 12.11*b*.

Con la configuración de eslabón mostrada en la figura 12-10*b*, la longitud e del material agregado de ancho h, necesaria para convertirlo en un péndulo físico se determina a partir de

$$A\left(\frac{e}{h}\right)^3 + B\left(\frac{e}{h}\right)^2 + C\left(\frac{e}{h}\right) + D = 0$$

donde:

$$\begin{aligned} A &= 8 \\ B &= 12\left(\frac{a}{c}\right) + 24 \\ C &= 24\left(\frac{a}{c}\right) + 26 \\ D &= -2\left(\frac{a}{c}\right)^3 + 13\left(\frac{a}{c}\right) + 12\pi - 10 \end{aligned} \tag{12.13}$$

El segundo paso es balancear las fuerzas del mecanismo con su acoplador modificado por medio del método de la sección 12.3 (p. 444) y definir los contrapesos requeridos en los eslabones 2 y 4. Con las fuerzas de sacudimiento eliminadas, el momento de sacudimiento es un vector libre, igual que el par de torsión de entrada.

Como tercer paso, el momento de sacudimiento puede contrarrestarse al agregar contrapesos de inercia engranados a los eslabones 2 y 4, como se muestra en la figura 12-11. Éstos deben girar en la dirección opuesta a los eslabones, así que requieren una relación de engranes de –1. Tal contrapeso de inercia puede balancear cualquier momento plano que sea proporcional a una aceleración angular y no introduce fuerzas de inercia netas que perturben el balanceo de fuerzas del mecanismo. Los cambios incluyen un par de torsión de entrada incrementado y fuerzas mayores en los pasadores resultantes del par de torsión requerido para acelerar la inercia rotacional adicional. También puede haber cargas grandes e impacto en los dientes cuando las inversiones del par de torsión absorben el juego entre dientes de los engranes que provoca ruido.

El momento de sacudimiento de un mecanismo de cuatro barras en línea se derivó en la referencia [6] como

$$M_s = \sum_{i=2}^{4} A_i \alpha_i \tag{12.14}$$

donde:

$$A_2 = -m_2\left(k_2^2 + r_2^2 + a_2 r_2\right)$$

* Obsérvese que esta disposición también hace que cada junta de pasador sea el centro de percusión, y el otro pasador, el centro de rotación. Esto significa que cualquier pasador tendrá una fuerza de reacción cero en el otro pasador, lo que efectivamente los desacopla dinámicamente. Véase la sección 10.10 (p. 378) y la figura 13-10 (p. 473) para un análisis más amplio de este efecto.

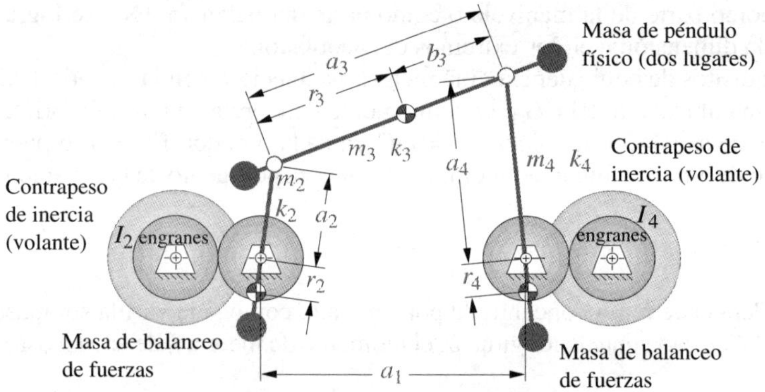

FIGURA 12-11 Mecanismo de cuatro barras en línea con fuerzas y momentos completamente balanceados con acoplador de péndulo físico y contrapesos de inercia en los eslabones rotatorios

$$A_3 = -m_3\left(k_3^2 + r_3^2 - a_3 r_3\right)$$
$$A_4 = -m_4\left(k_4^2 + r_4^2 + a_4 r_4\right)$$

α_i es la aceleración angular del eslabón i. Las demás variables se definen en la figura 12-11.

La adición de los dos contrapesos de inercia proporciona

$$M_s = \sum_{i=2}^{4} A_i \alpha_i + I_2\alpha_2 + I_4\alpha_4 \tag{12.15}$$

Se puede forzar el momento de sacudimiento para que sea igual a cero si

$$\begin{aligned} I_2 &= -A_2 \\ I_4 &= -A_4 \\ A_3 &= 0, \quad \text{o} \quad k_3^2 = r_3\left(a_3 - r_3\right) \end{aligned} \tag{12.16}$$

Esto conduce a un conjunto de cinco ecuaciones de diseño que se deben satisfacer para un balanceo completo de fuerzas y de momentos de un mecanismo de cuatro barras en línea.*

$$m_2 r_2 = m_3 b_3\left(\frac{a_2}{a_3}\right) \tag{12.17a}$$

$$m_4 r_4 = m_3 r_3\left(\frac{a_4}{a_3}\right) \tag{12.17b}$$

$$k_3^2 = r_3 b_3 \tag{12.17c}$$

$$I_2 = m_2\left(k_2^2 + r_2^2 + a_2 r_2\right) \tag{12.17d}$$

$$I_4 = m_4\left(k_4^2 + r_4^2 + a_4 r_4\right) \tag{12.17e}$$

Las ecuaciones 12.17*a* y 12.17*b* son los criterios para balanceo de fuerzas de la ecuación 12.8 (p. 446) para el caso de mecanismo en línea. La ecuación 12.17*c* define al acoplador como un péndulo físico. Las ecuaciones 12.17*d* y 12.17*e* definen los momentos de inercia de masa requeridos para los dos contrapesos de inercia. Obsérvese que si el mecanismo funciona a velocidad angular constante, α_2 será cero en la ecuación 12.14 (p. 451) y el contrapeso de inercia en el eslabón 2 puede omitirse.

12.7 MEDICIÓN Y CORRECCIÓN DEL DESBALANCEO

Si bien puede hacerse mucho para garantizar el balanceo cuando se diseña una máquina, las variaciones y tolerancias de fabricación impedirán que incluso un diseño bien balanceado resulte perfectamente balanceado cuando se fabrica. Por tanto, se requiere una forma de medir y corregir el desbalanceo en sistemas rotatorios. Tal vez el mejor ejemplo de ensamble a analizar es el del rin y la llanta de un

* Estas componentes del producto mR necesarias para balancear las fuerzas del mecanismo representan toda la cantidad requerida. Si los eslabones 2 y 4 se diseñaron con algo de desbalanceo individual (es decir, el CG no está en el pivote), entonces el producto mR existente del eslabón desbalanceado debe restarse del calculado con las ecuaciones 12.17*a* y 12.17*b* para determinar el tamaño y ubicación de los contrapesos adicionales a agregarse a esos eslabones.

automóvil, con el que la mayoría de los lectores están familiarizados. Ciertamente el diseño de este dispositivo promueve el balanceo, ya que es esencialmente cilíndrico y simétrico. Si se fabrica para que sea perfectamente uniforme en cuanto a geometría y homogéneo en cuanto a material, deberá resultar perfectamente balanceado. Pero no siempre es así. Es más probable que el rin resulte más balanceado al fabricarse que la llanta. El rin es de un metal homogéneo, y su geometría y sección transversal son bastante uniformes. La llanta es un compuesto de elastómero de caucho sintético y cuerdas de tela o alambre metálico, que en conjunto se comprime en un molde y se endurece por medio de vapor a alta temperatura. El material resultante varía en cuanto a densidad y distribución, y su geometría a menudo se distorsiona en el proceso de extracción del molde y enfriamiento.

BALANCEO ESTÁTICO Después de montar el rin en la rueda, el ensamble se debe balancear para reducir la vibración a altas velocidades. El método más simple es el balanceo estático, aun cuando no es ideal para este caso, ya que es axialmente amplio comparado con el diámetro. Para efectuar esto, se suspende en un plano horizontal sobre un cono a través de su orificio central. Se fija un nivel de burbuja en el rin y se colocan pesos en posiciones alrededor del mismo hasta que queda nivelada. Luego, estos pesos se fijan en el rin en esas posiciones. Éste es un balanceo en un solo plano y por tanto sólo puede eliminar las fuerzas desbalanceadas. No afecta los momentos desbalanceados provocados por una distribución desigual de la masa a lo largo del eje de rotación. Además, no es muy preciso.

BALANCEO DINÁMICO El mejor método es el balanceo dinámico. Se requiere de una máquina de balanceo dinámico. La figura 12-12 muestra el esquema de un dispositivo utilizado para balancear rines y llantas o cualquier otro ensamble rotatorio. El ensamble a balancear se monta temporalmente sobre un eje, llamado mandril, el cual está soportado en cojinetes dentro del balanceador. Cada uno de estos cojinetes se monta en una suspensión que contiene un transductor que mide las fuerzas dinámicas. Un tipo común de transductor de fuerzas contiene un cristal piezoeléctrico que proporciona un voltaje proporcional a la fuerza aplicada. Este voltaje se amplifica electrónicamente y se suministra a circuitos o a un software que pueden calcular su magnitud pico y el ángulo de fase del mismo con respecto a una señal de referencia de tiempo. La señal de referencia se suministra por un codificador de eje que va en el mandril, el cual proporciona un pulso eléctrico de corta duración una vez por revolución en la misma ubicación angular. Este pulso codificador acciona la computadora para comenzar a procesar la señal de fuerza. El codificador también proporciona un gran número de pulsos equidistantes adicionales alrededor de la circunferencia del eje (a menudo 1 024), los que se utilizan para iniciar el registro de cada muestra de datos tomada por los transductores siempre en el mismo lugar alrededor del eje para medir la velocidad del eje mediante un contador electrónico.

El ensamble a balancear se "pone a girar" a determinada velocidad angular mediante un impulsor de fricción en contacto con su circunferencia. Luego se retira el par de torsión motriz y se detiene el motor impulsor, lo cual permite que el ensamble "marche con rueda libre". (Esto es para evitar medir cualesquiera fuerzas producidas por desbalanceos en el sistema impulsor.) Se inicia la secuencia de medición, y las fuerzas dinámicas en cada cojinete se miden al mismo tiempo al guardar sus formas

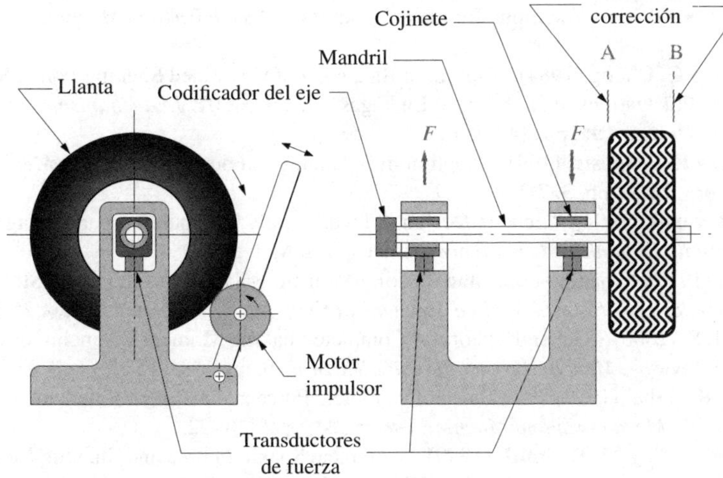

FIGURA 12-12 Balanceador de ruedas dinámico

TABLA P12-0
Matriz de temas/problemas

12.1 Balanceo estático
12-1, 12-2, 12-3, 12-4, 12-37

12.2 Balanceo dinámico
12-5, 12-13, 12-14, 12-15, 12-16, 12-17, 12-18, 12-19, 12-38, 12-39

12.3 Balanceo de mecanismos
12-8a, 12-12, 12-27, 12-29, 12-31, 12-33, 12-35, 12-40

12.5 Efecto del balanceo en el par de entrada
12-8b, 12-9, 12-10, 12-11

12.6 Balanceo de momentos de sacudimiento en mecanismos
12-20, 12-21, 12-22, 12-23, 12-28, 12-30, 12-32, 12-34, 12-36

12.7 Medición y corrección de desbalanceo
12-6, 12-7, 12-24, 12-25, 12-26

de onda. Se pueden medir y promediar muchos ciclos para mejorar la calidad de la medición. Como las fuerzas se miden en dos localizaciones desplazadas a lo largo del eje, se calculan tanto los datos de la suma de momentos como los de la suma de fuerzas.

Se envían las señales de fuerza a una computadora integrada para el procesamiento y cálculo de las masas de balanceo y localizaciones requeridas. Los datos requeridos son las magnitudes de las fuerzas pico y las ubicaciones angulares de esos picos con respecto al ángulo de referencia del codificador del eje (que corresponde a un punto conocido en la rueda). Las ubicaciones axiales de los bordes interno y externo del rin de la rueda (los planos de corrección) con respecto a las ubicaciones del transductor de la máquina de balanceo se proporcionan a la computadora de la máquina por medio de la medición del operador. Con estos datos se pueden calcular las fuerzas netas desbalanceadas y los momentos netos desbalanceados, puesto que se conoce la distancia entre las fuerzas medidas en los cojinetes. Los productos masa-radio requeridos en los planos de corrección en cada lado de la rueda se pueden calcular entonces con las ecuaciones 12.3 (p. 441) en términos del producto *mR* de los pesos de balanceo. El radio de corrección es el del rin de la rueda. Se calculan las masas de balanceo y las ubicaciones angulares para cada plano de corrección para poner el sistema en balanceo dinámico. Los pesos que tiene la masa requerida se sujetan en los bordes interno y externo del rin de la rueda (los cuales son los planos de corrección en este caso), en las ubicaciones angulares apropiadas. El resultado es un rin y una llanta dinámicamente balanceados con bastante precisión.

12.8 REFERENCIAS

1 **Lowen, G. G. y R. S. Berkof** (1968). "Survey of Investigations into the Balancing of Linkages", *J. Mechanisms*, **3**(4), pp. 221-231.

2 **Lowen, G. G. y cols.** (1983). "Balancing of Linkages-An Update", *Journal of Mechanism and Machine Theory*, **18**(3), pp. 213-220.

3 **Berkof, R. S. y G. G. Lowen** (1969). "A New Method for Completely Force Balancing Simple Linkages", *Trans. ASME J. of Eng. for Industry* (febrero), pp. 21-26.

4 **Tepper, F. R. y G. G. Lowen** (1972). "General Theorems Concerning Full Force Balancing of Planar Linkages by Internal Mass Redistribution", *Trans ASME J. of Eng. for Industry*, **94 series B**(3), pp. 789-796.

5 **Weiss, K. y R. G. Fenton** (1972). "Minimum Inertia Weight", *Mech. Chem. Engng. Trans. I.E. Aust.*, **MC8**(1), pp. 93-96.

6 **Berkof, R. S. y G. G. Lowen** (1971). "Theory of Shaking Moment Optimization of Force-Balanced Four-Bar Linkages", *Trans. ASME J. of Eng. for Industry* (febrero), pp. 53-60.

7 **Berkof, R. S.** (1972). "Complete Force and Moment Balancing of Inline Four-Bar Linkages", *J. Mechanism and Machine Theory*, **8** (agosto), pp. 397-410.

8 **Hockey, B. A.** (1971). "An Improved Technique for Reducing the Fluctuation of Kinetic Energy in Plane Mechanisms", *J. Mechanisms*, **6**, pp. 405-418.

9 **Hockey, B. A.** (1972). "The Minimization of the Fluctuation of Input Torque in Plane Mechanisms", *Mechanism and Machine Theory*, **7**, pp. 335-346.

10 **Berkof, R. S.** (1979). "The Input Torque in Linkages", *Mechanism and Machine Theory*, **14**, pp. 61-73.

11 **Lee, T. W. y C. Cheng** (1984). "Optimum Balancing of Combined Shaking Force, Shaking Moment, and Torque Fluctuations in High Speed Linkages", *Trans. ASME J. Mechanisms, Transmission, Automation and Design*, **106**, pp. 242-251.

12 **Qi, N. M. y E. Pennestri** (1991). "Optimum Balancing of Fourbar Linkages", *Mechanism and Machine Theory*, **26**(3), pp. 337-348.

13 **Porter, B. y cols.** (1994). "Genetic Design of Dynamically Optimal Fourbar Linkages", *Proc. of 23rd Biennial Mechanisms Conference*, Minneapolis, MN, p. 413.

14 **Bagci, C.** (1975). "Shaking Force and Shaking Moment Balancing of the Plane Slider-Crank Mechanism", *Proc. of The 4th OSU Applied Mechanism Conference*, Stillwater, OK, p. 25-1.

15 **Kochev, I. S.** (2000). "General Theory of Complete Shaking Moment Balancing of Planar Linkages: A Critical Review", *Mechanism and Machine Theory*, **35**, pp. 1501-1514.

16 **Esat, I. y R. Bahai** (1999). "A Theory of Complete Force and Moment Balancing of Planar Linkage Mechanisms", *Mechanism and Machine Theory*, **34**, pp. 903-922.

17 **Arakelian, V. H. y M. R. Smith** (1999). "Complete Shaking Force and Shaking Moment Balancing of Linkages", *Mechanism and Machine Theory*, **34**, pp. 1141-1153.

12-9 PROBLEMAS

*†12-1 Se debe diseñar un sistema de dos brazos coplanares en un eje común, como se muestra en la figura 12-1 (p. 439). Para la(s) fila(s) asignada(s) en la tabla P12-1, determine la fuerza de sacudimiento del mecanismo cuando funciona desbalanceado a 10 rad/s y diseñe un contrapeso para balancear estáticamente el sistema. Trabaje con el sistema de unidades de su preferencia.

†12-2 El minutero del "Big Ben" pesa 40 lb y mide 10 pies de largo. Su *CG* está a 4 pies del pivote. Calcule el producto *mR* y la ubicación angular necesarios para balancear estáticamente este eslabón y diseñe un contrapeso físico, colocado cerca del centro. Seleccione el material y diseñe la forma detallada del contrapeso, el cual es de 2 pulgadas de espesor uniforme en la dirección *Z*.

†12-3 Se diseñará un cartel de publicidad de la "V por la victoria" para que oscile con respecto al vértice de la V, en un tablero, como balancín de un mecanismo de cuatro barras. El ángulo entre las piernas de la V es de 20°. Cada pierna es de 8 pies de largo y de 1.5 pies de ancho. El material es aluminio de 0.25 pulgadas de espesor. Diseñe el eslabón en V para el balanceo estático.

†12-4 Un ventilador de techo tiene tres aspas rectangulares equidistantes entre sí, de 1.5 pies por 0.25 pies, que nominalmente pesan 2 lb cada una. Las tolerancias de fabricación provocarán que el peso de las aspas varíe hasta más o menos 5%. La precisión del montaje de las aspas variará la ubicación del *CG* con respecto al eje de rotación en más o menos 10% de los diámetros de las aspas. Calcule el peso del contrapeso de acero más grande necesario en un radio de 2 pulgadas para balancear estáticamente el peor ensamble de las aspas si el radio mínimo de éstas es de 6 pulgadas.

*†12-5 Se coloca un sistema de tres contrapesos coplanares en un eje, como se muestra en la figura 12-3 (p. 442). Con las dimensiones de la(s) fila(s) asignada(s) en la tabla P12-2, determine las fuerzas y el momento de sacudimiento cuando funciona a 100 rpm desbalanceado, y especifique el producto *mR* y el ángulo de los contrapesos en los planos de corrección *A* y *B* necesarios para balancear dinámicamente el sistema. Los planos de corrección están a 20 unidades apartados. Trabaje en el sistema de unidades de su preferencia.

*†12-6 Un ensamble de rin y llanta se puso a funcionar a 100 rpm en una máquina de balanceo dinámico como se muestra en la figura 12-12 (p. 453). La fuerza medida en el cojinete izquierdo mostró un valor pico de 5 lb con ángulo de fase de 45° con respecto al ángulo de referencia cero en la llanta. La fuerza medida en el cojinete derecho mostró un valor pico de 2 lb con un ángulo de fase de –120° con respecto al ángulo de referencia cero en la llanta. La distancia entre centros de los dos cojinetes en la máquina es de 10 pulgadas. El borde izquierdo del rin está a 4 pulgadas de la línea de centros del cojinete más cercano. El rin es de 7 pulgadas de ancho en el borde. Calcule el tamaño y ubicación con respecto al ángulo de referencia cero de la llanta, de los pesos de balanceo requeridos en cada lado del rin para balancear dinámicamente el ensamble de llanta. El rin es de 15 pulgadas de diámetro.

TABLA P12-1 Datos para el problema 12-1

Fila	m_1	m_2	R_1	R_2
a	0.20	0.40	1.25 @ 30°	2.25 @ 120°
b	2.00	4.36	3.00 @ 45°	9.00 @ 320°
c	3.50	2.64	2.65 @ 100°	5.20 @ –60°
d	5.20	8.60	7.25 @ 150°	6.25 @ 220°
e	0.96	3.25	5.50 @ –30°	3.55 @ 120°

TABLA P12-2 Datos para el problema 12-5

Fila	m_1	m_2	m_3	l_1	l_2	l_3	R_1	R_2	R_3
a	0.20	0.40	1.24	2	8	17	1.25 @ 30°	2.25 @ 120°	5.50 @ -30°
b	2.00	4.36	3.56	5	7	16	3.00 @ 45°	9.00 @ 320°	6.25 @ 220°
c	3.50	2.64	8.75	4	9	11	2.65 @ 100°	5.20 @ -60°	1.25 @ 30°
d	5.20	8.60	4.77	7	12	16	7.25 @ 150°	6.25 @ 220°	9.00 @ 320°
e	0.96	3.25	0.92	1	3	18	5.50 @ 30°	3.55 @ 120°	2.65 @ 100°

* Respuestas en el apéndice F.
† Estos problemas se pueden resolver con los programas *Mathcad, Matlab* o *TKSolver*.

12

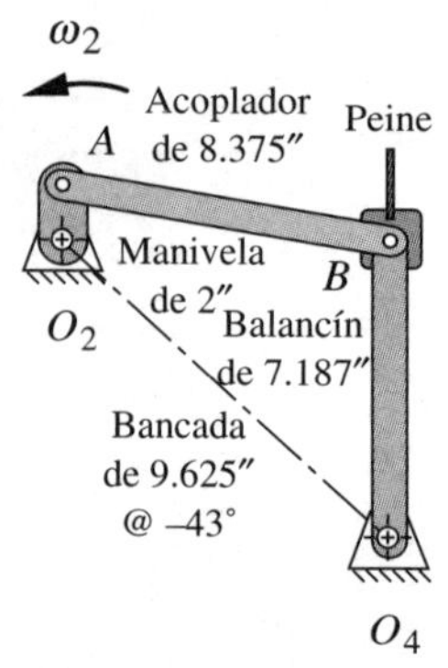

FIGURA P12-1 Problema 12-9

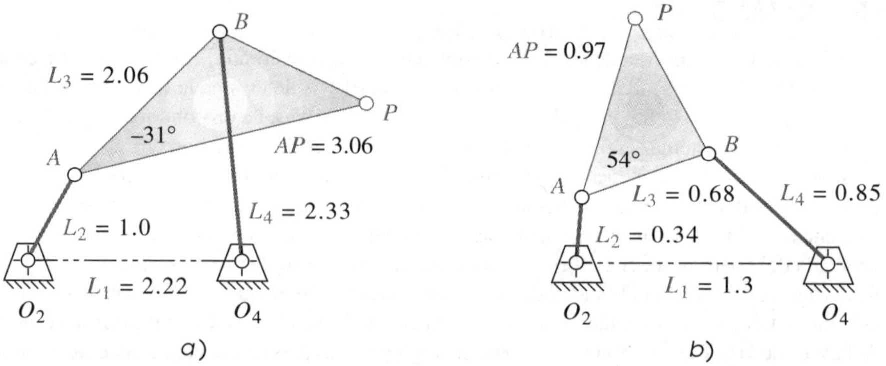

FIGURA P12-2 Problemas 12-10 y 12-11

*†12-7 Repita el problema 12-6 con fuerzas de 6 lb a un ángulo de fase de –60° con respecto al ángulo de referencia cero en la llanta, medida en el cojinete izquierdo, y de 4 lb a un ángulo de fase de 150° con respecto al cero de referencia en la llanta, medida en el cojinete derecho. El diámetro del rin es de 16 pulgadas.

*†‡12-8 La tabla P11-3 (p. 427) muestra la geometría y datos cinemáticos de varios mecanismos de cuatro barras.

a) Para la(s) fila(s) asignada(s) en este problema, calcule el tamaño y ubicaciones angulares de los productos masa-radio de contrabalanceo requeridos en los eslabones 2 y 4 para balancear las fuerzas por completo en el mecanismo con el método de Berkof y Lowen. Revise su cálculo manual con el programa LINKAGES.

b) Calcule el par de torsión de entrada para el mecanismo tanto con los pesos de balanceo agregados como sin ellos, y compare los resultados. Use el programa LINKAGES.

*†12-9 El eslabón 2 de la figura P12-1 gira a 500 rpm. Los eslabones son de acero con secciones transversales de 1 × 2 pulgadas. La mitad del peso de 29 lb del marco y peine es soportado por el mecanismo en el punto *B*. Diseñe contrapesos para balancear las fuerzas en el mecanismo y determine su cambio en el par de torsión pico en comparación con la condición desbalanceada. Véase el problema 11-13 (p. 425) para más información sobre el mecanismo completo.

†‡12-10 La figura P12-2*a* muestra un mecanismo de cuatro barras con sus dimensiones en metros. La manivela y balancín de acero tienen secciones transversales uniformes de 50 mm de ancho por 25 mm de espesor. El acoplador de aluminio es de 25 mm de espesor. La manivela O_2A gira a una velocidad constante de $\omega = 40$ rad/s. Diseñe contrapesos para balancear las fuerzas en el mecanismo y determine su cambio en el par de torsión pico con respecto a la condición desbalanceada.

†‡12-11 La figura P12-2*b* muestra un mecanismo de cuatro barras con sus dimensiones en metros. La manivela y balancín de acero tienen secciones transversales uniformes de 50 mm de ancho por 25 mm de espesor. El acoplador de aluminio es de 25 mm de espesor. La manivela O_2A gira a una velocidad constante de $\omega = 50$ rad/s. Diseñe contrapesos para balancear las fuerzas en el mecanismo y determine su cambio en el par de torsión pico con respecto a la condición desbalanceada.

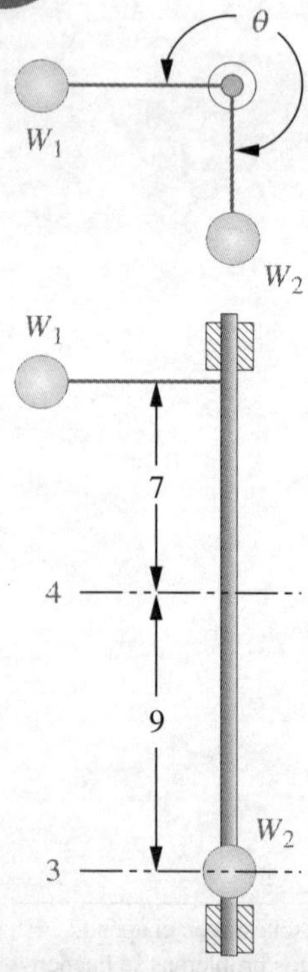

FIGURA P12-3 Problema 12-13

†12-12 Escriba un programa de computadora o utilice un programa capaz de resolver ecuaciones, como *Mathcad*, *Matlab* o *TKSolver*, para determinar los productos masa-radio que balancearán las fuerzas de cualquier mecanismo de cuatro barras cuya geometría y propiedades de masa se conocen.

†12-13 La figura P12-3 muestra un sistema con dos contrapesos en un eje rotatorio, $W_1 = 15$ lb @ 0° en un radio de 6 pulg y $W_2 = 20$ lb @ 270° en un radio de 5 pulg. Determine las magnitudes y los ángulos de los pesos de balanceo necesarios para balancear dinámicamente el sistema. El peso de balanceo en el plano 3 se coloca a un radio de 5 pulgadas, y en el plano 4, a 8 pulgadas.

*†12-14 La figura P12-4 muestra un sistema con dos pesos en un eje rotatorio, $W_1 = 20$ lb @ 45° en un radio de 6 pulg y $W_2 = 15$ lb @ 300° en un radio de 4 pulg. Determine los radios y ángulos de los pesos de balanceo necesarios para balancear dinámicamente el sistema. El peso de balanceo en el plano 3 pesa 20 lb y en el plano 4 pesa 40 lb.

†12-15 La figura P12-5 muestra un sistema con dos pesos en un eje rotatorio, $W_1 = 10$ lb @ 90° en un radio de 3 pulg y $W_2 = 15$ lb @ 240° en un radio de 3 pulgadas. Determine las magnitudes y ángulos de los pesos de balanceo necesarios para balancear dinámicamente el sistema. Los contrapesos de balanceo en los planos 3 y 4 están a un radio de 3 pulgadas.

*†12-16 La figura P12-6 muestra un sistema con tres pesos en un eje rotatorio, $W_1 = 6$ lb @ 120° en un radio de 5 pulg, $W_2 = 12$ lb @ 240° en un radio de 4 pulg y $W_3 = 9$ lb @ 300° en un radio de 8 pulg. Deter-

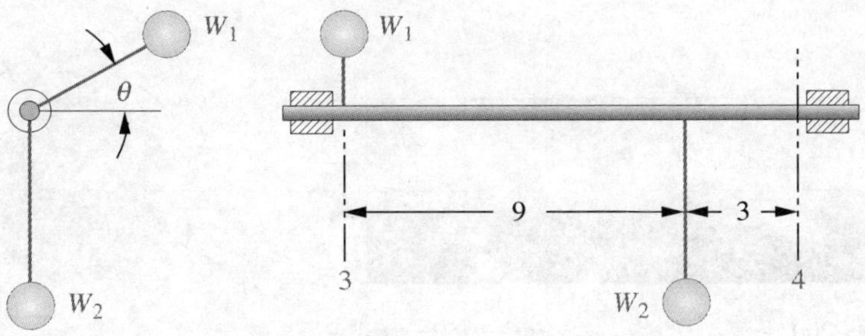

FIGURA P12-4 Problema 12-14

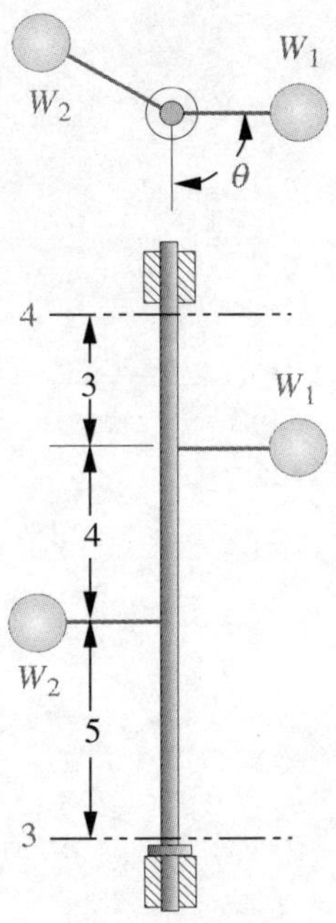

FIGURA P12-5 Problema 12-15

mine las magnitudes y ángulos de los pesos de balanceo necesarios para balancear dinámicamente el sistema. Los pesos de balanceo en los planos 4 y 5 se colocan a un radio de 4 pulgadas.

†12-17 La figura P12-7 muestra un sistema con tres pesos en un eje rotatorio, W_2 = 10 lb @ 90° en un radio de 3 pulgadas y W_3 = 10 lb @ 180° en un radio de 4 pulgadas y W_4 = 8 lb @ 315° en un radio de 4 pulgadas. Determine las magnitudes y ángulos de los pesos de balanceo necesarios para balancear dinámicamente el sistema. El peso de balanceo en el plano 1 se coloca a radio de 4 pulgadas, y el plano 5, en uno de 3 pulgadas.

*†12-18 El rodillo de acero de 400 mm de diámetro mostrado en la figura P12-8 (p. 458) se probó en una máquina de balanceo dinámico a 100 rpm y muestra una fuerza desbalanceada F_1 = 0.291 N @ θ_1 = 45° en el plano *xy* en 1 y F_4 = 0.514 N @ θ_4 = 210° en el plano *xy* en 4. Determine las ubicaciones angulares y los diámetros requeridos de los orificios de 25 mm de profundidad perforados radialmente hacia adentro de la superficie en los planos 2 y 3 para balancear dinámicamente el sistema.

†12-19 El rodillo de acero de 500 mm de diámetro mostrado en la figura P12-8 (p. 458) se probó en una máquina de balanceo dinámico a 100 rpm y muestra una fuerza desbalanceada F_1 = 0.23 N @ θ_1 = 30° en el plano *xy* en 1 y F_4 = 0.62 N @ θ_4 = 135° en el plano *xy* en 4. Determine las ubicaciones angulares y los diámetros requeridos de los orificios de 25 mm de profundidad perforados radialmente hacia dentro de la superficie en los planos 2 y 3 para balancear dinámicamente el sistema.

†‡12-20 El mecanismo de la figura P12-9*a* (p. 458) tiene eslabones de acero rectangulares de 20 × 10 mm de sección transversal similar a la mostrada en la figura 12-10*a* (p. 450). Diseñe los contrapesos de balanceo necesarios y otros elementos necesarios para eliminar por completo la fuerza y el momento de sacudimiento. Plantee todas las suposiciones.

†‡12-21 Repita el problema 12-20 con los eslabones configurados como en la figura 12-10*b* (p. 450) con la misma sección transversal, pero con diámetros de 50 mm en los extremos del "hueso de perro".

†‡12-22 El mecanismo de la figura P12-9*b* (p. 458) tiene eslabones de acero rectangulares de 20 × 10 mm de sección transversal similar a la mostrada en la figura 12-10*a*. Diseñe los pesos de balanceo necesarios y otros elementos necesarios para eliminar por completo la fuerza y el momento de sacudimiento. Enuncie todas las suposiciones.

†‡12-23 Repita el problema 12-22 con los eslabones configurados como en la figura 12-10*b* (p. 450) con la misma sección transversal, pero con diámetros de 50 mm en los extremos del "hueso de perro".

†12-24 El dispositivo mostrado en la figura P12-10 (p. 458) se utiliza para balancear ensambles de aspas/maza que giran a 600 rpm. La distancia entre centros de los dos cojinetes en la máquina es de 250 mm. El borde izquierdo de la maza del ventilador (plano *A*) está a 100 mm de la línea de centros del cojinete más próximo (en F_2). La maza es de 75 mm de ancho a lo largo de su eje y su diámetro es de 200 mm a lo largo de las superficies donde se sujetan los pesos de balanceo. La magnitud pico de la fuerza F_1 es de 0.5 N con un ángulo de fase de 30° con respecto al eje rotatorio *x'*. La fuerza F_2 alcanzó un valor pico de 0.2 N con un ángulo de fase de –130°. Calcule las magnitudes y ubicacio-

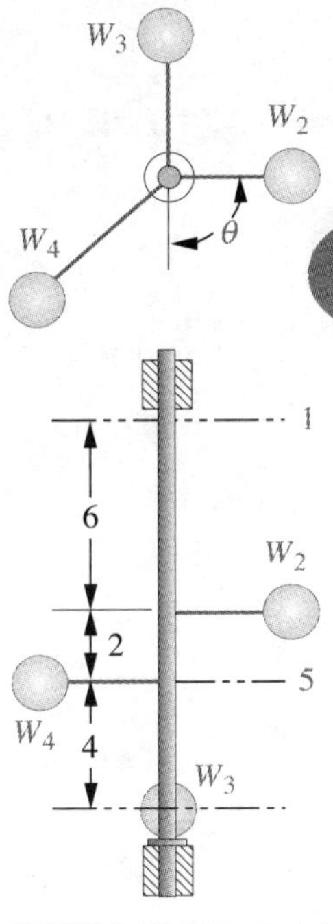

FIGURA P12-7 Problema 12-17

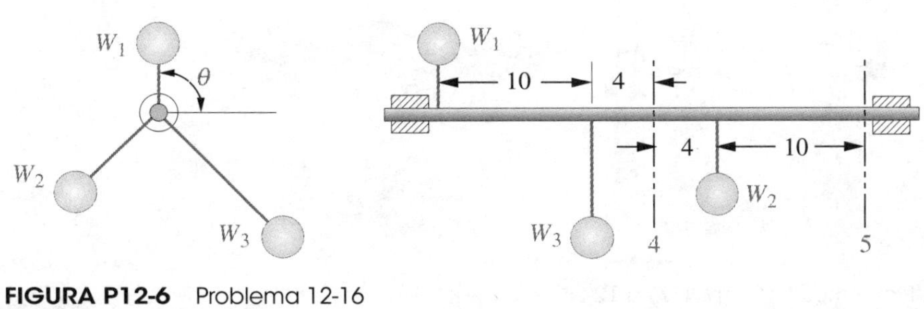

FIGURA P12-6 Problema 12-16

* Respuestas en el apéndice F.
† Estos problemas se pueden resolver con los programas *Mathcad*, *Matlab* o *TKSolver*.
‡ Las soluciones de estos problemas se pueden verificar con el programa LINKAGES que viene en el DVD adjunto.

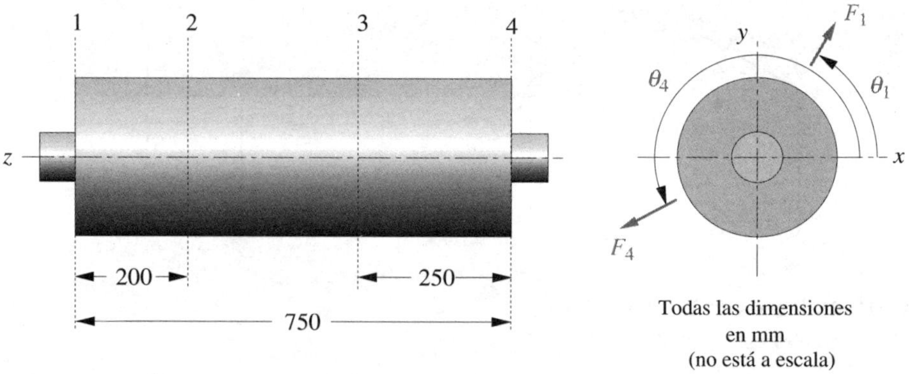

FIGURA P12-8 Problemas 12-18 y 12-19

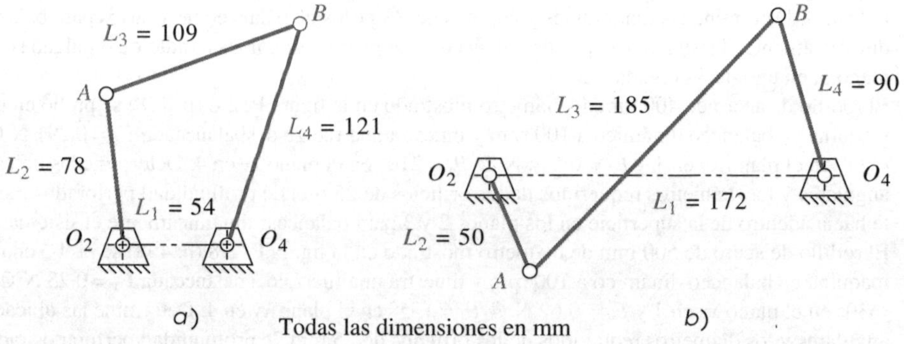

FIGURA P12-9 Problemas 12-20 a 12-23 (p. 457)

nes con respecto al eje x' de los pesos de balanceo colocados en los planos A y B de la maza para balancear dinámicamente el ensamble del ventilador.

†12-25 Repita el problema 12-24 con los siguientes datos. La maza es de 55 mm de ancho y tiene un diámetro de 150 mm a lo largo de las superficies donde se sujetan los pesos de balanceo. La fuerza F_1 medida en el cojinete izquierdo alcanzó un valor pico de 1.5 N con un ángulo de fase de 60° con respecto al eje rotatorio x'. La fuerza F_2 medida en el cojinete derecho alcanzó un valor pico de 2.0 N con un ángulo de fase de –180° con respecto al eje rotatorio x'.

†12-26 Repita el problema 12-24 con los siguientes datos. La maza es de 125 mm de ancho y tiene un diámetro de 250 mm a lo largo de las superficies donde se sujetan los pesos de balanceo. La fuerza F_1 medida en el cojinete izquierdo alcanzó un valor pico de 1.1 N con un ángulo de fase de 120° con respecto al eje rotatorio x'. La fuerza F_2 medida en el cojinete derecho alcanzó un valor pico de 1.8 N con un ángulo de fase de –93° con respecto al eje rotatorio x'.

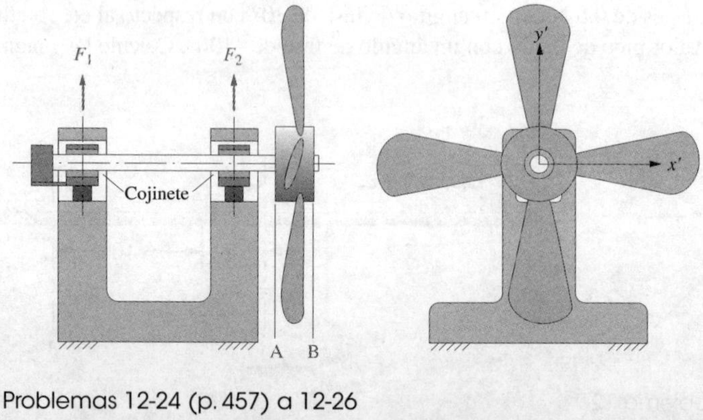

FIGURA P12-10 Problemas 12-24 (p. 457) a 12-26

‡ Estos problemas se pueden resolver con el programa LINKAGES que viene en el DVD adjunto.

†‡12-27 La figura P12-11 muestra un mecanismo de cuatro barras. $L_1 = 160$, $L_2 = 58$, $L_3 = 108$ y $L_4 = 110$ mm. Todos los eslabones son de acero de 4 mm de espesor por 20 mm de ancho. Los extremos cuadrados del eslabón 3 se extienden 10 mm más allá de los pivotes. Los otros eslabones tienen un radio de 10 mm alrededor del orificio. Diseñe contrapesos para balancear las fuerzas del mecanismo con el método de Berkof y Lowen.

†‡12-28 Use los datos del problema 12-27 para diseñar los pesos de balanceo necesarios y otros elementos para eliminar por completo la fuerza y el momento de sacudimiento que el mecanismo ejerce en el eslabón de bancada.

†‡12-29 El mecanismo de la figura P12-11 tiene las siguientes longitudes de eslabón: $L_1 = 3.26$, $L_2 = 2.75$, $L_3 = 3.26$ y $L_4 = 2.95$ pulg. Todos los eslabones son de acero de 0.5 pulg de ancho × 0.2 pulg de espesor. Los extremos cuadrados del eslabón 3 se extienden 0.25 pulg más allá de los pivotes. Los eslabones 2 y 4 tienen extremos redondeados que tienen un radio de 0.25 pulg. Diseñe contrapesos para balancear las fuerzas del mecanismo usando el método de Berkof y Lowen.

†‡12-30 Use los datos del problema 12-29 para diseñar los pesos de balanceo y otros elementos necesarios para eliminar por completo la fuerza y el momento de sacudimiento que el mecanismo ejerce en el eslabón de bancada.

†‡12-31 El mecanismo de la figura P12-11 tiene las siguientes longitudes de eslabón: $L_1 = 8.88$, $L_2 = 3.44$, $L_3 = 7.40$ y $L_4 = 5.44$ pulg. Todos los eslabones tienen una sección transversal uniforme de 0.5 pulgadas de ancho × 0.2 pulgadas de espesor y están hechos de aluminio. El eslabón 3 tiene extremos cuadrados que se extienden a 0.25 pulgadas de los centros pivote. Los eslabones 2 y 4 tienen extremos redondeados con radio de 0.25 pulgadas. Diseñe contrapesos para balancear las fuerzas en el mecanismo con el método de Berkof y Lowen.

†‡12-32 Use los datos del problema 12-31 para diseñar los pesos de balanceo y otros elementos necesarios para eliminar por completo la fuerza y momento de sacudimiento que el mecanismo ejerce en el eslabón de bancada.

†‡12-33 El mecanismo de la figura P12-12 tiene $L_1 = 9.5$, $L_2 = 5.0$, $L_3 = 7.4$, $L_4 = 8.0$ y $AP = 8.9$ pulg. Los eslabones 2 y 4 son rectangulares de acero con sección transversal de 1 pulgada de ancho × 0.12 pulgadas de espesor y extremos con radio de 0.5 pulgadas. El acoplador es de aluminio de 0.25 pulgadas de espesor con radios de 0.5 pulgadas en los puntos A, B y P. Diseñe los contrapesos para balancear las fuerzas en el mecanismo con el método de Berkof y Lowen.

†‡12-34 Use los datos del problema 12-33, pero con el eslabón 3 de acero y las mismas dimensiones de sección transversal de los eslabones 2 y 4, para diseñar los pesos de balanceo y otros elementos necesarios para eliminar por completo la fuerza y el momento de sacudimiento que el mecanismo ejerce en el eslabón de bancada.

†‡12-35 La figura P12-13 muestra un mecanismo de cuatro barras con sus dimensiones en pulgadas. Todos los eslabones son de acero de 0.08 pulgadas de espesor y tienen una sección transversal uniforme de 0.26 pulgadas de ancho × 0.12 pulgadas de espesor. Los eslabones 2 y 4 tienen extremos redondeados con radio de 0.13 pulgadas. El eslabón 3 tiene extremos cuadrados que se extienden a 0.13 pulgadas de los centros pivote. Diseñe contrapesos para balancear las fuerzas en el mecanismo con el método de Berkof y Lowen.

†‡12-36 Use los datos del problema 12-35 para diseñar los pesos de balanceo y otros elementos necesarios para eliminar por completo la fuerza y momento de sacudimiento que el mecanismo ejerce en el eslabón de bancada.

†12-37 Una compañía de manufactura fabrica ventiladores de techo con 5 aspas. Antes de ensamblar las aspas en el núcleo, éstas se pesan y se determina la ubicación del CG como una distancia desde el centro de rotación y una desviación angular del centro geométrico del aspa. En el ensamble final, un técnico recibe los datos del peso y el CG de las 5 aspas. Escriba un programa de computadora o

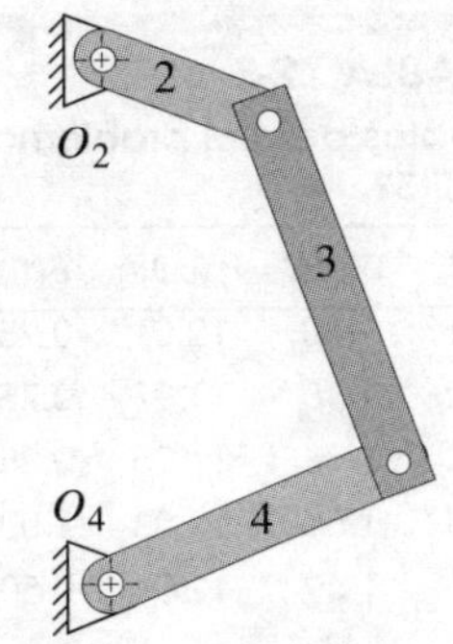

Esquemático. No a escala

FIGURA P12-11 Problemas 12-27 a 12-30

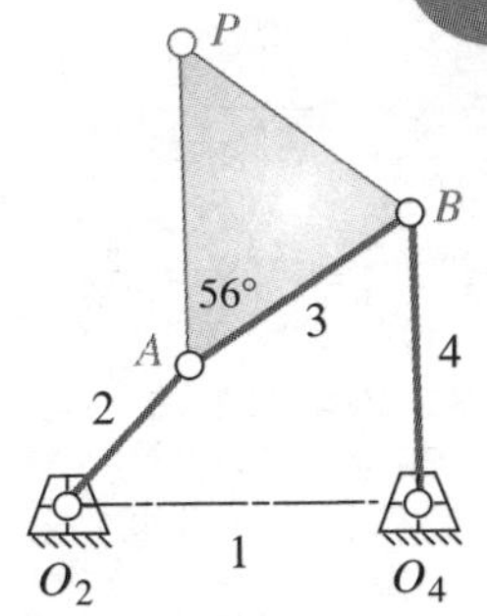

FIGURA P12.12 Problemas 12-33 a 12-34

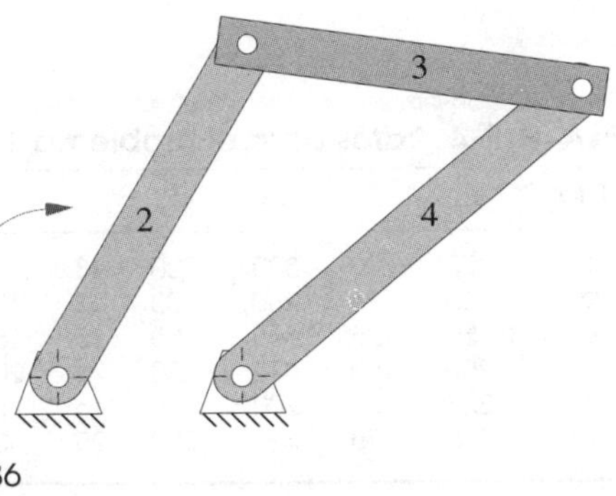

FIGURA P12-13 Problemas 12-35 y 12-36

† Estos problemas se pueden resolver con los programas *Mathcad*, *Matlab* o *TKSolver*.
‡ Estos problemas se pueden resolver con el programa LINKAGES que viene en el DVD adjunto.

TABLA 12-3
Datos para el problema 12-37

i	W_i(lb)	r_i (pulg)	δ_i(°)
1	1.50	12.01	–0.25
2	1.48	11.97	0.75
3	1.54	11.95	0.25
4	1.55	12.03	–1.00
5	1.49	12.04	–0.50

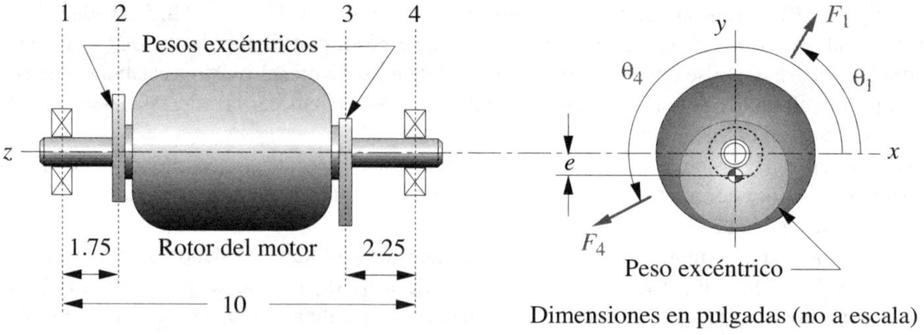

FIGURA P12-14 Problemas 12-38 y 12-39

utilice un solucionador de ecuaciones como *Mathcad* o *TKSolver* para calcular el peso que se requiere y la posición angular de un peso balanceado que esté unido al núcleo con un radio de 2.5 pulg. Use el centro geométrico del aspa uno como un eje de referencia. Pruebe su programa con los datos dados en la tabla P12-3.

*†12-38 El rotor del motor que se muestra en la figura P12-14 se probó en una máquina de balanceo dinámico a 1 800 rpm y muestra fuerzas desbalanceadas de F_1 = 2.43 lb @ θ_1 = 34.5° en el plano *xy* en 1 y F_4 = 5.67 lb @ θ_4 = 198° en el plano *x-y* en 4. Los pesos balanceados que consisten en discos cilíndricos cuyo centro de rotación es un orificio perforado están a una distancia *e* desde el centro del disco. El peso neto de cada disco es de 0.50 lb y los discos se encuentran localizados en los planos 2 y 3. Determine las localizaciones angulares de la línea que pasa por el orificio perforado y el centro del disco con respecto al eje *x*, y las distancias excéntricas *e* para balancear dinámicamente el sistema.

†12-39 El rotor del motor que se muestra en la figura P12-14 se probó en una máquina de balanceo dinámico a 1 450 rpm y muestra fuerzas desbalanceadas de F_1 = 4.82 lb @ θ_1 = 163° en el plano *xy* en 1 y F_4 = 7.86 lb @ θ_4 = 67.8° en el plano *x-y* en 4. Los pesos balanceados que consisten en discos cilíndricos cuyo centro de rotación es un orificio perforado están a una distancia *e* desde el centro del disco. El peso neto de cada disco es de 0.375 lb y los discos se encuentran localizados en los planos 2 y 3. Determine las localizaciones angulares de la línea que pasa por el orificio perforado y el centro del disco con respecto al eje *x*, y las distancias excéntricas *e* para balancear dinámicamente el sistema.

†12-40 En la tabla P12-4 se proporcionan la geometría y los datos cinemáticos para varios mecanismos de cuatro barras, semejantes al mostrado en la figura P12-11 (p. 459). Para la(s) fila(s) asignada(s) en la tabla P12-4, diseñe contrapesos del tipo mostrado en la figura P12-15 para los eslabones 2 y 4, a fin de balancear completamente las fuerzas en el mecanismo mediante el método de Berkof y Lowen. Los extremos cuadrados del eslabón 3 se extienden una distancia *e* desde el centro del orificio. Los otros extremos del eslabón son completamente redondos con un radio *r* alrededor del centro del orificio. Todos los orificios para pasador tienen el mismo diámetro *d,* y todos los eslabones tienen la misma anchura, 2*r*, y el mismo espesor *t*. Las longitudes de eslabón de orificio a orificio son L_1, L_2, L_3 y L_4. El contrapeso se maquinará integralmente con el eslabón y tendrá el mismo espesor que éste.

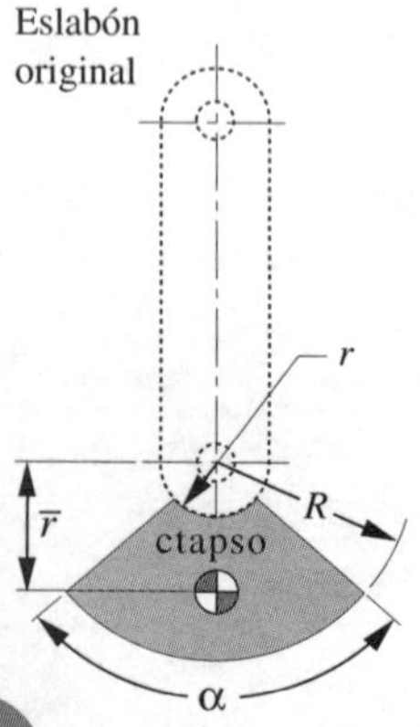

$$\bar{r} = \frac{2}{3}\frac{\left(R^3 - r^3\right)}{\left(R^2 - r^2\right)}$$

$$A = \frac{\alpha}{2}\left(R^2 - r^2\right)$$

FIGURA P12.15 Problema 12-40

12.10 LABORATORIO VIRTUAL

L12-1 Vea el video *Fourbar Linkage Virtual Laboratory* que se encuentra en el DVD. Abra el archivo *Virtual Fourbar Linkage Lab 12-1.doc* del DVD y siga las instrucciones que le dé su profesor. En este laboratorio se sugiere que compare los datos para las condiciones balanceadas y desbalanceadas del mecanismo.

TABLA P12-4 Datos para el problema 12-40 Longitudes en mm.

Fila	L_1	L_2	L_3	L_4	r	e	d	t	Material
a	375	100	300	200	13	13	6	4	Acero
b	150	75	250	300	12	15	6	4	Acero
c	50	125	375	350	15	15	8	6	Aluminio
d	250	150	475	400	20	20	10	3	Titanio
e	225	50	200	175	15	16	8	6	Aluminio
f	475	175	625	250	25	30	12	5	Acero

* Respuestas en el apéndice F.
† Estos problemas se pueden resolver con los programas *Mathcad, Matlab* o *TKSolver*.

CAPÍTULO 13

DINÁMICA DE MOTORES

Siempre he pensado que la sustitución del caballo
por la máquina de combustión interna marcó
una época muy triste en el progreso de la humanidad.

WINSTON S. CHURCHILL

13.0 INTRODUCCIÓN

En los capítulos previos se introdujeron técnicas de análisis para la determinación de fuerzas dinámicas, momentos y pares de torsión en maquinaria. También se analizaron las fuerzas de sacudimiento, momentos y su balanceo. Ahora se intentará incorporar todas estas consideraciones dinámicas al diseño de un dispositivo común, el mecanismo de manivela-corredera que se utiliza en el motor de combustión interna.* Este mecanismo, aparentemente simple, en realidad resulta ser muy complejo en función de las consideraciones dinámicas necesarias para su diseño en operación a alta velocidad. Por tanto, servirá como un excelente ejemplo de la aplicación de los conceptos dinámicos recién presentados. No se abordarán los aspectos termodinámicos del motor de combustión interna más allá de la definición de las fuerzas de combustión necesarias para impulsar el dispositivo. Muchos otros textos, como los citados en la bibliografía al final de este capítulo, se ocupan de los aspectos termodinámicos muy complejos y de dinámica de fluidos de este dispositivo. Sólo se tratarán los aspectos cinemáticos y dinámicos mecánicos. No se pretende convertir al estudiante en "diseñador de motores", sino que aplique los principios dinámicos a un problema de diseño real de interés general y transmitir al mismo tiempo la complejidad y fascinación implicadas en el diseño de un dispositivo dinámico aparentemente simple.

Es posible que algunos estudiantes hayan tenido la oportunidad de desarmar y dar mantenimiento a un motor de combustión interna, pero otros no lo han hecho. Por tanto, se comenzará con descripciones muy fundamentales del diseño y operación de un motor. El programa ENGINE, proporcionado con este texto, está diseñado para reforzar y ampliar los conceptos presentados. El programa realizará todos los cálculos tediosos necesarios para proporcionar al estudiante información para opciones y cambios de diseño. Se recomienda al estudiante utilizar este programa junto con la lectura del texto. Muchos ejemplos e ilustraciones del texto se generaron con este programa y con frecuencia se referirán a él. En el apéndice A se proporciona un manual para el usuario del programa ENGINE, que puede consultarse en cualquier momento para familiarizarse con su operación. Los ejemplos de los capítulos 13 y 14 que se ocupan de la dinámica de motores vienen incluidos en el programa ENGINE para que el estudiante los analice y practique. Se pueden encontrar en un menú desplegable en ese programa. El DVD contiene otros archivos de motores para el programa ENGINE.

13.1 DISEÑO DEL MOTOR

La figura 13-1 (p. 462) muestra la sección transversal detallada de un motor de combustión interna. El mecanismo básico consta de una manivela, una biela (acoplador) y un pistón (corredera). Como esta figura ilustra una configuración de motor de **ocho cilindros en V**, existen cuatro manivelas montadas en un cigüeñal, y ocho conjuntos de bielas y pistones, cuatro en el banco izquierdo de cilindros y cuatro en el derecho. En esta vista, sólo dos ensambles de pistón y biela son visibles en un muñón

* Información básica de la operación de motores con animación puede encontrarse en: htpp://www.howstuffworks.com/engine.htm

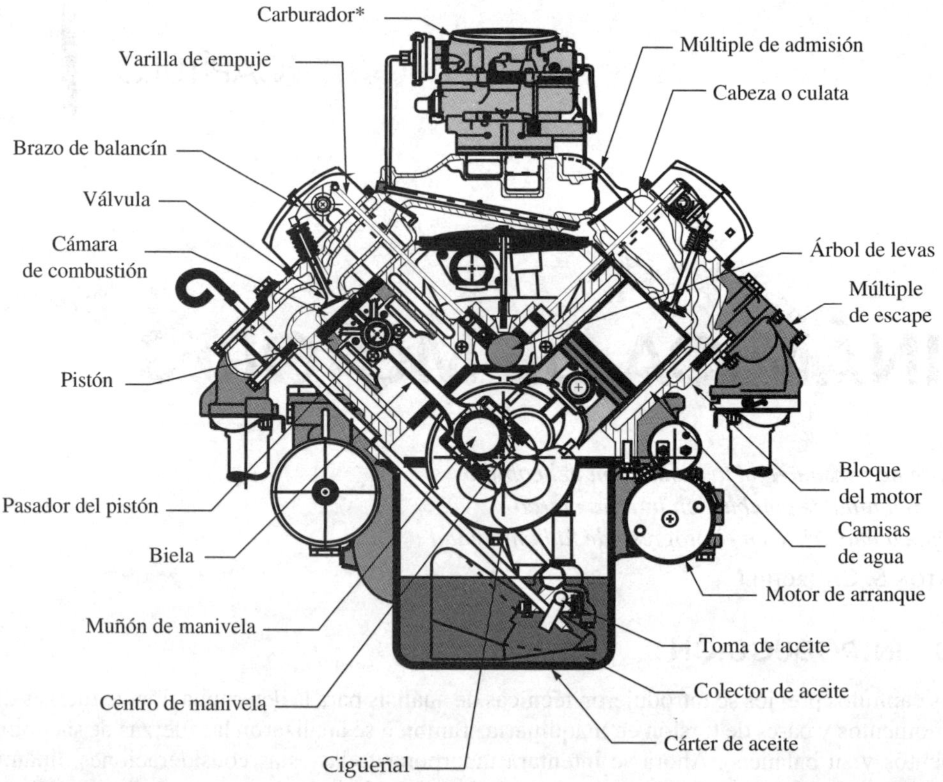

FIGURA 13-1 Sección transversal de un motor de ocho cilindros en V *Adaptada de un dibujo de Lane Thomas, Western Carolina University, Depto. de Educación Industrial, con autorización*

de manivela común. Los otros están detrás de ellos. La figura 13-2 muestra modelos de elementos finitos de un pistón, biela y cigüeñal de un motor de cuatro cilindros en línea. La disposición más usual es un motor en línea con todos los cilindros en un plano común. En todo el mundo se producen **motores en línea** de tres, cuatro, cinco y seis cilindros. También se producen **motores en V** de cuatro, seis, ocho, 10 y 12 cilindros, aunque las configuraciones más populares son las de seis en V y ocho en V. Las disposiciones geométricas del cigüeñal y los cilindros tienen un efecto significativo en la condición dinámica del motor. En el siguiente capítulo se estudian los efectos de las configuraciones multicilíndricas. Por el momento sólo se analizará el diseño de motores de **un solo cilindro**. Después de optimizar la geometría y la condición dinámica de un cilindro, podrán diseñarse combinaciones de cilindros en configuración multicilíndrica.

En la figura 13-3 se muestra un esquema del mecanismo de **manivela-corredera de un cilindro** básico y la terminología de sus partes principales. Obsérvese que es "pulsado hacia atrás" a diferencia de los mecanismos analizados en capítulos previos. Es decir, la explosión de la mezcla de combustible en el cilindro impulsa el pistón hacia la izquierda en la figura 13-3 o hacia abajo en la figura 13-4 (p. 464), lo que hace girar la manivela. El par de torsión de la manivela resultante se transmite a las ruedas motrices del vehículo mediante una transmisión (véase sección 9.11, p. 354) para impulsar el auto, motocicleta u otro dispositivo. También se puede utilizar el mismo mecanismo de manivela-corredera "impulsado hacia delante" al impulsar la manivela por medio de un motor y obtener la energía de salida del extremo del pistón. Esto se denomina **bomba de pistón** y se utiliza para comprimir aire, y bombear agua, gasolina y otros líquidos.

En el motor de combustión interna de la figura 13-3, es obvio que cuando mucho sólo se espera que los gases de explosión transmitan energía a la manivela durante la carrera de explosión del ciclo. El pistón debe regresar del punto muerto inferior (PMI) al punto muerto superior (PMS) por su propia cantidad de movimiento antes de recibir otro empuje de la siguiente explosión. De hecho, parte de la energía cinética rotatoria debe almacenarse en el cigüeñal para llevarlo por los puntos PMS y PMI, ya que el brazo de momento de la fuerza del gas en esos puntos es cero. Por tanto, un motor de combustión interna debe ser "girado" con una manivela manual, cuerda o motor de arranque para echarlo a andar.

* Los carburadores han sido reemplazados por sistemas de inyección de combustible en motores automotrices y otros que deben cumplir con las normas de control de emisiones de escape cada vez más estrictos en Estados Unidos. La inyección de combustible permite un mejor control sobre la mezcla combustible-aire que un carburador.

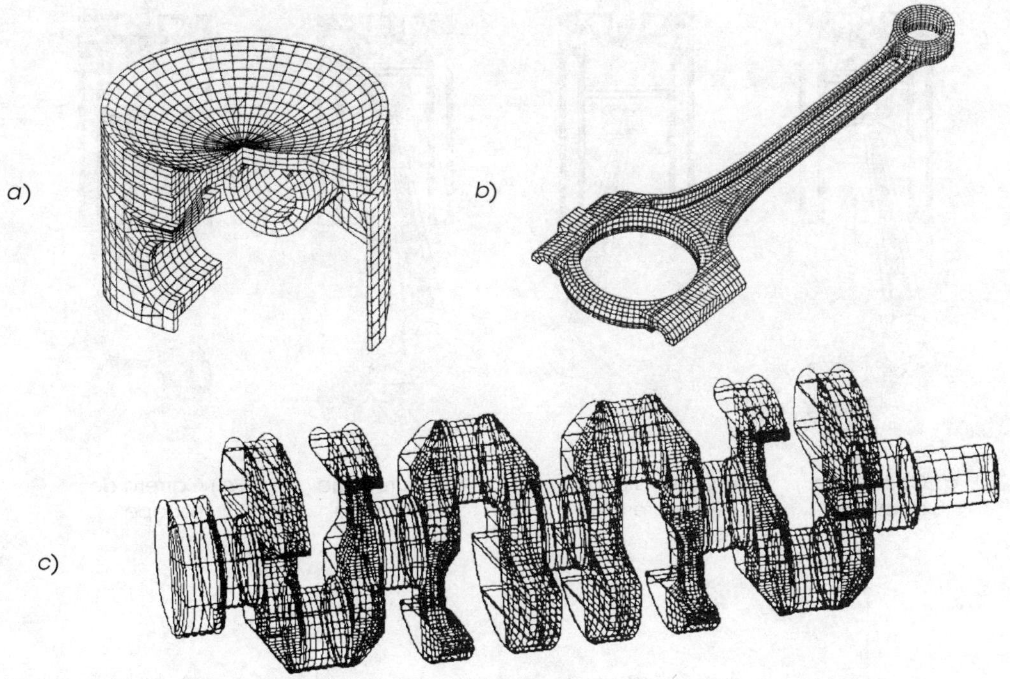

FIGURA 13-2 Modelos de elementos finitos de un pistón de motor *a*), biela *b*) y cigüeñal *c*)
Cortesía de General Motors Co.

Existen ciclos de combustión comunes para motores de combustión interna, el **ciclo Clerk de dos tiempos** y el **ciclo Otto de cuatro tiempos**, nombres dados en honor de sus inventores en el siglo XIX. El ciclo de cuatro tiempos es el más común en automóviles, camiones y motores de gasolina estacionarios. El ciclo de dos tiempos se utiliza en motocicletas, motores fuera de borda, sierras de cadena y en otras aplicaciones donde su mejor relación potencia a peso supera las desventajas de niveles de contaminación más altos y pobre economía de combustible en comparación con el de cuatro tiempos.

CICLO DE CUATRO TIEMPOS El **ciclo Otto de cuatro tiempos** se muestra en la figura 13-4 (p. 464). Se requieren cuatro carreras completas del pistón para completar un ciclo Otto. Una carrera de pistón se define como el recorrido del PMS al PMI o viceversa. Por tanto, existen dos carreras por cada 360° de revolución de la manivela y requiere 720° de rotación del cigüeñal para completar un ciclo de cuatro tiempos. Para su análisis, puede iniciarse el ciclo en cualquier punto, ya que éste se repite cada dos revoluciones de manivela. La figura 13-4*a* muestra la **carrera de admisión**, la cual

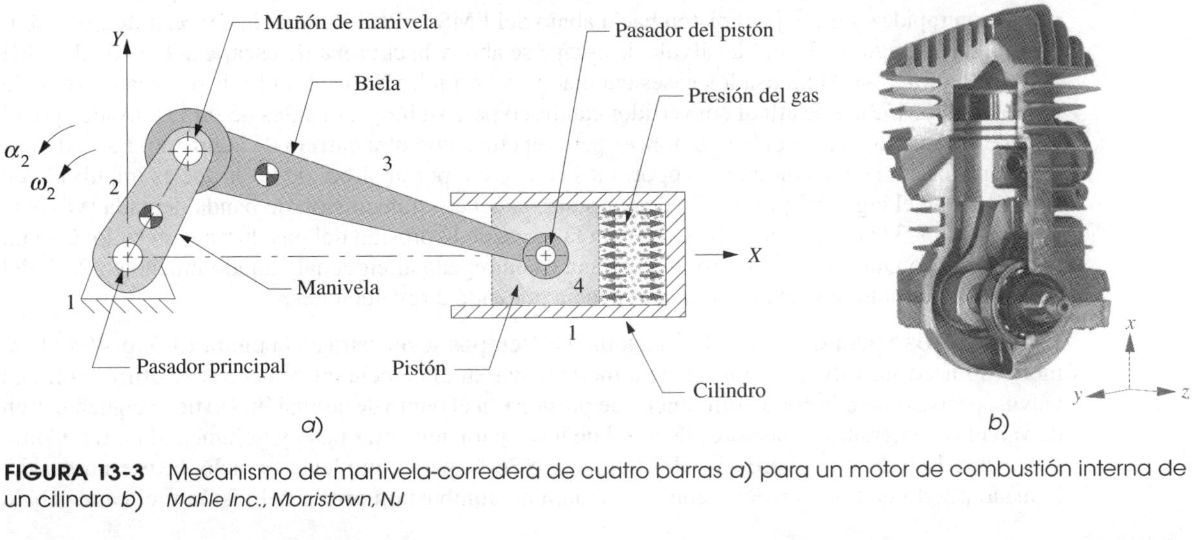

FIGURA 13-3 Mecanismo de manivela-corredera de cuatro barras *a*) para un motor de combustión interna de un cilindro *b*) *Mahle Inc., Morristown, NJ*

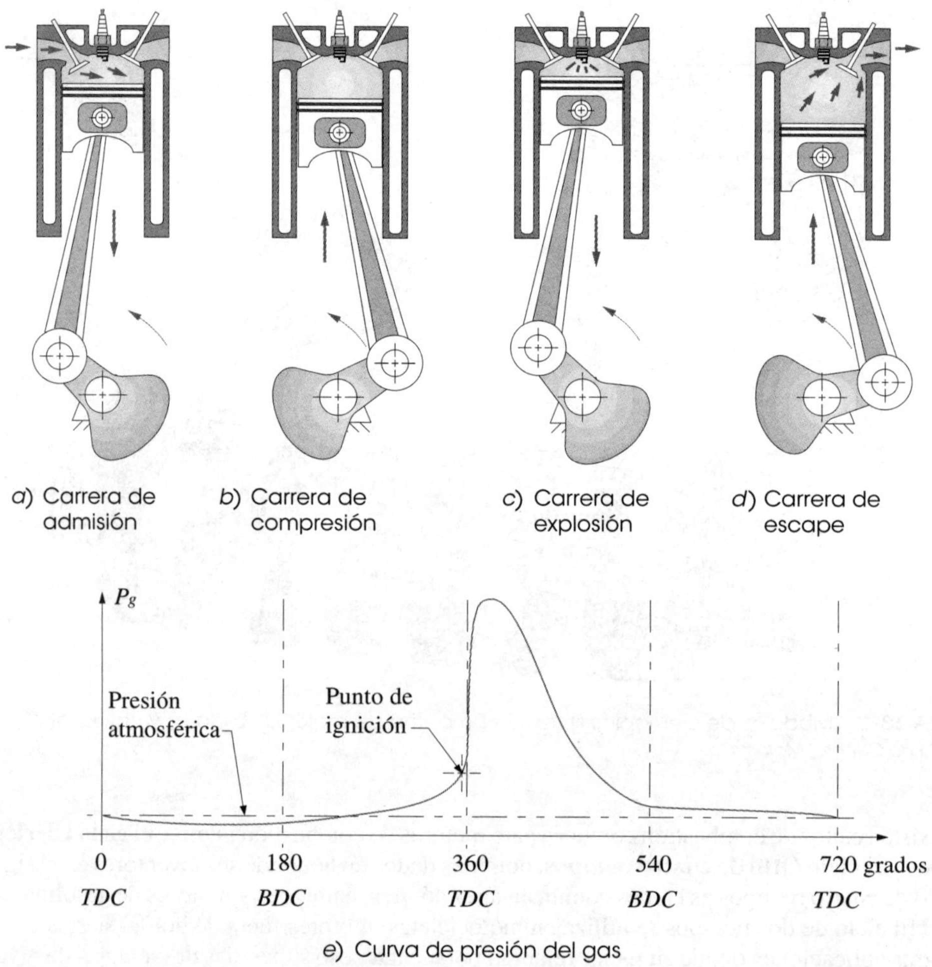

e) Curva de presión del gas

FIGURA 13-4 Ciclo Otto de combustión de cuatro tiempos

se inicia con el pistón en el PMS. Una mezcla de combustible y aire es aspirada al interior del cilindro proveniente del sistema de inducción (inyectores de combustible o el carburador y el múltiple de admisión en la figura 13-1, p. 462) conforme el pistón desciende al PMI, lo que incrementa el volumen del cilindro y crea una ligera presión negativa.

Durante la **carrera de compresión** en la figura 13-4*b*, todas las válvulas están cerradas y la mezcla de combustible se comprime cuando el pistón viaja del PMI al PMS. Un poco antes del PMS, se enciende una chispa que hace explotar el gas comprimido. La presión de esta explosión se incrementa con rapidez y empuja el pistón hacia abajo del PMS al PMI durante la **carrera de explosión** mostrado en la figura 13-4*c*. La válvula de escape se abre y la **carrera de escape** del pistón del PMI al PMS (figura 13-4*d*) expulsa los gases quemados del cilindro hacia el múltiple de escape (véase la figura 13-1, p. 462), y de allí al convertidor catalítico para su limpieza antes de ser expulsados por el tubo de escape. El ciclo está listo entonces para repetirse con otra carrera de admisión. Las válvulas se abren y cierran en los momentos oportunos en el ciclo por un árbol de levas que es impulsado en sincronía con el cigüeñal por medio de engranes, cadena o transmisión de banda dentada (véase la figura 9-25, p. 338). La figura 13-4*e* muestra la curva de la presión del gas durante un ciclo. Con un motor de ciclo Otto de un cilindro, la potencia es entregada al cigüeñal cuando mucho en 25% del tiempo, ya que sólo hay una carrera de potencia por cada 2 revoluciones.

CICLO DE DOS TIEMPOS El **ciclo Clerk de dos tiempos** se muestra en la figura 13-5 (p. 465). Este motor no necesita válvulas, aunque para incrementar su eficiencia en ocasiones se utiliza con una válvula pasiva (operada por un diferencial de presión) en el punto de admisión. No tiene cigüeñal, tren de válvulas o engranes impulsores de árbol de levas para aumentar peso y volumen al motor. Como su nombre lo indica, requiere sólo dos tiempos, o 360°, para completar su ciclo. Existe un pasaje, llamado puerto de transferencia, entre la cámara de combustión arriba del pistón y el cárter abajo

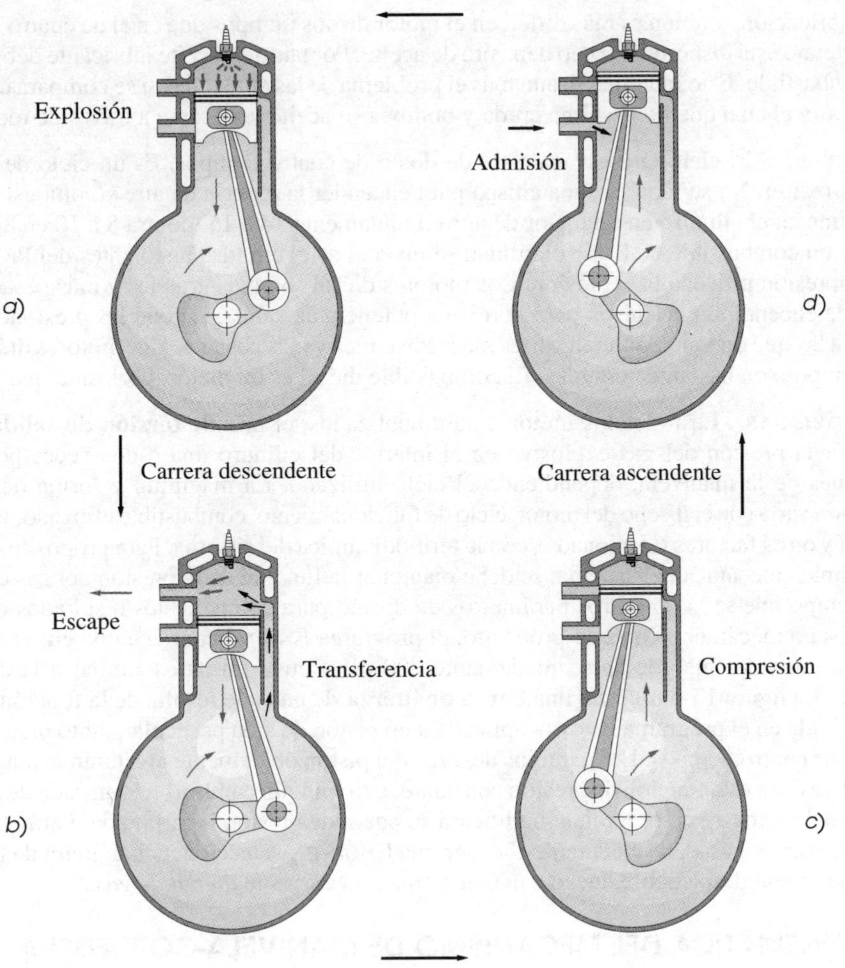

FIGURA 13-5 Ciclo Clerk de combustión de dos tiempos

del cigüeñal. También existe un puerto de escape al lado del cilindro. El pistón actúa para bloquear o exponer en secuencia estos puertos cuando asciende y desciende. El cárter está sellado y sobre él va montado el carburador, que sirve también como múltiple de admisión.

Al iniciarse el PMS (figura 13.5*a*) el ciclo de dos tiempos se efectúa como sigue: la bujía enciende la mezcla combustible-aire, comprimida en la revolución previa. La expansión de los gases que se queman empuja al pistón hacia abajo, y transmite el par de torsión al cigüeñal. En una parte de su recorrido descendente, el pistón descubre el puerto de escape y permite que los gases quemados (así como algunos no quemados) comiencen a escapar hacia el sistema de escape.

A medida que el pistón desciende (figura 13-5*b*), comprime la mezcla de combustible-aire en el cárter sellado. El pistón bloquea el puerto de admisión y evita el regreso al carburador. Cuando el pistón libra el puerto de transferencia en la pared del cilindro, su movimiento descendente empuja la nueva carga de combustible-aire a través del puerto de transferencia hacia la cámara de combustión. La cantidad de movimiento de los gases de escape que salen de la cámara por el otro lado ayuda a succionar la nueva carga.

El pistón pasa por el PMI (figura 13-5*c*) y empieza a subir, y a expulsar los gases de escape remanentes. El puerto de escape es cerrado por el pistón al ascender, y comprime la nueva carga. Al aproximarse al PMS, el pistón expone el puerto de admisión (figura 13-5*d*), y succiona una nueva carga de aire y combustible al interior del cárter expandido proveniente del carburador. Un poco antes del PMS, se enciende la chispa y el ciclo se repite cuando el pistón pasa por el PMS.

Evidentemente, este ciclo Clerk no es tan eficiente como el ciclo Otto, que en cada evento está claramente más separado de los demás. En el ciclo Clerk se mezclan mucho las diversas fases del ciclo. Hidrocarburos no quemados escapan en grandes cantidades. Esto explica la deficiente economía de combustible y las sucias emisiones del motor Clerk.* No obstante, es común en aplicaciones donde se requiere un peso bajo.

* La investigación y desarrollo están en proceso para limpiar las emisiones del motor de dos tiempos por medio de la inyección de combustible y el barrido con aire comprimido de los cilindros. Es posible que estos esfuerzos permitan que este diseño de motor potencialmente más poderoso cumpla las especificaciones de calidad del aire.

La lubricación también es más difícil en el motor de dos tiempos que en el de cuatro tiempos, ya que el cárter no está disponible como depósito de aceite. Por tanto, el aceite lubricante debe mezclarse con el combustible. Esto incrementa aún más el problema de las emisiones si se compara con el motor de ciclo Otto, el cual quema gasolina cruda y bombea su aceite lubricante a través de todo el motor.

CICLO DIÉSEL El **ciclo Diésel** puede ser de dos o de cuatro tiempos. Es un ciclo de **encendido por compresión**. No se requiere una chispa para encender la mezcla de aire y combustible. El aire se comprime en el cilindro en un factor de aproximadamente 14 a 15 (contra 8 a 10 en el motor con chispa), y un combustible de baja volatilidad se inyecta en el cilindro justo antes del PMS. El calor de la compresión provoca la explosión. Los motores diésel son más grandes y más pesados que los motores de encendido por chispa para la misma potencia de salida, porque las presiones y fuerzas más altas a las que operan requieren partes más resistentes y más pesadas. Los motores diésel de ciclo de dos tiempos son bastante comunes. El combustible diésel es un mejor lubricante que la gasolina.

FUERZA DEL GAS En todos los motores aquí analizados, el **par de torsión de salida** utilizable se crea por la presión del gas explosivo en el interior del cilindro una o dos veces por cada dos revoluciones de la manivela, dependiendo el ciclo utilizado. La magnitud y forma de esta curva de explosión varía con el diseño del motor, ciclo de funcionamiento, combustible utilizado, velocidad de operación y otros factores relacionados con la termodinámica del sistema. Para propósitos de análisis de la dinámica mecánica del sistema, se debe mantener la función de la presión del gas constante al mismo tiempo que se varían otros parámetros de diseño para comparar los resultados de los cambios de diseño mecánico. Con este propósito, el programa ENGINE contiene una **curva de presión de gas** con un valor pico de aproximadamente 600 psi y cuya forma es similar a la curva de un motor real. La figura 13-6 muestra una **curva de fuerza de gas** que resulta de la función de presión de gas incluida en el programa ENGINE aplicada a un pistón de área particular, tanto para motores de dos como de cuatro tiempos. Los cambios del área del pistón obviamente afectarán la magnitud de la fuerza del gas con esta función de presión constante, pero ningún cambio en la entrada de parámetros de diseño del motor a este programa modificará su curva de presión incorporada. Para observar esta curva de fuerza de gas, debe ejecutarse el programa ENGINE y seleccionar cualquiera de los motores ejemplo del menú desplegable, luego calcular y trazar la curva de *fuerza de gas*.

13.2 CINEMÁTICA DEL MECANISMO DE MANIVELA-CORREDERA

13

En los capítulos 4, 6, 7 y 11 se obtuvieron ecuaciones generales para la solución exacta de las posiciones, velocidades, aceleraciones y fuerzas en el mecanismo de cuatro barras con juntas de pasador, y también para dos inversiones del **mecanismo de manivela-corredera**, por medio de ecuaciones vectoriales. De nuevo podría aplicarse ese método al análisis del mecanismo de manivela-corredera "estándar", empleado en la mayoría de los motores de combustión interna, como se muestra en la figura 13-7 (p. 467). Obsérvese que su movimiento de corredera se alineó con el eje *X*. Éste es un mecanismo de manivela-corredera "no descentrado", porque el eje de deslizamiento extendido pasa por el pivote de la manivela. Además, su corredera se traslada con respecto al plano de la bancada estacionaria: por tanto, no habrá ninguna componente de aceleración de Coriolis (véase la sección 7.3, p. 238).

La geometría simple de esta inversión particular del mecanismo de manivela-corredera permite una aproximación directa al análisis exacto de la posición, velocidad y aceleración de su corredera, con sólo ecuaciones de trigonometría plana y escalares. Por la simplicidad de este método y para presentar un método de solución alternativo, se analizará de nuevo este dispositivo.

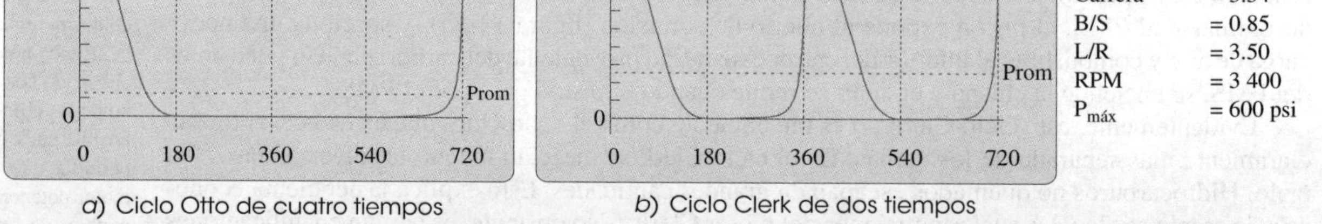

a) Ciclo Otto de cuatro tiempos

b) Ciclo Clerk de dos tiempos

FIGURA 13-6 Funciones de la fuerza de gas en motores de ciclos de dos y cuatro tiempos

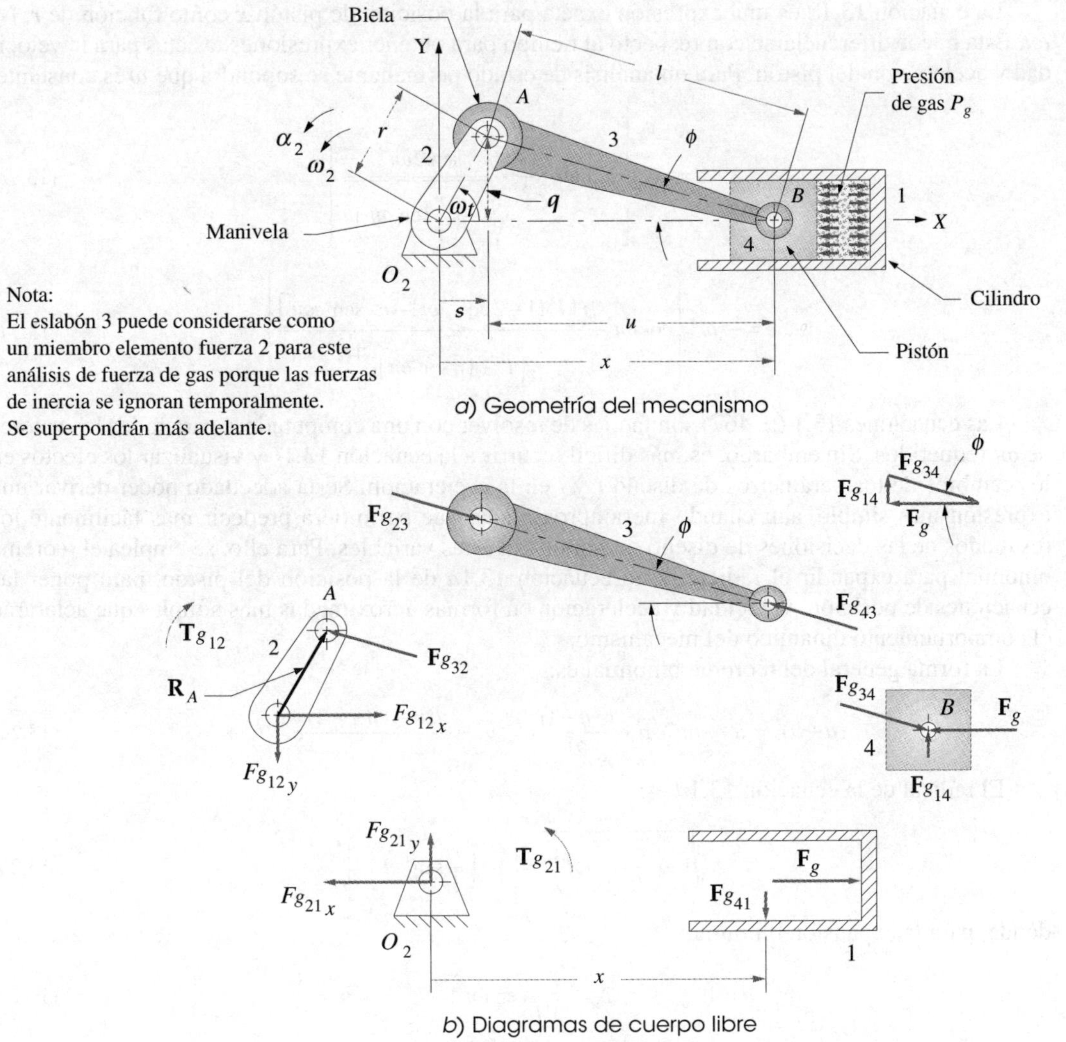

FIGURA 13-7 Análisis de posición y fuerza del gas en un mecanismo de manivela-corredera (Véase la figura 13-12, p. 476, para el análisis de fuerzas de inercia.)

Sea r el radio de la manivela y l la longitud de la biela. El ángulo de la manivela es θ y el ángulo que forma la biela con el eje X es ϕ. Para cualquier velocidad angular constante de la manivela ω, el ángulo de ésta es $\theta = \omega t$. La posición instantánea del pistón es x. Se construyen dos triángulos rectángulos rqs y lqu. Entonces, por geometría:

$$q = r \operatorname{sen} \theta = l \operatorname{sen} \phi$$

$$\theta = \omega t \tag{13.1a}$$

$$\operatorname{sen} \phi = \frac{r}{l} \operatorname{sen} \omega t$$

$$s = r \cos \omega t$$

$$u = l \cos \phi \tag{13.1b}$$

$$x = s + u = r \cos \omega t + l \cos \phi$$

$$\cos \phi = \sqrt{1 - \operatorname{sen}^2 \phi} = \sqrt{1 - \left(\frac{r}{l} \operatorname{sen} \omega t\right)^2} \tag{13.1c}$$

$$x = r \cos \omega t + l \sqrt{1 - \left(\frac{r}{l} \operatorname{sen} \omega t\right)^2} \tag{13.1d}$$

La ecuación 13.1*d* es una expresión exacta para la posición de pistón x como función de r, l y ωt. Ésta puede diferenciarse con respecto al tiempo para obtener expresiones exactas para la velocidad y aceleración del pistón. Para un análisis de estado permanente se supondrá que ω es constante.

$$x = -r\omega\left[\operatorname{sen}\omega t + \frac{r}{2l}\frac{\operatorname{sen}2\omega t}{\sqrt{1-\left(\frac{r}{l}\operatorname{sen}\omega t\right)^2}}\right] \tag{13.1e}$$

$$x = -r\omega^2\left\{\cos\omega t - \frac{r\left[l^2\left(1-2\cos^2\omega t\right)-r^2\operatorname{sen}^4\omega t\right]}{\left[l^2-\left(r\operatorname{sen}\omega t\right)^2\right]^{\frac{3}{2}}}\right\} \tag{13.1f}$$

Las ecuaciones 13.1 (p. 467) son fáciles de resolver con una computadora para todos los valores de ωt requeridos. Sin embargo, es más difícil recurrir a la ecuación 13.1*f* y visualizar los efectos en los cambios de los parámetros de diseño r y l en la aceleración. Sería adecuado poder derivar una expresión más simple, aun cuando fuera aproximada, que permitiera predecir más fácilmente los resultados de las decisiones de diseño que implican estas variables. Para ello, se emplea el teorema binomial para expandir el radical de la ecuación 13.1*d* de la posición del pistón, para poner las ecuaciones de posición, velocidad y aceleración en formas aproximadas más simples que aclararán el comportamiento dinámico del mecanismo.

La forma general del teorema binomial es:

$$(a+b)^n = a^n + na^{n-1}b + \frac{n(n-1)}{2!}a^{n-2}b^2 + \frac{n(n-1)(n-2)}{3!}a^{n-3}b^3 + \cdots \tag{13.2a}$$

El radical de la ecuación 13.1*d* es:

$$\sqrt{1-\left(\frac{r}{l}\operatorname{sen}\omega t\right)^2} = \left[1-\left(\frac{r}{l}\operatorname{sen}\omega t\right)^2\right]^{\frac{1}{2}} \tag{13.2b}$$

donde, para la expansión binomial:

$$a = 1 \qquad b = -\left(\frac{r}{l}\operatorname{sen}\omega t\right)^2 \qquad n = \frac{1}{2} \tag{13.2c}$$

Se expande a:

$$1-\frac{1}{2}\left(\frac{r}{l}\operatorname{sen}\omega t\right)^2+\frac{1}{8}\left(\frac{r}{l}\operatorname{sen}\omega t\right)^4-\frac{1}{16}\left(\frac{r}{l}\operatorname{sen}\omega t\right)^6+\cdots \tag{13.2d}$$

o:

$$1-\left(\frac{r^2}{2l^2}\right)\operatorname{sen}^2\omega t+\left(\frac{r^4}{8l^4}\right)\operatorname{sen}^4\omega t-\left(\frac{r^6}{16l^6}\right)\operatorname{sen}^6\omega t+\cdots \tag{13.2e}$$

Cada término no constante contiene la **relación manivela-biela** r/l para cierta potencia. Si se aplicara cierto sentido común de ingeniería a la ilustración de la manivela-corredera de la figura 13-7*a* (p. 467), se observaría que si r/l fuera mayor que 1 la manivela no podría realizar una revolución completa. De hecho, si r/l se aproxima a 1, el pistón golpeará el pivote fijo O_2 antes de que la manivela complete su revolución. Si r/l es tan grande como 1/2, el ángulo de transmisión ($\pi/2 - \phi$) será demasiado pequeño (véanse las secciones 3.3, p. 72, y 4.11, p. 142) y el mecanismo no funcionará bien. Un límite superior práctico del valor de r/l es aproximadamente de 1/3. La mayoría de los mecanismos de manivela-corredera tendrán esta **relación manivela-biela** entre 1/3 y 1/5 para un funcionamiento uniforme. Si en la ecuación 13.2*e* se sustituye este límite superior práctico de $r/l = 1/3$, se obtiene:

$$1-\left(\frac{1}{18}\right)\operatorname{sen}^2\omega t+\left(\frac{1}{648}\right)\operatorname{sen}^4\omega t-\left(\frac{1}{11\,664}\right)\operatorname{sen}^6\omega t+\cdots \tag{13.2f}$$

o:

$$1-0.05556\operatorname{sen}^2\omega t+0.00154\operatorname{sen}^4\omega t-0.00009\operatorname{sen}^6\omega t+\cdots$$

Es posible eliminar todos los términos después del segundo con un error mínimo. Si se sustituye esta expresión aproximada para el radical de la ecuación 13.1*d* (p. 467), se obtiene una expresión aproximada para el desplazamiento del pistón con sólo una fracción de uno por ciento de error.

$$x = r\cos\omega t + l\left[1 - \left(\frac{r^2}{2l^2}\right)\operatorname{sen}^2\omega t\right] \tag{13.3a}$$

Al sustituir la identidad trigonométrica:

$$\operatorname{sen}^2\omega t = \frac{1-\cos 2\omega t}{2} \tag{13.3b}$$

y simplificar:

$$x = l - \frac{r^2}{4l} + r\left(\cos\omega t + \frac{r}{4l}\cos 2\omega t\right) \tag{13.3c}$$

Al diferenciar para la velocidad del pistón (con ω constante):

$$\dot{x} = -r\omega\left(\operatorname{sen}\omega t + \frac{r}{2l}\operatorname{sen} 2\omega t\right) \tag{13.3d}$$

Al diferenciar de nuevo para la aceleración (con ω constante):

$$\ddot{x} = -r\omega^2\left(\cos\omega t + \frac{r}{l}\cos 2\omega t\right) \tag{13.3e}$$

El proceso de expansión binomial, en este caso particular, conduce a las aproximaciones de la serie de Fourier de las expresiones exactas para el desplazamiento, velocidad y aceleración del pistón. Fourier* demostró que cualquier función periódica puede aproximarse por una serie de términos seno y coseno de múltiplos enteros de la variable independiente. Recuérdese que ya se eliminaron los términos de cuarta, sexta y subsecuentes potencias de la expansión binomial, los que habrían provisto los términos cos $4\omega t$, cos $6\omega t$, etc., en esta expresión. Estas funciones de ángulos múltiples se conocen como **armónicas** del término fundamental cos ωt. El término cos ωt se repite una vez por cada revolución de la manivela y se llama frecuencia fundamental de la **componente primaria**. La segunda armónica, cos $2\omega t$, se repite dos veces por cada revolución de la manivela y se llama **componente secundaria**. Las armónicas de orden superior se eliminaron cuando se suspendió la serie. El término constante en la función de desplazamiento es la **componente de CD** o **valor promedio**. La función completa es la suma de sus armónicas. La forma de la serie de Fourier de las expresiones del desplazamiento y sus derivadas permite ver las contribuciones relativas de las diversas componentes armónicas de las funciones. Este método demostrará ser bastante valioso cuando se intente balancear dinámicamente un diseño de motor.

El programa ENGINE calcula la posición, velocidad y aceleración del pistón de acuerdo con las ecuaciones 13.3*c*, *d* y *e*. La figura 13-8*a*, *b* y *c* muestra estas funciones para este motor en el programa graficadas con ω constante de manivela durante dos revoluciones completas. La curva de aceleración muestra los efectos del segundo término armónico con mucha más claridad, ya que el

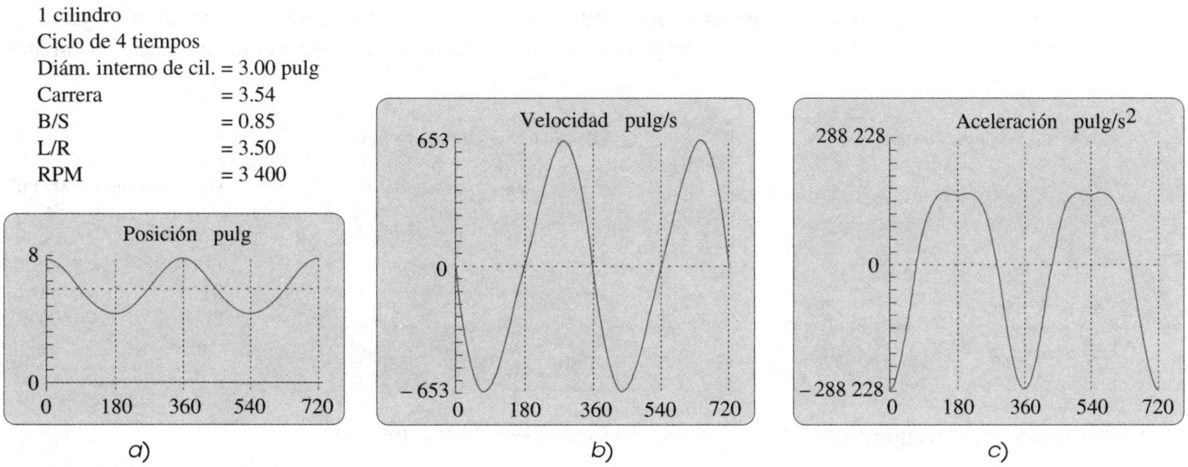

a) *b*) *c*)

FIGURA 13-8 Funciones de posición, velocidad y aceleración de un motor de un solo cilindro

* El barón Jean Baptiste Joseph Fourier (1768-1830) publicó la descripción de la serie matemática que lleva su nombre en su obra *The Analytic Theory of Heat* en 1822. La serie de Fourier se utiliza ampliamente en el análisis armónico de todos los tipos de sistemas físicos. Su forma general es:

$$y = \frac{a_0}{2} + \left(a_1\cos x + b_1\operatorname{sen} x\right) + \left(a_2\cos 2x + b_2\operatorname{sen} x\right) + \cdots + \left(a_n\cos nx + b_n\operatorname{sen} nx\right)$$

coeficiente de ese término es mayor que su correspondiente en cualquiera de las dos funciones. El término fundamental (–cos ωt) da una función armónica pura con periodo de 360°. Este término fundamental domina la función, ya que tiene la ecuación 13.3*e* con el coeficiente mayor. La parte superior plana y la ligera depresión en la aceleración pico positiva de la figura 13-8*c* son provocadas por la adición o sustracción de la segunda armónica cos $2\omega t$ de la fundamental. Obsérvese el alto valor de la aceleración pico del pistón: incluso la velocidad de mediano rango del motor de 3 400 rpm ¡es de 747 *g*! A 6 000 rpm se incrementa a casi 1 300 *g*.* Éste es un motor de tamaño moderado, de 3 pulg (76 mm) de cavidad cilíndrica y 3.54 pulg (89 mm) de carrera, con 25 pulg^3 (400 cm^3) de desplazamiento por cilindro (un motor de 4 cilindros de 1.6 L).

* Si piensa que ese número es alto, considere típica la varilla de empuje de un V8 NASCAR que gira a 9 600 rpm, y del Fórmula 1 V12 y de los motores de carreras V8 que giran a más de 19 000 rpm. Como ejercicio, determine su aceleración pico si supone las mismas dimensiones del motor ejemplo.

SUPERPOSICIÓN A continuación se analiza el comportamiento dinámico del motor de un solo cilindro con base en el modelo cinemático aproximado desarrollado en esta sección. Como se dispone de varias fuentes de excitación dinámica, se utilizará el método de superposición para analizarlas por separado y luego combinar sus efectos. Primero se consideran las **fuerzas y pares de torsión** que se deben a la presencia de las **fuerzas de gas explosivo** en el cilindro, las cuales impulsan el motor. En seguida se analizan las **fuerzas de inercia y pares de torsión** producidos por el movimiento a alta velocidad de los elementos. La fuerza total y el estado del par de torsión de la máquina en cualquier instante será la suma de estas componentes. Por último, se analizan las **fuerzas y pares de sacudimiento** en el plano de la bancada y las **fuerzas en los pasadores** del mecanismo que resultan de la combinación de las fuerzas aplicadas y dinámicas sobre el sistema.

13.3 FUERZAS DEL GAS Y PARES DE TORSIÓN DE GAS

La **fuerza de gas** se debe a la presión de éste por la explosión de la mezcla combustible-aire que choca en la parte superior de la superficie del pistón, como se muestra en la figura 13-3 (p. 463). Sea F_g = fuerza de gas, P_g = presión de gas, A_p = área del pistón y B = diámetro interior del cilindro, la cual es igual al diámetro del pistón. Por tanto:

$$\mathbf{F}_g = -P_g A_p\ \hat{\mathbf{i}}; \qquad A_p = \frac{\pi}{4}B^2$$

$$\mathbf{F}_g = -\frac{\pi}{4}P_g B^2\ \hat{\mathbf{i}} \tag{13.4}$$

El signo negativo se debe a la elección de la orientación del motor en el sistema coordenado de la figura 13-3. La **presión de gas** P_g en esta expresión es una función del ángulo de la manivela ωt y está definida por la termodinámica del motor. En la figura 13-4 (p. 463) se muestra una **curva de presión de gas** típica de un motor de cuatro tiempos. La forma de la **curva de fuerza de gas** es idéntica a la curva de la presión de gas y sólo difiere por un multiplicador constante, el área del pistón A_p. La figura 13-6 (p. 466) muestra la aproximación de la curva de fuerza de gas empleada en el programa ENGINE tanto para motores de cuatro como de dos tiempos.

El **par de torsión de gas** en la figura 13-9 se debe a la fuerza del gas que actúa en un brazo de momento con respecto al centro de la manivela O_2 en la figura 13-7 (p. 669). Este brazo de momento varía desde cero hasta un máximo conforme gira la manivela. La fuerza del gas distribuida en la superficie del pistón se convirtió en una sola fuerza que actúa a través del centro de masa del eslabón

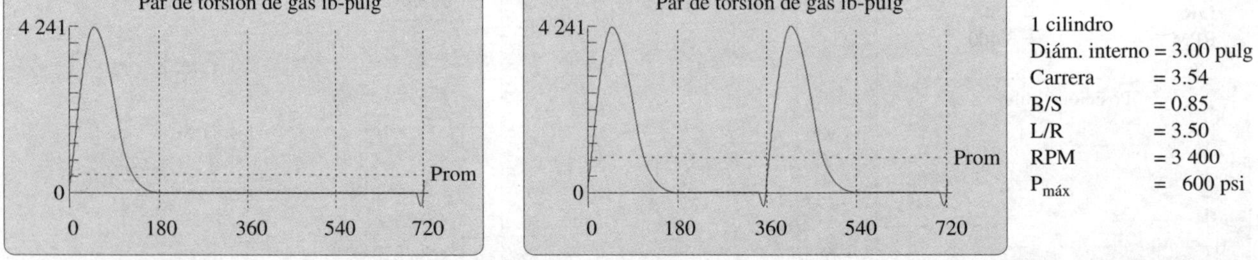

a) Ciclo Otto de cuatro tiempos *b*) Ciclo Clerk de dos tiempos

FIGURA 13-9 Funciones de par de torsión de gas en motores con ciclos de dos y cuatro tiempos

4 en los diagramas de cuerpo libre de la figura 13-7*b*. El sistema de fuerzas concurrentes en el punto *B* se determina con base en el diagrama vectorial que muestra que:

$$\mathbf{F}_{g14} = F_g \tan\phi\,\hat{\mathbf{j}} \tag{13.5a}$$

$$\mathbf{F}_{g34} = -F_g\,\hat{\mathbf{i}} - F_g \tan\phi\,\hat{\mathbf{j}} \tag{13.5b}$$

En los diagramas de cuerpo libre de la figura 13-7 (p. 467) puede observarse que:

$$\mathbf{F}_{g41} = -\mathbf{F}_{g14}$$
$$\mathbf{F}_{g43} = -\mathbf{F}_{g34}$$
$$\mathbf{F}_{g23} = -\mathbf{F}_{g43}$$
$$\mathbf{F}_{g32} = -\mathbf{F}_{g23}$$

de modo que:

$$\mathbf{F}_{g32} = -\mathbf{F}_{g34} = F_g\,\hat{\mathbf{i}} + F_g \tan\phi\,\hat{\mathbf{j}} \tag{13.5c}$$

El **par de torsión motriz** $\mathbf{T}_{g21}$ en el eslabón 2 generado por la fuerza de gas puede determinarse a partir del producto cruz del vector de posición al punto *A* y la fuerza en el punto *A*.

$$\mathbf{T}_{g21} = \mathbf{R}_A \times \mathbf{F}_{g32} \tag{13.6a}$$

Esta expresión puede desarrollarse e implicará la longitud de la manivela *r* y los ángulos θ y ϕ, así como la fuerza de gas $\mathbf{F}_g$. Obsérvese, en el diagrama de cuerpo libre del eslabón 1, que también puede expresarse el par de torsión en función de las fuerzas $\mathbf{F}_{g14}$ o $\mathbf{F}_{g41}$, las cuales actúan siempre perpendiculares al movimiento de la corredera (si omite la fricción), y la distancia *x*, que es el brazo de momento instantáneo con respecto a O_2. El par de torsión de reacción $\mathbf{T}_{g12}$ que corresponde a la fuerza de gas que intenta oscilar el plano de la bancada es:

$$\mathbf{T}_{g12} = F_{g41} \cdot x\,\hat{\mathbf{k}} \tag{13.6b}$$

Si alguna vez se ha intentado acelerar de golpe un motor de automóvil en marcha al trabajar en él, es probable haber observado que el motor se mueve hacia los lados al oscilar en sus apoyos por el par de torsión de reacción. El par de torsión motriz $\mathbf{T}_{g21}$ es el negativo de este par de torsión de reacción.

$$\begin{aligned}\mathbf{T}_{g21} &= -\mathbf{T}_{g12}\\ \mathbf{T}_{g21} &= -F_{g41} \cdot x\,\hat{\mathbf{k}}\end{aligned} \tag{13.6c}$$

y:

$$F_{g14} = -F_{g41}$$

de modo que:

$$\mathbf{T}_{g21} = F_{g14} \cdot x\,\hat{\mathbf{k}} \tag{13.6d}$$

La ecuación 13.6*d* proporciona una expresión para el **par de torsión de gas** que implica el desplazamiento del pistón *x* para el que ya se derivó la ecuación 13.3*a* (p. 469). Al sustituir la ecuación 13.3*a* por *x* y la magnitud de la ecuación 13.5*a* por F_{g14} se obtiene:

$$\mathbf{T}_{g21} = \left(F_g \tan\phi\right)\left[l - \frac{r^2}{4l} + r\left(\cos\omega t + \frac{r}{4l}\cos 2\omega t\right)\right]\hat{\mathbf{k}} \tag{13.6e}$$

La ecuación 13.6*e* contiene el ángulo de la biela ϕ así como la variable independiente, el ángulo de la manivela ωt. Sería bueno contar con una expresión que implicara sólo ωt. Para ello, es posible sustituir una expresión para tan ϕ generada por la geometría de la figura 13-7*a* (p. 467).

$$\tan\phi = \frac{q}{u} = \frac{r \operatorname{sen} \omega t}{l\cos\phi} \tag{13.7a}$$

Al sustituir la ecuación 13.1*c* (p. 467) para el cos ϕ:

$$\tan\phi = \frac{r \operatorname{sen} \omega t}{l\sqrt{1 - \left(\frac{r}{l}\operatorname{sen}\omega t\right)^2}} \tag{13.7b}$$

El radical en el denominador se expande por medio del teorema binomial, como se efectuó en las ecuaciones 13.2 (p. 468), y se retienen los dos primeros términos para una buena aproximación a la expresión exacta,

$$\frac{1}{\sqrt{1-\left(\frac{r}{l}\operatorname{sen}\omega t\right)^2}} \cong 1+\frac{r^2}{2l^2}\operatorname{sen}^2\omega t \tag{13.7c}$$

de donde:

$$\tan\phi = \frac{r}{l}\operatorname{sen}\omega t\left(1+\frac{r^2}{2l^2}\operatorname{sen}^2\omega t\right) \tag{13.7d}$$

Al sustituir ésta en la ecuación 13.6*e* para el par de torsión de gas:

$$\mathbf{T}_{g21} \cong F_g\left[\frac{r}{l}\operatorname{sen}\omega t\left(1+\frac{r^2}{2l^2}\operatorname{sen}^2\omega t\right)\right]\left[l-\frac{r^2}{4l}+r\left(\cos\omega t+\frac{r}{4l}\cos 2\omega t\right)\right]\hat{\mathbf{k}} \tag{13.8a}$$

Si se desarrolla esta expresión y se omiten los términos que contienen la relación biela-manivela r/l elevada a cualquier potencia mayor que uno, éstos tendrán coeficientes muy pequeños, como se vio en la ecuación 13.2. Esto da por resultado expresiones más simples, pero más aproximadas para el par de torsión de gas:

$$\mathbf{T}_{g21} \cong F_g\, r\operatorname{sen}\omega t\left(1+\frac{r}{l}\cos\omega t\right) \tag{13.8b}$$

Obsérvese que el **valor exacto** de este **par de torsión de gas** siempre puede obtenerse con las ecuaciones 13.1*d* (p. 467), 13.5*a* (p. 471) y 13.6*d* (p. 471) en combinación, o con la expresión de la ecuación 13.6*a*, si se requiere una respuesta más exacta. Para propósitos de diseño, la ecuación aproximada 13.8*b* será la más adecuada. El programa ENGINE calcula el par de torsión de gas con la ecuación 13.8*b* y su curva de presión de gas incorporada para generar la función de la fuerza de gas. En la figura 13-9 se muestran curvas del par de torsión de gas para ciclos de dos y cuatro tiempos. Obsérvese la similitud de su forma con la de la curva de fuerza de gas en la figura 13-6 (p. 466), así como también que el motor de dos ciclos tiene en teoría dos veces la potencia disponible del motor de cuatro tiempos, con todos los demás factores iguales, porque existen dos veces más pulsos de par de torsión por unidad de tiempo. No obstante, la poca eficiencia del motor de dos tiempos reduce significativamente esta ventaja teórica.

13

13.4 MASAS EQUIVALENTES

Para realizar un análisis de fuerzas dinámicas completo en cualquier mecanismo se deben conocer las propiedades geométricas (masa, centro de gravedad, momento de inercia de masa) de los eslabones móviles, como se vio en capítulos previos (véanse las secciones 10.3 a 10.10, pp. 372-378, y el capítulo 11). Esto se facilita si el eslabón se diseñó de forma detallada y se conocen sus dimensiones. Cuando se diseña un mecanismo en borrador, en general aún no se conoce el nivel de detalle de las geometrías de los eslabones. Sin embargo, deben estimarse sus parámetros geométricos para iniciar el proceso de iteración, que con el tiempo convergerá en un diseño detallado.

En el caso de este mecanismo de manivela-corredera, la **manivela** está en **rotación pura** y el **pistón** en **traslación pura**. Si supone algunas geometrías y materiales razonables es posible aproximar sus parámetros dinámicos. Sus movimientos cinemáticos son fáciles de determinar. Ya se derivaron expresiones para el movimiento del pistón en las ecuaciones 13.3 (p. 469). Además, si se balancea la manivela rotatoria, como se describió y recomendó en el capítulo anterior, entonces el *CG* de la manivela se mantendrá inmóvil en su centro O_2 y no contribuirá a las fuerzas dinámicas. Esto se hará en una sección posterior.

La biela está en movimiento complejo. Para realizar un análisis dinámico exacto, como se dedujo en la sección 11.5 (p. 410), se debe determinar la aceleración lineal de su *CG* en todas las posiciones. Al principio del diseño, la ubicación de *CG* de la biela no está perfectamente definida. Para "elevar el potencial" del diseño, se requiere un modelo simplificado de esta biela que más adelante se puede refinar conforme se genere mayor información dinámica sobre el diseño del motor. Los requerimientos para un modelo dinámicamente equivalente se formularon en la sección 10.2 (p. 372) y se repiten aquí en la tabla 13-1.

Es posible diseñar la biela si se modela como dos masas puntuales concentradas, una en el pasador de la manivela (punto *A* en la figura 13-7, p. 467) y otra en el pasador del pistón (punto *B* en

TABLA 13-1 Requerimientos para la equivalencia dinámica

1. La masa del modelo debe ser igual a la del cuerpo original.
2. El centro de gravedad debe estar en el mismo lugar que el del cuerpo original.
3. El momento de inercia de masa debe ser igual al del cuerpo original.

la figura 13-7), así podría determinarse cuáles son los movimientos de estas masas concentradas. La masa concentrada en *A* estaría en rotación pura como parte de la manivela, y la masa concentrada en el punto *B* estaría en traslación pura como parte del pistón. Estas masas puntuales concentradas no tienen dimensión y se supone que están conectadas con una barra mágica, sin masa, pero rígida.*

MODELO DINÁMICAMENTE EQUIVALENTE La figura 13-10*a* muestra una biela típica. La figura 13-10*b* muestra un modelo genérico de dos masas de la biela. Una masa m_t se localiza a una distancia l_t del *CG* de la biela original, y la segunda masa m_p a una distancia l_p del *CG*. La masa de la pieza original es m_3, y su momento de inercia con respecto a su *CG* es I_{G3}. Si se expresan matemáticamente los tres requisitos para la equivalencia dinámica de la tabla 13-1 en función de estas variables, se obtiene:

$$m_p + m_t = m_3 \tag{13.9a}$$

$$m_p l_p = m_t l_t \tag{13.9b}$$

$$m_p l_p^2 + m_t l_t^2 = I_{G_3} \tag{13.9c}$$

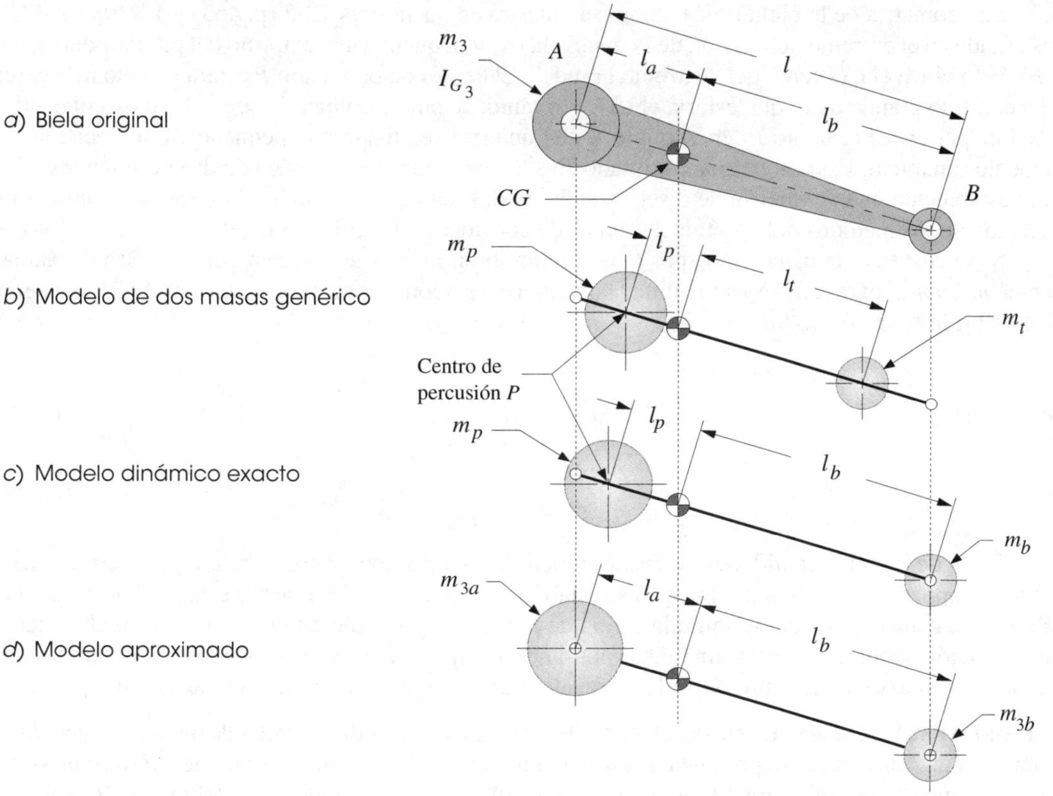

FIGURA 13-10 Modelos dinámicos de masa concentrada de una biela

* Estos modelos de masa concentrada deben fabricarse con materiales *muy* especiales. El *Unobtanium 206* tiene la propiedad de densidad de masa infinita, por lo que no ocupa espacio y puede utilizarse para "masas puntuales". El *Unobtanium 208* tiene rigidez infinita y masa cero, por tanto puede utilizarse para "barras sin masa", pero rígidas.

Existen cuatro incógnitas en estas tres ecuaciones, m_p, l_p, m_t, l_t, lo que significa que debe elegirse un valor para cualquier variable para resolver el sistema. Se elige la distancia l_t igual a la distancia del pasador del pistón, l_b, como se muestra en la figura 13-10*c* (p. 473). Esto pondrá una masa en un lugar deseado. Al resolver las ecuaciones 13.9*a* y 13.9*b* simultáneamente se obtienen expresiones para las dos masas concentradas:

$$m_p = m_3 \frac{l_b}{l_p + l_b}$$
$$m_b = m_3 \frac{l_p}{l_p + l_b} \tag{13.9d}$$

Si se sustituye la ecuación 13.9*d* en la ecuación 13.9*c* se obtiene una relación entre I_p e I_b:

$$m_3 \frac{l_b}{l_p + l_b} l_p^2 + m_3 \frac{l_p}{l_p + l_b} l_b^2 = I_{G_3} = m_3 l_p l_b$$
$$l_p = \frac{I_{G_3}}{m_3 l_b} \tag{13.9e}$$

Remítase a la sección 10.10 (p. 378) y a la ecuación 10.13 (p. 379) que definen el *centro de percusión* y su relación geométrica con un *centro de rotación* correspondiente. La ecuación 13.9*e* es la misma que la ecuación 11.13 (p. 414) (excepto por el signo, que se debe a la elección arbitraria de la orientación del eslabón en el sistema coordenado). La distancia l_p es la ubicación del centro de percusión correspondiente a un centro de rotación en l_b. Por tanto, la segunda masa m_p debe colocarse en el **centro de percusión** *P* del eslabón (con el punto *B* como su centro de rotación) para obtener una equivalencia dinámica exacta. Las masas deben ser como se definen en la ecuación 13.9*d*.

La geometría de la biela típica, como se muestra en las figuras 13-2 (p. 463) y 13-10*a* (p. 473), es grande en el extremo del muñón de la manivela (*A*) y pequeña en el extremo del pasador del pistón (*B*). Esto ubica el *CG* cerca del "extremo grande". El centro de percusión *P* estará incluso más cerca del extremo grande de lo que estaría el *CG*. Por tanto, se puede colocar la segunda masa concentrada, que pertenece al punto *P*, en el punto *A* con un error relativamente pequeño en la precisión del modelo dinámico. Este modelo aproximado es adecuado para los cálculos de diseño iniciales. Una vez establecida una geometría de diseño viable, podrá realizarse un análisis de fuerzas completo y exacto con los métodos del capítulo 11, antes de considerar el diseño completo.

Si se sustituye la distancia l_a por l_p y se renombran las masas concentradas en esas distancias como m_{3a} y m_{3b}, para reflejar su identidad tanto con el eslabón 3 como con los puntos *A* y *B*, se vuelve a escribir la ecuación 13.9*d*.

sea $$l_p = l_a$$

entonces: $$m_{3a} = m_3 \frac{l_b}{l_a + l_b} \tag{13.10a}$$

y: $$m_{3b} = m_3 \frac{l_a}{l_a + l_b} \tag{13.10b}$$

Éstas definen las cantidades de la masa total de la biela que se colocará en cada extremo para modelar aproximada y dinámicamente ese eslabón. La figura 13-10*d* muestra este modelo dinámico. Si no se cuenta con los datos sobre la forma de la biela al principio de un diseño, se puede obtener información sobre las fuerzas dinámicas con la regla empírica al colocar dos tercios de la masa de la biela en el extremo del muñón de la manivela y un tercio en el extremo del pasador del pistón.

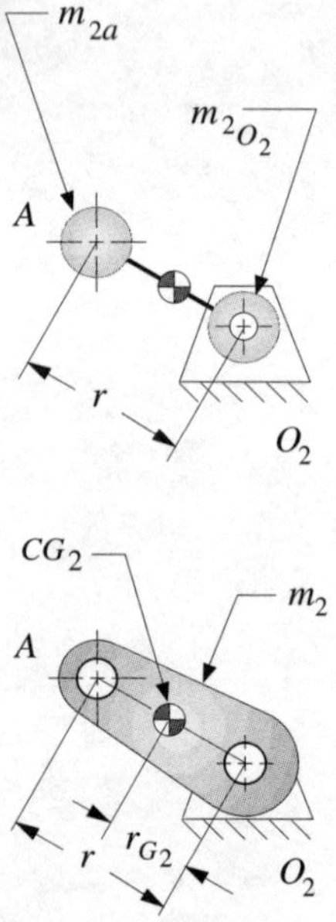

FIGURA 13-11 Modelo de masa concentrada estáticamente equivalente de una manivela

MODELO ESTÁTICAMENTE EQUIVALENTE Puede crearse un modelo similar de masa concentrada de la manivela. Aun cuando se pretenda balancear antes de terminar, al inicio se modela *desbalanceada*, como se muestra en la figura 13-11. Su *CG* se localiza a cierta distancia r_{G2} del pivote O_2, sobre la línea que va al muñón de la manivela, *A*. Sería deseable modelarlo como una masa concentrada en *A* en una barra sin masa con su pivote en O_2. Si el principal requisito es el análisis de estado estable, entonces la velocidad de la manivela ω se mantiene constante. Sin aceleración angular en la manivela se puede utilizar un modelo estáticamente equivalente debido a que la ecuación $\mathbf{T} = I\alpha$ será cero sin importar el valor de *I*. Un **modelo estáticamente equivalente** sólo necesita tener una masa equivalente y primeros momentos equivalentes, como se muestra en la tabla 13-2. No es necesario que los

TABLA 13-2 Requerimientos para la equivalencia estática

1	La masa del modelo debe ser igual que la del cuerpo original.
2	El centro de gravedad debe estar en el mismo lugar que el del cuerpo original.

momentos de inercia sean iguales. Se modelará como dos masas concentradas, una en el punto A y una en el pivote fijo O_2. Si se escriben los dos requerimientos para equivalencia estática de la tabla 13-2:

$$\begin{aligned} m_2 &= m_{2a} + m_{2O_2} \\ m_{2a} r &= m_2 r_{G_2} \\ m_{2a} &= m_2 \frac{r_{G_2}}{r} \end{aligned} \tag{13.11}$$

La masa concentrada m_{2a} puede colocarse en el punto A para representar la manivela desbalanceada. La segunda masa concentrada en el pivote fijo O_2 no es necesaria para cualquier cálculo, ya que ese punto es estacionario.

Estas simplificaciones conducen al modelo de parámetro concentrado del mecanismo de manivela-corredera mostrado en la figura 13-12 (p. 476). El muñón de la manivela, punto A, tiene dos masas concentradas en él, la masa equivalente de la manivela m_{2a} y la parte de la biela m_{3a}. Su suma es m_A. En el pasador de pistón, punto B, también se concentran dos masas, la masa del pistón m_4 y la parte restante de la masa de la biela m_{3b}. Su suma es m_B. Este modelo tiene masas que están en rotación pura (m_A) o en traslación pura (m_B), así que es fácil analizarlo dinámicamente.

$$\begin{aligned} m_A &= m_{2a} + m_{3a} \\ m_B &= m_{3b} + m_4 \end{aligned} \tag{13.12}$$

VALOR DE LOS MODELOS *El valor de construir modelos simples de masa concentrada de sistemas complejos se incrementa con la complejidad del sistema que se diseñará.* Tiene poco sentido dedicar mucho tiempo a análisis complejos y diseños mal definidos al principio y de los que su viabilidad conceptual aún no se ha comprobado. Es mejor obtener una respuesta razonablemente aproximada y rápida que permita determinar si el concepto debe replantearse, que ocupar mucho tiempo en llegar a la misma conclusión con más cifras decimales.

13.5 FUERZAS DE INERCIA Y DE SACUDIMIENTO

Se puede utilizar el modelo simplificado de masa concentrada de la figura 13-12 para desarrollar expresiones para las fuerzas y pares de torsión generados por las aceleraciones de las masas presentes en el sistema. El método de d'Alembert permite visualizar los efectos de estas masas en movimiento en el sistema del plano de la bancada. Del mismo modo, los diagramas de cuerpo libre de la figura 13-12*b* muestran las fuerzas de inercia de d'Alembert que actúan en las masas localizadas en los puntos A y B. De nuevo se ignora la fricción. La ecuación 13.3*e* (p. 469) proporciona la aceleración del punto B. La aceleración del punto A en rotación pura se obtiene al diferenciar dos veces el vector de posición $\mathbf{R}_A$, si supone una ω constante del cigüeñal, y se obtiene:

$$\begin{aligned} \mathbf{R}_A &= r\cos\omega t\,\hat{\mathbf{i}} + r\,\mathrm{sen}\,\omega t\,\hat{\mathbf{j}} \\ \mathbf{a}_A &= -r\omega^2 \cos\omega t\,\hat{\mathbf{i}} - r\omega^2\,\mathrm{sen}\,\omega t\,\hat{\mathbf{j}} \end{aligned} \tag{13.13}$$

La fuerza de inercia total $\mathbf{F}_i$ es la suma de la fuerza centrífuga (de inercia) en el punto A y la fuerza de inercia en el punto B.

$$\mathbf{F}_i = -m_A\,\mathbf{a}_A - m_B\,\mathbf{a}_B \tag{13.14a}$$

Al descomponerlas en sus componentes x y y:

$$F_{ix} = -m_A\left(-r\omega^2 \cos\omega t\right) - m_B\,\ddot{x} \tag{13.14b}$$

$$F_{iy} = -m_A\left(-r\omega^2 \cos\omega t\right) \tag{13.14c}$$

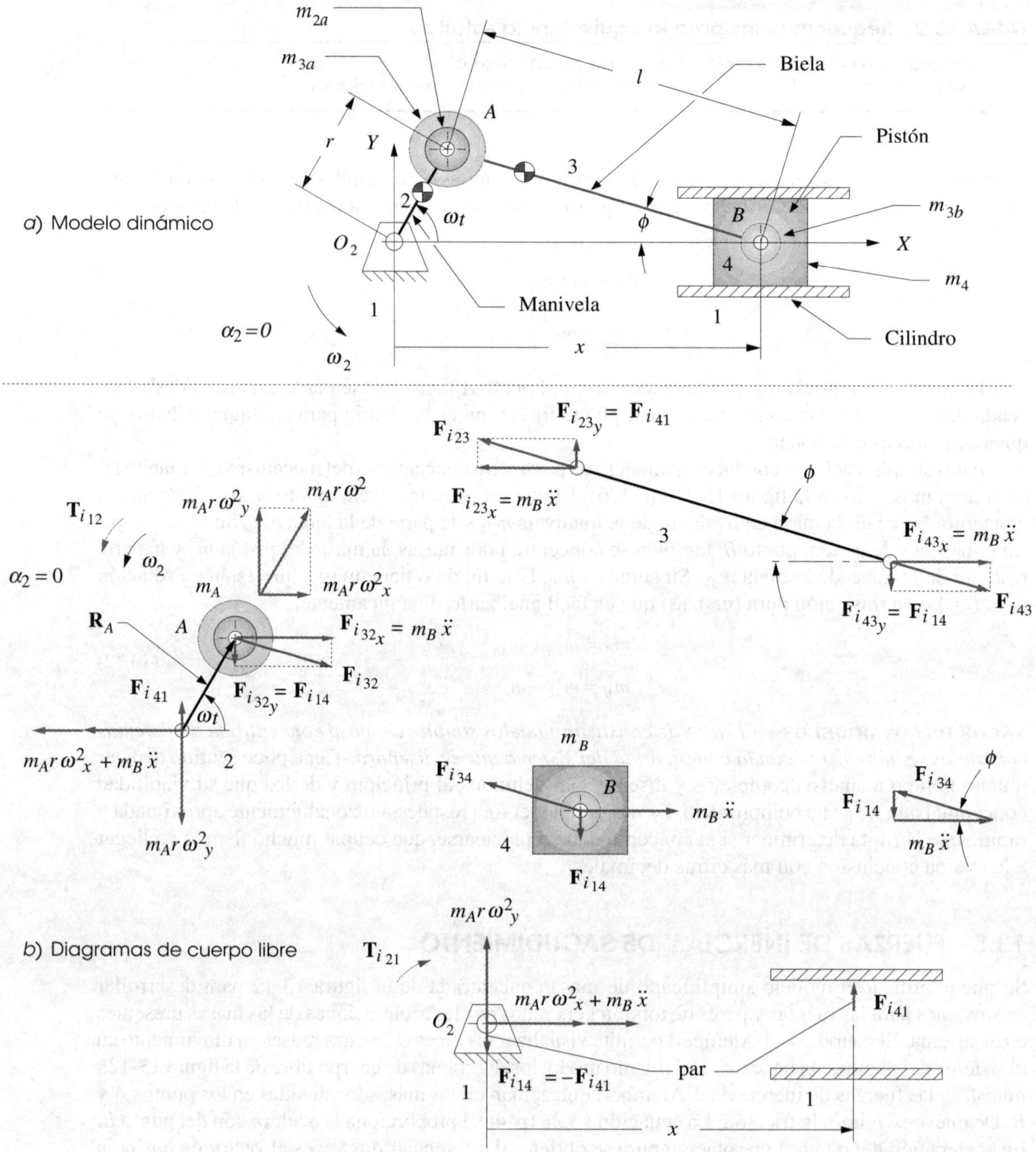

FIGURA 13-12 Modelo dinámico de masa concentrada del mecanismo de manivela-corredera; las flechas muestran la dirección y sentido vectorial, y los rótulos muestran la magnitud

Obsérvese que la aceleración del pistón sólo afecta a la componente x. Al sustituir la ecuación 13.3*e* (p. 469) en la ecuación 13.14*b*:

$$
\begin{aligned}
F_{ix} &\cong -m_A\left(-r\omega^2 \cos\omega t\right) - m_B\left[-r\omega^2\left(\cos\omega t + \frac{r}{l}\cos 2\omega t\right)\right] \\
F_{iy} &= -m_A\left(-r\omega^2 \operatorname{sen}\omega t\right)
\end{aligned}
\tag{13.14d}
$$

Nótese que las fuerzas de inercia en la dirección x tienen componentes primarias en la frecuencia de la manivela, y fuerzas secundarias (segunda armónica) en dos veces la frecuencia de la manivela, así como armónicas pares de magnitud pequeña y grande, las cuales se interrumpen en la expansión binomial de la función del desplazamiento del pistón. La fuerza generada por la masa rotatoria en el punto A tiene sólo una componente primaria.

La **fuerza de sacudimiento** se definió en la sección 11.8 (p. 415) como la *suma de todas las fuerzas que actúan en el plano de la bancada*. De acuerdo con el diagrama de cuerpo libre del eslabón 1 en la figura 13-12:

$$\sum F_{sx} \cong -m_A\left(r\omega^2 \cos\omega t\right) - m_B\left[r\omega^2\left(\cos\omega t + \frac{r}{l}\cos 2\omega t\right)\right]$$
$$\sum F_{sy} = -m_A\left(r\omega^2 \operatorname{sen}\omega t\right) + F_{i_{41}} - F_{i_{41}} \tag{13.14e}$$

Obsérvese que la fuerza lateral del pistón en la pared del cilindro F_{i41} se cancela por una fuerza igual y opuesta F_{i14} que pasa a través de la biela y el cigüeñal hacia el muñón principal en O_2. Estas dos fuerzas crean un par que genera el par de torsión de sacudimiento. La fuerza de sacudimiento $\mathbf{F}_s$ es igual al negativo de la fuerza de inercia.

$$\mathbf{F}_s = -\mathbf{F}_i \tag{13.14f}$$

Nótese que la fuerza de gas, según la ecuación 13.4 (p. 470), no contribuye a la fuerza de sacudimiento. Sólo las fuerzas de inercia y las fuerzas externas se perciben como fuerzas de sacudimiento. La fuerza de gas es una fuerza interna que se elimina dentro del mecanismo. Actúa de forma igual y opuesta tanto en la parte superior del pistón como en la cabeza del cilindro, como se muestra en la figura 13-7 (p. 467).

El programa ENGINE proporciona la fuerza de sacudimiento a una ω constante con cualquier combinación de parámetros del mecanismo que se le administre. La figura 13-13 muestra la curva de la fuerza de sacudimiento del mismo motor desbalanceado, como se muestra en la curva de aceleración (figura 13-8*c*, p. 469). La orientación del mecanismo es la misma de la figura 13-12 con el eje x horizontal. La componente x es mayor que la componente y producida por la alta aceleración del pistón. Las fuerzas se ven muy grandes a pesar de que éste es un motor relativamente pequeño (0.4 litros por cilindro) que funcionará a una velocidad moderada (3 400 rpm). Más adelante se analizan técnicas para reducir o eliminar esta fuerza de sacudimiento del motor, característica que provoca ruido y vibración.

13.6 PARES DE TORSIÓN DE INERCIA Y DE SACUDIMIENTO

El **par de torsión de inercia** resulta de la acción de las fuerzas de inercia en un brazo de momento. La fuerza de inercia en el punto A de la figura 13-12 (p. 476) tiene dos componentes: radial y tangencial. La componente radial no tiene brazo de momento. La componente tangencial tiene un brazo de momento de radio de manivela r. Si la ω de la manivela es constante, la masa en A no contribuirá al par de torsión de inercia. La fuerza de inercia en B tiene una componente no cero perpendicular a la pared de cilindro, excepto cuando el pistón está en el PMS o PMI. Como se hizo para el par de torsión de gas, puede expresarse el par de torsión de inercia en función del par $-\mathbf{F}_{i41}$, $\mathbf{F}_{i41}$ cuyas fuerzas siempre son perpendiculares al movimiento de la corredera (al ignorar la fricción) y de la

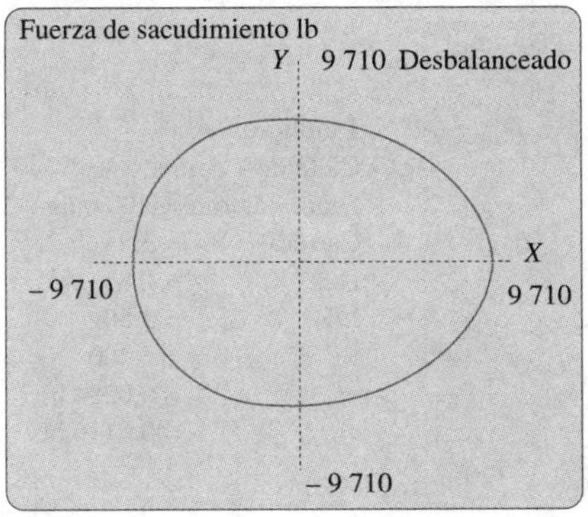

1 cilindro
Ciclo de 4 tiempos

Diám. interno	= 3.00 pulg
Carrera	= 3.54
B/S	= 0.85
L/R	= 3.50
RPM	= 3 400
m_A	= 0.0284 bl
m_B	= 0.0116 bl

FIGURA 13-13 Fuerza de sacudimiento en un mecanismo de manivela-corredera desbalanceado

distancia x, que es su brazo de momento instantáneo (véase la figura 13-12, p. 476). El par de torsión de inercia es:

$$\mathbf{T}_{i_{21}} = \left(F_{i_{41}} \cdot x\right)\, \hat{\mathbf{k}} = \left(-F_{i_{14}} \cdot x\right)\, \hat{\mathbf{k}} \tag{13.15a}$$

Al sustituir por $F_{i_{14}}$ (véase la figura 13-12*b*, p. 476) y por x (véase la ecuación 13.3*a*, p. 469) se obtiene:

$$\mathbf{T}_{i_{21}} = -\left(-m_B\, x \tan\phi\right)\left[l - \frac{r^2}{4l} + r\left(\cos\omega t + \frac{r}{4l}\cos 2\omega t\right)\right]\hat{\mathbf{k}} \tag{13.15b}$$

Ya se han desarrollado expresiones para $\ddot{x}$ con doble punto (ecuación 13.3*e*, p. 469), y tan ϕ (ecuación 13.7*d*, p. 472) ahora puede sustituirse.

$$\begin{aligned}\mathbf{T}_{i_{21}} \cong m_B&\left[-r\omega^2\left(\cos\omega t + \frac{r}{l}\cos 2\omega t\right)\right]\\ &\cdot\left[\frac{r}{l}\operatorname{sen}\omega t\left(1 + \frac{r^2}{2l^2}\operatorname{sen}^2\omega t\right)\right]\\ &\cdot\left[l - \frac{r^2}{4l} + r\left(\cos\omega t + \frac{r}{4l}\cos 2\omega t\right)\right]\hat{\mathbf{k}}\end{aligned} \tag{13.15c}$$

Si se desarrolla esta ecuación y luego se eliminan todos los términos que contienen coeficientes r/l elevados a potencias mayores que uno, se obtiene la siguiente ecuación aproximada para el par de torsión de inercia, con ω del eje constante:

$$\mathbf{T}_{i_{21}} \cong -m_B r^2\omega^2 \operatorname{sen}\omega t\left(\frac{r}{2l} + \cos\omega t + \frac{3r}{2l}\cos 2\omega t\right)\hat{\mathbf{k}} \tag{13.15d}$$

Ésta contiene productos de términos seno y coseno. Al ponerla en función de armónicas y sustituir las identidades:

$$2\operatorname{sen}\omega t\cos 2\omega t = \operatorname{sen} 3\omega t - \operatorname{sen}\omega t$$
$$2\operatorname{sen}\omega t\cos\omega t = \operatorname{sen} 2\omega t$$

para obtener:

$$\mathbf{T}_{i_{21}} \cong \frac{1}{2} m_B r^2\omega^2\left(\frac{r}{2l}\operatorname{sen}\omega t - \operatorname{sen} 2\omega t - \frac{3r}{2l}\operatorname{sen} 3\omega t\right)\hat{\mathbf{k}} \tag{13.15e}$$

Esto demuestra que el **par de torsión de inercia** tiene un tercer término armónico, lo mismo que uno de primera y uno de segunda. La segunda armónica es el término dominante, ya que tiene el coeficiente mayor debido a que r/l es siempre menor que 2/3.

El **par de torsión de sacudimiento** es igual al par de torsión de inercia.

$$\mathbf{T}_s = \mathbf{T}_{i_{21}} \tag{13.15f}$$

El programa ENGINE calcula el par de torsión de inercia de la ecuación 13.15*e*. La figura 13-14 muestra una curva del par de torsión de inercia para este motor de ejemplo incorporado. Obsérvese el dominio de la segunda armónica. La magnitud ideal del par de torsión de inercia es cero, ya que es parásita. Su valor promedio siempre es cero, *así que no contribuye en nada al par de torsión*

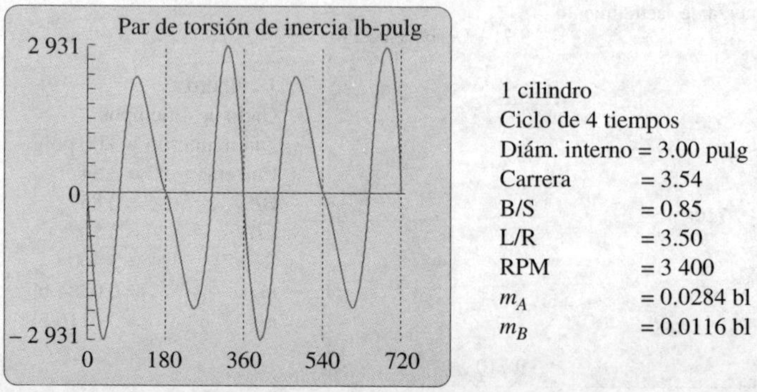

FIGURA 13-14 Par de torsión de inercia en el mecanismo de manivela-corredera

motriz neto, sólo crea grandes oscilaciones positivas y negativas en el par de torsión total que incrementan la vibración y la aspereza. Más adelante se estudiará una forma de reducir o eliminar este par de torsión de inercia y de sacudimiento en los diseños de motores. Es posible eliminar sus efectos con la disposición apropiada de los cilindros en un motor multicilíndrico, como se verá en el siguiente capítulo.

13.7 PAR DE TORSIÓN TOTAL DEL MOTOR

El par de torsión total del motor es la suma del par de torsión de gas y el par de torsión de inercia.

$$\mathbf{T}_{total} = \mathbf{T}_g + \mathbf{T}_i \tag{13.16}$$

El par de torsión de gas es menos sensible a la velocidad del motor que el par de torsión de inercia, el cual es una función de ω^2, así que las contribuciones relativas de ambas componentes al par de torsión total variará con la velocidad del motor. La figura 13-15*a* muestra el par de torsión total de este motor graficado por el programa ENGINE a una velocidad en marcha lenta de 800 rpm. Compárese con la curva del par de torsión de gas del mismo motor ilustrado en la figura 13-9*a* (p. 470). La componente del par de torsión de inercia es insignificante a esta velocidad lenta comparada con la componente del par de torsión de gas. La figura 13-15*c* muestra el mismo motor funcionando a 6 000 rpm. Compárese con la curva del par de torsión de inercia mostrado en la figura 13-14 (p. 478). La componente del par de torsión de inercia domina esta alta velocidad. A la velocidad de rango medio de 3 400 rpm (figura 13-15*b*), se observa una mezcla de ambas componentes.

13.8 VOLANTES

En la sección 11.11 (p. 418) se estudió que las grandes oscilaciones de la función par de torsión-tiempo pueden reducirse en gran medida por la adición de un volante al sistema. El motor de un cilindro es un excelente ejemplo para el uso de un volante. La naturaleza intermitente de sus carreras de potencia lo vuelven obligatorio, ya que almacenará la energía cinética necesaria para llevar al pistón a través de los tiempos de escape, admisión y compresión del ciclo Otto durante los cuales se debe realizar trabajo sobre el sistema. Incluso el motor de dos tiempos necesita un volante para impulsar al pistón que suba en la carrera de compresión.

El procedimiento para diseñar un volante de motor es idéntico al descrito en la sección 11.11 (p. 418) para el mecanismo de cuatro barras. La función del par de torsión total durante una revolución de la manivela se integra, pulso a pulso, con respecto a su valor promedio. Estas integrales representan fluctuaciones de energía en el sistema. El cambio máximo en la energía bajo la curva del par de torsión durante un ciclo es la cantidad necesaria que se almacenará en el volante. La ecuación 11.20c (p. 422) expresa esta relación. El programa ENGINE realiza la integración numérica de la función del par de torsión total y presenta una tabla similar a la mostrada en la figura 11-11 (p. 421). Estos datos y la elección del diseñador de un coeficiente de fluctuación k (véase la ecuación 11.19, p. 407) es todo lo que se requiere para resolver las ecuaciones 11.20 y 11.21 para el momento de inercia requerido del volante.

El cálculo debe realizarse a una ω promedio de la manivela. Como el motor típico opera a velocidades diferentes, se debe considerar la velocidad más apropiada a utilizar en el cálculo del volante.

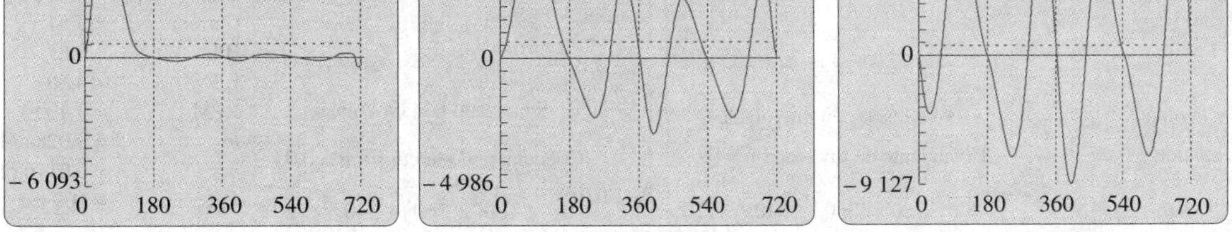

1 cilindro	
Ciclo de 4 tiempos	
Diám. interno	= 3.00 pulg
Carrera	= 3.54
B/S	= 0.85
L/R	= 3.50
RPM	= 3 400
m_A	= 0.0284 bl
m_B	= 0.0116 bl
$P_{máx}$	= 600 psi

a) 800 rpm *b*) 3 400 rpm c) 6 000 rpm

FIGURA 13-15 La forma y magnitud de la función de par de torsión total varían con la velocidad del cigüeñal

La energía cinética almacenada del volante es proporcional a ω^2 (véase la ecuación 11.17, p. 420). Por tanto, a altas velocidades un volante puede tener un pequeño momento de inercia y aún así ser efectivo. La velocidad de operación menor requerirá un volante más grande y deberá utilizarse para el cálculo del tamaño del volante requerido.

El programa ENGINE grafica el par de torsión total suavizado del volante para un coeficiente de fluctuación k proporcionado por el usuario. La figura 13-16 muestra las funciones uniformes de par de torsión con $k = 0.05$ correspondientes a las no uniformes de la figura 13-15 (p. 479). Obsérvese que las curvas uniformes mostradas para cada velocidad del motor son las que resultarían con el tamaño de volante necesario para obtener ese coeficiente de fluctuación a esa velocidad. En otras palabras, el volante aplicado al motor funcionando a 800 rpm es mucho más grande que el del motor funcionando a 6 000 rpm en estas curvas. Al comparar dos filas correspondientes (velocidades) entre las figuras 13-15 (p. 479) y 13-16 se observa el efecto de la adición de un volante. Pero no debe comparar directamente las partes *a*, *b* y *c* de la figura 13-16 en cuanto a la cantidad de uniformidad puesto que los tamaños de los volantes empleados son diferentes para cada velocidad de operación.

En general, un volante de motor se diseña como un disco plano, atornillado en un extremo del cigüeñal. Una cara del volante se utiliza para que el embrague funcione en contacto con ella. El embrague es un dispositivo de fricción que permite desconectar el motor del tren motriz (las ruedas del vehículo) cuando no se desea salida. El motor puede permanecer funcionando a una velocidad de marcha lenta con el vehículo o dispositivo de salida detenido. Cuando se acopla el embrague, todo el par de torsión del motor se transmite a través de él, por fricción, al eje de salida.

13.9 FUERZAS DE PASADOR EN UN MOTOR DE UN CILINDRO

Además de calcular los efectos totales en el plano de la bancada de las fuerzas dinámicas presentes en el motor, también se requiere conocer las magnitudes de las fuerzas en las juntas de pasador. Estas fuerzas determinarán el diseño de los pasadores y los cojinetes en las juntas. Aun cuando es posible concentrar la masa tanto de la biela como del pistón, o de la biela y manivela, en los puntos *A* y *B* para el análisis global de los efectos del mecanismo en el plano de la bancada, no se puede efectuar así para calcular las fuerzas de pasador. Esto se debe a que los pasadores sufren el efecto del jalón de la biela en un "lado" y el pistón (o manivela) que jala del otro "lado" del pasador, como se muestra en la figura 13-17 (p. 481). Por tanto, se deben separar los efectos de las masas de los eslabones unidos por los pasadores.

13

Debe determinarse el efecto de cada componente debido a las diversas masas y fuerza de gas, y luego sustituirse para obtener la fuerza del pasador completo en cada junta. Se requiere un sistema de registro para rastrear todos estos componentes. Ya se utilizaron algunos subíndices para estas fuerzas, así que se conservarán y agregarán otros. Las cargas de apoyo resultantes tendrán las siguientes componentes.

1 La componente de la fuerza de gas, con el subíndice *g*, como en F_g.
2 La fuerza de inercia debida a la masa del pistón, con el subíndice *ip*, como en F_{ip}.
3 La fuerza de inercia debida a la masa de la biela en el pasador del pistón, con el subíndice *iw*, como en F_{iw}.

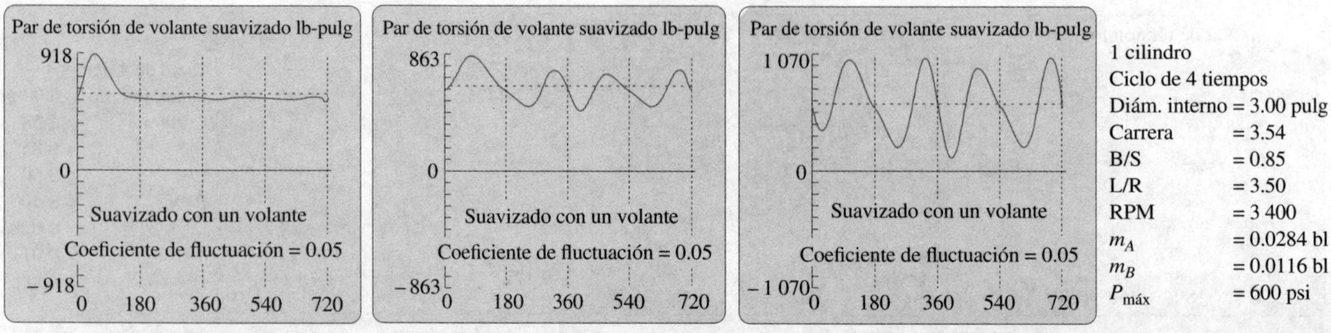

a) 800 rpm *b*) 3 400 rpm *c*) 6 000 rpm

FIGURA 13-16 La forma y magnitud de la función de par de torsión total varían con la velocidad del cigüeñal

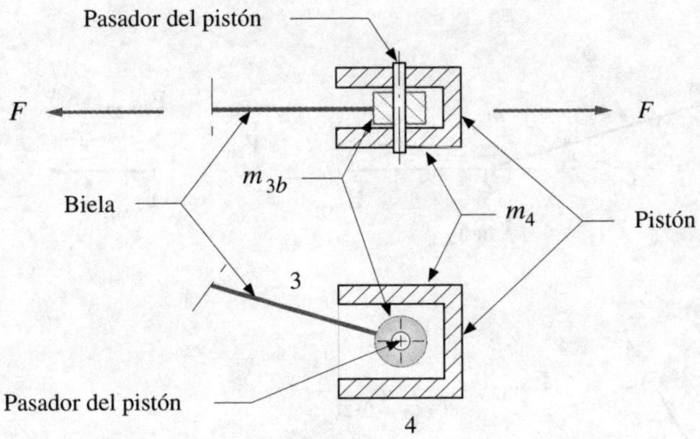

FIGURA 13-17 Fuerzas sobre un pasador de pivote

4 La fuerza de inercia debida a la masa de la biela en el pasador de manivela, con el subíndice *ic*, como en F_{ic}.

5 La fuerza de inercia debida a la masa de la manivela en su pasador, con el subíndice *ir*, como en F_{ir}.

Se agregarán números a cada subíndice, como se efectuó con anterioridad, para indicar el eslabón del cual proviene la fuerza como el primer número y el eslabón que se analizará como el segundo (véase la sección 11.2, p. 399 para más información sobre esta notación).

La figura 13-18 muestra los diagramas de cuerpo libre de la fuerza de inercia $\mathbf{F}_{ipB}$ producida por la aceleración de la masa del pistón, m_4. Estas componentes son:

$$\mathbf{F}_{ip_B} = -m_4 a_B \hat{\mathbf{i}} \tag{13.17a}$$

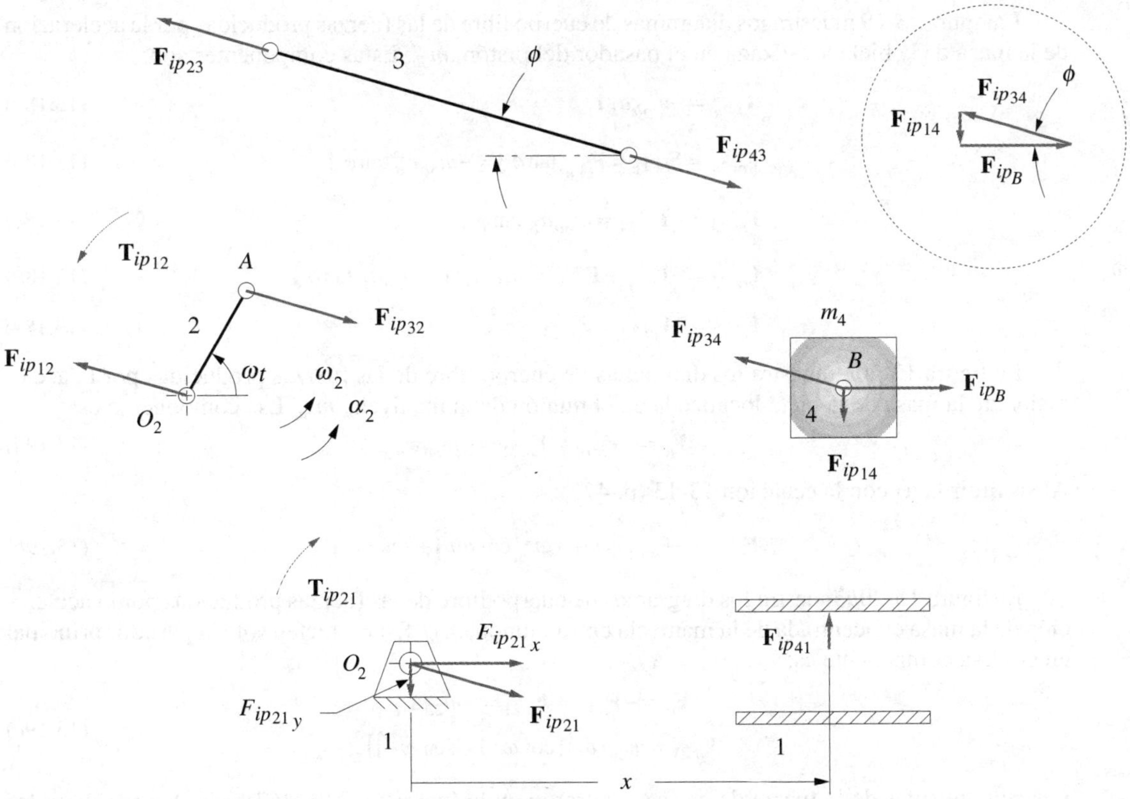

FIGURA 13-18 Diagramas de cuerpo libre de fuerzas producidas por la masa del pistón

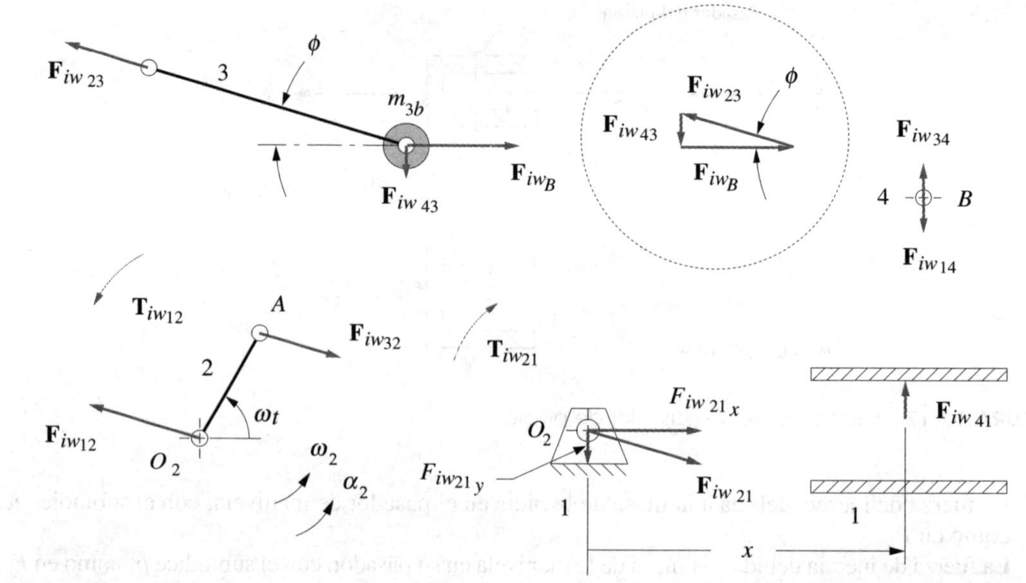

FIGURA 13-19 Diagramas de cuerpo libre de fuerzas producidas por la masa concentrada de la biela en el pasador del pistón

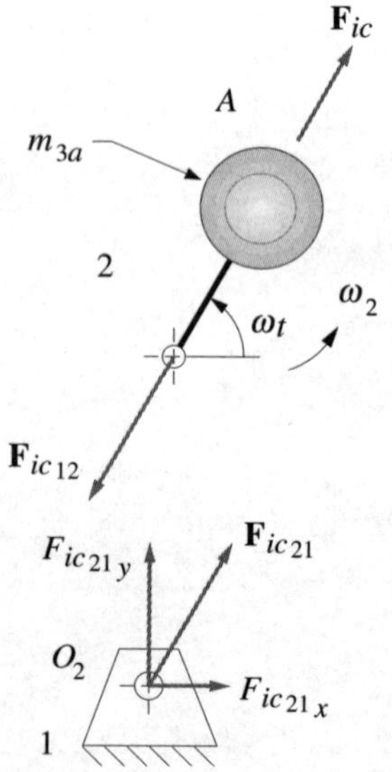

a) Masa de la biela en el muñón de manivela

$$\mathbf{F}_{ip14} = -F_{ip_B} \tan\phi\, \hat{\mathbf{j}} = m_4 a_B \tan\phi\, \hat{\mathbf{j}} \tag{13.17b}$$

$$\mathbf{F}_{ip34} = -\mathbf{F}_{ip_B} - \mathbf{F}_{ip14} = m_4 a_B\, \hat{\mathbf{i}} - m_4 a_B \tan\phi\, \hat{\mathbf{j}} \tag{13.17c}$$

$$\mathbf{F}_{ip32} = -\mathbf{F}_{ip34} = -m_4 a_B\, \hat{\mathbf{i}} + m_4 a_B \tan\phi\, \hat{\mathbf{j}} \tag{13.17d}$$

$$\mathbf{F}_{ip12} = -\mathbf{F}_{ip32} = \mathbf{F}_{ip34} \tag{13.17e}$$

La figura 13-19 muestra los diagramas de cuerpo libre de las fuerzas producidas por la aceleración de la masa de la biela localizada en el pasador del pistón, m_{3b}. Estas componentes son:

$$\mathbf{F}_{iw_B} = -m_{3b} a_B \hat{\mathbf{i}} \tag{13.18a}$$

$$\mathbf{F}_{iw34} = \mathbf{F}_{iw41} = F_{iw_B} \tan\phi\, \hat{\mathbf{j}} = -m_{3b} a_B \tan\phi\, \hat{\mathbf{j}} \tag{13.18b}$$

$$\mathbf{F}_{iw43} = -\mathbf{F}_{iw34} = m_{3b} a_B \tan\phi\, \hat{\mathbf{j}} \tag{13.18c}$$

$$\mathbf{F}_{iw23} = -\mathbf{F}_{iw_B} - \mathbf{F}_{iw43} = m_{3b} a_B\, \hat{\mathbf{i}} - m_{3b} a_B \tan\phi\, \hat{\mathbf{j}} \tag{13.18d}$$

$$\mathbf{F}_{iw12} = -\mathbf{F}_{iw32} = \mathbf{F}_{iw23} \tag{13.18e}$$

La figura 13-20*a* muestra los diagramas de cuerpo libre de las fuerzas producidas por la aceleración de la masa de la biela localizada en el muñón de la manivela, m_{3a}. Esa componente es:

$$\mathbf{F}_{ic} = -\mathbf{F}_{ic12} = \mathbf{F}_{ic21} = -m_{3a}\mathbf{a}_A \tag{13.19a}$$

Al sustituir la $\mathbf{a}_A$ con la ecuación 13-13 (p. 475):

$$\mathbf{F}_{ic21} = -\mathbf{F}_{ic12} = m_{3a} r\omega^2 \left(\cos\omega t\, \hat{\mathbf{i}} + \operatorname{sen} \omega t\, \hat{\mathbf{j}}\right) \tag{13.19b}$$

La figura 13-20*b* muestra los diagramas de cuerpo libre de las fuerzas producidas por la aceleración de la masa concentrada de la manivela en su muñón, m_{2a}. Éstas afectan sólo al pasador principal en O_2. Esa componente es:

$$\begin{aligned} \mathbf{F}_{ir} &= -\mathbf{F}_{ir12} = \mathbf{F}_{ir21} = -m_{2a}\mathbf{a}_A \\ \mathbf{F}_{ir21} &= m_{2a} r\omega^2 \left(\cos\omega t\, \hat{\mathbf{i}} + \operatorname{sen} \omega t\, \hat{\mathbf{j}}\right) \end{aligned} \tag{13.19c}$$

Las componentes de la fuerza de gas se mostraron en la figura 13-7 (p. 467) y se definieron en las ecuaciones 13.5 (p. 471).

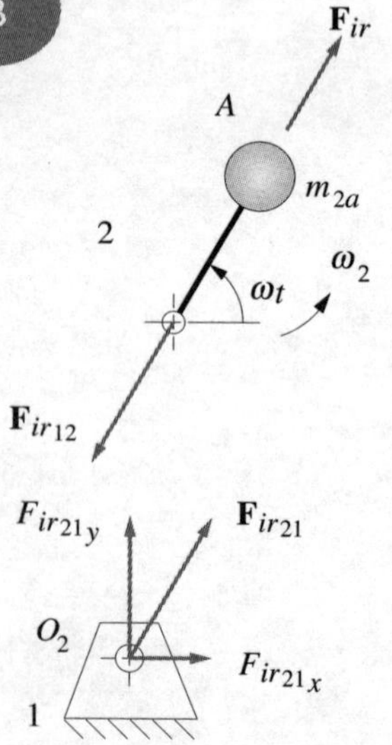

b) Masa de la manivela en su muñón

FIGURA 13-20 Diagramas de cuerpo libre de fuerzas producidas por las masas en el muñón de la manivela

Ahora es posible sumar las componentes de las fuerzas en cada junta de pasador. Para la fuerza $\mathbf{F}_{41}$ que ejerce el pistón en la pared del cilindro:

$$\begin{aligned}\mathbf{F}_{41} &= \mathbf{F}_{g41} + \mathbf{F}_{ip41} + \mathbf{F}_{iw41} \\ &= -F_g \tan\phi\,\hat{\mathbf{j}} - m_4 a_B \tan\phi\,\hat{\mathbf{j}} - m_{3b} a_B \tan\phi\,\hat{\mathbf{j}} \\ &= -\left[\left(m_4 + m_{3b}\right)a_B + F_g\right]\tan\phi\,\hat{\mathbf{j}}\end{aligned} \tag{13.20}$$

La fuerza total $\mathbf{F}_{34}$ en el pasador del pistón es:

$$\begin{aligned}\mathbf{F}_{34} &= \mathbf{F}_{g34} + \mathbf{F}_{ip34} + \mathbf{F}_{iw34} \\ &= \left(-F_g\,\hat{\mathbf{i}} - F_g \tan\phi\,\hat{\mathbf{j}}\right) + \left(m_4 a_B\,\hat{\mathbf{i}} - m_4 a_B \tan\phi\,\hat{\mathbf{j}}\right) + \left(-m_{3b} a_B \tan\phi\,\hat{\mathbf{j}}\right) \\ &= \left(-F_g + m_4 a_B\right)\hat{\mathbf{i}} - \left[F_g + \left(m_4 + m_{3b}\right)a_B\right]\tan\phi\,\hat{\mathbf{j}}\end{aligned} \tag{13.21}$$

La fuerza total $\mathbf{F}_{32}$ en el pasador de la manivela es:

$$\begin{aligned}\mathbf{F}_{32} &= \mathbf{F}_{g32} + \mathbf{F}_{ip32} + \mathbf{F}_{iw32} + \mathbf{F}_{ic32} \\ &= \left(F_g\,\hat{\mathbf{i}} + F_g \tan\phi\,\hat{\mathbf{j}}\right) + \left(-m_4 a_B\,\hat{\mathbf{i}} + m_4 a_B \tan\phi\,\hat{\mathbf{j}}\right) \\ &\quad + \left(-m_{3b} a_B\,\hat{\mathbf{i}} + m_{3b} a_B \tan\phi\,\hat{\mathbf{j}}\right) + \left[m_{3a} r\omega^2\left(\cos\omega t\,\hat{\mathbf{i}} + \operatorname{sen}\omega t\,\hat{\mathbf{j}}\right)\right] \\ &= \left[m_{3a} r\omega^2 \cos\omega t - \left(m_{3b} + m_4\right)a_B + F_g\right]\hat{\mathbf{i}} \\ &\quad + \left\{m_{3a} r\omega^2 \operatorname{sen}\omega t + \left[\left(m_{3b} + m_4\right)a_B + F_g\right]\tan\phi\right\}\hat{\mathbf{j}}\end{aligned} \tag{13-22}$$

La fuerza total $\mathbf{F}_{21}$ en el muñón principal es:

$$\mathbf{F}_{21} = \mathbf{F}_{32} + \mathbf{F}_{ir21} = \mathbf{F}_{32} + m_{2a} r\omega^2\left(\cos\omega t\,\hat{\mathbf{i}} + \operatorname{sen}\omega t\,\hat{\mathbf{j}}\right) \tag{13.23}$$

Obsérvese que, a diferencia de la fuerza de inercia en la ecuación 13.14 (p. 475), que no se afectó por la fuerza de gas, estas fuerzas de pasador **son** una función de la fuerza de gas y también de las fuerzas de inercia. Los motores con pistones de gran diámetro experimentan fuerzas de pasador mayores a consecuencia de la presión de la explosión que actúa en su área mayor.

El programa ENGINE determina las fuerzas de pasador de todas las juntas con las ecuaciones 13.20 a 13.23. La figura 13.21 muestra la fuerza de pasador del pistón en el mismo ejemplo de motor desbalanceado mostrado en figuras previas, para tres velocidades del motor. El lazo en forma de "corbata de moño" es la fuerza de inercia y el lazo en forma de "lágrima" es la parte de la fuerza de gas de la curva de fuerza. Ocurre un cambio interesante entre las componentes de la fuerza de gas y las componentes de la fuerza de inercia de las fuerzas de pasador. A una baja velocidad de 800 rpm (figura 13-21*a*), la fuerza de gas domina, ya que las fuerzas de inercia son insignificantes a una ω pequeña. La fuerza pico en el pasador del pistón es entonces aproximadamente de 4 200 lb. A altas velocidades (6 000 rpm), las componentes de inercia dominan y la fuerza pico es de aproximadamente 4 500 lb (figura 13.21*c*). Pero a una velocidad de rango medio (3 400 rpm), la fuerza de inercia cancela parte de la fuerza de gas y la fuerza pico es de aproximadamente 3 200 lb (figura 13.21*b*). Estas curvas muestran que las fuerzas de pasador pueden ser bastante grandes incluso en un motor de tamaño moderado (0.4 litro/cilindro). Todos los pasadores, eslabones y cojinetes deben diseñarse para soportar cientos de millones de ciclos de estas fuerzas de reversa sin falla.

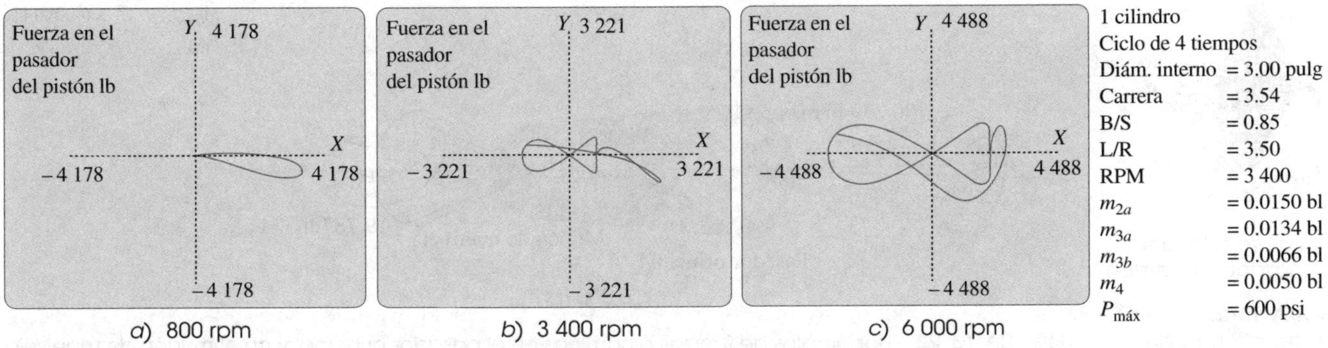

a) 800 rpm *b*) 3 400 rpm *c*) 6 000 rpm

FIGURA 13-21 Fuerzas en el pasador del pistón del motor de un cilindro a varias velocidades

La figura 13-22 muestra más evidencias de la interacción de las fuerzas de gas y las fuerzas de inercia en el muñón de la manivela y en el pasador del pistón. Las figuras 13.22*a* y *c* muestran la variación de la magnitud de la componente de fuerza de inercia en el muñón de la manivela y el pasador del pistón, respectivamente, durante una revolución completa de la manivela, conforme la velocidad del motor se incrementa desde su marcha lenta hasta una velocidad máxima. Las figuras 13.22*b* y *d* muestran la variación de la fuerza total sobre los mismos pasadores con las componentes de las fuerzas de gas e inercia incluidas. Estas dos curvas muestran sólo los primeros 90° de revolución de la manivela donde ocurre la fuerza de gas en un cilindro de cuatro tiempos. Obsérvese que las componentes de las fuerzas de gas e inercia se contrarrestan una a otra y el resultado es una velocidad particular en la que la fuerza en el pasador es mínima durante la carrera de potencia. Éste es el mismo fenómeno que se presenta en la figura 13-21.

La figura 13-23 muestra las fuerzas en el muñón principal y en el pasador de la manivela a tres velocidades del mismo motor de un solo cilindro **desbalanceado** mostrado en figuras anteriores. Estas fuerzas se graficaron como hodógrafos en un sistema coordenado local (LRCS) $x'y'$ insertado en el cigüeñal. La figura 13-23*a* muestra que a 800 rpm (velocidad en marcha lenta) las fuerzas del pasador de la manivela y del pasador principal son en esencia iguales y opuestas porque las componentes de la fuerza de inercia son pequeñas comparadas con las de la fuerza de gas, que dominan a baja velocidad. Sólo la mitad de la circunferencia de uno u otro pasador percibe cualquier fuerza. A 3 400 rpm (figura 13-23*b*, los efectos de la fuerza de inercia son evidentes, y las partes angulares del pasador principal y el pasador de la manivela que perciben cualquier fuerza ahora son de sólo 39° y 72°, respectivamente. Los efectos de la fuerza de gas crean asimetría de los hodógrafos de fuerza con respecto al eje x'. La diferencia entre las fuerzas del pasador principal y de la manivela se debe a los términos de masa diferentes en sus ecuaciones (compárense las ecuaciones 13.22 y 13.23, p. 483).

En la figura 13-23*c* el motor está a una velocidad alta (6 000 rpm) y las componentes de la fuerza de inercia ahora son las dominantes, elevan los niveles de la fuerza pico y hacen que los hodógrafos

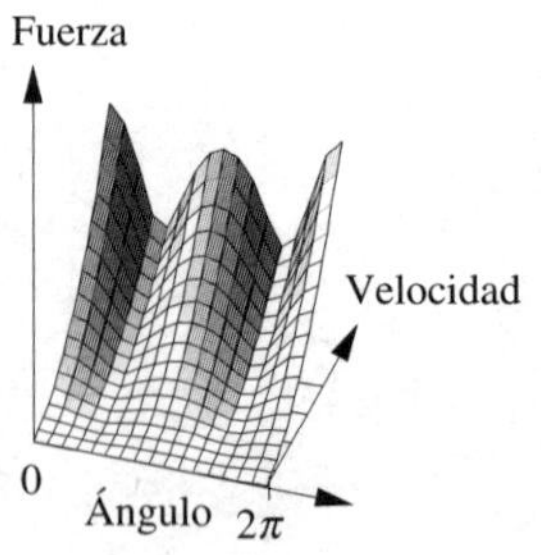

a) Fuerza de inercia del muñón de manivela

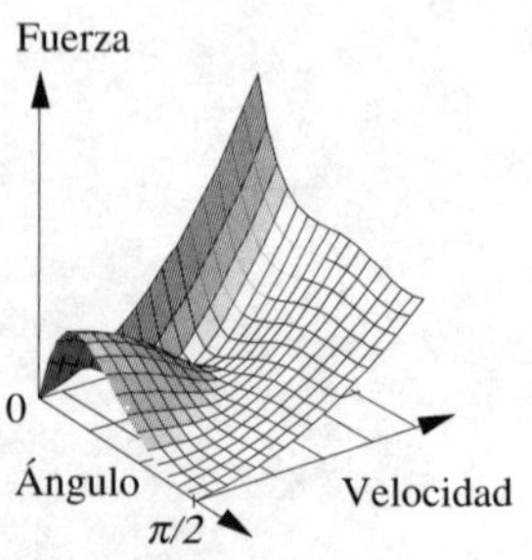

b) Fuerza total del muñón de manivela

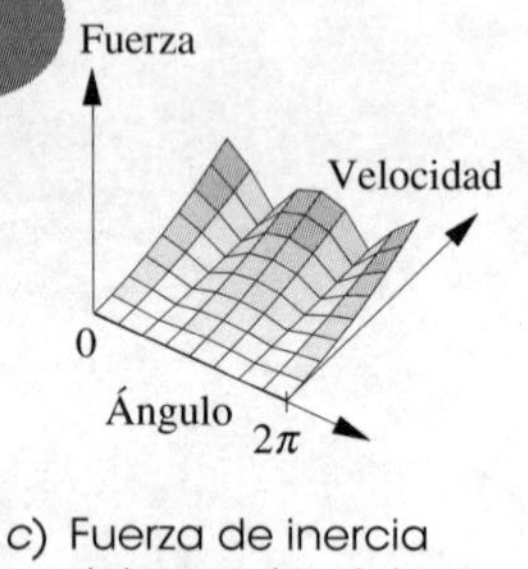

c) Fuerza de inercia del pasador del pistón

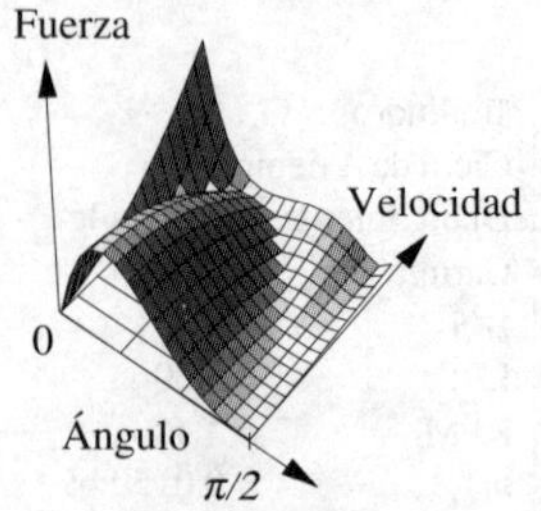

d) Fuerza total del pasador del pistón

FIGURA 13-22 Variación de la fuerza de pasador

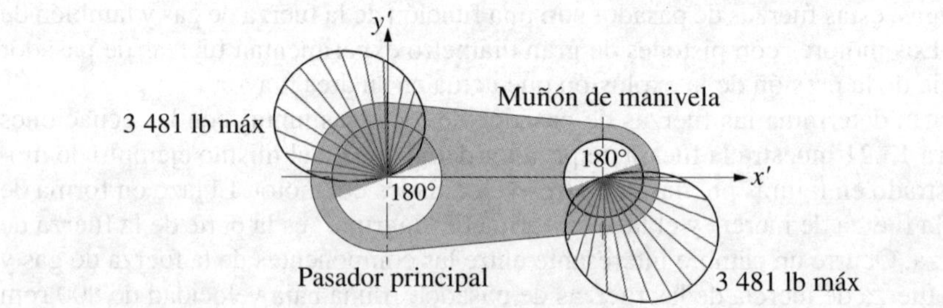

a) 800 rpm

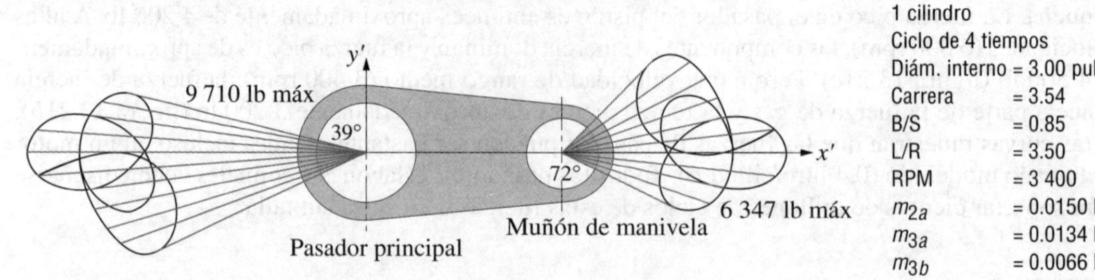

b) 3 400 rpm

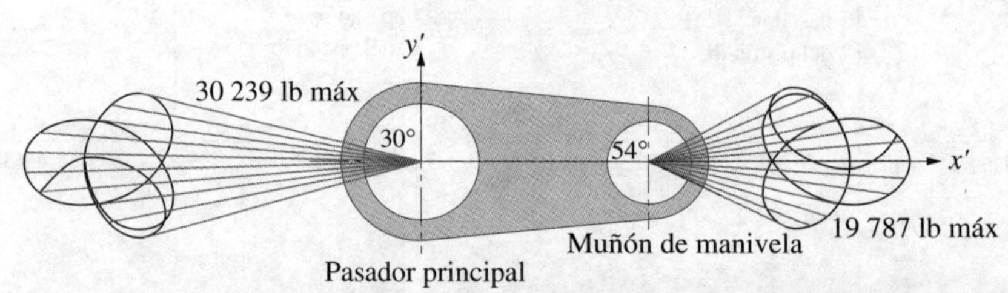

c) 6 000 rpm

FIGURA 13-23 Hodógrafos de fuerzas dinámicas en el pasador principal y en el muñón de manivela de un motor de cuatro tiempos de un solo cilindro desbalanceado funcionando a varias velocidades sean casi simétricos con respecto al eje x'. La partes angulares de los pasadores principales de la manivela que perciben alguna fuerza ahora se reducen a 30° y 54°, respectivamente. Esta distribución de fuerza provoca que los pasadores de manivela se desgasten sólo en una parte de su circunferencia. Como se muestra en la siguiente sección, el balanceo de la manivela afecta la distribución de la fuerza en los pasadores principales.

Nótese que los valores numéricos de la fuerza y el par de torsión en las figuras de este capítulo son únicos debido a la selección arbitraria de los parámetros del motor utilizados en el motor ejemplo y no deberán extrapolarse a cualquier otro diseño de motor. Además, la función de la fuerza de gas utilizada en el programa ENGINE para generar las figuras es tanto aproximada como invariable con la velocidad del motor, a diferencia de lo que pasa en un motor real. Deben emplearse las ecuaciones de este capítulo para calcular las fuerzas y los pares de torsión que utilizan datos de masa, geometría y fuerza de gas apropiados al diseño de un motor en particular.

13.10 BALANCEO DEL MOTOR DE UN CILINDRO

Las deducciones y figuras de las secciones anteriores han demostrado que se desarrollan fuerzas significativas tanto en los pasadores del pivote como en el plano de la bancada a causa de las fuerzas de gas, las cuales son internas, pero que pueden tener un efecto importante en las fuerzas de inercia y sacudimiento. Se puede reducir la fuerza del pasador principal, pero las fuerzas del pasador de la manivela y muñón no se verán afectadas por cualquier balanceo del cigüeñal realizado. La figura 13-13 (p. 477) muestra la fuerza de sacudimiento desbalanceada como se percibe en el plano de la bancada del motor ejemplo de un cilindro de 0.4 litros obtenida con ENGINE, que es aproximadamente de 9 700 lb, incluso a la velocidad moderada de 3 400 rpm. A 6 000 rpm se incrementa a más de 30 000 lb. Los métodos del capítulo 12 pueden aplicarse a este mecanismo para balancear los elementos que están en rotación pura y reducir estas enormes fuerzas de sacudimiento.

La figura 13.24*a* (p. 486) muestra el modelo dinámico del mecanismo de manivela-corredera con la masa de la biela concentrada tanto en el muñón de la manivela *A* como en el pasador del pistón *B*. Puede considerarse que este motor de un cilindro es un dispositivo en un solo plano, y por tanto adecuado para balanceo estático (véase la sección 13.1, p. 461). Es fácil balancear estáticamente la manivela. Para ello se requiere una masa de balanceo en un radio a 180° de la masa concentrada en el punto *A* cuyo producto *mr* sea igual al producto de la masa en *A* por su radio *r*. Si se aplica la ecuación 12.2 (p. 439) a este problema simple, se obtiene:

$$m_{bal}\mathbf{R}_{bal} = -m_A\mathbf{R}_A \tag{13.24}$$

Cualquier combinación de masa y radio que tenga este producto, colocado a 180° del punto *A*, balanceará la manivela. Por simplicidad del ejemplo, se utiliza un radio de balanceo igual a *r*. Entonces una masa igual a m_A colocada en A' balanceará con exactitud las masas rotatorias. El *CG* de la manivela estará entonces en el pivote fijo O_2, como se muestra en la figura 13-24*a*. En un cigüeñal real, si se coloca el *CG* del contrapeso en este radio grande no dará resultado. La masa de balanceo debe mantenerse cerca de la línea de centros para librar el pistón en el PMI. La figura 13-2*c* (p. 463) muestra la forma de los contrapesos de un cigüeñal típico.

La figura 13-25*a* muestra la fuerza de sacudimiento del motor de la figura 13-13 (p. 477) después que la manivela se ha balanceado con exactitud de esta manera. La componente *Y* de la fuerza de sacudimiento se redujo a cero y la componente *X* a 3 343 lb a 3 400 rpm. Éste es un factor de tres reducciones con respecto al motor desbalanceado. Obsérvese que la única fuente de fuerza de inercia dirigida en la dirección de *Y* es la masa rotatoria en el punto *A* de la figura 13-24 (véanse las ecuaciones 13.14, p. 475). Lo que queda después de balancear la masa rotatoria es la fuerza producida por las masas del pistón y biela en el punto *B* de la figura 13-24, que están en traslación lineal a lo largo del eje *X*, como lo muestra la fuerza de inercia, $-m_B\mathbf{a}_B$, en el punto *B* de esa figura.

Para eliminar por completo esta fuerza de sacudimiento desbalanceada oscilante se requeriría introducir otra masa alternativa, que oscilara 180° desfasada con el pistón. Si agrega un segundo pistón y un cilindro, dispuestos apropiadamente, puede lograrse esto. Una de las ventajas principales de los motores de multicilindros es su capacidad para reducir o eliminar las fuerzas de sacudimiento, lo cual se estudiará en el siguiente capítulo.

En el motor de un cilindro no existe manera de eliminar por completo el desbalanceo alternativo con un solo contrapeso rotatorio, pero sí se puede reducir la fuerza de sacudimiento aún más. La figura 13-24*b* muestra una cantidad adicional de masa m_p agregada al contrapeso en el punto A'.

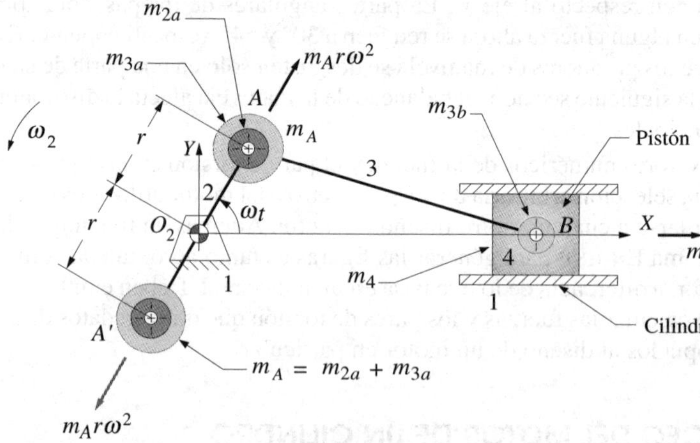

a) Manivela exactamente balanceada

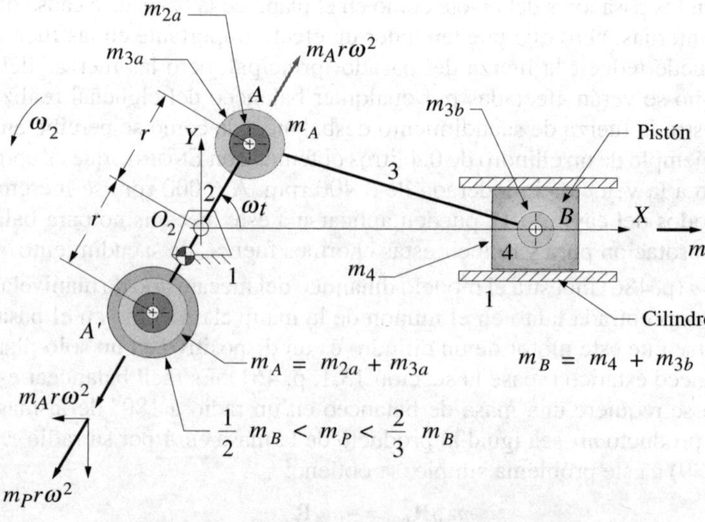

b) Manivela sobrebalanceada

FIGURA 13-24 Balanceo o sobrebalanceo del motor de un cilindro

(Obsérvese que el *CG* de la manivela ahora se alejó del pivote fijo.) Esta masa de balanceo extra crea una fuerza de inercia adicional ($-m_p r\omega^2$) como se muestra, descompuesta en las componentes *X* y *Y* de la figura. Ninguna otra fuerza de inercia presente se opone a la componente *Y*, pero la componente

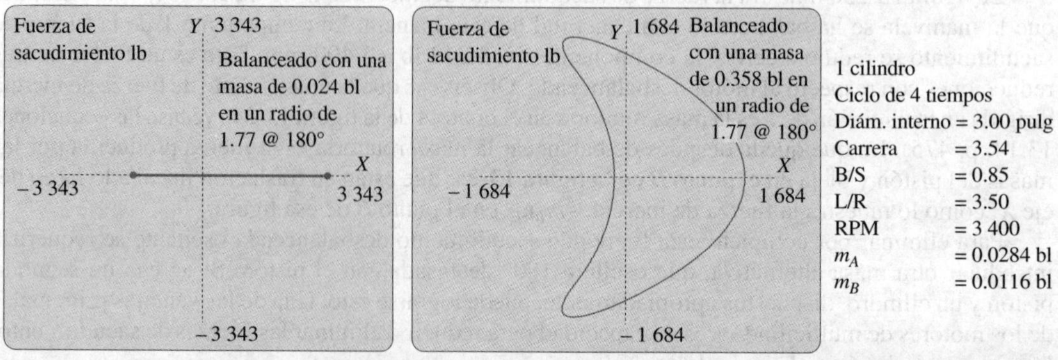

a) Manivela exactamente balanceada *b*) Manivela sobrebalanceada

FIGURA 13-25 Efectos de balanceo y sobrebalanceo sobre la fuerza de sacudimiento en el mecanismo de manivela-corredera

TABLA 13-3 Efecto de la masa de balanceo de la manivela sobre la fuerza de sacudimiento y en la fuerza del pasador principal

Modo de balanceo	Magnitud de la fuerza de sacudimiento pico (lb)			Magnitud de la fuerza en el pasador principal pico (lb)		
	Velocidad en marcha lenta	Rango medio	Máxima	Velocidad en marcha lenta	Rango medio	Máxima
Desbalanceado	538	9 710	30 239	3 481	9 710	30 239
Balanceo exacto	185	3 343	10 412	4 095	3 343	10 412
Sobrebalanceado	33	1 684	5 246	3 675	2 868	5 886

X siempre se opondrá a la fuerza de inercia reciprocante en el punto B. Por tanto, esta masa extra, m_p, que *sobrebalancea la manivela*, reducirá la fuerza de sacudimiento dirigida a lo largo del eje X a expensas de agregar de nuevo alguna fuerza de sacudimiento en la dirección de Y. Éste es un cambio útil, ya que la fuerza de sacudimiento en general es de menor interés que su magnitud. Las fuerzas de sacudimiento crean vibraciones en la estructura de soporte, que son transmitidas y modificadas por ella. Como ejemplo, no es posible definir la dirección de las fuerzas de sacudimiento del motor de una motocicleta con sólo sentir sus vibraciones resultantes en el manubrio. Pero sí se **detectará** un incremento de la magnitud de las fuerzas de sacudimiento por la mayor amplitud de las vibraciones que provocan en el bastidor de la motocicleta.

La cantidad de masa de "sobrebalanceo" adicional necesaria para disminuir la fuerza pico de sacudimiento, sin importar su dirección, variará con el diseño de motor particular. En general, lo hará entre un medio y dos tercios de la masa reciprocante en el punto B (pistón más biela en el pasador del pistón), si se coloca en el radio de la manivela r. Desde luego, una vez que se determina este producto de masa-radio, se puede lograr con cualquier combinación de masa y radio. La figura 13-25b muestra la fuerza de sacudimiento mínima lograda para este motor con la adición de 65.5% de la masa en B que actúa en el radio r. La fuerza de sacudimiento se redujo a 1 684 lb a 3 400 rpm, la cual es **17% de su valor desbalanceado original** de 9 710 lb. Los beneficios de balancear y de sobrebalancear en el caso del motor de un cilindro ahora deben ser obvios.

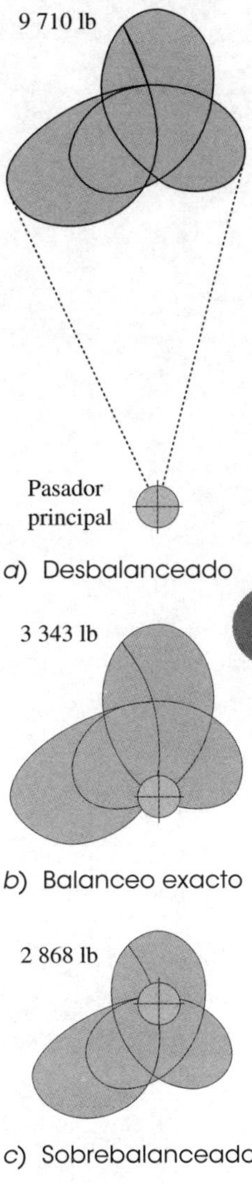

FIGURA 13-26 Fuerza sobre el pasador principal a 3 400 rpm, con diferentes estados de balanceo en la manivela, mostrados a la misma escala en coordenadas de rotación locales (LRCS)

13

Efecto del balanceo del cigüeñal en las fuerzas de los pasadores

De las fuerzas en los pasadores, sólo la fuerza del pasador principal es afectada por la adición de masas de balanceo al cigüeñal. Esto se debe a que su ecuación (13.23, p. 483) es la única de las ecuaciones para fuerzas en los pasadores (13.20 a 13.23) que involucra la masa de la manivela. La tabla 13-3 muestra las magnitudes de las fuerzas de sacudimiento (en GCS) y las fuerzas en el pasador principal (en LRCS) del ejemplo del motor de un solo cilindro de la figura 13-23 (p. 484) a tres velocidades del motor y en tres condiciones de balanceo: desbalanceado; exactamente balanceado, con una masa de contrapeso igual a la masa total m_A en el pasador de la manivela (figura 13-25a), y sobrebalanceado, con la masa necesaria para reducir al mínimo la fuerza de sacudimiento del cilindro único (figura 13-25b). Obsérvese que tanto el balanceo como el sobrebalanceo reducen la fuerza en el pasador principal, aunque en menor grado del provocado por la fuerza de sacudimiento en algunos casos. A velocidad en marcha lenta, la fuerza de gas excede por mucho la fuerza de inercia y, como el balanceo sólo puede afectar a la última, la reducción de la fuerza del pasador principal es menor a velocidad en marcha lenta que a mayores velocidades del motor. Las fuerzas del pasador principal en el caso sobrebalanceado rastrean más de cerca las fuerzas de sacudimiento a la velocidad máxima, donde la fuerza de inercia domina a la fuerza de gas. Obsérvese que el sobrebalanceo de la manivela reduce la fuerza en el pasador principal por debajo de la del caso de balanceo exacto a todas las velocidades.*

La figura 13-26 muestra el efecto del balanceo y sobrebalanceo sobre la magnitud y distribución de la fuerza que actúa en el pasador principal. No sólo la fuerza en el pasador principal desbalanceada

* El sobrebalanceo de un motor de cuatro cilindros en línea que utiliza ocho masas de balanceo (dos por cada cilindro repartidas a ambos lados de cada carrera del cigüeñal) con 100% de m_AR_A más 50% de m_BR_A por cilindro reducirá sus fuerzas de apoyo principales. Si se utilizan cuatro contrapesos de balanceo en el cigüeñal (uno por cilindro en un lado de cada carrera del cigüeñal en una disposición particular), entonces la condición de balanceo óptimo para reducir las fuerzas de apoyo principales es de 67% de m_AR_A más 33% de m_BR_A por cilindro. (*Fuente*: *Chrysler Corp.*)

pico (figura 13-26*a*) es tres veces la magnitud del caso exactamente balanceado (figura 13-26*b*), sino que las fuerzas en el caso desbalanceado se concentran en una pequeña parte de la circunferencia del pasador (véase también la figura 13-23, p. 484). El cigüeñal exactamente balanceado tiene la fuerza que actúa en su pasador principal distribuida en más de la mitad de su circunferencia, y el cigüeñal sobrebalanceado concentra la fuerza por completo alrededor de la circunferencia del pasador, como se muestra en la figura 13-26*c*.

13.11 CAMBIOS Y RELACIONES DE DISEÑO

En el diseño de cualquier sistema o dispositivo, no importa cuán simple sea, siempre habrá demandas, requerimientos o preferencias conflictivas que deben modificarse para lograr el mejor resultado de diseño. Este motor de un cilindro no es la excepción. Existen dos relaciones de diseño adimensionales que pueden emplearse para caracterizar el comportamiento dinámico de un motor en forma general. La primera es la relación manivela/biela, *r*/*l*, presentada en la sección 13.2 (p. 466), o su inversa, la **relación biela/manivela**, *l*/*r*. La segunda es la **relación diámetro interno de cilindro/carrera**, *B*/*S* (por sus siglas en inglés).

Relación biela/manivela

La relación manivela/biela, *r*/*l*, aparece en todas las ecuaciones de aceleración, fuerzas y pares de torsión. En general, la relación *r*/*l* más pequeña, la más uniforme, será la función de aceleración y, por tanto, todos los demás factores en los que influye. El programa ENGINE utiliza la inversa de esta relación como parámetro de entrada. La **relación biela/manivela**, *l*/*r*, debe ser mayor o igual a 2 para obtener ángulos de transmisión aceptables en el mecanismo de manivela-corredera. El valor ideal de *l*/*r* desde un punto de vista cinemático sería infinito, ya que haría que la función de aceleración del pistón fuera armónica pura. El segundo y todos los términos armónicos subsecuentes en las ecuaciones 13.3 (p. 469) serían cero en este caso, y el valor pico de la aceleración sería mínimo. Sin embargo, un motor de esa altura no se ensamblaría bien y a menudo las consideraciones de empaque restringen el valor máximo de la relación *l*/*r*. La mayoría de los motores tendrá una relación *l*/*r* entre 3 y 5 que produzca una uniformidad de funcionamiento aceptable en un motor razonablemente pequeño.

Relación diámetro interno del cilindro/carrera

13

El diámetro interno *B* del cilindro es en esencia igual al diámetro del pistón. (Existe una pequeña holgura.) La carrera *S* se define como la distancia recorrida por el pistón desde el PMS al PMI y es dos veces el radio de la manivela, $S = 2r$. El diámetro interno aparece en la ecuación para la fuerza de gas (ecuación 13.4, p. 470) y por tanto también afecta al par de torsión de gas. El radio de la manivela aparece en cada ecuación. Un motor con una relación *B*/*S* de 1 se conoce como "cuadrado". Si *B*/*S* es mayor que 1, es "sobrecuadrado"; si es menor, "subcuadrado". La elección del diseñador de esta relación puede tener un efecto significativo en el comportamiento dinámico del motor. Si supone que el desplazamiento o volumen de carrera *V* del motor se haya elegido y deba permanecer constante, este desplazamiento puede lograrse con una infinidad de combinaciones de diámetro interno y carrera que varían desde un pistón "panqué" con una pequeña carrera a un pistón "lápiz" con carrera muy larga.

$$V = \frac{\pi B^2}{4} S \tag{13.25}$$

Existe un cambio de diseño clásico aquí entre *B* y *S* con un volumen de carrera constante *V*. Un diámetro interno grande y carrera pequeña producirán altas fuerzas de gas que afectarán adversamente las fuerzas de pasador. Una carrera grande y un diámetro interno pequeño producirán altas fuerzas de inercia y afectarán adversamente las fuerzas de pasador (y otras fuerzas y pares de torsión). Así que debe existir un valor óptimo para la relación *B*/*S* en cada caso, el cual reducirá estos efectos adversos. La mayoría de los motores de producción tienen relaciones *B*/*S* en el rango de 0.75 a 1.5.

Se deja como ejercicio al estudiante investigar los efectos de la variación de las relaciones *B*/*S* y *l*/*r* en las fuerzas y pares de torsión del sistema. El programa ENGINE demuestra los efectos de los cambios independientes a cada una de estas relaciones, mientras los demás parámetros de diseño se mantienen constantes. Se pide a los estudiantes experimentar con el programa para comprender la función de estas relaciones en el desempeño dinámico del motor.

Materiales

Siempre habrá una transacción resistencia/peso. Las fuerzas en este dispositivo pueden ser bastante altas, tanto por la explosión como por la inercia de los elementos en movimiento. Deben mantenerse las masas de las piezas tan bajas como sea posible, ya que las aceleraciones son típicamente muy altas, como se observa en la figura 13-8*c* (p. 469). No obstante, las piezas deben ser suficientemente fuertes para soportar las fuerzas, así que se requieren materiales con buenas relaciones de resistencia a peso. Los pistones en general se elaboran de una aleación de aluminio, fundidos o forjados. Las bielas se fabrican de hierro dúctil o acero forjado, excepto en motores muy pequeños (podadoras de césped, sierras de cadena, motocicletas), donde pueden ser de aleación de aluminio. Algunos motores de alto rendimiento (p. ej., Acura NSX) tienen bielas de titanio. Los cigüeñales en general son de acero forjado o hierro dúctil, y los pasadores del pistón son de tuberías o barras de acero endurecido. Casi siempre se utilizan cojinetes simples de una aleación metálica especial no ferrosa, blanda, llamada *babbit*. En el motor de cuatro tiempos éstos se lubrican a presión con aceite bombeado a través de conductos perforados en el bloque, cigüeñal y bielas. En el motor de dos tiempos, el combustible transporta el lubricante a estas partes. Los bloques de motor son de hierro fundido o de aleación de aluminio fundido. Los anillos de pistón de acero cromado sellan y se desgastan en contacto con los cilindros de hierro gris fundido. La mayoría de los bloques de aluminio llevan revestimientos de hierro fundido alrededor del cuerpo de los cilindros. Algunos no llevan revestimientos y se hacen de aleación de aluminio al alto silicio que es especialmente enfriada después de fundirla para que se precipite el silicio duro en las paredes del cilindro y les imparta resistencia al desgaste.

13.12 BIBLIOGRAFÍA

1 **Heywood, J. B.** (1988). *Internal Combustion Engine Fundamentals*, McGraw-Hill: Nueva York.

2 **Taylor, C. F.** (1966). *The Internal Combustion Engine in Theory and Practice*, MIT Press: Cambridge, MA.

3 **Heisler, H.** (1999). *Vehicle and Engine Technology*, 2a. ed., SAE: Warrendale, PA.

13.13 PROBLEMAS*

†‡13-1 Un mecanismo de manivela-corredera tiene $r = 3$ y $l = 12$. Tiene una velocidad angular de 200 rad/s en el tiempo $t = 0$. Su ángulo de manivela inicial es cero. Determine la aceleración del pistón en $t = 1$ s. Emplee dos métodos, la solución exacta y la solución con la serie de Fourier aproximada, y compare los resultados.

‡13-2 Resuelva el problema 13-1 con $r = 4$, $l = 15$ y $t = 0.9$ s.

†‡13-3 Un mecanismo de manivela-corredera tiene $r = 3$, $l = 12$ y un diámetro de pistón $B = 2$. La presión de gas pico en el cilindro ocurre con un ángulo de manivela de 10° y es de 1 000 unidades de presión. Obtenga la fuerza y el par de torsión de gas en esta posición.

‡13-4 Un mecanismo de manivela-corredera tiene $r = 4$, $l = 15$ y un diámetro de pistón $B = 3$. La presión de gas pico en el cilindro ocurre con un ángulo de manivela de 5° y es de 600 unidades de presión. Determine la fuerza y el par de torsión de gas en esta posición.

†‡13-5 Resuelva el problema 13-3 con el método exacto de cálculo del par de torsión de gas y compare su resultado con el obtenido por medio de la expresión aproximada en la ecuación 13.8*b* (p. 472). ¿Cuál es el porcentaje de error?

‡13-6 Resuelva el problema 13-4 con el método de cálculo exacto del par de torsión de gas y compare su resultado con el obtenido por medio de la expresión aproximada en la ecuación 13.8*b* (p. 472). ¿Cuál es el porcentaje de error?

†‡13-7 Una biela de longitud $l = 12$ tiene una masa $m_3 = 0.020$. Su momento de inercia de masa es 0.620. Su *CG* se localiza a 0.4 l del muñón de la manivela, en el punto *A*.

a) Determine un modelo dinámico exacto por medio de dos masas concentradas, una en el pasador del pistón, punto *B*, y otro en cualquier punto que se requiera. Defina las masas concentradas y sus ubicaciones.

b) Determine un modelo dinámico aproximado por medio de dos masas concentradas, una en el pasador del pistón, punto *B*, y otra en el muñón de la manivela, punto *A*. Defina las masas concentradas y sus ubicaciones.

c) Obtenga el error en el momento de inercia de masa del modelo aproximado como porcentaje del momento de inercia de masa original.

TABLA P13-0
Matriz de temas/problemas

13.2	**Cinemática de un mecanismo de manivela-corredera** 13-1, 13-2, 13-34, 13-35, 13-36, 13-37
13.3	**Fuerza del gas y par de torsión de gas** 13-3, 13-4, 13-5, 13-6, 13-38, 13-39, 13-40, 13-41, 13-42
13.4	**Masas equivalentes** 13-7, 13-8, 13-9, 13-10, 13-43, 13-44, 13-45, 13-46
13.6	**Pares de torsión de inercia y de sacudimiento** 13-11, 13-12, 13-13, 13-14, 13-47, 13-48, 13-49, 13-50
13.9	**Fuerzas de pasador** 13-15, 13-16, 13-17, 13-18, 13-23, 13-24, 13-25, 13-26, 13-27, 13-28, 13-33, 13-51, 13-52, 13-53, 13-54
13.10	**Balanceo del motor de un solo cilindro** 13-19, 13-20, 13-21, 13-22, 13-29, 13-30, 13-31, 13-32, 13-55, 13-56, 13-57, 13-58

13

* Todas las figuras de los problemas vienen como archivos PDF y algunos como archivos Working Model en el DVD. Los nombres de los archivos PDF son los mismos que el número de la figura. Ejecute el archivo *Animations.html* para acceder a y ejecutar las animaciones.

† Respuestas en el apéndice F.

‡ Estos problemas se pueden resolver con los programas *Mathcad*, *Matlab* o *TKSolver*.

*13-8 Resuelva el problema 13-7 con estos datos: $l = 15$, $m_3 = 0.025$, el momento de inercia de masa es de 1.020. Su *CG* se localiza a 0.25 l del muñón de manivela, en el punto *A*.

*†13-9 Una manivela de longitud $r = 3.5$ tiene una masa $m_2 = 0.060$. El momento de inercia de masa con respecto a su pivote es de 0.300. Su *CG* se localiza a 0.30 r del pasador principal, el punto O_2. Determine un modelo dinámico de dos masas concentradas estáticamente equivalentes con éstas, colocadas en el pasador principal y en el muñón de la manivela. ¿Cuál es el porcentaje de error en el momento de inercia del modelo con respecto al pivote de la manivela?

†13-10 Resuelva el problema 13.9 con una longitud de manivela $r = 4$, una masa $m_2 = 0.050$ y un momento de inercia de masa con respecto a su pivote de 0.400. Su *CG* se localiza a 0.40 r del pasador principal, el punto O_2.

*†13-11 Combine los datos de los problemas 13-7 y 13-9. Ponga a funcionar el mecanismo a una velocidad angular constante de 2 000 rpm. Determine la fuerza y el par de torsión de inercia a $\omega t = 45°$. Masa del pistón = 0.012.

†13-12 Combine los datos de los problemas 13-7 y 13-10. Ponga a funcionar el mecanismo a una velocidad angular constante de 3 000 rpm. Obtenga la fuerza y el par de torsión de inercia a $\omega t = 30°$. Masa del pistón = 0.019.

†13-13 Combine los datos de los problemas 13-8 y 13-9. Ponga a funcionar el mecanismo a una velocidad angular constante de 2 500 rpm. Determine la fuerza y el par de torsión de inercia a $\omega t = 24°$. Masa del pistón = 0.023.

*†13-14 Combine los datos de los problemas 13-8 y 13-10. Ponga a funcionar el mecanismo a una velocidad angular constante de 4 000 rpm. Obtenga la fuerza y el par de torsión de inercia a $\omega t = 18°$. Masa del pistón = 0.015.

†13-15 Combine los datos de los problemas 13-7 y 13-9. Ponga a funcionar el mecanismo a una velocidad angular constante de 2 000 rpm. Determine las fuerzas de pasador a $\omega t = 45°$. Masa del pistón = 0.022. $F_g = 300$.

†13-16 Combine los datos de los problemas 13-7 y 13-10. Ponga a funcionar el mecanismo a una velocidad angular constante de 3 000 rpm. Obtenga las fuerzas de pasador a $\omega t = 30°$. Masa del pistón = 0.019. $F_g = 600$.

†13-17 Combine los datos de los problemas 13-8 y 13-9. Ponga a funcionar el mecanismo a una velocidad angular constante de 2 500 rpm. Determine las fuerzas de pasador a $\omega t = 24°$. Masa del pistón = 0.032. $F_g = 900$.

†13-18 Combine los datos de los problemas 13-8 y 13-10. Ponga a funcionar el mecanismo a una velocidad angular constante de 4 000 rpm. Obtenga las fuerzas de pasador a $\omega t = 18°$. Masa del pistón = 0.014. $F_g = 1\,200$.

*†‡13-19 Con los datos del problema 13-11:

a) Balancee exactamente la manivela y obtenga de nuevo la fuerza de inercia.

b) Sobrebalancee la manivela con aproximadamente dos tercios de la masa en el pasador del pistón colocado a un radio $-r$ en la manivela y determine de nuevo la fuerza de inercia.

c) Compare estos resultados con los de la manivela desbalanceada.

†‡13-20 Resuelva el problema 13-19 con los datos del problema 13-12.

†‡13-21 Resuelva el problema 13-19 con los datos del problema 13-13.

†‡13-22 Resuelva el problema 13-19 con los datos del problema 13-14.

†13-23 Combine las ecuaciones necesarias para desarrollar expresiones que muestren cómo cada uno de los parámetros dinámicos varía con una función de la relación manivela/biela.

a) Aceleración del pistón

b) Fuerza de inercia

c) Par de torsión de inercia

d) Fuerzas de pasador

Grafique las funciones. Revise sus conclusiones con el programa ENGINE.
Sugerencia: Considere que todos los demás parámetros son temporalmente constantes. Ajuste el ángulo de manivela a un valor de modo que la fuerza de gas sea distinta de cero.

†13-24 Combine las ecuaciones necesarias para desarrollar expresiones que muestren cómo cada uno de estos parámetros dinámicos varía como una función de la relación diámetro interno del cilindro/carrera:

a) Fuerza de gas

b) Par de torsión de gas

c) Fuerza de inercia

d) Par de torsión de inercia

e) Fuerzas de pasador

---

* Respuestas en el apéndice F.
† Estos problemas se pueden resolver con los programas *Mathcad*, *Matlab* o *TKSolver*.
‡ Estos problemas se pueden resolver con el programa ENGINE que viene en el DVD.

13

Grafique las funciones. Revise sus conclusiones con el programa ENGINE.
Sugerencia: Considere que todos los demás parámetros son temporalmente constantes. Ajuste el ángulo de manivela a un valor de modo que la fuerza de gas sea distinta de cero.

†13-25 Desarrolle una expresión para determinar la relación diámetro interno del cilindro/carrera óptima para reducir la fuerza en el pasador del pistón. Grafique la función.

†‡13-26 Use el programa ENGINE o algún otro programa de computadora o solucionador de ecuaciones para calcular el valor máximo y la forma de la curva polar de la fuerza en el pasador principal de un motor de un cilindro con 1 $pulg^3$ de desplazamiento y diámetro interno de 1.12838 pulg bajo las siguientes circunstancias:

a) Masas del pistón, biela y manivela = 0
b) Masa de pistón = 1 blob, masas de la biela y de la manivela = 0
c) Masa de la biela = 1 blob, masas del pistón y de la manivela = 0
d) Masa de la manivela = 1 blob, masas del biela y del pistón = 0

Coloque el *CG* de la manivela a 0.5 *r* y la biela a 0.33 *l*. Compare y explique las diferencias en la fuerza del pasador principal en estas condiciones diferentes con respecto a la ecuaciones que rigen.

†13-27 Resuelva el problema 13-26 para el muñón de la manivela.

†13-28 Resuelva el problema 13-26 para el pasador del pistón.

†‡13-29 Use el programa ENGINE o algún otro programa de computadora o solucionador de ecuaciones para calcular el valor máximo y la forma de la curva polar de la fuerza en el pasador principal de un motor de un cilindro de 1 $pulg^3$ con diámetro interno de 1.12838 pulg bajo las siguientes condiciones.

a) Motor desbalanceado.
b) Manivela exactamente balanceada contra la masa en el muñón de la manivela.
c) Manivela óptimamente sobrebalanceada contra masas en el muñón de la manivela y el pasador del pistón.

Las masas de pistón, biela y manivela = 1. Coloque el *CG* de la manivela a 0.5 *r* y la biela a 0.33 *l*. Compare y explique las diferencias en la fuerza de pasador principal en estas condiciones con respecto a las ecuaciones que rigen.

†‡13-30 Resuelva el problema 13-29 para la fuerza en el muñón de la manivela.

†‡13-31 Resuelva el problema 13-29 para la fuerza en el pasador del pistón.

†‡13-32 Resuelva el problema 13-29 para la fuerza de sacudimiento.

†13.33 La figura P13-1 muestra el compresor de aire de un solo cilindro detenido en el punto muerto superior (PMS). Existe una presión estática $P = 100$ psi atrapada en el cilindro de 3 pulg de diámetro. Todo el ensamble pesa 30 lb. Dibuje los diagramas de cuerpo libre necesarios para determinar las fuerzas en los puntos *A*, *B*, *C* y los soportes R_1 y R_2, que están simétricamente localizados con respecto a la línea de centros del pistón. Suponga que el pistón permanece estacionario.

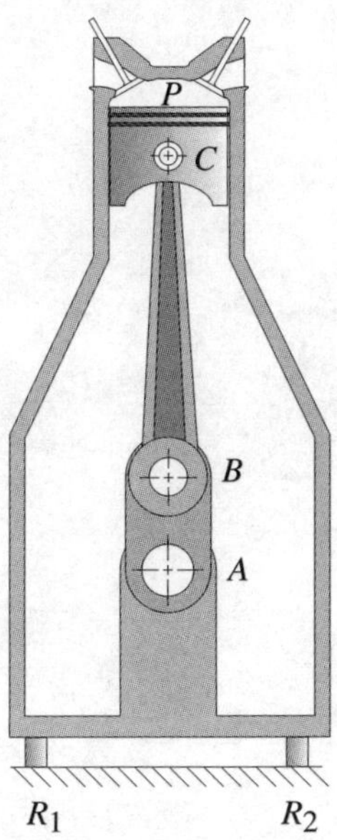

FIGURA P13-1 Problema 13-33

†13-34 Obtenga y grafique la posición, velocidad y aceleración de un mecanismo de manivela-corredera con $r = 3$, $l = 12$ y $\omega = 200$ rad/s durante un ciclo por medio de la solución exacta y la solución de la serie de Fourier aproximada. También obtenga y grafique la diferencia en porcentaje entre las soluciones exacta y aproximada para la aceleración.

†13-35 Resuelva el problema 13-34 con $r = 3$, $l = 15$ y $\omega = 100$ rad/s.

†13-36 Un mecanismo de manivela-corredera tiene $r = 3$, $l = 9$. Su velocidad angular es de 100 rad/s en el instante $t = 0$. Su ángulo de manivela inicial es cero. Obtenga la aceleración del pistón en el instante $t = 0.01$ s. Compare la solución exacta y la solución con la serie de Fourier aproximada.

†13-37 Resuelva el problema 13-36 con $r = 3$, $l = 15$ y $t = 0.02$.

†13-38 La siguiente ecuación es una aproximación de la fuerza de gas sobre 180° de ángulo de manivela.

$$F_g = \begin{cases} F_{g_{\text{máx}}} \operatorname{sen}\left[(\omega t/\beta)(\pi/2)\right], & 0 \le \omega t \le \beta \\ F_{g_{\text{máx}}} \left\{1+\cos\left[\pi(\omega t-\beta)/(\pi-\beta)\right]\right\}/2, & \beta < \omega t \le \pi \end{cases}$$

Mediante esta ecuación con {$\beta = 15°$ y $F_{gmáx} = 1\,200$ lb, obtenga y grafique el par de torsión de gas aproximado para $r = 4$ pulg y $l = 12$ pulg. ¿Cuál es la energía total entregada por la fuerza de gas sobre 180° de movimiento? ¿Cuál es la potencia promedio entregada si la manivela gira a una velocidad constante de 1 500 rpm?

†13-39 Un mecanismo de manivela-corredera tiene $r = 3.75$, $l = 11$ y un diámetro interior de pistón de $B = 2.5$. La presión de gas pico en el cilindro ocurre a un ángulo de manivela de 12° y es de 1 150 unidades de presión. Determine la fuerza y el par de torsión de gas en esta posición.

† Estos problemas se pueden resolver con los programas *Mathcad*, *Matlab* o *TKSolver*.
‡ Estos problemas se pueden resolver con el programa ENGINE que viene en el DVD.

[†]13-40 Resuelva el problema 13-39 con el método exacto de cálculo del par de torsión de gas y compare el resultado con el obtenido mediante la expresión aproximada en la ecuación 13.8*b* (p. 472). ¿Cuál es el porcentaje de error?

[†]13-41 Un mecanismo de manivela-corredera tiene $r = 4.12$, $l = 14.5$ y un diámetro interior de pistón de $B = 2.25$. La presión de gas pico ocurre a un ángulo de manivela de 9° y es de 1 325 unidades de presión. Determine la fuerza y el par de torsión de gas en esta posición.

[†]13-42 Resuelva el problema 13-41 con el método exacto de cálculo del par de torsión de gas y compare el resultado con el obtenido mediante la expresión aproximada en la ecuación 13.8*b* (p. 472). ¿Cuál es el porcentaje de error?

[†]13-43 Un mecanismo de manivela-corredera tiene las siguientes propiedades: $m_2 = 0.045$, r_{G2} de manivela $= 0.4r$, m_3 de biela $= 0.12$ y m_4 de pistón $= 0.15$. Determine el modelo de dos masas concentradas aproximada y dinámicamente equivalente de este mecanismo con las masas colocadas en el muñón de la manivela y en el pasador del pistón.

[†]13-44 Si la biela del problema 13-43 tiene $l = 12.5$, $I_{G3} = 0.5$ y su *CG* está localizado a 4.5 unidades del punto *A*, calcule los tamaños de dos masas dinámicamente equivalentes y la ubicación de una si la otra está en el punto *B* (véase la figura 13-10, p. 473).

[†]13-45 Un mecanismo de manivela-corredera tiene las siguientes propiedades: $m_2 = 0.060$, r_{G2} de manivela $= 0.38r$, m_3 de biela $= 0.18$ y m_4 de pistón $= 0.16$. Determine el modelo de dos masas concentradas aproximada y dinámicamente equivalente de este mecanismo con las masas colocadas en el muñón de la manivela y en el pasador del pistón.

[†]13-46 Si la biela del problema 13-45 tiene $l = 10.4$, $I_{G3} = 0.12$ y su *CG* está localizado a 4.16 unidades del punto *A*, obtenga los tamaños de dos masas dinámicamente equivalentes y la ubicación de una si la otra está en el punto *B* (véase la figura 13-10, p. 473).

[†]13-47 Un mecanismo de manivela-corredera tiene las siguientes propiedades: $r = 3.13$, $l = 12.5$, m_2 de manivela $= 0.045$, r_{G2} de manivela $= 0.4r$, m_3 de biela $= 0.12$, r_{G3} de biela $= 0.36\ l$ y m_4 de pistón $= 0.15$. Si la velocidad de la manivela es de 1 800 rpm, obtenga la fuerza y el par de torsión de inercia en una posición de la manivela de $\omega t = 30°$.

[†]13-48 Un mecanismo de manivela-corredera tiene las siguientes propiedades: $r = 2.6$, $l = 10.4$, m_2 de manivela $= 0.060$, r_{G2} de manivela $= 0.38r$, m_3 de biela $= 0.18$, r_{G3} de biela $= 0.4\ l$ y m_4 de pistón $= 0.16$. Si la velocidad de la manivela es de 1 850 rpm, determine la fuerza y el par de torsión de inercia en una posición de la manivela de $\omega t = 20°$.

[†]13-49 Un mecanismo de manivela-corredera tiene las siguientes propiedades: $r = 2.6$, $l = 10.4$, m_2 de manivela $= 0.045$, r_{G2} de manivela $= 0.4r$, m_3 de biela $= 0.12$, r_{G3} de biela $= 0.36\ l$ y m_4 de pistón $= 0.15$. Si la velocidad de la manivela es de 2 000 rpm, determine la fuerza y el par de torsión de inercia en una posición de la manivela de $\omega t = 25°$.

[†]13-50 Un mecanismo de manivela-corredera tiene las siguientes propiedades: $r = 3.13$, $l = 12.5$, m_2 de manivela $= 0.060$, r_{G2} de manivela $= 0.38r$, m_3 de biela $= 0.18$, r_{G3} de biela $= 0.4\ l$ y m_4 de pistón $= 0.15$. Si la velocidad de la manivela es de 1 500 rpm, obtenga la fuerza y el par de torsión de inercia en una posición de la manivela de $\omega t = 22°$.

[†]13-51 Un mecanismo de manivela-corredera tiene las siguientes propiedades: $r = 3.13$, $l = 12.5$, m_2 de manivela $= 0.045$, r_{G2} de manivela $= 0.4r$, m_3 de biela $= 0.12$, r_{G3} de biela $= 0.36\ l$ y m_4 de pistón $= 0.15$. Si la velocidad de la manivela es de 1 800 rpm, determine las fuerzas de pasador en una posición de la manivela de $\omega t = 30°$ y una fuerza de gas $F_g = 450$.

[†]13-52 Un mecanismo de manivela-corredera tiene las siguientes propiedades: $r = 2.6$, $l = 10.4$, m_2 de manivela $= 0.060$, r_{G2} de manivela $= 0.38r$, m_3 de biela $= 0.18$, r_{G3} de biela $= 0.4\ l$ y m_4 de pistón $= 0.16$. Si la velocidad de la manivela es de 1 850 rpm, obtenga las fuerzas de pasador en una posición de la manivela de $\omega t = 20°$ y una fuerza de gas $F_g = 600$.

[†]13-53 Un mecanismo de manivela-corredera tiene las siguientes propiedades: $r = 2.6$, $l = 10.4$, m_2 de manivela $= 0.045$, r_{G2} de manivela $= 0.4r$, m_3 de biela $= 0.12$, r_{G3} de biela $= 0.36\ l$ y m_4 de pistón $= 0.15$. Si la velocidad de la manivela es de 2 000 rpm, determine las fuerzas de pasador en una posición de la manivela de $\omega t = 25°$ y una fuerza de gas $F_g = 350$.

[†]13-54 Un mecanismo de manivela-corredera tiene las siguientes propiedades: $r = 3.13$, $l = 12.5$, m_2 de manivela $= 0.060$, r_{G2} de manivela $= 0.38r$, m_3 de biela $= 0.18$, r_{G3} de biela $= 0.4\ l$ y m_4 de pistón $= 0.15$. Si la velocidad de la manivela es de 1 500 rpm, obtenga las fuerzas de pasador en una posición de la manivela de $\omega t = 22°$ y una fuerza de gas $F_g = 550$.

[†‡]13-55 Con los datos del problema 13-47:

a) Balancee exactamente la manivela y vuelva a calcular la fuerza de inercia.

b) Sobrebalancee la manivela con aproximadamente dos tercios de la masa en el pasador del pistón colocados en el radio $-r$ sobre la manivela y vuelva a calcular la fuerza de inercia.

c) Compare los resultados con los de la manivela desbalanceada.

[†] Estos problemas se pueden resolver con los programas *Mathcad*, *Matlab* o *TKSolver*.
[‡] Estos problemas se pueden resolver con el programa ENGINE que viene en el DVD.

13

†‡13-56 Con los datos del problema 13-48:

a) Balancee exactamente la manivela y vuelva a calcular la fuerza de inercia.
b) Sobrebalancee la manivela con aproximadamente dos tercios de la masa en el pasador del pistón colocados en el radio –*r* en la manivela y vuelva a calcular la fuerza de inercia.
c) Compare los resultados con los de la manivela desbalanceada.

†‡13-57 Con los datos del problema 13-49:

a) Balancee exactamente la manivela y vuelva a calcular la fuerza de inercia.
b) Sobrebalancee la manivela con aproximadamente dos tercios de la masa en el pasador del pistón colocados en el radio –*r* en la manivela y vuelva a calcular la fuerza de inercia.
c) Compare los resultados con los de la manivela desbalanceada.

†‡13-58 Con los datos del problema 13-50 (p. 492):

a) Balancee exactamente la manivela y vuelva a calcular la fuerza de inercia.
b) Sobrebalancee la manivela con aproximadamente dos tercios de la masa en el pasador del pistón colocados en el radio –*r* en la manivela y vuelva a calcular la fuerza de inercia.
c) Compare los resultados con los de la manivela desbalanceada.

13.14 PROYECTOS

Estos problemas de diseño están superficialmente estructurados para su solución con el programa ENGINE. Todos implican el diseño de un motor de un solo cilindro y difieren sólo en datos específicos del motor. El planteamiento general del problema es:

Diseñe un motor de un cilindro para un desplazamiento y ciclo de carrera específicos. Optimice la relación biela/manivela y la relación diámetro interno de cilindro/carrera para disminuir las fuerzas y el par de torsión de sacudimiento y las fuerzas de pasador; se considera también el tamaño del conjunto. Diseñe las formas de sus eslabones y calcule parámetros dinámicos reales (masa, ubicación del CG, momento de inercia) de los eslabones con los métodos mostrados en el capítulo 10 y la sección 11.13 (p. 424). Modele dinámicamente los eslabones como se describió en este capítulo. Balancee o sobrebalancee el mecanismo como se requiera para lograr estos resultados. Se requiere una uniformidad del par de torsión total. Diseñe y dimensione un volante de peso mínimo por medio del método de la sección 11.11 (p. 418) para regularizar el par de torsión total. Desarrolle un reporte de ingeniería en su diseño.

P13-1 Ciclo de dos tiempos con un desplazamiento de 0.125 litros.
P13-2 Ciclo de cuatro tiempos con un desplazamiento de 0.125 litros.
P13-3 Ciclo de dos tiempos con un desplazamiento de 0.25 litros.
P13-4 Ciclo de cuatro tiempos con un desplazamiento de 0.25 litros.
P13-5 Ciclo de dos tiempos con un desplazamiento de 0.50 litros.
P13-6 Ciclo de cuatro tiempos con un desplazamiento de 0.50 litros.
P13-7 Ciclo de dos tiempos con un desplazamiento de 0.75 litros.
P13-8 Ciclo de cuatro tiempos con un desplazamiento de 0.75 litros.

† Estos problemas se pueden resolver con los programas *Mathcad*, *Matlab* o *TKSolver*.
‡ Estos problemas se pueden resolver con el programa ENGINE que viene en el DVD.

CAPÍTULO 14

MOTORES MULTICILINDROS

Observe con detenimiento un motor,
es una delicia para los ojos.
MACKNIGHT BLACK

14.0 INTRODUCCIÓN

En el capítulo anterior se analizó el diseño del mecanismo de manivela-corredera como se utiliza en el motor de combustión interna de un cilindro y en bombas de pistón. Ahora se ampliará el diseño a configuraciones multicilíndricas o multicilindros. Algunos problemas de las fuerzas de sacudimiento y pares de torsión pueden resolverse con la combinación apropiada de múltiples mecanismos de manivela-corredera en un cigüeñal común. El programa ENGINE, incluido en este texto, determinará las ecuaciones derivadas en este capítulo y permitirá que el estudiante practique muchas variaciones de un diseño de motor en poco tiempo. Algunos ejemplos vienen como archivos para ser cargados en el programa. Éstos se señalan en el texto. Se invita al estudiante a investigar estos ejemplos con el programa ENGINE para que entienda mejor las sutilezas de este tema. En el DVD se incluye un manual para el usuario del programa ENGINE, y dentro del programa se cuenta con una ayuda relativa al contexto. Vea el apéndice A para obtener más información acerca de los programas que incluye el libro.

Como en el caso de un cilindro, no se estudiarán aspectos termodinámicos del motor de combustión interna más allá de la definición de las fuerzas de combustión necesarias para impulsar el dispositivo presentado en el capítulo anterior. El estudio se centrará en los aspectos cinemáticos y dinámicos del motor. No se pretende hacer del estudiante un "diseñador de motores", sino enseñarlo a aplicar principios dinámicos a un problema de diseño real de interés general, y ayudarlo a transmitir la complejidad y fascinación contenidas en el diseño de un dispositivo dinámico más complicado que el motor de un solo cilindro.

14.1 DISEÑOS DE MOTORES MULTICILINDROS

Los motores multicilindros están diseñados en una amplia variedad de configuraciones, desde la disposición en línea simple hasta las disposiciones en V, opuestas y radiales, algunas de las cuales se ilustran en la figura 14-1. Estas disposiciones pueden utilizar cualquiera de los ciclos de tiempo analizados en el capítulo 13: Clerk, Otto o diésel.

MOTORES EN LÍNEA El arreglo más común y más simple es un motor en línea con todos sus cilindros en un plano común, como se muestra en la figura 14-2. Los **motores en línea** de dos,* tres,* cuatro, cinco y seis cilindros son de uso común. Cada cilindro tendrá su mecanismo de manivela-corredera individual compuesto de una manivela, biela y pistón. Las manivelas están formadas juntas en un **cigüeñal** común, como se muestra en la figura 14-3. Cada manivela de cada cilindro en el cigüeñal se conoce como **codo de cigüeñal**. Estos codos de cigüeñal están dispuestos con cierta relación de **ángulo de fase** entre ellos con el fin de escalonar los movimientos de los pistones en el tiempo. Del análisis de las fuerzas de sacudimiento y balanceo en el capítulo anterior se desprende que convendría tener los pistones moviéndose en direcciones opuestas uno con respecto al otro al mismo tiempo, con el fin de eliminar las fuerzas inerciales recíprocas. Las relaciones de ángulo de fase óptimas entre los codos de cigüeñal diferirán según el número de cilindros y el ciclo de los tiempos del motor. Por lo general

* Usados principalmente en motocicletas y botes.

habrá una disposición viable (o unas cuantas disposiciones posibles) de los codos del cigüeñal para lograr este objetivo. La figura 14-2 muestra un motor en línea de cuatro cilindros y ciclo de cuatro tiempos con sus codos de cigüeñal a ángulos de fase 0, 180, 180 y 0°, los que, como se verá, son óptimos para este motor. La figura 14-3 muestra el cigüeñal, las bielas y pistones para el mismo diseño de motor de la figura 14-2.

Motores en V Se producen versiones de dos,* cuatro,* seis, ocho, diez† y doce cilindros.‡ La figura 14-4 muestra una sección transversal y la figura 14-5 un corte de un motor V-12 a 60°. Los **motores en V** pueden considerarse como *dos motores en línea montados en un cigüeñal común*. Las dos partes "en línea", o **bancos**, están dispuestos con un cierto **ángulo en V** entre ellos. La figura 14-1*d* muestra un motor de ocho cilindros en V. Sus codos están a 0, 90, 270 y 180°, respectivamente. El ángulo en V de un motor de ocho cilindros es de 90°. Las disposiciones geométricas del eje del cigüeñal (ángulos de fase) y los cilindros (ángulo en V) tienen un efecto significativo en la condición dinámica del motor. Más adelante se analizan con detalle estas relaciones.

Motores opuestos En esencia son motores en V con un ángulo en V de 180°. Los pistones en cada banco están en lados opuestos del cigüeñal, como se muestra en la figura 14-6. Esta disposición promueve la cancelación de las fuerzas inerciales y es común en motores de aviones.§ También ha sido utilizada en algunas aplicaciones automotrices.||

Motores radiales Tienen sus cilindros dispuestos radialmente alrededor del cigüeñal en casi un plano común. Éstos fueron comunes en aviones de la Segunda Guerra Mundial, ya que permitían grandes desplazamientos y, por tanto, alta potencia, cuya forma compacta era muy adecuada para un avión. Eran enfriados por aire, con una disposición de los cilindros que permitía una buena exposición de todos ellos a la corriente de aire. Las versiones grandes tenían varias filas de cilindros radiales, escalonados rotacionalmente para permitir que el aire de enfriamiento llegara a las filas traseras. El motor de avión de reacción de turbina de gas volvió obsoletos estos motores radiales de avión.

Motores rotatorios (figura 14-7, p. 498) fueron una variante interesante del motor radial y se utilizaron en aviones de la Primera Guerra Mundial.Δ Aunque eran similares en apariencia y disposición a los cilindros del motor radial, su defecto consistía en que el **cigüeñal** era el plano de bancada estacionario. ¡La hélice estaba conectada al cárter (bloque del motor), el cual giraba alrededor del cigüeñal estacionario! Era una inversión cinemática del mecanismo de manivela-corredera (véase la figura 2-15*b*, p. 41.) Una ventaja era que los centros de masa del pistón podían estar en rotación pura sin provocar ninguna vibración a la estructura del avión, con las siete bielas y pistones en el mismo plano. Una biela de conexión (la biela "madre") pivoteaba en el muñón de manivela y portaba seis bielas "hijas" en ella, como en el motor radial. Al menos no necesitaban de volante.

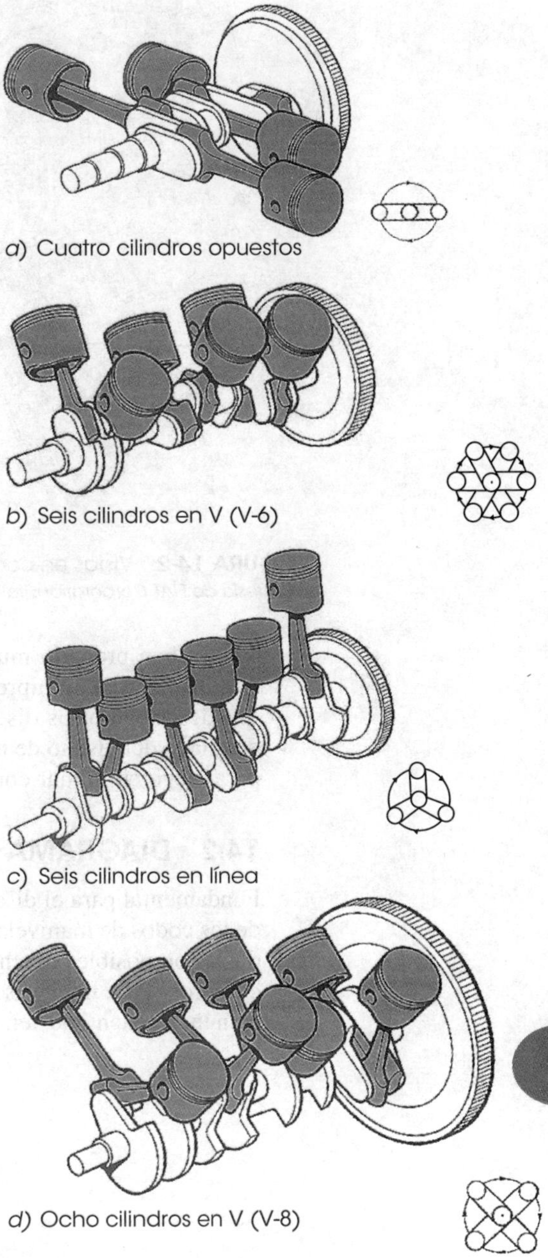

a) Cuatro cilindros opuestos

b) Seis cilindros en V (V-6)

c) Seis cilindros en línea

d) Ocho cilindros en V (V-8)

FIGURA 14-1 Diversas configuraciones de motores multicilindros *Ilustraciones copyright Eaglemoss Publications/Car Care Magazine. Reimpresa con permiso*

---

* Principalmente en motocicletas y botes.

† Honda, Chrysler, Ford, Porsche.

‡ BMW, Jaguar, Mercedes.

§ Motor de avión Continental de seis cilindros

|| VW "Beetle" original de cuatro y seis cilindros, Subaru de cuatro, motocicleta Honda de cuatro y seis, Ferrari de doce, Porsche de seis, el desafortunado Corvair de seis y el Tucker (Continental) de seis de corta vida.

Δ La lubricación en el motor rotatorio fue un problema. Se utilizó la llamada lubricación perdida, lo que significaba que el lubricante (aceite de ricino) pasaba por el motor y era expulsado por el escape. Esto en cierta forma limitaba el tiempo que el piloto en su cabina abierta podía soportar inhalar los gases de escape. La popular mascada de seda blanca que utilizaban estos pilotos no era usada para calentarse, más bien se colocaba en la boca y nariz para reducir la ingestión de aceite de ricino que es un laxante.

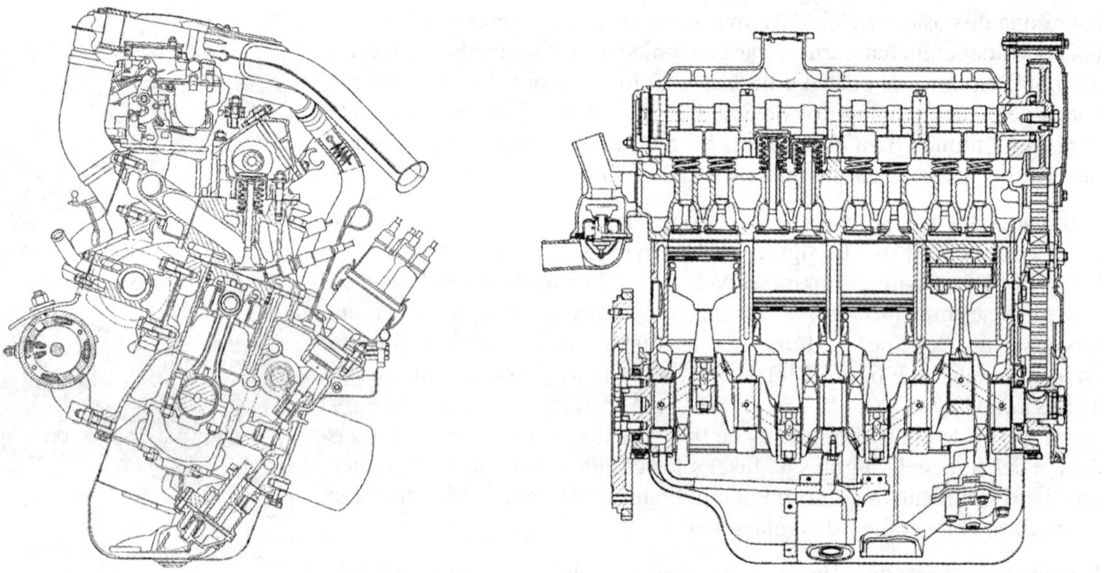

FIGURA 14-2 Vistas en corte de un motor de cuatro cilindros en línea de cuatro tiempos
Cortesía de FIAT Corporation, Italia

Se han probado muchas otras configuraciones de motores durante el siglo de desarrollo de este dispositivo omnipresente. La bibliografía al final de este capítulo contiene varias referencias que describen otros diseños de motores usuales, inusuales y exóticos. Se iniciará la exploración detallada del diseño de motores multicilindros con la configuración más simple, el motor en línea, para luego continuar con las versiones en V y opuesta.

14.2 DIAGRAMA DE FASE DE MANIVELAS

Fundamental para el diseño de cualquier motor multicilindro (o bomba de pistón) es la disposición de los codos de manivela en el cigüeñal. Como ejemplo se emplea el motor en línea de cuatro cilindros. Son posibles muchas opciones para los ángulos de fase de la manivela en el motor de cuatro cilindros. Para iniciar, se tomará como ejemplo el que parece más obvio desde un punto de vista común. Existen 360° en cualquier cigüeñal. Se tienen cuatro cilindros, de modo que la disposición

14

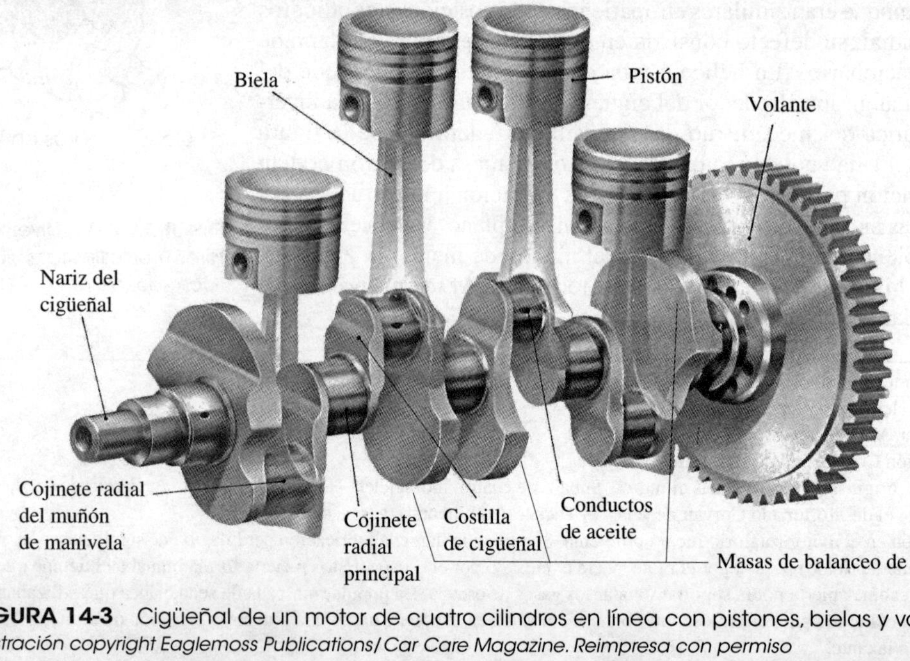

FIGURA 14-3 Cigüeñal de un motor de cuatro cilindros en línea con pistones, bielas y volante
Ilustración copyright Eaglemoss Publications/ Car Care Magazine. Reimpresa con permiso

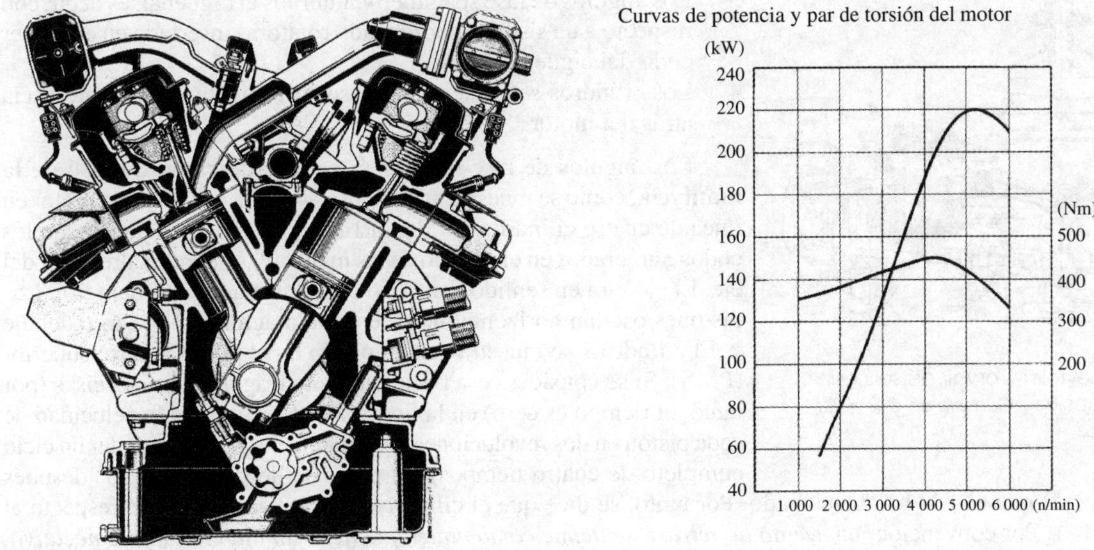

FIGURA 14-4 Sección transversal de un motor BMW V-12 de 5 litros y sus curvas de potencia y par de torsión *Cortesía de BMW of North America Inc.*

de 0, 90, 180 y 270° parece apropiada. El **ángulo de fase delta** $\Delta\phi$ entre los codos es entonces de 90°. En general, para la cancelación máxima de las fuerzas de inercia que tengan un periodo de una revolución, el ángulo de fase delta óptimo será:

$$\Delta\phi_{\text{inercia}} = \frac{360°}{n} \tag{14.1}$$

donde n es el número de cilindros.

Se debe establecer una convención para la medición de estos ángulos de fase, por ejemplo:

1 El primer cilindro (frontal) será el número 1 y su ángulo de fase siempre será cero. Es el cilindro de referencia para todos los demás.
2 Los ángulos de fase de todos los demás cilindros se medirán con respecto al codo del cigüeñal del cilindro 1.

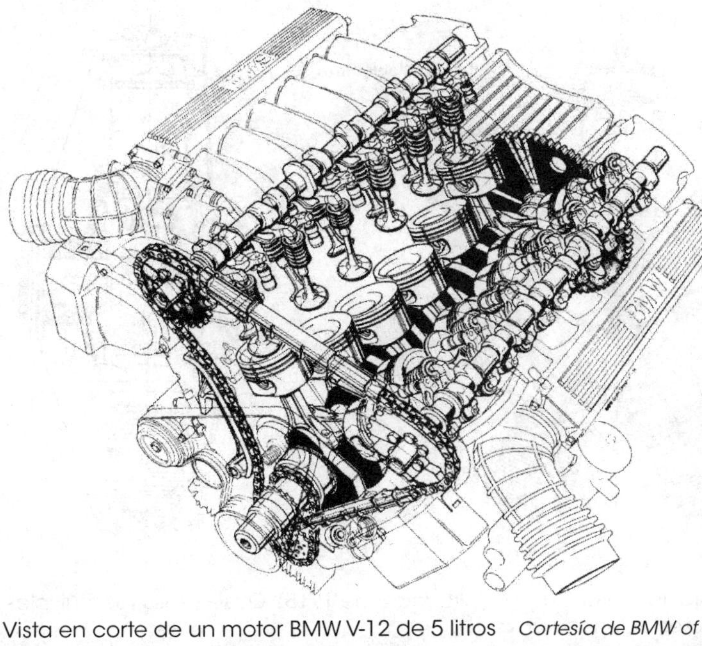

FIGURA 14-5 Vista en corte de un motor BMW V-12 de 5 litros *Cortesía de BMW of North America Inc.*

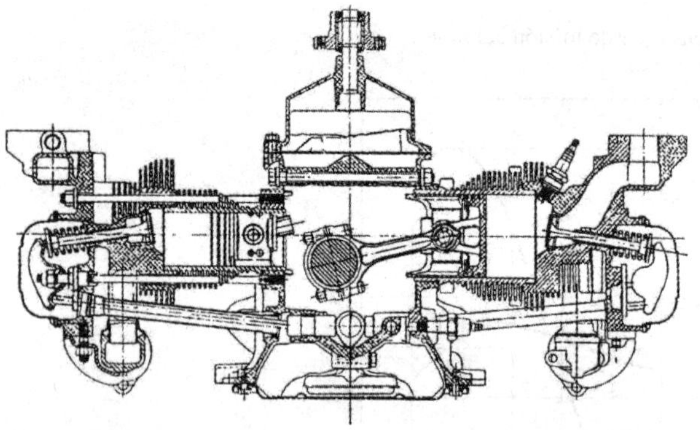

FIGURA 14-6 Motor Chevrolet Corvair de seis cilindros horizontalmente opuestos *Cortesía de Chevrolet Division, General Motors Corp.*

3 Los ángulos de fase se midieron internos al cigüeñal, es decir, con respecto a un sistema coordenado rotatorio insertado en el primer codo del cigüeñal.

4 Los cilindros se numerarán consecutivamente de adelante hacia atrás del motor.

Los ángulos de fase se definen en un **diagrama de fase de la manivela**, como se muestra en la figura 14-8 (p. 499) para un motor en línea de cuatro cilindros. La figura 14-8*a* muestra el cigüeñal con los codos numerados en el sentido de las manecillas del reloj alrededor del eje. El eje gira en sentido contrario al de las manecillas del reloj. Los pistones oscilan horizontalmente en este diagrama, a lo largo del eje *x*. El cilindro 1 se muestra con su pistón en el punto muerto superior (PMS). Si se considera esa posición como origen de las abscisas (por tanto, el tiempo es cero) en la figura 14-8*b*, se grafica la velocidad de cada pistón en dos revoluciones de la manivela (para acomodar un ciclo completo de cuatro tiempos). El pistón 2 llega al PMS 90° después de que el 1 lo ha abandonado. Por tanto, se dice que el cilindro 2 va retrasado 90° con respecto al 1. Por convención, un *evento de retraso se define como aquel que tiene un ángulo de fase negativo*, definido por la numeración en sentido contrario al de las manecillas del reloj de los codos. Las curvas de velocidad muestran que cada cilindro llega al PMS (velocidad cero) 90° después que el anterior a él. La velocidad negativa en las curvas de la figura 14-8*b* indica que el movimiento del pistón es a la izquierda (carrera descendente) en la figura 14-8*a*; la velocidad positiva indica movimiento a la derecha (carrera ascendente).

En este capítulo se supondrá rotación en sentido contrario al de las manecillas del reloj de todos los cigüeñales, por consiguiente, todos los ángulos de fase serán negativos. No obstante, se omiten los signos negativos en las listas de ángulos de fase considerando que siguen esta convención.

La figura 14-8 muestra la temporización de eventos en el ciclo, y es necesario y útil al definir el diseño del cigüeñal. Sin embargo, no es necesario afrontar el problema de dibujar las formas senoidales correctas de las curvas de velocidad para obtener la información necesaria. Todo lo que se requiere es una indicación esquemática de las posiciones relativas en el ciclo de ascensos y descensos de los diversos cilindros. El diagrama de fase de manivela simplificado que se ilustra en la figura 14-9 (p. 499) transmite la misma información. Aquí los movimientos del pistón están representados por bloques rectangulares con un bloque arbitrariamente negativo utilizado para denotar la carrera descendente de un pistón y uno positivo con una carrera ascendente de un pistón.

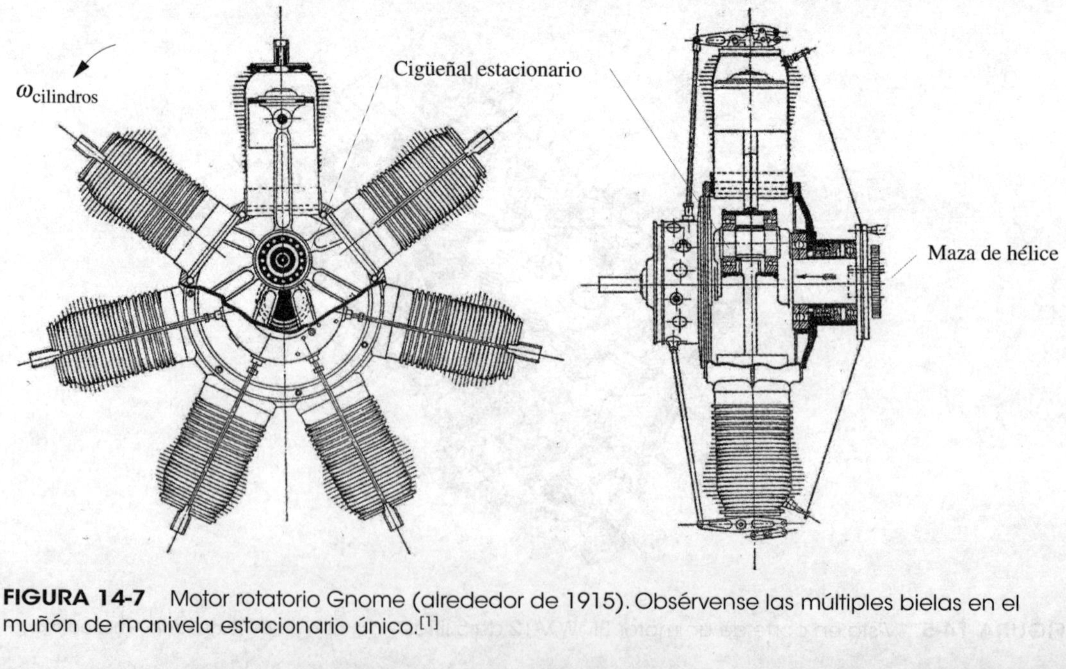

FIGURA 14-7 Motor rotatorio Gnome (alrededor de 1915). Obsérvense las múltiples bielas en el muñón de manivela estacionario único.[1]

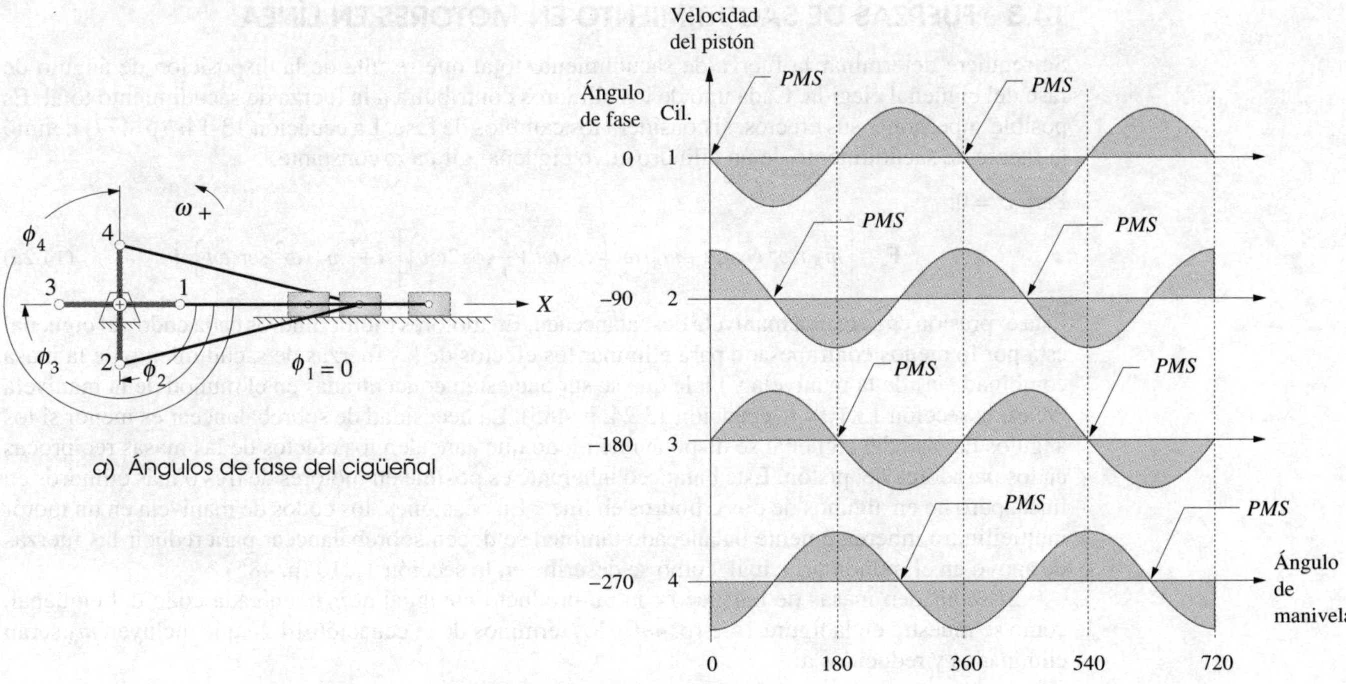

a) Ángulos de fase del cigüeñal

b) Diagrama de fase de manivela

FIGURA 14-8 Ángulos de fase de manivela y diagrama de fase

Es estrictamente esquemático. Los valores positivo y negativo de los bloques no implican nada más que lo establecido. Un diagrama de fase de manivela esquemático como ése puede (y debe) dibujarse para cualquier disposición propuesta de ángulos de fase del cigüeñal. Para dibujarlo, simplemente se desplaza cada uno de los bloques de cilindros a la derecha en su ángulo de fase con respecto al primer cilindro.

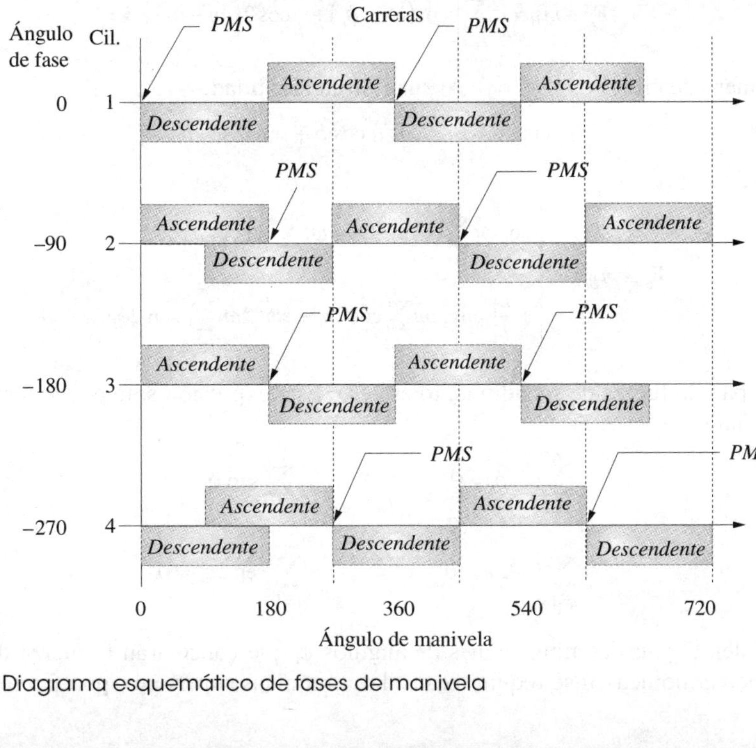

FIGURA 14-9 Diagrama esquemático de fases de manivela

14.3 FUERZAS DE SACUDIMIENTO EN MOTORES EN LÍNEA

Se requiere determinar la fuerza de sacudimiento total que resulta de la disposición de ángulo de fase del cigüeñal elegida. Cada uno de los cilindros contribuirá a la fuerza de sacudimiento total. Es posible superponer sus efectos, si considera los cambios de fase. La ecuación 13-14*e* (p. 477) definió la fuerza de sacudimiento de un cilindro cuyo cigüeñal gira a ω constante.

Para $\alpha = 0$:

$$\mathbf{F_s} \cong \left[m_A r\omega^2 \cos\omega t + m_B r\omega^2 \left(\cos\omega t + \frac{r}{l}\cos 2\omega t \right) \right] \hat{\mathbf{i}} + \left[m_A r\omega^2 \operatorname{sen} \omega t \right] \hat{\mathbf{j}} \tag{14.2a}$$

Esta expresión es para una manivela desbalanceada. En motores multicilindros cada codo del cigüeñal está por lo menos contrapesado para eliminar los efectos de las fuerzas de sacudimiento de la masa combinada m_A de la manivela y biela que se supone están concentradas en el muñón de la manivela (véase la sección 13.10 y la ecuación 13.24, p. 485). La necesidad de sobrebalancear es menor si los ángulos de fase del cigüeñal se disponen de modo que cancelen los efectos de las masas recíprocas en los pasadores del pistón. Este balanceo inherente es posible en motores de tres o más cilindros en línea, pero no en algunos de dos cilindros en línea. En ocasiones, los codos de manivela en un motor multicilindro inherentemente balanceado también se deben sobrebalancear para reducir las fuerzas de apoyo en el muñón principal, como se describe en la sección 13.10 (p. 485).*

Si se añaden masas de balanceo con un producto mr igual a $m_A r_A$ en cada codo del cigüeñal, como se muestra en la figura 14-3 (p. 496), los términos de la ecuación 14.2*a* que incluyen m_A serán eliminados y reducidos a:

$$\mathbf{F_s} \cong m_B r\omega^2 \left(\cos\omega t + \frac{r}{l}\cos 2\omega t \right) \hat{\mathbf{i}} \tag{14.2b}$$

Recuerde que éstas son expresiones aproximadas que excluyen todas las armónicas superiores a la segunda y también se supone que cada codo de cigüeñal está exactamente balanceado, no subbalanceado o sobrebalanceado.

Supóngase que todos los cilindros del motor son de igual desplazamiento y que todos los pistones y bielas son intercambiables. Esto es adecuado tanto para balanceo dinámico como para la reducción de los costos de producción. Si se logra que el ángulo de manivela ωt represente la posición instantánea del codo del cigüeñal de referencia del cilindro 1, las posiciones de referencia de los demás codos pueden definirse por sus ángulos de fase como se muestra en la figura 14-8 (p. 499). La fuerza de sacudimiento total en motores multicilindro en línea es entonces:†

$$\mathbf{F_s} \cong m_B r\omega^2 \sum_{i=1}^{n} \left[\cos(\omega t - \phi_i) + \frac{r}{l}\cos 2(\omega t - \phi_i) \right] \hat{\mathbf{i}} \tag{14.2c}$$

donde n = número de cilindros y $\phi_1 = 0$. Al sustituir la identidad:

$$\cos(a - b) = \cos a \cos b + \operatorname{sen} a \operatorname{sen} b$$

y al factorizar:

$$\mathbf{F_s} \cong m_B r\omega^2 \begin{bmatrix} \cos\omega t \sum_{i=1}^{n} \cos\phi_i + \operatorname{sen}\omega t \sum_{i=1}^{n} \operatorname{sen}\phi_i \\ + \frac{r}{l}\left(\cos 2\omega t \sum_{i=1}^{n} \cos 2\phi_i + \operatorname{sen} 2\omega t \sum_{i=1}^{n} \operatorname{sen} 2\phi_i \right) \end{bmatrix} \hat{\mathbf{i}} \tag{14.2d}$$

El valor ideal para la fuerza de sacudimiento es cero. Esta expresión sólo puede ser cero para todos los valores de ωt si:

$$\sum_{i=1}^{n} \cos\phi_i = 0 \qquad \sum_{i=1}^{n} \operatorname{sen}\phi_i = 0 \tag{14.3a}$$

$$\sum_{i=1}^{n} \cos 2\phi_i = 0 \qquad \sum_{i=1}^{n} \operatorname{sen} 2\phi_i = 0 \tag{14.3b}$$

Por tanto, existen algunas combinaciones de ángulos ϕ_i que cancelarán la fuerza de sacudimiento hasta la segunda armónica. Si se requiere cancelar armónicas superiores, podrían reintroducirse los

14

* Un motor V-8 a 90° por lo general tiene una masa de sobrebalanceo $m_B/2$ agregada por cada codo de manivela, para reducir las fuerzas de apoyo en el muñón principal.

† El efecto de sobrebalancear los codos de cigüeñal no se incluye en las ecuaciones 14.2*c* y 14.2*d* tal como se muestran. Aquí se supone que el cigüeñal está balanceado exactamente. Vea en el apéndice G las ecuaciones completas que incluyen los efectos del sobrebalanceo del cigüeñal. El programa ENGINE usa las ecuaciones del apéndice G para tomar en cuenta los efectos del sobrebalanceo en motores de varios cilindros.

términos de armónicas que se eliminaron con la representación por medio de la serie de Fourier, de donde se observa que la cuarta y sexta armónicas serán canceladas si:

$$\sum_{i=1}^{n} \cos 4\phi_i = 0 \qquad \sum_{i=1}^{n} \text{sen } 4\phi_i = 0 \tag{14.3c}$$

$$\sum_{i=1}^{n} \cos 6\phi_i = 0 \qquad \sum_{i=1}^{n} \text{sen } 6\phi_i = 0 \tag{14.3d}$$

Las ecuaciones 14.3 predicen convenientemente el comportamiento de las fuerzas de sacudimiento de cualquier diseño de motor en línea propuesto. El programa ENGINE calcula las ecuaciones 14.3*a* y *b* y muestra una tabla de sus valores. Obsérvese que **tanto las sumas seno como coseno de cualquier múltiplo de los ángulos de fase deben ser cero para que esa armónica de la fuerza de sacudimiento sea cero**. El cálculo en el ejemplo de un motor de cuatro cilindros con ángulos de fase de $\phi_1 = 0°$, $\phi_2 = 90°$, $\phi_3 = 180°$, $\phi_4 = 270°$ en la tabla 14-1 muestra que las fuerzas de sacudimiento son cero para la primera, segunda y sexta armónicas, y no cero para la cuarta. Por tanto, la elección en este caso demostró ser adecuada en lo que se refiere a las fuerzas de sacudimiento. Como se demostró en la ecuación 13.2*f* (p. 468), los coeficientes de los términos de la cuarta y sexta armónicas son mínimos, así que sus contribuciones, si las hay, pueden ignorarse. La componente principal es de mayor interés, debido a su magnitud potencial. El término secundario (segunda armónica) es menos crítico que el primario, ya que se multiplica por r/l, que en general es menor que 1/3. Una armónica secundaria desbalanceada de la fuerza de sacudimiento no es apropiada, pero puede aceptarse si el motor es de pequeño desplazamiento (menor a 1/2 litro por cilindro).

Para ver con más detalle los resultados de esta configuración de motor de cuatro cilindros en línea 0, 90, 180, 270°, ejecute el programa ENGINE y seleccione la configuración del menú desplegable *Example* y luego *Plot* para graficar la fuerza de sacudimiento. Consulte el apéndice A para instrucciones más detalladas sobre el uso del programa ENGINE.

14.4 PAR DE TORSIÓN DE INERCIA EN MOTORES EN LÍNEA

El par de torsión de inercia para motores de un solo cilindro se definió en la sección 13.6 y la ecuación 13.15*e* (p. 478). Es necesario reducir este par de torsión de inercia, de preferencia a cero, porque se combina con el par de torsión de gas para formar el par de torsión total (véase la sección 13.7, p. 479). El par de torsión de inercia no agrega nada al par motor neto, ya que su valor promedio siempre es cero, pero sí produce grandes oscilaciones en el par motor total que perturban su uniformidad. Las oscilaciones producidas por el par de torsión de inercia pueden encubrirse hasta cierto punto con la adición de un volante de manera adecuada al sistema, o su efecto externo neto puede cancelarse con la elección apropiada de los ángulos de fase. Sin embargo, las oscilaciones creadas por el par de torsión, aun si están ocultas para un observador externo, o se hace que sumen cero, siguen presentes en el cigüeñal y pueden conducir a fallas por fatiga a torsión si la pieza no está apropiadamente diseñada (véase también la figura 14-23, p. 515). La ecuación para el par de torsión de inercia de un cilindro aproximado con tres armónicas es:

$$\mathbf{T}_{i21} \cong \frac{1}{2} m_B r^2 \omega^2 \left(\frac{r}{2l} \text{sen } \omega t - \text{sen } 2\omega t - \frac{3r}{2l} \text{sen } 3\omega t \right) \hat{\mathbf{k}} \tag{14.4a}$$

TABLA 14-1 Estado de balanceo de fuerzas de un motor de cuatro cilindros en línea con cigüeñal de 0, 90, 180, 270°

Fuerzas primarias:	$\sum_{i=1}^{n} \text{sen}\phi_i = 0$	$\sum_{i=1}^{n} \cos\phi_i = 0$
Fuerzas secundarias:	$\sum_{i=1}^{n} \text{sen} 2\phi_i = 0$	$\sum_{i=1}^{n} \cos 2\phi_i = 0$
Fuerzas de cuarta armónica:	$\sum_{i=1}^{n} \text{sen} 4\phi_i = 0$	$\sum_{i=1}^{n} \cos 4\phi_i = 4$
Fuerzas de sexta armónica:	$\sum_{i=1}^{n} \text{sen} 6\phi_i = 0$	$\sum_{i=1}^{n} \cos 6\phi_i = 0$

Al sumar para todos los cilindros e incluir sus ángulos de fase:

$$\mathbf{T}_{i21} \cong \frac{1}{2} m_B r^2 \omega^2 \sum_{i=1}^{n} \left[\frac{r}{2l} \operatorname{sen}(\omega t - \phi_i) - \operatorname{sen} 2(\omega t - \phi_i) - \frac{3r}{2l} \operatorname{sen} 3(\omega t - \phi_i) \right] \hat{\mathbf{k}} \tag{14.4b}$$

Al sustituir la identidad:

$$\operatorname{sen}(a - b) = \operatorname{sen} a \cos b - \cos a \operatorname{sen} b$$

y factorizar:

$$\mathbf{T}_{i21} \cong \frac{1}{2} m_B r^2 \omega^2 \begin{bmatrix} \dfrac{r}{2l}\left(\operatorname{sen} \omega t \sum_{i=1}^{n} \cos\phi_i - \cos\omega t \sum_{i=1}^{n} \operatorname{sen} \phi_i \right) \\ -\left(\operatorname{sen} 2\omega t \sum_{i=1}^{n} \cos 2\phi_i - \cos 2\omega t \sum_{i=1}^{n} \operatorname{sen} 2\phi_i \right) \\ -\dfrac{3r}{2l}\left(\operatorname{sen} 3\omega t \sum_{i=1}^{n} \cos 3\phi_i - \cos 3\omega t \sum_{i=1}^{n} \operatorname{sen} 3\phi_i \right) \end{bmatrix} \hat{\mathbf{k}} \tag{14.4c}$$

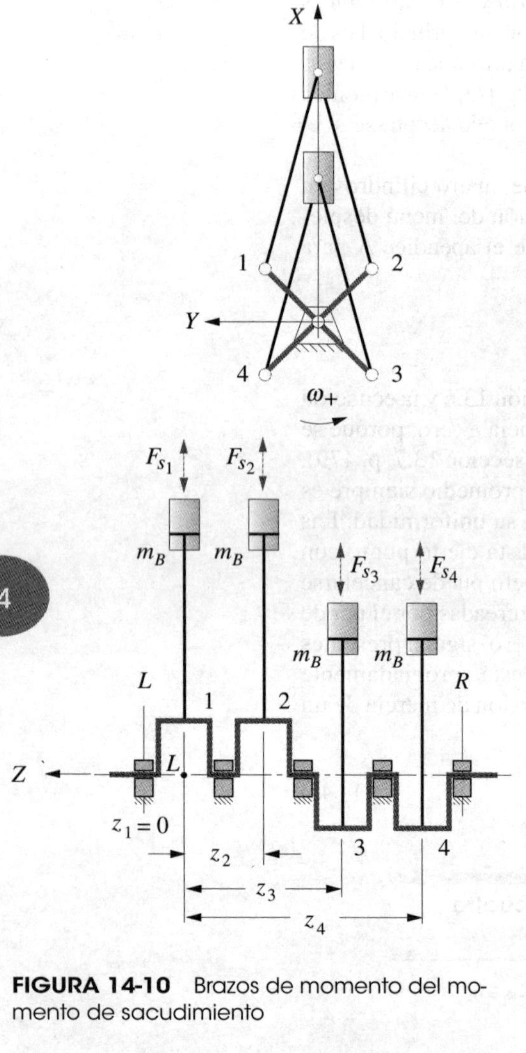

FIGURA 14-10 Brazos de momento del momento de sacudimiento

Que sólo puede ser cero para todos los valores de ωt si:

$$\sum_{i=1}^{n} \operatorname{sen} \phi_i = 0 \qquad \sum_{i=1}^{n} \cos\phi_i = 0 \tag{14.5a}$$

$$\sum_{i=1}^{n} \operatorname{sen} 2\phi_i = 0 \qquad \sum_{i=1}^{n} \cos 2\phi_i = 0 \tag{14.5b}$$

$$\sum_{i=1}^{n} \operatorname{sen} 3\phi_i = 0 \qquad \sum_{i=1}^{n} \cos 3\phi_i = 0 \tag{14.5c}$$

Las ecuaciones 14.5 predicen el comportamiento del par de torsión de inercia de cualquier diseño de motor en línea propuesto. El cálculo para el ejemplo de un motor de cuatro cilindros con ángulos de fase $\phi_1 = 0°$, $\phi_2 = 90°$, $\phi_3 = 180°$, $\phi_4 = 270°$ muestra que las componentes del par de torsión de inercia son cero para la primera, segunda y tercera armónicas. Así que el ejemplo también es bueno con respecto a los pares de torsión de inercia.

14.5 MOMENTO DE SACUDIMIENTO EN MOTORES EN LÍNEA

Se puede considerar que el motor de un solo cilindro es un dispositivo en un solo plano, o bidimensional, y por tanto puede balancearse estáticamente. El motor multicilindro es tridimensional. Sus múltiples cilindros se distribuyen a lo largo del eje del cigüeñal. Aunque es posible cancelar las fuerzas de sacudimiento, aún puede haber momentos desbalanceados en el plano del bloque del motor. Se deben aplicar criterios de balanceo dinámico (véanse la sección 12.2 y la ecuación 12.3, p. 441). La figura 14-10 muestra el esquema de un motor de cuatro cilindros en línea con ángulos de fase de $\phi_1 = 0°$, $\phi_2 = 90°$, $\phi_3 = 180°$, $\phi_4 = 270°$. El espaciado entre los cilindros normalmente es uniforme. Pueden sumarse los momentos en el plano de los cilindros con respecto a cualquier punto conveniente, tal como L en la línea de centros del primer cilindro:

$$\sum M_L = \sum_{i=1}^{n} z_i \mathbf{F}_{\mathbf{s}_i} \, \hat{\mathbf{j}} \tag{14.6a}$$

donde $\mathbf{F}_{s_i}$ es la fuerza de sacudimiento y z_i es el brazo de momento del i-ésimo cilindro.* Al sustituir la ecuación 14-2d (p. 500) en lugar de $\mathbf{F}_{s_i}$:

$$\sum M_L \cong m_B r \omega^2 \begin{bmatrix} \cos\omega t \sum_{i=1}^{n} z_i \cos\phi_i + \operatorname{sen} \omega t \sum_{i=1}^{n} z_i \operatorname{sen} \phi_i \\ + \dfrac{r}{l}\left(\cos 2\omega t \sum_{i=1}^{n} z_i \cos 2\phi_i + \operatorname{sen} 2\omega t \sum_{i=1}^{n} z_i \operatorname{sen} 2\phi_i \right) \end{bmatrix} \hat{\mathbf{j}} \tag{14.6b}$$

* El efecto de sobrebalancear los codos de cigüeñal no se incluye en la ecuación 14.6b tal como se muestra. Aquí se supone que el cigüeñal está balanceado exactamente. Véanse en el apéndice G las ecuaciones completas que incluyen los efectos del sobrebalanceo del cigüeñal. El programa ENGINE usa las ecuaciones del apéndice G para tomar en cuenta los efectos del sobrebalanceo en motores de varios cilindros.

Esta expresión sólo es cero para todos los valores de ωt si:

$$\sum_{i=1}^{n} z_i \cos\phi_i = 0 \qquad \sum_{i=1}^{n} z_i \operatorname{sen}\phi_i = 0 \tag{14.7a}$$

$$\sum_{i=1}^{n} z_i \cos 2\phi_i = 0 \qquad \sum_{i=1}^{n} z_i \operatorname{sen} 2\phi_i = 0 \tag{14.7b}$$

Éstas garantizarán que no haya momentos de sacudimiento hasta el segundo armónico. Esto se puede ampliar a armónicas superiores, como se hizo para la fuerza de sacudimiento.

$$\sum_{i=1}^{n} z_i \cos 4\phi_i = 0 \qquad \sum_{i=1}^{n} z_i \operatorname{sen} 4\phi_i = 0 \tag{14.7c}$$

$$\sum_{i=1}^{n} z_i \cos 6\phi_i = 0 \qquad \sum_{i=1}^{n} z_i \operatorname{sen} 6\phi_i = 0 \tag{14.7d}$$

Obsérvese que tanto la suma del seno como la del coseno de cualquier múltiplo de los ángulos de fase debe ser cero para que esa armónica del momento de sacudimiento sea cero. El cálculo en el caso de un motor de cuatro cilindros con ángulos de fase de $\phi_1 = 0°$, $\phi_2 = 90°$, $\phi_3 = 180°$, $\phi_4 = 270°$ y un espaciamiento entre los cilindros supuesto de una unidad de longitud ($z_2 = 1$, $z_3 = 2$, $z_3 = 4$) en la tabla 14-2 muestra que los momentos de sacudimiento no son cero con cualquiera de estas armónicas. Por tanto, la elección de los ángulos de fase, que es buena para fuerzas y pares de torsión de sacudimiento, no pasa la prueba para momentos de sacudimiento cero. Los coeficientes de la cuarta y sexta armónicas en las ecuaciones de momento son mínimos, de modo que pueden ignorarse. El término secundario (segunda armónica) es menos crítico que el primario, ya que se multiplica por r/l, que en general es menor que 1/3. Una armónica secundaria de momento de sacudimiento desbalanceada no es apropiada pero puede aceptarse, en especial si el motor es de desplazamiento pequeño (menor de 1/2 litro por cilindro). La componente primaria es de primordial interés, debido a su magnitud. Si se requiere utilizar esta configuración de cigüeñal, debe aplicarse una técnica de balanceo al motor, como se describe más adelante, para eliminar el momento primario. No es apropiado un gran momento de sacudimiento, pues ocasionará que el motor **cabecee** hacia delante y hacia atrás (como potro salvaje), debido a que el momento oscila de positivo a negativo en el plano de los cilindros. *No debe confundirse este momento de sacudimiento con el par de torsión de sacudimiento* que actúa para **hacer rodar** el motor hacia adelante y hacia atrás con respecto al eje Z del cigüeñal.

La figura 14-11 muestra las componentes primaria y secundaria del momento de sacudimiento para este motor durante dos revoluciones del cigüeñal. Cada una es una armónica pura de valor promedio cero. El momento total es la suma de estas dos componentes. Esta configuración de motor se incluye en el programa ENGINE. Véase el apéndice A para más información sobre el manejo de este programa.

14.6 ENCENDIDO UNIFORME

Las fuerzas, pares y momentos inerciales son sólo un conjunto de criterios que se deben considerar en el diseño de motores multicilindros. Las consideraciones sobre el par de torsión y fuerza de gas son igualmente importantes. En general, debe crearse un patrón de encendido entre los cilindros uniformemente espaciado en el tiempo. Si los cilindros encienden de forma desigual se crearán vibraciones molestas. Es preferible la uniformidad de los pulsos de potencia. Los pulsos de potencia dependen del ciclo de tiempo. Si el motor es de dos tiempos, habrá un pulso de potencia por revolución en cada

TABLA 14-2 Estado de balanceo de momentos de un motor de cuatro cilindros en línea con cigüeñal de 0, 90, 180, 270° y $z_1 = 0$, $z_2 = 1$, $z_3 = 2$, $z_4 = 3$

Momentos primarios:	$\sum_{i=1}^{n} z_i \operatorname{sen}\phi_i = -2$	$\sum_{i=1}^{n} z_i \cos\phi_i = -2$
Momentos secundarios:	$\sum_{i=1}^{n} z_i \operatorname{sen} 2\phi_i = 0$	$\sum_{i=1}^{n} z_i \cos 2\phi_i = -2$

14

Cuatro cilindros en línea
Diám. interno = 3.00 pulg
Carrera = 3.54
B/S = 0.85
L/R = 3.50
m_A = 0.0284 bl
m_B = 0.0116 bl
$P_{máx}$ = 600 psi
RPM = 3 400
Ángulos de fase:
0 90 180 270
Carreras de potencia:
0 90 180 270

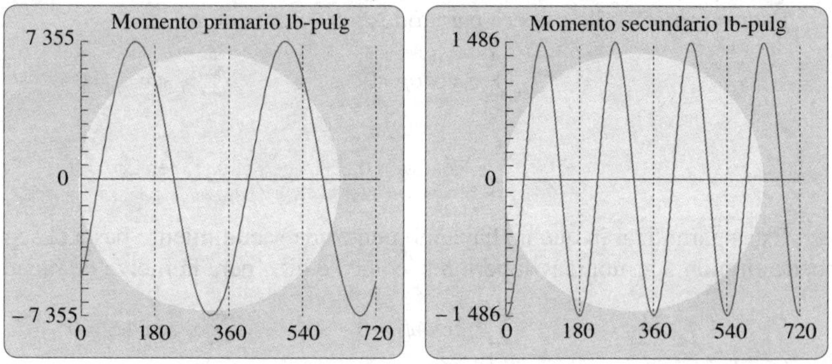

FIGURA 14-11 Momentos primarios y secundarios en el motor de cuatro cilindros con cigüeñal de 0, 90, 180, 270°

uno de sus n cilindros. El ángulo de fase delta óptimo entre los codos del cigüeñal de los cilindros para que los pulsos de potencia ocurran uniformemente espaciados será entonces:

$$\Delta\phi_{dos\ tiempos} = \frac{360°}{n} \tag{14.8a}$$

En un motor de cuatro tiempos habrá un pulso de potencia en cada cilindro cada dos revoluciones. El ángulo de fase delta óptimo de los codos del cigüeñal para que los pulsos de potencia ocurran uniformemente espaciados será entonces:

$$\Delta\phi_{cuatro\ tiempos} = \frac{720°}{n} \tag{14.8b}$$

Compárense las ecuaciones 14.8*a* y 14.8*b* con la ecuación 14.1 (p. 497), que define el ángulo de fase delta óptimo para la cancelación de las fuerzas de inercia. Un motor de dos tiempos puede tener tanto un encendido uniforme como un balanceo de inercia, pero uno de cuatro tiempos enfrenta un problema entre ambos criterios. Por tanto, serán necesarios algunos ajustes de diseño para obtener el mejor compromiso entre estos factores en el caso del motor de cuatro tiempos.

Motor con un ciclo de dos tiempos

Para determinar el patrón de encendido de un diseño de motor debe volverse al diagrama de fase del cigüeñal. La figura 14-12 (p. 505) reproduce la figura 14-9 (p. 499) y agrega nueva información. Muestra los pulsos de potencia de un **motor de cuatro cilindros con un motor de dos tiempos** con la configuración de ángulo de fase ϕ_i = 0, 90, 180, 270°. Obsérvese que cada bloque negativo del cilindro en la figura 14-12 está desplazado a la derecha en su ángulo de fase con respecto al cilindro de referencia 1. En esta representación esquemática, sólo los bloques negativos que aparecen en el diagrama están disponibles para pulsos de potencia ya que representan la carrera descendente del pistón. Por convención, el cilindro 1 enciende primero, por lo que su bloque negativo en 0° se llama ***potencia***. Los demás cilindros pueden encenderse en cualquier orden, pero sus pulsos de potencia deben estar tan uniformemente espaciados como sea posible durante el intervalo.

Los ángulos de fase del cigüeñal dictan los espaciamientos de los pulsos de potencias disponibles. Puede existir más de un orden de encendido que produzca un encendido uniforme, sobre todo con un mayor número de cilindros. En este ejemplo simple el orden de encendido 1, 2, 3, 4 funcionará, ya que proporcionará pulsos de potencia sucesivos cada 90° a través del intervalo. Los **ángulos de carrera de potencia** ψ_i son los ángulos en el ciclo a los cuales encienden los cilindros. Están definidos por los ángulos de fase del cigüeñal y la elección del orden de encendido en combinación, que para este ejemplo son ψ_i = 0, 90, 180 y 270°. En general, ψ_i no son iguales a ϕ_i. Su correspondencia con los ángulos de fase en este caso se deriva de la elección del orden de encendido consecutivo 1, 2, 3, 4.

Para un **motor de dos tiempos**, los ángulos de carrera de potencia ψ_i deben estar *entre* 0 *y* 360°. Siempre deben estar uniformemente espaciados en ese intervalo con un ángulo de carrera de potencia delta definido por la ecuación 14.8*c*. Para el motor de dos tiempos de cuatro cilindros, los ángulos de carrera de potencia ideales son entonces ψ_i = 0, 90, 180, 270°, que corresponden a los del ejemplo.

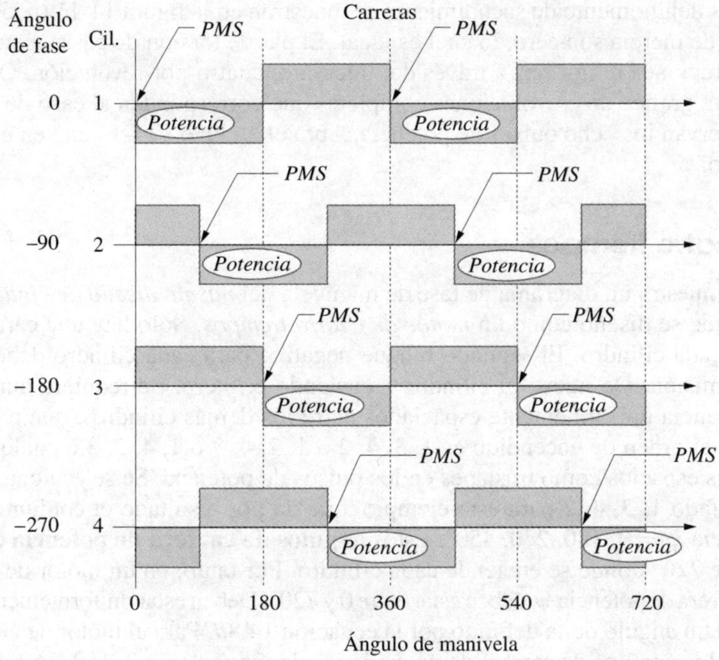

FIGURA 14-12 Diagrama de fase de manivela de un motor de cuatro cilindros en línea de dos tiempos con $\phi_i = 0, 90, 180, 270°$

El **ángulo de carrera de potencia delta** se define de manera diferente para cada ciclo. Para el motor de dos tiempos:

$$\Delta\psi_{dos\ tiempos} = \frac{360°}{n} \tag{14.8c}$$

Para el motor de cuatro tiempos:

$$\Delta\psi_{cuatro\ tiempos} = \frac{720°}{n} \tag{14.8d}$$

El par de torsión de gas para un motor de un cilindro se definió en la ecuación 13.8*b* (p. 472). El par de torsión de gas combinado de todos los cilindros debe ser la suma de las contribuciones de los *n* cilindros, con cada fase desplazada en su ángulo de carrera de potencia ψ_i:

$$\mathbf{T}_{g21} \cong F_g\, r \sum_{i=1}^{n} \left\{ \operatorname{sen}(\omega t - \psi_i) \left[1 + \frac{r}{l} \cos(\omega t - \psi_i) \right] \right\} \hat{\mathbf{k}} \tag{14.9}$$

La figura 14-13 muestra el par de torsión de gas, el par de torsión de inercia y la fuerza de sacudimiento de este motor de dos tiempos de cuatro cilindros graficados por el programa ENGINE.

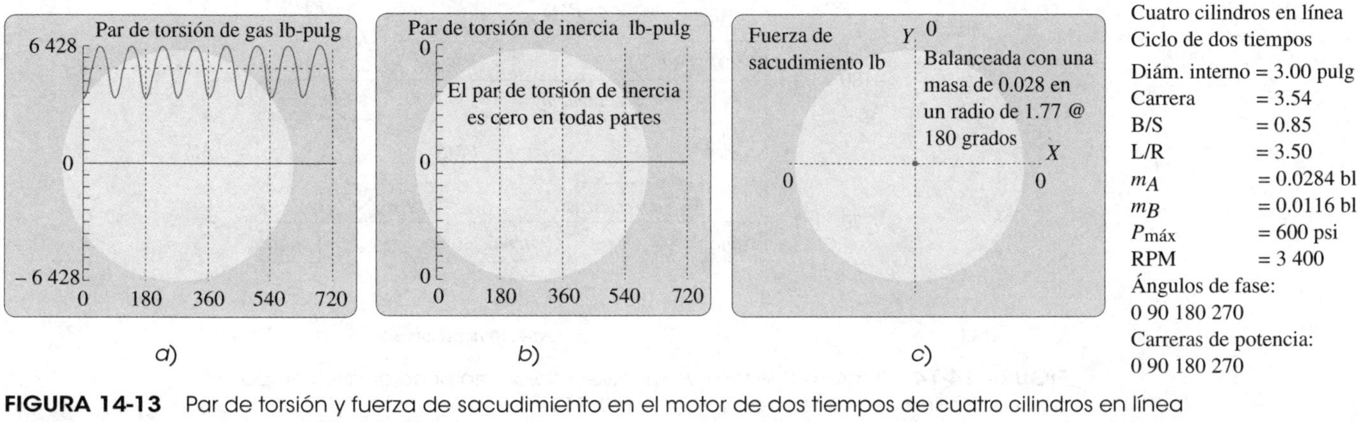

FIGURA 14-13 Par de torsión y fuerza de sacudimiento en el motor de dos tiempos de cuatro cilindros en línea

Las componentes del momento de sacudimiento se muestran en la figura 14-11 (p. 504). La fuerza y el par de torsión de inercia son cero, lo cual es ideal. El par de torsión de gas se compone de pulsos de forma y separaciones uniformes a través del intervalo, cuatro por revolución. Obsérvese que el programa ENGINE grafica dos revoluciones completas que corresponden al caso de cuatro tiempos; por tanto, se observan los ocho pulsos de potencia. Abra el archivo F14-13.eng en el programa para analizar este caso.

Motor de cuatro tiempos

La figura 14-14 muestra un diagrama de fase de manivela del *mismo diseño de cigüeñal* de la figura 14-12, excepto que se diseñó como un *motor de cuatro tiempos*. Sólo hay una carrera de potencia cada 720° para cada cilindro. El segundo bloque negativo para cada cilindro debe utilizarse para la carrera de admisión. De nuevo el cilindro 1 enciende primero. Se requiere también un patrón de pulsos de potencia uniformemente espaciados entre los demás cilindros, que no es posible con este cigüeñal. Si el orden de encendido es 1, 3, 4, 2 o 1, 2, 4, 3 o 1, 4, 2, 3 o cualquier otro que se elija, habrá tantos espacios como traslapes en los pulsos de potencia. Se selecciona el primer orden de encendido listado 1, 3, 4, 2 para este ejemplo, que da por resultado el conjunto de ángulos de carrera de potencia $\psi_i = 0, 180, 270, 450°$. Estos **ángulos de carrera de potencia** definen los puntos en el **ciclo de 720°** donde se enciende cada cilindro. Por tanto, en un motor de cuatro tiempos, los ángulos de carrera de potencia ψ_i deben estar entre 0 y 720°. Deben estar uniformemente espaciados en ese intervalo con un ángulo delta definido por la ecuación 14.8*d*. Para el motor de cuatro tiempos de cuatro cilindros, los ángulos de carrera de potencia ideales serían $\psi_i = 0, 180, 360, 540°$. Esto no se ha logrado para este ejemplo. La figura 14-15 (p. 507) muestra el par de torsión de gas resultante. Abra el archivo F14-15.eng en el programa ENGINE para resolver este ejemplo.

El encendido desigual en la figura 14-15 es obvio. Este par de torsión de gas desigual será percibido por el operador de cualquier vehículo con este tipo de motor como un funcionamiento áspero y con vibración, en especial a velocidad en marcha. A velocidades más altas del motor, el volante tenderá a encubrir esta aspereza, pero los volantes son ineficaces a bajas velocidades. Lo anterior provoca que la mayoría de los diseñadores de motores *favorezcan el encendido uniforme sobre la eliminación de los efectos de inercia* en su selección de ángulos de fase del cigüeñal. Las fuerzas, pares de torsión y momentos de inercias son funciones de la velocidad del motor al cuadrado. Sin embargo, conforme la velocidad del motor incrementa la magnitud de estos factores, la velocidad

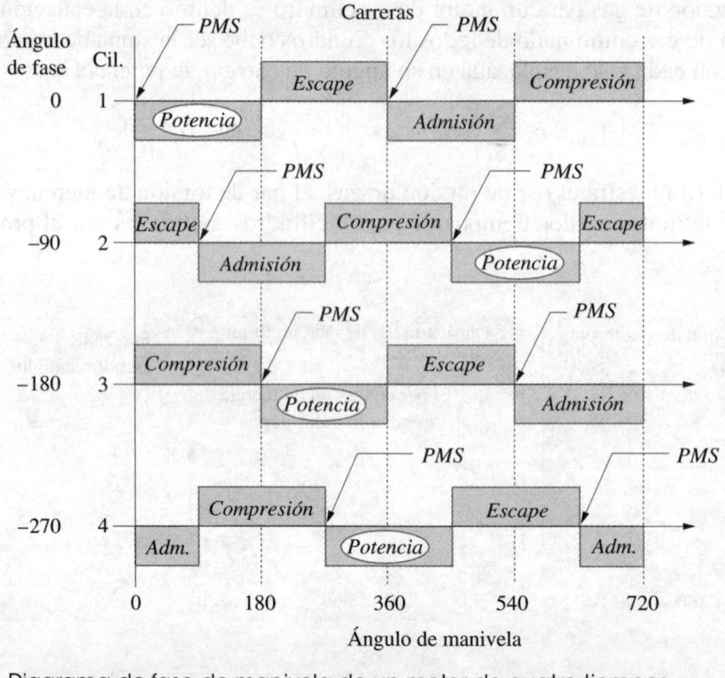

FIGURA 14-14 Diagrama de fase de manivela de un motor de cuatro tiempos de cuatro cilindros en línea con $\phi_i = 0, 90, 180, 270°$

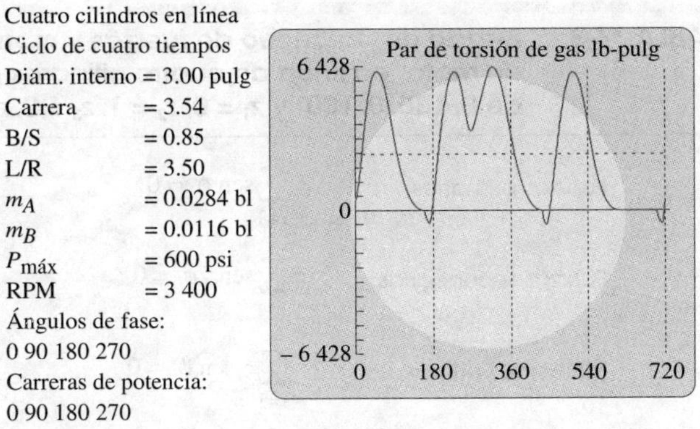

FIGURA 14-15 Motor de cuatro cilindros en línea de cuatro tiempos con encendido desigual y cigüeñal de 0, 90, 180, 270°

también incrementa la capacidad del volante para encubrir sus efectos. No es así con la aspereza del par de torsión de gas, ya que el encendido es desigual. Es defectuosa a todas las velocidades y el volante no la ocultará a baja velocidad.

Por consiguiente, debe rechazarse este diseño de cigüeñal para el motor de cuatro tiempos y cuatro cilindros. La ecuación 14.8*b* (p. 504) indica que se requiere un ángulo de fase delta $\Delta\phi_i = 180°$ en el cigüeñal para obtener encendido uniforme. Se requieren cuatro juegos de manivela y todos sus ángulos de fase deben ser inferiores a 360°. Por tanto, deberán repetirse algunos ángulos si se emplea un ángulo de fase delta de 180°. Una posibilidad es $\phi_i = 0, 180, 0, 180°$ para los cuatro codos del cigüeñal.* El diagrama de fase de la manivela para este diseño se muestra en la figura 14-16. Las carreras de potencia ahora pueden espaciarse regularmente en el intervalo de 720°. Se elige un orden de encendido de 1, 4, 3, 2, que proporciona la secuencia requerida de ángulos de carrera de potencia $\psi_i = 0, 180, 360, 540°$. (Obsérvese que un orden de encendido de 1, 2, 3, 4 sería otra resultante con este motor.)†

Ahora debe verificarse la condición de balanceo inercial de este diseño con las ecuaciones 14.3, 14.5 y 14.7 (pp. 502-503). Éstas demuestran que la fuerza de inercia primaria es cero, pero el momento primario, la fuerza secundaria, el momento secundario y el par de torsión de inercia son no cero, como

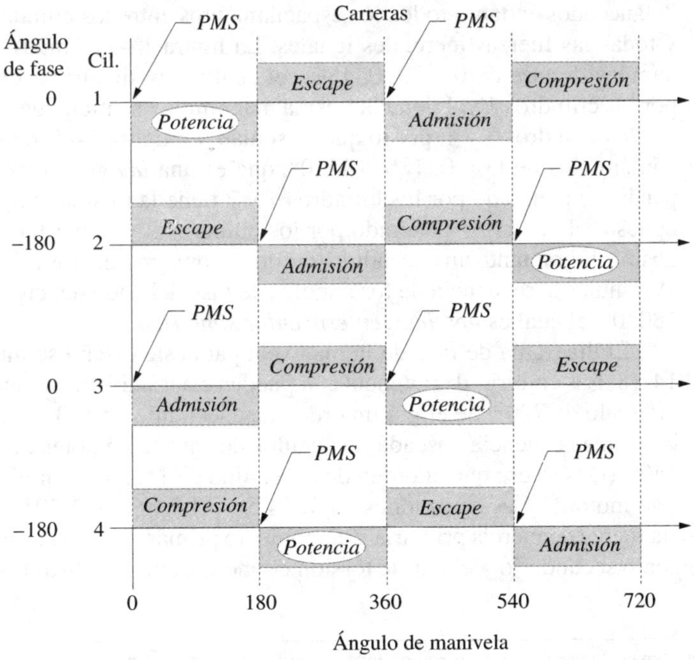

FIGURA 14-16 Diagrama de fases de manivela de un motor de cuatro tiempos de cuatro cilindros con encendido uniforme y cigüeñal con $\phi_i = 0, 180, 0, 180°$

* Obsérvese que de 0, 180, 360, 540°, el módulo 360 es el mismo que el de 0, 180, 0, 180°.

† Obsérvese el patrón de órdenes de encendido aceptable (OE). Descríbanse dos revoluciones dignas de cualquier OE aceptable, como en 1, 4, 3, 2, 1, 4, 3, 2. Cualquier conjunto de cuatro números sucesivos en esta secuencia, *hacia delante o hacia atrás*, es un OE aceptable. Si se requiere que el primero sea el cilindro 1, la única otra posibilidad en este caso es el conjunto hacia atrás 1, 2, 3, 4.

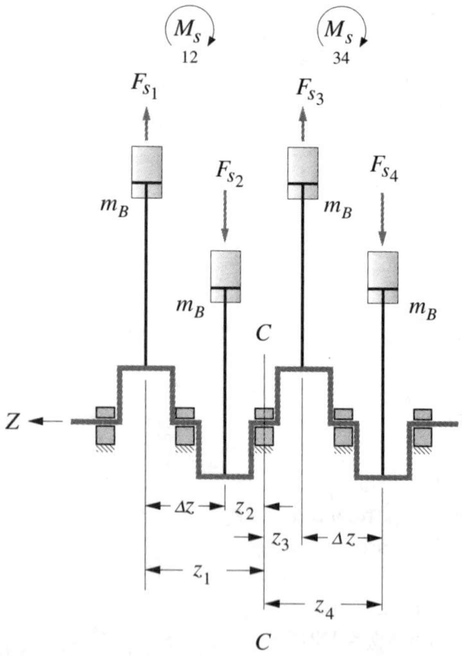

a) Cigüeñal no simétrico de 0, 180, 0, 180°

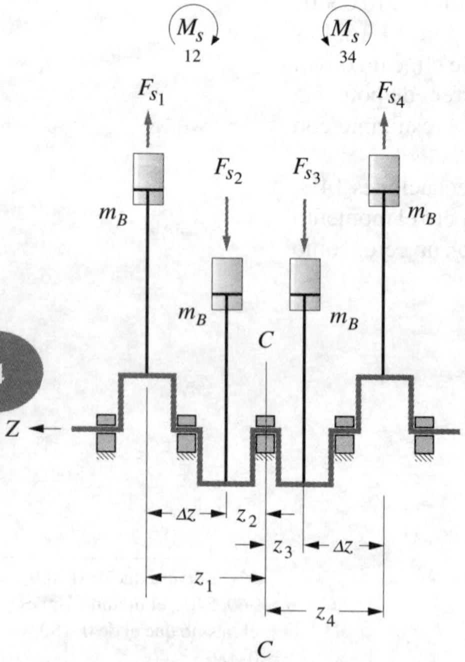

b) Cigüeñal simétrico de 0, 180, 180, 0°

FIGURA 14-17 Los cigüeñales simétricos especulares cancelan los momentos primarios

TABLA 14-3 Estado de balanceo de fuerzas y momentos de un motor en línea de cuatro cilindros con cigüeñal de 0, 180, 0, 180° y $z_1 = 0, z_2 = 1, z_3 = 2, z_4 = 3$

Fuerzas primarias:	$\sum_{i=1}^{n} \operatorname{sen} \phi_i = 0$	$\sum_{i=1}^{n} \cos \phi_i = 0$
Fuerzas secundarias:	$\sum_{i=1}^{n} \operatorname{sen} 2\phi_i = 0$	$\sum_{i=1}^{n} \cos 2\phi_i = 4$
Momentos primarios:	$\sum_{i=1}^{n} z_i \operatorname{sen} \phi_i = 0$	$\sum_{i=1}^{n} z_i \cos \phi_i = 0$
Momentos secundarios:	$\sum_{i=1}^{n} z_i \operatorname{sen} 2\phi_i = 0$	$\sum_{i=1}^{n} z_i \cos 2\phi_i = 6$

se muestra en la tabla 14-3. Por tanto, este diseño de encendido uniforme compromete el estado de balanceo inercial del diseño previo para lograr un encendido uniforme. Las variaciones del par de torsión de inercia pueden ocultarse mediante un volante. Las fuerzas y momentos secundarios son relativamente pequeños en un motor pequeño y pueden aceptarse. El momento primario no cero es un detalle que debe atenderse. Para ver los resultados de esta configuración de motor, abra el programa ENGINE para seleccionarlo del menú desplegable *Examples* y después grafique los resultados. Véase el apéndice A para seguir las instrucciones sobre el uso del programa ENGINE.

Más adelante se analizarán formas de contrarrestar un momento desbalanceado con la adición de ejes balanceados, pero existe un método más directo disponible en este ejemplo. La figura 14-17 muestra que el momento de sacudimiento se debe a la acción de las fuerzas inerciales de los cilindros individuales que actúan con brazos de momento con respecto a algún centro. Si se considera que ese centro es el punto *C* en medio del motor, deberá ser aparente que cualquier diseño de cigüeñal con fuerzas primarias balanceadas, que sea un espejo simétrico con respecto a un plano transversal que pasa por el punto *C*, también presentará momentos primarios balanceados en tanto todos los espaciamientos entre los cilindros sean uniformes y todas las fuerzas inerciales iguales. La figura 14-17*a* muestra el cigüeñal con ángulos de fase de 0, 180, 0, 180°, el cual no es simétrico. El par $\mathbf{F}_{s1}\Delta z$ creado por los cilindros 1 y 2 tiene la misma magnitud, y sentido que el par $\mathbf{F}_{s3}\Delta z$ creado por los cilindros 3 y 4, por lo que se suman. La figura 14-17*b* muestra el cigüeñal con ángulos de fase 0, 180, 180, 0°, que es una *imagen especular simétrica*. El par $\mathbf{F}_{s1}\Delta z$ generado por los cilindros 1 y 2 tiene la misma magnitud pero sentido opuesto al par $\mathbf{F}_{s3}\Delta z$ generado por los cilindros 3 y 4, por tanto, se cancelan. Es posible lograr tanto un encendido uniforme como momentos primarios de balanceo al cambiar la secuencia de los ángulos de fase del codo del cigüeñal a $\phi_i = 0$, 180, 180, 0°, el cual es una *imagen especular simétrica*.

El diagrama de fase de la manivela para este diseño se muestra en la figura 14-18. Las carreras de potencia aún pueden estar uniformemente espaciados en el intervalo de 720°. Se eligió un orden de encendido de 1, 3, 4, 2, que proporciona la misma secuencia deseada de ángulos de carrera de potencia, $\psi_i = 0$, 180, 360, 540°. (Obsérvese que el orden de encendido de 1, 2, 4, 3 también funcionaría con este motor.)* Las ecuaciones 14.3, 14.5 y 14.7 (pp. 502-503), así como la tabla 14-4, muestran que la fuerza de inercia primaria y el momento primario ahora son cero, pero la fuerza secundaria, el momento secundario y el par de torsión de inercia aún son distintos de cero.

* En motores en línea, y en cualquier banco de un motor en V, se prefiere un orden de encendido no consecutivo (es decir, no 1, 2, 3, 4), de modo que los cilindros adyacentes no enciendan en secuencia. Esto permite que el múltiple de admisión tenga más tiempo para recargarse localmente entre tiempos de admisión y escape para limpiarse con más eficiencia.

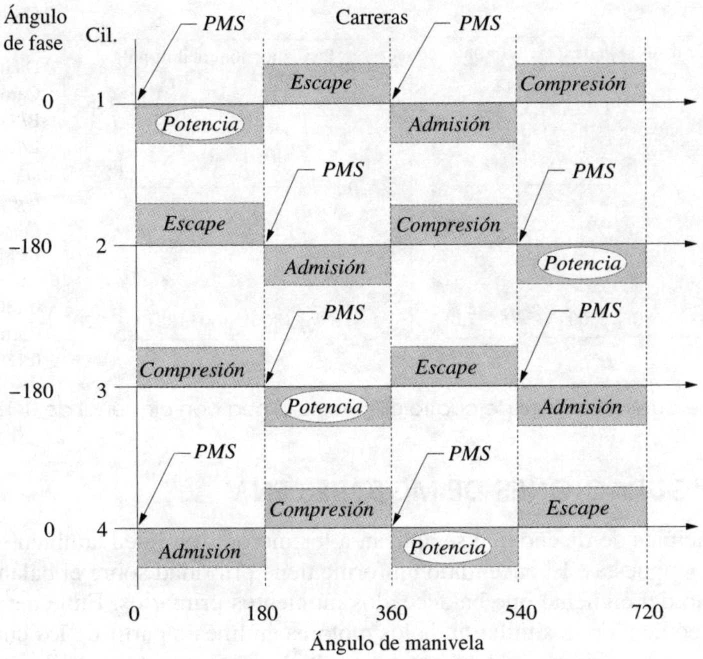

FIGURA 14-18 Diagrama de fases del cigüeñal de un motor de cuatro tiempos de cuatro cilindros con encendido uniforme y cigüeñal simétrico especular de 0, 180, 180, 0°

Este cigüeñal $\phi_i = 0, 180, 180, 0°$ se considera como el mejor diseño y se utiliza universalmente en la producción de motores de cuatro tiempos y cuatro cilindros en línea. Las figuras 14-2 (p. 496) y 14-3 (p. 496) muestran tal diseño de un motor de cuatro cilindros. El balanceo de inercia se sacrifica para ganar un encendido uniforme por las razones citadas en la p. 506. La figura 14-19 (p. 510) muestra el par de torsión de gas, el par de torsión de inercia y el par de torsión total para este diseño. La figura 14-20 (p. 510) muestra el momento de sacudimiento secundario, la componente de fuerza de sacudimiento secundaria y una curva polar de la fuerza de sacudimiento total para este diseño. Obsérvese que las figuras 14-20*b* y *c* son simplemente vistas diferentes del mismo parámetro. La curva polar de la fuerza de sacudimiento en la figura 14-20*c* es una vista de la fuerza de sacudimiento vista hacia el extremo del eje del cigüeñal con el movimiento del pistón horizontal. La curva cartesiana en la figura 14-20*b* muestra la misma fuerza en el eje de tiempo. Como la componente primaria es cero, esta fuerza total se debe sólo a la componente secundaria. En breve se analizarán formas de eliminar estas fuerzas y momentos secundarios.

Para comprender los resultados de esta configuración de motor, ejecute el programa ENGINE y seleccione el menú desplegable *Examples*. Luego grafique o imprima los resultados con la opciones *Plot* o *Print* del menú desplegable. Véase el apéndice A para instrucciones más detalladas sobre el uso del programa.

TABLA 14-4 Estado de balanceo de fuerzas y momentos de un motor de cuatro cilindros en línea con cigüeñal de 0, 180, 0, 180° y $z_1 = 0, z_2 = 1, z_3 = 2, z_4 = 3$

Fuerzas primarias:	$\sum_{i=1}^{n} \operatorname{sen} \phi_i = 0$	$\sum_{i=1}^{n} \cos \phi_i = 0$
Fuerzas secundarias:	$\sum_{i=1}^{n} \operatorname{sen} 2\phi_i = 0$	$\sum_{i=1}^{n} \cos 2\phi_i = 4$
Momentos primarios:	$\sum_{i=1}^{n} z_i \operatorname{sen} \phi_i = 0$	$\sum_{i=1}^{n} z_i \cos \phi_i = 0$
Momentos secundarios:	$\sum_{i=1}^{n} z_i \operatorname{sen} 2\phi_i = 0$	$\sum_{i=1}^{n} z_i \cos 2\phi_i = 6$

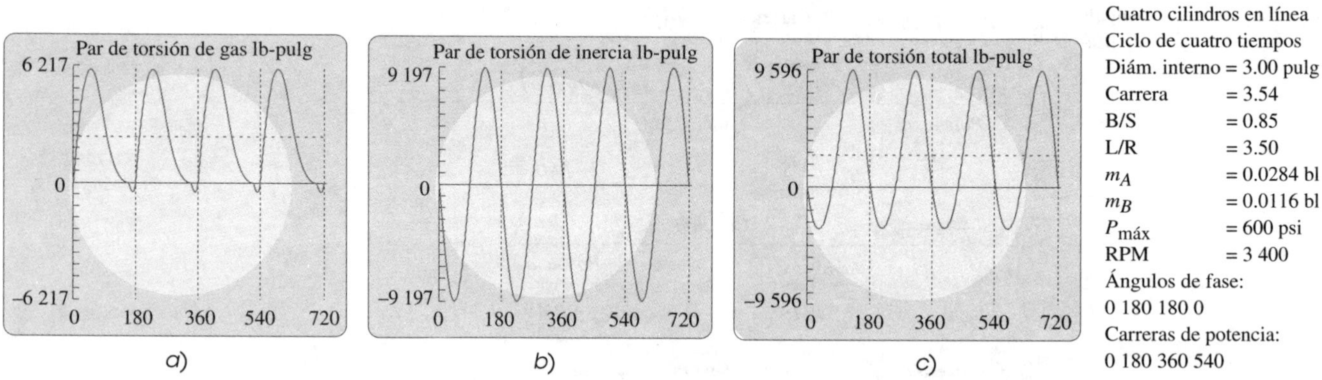

FIGURA 14-19 Par de torsión en el motor de cuatro tiempos de cuatro cilindros en línea con cigüeñal de 0, 180, 180, 0°

14.7 CONFIGURACIONES DE MOTORES EN V

Los mismos principios de diseño que se aplican a los motores en línea también se aplican a configuraciones en V y opuestas. El encendido uniforme tiene prioridad sobre el balance de inercia y la simetría de espejo del cigüeñal que balancea los momentos primarios. En general, un motor en V tendrá un balanceo de inercia similar al de los motores en línea a partir de los cuales se construye. Un motor V-6 es en esencia un motor compuesto de dos motores de tres cilindros en línea en un cigüeñal común, un V-8 es un motor compuesto de dos motores de cuatro cilindros en línea, etc. El mayor número de cilindros permite tener más pulsos de potencia en el ciclo para un par de torsión de gas más suave (y promedio mayor). La existencia de un **ángulo en V** entre los dos motores en línea introduce un desplazamiento de fase adicional de los eventos inerciales y de gas, la cual es análoga a, pero independiente de, los efectos del ángulo de fase. Este ángulo en V es elegido por el diseñador, pero existen buenas y malas elecciones. Se aplican los mismos criterios de encendido uniforme y balanceo de inercia a su elección.

El **ángulo en** $\nu = 2\gamma$ se define como se muestra en la figura 14-21. Cada banco está descentrado por su **ángulo de banco** γ con respecto al eje central X del motor. El ángulo de manivela ωt se mide con respecto al eje X. El cilindro 1 en el banco derecho es el cilindro de referencia. Los eventos en cada banco ocurren desfasados en su ángulo de banco y también en sus ángulos de fase del cigüeñal. Ambos desfases se superpondrán. Si se considera cualquier cilindro en uno u otro banco, su ángulo de manivela instantáneo se representa por:

$$\theta = \omega t - \phi_i \tag{14.10a}$$

Considérese primero un motor en V de dos cilindros con un cilindro en cada banco donde ambos comparten un codo de cigüeñal común. La fuerza de sacudimiento para un solo cilindro en la dirección del movimiento del pistón $\hat{\mathbf{u}}$ con θ medido con respecto al eje del pistón es:

$$\mathbf{F_s} \cong m_B r \omega^2 \left(\cos\theta + \frac{r}{l}\cos 2\theta \right) \hat{\mathbf{u}} \tag{14.10b}$$

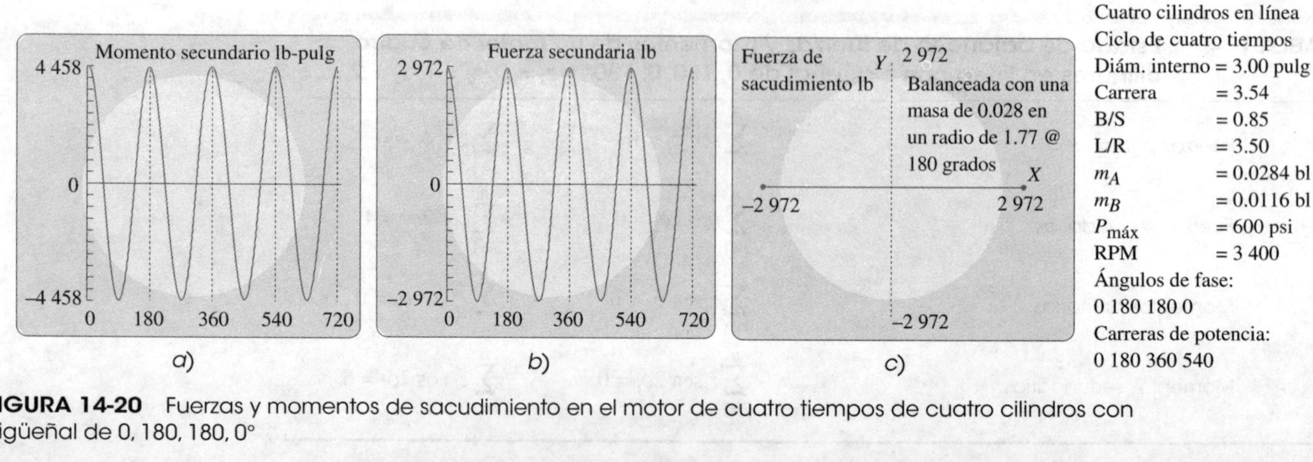

FIGURA 14-20 Fuerzas y momentos de sacudimiento en el motor de cuatro tiempos de cuatro cilindros con cigüeñal de 0, 180, 180, 0°

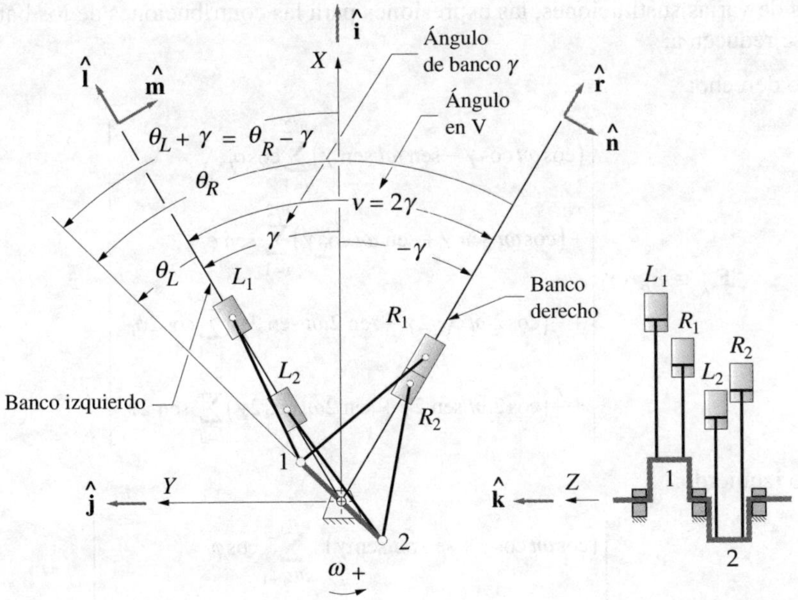

FIGURA 14-21 Geometría de un motor en V

La fuerza de sacudimiento total es la suma vectorial de las contribuciones de cada banco.

$$\mathbf{F_s} = \mathbf{F}_{\mathbf{s}_L} + \mathbf{F}_{\mathbf{s}_R} \tag{14.10c}$$

Ahora se desea considerar el ángulo de manivela con respecto al eje central X. Las fuerzas de sacudimiento para los bancos derecho (R) e izquierdo (L), en los planos de los bancos de cilindros respectivos, se expresan entonces como:

$$\begin{aligned}\mathbf{F}_{\mathbf{s}_R} &\cong m_B r\omega^2\left[\cos(\theta+\gamma)+\frac{r}{l}\cos 2(\theta+\gamma)\right]\hat{\mathbf{r}}\\ \mathbf{F}_{\mathbf{s}_L} &\cong m_B r\omega^2\left[\cos(\theta-\gamma)+\frac{r}{l}\cos 2(\theta-\gamma)\right]\hat{\mathbf{l}}\end{aligned} \tag{14.10d}$$

Obsérvese que el ángulo del banco γ se suma o resta del ángulo de manivela para cada banco de cilindros con respecto al eje central X. Las fuerzas continúan dirigidas a lo largo de los planos de los bancos de cilindros. Al sustituir las identidades:

$$\begin{aligned}\cos(\theta+\gamma) &= \cos\theta\cos\gamma - \operatorname{sen}\theta\operatorname{sen}\gamma\\ \cos(\theta-\gamma) &= \cos\theta\cos\gamma + \operatorname{sen}\theta\operatorname{sen}\gamma\end{aligned} \tag{14.10e}$$

se obtiene:

$$\begin{aligned}\mathbf{F}_{\mathbf{s}_R} &\cong m_B r\omega^2\begin{bmatrix}\cos\theta\cos\gamma - \operatorname{sen}\theta\operatorname{sen}\gamma\\ +\frac{r}{l}\left(\cos 2\theta\cos 2\gamma - \operatorname{sen}2\theta\operatorname{sen}2\gamma\right)\end{bmatrix}\hat{\mathbf{r}}\\ \mathbf{F}_{\mathbf{s}_L} &\cong m_B r\omega^2\begin{bmatrix}\cos\theta\cos\gamma + \operatorname{sen}\theta\operatorname{sen}\gamma\\ +\frac{r}{l}\left(\cos 2\theta\cos 2\gamma + \operatorname{sen}2\theta\operatorname{sen}2\gamma\right)\end{bmatrix}\hat{\mathbf{l}}\end{aligned} \tag{14.10f}$$

Ahora, para considerar la posibilidad de que cilindros múltiples se desfasen dentro de cada banco, se sustituye la ecuación 14.10*a* en lugar de θ y se reemplazan las sumas de los términos de ángulo con los productos de las identidades:

$$\begin{aligned}\cos(\omega t-\phi_i) &= \left(\cos\omega t\cos\phi_i + \operatorname{sen}\omega t\operatorname{sen}\phi_i\right)\\ \operatorname{sen}(\omega t-\phi_i) &= \left(\operatorname{sen}\omega t\cos\phi_i - \cos\omega t\operatorname{sen}\phi_i\right)\end{aligned} \tag{14.10g}$$

14

Después de varias sustituciones, las expresiones para las contribuciones de los bancos derecho e izquierdo se reducen a:

para el banco derecho:

$$\mathbf{F}_{\mathbf{s}_R} \cong m_B r\omega^2 \begin{bmatrix} (\cos\omega t\cos\gamma - \operatorname{sen}\omega t \operatorname{sen}\gamma)\sum_{i=1}^{n/2}\cos\phi_i \\ +(\cos\omega t \operatorname{sen}\gamma + \operatorname{sen}\omega t\cos\gamma)\sum_{i=1}^{n/2}\operatorname{sen}\phi_i \\ +\frac{r}{l}(\cos 2\omega t\cos 2\gamma - \operatorname{sen} 2\omega t \operatorname{sen} 2\gamma)\sum_{i=1}^{n/2}\cos 2\phi_i \\ +\frac{r}{l}(\cos 2\omega t \operatorname{sen} 2\gamma + \operatorname{sen} 2\omega t\cos 2\gamma)\sum_{i=1}^{n/2}\operatorname{sen} 2\phi_i \end{bmatrix}\hat{\mathbf{r}} \tag{14.10h}$$

para el banco izquierdo:

$$\mathbf{F}_{\mathbf{s}_L} \cong m_B r\omega^2 \begin{bmatrix} (\cos\omega t\cos\gamma + \operatorname{sen}\omega t \operatorname{sen}\gamma)\sum_{i=\frac{n}{2}+1}^{n}\cos\phi_i \\ -(\cos\omega t \operatorname{sen}\gamma - \operatorname{sen}\omega t\cos\gamma)\sum_{i=\frac{n}{2}+1}^{n}\operatorname{sen}\phi_i \\ +\frac{r}{l}(\cos 2\omega t\cos 2\gamma + \operatorname{sen} 2\omega t \operatorname{sen} 2\gamma)\sum_{i=\frac{n}{2}+1}^{n}\cos 2\phi_i \\ -\frac{r}{l}(\cos 2\omega t \operatorname{sen} 2\gamma - \operatorname{sen} 2\omega t\cos 2\gamma)\sum_{i=\frac{n}{2}+1}^{n}\operatorname{sen} 2\phi_i \end{bmatrix}\hat{\mathbf{l}} \tag{14.10i}$$

Las sumas en las ecuaciones 14.10*h* e *i* proporcionan un conjunto de criterios suficientes para una **fuerza de sacudimiento cero** por medio de la segunda armónica para cada banco, similares a las del motor en línea de la ecuación 14.3 (p. 500). Es posible resolver las fuerzas de sacudimiento para cada banco en componentes a lo largo y normal al eje central *X* del motor en V.*

$$\begin{aligned} F_{s_x} &= (F_{s_L} + F_{s_R})\cos\gamma\ \hat{\mathbf{i}} \\ F_{s_y} &= (F_{s_L} - F_{s_R})\operatorname{sen}\gamma\ \hat{\mathbf{j}} \\ \mathbf{F_s} &= F_{s_x}\hat{\mathbf{i}} + F_{s_y}\hat{\mathbf{j}} \end{aligned} \tag{14.10j}$$

14

Las ecuaciones 14.10*j* proporcionan oportunidades adicionales para la cancelación de las fuerzas de sacudimiento más allá de la selección de los ángulos de fase; p. ej., incluso con valores no cero de F_{sL} y F_{sR}, si γ es de 90°, entonces la componente *x* de la fuerza de sacudimiento será cero. También, si $F_{sL} = F_{sR}$, la componente *y* de la fuerza de sacudimiento será cero para cualquier γ. Esta situación prevalece en el caso de un motor horizontalmente opuesto (véase la sección 14.8, p. 517). Con algunos motores en V u opuestos es posible cancelar las componentes de fuerza de sacudimiento aun cuando las sumas en la ecuación 14.10 no sean cero.

Las ecuaciones del **momento de sacudimiento** son fáciles de formar a partir de las ecuaciones de fuerza de sacudimiento al multiplicar cada término de las sumas por el brazo de momento, como se hizo en las ecuaciones 14.6 (p. 502). Los momentos existen en cada banco y sus vectores serán ortogonales con respecto a los planos de los cilindros respectivos. Para el banco derecho se define un vector unitario $\hat{\mathbf{n}}$ perpendicular a $\hat{\mathbf{r}}$ en el plano *Z* de la figura 14-21 (p. 511). Para el banco izquierdo se define un vector unitario de momento $\hat{\mathbf{m}}$ perpendicular a $\hat{\mathbf{l}}$ en el plano *Z* de la figura 14-21.

* El efecto de sobrebalancear los codos de cigüeñal no se incluye en la ecuación 14.10*j* tal como se muestra. Aquí se supone que el cigüeñal está balanceado exactamente. Vea en el apéndice G las ecuaciones completas que incluyen los efectos del sobrebalanceo del cigüeñal. El programa ENGINE usa las ecuaciones del apéndice G para tomar en cuenta los efectos del sobrebalanceo en motores de varios cilindros.

$$\mathbf{M}_{\mathbf{s}_R} \cong m_B r \omega^2 \begin{bmatrix} \left(\cos\omega t \cos\gamma - \operatorname{sen}\omega t \operatorname{sen}\gamma\right) \sum_{i=1}^{n/2} z_i \cos\phi_i \\ +\left(\cos\omega t \operatorname{sen}\gamma + \operatorname{sen}\omega t \cos\gamma\right) \sum_{i=1}^{n/2} z_i \operatorname{sen}\phi_i \\ +\frac{r}{l}\left(\cos 2\omega t \cos 2\gamma - \operatorname{sen} 2\omega t \operatorname{sen} 2\gamma\right) \sum_{i=1}^{n/2} z_i \cos 2\phi_i \\ +\frac{r}{l}\left(\cos 2\omega t \operatorname{sen} 2\gamma + \operatorname{sen} 2\omega t \cos 2\gamma\right) \sum_{i=1}^{n/2} z_i \operatorname{sen} 2\phi_i \end{bmatrix} \hat{\mathbf{n}} \qquad (14.11a)$$

$$\mathbf{M}_{\mathbf{s}_L} \cong m_B r \omega^2 \begin{bmatrix} \left(\cos\omega t \cos\gamma + \operatorname{sen}\omega t \operatorname{sen}\gamma\right) \sum_{i=n/2+1}^{n} z_i \cos\phi_i \\ -\left(\cos\omega t \operatorname{sen}\gamma - \operatorname{sen}\omega t \cos\gamma\right) \sum_{i=n/2+1}^{n} z_i \operatorname{sen}\phi_i \\ +\frac{r}{l}\left(\cos 2\omega t \cos 2\gamma + \operatorname{sen} 2\omega t \operatorname{sen} 2\gamma\right) \sum_{i=n/2+1}^{n} z_i \cos 2\phi_i \\ -\frac{r}{l}\left(\cos 2\omega t \operatorname{sen} 2\gamma - \operatorname{sen} 2\omega t \cos 2\gamma\right) \sum_{i=n/2+1}^{n} z_i \operatorname{sen} 2\phi_i \end{bmatrix} \hat{\mathbf{m}} \qquad (14.11b)$$

Las sumas en las ecuaciones 14.11*a* y *b* proporcionan un conjunto de criterios suficientes para el **momento de sacudimiento cero** por medio de la segunda armónica para cada banco, similares a las encontradas para el motor en línea de las ecuaciones 14.7 (p. 503). Al resolver los momentos de sacudimiento para cada banco en componentes a lo largo y normales al eje central *X* del motor en V se obtiene:*

$$\begin{aligned} M_{s_x} &= \left(M_{s_L} - M_{s_R}\right) \operatorname{sen}\gamma \\ M_{s_y} &= \left(-M_{s_L} - M_{s_R}\right) \cos\gamma \\ \mathbf{M_s} &= M_{s_x}\,\hat{\mathbf{i}} + M_{s_y}\,\hat{\mathbf{j}} \end{aligned} \qquad (14.11c)$$

La ecuación 14.11*c* permite la posible cancelación de las componentes del momento de sacudimiento en algunas configuraciones en V y opuestas aun cuando las sumas en la ecuaciones 14.11*a* y *b* no sean cero; p. ej., si γ es de 90°, entonces la componente *y* del momento de sacudimiento es cero.

Los **pares de torsión de inercia** de los bancos derecho e izquierdo de un motor en V son:

$$\mathbf{T}_{i21_R} \cong \frac{1}{2} m_B r^2 \omega^2 \begin{bmatrix} \frac{r}{2l}\left(\operatorname{sen}(\omega t+\gamma)\sum_{i=1}^{n/2}\cos\phi_i - \cos(\omega t+\gamma)\sum_{i=1}^{n/2}\operatorname{sen}\phi_i\right) \\ -\left(\operatorname{sen} 2(\omega t+\gamma)\sum_{i=1}^{n/2}\cos 2\phi_i - \cos 2(\omega t+\gamma)\sum_{i=1}^{n/2}\operatorname{sen} 2\phi_i\right) \\ -\frac{3r}{2l}\left(\operatorname{sen} 3(\omega t+\gamma)\sum_{i=1}^{n/2}\cos 3\phi_i - \cos 3(\omega t+\gamma)\sum_{i=1}^{n/2}\operatorname{sen} 3\phi_i\right) \end{bmatrix} \hat{\mathbf{k}} \qquad (14.12a)$$

$$\mathbf{T}_{i21_L} \cong \frac{1}{2} m_B r^2 \omega^2 \begin{bmatrix} \frac{r}{2l}\left(\operatorname{sen}(\omega t-\gamma)\sum_{i=n/2+1}^{n}\cos\phi_i - \cos(\omega t-\gamma)\sum_{i=n/2+1}^{n}\operatorname{sen}\phi_i\right) \\ -\left(\operatorname{sen} 2(\omega t-\gamma)\sum_{i=n/2+1}^{n}\cos 2\phi_i - \cos 2(\omega t-\gamma)\sum_{i=n/2+1}^{n}\operatorname{sen} 2\phi_i\right) \\ -\frac{3r}{2l}\left(\operatorname{sen} 3(\omega t-\gamma)\sum_{i=n/2+1}^{n}\cos 3\phi_i - \cos 3(\omega t-\gamma)\sum_{i=n/2+1}^{n}\operatorname{sen} 3\phi_i\right) \end{bmatrix} \hat{\mathbf{k}} \qquad (14.12b)$$

* El efecto de sobrebalancear los codos de cigüeñal no se incluye en la ecuación 14.11*c* tal como se muestra. Aquí se supone que el cigüeñal está balanceado exactamente. Vea en el apéndice G las ecuaciones completas que incluyen los efectos de sobrebalancear el cigüeñal. El programa ENGINE usa las ecuaciones del apéndice G para tomar en cuenta los efectos del sobrebalanceo en motores de varios cilindros.

Se suman las contribuciones de cada banco para el total. Para que el **par de torsión de inercia sea cero** a través de la tercera armónica en un motor en V es suficiente (pero no necesario) que:

$$
\begin{aligned}
&\sum_{i=1}^{n/2} \operatorname{sen} \phi_i = 0 \quad \sum_{i=1}^{n/2} \cos \phi_i = 0 \quad \sum_{i=n/2+1}^{n} \operatorname{sen} \phi_i = 0 \quad \sum_{i=n/2+1}^{n} \cos \phi_i = 0 \\
&\sum_{i=1}^{n/2} \operatorname{sen} 2\phi_i = 0 \quad \sum_{i=1}^{n/2} \cos 2\phi_i = 0 \quad \sum_{i=n/2+1}^{n} \operatorname{sen} 2\phi_i = 0 \quad \sum_{i=n/2+1}^{n} \cos 2\phi_i = 0 \\
&\sum_{i=1}^{n/2} \operatorname{sen} 3\phi_i = 0 \quad \sum_{i=1}^{n/2} \cos 3\phi_i = 0 \quad \sum_{i=n/2+1}^{n} \operatorname{sen} 3\phi_i = 0 \quad \sum_{i=n/2+1}^{n} \cos 3\phi_i = 0
\end{aligned}
\tag{14.12c}
$$

Obsérvese que cuando se suman las ecuaciones 14.12*a* y *b*, algunas combinaciones particulares de ϕ_i y γ pueden cancelar el par de torsión de inercia incluso cuando algunos términos de la ecuación 14.12*c* no son cero.

El **par de torsión de gas** es:

$$
\mathbf{T}_{g21} \cong F_g \, r \sum_{i=1}^{n} \left(\operatorname{sen}\left[\omega t - (\psi_i + \gamma_k)\right] \left\{ 1 + \frac{r}{l} \cos\left[\omega t - (\psi_i + \gamma_k)\right] \right\} \right) \hat{\mathbf{k}} \tag{14.13}
$$

donde el banco izquierdo tiene un *ángulo de banco*, $\gamma_k = +\gamma$ y el derecho, $\gamma_k = -\gamma$.

Es posible diseñar un motor en V que tenga tantos codos de cigüeñal como cilindros, aunque por varias razones esto no siempre se hace. La principal ventaja de un motor en V sobre uno en línea del mismo número de cilindros es su tamaño más compacto y una mayor rigidez. Puede ser aproximadamente la mitad de la longitud de un motor en línea (a expensas de un mayor ancho), siempre que el cigüeñal se diseñe para acomodar dos bielas por codo de cigüeñal, como se muestra en la figura 14-22. Entonces los cilindros en bancos opuestos comparten un codo de cigüeñal. Un banco de cilindros se desplaza a lo largo del cigüeñal en una distancia igual al espesor de una biela. El bloque de cilindros más corto y más ancho y el cigüeñal más corto son mucho más rígidos tanto a torsión como a flexión que los de un motor en línea similar. La figura 14-23 (p. 515) muestra simulaciones de computadora de varios modos de flexión y un modo torsional de vibración para un cigüeñal de cuatro codos. Las deflexiones están muy acentuadas. La forma necesariamente contorsionada de un cigüeñal dificulta el control de estas deflexiones con el diseño. Si son de magnitud excesiva, pueden conducir a fallas estructurales.

A continuación se diseña el cigüeñal de un motor V-8 con ciclo de cuatro tiempos. Podrían colocarse juntos dos motores de cuatro cilindros juntos en un cigüeñal con ángulos de fase ϕ_i = 0, 180, 180, 0°, que tuvieran las mismas condiciones de balanceo que el motor de cuatro tiempos de cuatro cilindros de la sección anterior (primarios balanceados, secundarios desbalanceados). Sin embargo, lo que motivó la elección del cigüeñal para el motor de cuatro cilindros fue la necesidad de repartir uniformemente los pulsos de potencia a través del ciclo. La ecuación 14.8*b* (p. 504) dictó entonces un ángulo de fase delta de 180° para ese motor. Ahora se tienen ocho cilindros disponibles y la ecuación 14.8*b* define un ángulo de fase delta de 90° para un espaciamiento óptimo de los pulsos de potencia. Esto significa que es posible utilizar el cigüeñal con ángulos de fase ϕ_i = 0, 90, 180, 270° diseñado para el motor de dos tiempos de cuatro cilindros mostrado en la figura 14-12 (p. 505), y aprovechar su mejor condición de balanceo de inercia y lograr el encendido uniforme en el motor en V de ocho cilindros y cuatro tiempos.

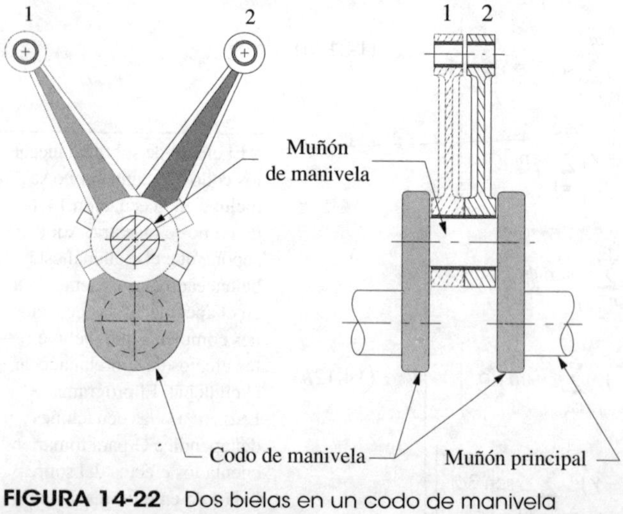

FIGURA 14-22 Dos bielas en un codo de manivela común

Todos los factores del cigüeñal con ángulos de fase ϕ_i = 0, 90, 180, 270° para cuatro cilindros son iguales a cero, excepto los momentos primario y secundario. Ya se analizó que la disposición de los codos con simetría de espejo con respecto al plano medio balancea el momento primario. Un poco de discernimiento y algunos bosquejos revelarán que no es posible obtener esta simetría de espejo con cualquiera de los cuatro codos con ángulo de fase delta de 90° de la disposición del cigüeñal. Sin embargo, así como

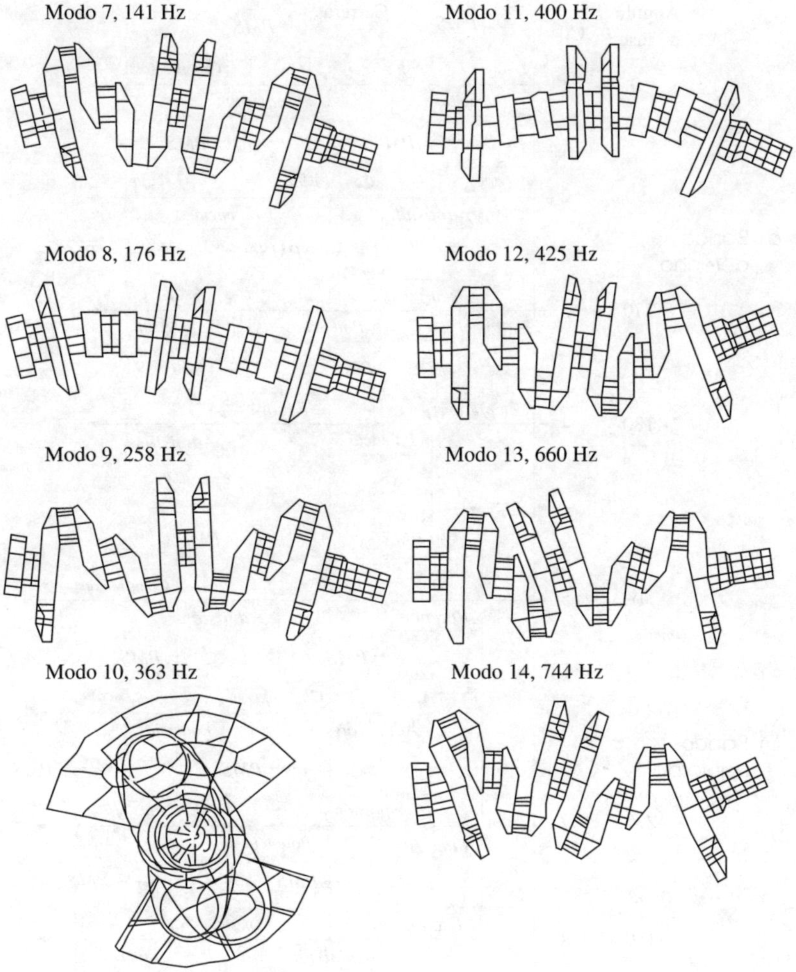

FIGURA 14-23 Modos de vibración por flexión y torsional en un cigüeñal de cuatro codos
Cortesía de Chevrolet Division, General Motors Corp.

el reacomodo del orden de los codos de manivela de $\phi_i = 0, 180, 0, 180°$ a $\phi_i = 0, 180, 180, 0°$ tuvo un efecto en los momentos de sacudimiento, el reacomodo del orden de los codos de este cigüeñal será lo mejor. Todos los factores de inercia de un cigüeñal con ángulos de fase $\phi_i = 0, 90, 270, 180°$ son iguales a cero, excepto el momento primario. El momento secundario desaparece.* Ésta es una ventaja que vale la pena aprovechar. Se utilizará este cigüeñal para los V-8 y posteriormente se atenderá el momento primario.

La figura 14-24*a* muestra el diagrama de fase del cigüeñal para el banco derecho de un motor en V-8 con un cigüeñal con ángulos de fase $\phi_i = 0, 90, 270, 180°$. La figura 14-24*b* muestra el diagrama de fase de manivela para el segundo banco (izquierdo), que es idéntico al del banco derecho (como debe ser, pues comparten codos de manivela), pero *está desplazado a la derecha una distancia igual al ángulo en V de* 2γ. Obsérvese que en la figura 14-21 (p. 511), los dos pistones son impulsados por bielas en un codo de manivela común con ω positiva, y el pistón en el banco derecho alcanzará el PMS antes que el del banco izquierdo. Por tanto, como ya se demostró, los movimientos del pistón del banco izquierdo se retrasan con respecto a los del banco derecho. Los eventos de retraso ocurren después en tiempo, de modo que debe desplazarse el segundo banco (izquierdo) a la derecha por el ángulo en V en el diagrama de fase del cigüeñal.

Debe desplazarse el segundo banco de cilindros de modo que sus pulsos de potencia se repartan uniformemente entre los del primer banco. Un poco de reflexión (y con base en la ecuación 14.8*b*, p. 504) revelará que en este caso cada banco de cuatro cilindros tiene potencialmente 720/4 = 180° entre los pulsos de potencia. Los codos de manivela que se eligen están espaciados a 90° uno de otro. Un ángulo en V de 90° (ángulo de banco $\gamma = 45°$) es adecuado para este caso ya que los ángulos de fase y de banco se suman para crear un espaciamiento efectivo de 180°. Todo diseño de motor en V

* La explicación para esto es bastante simple. La ecuación 14-7*b* (p. 619) muestra que los momentos secundarios son una función de dos veces los ángulos de fase y de los brazos de momento de los cilindros. Si se duplican los valores de la secuencia de ángulos de fase original 0, 90, 180, 270° y se modulan con 360, se obtiene 0, 180, 0, 180°, la cual no es simétrica especular. La duplicación de la nueva secuencia de ángulos de fase de 0, 90, 270, 180°, con módulo de 360, proporciona 0, 180, 180, 0°, que es simétrica especular. Esta simetría de los ángulos de fase duplicados cancela la segunda armónica del momento de sacudimiento.

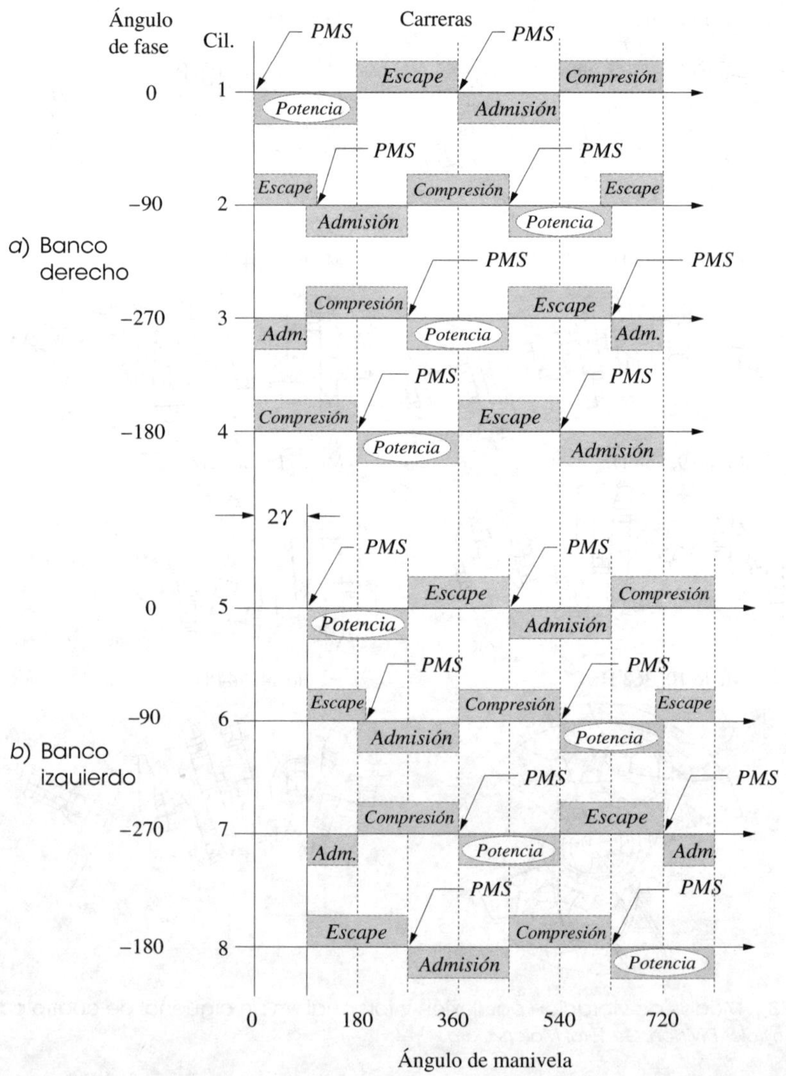

FIGURA 14-24 Diagrama de fases de cigüeñal de un motor V-8 de cuatro tiempos con ángulos de fase del cigüeñal de 0, 90, 270, 180°

de cuatro o más cilindros tendrá más ángulos en V óptimos que produzcan un encendido aproximadamente uniforme con cualquier conjunto particular de ángulos de fase del cigüeñal.

Varios órdenes de encendido son posibles para varios cilindros. Los motores en V a menudo se disponen de modo que los cilindros enciendan en bancos opuestos de forma sucesiva para balancear las demandas de flujo de fluido en el múltiple de admisión. Los cilindros se numeran desde el frente hacia atrás, primero los del banco derecho y luego los del izquierdo. El orden de encendido mostrado en la figura 14-24*b* es 1, 5, 4, 3, 7, 2, 6, 8, que produce ángulos de carrera de potencia ψ_i = 0, 90, 180, 270, 360, 450, 540, 630°. Esto proporciona un encendido uniforme con un pulso de potencia cada 90°.

La figura 14-25 muestra el par de torsión total para este diseño de motor, que en este caso es igual al par de torsión de gas porque el par de torsión de inercia es cero. La tabla 14-5 y la figura 14-26 muestran la única componente inercial desbalanceada significativa en este motor en el momento primario, el cual es bastante grande. Los coeficientes de los términos de la cuarta armónica son insignificantes en la serie de Fourier, y se eliminan en las ecuaciones. El balanceo de este momento primario es tema de una sección posterior en este capítulo.

Cualquier configuración de cilindros en V puede tener uno o más ángulos en V deseables que produzcan tanto encendido uniforme como balanceo de inercia aceptable. Sin embargo, los motores en V de menos de 12 cilindros no quedarán completamente balanceados por medio de la configuración de su cigüeñal. Los ángulos en V óptimos en general serán un entero múltiplo (incluido uno)

Ocho cilindros en V de 90 grados
y un ciclo de cuatro tiempos
Diám. interno = 2.50 pulg
Carrera = 2.55
B/S = 0.98
L/R = 3.50
m_A = 0.0418 bl
m_B = 0.0116 bl
RPM = 3 400
Ángulos de fase:
0 90 270 180 0 90 270 180
Carreras de potencia:
0 90 180 270 360 450 540 630

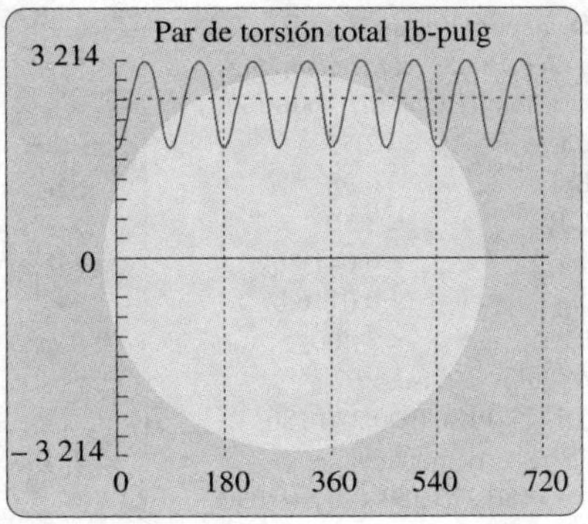

FIGURA 14-25 Par de torsión total en el motor V-8 de 90° con ángulos de fase del cigüeñal de 0, 90, 270, 180°

o submúltiplo del ángulo de fase delta óptimo definido en las ecuaciones 14.8 (p. 504) para ese motor. Noventa grados es el ángulo en V óptimo (2γ) para un motor en V-8 cilindros. Para analizar los resultados con esta configuración de motor de ocho cilindros en V, ejecute el programa ENGINE y seleccione el ocho en V del menú desplegable *Examples*. Consulte el apéndice A para mayor información sobre el uso del programa.

14.8 CONFIGURACIONES DE MOTORES OPUESTAS

Un motor opuesto es en esencia un motor en V con un ángulo en V de 180°. La ventaja, en particular con un pequeño número de cilindros, dos o cuatro, es la relativamente buena condición posible de balanceo. Una de cuatro tiempos con cilindros (bóxer) gemelos* con cigüeñal de 0, 180° presenta encendido uniforme más balanceo de fuerzas primarias, aun cuando el momento primario y todas las armónicas superiores de fuerza y momento no sean cero. Un motor de cuatro cilindros opuestos de cuatro tiempos (cuatro planos) con cigüeñal de cuatro codos de cigüeñal y ángulos de fase de 0, 180, 180, 0° tiene encendido equilibrado y balance entre la fuerza primaria y el momento. A diferencia de su primo de cuatro en línea con el mismo cigüeñal, tiene además un balance de fuerza secundaria a partir de la ecuación 14.10*j*. Un motor con cuatro cilindros, seis tiempos y manivela de 0, 120, 240, 60, 180, 300° tiene encendido equilibrado y la misma buena condición de balance que el motor con seis cilindros en línea. El programa ENGINE determina los parámetros para configuraciones opuestas, en V y en línea.

14.9 BALANCEO DE MOTORES MULTICILINDROS

Un motor puede ser balanceado con un número suficiente de (m) cilindros, apropiadamente dispuestos en bancos de n cilindros en un motor de varios bancos.† En un motor de dos tiempos con sus codos de cigüeñal dispuestos para encendido uniforme, todas las armónicas de la fuerza de sacudimiento pueden balancearse, excepto aquellas cuyo número armónico sea múltiplo de n. En

TABLA 14-5 Estado de balanceo de fuerzas y momentos de un motor V-8 con cigüeñal de 0, 90, 270, 180° y $z_1 = 0, z_2 = 1, z_3 = 2, z_4 = 3$

Fuerzas primarias en cada banco:	$\sum_{i=1}^{n} \operatorname{sen}\phi_i = 0$	$\sum_{i=1}^{n} \cos\phi_i = 0$
Fuerzas secundarias en cada banco:	$\sum_{i=1}^{n} \operatorname{sen}2\phi_i = 0$	$\sum_{i=1}^{n} \cos 2\phi_i = 0$
Momentos primarios en cada banco:	$\sum_{i=1}^{n} z_i \operatorname{sen}\phi_i = -1$	$\sum_{i=1}^{n} z_i \cos\phi_i = -3$
Momentos secundarios en cada banco:	$\sum_{i=1}^{n} z_i \operatorname{sen}2\phi_i = 0$	$\sum_{i=1}^{n} z_i \cos 2\phi_i = 0$

* Como en las motocicletas BMW serie R.

† Para un motor en línea, $m = n$.

Ocho cilindros en V de 90 grados
y un ciclo de cuatro tiempos
Diám. interno = 2.50 pulg
Carrera = 2.55
B/S = 0.98
L/R = 3.50
m_A = 0.0418 bl
m_B = 0.0116 bl
RPM = 3 400
Ángulos de fase:
0 90 270 180 0 90 270 180
Carreras de potencia:
0 90 180 270 360 450 540 630

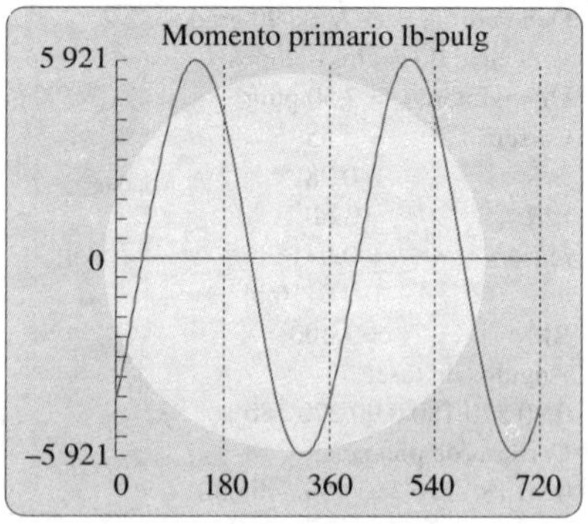

FIGURA 14-26 Momento primario desbalanceado en el motor V-8 de 90° con un cigüeñal en 0, 90, 270, 180°

† El ángulo γ es más eficaz cuando se establece en 90° para un motor opuesto con $2\gamma = 180°$, pues su coseno es cero, lo cual cancela algunas componentes de la fuerza y el momento de sacudimiento.

un motor de cuatro tiempos con sus juegos de manivela configurados incluso para el encedido, todas las armónicas de la fuerza de sacudimiento estarán balanceadas, excepto aquellas cuyo número de armónicas sea un multiplo de $n/2$. Las componentes del momento de sacudimiento primario pueden balancearse si el cigüeñal es simétrico especular con respecto al plano central transversal. Una configuración en línea de cuatro tiempos requiere entonces por lo menos seis cilindros para que esté inherentemente balanceado hasta la segunda armónica. Ya se analizó que un cuatro en línea con cigüeñal 0, 180, 180, 0° tiene fuerzas y momentos secundarios no cero y también par de torsión de inercia no cero. El seis en línea con una manivela simétrica especular con $\phi_i = 0$, 240, 120, 120, 240, 0° tendrá fuerzas y momentos de sacudimiento cero hasta la segunda armónica, aunque el par de torsión de inercia hasta la tercera armónica aún estará presente. Para determinar los resultados de esta configuración del motor de seis cilindros en línea, ejecute el programa ENGINE y seleccione el de seis en línea del menú *Examples*.

V DOCE Es el motor en V más pequeño, con un estado inherente de balanceo casi perfecto, ya que está compuesto por dos motores de seis cilindros en línea en un cigüeñal común. Ya se explicó que los motores en V adquieren las características de balanceo de los bancos en línea a partir de los cuales están construidos. Las ecuaciones 14.10*a* a *i* y 14.11*a* y *b* (pp. 510-512) no introducen nuevos criterios para el balanceo en el motor en V sobre los ya definidos en las ecuaciones 14.3 (p. 500) y 14.5 (p. 502) para balanceo de fuerzas y momentos de sacudimiento en el motor en línea, con excepción de la posible cancelación disponible con base en el valor del ángulo de banco γ en las ecuaciones 14.10*j* y 14.11*c*.† Puede recurrirse al archivo BMWV12.eng en el programa ENGINE para analizar los resultados para un motor V-12. El motor V-8 común con ángulos de fase de cigüeñal de $\phi_i = 0$, 90, 270, 180° tiene un momento primario desbalanceado como el cuatro cilindros en línea con el cual está construido. Éste es un ejemplo en el programa ENGINE.

PARES DE TORSIÓN DE INERCIA DESBALANCEADOS Pueden reducirse con un volante, como se demostró en la sección 13.8 (p. 479) para el motor de un solo cilindro. Incluso un motor que tiene un par de torsión inercial cero puede requerir un volante para reducir las variaciones de su par de torsión de gas. Se deberá utilizar la función de par de torsión total para determinar las variaciones de energía a absorber por el volante, ya que contiene tanto par de torsión de gas como par de torsión de inercia (si los hay). El método de la sección 11.11 (p. 418) también se aplica en el cálculo del tamaño de volante requerido en un motor, con base en la variación de su función de par de torsión total. El programa ENGINE determina las áreas bajo los pulsos de par de torsión totales necesarias para el cálculo. Véanse las secciones referidas para el procedimiento de diseño apropiado de un volante.

* Conocido como balanceador Lanchester en honor al inventor inglés que lo desarrolló antes de la Primera Guerra Mundial (alrededor de 1913). Aún se utiliza en varios tipos de maquinaria y en motores para cancelar las fuerzas de inercia.

FUERZAS Y MOMENTOS DE SACUDIMIENTO DESBALANCEADOS Pueden cancelarse con la adición de uno o más ejes rotatorios balanceados dentro del motor. Para cancelar las componentes primarias se requieren dos ejes de balanceo que giren a la velocidad del cigüeñal, uno de los cuales puede ser el mismo cigüeñal. Para cancelar las componentes secundarias se requieren por los menos dos ejes de balanceo que giren a dos veces la velocidad del cigüeñal, impulsados por engranes o cadenas desde el cigüeñal. La figura 14-27*a* muestra un par de ejes contrarrotatorios con masas excéntricas dispuestas desfasadas 180° entre sí.* Como se muestra, las fuerzas centrífugas desbalanceadas producidas por las masas iguales desbalanceadas se suman para producir componentes de fuerza de sacudimiento en la dirección vertical de dos veces la fuerza desbalanceada producida por cada masa, mientras sus

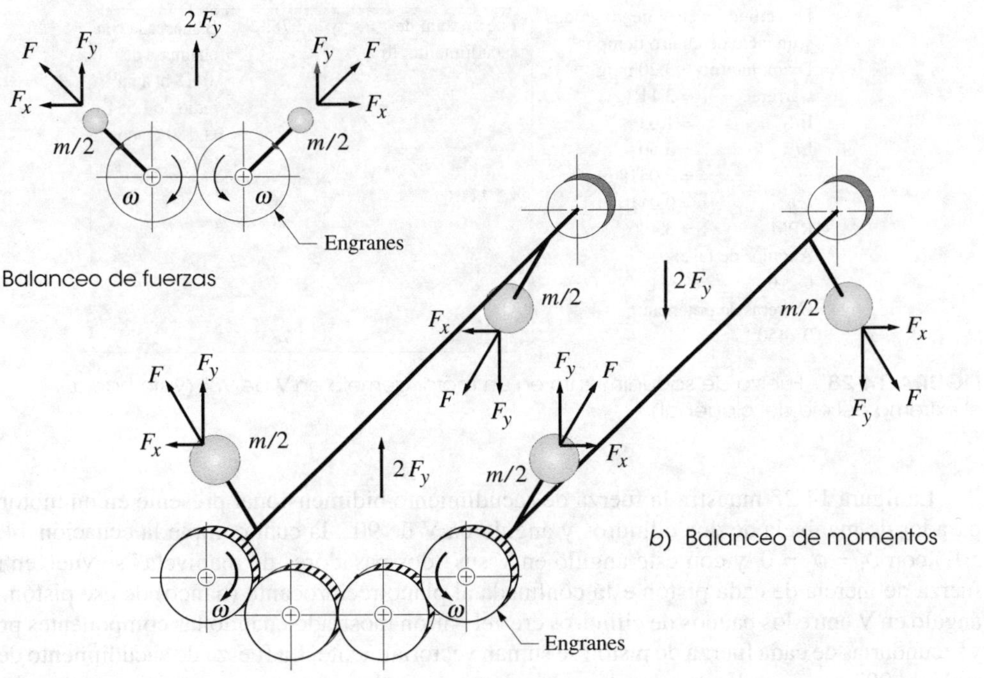

FIGURA 14-27 Las masas excéntricas contrarrotatorias pueden balancear fuerzas y momentos

componentes horizontales se cancelan exactamente. Se pueden utilizar pares de excéntricas contrarrotatorias para producir una fuerza armónicamente variable en cualquier plano. La frecuencia armónica será determinada por la velocidad de rotación de los ejes.

Si se disponen dos pares de excéntricas, con un par desplazado a una cierta distancia a lo largo del eje del otro, y también girado a 180° alrededor del eje con respecto al primero, como se muestra en la figura 14-27*b*, se obtiene un par armónicamente variable en un plano. Las fuerzas se cancelan en una dirección y se suman en una dirección ortogonal.

Por tanto, para cancelar el momento de sacudimiento en cualquier plano, puede acomodarse un par de ejes, cada uno con dos masas excéntricas desplazadas a lo largo de ellos, desfasadas 180°, y engranarlas para que giren en direcciones opuestas a cualquier múltiplo de la velocidad del cigüeñal. Para cancelar la fuerza de sacudimiento, lo único que se requiere es proporcionar una masa suficiente de desbalanceo adicional en uno de los pares de masas excéntricas para generar una fuerza de sacudimiento opuesta a la del motor, por encima de la que se requiere para generar las fuerzas del par.

En un motor en línea, todas las fuerzas y momentos desbalanceados están confinados al plano único de los cilindros, ya que se deben a la reciprocidad de las masas que se concentran en el pasador del pistón. (Se supone que todos los codos de manivela están exacta y rotacionalmente balanceados para cancelar los efectos de la masa en el muñón de la manivela.) Sin embargo, en un motor en V, las fuerzas y momentos de sacudimiento tienen componentes x y y, como se muestra en las ecuaciones 14.10 y 14.11 (pp. 510-513) y en la figura 14-21 (p. 511). Los efectos de sacudimiento del pistón de cada banco actúan en su plano, y el ángulo de banco γ se utiliza para descomponerlos en sus componentes x y y con las ecuaciones 14.10*j* y 14.11*c* (pp. 511-513).

V GEMELO Es posible el balanceo de fuerzas primarias en un motor en V-gemelo de cuatro tiempos de cualquier ángulo en V si se utilizan dos pasadores de manivela. Si $\phi_1 = 0$, el ángulo de fase del segundo pasador ϕ_2 debe ser:[2]

$$\phi_2 = 180° - 2\upsilon \tag{14.14a}$$

Para encendido uniforme la relación debe ser:

$$\phi_2 = 360° - \upsilon \tag{14.14b}$$

donde υ es el ángulo en V definido en la figura 14-21 (p. 511). El único valor de υ que satisface ambos criterios es 180° (cilindros opuestos). Todos los demás ángulos en V-gemelos pueden tener encendido uniforme o balanceo primario, pero no ambos.*

14

* Los motores gemelos en V para motocicletas se fabrican con varios ángulos en V: 45°, 48°, 50°, 52°, 60°, 75°, 80°, 90°, 180° y en otros. Todos, excepto el gemelo bóxer a 180°, tienen fuerzas secundarias desbalanceadas y la mayoría tiene fuerzas primarias desbalanceadas. Algunos están equipados con ejes de balanceo para reducir el sacudimiento. La mayoría también tiene encendido desigual, lo que les proporciona un sonido de escape característico. El motor doble en V a 45° con un solo muñón de manivela Harley Davidson es un ejemplo cuyo sonido (que la compañía trató de patentar, en vano) ha sido descrito como "papa-papa".

Dos cilindros en V de 90 grados
y un ciclo de cuatro tiempos
Diám. interno = 3.20 pulg
Carrera = 3.11
B/S = 1.03
L/R = 3.50
m_A = 0.0418 bl
m_B = 0.0116 bl
RPM = 3 400
Ángulos de fase:
0 0
Carreras de potencia:
0 450

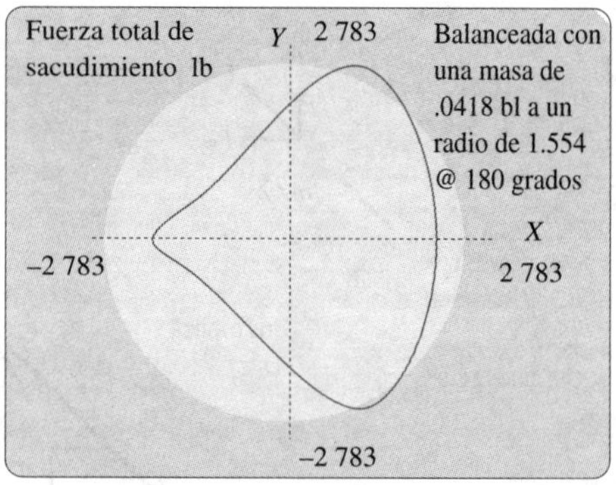

FIGURA 14-28 Fuerza de sacudimiento en un motor gemelo en V de 90° (visto hacia el extremo del eje del cigüeñal)

La figura 14-28 muestra la fuerza de sacudimiento bidimensional presente en un motor con un pasador de manivela de dos cilindros y ángulo en V de 90°, la cual cumple la ecuación 14.14*a* (p. 501) con $\phi_1 = \phi_2 = 0$, y con este ángulo en V sus “dos pasadores de manivela” se vuelven uno. La fuerza de inercia de cada pistón está confinada al plano reciprocante (banco) de ese pistón, pero el ángulo en V entre los bancos de cilindros crea el patrón mostrado cuando las componentes primarias y secundarias de cada fuerza de pistón se suman vectorialmente. La fuerza de sacudimiento del motor en V de 90° con un solo pasador de manivel a gemelo tiene una componente rotatoria primaria de magnitud constante que puede cancelarse con contrapesos sobrebalanceados sobre el cigüeñal. Sin embargo, la segunda armónica es plano (en el plano *YZ*). Para cancelarlo se requiere un par de ejes de balanceo de doble velocidad, como se muestra en la figura 14-27*a* (p. 519).

V OCHO El motor V-8 a 90° con cigüeñal de 0, 90, 270, 180°, que tiene sólo un momento primario desbalanceado, presenta un caso especial. El ángulo de 90° entre los bancos produce componentes horizontales y verticales iguales del momento de sacudimiento primario que lo reduce a un par de magnitud constante que gira alrededor del eje a la velocidad del cigüeñal y en la dirección de éste, como se muestra en la figura 14-29. En el motor V-8, la componente primaria puede balancearse simplemente con agregar dos contrapesos excéntricos de tamaño apropiado y dirección opuesta sólo al cigüeñal. No se requiere un segundo eje independiente de balanceo en el motor V-8 de 90° con este cigüeñal. Los contrapesos desfasados 180° se colocan cerca de los extremos del cigüeñal para obtener el brazo de momento más grande posible y reducir su tamaño.

V SEIS Motores con cigüeñal de 0, 240, 120°, de tres codos y dos bielas por codo que tienen momentos primarios y secundarios desbalanceados, como el motor de tres cilindros en línea. y que no tienen encendido balanceado. Un motor V-6 de tres tiempos y 2 bielas por codo necesita un ángulo en V de 120° para tener balanceo inherente. Para reducir el ancho del motor, los motores V-6 con frecuencia se fabrican con un ángulo en V de 60° que produce un encendido uniforme con un cigüeñal de 0, 240, 120, 60, 300, 180° y seis codos. Este motor tiene momentos primarios y secundarios desbalanceados, y cada uno es un vector de rotación de magnitud constante, como el del V-8 mostrado en la figura

Ocho cilindros en V de 90 grados
y un ciclo de cuatro tiempos
Diám. interno = 2.50 pulg
Carrera = 2.55
B/S = 0.98
L/R = 3.50
m_A = 0.0418 bl
m_B = 0.0116 bl
RPM = 3 400
Ángulos de fase:
0 90 270 180 0 90 270 180
Carreras de potencia:
0 90 180 270 360 450 540 630

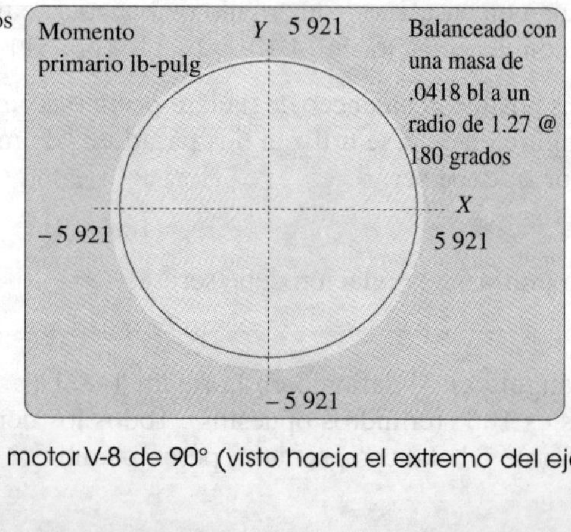

FIGURA 14-29 Momento primario en el motor V-8 de 90° (visto hacia el extremo del eje del cigüeñal)

14-29. La componente primaria puede balancearse por completo con la adición de contrapesos al cigüeñal, como se hizo en el V-8 a 90°. Algunos fabricantes además agregan un solo eje de balanceo en el valle del V-6, impulsado mediante engranes en el cigüeñal con doble velocidad para cancelar el momento de sacudimiento circular secundario de magnitud constante. Algunos V-6 utilizan ángulos en V de 90°, lo que permite ensamblarlos en la misma línea de producción de los V-8, pero los V-6 de 90° y tres codos funcionan ásperamente debido al encendido desigual, a menos que se vuelva a diseñar el cigüeñal para desplazar 30° las dos bielas en cada pasador. Esto resulta en un cigüeñal de 0, 240, 120, 30, 270, 150° con cuatro cojinetes principales y seis codos que produce encendido uniforme, pero momentos de sacudimiento primario y secundario con magnitud no constante.

El cálculo de la magnitud y ubicación de las masas de balanceo excéntricas necesarias para cancelar cualesquiera fuerzas o momentos de sacudimiento es un ejercicio simple de **balanceo estático** (de fuerzas) y **balanceo dinámico en dos planos** (de momentos), como se estudió en las secciones 12.1 (p. 438) y 12.2 (p. 441), respectivamente. Las fuerzas y momentos desbalanceados para la configuración de motor se obtienen con las ecuaciones correspondientes de este capítulo. Se deben seleccionar dos planos de corrección a lo largo de los ejes de balanceo/cigüeñal que se van a diseñar. La magnitud y las ubicaciones angulares de las masas de balanceo se determinan con los métodos descritos en el capítulo 12.

Balanceo secundario en motores de cuatro cilindros en línea

El motor de cuatro cilindros en línea con cigüeñal de 0, 180, 180, 0° es uno de los más utilizados en la industria automotriz. Como ya se describió, este motor presenta fuerzas, momento y pares de torsión desbalanceados. Si el desplazamiento del motor es menor a 2.0 litros, las magnitudes de las fuerzas secundarias pueden ser suficientemente pequeñas para ser ignoradas, en especial si los apoyos del motor proporcionan un buen aislamiento del compartimiento de pasajeros contra la vibración del motor. Por encima de ese desplazamiento, los pasajeros pueden escuchar y percibir ruidos, vibraciones y asperezas objetables (NVH, por sus siglas en inglés) a ciertas velocidades del motor donde la frecuencia de la segunda armónica del motor coincide con una de las frecuencias naturales de la carrocería. Por tanto, se requiere algo de balanceo en el motor para evitar el descontento del cliente.

La ecuación 14.2*d* (p. 500) define la fuerza de sacudimiento de un motor en línea. Aplicando al término de la segunda armónica los factores relevantes de la tabla 14-4 (p. 509) para este motor, se obtiene

$$\mathbf{F}_{\mathbf{s}_2} \cong m_B r\omega^2 \frac{4r}{l} \cos 2\omega t \ \hat{\mathbf{i}} \tag{14.15}$$

El par de torsión de sacudimiento para un motor en línea está dado por la ecuación 14.4*c* (p. 502) en combinación con la ecuación 13.15*f* (p. 683). Si sólo se toma el término de la segunda armónica y se aplican los factores pertinentes de la tabla 14-4 para este motor, se obtiene

$$\mathbf{T}_{s_2} \cong 2m_B r^2\omega^2 \text{ sen } 2\omega t \ \hat{\mathbf{k}} \tag{14.16}$$

El principio del balanceador de Lanchester, mostrado en la figura 14-27*a* (p. 478), puede utilizarse para contrarrestar las fuerzas secundarias al hacer girar sus dos ejes de balanceo contrarrotatorias a dos veces la velocidad del cigüeñal mediante cadenas o engranes. La figura 14-30 muestra tal disposición como se aplica a un motor Mitsubishi de 2.6 L de cuatro cilindros.*

H. Nakamura[3] mejoró el diseño de Lanchester de 1913 al colocar los ejes de balanceo en el motor para cancelar la segunda armónica del par de torsión de inercia así como la fuerza de inercia secundaria. Sin embargo, esta disposición no afecta el momento de sacudimiento secundario desbalanceado. De hecho, se diseñó para impartir un momento neto cero con respecto a un eje transversal para balancear el cigüeñal y reducir los momentos de flexión en los ejes, así como las cargas de apoyo y las pérdidas por fricción. Esta característica es el tema y reclamo principal de la patente de Nakamura sobre este diseño.[4]

La figura 14-31*a* ilustra el esquema de un balanceador convencional Lanchester dispuesto con dos ejes de balanceo contrarrotatorios con sus centros en un solo plano horizontal transversal al plano vertical de movimiento del pistón.‡

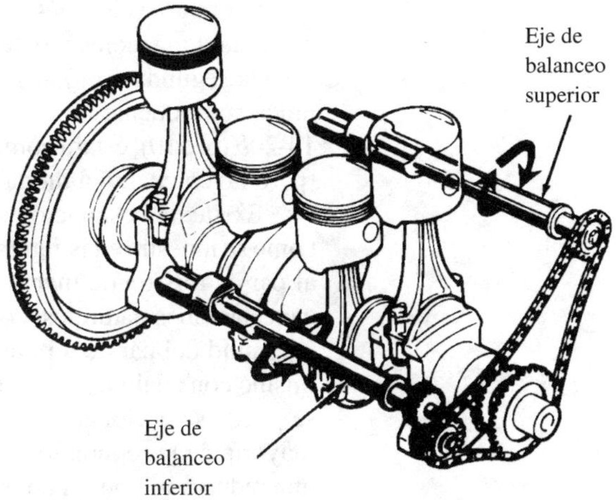

FIGURA 14-30 Ejes de balanceo utilizados para eliminar el desbalanceo secundario en el motor de cuatro cilindros en línea *Cortesía de Chrysler Corporation*

* También utilizado en una ocasión por Chrysler y Porsche bajo licencia de Mitsubishi.

‡ La disposición mostrada en la figura 14-31*a* es el único esquema del diseño original de Lanchester en el cual el cigüeñal impulsaba los ejes de balanceo por medio de engranes helicoidales con las líneas de los ejes de balanceo paralelos al eje *y* de la figura 14-31, es decir, transversal, y no paralelo al eje del cigüeñal, como se muestra aquí. Véase la referencia [4] para dibujos del diseño original.

14

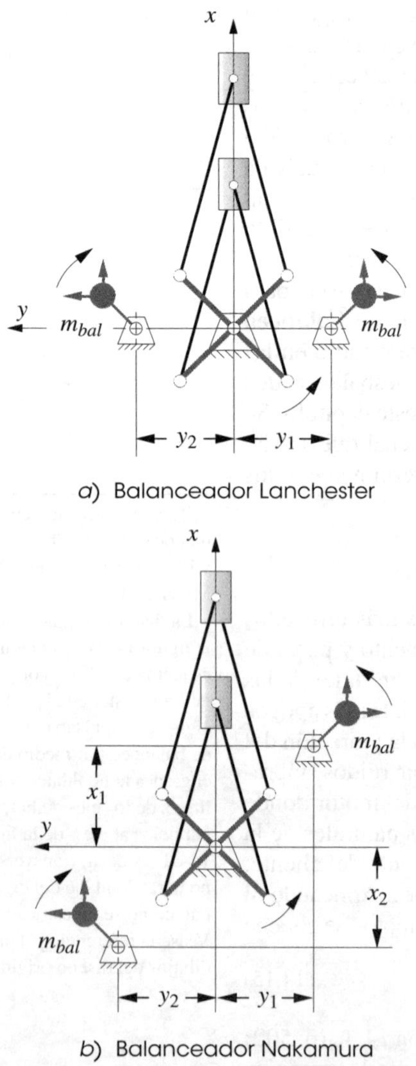

FIGURA 14-31 Dos tipos de mecanismos balanceadores secundarios para el motor de cuatro cilindros en línea

La fuerza de balanceo producida por los dos ejes combinados es

$$\mathbf{F}_{bal} \cong -8 m_{bal} r_{bal} \omega^2 \cos 2\omega t \ \hat{\mathbf{i}} \tag{14.17}$$

donde m_{bal} y r_{bal} son la masa y radio de un peso balanceado.

La figura 14-31*b* muestra la disposición de Nakamura de los ejes de balanceo situados uno sobre el otro en planos horizontales separados. La desalineación vertical es $x_1 - x_2$ entre los ejes, que en combinación con las componentes horizontales opuestamente dirigidas, pero de magnitud igual a las fuerzas centrífugas de los contrapesos, crea un par variable con el tiempo *con respecto al eje del cigüeñal* definido como:

$$\mathbf{T}_{bal} \cong -4 m_{bal} r_{bal} \omega^2 \left[(x_1 - x_2) \operatorname{sen} 2\omega t - (y_1 + y_2) \cos 2\omega t \right] \hat{\mathbf{k}} \tag{14.18}$$

donde x y y se refieren a las coordenadas de los centros de los ejes con respecto al centro del cigüeñal, y los subíndices 1 y 2 se refieren, respectivamente, al eje de balanceo que gira en las mismas direcciones y opuestas al cigüeñal.

Las componentes verticales de las fuerzas centrífugas de los pesos de balanceo se suman para crear una fuerza de balanceo como la de la ecuación 14.17. El par de torsión en la ecuación 14.18 tendrá un sentido opuesto al par de torsión de sacudimiento si el eje superior gira en la misma dirección y el inferior en la dirección opuesta al cigüeñal.

Para el balanceo de fuerzas, las ecuaciones 14.15 (p. 521) y 14.17 deben sumar cero.

$$m_B r \omega^2 \frac{4r}{l} \cos 2\omega t - 8 m_{bal} r_{bal} \omega^2 \cos 2\omega t = 0$$

o

$$m_{bal} r_{bal} = \frac{r}{2l} m_B r \tag{14.19}$$

la cual define el producto masa por radio necesario para el balanceo del mecanismo.

Para el balanceo de pares de torsión, las ecuaciones 14.16 y 14.18 deben sumar cero.

$$2 m_B r^2 \omega^2 \operatorname{sen} 2\omega t - 4 m_{bal} r_{bal} \omega^2 \left[(x_1 - x_2) \operatorname{sen} 2\omega t - (y_1 + y_2) \cos 2\omega t \right] = 0 \tag{14.20a}$$

Al sustituir la ecuación 14.19 en la 14.20*a*,

$$2 m_B r^2 \operatorname{sen} 2\omega t - 4 \frac{r}{2l} m_B r \left[(x_1 - x_2) \operatorname{sen} 2\omega t - (y_1 + y_2) \cos 2\omega t \right] = 0 \tag{14.20b}$$

Para que esta ecuación sea cero para todas las ωt,

$$y_2 = -y_1$$
$$x_1 - x_2 = l \tag{14.20c}$$

Por tanto, si los ejes de balanceo se disponen simétricamente con respecto al plano del pistón en cualquier lugar conveniente y_1 y $-y_1$, y la distancia $x_1 - x_2$ se hace igual a la longitud de la biela l, en ese caso la segunda armónica del par de torsión de inercia se cancela. Como la segunda armónica es la única componente no cero del par de torsión de inercia en este motor, como se ilustra en la figura 14-20*b* (p. 510), estará completamente balanceada en cuanto a fuerza y par de torsión de sacudimiento (pero no en cuanto a momento de sacudimiento).

Existe una oscilación significativa del par de torsión de inercia en un motor de cuatro cilindros, como se muestra en la figura 14-20*a* (p. 510). El par de torsión de gas está desfasado 180° con respecto al par de torsión de inercia, como se ilustra en la figura 14-20*b*; de ese modo proporciona algunas cancelaciones naturales, como se muestra en la curva del par de torsión total de la figura 14-20*c*. La magnitud del par de torsión de gas varía con la carga del motor y por tanto no puede cancelarse a sí mismo con cualquier geometría del eje de balanceo particular en todas las condiciones. Sin embargo, se puede seleccionar una velocidad de motor y una condición de carga como representativas de la mayoría de las condiciones de manejo, y alterar la geometría del sistema de balanceo para producir una reducción óptima del par de torsión total del motor en esas condiciones. Nakamura estima que la magnitud del par de torsión de gas es aproximadamente de 30% del par de torsión de inercia en condiciones de manejo típicas, y sugiere un valor de $x_1 - x_2 = 0.7l$ para la mejor reducción total de oscilación del par de torsión en este motor. Obsérvese que el valor promedio de par de manejo no

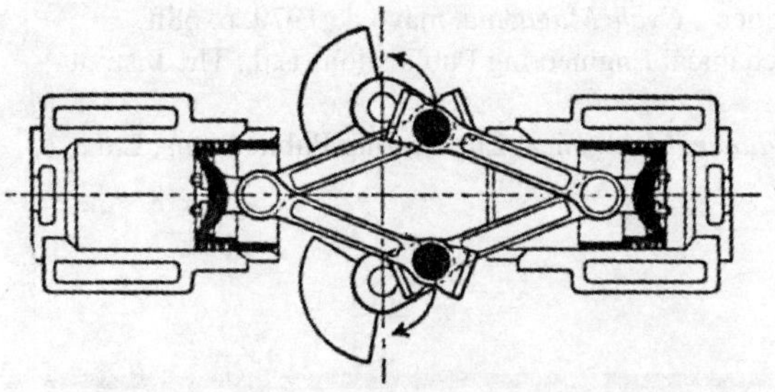

a) Cilindro derecho en el centro muerto superior y cilindro izquierdo cerca del centro muerto inferior

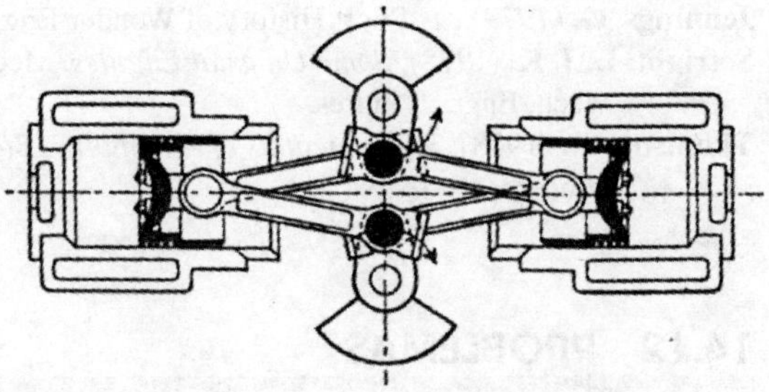

b) Ambos cilindros en el tiempo medio

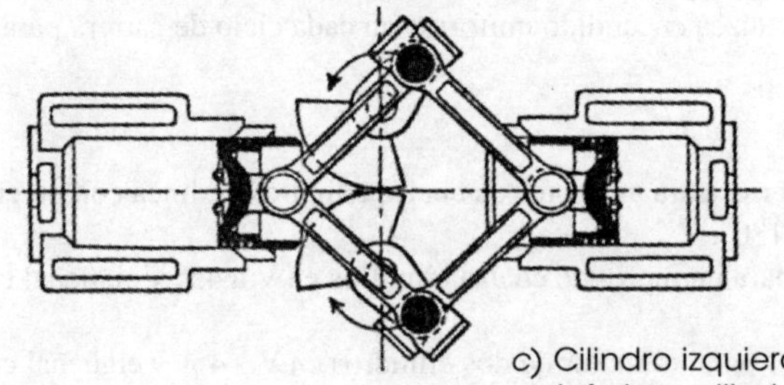

c) Cilindro izquierdo en el centro muerto inferior y cilindro derecho descendente

FIGURA 14-32 Motor Lanchester (1897) de dos cilindros, horizontalmente opuesto, perfectamente balanceado

es afectado por el balanceo porque el par de torsión promedio de cualquier sistema de balanceo rotatorio siempre es cero.

Motor de dos cilindros perfectamente balanceado

En 1897, Frederick Lanchester diseñó la disposición de un motor horizontalmente opuesto bastante inteligente[5] de la figura 14-32 que, con sólo dos cilindros, eliminó por completo todas las armónicas de las fuerzas y momentos de inercia. Reconoció que el movimiento lateral de las bielas era la causa y por tanto utilizó dos cigüeñales contrarrotatorios, impulsados por un total de seis bielas, tres por el muñón de manivela, con dos bielas superiores montadas sobre una inferior por el eje de simetría *Z*. Los contrapesos de cigüeñal balancean con exactitud las manivelas. Los pistones **colineales** opuestos balancean con exactitud las aceleraciones lineales de uno con respecto al otro y la acción de tijera de bielas múltiples elimina todas las armónicas de movimiento superior. Constituye el trabajo de un genio. El origen del balanceador armónico (c. 1913) de la figura 14-31*a* (p. 522) también se puede observar.

14.10 REFERENCIAS

1 **MacKay, R. F.** (1915). *The Theory of Machines*, Edward Arnold: Londres, p. 103.

2 **Jantz, J. y R. Jantz** (2001). "Why They Shake and Why They Don't", *Roadracing World*, parte 7, febrero de 2001, pp. 32-35.

3 **Nakamura, H.** (1976). "A Low Vibration Engine with Unique Counter-Balance Shafts", SAE Paper: 760111.

4 **Nakamura, H. y cols.** (1977). "Engine Balancer", Cesionario: Mitsubishi Corp.: U.S. Patent 4,028,963.

5 **Bird, A. y F. Hutton-Stott** (1965). *Lanchester Motor Cars*, Cassell: Londres, p. 137.

6 ***Ibid.***, p. 26.

14.11 BIBLIOGRAFÍA

Crouse, W. H. (1970). *Automotive Engine Design*, McGraw-Hill Inc., Nueva York.

Jantz, J. y Jantz, R. (1994-2002). "Why They Shake and Why They Don't", *Roadracing World*, partes 1-9, septiembre de 1994, febrero de 1995, marzo de 1996, marzo de 1997, marzo de 1999, abril de 1999, febrero de 2001, marzo de 2001, marzo de 2002.

TABLA P14-0
Matriz de temas/problemas

14.5	**Momento de sacudimiento en motores en línea** 14-8, 14-9
14.6	**Encendido uniforme** 14-1, 14-2, 14-3, 14-4, 14-5, 14-6, 14-7, 14-19, 14-20
14.7	**Configuraciones en V de motores** 14-10, 14-11, 14-12, 14-20, 14-21
14.8	**Configuraciones opuestas de motores** 14-13, 14-14
14.9	**Balanceo de motores multicilindros** 14-15, 14-16, 14-17, 14-18, 14-23, 14-24

14

Jennings, G. (1979). "A Short History of Wonder Engines", *Cycle Magazine*, mayo de 1979, p. 68ff.
Setright, L. J. K. (1975). *Some Unusual Engines*, Mechanical Engineering Publications Ltd., The Inst. of Mech. Engr., Londres.
Thomson, W. (1978). *Fundamentals of Automotive Balance*, Mechanical Engineering Publications, Ltd., Londres.

14.12 PROBLEMAS

14-1 Dibuje un diagrama de fase de manivela para un motor de tres cilindros en línea en un cigüeñal con ángulos de fase de 0, 120, 240° y determine todos los posibles órdenes de encendido y seleccione la mejor disposición que produzca encendido uniforme en cada ciclo de carrera para:

a) ciclo de cuatro tiempos,
b) ciclo de dos tiempos.

14-2 Resuelva el problema anterior para un motor de cuatro cilindros en línea con un cigüeñal con ángulos de fase de 0, 90, 270, 180°.

14-3 Repita el problema 14-1 para un motor de cuatro cilindros en V a 45° y cigüeñal con ángulos de fase de 0, 90, 270, 180°.

14-4 Resuelva el problema 14-1 para un motor de dos cilindros en V a 45° y cigüeñal con ángulos de fase de 0, 90°.

14-5 Repita el problema 14-1 para un motor de dos cilindros en V a 90° y cigüeñal con ángulos de fase de 0, 180°.

14-6 Resuelva el problema 14-1 para un motor de dos cilindros opuestos a 180° y cigüeñal con ángulos de fase de 0, 180°.

14-7 Repita el problema 14-1 para un motor de cuatro cilindros opuestos a 180° y cigüeñal con ángulos de fase de 0, 180, 180, 0°.

†14-8 Determine las condiciones de balanceo de la fuerza, par de torsión y momento de sacudimiento hasta la segunda armónica para el diseño de motor del problema 14-1.

†14-9 Determine las condiciones de balanceo de la fuerza, par de torsión y momento de sacudimiento hasta la segunda armónica para el diseño de motor del problema 14-2.

†14.10 Obtenga las condiciones de balanceo de la fuerza, par de torsión y momento de sacudimiento hasta la segunda armónica para el diseño de motor del problema 14-3.

†14-11 Determine las condiciones de balanceo de la fuerza, par de torsión y momento de sacudimiento hasta la segunda armónica para el diseño de motor del problema 14-4.

†14-12 Determine las condiciones de balanceo de la fuerza, par de torsión y momento de sacudimiento hasta la segunda armónica para el diseño de motor del problema 14-5.

†14-13 Determine las condiciones de balanceo de la fuerza, par de torsión y momento de sacudimiento hasta la segunda armónica para el diseño de motor del problema 14-6.

†14-14 Obtenga las condiciones de balanceo de la fuerza, par de torsión y momento de sacudimiento hasta la segunda armónica para el diseño de motor del problema 14-7.

14-15 Derive expresiones, en términos generales, para la magnitud y el ángulo con respecto al primer codo de cigüeñal, de los productos masa-radio necesarios en el cigüeñal para balancear el momento de sacudimiento en un motor V-8 a 90° con un cigüeñal de 0, 90, 270, 180°.

14.16 Resuelva el problema 14-15 para un V-6 a 90° con un cigüeñal de 0, 240, 120°.

14-17 Repita el problema 14-15 para un V-4 a 90° con un cigüeñal de 0, 180°.

†14-18 Diseñe un par de ejes de balanceo Nakamura para cancelar la fuerza de sacudimiento y reducir las oscilaciones torsionales en el motor mostrado en la figura 14-19 (p. 510).*

14-19 Con el programa ENGINE, los datos de la tabla P14-1 y el diagrama de fase de cigüeñal del problema 14-1, determine las magnitudes de fuerza máximas en el muñón principal, el muñón de manivela, el pasador de pistón y el pistón en un motor de dos tiempos con encendido uniforme. Sobrebalancee la manivela si es necesario para reducir la fuerza de sacudimiento balanceada a por lo menos la mitad del valor desbalanceado.

14-20 Con el programa ENGINE, los datos de la tabla P14-1 y el diagrama de fase de cigüeñal del problema 14-2, determine las magnitudes de fuerza máximas en el muñón principal, el muñón de manivela, el pasador de pistón y el pistón en un motor de cuatro tiempos con encendido uniforme. Sobrebalancee la manivela si es necesario para reducir la fuerza de sacudimiento balanceada a por lo menos la mitad del valor desbalanceado.

14-21 Con el programa ENGINE, los datos de la tabla P14-1 y el diagrama de fase de cigüeñal del problema 14-3, determine las magnitudes de fuerza máximas en el muñón principal, el muñón de manivela, el

† Estos problemas se pueden solucionar con los programas *Mathcad*, *Matlab* o *TKSolver*.
* En el programa ENGINE se puede encontrar más información sobre este diseño de motor.

pasador de pistón y el pistón en un motor de cuatro tiempos con encendido uniforme. Sobrebalancee la manivela si es necesario para reducir la fuerza de sacudimiento balanceada a por lo menos la mitad del valor desbalanceado.

14-22 Con el programa ENGINE, los datos de la tabla P14-1 y el diagrama de fase de cigüeñal del problema 14-4, determine las magnitudes de fuerza máximas en el muñón principal, el muñón de manivela, el pasador de pistón y el pistón en un motor de dos tiempos con encendido uniforme. Sobrebalancee la manivela si es necesario para reducir la fuerza de sacudimiento balanceada a por lo menos la mitad del valor desbalanceado.

†*14-23 Un motor en línea de cuatro cilindros con un cigüeñal de 0, 180, 180, 0°, tiene un tiempo de $S = 3.50$ pulg, una relación de longitud de biela sobre radio del cigüeñal de $L/R = 3.75$, y una masa de muñón de manivela de $m_B = 0.0215$ blob. Diseñe un par de ejes de balance de Nakamura para cancelar la fuerza de sacudimiento y reducir las oscilaciones del motor.

†14-24 Repita el problema 14-23 con $S = 2.750$ pulg, $L/R = 3.00$ y $m_B = 0.0125$ blob.

TABLA P14-1
Datos para los problemas 14-19 a 14-22

Desplazamiento	10.0
Diámetro interno	1.87
Relación L/R	3.00
r_{G2}/r	0.40
r_{G3}/l	0.36
Diám. de muñón principal	2.00
Diám. de muñón de manivela	1.50
Rpm en vacío	600
Rpm máximas	4 000
Masa de pistón	0.015
Masa de biela	0.012
Masa de manivela	0.045
$P_{gmáx}$	5 500
Coeficiente de fricción	0.02
Coeficiente de volante	0.10

14.13 PROYECTOS

Estos problemas de diseño están vagamente estructurados para su solución con el programa ENGINE. Todos implican el diseño de uno o más motores de varios cilindros y difieren principalmente en los datos específicos del motor. El enunciado del problema general es:

Diseñe un motor multicilindro con un desplazamiento y ciclo de carrera específicos. Optimice la relación biela/manivela y la relación diámetro interno/carrera para disminuir las fuerzas y el par de torsión de sacudimiento y las fuerzas en los muñones, si considera también el tamaño del paquete. Diseñe las formas de sus eslabones y calcule los parámetros dinámicos reales (masa, ubicación del CG, momento de inercia) para esos eslabones con los métodos mostrados en los capítulos 10 a 13. Modele dinámicamente los eslabones como se describe en esos capítulos. Balancee o sobrebalancee el mecanismo como se requiera para alcanzar los resultados deseados. Elija ángulos de fase del cigüeñal (y ángulos en V, si es apropiado) para optimizar el balanceo inercial del motor. Elija un orden de encendido y termine los ángulos de carrera de potencia para optimizar el encendido uniforme. Cambie el balanceo de inercia si es necesario para lograr un encendido uniforme. Elija un ángulo en V óptimo si es apropiado en el problema particular. Se desea la uniformidad completa del par de torsión total. Diseñe y dimensione un volante de peso mínimo con el método del capítulo 11 para suavizar el par de torsión total. Escriba un reporte de ingeniería sobre su diseño y análisis.

P14-1 Motor gemelo en línea de dos ciclos con desplazamiento de 1 litro.
P14-2 Motor de cuatro tiempos gemelo en línea con desplazamiento de 1 litro.
P14-3 Motor de dos tiempos gemelo en V con desplazamiento de 1 litro.
P14-4 Motor de cuatro tiempos gemelo en V con desplazamiento de 1 litro.
P14-5 Motor de dos tiempos gemelo opuesto con desplazamiento de 1 litro.
P14-6 Motor de cuatro tiempos gemelo opuesto con desplazamiento de 1 litro.
P14-7 Motor de 2 tiempos V-4 con desplazamiento de 2 litros.
P14-8 Motor de cuatro tiempos V-4 con desplazamiento de 2 litros.
P14-9 Motor de dos tiempos de cuatro cilindros opuestos con desplazamiento de 2 litros.
P14-10 Motor de cuatro tiempos de cuatro cilindros opuestos con desplazamiento de 2 litros.
P14-11 Motor de dos tiempos de cinco cilindros en línea con desplazamiento de 2.5 litros.
P14-12 Motor de cuatro tiempos de cinco cilindros en línea con desplazamiento de 2.5 litros.
P14-13 Motor de dos tiempos V-6 con desplazamiento de 3 litros.
P14-14 Motor de cuatro tiempos V-6 con desplazamiento de 3 litros.
P14-15 Motor de dos tiempos de seis cilindros opuestos con desplazamiento de 3 litros.
P14-16 Motor de cuatro tiempos de seis cilindros opuestos con desplazamiento de 3 litros.
P14-17 Motor de dos tiempos de siete cilindros en línea con desplazamiento de 3.5 litros.
P14-18 Motor de cuatro tiempos de siete cilindros en línea con desplazamiento de 3.5 litros.
P14-19 Motor de dos tiempos de ocho cilindros en línea con desplazamiento de 4 litros.
P14-20 Motor de cuatro tiempos de ocho cilindros en línea con desplazamiento de 4 litros.
P14-21 Motor de dos tiempos V-10 con desplazamiento de 5 litros.
P14-22 Motor de cuatro tiempos V-10 con desplazamiento de 5 litros.
P14-23 Motor de cuatro tiempos W-6 compuesto de tres bancos de dos con desplazamiento de 5 litros.*
P14-24 Motor de cuatro tiempos W-9 compuesto de tres bancos de tres con desplazamiento de 5 litros.*
P14-25 Motor de cuatro tiempos W-12 compuesto de tres bancos de cuatro con desplazamiento de 5 litros.*
P14-26 Motor de cuatro tiempos W-12 compuesto de cuatro bancos de tres con un desplazamiento de 5 litros.*

* Un motor W tiene tres bancos de cilindros en una manivela común.

P14-27 Diseñe una familia de motores en V a construirse en la misma línea de ensamble. Todos deben tener el mismo ángulo en V y utilizar los mismos pistones, bielas y carreras. Cada uno de los cigüeñales puede ser diferente. Se requieren cuatro configuraciones: V-4, V-6, V-8 y V-10. Todos tendrán el mismo desplazamiento de un solo cilindro de 0.5 litros. Optimice la configuración de un solo cilindro con la cual se construyen los motores multicilindros con una relación diámetro interno/carrera y relación biela/manivela. Después ensamble este diseño de cilindros con las configuraciones anteriores. Encuentre la mejor disposición del ángulo en V que proporcione una buena combinación de balanceo y encendido uniforme en todos los motores.

P14-28 Resuelva el proyecto P14-27 para una familia de motores en W: W-3, W-6, W-9 y W-12. Los ángulos entre los bancos deben ser los mismos en todos los modelos. Vea el ejemplo W-12 incluido en el programa ENGINE para más información sobre esta configuración poco común en W.

P14-29 En años recientes algunos fabricantes de automóviles han fabricado configuraciones en V especiales, como el VW-Audi VR15, el cual es un V-6 de 15°. Obtenga información más detallada sobre este diseño de motor y luego analícelo con el programa ENGINE. Redacte un informe que explique por qué los fabricantes eligieron esta disposición inusual y justifique sus conclusiones con un buen análisis de ingeniería.

P14-30 Diseñe un motor de seis cilindros en línea y un motor de cinco cilindros en línea con el mismo desplazamiento, por ejemplo, de 2.5 litros. Analice su dinámica con el programa ENGINE. Redacte un reporte de ingeniería para explicar por qué los fabricantes como Audi, Volvo y Acura eligieron un motor de cinco cilindros en línea sobre uno de seis cilindros con salida de par de torsión y potencia comparable.

P14-31 Ferrari ha producido motores V-12 tanto en configuraciones en V de 60° como horizontalmente opuestas. Diseñe versiones de 3 litros de cada una y compare su dinámica. Redacte un reporte de ingeniería que explique por qué los fabricantes eligieron estas configuraciones y justifique sus conclusiones con un buen análisis de ingeniería.

P14-32 Diseñe y compare un motor V-6 a 90° de tres litros, un motor V-6 a 60°, un motor seis en línea y un seis opuesto a 180°, cuyos diseños están en el volumen de producción. Explique sus ventajas y desventajas y justifique sus conclusiones con un buen análisis de ingeniería.

* Un motor W tiene tres bancos de cuatro cilindros o cuatro bancos de tres cilindros sobre un cigüeñal común. El W12 de VW-Audi, según se usa en algunos modelos Bentley, tiene dos bancos de seis VR15, en V y a 15°, unidos sobre un cigüeñal común.

CAPÍTULO 15

DINÁMICA DE LEVAS

El universo está lleno de cosas mágicas que aguardan con paciencia muestra apreciación para crecer nítidamente.
EDEN PHILLPOTS

15.0 INTRODUCCIÓN

En el capítulo 8 se presentó la cinemática de levas y seguidores y los métodos para su diseño. Ahora se amplía el estudio de los sistemas leva-seguidor para incluir consideraciones sobre las fuerzas y pares de torsión dinámicos desarrollados. Si bien este capítulo se limita a ejemplos de levas y seguidores, los principios y métodos presentados se aplican a la mayoría de los sistemas dinámicos. El sistema leva-seguidor puede considerarse un ejemplo útil y conveniente para la presentación de temas tales como la creación de modelos dinámicos con parámetros concentrados y la definición de sistemas equivalentes, como se describió en el capítulo 10. Estas técnicas y el análisis de frecuencias naturales, efectos de amortiguamiento y analogías entre sistemas físicos serán útiles en el análisis de todos los sistemas dinámicos sin importar el tipo.

En el capítulo 10 se describieron los dos métodos de análisis dinámico, comúnmente denominados problemas dinámicos directos e inversos. El problema directo supone que todas las fuerzas que actúan en el sistema son conocidas y pretende encontrar los desplazamientos, velocidades y aceleraciones resultantes. El problema inverso es, como su nombre lo indica, el inverso del otro. Se conocen los desplazamientos, velocidades y aceleraciones y se obtienen las fuerzas dinámicas resultantes. En este capítulo se analiza la aplicación de ambos métodos a la dinámica del sistema leva-seguidor. La sección 15.1 (p. 528) explora la solución directa. La sección 15.3 (p. 535) presenta la solución inversa. Ambos son instructivos en esta aplicación de un sistema leva-seguidor con cierre de fuerza (cargado por resorte) y ambos se describen en este capítulo.

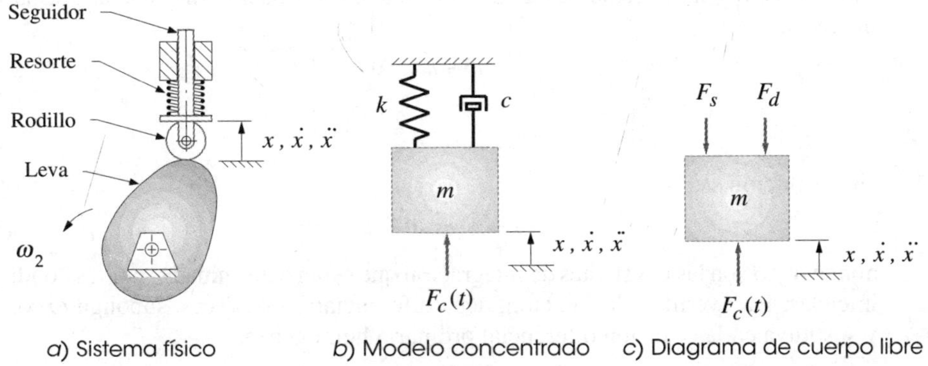

FIGURA 15-1 Modelo con parámetros concentrados de un grado de libertad para un sistema leva-seguidor incluido el amortiguamiento

TABLA 15-1 Notación utilizada en este capítulo

c = coeficiente de amortiguamiento
c_c = coeficiente de amortiguamiento crítico
k = constante de resorte
F_c = fuerza de la leva sobre el seguidor
F_s = fuerza del resorte sobre el seguidor
F_d = fuerza del amortiguador sobre el seguidor
m = masa de los elementos móviles
t = tiempo en segundos
T_c = par de torsión sobre el árbol de levas
θ = ángulo de árbol de levas, en grados o radianes
ω = velocidad angular del árbol de levas, rad/s
ω_d = frecuencia natural circular amortiguada, rad/s
ω_f = frecuencia forzada, rad/s
ω_n = frecuencia natural circular no amortiguada, rad/s
x = desplazamiento del seguidor, unidades de longitud
$\dot{x}$ = v = velocidad del seguidor, longitud/s
$\ddot{x}$ = a = aceleración del seguidor, longitud/s^2
ζ = relación de amortiguamiento

15.1 ANÁLISIS DE FUERZAS DINÁMICAS DEL SISTEMA LEVA-SEGUIDOR CON CIERRE DE FUERZA

La figura 15-1*a* muestra una leva de disco o de placa simple que impulsa a un seguidor de rodillo cargado por resorte. Éste es un sistema con cierre de fuerza que depende de la fuerza del resorte para mantener la leva-seguidor en contacto en todo momento. La figura 15-1*b* muestra un modelo con parámetros concentrados de este sistema en el que toda la **masa** que se mueve junto con el tren del seguidor está concentrada como m, toda la elasticidad en el sistema se concentra en la **constante de resorte** k, y todo el **amortiguamiento** o resistencia al movimiento está concentrado como un amortiguador con coeficiente c. Las fuentes de masa que contribuyen a m son bastante obvias. La masa del vástago del seguidor, el rodillo, su pasador pivote y cualquier otro herraje conectado en el ensamble móvil contribuyen a la creación de m. La figura 15-1*c* muestra el diagrama de cuerpo libre del sistema en el que actúa la fuerza de la leva F_c, la fuerza del resorte F_s y la fuerza de amortiguación F_d. Desde luego, también existirán los efectos de la masa por la aceleración sobre el sistema.

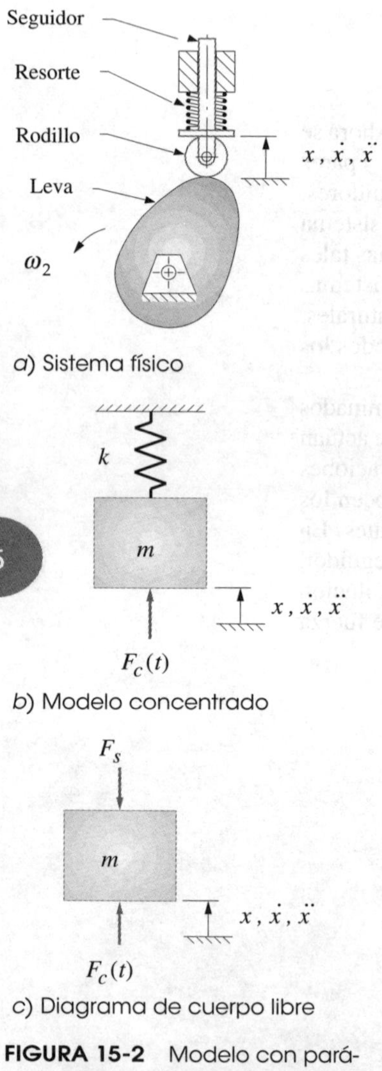

FIGURA 15-2 Modelo con parámetros concentrados de un grado de libertad para una sistema leva-seguidor sin amortiguamiento

Respuesta no amortiguada

La figura 15-2 muestra un modelo con parámetros concentrados del mismo sistema aún más simple que el de la figura 15-1, pero que omite el amortiguamiento. Éste se conoce como *modelo conservador*, puesto que conserva energía sin pérdidas. Ésta no es una hipótesis real o segura en este caso, pero servirá para obtener un mejor modelo que incluya el amortiguamiento. El diagrama de cuerpo libre de este modelo de masa-resorte se muestra en la figura 15-2*c*. Se puede escribir la ecuación de Newton para este sistema de un grado de libertad:

$$\sum F = ma = m\ddot{x}$$
$$F_c(t) - F_s = m\ddot{x}$$

De la ecuación 10.16 (p. 380):

$$F_s = kx$$

entonces:

$$m\ddot{x} + kx = F_c(t) \tag{15.1 a}$$

Ésta es una ecuación diferencial ordinaria de segundo orden (EDO) con coeficientes constantes. La solución completa se compondrá de la suma de dos partes, la transitoria (homogénea) y la de estado estable (particular). La ecuación diferencial ordinaria homogénea es:

$$m\ddot{x} + kx = 0$$
$$\ddot{x} = -\frac{k}{m}x \tag{15.1b}$$

cuya solución es:

$$x = A\cos\omega t + B\,\mathrm{sen}\,\omega t \tag{15.1c}$$

donde A y B son las constantes de integración que serán determinadas por las condiciones iniciales. Para verificar la solución, debe diferenciarse dos veces, suponga ω constante y sustituya en la ecuación diferencial ordinaria homogénea.

$$-\omega^2\left(A\cos\omega t + B\,\mathrm{sen}\,\omega t\right) = -\frac{k}{m}\left(A\cos\omega t + B\,\mathrm{sen}\,\omega t\right)$$

Ésta es una solución siempre que:

$$\omega^2 = \frac{k}{m} \qquad \omega_n = \sqrt{\frac{k}{m}} \tag{15.1d}$$

La cantidad ω_n (rad/s) se conoce como *frecuencia natural circular* del sistema y es la frecuencia a la cual vibra el sistema si se lo deja a sus propias posibilidades. Representa la *frecuencia natural no amortiguada* puesto que se ignora al amortiguamiento. La *frecuencia natural amortiguada* será ligeramente menor que este valor. Observe que ω_n es sólo una función de los parámetros físicos del sistema m y k; por tanto, queda completamente determinada y no cambia con el tiempo una vez que se construye el sistema. Al crear un modelo con un grado de libertad del sistema, se limita a una frecuencia natural que es la frecuencia natural "promedio", por lo general más cercana a la frecuencia más baja o fundamental.

Cualquier sistema real físico también tendrá frecuencias naturales más altas, las que en general no serán múltiplos enteros de la fundamental. Para encontrarlas se debe crear un modelo con varios grados de libertad del sistema. El tono fundamental al cual suena una campana cuando es golpeada es su frecuencia natural definida por esta expresión. La campana también tiene sobretonos que son sus demás frecuencias naturales superiores. La frecuencia fundamental tiende a dominar la respuesta transitoria del sistema.[1]

La frecuencia natural circular ω_n (rad/s) puede convertirse en ciclos por segundo (hertz); obsérvese que existen 2π radianes por cada revolución y una revolución por ciclo:

$$f_n = \frac{1}{2\pi}\omega_n \quad \text{hertz} \tag{15.1e}$$

Las constantes de integración A y B en las ecuaciones 15.1c dependen de las condiciones iniciales. Se puede establecer un caso general como,

Cuando $t = 0$, sea $x = x_0$ y $v = v_0$, donde x_0 y v_0 son constantes

con lo que se obtiene una solución general de la ecuación diferencial ordinaria 15.1b de:

$$x = x_0 \cos\omega_n t + \frac{v_0}{\omega_n} \operatorname{sen} \omega_n t \tag{15.1f}$$

La ecuación 15.1f puede expresarse en forma polar si se calculan la magnitud y el ángulo de fase:

$$X_0 = \sqrt{x_0^2 + \left(\frac{v_0}{\omega_n}\right)^2} \qquad \phi = \arctan\left(\frac{v_0}{x_0\omega_n}\right)$$

entonces:

$$x = X_0 \cos(\omega_n t - \phi) \tag{15.1g}$$

Obsérvese que ésta es una función armónica pura cuya amplitud X_0 y el ángulo de fase ϕ son funciones de las condiciones iniciales y de la frecuencia natural del sistema. Oscilará de manera permanente en respuesta a una sola entrada transitoria si verdaderamente no existe amortiguamiento.

15

Respuesta amortiguada

Si se reintroduce el amortiguamiento del modelo mostrado en la figura 15-1b (p. 527) y se dibuja el diagrama de cuerpo libre como se muestra en la figura 15-1c, la suma de fuerzas será:

$$F_c(t) - F_d - F_s = m\ddot{x} \tag{15.2a}$$

Al sustituir las ecuaciones 10.16 (p. 380) y 10.17c (p. 381):

$$m\ddot{x} + c\,\dot{x} + k\,x = F_c(t) \tag{15.2b}$$

SOLUCIÓN HOMOGÉNEA De nuevo se separa esta ecuación diferencial en sus componentes homogénea y particular. La parte homogénea es:

$$\ddot{x} + \frac{c}{m}\dot{x} + \frac{k}{m}x = 0 \tag{15.2c}$$

La solución de esta ecuación diferencial ordinaria es de la forma:

$$x = \mathrm{R}e^{st} \tag{15.2d}$$

donde R y s son constantes. Al diferenciar con respecto al tiempo:

$$\dot{x} = Rse^{st}$$
$$\ddot{x} = Rs^2e^{st}$$

y sustituir en la ecuación 15.2c:

$$Rs^2e^{st} + \frac{c}{m}Rse^{st} + \frac{k}{m}Re^{st} = 0$$
$$\left(s^2 + \frac{c}{m}s + \frac{k}{m}\right)Re^{st} = 0 \tag{15.2e}$$

Para que esta solución sea válida, toda R o la expresión entre paréntesis debe ser cero ya que e^{st} nunca es igual a cero. Si R fuera cero, entonces la solución supuesta, en la ecuación 15.2d, también sería cero, por tanto, no es una solución. Por consiguiente, la ecuación cuadrática entre paréntesis debe ser cero.

$$\left(s^2 + \frac{c}{m}s + \frac{k}{m}\right) = 0 \tag{15.2f}$$

A ésta se le llama ecuación característica de la ecuación diferencial ordinaria y su solución es:

$$s = \frac{-\frac{c}{m} \pm \sqrt{\left(\frac{c}{m}\right)^2 - 4\frac{k}{m}}}{2}$$

la cual tiene las dos raíces:

$$s_1 = -\frac{c}{2m} + \sqrt{\left(\frac{c}{2m}\right)^2 - \frac{k}{m}}$$
$$s_2 = -\frac{c}{2m} - \sqrt{\left(\frac{c}{2m}\right)^2 - \frac{k}{m}} \tag{15.2g}$$

Estas dos raíces de la ecuación característica proporcionan dos términos independientes de la solución homogénea:

$$x = R_1e^{s_1t} + R_2e^{s_2t} \qquad \text{para} \quad s_1 \neq s_2 \tag{15.2h}$$

Si $s_1 = s_2$, entonces es necesaria otra forma de solución. La cantidad s_1 será igual a s_2 cuando:

$$\sqrt{\left(\frac{c}{2m}\right)^2 - \frac{k}{m}} = 0 \qquad \text{o:} \qquad \frac{c}{2m} = \sqrt{\frac{k}{m}}$$

y

$$c = 2m\sqrt{\frac{k}{m}} = 2m\omega_n = c_c \tag{15.2i}$$

Este valor particular de c se llama **amortiguamiento crítico** y se indica como c_c. El sistema se comportará de modo único cuando esté críticamente amortiguado, y la solución debe ser de la siguiente forma:

$$x = R_1e^{s_1t} + R_2te^{s_2t} \qquad \text{para} \quad s_1 = s_2 = -\frac{c}{2m} \tag{15.2j}$$

Será útil definir una magnitud adimensional llamada **relación de amortiguamiento** ζ, la cual es el amortiguamiento real dividido entre el amortiguamiento crítico.

$$\zeta = \frac{c}{c_c}$$
$$\zeta = \frac{c}{2m\omega_n} \tag{15.3a}$$

y así:

$$\zeta\omega_n = \frac{c}{2m} \tag{15.3b}$$

La frecuencia natural amortiguada ω_d es ligeramente menor que la frecuencia natural no amortiguada ω_n:

$$\omega_d = \sqrt{\frac{k}{m} - \left(\frac{c}{2m}\right)^2} \tag{15.3c}$$

Se pueden sustituir las ecuaciones 15.1*d* (p. 754) y 15.3*b* en las ecuaciones 15.2*g* para obtener la ecuación característica en función de las relaciones adimensionales:

$$\begin{aligned} s_{1,2} &= -\omega_n \zeta \pm \sqrt{(\omega_n \zeta)^2 - \omega_n^2} \\ s_{1,2} &= \omega_n \left(-\zeta \pm \sqrt{\zeta^2 - 1}\right) \end{aligned} \tag{15.4a}$$

Esto demuestra que la respuesta del sistema está determinada por la relación de amortiguamiento ζ, que determina el valor del discriminante. Existen tres casos posibles:

$$\begin{array}{lll} \text{Caso 1:} & \zeta > 1 & \text{Raíces reales y desiguales} \\ \text{Caso 2:} & \zeta = 1 & \text{Raíces reales e iguales} \\ \text{Caso 3:} & \zeta < 1 & \text{Raíces complejas conjugadas} \end{array} \tag{15.4b}$$

Considérese la respuesta en cada uno de estos casos por separado.

Caso 1: $\zeta > 1$ *sobreamortiguado*

La solución es de la forma de la ecuación 15.2*h*:

$$x = R_1 e^{\left(-\zeta + \sqrt{\zeta^2 - 1}\right)\omega_n t} + R_2 e^{\left(-\zeta - \sqrt{\zeta^2 - 1}\right)\omega_n t} \tag{15.5a}$$

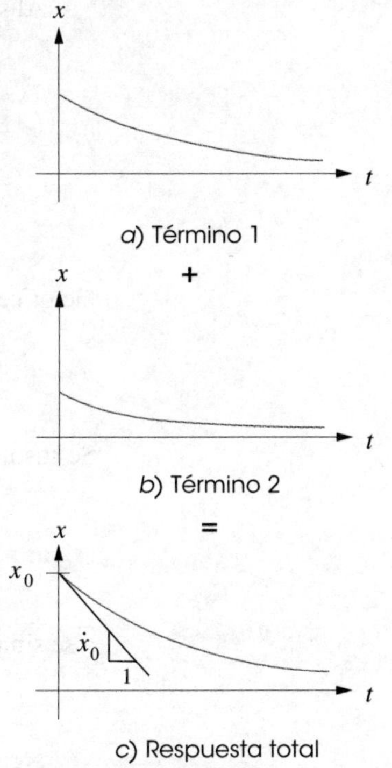

FIGURA 15-3 Respuesta transitoria de un sistema sobreamortiguado

Obsérvese que como $\zeta > 1$, ambos exponentes serán negativos y harán que x sea la suma de dos exponenciales decadentes como se muestra en la figura 15-3. Ésta es la respuesta transitoria del sistema a una perturbación y decae con el tiempo. No hay oscilación en el movimiento de salida. Un ejemplo del sistema sobreamortiguado es el brazo de una tornamesa de un tocadiscos de buena calidad con acción de "apuntamiento". El brazo puede levantarse, soltarse, y lentamente "flotará" hacia abajo hasta el disco. Esto se logra con una gran cantidad de amortiguamiento en el sistema, en el pivote del brazo. El movimiento del brazo sigue una curva de decaimiento exponencial como la de la figura 15-3.

Caso 2: $\zeta = 1$ *críticamente amortiguado*

La solución es de la forma de la ecuación 15.2*j*:

$$x = R_1 e^{-\omega_n t} + R_2 t e^{-\omega_n t} = (R_1 + R_2 t) e^{-\omega_n t} \tag{15.5b}$$

Éste es el producto de una función lineal de tiempo y de una función exponencial decadente y puede adoptar varias formas según los valores de las constantes de integración, R_1 y R_2, que a su vez dependen de las condiciones iniciales. Una respuesta transitoria común podría ser como la de la figura 15-4. Ésta es la respuesta transitoria del sistema a una perturbación, que se reduce con el tiempo. Existe una respuesta rápida, pero sin oscilación en el movimiento de salida. Un ejemplo de sistema críticamente amortiguado es el sistema de suspensión de un moderno auto deportivo en el que el amortiguamiento se aproxima a un valor crítico para tener una respuesta eficiente de manejo vigoroso sin oscilación o lentitud para responder. Un sistema críticamente amortiguado, cuando se perturba, regresará a su posición original sin un rebote. Puede sobrepasarse, pero no oscilará ni será lento.

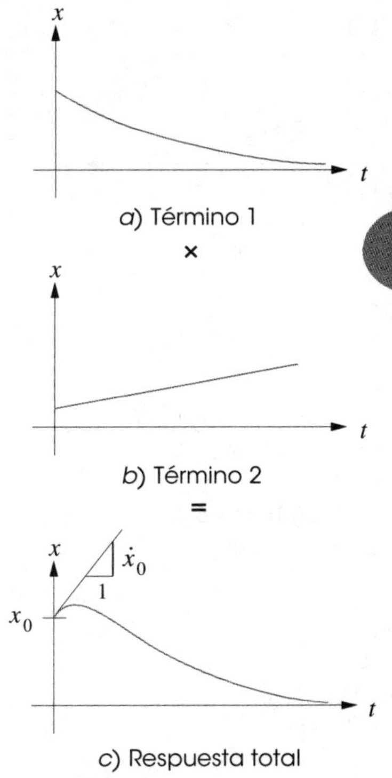

FIGURA 15-4 Respuesta transitoria de un sistema críticamente amortiguado

Caso 3: $\zeta < 1$ *subamortiguado*

La solución es la forma de la ecuación 15.2*h* (p. 530) y s_1 y s_2 son conjugados complejos. La ecuación 15.4*a* se puede volver a escribir en forma más conveniente como:

$$s_{1,2} = \omega_n \left(-\zeta \pm j\sqrt{1 - \zeta^2}\right); \qquad j = \sqrt{-1} \tag{15.5c}$$

15

Al sustituir en la ecuación 15.2*h*:

$$x = R_1 e^{\left(-\zeta + j\sqrt{1-\zeta^2}\right)\omega_n t} + R_2 e^{\left(-\zeta - j\sqrt{1-\zeta^2}\right)\omega_n t}$$

y:

$$y^{a+b} = y^a y^b$$

$$x = R_1\left[e^{-\zeta\omega_n t} e^{\left(j\sqrt{1-\zeta^2}\right)\omega_n t}\right] + R_2\left[e^{-\zeta\omega_n t} e^{\left(-j\sqrt{1-\zeta^2}\right)\omega_n t}\right]$$

factorice:

$$x = e^{-\zeta\omega_n t}\left[R_1 e^{\left(j\sqrt{1-\zeta^2}\right)\omega_n t} + R_2 e^{\left(-j\sqrt{1-\zeta^2}\right)\omega_n t}\right] \tag{15.5d}$$

Se sustituye la identidad Euler de la ecuación 4.4*a* (p. 128):

$$x = e^{-\zeta\omega_n t}\left\{\begin{aligned} &R_1\left[\cos\left(\sqrt{1-\zeta^2}\,\omega_n t\right) + j\,\mathrm{sen}\left(\sqrt{1-\zeta^2}\,\omega_n t\right)\right] \\ &\quad + R_2\left[\cos\left(\sqrt{1-\zeta^2}\,\omega_n t\right) - j\,\mathrm{sen}\left(\sqrt{1-\zeta^2}\,\omega_n t\right)\right]\end{aligned}\right\}$$

y se simplifica: (15.5*e*)

$$x = e^{-\zeta\omega_n t}\left\{(R_1 + R_2)\left[\cos\left(\sqrt{1-\zeta^2}\,\omega_n t\right) + (R_1 - R_2)\,j\,\mathrm{sen}\left(\sqrt{1-\zeta^2}\,\omega_n t\right)\right]\right\}$$

Obsérvese que R_1 y R_2 son constantes que se determinarán de las condiciones iniciales, de modo que su suma y diferencia puedan denotarse como otras constantes:

$$x = e^{-\zeta\omega_n t}\left\{A\left[\cos\left(\sqrt{1-\zeta^2}\,\omega_n t\right) + B\,\mathrm{sen}\left(\sqrt{1-\zeta^2}\,\omega_n t\right)\right]\right\} \tag{15.5f}$$

Se puede expresar esta ecuación en forma polar al definir la magnitud y el ángulo de fase como:

$$X_0 = \sqrt{A^2 + B^2} \qquad \phi = \arctan\frac{B}{A} \tag{15.5g}$$

entonces:

$$x = X_0 e^{-\zeta\omega_n t}\cos\left[\left(\sqrt{1-\zeta^2}\,\omega_n t\right) - \phi\right] \tag{15.5h}$$

Ésta es el producto de una función armónica de tiempo y de una función exponencial decadente donde X_0 y ϕ son las constantes de integración determinadas por las condiciones iniciales.

La figura 15-5 muestra la respuesta transitoria en este **caso subamortiguado**. La respuesta sobrepasa y oscila antes de establecerse finalmente en su posición final. Obsérvese que si la relación de amortiguamiento ζ es cero, la ecuación 15.5*g* se reduce a la ecuación 15.1*g* (p. 529), la cual es armónica pura.

Un ejemplo de sistema subamortiguado es el trampolín, que continúa oscilando después de que el clavadista salta y vuelve a la posición cero. Muchos sistemas reales de maquinaria están subamortiguados, incluso el sistema leva-seguidor típico. Esto a menudo conduce a problemas de vibración. En general, no es buena solución agregar amortiguamiento al sistema, ya que provoca calentamiento y es muy ineficiente en cuanto a energía. Es mejor diseñar el sistema de modo que se evite la vibración.

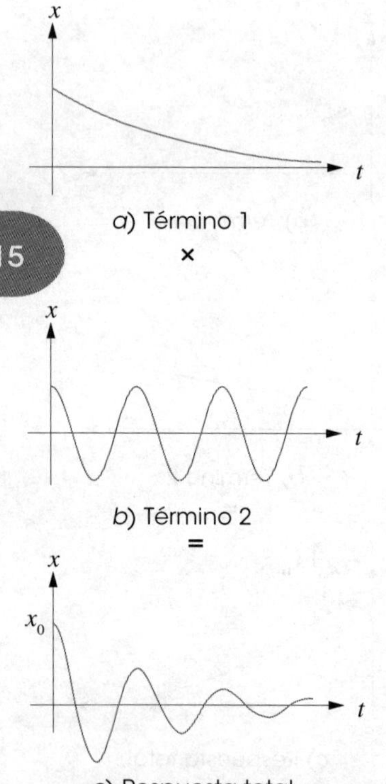

c) Respuesta total

FIGURA 15-5 Respuesta transitoria de un sistema subamortiguado

15

Solución particular A diferencia de la solución homogénea, que siempre es la misma independientemente de la entrada, la solución particular de la ecuación 15.2*b* (p. 529) dependerá de la función forzada $F_c(t)$ aplicada al sistema leva-seguidor desde la leva. En general, el desplazamiento de salida *x* del seguidor será una función de forma similar a la función de entrada, pero se retrasará con respecto a ésta en un cierto ángulo de fase. Es bastante razonable utilizar una función senoidal como un ejemplo puesto que cualquier función periódica puede representarse como una serie de Fourier de términos seno y coseno de frecuencias diferentes (véanse las ecuaciones 13.2, p. 468 y, 13.3, p. 469, y la nota al pie en la p. 469).

Supóngase que la función forzada es:

$$F_c(t) = F_0 \text{ sen } \omega_f t \tag{15.6a}$$

donde F_0 es la amplitud de la fuerza y ω_f es su frecuencia circular. Obsérvese que ω_f no está relacionada con ω_n o con ω_d y puede tener cualquier valor. La ecuación del sistema se convierte entonces en:

$$m\ddot{x} + c\dot{x} + kx = F_0 \text{ sen } \omega_f t \tag{15.6b}$$

La solución debe ser de forma armónica para que concuerde con la función forzada y pueda aplicarse la misma forma de solución utilizada en la solución homogénea.

$$x_f(t) = X_f \text{ sen}\left(\omega_f t - \psi\right) \tag{15.6c}$$

donde:

X_f = amplitud
ψ = ángulo de fase entre la fuerza aplicada y el desplazamiento
ω_f = velocidad angular de la función forzada

Los factores X_f y ψ no son constantes de integración en este caso. Son constantes determinadas por las características físicas del sistema y la frecuencia y magnitud de la función forzada. No tienen ninguna relación con las condiciones iniciales. Para encontrar sus valores, se diferencia dos veces la solución supuesta y se sustituye en la ecuación diferencial ordinaria para obtener:

$$X_f = \frac{F_0}{\sqrt{\left(k - m\omega_f^2\right)^2 + \left(c\omega_f\right)^2}}$$

$$\psi = \arctan\left[\frac{c\omega_f}{\left(k - m\omega_f^2\right)^2}\right] \tag{15.6d}$$

Al sustituir las ecuaciones 15.1*d* (p. 529), 15.2*i* (p. 530) y 15.3*a* (p. 530), y expresarlas en forma adimensional:

$$\frac{X_f}{\dfrac{F_0}{k}} = \frac{1}{\sqrt{\left[1 - \left(\dfrac{\omega_f}{\omega_n}\right)^2\right]^2 + \left(2\zeta\dfrac{\omega_f}{\omega_n}\right)^2}}$$

$$\psi = \arctan\left[\frac{2\zeta\dfrac{\omega_f}{\omega_n}}{1 - \left(\dfrac{\omega_f}{\omega_n}\right)^2}\right] \tag{15.6e}$$

La relación ω_f/ω_y se llama **relación de frecuencia**. Si se divide X_f entre la deflexión estática F_0/k se crea la **relación de amplitud**, que define el desplazamiento dinámico comparado con el estático.

Respuesta completa La solución completa de la ecuación diferencial del sistema con una función forzada senoidal es la suma de las soluciones homogénea y particular:

$$x = X_0 e^{-\zeta\omega_n t} \cos\left[\left(\sqrt{1-\zeta^2}\,\omega_n t\right) - \phi\right] + X_f \text{ sen}\left(\omega_f t - \psi\right) \tag{15.7}$$

El término homogéneo representa la **respuesta transitoria** del sistema que decaerá con el tiempo, pero es reintroducida siempre que el sistema es perturbado de nuevo. El **término particular** representa la **respuesta forzada** o **respuesta de estado estable** a una función forzada senoidal que continuará mientras la función forzada esté presente.

Obsérvese que la solución de esta ecuación, mostrada en las ecuaciones 15.5 (pp. 531-532) y 15.6, depende sólo de dos relaciones, la relación de amortiguamiento ζ, que relaciona el amortiguamiento existente con el amortiguamiento crítico, y la *relación de frecuencia* ω_f/ω_n, que relaciona la frecuencia forzada con la frecuencia natural del sistema. Koster[1] encontró que un valor típico de la relación de amortiguamiento en los sistemas de leva-seguidor es $\zeta = 0.06$, de modo que estén subamortiguados y puedan **resonar** si se ponen a funcionar con relaciones de frecuencia cercanas a 1.

15

Las condiciones iniciales del problema específico se aplican a la ecuación 15.7 para determinar los valores de X_0 y ϕ. Obsérvese que estas constantes de integración están contenidas en la parte homogénea de la solución.

15.2 RESONANCIA

La frecuencia natural (y sus sobretonos) son de gran interés para el diseñador ya que definen las frecuencias a las cuales **resonará** el sistema. Los sistemas con parámetros concentrados de un grado de libertad mostrados en las figuras 15-1 y 15-2 (p. 528) son los más simples para describir un sistema dinámico, aunque contienen todos los elementos dinámicos básicos. Las masas y resortes son elementos almacenadores de energía. Una masa almacena energía cinética y un resorte energía potencial. El amortiguador es un elemento disipador. Utiliza energía y la convierte en calor. Por tanto, todas las pérdidas en el modelo de la figura 15-1 ocurren a través del amortiguador.

Éstos son elementos "puros" idealizados que poseen sólo sus propias características. Es decir, el resorte no tiene amortiguamiento y el amortiguador no tiene elasticidad, etc. Cualquier sistema que contenga más de un dispositivo almacenador de energía, como una masa y un resorte, poseerá por lo menos una frecuencia natural. Si se excita el sistema a su frecuencia natural, se establece la condición de resonancia, en la cual la energía almacenada en los elementos del sistema oscilará de un elemento al otro a esa frecuencia. Como resultado pueden presentarse oscilaciones violentas en los desplazamientos de los elementos móviles del sistema ya que la energía cambia de potencial a cinética y viceversa.

La figura 15-6*a* y *b* muestra la amplitud y el ángulo de fase, respectivamente, de la respuesta de desplazamiento X del sistema a una función forzada senoidal de entrada a varias frecuencias ω_f. La frecuencia forzada ω_f es la velocidad angular de la leva. Estas curvas normalizan la frecuencia forzada como una relación de frecuencia ω_f/ω_n. La amplitud X se normaliza al dividir la deflexión dinámica x entre la deflexión estática F_0/k que tiene la misma amplitud de fuerza creada en el sistema. Por tanto, a una frecuencia cero, la salida es uno, igual a la deflexión estática del resorte a la amplitud de la fuerza de entrada. Conforme se incrementa la frecuencia de la fuerza hacia la frecuencia natural ω_n, la amplitud del movimiento de salida, para amortiguamiento cero, se incrementa rápidamente y se vuelve teóricamente infinita cuando $\omega_f = \omega_n$. Más allá de este punto, la amplitud disminuye rápida y asintóticamente hacia cero a altas relaciones de frecuencia.

Los efectos de la relación de amortiguamiento ζ se observan mejor en la figura 15-6*c*, que muestra un curva 3-D de amplitud de vibración forzada como una función tanto de la relación de frecuencia ω_f/ω_n como de la relación de amortiguamiento ζ. La adición de amortiguamiento reduce la amplitud de la vibración a la frecuencia natural, pero se requieren relaciones de amortiguamiento altos para mantener la amplitud de salida menor que o igual a la amplitud de entrada. Con aproximadamente 50 a 60% de amortiguamiento crítico se eliminará el pico de reso-

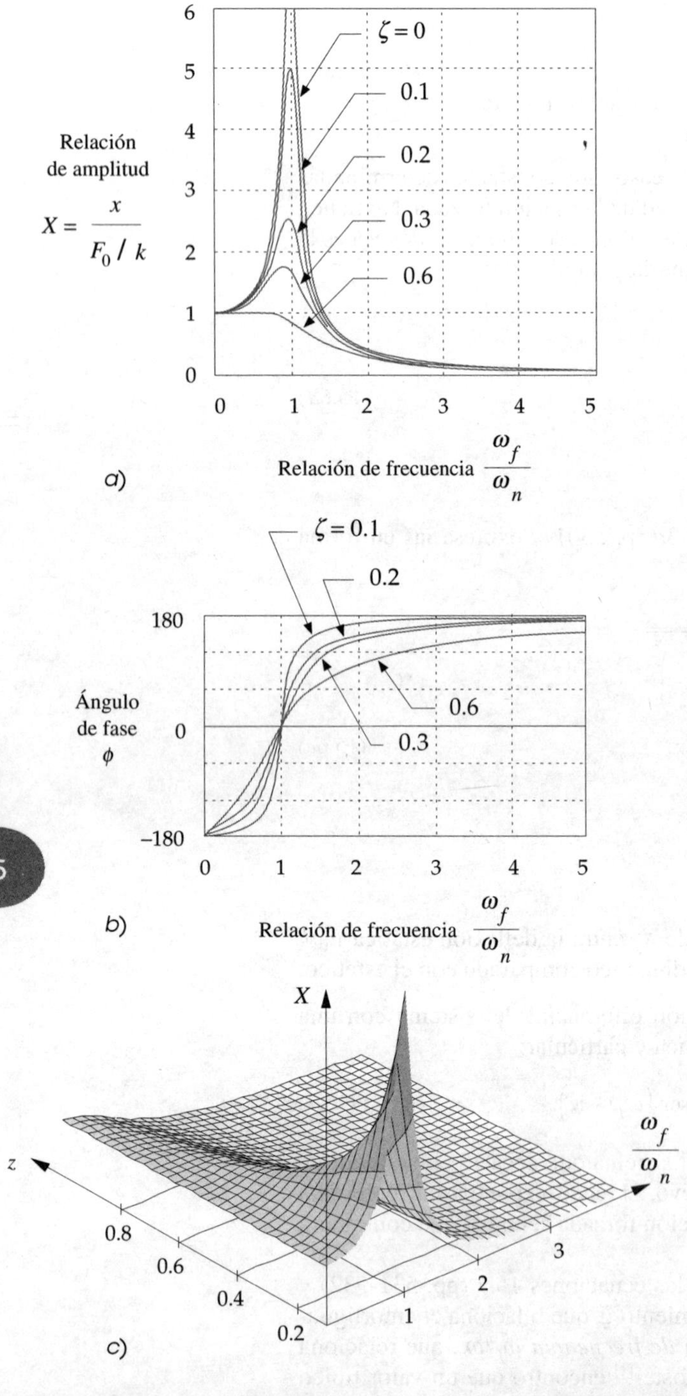

FIGURA 15-6 Relación de amplitud y ángulo de fase de la respuesta de un sistema

nancia. No obstante, la mayoría de los sistemas leva-seguidor tienen relaciones de amortiguamiento menores de 10% de la crítica. Con esos niveles de amortiguamiento, la respuesta con resonancia es aproximadamente cinco veces la respuesta estática. Esto creará esfuerzos insostenibles en la mayoría de los sistemas si se permite que ocurran.

Debe evitarse impulsar este sistema a casi su frecuencia natural. El resultado de la operación de un sistema leva-seguidor subamortiguado a casi ω_n puede ser un **salto del seguidor**. El sistema de seguidor de masa y resorte del seguidor puede oscilar violentamente a su frecuencia natural y perder el contacto con la leva. Cuando se restablece el contacto, puede ocurrir con cargas de impacto severas que pueden provocar fallas en los materiales.

El diseñador tiene cierto grado de control sobre la resonancia, y puede ajustar la masa m del sistema y la rigidez k para alejar su frecuencia natural de cualesquiera frecuencias de operación requeridas. Una regla empírica común es diseñar el sistema para que tenga una frecuencia natural fundamental ω_n de por lo menos diez veces la frecuencia forzada más alta esperada en el servicio para mantener su operación por debajo del punto de resonancia. Esto a menudo es difícil de lograr con sistemas mecánicos. No obstante, se puede lograr la relación ω_n/ω_f más alta posible. Es importante adherirse a la ley fundamental del diseño de levas y utilizar programas de levas con sacudimiento finito para reducir las vibraciones en el sistema seguidor.

Un poco de razonamiento y análisis de la ecuación 15.1*d* (p. 529) demostrará que se requiere que los miembros del sistema sean tanto ligeros (baja *m*) como rígidos (alta *k*) para obtener valores altos de ω_n y en consecuencia valores bajos de τ. No obstante, los materiales más ligeros no siempre son los más rígidos. El aluminio pesa un tercio del peso del acero, pero su rigidez también es un tercio de la del acero. El titanio pesa aproximadamente la mitad del acero, pero su rigidez es aproximadamente la mitad de la del acero. Algunos de los materiales compuestos sintéticos, como la fibra de carbón/epoxy, ofrecen mejores relaciones de rigidez a peso, pero su costo es elevado y su procesamiento es difícil. ¡Otro trabajo para el *Unobtainium 208*!

Obsérvese en la figura 15-6 que la amplitud de vibración con relaciones de frecuencia grandes tiende a cero. Por tanto, si se puede lograr que el sistema adquiera velocidad hasta el punto de resonancia sin daños y luego se mantenga funcionando a una relación de frecuencia grande, la vibración será mínima. Un ejemplo de sistemas diseñados para funcionar de esta manera son los grandes dispositivos que deben funcionar a altas velocidades, como los generadores de energía eléctrica. Su gran masa crea una frecuencia natural más baja que sus velocidades de operación requeridas. Son "acelerados" tan rápido como sea posible hasta la región de resonancia para evitar daños producidos por sus vibraciones y "desacelerados" con rapidez a través de la región de resonancia cuando se detienen. También ofrecen la ventaja de largos ciclos de operación a velocidad constante en la región de frecuencia segura entre arranques y paradas poco frecuentes.

15.3 ANÁLISIS DE FUERZAS CINETOSTÁTICAS DEL SISTEMA SEGUIDOR-LEVA CON CIERRE DE FUERZA

Las secciones previas introdujeron el **análisis dinámico directo** y la solución a la ecuación diferencial de movimiento del sistema (ecuación 15.2*b*, p. 529). Se considera que la fuerza aplicada $F_c(t)$ es conocida, y la ecuación del sistema se resuelve para el desplazamiento resultante x con el cual también se pueden determinar sus derivadas. El método de **dinámica inversa** o **cinetostática** proporciona una forma rápida de determinar cuánta fuerza de resorte se requiere para mantener el seguidor en contacto con la leva a una velocidad de diseño seleccionada. El desplazamiento y sus derivadas se definen a partir del diseño cinemático de la leva con base en una velocidad angular ω constante supuesta de la leva. La ecuación 15.2*b* se resuelve algebraicamente para la fuerza $F_c(t)$ en un sistema de leva y seguidor cargado con resorte, que provee los valores para la masa m, la constante del resorte k, la precarga F_{pl} y el factor de amortiguamiento c, además de las funciones de desplazamiento, velocidad y aceleración.

La figura 15-1*a* (p. 527) muestra una simple leva de placa o disco impulsado a un resorte cargado, seguidor de rodillo. Éste es un sistema con cierre de fuerza que depende de la fuerza del resorte que permite el contacto entre la leva y el seguidor en todo momento. La figura 15-1*b* muestra un modelo con parámetros concentrados de este sistema en el cual toda la **masa** que se mueve con el tren seguidor está concentrada como m, toda la elasticidad del sistema está concentrada en la **constante de resorte** k, y todo el **amortiguamiento** o resistencia al movimiento está concentrado como un amortiguador con coeficiente c.

El diseñador dispone de un grado de control sobre la constante de resorte del sistema k_{eff}, ya que tiende a ser dominada por la k_s de resorte de restauración física. Las elasticidades de las partes del seguidor también contribuyen a la k_{eff} global del sistema, pero generalmente son mucho más rígidas que el resorte físico. Si la rigidez del seguidor está en serie con el resorte de retorno, como ocurre con frecuencia, las ecuaciones 10.19 (p. 384) muestran que el resorte menos rígido en serie dominará la constante de resorte efectiva. Así, dicho resorte determinará virtualmente la k global a menos que algunas partes del tren de seguidor tengan, de manera similar, baja rigidez.

El diseñador elegirá o diseñará el resorte de retorno y por tanto se puede especificar tanto su k como la cantidad de deflexión por precarga x_0 que será introducida en el ensamble. La precarga de un resorte ocurre cuando se comprime (o se estira, si es un resorte de extensión) a partir de su *longitud libre* hasta su longitud ensamblada inicial. Ésta es una situación necesaria y deseable porque se requiere una fuerza residual en el seguidor, incluso cuando la leva se encuentra en su desplazamiento más bajo. Esto ayudará a mantener un buen contacto entre la leva y el seguidor en todo momento. Esta precarga del resorte $F_{pl} = kx_0$ agrega un término constante a la ecuación 15.2*b*, que será:

$$F_c(t) = m\ddot{x} + c\dot{x} + kx + F_{pl} \tag{15.8a}$$

o:

$$F_c(t) = m\ddot{x} + c\dot{x} + k(x + x_0) \tag{15.8b}$$

El valor de m se determina a partir de la masa efectiva del sistema como concentrada en el modelo de un grado de libertad de la figura 15-1 (p. 527). El valor de c de la mayoría de los sistemas leva-seguidor puede estimarse como una primera aproximación en 0.05 a 0.10 del amortiguamiento crítico c_c definida en la ecuación 15.2*i* (p. 530). Koster[1] encontró que un valor típico de la relación de amortiguamiento en sistemas leva-seguidor es $\zeta = 0.06$.

El cálculo del amortiguamiento c basado en un valor supuesto de ζ requiere especificar un valor para la k del sistema global y para su masa efectiva. La elección de k afectará tanto la frecuencia natural del sistema con una masa dada como la fuerza disponible para mantener cerrada la junta. Es probable que se requiera alguna iteración para determinar un buen compromiso. El apéndice D incluye una selección de datos de resortes helicoidales comercialmente disponibles. Obsérvese en la ecuación 15.8 que los términos que implican aceleración y velocidad pueden ser positivos o negativos. Los términos que implican los parámetros de resorte k y F_{pl} son los únicos que siempre son positivos. Por tanto, para mantener la función global siempre positiva se requiere que los términos de fuerza del resorte sean suficientemente grandes para contrarrestar cualesquiera valores negativos en los otros términos. En general, la aceleración es numéricamente mayor que la velocidad, así que la aceleración negativa es la causa principal de una fuerza negativa F_c.

El interés principal en este análisis es mantener la fuerza de la leva siempre positiva como la dirección está definida en la figura 15-1. La fuerza de la leva se muestra como positiva en esa figura. En un sistema con cierre de fuerza la leva sólo puede empujar el seguidor. No puede jalarla. El resorte del seguidor debe proporcionar la fuerza necesaria para mantener la junta cerrada durante los lapsos de aceleración negativa del movimiento del seguidor. La fuerza de amortiguamiento también puede contribuir, pero el resorte debe suministrar la mayor parte de la fuerza para mantener el contacto entre la leva y el seguidor. Si la fuerza F_c se vuelve negativa en cualquier momento del ciclo, el seguidor y la leva se separarán; a esta condición se le llama **salto del seguidor**. Cuando se encuentran de nuevo, lo harán con grandes y potencialmente dañinas fuerzas de impacto. El salto del seguidor, si lo hay, ocurrirá cerca del punto de máxima aceleración negativa. Por tanto, debe seleccionarse la constante de resorte y la precarga para garantizar una fuerza positiva en todos los puntos del ciclo. En aplicaciones de levas de válvulas de motor automotriz, el salto del seguidor también se llama *flotación de válvula*, porque la válvula (seguidor) "flota" sobre la leva, e impacta periódicamente contra la superficie. Esto ocurrirá si las rpm de la leva se incrementan al punto en que la aceleración negativa mayor hace negativa a la fuerza del seguidor. Las rpm del motor máximas registradas por un tacómetro a menudo advierten de la inminente flotación de la válvula sobre esa velocidad, lo que dañaría la leva y el seguidor.

El programa DYNACAM permite que la iteración de la ecuación 15.8 sea realizada con rapidez para cualquier leva cuya cinemática haya sido definida en ese programa. El botón *Dynamics* del programa resolverá la ecuación 15.8 con todos los valores del ángulo de árbol de levas y las funciones de desplazamiento, velocidad y aceleración previamente calculadas para ese diseño de leva en el programa. El programa requiere los valores para la masa efectiva del sistema m, la constante efectiva de resorte k, la precarga F_{pl} y el valor supuesto de la relación de amortiguamiento ζ. Estos

15

valores deben determinarse por el diseñador para el modelo por medio de los métodos descritos en las secciones 10.11 (p. 380) y 10.12 (p. 382). La fuerza calculada en la cara de contacto entre leva y seguidor puede graficarse o registrar sus valores en forma de tabla. La frecuencia natural del sistema también se reporta cuando se imprimen los datos de fuerza tabulados.

EJEMPLO 15-1 Análisis de fuerzas cinetostáticas de un sistema leva-seguidor con cierre de fuerza (resorte cargado).

Dado: Un seguidor de rodillo trasladante, como el mostrado en la figura 15-1 (p. 527), es impulsado por una leva de disco radial con cierre de fuerza cuyo programa es el siguiente:

Segmento 1: Subida de 1 pulg en 50° con aceleración seno modificada
Segmento 2: Detenimiento durante 40°
Segmento 3: Bajada de 1 pulg en 50° con desplazamiento cicloidal
Segmento 4: Detenimiento durante 40°
Segmento 5: Subida de 1 pulg en 50° con desplazamiento polinomial 3-4-5
Segmento 6: Detenimiento durante 40°
Segmento 7: Bajada de 1 pulg en 50° con desplazamiento polinomial 4-5-6-7
Segmento 8: Detenimiento durante 40°
La velocidad angular del árbol de levas es de 18.85 rad/s.
La masa efectiva del seguidor es de 0.0738 pulg-lb-s^2 (blob).
El amortiguamiento crítico es 15% ($\zeta = 0.15$).

Problema: Calcule la constante y la precarga del resorte necesarias para mantener el contacto entre la leva y el seguidor así como la función de fuerza dinámica de la leva. Determine la frecuencia natural del sistema con el resorte seleccionado. Mantenga el ángulo de presión por debajo de 30°.

Solución:

1 Obtenga los datos cinemáticos (desplazamiento, velocidad, aceleración y rapidez de aceleración del seguidor) para determinar las funciones de leva especificadas. La aceleración de esta leva se muestra en la figura 15-7 y tiene un valor máximo de 3 504 pulg/s^2. Véase el capítulo 8 para revisar este procedimiento.

2 Determine el ángulo de presión y el radio de curvatura con valores de prueba del radio del círculo primario, y dimensione la leva para controlar estos valores. La figura 15-8 (p. 538) muestra la función del ángulo de presión, y la figura 15-9 (p. 538), los radios de curvatura de esta leva con un radio de círculo primario de 4 pulg y excentricidad cero. El ángulo de presión máximo es de 29.2° y el radio mínimo de curvatura de 1.7 pulg. La figura 8-51 (p. 309) muestra el perfil de la leva terminada. Véase el capítulo 8 para revisar estos cálculos.

3 Con la cinemática de la leva definida, puede abordarse su dinámica. Para resolver la ecuación 15.8 (p. 536) para la fuerza de la leva, se deben suponer valores para la constante k y la precarga F_{pl} del resorte. El valor de c puede calcularse con la ecuación 15.3*a* (p. 530) con la masa m, el factor de amortiguamiento ζ y la k supuesta. Los parámetros cinemáticos son conocidos.

Número de segmento	Función usada	Ángulo inicial	Ángulo final	Ángulo delta
1	Subida seno modificada	0	50	50
2	Detenimiento	50	90	40
3	Bajada cicloidal	90	140	50
4	Detenimiento	140	180	40
5	Subida polinomial 345	180	230	50
6	Detenimiento	230	270	40
7	Bajada polinomial 4 567	270	320	50
8	Detenimiento	320	360	40

a) Especificaciones para el programa de leva

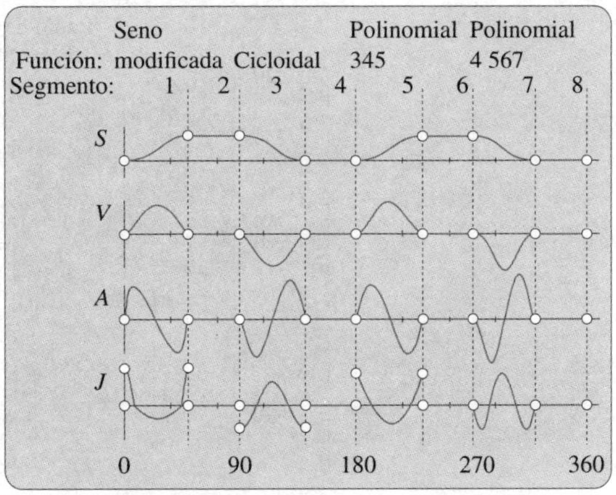

b) Curvas de diagramas *S V A J* de leva-seguidor

FIGURA 15-7 Diagramas *S V A J* para los ejemplos 15-1 y 15-2 (p. 540)

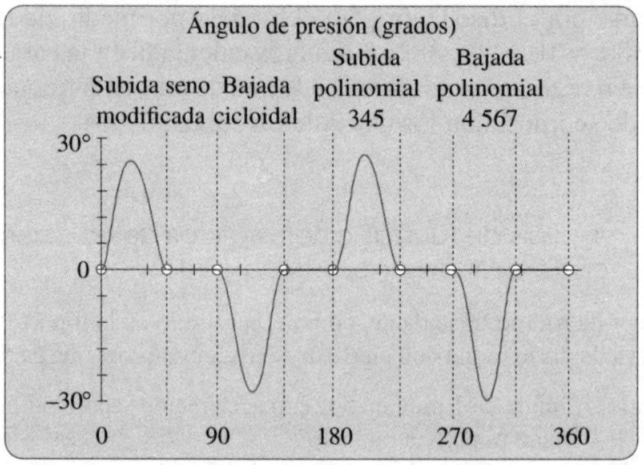

FIGURA 15-8 Curva del ángulo de presión para los ejemplos 15-1 y 15-2 (p. 540)

4 El programa DYNACAM desarrolla este cálculo. La fuerza dinámica que resulta con una k de 150 lb/pulg y una precarga de 75 lb supuestas se muestra en la figura 15-10*a* (p. 539). El coeficiente de amortiguamiento es de $c = 0.998$. Obsérvese que la fuerza cae por debajo del eje cero en dos lugares durante la aceleración negativa. Éstos son lugares de salto del seguidor. El seguidor perdió el contacto con la leva durante la bajada porque la fuerza del resorte no es suficiente para mantener el seguidor en contacto con la leva que decrece rápidamente. El archivo E15-01.cam del programa DYNACAM proporciona la k y F_{pl} especificadas para analizar este ejemplo. Se requiere otra iteración para mejorar el diseño.

5 La figura 15-10*b* muestra la fuerza dinámica para la misma leva con una constante de resorte $k = 200$ lb/pulg y una precarga de 150 lb. El coeficiente de amortiguamiento $c = 1.153$. Esta fuerza adicional levantó lo suficiente la función para mantenerla positiva en todas partes. En este caso no hay salto del seguidor. La fuerza máxima durante el ciclo es de 400.4 lb. Se dejó un margen de seguridad manteniendo la fuerza mínima cómodamente sobre la línea cero a 36.9 lb. Resuelva el ejemplo 5 con el programa y proporcione los valores de constante y precarga de resorte en este ejemplo.

6 La frecuencia natural fundamental, tanto subamortiguada como amortiguada, puede obtenerse para el sistema con las ecuaciones 15.1*d* (p. 529) y 15.3*c* (p. 531):

$$\omega_n = 52.06 \text{ rad/s}; \qquad \omega_d = 51.98 \text{ rad/s}$$

15.4 ANÁLISIS DE FUERZAS CINETOSTÁTICAS DEL SISTEMA DE LEVA-SEGUIDOR CON CIERRE DE FORMA

15

La sección 8.1 describió dos tipos de cierre de junta utilizados en sistemas leva-seguidor, **cierre de fuerza** y **cierre de forma**. El cierre de fuerza utiliza una junta abierta y requiere un resorte u otra

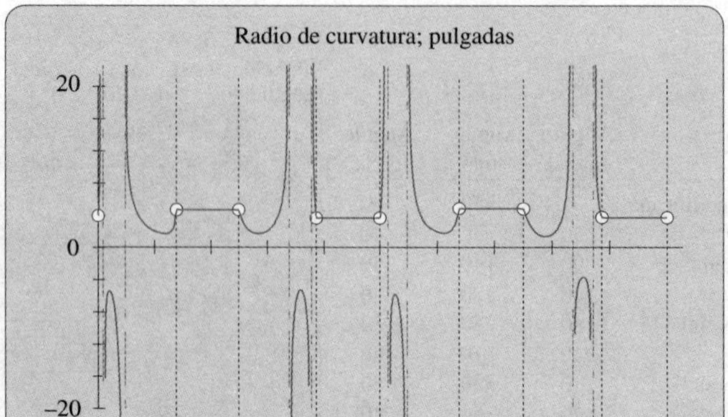

FIGURA 15-9 Radio de curvatura de una leva de doble detenimiento para los ejemplos 15-1 y 15-2 (p. 540)

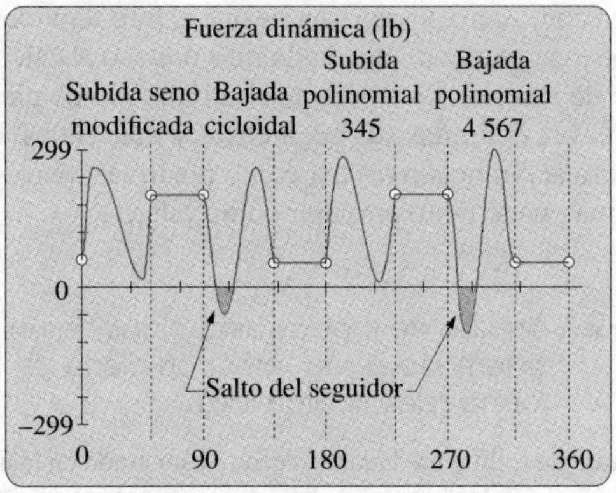

a) La fuerza insuficiente del resorte permite que salte el seguidor

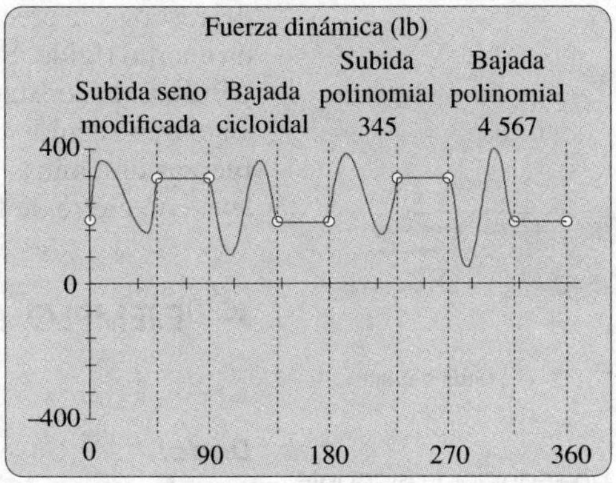

b) La fuerza suficiente del resorte mantiene positiva la fuerza dinámica

FIGURA 15-10 Fuerzas dinámicas en un sistema de leva-seguidor con cierre de fuerza

fuente de fuerza para mantener el contacto entre los elementos. El cierre de forma proporciona una restricción geométrica en la junta, tal como la leva de ranura mostrada en la figura 15.11*a* (p. 540) o las levas conjugadas de la figura 15.11*b*. No se requiere resorte para mantener el seguidor en contacto con estas levas. El seguidor funcionará en contacto con un lado o el otro de la ranura o par conjugado como sea necesario para proporcionar tanto fuerzas positivas como negativas. Como no existe resorte en este sistema, la ecuación de fuerza dinámica 15.8 (p. 536) se simplifica a:

$$F_c(t) = m\ddot{x} + c\dot{x} \tag{15.9}$$

Obsérvese que ahora sólo hay un elemento almacenador de energía en el sistema (la masa), de modo que, en teoría, no es posible la resonancia. Tampoco hay frecuencia natural para que resuene a ella. Ésta es la ventaja principal del sistema con cierre de forma sobre uno con cierre de fuerza. No ocurrirá salto del seguidor, ni fallas completas de las piezas, no importa cuán rápido funcione el sistema. Esta disposición se utiliza en ocasiones en trenes de válvulas de motores de carreras para permitir mayores velocidades máximas sin flotación de válvulas. En los trenes de válvulas de motor, un tren de válvulas con sistema leva-seguidor con cierre de forma se conoce como sistema *desmodrómico*.

Como sucede con cualquier diseño, existen cambios. Si bien el sistema con cierre de forma permite velocidades de operación más altas que un sistema con cierre de fuerza comparable, no está libre de todos los problemas de vibración. Aunque en el sistema no existe un resorte físico de retorno, el tren del seguidor, el árbol de levas y todas las demás piezas aún tienen sus propias constantes de resorte que cambian abruptamente de un lado de la ranura, de la leva al otro. No puede haber una holgura cero entre el seguidor de rodillo y la ranura, y aún así mantenerlos operando. Aun si la holgura es muy pequeña, habrá la oportunidad de que el seguidor desarrolle cierta velocidad en su corto viaje por la ranura e impactará el otro lado. Las levas de pista del tipo mostrado en la figura 15.11*a* fallan en los puntos donde la aceleración cambia de signo debido a los diversos ciclos de impacto transversal. Obsérvese también que el seguidor de rodillo tiene que cambiar de dirección cada vez que se cruza al otro lado de la ranura. Esto provoca un deslizamiento significativo del seguidor y un excesivo desgaste en el seguidor comparado con la leva con cierre de fuerza, donde el seguidor tendrá menos de 1% de deslizamiento.

Como no existen dos superficies de leva que maquinar y la pista o ranura de la leva debe ajustarse o rectificarse con alta precisión para controlar la holgura, las levas con cierre de forma son más costosas que las de cierre de fuerza. Las levas de pista en general deben rectificarse después de su tratamiento térmico para corregir la distorsión de la ranura resultante de las altas temperaturas. El rectificado con esmeril aumenta el costo significativamente. Muchas levas con cierre de fuerza no son rectificadas después del tratamiento térmico y se utilizan como salen de la fresa. Aun cuando el método de levas conjugadas evita la tolerancia en la ranura y los problemas de distorsión provocados por el tratamiento térmico, aún existen dos superficies de leva coincidentes por fabricar para cada leva. Por tanto, las ventajas dinámicas de la leva desmodrómica se obtienen a un costo significativo.

A continuación se repite el diseño de leva del ejemplo 15-1 (p. 537), modificado para operación desmodrómica, lo cual se facilita con el programa DYACAM al especificar los valores de la constante

15

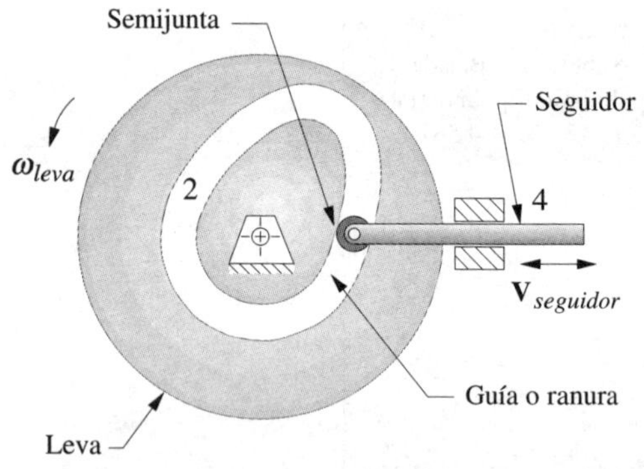

a) Leva con cierre de forma con seguidor trasladante

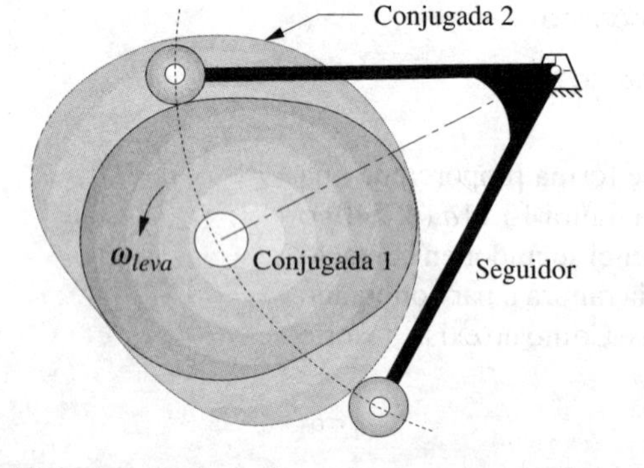

b) Levas conjugadas sobre un eje común

FIGURA 15-11 Sistemas de leva-seguidor con cierre de forma

del resorte y la precarga como cero, lo que supone que el tren seguidor es un cuerpo rígido. Se puede obtener un resultado más preciso al calcular y utilizar la constante de resorte efectiva de la combinación de piezas en el tren seguidor, una vez definidas sus geometrías y materiales. Las fuerzas dinámicas ahora serán negativas así como positivas, pero una leva con cierre de forma puede tanto empujar como jalar.

EJEMPLO 15-2 Análisis de fuerzas dinámicas de un sistema leva-seguidor con cierre de forma (desmodrómico).

Dado: Un seguidor de rodillo trasladante, como el mostrado en la figura 15-11*a*, es impulsado por una leva de disco radial con cierre de forma cuyo programa es el siguiente:

Segmento 1: Subida de 1 pulg en 50° con aceleración seno modificada
Segmento 2: Detenimiento durante 40°
Segmento 3: Bajada de 1 pulg en 50° con desplazamiento cicloidal
Segmento 4: Detenimiento durante 40°
Segmento 5: Subida de 1 pulg en 50° con desplazamiento polinomial 3-4-5
Segmento 6: Detenimiento durante 40°
Segmento 7: Bajada de 1 pulg en 50° con desplazamiento polinomial 4-5-6-7
Segmento 8: Detenimiento durante 40°
La velocidad angular del árbol de levas es de 18.85 rad/s
La masa efectiva del seguidor es de 0.0738 pulg-lb-s^2 (blob).
El amortiguamiento crítico es de 15% ($\zeta = 0.15$).

Problema: Calcular la función de fuerza dinámica para la leva. Manténgase el ángulo de presión por debajo de 30°.

Solución:

1 Obtenga los datos cinemáticos (desplazamiento, velocidad, aceleración y rapidez de aceleración del seguidor) para determinar las funciones de leva especificadas. La aceleración de esta leva se muestra en la figura 15-7 (p. 537) y tiene un valor máximo de 3 504 pulg/s^2. Véase el capítulo 8 para revisar este procedimiento.

2 Determine el ángulo de presión y el radio de curvatura para valores de prueba del radio del círculo primario, y dimensione la leva para controlar estos valores. La figura 15-8 (p. 538) muestra la función del ángulo de presión, y la figura 15-9 (p. 538), los radios de curvatura de esta leva con un radio de círculo primario de 4 pulg y excentricidad cero. El ángulo de presión máximo es de 29.2°, y el radio de curvatura mínimo, de 1.7 pulg. (La figura 8-51 (p. 309) muestra el perfil de la leva terminada.) Véase el capítulo 8 para comprobar estos cálculos.

3 Con la cinemática de la leva definida es posible abordar su dinámica. Para resolver la ecuación 15.9 (p. 539) para la fuerza de la leva, se suponen valores de cero para la constante del resorte k y la precarga F_{pl}. Supóngase que el valor de c es el mismo del ejemplo 15-1 (p. 537), 1.153. Los parámetros cinemáticos son conocidos.

4 El programa DYNACAM puede realizar este cálculo. La fuerza dinámica resultante se muestra en la figura 15-12. Obsérvese que la fuerza ahora es casi simétrica con respecto al eje y su valor pico absoluto es de 289 lb. El impacto transversal ocurre cada vez que la fuerza del seguidor cambia de signo. El archivo E15-02.cam del programa DYNACAM analiza este ejemplo.

Compárense las curvas de fuerza dinámica para el sistema cerrado por fuerza (figura 15-10*b*, p. 539) y el sistema con cierre de forma (figura 15-12). La magnitud de la fuerza pico absoluta entre los lados de la guía en la leva con cierre de forma es menor que en la de resorte cargado. Esto muestra la inconveniencia del resorte en el sistema para mantener la junta cerrada. Por tanto, en cualquier lado de la ranura de la leva experimentará esfuerzos menores que la leva abierta, excepto en las áreas de impacto transversal mencionadas en la p. 539.

15

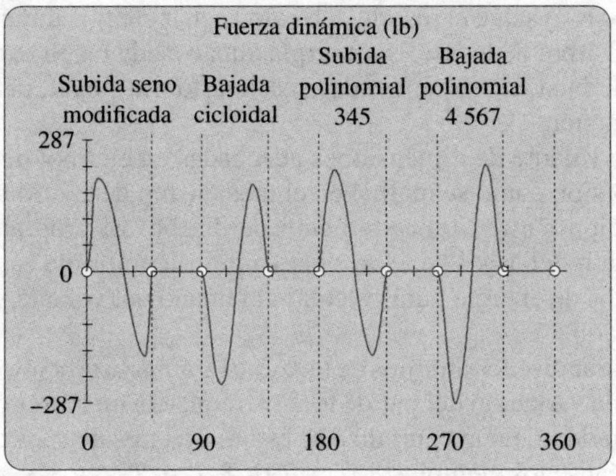

FIGURA 15-12 Fuerza dinámica en un sistema de leva-seguidor con cierre de forma

15.5 PAR DE TORSIÓN CINETOSTÁTICO EN UN ÁRBOL DE LEVAS

El análisis cinetostático supone que el árbol de levas operará a una velocidad constante ω. Como se vio en el caso del mecanismo de cuatro barras del capítulo 11 y con el mecanismo de manivela-corredera del capítulo 13, el par de torsión de entrada varía durante el ciclo si la velocidad del eje se mantiene constante. El par de torsión es fácil de calcular con la relación de potencia, sin tener en cuenta las pérdidas.

$$\text{Potencia de entrada} = \text{Potencia de salida}$$

$$T_c\omega = F_c v$$

$$T_c = \frac{F_c v}{\omega} \tag{15.10}$$

Una vez calculada la fuerza de la leva, con la ecuación 15.8 (p. 536) o la ecuación 15.9 (p. 539), el par de torsión T_c se encuentra fácilmente puesto que se conocen la velocidad del seguidor V y la del árbol de levas ω. La figura 15-13*a* muestra el par de torsión de entrada requerido por el árbol de levas necesario para impulsar la leva con cierre de fuerza diseñada en el ejemplo 15-1 (p. 537). La figura 15-13*b* muestra el par de torsión de entrada al árbol de levas necesario para impulsar la leva con cierre de forma diseñada en el ejemplo 15-2 (p. 540). Obsérvese que el par de torsión requerido para impulsar el sistema con cierre de fuerza (de resorte cargado) es significativamente mayor que el requerido para impulsar la leva con cierre de forma (de guía). La fuerza del resorte también impone

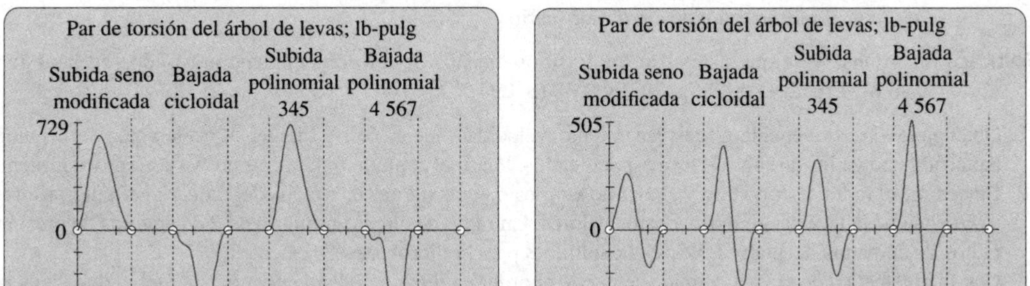

a) Sistema leva-seguidor con cierre de fuerza (de resorte)

b) Sistema leva-seguidor con cierre de forma (desmodrómico)

FIGURA 15-13 Par de torsión de entrada en sistemas de leva-seguidor con cierre de fuerza y de forma una penalización en este caso ya que el resorte debe almacenar energía durante las porciones de elevación, lo que desacelera el árbol de levas. Esta energía almacenada luego se devuelve al árbol de levas durante los segmentos de bajada, lo que tiende a acelerarlo. La fuerza del resorte provoca grandes oscilaciones del par de torsión.

Se puede utilizar un volante de dimensiones adecuadas en el árbol de levas para suavizar estas variaciones del par de torsión como se realizó en el mecanismo de cuatro barras en la sección 11.11 (p. 605). Véase esa sección para el procedimiento de diseño. El programa DYNACAM integra las funciones de par de torsión del árbol de levas pulso a pulso e imprime esas áreas en la pantalla. Se pueden utilizar estos datos de energía para calcular el tamaño del volante para cualquier coeficiente de fluctuación seleccionado.

Una forma de comparar diseños alternos de leva es examinar la función de par de torsión y la fuerza dinámica. Una pequeña variación del par de torsión requerirá un motor o un volante más pequeño y funcionará con más suavidad. En el capítulo 8 se estudiaron tres diseños diferentes de una leva con un solo detenimiento (véanse los ejemplos 8-6, p. 291, 8-7, p. 292, y 8-8, p. 293). Todos tuvieron la misma elevación y duración, pero utilizaron diferentes funciones de leva: una armónica doble, una cicloidal y otra un polinomio de sexto grado. Con base en los resultados cinemáticos, sobre todo la magnitud de la aceleración, se concluye que el diseño polinomial fue superior. A continuación se considera de nuevo esta leva como ejemplo y se comparará su fuerza y par de torsión dinámicos entre los mismos tres programas.

EJEMPLO 15-3 Comparación de fuerzas y pares de torsión dinámicos entre tres diseños alternos de la misma leva.

Dado: El seguidor de rodillo trasladante mostrado en la figura 15-1 (p. 527) es impulsado por una leva de disco radial con cierre de fuerza cuyo programa es el siguiente:

Diseño 1

Segmento 1: Subida de 1 pulg en 90°, desplazamiento armónico doble
Segmento 2: Bajada de 1 pulg en 90°, desplazamiento armónico doble
Segmento 3: Detenimiento durante 180°

Diseño 2:

Segmento 1: Subida de 1 pulg en 90°, desplazamiento cicloidal
Segmento 2: Bajada de 1 pulg en 90°, desplazamiento cicloidal
Segmento 3: Detenimiento durante 180°

Diseño 3:

Segmento 1: Subida de 1 pulg en 90° y bajada de 1 pulg en 90° con desplazamiento polinomial. (Un solo polinomio puede crear tanto la subida como la bajada.)
Segmento 2: Detenimiento durante 180°

La velocidad angular del árbol de levas es de 15 rad/s. La masa efectiva del seguidor es de 0.0738 pulg-lb-s^2 (blob). El amortiguamiento crítico es de 15% ($\zeta = 0.15$).

Encuentre: Las funciones de par de torsión y fuerzas dinámicas para la leva. Compare sus magnitudes pico con el mismo radio de círculo primario.

Solución: Obsérvese que éstos son los mismos diseños de leva cinemáticos mostrados en las figuras 8-27 (p. 291), 8-28 (p. 292) y 8-30 (p. 294)

1 Obtenga los datos cinemáticos (desplazamiento, velocidad, aceleración y rapidez de aceleración del seguidor) para cada uno de los diseños de leva especificados. Véase el capítulo 8 para comprobar este procedimiento.

2 Determine el radio de curvatura y el ángulo de presión con valores de prueba del radio del círculo primario, y dimensione la leva para controlar estos valores. Un radio de círculo primario de 3 da ángulos de presión y radios de curvatura aceptables. Véase el capítulo 8 para comprobar estos cálculos.

3 Con la cinemática de la leva definida se puede abordar su dinámica. Para encontrar la fuerza de la leva con la ecuación 15.1*a* (p. 528), se supondrá un valor de 50 lb/pulg para la constante de resorte *k*, ajustando la precarga F_{pl} en cada diseño para obtener una fuerza dinámica menor de 10 lb. Para el diseño 1 se requiere una precarga aplicada por el resorte de 28 lb; para el diseño 2, 15 lb, y para el 3, 10 lb.

4 El valor del amortiguamiento *c* se calcula con la ecuación 15.2*i* (p. 530). Los parámetros cinemáticos *x*, *v* y *a* son los mismos del análisis anterior.

5 El programa DYNACAM puede realizar estos cálculos. Las fuerzas dinámicas resultantes con cada diseño se muestran en la figura 15-14 (p. 243) y los pares de torsión en la figura 15-15 (p. 243). Obsérvese que la fuerza es más grande para el diseño 1 de 82 lb pico y menor para el diseño 3 de 53 lb pico. Suce-

de lo mismo con los pares de torsión que oscilan desde 96 lb-pulg para el diseño 1 hasta 52 lb-pulg para el diseño 3. Éstos representan reducciones de 35 y 46% de la carga dinámica provocadas por un cambio del diseño cinemático. No es de sorprender que el diseño del polinomio de sexto grado que tuvo la aceleración más baja también tenga las fuerzas y pares de torsión más bajos y constituya la mejor opción. Los archivos E08-06.cam, E08-07.cam y E08.08.cam del programa DYNACAM analizan estos casos.

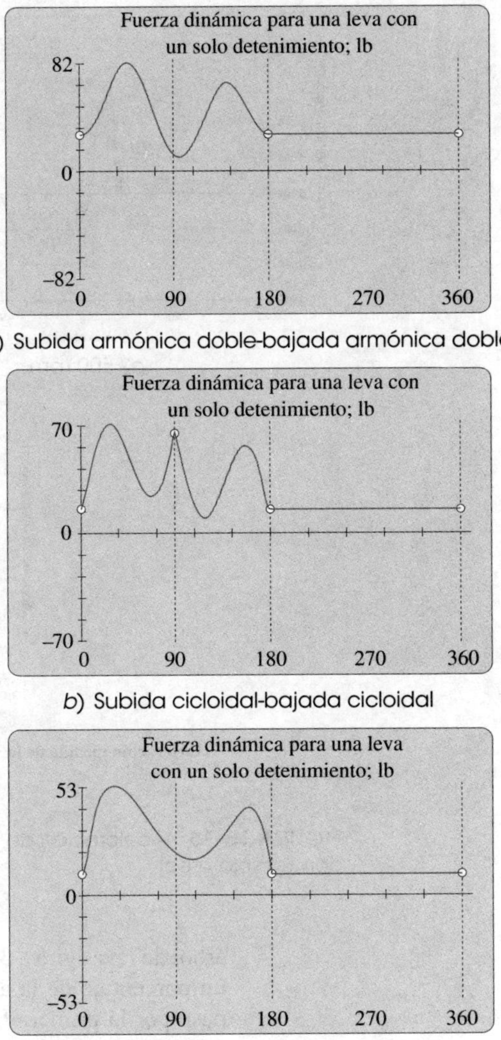

a) Subida armónica doble-bajada armónica doble

b) Subida cicloidal-bajada cicloidal

c) Polinomial de sexto grado

FIGURA 15-14 Fuerzas dinámicas en tres diseños de una leva con un solo detenimiento

15.6 MEDICIÓN DE FUERZAS DINÁMICAS Y ACELERACIONES

Como se describió en secciones anteriores, los sistemas de leva-seguidor tienden a ser subamortiguados. Esto permite que ocurran oscilaciones y vibraciones significativas en el tren seguidor. Las fuerzas dinámicas y aceleraciones son fáciles de medir en maquinaria en funcionamiento. Existen transductores de fuerza y aceleración compactos piezoeléctricos con rangos de respuesta de frecuencia de miles de hertz. Medidores de deformación unitaria proporcionan lecturas de deformación unitaria que son proporcionales a la fuerza con anchos de banda de 1 kilohertz o mejor.

La figura 15-16 (p. 544) muestra las curvas de aceleración y fuerza medidas en el tren seguidor de un tren único de válvulas con árboles de levas sobre la cabeza (SOHC) en un motor de cuatro cilindros en línea de 1.8 litros.[2] El motor sin sistema de arranque fue accionado por un motor eléctrico en un dinamómetro. El árbol de levas gira a 500, 2 000 y 3 000 rpm (1 000, 4 000 y 6 000 rpm del cigüeñal), respectivamente, en las tres curvas de las figuras 15-16*a*, *b* y *c*. Las aceleraciones se midieron con un acelerómetro piezoeléctrico fijo en la cabeza de una válvula de admisión, y la fuerza se calculó con las lecturas de salida de medidores de deformación unitaria colocados en el brazo de balancín de esa válvula de admisión. La curva de aceleración teórica del seguidor (como se diseñó) se sobrepone sobre la curva de aceleración medida. Todas las lecturas de aceleración se convierten en unidades de mm/grados^2 (es decir, normalizadas con respecto a la velocidad del árbol de levas) para poder compararlas entre sí y con la curva de aceleración teórica.

A 500 rpm del árbol de levas, la aceleración medida casi es igual a la curva de aceleración teórica con algunas oscilaciones menores provocadas por la vibración de resorte. Cuando el árbol gira a 2 000 rpm, aparece una oscilación significativa en la aceleración medida durante la primera fase positiva y en la fase de aceleración negativa. Esto se debe a que el resorte de la válvula vibra a su frecuencia natural en respuesta a la excitación producida por la leva. Esto se conoce como "agitación del resorte" y es un factor significativo de la falla por fatiga de los resortes de válvula. Cuando el

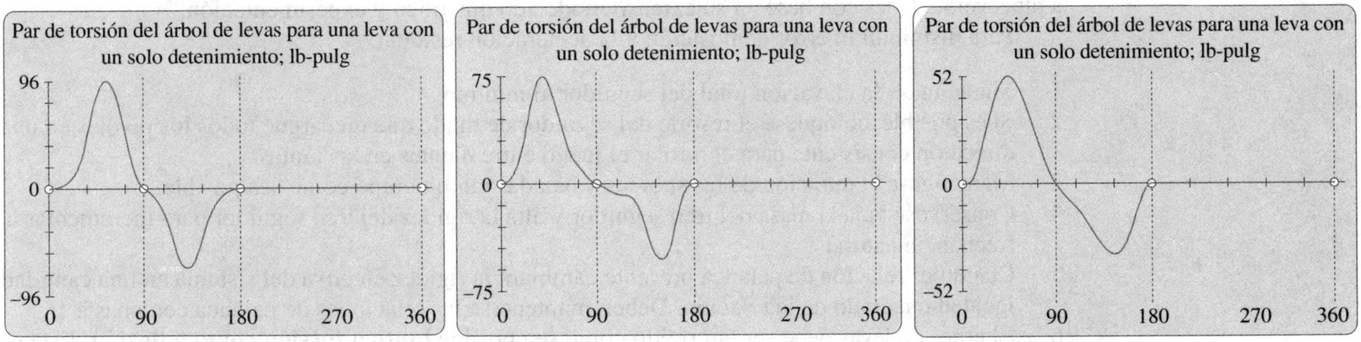

a) Subida armónica doble-bajada armónica doble

b) Subida cicloidal-bajada cicloidal

c) Polinomial de sexto grado

FIGURA 15-15 Par de torsión de entrada dinámico en tres diseños de una leva con un solo detenimiento

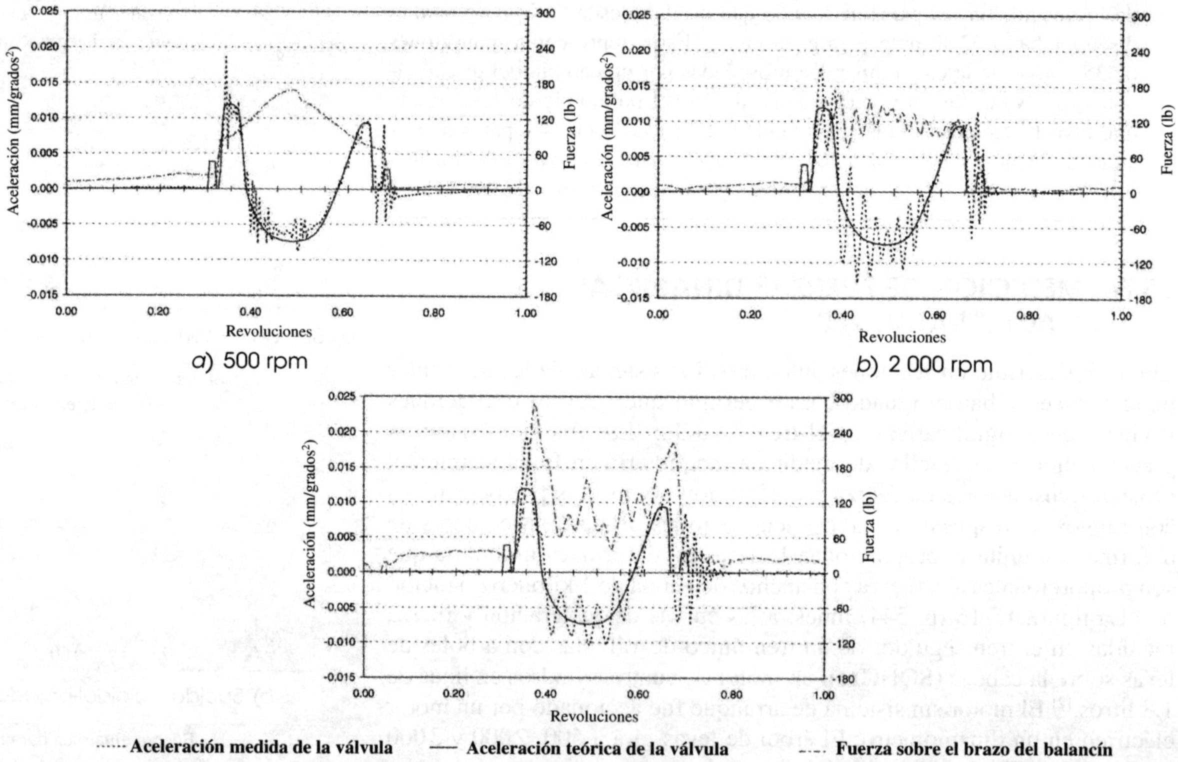

FIGURA 15-16 Aceleración de la válvula y fuerza en el brazo del balancín en un tren de válvulas de levas con un solo árbol

árbol de levas gira a 3 000 rpm, la agitación del resorte sigue presente, pero es menos marcada como un porcentaje de la aceleración total. El contenido de frecuencia de la función forzada de la leva pasó por la primera frecuencia natural del resorte de la válvula a aproximadamente 2 000 rpm del árbol de levas, lo que provoca que el resorte resuene. Se pueden ver los mismos efectos en la fuerza del brazo de balancín. Todo en una máquina tiende a vibrar a su propia frecuencia natural cuando se excita por cualquier función forzada. Transductores sensibles, como los acelerómetros, captan estas vibraciones al ser transmitidas a través de la estructura.

15

15.7 CONSIDERACIONES PRÁCTICAS

Koster[1] propone algunas reglas generales para el diseño de sistemas leva-seguidor para una operación a altas velocidades con base en su extenso modelado dinámico y experimentación.

Para disminuir el error de posición y la aceleración residual:

1 Manténgase la elevación total del seguidor al mínimo.
2 Si es posible, colóquese el resorte del seguidor de modo que precargue todos los pivotes en una dirección consistente para controlar el juego entre dientes en las juntas.
3 Manténgase la duración de las subidas y bajadas tanto tiempo como sea posible.
4 Consérvese baja la masa del tren seguidor y alta la rigidez del tren seguidor para incrementar la frecuencia natural.
5 Cualquier relación de palanca presente cambiará la rigidez efectiva del sistema en una cantidad igual al cuadrado de la relación. Deben mantenerse las relaciones de palanca cercanas a 1.
6 El árbol de levas debe ser tan rígido como sea posible **tanto a torsión como a flexión**. Éste es el factor más importante para controlar la vibración del seguidor.
7 Redúzcase el ángulo de presión al incrementar el diámetro del círculo primario de la leva.
8 Deben emplearse engranes con bajo juego o antijuego en el tren motriz del árbol de levas.

15.8 REFERENCIAS

1 **Koster, M. P.** (1974). *Vibrations of Cam Mechanisms*, Phillips Technical Library Series, Macmillan Press Ltd.: Londres.

2 **Norton, R. L. y cols.** (1998). "Analyzing Vibrations an IC Engine Valve Train", SAE Paper: 980570.

15.9 BIBLIOGRAFÍA

Barkan, P. y R. Y. McGarrity (1965). "A Spring Actuated, Cam-Follower System: Design Theory and Experimental Results", *ASME J. Engineering for Industry (agosto)*, pp. 279-286.

Chen, F. Y. (1975). "A Survey of the State of the Art of Cam System Dynamics", *Mechanism and Machine Theory*, 12, pp. 210-224.

Chen, F. Y. (1982). *Mechanics and Design of Cam Mechanisms*, Pergamon Press: Nueva York, p. 520.

Freudenstein, F. (1959). "On the Dynamics of High-Speed Cam Profiles", *Int. J. Mech. Sci.*, **1**, pp. 342-349.

Freudenstein, F. y cols. (1969). "Dynamic Response of Mechanical Systems", IBM: New York Scientific Center, Reporte núm. 320-2967.

Hrones, J. A. (1948). "An Analysis of the Dynamic Forces in a Cam System", *Trans ASME*, **70**, pp. 473-482.

Johnson, A. R. (1965). "Motion Control for a Series System of N Degrees of Freedom Using Numerically Derived and Evaluated Equations", *ASME J. Eng. Industry*, pp. 191-204.

Knight B. A. y H. L. Johnson (1966). "Motion Analysis of Flexible Cam-Follower Systems", ASME Paper: 66-Mech-3.

Matthew, G. K. y D. Tesar (1975). "Cam System Design: The Dynamic Synthesis and Analysis of the One Degree of Freedom Model", *Mechanisms and Machine Theory*, **11**, pp. 247-257.

Matthew, G. K. y D. Tesar (1975). "The Design of Modeled Cam Systems Part I: Dynamic Synthesis and Design Chart for the Two-Degree-of-Freedom Model", *Journal of Engineering for Industry*, noviembre, pp. 1175-1180.

Midha, A. y D. A. Turic (1980). "On the Periodic Response of Cam Mechanisms with Flexible Follower and Camshaft", *J. Dyn. Sys. Meas. Control*, **102** (diciembre), pp. 225-264.

Norton, R. L. (2002). Cam Design and Manufacturing Handbook, Industrial Press: Nueva York, 610 pp.

15.10 PROBLEMAS

Se puede emplear el programa DYNACAM *para resolver estos problemas en los casos en que sea aplicable. Donde no se especifiquen unidades, trabaje con el sistema de unidades de su preferencia. El apéndice D contiene algunas páginas de un catálogo de resortes helicoidales comercialmente disponibles para auxiliar en el diseño de soluciones reales a estos casos. Más información de resortes puede encontrarse en Internet.*

*†‡15-1 Diseñe una leva con doble detenimiento para mover un seguidor de rodillo de 2 pulg de diámetro de masa = 2.2 bl de 0 a 2.5 pulg en 60° con aceleración seno modificado, detenimiento durante 120°, bajada de 2.5 pulg en 30° con movimiento cicloidal y detenimiento en el resto. El ciclo total se realizará en 4 s. Dimensione un resorte de retorno y especifique su precarga para mantener el contacto entre la leva y el seguidor. Determine y grafique la fuerza y par de torsión dinámicos. Suponga un amortiguamiento crítico de 0.2. Repita el cálculo para una leva con cierre de forma. Compare la fuerza dinámica, el par de torsión y la frecuencia natural para el diseño con cierre de forma y el diseño con cierre de fuerza.

*†‡15-2 Diseñe una leva de doble detenimiento para mover un seguidor de rodillo de 2 pulg de diámetro de masa = 1.4 bl de 0 a 1.5 pulg en 45° con movimiento polinomial 3-4-5, detenimiento durante 150°, bajada de 1.5 pulg en 90° con movimiento polinomial 4-5-6-7 y detenimiento en el resto del ciclo. El ciclo total se realizará en 6 s. Dimensione un resorte de retorno y especifique su precarga para mantener el contacto entre la leva y el seguidor. Obtenga y grafique la fuerza y par de torsión dinámicos. Suponga un amortiguamiento crítico de 0.1 veces. Repita el cálculo para una leva con cierre de forma. Compare la fuerza dinámica, el par de torsión y la frecuencia natural para el diseño con cierre de forma y el diseño con cierre de fuerza.

*†‡15-3 Diseñe una leva con un solo detenimiento para mover un seguidor de rodillo de 2 pulg de diámetro de masa = 3.2 bl de 0 a 2 pulg en 60°, bajada de 2 pulg en 90° y detenimiento en el resto del ciclo. El ciclo total se realizará en 5 s. Utilice un polinomio de séptimo grado. Dimensione un resorte de retorno y especifique su precarga para mantener el contacto entre la leva y el seguidor. Determine y grafique la fuerza y par de torsión dinámicos. Suponga un amortiguamiento crítico de 0.15 veces.

TABLA P15-0
Matriz de temas/problemas

15.1 Análisis de fuerzas dinámicas y resonancias	15-6, 15-25, 15-27
15.3 Análisis de fuerzas cinetostáticas	15-7, 15-8, 15-9, 15-10, 15-11, 15-12, 15-13, 15-14, 15-18, 15-19, 15-20, 15-21, 15-22, 15-23, 15-24
15.5 Par de torsión del árbol de levas	15-1, 15-2, 15-3, 15-4, 15-5, 15-15, 15-16, 15-17

* Respuestas en el apéndice F.

† Estos problemas pueden solucionarse con los programas *Mathcad*, *Matlab* o *TKSolver*.

‡ Estos problemas pueden solucionarse con el programa DYNACAM, el cual viene en el DVD adjunto.

15

TABLA P15-1
Problema 15-6

	m	*k*	*c*
a	1.2	14	1.1
b	2.1	46	2.4
c	30.0	2	0.9
d	4.5	25	3.0
e	2.8	75	7.0
f	12.0	50	14.0

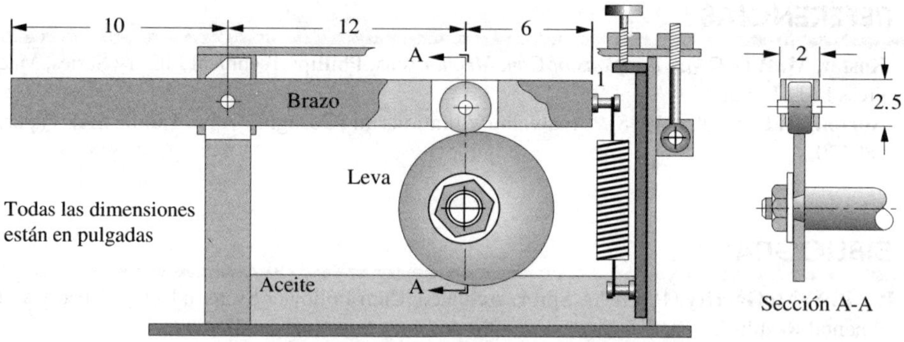

FIGURA P15-1 Problemas 15-7 a 15-11

Repita para una leva con cierre de forma. Compare la fuerza dinámica, el par de torsión y la frecuencia natural para el diseño con cierre de forma y el diseño con cierre de fuerza.

*†‡15-4 Diseñe una leva de triple detenimiento para mover un seguidor de rodillo de 2 pulg de diámetro de masa = 0.4 bl de 0 a 2.5 pulg en 40°, detenimiento durante 100°, bajada de 1.5 pulg en 90°, detenimiento durante 20°, bajada de 1 pulg en 30° y detenimiento en el resto del ciclo. El ciclo total se realizará en 10 s. Elija programas adecuados de subida y bajada para reducir las fuerzas y pares de torsión dinámicos. Dimensione un resorte de retorno y especifique su precarga para mantener el contacto entre la leva y el seguidor. Determine y grafique la fuerza y par de torsión dinámicos. Suponga un amortiguamiento de 0.12 veces el crítico. Repita para una leva con cierre de forma. Compare la fuerza dinámica, el par de torsión y la frecuencia natural para el diseño con cierre de forma y el diseño con cierre de fuerza.

*†‡15-5 Diseñe una leva con cuatro detenimientos para mover un seguidor de rodillo de 2 pulg de diámetro de masa = 1.25 bl de 0 a 2.5 pulg en 40°, detenimiento durante 100°, bajada de 1.5 pulg en 90°, detenimiento durante 20°, bajada de 0.5 pulg en 30°, detenimiento durante 40°, bajada de 0.5 pulg en 30° y detenimiento en el resto del ciclo. El ciclo total se realizará en 15 s. Elija programas adecuados de subida y bajada para reducir las fuerzas y pares de torsión dinámicos. Dimensione un resorte de retorno y especifique su precarga para mantener el contacto entre la leva y el seguidor. Obtenga y grafique la fuerza y par de torsión dinámicos. Suponga un amortiguamiento de 0.18 veces el crítico. Repita para una leva con cierre de forma. Compare la fuerza dinámica, el par de torsión y la frecuencia natural para el diseño con cierre de forma y el diseño con cierre de fuerza.

*†‡15-6 En la figura 15-1*b* (p. 527) se muestra un sistema de masa-resorte amortiguador que tiene los valores mostrados en la tabla P15-1. Encuentre las frecuencias naturales no amortiguadas y amortiguadas y el valor de amortiguamiento crítico para el(los) sistema(s) asignado(s).

†15-7 La figura 15-1 muestra un sistema leva-seguidor. Se proporcionan las dimensiones del brazo de aluminio sólido de sección transversal de 2 × 2.5 rectangular. El corte para el seguidor de rodillo de acero de 2 pulg de diámetro y 1.5 pulg de ancho es de 3 pulg de largo. Encuentre la masa del brazo, la ubicación del centro de gravedad y el momento de inercia de masa del brazo con respecto tanto a su *CG* como a su pivote. Realice un modelo de masa lineal concentrada de un grado de libertad del sistema dinámico referido al sistema leva-seguidor y determine la fuerza de éste durante una revolución. La leva tiene una excéntrica pura con excentricidad = 0.5 pulg y gira a 500 rpm. El resorte tiene una tasa de 123 lb/pulg y una precarga de 173 lb. Ignore el amortiguamiento.

†‡15-8 Resuelva el problema 15-7 con una leva de doble detenimiento para mover el seguidor de rodillo de 0 a 2.5 pulg en 60° con aceleración seno modificada, detenimiento durante 120°, bajada de 2.5 pulg en 30° con movimiento cicloidal y detenimiento en el resto del ciclo. La velocidad de la leva es de 100 rpm. Elija una tasa y precarga de resorte apropiadas para mantener el contacto del rodillo. Seleccione un resorte del apéndice D. Suponga una relación de amortiguamiento de 0.10.

†‡15-9 Resuelva el problema 15-7 con una leva de doble detenimiento para mover el seguidor de rodillo de 0 a 1.5 pulg en 45° con movimiento polinomial 3-4-5, detenimiento durante 150°, bajada de 1.5 pulg en 90° con movimiento polinomial 4-5-6-7 y detenimiento en el resto del ciclo. La velocidad de la leva es de 250 rpm. Elija una tasa y precarga de resorte apropiadas para mantener el contacto del rodillo. Seleccione un resorte del apéndice D. Suponga una relación de amortiguamiento de 0.15.

†‡15-10 Resuelva el problema 15-7 con una leva con un solo detenimiento para mover el seguidor de rodillo de 0 a 2 pulg en 60°, bajada de 2 pulg en 90° y detenimiento el resto del ciclo. Emplee un polino-

* Respuestas en el apéndice F.
† Estos problemas pueden solucionarse con los programas *Mathcad*, *Matlab* o *TKSolver*.
‡ Estos problemas pueden solucionarse con el programa DYNACAM, el cual viene en el DVD adjunto.

mio de séptimo grado. La velocidad de la leva es de 250 rpm. Elija una tasa y precarga de resorte apropiadas para mantener el contacto del rodillo. Seleccione un resorte del apéndice D. Suponga una relación de amortiguamiento de 0.15.

†‡15-11 Resuelva el problema 15-7 con una leva de doble detenimiento para mover el seguidor de rodillo de 0 a 2 pulg en 45° con movimiento cicloidal, detenimiento durante 150°, bajada de 2 pulg en 90° con movimiento seno modificado y detenimiento en el resto del ciclo. La velocidad de la leva es de 200 rpm. Elija una tasa y precarga de resorte apropiadas para mantener el contacto del rodillo. Seleccione un resorte del apéndice D. Suponga una relación de amortiguamiento de 0.15.

†‡15-12 La leva mostrada en la figura P15-2 es una excéntrica pura con excentricidad e = 20 mm y gira a 200 rpm. La masa del seguidor es de 1 kg. El resorte tiene una tasa de 10 N/m y una precarga de 0.2 N. Encuentre la fuerza del seguidor durante una revolución. Suponga una relación de amortiguamiento de 0.10. Si existe salto del seguidor, defina de nuevo la tasa y precarga del resorte para eliminarlo.

†‡15-13 Repita el problema 15-12 para una leva simétrica de 20 mm con subida y bajada doble armónica (180° subida-180° bajada). Véase el capítulo 8 para fórmulas de levas.

†‡15-14 Repita el problema 15-12 para una leva de 20 mm con subida y bajada polinomial 3-4-5-6 (180° subida-180° bajada). Véase el capítulo 8 para fórmulas de levas.

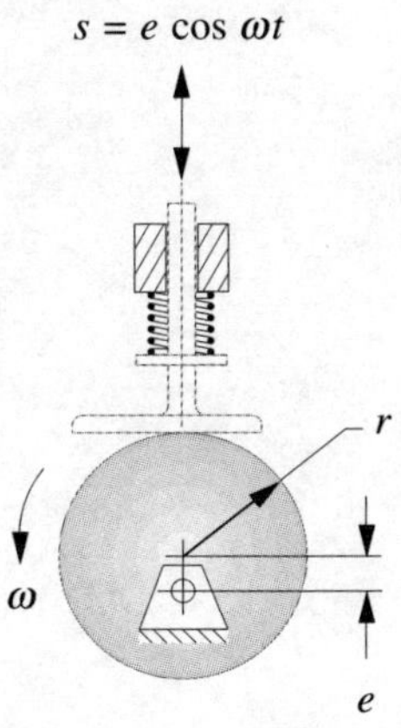

FIGURA P15-2 Problemas 15-12 a 15-14

†‡15-15 Diseñe una leva de doble detenimiento para mover un seguidor de rodillo de 50 mm de diámetro de masa = 2 kg de 0 a 45 mm en 60° con aceleración seno modificada, detenimiento durante 120°, bajada de 45 mm en 90° con movimiento polinomial 3-4-5 y detenimiento el resto del ciclo. El ciclo total se realizará en 1 s. Dimensione un resorte de retorno y especifique su precarga para mantener el contacto entre la leva y el seguidor. Seleccione un resorte del apéndice D. Obtenga y grafique la fuerza y par de torsión dinámicos. Suponga un amortiguamiento de 0.25 veces el crítico. Repita el cálculo para una leva con cierre de forma. Compare la fuerza y par de torsión dinámicos y la frecuencia natural para el diseño con cierre de forma y el diseño con cierre de fuerza.

†‡15-16 Diseñe una leva con un solo detenimiento por medio de polinomios para mover un seguidor de rodillo de 50 mm de diámetro de masa = 10 kg de 0 a 25 mm en 60° con bajada de 25 mm en 90° y detenimiento el resto del ciclo. El ciclo total se realizará en 2 s. Dimensione un resorte de retorno y especifique su precarga para mantener el contacto entre la leva y el seguidor. Seleccione un resorte del apéndice D. Calcule y grafique la fuerza y par de torsión dinámicos. Suponga un amortiguamiento de 0.15 veces el crítico. Repita el cálculo para una leva con cierre de forma. Compare la fuerza y par de torsión dinámicos y la frecuencia natural para el diseño con cierre de forma y el diseño con cierre de fuerza.

†‡15-17 Diseñe una leva con cuatro detenimientos para mover un seguidor de rodillo de 50 mm de diámetro de masa = 3 kg de 0 a 40 mm en 40° con detenimiento durante 100°, bajada de 20 mm en 90°, detenimiento durante 20°, bajada de 10 mm en 30°, detenimiento durante 40°, bajada de 10 mm en 30° y detenimiento en el resto del ciclo. El ciclo total se realizará en 10 s. Elija programas adecuados de subida y bajada para minimizar las fuerzas y pares de torsión dinámicos. Dimensione un resorte de retorno y especifique su precarga para mantener el contacto entre la leva y el seguidor. Obtenga y grafique la fuerza y par de torsión dinámicos. Suponga un amortiguamiento de 0.25 veces el crítico. Repita para una leva con cierre de forma. Compare la fuerza y par de torsión dinámicos y la frecuencia natural para el diseño con cierre de forma y el diseño con cierre de fuerza.

†‡15-18 Diseñe una leva para impulsar un tren de válvulas automotrices cuya masa efectiva es de 0.2 kg, $\zeta = 0.3$. La carrera de las válvulas es de 12 mm. El seguidor de rodillo es de 10 mm de diámetro. El evento apertura-cierre ocupa 160° de la revolución del árbol de levas, con detenimiento en el resto del ciclo. Emplee uno o dos polinomios para el evento de subida-bajada. Seleccione una constante y precarga de resorte para evitar el salto a 3 500 rpm. Se desea una apertura y cierre rápidos y un tiempo de apertura máximo.

†‡15-19 En la figura P15-3 se muestra un sistema leva-seguidor que impulsa el deslizador 6 a través del brazo de salida externo 3. Tanto el brazo 2 como el brazo 3 están unidos rígidamente al eje X-X de 0.75 pulg. de diámetro, el cual gira en cojinetes que están soportados por el bastidor. Se muestran las dimensiones de pasador a pasador de los eslabones. Las secciones transversales de los brazos 2, 3 y 5 son rectangulares y sólidas, de 1.5 × 0.75 pulg., en acero. Los extremos de estos eslabones tienen un radio completo igual a la mitad del ancho del eslabón. El eslabón 4 tiene 1 pulg. de diámetro × 0.125 pulg. de grosor en tubería de acero. El eslabón 6 es un cilindro de acero sólido de 2 pulg. de diámetro × 6 pulg. de longitud. Encuentre la masa efectiva y la constante de resorte efectiva del tren de seguidor con referencia al rodillo de leva-seguidor si el resorte en A tiene una tasa de 150 lb/pulg con una precarga de 60 lb. Después determine y grafique la fuerza cinetostática del seguidor y el par de torsión en el árbol de levas durante un ciclo si la leva genera un movimiento angular de doble detenimiento polinomial 3-4-5 al brazo de rodillo 2 con una subida de 10° en 90° de giro del árbol

† Estos problemas pueden solucionarse con los programas *Mathcad*, *Matlab* o *TKSolver*.
‡ Estos problemas pueden solucionarse con el programa DYNACAM, el cual viene en el DVD adjunto.

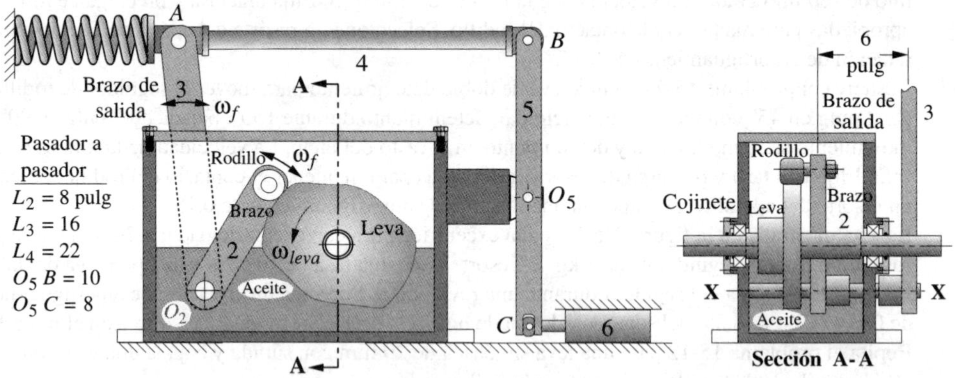

FIGURA P15-3 Problemas 15-19 y 15-20

de levas, detenimiento durante 90°, bajada durante 10° en 90° y detenimiento en el resto del ciclo. El árbol de levas gira a 100 rpm.

†‡15-20 Repita el problema 15-19 para el caso de una leva que proporciona un desplazamiento cicloidal de doble detenimiento en lugar de un desplazamiento polinomial 3-4-5.

†‡15-21 Un sistema leva-seguidor de detenimiento simple semejante al que aparece en la figura 15-1*a* (p. 527) proporciona un polinomio de dos segmentos para una subida de 35 mm en 75°, una bajada de 35 mm en 120° y un detenimiento para el resto del ciclo. Usando las ecuaciones 15.8 (p. 536) y 15.10 (p. 541), calcule y grafique la fuerza dinámica y el par de torsión de un ciclo si el tren del seguidor de rodillo pesa 2.34 N, el sistema tiene una razón de amortiguamiento de $\zeta = 0.06$, y el resorte tiene una tasa de 1.5 N/mm con una precarga de 10 N. La leva gira a 20 rpm.

†‡15-22 Un sistema leva-seguidor de detenimiento simple semejante al que aparece en la figura 15-1*a* (p. 527) proporciona un polinomio de dos segmentos para una subida de 35 mm en 75°, una bajada de 35 mm en 120° y un detenimiento para el resto del ciclo. Usando la ecuación 15.8, determine el tamaño de un resorte de retorno y especifique su precarga para mantener contacto entre la leva y el seguidor. Después calcule y grafique la fuerza dinámica de un ciclo si el tren del seguidor de rodillo pesa 3.55 N, el sistema tiene una razón de amortiguamiento de $\zeta = 0.06$ y la leva gira a 100 rpm.

†‡15-23 Un sistema leva-seguidor de detenimiento simple semejante al que se muestra en la figura 15-1*a* (p. 527) proporciona una velocidad constante al seguidor de 100 mm/s durante 2 s, y luego regresa a su posición inicial con tiempo de ciclo total de 3 s. Usando las ecuaciones 15.8 y 15.10, calcule y grafique la fuerza dinámica y el par de torsión de un ciclo si el tren del seguidor de rodillo pesa 4.5 N, el sistema tiene una razón de amortiguamiento de $\zeta = 0.06$, y el resorte tiene una tasa de 2.5 N/mm con una precarga de 50 N.

†‡15-24 Un sistema leva-seguidor de detenimiento simple semejante al que se muestra en la figura 15-1*a* (p. 527) proporciona una velocidad constante al seguidor de 100 mm/s durante 2 s, y luego regresa a su posición inicial con tiempo de ciclo total de 3 s. Usando la ecuación 15.8, determine el tamaño de un resorte de retorno y especifique su precarga para mantener contacto entre la leva y el seguidor. Después calcule y grafique la fuerza dinámica de un ciclo del rodillo.

15-25 Como se estableció en la sección 15.2 (p. 234), "Una regla empírica común consiste en diseñar el sistema [leva-seguidor] para tener una frecuencia fundamental ω_n de al menos 10 veces la frecuencia forzada más alta esperada en el servicio..." Como esto no es siempre posible, calcule y grafique la razón de amplitud resultante de $5 \leq \omega_n/\omega_f \leq 10$ para razones de amortiguamiento de 0, 0.02, 0.04, 0.06, 0.08 y 0.10.

15-26 Un sistema de leva-seguidor similar al de la figura P15-2 (p. 547) tiene una masa total de 0.1 kg, una rigidez global de 0.10 N/mm y un coeficiente de amortiguamiento de 0.40 kg/s. Si la frecuencia forzada es de 50 rpm, determine la razón de amplitud resultante.

15-27 Un sistema de leva-seguidor similar al de la figura P15-1 (p. 546) tiene una masa total de 2.5 kg, una rigidez global de 4 N/mm y un coeficiente de amortiguamiento de 12.0 kg/s. Si la frecuencia forzada es de 80 rpm, determine la razón de amplitud resultante.

15.11 LABORATORIO VIRTUAL

L15-1 Véase el video *Cam Machine Virtual Laboratory* que se encuentra en el DVD. Abra el archivo *Virtual Cam Machine Lab.doc* del DVD y siga las instrucciones que le dé su profesor. Enfóquese en las mediciones de la fuerza dinámica.

15

† Estos problemas pueden solucionarse con los programas *Mathcad*, *Matlab* o *TKSolver*.

‡ Estos problemas pueden solucionarse con el programa DYNACAM, el cual viene en el DVD adjunto.

CAPÍTULO 16

MECANISMOS DE LEVAS Y SERVOACCIONADOS

Un profesor debe tener una teoría
como un perro debe tener pulgas
H. L. MENCKEN

16.0 INTRODUCCIÓN

Un servomecanismo controla las salidas del sistema, como su posición y su velocidad, mediante realimentación. Se aplica al motor la señal de control deseada y un transductor mide la salida y realimenta la información sobre su posición real. Toda diferencia entre la señal de control y la salida de realimentación es un error que se amplifica y con el cual se fuerza al sistema en una dirección para reducir o eliminar el error. Ésta es una aplicación de la teoría del control. Un ejemplo es el sistema de control de crucero en un automóvil que toma como entrada una velocidad establecida y realimenta la velocidad real del vehículo. Con las diferencias se ajusta la posición del acelerador hasta que el error adopta un valor tan cercano a cero como sea posible.

En el capítulo 2 se presentó una breve introducción a los servomotores. En la actualidad son comunes en la maquinaria moderna, lo cual se debe en parte a que no son ya tan costosos como antes. Los servomotores ofrecen muchas ventajas respecto de los motores convencionales, pues proporcionan una velocidad constante contra las variaciones dinámicas en el par de torsión de carga debido a su funcionamiento de lazo cerrado. Un codificador integrado o conectado al motor proporciona un gran número de impulsos equidistante por revolución. Este tren de impulsos se realimenta al controlador del motor dirigido por computadora, el cual varía la corriente enviada al motor para mantener constante la velocidad o proporcionar cualquier variación programada en la velocidad. El motor también puede fabricarse de modo que mantenga una posición angular contra una carga, para crear así una permanencia en el movimiento de salida de cualquier mecanismo accionado por el motor. En el controlador se programan muchas funciones de movimiento para acelerar el motor hasta una velocidad establecida y desacelerar hasta cualquier velocidad diferente o cero. También puede fabricarse para seguir cualquier función de movimiento, similar a un seguidor impulsado por levas.

En el capítulo 8 se estudiaron las **levas**, presentes en todo tipo de maquinaria, con frecuencia para impulsar un mecanismo eslabonado. En el capítulo 3 se definió un **generador de funciones** como *la correlación de un movimiento de salida con un movimiento de entrada en un mecanismo*. También se describió el mecanismo de leva-seguidor como *generador de funciones flexible y útil*. Un **servomotor** es capaz de generar cualquier movimiento de salida que se le programe y que pueda alcanzarse dinámicamente dentro de los límites de capacidad de par de torsión del motor. Por tanto, ahora es posible añadir el servomotor a los mecanismos eslabonados y de leva-seguidor como un medio potencial para generar funciones. Más importante aún, la combinación de un servomotor y un mecanismo eslabonado crea un dispositivo más útil para resolver algunos problemas de la generación de movimiento. De hecho, en muchos casos se están reemplazando los mecanismos eslabonados impulsados con levás en cierto tipo de maquinaria por mecanismos impulsados con servomotores.

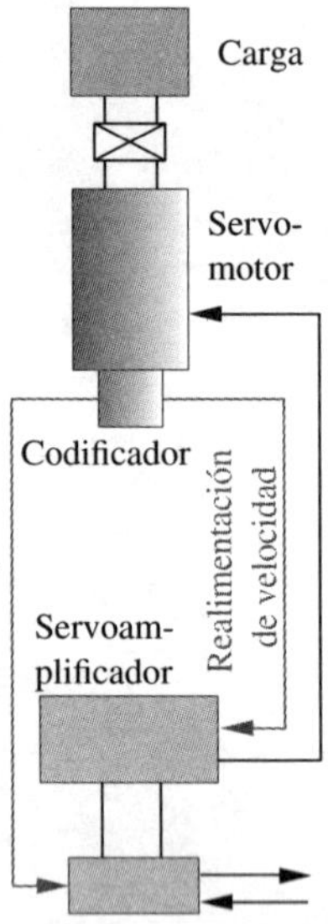

FIGURA 16-1 Sistema de servomotor común

16.1 SERVOMOTORES

En la actualidad existe amplia disponibilidad de servomotores, tanto eléctricos como hidráulicos. En este texto el análisis se limitará a los servomotores eléctricos, rotativos y lineales. Los primeros servomotores eléctricos eran de corriente continua (CC) y proporcionaban realimentación de la velocidad con un tacómetro analógico. Lo anterior permite que el motor funcione a cerradura con velocidad constante en vista de las cargas de par dinámicamente variables. A medida que el motor reduce su velocidad o la aumenta bajo cargas cambiantes, la señal del tacómetro que está realimentándose al controlador proporciona una medición de la velocidad real. La diferencia entre la velocidad establecida o configurada y la velocidad real constituye un error. La corriente enviada al motor se ajusta automáticamente y de forma continua para reducir el error entre la velocidad establecida y la real.

En los servomotores modernos existe mucha variedad: entre otros, hay servomotores de CC basados en diseños convencionales de motores de CC, servomotores de corriente alterna (CA) basados en motores de inducción, y los llamados servomotores sin rozamiento, que utilizan un motor sincrónico de CA que se bloquea en la frecuencia de CA suministrada; para ello, la red de CA se rectifica a CC en el controlador del motor sin rozamiento, y después invierte de nuevo a CA a diferentes frecuencias según lo dicte la realimentación del codificador digital en el motor. La frecuencia de la corriente amplificada enviada al motor se varía mediante el controlador digital del motor y se amplifica para controlar la velocidad del motor. Como la posición angular del motor se realimenta al controlador del motor, este tipo de servomotor sirve para pasar a una posición angular determinada, mantenerla y después regresar a cero, todo con velocidad y aceleración controladas. El tren de impulsos procedentes del codificador o solucionador de posición se diferencia para obtener información sobre la velocidad angular del motor además de la referente a su posición angular. La realimentación de la velocidad controla la velocidad del motor. En la figura 16-1 se muestra un diagrama de bloques de este sistema.

Los servomotores lineales son esencialmente un motor rotatorio "desenrollado" en línea recta. Se fabrican en los tipos de bobina móvil e imán móvil. Un motor lineal de bobina móvil tiene una bobina móvil dentro de un conjunto de potentes imanes dispuestos para formar una "pista". Existe un espacio de aire entre la bobina y los imanes. Se aplica un voltaje de CC para que la bobina se mueva con fuerza constante. En un motor del tipo imán móvil se cambian las funciones de la bobina y los imanes al jalar un imán a través de la bobina mediante su campo magnético. Con cualquiera de los tipos, la polaridad inversa revierte el movimiento y se proporciona realimentación de posición por medio de codificador lineal óptico o inductivo a lo largo de la pista. Los servomotores lineales, también llamados actuadores lineales, son capaces de generar fuerzas muy grandes, velocidades muy altas y aceleraciones elevadas. La mayoría de los servomotores lineales requieren que el elemento móvil se guíe sobre cojinetes para mantener el espacio de aire entre los elementos. Los modernos trenes "Maglev" de alta velocidad* funcionan con el mismo principio del motor lineal que se extiende a lo largo de una pista y el flujo magnético que desempeña una doble función al levantar (levitar) la masa del tren sobre la pista para reducir la fricción hasta los muy bajos niveles de un cojinete de aire.

* Japan Railways opera con vehículos *Maglev* (abreviatura de levitación magnética) a velocidades de hasta 350 kilómetros por hora sobre sus carriles-guía de 20 kilómetros en la prefectura de Yamanashi. *http://www.21stcenturysciencetech.com/articles/Summer03/maglev2.html*

16.2 CONTROL DEL SERVOMOVIMIENTO

No se abordará el control de servos más allá de las matemáticas de sus funciones de control de movimiento. El tema de la programación y el control de los servos no concierne tanto a este texto y existen muchos libros que tratan este tema a detalle, algunos de los cuales se mencionan en la bibliografía del presente capítulo.

Funciones de servomovimiento

Las mismas reglas del movimiento dinámico descrito para el sistema de leva-seguidor en el capítulo 8 se aplican también al movimiento del servo. La segunda ley de Newton es universal y válida sin importar los medios para proporcionar el movimiento. Así, replanteamos la *ley fundamental de diseño de levas* definida en el capítulo 8 y se aplica a los movimientos del servomotor como:

La función del servomecanismo debe ser continua en cada una de sus partes a través de la primera y segunda derivadas del desplazamiento a lo largo de todo el intervalo (360 grados o un ciclo).

Corolario:

La función de sacudimiento debe ser finita en todo el intervalo (360 grados o un ciclo).

Esto se denomina *ley fundamental del diseño de un servomecanismo.*

16

TABLA 16.1 Funciones de servomovimiento ofrecidas por el fabricante A

Término del fabricante	Término de la función de levas	Figura	Ecuaciones	Ley fundamental	Comentarios
Velocidad trapezoidal	Aceleración constante	8-13	8.13-8.21	No	No es una opción aceptable
Curva S	Aceleración trapezoidal	8-14		Sí	Elección marginalmente aceptable

TABLA 16-2 Algunas funciones de servomovimiento ofrecidas por el fabricante B

Término del fabricante	Término de la función de levas	Figura	Ecuaciones	Ley fundamental	Comentarios
Posición constante	Detención	—	—	Sí	Coincidencia con segmentos adyacentes
Velocidad constante	Velocidad constante	8-35	—	No	Coincidencia con segmentos adyacentes
Aceleración constante	Aceleración constante	8-13	8.13-8.21	No	No es una opción aceptable
Armónico simple	Movimiento armónico simple	8-9	8.13-8.21	No	No es una opción aceptable
Armónico triple	Función de Fourier 3	—	—	Sí	Bajo contenido armónico
Cicloidal (su curva S)	Cicloidal	8-12	8.12	Sí	Muy suave, la vibración más baja
Trapezoidal modificado	Trapezoidal modificado	8-15	8.13-8.21	Sí	Alta vibración
Senoidal modificada	Senoidal modificado	8-16	8.13-8.21	Sí	Velocidad máxima baja, vibración baja
Seno-constante-coseno	SCCA	8-18	8.13-8.21	Sí	Depende de los valores de b, c, d
Polinomial	Polinomial	8-25, 8-26	8.24	Sí	Depende de las condiciones de frontera
Spline cuadrática	Spline cuadrática	—	—	No	Aceleración discontinua
Spline cúbica	Spline cúbica	—	—	Sí	Sacudimiento discontinuo

El mismo conjunto de funciones aceptables definidas para las levas en el capítulo 8 se aplica para los servomovimientos, y deben evitarse las funciones inaceptables en el capítulo 8. Por desgracia, algunos proveedores de servocontroladores proporcionan estas funciones dinámicamente inferiores como opciones en su software de programación de servos. Uno de los mayores proveedores (fabricante A) ofrece sólo dos tipos de funciones de aceleración en su controlador básico, una de las cuales, llamada velocidad trapezoidal, es igual a la función de aceleración constante (desplazamiento parabólico) de la figura 8-13 en la página 418. Esta función tiene un sacudimiento infinito en sus extremos porque la aceleración se eleva en un instante desde cero hasta su valor máximo, razón por la cual se rechaza como función de movimiento útil ya que viola la ley fundamental. La otra oferta de este proveedor se denomina “curva S”.

Curvas S Este término es común para la mayoría de los fabricantes de servocontroladores, pero cada uno lo define de manera diferente. El nombre proviene del hecho de que cualquier función de desplazamiento entre dos detenciones se asemeja a una letra S inclinada, como se ve en la figura 8-23, p. 287. El mismo fabricante A ya mencionado define su curva S con sacudimiento constante, aceleración lineal, velocidad parabólica y desplazamiento cúbico. Aunque esta función no “viola la ley fundamental”, es una mala elección en el sentido dinámico en comparación con otras posibles funciones. De hecho, su curva S es en realidad una función de aceleración trapezoidal como la de la figura 8-14, p. 280.

Otro importante fabricante B de servocontroladores que ofrece muchas buenas opciones de funciones también tiene una curva en S, pero lo define como aceleración senoidal o desplazamiento cicloidal, un movimiento superior cuando se utiliza de forma dinámica entre detenciones. Así, el diseñador debe seleccionar con cuidado el controlador y las funciones del software del controlador. En la tabla 16-1 se muestran las funciones ofrecidas por el fabricante de servos A, y en la tabla 16-2, un subconjunto de las funciones del fabricante B; ambas tablas muestran el nombre que el fabricante le da a la función, el nombre estándar de diseño de levas para la misma función, y se hace referencia a la figura y la(s) ecuación(es) para esta función según se defina en alguna parte de este texto. También se destaca el cumplimiento de cada función respecto de la ley fundamental y se comenta al respecto.

16.3 MECANISMOS IMPULSADOS POR LEVAS

En el capítulo 8 se estudió cómo diseñar levas para obtener movimientos *s v a j* adecuados, y en el capítulo 15, cómo determinar las fuerzas dinámicas y los pares de torsión en sistemas simples de leva-seguidor. Ambos capítulos se limitaron a los sistemas con un solo eslabón de traslación como seguidor. Esto basta para explorar los conceptos básicos del diseño de levas, pero es un hecho que la mayoría de los sistemas de leva-seguidor poseen una leva que impulsa un eslabón de un mecanismo con muchas barras, lo que se conoce como mecanismo impulsado por levas. Este arreglo tiene algunas ventajas. La leva proporciona un conjunto controlado de funciones *s v a j* para el eslabón de entrada, y la geometría del mecanismo modifica el movimiento, quizá para llevar el movimiento a un lugar lejano de la leva, como se muestra en la figura 10-11, p. 387. El mecanismo puede tener cualquier configuración adecuada, pero las combinaciones más comunes para impulsar las levas son un mecanismo de triple oscilador con cuatro barras, un deslizador de cuatro barras, ya sea con la manivela o el deslizador impulsados por la leva, o un mecanismo Watt II de seis barras con un oscilador o deslizador como eslabón de salida.

Según la geometría particular del mecanismo, sólo puede modificar un poco las funciones *s v a j* como entrada por la leva o alterarlas radicalmente. El diseñador puede elegir definir el movimiento *s v a j* en el rodillo seguidor de leva y dejar que la geometría del mecanismo modifique esas funciones en el eslabón de salida del mecanismo (efector extremo). De otra manera, el diseñador puede elegir aplicar el movimiento *s v a j* al efector extremo y volver a calcular la forma de la leva para tomar en cuenta la distorsión del movimiento del mecanismo. En este último caso, la leva tendrá una función diferente cortada en su perfil.

El mecanismo de sobrecarga en la varilla de empuje de una válvula que se muestra en la figura 16-2*a* es un ejemplo del primer tipo ya mencionado. Aunque el eje de oscilador tenga longitudes desiguales en sus brazos, el movimiento de la válvula presentará esencialmente la misma forma en *s v a j* que el del impulsor porque el movimiento de éste es paralelo al movimiento de la válvula, y la del eje de oscilador de posición intermedio es ortogonal a ambos movimientos, con lo que se obtienen ángulos de transmisión de 90° a medio tiempo. Cualquier relación en los osciladores servirá para amplificar las magnitudes de *s v a j* pero, en esencia, preservará sus formas con una distorsión pequeña. El mecanismo del árbol de levas a la cabeza de la figura 16-2*b* tiene un cambio geométrico significativo entre el movimiento leva-seguidor y el movimiento de la válvula debido a las diferencias en el ángulo entre los vectores de desplazamiento de la válvula y el desplazamiento del rodillo. En este caso, el diseñador aplicó las funciones *s v a j* deseadas para el extremo de la válvula de vástago del oscilador y calculó las funciones correspondientes necesarias para la leva a fin de conseguir el resultado esperado dada la geometría del mecanismo. Después se conformó la leva para generar la función de desplazamiento modificado que proporciona el movimiento apropiado de la válvula.

En cualquier caso, la tarea se convierte en combinar la cinemática de las funciones *s v a j* aplicadas al extremo deseado del mecanismo, con la cinemática del eslabonamiento para obtener el movimiento del otro extremo. Todas las herramientas matemáticas que se necesitan para esta tarea se desarrollaron en los capítulos anteriores de este libro. Sólo resta aplicarlas, lo cual se verá ahora mediante algunos ejemplos.

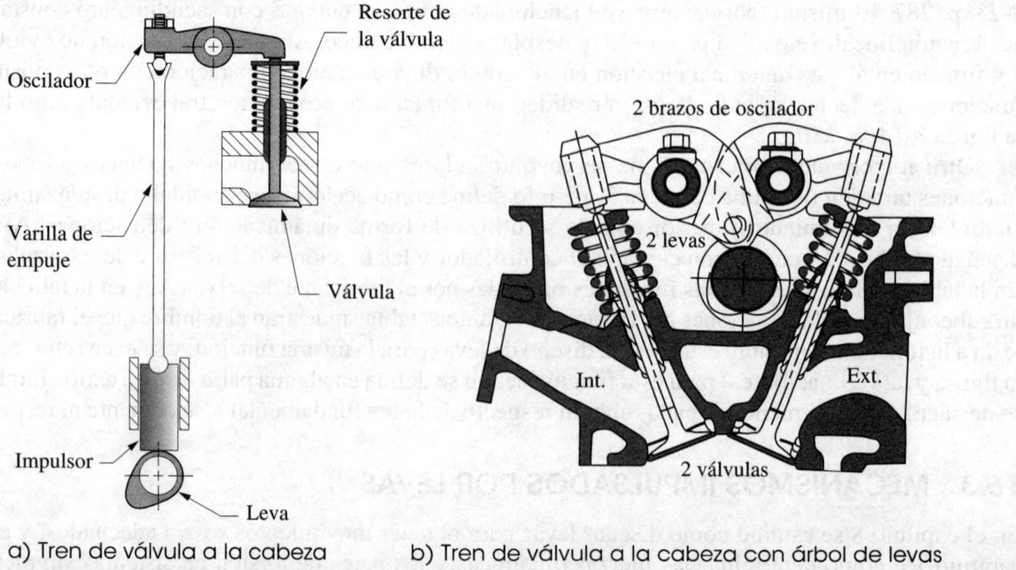

a) Tren de válvula a la cabeza b) Tren de válvula a la cabeza con árbol de levas

FIGURA 16-2 Mecanismos impulsados por levas

EJEMPLO 16-1 Corredera de cuatro barras impulsada por levas con funciones de movimiento aplicadas al eslabón de entrada.

Dado: Una manivela-corredera de cuatro barras impulsada por levas, con la geometría mostrada en la figura 16-3, se acciona mediante una leva con un programa de movimiento a velocidad constante similar al desarrollado en el ejemplo 8-12 y la figura 8-42 (pp. 301-302). La corredera es el efector final y debe perseguir a un transportador a velocidad constante durante al menos 6 pulg a 10 pulg/s con error de velocidad mínima y volver a la posición inicial para repetir el ciclo.* Las funciones de movimiento se aplican al brazo del seguidor de leva. El eslabón se diseñó en un sistema CAD, lo que determinó la geometría de la figura 16-3 y que una rotación de 30° de la manivela dé 6.435 pulg de movimiento a velocidad constante en 1 Hz.

Problema: Compare el desplazamiento y las funciones de velocidad aplicadas al seguidor de levas (eslabón 2) con las funciones resultantes en el efector final del eslabonamiento (eslabón 4).

Solución:

1 Las ecuaciones para la posición del mecanismo de manivela-corredera se desarrollaron en la sección 4.6 (p. 132), para su velocidad en la sección 6.7 (p. 211), y para su aceleración, en la sección 7.3 (p. 238), pero por comodidad se repiten aquí.

$$\theta_{3_1} = \arcsin\left(\frac{a\,\mathrm{sen}\,\theta_2 - c}{b}\right) \tag{4.16a}$$

$$d = a\cos\theta_2 - b\cos\theta_3 \tag{4.16b}$$

$$\omega_3 = \frac{a\,\cos\theta_2}{b\,\cos\theta_3}\,\omega_2 \tag{6.22a}$$

$$\dot{d} = -a\,\omega_2\,\mathrm{sen}\,\theta_2 + b\,\omega_3\,\mathrm{sen}\,\theta_3 \tag{6.22b}$$

$$\alpha_3 = \frac{a\,\alpha_2\cos\theta_2 - a\,\omega_2^2\,\mathrm{sen}\,\theta_2 + b\,\omega_3^2\,\mathrm{sen}\,\theta_3}{b\cos\theta_3} \tag{7.16d}$$

$$\ddot{d} = -a\,\alpha_2\,\mathrm{sen}\,\theta_2 - a\,\omega_2^2\cos\theta_2 + b\,\alpha_3\,\mathrm{sen}\,\theta_3 + b\,\omega_3^2\cos\theta_3 \tag{7.16e}$$

En la figura 16-3 se presenta la terminología de las ecuaciones.

2 El programa de levas tiene dos segmentos: 220° de velocidad constante a 49.06605°/s para 30° del movimiento del brazo del seguidor (manivela), y un movimiento de retorno polinomial de quinto grado en 140°. El desplazamiento angular total de la manivela es de 33.2° en el segmento 2.

3 En la tabla 16-3 se mencionan las condiciones de frontera para el polinomio del segmento 1, y las condiciones de frontera para el polinomio del segmento 2, en la tabla 16-4. Las ecuaciones de desplazamiento normalizadas para las funciones de leva que se obtienen con el programa DYNACAM con $x = \theta/\beta$ son como sigue:†

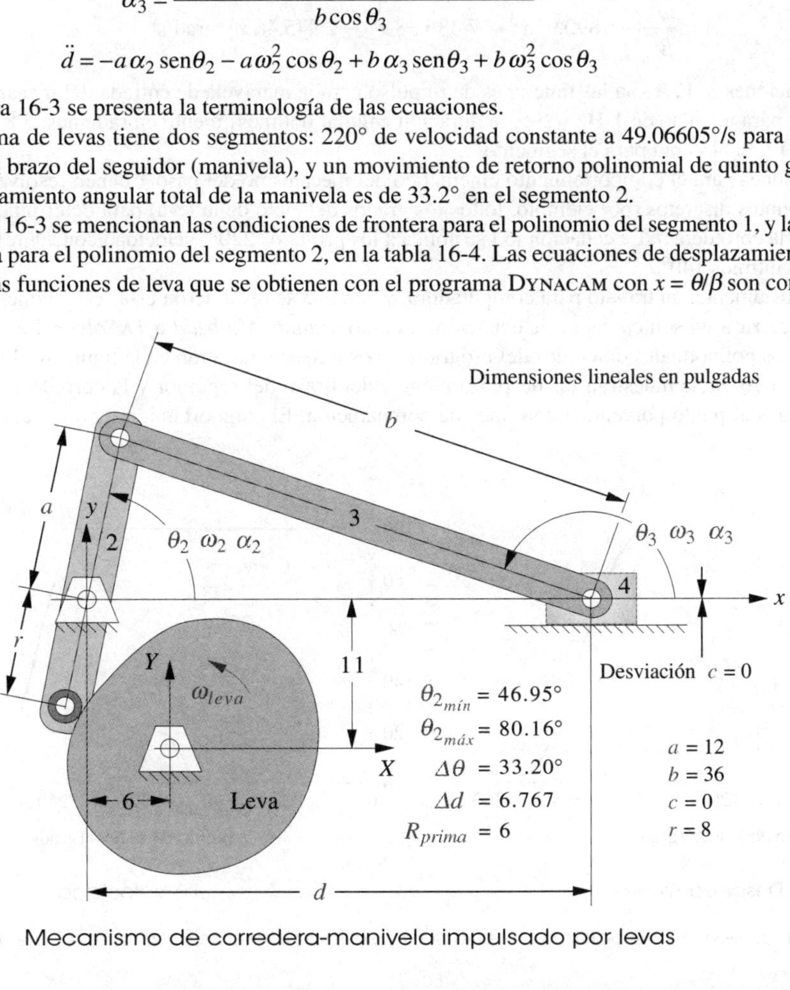

FIGURA 16-3 Mecanismo de corredera-manivela impulsado por levas

TABLA 16-3 Condiciones de frontera

Ejemplo 16-1, Segmento 1

Cuando $\theta = 0$:
$s = 0°$,
$v = 49.066\ 05\ °/s$

TABLA 16.4 Condiciones de frontera

Ejemplo l6-1, Segmento 2

Cuando $\theta = 0$:
$s = 30.000\ 05°$,
$v = 49.066\ 05°/s$,
$a = 0$

Cuando $\theta = 140°$
$s = 0°$,
$v = 49.066\ 05°/s$
$a = 0$

* Quizás el lector se pregunte, con razón, por qué alguien se tomaría la molestia de añadir la complejidad de un eslabón al sistema cuando es posible obtener el mismo movimiento resultante al impulsar directamente un seguidor de traslación mediante una leva. Una posible razón es que no se puede montar y dar potencia a la leva adyacente al extremo del efector; otra, que la carrera requeriría una gran leva para obtener ángulos aceptables de presión. La carrera del seguidor de leva se multiplica al añadir un eslabón.

† En el capítulo 8 (p. 269), se explican las variables normalizadas.

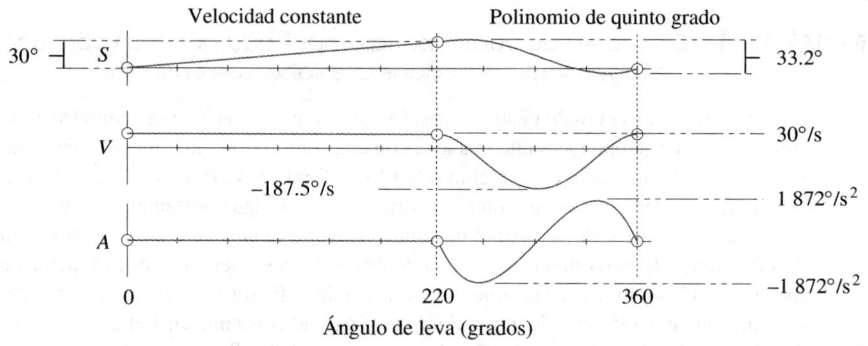

FIGURA 16-4 Funciones *S, V, A* aplicadas al brazo de seguidor de leva en el ejemplo 16-1

Segmento 1:

$$S = 30.00\,x \quad \text{grad}$$

$$V = \frac{\omega}{\beta}(30) = \frac{2\pi}{3.8397}(30) = 49.066 \quad \text{grad/s} \tag{16.1}$$

$$A = \frac{\omega^2}{\beta^2}(0) \quad \text{grad/s}^2$$

Segmento 2:

$$S = -294.546x^5 + 736.364x^4 - 490.909x^3 + 19.091x + 30.00 \quad \text{grad}$$

$$V = \frac{\omega}{\beta}\left(-1\,472.73x^4 + 2\,495.46x^3 - 1\,472.73x^2 + 1\,9.091\right) \quad \text{grad/s} \tag{16.2}$$

$$A = \frac{\omega^2}{\beta^2}\left(-5\,890.91x^3 + 7\,486.38\,x^2 - 2\,945.46\,x\right) \quad \text{grad/s}^2$$

4 Estas ecuaciones *S, V, A* son las funciones de impulso para la manivela de entrada del mecanismo donde $\omega = 2\pi$ rad/s para un ciclo de 1-Hz y β es la duración angular del movimiento en radianes: 3.8397 rad para el segmento 1 y 2.4435 rad para el segmento 2.

5 Las ecuaciones para el comportamiento cinemático del mecanismo del paso 1 deben resolverse en un conjunto de puntos discretos (por ejemplo, todos los grados del ciclo de la leva) para determinar el comportamiento de la corredera *d*. La ecuación 16.1 se aplica a los primeros 220° (velocidad constante), y la ecuación 16.2, a los últimos 140°.

6 Esto es, obviamente, un trabajo para computadora, y con una se resolvieron estas ecuaciones. Un buen método es recurrir a un solucionador de ecuaciones, como *Matlab*, *Mathcad* o *TKSolver*. Las gráficas de los movimientos polinomiales obtenidos del programa DYNACAM se muestran en la figura 16-4.

7 En la figura 16-5*a* se muestran los desplazamientos del brazo del seguidor y la corredera superpuestos y normalizados al punto porcentual con fines de comparación. El comportamiento no lineal del mecanismo

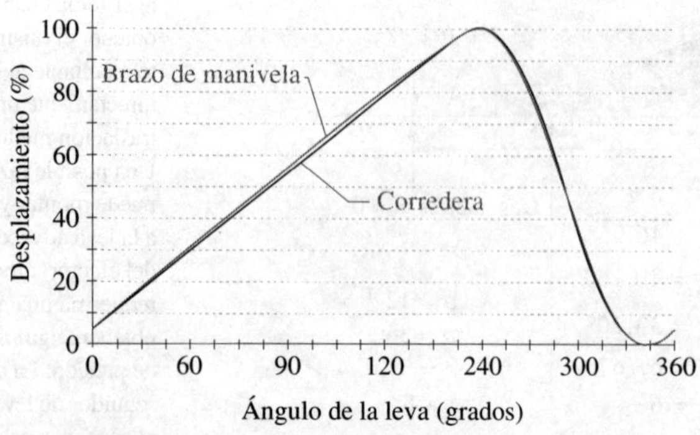

a) Desplazamiento

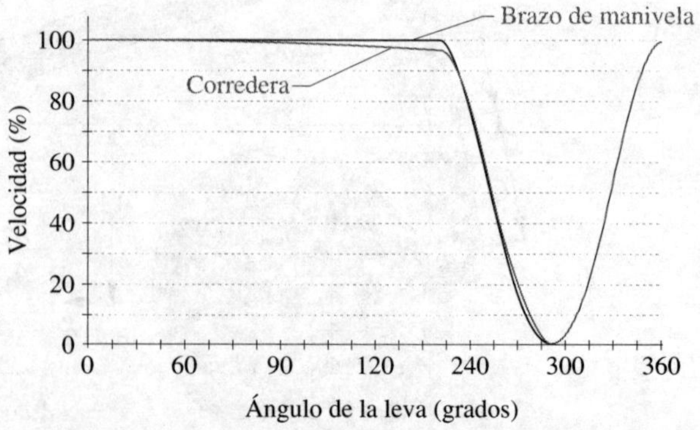

b) Velocidad

FIGURA 16-5 Desplazamiento y velocidad de entrada y salida normalizados para el ejemplo 16-1 distorsiona toda la función. En la figura 16-5*b* se muestran las velocidades normalizadas del brazo del seguidor y la corredera superpuestas. Observe que el brazo del seguidor tiene una velocidad angular constante durante el primer segmento, pero la corredera no tiene velocidad lineal constante.

8 En la figura 16-6 se muestra el porcentaje de error entre el brazo de la manivela y la corredera tanto en desplazamiento como en velocidad. Las diferencias en este ejemplo no son extremas, sobre todo porque la manivela sólo gira a través de 30° durante el movimiento a velocidad constante. Cuanto mayor sea el ángulo de rotación de la manivela, mayor será la distorsión en las funciones de salida.

9 Si la magnitud de la desviación de la velocidad constante es lo bastante pequeña para permitir aún una función apropiada, entonces esta solución será adecuada tal como se encuentra. Si el error no es tolerable, entonces la solución se obtiene al aplicar la función de movimiento deseada a la corredera y calcular en forma inversa la desviación del mecanismo a fin de redefinir la función de la leva y corregirla. En el siguiente ejemplo se llevará a cabo este proceso.

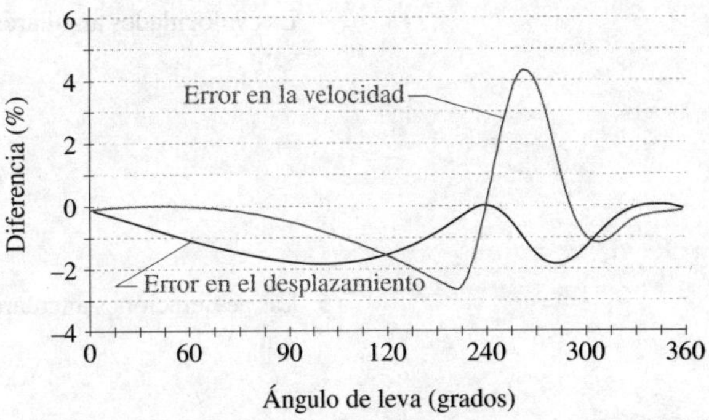

FIGURA 16-6 Errores normalizados en desplazamiento y velocidad para el ejemplo 16-1

EJEMPLO 16-2 Corredera de cuatro barras impulsada por levas con funciones de movimiento aplicadas a la barra de salida.

Dado: Una manivela-corredera de cuatro barras impulsada por levas con la geometría mostrada en la figura 16-3 (p. 553) se impulsa mediante una leva con un programa de movimiento de velocidad constante similar al desarrollado en el ejemplo 8-12 y en la figura 8-42 (pp. 301-302). La corredera es el efector final y debe perseguir un transportador a velocidad constante durante al menos 6 pulgadas a 10 pulg/s, con error de velocidad mínimo, y después volver a la posición inicial para repetir el ciclo. Las funciones de movimiento se aplican a la corredera y se convierten en funciones modificadas para aplicarse al brazo del seguidor de leva con un contorno de leva modificado funcionando a 1 Hz.

Problema: Compare las funciones de desplazamiento, velocidad y aceleración entre el seguidor de leva (eslabón 2) y el efector final del mecanismo (eslabón 4), y compare el perfil de la leva para esta solución con la del ejemplo 16-1.

Solución:

1 La geometría del mecanismo es igual a la de la figura 16-3.

2 Las ecuaciones que definen el movimiento de la corredera-manivela cuando se acciona en la corredera en vez de la manivela adoptan una forma diferente a la del ejemplo 16-1. Las ecuaciones del vector de lazo para ambos casos son iguales, de modo que en los dos casos se aplican las ecuaciones 4.14*a*, *b* y *c*, y 4.15*a* y *b* (p. 133). La derivación comienza con las ecuaciones ya mencionadas para cualquier modo de operación. La solución simultánea de las ecuaciones 14.15*a* y *b* para el modo de impulso por manivela se obtiene simplemente por sustitución, como se muestra en las ecuaciones 4-16*a* y *b* (p. 133). Sin embargo, la solución para el modo de impulso por corredera con la posición *d* como entrada es más compleja porque las dos variables que ahora se buscan, θ_2 y θ_3, se encuentran en expresiones trascendentes de las ecuaciones 4.15*a* y 4.14*b*. Lo anterior requiere la derivación realizada en las ecuaciones 4-18 a 4-21 (p. 135) para encontrar θ_2 y θ_3 en función de la posición *d* de la corredera.

3 La velocidad de la manivela se calcula en las ecuaciones 6.24 (p. 215), y la aceleración de la manivela, en las ecuaciones 7.17 (p. 243). Los resultados de estas derivaciones para θ_2, ω_2 y α_2 en función de la posición *d*, la velocidad $\dot{d}$ y la aceleración $\ddot{d}$ de la corredera y la geometría *a*, *b*, *c* del mecanismo (mostrado en la figura 16-3, p. 553) se utilizan en los siguientes pasos.

$$\begin{aligned}
K_1 &= a^2 - b^2 + c^2 + d^2 \\
K_2 &= -2ac \\
K_3 &= -2ad \\
A &= K_1 - K_3 \\
B &= 2K_2 \\
C &= K_1 + K_3
\end{aligned}$$

$$\theta_{2_{1,2}} = 2\arctan\left(\frac{-B \pm \sqrt{B^2 - 4AC}}{2A}\right) \tag{16.3}$$

4 Las velocidades angulares ω_2 y ω_3 en función de la velocidad de la corredera y la geometría del mecanismo son:

$$\omega_2 = \frac{\dot{d}\cos\theta_3}{a(\cos\theta_2 \operatorname{sen}\theta_3 - \operatorname{sen}\theta_2 \cos\theta_3)}$$
$$\omega_3 = \frac{a\omega_2\cos\theta_2}{b\cos\theta_3} \tag{16.4}$$

5 Las aceleraciones angulares α_2 y α_3 en función de la aceleración de la corredera y la geometría del mecanismo son:

$$\alpha_2 = \frac{b\omega_3^2 - a\omega_2^2\cos(\theta_2-\theta_3) - \ddot{d}\cos\theta_3}{a\operatorname{sen}(\theta_2-\theta_3)}$$
$$\alpha_3 = \frac{a\alpha_2\cos\theta_2 - a\omega_2^2\operatorname{sen}\theta_2 + b\omega_3^2\operatorname{sen}\theta_3}{b\cos\theta_3} \tag{16.5}$$

TABLA 16-5 Condiciones de frontera

Ejemplo 16-2, Segmento 1

Cuando $\theta = 0$:
$S = 0$,
$V = 6.114$ pulg/s

TABLA 16-6 Condiciones de frontera

Ejemplo 16-2, Segmento 2

Cuando $\theta = 0$:
$s = 6.114\ 210$ pulg,
$v = 10$ pulg/s,
$a = 0$

Cuando $\theta = 140°$
$s = 0$,
$v = 10$ pulg/s,
$a = 0$

6 El programa de la leva tiene dos segmentos: 220° de la velocidad constante igual a 10 pulg/s a través de 30º del movimiento del brazo del seguidor (manivela) y un movimiento polinomial de quinto grado de retorno a través de 140°. El desplazamiento total es de 6.767 pulg.

7 En la tabla 16-5 se presentan las condiciones de frontera para el polinomio en el segmento 1, y las condiciones de frontera para el polinomio en el segmento 2, en la tabla 16-6. Las funciones *s*, *v*, *a* según resultan del programa DYNACAM son:

Segmento 1:

$$S = 6.114x \text{ pulg}$$
$$V = \frac{\omega}{\beta}(6.114) = \frac{2\pi}{3.8397}(6.114) = 10 \text{ pulg/s} \tag{16.6}$$
$$A = 0$$

Segmento 2:

$$S = -60.029x^5 + 150.073x^4 - 100.049x^3 + 3.891x + 6.114 \text{ pulg}$$
$$V = \frac{\omega}{\beta}\left(-300.145x^4 + 600.292x^3 - 300.147x^2 + 3.891\right) \text{ pulg/s} \tag{16.7}$$
$$A = \frac{\omega^2}{\beta^2}\left(-1\,200.58x^3 + 1\,800.88x^2 - 600.294x\right) \text{ pulg/s}^2$$

8. La ecuación 16.6 se aplica a los primeros 220°, y la ecuación 16.7, a los últimos 140°. La variable normalizada $x = \theta/\beta$ corre desde 0 hasta 1. En la figura 16-7 se muestran los diagramas *S*, *V*, *A* para estos movimientos polinomiales que se aplican a la corredera. Observe que el desplazamiento se da ahora en unidades de longitud en vez de grados, como en el ejemplo anterior (figura 16-4, p. 554).

9 Las ecuaciones para el comportamiento cinemático del mecanismo a partir de las ecuaciones 16.3 a 16.5 deben resolverse en un conjunto de puntos discretos (por ejemplo, todos los grados del ciclo de la leva), con

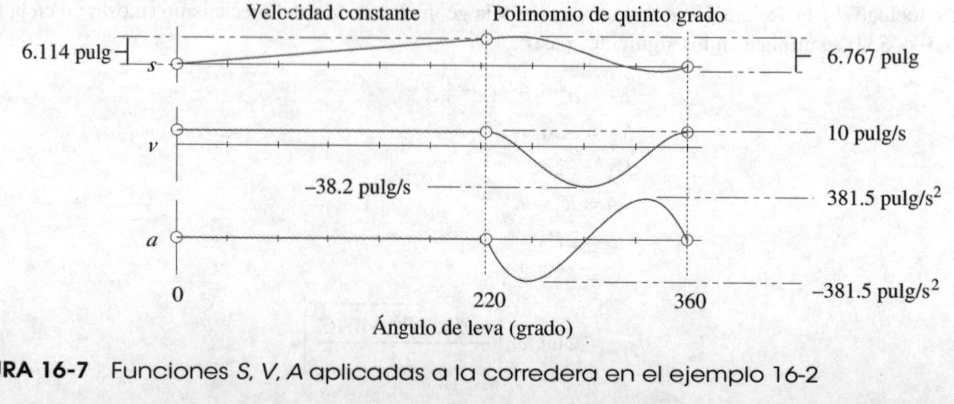

FIGURA 16-7 Funciones *S*, *V*, *A* aplicadas a la corredera en el ejemplo 16-2

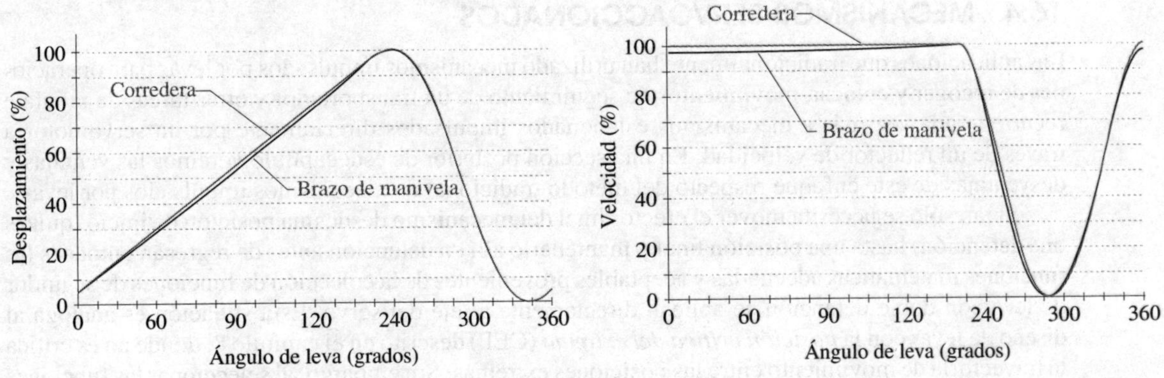

a) Desplazamiento b) Velocidad

FIGURA 16-8 Desplazamiento y velocidad de entrada y salida normalizados para el ejemplo 16-2

las funciones de las ecuaciones 16.7 y 16.8 como entrada a la corredera a fin de determinar el comportamiento del brazo de la manivela. Con el desplazamiento del brazo de la manivela se calcula después el perfil de leva requerido.

10 Como resulta obvio, se trata de una labor para computadora, y con una se resolvieron las ecuaciones. Un buen método es recurrir a un solucionador de ecuaciones, como *Matlab*, *Mathcad* o *TkSolver*. El problema se resuelve numéricamente con representaciones discretas de las funciones de movimiento calculadas a cada grado o fracción de dicho movimiento.

11 En la figura 16-8*a* se muestran los desplazamientos de la corredera y el brazo de manivela superpuestos y normalizados al punto porcentual con fines de comparación. El comportamiento no lineal del mecanismo distorsiona toda la función. En la figura 16-8*b* se muestran las velocidades normalizadas y superpuestas del brazo del seguidor y de la corredera.

Observe que la corredera tiene una velocidad lineal constante durante el primer segmento, pero el brazo de la manivela no tiene velocidad angular constante.

12 En la figura 16-9 se muestra la diferencia porcentual entre el brazo de la leva y la corredera, tanto en el desplazamiento como en la velocidad. Las funciones distorsionadas del brazo de manivela sirven para corregir el error introducido por la geometría del mecanismo y proporcionar a la corredera los movimientos diseñados.

13 En la figura 16-10 se muestra la diferencia en radio hasta el centro del rodillo para la leva del ejemplo 16-1 y la del ejemplo 16-2. El primero tiene las funciones deseadas aplicadas a su seguidor. El segundo tiene las funciones aplicadas a la corredera con el perfil de leva recalculado para eliminar el error por la geometría de mecanismo. La mayor diferencia radial entre las levas es de casi 0.2 pulgadas.

Cualquiera que sea la configuración del mecanismo, se aplicará el ejercicio descrito en los dos ejemplos anteriores. Deben combinarse las funciones de movimiento de leva y las ecuaciones que definen la función de transferencia de movimiento del mecanismo, funcionando desde la entrada hasta la salida, o viceversa, según se desee aplicar las funciones teóricas de la leva a los extremos de entrada o salida del mecanismo.

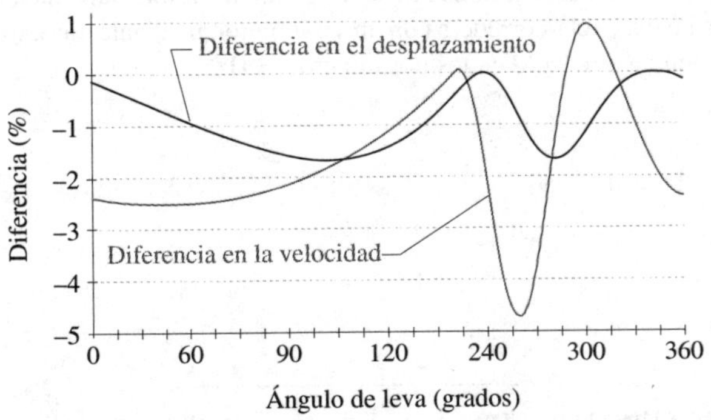

FIGURA 16-9 Diferencia en el desplazamiento y la velocidad entre la corredera y el seguidor de leva en el ejemplo 16-2

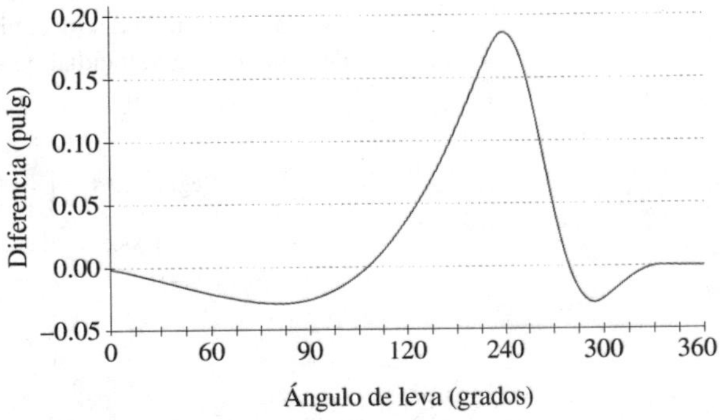

Figura 16-10 Diferencia en el radio del perfil de la leva con las funciones aplicadas al seguidor de leva respecto del efector final

16.4 MECANISMOS SERVOACCIONADOS

Las aplicaciones que tradicionalmente han utilizado mecanismos impulsados por levas para operaciones de recoger y colocar, movimientos de seguimiento de un transportador y otras tareas de montaje recurren cada vez más a mecanismos eslabonados impulsados directamente por un servomotor a través de un reductor de velocidad. En una sección posterior de este capítulo veremos las ventajas y desventajas de este enfoque respecto del método tradicional de mecanismos impulsados por levas.

Si tan sólo se necesita mover el efector final del mecanismo desde una posición de inicio (quizás una detención) hasta una posición final y mantenerlo allí en detención antes de regresar, entonces las funciones matemáticas adecuadas y aceptables provenientes de la colección de funciones de seguidor de leva con doble detención se aplican directamente al eje del servo. Esta situación es análoga al diseño de levas con la *posición crítica del extremo* (CEP) descrito en el capítulo 8, donde no es crítica la trayectoria de movimiento entre las posiciones extremas. Sin embargo, al seleccionar las funciones de movimiento para impulsar el eje del servo asegúrese de observar la *ley fundamental del diseño de servomecanismos* descrita en una sección anterior de este capítulo. La distorsión de movimiento entre los extremos introducida por el eslabonamiento quizá no perjudique el funcionamiento en el caso del CEP, excepto en la medida en que aumente las aceleraciones en los miembros. Los eslabones deben diseñarse para soportar las cargas dinámicas de sus aceleraciones, y los motores deben seleccionarse para proporcionar el par de torsión necesario. La mayoría de las fallas mecánicas de este tipo de mecanismos se produce durante la aceleración al iniciar o detenerse, sobre todo durante una parada de emergencia cuando los servomotores deben frenar dinámicamente el sistema hasta una parada en uno o unos cuantos ciclos de máquina.

Cuando se especifican posiciones o velocidades intermedias críticas entre los extremos, la distorsión de las funciones de movimiento puede ser un problema. Esto resulta análogo al caso del *movimiento de trayectoria crítica* (CPM) descrito para los mecanismos de levas en el capítulo 8. Además, si el eslabón de entrada accionado por el servomotor (es decir, la manivela de un mecanismo de manivela-corredera, de cuatro o seis barras) necesita girar a través de un ángulo significativo, dará mayor distorsión que en el caso de los dos ejemplos anteriores. En tales situaciones es indispensable modificar la función de control del servomotor para tener en cuenta la distorsión por la geometría del mecanismo y crear el movimiento de precisión deseado en el efector final del eslabonamiento. La mejor manera de ilustrar este proceso es con un ejemplo.

EJEMPLO 16-3 Mecanismo de corredera-manivela accionado por un servomotor para realizar una operación de formación

Dado: Se diseñó un mecanismo eslabonado de corredera-manivela (figura 16-13, p. 560) con el fin de proporcionar la geometría de un movimiento adecuado para un troquel en una prensa de conformado. El movimiento requerido comienza a partir de una detención y mueve la corredera a través de un desplazamiento de 2 pulg terminando en TDC con un ángulo en la manivela de $\theta_2 = 0$. El troquel debe llegar a una velocidad cero por un instante en el paso de 1.588 pulg para luego avanzar en el material. Después se debe llevar de nuevo a una detención en 1.400 pulg antes de regresar a cero. En la figura 16-11 se muestra el diagrama de los tiempos de movimiento de la corredera. En lugar de diseñar una leva personalizada para proporcionar el movimiento y las detenciones requeridas para la manivela del mecanismo, se desea impulsar directamente el eslabón de entrada del mecanismo de manivela-corredera con un servomotor, mediante una caja de cambios. La velocidad de la máquina es de 120 ciclos por minuto o 2 Hz.

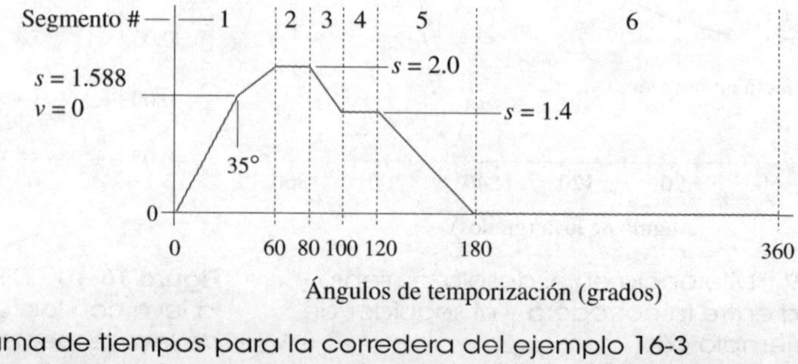

FIGURA 16-11 Diagrama de tiempos para la corredera del ejemplo 16-3

Encuentre: La función de movimiento necesaria para programar un servomotor que accione un mecanismo de manivela-corredera; ésta debe proporcionar el programa necesario para el movimiento de salida del mecanismo tal como se define en la corredera.

Suponga: Que la posición y la velocidad necesarias en los puntos intermedios de la carrera requieren la aplicación de la función de movimiento a la corredera, así como su transformación matemática en una función sobre el eje del servo que represente la geometría del mecanismo.

TABLA 16-7
Condiciones de frontera

Ejemplo 16-3, Segmento 1
Cuando $\theta = 0°$:
$s = 0,\ v = 0,\ a = 0$
Cuando $\theta = 35°$:
$s = 1.588,\ v = 0$
Cuando $\theta = 60°$
$s = 2,\ v = 0,\ a = 0$

Solución:

1 Las funciones seleccionadas para proporcionar los movimientos definidos en la figura 16-11 son:

Segmento 1: Polinomial en 60° con las condiciones de frontera de la tabla 16-7.
Segmento 2: Detención en 2 pulg por 20°.
Segmento 3: Descenso cicloidal a 1.4 pulg durante 20º.
Segmento 4: Detención en 1.4 pulg por 20°.
Segmento 5: Descenso cicloidal hasta cero durante 60°
Segmento 6: Detención en cero pulg por 180°.

En la figura 16-12 se muestran las funciones *S, V, A* para el movimiento de la corredera calculadas mediante el programa DYNACAM.

2 La geometría del mecanismo de corredera-manivela que debe accionar el servomotor se eligió con base en los requisitos de empaquetado y se muestran en la figura 16-13. El desplazamiento máximo en TDC cuando $\theta_2 = 0$ es $d = a + b = 9.8$ pulg. Una carrera de 2 pulg requiere que el desplazamiento de inicio $d_{inicio} = 9.8 - 2 = 7.8$ pulg. Para encontrar el ángulo de inicio de la manivela a d_{inicio} se usan las ecuaciones 16.4.

$$\begin{aligned} K_1 &= a^2 - b^2 + c^2 + d^2 = 2.4^2 - 7.4^2 + 0 + 7.8^2 = 11.840 \\ K_2 &= -2ac = -2(2.4)(0) = 0 \\ K_3 &= -2ad = -2(2.4)(7.8) = -37.440 \\ A &= K_1 - K_3 = 11.840 - (-37.440) = 49.280 \\ B &= 2K_2 = 2(0) = 0 \\ C &= K_1 + K_3 = 11.840 + (-37.440) = -25.600 \end{aligned} \tag{a}$$

$$\begin{aligned} \theta_{inicio_{1,2}} &= 2\arctan\left(\frac{-B \pm \sqrt{B^2 - 4AC}}{2A}\right) \\ &= 2\arctan\left(\frac{0 \pm \sqrt{0 - 4(49.280)(-25.600)}}{2(49.280)}\right) \\ \theta_{inicio_1} &= 71.564° \qquad \theta_{inicio_2} = -71.564° \end{aligned} \tag{b}$$

Debido a la simetría, puede aplicarse cualquier valor según la dirección de rotación deseada para la manivela. Se elegirá el sentido de rotación de la manivela en el sentido de las manecillas del reloj con $\theta_{inicio} = 71.564°$, $\theta_{final} = 0°$.

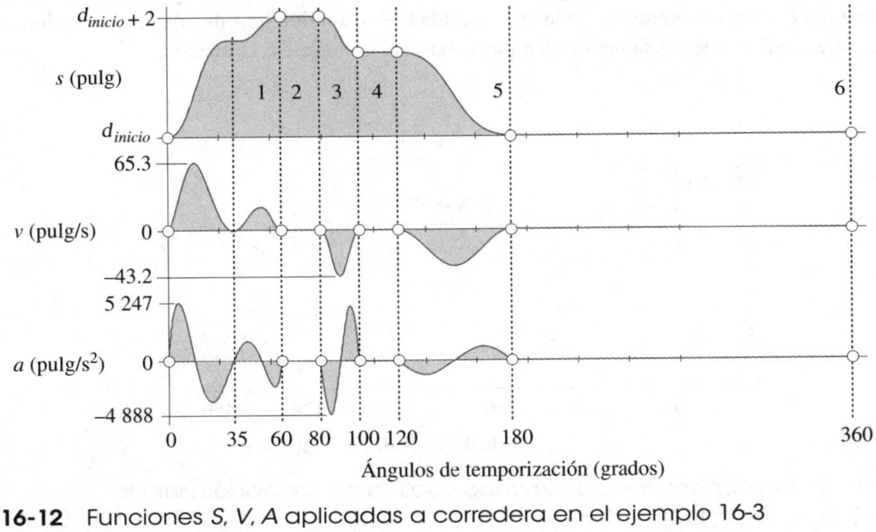

FIGURA 16-12 Funciones *S, V, A* aplicadas a corredera en el ejemplo 16-3

16

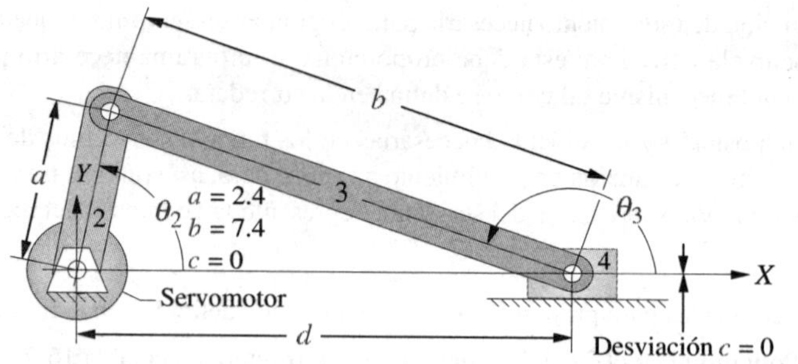

FIGURA 16-13 Mecanismo de corredera-manivela impulsado por un servomotor

3 Sólo es necesario convertir la función de desplazamiento con la geometría del mecanismo para crear una función de control útil para el servo porque el controlador de un servomotor común necesita sólo la función de control.* Observe que todos los efectos de velocidad, aceleración y funciones de sacudimiento elegidas están contenidos dentro de la función de desplazamiento, pues provienen de la integración de esas funciones.† En su mayoría, los servocontroladores son capaces de importar una tabla de datos de desplazamiento, que en este caso se generará mediante la función de desplazamiento de la figura 16-12 modificada por la geometría del mecanismo. Esta tabla de datos de los ángulos de la manivela se genera con cualquier resolución deseada a cada grado o a cualquier fracción de grado.

4 Los valores de $d_{inicio} + d$ como los define la función de desplazamiento lineal de la figura 16-12 para cada incremento de ángulo de la máquina durante el ciclo de 0 a 360° se utilizan como entrada a la ecuación 16.4 (p. 556) a fin de calcular sus correspondientes desplazamientos angulares θ_2 que se aplicarán al eje del servo. No deben confundirse los ángulos de la manivela del mecanismo θ_2 con los ángulos de temporización que se muestran como variable independiente en las figuras 16-12 (p. 559) y 16-14. Estos ángulos representan fracciones de un ciclo de la máquina, que siempre es una revolución del eje de temporización principal de la máquina. En una máquina completamente controlada por un servomotor sin eje de temporización física, éste suele ser un eje "imaginario" o virtual "maestro" que sirve como referencia de temporización para todos los servomotores "esclavos" a seguir.

5 En la figura 16-14 se muestran las funciones de desplazamiento, tanto para el desplazamiento lineal de la corredera como para el desplazamiento angular de la manivela del mecanismo durante los primeros cinco segmentos. Se omite la detención a los 180° del segmento 6, pues en ese momento la manivela se encuentra estacionaria en la posición inicial. Cada función se normaliza en un rango de 0 a 1 para permitir su superposición. Observe las grandes diferencias entre las dos funciones en comparación con las de los dos ejemplos anteriores. En esos casos, la rotación total de la manivela era menor y se evitaban las regiones cercanas a BDC o TDC, donde la distorsión geométrica es mayor. En este ejemplo se toma la manivela hasta TDC y se ven aumentar las diferencias entre las funciones a medida que se aproximan a esa región.

6 Aunque este diseño hace lo que el cliente solicitó, una inspección cuidadosa de la función de desplazamiento del brazo de la manivela en la figura 16-14 a los 60 y 80 grados del ángulo de temporización muestra que se trata de una solución deficiente en el sentido dinámico. En esos puntos hay un cambio rápido de la pendiente, lo que generará una aceleración muy grande. Se acerca a la violación de la ley fundamental ya descrita en este capítulo. Esto es consecuencia de la gran cantidad de distorsión introducida por la función no lineal de la corredera-manivela. En el siguiente ejemplo se buscará mejorar esta situación.

* Observe que se presenta la misma situación al generar un perfil de leva. Para crear el contorno de la leva, sólo se usa la función de desplazamiento, pero contiene todas las matemáticas de las derivadas superiores usadas en el diseño de la leva.

† La razón por la que se convirtió la función de velocidad en los ejemplos 16-1 y 16-2 fue mostrar los efectos de la geometría del mecanismo en la parte de velocidad constante de las funciones. Para programar el controlador del servo, sólo se utiliza la función de desplazamiento. La pendiente de la función de desplazamiento codifica la velocidad.

16

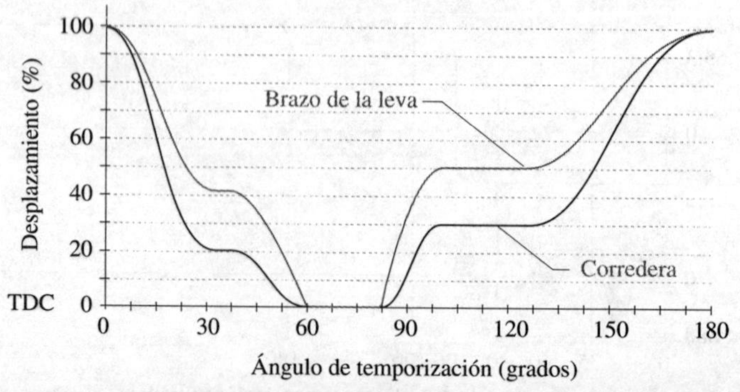

FIGURA 16-14 Desplazamientos de entrada y salida normalizados para la manivela y la corredera en el ejemplo 16-3

EJEMPLO 16-4 Mejora del diseño del ejemplo 16-3 (p. 558).

Dado: El diseño del ejemplo 16-3 resultó ser dinámicamente deficiente. En este ejemplo se aplican la posición requerida y las restricciones de velocidad al movimiento de la corredera, y la función resultante se transformó mediante las ecuaciones que relacionan el movimiento de la corredera con el movimiento de la manivela. Las restricciones requieren que la corredera se mueva a través de una carrera de 2 pulg hasta el TDC con un ángulo de manivela $\theta_2 = 0$. La corredera debe llevarse hasta la velocidad cero por un instante a 1.588 pulg de la carrera para después avanzar en el material. Después se lleva de nuevo a detención a 1.400 pulg antes de volver a cero. En vez de aplicar dichas restricciones directamente a la corredera como en el ejemplo 16-3, primero se transformarán las restricciones de parámetros lineales a parámetros angulares, y después se aplicarán esos parámetros angulares al movimiento del brazo de manivela accionado por el servomotor. La velocidad de la máquina es de 120 ciclos por minuto o 2 Hz.

Encuentre: La función de movimiento necesaria para programar un servomotor que accione un mecanismo de manivela-corredera, la cual debe proporcionar los parámetros de movimiento de salida necesarios para el mecanismo, como los definen las posiciones específicas de la corredera.

Suponga: Que las precisiones de la posición y la velocidad requeridas en los puntos intermedios de la carrera sólo requieren que esos parámetros específicos se transformen en los parámetros correspondientes del eje del servo. La forma de las funciones entre esos puntos no es crítica.

1 Las funciones escogidas para proporcionar los movimientos serán similares a las definidas en el paso 1 del ejemplo 16-3, pero se aplicarán directamente al movimiento del brazo de la manivela.

2 Los ángulos de inicio y final, $\theta_{inicio} = 71.564°$ y $\theta_{final} = 0°$, necesarios para alcanzar el paso de 2 pulg se calcularon en el paso 2 del ejemplo 16-3, y aquí requiere la misma operación.

3 Los ángulos de manivela correspondientes a las posiciones intermedias se calculan mediante el mismo método para el ángulo de inicio en el paso 2 del ejemplo 16-3. Debe haber un punto d_1 con velocidad instantánea cero cuando el deslizador se haya movido a través de 1.588 pulg en su carrera de 2 pulg. La posición de inicio de la corredera como referencia al pivote de la manivela se calculó en el paso 2 del ejemplo 16-3 como 7.8 pulg. El punto d_1 estará en 7.8 + 1.588 = 9.388 pulg. El ángulo correspondiente de la manivela para esa posición, a partir de las ecuaciones 16.4, es 29.721°.

4 El tiempo de detención en un paso de la corredera de 1.4 pulg es 7.8 + 1.4 = 9.6 pulg desde el pivote de la manivela. Las ecuaciones 16.4 muestran que esta posición de la corredera corresponde a un ángulo de manivela de 36.10°.

5 Entonces, las condiciones de frontera para el movimiento de la manivela se convierten en:

Inicio con un ángulo de manivela de 71.564°.
Segmento 1: Spline B a través de 60° con las condiciones de frontera de la tabla 16-8.*
Segmento 2: Detención en cero grados de la manivela por 20º.
Segmento 3: Subida cicloidal hasta 36.19° durante 20°.
Segmento 4: Detención en 36.19° por 20°.
Segmento 5: Subida cicloidal hasta 71.564° durante 60°.
Segmento 6: Detención en 71.564° por 180°.

6 En la figura 16-15 se muestra la función resultante superpuesta sobre la solución para el ejemplo 16-3. Observe el contorno suave cercano a los 60 y después de los 80 grados de temporización. La discon-

TABLA 16-8
Condiciones de frontera
Ejemplo 16-4, Segmento 1

Cuando $\theta = 0$:
$s = 71.546°$, $v = 0$, $a = 0$

Cuando $\theta = 35°$:
$s = 29.721°$, $v = 0$

Cuando $\theta = 60°$:
$s = 0°$, $v = 0$, $a = 0$

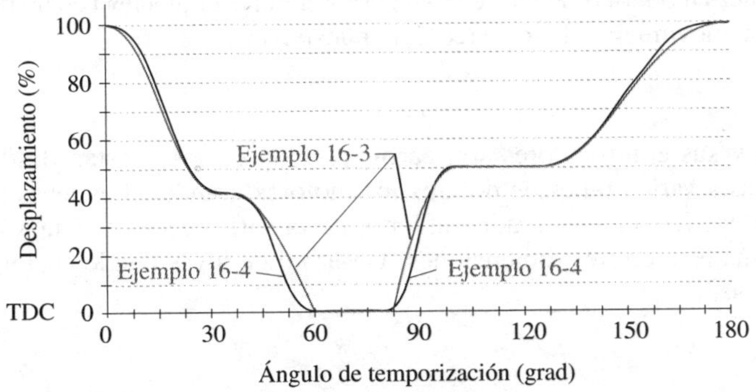

FIGURA 16-15 Desplazamientos de entrada normalizados para las levas de los ejemplos 16-3 (p. 558) y 16-4

* Este conjunto de condiciones de frontera no permitió una solución polinómica aceptable, y se requirió una spline B. Las spline B proporcionan un mejor control sobre los movimientos y sus derivadas polinomiales. En este libro no se describen las spline, pero en la referencia 2 hay información sobre sus matemáticas y su uso.

16

tinuidad de la pendiente se acaba, pero los puntos críticos se mantienen. Éste es un diseño dinámicamente superior al del ejemplo 16-3.

7 Ahora debe ser evidente que si todas las posiciones o velocidades intermedias durante la carrera son críticas, es necesario modificar la función del servo mediante la geometría del mecanismo para asegurar la función apropiada. Si sólo las posiciones finales son críticas (el caso CEP), entonces sería posible aplicar las funciones de movimiento escogidas directamente sobre la manivela de entrada. No obstante, esto provocaría una distorsión no deseada en la función de aceleración y también afectaría negativamente la función del par de torsión. Es aconsejable que el ingeniero verifique estos efectos en cada caso.

16.5 OTROS MECANISMOS

El planteamiento del mecanismo de corredera-manivela impulsado por servo del ejemplo anterior sirve también para cualquier otro mecanismo eslabonado. Para un mecanismo de cuatro barras se aplican las funciones de movimiento deseadas al oscilador de salida, eslabón 4, y se modifica mediante la función de transferencia del desplazamiento del mecanismo, como la definen las ecuaciones 4.8*a*, 4.10*a* y 4.10*b*. Tenga en cuenta que las variables θ_2 y θ_4 deben intercambiarse temporalmente, pues se desea resolver θ_2 en función de θ_4, para lo cual se aplica el movimiento del servo. Con fines de este cálculo, tan sólo considere el eslabón 4 como el eslabón 2 y viceversa. Un mecanismo Watt II de seis barras se resuelve de la misma manera: se considera el eslabón de salida al que se aplicarán las funciones servo como el eslabón temporal de "entrada" con el fin de modificar la función del servo aplicada y convertirla en una aplicable a la entrada de la manivela real del mecanismo y generar el movimiento adecuado.

16.6 MECANISMOS IMPULSADOS POR LEVAS CONTRA SERVOCONDUCIDOS

En ocasiones se escucha el siguiente comentario entre ingenieros: "Las levas son obsoletas. Con un servo puedo hacer cualquier cosa que se haga con una leva." El autor oyó esto hace 40 años y de vez en cuando aún resuena en la actualidad. ¿De verdad es cierto? Si es así, ¿por qué todavía hay levas? Existen desde hace mucho tiempo. En bocetos, Leonardo da Vinci plasmó muchos ejemplos de levas. Incluso las ilustraciones de civilizaciones antiguas muestran dispositivos con levas para diversos fines. El desarrollo de los servomecanismos es más reciente: la segunda mitad del siglo XX. Al principio eran sólo dispositivos rotatorios (motores), pero ahora también hay actuadores lineales. Ambos sistemas son muy útiles y valiosos, pero cada uno tiene sus puntos fuertes y débiles.

Flexibilidad

La mayor ventaja de los sistemas servo es su capacidad de programación inherente. Con un esfuerzo moderado del personal especializado, un servo se reprograma en un periodo breve para proporcionar un movimiento diferente dentro de los límites de su paquete mecánico. La posición, velocidad y aceleración de su movimiento se modifica en el software, y es posible almacenar más de una versión en la memoria, lo que permite al operador cambiar el movimiento con sólo un botón. Una leva proporciona los mismos movimientos que un servo, pero su programa de movimiento está codificado "en el hardware" de acuerdo con su forma. Para cambiar el programa de movimiento es necesario remecanizar su contorno. Como su programa de movimiento y su contorno suelen diseñarse mediante software, y las técnicas modernas de fabricación permiten rehacer una leva en un día o dos, también es posible modificar su movimiento. Pero se requiere nuevo hardware.

Costo

Los servomotores y sus controladores son caros, por lo general cuestan desde 1 000 dólares un motor de 1/4 hp hasta varios miles de dólares los motores grandes. Las levas cuestan desde unos cuantos cientos de dólares, una leva radial abierta, hasta varias veces más una leva de tambor más compleja, y más una leva en tres dimensiones. Un árbol de levas puede accionarse con un motor menos costoso (no servo).

Confiabilidad

Una vez bien fabricado el diseño adecuado de una leva, llega a durar mucho tiempo. Si está bien lubricado, deben esperarse muchos millones de ciclos de la leva y el seguidor antes de que falle. Los motores de automóviles modernos llegan a funcionar hasta 200 000 kilómetros con el mismo árbol de levas. Si se supone de manera conservadora una velocidad media de 35 kilómetros por hora y una velocidad media del motor de 1 500 rpm, esto equivale a alrededor de 250 000 millones de revoluciones del árbol de levas sin fallas. Las levas de la maquinaria de producción no llevan una vida tan feliz, pues no se bañan en aceite filtrado, sino que suelen funcionar en seco o con lubricación mínima, en ambientes nada prístinos. Sin embargo, en años recientes, algunas levas de máquinas de producción acumulan hasta 100 millones de ciclos por año. Los servomotores y sus controladores también tienen una gran confiabilidad, aunque los componentes electrónicos llegan a fallar y los cojinetes se gastan; pero estos sistemas tienen una vida larga si se confeccionan del tamaño adecuado.

Complejidad

Los diseños correctos tanto de las levas como de los sistemas de servo requieren personal con conocimientos de ingeniería. Se requiere una formación especializada para el diseño de levas o la programación y puesta a punto del servo. Los requisitos matemáticos para sus funciones de movimiento son esencialmente iguales para ambos sistemas; dinámica es dinámica, ya sea que se logre mediante un servo o una leva; F siempre es igual a mA. El diseñador debe mantener la relación de inercia de la carga sobre la inercia del servomotor dentro del rango apropiado para lograr la dinámica deseada. Una leva no tiene este requisito. El programa de servomovimiento deseado sólo se consigue mediante la regulación apropiada del controlador del sistema. Si no se realizan cambios en el sistema impulsado, la configuración puede permanecer intacta durante la vida de la máquina. Una vez fabricado un diseño adecuado de leva, no es necesario ningún ajuste adicional. Si los sistemas de servo requieren alguna reprogramación durante su vida, suelen clonarse empleando personal altamente capacitado. La reparación de las levas necesita mecánicos y técnicos.

Robustez

Las máquinas impulsadas por levas mantienen la sincronía y la relación de fases entre sus elementos de manera mecánica. Si falla la energía, la máquina se detiene sin ningún cambio en la sincronización. Si la energía falla en un sistema servoconducido, se pierde todo el control sobre la posición relativa y se corre el riesgo de accidentes con consecuencias costosas. También se sabe que algunos programas de servocontrolador pierden su sincronización, incluso sin fallas de energía, y después se requiere una máquina de detención para regresar los componentes a su punto de inicio, es decir, para ponerlos todos de nuevo en su posición cero.

Empaque

Los sistemas de seguidor de leva son muy compactos (piense en un tren de válvulas con un árbol de levas a la cabeza) o muy grandes si debe transferirse movimiento a cierta distancia, como en muchas máquinas de montaje con árboles de levas debajo y herramientas encima de la placa base. En algunos casos, un servomotor pequeño montado en la herramienta proporciona los movimientos necesarios sin la complejidad del sistema eslabonado. Los servos lineales se prestan bien para esta situación si el movimiento de salida deseado es una traslación rectilínea, pues pueden montarse para actuar directamente sobre el extremo del efector; también logran grandes desplazamientos. La reducción resultante de la masa y una mayor rigidez del tren del seguidor tiene importantes ventajas dinámicas.

Capacidad de carga

Las levas tienen una gran ventaja mecánica inherente. Esto las hace muy adecuadas para aplicaciones que requieren la generación de grandes fuerzas o pares de torsión, o para las que soportan grandes cargas inerciales. Un ejemplo es la compactación del contenido en una batería seca. Las fuerzas necesarias son de miles de libras, y las levas suelen impulsar un pistón de compactación sobre la batería para reducir su volumen. Otro ejemplo es la inserción/pegado de revestimientos en la tapa de los frascos de alimentos, que requiere alrededor de 7 000 libras fuerza; esto también corre a cargo de los mecanismos de levas.

Un servomotor que impulsa la manivela de entrada de un eslabonamiento u otro mecanismo mediante un reductor de engranes tiene la relación de transmisión como ventaja mecánica constante. El mecanismo, por supuesto, introduce su propia ventaja mecánica variable adicional. El mismo eslabonamiento, impulsado por una leva que actúa sobre un rodillo unido a la manivela de entrada, sustituye una ventaja mecánica variable por la ventaja constante del reductor de egranes del servo. Un servomotor lineal que actúa directamente sobre el efector final no tiene ninguna ventaja mecánica. Aunque estos dispositivos llegan a generar grandes fuerzas, una leva con ventaja mecánica infinita generará una fuerza aún más grande.

Como ejemplo, considere el mismo mecanismo de corredera-manivela que debe impulsarse a través del mismo ángulo de manivela ya sea por una leva que actúe sobre un rodillo colocado en la unión entre la manivela y el brazo o por un servomotor que impulse directamente la manivela. Cada uno proporciona un desplazamiento angular, una velocidad y una aceleración idénticos a la manivela. La masa de la unión es igual en ambos casos. Sea el perfil de movimiento un polinomio 3-4-5-6 para una función de subida-descenso-detención sobre la manivela. Al calcular el par de torsión requerido por el motor que acciona la leva y el motor que impulsa directamente la manivela, se encuentra que el servomotor de impulso directo debe aplicar un par más o menos 20 veces mayor que el requerido por el árbol de levas. Ahora bien, un reductor de 20:1 igualaría las cosas en cierto modo, pero si el propósito del mecanismo es proporcionar grandes fuerzas externas en algún punto de la carrera, quizá se prefiera la ventaja mecánica variable de la leva (potencialmente infinita) sobre la ventaja mecánica constante del reductor de engranes.

Cuando se trata con altas velocidades y grandes cargas, el llamado motor de velocidad-par de torsión puede ser una limitación. El producto de la velocidad angular y el par de torsión es la potencia, y todo motor tiene una determinada curva de velocidad angular-par de torsión, como se muestra en las figuras 2-40 a 2-42, pp. 55-57. Cuando se aumenta el tamaño de un servomotor para obtener el par requerido en una aplicación de alta carga, el momento polar de inercia de su rotor también aumenta con el cuadrado de su radio. El resultado es que se requiere una cantidad desproporcionada de par de torsión para acelerar el rotor y por tanto es posible que no pueda accionarse la carga. Esto implica un motor de gran tamaño en comparación con la conducción de una leva que corra a velocidad constante y amplifique la fuerza o el par de torsión a través de su ventaja mecánica variable. Un ejemplo conocido es una aplicación que utiliza 47% de capacidad de par de de torsión del servomotor sólo para acelerar el rotor del motor en cada ciclo.

16.7 REFERENCIAS

1 **Norton, R. L.** (2009), *Cam Design and Manufacturing Handbook* 2ed., Industrial Press Inc.: Nueva York, pp. 417-420.

2 ***Ibid.***, Capítulo 5.

16.8 BIBLIOGRAFÍA

Dote, Y. y S. Kinoshita (1990). *Brushless Servomotors*. Clarendon Press: Oxford.

Humphrey, W. M. (1973). *Introduction to Servomechanism System Design*. Prentice-Hall: Englewood Cliffs, NJ.

Younkin, G. W. (2003). *Industrial Servo Control Systems*. Marcel Dekker: Nueva York.

16.9 PROBLEMAS

El programa DYNACAM *puede usarse para resolver los problemas en los que sea aplicable. Cuando no se especifiquen las unidades, trabaje en cualquier sistema de unidades consistente que desee.*

TABLA P16-0
Matriz tema/problema

16.3 Mecanismos impulsados por levas
16-1 a 16-5

16.4 Mecanismos servoaccionados
16-6, 16-7

16-1 Diseñe un movimiento de doble detención para trasladar una corredera desde 0 hasta 75 mm en 60° con una aceleración senoidal modificada, detención por 120°, descenso de 75 mm en 30° con movimiento cicloidal, y detención en el resto. Calcule y represente la función de desplazamiento de la corredera con DYNACAM y modifique la función para impulsar la manivela de un mecanismo de manivela-corredera no descentrado con dimensiones: manivela = 100 mm, acoplador = 300 mm de modo que, en el recorrido máximo de la corredera, la manivela se encuentre en cero grados. La corredera debe seguir el movimiento especificado. Grafique la función de entrada resultante para la manivela.

16-2 Repita el problema 16-1 para una función de corredera con elevación de 65 mm en un movimiento polinomial 3-4-5 sobre 80°, detención por 100°, descenso a través de 40° con movimiento polinomial 3-4-5, y detención para el resto.

16

16-3 Diseñe un movimiento polinomial de una sola detención para trasladar una corredera desde 0 hasta 75 mm, retorno a 0 en 120° y detención en el resto. El tiempo de ciclo total es de 6 segundos. Calcule y grafique la función de desplazamiento de la corredera con DYNACAM y modifique la función para impulsar la manivela de un mecanismo manivela-corredera no descentrado con las siguientes dimensiones: manivela = 90 mm, acoplador = 270 mm de modo que, en el recorrido máximo de la corredera, la manivela esté en 180°. La corredera debe seguir el movimiento especificado. Grafique la función de entrada resultante para la manivela.

16-4 Con el programa de movimiento a velocidad constante del ejemplo 16-1 (p. 553) aplicado a la corredera de un mecanismo no descentrado de manivela-corredera con cuatro barras y un recorrido a velocidad constante de 150 mm a 40 mm/s, calcule y grafique las funciones *s v a j* para este movimiento aplicadas directamente a la corredera mediante el programa DYNACAM. El tiempo de ciclo total es de 6 segundos. Calcule el programa modificado necesario para impulsar la manivela del mecanismo y obtener el movimiento especificado en la corredera. Manivela = 200 mm, acoplador = 600 mm, ángulo inicial de la manivela = 110°.

16-5 Repita el problema 16-4 para un recorrido de la corredera de 5.5 pulg a 0.75 pulg/s, una longitud de manivela de 7.5 pulg, una longitud de acoplador de 18 pulg y un ángulo de inicio de la manivela de 120°. El tiempo total del ciclo es de 12 segundos.

16-6 Una manivela-corredera no desviada con longitudes de manivela y acoplador de 3.25 pulg y 10.875 pulg, respectivamente, se debe impulsar mediante un servomotor a través de un reductor de engranes. En la figura P16-1 se muestra el diagrama de temporización requerido para la corredera. La corredera se mueve a través de una distancia de *s* pulg. Elija un conjunto de funciones de servo de la tabla 16-2 (p. 551) a fin de impulsar la manivela con la menor vibración resultante y calcule el desplazamiento resultante de la manivela para un ciclo de 40 segundos de duración. Con base en esta entrada a la manivela, calcule el movimiento resultante de la corredera y compare los dos resultados trazando sus desplazamientos normalizados. El ángulo de la manivela en $t = 0$ es de 70 grados, y la manivela gira en sentido de las manecillas del reloj para realizar el primer movimiento de la corredera.

16-7 Repita el problema 16-6 con el diagrama de temporización de la figura P16-1, pero con un recorrido total de 75 mm. La longitud de la manivela es de 110 mm, la longitud del acoplador es de 275 mm y el ángulo inicial de la corredera es de 90°.

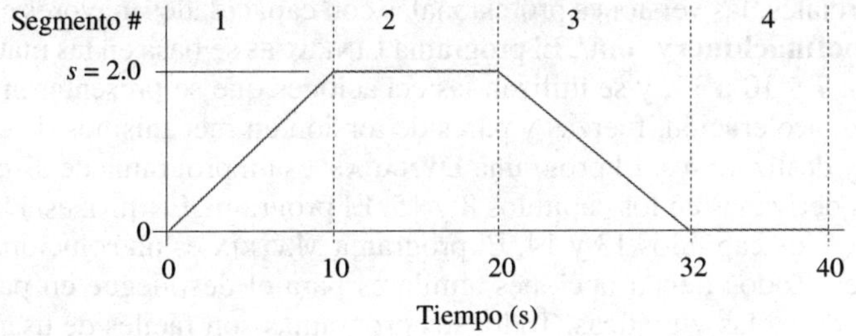

FIGURA P16.1 Diagrama de temporización para los problemas 16-6 y l6-7

Apéndice A

PROGRAMAS DE COMPUTADORA

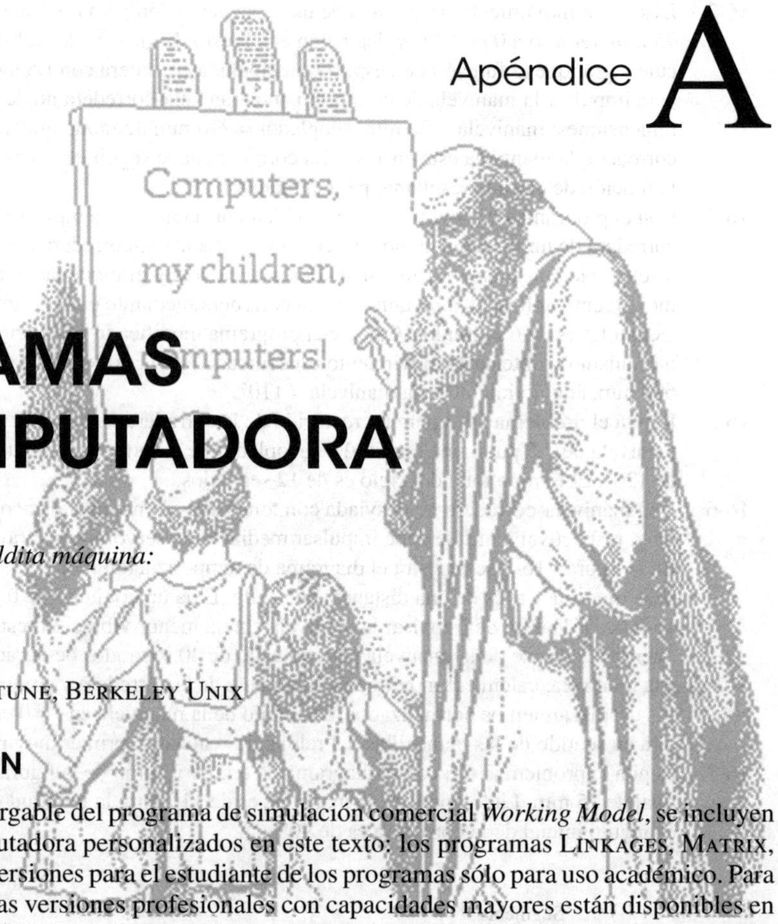

En realidad odio a esta maldita máquina:
Quisiera venderla.
Nunca hace lo que quiero
Sino sólo lo que le digo.

DE LA BASE DE DATOS FORTUNE, BERKELEY UNIX

A.0 INTRODUCCIÓN

Además de la versión descargable del programa de simulación comercial *Working Model*, se incluyen cuatro programas de computadora personalizados en este texto: los programas LINKAGES, MATRIX, DYNACAM y ENGINE. Son versiones para el estudiante de los programas sólo para uso académico. Para aplicaciones comerciales, las versiones profesionales con capacidades mayores están disponibles en **http://www.designofmachinery.com/**. El programa LINKAGES se basa en las matemáticas derivadas en los capítulos 4 a 7 y 10 a 11, y se utilizan las ecuaciones que se presentaron para determinar la posición, velocidad, aceleración, fuerzas y pares de torsión en mecanismos de cuatro barras, cinco barras, seis barras y deslizadores. El programa DYNACAM es un programa de diseño de levas basado en las matemáticas derivadas en los capítulos 8 y 15. El programa ENGINE está basado en las matemáticas derivadas en los capítulos 13 y 14. El programa MATRIX es un solucionador de ecuaciones simultáneas lineales. Todos tienen opciones similares para el despliegue en pantalla de los datos de salida en forma de tablas y gráficas. Todos los programas son fáciles de usar y razonablemente "a prueba de errores". El autor solicita a los usuarios que reporten por correo electrónico cualquier "defecto" en los programas o problemas encontrados en su uso a norton@wpi.edu.

Herramientas de aprendizaje

Todos los programas personalizados que se proporcionan con este texto están diseñados como herramientas de aprendizaje para ayudar a comprender el tema relevante de la materia, *no para utilizarse con fines comerciales en el diseño de hardware*, por lo que **no deben ser utilizados con ese propósito**. Es bastante posible obtener resultados erróneos (aunque matemáticamente correctos) para cualquier problema resuelto con estos programas debido a datos de entrada incorrectos o inapropiados. Se espera que el usuario entienda la teoría cinemática y dinámica que es la base de la estructura del programa y también que entienda las matemáticas en que se basan los algoritmos del programa. Esta información sobre la teoría y las matemáticas subyacentes se deriva y describe en los capítulos mencionados de este texto. La mayoría de las ecuaciones que se utilizan en los programas se derivan o presentan en este libro de texto.

Descargo y limitaciones de uso

Las *ediciones del estudiante* de estos programas pueden obtenerse junto con este libro y tienen una licencia de uso limitado, restringido a uso educativo en cursos de hasta 1 año. Si usted desea usar el programa para beneficio de una compañía o para cualquier propósito comercial, debe obtener la edición profesional del mismo programa. **Las ediciones del estudiante ¡no se pueden usar comercialmente!** Las ediciones profesionales suelen ofrecer más características y mayor precisión que las ediciones del estudiante. El software comercial que se utiliza en el diseño o análisis debe estar protegido contra posibles valores incorrectos, inapropiados o ridículos que el usuario proporcione para las variables de entrada, con el fin de evitar resultados erróneos provocados por la ignorancia o inexperiencia del usuario. **Las ediciones del estudiante de los programas anexos no son software comercial y deliberadamente no contienen protección contra la introducción de datos erróneos**, pues de ser así ocurriría un "corto circuito" en el proceso de aprendizaje del estudiante. Se aprende más de las fallas. Estos programas proporcionan un entorno libre de consecuencias para explorar las fallas de los diseños "en el papel", proceso que conduce a un entendimiento más profundo y completo de la materia. **El autor y el editor no asumen responsabilidad alguna respecto de cualquier daño que pudiera resultar del uso inadecuado de estos programas**.

A.1 INFORMACIÓN GENERAL

Requisitos del hardware/sistema

Estos programas requieren Windows 2000/NT/XP/Vista/Windows7, pero se requieren cambios de configuración en el caso de Vista, como se describe en las instrucciones de instalación. DYNACAM y LINKAGES operan adecuadamente en los sistemas operativos de 32 y 64 bits. MATRIX y ENGINE corren en cualquier sistema de 32 bits pero con algunas anomalías en los sistemas más nuevos de 64 bits, como Windows 7 de 64 bits. Los programas sustitutos se encuentran en desarrollo. Es necesaria una unidad de DVD, así como una unidad de disco duro. Se recomienda un procesador equivalente a Pentium III (o más rápido) con al menos 128 MB de RAM. Es recomendable tener más RAM.

Instalación del software

Los archivos install.exe contienen los archivos de programa ejecutables, además de toda la Biblioteca de Vínculo Dinámico (Dynamic Link Library, DLL) y otros archivos auxiliares necesarios para ejecutar los programas. Ejecute el archivo SETUP o el archivo Install de cada programa para instalar todos los componentes en su disco duro. El nombre del programa aparece en la lista bajo el menú *Start/Program/DesignofMachinery* después de la instalación y puede ejecutarse desde allí. Asimismo, DYNACAM y LINKAGES también pueden actualizarse desde ese menú.

Manual del usuario

El manual del usuario se proporciona como un archivo PDF en el DVD del libro. Está diseñado para usarse mientras se ejecutan los programas. Para ver una pantalla a la que se haga referencia, selecciónela dentro del programa para seguir su análisis. El manual del usuario y un video con instrucciones también pueden consultarse desde los menús de ayuda dentro de los programas si la computadora está conectada a internet.

Apéndice B

PROPIEDADES DE MATERIALES

Para materiales de ingeniería seleccionados. Muchas otras aleaciones están disponibles.

Las tablas siguientes contienen valores aproximados para resistencias y otras especificaciones de varios materiales de ingeniería compiladas de varias fuentes. En algunos casos, los datos son los valores mínimos recomendados, y en otros son datos obtenidos con un elemento de prueba único. Estos datos son adecuados para usarse en los ejercicios de ingeniería contenidos en este texto, pero no son representaciones estadísticamente válidas de especificaciones para cualquier aleación o material particular. El diseñador deberá consultar con los fabricantes de los materiales para información más precisa y actualizada sobre materiales utilizados en aplicaciones de ingeniería o realizar pruebas independientes de los materiales seleccionados para determinar si son los adecuados para determinada aplicación.

Tabla B-1 Propiedades físicas de algunos materiales de ingeniería

Datos de varias fuentes.* Estas propiedades son similares para todas las aleaciones del material específico

Material	Módulo de elasticidad E		Módulo de rigidez G		Relación de Poisson ν	Densidad de peso γ	Densidad de masa ρ	Gravedad específica
	Mpsi	GPa	Mpsi	GPa		lb/pulg^3	Mg/m^3	
Acero al carbón	30.0	206.8	11.7	80.8	0.28	0.28	7.8	7.8
Acero inoxidable	27.5	189.6	10.7	74.1	0.28	0.28	7.8	7.8
Acero, aleaciones	30.0	206.8	11.7	80.8	0.28	0.28	7.8	7.8
Aleaciones de aluminio	10.4	71.7	3.9	26.8	0.34	0.10	2.8	2.8
Aleaciones de magnesio	6.5	44.8	2.4	16.8	0.33	0.07	1.8	1.8
Aleaciones de níquel	30.0	206.8	11.5	79.6	0.30	0.30	8.3	8.3
Aleaciones de titanio	16.5	113.8	6.2	42.4	0.34	0.16	4.4	4.4
Aleaciones de zinc	12.0	82.7	4.5	31.1	0.33	0.24	6.6	6.6
Cobre	17.5	120.7	6.5	44.7	0.35	0.32	8.9	8.9
Cobre al berilio	18.5	127.6	7.2	49.4	0.29	0.30	8.3	8.3
Hierro fundido dúctil	24.5	168.9	9.4	65.0	0.30	0.25	6.9	6.9
Hierro fundido gris	15.0	103.4	5.9	40.4	0.28	0.26	7.2	7.2
Hierro fundido maleable	25.0	172.4	9.6	66.3	0.30	0.26	7.3	7.3
Latón, bronces	16.0	110.3	6.0	41.5	0.33	0.31	8.6	8.6

* *Propiedades de algunos metales y aleaciones*, International Nickel Co., Inc., NY: *Metals Handbook*, American Society for Metals, Materials Park, OH.

Tabla B-2 Propiedades mecánicas de algunas aleaciones de aluminio forjado
Datos de varias fuentes.* Valores aproximados. Consulte a los fabricantes para información más precisa

Aleación de aluminio forjado	Condición	Resistencia a la cedencia por tensión (2% de deformación) kpsi	MPa	Resistencia última a la tensión kpsi	MPa	Resistencia a la fatiga después de 5E8 ciclos kpsi	MPa	Alargamiento mayor de 2 pulg %	Dureza Brinell HB
1100	Chapa recocida	5	34	13	90			35	23
	Laminada en frío	22	152	24	165			5	44
2024	Chapa recocida	11	76	26	179			20	-
	Tratada en caliente	42	290	64	441	20	138	19	-
3003	Chapa recocida	6	41	16	110			30	28
	Laminada en frío	27	186	29	200			4	55
5052	Chapa recocida	13	90	28	193			25	47
	Laminada en frío	37	255	42	290			7	77
6061	Chapa recocida	8	55	18	124			25	30
	Rolada en caliente	40	276	45	310	14	97	12	95
7075	Barra recocida	15	103	33	228			16	60
	Tratada en caliente	73	503	83	572	14	97	11	150

* *Propiedades de algunos metales y aleaciones*, International Nickel Co., Inc., NY: *Metals Handbook*, American Society for Metals, Materials Park, OH.

Tabla B-3 Propiedades mecánicas de algunos aceros al carbón
Datos de varias fuentes.* Valores aproximados. Consulte a los fabricantes para información más precisa

Número SAE/AISI	Condición	Resistencia a la cedencia a tensión (2% de deformación) kpsi	MPa	Resistencia última a la tensión kpsi	MPa	Alargamiento mayor de 2 pulg %	Dureza Brinell HB
1010	Laminado en caliente	26	179	47	324	28	95
	Laminado en frío	44	303	53	365	20	105
1020	Laminado en caliente	30	207	55	379	25	111
	Laminado en frío	57	393	68	469	15	131
1030	Laminado en caliente	38	259	68	469	20	137
	Normalizado @ 1 650°F	50	345	75	517	32	149
	Laminado en frío	64	441	76	524	12	149
	Q&T @ 1 000°F	75	517	97	669	28	255
	Q&T @ 800°F	84	579	106	731	23	302
	Q&T @ 400°F	94	648	123	848	17	495
1035	Laminado en caliente	40	276	72	496	18	143
	Laminado en frío	67	462	80	552	12	163
1040	Laminado en caliente	42	290	76	524	18	149
	Normalizado @ 1 650°F	54	372	86	593	28	170
	Laminado en frío	71	490	85	586	12	170
	Q&T @ 1 200°F	63	434	92	634	29	192
	Q&T @ 800°F	80	552	110	758	21	241
	Q&T @ 400°F	86	593	113	779	19	262
1045	Laminado en caliente	45	310	82	565	16	163
	Laminado en frío	77	531	91	627	12	179
1050	Laminado en caliente	50	345	90	621	15	179
	Normalizado a 1 650°F	62	427	108	745	20	217
	Laminado en frío	84	579	100	689	10	197
	Q&T @ 1 200°F	78	538	104	717	28	235
	Q&T @ 800°F	115	793	158	1 089	13	444
	Q&T @ 400°F	117	807	163	1 124	9	514
1060	Laminado en caliente	54	372	98	676	12	200
	Normalizado @ 1 650°F	61	421	112	772	18	229
	Q&T @ 1 200°F	76	524	116	800	23	229
	Q&T @ 1 000°F	97	669	140	965	17	277
	Q&T @ 800°F	111	765	156	1 076	14	311
1095	Laminado en caliente	66	455	120	827	10	248
	Normalizado @ 1 650°F	72	496	147	1 014	9	13
	Q&T @ 1 200°F	80	552	130	896	21	269
	Q&T @ 800°F	112	772	176	1 213	12	363
	Q&T @ 600°F	118	814	183	1 262	10	375

* *SAE Handbook*, Society of Automotive Engineers, Warrendale, PA; *Metals Handbook*, American Society for Metals, Materials Park, OH.

B

Tabla B-4 Propiedades mecánicas de algunas aleaciones de hierro fundido
Datos de varias fuentes.* Valores aproximados. Consulte a los fabricantes para información más precisa

Aleación de hierro fundido	Condición	Resistencia a la cedencia a tensión (2% de deformación) kpsi	MPa	Resistencia última a la tensión kpsi	MPa	Resistencia a la compresión kpsi	MPa	Dureza Brinell HB
Hierro fundido gris - Clase 20	Fundido	-	-	22	152	83	572	156
Hierro fundido gris - Clase 30	Fundido	-	-	32	221	109	752	210
Hierro fundido gris - Clase 40	Fundido	-	-	42	290	140	965	235
Hierro fundido gris - Clase 50	Fundido	-	-	52	359	164	1 131	262
Hierro fundido gris - Clase 60	Fundido	-	-	62	427	187	1 289	302
Hierro dúctil 60-40-18	Recocido	47	324	65	448	52	359	160
Hierro dúctil 65-45-12	Recocido	48	331	67	462	53	365	174
Hierro dúctil 80-55-06	Recocido	53	365	82	565	56	386	228
Hierro dúctil 120-90-02	Q & T	120	827	140	965	134	924	325

* *Propiedades de algunos metales y aleaciones,* International Nickel Co., Inc., NY: *Metals Handbook,* American Society for Metals, Materials Park, OH.

Tabla B-5 Propiedades de algunos plásticos de ingeniería
Datos de varias fuentes.* Valores aproximados. Consulte a los fabricantes para información más precisa

Material	Módulo de elasticidad aproximado E† Mpsi	GPa	Resistencia última a la tensión kpsi	MPa	Resistencia última a la compresión kpsi	MPa	Alargamiento mayor de 2 pulg %	Temp. máx °F	Gravedad específica
ABS	0.3	2.1	6.0	41.4	10.0	68.9	5-25	160-200	1.05
20-40% relleno de vidrio	0.6	4.1	10.0	68.9	12.0	82.7	3	200-230	1.30
Acetal	0.5	3.4	8.8	60.7	18.0	124.1	60	220	1.41
20-30% relleno de vidrio	1.0	6.9	10.0	68.9	18.0	124.1	7	185-220	1.56
Acrílico	0.4	2.8	10.0	68.9	15.0	103.4	5	140-190	1.18
Fluoroplástico (PTFE)	0.2	1.4	5.0	34.5	6.0	41.4	100	350-330	2.10
Nylon 6/6	0.2	1.4	10.0	68.9	10.0	68.9	60	180-300	1.14
Nylon 11	0.2	1.3	8.0	55.2	8.0	55.2	300	180-300	1.04
20-30% relleno de vidrio	0.4	2.5	12.8	88.3	12.8	88.3	4	250-340	1.26
Policarbonato	0.4	2.4	9.0	62.1	12.0	82.7	100	250	1.20
10-40% relleno de vidrio	1.0	6.9	17.0	117.2	17.0	117.2	2	275	1.35
Polietileno (HMW)	0.1	0.7	2.5	17.2	-	-	525	-	0.94
Óxido de polietileno	0.4	2.4	9.6	66.2	16.4	113.1	20	212	1.06
20-30% relleno de vidrio	1.1	7.8	15.5	106.9	17.5	120.7	5	260	1.23
Polipropileno	0.2	1.4	5.0	34.5	7.0	48.3	500	250-320	0.90
20-30% relleno de vidrio	0.7	4.8	7.5	51.7	6.2	42.7	2	300-320	1.10
Poliestireno de impacto	0.3	2.1	4.0	27.6	6.0	41.4	2-80	140-175	1.07
20-30% relleno de vidrio	0.1	0.7	12.0	82.7	16.0	110.3	1	180-200	1.25
Polisulfona	0.4	2.5	10.2	70.3	13.9	95.8	50	300-345	1.24

* *Modern Plastic Encyclopedia,* McGraw-Hill, Nueva York, *Machine Design Materials Reference Issue,* Penton-Publishing, Cleveland, OH.
† La mayoría de los plásticos no obedecen la ley de Hooke. Estos módulos de elasticidad aparentes varían con el tiempo y la temperatura.

B

Apéndice C

PROPIEDADES GEOMÉTRICAS

DIAGRAMAS Y FÓRMULAS PARA CALCULAR LOS SIGUIENTES PARÁMETROS DE VARIOS SÓLIDOS GEOMÉTRICOS COMUNES

V = volumen

m = masa

C_g = ubicación del centro de masa

I_x = segundo momento de masa con respecto al eje $x = \int (y^2 + z^2)\,dm$

I_y = segundo momento de masa con respecto al eje $y = \int (x^2 + z^2)\,dm$

I_z = segundo momento de masa con respecto al eje $z = \int (x^2 + y^2)\,dm$

k_x = radio de giro con respecto al eje x

k_y = radio de giro con respecto al eje y

k_z = radio de giro con respecto al eje z

C

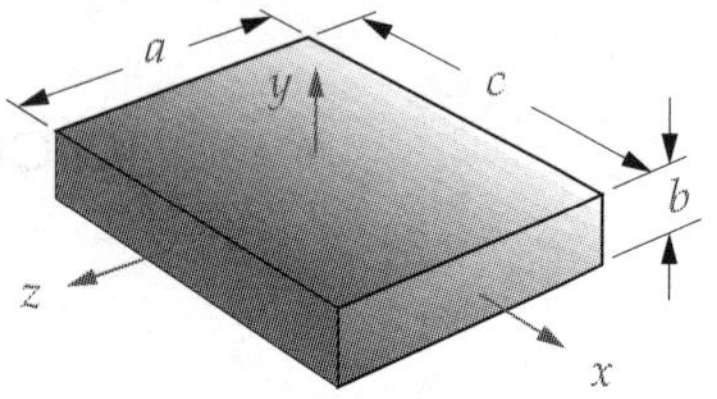

a) Prisma rectangular

$V = abc$ $\qquad m = V \cdot$ densidad de masa

$x_{CG} @ \frac{c}{2}$ $\qquad y_{CG} @ \frac{b}{2}$ $\qquad z_{CG} @ \frac{a}{2}$

$I_x = \frac{m\left(a^2 + b^2\right)}{12}$ $\qquad I_y = \frac{m\left(a^2 + c^2\right)}{12}$ $\qquad I_z = \frac{m\left(b^2 + c^2\right)}{12}$

$k_x = \sqrt{\frac{I_x}{m}}$ $\qquad k_y = \sqrt{\frac{I_y}{m}}$ $\qquad k_z = \sqrt{\frac{I_z}{m}}$

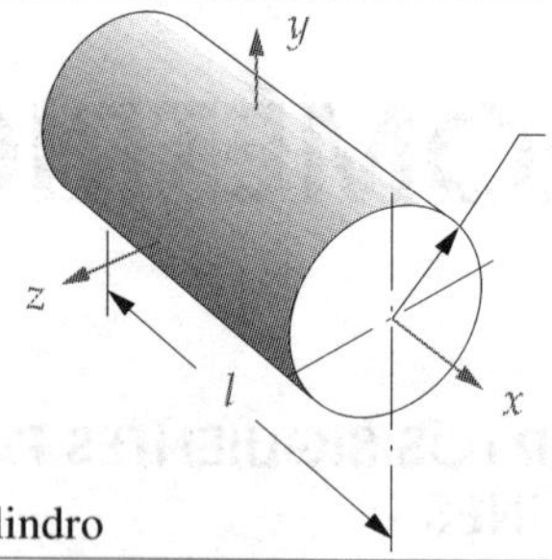

b) Cilindro

$V = \pi r^2 l$ $\qquad m = V \cdot$ densidad de masa

$x_{CG} @ \frac{l}{2}$ $\qquad y_{CG}$ en el eje $\qquad z_{CG}$ en el eje

$I_x = \frac{mr^2}{2}$ $\qquad I_y = I_z = \frac{m\left(3r^2 + l^2\right)}{12}$

$k_x = \sqrt{\frac{I_x}{m}}$ $\qquad k_y = k_z = \sqrt{\frac{I_y}{m}}$

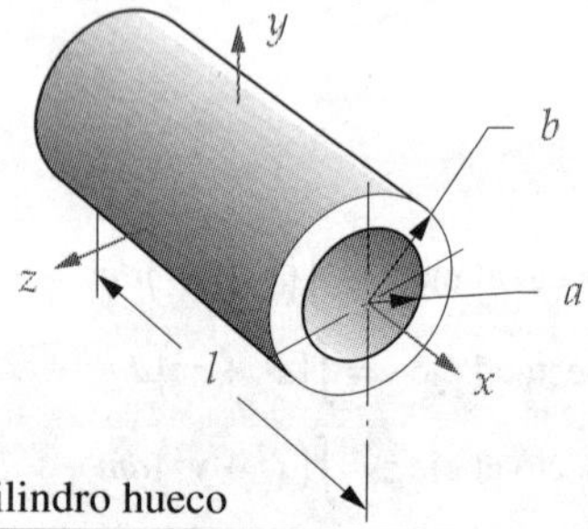

c) Cilindro hueco

$V = \pi\left(b^2 - a^2\right)l$ $\qquad m = V \cdot$ densidad de masa

$x_{CG} @ \frac{l}{2}$ $\qquad y_{CG}$ en el eje $\qquad z_{CG}$ en el eje

$I_x = \frac{m\left(a^2 + b^2\right)}{2}$ $\qquad I_y = I_z = \frac{m\left(3a^2 + 3b^2 + l^2\right)}{12}$

$k_x = \sqrt{\frac{I_x}{m}}$ $\qquad k_y = k_z = \sqrt{\frac{I_y}{m}}$

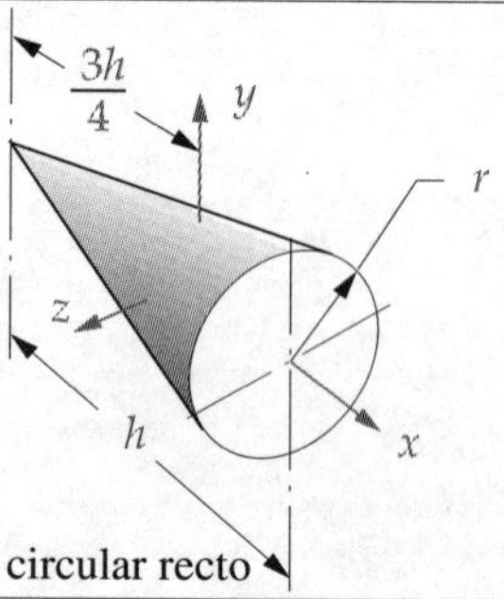

d) Cono circular recto

$V = \pi \frac{r^2 h}{3}$ $\qquad m = V \cdot$ densidad de masa

$x_{CG} @ \frac{3h}{4}$ $\qquad y_{CG}$ en el eje $\qquad z_{CG}$ en el eje

$I_x = \frac{3}{10} mr^2$ $\qquad I_y = I_z = \frac{m\left(12r^2 + 3h^2\right)}{80}$

$k_x = \sqrt{\frac{I_x}{m}}$ $\qquad k_y = k_z = \sqrt{\frac{I_y}{m}}$

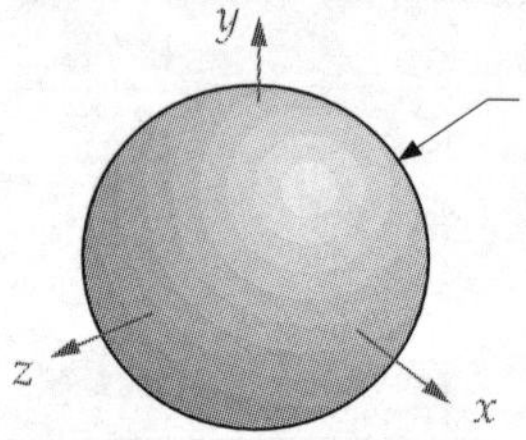

e) Esfera

$V = \frac{4}{3}\pi r^3$ $\qquad m = V \cdot$ densidad de masa

x_{CG} en el centro $\qquad y_{CG}$ en el centro $\qquad z_{CG}$ en el centro

$I_x = I_y = I_z = \frac{2}{5} mr^2$

$k_x = k_y = k_z = \sqrt{\frac{I_y}{m}}$

Apéndice D

CARACTERÍSTICAS DE RESORTES

Las siguientes páginas de catálogo con características de resortes helicoidales para extensión y compresión son cortesía de *Hardware Products Co., Chelsea, Masachussetts*.

http://www.hardwareproducts.com/

En la red se puede encontrar más información sobre resortes en:

http://www.leespring.com/

http://www.cookspring.com/

http://www.allrite.com/

http://www.springsfast.com/

http://www.dominionspring.com/

http://www.asbg.com/

http://www.centuryspring.com/

RESORTES DE COMPRESIÓN

LONGITUDES LIBRES

Entrará en el orificio Pulg		7/16			1/2				5/8				3/4				7/8			
Diámetro del alambre Pulg		.031	.047	.062	.047	.062	.078	.094	.047	.062	.078	.094	.062	.078	.094	.125	.062	.078	.094	.125
7/16	Núm. de catálogo	247	248	249																
	Código de precio	HB	HB	HC																
	lb/pulg	12	55	180																
	Deflex. máx.	.32	.23	.16																
1/2	Catálogo núm.	250	251	252	283	284	285	286												
	Código de precio	HB	HB	HC	HB	HB	HE	HE												
	lb/pulg	10	47	150	37	110	320	840												
	Deflex. máx.	.37	.27	.19	.29	.22	.15	.10												
5/8	Catálogo núm.	253	254	255	287	288	289	290	331	332	333	334								
	Código de precio	HB	HB	HC	HB	HB	HE	HE	HB	HB	HD	HE								
	lb/pulg	7.9	36	175	29	85	240	610	20	54	140	320								
	Deflex. máx.	.47	.35	.25	.38	.29	.20	.14	.43	.35	.27	.20								
3/4	Catálogo núm.	256	257	258	291	292	293	294	335	336	337	338	375	376	377	378				
	Código de precio	HB	HB	HC	HB	HB	HE	HE	HB	HB	HD	HE	HD	HD	HF	HG				
	lb/pulg	6.4	29	90	23	68	185	470	16	43	105	250	32	78	170	650				
	Deflex. máx.	.58	.44	.32	.48	.37	.26	.18	.53	.44	.34	.26	.59	.40	.32	.19				
7/8	Catálogo núm.	259	260	261	295	296	297	298	339	340	341	342	379	380	381	382	419	420	421	422
	Código de precio	HB	HB	HC	HB	HB	HE	HE	HB	HB	HD	HE	HD	HD	HF	HG	HF	HF	HJ	HK
	lb/pulg	5.4	24	75	19	56	155	384	13	36	90	204	27	65	140	520	21	49	100	350
	Deflex. máx.	.68	.52	.39	.57	.44	.32	.23	.64	.53	.42	.32	.58	.48	.39	.24	.62	.53	.44	.30
1	Catálogo núm.	262	263	264	299	300	301	302	343	344	345	346	383	384	385	386	423	424	425	426
	Código de precio	HB	HB	HC	HB	HC	HE	HE	HB	HC	HD	HE	HD	HD	HF	HG	HF	HF	HJ	HK
	lb/pulg	4.7	21	65	17	48	130	320	11	31	77	170	23	55	115	430	18	42	86	290
	Deflex. máx.	.79	.60	.45	.66	.51	.37	.27	.74	.62	.49	.38	.68	.57	.46	.29	.73	.63	.53	.36
1¼	Catálogo núm.	265	266	267	303	304	305	306	347	348	349	350	387	388	389	390	427	428	429	430
	Código de precio	HB	HC	HC	HC	HC	HF	HF	HC	HC	HD	HE	HE	HE	HF	HG	HG	HG	HJ	HK
	lb/pulg	3.7	16	50	13	38	100	245	9.0	24	59	130	18	42	89	320	14	32	66	220
	Deflex. máx.	1.0	.77	.58	.84	.66	.49	.35	.94	.80	.64	.49	.88	.74	.60	.39	.94	.81	.69	.47
1½	Catálogo núm.	268	269	270	307	308	309	310	351	352	353	354	391	392	393	394	431	432	433	434
	Código de precio	HB	HC	HC	HC	HC	HF	HF	HD	HD	HE	HF	HE	HE	HF	HG	HG	HG	HJ	HK
	lb/pulg	3.1	14	41	11	31	83	200	7.4	20	48	105	15	34	72	260	12	26	53	175
	Deflex. máx.	1.2	.94	.70	1.0	.81	.60	.43	1.1	.98	.78	.61	1.1	.91	.74	.48	1.1	1.0	.85	.59
1¾	Catálogo núm.	271	272	273	311	312	313	314	355	356	357	358	395	396	397	398	435	436	437	438
	Código de precio	HC	HD	HE	HC	HD	HF	HF	HD	HD	HC	HF	HE	HE	HF	HG	HG	HG	HJ	HK
	lb/pulg	2.6	11	35	9.1	26	70	170	6.2	17	41	90	12.4	29	61	216	9.9	22	45	147
	Deflex. máx.	1.4	1.1	.84	1.2	.96	.71	.52	1.3	1.1	.93	.73	1.3	1.1	.89	.58	1.35	1.2	1.0	.71
2	Catálogo núm.	274	275	276	315	316	317	318	359	360	361	362	399	400	401	402	439	440	441	442
	Código de precio	HD	HD	HE	HC	HD	HF	HF	HD	HD	HE	HF	HE	HE	HF	HG	HG	HG	HJ	HL
	lb/pulg	2.3	10	30	7.9	23	60	145	5.4	14	35	77	11	25	52	185	8.6	19	38	125
	Deflex. máx.	1.6	1.3	.96	1.4	1.1	.82	.60	1.5	1.3	1.1	.85	1.4	1.2	1.0	.68	1.5	1.4	1.2	.83
3	Catálogo núm.	277	278	279	319	320	321	322	363	364	365	366	403	404	405	406	443	444	445	446
	Código de precio	HD	HE	HE	HF	HF	HG	HG	HD	HD	HF	HG	HF	HF	HG	HK	HJ	HJ	HK	HL
	lb/pulg	1.5	6.6	20	5.2	15	39	94	3.6	9.4	23	50	7	16	34	115	5.6	12	25	80
	Deflex. máx.	2.4	1.9	1.4	2.1	1.7	1.2	.93	2.4	2.0	1.6	1.3	2.2	1.9	1.6	1.0	2.4	2.1	1.8	1.3
4	Catálogo núm.	280	281	282	323	324	325	326	367	368	369	370	407	408	409	410	447	448	449	450
	Código de precio	HE	HE	HE	HE	HF	HG	HG	HE	HE	HF	HG	HF	HF	HG	HL	HJ	HJ	HL	HM
	lb/pulg	1.1	4.9	15	3.9	11	29	69	2.6	6.9	17	37	5.2	12	25	86	4.2	9.2	18	59
	Deflex. máx.	3.3	2.6	2.0	2.8	2.3	1.7	1.2	3.2	2.7	2.2	1.8	3.0	2.6	2.1	1.4	3.2	2.8	2.5	1.8
6	Catálogo núm.				327	328	329	330	371	372	373	374	411	412	413	414	451	452	453	454
	Código de precio				HF	HF	HG	HG	HF	HF	HG	HG	HG	HG	HJ	HN	HK	HK	HL	HO
	lb/pulg				2.5	7.0	17	45	1.8	4.6	11	24	3.4	7.9	16	56	2.7	6.0	12	38
	Deflex. máx.				4.4	3.5	2.5	2.	4.8	4.2	3.4	2.7	4.6	3.9	3.3	2.2	4.9	4.3	3.8	2.7
8	Catálogo núm.												415	416	417	418	455	456	457	458
	Código de precio												HJ	HJ	HK	HO	HL	HL	HM	HP
	lb/pulg												2.6	6	11	40	2.0	4.5	8.9	28
	Deflex. máx.												6.1	5.2	4.5	3.0	6.5	5.8	5.1	3.7
Carga máxima		3.7	12.7	29	11	25	45	88	8.3	19	38	66	15.8	31.2	54	125	13.4	26.3	45	105
Funcionará libre a más de		.347	.315	.285	.375	.345	.313	.281	.505	.475	.443	.411	.585	.554	.522	.460	.700	.670	.638	.576
Paso		.195	.141	.128	.173	.151	.141	.141	.259	.214	.188	.177	.284	.240	.217	.204	.371	.306	.268	.239
Esfuerzo a longitud sólida (000 omitidos)		125	118	113	118	113	109	105	118	113	109	105	113	109	105	99	113	109	105	99

La cifra de libras por pulgada es una constante para cada resorte y representa el número de libras requeridas para comprimirlo 1″. Para comprimirlo 1/2″ o 1/4″ se requiere 1/2 o 1/4 de este valor.

La deflexión máxima es la cantidad que el resorte se deflexiona para producir la carga máxima. Al restar este valor de la longitud libre se obtiene la longitud sólida o comprimida

NOTA: Los resortes pueden solicitarse en acero inoxidable o niquelados. Los precios se proporcionan previa solicitud

D

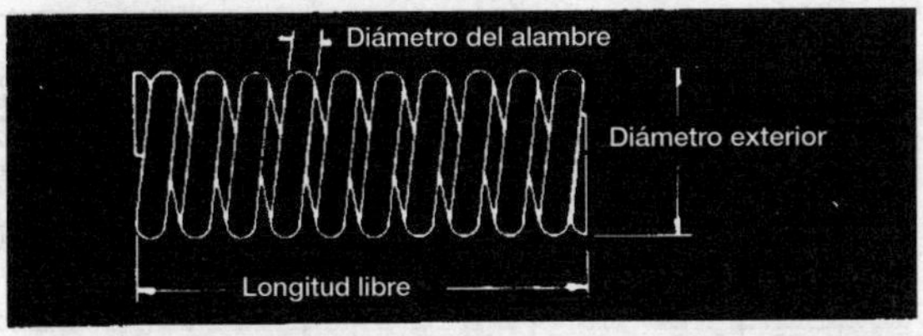

LONGITUDES LIBRES	Entrará en el orificio Pulg	1				1 1/4			1 1/2			2			3			4			6	
	Diámetro del alambre Pulg	.078	.094	.125	.187	.094	.125	.187	.125	.187	.250	.187	.250	.375	.250	.375	.500	.375	.500	.750	.750	1.000
1	Núm. de catálogo	459	460	461	462																	
1	Código de precio	HK	HL	HL	HR																	
1	lb/pulg	34	67	210	1500																	
1	Deflex. máx.	.67	.58	.41	.19																	
1¼	Catálogo núm.	463	464	465	466	499	500	501														
1¼	Código de precio	HL	HM	HM	HS	HN	HN	HM														
1¼	lb/pulg	26	52	160	1100	35	100	600														
1¼	Deflex. máx.	.87	.76	.55	.26	.85	.67	.37														
1½	Catálogo núm.	467	468	469	470	502	503	504	526	527	528											
1½	Código de precio	HL	HM	HN	HS	HN	HO	HT	HR	HX	HAC											
1½	lb/pulg	21	42	130	870	29	82	460	60	300	1200											
1½	Deflex. máx.	1.0	.93	.69	.34	1.1	.84	.48	.95	.60	.35											
1¾	Catálogo núm.	471	472	473	474	505	506	507	529	530	531											
1¾	Código de precio	HL	HM	HN	HS	HN	HO	HT	HR	HX	HAC											
1¾	lb/pulg	18	35	108	712	24	68	379	50	244	960											
1¾	Deflex. máx.	1.3	1.1	.83	.41	1.3	1.0	.59	1.1	.74	.44											
2	Catálogo núm.	475	476	477	478	508	509	510	532	533	534	553	554	555								
2	Código de precio	HM	HN	HO	HT	HO	HP	HU	HS	HZ	HAE	HAA	HAG	HZZ								
2	lb/pulg	16	30	93	600	21	59	320	43	200	800	115	390	3000								
2	Deflex. máx.	1.4	1.3	.97	.49	1.4	1.2	.70	1.3	.87	.53	1.1	.77	.34								
3	Catálogo núm.	479	480	481	482	511	512	513	535	536	537	556	557	558	577	578	579					
3	Código de precio	HN	HO	HP	HZ	HP	HR	HAA	HT	HAD	HAL	HAE	HAN	HZZ	HAR	HZZ	HZZ					
3	lb/pulg	10	19	59	370	13	37	200	27	130	480	73	230	1650	105	560	2300					
3	Deflex. máx.	2.2	2.0	1.5	.79	2.2	1.8	1.1	2.1	1.4	.89	1.8	1.3	.61	1.8	1.1	.64					
4	Catálogo núm.	483	484	485	486	514	515	516	538	539	540	559	560	561	580	581	582	598	599	610		
4	Código de precio	HP	HR	HS	HAC	HS	HT	HAD	HW	HAG	HAO	HAJ	HAR	HZZ	HAT	HZZ	HZZ	HZZ	HZZ	HZZ		
4	lb/pulg	7.4	14	43	270	9.9	27	144	20	93	340	53	170	1150	76	390	1500	210	720	4600		
4	Deflex. máx.	3.0	2.7	2.1	1.1	3.0	2.5	1.5	2.8	1.9	1.2	2.5	1.8	.88	2.5	1.6	.96	2.1	1.4	.8		
6	Catálogo núm.	487	488	489	490	517	518	519	541	542	543	562	563	564	583	584	585	600	601	611	616	621
6	Código de precio	HR	HT	HU	HAD	HU	HW	HAE	HX	HAJ	HAT	HAM	HAW	HZZ	HAZ	HZZ	HZZ	HZZ	HZZ	HZZ	HZZ	HZZ
6	lb/pulg	4.9	9.4	28	175	6.5	18	93	13	60	220	34	105	710	49	240	920	130	430	2840	850	3500
6	Deflex. máx.	4.6	4.1	3.2	1.7	4.7	3.9	2.4	4.3	3.0	1.9	3.8	2.8	1.4	4.0	2.6	1.6	3.4	2.4	1.3	1.9	1.4
8	Catálogo núm.	491	492	493	494	520	521	522	544	545	546	565	566	567	586	587	588	602	603	612	617	622
8	Código de precio	HS	HU	HW	HAL	HW	HX	HAM	HAA	HAP	HAW	HAR	HAZ	HZZ	HBD	HZZ	HZZ	HZZ	HZZ	HZZ	HZZ	HZZ
8	lb/pulg	3.6	7.0	21	125	4.8	13	68	9.6	44	160	25	79	510	36	175	660	95	310	2050	630	2500
8	Deflex. máx.	6.2	5.6	4.3	2.3	6.3	5.2	3.2	5.9	4.1	2.7	5.2	3.9	1.9	5.4	3.6	2.2	4.5	3.4	1.8	2.7	2.0
12	Catálogo núm.	495	496	497	498	523	524	525	547	548	549	568	569	570	589	590	591	604	605	613	618	623
12	Código de precio	HT	HW	HZ	HAP	HX	HAA	HAR	HAC	HAU	HBA	HAZ	HBE	HZZ	HBK	HZZ	HZZ	HZZ	HZZ	HZZ	HZZ	HZZ
12	lb/pulg	2.4	4.6	14	84	3.2	8.7	45	6.3	29	105	16	52	330	23	110	420	61	195	1325	400	1580
12	Deflex. máx.	9.4	8.4	6.5	3.5	9.5	7.9	5.0	8.9	6.2	4.1	8.0	5.9	3.0	8.3	5.5	3.5	7.3	5.3	2.6	4.3	3.1
16	Catálogo núm.								550	551	552	571	572	573	592	593	594	606	607	614	619	624
16	Código de precio								HAE	HAW	HBD	HAZ	HBG	HZZ	HBL	HZZ	HZZ	HZZ	HZZ	HZZ	HZZ	HZZ
16	lb/pulg								4.7	21	74	12	38	240	17	83	310	45	145	975	300	1170
16	Deflex. máx.								11.9	8.5	5.6	10.7	8.0	4.1	11.3	7.5	4.0	10	7.3	3.8	6.1	4.3
24	Catálogo núm.											574	575	576	595	596	597	608	609	615	620	625
24	Código de precio											HBA	HBL	HZZ	HBP	HZZ	HZZ	HZZ	HZZ	HZZ	HZZ	HZZ
24	lb/pulg											7.8	23.4	150	11.4	54	200	29	94	640	175	760
24	Deflex. máx.											16.3	12.1	7.0	17.1	11.5	7.3	15.2	11.1	5.8	9.4	6.5
	Carga máxima	23	39	90	295	30	69	224	57	180	428	131	307	1000	195	624	1470	449	1040	3700	2000	4800
	Funcionará libre a más de	.784	.752	.690	.565	1.00	.940	.815	1.19	1.06	.940	1.52	1.39	1.14	2.33	2.08	1.83	3.08	2.83	2.25	4.25	3.75
	Paso	.382	.328	.279	.268	.481	.384	.327	.516	.403	.388	.596	.518	.514	.917	.741	.736	1.08	.969	1.00	1.3	1.4
	Esfuerzo sólido (000 omitidos)	109	105	99	90	105	99	90	99	90	85	90	85	77	85	77	73	77	73	70	70	65

La cifra de libras por pulgada es una constante para cada resorte y representa el número de libras requeridas para comprimirlo 1″. Para comprimirlo 1/2″ o 1/4″ se requiere 1/2 o 1/4 de este valor.

La deflexión máxima es la cantidad que el resorte se deflexiona para producir la carga máxima. Al restar este valor de la longitud libre se obtiene la longitud sólida o comprimida

NOTA: Los resortes pueden solicitarse en acero inoxidable o niquelados. Los precios se proporcionan previa solicitud

Hardware Products Company, Inc.

D

RESORTES DE EXTENSIÓN

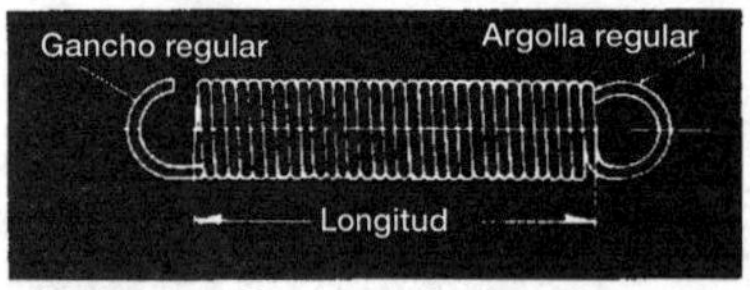

PIDA POR:
LONGITUD SE × D.E. × DIÁM. DEL ALAMBRE

ESPECIFIQUE GANCHOS O ARGOLLAS

Las cifras dadas para "extensión máxima" y "lb por pulgada" son para un resorte de 1″ de largo. Para otras longitudes multiplique la "extensión máxima" y divida las "lb por pulgada" entre la longitud en pulgadas. La "carga máxima" y la "tensión inicial" permanecen constantes a cualquier longitud.

Ejemplo: Un resorte de alambre de 1/2″ de diámetro con 0.062″ de alambre y 4″ de largo tendrá una extensión máxima segura de 3.2″ y se requerirán 4 lb para deflexionarlo 1 pulg. El resorte soportará aproximadamente 3.3 lb antes de comenzar a extenderse y soportará un máximo de 16.1 lb sin alargamiento permanente. Si se sostiene un peso de 8.5 lb del resorte éste se deflexionará 1.3″. Al restar 3.3 lb a las 8.5 lb y dividir entre 4 lb/pulg se obtiene 1.3″.

NOTA: Los resortes pueden solicitarse en acero inoxidable o niquelados. Los precios se proporcionan previa solicitud.

Diám. externo	Diám. del alambre	Núm. de catálogo	Código de precio	Carga máxima segura en libras	Extensión máxima en pulg	Tensión inicial aprox. en libras	Libras por pulgada de extensión	Esfuerzo a carga máx. (000 omitidos)	Peso por pie (lb)
1/8	.012	01	EHE	.6	1.9	.07	.27	100	.012
	.016	02	EHD	1.3	.9	.2	1.2	93	.015
	.023	03	EHD	4.2	.35	.9	9.0	90	.02
5/32	.012	04	EHE	.47	3.5	.01	.12	100	.015
	.016	05	EHD	1.1	1.7	.15	.55	93	.019
	.023	06	EHD	3.2	.7	.5	3.9	90	.027
3/16	.016	07	EHD	.87	2.5	1	3	93	.024
	.023	08	EHD	2.6	1.0	.4	2.2	90	.032
	.031	09	EHD	6.5	.45	1.5	10.7	88	.04
7/32	.016	10	EHD	.75	4.0	.01	.18	93	.028
	.023	11	EHD	2.3	1.6	.32	1.2	90	.039
	.031	12	EHD	5.5	.7	1.0	6.5	88	.048
1/4	.023	13	EHD	1.8	1.9	.26	8	90	.044
	.031	14	EHD	4.7	1.0	.75	3.8	88	.055
	.047	15	EHE	16.0	.3	3.5	40.0	83	.082
5/16	.023	16	EHE	1.5	3.5	.16	.38	90	.058
	.031	17	EHE	3.6	1.6	.55	1.9	88	.072
	.047	18	EHE	12.5	.9	2.2	10.8	83	.108
3/8	.031	19	EHE	2.9	2.5	.37	1.0	88	.084
	.047	20	EHE	10.5	.9	1.7	9.5	83	.13
	.062	21	EHF	23.0	.39	5.3	45.0	79	.16
7/16	.031	22	EHF	2.5	3.5	.26	.63	88	.105
	.047	23	EHF	8.5	1.2	1.4	5.7	83	.163
	.062	24	EHF	20.0	.6	4.3	26.0	79	.2
1/2	.047	25	EHF	7.3	1.6	1.1	3.7	83	.18
	.062	26	EHF	17.0	.8	3.3	16.0	79	.23
	.078	27	EHG	34.0	.45	8.0	57.0	77	.28
	.094	28	EHJ	57.0	.25	16.0	160.0	74	.32
5/8	.047	29	EHG	6.0	3.0	.7	1.7	83	.24
	.062	30	EHG	13.3	1.4	2.1	7.6	79	.3
	.078	31	EHG	27.0	.9	5.2	23.0	77	.37
	.094	32	EHJ	45.0	.4	11.0	73.0	74	.44
3/4	.062	33	EHG	10.5	2.2	1.5	4.1	79	.36
	.078	34	EHJ	22.0	1.3	3.5	14.0	77	.46
	.094	35	EHJ	36.0	.7	8.0	38.0	74	.51
	.125	36	EHK	85.0	.3	22.0	180.0	69	.64
7/8	.062	37	EHK	9.2	3.3	1.1	2.4	79	.4
	.078	38	EHK	18.0	1.7	2.6	8.7	77	.59
	.094	39	EHL	31.0	1.0	6.0	25.0	74	.64
	.125	40	EHM	72.0	.5	17.0	107.0	69	.8
1	.078	41	EHL	16.0	2.5	2.0	5.5	77	.67
	.094	42	EHL	26.0	1.5	4.5	13.7	74	.70
	.125	43	EHN	65.0	.75	14.0	68.0	69	.90
	.187	44	EHW	200.0	.23	60.0	600.0	63	1.4
1¼	.094	45	EHM	21.0	2.6	2.8	6.8	74	.94
	.125	46	EHO	47.0	1.2	9.0	31.0	69	1.3
	.187	47	EHZ	148.0	.3	40.0	290.0	63	1.8
1½	.125	48	EHS	39.0	1.9	6.0	17.0	69	1.4
	.187	49	EHAA	122.0	.6	33.0	150.0	63	2.2
	.250	50	EHAC	290.0	.27	90.0	720.0	60	2.6
2	.187	51	EHAD	90.0	1.3	20.0	54.0	63	3.1
	.250	52	EHAG	210.0	.6	55.0	260.0	60	3.7

En longitudes de 3 pies cortados a la medida y con argolla sobre pedido.

Hardware Products Company, Inc.

191 WILLIAMS STREET • CHELSEA, MA 02150

D

Apéndice E

ATLAS DE CURVAS DE ACOPLADOR

E.1 ATLAS HRONES Y NELSON DE MECANISMOS DE CUATRO BARRAS

El atlas de curvas de acoplador Hrones y Nelson completo se encuentra en el DVD en formato de archivos PDF. En la figura 3-17 (p. 87) de la sección 3.6 se muestra una página de este atlas y se describe cómo usarlo. Lea el primer capítulo dentro del atlas Hrones y Nelson para obtener más información sobre su ordenamiento y la forma de utilizarlo. El video *Coupler Curves and Linkage Atlases* en el DVD proporciona instrucciones detalladas sobre su uso y presenta un ejemplo. Después de obtener una geometría de prueba de un mecanismo a partir del atlas, use el programa LINKAGES del DVD para investigar su comportamiento y modificar la geometría del mecanismo.

E.2 ATLAS ZHANG, NORTON, HAMMOND DE MECANISMOS ENGRANADOS DE CINCO BARRAS

El atlas Zhang completo se encuentra en el DVD en formato de archivos PDF. En la figura 3-23 (p. 92) se muestra una página de prueba. Lea el primer capítulo del atlas Zhang para obtener más información sobre su ordenamiento y la forma de utilizarlo. Consulte en las secciones 3.6 (p. 85), 4.8 (p. 136), 6.8 (p. 217) y 7.4 (p. 249) para más información sobre los mecanismos engranados de cinco barras. El video *Coupler Curves and Linkage Atlases* del DVD proporciona una breve revisión de este atlas. Después de obtener una geometría de prueba de un mecanismo a partir del atlas, use el programa LINKAGES del DVD para investigar su comportamiento y modificar la geometría del mecanismo.

A continuación se presenta un resumen de los parámetros del atlas Zhang:

Alfa = Eslabón acoplador 3/Eslabón 2
Beta = Eslabón de bancada/Eslabón 2
Lambda = Relación de engranes = Engrane 5/Engrane 2
El *ángulo de fase* se señala en cada gráfica de curva del acoplador
Los puntos a lo largo de las curvas están a cada 10 grados de rotación del eslabón 2
El mecanismo es simétrico: eslabón 2 = eslabón 5 y eslabón 3 = eslabón 4

Observe que *Lambda* es el inverso de λ definido en las secciones 4.8 (p. 136), 6.8 (p. 217) y 7.4 (p. 249). También vea las figuras P4-4 (p. 151), P6-4 (p. 221) y P7-4 (p. 258). Por ejemplo, una relación de engranes *Lambda* de 2 en el atlas Zhang corresponde a λ de 0.5 en el texto y en el programa LINKAGES. (La diferencia corresponde sólo a un cambio del mecanismo de izquierda a derecha.)

Apéndice **F**

RESPUESTAS DE PROBLEMAS SELECCIONADOS

CAPÍTULO 2 FUNDAMENTOS DE CINEMÁTICA

2-1
a) 1 *b*) 1 *c*) 2 *d*) 1 *e*) 7 *f*) 1 *g*) 4
h) 4 *i*) 4 *j*) 2 *k*) 1 *l*) 1 *m*) 2 *n*) 2
o) 4 *p*) tantos como el número de secciones menos uno *q*) 3

2-3 *a*) 1 *b*) 3 *c*) 3 *d*) 3 *e*) 2

2-4 *a*) 6 *b*) 6 *c*) 5 *d*) 4, pero 2 están dinámicamente acoplados* *e*) 4 *f*) 3

2-5 cerrado por fuerza

2-6
a) rotación pura
b) movimiento plano complejo
c) traslación pura
d) traslación pura
e) rotación pura
f) movimiento plano complejo
g) movimiento plano complejo

2-7 *a*) 0 *b*) 1 *c*) 1 *d*) 3

2-8
a) estructura – $DOF = 0$
b) mecanismo – $DOF = 1$
c) mecanismo – $DOF = 1$
d) mecanismo – $DOF = 3$

2-15 *a*) Grashof *b*) Sin Grashof *c*) Caso especial Grashof

2-21
a) $M = 1$ *b*) $M = 1$ *c*) $M = 1$
d) $M = 1$ *e*) $M = -1$ (una paradoja) *f*) $M = 1$
g) $M = 1$ *h*) $M = 0$ (una paradoja)

2-24 *a*) $M = 1$ *b*) $M = 1$

2-26 $M = 1$

2-27 $M = 0$

2-35 M = 1, cuatro barras de manivela y corredera

2-61 *a*) M = 3 *b*) M = 2 *c*) M = 1

2-62 *a*) M = 1 *b*) M = 2 *c*) M = 4

CAPÍTULO 3 SÍNTESIS GRÁFICA DE MECANISMOS

3-1
a) Generación de trayectoria
b) Generación de movimiento

* Dinámicamente acoplados significa que, con velocidad, la inclinación de la moto hacia un lado genera su giro hacia el lado al que se inclina. Así, la libertad angular de la máquina en el plano del camino está acoplada a su capacidad para girar alrededor de su eje longitudinal (inclinado). A menos que tenga una velocidad muy baja, una motocicleta se dirige empujando hacia abajo (hacia el suelo) en el interior de la curva, en lugar de girar de verdad el manubrio en la dirección del giro. Si usted mueve la moto con los pies para estacionarla, entonces debe girar el manubrio. Sin embargo, a cualquier velocidad significativa, se produce el efecto giroscópico y una inclinación de la moto la hace girar. Lo anterior también es válido para una bicicleta de pedales, en tanto tenga la velocidad de avance suficiente.

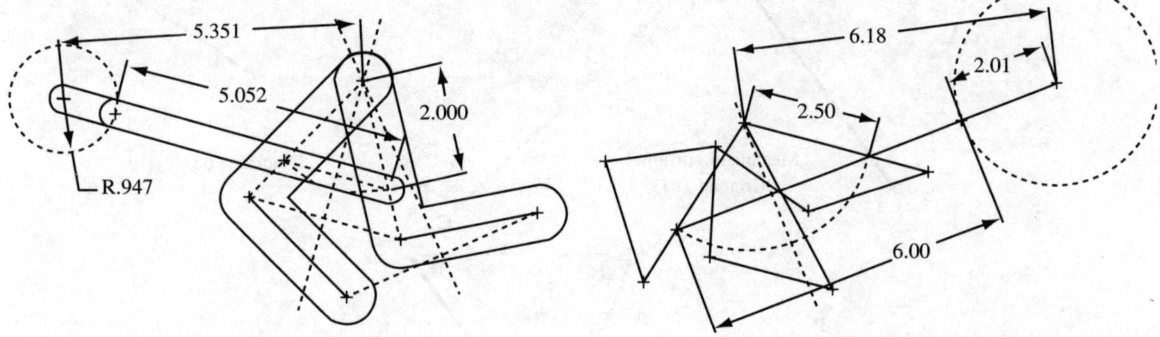

a) Una solución posible al problema 3-3

b) Una solución posible al problema 3-5

FIGURA S3-1 Soluciones a los problemas 3-3 y 3-5

c) Generación de función
d) Generación de trayectoria
e) Generación de trayectoria

Observe que los problemas de síntesis tienen muchas soluciones válidas. No podemos proporcionar una "respuesta correcta" a todos estos problemas de diseño. Revise su solución con un modelo de cartón o introdúzcalo a uno de los programas proporcionados con el texto.

3-3 Vea la figura S3-1
3-5 Vea la figura S3-1
3-6 Vea la figura S3-2
3-8 Vea la figura S3-3
3-10 La solución por medio de la figura 3-17 se muestra en la figura S3-4. (Use el programa LINKAGES para verificar su solución.)
3-22 El ángulo de transmisión oscila entre 31.5° y 89.9°.
3-23 Manivela-balancín Grashof. Rangos del ángulo de transmisión de 58.1° a 89.8°.
3-31 $L_1 = 160.6$, $L_2 = 81.3$, $L_3 = 200.2$, $L_4 = 200.2$ mm.
3-36 Doble balancín Grashof. Funciona desde 56° hasta 158° y desde 202° a 310°. El ángulo de transmisión oscila entre 0° y 90°.
3-39 Triple balancín Grashof. Invierte su posición a ±116°. El ángulo de transmisión oscila entre 0° y 88°.
3-42 Triple balancín no Grashof. Invierte su posición a ±55.4°. El ángulo de transmisión oscila entre 0° y 88.8°.
3-79 Eslabón 2 = 1, eslabón 3 = eslabón 4 = eslabón 1 = 1.5. El punto del acoplador está en 1.414 @ 135° contra el eslabón 3. Ponga estos datos en el programa LINKAGES para ver la curva del acoplador.

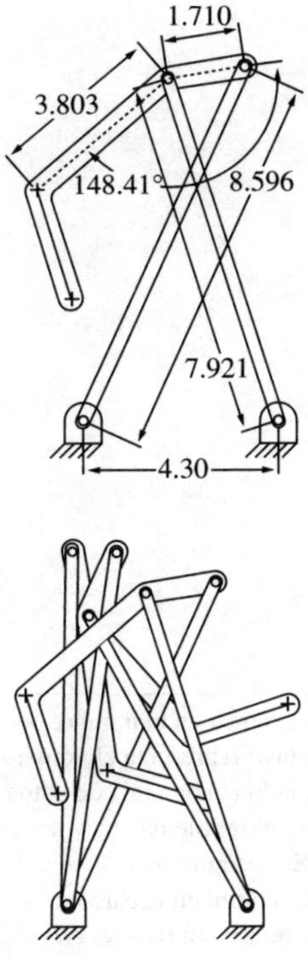

FIGURA S3-2 Solución única al problema 3-6

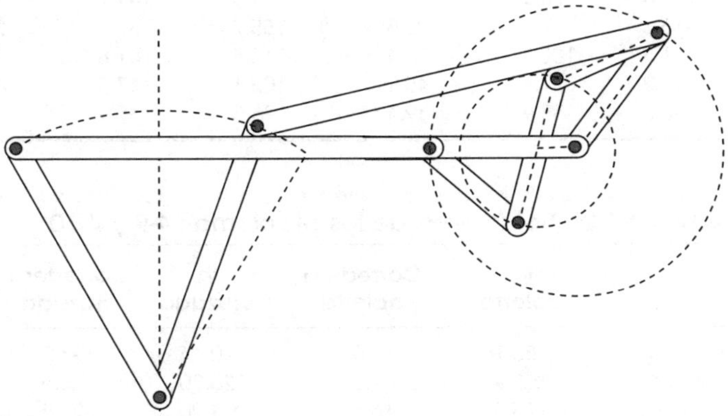

FIGURA S3-3 Una solución posible al problema 3-8

F

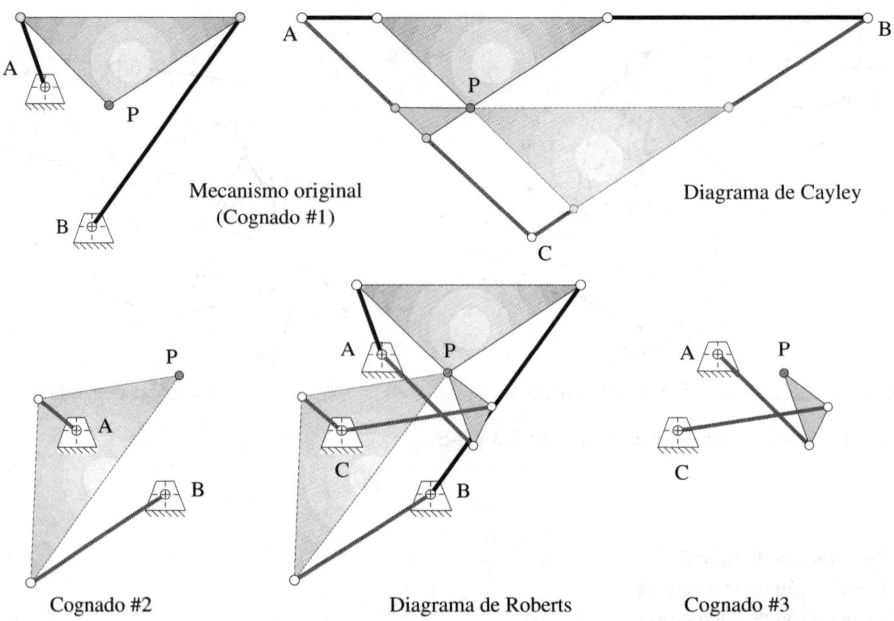

FIGURA S3-4 Solución al problema 3-10. Determinación de los cognados del mecanismo de cuatro barras mostrado en la figura 3-17 (p. 87)

CAPÍTULO 4 ANÁLISIS DE POSICIÓN

4-6 y **4-7** Vea la tabla S4-1 y el archivo P07-04*row*.4br.
4-9 y **4-10** Vea la tabla S4-2.
4-11 y **4-12** Vea la tabla S4-3.
4-13 Vea la tabla S4-1.
4-14 Abra el archivo P07-04*row*.4br† en el programa LINKAGES para ver esta solución.*
4-15 Abra el archivo P07-04*row*.4br† en el programa LINKAGES para ver esta solución.*
4-16 Vea la tabla S4-4.
4-17 Vea la tabla S4-4.

† La letra *x* en el nombre de archivo representa el número de la fila en la tabla de datos para el problema.
* Estos archivos se encuentran en la carpeta PROBLEM SOLUTIONS en el DVD incluido con este texto.

F

TABLA S4-1 Soluciones de los problemas 4-6, 4-7 y 4-13

Fila	θ_3 abierto	θ_4 abierto	Ángulo de transmisión	θ_3 cruzado	θ_4 cruzado	Ángulo de transmisión
a	88.8	117.3	28.4	-115.2	-143.6	28.4
c	-53.1	16.5	69.6	173.3	103.6	69.6
e	7.5	78.2	70.7	- 79.0	- 149.7	70.7
g	-16.3	7.2	23.5	155.7	132.2	23.5
i	-1.5	103.1	75.4	-113.5	141.8	75.4
k	-13.2	31.9	45.2	-102.1	-147.3	45.2
m	-3.5	35.9	39.4	-96.5	-135.9	39.4

TABLA S4-2 Soluciones de los problemas 4-9 y 4-10

Fila	θ_3 abierto	Corredera abierta	θ_3 cruzado	Corredera cruzada
a	180.1	5.0	-0.14	-3.0
c	205.9	9.8	-25.90	-4.6
e	175.0	16.4	4.20	-23.5
g	212.7	27.1	-32.70	-14.9

TABLA S4-3 Soluciones de los problemas 4-11 y 4-12

Fila	θ_3 abierto	θ_4 abierto	R_B abierto	θ_3 cruzado	θ_4 cruzado	R_B cruzado
a	232.7	142.7	1.79	-79.0	-169.0	1.79
c	91.4	46.4	2.72	208.7	163.7	11.20
e	158.2	128.2	6.17	-36.2	-66.2	9.63

TABLA S4-4 Soluciones de los problemas 4-16 y 4-17

Fila	θ_3 abierto	θ_4 abierto	θ_3 cruzado	θ_4 cruzado
a	173.6	-177.7	-115.2	- 124.0
c	17.6	64.0	-133.7	180.0
e	-164.0	-94.4	111.2	41.6
g	44.2	124.4	-69.1	-149.3
i	37.1	120.2	-67.4	-150.5

4-21 Abra el archivo P04-21.4br en el programa LINKAGES para ver esta solución.*
4-23 Abra el archivo P04-23.4br en el programa LINKAGES para ver esta solución.*
4-25 Abra el archivo P04-25.4br en el programa LINKAGES para ver esta solución.*
4-26 Abra el archivo P04-26.4br en el programa LINKAGES para ver esta solución.*
4-29 Abra el archivo P04-29.4br en el programa LINKAGES para ver esta solución.*
4-30 Abra el archivo P04-30.4br en el programa LINKAGES para ver esta solución.*
4-31 $r_1 = -6.265$, $r_2 = -0.709$.

CAPÍTULO 5 SÍNTESIS ANALÍTICA DE MECANISMOS

5-8 Dados: $\alpha_2 = -62.5°$, $P_{21} = 2.47$, $\delta_2 = 120°$
Para la díada izquierda: Suponga: $z = 1.075$, $\phi = 204°$, $\beta_2 = -27°$
Calcule: $\mathbf{W} = 3.67$ @ $-113.5°$
Para la díada derecha: Suponga: $s = 1.24$, $\psi = 74°$, $\gamma_2 = -40°$
Calcule: $\mathbf{U} = 5.46$ @ $-125.6°$

5-11 Vea la figura S5-1 para la solución. Las longitudes de los eslabones son:
Eslabón 1 = 4.35, Eslabón 2 = 3.39, Eslabón 3 = 1.94, Eslabón 4 = 3.87

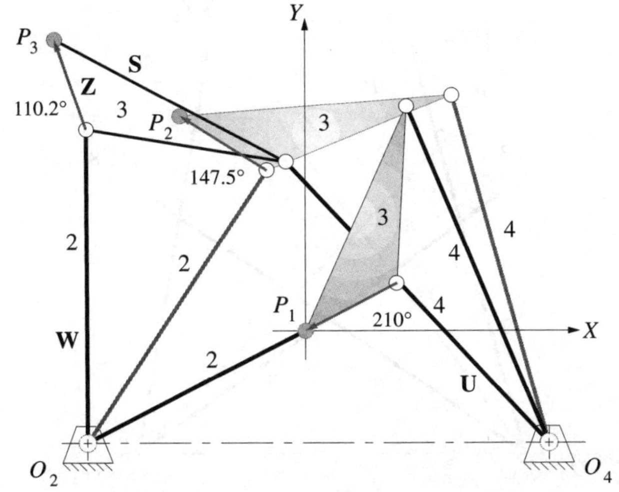

FIGURA S5-1 Solución del problema 5-11. Abra el archivo P05-11 con el programa LINKAGES para más información

* Estos archivos se encuentran en la carpeta PROBLEM SOLUTIONS en el DVD incluido con este texto.

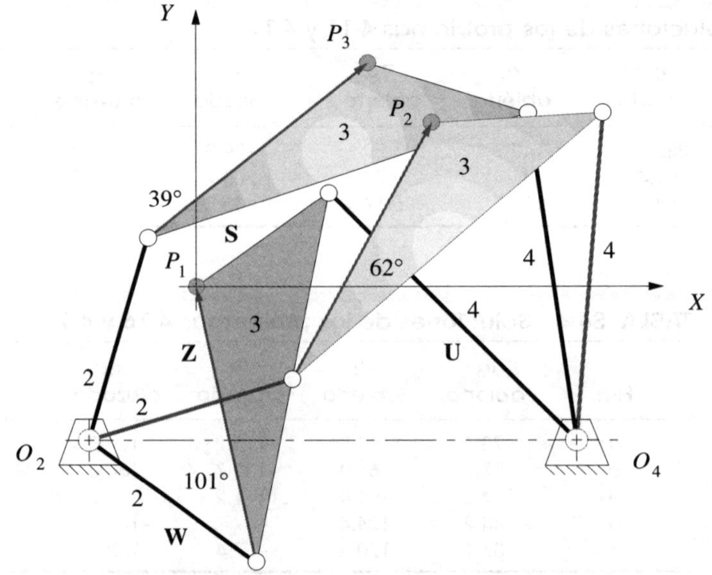

FIGURA S5-2 Solución del problema 5-15. Abra el archivo P05-15 con el programa LINKAGES para más información

5-15 Vea la figura S5-2 para la solución. Las longitudes de los eslabones son:
Eslabón 1 = 3.95, Eslabón 2 = 1.68, Eslabón 3 = 3.05, Eslabón 4 = 0.89

5.19 Vea la figura S5-3 para la solución. Las longitudes de los eslabones son:
Eslabón 1 = 2, Eslabón 2 = 2.5, Eslabón 3 = 1, Eslabón 4 = 2.5

5-26 Dados: $\alpha_2 = -45°$, $P_{21} = 184.78$ mm, $\delta_2 = -5.28°$
$\alpha_3 = -90°$, $P_{31} = 277.35$ mm, $\delta_3 = -40.47°$
$O_{2x} = 86$ mm $O_{2y} = -132$ mm
$O_{4x} = 104$ mm $O_{4y} = -155$ mm

Para la díada izquierda: Calcule: $\beta_2 = -85.24°$ $\beta_3 = -164.47°$
Calcule: $W = 110.88$ mm $\theta = 124.24°$
Calcule: $Z = 46.74$ mm $\phi = 120.34°$

Para la díada derecha: Calcule: $\gamma_2 = -75.25°$ $\gamma_3 = -159.53°$
Calcule: $U = 120.70$ mm $\sigma = 104.35°$
Calcule: $S = 83.29$ mm $\psi = 152.80°$

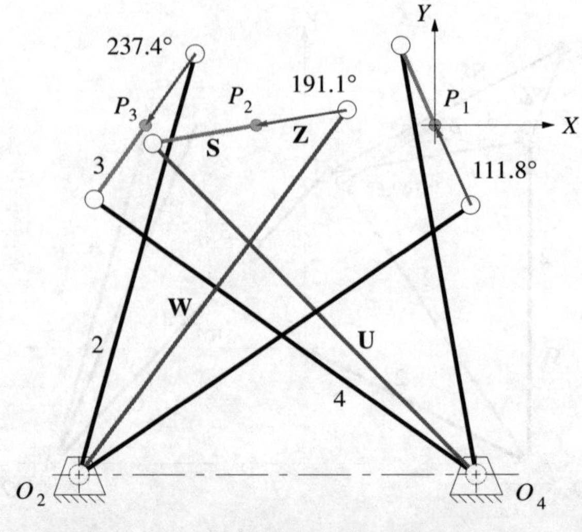

FIGURA S5-3 Solución del problema 5-19. Abra el archivo P05-19 con el programa LINKAGES para más información.

5-33	Dados:	$\alpha_2 = -25°$,	$P_{21} = 133.20$ mm,	$\delta_2 = -12.58°$
		$\alpha_3 = -101°$,	$P_{31} = 238.48$ mm,	$\delta_3 = -51.64°$
		$O_{2x} = -6.2$ mm	$O_{2y} = -164$ mm	
		$O_{4x} = 28.0$ mm	$O_{4y} = -121$ mm	
	Para la díada izquierda:	Calcule: $\beta_2 = -53.07°$		$\beta_3 = -94.11°$
		Calcule: $W = 128.34$ mm		$\theta = 118.85°$
		Calcule: $Z = 85.45$ mm		$\phi = 37.14°$
	Para la díada derecha:	Calcule: $\gamma_2 = -77.26°$		$\gamma_3 = -145.66°$
		Calcule: $U = 92.80$ mm		$\sigma = 119.98°$
		Calcule: $S = 83.29$ mm		$\psi = 65.66°$
5-35	Dados:	$\alpha_2 = -29.4°$,	$P_{21} = 99.85$ mm,	$\delta_2 = 7.48°$
		$\alpha_3 = -2.3°$,	$P_{31} = 188.23$ mm,	$\delta_3 = -53.75°$
		$O_{2x} = -111.5$ mm	$O_{2y} = 183.2$ mm	
		$O_{4x} = -111.5$ mm	$O_{4y} = -38.8$ mm	
	Para la díada izquierda:	Calcule: $\beta_2 = 69.98°$		$\beta_3 = 139.91°$
		Calcule: $W = 100.06$ mm		$\theta = 150.03°$
		Calcule: $Z = 306.82$ mm		$\phi = -49.64°$
	Para la díada derecha:	Calcule: $\gamma_2 = -4.95°$		$\gamma_3 = -48.81°$
		Calcule: $U = 232.66$ mm		$\sigma = 62.27°$
		Calcule: $S = 167.17$ mm		$\psi = -88.89°$

CAPÍTULO 6 ANÁLISIS DE VELOCIDAD

6-4 y **6.5** Vea la tabla S6-1 y el archivo P07-04*row*.4br.
6-6 y **6.7** Vea la tabla S6-2.
6-8 y **6.9** Vea la tabla S6-3.
6-10 y **6.11** Vea la tabla S6-4.

TABLA S6-1 Soluciones de los problemas 6-4 y 6-5

Fila	ω_3 abierto	ω_4 abierto	V_P magnitud	V_P angular	ω_3 cruzado	ω_4 cruzado	V_P magnitud	V_P angular
a	-6.0	-4.0	40.8	58.2	-0.66	-2.66	22.0	129.4
c	-12.7	-19.8	273.8	-53.3	-22.7	-15.7	119.1	199.9
e	1.85	-40.8	260.5	-12.1	-23.3	19.3	139.9	42.0
g	76.4	146.8	798.4	92.9	239.0	168.6	1 435.3	153.9
i	-25.3	25.6	103.1	-13.4	56.9	6.0	476.5	70.4
k	-56.2	-94.8	436.0	-77.4	-55.6	-16.9	362.7	79.3
m	18.3	83.0	680.8	149.2	7.73	-57.0	571.3	133.5

TABLA S6-2 Soluciones de los problema 6-6 y 6-7

Fila	V_A magnitud	V_A angular	ω_3 abierto	V_B mag abierto	ω_3 cruzado	V_B mag cruzado
a	14	135	-2.47	-9.9	2.47	-9.92
c	45	-120	5.42	-41.5	-5.42	-3.54
e	250	135	-8.86	-189.7	8.86	-163.80
g	700	60	-28.80	738.9	28.80	-38.90

TABLA S6-3 Soluciones de los problemas 6-8 y 6-9

Fila	V_A magnitud	V_A angular	ω_3 abierto	$V_{deslizamiento}$ abierto	V_B mag abierto	ω_3 cruzado	$V_{deslizamiento}$ cruzado	V_B mag cruzado
a	20.0	120.0	-10.3	33.5	41.2	-3.6	-4.25	14.6
c	240.0	135.0	23.7	73.0	142.5	-14.9	130.5	89.4
e	-180.0	-15.0	-2.7	-176.0	5.4	5.7	162.0	11.5

F

TABLA S6-4 Soluciones de los problemas 6-10 y 6-11

Fila	ω_3 abierto	ω_4 abierto	ω_3 cruzado	ω_4 cruzado
a	32.6	16.9	-75.2	-59.6
c	10.7	-2.6	-8.2	5.1
e	-158.3	-81.3	-116.8	-193.9
g	-8.9	-40.9	-48.5	-16.5
i	-40.1	47.9	59.6	-28.4

6-16 V_A = 12 pulg/s @ 124.3°, V_B = 11.5 pulg/s @ 180°, V_C = 5.65 pulg/s @ 153.3°, ω_3 = –5.69 rad/s
6-47 Abra el archivo P06-47.4br en el programa LINKAGES para ver esta solución.*
6-48 Abra el archivo P06-48.4br en el programa LINKAGES para ver esta solución.*
6-49 Abra el archivo P06-49.4br en el programa LINKAGES para ver esta solución.*
6-51 Abra el archivo P06-51.4br en el programa LINKAGES para ver esta solución.*
6-62 Abra el archivo P06-62.4br en el programa LINKAGES para ver esta solución.*
6-65 V_A = 94.5 pulg/s, V_B = 115.2, $V_{deslizamiento}$ = 162.8, V_{trans} = 65.9, ω_3 = –70 rad/s.

* Estos archivos se encuentran en la carpeta PROBLEM SOLUTIONS en el DVD incluido con este texto.

CAPÍTULO 7 ANÁLISIS DE ACELERACIÓN

7-3 y **7-4** Vea la tabla S7-1 y el archivo P07-04*row*.4br.
7-5 y **7-6** Vea la tabla S7-2.
7-7 y **7-8** Vea la tabla S7-3.
7-9 Vea la tabla S7-4
7-12 176.9 pulg/s^2.
7-21 A_A = 26.26 m/s^2 @ –211.1°, A_B = 8.328 m/s^2 @ –13.9°.
7-24 A_A = 16 m/s^2 @ 237.6°, A_B = 12.01 m/s^2 @ 207.4°, α_4 = 92 rad/s^2.
7-28 A_A = 39.38 m/s^2 @ –129°, A_B = 39.7 m/s^2 @ –90°.
7-39 Abra el archivo P07-39.4br en el programa LINKAGES para ver esta solución.*
7-40 Abra el archivo P07-40.4br en el programa LINKAGES para ver esta solución.*
7-41 Abra el archivo P07-41.4br en el programa LINKAGES para ver esta solución.*
7-42 Abra el archivo P07-42.4br en el programa LINKAGES para ver esta solución.*
7-44 Abra el archivo P07-44.4br en el programa LINKAGES para ver esta solución.*
7-56 Se voltea entre 19.0 a 20.3 mph; la carga se desliza entre 16.2 y 19.5 mph.

TABLA S7-1 Soluciones de los problemas 7-3 y 7-4

Fila	α_3 abierto	α_4 abierto	A_P magnitud	A_P angular	α_3 cruzado	α_4 cruzado	A_P magnitud	A_P angular
a	26.1	53.3	419	240.4	77.9	50.7	298	-11.3
c	-154.4	-71.6	4 400	238.9	-65.2	-148.0	3 554	100.6
e	331.9	275.6	10 260	264.8	1 287.7	1 344.1	19 340	-65.5
g	-23 510.0	-19 783.0	172 688	191.0	-43 709.0	-47 436.0	273 634	-63.0
i	-344.6	505.3	9 492	-81.1	121.9	-728.0	27 871	150.0
k	-2 693.0	-4 054.0	56 271	220.2	311.0	1 672.1	27 759	-39.1
m	680.8	149.2	35 149	261.5	9 266.1	10 303.0	63 831	103.9

TABLA S7-2 Soluciones de los problema 7-5 y 7-6

Fila	A_A magnitud	A_A angular	α_3 abierto	A_B mag abierto	A_B ang abierto	α_3 cruzado	A_B mag cruzado	A_B ang cruzado
a	140	-135	25	124	180	-25	74	180
c	676	153	-29	709	180	29	490	180
e	12 500	45	-447	6 653	0	447	11 095	0
g	70 000	150	-1 136	62 688	180	1 136	58 429	180

TABLA S7-3 Soluciones de los problemas 7-7 y 7-8

Fila	α_3 abierto	α_4 abierto	$A_{deslizamiento}$ abierto	α_3 cruzado	α_4 cruzado	$A_{deslizamiento}$ cruzado
a	130.5	130.5	-128.5	-9.9	-9.9	19.0
c	-212.9	-212.9	1 078.8	-217.8	217.8	-728.2
e	896.3	896.3	-1 818.6	595.6	595.6	1 822.6

TABLA S7-4 Solución del problema 7-9

Fila	α_3 abierto	α_4 abierto	α_3 cruzado	α_4 cruzado
a	3 191	2 492	-6 648	-5 949
c	314	228	87	147
e	2 171	-6 524	7 781	5 414
g	-22 064	-23 717	-5 529	-29 133
i	-5 697	-3 380	-2 593	-7 184

7-76 $A_D = 7\,554.1$ pulg/s^2 @ 150.8°, $\alpha_6 = 692.98$ rad/s^2.

7-78 $A_A = 677.1$ pulg/s^2 @ –119.7°, $A_B = 1\,337.5$ pulg/s^2 @ –26.09°, $A_P = 730.37$ pulg/s^2 @ –53.65°, $\alpha_4 = 431.175$ rad/s^2.

7-87 $A_C = 37.5$ pulg/s^2 @ 90°.

CAPÍTULO 8 DISEÑO DE LEVAS

La mayoría de los problemas en este capítulo son problemas de diseño con más de una solución correcta. Use el programa DYNACAM para revisar la solución obtenida con *Mathcad, Matlab, Excel* o *TKSolver*, y también explore varias soluciones y compárelas para encontrar la mejor con las restricciones dadas en cada problema.

8-1 Vea la figura S8-1*a*).

8-2 Vea la figura S8-1*b*).

8-4 $\phi = 4.9°$.

8-6 $\phi = 13.8°$.

CAPÍTULO 9 TRENES DE ENGRANES

9-1 Diámetro de paso = 4.8, paso circular = 0.628, círculo de cabeza = 0.20, círculo de raíz = 0.25, espesor de diente = 0.314 y holgura = 0.050.

9-5 *a*) $p_d = 10$, *b*) $p_d = 6$

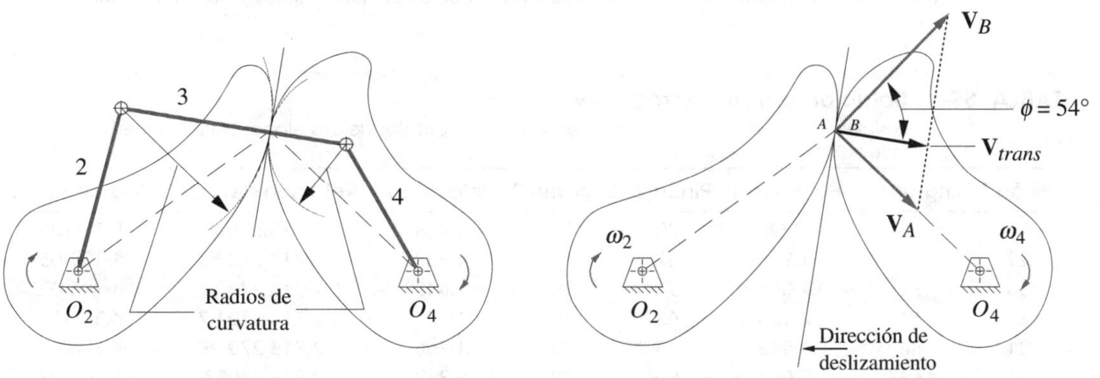

a) Mecanismo efectivo para el problema 8-1

b) Ángulo de presión ϕ para el problema 8-2

FIGURA S8-1 Soluciones de los problemas 8-1 y 8-2

F

9-6 Suponga un número de dientes mínimo = 16, entonces: N del piñón = 16 y 1.600 pulg de diámetro de paso. N del engrane = 112 y diámetro de paso de 11.240 pulg. Relación de contacto = 1.68.

9-7 Suponga un número de dientes mínimo = 16, entonces: N del piñón = 16 y 3.20 pulg de diámetro de paso. N del engrane = 96 y diámetro de paso de 19.20 pulg. Se requiere un engrane loco de cualquier diámetro para obtener la relación positiva. Relación de contacto = 1.67.

9-10 Tres etapas de 4:1, 4:1 y 5:1 dan –80:1. Etapa 1 = 20 dientes (d = 1.67 pulg) a 80 dientes (d = 6.67 pulg). Etapa 2 = 20 dientes (d = 1.67 pulg) a 80 dientes (d = 6.67 pulg). Etapa 3 = 18 dientes (d = 1.5 pulg) a 90 dientes (d = 7.5 pulg).

9-12 La raíz cuadrada de 120 es > 10 así que se requerirán tres etapas. $5 \times 4 \times 6 = 150$. Con un número de dientes mínimo = 18 se obtiene 18:90, 18:72 y 18:108 dientes. Los diámetros de paso son 3.6, 18 y 21.6 pulg. Se requiere un engrane (18 dientes) loco para hacer la relación total positiva.

9-14 Los factores $4 \times 7 = 28$. Las relaciones 24:96 y 15:105 se revierten a la misma distancia entre centros de 7.5. Los diámetros de paso son 1.875, 3, 12 y 13.125 pulg.

9-16 Los factores $6.5 \times 10 = 65$. Las relaciones 22:143 y 15:150 se revierten a la misma distancia entre centros de 10.3125 pulg. Los diámetros de paso son 2.75, 17.875, 1.875 y 18.75.

9-19 Los factores $2 \times 1.5 = 3$. Las relaciones 15:30 y 18:27 se revierten a la misma distancia entre centros de 3.75. Los diámetros de paso son 2.5, 5, 3 y 4.5. El tren de reversa utiliza la misma primera etapa 1:2 que el tren de velocidad hacia adelante, de modo que necesita una segunda etapa de 1:2.25, la cual se obtiene con una relación de engranes de 12:27. La distancia entre centros de la etapa de reversa 12:27 es de 3.25, la cual es menor que la de la etapa de velocidad hacia adelante. Esto permite que los engranes de reversa se engranen mediante un engrane loco de cualquier diámetro adecuado para revertir la dirección de la salida.

9-21 Para la velocidad baja de 6:1, los factores $2.333 \times 2.571 = 6$. Las relaciones 15:35 y 14:36 se revierten a la misma distancia entre centros de 3.125. Los diámetros de paso son de 1.875, 4.375, 1.75 y 4.5. El tren de segunda velocidad utiliza la misma primera etapa 1:2.333 que el tren de baja velocidad, de modo que necesita una segunda etapa de 1:1.5, la cual se obtiene con un juego de engranes 20:30 que se revierte a la misma distancia entre centros de 3.125. Los diámetros de paso adicionales son 2.5 y 3.75. El tren de reversa también utiliza la misma primera etapa 1:2.333 que los dos trenes de velocidad hacia adelante, de modo que necesita una segunda etapa de 1:1.714, la cual se obtiene con un tren de engranes 14:24. La distancia entre centros de la etapa 14:24 de reversa es de 2.375, la cual es menor que la de las etapas de velocidad directa. Esto permite que los engranes de reversa engranen por medio de un engrane loco de cualquier diámetro adecuado para invertir la dirección de salida.

9-25 *a)* $\omega_2 = 790$, *c)* $\omega_{arm} = -4.544$, *e)* $\omega_6 = -61.98$

9-26 *a)* $\omega_2 = -59$, *c)* $\omega_{arm} = 61.54$, *e)* $\omega_6 = -63.33$

9-27 *a)* 577.7 rpm y 4.33 a 1. *b)* $x = 577.7 \times 2 - 800 = 355.5$ rpm

9-29 Vea la tabla S9-1 para la solución. La tercera fila tiene el error y los engranes más pequeños.

9-35 $\eta = 0.963$.

9-37 $\eta = 0.996$.

9-39 $\omega_1 = 979.6$ rpm, $\omega_2 = 2\,742.9$ rpm.

9-41 $\omega_1 = -293.9$ rpm, $\omega_3 = -587.8$ rpm.

9-43 $\omega_G = -18.6$ rpm, $\omega_F = -187.7$ rpm.

9-67 $\phi = 26.23°$

9-69 Razón de engrane = 2.4 y razón de contacto = 1.698. Paso circular = 0.785, paso base = 0.738, diámetros de paso = 6.25 y 15, diámetros externos = 6.75 y 15.5, distancia entre centros = 10.625, addendum = 0.250, dedendum = 0.313, profundidad total = 0.562 5, claro = 0.063 (todo en pulgadas).

F

TABLA S9-1 Solución del problema 9-29

Posibles relaciones de dos trenes de engranes compuestos de dos etapas para obtener la relación de 2.718 28

Piñón 1	Engrane 1	Relación 1	Piñón 2	Engrane 2	Relación 2	Relación del tren	Error absoluto
25	67	2.68	70	71	1.014	2.7182 85 71	5.71E-06
29	57	1.966	47	65	1.383	2.718 268 53	1.15E-05
30	32	1.067	31	79	2.548	2.718 279 57	4.30E-07
30	64	2.133	62	79	1.274	2.718 279 57	4.30E-07
31	48	1.548	45	79	1.756	2.718 279 57	4.30E-07
31	64	2.065	60	79	1.317	2.718 27957	4.30E-07
31	79	2.548	75	80	1.067	2.718 279 57	4.30E-07
35	67	1.914	50	71	1.420	2.718 285 71	5.71E-06

9-71 Cuatro etapas con factores $6 \times 5 \times 5 \times 5 \times 5 = 750$; etapa 1 = 14t a 84t; etapas 2, 3, 4 = 14t a 70t. Salida en la misma dirección que la entrada, debido al número par de etapas.

CAPÍTULO 10 FUNDAMENTOS DE DINÁMICA

10-1 CG @ 8.77 pulg del extremo de la manija, $I_{zz} = 0.394$ pulg-lb-s^2, $k = 9.35$ pulg.
10-2 CG @ 8.08 pulg del extremo de la manija, $I_{zz} = 0.221$ pulg-lb-s^2, $k = 8.95$ pulg.
10-4
a) $x = 3.547$, $y = 4.8835$, $z = 1.4308$, $w = -1.3341$
b) $x = -62.029$, $y = 0.2353$, $z = 17.897$, $w = 24.397$
10-6
a) En serie: $k_{efect} = 3.09$, Domina el resorte más blando
b) En paralelo: $k_{efect} = 37.4$ Domina el resorte más rígido
10-9
a) En serie: $c_{efect} = 1.09$, Domina el amortiguador más blando
b) En paralelo: $c_{efect} = 13.7$, Domina el amortiguador más rígido
10-12 $k_{eff} = 12$ N/mm, $m_{eff} = 0.688$ kg
10-14 $k_{eff} = 225$ N/mm, $m_{eff} = 58.5$ kg
10-20 Masa efectiva en primera velocidad = 0.054 bl, 2a. velocidad = 0.096 bl, 3a. velocidad = 0.216 bl, 4a. velocidad = 0.863 bl.
10-21 Constante de resorte efectiva en el seguidor = 308.35 lb/pulg
10-25 Constante de resorte efectiva = 111.1 N/mm, masa efectiva = 27 kg.
10-26 $x = 5.775$ pulg.
10-34 $I_{manivela}$ alrededor del pivote = 1 652 kg-mm^2, $I_{oscilador}$ alrededor del pivote = 18 420 kg-mm^2, $I_{acoplador}$ alrededor de CG = 2 106 kg-mm^2 (ambos acopladores son iguales).
10-35 $x = 774$ mm para golpear el punto de la pelota.

CAPÍTULO 11 ANÁLISIS DE FUERZAS DINÁMICAS

11-3 Abra el archivo P11.03*row*.sld en el programa LINKAGES para revisar su solución.*
11-4 Abra el archivo P11.03*row*.sld en el programa LINKAGES para revisar su solución.*
11-5 Abra el archivo P11.05*row*.4br en el programa LINKAGES para revisar su solución.*
11-6 Abra el archivo P11.05*row*.4br en el programa LINKAGES para revisar su solución.*
11-7 Abra el archivo P11.07*row*.4br en el programa LINKAGES para revisar su solución.*
11-12 $F_{12x} = -1\,851$ N, $F_{12y} = 1\,315$ N; $F_{14x} = 1\,047$ N, $F_{14y} = -3\,156$ N; $F_{32x} = 479$ N, $F_{32y} = -275$ N; $F_{43x} = 53.7$ N, $F_{43y} = -1\,087$ N; $T_{12} = -45.3$ N-m
11-13 Abra el archivo P11-13.4br en el programa LINKAGES para revisar su solución.*
11-14 $F_{12} = 1\,308$ lb, $F_{32} = 1\,290$ lb, $F_{43} = 1\,290$ lb, $F_{14} = 710$ lb, $F_{hand} = 63.2$ lb, $JFI = 0.645$.
11-25 $T_{12} = 463$ lb-pulg
11-40 Momento de inercia de masa necesario en el volante = 11.8 bl-pulg^2. Son posibles muchas geometrías de volante. Suponiendo un cilindro de acero con un radio de 9.0 pulg, espesor = 1.474 pulg.

CAPÍTULO 12 BALANCEO

12-1
a) $m_b r_b = 0.934$, $\theta_b = -75.5°$
c) $m_b r_b = 5.932$, $\theta_b = 152.3°$
e) $m_b r_b = 7.448$, $\theta_b = -80.76°$
12-5
a) $m_a r_a = 0.814$, $\theta_a = -175.2°$, $m_b r_b = 5.50$, $\theta_b = 152.1°$
c) $m_a r_a = 7.482$, $\theta_a = -154.4°$, $m_b r_b = 7.993$, $\theta_b = 176.3°$
e) $m_a r_a = 6.254$, $\theta_a = -84.5°$, $m_b r_b = 3.671$, $\theta_b = -73.9°$
12-6 $W_a = 3.56$ lb, $\theta_a = 44.44°$, $W_b = 2.13$ lb, $\theta_b = -129.4°$
12-7 $W_a = 4.2$ lb, $\theta_a = -61.8°$, $W_b = 3.11$ lb, $\theta_b = 135°$
12-8 Éstos son los mismos mecanismos del problema 11-5. Abra el archivo P11-05*row*.4br con el programa LINKAGES para revisar su solución.* Luego utilice el programa para calcular los datos del volante.
12-9 Abra el archivo P12-09.4br con el programa LINKAGES para revisar su solución.*

* Estos archivos se encuentran en la carpeta PROBLEM SOLUTIONS en el DVD incluido con este texto.

TABLA S15-1 Soluciones del problema 15-6

	ωn	ωd	Cc
a)	3.42	3.38	8.2
b)	4.68	4.65	19.7
c)	0.26	0.26	15.5
d)	2.36	2.33	21.2
e)	5.18	5.02	29.0
f)	2.04	1.96	49.0

12-14 $R_3 = 5.85$ pulg, $\theta_3 =$ s-142.11°, $R_4 = 1.13$ pulg, $\theta_4 = 120°$
12-16 $W_4 = 14.48$ lb, $\theta_4 = 89.15°$, $W_5 = 5.04$ lb, $\theta_5 = 83.90°$
12-18 $d_3 = 18.95$ mm, $\theta_3 = -147.46°$, $d_4 = 20.8$ mm, $\theta_4 = 28.94°$
12-38 Plano 2: $e = 0.113$, $\theta = -152.15°$. Plano 3: $e = 0.184$, $\theta = 19.36°$.

CAPÍTULO 13 DINÁMICA DE MOTORES

13-1 Solución exacta = –42 679.272 pulg/s @ 299.156° y 200 rad/s.
Aproximación con la serie de Fourier = –42 703.631 pulg/s @ 299.156° y 200 rad/s.
Error = –0.0571% (–0.000 571)
13-3 Par de gas = 2.040 (aprox.) Fuerza de gas = 3 142
13-5 Par de gas = 2 039.53 (aprox.) Par de gas = 2 039.91 (exacto)
Error = 0.0186% (0.000186)

13-7 *a)* $m_b = 0.007\ 48$ en $l_b = 7.2$, $m_p = 0.012\ 51$ en $l_p = 4.31$
b) $m_b = 0.008\ 00$ en $l_b = 7.2$, $m_a = 0.012\ 00$ en $l_a = 4.80$
c) $I_{modelo} = 0.691\ 2$, Error = 11.48% (0.114 8)
13-9 $m_{2a} = 0.018$ en $r_a = 3.5$, $I_{modelo} = 0.2205$, Error = 26.5% (–0.265)

13-11 Abra el archivo P13-11.eng con el programa ENGINE para revisar su solución.*
13-14 Abra el archivo P13-14.eng con el programa ENGINE para revisar su solución.*
13-19 Abra el archivo P13-19.eng con el programa ENGINE para revisar su solución.*

CAPÍTULO 14 MOTORES MULTICILINDROS

Use el programa ENGINE para revisar sus soluciones.*
14-23 *Producto mr* en los ejes de balance = 5.017E-3 bl-pulg o 1.937 lb-pulg.

CAPÍTULO 15 DINÁMICA DE LEVAS

15-1 a 15-5 Use el programa DYNACAM para resolver estos problemas. No existe *una respuesta correcta* a estos problemas de diseño.
15-6 Vea la tabla S15-1.
15-7 a 15-19 Use el programa DYNACAM para resolver estos problemas. No existe *una respuesta correcta* a estos problemas de diseño.

* Estos archivos se encuentran en la carpeta PROBLEM SOLUTIONS en el DVD incluido con este texto.

F

Apéndice G

ECUACIONES PARA MOTORES MULTICILINDROS SUBBALANCEADOS O SOBREBALANCEADOS

G.1 INTRODUCCIÓN

En el capítulo 14 se desarrollaron las ecuaciones de las fuerzas, momentos y pares de torsión de sacudimiento en motores multicilindros con configuraciones en línea y en V. En el capítulo 14 se supone que los codos de cigüeñal están exactamente balanceados, supuesto que, en gran medida, simplifica las ecuaciones. Sin embargo, algunos motores multicilindros sobrebalancean los codos de cigüeñal para reducir las fuerzas de cojinete principales. Esto también puede tener un efecto en las fuerzas y los momentos de sacudimiento.

En este apéndice se proporcionan ecuaciones de reemplazo de las versiones simplificadas del capítulo 14, las cuales no suponen codos de cigüeñal exactamente balanceados.* Los números de ecuación que se utilizan en esta sección corresponden a los del capítulo 14 y pueden sustituirse por los simplificados si así se desea. En las siguientes ecuaciones, m_A es la masa efectiva del muñón de la manivela y m_B es la masa efectiva del pasador del pistón, como se definió en el capítulo 13. Los parámetros m_c y r_c representan, respectivamente, la masa de contrapeso de cualquier codo de cigüeñal y el radio al *CG* del contrapeso. Todos los demás parámetros son iguales a los que se definieron en los capítulos 13 y 14.

* Estas ecuaciones completas se usan en el programa ENGINE.

En el caso de un motor en línea (sección 14.3, p. 500), las fuerzas de sacudimiento de un motor con un cigüeñal subbalanceado o sobrebalanceado son:

$$\begin{aligned} F_{S_x} \cong & \left(m_A + m_B\right) r\omega^2 \left[\cos\omega t \sum_{i=1}^{n} \cos\phi_i + \operatorname{sen}\omega t \sum_{i=1}^{n} \operatorname{sen}\phi_i \right] \\ & + m_c r_c \omega^2 \left[\cos(\omega t + \pi) \sum_{i=1}^{n} \cos\phi_i + \operatorname{sen}(\omega t + \pi) \sum_{i=1}^{n} \operatorname{sen}\phi_i \right] \\ & + \frac{m_B r^2 \omega^2}{l} \left[\cos 2\omega t \sum_{i=1}^{n} \cos 2\phi_i + \operatorname{sen} 2\omega t \sum_{i=1}^{n} \operatorname{sen} 2\phi_i \right] \hat{\mathbf{i}} \end{aligned} \tag{14.2d}$$

$$\begin{aligned} F_{S_y} \cong & m_A r\omega^2 \left[\operatorname{sen}\omega t \sum_{i=1}^{n} \cos\phi_i - \cos\omega t \sum_{i=1}^{n} \operatorname{sen}\phi_i \right] \\ & + m_c r_c \omega^2 \left[\operatorname{sen}(\omega t + \pi) \sum_{i=1}^{n} \cos\phi_i - \cos(\omega t + \pi) \sum_{i=1}^{n} \operatorname{sen}\phi_i \right] \hat{\mathbf{j}} \end{aligned}$$

G

Para un motor en línea (sección 14.3, p. 500), los momentos de sacudimiento para un motor con un cigüeñal subbalanceado o sobrebalanceado son:

$$M_{S_x} \cong (m_A + m_B) r\omega^2 \left[\cos\omega t \sum_{i=1}^{n} z_i \cos\phi_i + \operatorname{sen}\omega t \sum_{i=1}^{n} z_i \operatorname{sen}\phi_i \right]$$
$$+ m_c r_c \omega^2 \left[\cos(\omega t + \pi) \sum_{i=1}^{n} z_i \cos\phi_i + \operatorname{sen}(\omega t + \pi) \sum_{i=1}^{n} z_i \operatorname{sen}\phi_i \right]$$
$$+ \frac{m_B r^2 \omega^2}{l} \left[\cos 2\omega t \sum_{i=1}^{n} z_i \cos 2\phi_i + \operatorname{sen} 2\omega t \sum_{i=1}^{n} z_i \operatorname{sen} 2\phi_i \right] \hat{\mathbf{i}}$$

(14.6*b*)

$$M_{S_y} \cong m_A r\omega^2 \left[\operatorname{sen}\omega t \sum_{i=1}^{n} z_i \cos\phi_i - \cos\omega t \sum_{i=1}^{n} z_i \operatorname{sen}\phi_i \right]$$
$$+ m_c r_c \omega^2 \left[\operatorname{sen}(\omega t + \pi) \sum_{i=1}^{n} z_i \cos\phi_i - \cos(\omega t + \pi) \sum_{i=1}^{n} z_i \operatorname{sen}\phi_i \right] \hat{\mathbf{j}}$$

En el caso de un motor con configuración en V u opuesta (secciones 14.7, p. 510, y 14.8, p. 517), las fuerzas y momentos de sacudimiento de un motor con un cigüeñal subbalanceado o sobrebalanceado son:

$$F_{S_x} \cong \left(F_{S_L} + F_{S_R}\right)\cos\gamma + m_A r\omega^2 \left[\cos\omega t \sum_{i=1}^{n} z_i \cos\phi_i + \operatorname{sen}\omega t \sum_{i=1}^{n} z_i \operatorname{sen}\phi_i \right]$$
$$+ m_c r_c \omega^2 \left[\cos(\omega t + \pi) \sum_{i=1}^{n} z_i \cos\phi_i + \operatorname{sen}(\omega t + \pi) \sum_{i=1}^{n} z_i \operatorname{sen}\phi_i \right] \hat{\mathbf{i}}$$

(14.10*j*)

$$F_{S_y} \cong \left(F_{S_L} - F_{S_R}\right)\operatorname{sen}\gamma + m_A r\omega^2 \left[\operatorname{sen}\omega t \sum_{i=1}^{n} z_i \cos\phi_i - \cos\omega t \sum_{i=1}^{n} z_i \operatorname{sen}\phi_i \right]$$
$$+ m_c r_c \omega^2 \left[\operatorname{sen}(\omega t + \pi) \sum_{i=1}^{n} z_i \cos\phi_i - \cos(\omega t + \pi) \sum_{i=1}^{n} z_i \operatorname{sen}\phi_i \right] \hat{\mathbf{j}}$$
$$F_S = F_{S_x}\hat{\mathbf{i}} + F_{S_y}\hat{\mathbf{j}}$$

Para un motor en V u opuesto (secciones 14.7, p. 510, y 14.8, p. 517), los momentos de sacudimiento para un motor con un cigüeñal subbalanceado o sobrebalanceado son:

$$M_{S_x} \cong \left(M_{S_L} + M_{S_R}\right)\cos\gamma + m_A r\omega^2 \left[\cos\omega t \sum_{i=1}^{n} z_i \cos\phi_i + \operatorname{sen}\omega t \sum_{i=1}^{n} z_i \operatorname{sen}\phi_i \right]$$
$$+ m_c r_c \omega^2 \left[\cos(\omega t + \pi) \sum_{i=1}^{n} z_i \cos\phi_i + \operatorname{sen}(\omega t + \pi) \sum_{i=1}^{n} z_i \operatorname{sen}\phi_i \right] \hat{\mathbf{i}}$$

(14.11*c*)

$$M_{S_y} \cong \left(M_{S_L} - M_{S_R}\right)\operatorname{sen}\gamma + m_A r\omega^2 \left[\operatorname{sen}\omega t \sum_{i=1}^{n} z_i \cos\phi_i - \cos\omega t \sum_{i=1}^{n} z_i \operatorname{sen}\phi_i \right]$$
$$+ m_c r_c \omega^2 \left[\operatorname{sen}(\omega t + \pi) \sum_{i=1}^{n} z_i \cos\phi_i - \cos(\omega t + \pi) \sum_{i=1}^{n} z_i \operatorname{sen}\phi_i \right] \hat{\mathbf{j}}$$
$$M_S = M_{S_x}\hat{\mathbf{i}} + M_{S_y}\hat{\mathbf{j}}$$

Observe que el par de torsión inercial no se ve afectado por la condición de balance del cigüeñal porque, con velocidad angular constante, el vector aceleración de la masa del muñón de manivela es centrípeto y no tiene brazo de momento. El momento de inercia agregado al cigüeñal por cualquier masa sobrebalanceada incrementará el efecto de volante del cigüeñal y, por lo tanto, reducirá su disposición para cambiar la velocidad rotacional en la aceleración angular transitoria. Sin embargo, el tamaño del volante físico del motor puede reducirse para compensar los cigüeñales con mayor masa.

G

ÍNDICE ANALÍTICO

D

H

I

J

K

L

M

N

O

P

Q

R

S

T

U

V

W

Y

DVD REQUISITOS DE INSTALACIÓN

REQUISITOS DEL SISTEMA

Sistemas operativos Windows®

- Procesadores basados en Pentium o superiores
- Windows® 2000/NT/XP/Vista/Windows7
- 128 megabytes en RAM
- 60 megabytes de espacio libre en el disco duro
- Unidad de DVD

INSTRUCCIONES DE INSTALACIÓN PARA LOS PROGRAMAS Y ARCHIVOS DE DESIGN OF MACHINERY

1. En Windows 2000/NT/XP/Vista/Windows7, debe iniciar la sesión como administrador con todos los privilegios para instalar estos programas. Si usted no tiene todos los privilegios del sistema operativo, la instalación fallará.
2. Cierre todas las aplicaciones que se estén ejecutando en su computadora.
3. Inserte el DVD en la unidad de DVD de la computadora.
4. Abra la carpeta de programas personalizados en el DVD y después abra la carpeta para el programa que desea instalar.
5. Haga doble clic en el archivo Setup.exe o en el archivo Programname_Install.exe dentro de la carpeta de ese programa.
6. Siga las instrucciones en la pantalla, tomando todos los valores predeterminados.
7. Se creará un grupo de programas llamado "Design of Machinery" y se instalará cada programa en ese grupo. Esto colocará todos los programas convenientemente en un anexo único dentro del menú Inicio/Programas de Windows.
8. A medida que avanza la instalación, podrá ver mensajes que le preguntan si desea reemplazar un archivo más reciente en su sistema con una versión anterior del DVD. Siempre responda SÍ para MANTENER los archivos más RECIENTES que ya están en su computadora.
9. Cuando la instalación se haya completado, el nombre del programa aparecerá en el menú Inicio bajo el apartado "Design of Machinery".
10. Los programas pueden desinstalarse con el vínculo de desinstalación en el menú Inicio o mediante "Agregar/quitar programas" del Panel de control de Windows. Algunos programas también pueden actualizarse desde el menú Inicio.
11. Si utiliza Vista, lea las "Instrucciones para la ejecución de Programas de Design of Machinery en Vista" que se encuentran en el DVD.

En las páginas siguientes y en el DVD se proporciona una lista de los contenidos del propio DVD. Las instrucciones específicas y los tutoriales en video sobre el funcionamiento de cada programa se encuentran en el DVD y en los archivos de ayuda dentro de cada programa. Los archivos de datos para cada programa pueden copiarse desde el DVD al disco duro con las técnicas estándar de copiado en Windows. Consulte en el primer apartado de esta página los requisitos de hardware para las distintas plataformas de Windows.

INSTRUCCIONES DE INSTALACIÓN PARA EL PROGRAMA WORKING MODEL

Sólo plataformas de Windows®

1. El primer propietario de este libro de texto puede comprar una versión para estudiantes de Working Model con un descuento sustancial sobre el precio normal. La versión para estudiantes es totalmente funcional y tendrá una duración de seis meses desde la fecha de compra.
2. Mediante un navegador web, conéctese al sitio web: http://www.design-simulation.com/4871970E2B0671F43D1A
3. En la página web, escriba la palabra solicitada de una página específi ca del libro y el número de serie en la etiqueta del DVD. A continuación, haga clic en el botón Validar.
4. Si la palabra y el número de serie son válidos, accederá al sitio de ventas en línea de Working Model donde podrá realizar la operación de compra. Se aceptan Visa, Mastercard, American Express y PayPal. Deberá crear una cuenta con una dirección válida de correo electrónico y proporcionar su dirección de facturación.
5. Después de completar la compra, recibirá un mensaje de correo electrónico con un vínculo que descargará el instalador de Working Model 2D. Haga clic en ese vínculo para descargar el instalador.
6. Una vez completada la descarga del instalador, ejecútelo y siga las instrucciones.
7. La primera vez que inicie Working Model, éste debe ser activado. Lo anterior implica un proceso con duración entre 1 y 2 minutos que se realiza a través de Internet. Una vez que el producto se activa, está listo para ser utilizado.
8. Puede desactivar Working Model desde la computadora donde se encuentra instalado y activarlo en otro equipo.

CATÁLOGO DEL DVD

CLAVES DE SUFIJO EN LOS NOMBRES DE ARCHIVO

DYNACAM	.CAM
ENGINE	.ENG
FIVEBAR*	.5BR
FOURBAR*	.4BR
LINKAGES	.BAR
MATLAB	.M
MATRIX	.MTX
SIXBAR*	.6BR
SLIDER*	.SLD
TKSOLVER	.TKW
WORKING MODEL	.WM2D, WM3

Carpeta ANIMATIONS

Archivos AVI, Working Model y Mathlab de Sid Wang

Estos archivos se catalogan de manera automática. Ejecute el archivo maestro del catálogo Animation.html para tener acceso y utilizar estas animaciones. La mayoría cuenta con archivos de película AVI además de sus archivos en formato original. El acceso a los archivos originales Working Model también puede hacerse directamente desde la carpeta Working Model Files que se describe más adelante.

Carpeta CUSTOM PROGRAMS

Programas de R. L. Norton

Ejecute Setup.exe desde cada subcarpeta para instalar ese programa. Acepte todas las opciones predeterminadas que se le ofrecen y no reemplace por ninguna versión actualizada los archivos que podrían encontrarse en su sistema, provenientes de versiones anteriores de este DVD.

Subcarpeta **PROGRAM DYNACAM**

Subcarpeta **PROGRAM ENGINE**

Subcarpeta **PROGRAM LINKAGES**

Subcarpeta **PROGRAM MATRIX**

Carpeta EXAMPLES AND FIGURES

Archivos de datos para los programas personalizados de Norton que se relacionan con algunos ejemplos y figuras del texto.

Subcarpeta **Chapter 2**

F02-19b.5br

Subcarpeta **Chapter 3**

Cognate1.4br
Cognate2.4br
Cognate3.4br
F03-01a.4br
F03-01b.4br
F03-04.4br
F03-06.4br
F03-07b.6br
F03-07c.6br
F03-08.4br
F03-09c.6br
F03-12.4br
F03-13a.6br
F03-17b.4br
F03-18.4br
F03-24.4br
F03-28a.4br
F03-28b.5br
F03-29a.4br
F03-29c.4br
F03-29d.4br
F03-29e.4br
F03-29f.4br
F03-31c.6br
F03-34.6br
F03-35.6br
FP03-07.4br
Straight.5br

Subcarpeta **Chapter 4**

F04-11.5br
F04-15.4br

Subcarpeta **Chapter 5**

E05-01.4br
E05-02a.mtr
E05-02b.mtr
E05-02.4br
E05-03.4br

Subcarpeta **Chapter 6**

F06-14.4br
F06-15a.4br
F06-15b.4br
F06-17b.4br

Subcarpeta **Chapter 8**

E08-03.cam
E08-04.cam
E08-05.cam
E08-06.cam
E08-07.cam
E08-08.cam
E08-09a.cam
E08-09b.cam
E08-10a.cam
E08-10b.cam
E08-10c.cam
E08-11.cam
E08-12.cam

Subcarpeta **Chapter 11**

E11-01.mtr
E11-02.mtr
E11-03.mtr
E11-03.4br
F11-06.4br

Subcarpeta **Chapter 12**

F12-05.4br

Subcarpeta **Chapter 14**

BMWV12.eng
F14-12.eng
F14-14.eng
F14-18.eng
F14-24.eng

Subcarpeta **Chapter 15**

E15-01.cam
E15-02.cam

Subcarpeta **Appendix A**

F_A-05.4br
F_A-11.5br

Carpeta INSTRUCTIONAL VIDEOS

Contiene 17 videos digitales sobre temas relevantes en el texto. Para verlos, ejecute el archivo Design_of_Machinery_ Videos.html *que se encuentra en la carpeta. Después, usted puede seleccionar cualquiera de los siguientes videos en el menú.*

The Grashof Condition (La condición de Grashof)

Position Synthesis (Síntesis de posición)

Quick-Return Mechanisms (Mecanismos de retorno rápido)

Dwell Mechanisms (Mecanismos de detención)

Coupler Curves & Linkage Atlases (Curvas de acoplador y Atlas de mecanismos)

Cognates of Linkages (Cognados de mecanismos)

Parallel Motion (Movimiento paralelo)

Instant Centers & Centrodes (Centros instantáneos y centrodos)

Fourbar Linkage Virtual Lab (Laboratorio virtual de mecanismos de cuatro barras)

Cam Machine Virtual Lab (Laboratorio virtual de máquinas de leva)

Pick & Place Mechanism (Mecanismo de tomar y colocar)

Program DYNACAM Tutorial (Ayuda del programa DYNACAM)

Spring Manufacturing Machines (Máquinas para la fabricación de resortes)

Bottle Printing Machines (Máquinas para impresión en botellas)

Valve Train Failure (HS Video) (Falla en el tren de válvulas)

Boot Testing Machine (Máquina para probar lanchas)

Vibration Testing Machines (Máquinas para realizar pruebas de vibración)

Carpeta LINKAGE ATLASES

Contiene un archivo PDF de los atlas de curvas de acoplador para mecanismos de cuatro barras y mecanismos engranados de cinco barras.

Hrones and Nelson Fourbar Atlas

Zhang *et al.* Geared Fivebar Atlas

Carpeta PDF PROBLEM WORKBOOK

Contiene archivos PDF de todas las figuras necesarias para resolver los problemas de prueba al final de los capítulos. Cada archivo PDF contiene una figura y todos los enunciados de los problemas asociados con ésta. Se encuentran agrupados en subcarpetas de acuerdo con el capítulo y sus nombres de archivo son iguales al número de figura o al número de problema involucrado. Estos archivos proporcionan al estudiante un cuaderno de trabajo imprimible de problemas ilustrados en el que se puede trabajar directamente con las soluciones gráficas de los problemas o es posible registrar las soluciones analíticas.

Carpeta PROBLEM SOLUTIONS

Archivos de datos con la solución a problemas del texto.

Subcarpeta **Chapter 3**

P03-14.4br
P03-22.4br
P03-23.4br
P03-36.4br
P03-42.4br

Subcarpeta **Chapter 4**

P04-21.4br
P04-23.4br
P04-25.4br
P04-26.4br
P04-29.4br
P04-30.4br

Subcarpeta **Chapter 5**

P05-08.4br
P05-11.4br
P05-15.4br
P05-19.4br
P05-26.4br

Subcarpeta **Chapter 6**

P06-47.4br
P06-48.4br
P06-49.4br
P06-51.4br
P06-62.4br

Subcarpeta **Chapter 7**

P07-04a.4br
P07-04c.4br
P07-04e.4br
P07-04g.4br
P07-04i.4br
P07-04k.4br
P07-04m.4br
P07-39.4br
P07-40.4br
P07-41.4br
P07-42.4br
P07-44.4br

Subcarpeta **Chapter 10**

P10-04a.mtr
P10-04b.mtr

Subcarpeta **Chapter 11**

P11-03a.sld
P11-03c.sld
P11-03e.sld
P11-03g.sld
P11-04a.tkw
P11-05a.tkw
P11-05a.4br
P11-05c.4br
P11-05e.4br
P11-05g.4br
P11-06a.tkw
P11-06c.tkw
P11-06e.tkw
P11-06g.tkw
P11-07a.4br
P11-07c.4br
P11-07e.4br
P11-12.4br
P11-13.4br

Subcarpeta **Chapter 12**

P12-09.4br

Subcarpeta **Chapter 13**

P13-11.eng
P13-14.eng
P13-19a.eng
P13-19b.eng

Carpeta PROGRAM MANUAL

Contiene un archivo PDF del manual del usuario para los programas LINKAGES, DYNACAM, ENGINE y MATRIX

Carpeta TKSOLVER FILES

Archivos de modelo TKSolver

Para ejecutar estos archivos se requiere el programa TKSolver, el cual no se incluye con este texto. Vea www.uts.com.

Subcarpeta **Gears.tk**

Compound.tkw
Revert.tkw
Triple.tkw

Subcarpeta **Linkages.tk**

3 position FixPivots.tkw
3 position.tkw
Cognate.tkw
Coupler.tkw
DragSlider.tkw
Eq04-02.tkw
Ex11-04.tkw
Figure P05-05.tkw
Fivebar.tkw
Fourbar.tkw
Inverted slider-crank.tkw
SCCA.tkw
Slider_Cmpr.tkw
Slider.tkw
Soni Cognate.tkw
Symmetric.tkw
Transport.tkw
Virtual Work.tkw

Subcarpeta **Misc.tk**

CamCalc.tkw
Constrnt.tkw
Cubic.tkw
Cycloid.tkw
F04-18.tkw
Pressang.tkw
SCCA.tkw
Sudent.tkw

Carpeta VIRTUAL LABS

Contiene datos tomados de las máquinas de leva y cuatro barras que se muestran en los videos de Virtual Lab. Estos datos pueden usarse para realizar los ejercicios de laboratorio que también se detallan en esta carpeta.

Cam Machine Lab & Data Files

Fourbar Linkage Lab & Data files

Carpeta WORKING MODEL FILES

Subcarpeta **Chapter 2**

Archivos Working Model 2D

02-10b.wm2d - Horquilla escocesa
02.12a.wm2d - Ginebra
02-12b.wm2d - Trinquete y retén
02-12c.wm2d - Ginebra lineal
02-13.wm2d - Deslizador-manivela
02-14abc.wm2d - Inversión de Stephenson
02-14de.wm2d - Inversiones de Watt
02-15.wm2d - Inversiones de Grashof
02-16.wm2d - Inversiones distintas a las de Grashof
02-19b.wm2d - Cinco barras engranadas
02-20.wm2d - Lámpara de escritorio
P2-01f.wm2d - Válvula superior
P2-03.wm2d - Cargador de extremo frontal
P2-04c.wm2d - Motor Radial
P2-04d.wm2d - Viga móvil
P2-04e.wm2d - Brazo de trazado
P2-04g.wm2d - Freno de tambor
P2-04h.wm2d - Cámara de compresión
P2-05a.wm2d - Mecanismo de Chebyschev
P2-05b.wm2d - Mecanismo de Kempe SL
P2-07.wm2d - Mecanismo de Throttle
P2-08.wm2d - Tijeras manuales
P2-10.wm2d - Motor de Watt
P2-13.wm2d - Herramienta dobladora
P2-14.wm2d - Tomar y colocar
P2-15.wm2d - Sierra eléctrica

P2-16.wm2d - Prensa de pulverizado
P2-18.wm2d - Bomba de petróleo

Archivos Working Model 3D

P2-01h.wm3 - Leva cilíndrica

Subcarpeta **Chapter 3**

Archivos Working Model 2D

03-04.wm2d - Ejemplo 3-1
03-05.wm2d - Ejemplo 3-2
03-07b.wm2d - Ejemplo 3-4
03-09c.wm2d - Ejemplo 3-6
03-11.wm2d - Síntesis de tres posiciones
03-12b.wm2d - Retorno rápido de 4br
03-13a.wm2d - Retorno rápido de 6br
03-14.wm2d - Formador de retorno rápido
03-14-*.wm2d - Formador de retorno rápido
03-15.wm2d - Curvas de acoplador
03-17.wm2d - Atlas de curvas de acoplador
03-17a.wm2d - Atlas de curvas de acoplador
03-18.wm2d - Avance de película en la cámara
03-18-*.wm2d - Avance de película en la cámara
03-19a.wm2d - Autosuspensiones
03-19a-*. wm2d - Autosuspensiones
03-24a.wm2d - Diagrama de Roberts
03-25a.wm2d - Diagrama de Roberts
03-25b.wm2d - Diagrama de Roberts
03-26.wm2d - Cognados de Chebyschev
03-26a.wm2d - Diagrama de Roberts
03-26b.wm2d - Cognados de Chebyschev
03-26b-*.wm2d - Cognados de Chebyschev
03-27c.wm2d - Trans. curvilínea
03-27d.wm2d - Trans. curvilínea
03-28.wm2d - Cognado 4br GFBM
03-28-*.wm2d - Cognados GFBM (alt.)
03-29.wm2d - Mecanismos en línea recta
03-29a.wm2d - Línea recta de Watt
03-29b.wm2d - Motor de Watt
03-29c.wm2d - Línea recta de Roberts
03-29d.wm2d - Línea recta de Chebyschev
03-29e.wm2d - Línea recta de Hoeken
03-29f.wm2d - Línea recta de Evans
03-29g.wm2d - Línea recta de Peaucellier
03-31c.wm2d - Oscilador-Detenimiento simple
03-31d.wm2d - Deslizador-Detenimiento simple
03-32.wm2d - Mecanismo de doble detenimiento
03-34.wm2d - Salida de oscilador de 180°
03-35.wm2d - Lavadora
03-36.wm2d - Salida de oscilador de 360°
P3-03.wm2d - Rueda dentada
P3-07.wm2d - Viga móvil
P3-08.wm2d - Transmisión de barra conductora

Subcarpeta **Chapter 4**

Archivos Working Model 2D

04-16.wm2d - Fiador de oscilador doble
P4-01.wm2d - Análisis de cuatro barras
P4-02.wm2d - Análisis de deslizador-manivela
P4-03.wm2d - Deslizador-manivela invertido
P4-05c.wm2d - Motor radial
P4-05d.wm2d - Viga móvil
P4-05e.wm2d - Máquina de trazado
P4-05g.wm2d - Freno de tambor
P4-05h.wm2d - Cámara de compresión
P4-06.wm2d - Tomar y colocar
P4-07.wm2d - Sierra eléctrica
P4-09.wm2d - Transportador de viga móvil
P4-11.wm2d - Transmisión de barra conductora
P4-14.wm2d - Rueda dentada
P4-18.wm2d - Compás elíptico

Subcarpeta **Chapter 6**

Archivos Working Model 2D

06-05c.wm2d - Centros instantáneos
06-10b.wm2d - Centros instantáneos
06-11.wm2d - Moledor de rocas
06-12.wm2d - Suspensión
06-14a.wm2d - Centrodos 1
06-14b.wm2d - Centrodos 2
06-14c.wm2d - Centrodos 3
06-14d.wm2d - Centrodos 4
06-15a.wm2d - Centrodos 5
06-15b.wm2d - Centrodos 6
06-17a.wm2d - Movimiento cicloidal
P6-01.wm2d - Análisis de cuatro barras
P6-02.wm2d - Análisis de deslizador-manivela
P6-03.wm2d - Deslizador-manivela invertido
P6-08c.wm2d - Motor radial
P6-08d.wm2d - Viga móvil
P6-08e.wm2d - Máquina de trazado
P6-08g.wm2d - Freno de tambor
P6-08h.wm2d - Cámara de compresión
P6-15.wm2d - Sierra eléctrica
P6-16.wm2d - Tomar y colocar
P6-18.wm2d - Prensa de pulverizado
P6-19.wm2d - Transportador de viga móvil
P6-21.wm2d - Pinzas de fiador
P6-23.wm2d - Esmeril de superficie
P6-29.wm2d - Pedal de tambor
P6-30.wm2d - Bomba de petróleo
P6-32.wm2d - Compás elíptico

Archivos Working Model 3D

06-12.wm3 - Cambio de dirección

Subcarpeta **Chapter 7**

Archivos Working Model 2D

P7-01.wm2d - Análisis de cuatro barras
P7-02.wm2d - Análisis de deslizador-manivela
P7-03.wm2d - Deslizador-manivela invertido
P7-08c.wm2d - Motor radial
P7-08d.wm2d - Viga móvil
P7-08e.wm2d - Máquina de trazado
P7-08g.wm2d - Freno de tambor
P7-08h.wm2d - Cámara de compresión
P7-15.wm2d - Sierra eléctrica
P7-16.wm2d - Tomar y colocar
P7-19.wm2d - Viga móvil
P7-20.wm2d - Esmeril de superficie
P7-24.wm2d - Pedal de tambor

Subcarpeta **Chapter 8**

Archivos Working Model 2D

08-02a.wm2d - Seguidor de traslación
08-02b.wm2d - Seguidor de oscilación
08-03a.wm2d - Seguidor de rodillo
08-03c.wm2d - Seguidor de cara plana
08-39.wm2d - Seguidor y leva
08-48.wm2d - Radio de curvatura
E8-02.wm2d - Ejemplo 8-2
E8-03.wm2d - Ejemplo 8-3
E8-04.wm2d - Ejemplo 8-4
E8-07.wm2d - Ejemplo 8-7

Archivos Working Model 3D

08-03a.wm3 - Seguidor de rodillo
08-04.wm3 - Leva cilíndrica

Subcarpeta **Chapter 9**

Archivos Working Model 2D

09-01b.wm2d - Engranaje interno
09-04.wm2d - Engranaje externo
09-05.wm2d - Curvas involutas
09-06.wm2d - Acoplamiento de dientes
09-19.wm2d - Cremallera
09-28.wm2d - Tren de engranes compuesto
09-33.wm2d - Engranaje planetario

Archivos Working Model 3D

09-16.wm3 - Engranes paralelos helicoidales
09-17.wm3 - Engranes cruzados helicoidales
09-18.wm3 - Engrane de gusano
09-21.wm3 - Engranes de bisel
09-30.wm3 - Trenes de engrane
09-34.wm3 - Engranajes planetarios
09-44a.wm3 - Transmisión-alta
09-44b.wm3 - Transmisión-baja
09-44c.wm3 - Transmisión-reversa
09-51.wm3 - Tren de transmisión
P9-02.wm3 - Epicíclico compuesto
P9-03_open.wm3 - Diferencial
P9-03_locked.wm3 - Diferencial

Subcarpeta **Chapter 10**

Archivos Working Model 2D

10-11a.wm2d - Tren de válvulas

Subcarpeta **Chapter 13**

Archivos Working Model 2D

13-01.wm2d - Motor V8

FIN